LES MERVEILLES DE LA NATURE

LES POISSONS ET LES CRUSTACÉS

LIBRAIRIE J.-B. BAILLIERE ET FILS, 19, RUE HAUTEFEUILLE.

LES MERVEILLES DE LA NATURE

L'HOMME ET LES ANIMAUX
Par A. E. BREHM

comprennent :

LES RACES HUMAINES ET LES MAMMIFÈRES

ÉDITION FRANÇAISE REVUE PAR Z. GERBE

2 vol. grand in-8 à deux colonnes, formant ensemble 1,500 pages avec 770 figures et 59 planches hors texte sur papier teinté.

LES OISEAUX

ÉDITION FRANÇAISE REVUE PAR Z. GERBE

2 vol. grand in-8 à deux colonnes, formant ensemble 1,500 pages avec 418 figures et 40 planches hors texte sur papier teinté.

LES REPTILES ET LES BATRACIENS

ÉDITION FRANÇAISE PAR LE DOCTEUR E. SAUVAGE

1 vol. in-8 de 726 pages avec 524 figures et 20 planches hors texte sur papier teinté.

LES POISSONS ET LES CRUSTACÉS

ÉDITION FRANÇAISE PAR LE DOCTEUR E. SAUVAGE ET J. KÜNCKEL D'HERCULAIS

1 vol. in-8 de 836 pages avec 789 figures et 20 planches hors texte sur papier teinté.

LES INSECTES
LES MYRIOPODES, LES ARACHNIDES
ÉDITION FRANÇAISE PAR J. KÜNCKEL D'HERCULAIS

2 vol. grand in-8 à deux colonnes, formant ensemble 1,500 pages avec 2,060 figures et 36 planches hors texte sur papier teinté.

LES VERS, LES MOLLUSQUES
LES ÉCHINODERMES, LES ZOOPHYTES, LES PROTOZOAIRES
ET LES ANIMAUX DES GRANDES PROFONDEURS
ÉDITION FRANÇAISE PAR LE DOCTEUR A. T. DE ROCHEBRUNE

1 vol. grand in-8 de 780 pages à deux colonnes avec 1,502 figures et 20 planches hors texte sur papier teinté.

Prix de chaque volume : Broché, 11 fr. ; Relié. 16 fr.

A. E. BREHM

MERVEILLES DE LA NATURE

LES POISSONS

ET LES CRUSTACÉS

ÉDITION FRANÇAISE

LES POISSONS
PAR
H.-E. SAUVAGE

LES CRUSTACÉS
PAR
J. KÜNCKEL D'HERCULAIS

PARIS

LIBRAIRIE J.-B. BAILLIÈRE ET FILS

Rue Hautefeuille, 19, près du boulevard Saint-Germain

Fig. 1. — Paysage sous-marin.

INTRODUCTION

CONSIDÉRATIONS GÉNÉRALES.

Définition du sujet. — « Plus des deux tiers de la surface du globe sont couverts par les eaux de la mer; des parties considérables des îles et des continents sont arrosées par des rivières de toutes les grandeurs, ou occupées par des lacs, des étangs et des marais, et cet empire des eaux, qui surpasse si fort en étendue celui de la terre sèche, ne lui cède en rien quant au nombre et à la variété des êtres animés qui l'habitent. Sur la terre, la matière susceptible de vie est, pour une grande portion, employée à la formation et à l'entretien des espèces végétales; les animaux herbivores y puisent une nourriture qui, une fois animalisée par eux, devient un aliment propre aux carnivores, lesquels ne sont guère plus de la moitié des animaux terrestres de toutes les classes; mais dans les eaux et surtout dans la mer, où le règne végétal est beaucoup plus restreint, tout semble animé ou prêt à le devenir; les animaux n'y vivent qu'aux dépens les uns des autres ou de leur mucosité et des autres débris des corps des animaux. C'est là que le règne animal offre les extrêmes de la grandeur et de la petitesse, depuis ces myriades de monades et d'autres espèces qui auraient été éternellement invisibles pour nous, sans le pouvoir merveilleux du microscope, jusqu'à ces baleines et ces cachalots, qui surpassent vingt fois les plus grands des quadrupèdes terrestres. C'est là aussi que s'observent le plus de ces grande-

combinaisons d'organes, auxquelles les naturalistes ont donné le nom de classes, et même, à bien dire, elles y ont toutes des représentants ; car, jusque parmi les Oiseaux, ces êtres essentiellement aériens, il en est, tels que les Manchots, que leur structure attache pendant leur vie presque entière aux flots de l'Océan. La classe des Mammifères a dans les eaux, non seulement les Phoques, les Morses et les Lamantins, qui ne peuvent s'en éloigner, mais tous ces Cétacés qui ne peuvent en sortir, bien que leur genre de respiration les oblige sans cesse à venir à la surface. Les Reptiles y sont représentés par des Tortues, des Crocodiles, des Serpents, et surtout par la famille entière des Batraciens. Beaucoup d'Insectes sont aquatiques, même dans leur état parfait, et un beaucoup plus grand nombre ne s'élève dans les airs, pour s'y reproduire et y mourir, qu'après avoir passé dans l'eau, sous l'état de larve ou de nymphe, une partie bien plus considérable de leur vie. C'est dans les eaux qu'il faut chercher presque tous les Mollusques, les Annélides, les Crustacés, les Zoophytes, quatre classes qui n'ont en quelque sorte sur la terre que des membres isolés et comme égarés. Aussi les anciens disaient-ils que tout ce qui existe ailleurs se retrouve dans la mer, mais que la mer a beaucoup de choses qui ne sont point ailleurs : *Quidquid nascitur in parte naturæ ulla et in mare esse; præterque multa quæ nusquam alibi.*

« Mais parmi ces innombrables créatures qui peuplent et vivifient l'élément liquide, il n'en est point qui y dominent davantage, qui y soient plus exclusivement propres et qui s'y fassent plus remarquer par leur nombre, leurs formes variées, leurs belles couleurs et surtout par les avantages infinis que l'homme en retire, que ceux qui appartiennent à la classe des Poissons (fig. 1); cette importance supérieure des Poissons est même telle, qu'elle a fait étendre leur nom à tous les animaux aquatiques, en sorte que dans les auteurs anciens, et même dans les écrivains de nos jours qui ne sont pas naturalistes, on voit souvent ce nom appliqué à des Cétacés, à des Mollusques et à des Crustacés ; confusion qu'il est d'autant plus facile d'éclaircir que la classe des Poissons est une de celles qui se laissent le mieux limiter par des caractères invariables.

« La définition des Poissons, telle que l'ont adopté les naturalistes modernes, est, en effet, on ne peut plus claire et précise. Ce sont des animaux vertébrés et à sang rouge, qui respirent par des branchies et par l'intermédiaire de l'eau (1). »

Ainsi s'expriment Cuvier et Valenciennes dans le chapitre, à tous les points de vue si remarquable, qui sert d'introduction à leur *Histoire naturelle des Poissons;* en 1828, la définition qu'ils donnaient de ces animaux était exacte; par suite de nos

connaissances plus complètes, tant anatomiques que zoologiques, cette définition n'est plus suffisante.

Rien ne semble cependant, au premier abord, plus facile que de définir ce que c'est qu'un Poisson, et il y a peu d'années encore, on pouvait appeler *scientifiquement* de ce nom : tout animal vertébré à sang froid, ayant une vie essentiellement aquatique, respirant l'air dissous dans l'eau au moyen d'organes particuliers désignés sous le nom de *branchies,* et chez lesquels le cœur correspond au cœur droit des vertébrés supérieurs.

De récentes découvertes ont quelque peu modifié cette définition.

Ainsi que nous l'avons déjà exposé avec détails dans le volume de ce recueil consacré à l'étude des Reptiles et des Batraciens (1), les animaux vertébrés se divisent en deux grands groupes : l'un comprend les Mammifères, les Oiseaux et les Reptiles proprement dits ; l'autre renferme les Batraciens et les Poissons. Les phénomènes qui se passent aux premiers temps du développement sont, en effet, différents suivant que l'on a affaire à un animal faisant partie du premier groupe ou appartenant au second. Les Mammifères, les Oiseaux, les Reptiles ont, à l'état embryonnaire, trois vésicules distinctes, ils sont dits *allantoïdiens;* on ne trouve que deux vésicules chez les Batraciens et chez les Poissons qui sont des *anallantoïdiens* (fig. 2 à 4).

Pour ne pas revenir sur les détails donnés dans le volume précédemment paru, nous dirons seulement que les différences que nous venons de signaler sont fondamentales et que l'on doit leur accorder la plus grande valeur dans une classification réellement rationnelle des êtres.

Il résulte de là que les Batraciens et les Poissons font réellement partie d'un même groupe naturel, bien qu'au premier abord il n'y ait rien d'aussi dissemblable que la gentille Rainette, qui se cache au milieu du feuillage, et le gigantesque Requin qui, de sa queue puissante, fend les flots amers.

Sans nul doute, si nous prenons les deux termes les plus élevés de la série que l'on peut établir dans la classe des Batraciens et dans celle des Reptiles, nous trouverons un hiatus entre ces animaux. Mais si nous entrons plus avant dans l'étude zoologique et anatomique de ces êtres, nous ne tarderons pas à voir que l'hiatus est comblé de telle sorte que certains d'entre eux ont pu, tour à tour, être pris pour des Batraciens ou pour des Poissons, et cela par des savants dont les travaux font, à juste titre, autorité.

C'est que certains vertébrés inférieurs, véritables Poissons dans le sens vulgaire de ce mot, c'est-à-dire animaux vivant dans l'eau et respirant, au moyen de branchies, l'air dissous dans ce liquide, s'enterrent dans la vase à certaines époques de

---

(1) Cuvier et Valenciennes, *Histoire naturelle des Poissons,* t. I, p. 271.

(1) Brehm, *Merveilles de la Nature.* Les *Reptiles et les Batraciens* ; édition française par H.-E. Sauvage.

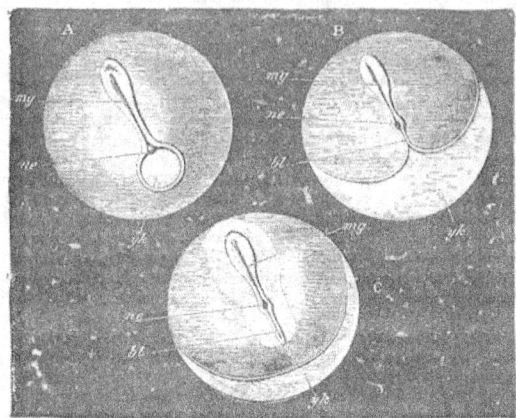

Fig. 2 à 4. — Diagramme montrant la position du blastopore et les relations de l'embryon et du vitellus dans divers types d'œufs mésoblastiques de Vertébrés [*].

l'année et ont alors une respiration aérienne.

D'un autre côté, la découverte d'un Poisson très inférieur, l'Amphioxus, semble avoir quelque peu comblé l'hiatus qui sépare les Vertèbres des Invertébrés. Par certains caractères anatomiques, l'Amphioxus, en effet, rappelle ce que l'on voit chez des animaux à symétrie latérale, ayant, le plus souvent, la forme de sac ou de tonneaux, recouverts d'une enveloppe plus ou moins cartilagineuse, que l'on connaît sous le nom de Tuniciers. Parmi ceux-ci, ce sont les Ascidies qui, pour certains anatomistes, se rapprochent le plus des vertèbres, bien que ces Ascidies, au premier abord, soient beaucoup moins élevées en organisation que certains Mollusques, tels que les Poulpes ou les Nautiles, ou que certains Crustacés comme les Crabes ou les Homards.

Il résulte de ce que nous venons de dire, que si l'ensemble des caractères à l'aide desquels on définit les Poissons est vrai dans sa généralité, il n'est pas un de ces caractères qui ne puisse, ou faire défaut, ou être appliqué à des êtres placés sur les confins qui limitent la classe des Batraciens de celle des Poissons, de telle sorte que ce terme *Poisson*,

qui, pour le vulgaire, a un sens bien précis, en donnant lieu à aucune équivoque, que ce terme, disons-nous, est réellement fort difficile à bien définir scientifiquement pour le zoologiste.

Quoi qu'il en soit, nous nommerons *Poissons*, ainsi que le fait la majorité des naturalistes, les vertèbres anallantoïdiens qui vivent habituellement dans l'eau, qui respirent l'air dissous dans ce liquide au moyen d'appareils spéciaux dits branchies, qui n'ont que deux cavités au cœur, c'est-à-dire une oreillette et un ventricule, dont le cœur correspond au cœur droit ou veineux des vertèbrés supérieurs, dont les membres, lorsqu'ils existent, sont transformés en organes de natation dits nageoires, les nageoires impaires ou verticales étant soutenues par des osselets particuliers et n'étant pas de simples dépendances, de simples replis de la peau.

Ce dernier caractère, fort peu important en apparence, est, en réalité, le seul qui, dans l'état actuel de nos connaissances, permette de séparer scientifiquement un Poisson d'un Batracien ; c'est dire jusqu'à quel point ces deux classes sont étroitement unies l'une à l'autre. Il est du reste fort probable que si nous connaissions mieux les animaux fossiles, nous trouverions des êtres de passage qui rendraient encore plus délicate, plus difficile, la délimitation entre ces deux groupes, au premier abord si distincts, que les Batraciens étaient autrefois placés avec les Reptiles, sous le nom de Reptiles nus,

[*] A, type de la Grenouille; B, type des Élasmobranches ; C, Vertébrés amniotes; *my*, plaque médullaire; *ne*, canal neurentérique; *bl*, portion du blastopore adjacent au canal neurentérique. En B cette partie du blastopore est formée par les bords du blastoderme se réunissant et formant une bande linéaire en arrière de l'embryon, et en C elle constitue la formation appelée la ligne primitive; *yk*, portion du vitellus non encore recouverte par le blastoderme.

Fig. 5. — Esquisse d'un Brochet (*Esox*) (*).

ORGANISATION.

Caractères extérieurs. — Essentiellement aquatiques, les Poissons ont, le plus souvent, des formes admirablement adaptées à une rapide progression au sein des eaux; le corps est, en général, tout d'une venue; il a alors la forme d'un fuseau plus ou moins comprimé.

La tête, aussi grosse que le tronc, n'en est pas séparée par un rétrécissement comparable au cou des Vertébrés supérieurs; la queue, par sa grosseur vers la base, ne se distingue presque jamais du reste du corps.

La limite entre la tête et le tronc est généralement indiquée par de grandes fentes placées de chaque côté, et servant à la sortie de l'eau qui a baigné les branchies; ce sont les ouvertures des branchies; il ne se trouve, le plus souvent, qu'une de ces fentes de chaque côté, et leur bord est mobile et ressemble à un battant de volet.

La position de l'anus marque, presque toujours, la séparation entre le tronc et la queue.

Que l'on prenne une Perche, une Carpe, un Hareng, on remarquera derrière la tête, et situées immédiatement en arrière du battant operculaire, des nageoires qui sont dites *pectorales;* sous le ventre

Fig. 6. — Thon (*Thymnus vulgaris*).

se trouvent les nageoires *ventrales;* les pectorales et les ventrales sont paires, et seules elles correspondent aux membres des Vertébrés plus supérieurs. Sur le dos se trouvent la ou les *dorsales,* derrière l'anus la nageoire *anale;* le corps se termine par une nageoire toujours verticalement placée, le *caudale* (fig. 5).

La forme fondamentale que nous avons indiquée, et qui est celle que l'on voit dans la grande majorité des Poissons, présente de nombreuses et profondes modifications, suivant les conditions de milieu et le genre de vie des animaux.

Si le Requin, le Thon (fig. 6), l'Espadon sont en forme de fuseau, ce qui leur permet de fendre les flots avec une extrême rapidité, la Carpe (fig. 7), la Tanche, la Brême (fig. 8), la Daurade ont déjà des formes plus lourdes, plus trapues, qui indiquent des habitudes plus sédentaires. Certains Poissons, tels que les Lamproies, ont le corps cylindrique, et se cachent dans la vase, au fond des eaux. D'autres, comme les Anguilles (fig. 10), les Congres, les Murènes, rappellent les Serpents, dont ils ont la forme extérieure. Certains Poissons de fond sont comprimés de haut en bas, de manière à s'étaler en un disque; tels sont les Raies (fig. 11), les Torpilles. Dans d'autres cas, par suite d'une compression latérale, tantôt le dos est bombé relativement

(*) *P,* nageoires pectorales; *V,* ventrales; *A,* anales; *C,* caudales; *D,* dorsales; *P, Op,* pro-operculum; *Br,* rayons branchiostèges.

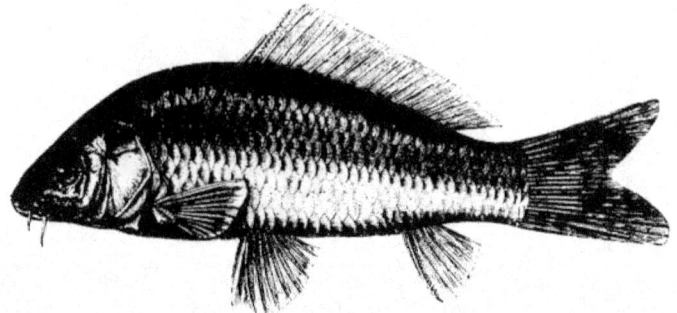

Fig. 7. — Carpe (*Cyprinus carpio*).

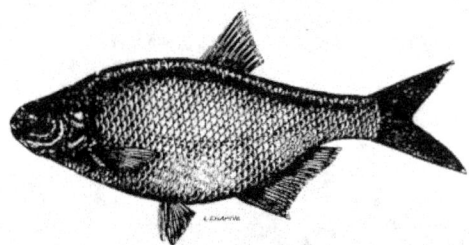

Fig. 8. — Brème commune (*Abramis brama*).

à la longueur du corps, comme on le voit chez les Soles, les Turbots (fig. 12), l'Halibut et, en général, chez toutes les espèces désignées sous le nom de *Poissons plats* ; tantôt le corps a peu de hauteur, et s'allonge en un long ruban, comme les Trachyptères, les Régalecs. Parfois le corps ne semble consister qu'en une gueule démesurément ouverte, ainsi qu'on le remarque chez les Baudroies (fig. 13), ou n'être formé que d'un vaste sac destiné à contenir les aliments, comme chez le Mélanocète (fig. 14), et l'Eurypharynx. Il est enfin des espèces qui peuvent se gonfler comme des ballons et flotter alors à la surface de la mer, au gré des vents et des flots ; tels sont les animaux connus sous le nom d'Orbes épineux. Les formes sont, on le voit, pour ainsi dire infinies.

La peau est quelquefois à peu près nue ou même entièrement nue, mais presque toujours elle est couverte de productions particulières, connues sous le nom d'écailles ; celles-ci consistent en une série de minces lamelles se recouvrant comme les tuiles d'un toit (fig. 9). D'autres fois, ainsi qu'on le voit chez les Squales, la peau est rugueuse, par suite de la présence de petits grains désignés sous le nom

de *scutelles*. Chez les Coffres, les écailles se soudent entre elles, de manière à envelopper le corps d'une sorte de cuirasse.

Quant aux couleurs dont les Poissons sont ornés, beaucoup de ces animaux ne le cèdent certes pas sous ce rapport aux Oiseaux les plus richement parés. Si les Poissons de nos cours d'eau sont généralement gris et ternes, on ne peut se figurer la

Fig. 9. — Écailles du squelette dermal du Brochet.

richesse de coloris que présentent la plupart de ceux qui habitent les mers chaudes ; tantôt la couleur ne peut être comparée qu'à de l'or ou à de l'argent le plus brillant ; tantôt les teintes les plus riches du vert, du jaune, du bleu, du rouge, du noir se marient entre elles ou forment des dessins du plus brillant effet.

Ce n'est pas suffisamment connaître aujourd'hui un animal que de savoir le distinguer d'un autre à

Fig. 10. — Anguille commune (*Anguilla mediorostris*).

l'aide de l'aspect extérieur; aussi, avant que de commencer l'histoire particulière des Poissons,

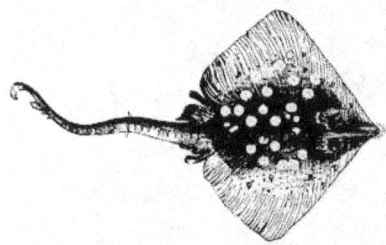

Fig. 11. — Raie bouclée (*Raja clavata*).

nous semble-t-il indispensable de donner quelques

notions générales sur la structure et les fonctions de leurs organes.

Squelette. — Le squelette des Poissons étant des plus variables dans sa structure et sa composition, il est fort difficile d'en donner une idée générale. Il présente, en effet, la plus grande diversité, depuis les formes primitives les plus simples jusqu'aux formes les plus parfaites, que l'on trouve chez les animaux les plus élevés de la classe.

De même que chez tous les autres Vertébrés, on peut cependant distinguer dans ce squelette une partie axiale, ou colonne vertébrale (fig. 15), avec un épanouissement antérieur, ou crâne, et le plus souvent des parties appendiculaires, ou membres; très fréquemment, à la tête est joint un appareil à structure compliquée, désigné sous le nom d'appareil branchial, en rapport avec la respiration.

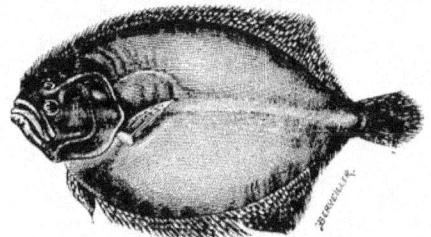

Fig. 12. — Barbue (*Rhombus lævis*).

Chez les Poissons les plus inférieurs, tels que l'Amphioxus, la corde dorsale, qui est l'état primitif de la colonne vertébrale, persiste pendant toute la vie, sans subir de transformations (fig. 16).

Fig. 13. — Baudroie (*Lophius piscatorius*)

Les Myxines n'ont pas la colonne vertébrale beaucoup plus perfectionnée, et ce n'est que chez les Lamproies qu'apparaissent de petites pièces cartilagineuses, analogues à celle qui, chez les animaux plus élevés en organisation, protègent les vaisseaux qui se rendent à la moelle. Chez les Esturgeons, et chez beaucoup de Poissons fossiles, la corde dorsale est encore gélatineuse, entourée

Fig. 14. — *Melanocetus Johnsoni.*

d'une enveloppe résistante ; les arcs supérieurs et inférieurs convergent cependant les uns vers les autres. C'est chez les Chimères que les vertèbres commencent à apparaître sous la forme d'une plaque annulaire qui se forme dans la couche externe de la corde dorsale. Les Poissons connus sous le nom de Dipnoïques, tels sont le Protoptère, le Lépidosiren, ont la corde dorsale encore persistante, mais celle-ci est enveloppée d'un tube cartilagineux qui présente des arcs ossifiés. C'est chez les Raies et les Squales que se montre pour la première fois la différenciation de la colonne vertébrale en vertèbres distinctes (fig. 17).

Ces vertèbres se distinguent facilement de celles de la plupart des autres vertébrés, en ce qu'elles sont creusées en forme de sablier, concaves à la face antérieure et à la face postérieure. Le Lépi-dostée cependant fait exception à cette règle, les vertèbres étant convexes à leur extrémité antérieure, concaves à leur extrémité postérieure.

Les cavités que présente le corps de la vertèbre sont remplies par une substance molle, demi-fluide, dans laquelle on distingue au microscope de grandes cellules, substance qui est la trace de la corde dorsale ou ébauche primitive de la colonne vertébrale.

Au-dessus du corps de la vertèbre, ou *centrum*, s'élèvent deux arcs réunis à leur sommet et formant une sorte d'anneau qui protège la moelle épinière ; ces lames, connues sous le nom de *neurapophyses*, sont parfois surmontées par une lame verticale ou apophyse épineuse. L'arc inférieur de la vertèbre est constitué par une paire de lames dites *hæmapophyses*, qui, dans la portion postérieure

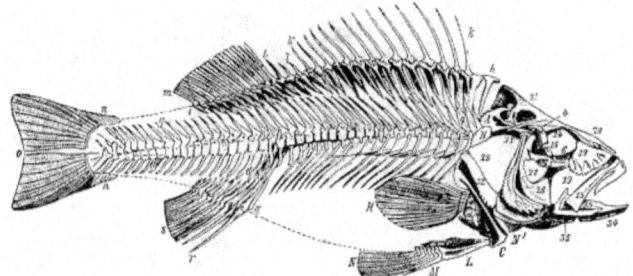

Fig. 15. — Squelette de Perche (*).

du corps, protègent les vaisseaux sanguins. Entre ces parties, se trouvent des apophyses destinées à

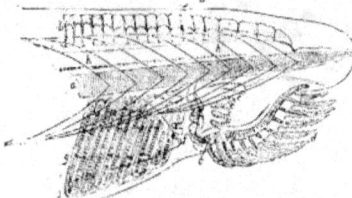

Fig. 16. — Partie antérieure de l'Amphioxus (**).

l'union des vertèbres entre elles ; ces apophyses manquent cependant chez beaucoup de Poissons ;

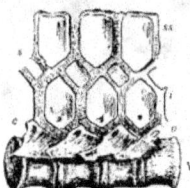

Fig. 17. — Colonne vertébrale de Raie bouclée (***).

lorsqu'elles existent, elles se détachent, soit du corps de la vertèbre, soit des lames vertébrales ;

(*) 8, sus-occipital; 18, maxillaire supérieur; 20, nasal; 21, sus-temporal; 26, jugal; 27, tympanique; 28, operculaire; 30, sousoper-cule; 32, interopercule; 31, symplectique; 34, dentaire; a, corps vertébral; g, apophyses épineuses; A, interépineux antérieurs; i, in-terépineux; k, l, rayons durs de la dorsale; m, rayons mous de la dorsale postérieure; n, osselets supports de la caudale; o, rayons de la caudale; q, osselets supports de l'anale; r, épines anales; s, rayons de l'anale; C, humérus; H, pectorale; L, bassin; N', appareil hyoïdien; M, nageoire ventrale; N, rayons de cette nageoire.
(**) a, notocorde; b, arcs neuraux; c, arc buccal; d, appendices tentaculaires entourant la bouche; e, corps ciliés du pharynx; f, g, parties du sac branchial; h, moelle épinière (d'après Huxley).
(***) V, corps de la vertèbre; a, apophyse transversale; c, cartilage crural; i, cartilage intercrural; s, cartilage suscrural; ss, cartilage supérieur supplémentaire (d'après E. Moreau).

lorsque ces pièces font défaut, les vertèbres se réunissent au moyen d'une substance fibro-cartila-gineuse plus ou moins élastique (fig. 18).

Les côtes existent le plus souvent, et partent des branches divergentes des arcs inférieurs ; excep-tionnellement, ainsi qu'on le voit chez le Polyptère, les côtes s'articulent directement sur le corps de la vertèbre. Le sternum fait toujours défaut, de telle sorte que les côtes se terminent librement dans les chairs ; lorsque les côtes se réunissent sur la ligne médiane du corps, c'est au moyen de pièces ne dépendant pas du squelette proprement dit.

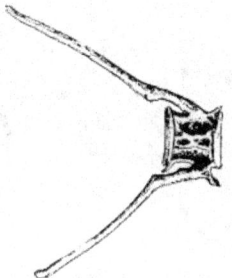

Fig. 18. — Vertèbre de Morue.

Nous devons encore noter que chez beaucoup de Poissons se trouvent des parties connues sous le nom d'arêtes, qui sont produites par l'ossification des faisceaux tendineux qui séparent les différents muscles.

De même que pour la colonne vertébrale, nous ne pouvons donner qu'une idée très générale de la tête. Celle-ci se compose, en effet, chez les Pois-sons osseux, d'un fort grand nombre de pièces, dont les unes appartiennent au squelette propre-ment dit, tandis que les autres ne sont que des ossi-fications de la couche profonde du derme.

C'est chez l'Amphioxus que le crâne est le plus

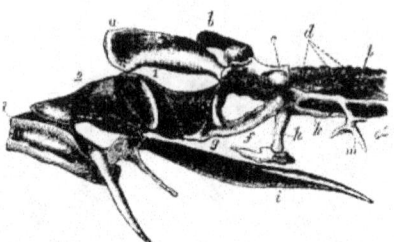

Fig. 19. — Crâne de Lamproie, vu de côté (*).

simple ; ainsi qu'Emile Moreau l'a montré, la tête n'est pas distincte du tronc ; le cerveau est protégé par des pièces qui sont semblables à celles de la gaine de la corde dorsale (fig. 16). Les Myxines et les

Fig. 20. — Crâne de Lamproie, vu de dessous. (Même explication des lettres.)

Lamproies présentent déjà une organisation un peu membraneuse et cartilagineuse qui correspond à l'enveloppe externe de la corde dorsale, et sa base

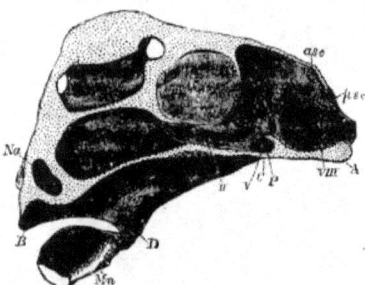

Fig. 21. — Crâne de Chimère, section verticale sans les cartilages labiaux et nasaux (**).

plus élevée ; le crâne est formé par une capsule

Fig. 22. — Crâne de Squatine, vu latéralement (*).

s'ossifie (fig. 19 et 20). Chez les Squales, les Raies, les Chimères, le crâne consiste en une boîte carti-

(*) a, plaque ethmoïdienne ; b, capsule olfactive ; c, capsule auditive ; d, arcs neuraux de la colonne vertébrale ; e, portion palato-ptérygoïdienne et g la portion inférieure quadrate de l'arc sous-oculaire ; h, apophyse stylohyale ; i, cartilage lingual ; k, prolongement inférieur ; l, latéral du cartilage crânien ; 1, 2, 3, cartilages accessoires labiaux ; m, squelette branchial. Les espaces de chaque côté de 1 sont fermés par une membrane (d'après Huxley).

(**) A, région basi-occipitale ; P, fosse pituitaire ; Na, cloison entre les sacs olfactifs ; B, alvéole pour les dents de la mâchoire supérieure ; CD, région du cartilage triangulaire répondant à l'hyomandibulaire et au quadrate ; DB, ce qui représente le quadrate, le ptérygoïde et le palatin ; Mn, mandibule ; for, septum inter-orbital ; asc et psc, canaux antérieur et postérieur semi-circulaires ; I, II, V, VIII, sortie des nerfs olfactif, optique et des cinquième et huitième paires (d'après Huxley).

(*) b, préfrontal ; c, post-orbitaire ; d, cartilage post-auditif ; e, condyles occipitaux ; f, trou occipital ; g, suspensorium ; h, arc dentaire supérieur ; i,k,l, cartilages labiaux ; Mn, mandibule ; Au, chambre auditive ; Or, orbite ; N, chambre nasale ; Op, filaments cartilagineux operculaires ; Br, rayons branchiostégos ; Hy, arc hyoïdien.

lagineuse non séparable, par la dissection, des pièces distinctes (fig. 21 à 23). C'est chez les Esturgeons et chez certains Poissons fossiles que nous voyons apparaître différentes pièces osseuses qui

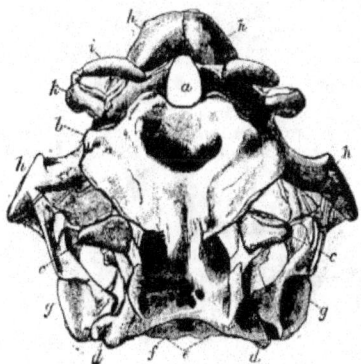

Fig. 23. — Crâne de Squatine, vu par derrière. (Même explication des lettres.)

s'entremêlent avec les pièces cartilagineuses (fig. 24 à 26). Des pièces provenant du crâne primordial subsistent chez tous les Poissons osseux. En effet, comme le dit Claus fort justement, « c'est principalement dans la région ethmoïdale que les restes de cartilage persistent le plus longtemps, tandis qu'à la voûte et à la base du crâne ils sont refoulés

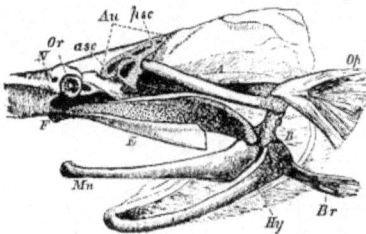

Fig. 24. — Crâne de Spatulaire, vu latéralement (*).

en partie par l'apparition d'os secondaires, en partie par l'ossification des occipitaux primaires, du rocher et des ailes postérieures du sphénoïde (fig. 27 à 30). On peut établir un parallélisme morphologique entre la série des modifications que le crâne présente sous ce rapport et l'histoire de son dévelop-

(*) Le bec est coupé et les canaux semi-circulaires antérieur (*asc*) et postérieur (*psc*) découverts ; *Au*, chambre auditive ; *Or*, orbite avec les yeux ; *N*, sac nasal ; *hy*, appareil hyoïdien ; *Br*, représentant des rayons branchiostèges ; *Op*, operculum ; *Mn*, mandibule ; *AB*, suspensorium ; *D*, cartilage palato-quadrate ; *E*, maxillaire.

pement, car tous les changements que subit le crâne primordial en se transformant en crâne osseux correspondent à des états permanents particuliers aux différentes espèces. Le caractère principal du crâne osseux des Poissons, c'est d'être composé d'un nombre relativement considérable d'os qui, réunis aux os également nombreux de la face, parfois difficiles à séparer nettement, rendent très difficile la comparaison avec les parties correspondantes des autres Vertébrés (1). »

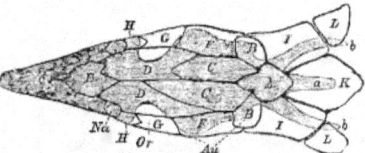

Fig. 25. — Crâne cartilagineux d'un Esturgeon avec os crâniens (*).

Envisagée d'une manière générale, chez les Poissons osseux, la portion fondamentale du crâne est constituée par une sorte de pyramide à trois pans dont le sommet est dirigé en avant ; la partie postérieure de cette boîte osseuse protège le cerveau et l'organe de l'audition, la partie moyenne est évidée pour contenir les yeux ; l'on remarque en avant les fossettes appartenant à l'organe de l'olfaction et une sorte de renflement servant à la suspension de la mâchoire supérieure. Cette pyramide est formée par les occipitaux, les temporaux, le sphénoïde, les pariétaux, les frontaux, l'ethmoïde et le vomer. La

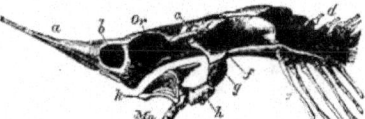

Fig. 26. — Crâne cartilagineux de l'Esturgeon, vu latéralement (**).

mâchoire supérieure elle-même se compose, de chaque côté, d'un os intermaxillaire placé sur la ligne médiane et d'un maxillaire ; ces os sont plus

(*) Le premier est ombré et supposé être vu à travers les derniers qui sont découverts à gauche ; *a*, crête formée par l'apophyse épineuse de la vertèbre antérieure ; *b,b*, apophyse latérale en forme d'aile ; *c*, bec ; *Au*, position de l'organe auditif ; *Na*, position des sacs nasaux ; *Or*, des orbites. Os membraneux de l'aire supérieure superficielle ; *A*, analogue du sus-occipital ; *BB*, des épiotiques ; *E*, de l'ethmoïde ; *G,G*, des post-frontaux ; *H*, des os préfrontaux ; *CC*, pariétaux ; *DD*, frontaux ; *FF*, squamosals ; *K*, écaille (seule) antérieure dermale ; *II* et *LL*, ossifications dermales reliant l'arc pectoral au crâne (d'après Huxley).

(**) *a*, bec ; *b*, chambre nasale ; *Or*, orbite ; *c*, région auditive ; *d*, vertèbres antérieures réunies ; *e*, côtes ; *fgh*, suspensorium ; *k*, appareil palato-maxillaire ; *Mn*, mandibules (d'après Huxley).

(1) Claus, *Traité de zoologie* ; trad. Moquin-Tandon, p. 765.

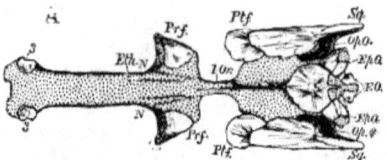

Fig. 27. — Crâne cartilagineux d'un Brochet (*Esox lucius*) avec ses ossifications intrinsèques, vu en dessus (*).

ou moins développés; chez certains Poissons, ils sont fixés de manière à rester immobiles. Une série de pièces osseuses forme une chaîne qui complète en bas le cadre de l'orbite; l'appareil des pièces de l'opercule protège les ouïes et s'ouvre ou se ferme selon que l'exige le mouvement de l'eau qui sert à

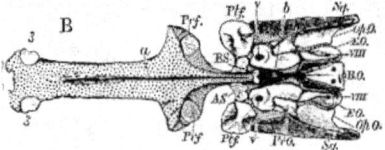

Fig. 28. — Le même, vu en dessous.

la respiration; cet appareil se réunit en arrière à une sorte de cloison verticale séparant les orbites et les joues de la bouche. Enfin, en dedans de ces cloisons et tout au fond de la bouche, existe un ap-

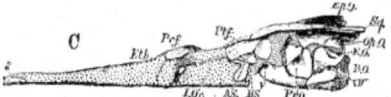

Fig. 29. — Le même, vu du côté gauche.

pareil servant à l'attache des ouïes; à cet appareil sont annexés des os dits pharyngiens, portant le plus souvent des dents qui exercent une seconde mastication parfois plus puissante que celle qui s'est opérée dans la bouche.

Si nous entrons dans quelques détails, nous ver-

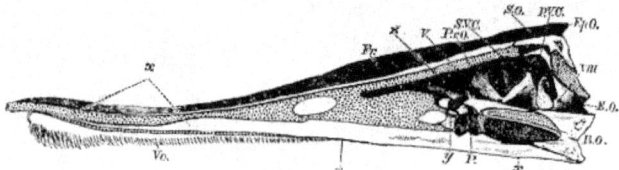

Fig. 30. — Coupe longitudinale et verticale d'un crâne de Brochet.

rons que le crâne peut se décomposer en quatre régions distinctes, correspondant chacune à une vertèbre modifiée (fig. 31 à 34).

(*) Fig. 27 à 30. — Crâne cartilagineux du Brochet. — *NN*, fosses nasales; *Ior*, septum inter-orbital; *a*, sillon pour la crête médiane du parasphénoïde; *b*, canal pour les muscles de l'orbite *Sq*. Le ptérotique est marqué aussi à tort. *V* et *VIII* marquant la sortie du cinquième nerf et du pneumo-gastrique (d'après Huxley).

La région postérieure ou occipitale comprend deux os impairs et un ou deux os pairs. L'*occipital* sert à l'union avec la colonne vertébrale, aussi sa partie postérieure, concave, est-elle semblable à celle d'une vertèbre ordinaire. Cette pièce, surmontée de l'*occipital supérieur* ou *interpariétal*, est flanquée de chaque côté par les *occipitaux latéraux*,

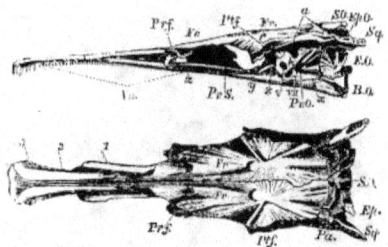

Fig. 31 et 32. — Crâne de Brochet, vue latérale et vue supérieure (*).

auxquels s'ajoutent parfois les *occipitaux externes*.

Plus en avant se trouve la région pariétale, composée d'un os pair et allongé, le *sphénoïde*, de deux os pairs, la *grande aile du sphénoïde*, qui sont très développés et forment une grande partie des parois latérales et inférieures du crâne ; à ces os s'ajoutent les *rochers* et les *mastoïdiens*, puis les *pariétaux*.

sons, tout le bord de la bouche. Derrière cet os se voit le *maxillaire*, dont la disposition est très variable. Plus profondément situés sont les *palatins*, souvent dentés, les *ptérygoïdiens*, généralement minces et aplatis, les os *transverses* (fig. 33).

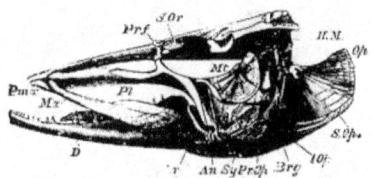

Fig. 33. — Crâne de Brochet, vu latéralement (**).

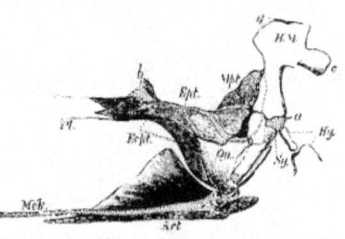

Fig. 34. — Arc palato-quadrate, avec le hyo-mandibulaire et le symplectique du Brochet, vus du côté interne, la pièce articulaire (*Art*) de la mâchoire inférieure et du cartilage de Meckel (*Mck*), du Brochet, vue du côté interne (*).

La région frontale, principalement en rapport avec l'orbite, dans la composition de laquelle elle entre, comprend le *sphénoïde antérieur*, qui est impair et qui fait défaut chez quelques Poissons, et trois os pairs, l'*aile orbitaire*, le *frontal postérieur* et le *frontal principal* ; ce dernier prend souvent un grand développement.

Trois os seulement se trouvent dans la région ethmoïdale, qui est peu étendue ; ce sont le *vomer*, qui est impair et qui est souvent armé de dents, plus deux os pairs, les *ethmoïdes* ou *frontaux antérieurs* et les *nasaux*.

Comme nous l'avons fait pour le crâne, nous diviserons la face en trois régions.

La région antérieure se compose d'os pairs. Ce sont d'abord, à la partie médiane et tout à fait antérieure, l'*intermaxillaire*, qui est le plus souvent armé de dents et qui forme, chez beaucoup de Pois-

La mâchoire inférieure est soutenue par une série de pièces, au nombre de quatre, qui relient cette mâchoire au crâne ; ces pièces ont été désignées par Cuvier sous le nom de *jugal*, *symplectique*, *tympanal*, *temporal*. Leur assimilation avec les pièces osseuses que l'on trouve dans la tête des Vertébrés supérieurs est fort difficile à établir. Quant à la mandibule elle-même, elle est généralement composée de trois os, une partie centrale, le plus souvent chargée de dents et désignée, à cause de cela, sous le nom de *dentaire* ; cette pièce se réunit à une pièce homologue qui vient du côté opposé et présente à sa partie postérieure une échancrure plus ou moins profonde dans laquelle s'enfonce l'*articulaire*, os qui s'articule avec le

(*) y, basi-sphénoïde ; z, alisphénoïde ; a, facette articulaire pour l'os hyo-mandibulaire (d'après Huxley).

(**) *Prf*, préfrontal ; *HM*, hyo-mandibulaire ; *Op*, operculum ; *S.Op*, sous-operculum ; *L.Op*, inter-operculum ; *Pr.Op*, pré-operculum ; *Brg*, rayons branchiostèges ; *Sy*, symplectique ; *Mt*, métaptérygoïde ; *Pl*, arc palato-ptérygoïde ; *Qu*, os quadrate ; *Ar*, articulaire ; *An*, angulaire ; *D*, dentaire ; *S.Or*, os sous-orbitaire.

(*) *a*, le cartilage interposé entre le hyo-mandibulaire (*HM*) et le symplectique (*Sy*) ; *b*, ce qui sert comme d'un pédicule à l'arc ptérygo-palatin ; *c*, apophyse de l'hyo-mandibulaire avec lequel s'articule l'operculum ; *d*, tête de l'hyo-mandibulaire qui s'articule avec le crâne (d'après Huxley).

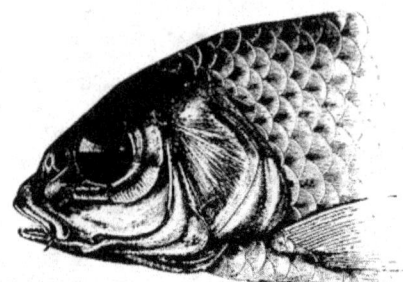

Fig. 35. — Tête de Carpe montrant les pièces operculaires (d'après E. Blanchard).

crâne et à l'angle duquel se trouve un os généralement peu développé, l'*angulaire* ; il existe parfois

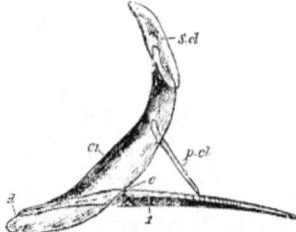

Fig. 36. — Os de l'arc pectoral et du membre antérieur d'un Brochet (*Esox lucius*) : vue semi-diagrammatique de ces os montrant leur position relative naturelle (*).

un os mince placé à la face interne de l'articulaire ; cet os correspond à l'*operculaire* des Reptiles (fig. 34).

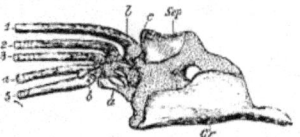

Fig. 37. — Scapulo-coracoïde et le membre séparés (**).

Le battant operculaire, limité en arrière par la fente des ouïes, se compose, lorsqu'il est complet, de quatre pièces. En arrière et en haut se trouve l'*opercule*, puis, en dessous, le *sous-opercule* ; plus

en avant on voit le *préopercule*, et sous lui l'*interopercule* (fig. 35).

Indépendamment de ces os existent des osselets dits *os à canaux muqueux*; ces pièces, n'étant pas

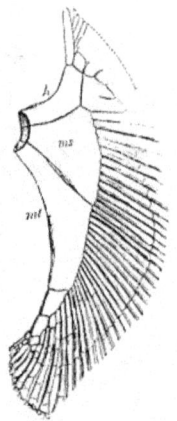

Fig. 38. — Membre pectoral droit d'un Angelot (*Squatina*) (*).

constantes, doivent être regardées comme dépendant de la peau.

Les plus importants de ces osselets sont ceux qui forment une chaîne qui entoure plus ou moins l'orbite; chez plusieurs Ganoïdes anciens ils prennent un énorme développement.

En ne comprenant pas ces os, la tête des Poissons osseux est composée de 58 pièces, dont 26 appartiennent au crâne et 32 à la face.

Lorsqu'on enlève les os de la face, la cavité buc

(*) La clavicule (*Cl*) est supposée transparente ; *Scl*, sus-clavicule ; *Pcl*, post-clavicule ; *cd*, extrémités postérieure et antérieure des marges externes du scapulo-coracoïde (d'après Huxley).

(**) *Scp*, scapulum ; *C*, coracoïde ; *a*, cartilages basilaires ; *b*, rayons de nageoires ; *c*, correspond à *c* de la figure précédente.

(*) *h*, os proptérygium; *ms*, os présoptérygium ; *mt*, os métaptérygium.

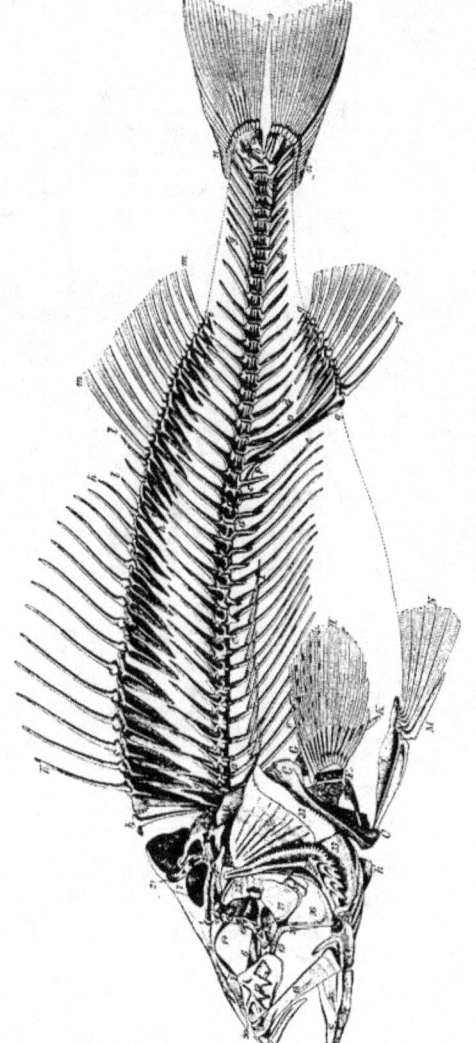

Fig. 39. — Squelette de la Perche fluviatile (*).

(*) 1, frontal; 2, préfrontal; 3, ethmoïde; 4, post-frontal; 5, aile du sphénoïde; 6, sphénoïde; 7, pariétal; 8, sus-occipital; 9, ex-occipital; 10, occipital latéral; 11, hexvmoïd; 12, rocher; 14, cavité orbitaire; 15, 15, 15, tuteaux osseux sous-orbitaire; 17, intermaxillaire; 18, maxillaire supérieur; 20, nasal; 21, sustemporal; 23, temporal; 24, transverse; 25, ptérygoïdien interne; 26, jugal; 27, tympanique; 28, operculaire; 30, pré-operculaire; 31, symplectique; 32, sousoperculaire; 33, inter-operculaire; 34, dentaire; 35, articulaire; 36, angulaire. — aaa, vertèbres; b, vertèbres caudales soudées; ce, apophyses transverses; dd, les deux apophyses transverses, soudées au-dessous de la région caudale, laissent entre elles un canal pour le passage de l'artère caudale; ee, côtes; ff appendices costaux ou arêtes proprement dites; gg, apophyses épineuses; hh, os inter-épineux antérieurs; ii, os inter-épineux postérieurs; kk, rayons épineux de la première nageoire dorsale; ll, mm, rayons de la deuxième nageoire dorsale; nno, rayons de la nageoire caudale; pp, apophyses épineuses inférieures; rr, rayons de la nageoire anale; AB, omoplate divisée en deux parties; C, humérus; D, cubitus; E, radius; F, quatre os du carpe; G, rayon de la nageoire; IK, deux os représentant le coracoïdien; L, membre postérieur; M, un rayon épineux de la nageoire ventrale; N, rayons mous de la même nageoire (d'après G. Cuvier et Valenciennes, *Histoire naturelle des Poissons.* Paris, 1829-1849).

cale des Téléostéens se trouve alors limitée par des arcs nombreux dont la plupart portent des franges branchiales. Les extrémités de cet arc se réunissent en avant à l'os hyoïde qui se compose d'une série de pièces osseuses impaires placées l'une derrière l'autre sur la ligne médiane, et qui porte les autres arcs branchiaux. Au bord externe des cornes de l'os hyoïde on trouve des os plats articulés, ensiformes, d'un nombre peu variable, qui servent à tendre la membrane branchiale qui ferme la fente branchiale. Chez quelques Poissons, ces rayons sont remplacés par des os plats triangulaires ; chez les Poissons cartilagineux ils sont composés de cartilage. En arrière de l'arc de l'os hyoïde viennent quatre arcs rigides composés habituellement de deux pièces chez la plupart des Poissons cartilagineux, et de quatre pièces chez les Poissons osseux ; ces arcs portent à leur face postérieure des folioles branchiales ; mais en avant ils sont habituellement garnis de dents ou d'aiguillons : ce sont les arcs branchiaux qui sont attachés par en haut au crâne par des osselets particuliers, les os pharyngiens supérieurs. Ceux-ci atteignent chez quelques Poissons une dimension insolite et se font remarquer par des replis lamelliformes. Enfin un arc incomplet, l'os pharyngien inférieur, embrasse par dessous l'entrée du pharynx.

Le plus ordinairement, en arrière de la fente des ouïes, se trouve une nageoire qui représente le membre antérieur des Vertébrés supérieurs. Cette nageoire, dite *pectorale*, se compose de petits osselets aplatis qui portent les rayons et qui continuent deux os aplatis regardés comme les analogues de l'avant-bras ; ces deux os sont eux-mêmes portés par une ceinture osseuse placée derrière les ouïes, et sur laquelle l'appareil de l'opercule s'applique comme sur un chambranle. L'arc huméral est suspendu au crâne par plusieurs os qui ont été désignés sous le nom de *clavicule*, de *supraclavicule*, de *post-clavicule* (fig. 37).

Chez certains Poissons, tels que les Raies, les pectorales acquièrent un très grand développement et se confondent avec le tronc (fig. 38) ; chez d'autres, tels que les Dactyloptères et les Exocets, ces nageoires se transforment en organes du vol, pouvant soutenir l'animal pendant quelques instants au-dessus de l'eau ; chez d'autres encore, tels que les Trigles ou Grondins, certaines parties se détachent et servent d'appareil tactile.

Les *ventrales*, qui représentent les membres postérieurs, s'insèrent généralement en arrière des pectorales ; la position de ces nageoires, qui est des plus variables, donne de bons caractères pour la classification, caractères qui ont été surtout utilisés par Linné et par Cuvier. C'est ainsi que les ventrales sont dites abdominales lorsqu'elles s'attachent loin des pectorales (Saumon, Carpe, Hareng) ; thoraciques, lorsqu'elles sont situées sensiblement sous les pectorales (Perche, Mulet, Daurade) ; jugulaires, lorsqu'elles se trouvent en avant de ces dernières nageoires (Lotte, Morue, Merlan).

D'après ce que nous venons de dire, la position du bassin est différente selon les types examinés. Le bassin se compose ordinairement d'une seule pièce dont la forme est, en général, celle d'un triangle, tantôt libre au milieu des chairs, tantôt attaché à la partie antérieure de la ceinture thoracique. Chez la plupart des Poissons cartilagineux, le bassin est formé de deux pièces qui sont réunies sur la ligne médiane et servent de support aux rayons de la nageoire.

Au-dessus et en dessous de la colonne vertébrale, et s'appuyant souvent sur elle, se trouvent différentes pièces osseuses qui n'ont pas d'analogues dans le squelette des autres Vertébrés ; ces pièces supportent les nageoires verticales et impaires (fig. 39).

La nageoire dorsale, qui existe presque toujours, peut être simple, double, multiple. Dans le cas de deux nageoires, l'antérieure est composée de rayons durs et osseux, et tel est le cas chez les Acanthoptérygiens ; la nageoire molle, lorsqu'elle existe seule, commence le plus souvent par un rayon osseux, ainsi qu'on le voit chez la Carpe et chez beaucoup de Silures.

La dorsale subit parfois de singulières modifications ; c'est ainsi que chez la Baudroie les rayons antérieurs sont portés sur le crâne et s'allongent en tentacules ; chez le Cycloptère, ces rayons restent cachés sous la peau. Ils sont isolés les uns des autres, non réunis par une membrane, chez les Épinoches. La modification la plus curieuse est celle que présente la première dorsale chez certains Poissons du groupe des Scombéroïdes, que l'on connaît sous le nom d'Echeneis ou Rémoras ; on remarque chez eux un disque aplati composé de lames mobiles et situé sur le dessus de la tête ; grâce à ce disque, les Rémoras ont la faculté d'adhérer fortement aux corps étrangers. Certains rayons de la dorsale se séparent parfois des autres dans la partie postérieure du corps, de manière à former ce que l'on nomme des *fausses pinnules* (Thon, Maquereau).

Les osselets qui supportent la ou les dorsales sont soutenus par une série de pièces solides connues sous le nom d'interépineux, pièces dont l'extrémité vient s'engager entre les apophyses supérieures des vertèbres.

On trouve parfois derrière la dorsale un repli membraneux plus ou moins long que l'on désigne sous le nom d'adipeuse et qui n'est qu'une dépendance de la peau, sans connexion avec le squelette (Salmonoïdes, Siluroïdes, Scolépides).

L'anale ne présente pas les modifications que nous avons notées aux dorsales ; la nageoire peut être simple ou multiple ; elle commence souvent par une ou plusieurs épines.

Chez presque tous les Poissons, le corps est terminé par une nageoire verticalement placée, qui est la *caudale*. Cette nageoire manque chez plusieurs Téléostéens, tels que certains Lophobranches et chez plusieurs Plagiostomes (Céphaloptères). Sa forme varie, non seulement suivant les espèces, mais parfois suivant l'âge ; c'est ainsi qu'elle peut être arrondie chez les jeunes, fourchue chez les adultes.

« La caudale présente de très grandes différences

dans son mode d'insertion, dans ses rapports avec la colonne vertébrale ; elle ne peut guère être comparée chez les Plagiostomes et chez les Poissons osseux. Dans les Plagiostomes, elle s'étend parfois sur une très longue partie du corps ; chez le Renard, par exemple, elle est à peu près égale à la moitié de la longueur totale ; dans la Chimère, elle cesse avant d'atteindre l'extrémité du rachis, et chacun de ces lobes, suivant la position qu'il occupe, pourrait être considéré comme une dorsale ou bien comme une anale ; le filament caudal est, en réalité, la terminaison de l'axe vertébral. Chez les Poissons osseux, au contraire, la caudale est terminale ; elle s'insère uniquement sur l'extrémité du rachis, elle n'a de rapports qu'avec un très petit nombre de vertèbres et parfois avec la dernière seulement, chez la Baudroie ; ses rayons médians sont parallèles à l'axe du corps, bien entendu quand il n'y a pas de déviation accidentelle comme dans les Trachyptères (1).

Chez certains Poissons, tels sont les Squales et certains Ganoïdes anciens, la nageoire caudale n'est pas symétrique, et le lobe supérieur étant beaucoup plus développé que le lobe inférieur, la nageoire est placée, en grande partie, au-dessus de l'axe médian du corps. Cette disposition a été appelée *hétérocerque* par Agassiz ; l'extrémité de la corde dorsale, qui persiste même chez les animaux adultes, se relève alors dans le lobe supérieur de la nageoire.

De Baër le premier avait remarqué que la corde dorsale des Poissons osseux ne se terminait pas, chez l'embryon, d'une manière symétrique. Cette asymétrie serait, dès lors, un caractère embryonnaire que présenteraient tous les Poissons antérieurs à l'époque jurassique, tandis que les espèces ayant vécu postérieurement à cette formation seraient presque toutes pourvues d'une caudale asymétrique ; les Poissons les plus anciens auraient donc, d'après Agassiz, « subi des perfectionnements réitérés à travers les diverses époques zoologiques, et ces perfectionnements successifs ne sont pas sans écho dans le développement embryonnaire des êtres de l'époque actuelle. »

Par suite de nos connaissances plus approfondies sur les Poissons anciens, cette loi n'est plus absolument vraie, car on connaît aux mêmes époques des espèces dont les unes sont hétérocerques, tandis que les autres ont la caudale asymétrique. De plus, les Plagiostomes, qui sont des hétérocerques par excellence, devraient toujours être hétérocerques tandis que, d'après les observations de van Beneden, ils seraient homocerques à l'état embryonnaire, de telle sorte, dit ce savant, que « si les Poissons des divers âges géologiques correspondaient à des degrés divers d'évolution, au lieu de Poissons hétérocerques, les premières couches ne devraient

(1) E. Moreau, *Histoire naturelle des Poissons de la France*, t. I, p. 24.

renfermer que des Poissons à queue homocerque, puisque les Poissons hétérocerques par excellence sont primitivement homocerques. »

Certains Poissons, en apparence homocerques ou à caudale asymétrique, sont en réalité hétérocerques ; tel est, entre autres, un Ganoïde, l'Amia ; en regardant la figure 40, on voit, en effet, que bien

Fig. 40. — Extrémité caudale d'Amia (*).

que la caudale soit symétrique, la corde dorsale se relève fortement dans le lobe supérieur de la nageoire, de manière à laisser presque toute cette nageoire au-dessous de l'axe médian du corps. Cette fausse homocercie a été désignée sous le nom de *diphycercie*.

Bien plus, nos Poissons actuels, en apparence les plus homocerques, présentant la caudale la plus symétrique, sont en réalité diphycerques, la corde dorsale laissant au-dessous d'elle la plus grande partie de la nageoire ; c'est ce que l'on voit, par exemple, chez le Saumon (fig. 41).

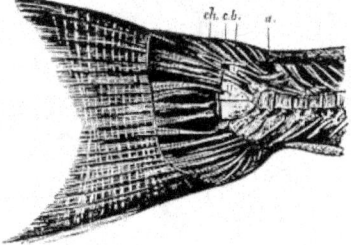

Fig. 41. — Extrémité caudale de Saumon (**).

Il est peu de Poissons réellement *homocerques* ou chez lesquels la corde dorsale se termine exactement dans l'axe du corps ; tel est le Polyptère (fig. 33).

Le squelette des Poissons diffère essentiellement de celui des Vertébrés supérieurs, en ce qu'il contient rarement l'élément fondamental et caractéristique du tissu osseux, l'ostéoplaste ; il est formé plutôt de cartilage endurci par des sels calcaires que par de l'os véritable, bien qu'il puisse cependant

(*) *ch*, notocorde.

(**) *abc*, plaques osseuses ; *ch*, notocorde (d'après Huxley).

acquérir une grande dureté. On trouve cependant des parties renfermant de véritables ostéoplastes, par exemple chez les Siluroïdes, les Salmonidès, le Thon. Beaucoup d'os, au contraire, ceux de la tête surtout, sont bien manifestement des endurcissements de certaines parties de la peau. Chez les Poissons dits, à cause de cette particularité, Poissons

Fig. 42. — Extrémité caudale de Polyptère (*).

cartilagineux (Raies, Requins), le squelette reste à l'état fibro-cartilagineux ou cartilagineux, la matière calcaire ne se dépose que par petits grains isolés. Chez les Lamproies, le squelette demeure cartilagineux. Quant aux os des membres, ils ne présentent pas de cavité intérieure ou canal de la moelle, même chez les Poissons dits osseux.

Système musculaire. — Ce système consiste essentiellement en une grande masse musculaire placée de chaque côté du tronc et de la queue; cette masse est divisée à sa surface par des brides tendineuses qui la séparent en autant de parties qu'il y a de vertèbres; on distingue, en outre, deux masses musculaires principales, une supérieure, une inférieure. C'est par les contractions de ces muscles latéraux, très puissants, que le corps se courbe alternativement à droite et à gauche dans les mouvements de progression. Entre les deux faisceaux se trouve souvent un muscle grêle, de couleur rouge, que Carl Vogt regarde comme un muscle cutané. Entre les intervalles que présentent les muscles latéraux, aussi bien dans la région dorsale que dans la région ventrale, existent des muscles qui ont été nommés *muscles grêles* par Cuvier.

Les nageoires ventrales sont mises en mouvement par de petits muscles qui forment plusieurs couches et dont les uns servent à redresser les rayons, les autres à les abaisser.

« Les mâchoires, dont les mouvements ont une puissance extrême, sont mises en jeu par une grosse masse musculaire divisée en plusieurs portions, qui s'insère par deux tendons aux deux mâchoires, et s'attache en arrière à l'appareil palatin, et aux pièces supportant la mâchoire inférieure. Les deux branches de celle-ci peuvent être rappro-

chées au moyen d'un muscle placé en travers.

« L'arcade palatine est élevée ou abaissée par des muscles presque toujours volumineux. L'opercule est pourvu d'un élévateur décomposé en plusieurs parties et d'un abaisseur.

« Les muscles de l'appareil hyoïdien ont une assez grande complication, mais le principal d'entre eux est étendu de la face interne de la mâchoire inférieure à la branche de l'os hyoïde. Des muscles situés entre les rayons de la membrane branchiostège ont pour usage de resserrer la cavité branchiale. Les mouvements de l'appareil branchial sont exécutés par un ensemble de muscles très compliqué. Des élévateurs des arcs branchiaux fixés à chacun de ces arcs s'attachent à la base du crâne. Un élévateur très puissant part, en outre, de chaque arc et prend son point fixe à la face inférieure de la colonne vertébrale. Les mouvements contraires, ou d'abaissement de l'appareil branchial, sont produits par des muscles étendus des os pharyngiens à l'os hyoïde et à la ceinture de l'épaule (1). »

La disposition indiquée s'applique seulement aux Poissons osseux; elle est différente chez les Poissons cartilagineux, ainsi que nous le dirons lorsque nous traiterons de ces derniers.

Locomotion. — Chez le Poisson, les appareils de la locomotion sont profondément modifiés et transformés en nageoires, ainsi que nous l'avons vu. La nageoire caudale, qui agit à la manière d'une hélice, est le principal agent de la natation; c'est, en effet, en frappant alternativement l'eau par des mouvements latéraux de la queue et du tronc que se meuvent les Poissons, aussi les muscles destinés à fléchir la colonne vertébrale sont-ils très développés. Les nageoires latérales, pectorales et ventrales, servent principalement à maintenir l'animal en équilibre ; les autres nageoires, dorsale et anale, remplissent le rôle de gouvernail, en dirigeant l'animal dans sa course.

La locomotion s'opère, du reste, de différentes manières suivant la disposition de certains organes, et nous ne pouvons mieux faire que de citer ici, d'après le docteur Émile Moreau, le résumé des différentes théories qui ont été émises sur la natation.

« Chez la plupart des Poissons, dit-il, à corps fusiforme, à dos et à ventre plus ou moins tranchants, la natation se fait au moyen de la queue, rame puissante qui, pourvue de muscles développés, exécute des mouvements alternatifs à droite et à gauche. Quand la queue est portée d'un côté de l'axe du corps, la tête, suivant Borelli, serait portée du côté opposé. Ce n'est pas l'opinion de Bell Pettigrew. D'après le physiologiste anglais, il a raison dans la plupart des cas, la queue et la tête

(*) ch, notocorde.
BREHM. — VI.

(1) E. Blanchard, *Les Poissons des eaux douces de la France*, p. 73.

POISSONS. — 3

Fig. 43. — Le Protoptère (*Protopterus annectens*).

sont toujours portées du même côté ; le corps entier forme un arc de cercle plus ou moins prononcé, et la locomotion se fait suivant la concavité de l'arc ; c'est, en effet, ce qui a lieu quand l'animal exécute de grands mouvements ; mais, quand il fait des mouvements peu énergiques et assez lents, la queue seule est portée à droite, à gauche, et la partie antérieure du tronc reste, ainsi que la tête, dans l'axe du corps. Certains Poissons, les Coffres, sont enfermés dans une carapace plus ou moins complète et n'ont de libre, excepté les nageoires, que l'extrémité postérieure du corps ; ils se servent de leur queue comme d'une godille. Les Poissons très allongés et très flexibles, les Congres, les Anguilles, les Protoptères (fig. 43), la plupart des Squales, forment avec leur corps plusieurs courbes, deux au moins figurant une S, que Pettigrew appelle « courbes céphalique et caudale à cause de leurs positions respectives ».

« Chez les Poissons plats, les Pleuronectes, qui, par suite d'une torsion singulière, ont le dos et le ventre dans un même plan horizontal, la natation se fait au moyen de mouvements ondulatoires ; la queue ne frappe jamais l'eau de droite à gauche, mais de bas en haut ou de haut en bas ; les courbes ne sont plus latérales, elles sont verticales.

« Le rôle des pectorales est très variable ; ces nageoires, qui servent pour le recul principalement, ne sont pas souvent employées pour la progression par les Poissons qui jouissent d'une grande vitesse ; ainsi les Muges nagent, quand ils sont poursuivis, en appliquant leurs pectorales contre le corps. Quelques Poissons de nos eaux douces, les Épinoches, se servent quelquefois uniquement de leurs pectorales qui exécutent des mouvements de torsion très faciles à suivre.

« Chez les Poissons qui ont le corps relativement court et très large, la queue à peu près nulle ou excessivement grêle, comme les Raies, les Céphaloptériens, ce sont les pectorales qui exécutent les mouvements de locomotion ; mais alors il n'y a plus une véritable natation, c'est plutôt une espèce de vol dans un milieu plus dense que l'air.

« L'Ange paraît avoir un mode de locomotion mixte ; il a des pectorales développées et une queue grosse et vigoureuse.

« Le vol peut encore s'exécuter hors de l'eau, grâce à l'énorme étendue des pectorales qui se remarque chez les Dactyloptères, les Exocets, et a fait donner à ces Poissons le nom de *Poissons volants*. Comment agissent les pectorales de ces animaux? Sont-elles de simples parachutes, des appareils de soutien immobiles, ou bien exercent-elles des mouvements plus ou moins renouvelés comme

Fig. 14. — Le Périophthalme (*Periophthalmus Kœlreuteri*).

les ailes de l'Oiseau? D'après Pettigrew, le vol du Poisson volant est un vol glissant; « le Poisson trans- » portant dans l'air la vitesse acquise par de vi- » goureux coups de queue dans l'eau, disposition » qui le dispense, en grande partie, de battre les » ailes, agissant ainsi par une action combinée de » parachute et de coin ». La plupart des auteurs, Pettigrew, etc., croient que les nageoires pectorales ne sont pas des organes passifs, mais qu'elles agis- sent « comme de véritables ailes. » M. de Tessan a constaté le battement des ailes chez ces animaux. Swainson rapporte ce fait important que le Poisson volant peut changer son parcours après avoir abandonné l'eau, ce qui prouve d'une manière sa- tisfaisante que les nageoires ne sont pas simple- ment des organes passifs.

« Les Lophobranches, emprisonnés dans une cuirasse peu mobile latéralement, ayant une queue très grêle, souvent dépourvue de caudale, ne peu- vent se mouvoir qu'au moyen des nageoires ou même d'une nageoire, la dorsale qui reste seule aux Nérophiniens. La dorsale a des rayons nom- breux et indépendants; elle exécute des mouve- ments ondulatoires en général très rapides, assez difficiles à suivre; elle peut suffire seule à la loco- motion; quelquefois les Hippocampes, les Syngna- thes, se servent des pectorales pour modifier, changer leur direction, pour tourner par exemple en montant. Pendant la locomotion, la queue est enroulée chez les Hippocampes, droite dans les au- tres espèces, mais toujours immobile. La locomo- tion se fait dans le sens vertical, ce qui a toujours ou presque toujours lieu chez les Hippocampes, dans un sens oblique ou vertical chez les autres espèces. La natation ne peut guère s'exécuter dans un plan horizontal, surtout chez les Hippocampi- niens et les Nérophiniens.

« Les Trigles peuvent non seulement nager comme les Poissons les plus agiles, mais ils peu- vent encore marcher au moyen des rayons détachés

Fig. 45. — Echeneis remora.

des pectorales. Ces rayons sont munis d'un appareil musculaire particulier qui permet à l'animal d'exécuter en toute liberté divers mouvements, de se porter en avant, en arrière, en dehors, en dedans; ils sont arrondis à leur extrémité et servent tout à la fois aux Trigles d'appareil de locomotion et d'organe de tact.

« Certains Poissons, arrêtés dans leur parcours par des barrières plus ou moins hautes, sont obligés, pour les franchir, de faire parfois des sauts relativement considérables. Les Saumons, par exemple, s'élancent par-dessus les barrages qui se trouvent dans les rivières.

« Quelques espèces ont le moyen de se faire transporter en se fixant à des corps flottants, les Gobies, les Échéneis (fig. 45), les Lophobranches à queue prenante. Enfin, nous ajouterons que, parmi les Gymnodontes, les Lagocéphales peuvent remplir d'air une poche communiquant avec l'œsophage (fig. 46) et flotter comme un ballon (1). »

Nous dirons encore qu'un Poisson de l'extrême Orient, l'Anabas, peut avancer sur le sol à l'aide des fortes dentelures dont est pourvu son appareil operculaire.

Les Anguilles et d'autres Poissons quittent les

(1) E. Moreau, Histoire naturelle des Poissons de la France, t. I, p. 30.

marais desséchés pour se transporter, en rampant, dans un endroit plus propice.

Le Lançon, l'Equille (fig. 47) peuvent s'enterrer rapidement dans le sable.

Vessie natatoire. — Il existe chez beaucoup de Poissons, le long et en dessous de l'épine dorsale, une sorte de poche membraneuse remplie de gaz et connue sous le nom de *vessie natatoire*. Cette poche est ou close ou communique avec le tube digestif au moyen d'un canal dit conduit pneumatique; ce n'est qu'exceptionnellement qu'elle s'ouvre dans la chambre branchiale (Saurel ou Maquereau bâtard).

La forme de cette vessie est très différente suivant les espèces examinées (fig. 48). Chez beaucoup de Poissons, surtout chez ceux qui sont dépourvus de canal pneumatophore, on trouve dans l'intérieur de la vessie des parties connues sous le nom de *corps rouges* et dont le rôle est de sécréter les gaz qui remplissent la vessie.

La vessie natatoire manque presque toujours chez les animaux qui vivent au fond de l'eau, enfouis dans la vase, tels que les Anguilles, les Soles, les Raies; on s'est dès lors demandé si cet organe ne jouait pas un rôle important dans la locomotion.

Lorsque cet appareil communique avec le tube

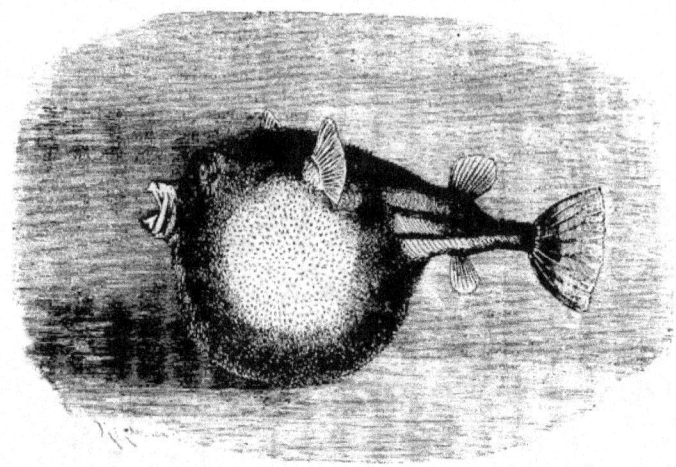

Fig. 46. — Tetrodon Fakalka.

digestif, on a généralement admis que, lors de la compression de la poche par les muscles qui l'entourent, les gaz en excès peuvent s'échapper, de telle sorte que, suivant le volume qu'elle occupe, le poids spécifique du Poisson est égal, supérieur ou inférieur à la densité du liquide ambiant, et fait qu'ainsi l'animal reste en équilibre, descend ou monte; telle est l'opinion de Borelli et de Perrault.

Fig. 47. — L'Équille (*Ammodytes tobianus*).

Suivant d'autres auteurs, par contre, et nous citerons en particulier Gouriet, « ce n'est point parce qu'il presse ou dilate sa vessie que le Poisson descend ou monte; c'est plutôt parce qu'il descend ou monte que sa vessie se trouve pressée ou dilatée. » D'après le docteur A. Moreau, qui a fait de nombreuses recherches, « la vessie natatoire est un organe d'équilibre, non de locomotion... de telle sorte que le Poisson qui a une vessie natatoire est un ludion, mais un ludion vivant; physiologiquement, il change la quantité d'air qu'il possède... Le Poisson privé de vessie natatoire possède nor-

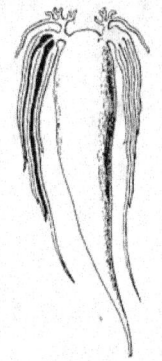

Fig. 48. — Vessie natatoire de Sciénoïde.

malement, comme il résulte des expériences de Delaroche, une densité toujours supérieure à la densité de l'eau ; il n'est jamais en équilibre dans l'eau. »

Centres nerveux. — Bien que fort réduit, l'encéphale des Poissons est loin d'occuper toute la

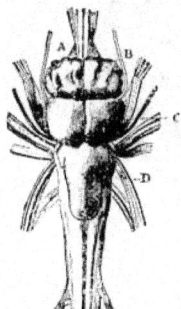

Fig. 49. — Cerveau de Brochet, vu en dessous (*).

capacité crânienne, si petite que soit celle-ci ; l'espace vide est rempli par une matière parfois d'apparence séreuse, d'autres fois d'aspect gélatineux ou graisseux.

Le cerveau présente des différences très grandes suivant les types examinés; de plus, malgré de nombreux et remarquables travaux, il règne encore

(*) A, nerfs ou lobes olfactifs, et au-dessus les nerfs optiques ; B, hémisphères cérébraux; C, lobes optiques; D, cérébellum.

une grande incertitude sur les rapports et l'homologie de certaines parties, de telle sorte que cette anatomie est très difficile à décrire. Nous nous contenterons dès lors, ainsi que nous l'avons fait pour le squelette, d'indiquer les traits généraux.

Chez les Poissons osseux, l'encéphale se présente sous la forme d'une série de lobes qui se succèdent de manière à figurer une sorte de double chapelet.

Les lobes situés tout à fait en avant sont les lobes olfactifs qui, chez le Brochet par exemple,

Fig. 50. — Cerveau de *Lepidosteus semiradiatus* (*).

ne sont pas très développés (fig. 49, A). Chez les Ganoïdes (Lepidostée), ces lobes s'allongent déjà un peu plus et forment la base renflée des nerfs de l'odorat (fig. 50, 51, p, l). Les Poissons cartilagineux ont, en général, ces pédoncules olfactifs développés ; ceux-ci peuvent être cependant très courts, ainsi qu'on le voit chez la Roussette ; d'autres fois au contraire ils s'allongent, et se terminent par une partie dilatée, qui est le bulbe olfactif (fig. 52, 53 I, s).

Aux tubercules olfactifs succèdent les hémisphères, le cerveau proprement dit, qui, chez les Squales, sont réunis en une masse commune arrondie (fig. 38, a) ; ces hémisphères sont doubles

Fig. 51. — Cerveau de *Lepidosteus semiradiatus*, vu en dessous (**).

chez les Ganoïdes (fig. 36, 37, g) et chez les Téléostéens (fig. 35, B); les lobes sont réunis par une commissure et forment ce que l'on appelle le cerveau antérieur ou *prosencéphale*.

(*) l, nerfs olfactifs ; g, hémisphères cérébraux ; c, lobes optiques ; d, cervelet ; f, moelle allongée ; a, quatrième ventricule.
(**) ch, chiasma ; h, corps pituitaire ; i, lobe inférieur ; l, nerfs olfactifs ; II, nerfs optiques (d'après Huxley).

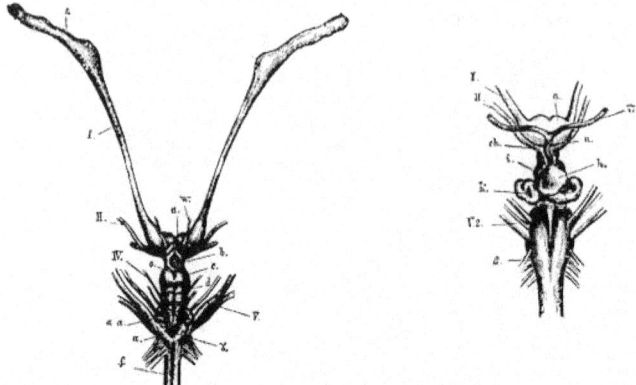

Fig. 52 et 53. — Cerveau de Raie (*Raja batis*), vu en dessus (*).

Le cerveau moyen, ou *mésencéphale*, se compose des lobes optiques, souvent plus développés que les autres parties de l'encéphale; ces lobes sont creusés, chez les Téléostéens, d'une vaste cavité; sur

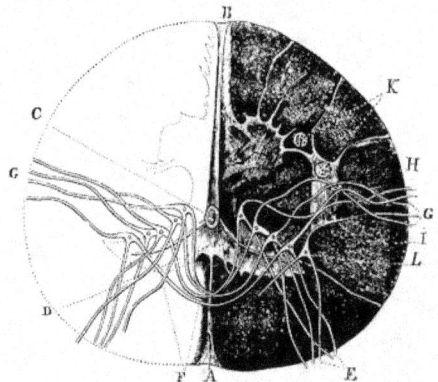

Fig. 54. — Coupe de la moelle épinière d'un Saumon, *Salmo Salar* (**).

leur plancher se trouvent de petites éminences dont le nombre est variable suivant les espèces.

Sur la ligne médiane, entre les hémisphères

cérébraux et les lobes optiques, on voit une petite glande vasculaire, qui est la glande pinéale (fig. 51 *h*).

Plus postérieurement vient le cervelet, qui constitue le cerveau postérieur, désigné aussi sous le nom d'*épencéphale*; placé en travers de la portion antérieure de la moelle allongée, il est plus ou moins développé suivant les animaux examinés et parfois parcouru par des sillons longitudinaux.

Le cervelet est creusé d'une cavité ou arrière-cavité du quatrième ventricule.

(*) *a*, hémisphères cérébraux unis sur la ligne médiane; *b*, thalamencéphale; *c*, mésencéphale; *d*, cérébellum.

(**) A, sillon médullaire antérieur; B, sillon médullaire postérieur; C, canal central de la moelle tapissé par un épithélium cylindrique; D, tissu cellulaire qui entoure le canal central, et qui envoie un prolongement dans le sillon antérieur et postérieur de la moelle; E, racine antérieure; F, fibres constituant la commissure de la moelle; G, fibres de la racine postérieure, H, tissu cellulaire; L, fibres nerveuses de la substance blanche coupées transversalement; K, vaisseaux sanguins coupés en travers; L, cellules ganglionnaires (Cl. Bernard, *Système nerveux*) (d'après Owrjannikow).

Après le cervelet, et sur un plan inférieur, se voit la moelle allongée, sur laquelle se trouvent assez fréquemment de petits tubercules.

La moelle épinière est généralement très développée relativement au cerveau (fig. 54); parfois cependant, comme chez la Baudroie et chez le Môle, la moelle proprement dite est courte et se divise presque de suite en de nombreux filets nerveux, formant ce que l'on nomme la *queue de cheval*.

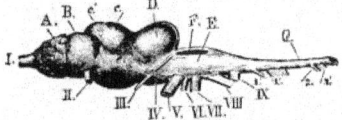

Fig. 55. — Cerveau de la Lamproie fluviatile, vue supérieure et de côté (*).

Nous ne pouvons entrer ici dans des détails sur l'origine et le mode de terminaison des nerfs qui partent de l'encéphale ; nous dirons seulement que chez les Ganoïdes et les Elasmobranches les nerfs optiques se réunissent et forment un *chiasma*; l'origine de ces nerfs est très visible chez les Lamproies (fig. 55 à 57).

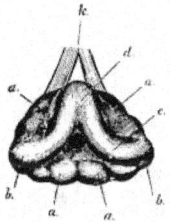

Fig. 56. — Labyrinthe membraneux de la Lamproie marine (**).

Grand sympathique. — On sait que chez la plupart des Vertébrés, outre le système nerveux cérébro-spinal, il existe dans la cavité ventrale une double chaine de ganglions reliés entre eux, en connexion avec la moelle et avec l'encéphale, au moyen de quelques nerfs crâniens; cet appareil, qui tient sous sa dépendance une grande partie des fonctions soustraites à l'influence de la volonté, est connu sous le nom de *grand sympathique*. Ce sys-

tème, qui envoie des rameaux aux branchies, aux organes digestifs et à leurs annexes, aux organes génito-urinaires et souvent à la vessie natatoire, paraît faire défaut chez les Cyclostomes.

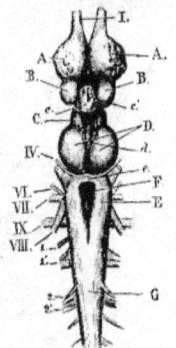

Fig. 57. — Cerveau de Lamproie fluviatile (*).

Organes des sens. — Bien que les organes des sens soient souvent, en apparence du moins, moins développés que chez les Vertébrés plus élevés en organisation, ils existent cependant chez presque tous les Poissons.

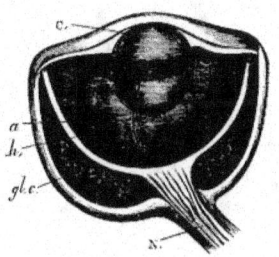

Fig. 58. — OEil de Brochet (***).

Par suite du milieu dans lequel ils vivent, les Poissons ont le cristallin volumineux et sensiblement sphérique (fig. 58) ; la cornée est, en général, presque plane, beaucoup plus épaisse sur les bords qu'au centre ; la pupille est large, peu contractile ; les yeux sont, en général, grands et peu mobiles. Il n'existe pas d'appareil lacrymal, et les paupières manquent chez la plupart des espèces ; la peau passant le plus souvent au-devant de l'œil sans

---

(*) I, nerfs olfactifs, étroits prolongements antérieurs du rhinencéphale (A); B, prosencéphale; c, thalamencéphale; D, mésencéphale; E, moelle allongée; F, quatrième ventricule; c, bande étroite qui est tout ce que représente le cérébellum; G, moelle épinière; II, nerfs optiques; III, oculo-moteurs; IV, pathétique, trijumeaux; VI, abducens; VII, facial et auditif; VIII, glosso-pharyngien et pneumo-gastrique; IX, nerf hypoglosse; 1, 1, 2, 2, racines motrices et sensorielles du premier des deux nerfs spinaux.

(**) a, vestibule; b, ampoules: c, les deux canaux semi-circulaires; d, leur union et commune ouverture dans le vestibule; k, nerf auditif.

(*) A, lobes olfactifs ; I, nerfs olfactifs; B, hémisphères cérébraux ; C, cerveau intermédiaire de Baer (couches optiques); D, mésencéphale, ou lobes optiques; E, moelle allongée; F, quatrième ventricule; e, bandelette qui représente le cervelet; G, moelle épinière.

(**) N, nerf optique; C, cristallin; A, rétine; a, repli falciforme; gl.c, glande choroïdienne (d'après Leuckart).

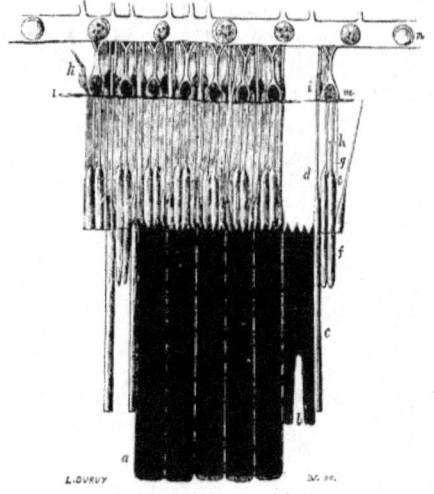

Fig. 59. — Rétine de Brochet. — Région externe comprise entre couche pigmentaire et la membrane intermédiaire (*).

Fig. 60. — Œil du Saumon ; cloche s'insérant supérieurement sur la capsule cristallinienne.

former aucun repli, s'amincit et devient transparente ; chez certains Muges elle forme un repli connu sous le nom de paupière adipeuse ; chez plusieurs Squales, tels sont le Mylandre, le Requin, l'Émissole, il existe une paupière mobile inférieure qui peut se relever ou s'abaisser et qui est l'analogue de la membrane nictitante des Oiseaux.

Le fond de l'œil de certains Poissons n'est pas noir, mais brille au contraire d'un très vif éclat, d'un rouge de cuivre, d'un vert glauque, d'un jaune doré, d'un blanc d'argent et d'autres teintes encore ; cette coloration est due au *tapis* dans lequel se trouvent une multitude de petits cristaux qui décomposent inégalement les rayons lumineux (fig. 59).

Une particularité de l'œil des Poissons consiste dans la présence d'un ligament en forme de faux qui passe dans une fissure de la rétine, traverse le corps vitré et s'attache à la capsule du cristallin par une sorte de tubercule (*cloche* ou *campanule de Haller*) (fig. 60).

Chez certains Poissons que l'on connaît sous le nom de Pleuronectes (Soles, Plies, Turbots, Limandes), les yeux ne sont pas placés comme d'ordinaire des deux côtés de la tête ; ils sont situés tous deux du même côté, et cette asymétrie coïn-

cide avec un défaut de symétrie dans d'autres parties du corps (fig. 61 et 62) ; il est, du reste, à remarquer que chez les très jeunes Pleuronectes les yeux sont symétriquement placés.

Chez tous les Poissons l'oreille externe et l'oreille moyenne faisant défaut, l'appareil auditif est réduit à l'oreille interne ; certains Squales ont cependant comme un rudiment d'oreille externe s'ouvrant dans l'évent.

L'oreille interne est elle-même dépourvue de limaçon et réduite à un labyrinthe membraneux qui se compose de trois canaux semi-circulaires et d'un vestibule (fig. 56, 63).

La partie la plus importante du canal semi-circulaire est l'ampoule sur les parois de laquelle vient se rendre un rameau de nerf acoustique. Chez les Poissons cartilagineux ce rameau est entouré d'un labyrinthe membraneux. Une humeur gélatineuse, d'une transparence hyaline, remplit et distend le labyrinthe ; on trouve dans le vestibule et dans le petit sac qui lui succède, tantôt une fine poussière, désignée sous le nom d'*otoconie*, tantôt des pierres ou *otolithes*, dont la forme est variable suivant les espèces, pierres très dures, souvent dentelées sur un de leurs bords, sur lesquelles viennent s'épanouir les filets du nerf acoustique (fig. 64, 65).

La disposition de l'organe de l'odorat est toute différente de ce qui existe chez les autres Vertébrés ; excepté chez les Myxines, Poissons très inférieurs, il n'est pas, en effet, en rapport avec la

(*) *ab*, couche pigmentaire : *cd*, un bâtonnet plongeant dans la couche précédente et confinant, d'autre part, à la limitante externe ; *efgh*, les diverses régions d'un cône jumeau ; *l*, limitante externe ; *k*, continuation des éléments basilaires dans la couche granulée externe ; *m*, calotte d'un cône jumeau ; *n*, membrane intermédiaire (d'après Hannover).

bouche. La narine a, le plus souvent, deux ouvertures placées l'une derrière l'autre, qui communiquent avec une fossette tapissée par une membrane mu-

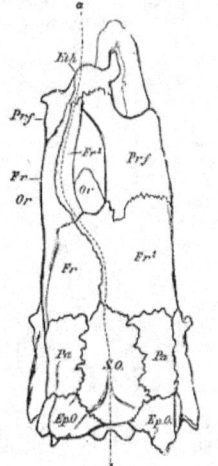

Fig. 61 et 62. — Crâne de Flet, vu en dessous (*).

queuse plus ou moins plissée; chez certains Poissons, tels que les Raies, les fosses nasales qui sont situées au voisinage de la bouche sont fermées par des valvules. Chez les Lamproies l'organe de

l'olfaction consiste en un tube ouvert sur le sommet du museau et s'étendant jusqu'à la voûte palatine (fig. 66). Il faut aussi noter les communications

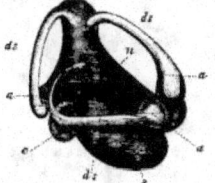

Fig. 63. — Labyrinthe membraneux de l'Anguille (*).

qui chez les Cyprins existent entre l'oreille et la vessie natatoire.

Le goût doit être fort peu développé; il existe cependant quelques papilles sur la langue. Les bar-

 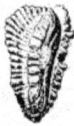

Fig. 64 et 65. — Otolithes de Morue.

billons que l'on trouve parfois autour de la bouche sont en rapport avec la sensation du toucher; leur structure est, en effet, celle des organes des sens spéciaux (fig. 67).

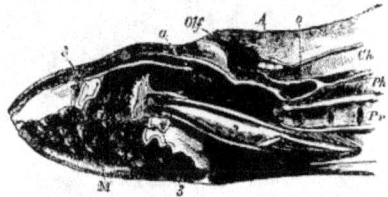

Fig. 66. — Section longitudinale et verticale du crâne de la Lamproie marine (**).

Par la nature même des téguments, le tact est, du reste, fort obtus. La peau est, en effet, presque toujours protégée par des écailles. Ce n'est guère qu'au moyen des lèvres que les Poissons peuvent exercer le sens du toucher; chez certains d'entre eux existent sur la tête ou sur différentes parties du corps des appendices qui servent au tact; tels

sont les barbillons du Barbeau, de la Loche, des Silures, les filaments pêcheurs de la Baudroie, les lambeaux charnus des Rascasses, les doigts des Trigles ou Grondins, les barbillons jugulaires des Mulles qui sont sous la dépendance de l'os hyoïde,

(*) ds, canaux semi-circulaires; a, leurs dilatations ampulaires; u, utricule; s, saccule; c, cysticule (d'après Hasse et Huhn).

(**) A, le crâne avec son cerveau; a, section du bord cartilage; Olf, entrée dans la chambre olfactive qui se prolonge dans la poche coecale o; Ph, pharynx; Pr, canal branchial avec les ouvertures internes des sacs branchiaux; M, cavité buccale avec ses dents cornées; 2, cartilage qui supporte la langue; 3, anneau oral.

(*) La ligne ab est la vraie ligne médiane morphologique; Or, Oe, position des deux yeux dans leur orbite; Eth, ethmoïde; Prf, préfrontal; Fr, frontal gauche; Frd, frontal droit; Pa, pariétal; So, sus-occipital; EpO, épiotique.

les appendices cutanés qui se trouvent sur la nuque des Blennies.

Certains Poissons, tels que les Cyclostomes, sont absolument nus, mais le plus souvent la peau est

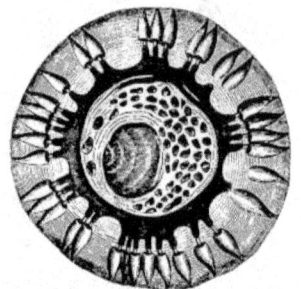

Fig. 67. — Coupe d'un Barbillon de *Mullus*, d'après C. Jobert.

protégée par des écailles. Celles-ci chez les Anguilles sont très petites et enfoncées profondément, mais en général elles présentent une surface solide, flexible et se recouvrent les unes les autres comme les tuiles d'un toit; suivant que le bord libre de ces écailles est entier ou dentelé, elles sont dites *cycloïdes* ou *cténoïdes* (fig. 68, 69). Les écailles se soudent parfois entre elles, de manière à former une solide carapace dans laquelle est enfermé l'animal, ainsi qu'on le voit chez les Coffres (fig. 70), ou se changent en aiguillons, comme chez les Diodons ou Orbes épineux, se convertissent en piquants, comme les épines que l'on voit sur la partie caudale des Balistes.

Par suite de l'ossification d'une partie de la peau sur une grande épaisseur, se produisent tantôt de petits noyaux osseux irrégulièrement distribués qui rendent la peau rugueuse (Squales), tantôt des plaques souvent surmontées d'épines ou de crochets, ainsi qu'on le voit chez certaines Raies, chez les Trygons. Ces plaques, ces boucles ont la structure de la dentine et les animaux qui les portent ont été désignés par Agassiz sous le nom de *placoïdes* (fig. 71, 72).

Chez le Lepisostée, le Polyptère, à l'époque actuelle et chez tous les Poissons des plus anciens âges, le corps est revêtu d'écailles dont la surface est luisante, émaillée; ces écailles, qui contiennent un tissu osseux, sont dites *ganoïdes* (fig. 73).

La peau des Poissons comprend dans son intérieur de petites cellules contractiles, désignées sous

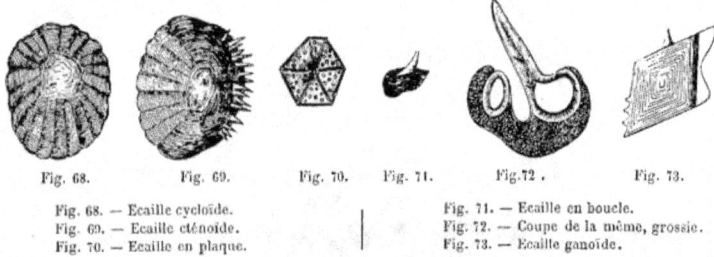

Fig. 68.   Fig. 69.   Fig. 70.   Fig. 71.   Fig. 72 .   Fig. 73.

Fig. 68. — Ecaille cycloïde.
Fig. 69. — Ecaille cténoïde.
Fig. 70. — Ecaille en plaque.

Fig. 71. — Ecaille en boucle.
Fig. 72. — Coupe de la même, grossie.
Fig. 73. — Ecaille ganoïde.

Fig. 68 à 73. — Ecailles de Poissons.

le nom de *chromoblastes* et de *chromatophores*, auxquels sont dus les changements de coloration que l'on observe; ces changements sont produits, en effet, par la contraction ou la dilatation de ces cellules qui, lorsqu'ils sont élargis, présentent la forme d'une étoile avec des rayons ramifiés.

On observe généralement de chaque côté du corps une ligne d'écailles présentant à leur surface une éminence allongée qui est l'extrémité d'un tube; cette rangée est désignée sous le nom de *ligne latérale*. On a cru pendant longtemps que ces écailles étaient destinées à sécréter le mucus si abondant qui lubréfie le corps des Poissons; les recherches faites dans ces dernières années ont montré que c'étaient des organes des sens, renfermant des rameaux nerveux qui se terminent en forme de bou-

ton. Chez les Raies, les Squales, les Chimères, les tubes présentent une extrémité en ampoule (fig. 74). Les recherches expérimentales ont montré que la ligne latérale est un organe de tact (fig. 75 à 77).

D'après les observations de de Sède, cette ligne « est un organe de tact donnant au Poisson des renseignements sur l'état du milieu dans lequel il vit; ce qu'elle apprécie, par excellence, ce sont les courants, les remous, les mouvements faibles de l'eau. Par elle, le Poisson connaît sa propre vitesse et peut la régler; mobile dans un élément sans cesse agité, il en perçoit les moindres déplacements; vivant au milieu d'êtres animés qui l'entourent de tous côtés, il devine leur approche aux plus petits mouvements de l'eau. La ligne latérale est donc le résultat d'une adaptation à la vie aquatique, adap-

tation qui cesse avec ce mode d'existence et disparaît, comme on le voit chez les Batraciens, lorsque
ces derniers deviennent adultes et terrestres. Les
organes de la sensibilité générale se sont groupés
en un appareil plus délicat, affectant des disposi-

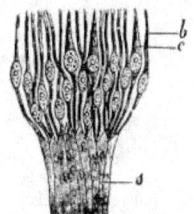

Fig. 74. — Structure d'un calyce. Pastenague
(*Trygon Pastenacea*) (*).

tions spéciales absolument différentes de celles qui
caractérisent les autres organes des sens définis.
On ne saurait cependant y voir un sixième sens dans
l'acception du mot ; c'est un organe tactile spécialisé.
Les dispositions anatomiques qui la caractérisent
sont très variables, mais toutes se résument en un
appareil récepteur, plus ou moins protégé par les
téguments, appareil communiquant avec le *senso-
rium* par l'intermédiaire du nerf latéral. »

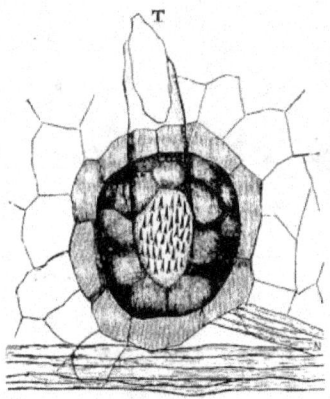

Fig. 75. — Ensemble d'un organe latéral, d'après
Schultze (**).

C'est sous l'influence directe du système nerveux
que se trouvent ces curieux appareils électriques
qui existent chez quelques espèces. Nous revien-

(*) *b*, bâtonnets ; *c*, cône ; *s*, cellule de soutien (d'après To-
daro).
(**) T, tube flottant et entourant les bâtonnets dont on aperçoit par
transparence les pointes terminales ; N, filet nerveux se rendant aux
bâtonnets.

drons plus loin sur la structure de ces appareils.
Nous dirons seulement ici que le mieux connu de

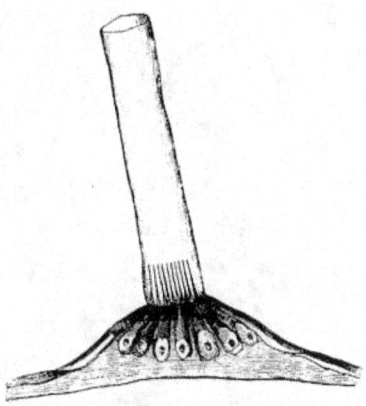

Fig. 76. — Un des tubes de la ligne latérale montrant
par transparence les bâtonnets insérés sur le mamelon
basilaire, d'après Schultze.

ces appareils est celui de la Torpille ; l'appareil
logé à la partie antérieure du corps, de chaque

Fig. 77. — Extrémité initiale ou cœcale d'un tube de
Lorenzini, avec ses ampoules basilaires. — Une de
celles-ci a été incisée pour montrer le plateau central
et radié sur lequel vient se terminer le rameau nerveux *n*, d'après Boll.

côté de l'encéphale, consiste en une multitude de
tubes verticaux, disposés comme des rayons d'a-
beilles et cloisonnés en une série de petites cel-

lules remplies d'un liquide gélatineux; cet appareil reçoit quelques branches très grosses du nerf

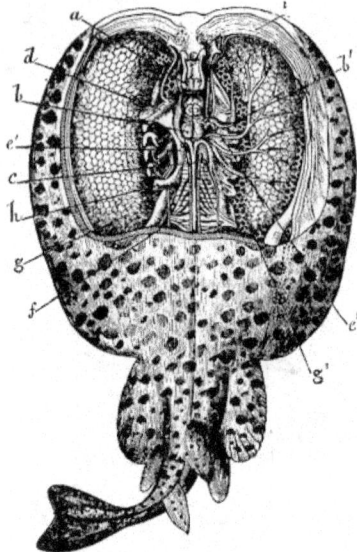

Fig. 78. — Anatomie de la Torpille marbrée (*).

pneumogastrique (fig. 78). Chez nos Raies, un appareil électrique, mais de faible puissance, existe de chaque côté de la queue. Entre la peau des flancs et les muscles sous-jacents se trouve, chez un poisson du Nil et du Sénégal, le Malaptérure, un organe particulier qui a la propriété de donner des commotions d'une grande force.

L'Anguille électrique ou Gymnote qui habite l'Amérique du Sud, et principalement les mares que l'on rencontre dans les plaines qui sont situées entre la Cordillère et l'Orénoque, possède au plus haut degré la propriété de produire de l'électricité. L'appareil règne tout le long du dos et de la queue; il consiste en quatre faisceaux composés d'un grand nombre de lames membraneuses très rapprochées et unies par une multitude de petites lamelles placées de champ; ces petites lamelles sont remplies d'une matière gélatineuse; tout l'appareil reçoit de gros filets nerveux.

Appareil digestif et sécrétions. — Presque tous les Poissons sont carnassiers et se nourrissent exclusivement ou presque exclusivement de matières animales; d'autres, bien que préférant les substances végétales, ont cependant un régime mixte; la plupart recherchent des proies vivantes, d'autres Poissons, des Crustacés, des Mollusques, des Vers; tous les Poissons sont voraces; ils peuvent absorber une grande quantité de nourriture ou jeûner pendant longtemps.

La position et la forme de la bouche sont très variables. Le plus souvent la bouche est perpendiculaire à l'axe du corps, fréquemment obliquement placée; elle est transversale chez les Raies et chez quelques Poissons osseux ou peut être située à l'extrémité d'une sorte de tube, comme on le re-

Fig. 79. — Anatomie de l'*Amphioxus lanceolatus* (**).

marque chez la Fistulaire, chez l'Aulostome; elle peut être fendue de haut en bas, comme on le voit chez les Synancées, ou être complètement en dessous du museau, ainsi que cela existe chez certains Silures; elle peut être très large: Baudroie, ou très étroite: Baliste; chez certains Poissons osseux elle peut s'agrandir et être projetée en avant: Epibulus, Equula, Dorée; d'autres fois, ainsi qu'on le voit chez les Lamproies, la bouche est disposée pour sucer et se fixer; chez l'Amphioxus, la bouche a la forme d'une petite fente munie de cirrhes (fig. 79).

(*) *a*, cerveau; *b*, moelle allongée; *c*, moelle épinière; *dd*, portion électrique du trijumeau ou cinquième paire; *ee'*, portion électrique des pneumo-gastriques ou nerfs de la huitième paire; *f*, nerf récurrent; *g*, organe électrique jaune non entamé; *g'*, organe électrique droit disséqué pour montrer la distribution des nerfs; *h*, la dernière des chambres branchiales; *i*, tubes mucipares.

(**) *a*, bouche; *b*, cavité pharyngo-branchiale; *c*, anus; *d*, foie; *e*, pore abdominal.

Les lèvres sont généralement peu développées; elles peuvent être cependant très charnues, ainsi qu'on le remarque chez beaucoup de Labres.

Chez la plupart des Poissons, les mâchoires sont garnies de dents qui, le plus souvent, sont les organes de rétention de la proie; il est rare que les dents manquent complètement, comme chez les Esturgeons et les Lophobranches, ou qu'elles n'existent que sur les os pharyngiens inférieurs, comme chez les Cyprins. Il est peu commun de trouver des dents sur le maxillaire supérieur. Toutes les pièces osseuses de la voûte palatine peuvent être garnies de dents.

Les dents se soudent parfois entre elles de manière à former des plaques qui servent à la trituration des aliments, principalement des Mollusques ou des Polypiers, ainsi qu'on le remarque chez les Myliobates et les Chimères; d'autres fois les dents se réunissent de manière à former un pavage, une sorte de mosaïque (Raies). Les dents sont ordinairement fixes, mais d'autres fois elles sont mobiles

Fig. 80. — Dents pharyngiennes de l'Ablette commune.

et peuvent se rabattre en dedans de la bouche, de manière à laisser passer la proie et à se relever ensuite (Baudroie, Stomias).

Malgré l'énorme variété qu'elles présentent, les dents elles-mêmes peuvent être distinguées en dents à crochets et dents molaires. Les premières ont habituellement la forme d'un crochet pointu, un peu recourbé en arrière, à bords plus ou moins tranchants; elles peuvent être dentelées latéralement ou présenter des dentelures basilaires; on rencontre cette disposition chez beaucoup de Requins.

Les dents préhensiles peuvent être plus faibles et pressées les unes contre les autres, au lieu d'être séparées par un intervalle très appréciable; à l'exemple de Cuvier, « lorsque ces crochets sont nombreux et disposés sur plusieurs rangs ou en quinconce, on les a comparés aux pointes qui hérissent les *cardes* à carder la laine ou le coton ; souvent aussi ils sont assez grêles et assez serrés pour se présenter à l'œil comme les poils de *velours*, et quand ils sont en même temps fort courts et fort serrés, c'est un *velours ras* qu'ils représentent ; mais quand

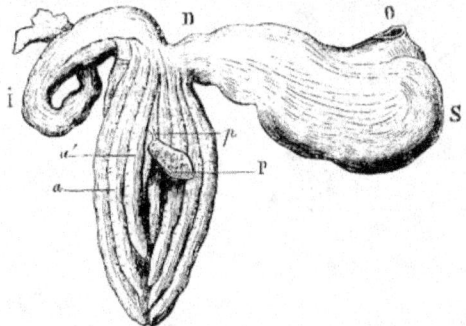

Fig. 81. — Appareil digestif d'une Raie (*).

ils sont allongés et faibles, ils forment des *brosses* ou des espèces de *cheveux*. Enfin, ces petites dents fines peuvent être en même temps si courtes qu'elles se réduisent à une simple *aspérité*, sensible au sens plus qu'à la vue. Indépendamment de ces dents en crochets, il en existe de tranchantes à leur extrémité ou en forme de coin, comme les antérieures des Sargues ou les pharyngiennes des Scares ; le tranchant peut en être dentelé comme dans les Acanthures, ou aiguisé en pointe dans son milieu, comme dans les Serrasalmes. Il en existe aussi de rondes, soit hémisphériques, soit ovales, comme les postérieures des Sargues ; ces dents rondes peuvent être disposées sur plusieurs rangs, ou même serrées les unes contre les autres, comme des pavés, ainsi qu'on le voit au palais et à la langue du Glossodonte, sur les mâchoires de la Raie bouclée, aux os pharyngiens des Labres et de

plusieurs Sciènes. Il y en a aussi de pointues, comprimées et tranchantes des deux côtés, comme celles des Trichiures, des Chirocentres ; d'autres dont la couronne est plate et relevée de lignes saillantes, comme celles du pharynx de la Carpe, ou qui se renflent en massue, comme celles de plusieurs Cyprins ; il y en a à couronne tuberculeuse, comme celles des Mylètes. »

Nous ajouterons que les os pharyngiens sont souvent garnis de dents, tantôt en pavés, tantôt aiguës et en crochets, ainsi qu'on le voit chez les Cyprins (fig. 80).

Chez les Poissons cartilagineux, les dents sont simplement engagées dans les parties molles ; chez les Poissons osseux, elles sont fréquemment implantées dans des alvéoles, soudées ou même confondues avec l'os qui les porte. Généralement la dent forme un creux dont la cavité axiale intérieure est occupée par la pulpe dentaire ; quelques espèces ont des dents pourvues de canaux médullaires réticulés, dans lesquels on ne trouve plus de cavité

(*) O, cardia; S, estomac; D, pylore ; *aa*, appendice pylorique ; P, pancréas ; *p*, conduit pancréatique s'ouvrant dans un appendice pylorique (Claude Bernard).

médullaire, mais des vaisseaux et des nerfs, qui, de la pulpe dentaire, traversent la masse dans toutes les directions ; on voit encore des dents composées de quelques cylindres creux qui s'élèvent, tantôt isolés, tantôt d'un réseau vasculaire et sont reliés en une masse commune par une substance interstitielle.

Il n'existe pas de glandes salivaires. La langue est petite, peu ou point mobile ; un voile membraneux a pour usage d'empêcher les aliments et surtout l'eau devant servir à la respiration, d'être rejetés par la bouche.

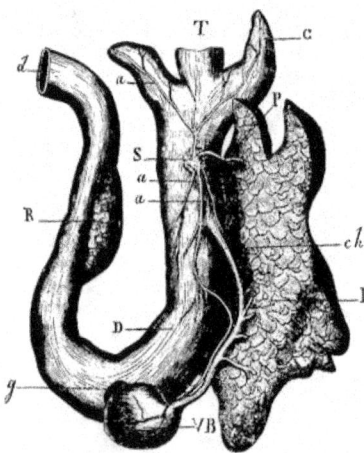

Fig. 82. — Appareil digestif du Turbot (*).

rale et adhérente par son bord externe à la surface de l'intestin ; cette bandelette, dite *valvule spirale*, a pour but de retarder le cours des aliments, tout en multipliant beaucoup la surface d'absorption. Les Poissons cartilagineux ont une glande dite *appendice digitiforme* qui verse une abondante sécrétion dans l'intestin.

Le foie est toujours volumineux ; le pancréas est bien développé chez les Plagiostomes (fig. 83) ; il est plus réduit chez les autres Poissons. Dans le voisinage du pylore se trouvent des tubes qui s'ouvrent dans l'intestin ; ces *appendices pyloriques* sont souvent en très grand nombre, comme chez le Saumon, la Truite. La rate est toujours plus volumineuse chez les Poissons cartilagineux que chez les Poissons osseux.

Les reins existent chez tous les Poissons ; ils sont

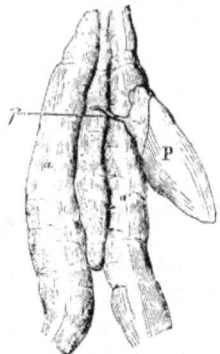

Fig. 83. — Pancréas d'une Raie (*).

L'arrière-bouche est limitée par les arcs branchiaux dont les dentelures empêchent les aliments de pénétrer dans la cavité branchiale.

L'œsophage, qui est large, se confond insensiblement avec l'estomac ; ce dernier est très variable dans sa forme et ses dimensions, bien que généralement vaste (fig. 81 et 82).

La longueur de l'intestin varie suivant les espèces, de telle sorte que la position de l'anus est très variable, cet orifice se trouvant parfois sous la gorge, d'autres fois à la base de la queue ; chez les herbivores, de même que chez les Vertébrés supérieurs, l'intestin est toujours plus long que chez les carnassiers. Chez les Squales, les Raies, les Ganoïdes, il existe une bandelette contournée en spi-

souvent réunis en arrière et fort développés, parfois partagés en une série de petits lobes. La vessie et l'urèthre manquent chez un certain nombre de Poissons ; lorsqu'elle existe, la vessie s'ouvre au dehors soit dans le cloaque, soit directement à l'extérieur.

On a dernièrement signalé chez quelques espèces des glandes communiquant avec des épines plus ou moins acérées et devant être regardées comme des glandes à venin (Vive, Synancée, Thallassophryne).

Respiration. — « L'introduction continuelle de l'air dans l'organisme, personne ne l'ignore aujourd'hui, est pour tous les êtres une condition essentielle à l'entretien de la vie. C'est la respiration, phénomène mal compris et d'ailleurs inexplicable, avant la découverte de la composition de l'air atmosphérique et de la nature du gaz acide carbonique. Dans l'opinion des anciens, l'air intro-

duit dans les poumons est simplement destiné à
rafraîchir le sang, et chez les animaux aquatiques,
c'est l'eau qui, en baignant les branchies, doit déterminer un effet analogue. Au dix-septième siècle,
l'observation du changement de couleur qu'éprouve

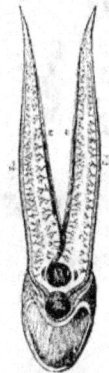

Fig. 84. — Schéma de la circulation du sang dans les
branchies (*).

le sang veineux en présence de l'atmosphère, les
recherches des chimistes, les expériences des physiologistes, commencent à jeter quelques lueurs et
à faire pressentir de nouvelles lumières sur le phénomène de la respiration. Jean Bernouilli, l'illustre

géomètre, constate que les bulles qui se dégagent
de l'eau exposée à la chaleur sont de l'air qui était
dissous dans le liquide, et il s'assure que les Poissons ne peuvent vivre dans l'eau dont l'air a été
expulsé par l'ébullition. Mais il fallait les découvertes de Lavoisier pour établir que l'oxygène de
l'atmosphère absorbé par la respiration se com-
bine avec le carbone fourni par l'organisme pour
produire, par une véritable combustion, du gaz
acide carbonique qui est rejeté au dehors (1). »

Chez les animaux aériens qui respirent au moyen
de poumons, l'air va au-devant du sang ; chez les
animaux aquatiques, dont la respiration se fait au
moyen de branchies, le sang va au-devant de l'air
contenu dans l'eau.

Chez les Poissons osseux et chez les Ganoïdes les
branchies sont logées dans une cavité, ou chambre
respiratoire, qui est située de chaque côté du corps,
à la limite de la tête et du tronc ; cette chambre a
pour parois extérieures le battant operculaire (fig. 85).

Lorsque nous avons décrit l'ostéologie de la tête,
nous avons vu que sous le crâne se trouve un appareil très développé, formé d'une série de segments ; c'est l'appareil hyoïdien qui se compose
d'un premier segment, l'os hyoïde, d'un dernier
segment, l'os pharyngien inférieur et presque toujours de quatre segments intermédiaires, qui portent
les branchies et sont dits arcs branchiaux ; ces arcs
sont formés d'une pièce impaire et de quatre pièces
latérales superposées. En outre, et pour compléter
les parois de la chambre branchiale, se trouvent des
rayons aplatis et recourbés dépendant de l'appareil
hyoïdien ; ce sont les *rayons branchiostéges*.

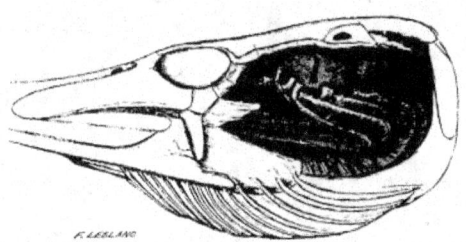

Fig. 85. — Appareil branchial du Brochet, d'après Émile Blanchard.

La branchie elle-même se compose essentiellement d'une multitude de lamelles saillantes, disposées en séries parallèles à la manière des dents
d'un peigne sur les tiges qui les supportent ou *arcs
branchiaux* (fig. 84 et 86). Ces lamelles sont le plus
souvent séparées et indépendantes les unes des
autres ; chez les Poissons qui, à cause de cette par-

ticularité, ont été désignés par Cuvier sous le nom
de *Lophobranches*, les lamelles forment des espèces
de houppes ou de panaches enroulés.

Le nombre de ces lamelles respiratoires est très
grand. D'après Émile Blanchard, « on en a compté,
sur une seule rangée, 55 chez le Goujon, 96 chez la
Tanche, 106 chez le Barbeau, 135 sur la Carpe. Il
y en a deux rangées à chaque branchie, et il existe

(*) a, veine branchiale (artère épibranchiale) ; b, arceau branchial
(coupe transversale) ; c, branches de l'artère branchiale ; d, branches
de la veine branchiale.

(1) E. Blanchard, *Les Poissons des eaux douces de la France*,
p. 87.

quatre branchies des deux côtés. L'appareil respiratoire du Goujon présente donc, en totalité, environ 880 lamelles, celui de la Tanche près de 1500, celui du Barbeau 1700, celui de la Carpe 2160. »

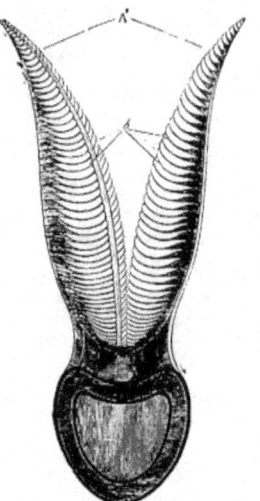

Fig. 86. — Section transversale d'un arc branchial avec une paire de faucilles A′ supportant les lamelles *b* secondaires (Morue) d'après Th. William.

Ces lamelles sont généralement disposées en double série sur chaque arc; le dernier arc ne porte qu'une seule rangée.

Fig. 87. — Appareil branchial du Gourami (*Osphronemus olfax*).

Chez les Poissons cartilagineux les branchies s'ouvrent au dehors par des fentes distinctes, les branchies étant fixes. Beaucoup de ces Poissons possèdent, en outre, une *branchie accessoire* située dans l'évent.

Les *pseudobranchies* qui se trouvent parfois à la voûte de la chambre respiratoire ne servent pas à

BREHM. — VI.

la respiration, car elles contiennent du sang artériel, et non du sang veineux.

Chez certains Poissons que l'on désigne sous le nom de *Pharyngiens labyrinthiformes* (Anabas, Ma-

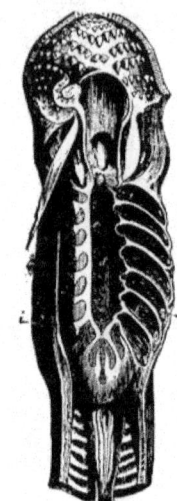

Fig. 88. — Appareil respiratoire de la Lamproie, d'après R. Owen.

cropode) il existe une disposition très remarquable qui permet à ces animaux, vivant dans des marais qui assèchent souvent, de rester assez longtemps hors de l'eau; au-dessus des branchies sont de

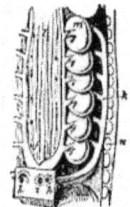

Fig. 89. — Appareil respiratoire de la Myxine (*).

vastes cellules dans lesquelles l'eau s'amasse dans des organes spongieux, pour de là tomber goutte à goutte sur les lamelles branchiales et les maintenir humides (fig. 87).

Dans les Lamproies l'organe respiratoire consiste

(*) *m*, sacs branchiaux; *k*, leur canal afférent commun; *h*, son orifice; *i*, orifice communiquant avec l'œsophage *l*; *f*, trou de communication de l'œsophage avec les sacs (d'après R. Owen).

POISSONS. — 5

en sacs n'ayant pas de communication directe avec le tube digestif, mais recevant l'eau par un canal dont l'orifice est situé au fond de la bouche et s'ouvre au dehors par une série de trous (fig. 88, 89).

Quelques Poissons, et la Carpe en est un exemple, ne se contentent pas de respirer l'oxygène dissous dans l'eau : ils viennent à la surface prendre de l'air en nature. Il en est même, comme la Loche des étangs, qui convertissent l'oxygène de l'air en acide carbonique, en le faisant passer au travers de leur intestin, de telle sorte que chez eux cet appareil sert à une respiration supplémentaire.

Chez les Dipnoïques (Lepidosiren, Protoptère)

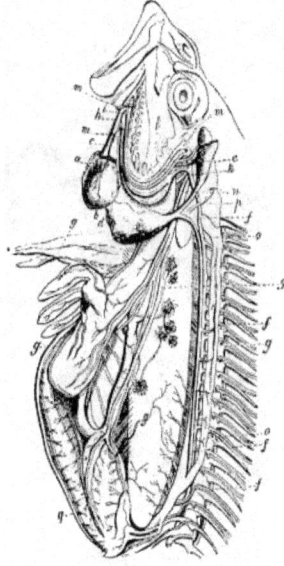

Fig. 90. — Appareil circulatoire de la Perche (*).

tous les arcs branchiaux ne sont pas pourvus de lamelles respiratoires. Chez ces animaux, qui dans certains cas vivent hors de l'eau et respirent l'air en nature, il existe une respiration pulmonaire ; la vessie natatoire, celluleuse, est physiologiquement transformée en organe pulmonaire ; c'est à la face

(*) a, oreillette du cœur; b, ventricule; c, bulbe artériel; d, sinus veineux précédant l'oreillette; e, tronc et sinus veineux de la tête; ff, grands troncs veineux des organes du mouvement (l'un est situé sous l'épine, et l'autre passe par le canal vertébral, au-dessous de la moelle épinière, il reçoit les veines du dos et des reins); g, tronc des veines des organes digestifs, des reins, du foie et de la vessie natatoire; h, artère branchiale; i, rameau qu'elle donne à chaque branchie; k, veines branchiales dont la réunion forme la grande artère l, ou l'aorte qui envoie le sang dans les différentes parties du corps, excepté à la tête et au cœur qui reçoivent des branches; mm, émanées des arcs branchiaux (d'après Cuvier).

inférieure de l'œsophage que s'ouvre la trachée-artère. Nous reviendrons sur la structure et la composition de ces curieux organes lorsque nous ferons l'histoire particulière de ces animaux.

Circulation. — Tandis que chez les Vertébrés supérieurs, Mammifères et Oiseaux, il existe, en réalité, deux cœurs accolés l'un à l'autre, l'un droit, ou veineux, l'autre gauche, ou artériel, cœurs qui, du reste, au point de vue physiologique, se fusionnent plus ou moins chez les Reptiles, chez les Poissons, au contraire, le cœur droit, c'est-à-dire la partie du cœur qui reçoit le sang venant des veines, est seul développé ; le sang se rend, en effet, directement dans l'organe central de la circulation avant d'avoir subi l'influence vivifiante de l'air ; en parcourant le cercle circulatoire, il ne traverse qu'une seule fois le cœur, et cela à l'état de sang veineux (fig. 90).

Le cœur est logé dans une chambre qui est close chez les Poissons osseux, mais qui communique avec la cavité du péritoine chez les Poissons cartilagineux ; il est placé sous la gorge, un peu plus reculé cependant chez les Apodes ou Anguilles.

De ce que nous avons dit plus haut, il résulte que le cœur des Poissons ne présente que deux cavités, une oreillette dans laquelle se déverse le sang

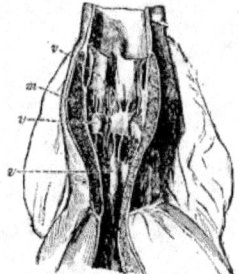

Fig. 91. — Bulbe aortique d'un Squale, le *Lamna* (*).

revenu de toutes les parties du corps dans un vaisseau connu sous le nom de *sinus de Cuvier*, et un ventricule placé généralement derrière l'oreillette et donnant naissance à une artère dont la base est renflée et contractile ; cette base ou *bulbe artériel* est chez les Cartilagineux et chez les Ganoïdes garni de valvules ou replis membraneux dont le but est d'empêcher le retour du liquide sanguin (fig. 91).

Le bulbe donne naissance à une artère qui se divise de suite en branches latérales qui se rendent dans les branchies, où elles se subdivisent en une multitude de réseaux capillaires, qui se réunissent

(*) v,v,v, valvules; m, paroi musculaire.

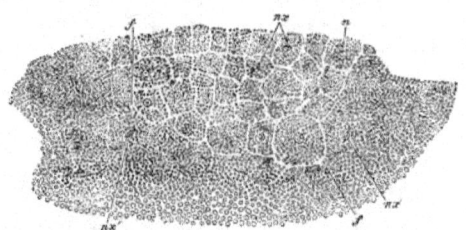

Fig. 92. — Coupe du disque germinatif d'un embryon de Pristiure, pendant la segmentation (*).

ensuite de manière à constituer un gros vaisseau : véritable aorte au point de vue physiologique, cette artère, qui est située le long de la colonne vertébrale, donne naissance aux différents vaisseaux

poches contractiles sur le trajet de la veine caudale (Anguilles, Myxines).

Le système lymphatique est souvent très difficile à distinguer du système veineux ; il est probablement très développé.

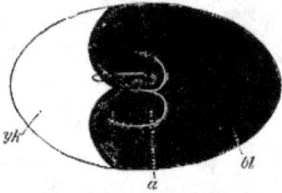

Fig. 93. — Vue d'un vitellus d'Elasmobranche. Stade où l'embryon est encore attaché au bord du blastoderme.

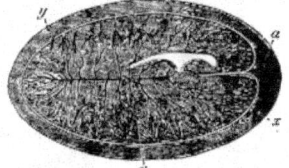

Fig. 95. — Stade après que le vitellus est complètement enfermé dans le blastoderme (*).

du corps. Il faut, du reste, faire remarquer que tout le sang veineux ne se jette pas directement dans le *sinus de Cuvier* ; le sang qui vient des intestins et de quelques viscères passe par le foie et par les reins ; les veines qui le charrient forment

Le sang chez les Poissons est coloré ; il contient, en effet, des globules rouges et des globules blancs ; chez le plus dégradé de tous les Vertébrés, chez l'Am-

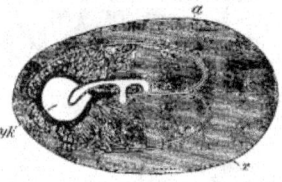

Fig. 94. — Stade plus avancé. Le vitellus n'est pas encore complètement enveloppé par le blastoderme.

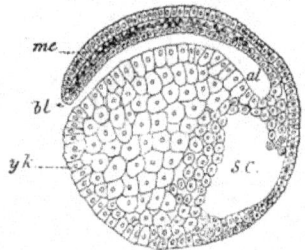

Fig. 96. — Coupe longitudinale verticale d'un embryon de *Petromyzon Planeri* de 136 heures (**)

dans ces organes des réseaux d'épuration très compliqués connus sous le nom de *systèmes portes*. La présence de ces systèmes formés de nombreux vaisseaux capillaires ralentit le cours du sang ; aussi existe-t-il parfois des cœurs accessoires ou plutôt des

phioxus cependant, il n'est pas de couleur rouge. Les globules rouges sont toujours elliptiques et pourvus d'un noyau ; ces globules sont plus volumineux

(*) n, noyau ; nx, noyau modifié pour la division ; nx', noyau modifié dans le vitellus ; f, sillon apparaissant dans le vitellus adjacent au disque.

(*) yk, vitellus ; bl, blastoderme ; v, troncs veineux du sac vitellin ; y, point de fermeture du blastoderme vitellin ; x, portion du blastoderme extérieure au sinus terminal artériel. La partie ombrée est le blastoderme ; la partie blanche, le vitellus encore à découvert.
(**) me, mésoblaste ; yk, cellules vitellines ; al, cavité digestive bl, blastopore ; sc, cavité de segmentation.

chez les Cartilagineux que chez les autres Poissons ;
d'après Émile Moreau, le grand diamètre est, comme
maximum, de 0ᵐᵐ,025 (Myliobate aigle) ; comme

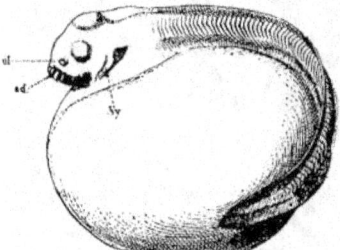

Fig. 97. — Embryon de Lépidostée peu avant
l'éclosion (*).

minimum, de 0ᵐᵐ,009 (Lamproie marine) ; le petit
diamètre a comme maximum 0ᵐᵐ,15 (Humantin),
comme minimum 0ᵐᵐ,07 (Syngnathe aiguille).

Développement. — Presque tous les Poissons
sont ovipares et déposent leur frai au fond de l'eau.
Ces œufs se développent dans des glandes particu-

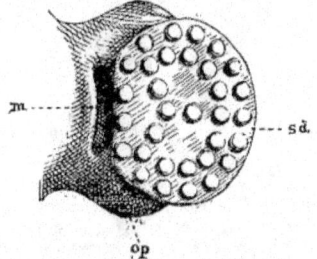

Fig. 98. — Vue par la face ventrale de la tête d'un embryon de Lépidostée peu avant l'éclosion pour montrer le grand disque adhésif (*).

lières situées dans la cavité abdominale et presque
toujours doubles ; ces glandes versent le produit de

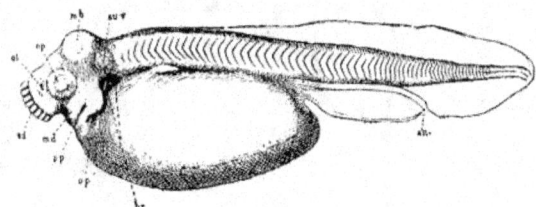

Fig. 99. — Larve de Lépidostée peu avant l'éclosion, d'après Parker (**).

leur sécrétion dans des oviductes se réunissant
bientôt en un canal commun qui s'ouvre par un
pore situé au voisinage de l'anus (Carpe, Brochet,
Épinoche) ; d'autres fois les oviductes font défaut,
de telle sorte que les œufs tombent directement
dans la cavité abdominale, d'où ils sont expulsés

Fig. 100. — Tête d'une larve avancée de Lépidostée
d'après Parker (**).

au dehors par la contraction des muscles (Truite,
Saumon).

Une disposition pour ainsi dire intermédiaire se
rencontre chez les Cartilagineux ovipares, en ce

sens qu'il y a discontinuité entre les ovaires et les
oviductes, les œufs devant traverser une partie de
la cavité abdominale, avant de tomber dans le conduit qui les porte au dehors.

Les glandes qui produisent les œufs sont généralement connues sous le nom de *rogues*, les glandes
des mâles sous le nom de *laitances*.

Presque tous les Poissons Téléostéens ou Poissons
osseux sont ovipares et déposent leurs œufs au fond
de l'eau ; quelques-uns cependant sont vivipares,
les œufs se développant dans l'intérieur de la mère
(Zoarces, Pécilie, Cyprinodon). Beaucoup de Cartilagineux font également leurs petits vivants ; chez
quelques-uns de ces derniers des liens vasculaires
s'établissent entre les œufs en voie de développement et la cavité utérine dans laquelle ils sont
renfermés.

Chez les Cartilagineux ovipares, les œufs offrent

(*) *ol*, fossette olfactive ; *sd*, disque adhésif ; *hy*, arc hyoïdien.
(**) *ol*, orifices de la fossette olfactive ; *sd*, restes du disque adhésif
de la larve.

(*) *m*, bouche ; *op*, œil ; *sd*, disque adhésif.
(**) *ol*, fossette olfactive ; *op*, vésicule optique ; *au,v*, vésicule auditive ; *mb*, cerveau moyen ; *sd*, disque adhésif ; *md*, arc mandibulaire ; *hy*, arc hyoïdien avec l'opercule ; *br*, arcs branchiaux ; *an*, anus.

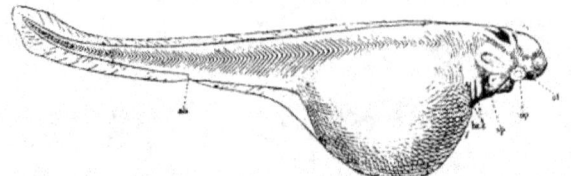

Fig. 101. — Larve d'Esturgeon de 7 millimètres (*).

une particularité qui les rapproche de ceux des Oiseaux ; ils ne pénètrent que successivement dans les oviductes et passent l'un après l'autre à travers une glande chargée de sécréter l'enveloppe cornée.

La forme des œufs, chez les Cartilagineux, est souvent remarquable ; ces œufs, qui sont entourés d'une coque cartilagineuse, ont parfois la forme d'un carré long finissant par une corne à chacun des angles (Raies) ; d'autres fois, ces angles se terminent par des appendices fort longs et tournés en vrille qui servent à suspendre les œufs aux plantes marines (Roussettes) ; d'autres fois encore

gène, qui sont le point de départ de l'embryon (fig. 92 à 96).

Nous avons déjà dit que le développement se distingue de celui des vertébrés supérieurs (Mammifères, Oiseaux, Reptiles) par l'absence d'*allantoïde*. « Les petits œufs pourvus d'un micropyle des Poissons osseux, aussi bien que les grands œufs entourés d'une coque solide et cornée des Plagiostomes, renferment un vitellus formatif ou germe, et une quantité abondante de vitellus nutritif. Chez les premiers, le germe est un disque aplati de protoplasma situé du côté où se trouve le micropyle,

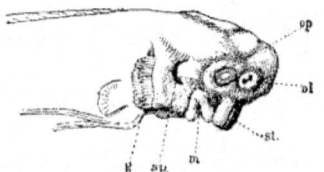

Fig. 102. — Vue de profil d'une larve d'Esturgeon de 11 millimètres (**).

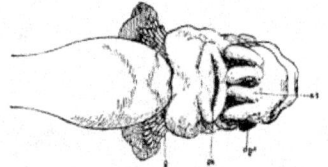

Fig. 103. — Vue par la face ventrale d'une larve d'Esturgeon de 11 millimètres (*).

ils sont contournés en spirale ou présentent des formes plus ou moins bizarres. Ces œufs peuvent acquérir un volume réellement considérable ; A. Duméril cite, en effet, un œuf de Raie ayant 0ᵐ,160 de longueur sur 0ᵐ,168 de largeur.

Les œufs des Poissons osseux sont toujours de faible taille et ne sont jamais enveloppés par une coque cartilagineuse ; ils sont arrondis et ressemblent assez à ceux des Grenouilles.

L'œuf se compose d'une membrane externe plus ou moins résistante, qui le protège, puis d'une membrane vitelline qui renferme une matière albumineuse et graisseuse, qui est le vitellus ; dans celui-ci se trouve une cellule appelée vésicule germinative ; cette vésicule, très petite chez les Vertébrés supérieurs, est chez les Poissons relativement développée ; c'est dans cette vésicule qu'apparaissent la tache germinative, puis la vésicule embryo-

et reposant sur le vitellus liquide entouré d'une couche corticale très mince. Comme ce germe seul se segmente, la segmentation de l'œuf des Poissons est dite partielle. Les œufs de l'Amphioxus et des Cyclostomes font exception à cette règle générale (fig. 96). Le germe ou cicatricule, dont l'apparition précède immédiatement la segmentation, se transforme en blastoderme, qui entoure peu à peu le vitellus et sur lequel se développent la ligne primitive, ainsi que le sillon dorsal de l'embryon. Tandis que ce sillon devient une tache, ébauche de la moelle épinière, par la réunion de ses deux bords latéraux, ou lames dorsales, en dessous de lui, alors qu'il est élargi en avant et encore ouvert, apparaît la *corde dorsale* ou *notocorde*. L'embryon, à mesure qu'il se différencie, se sépare de plus en plus du vitellus, qui constitue alors le sac vitellin ou vésicule ombilicale, et reste adhérent, en général, à la paroi ventrale dans toute sa largeur. Plus rarement il communique avec un pédicule court (Blennie

(*) ol, fossette olfactive ; op, vésicule optique ; sp, évent ; brc, fentes branchiales ; an, anus.
(**) op, œil ; ol, fossette olfactive ; st, prolongements adhésifs (3) ; m, bouche ; sp, évent ; g, branchies.

(*) m, bouche ; st, prolongements cohésifs (?) ; op, œil ; g, branchies.

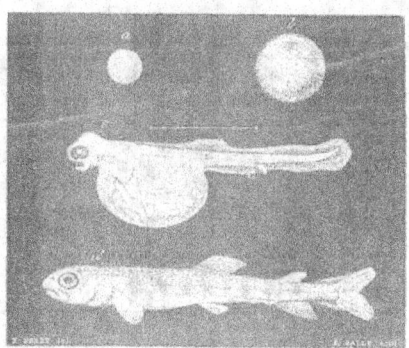

Fig. 104 à 107. — *a*. Œuf de Saumon après la fécondation, de grandeur naturelle. — *b*. Le même grossi.
c. Saumon venant d'éclore, grossi. — *d*. Jeune Saumon, grandeur naturelle.

vivipare, Côtte, Syngnathe) ou long (tous les Plagiostomes) avec le tube digestif ; dans ce dernier cas, il peut même se présenter à la surface des villosités (*Carcharias*, *Mustelus lœvis*) qui s'enfoncent dans des dépressions correspondantes et représentent un véritable placenta vitellin destiné à servir à la nutrition du fœtus. Les embryons des Raies et des Squales offrent, en outre, une disposition spéciale qui consiste dans la présence transitoire de filaments branchiaux externes, dont on retrouve les homologues dans les appendices branchiaux externes des larves des Batraciens, mais qui disparaissent longtemps avant la naissance.

« En général, les jeunes Poissons abandonnent d'assez bonne heure les enveloppes de l'œuf, et présentent les restes plus ou moins apparents du sac vitellin déjà rentré dans l'intérieur du corps, mais dont une portion fait hernie au dehors. Bien que la forme du jeune Poisson après l'éclosion diffère considérablement de la forme de l'animal adulte, cependant on n'observe de métamorphoses que dans des cas exceptionnels (quelques Cyclostomes et les Lepidocardiens) (1). »

Nous ajouterons que cependant, chez un Ganoïde, le Lépidostée, qui est cependant un animal de type supérieur, il existe des métamorphoses à ce point que la tête est terminée par un disque adhésif (fig. 97 à 100) ; il en est de même chez un autre Ganoïde, l'Esturgeon (fig. 101 à 103).

ACCROISSEMENT ET MALADIES.

Avec le groupe des Mammifères, le groupe des Poissons est, parmi les Vertébrés, celui où on trouve

Fig. 108. — Saumon jeune ou *Parr*.

des animaux de taille plus différente ; certains, en effet, n'ont que quelques millimètres de long, tandis que l'énorme Squale pèlerin peut arriver à la dimension de plus de 12 mètres.

Certains poissons arrivent rapidement à leur taille, dans l'espace de une ou deux années : tels sont les Épinoches, les Cyprinodontes, les Macropodes et beaucoup d'autres encore ; chez ces animaux, la croissance arrivée, ils ne grandissent plus. Beaucoup, au contraire, croissent, s'ils ont une abondante nourriture, d'une manière telle que l'on ne sait jamais lorsqu'ils sont arrivés à leur taille normale.

Nous n'avons que peu de données sur l'âge que peut atteindre un Poisson ; on prétend que certains d'entre eux, la Carpe et le Brochet, par exemple, peuvent vivre cent ans et plus. Pour cette dernière espèce, il est certain que certains individus peuvent parvenir à un âge avancé pour atteindre la taille et le poids que l'on constate parfois ; il en est de même pour la Carpe ; il faut, dans tous les cas, faire la part des exagérations. Les Esturgeons pe-

(1) Gross, *Traité de zoologie*, trad. Moquin-Tandon, p. 302.

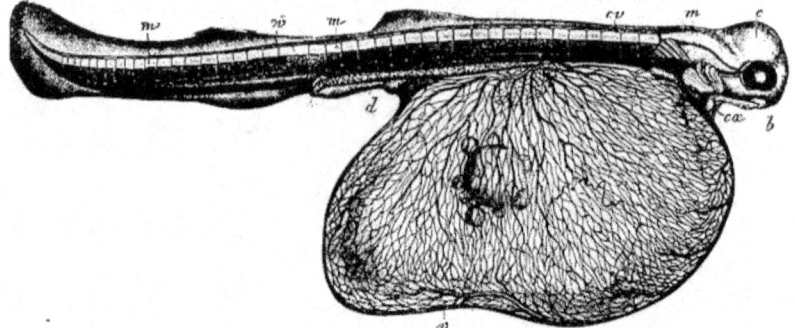

Fig. 109. — Jeune Saumon venant d'éclore (*).

raissent aussi pouvoir atteindre à un âge très avancé, si on en juge par les dimensions énormes que peuvent acquérir certains d'entre eux.

En général, chez les Poissons, les jeunes sont semblables ou à peu près aux adultes ; l'œil est cependant relativement plus grand. Beaucoup de Poissons subissent des changements plus ou moins considérables ; il en est chez lesquels apparaissent ou disparaissent des dents dans certaines parties de la voûte palatine. D'autres, qui ont le bord du préopercule lisse chez l'adulte, l'ont dentelé chez le jeune, et d'autant plus que l'animal est moins âgé (Caranx).

Parfois, suivant l'âge, certaines parties de la tête sont armées d'épines ou dépourvues de ces parties.

Les recherches de Günther ont montré les changements considérables qui s'opèrent avec la croissance chez les Espadons, dont la forme de la tête est absolument différente chez les jeunes et chez les adultes. Les observations toutes récentes de Lutken nous ont montré des changements de même ordre chez d'autres espèces, et ces modifications sont telles que certains genres ont dû être rayés des cadres zoologiques. C'est ainsi, par exemple, que le Céphalacanthe est le jeune du Dactyloptère, le Rhynchichtys celui d'un Holocentre ou d'un Myripristis. Dans ce dernier cas, les changements sont si considérables que si l'on n'avait pas les formes intermédiaires il serait fort difficile d'établir la filiation entre les deux êtres ; chez le jeune, le museau est long, parfois fourchu, effilé, dentelé sur les bords et, relativement à sa longueur, ne le cède pas à l'épée des Espadons ; toutes les épines de la tête sont démesurément développées ; ces proéminences ne tardent pas à s'atrophier presque complè-

tement, et le museau à devenir obtus. D'autres fois ce sont des formes de nageoires qui se modifient entièrement ou des nageoires qui disparaissent.

Chez l'Histiophore, genre voisin des Espadons, le jeune ne ressemble en rien à l'adulte ; chez le jeune, le museau est à peine allongé, la nageoire dorsale basse, et il existe de longues pointes aux pièces operculaires, tandis que chez l'adulte ces pointes disparaissent, que la dorsale est fort élevée et que le bec est très prolongé.

Les Saumons passent, on le sait, par les états de *parr*, de *smolt*, de *gritse* avant que d'être Saumons adultes, et ces changements sont tels et des observateurs n'avaient pris la peine de marquer ces animaux, on n'aurait certainement pu les reconnaître (fig. 104 à 108).

Nous pourrions citer de nombreux exemples du même ordre. Disons encore que l'Ammocète, qui est la larve de la Lamproie, a une dentition toute différente de l'animal à l'état parfait (fig. 110 à 117).

Les changements peut-être les plus importants ont lieu chez les Pleuronectes ou Poissons plats. On sait que ceux-ci à l'état adulte sont asymétriques, c'est-à-dire que la tête est tordue, les deux yeux se trouvant d'un même côté, le corps étant fort comprimé, plat du côté non coloré qui repose au fond de l'eau : or, à l'état tout à fait jeune, les Pleuronectes, d'après les recherches de Steenstrupp et de Van Beneden, sont symétriques, comme tous les autres Poissons ; chez les jeunes, les yeux sont situés l'un à droite, l'autre à gauche, et la bouche est placée dans la position normale ; plus tard un des yeux se déplace et la composition des os de la tête se modifie totalement. Chez ces animaux la forme de la nageoire caudale change également avec l'âge (fig. 118 à 120).

Des changements fort considérables aussi auraient lieu chez certains vrais Apodes, dont les

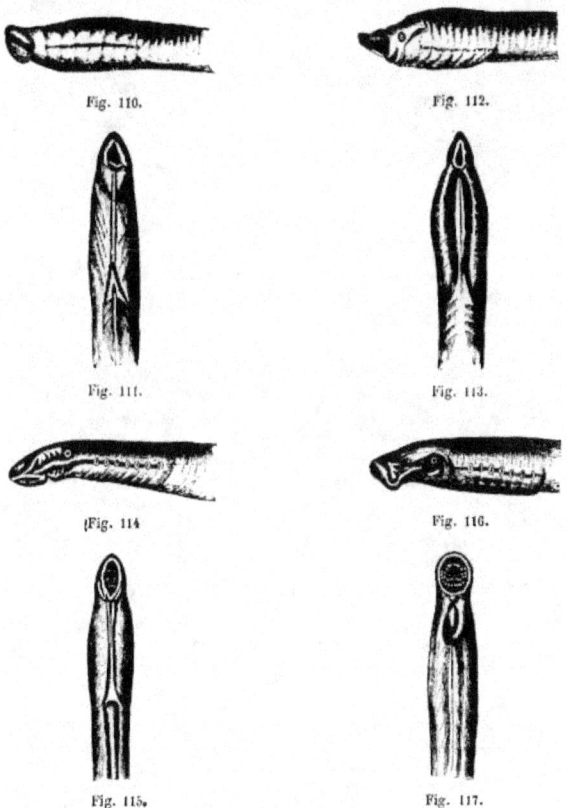

Fig. 110.   Fig. 112.

Fig. 111.   Fig. 113.

{Fig. 114   Fig. 116.

Fig. 115.   Fig. 117.

Fig. 110 à 117. — Métamorphoses de la Lamproie de Planer.

animaux connus sous le nom de Leptocéphales ne seraient que l'état larvaire.

Chez beaucoup de Poissons, comme chez d'autres animaux, la coloration change complètement au moment de la ponte ; nous avons déjà parlé de ces faits. Nous dirons, en plus, que la coloration peut varier suivant le milieu dans lequel vivent les Poissons; c'est ainsi, par exemple, que le vulgaire Poisson rouge n'est *rouge* que dans un certain état de domesticité; rendu à la liberté, il reprend la teinte terne et grisâtre de la plupart de nos espèces de France.

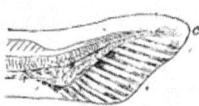

Fig. 118. — Développement de la queue du Turbot (d'après Agassiz). — Stade où la nageoire commence à se montrer comme un élargissement de la nageoire caudale embryonnaire.

Fig. 110. Portion externe de la Larve (*Ammocœtes branchialis*), vue de profil. — Fig. 111. La même partie vue en dessous. — Fig. 112. Portion antérieure d'une larve plus âgée où les yeux commencent à apparaître. — Fig. 113. La même vue en dessous. — Fig. 114. Portion antérieure, vue de profil, d'une jeune Lamproie dont l'appareil dentaire est encore incomplètement développé. — Fig. 115. La même vue en dessous. — Fig. 116. Portion antérieure, vue de profil, d'une Lamproie adulte (*Petromyzon Planeri*). — Fig. 117. La même vue en dessous.

Nous n'avons que peu de notions sur les maladies des Poissons. Beaucoup d'entre eux sont atta-

Fig. 119. — Développement de la queue du Turbot. — Stade ganoïde dans lequel il existe une véritable queue hétérocerque.

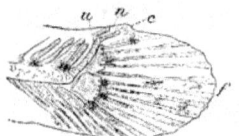

Fig. 120. — Développement de la queue du Turbot. — Stade où la nageoire caudale embryonnaire est presque complètement atrophiée (*).

qués par des vers intestinaux ou par des parasites qui se fixent en différents points du corps, sur le corps, dans la bouche, dans la chambre branchiale.

Il arrive trop fréquemment que les animaux maintenus dans les aquariums sont attaqués par un parasite d'origine végétale qui les fait mourir.

MOEURS ET HABITAT.

Habitat. — On peut dire de la grande majorité des Poissons, que ce sont des animaux essentiellement marins ; le quart environ des espèces seulement habite les eaux douces. Tandis que certains d'entre eux, comme la plupart des Requins et bien d'autres types encore, sont exclusivement cantonnés dans la mer ; que d'autres, comme les Cyprins, ne se trouvent que dans les eaux douces, il en est un certain nombre d'autres qui vivent indifféremment dans l'eau salée et dans l'eau saumâtre, dans l'eau presque douce même ; d'autres, comme certains Saumons, certaines Anguilles, la plupart des Esturgeons, se trouvent à la mer pendant une partie de leur existence, puis remontent périodiquement les cours d'eau.

Parfois la mer fait encore sentir son influence assez loin de l'embouchure des grands fleuves dans lesquels on trouve alors des Poissons marins, tels que des Requins dans le Gange, des Raies armées dans l'Amazone ; il est certain que c'est ainsi que des types essentiellement marins se sont acclimatés dans les eaux douces ; nous citerons, parmi ces types, les Raies armées, les Tetraodons, les Harengs, les Muges, les Athérines, les Gobies, les Apogons qui se trouvent maintenant dans certains cours d'eau. Par un phénomène semblable des espèces des eaux douces se sont acclimatées dans les eaux salées. Tels sont, par exemple, certaines Epinoches, certains Fondules, plusieurs Siluroïdes, bien que ces espèces appartiennent essentiellement à la faune des eaux douces. D'autres fois encore, par suite de phénomènes géologiques ayant fait cesser la communication entre des lacs et la mer, certains Poissons se sont accommodés à ces nouvelles conditions de milieu et sont restés dans les eaux douces ; nous pourrons citer, entre autres, un Cotte marin, le Cotte à quatre épines, qui vit dans les grands lacs de la Scandinavie, des Athérines et des Gobies qui habitent dans certains lacs du nord de l'Italie.

La faculté qu'ont les Poissons de se trouver dans les eaux les plus différentes fait qu'il n'y a pour ainsi dire pas d'eaux dans lesquelles on ne puisse les trouver ; il faut des eaux absolument brûlantes ou très chargées de principes salins ou de substances vénéneuses pour que ces animaux ne puissent y vivre ; c'est ainsi que Louis Lartet a trouvé des Cyprinodons dans une lagune située sur les bords de la mer Morte et alimentée par une source d'eau chaude et fortement salée.

On trouve des Poissons dans les torrents qui coulent des hautes montagnes jusqu'à l'altitude de plus de 5 000 mètres ; certains d'entre eux descendent dans la mer jusque dans des abîmes dont on commence seulement à soupçonner la profondeur ; les uns préfèrent les couches supérieures de la mer, d'autres se tiennent, au contraire, dans les bas-fonds et y subissent des pressions dont nous pouvons bien calculer le poids, mais que nous avons de la peine à nous représenter. Le froid n'est pas une barrière qui arrête ces êtres, et certains d'entre eux recherchent de préférence les rivières dont les ondes glacées ne sont qu'à une température peu supérieure au point de congélation de l'eau.

On comprend que ce soient les espèces à la natation rapide qui aient la plus large distribution géographique ; c'est ainsi que certains Requins ont une répartition considérable et qu'on les trouve aussi bien sous les froides latitudes que sous les tropiques, depuis les côtes de Norwège jusqu'à celles d'Australie. D'autres, comme les Rémoras, doivent à une curieuse particularité de pouvoir être transportés avec les corps flottants ou avec d'autres Poissons sur lesquels ils se fixent ; plusieurs d'entre eux sont, dès lors, presque cosmopolites. Il est certains types généraux que l'on trouve, on peut dire, dans le monde entier, d'autres qui sont extrêmement limités, et nous parlons, en ce moment, aussi bien des

(*). c, nageoire caudale embryonnaire ; f, nageoire caudale permanente ; n, notocorde ; u, urostyle.

Poissons marins que des Poissons d'eau douce. Ces derniers, on le comprend, sont cependant plus limités et plus cantonnés dans une région géographique spéciale. Il est cependant un certain nombre de Poissons marins qui, quoique se tenant toujours au fond de l'eau et dès lors très peu voyageurs, sont cependant répartis sur un espace considérable.

Parfois, sans doute, entraînés par quelque tempête ou par des courants, certains Poissons semblent être égarés et se rencontrent sur des points où ils ne vivent pas d'habitude ; telles sont des espèces des côtes américaines trouvées dans les eaux françaises, des animaux propres à la Méditerranée, pêchés dans les parages de la Grande-Bretagne ; ces cas sont rares, car, en général, les Poissons de mer se limitent à une zone déterminée et même à une portion de celle-ci, de même que les Poissons d'eau douce sont cantonnés, non seulement dans telle ou telle région, mais parfois même dans tel ou tel cours d'eau. Ce cantonnement des Poissons d'eau douce permet parfois de reconstituer l'orographie de certaines régions ; lorsque, par exemple, une même espèce se trouve à la fois dans un continent et dans plusieurs îles, il est possible de supposer que ces terres, aujourd'hui séparées, ont été autrefois réunies.

Il est grandement probable que les migrations des Poissons sont beaucoup moins considérables qu'on le supposait autrefois. On a cru, par exemple, pendant longtemps, que de l'Océan glacial partaient chaque année les milliards de Harengs, dont, à certaines époques, nous constatons la présence sur les côtes de Norwège, de Suède, du nord de l'Allemagne, du Danemark, de Hollande, de Belgique, de France et des Iles Britanniques ; il paraît à peu près prouvé aujourd'hui que ces Poissons remontent plutôt des profondeurs et n'accomplissent que des migrations relativement peu étendues.

Les Poissons ne peuvent vivre souvent que dans telles conditions déterminées ; aux uns il faut de l'eau froide et courante, aux autres de l'eau stagnante ; la Truite, par exemple, ne prospère que dans les eaux limpides, le Silure commun aime les fonds vaseux, le Chabot de rivière se complaît dans les endroits pierreux ; de même que pour les autres Vertébrés, il faut à chacun de ces êtres un milieu spécial.

On a remarqué que le nombre des genres et des espèces augmente à mesure que l'on se rapproche de l'équateur. C'est dans les pays chauds que se trouvent ces formes qui s'écartent le plus de la forme typique, telle que nous la concevons, d'après les animaux que nous avons le plus souvent sous les yeux. Les eaux baignées par un ardent soleil nourrissent de nombreuses espèces, qui, par l'éclat et la richesse de leur coloris, ne le cèdent en rien aux Oiseaux les plus admirablement parés ; n'en est-il pas, du reste, de même pour d'autres

habitants de la mer, pour les Mollusques et les Zoophytes ?

Les Poissons sont des animaux essentiellement aquatiques, aussi peut-on dire qu'ils sont exclusivement habitants de l'eau. D'après les observations de Hancock, cependant, un Siluroïde, un *Doras*, fait parfois de longues migrations par terre pour se rendre d'une rivière dans une autre. On sait que les Anguilles de nos pays, en raison de la petitesse de leurs ouïes, ce qui empêche le dessèchement des branchies, sortent volontiers de l'eau et que, glissant dans les prés humides, elles émigrent d'une mare dans une autre. Dans l'Indo-Chine et dans les Iles qui géographiquement en dépendent, se trouvent de petits Poissons, les Anabas, qui, grâce à une curieuse disposition de l'appareil branchial, font d'assez longues migrations à travers les rizières (fig. 123) ; bien plus, à l'aide des fortes dentelures dont leurs opercules sont armés, ils peuvent grimper sur les tiges basses des arbres qui croissent au bord de l'eau. Les Ophicéphales, qui appartiennent à une famille voisine, émigrent, le fait est bien connu des Annamites, d'une mare dans une autre. En Sénégambie on trouve un Gobioïde, le Périophthalme, en train de se traîner sur la grève ou de se chauffer au soleil sur les branches des palmiers (fig. 44). Un étrange Poisson de la région ouest de l'Afrique, le Protoptère, quitte l'eau au moment de la saison sèche, s'enterre dans la vase et se construit un cocon, dans l'intérieur duquel il attend l'époque des grandes pluies (fig. 43).

Nous avons déjà dit que s'il est des Poissons marcheurs, il existe des Poissons volants ; le Dactyloptère, l'Excocet, en sont des exemples (fig. 136, p. 54).

Facultés psychiques. — De l'examen de l'encéphale on peut conclure que chez les Poissons, les vertébrés les plus inférieurs, les facultés psychiques sont fort peu développées ; aussi les manifestations intellectuelles sont-elles encore plus rudimentaires chez ces animaux que chez les Reptiles, si mal doués sous ce rapport cependant. Habitant un milieu qui nous est inaccessible, les Poissons sont d'ailleurs fort mal connus, et nous n'avons quelques renseignements que pour un très petit nombre d'entre eux ; on peut dire cependant qu'en général manger et éviter d'être mangés est la principale, on peut dire la seule préoccupation de ces animaux.

Parfois cependant, on perçoit quelques lueurs d'intelligence ; c'est ainsi que des Poissons tenus en captivité s'habituent à leur gardien, qu'ils accourent au son d'une cloche qui les appelle au moment des repas. On pourrait considérer comme de l'instinct la faculté qu'ils ont de distinguer leurs ennemis des animaux inoffensifs qui les entourent, de savoir se trouver un abri pour se soustraire au danger, d'user de ruse lorsqu'il s'agit de s'emparer d'une proie convoitée ; c'est ainsi qu'un Poisson de

l'Inde, le Toxote, sait adroitement lancer des gouttes
d'eau sur les insectes posés sur les plantes à fleur
d'eau, de manière à les faire tomber et à s'en
nourrir, que la Baudroie se sert du filament qui
surmonte sa large tête pour attirer les petits Poissons, comme avec un appât, et s'en repaître.

Plusieurs espèces de Poissons sont éminemment
sociables, et ils forment parfois des troupes nombreuses ; nous pourrons citer, entre autres, le Thon,
le Hareng, la Morue, la Sardine, l'Anchois, pour ne
parler que des espèces les plus connues. On peut,
du reste, dire qu'en général les Poissons vont en
bandes.

Des observations faites dans ces dernières années nous ont appris des faits fort curieux. L'époque
de la ponte provoque chez la plupart des Poissons
un changement considérable ; elle excite l'animal
d'une façon surprenante, rendant belliqueux celui
qui est pacifique, actif le paresseux, indifférent
envers une proie alléchante celui qui est vorace ;
c'est elle qui pousse l'animal à entreprendre de
lointaines migrations, à remonter de la mer dans
les fleuves. A ce moment, mâles et femelles, les
mâles surtout, se parent de leur plus brillant habit de
noce, et, de même que chez beaucoup d'Oiseaux,
apparaissent certains appendices, se développent
certaines crêtes, certains tubercules.

Le plus souvent, au moins pour ce que nous savons des Poissons des eaux douces de nos pays,
presque les seuls que nous connaissions un peu, le
développement des petits est laissé au hasard, et les
parents s'en désintéressent absolument. La femelle
choisit un endroit favorable pour la ponte, tantôt
des herbes, tantôt des branchages, d'autres fois des
endroits remplis de graviers, creuse parfois une petite fosse et y dépose ses œufs ; elle s'en va ensuite
sans plus se préoccuper de sa progéniture.

Mais il n'en est pas toujours ainsi. Deux charmants petits Poissons de nos pays, l'Épinoche et
l'Épinochette, ne laissent pas leurs œufs au hasard.
Chez l'Épinoche, le mâle construit un nid au fond
de l'eau ; pour l'Épinochette, le nid est suspendu
aux feuilles et aux tiges comme le nid des petits
oiseaux ; le mâle veille sur les petits avec une
sollicitude qu'on ne retrouve égale que chez les
Oiseaux. Une charmante espèce des eaux douces,
le Macropode, construit un nid en écume sous
lequel il abrite œufs et alevins. Chez les Syngnathes
et chez les Hippocampes de nos côtes, les mâles,
au moment de la ponte, présentent une poche
située dans la région sous-caudale, poche dans
laquelle se logent les œufs et où se fait l'incubation (fig. 132, p. 52). Dans le cours de ce livre nous
aurons l'occasion de citer en détail tous ces faits
intéressants.

Mœurs. — Autant, au premier abord, le genre de
vie, les mœurs des Poissons paraissent être uniformes à un examen superficiel, autant ces animaux
ont des habitudes différentes, lorsqu'on les étudie
d'un peu près.

On peut dire cependant de la vie des Poissons,
qu'elle est beaucoup plus simple et plus monotone
que celle des Mammifères, des Oiseaux et même des
Reptiles. L'activité que réclame leur alimentation
l'emporte évidemment sur toute autre ; c'est à elle
que les Poissons consacrent de beaucoup la plus
grande partie de leur existence ; tant que le Poisson
se livre à la nage, il ne cesse pas de chasser ; il ne
néglige jamais de s'emparer d'une proie qui peut
passer à sa portée. Rassasié ou fatigué, il s'adonne
à un repos qui évidemment correspond au sommeil des Vertébrés supérieurs, que l'on peut appeler du nom de sommeil, quelque différente que soit
la manière dont il se passe.

La plupart des Poissons, principalement des
Poissons marins, vivant à une profondeur à laquelle
la lumière n'arrive que peu ou point, sont des animaux essentiellement nocturnes ; beaucoup sont cependant diurnes.

L'on peut dire, ainsi que nous l'avons écrit plus
haut, que les Poissons sont tous essentiellement
carnassiers ; il en est fort peu qui soient exclusivement herbivores, et presque toujours ceux qui
passent pour tels peuvent, à un moment donné,
se nourrir de matières animales. Certains types
sont cependant plus particulièrement carnassiers,
d'autres plus essentiellement herbivores, ce que
montre leur appareil dentaire et leur tube digestif.

Les espèces les plus faibles fouillent la vase ou se
nourrissent de petits Invertébrés sans défense, tels
que Vers et Mollusques ; d'autres broutent les coraux, ces fleurs vivantes, ou à l'aide de leurs dents
disposées en forme de meules broient les coquilles ;
beaucoup d'entre eux donnent la chasse à d'autres
Poissons plus petits ou plus insuffisamment protégés. Une guerre sans trêve ni merci, voilà en quoi
consiste presque toute la vie des Poissons, et certains d'entre eux n'épargnent même pas leur propre
progéniture ; la loi du plus fort est leur seule règle
de conduite.

Nous avons déjà dit que certains Poissons accomplissent des migrations plus ou moins étendues.
Pour les espèces qui remontent les fleuves et pour
d'autres encore ces voyages ont lieu avec une
grande régularité ; ces voyages ont généralement
lieu en vue de la ponte.

On ne peut vraiment se faire une idée du nombre
réellement énorme d'œufs que peut donner un seul
Poisson. Les Saumons et les Truites, qui appartiennent aux espèces qui pondent peu d'œufs, en ont
cependant près de 25,000 ; une Tanche a déjà près
de 70,000 œufs ; on en compte 100,000 chez le Brochet et plus de 300,000 chez la Perche commune ;
c'est par millions que se trouvent les œufs chez
l'Esturgeon. La mer, a-t-on pu dire avec raison, ne
serait pas assez vaste pour contenir les Poissons si
tous les œufs pondus venaient à éclore et si tous les

petits atteignaient la taille de leurs parents ; mais bien nombreux aussi sont les féroces ennemis qui guettent les œufs et les alevins, depuis le Mammifère et l'Oiseau jusqu'aux Invertébrés inférieurs.

Lorsqu'ils remontent les cours d'eau pour pondre, les Poissons migrateurs choisissent toujours un endroit propice pour effectuer cette ponte. C'est ainsi, par exemple, que la Truite creuse au moyen de mouvements latéraux de la queue une dépression dans laquelle elle dépose ses œufs ; les Brochets se frottent l'un contre l'autre pendant qu'ils frayent ; la Perche colle ses œufs sur des plantes aquatiques, sur des morceaux de bois ou contre des pierres.

Les conditions exigées pour le développement sont pour certaines espèces des eaux courantes, pour d'autres des eaux presque stagnantes ; les œufs de certaines espèces se développent à la surface, d'autres au fond des eaux. Le plus souvent, il faut pour l'éclosion une certaine température ; les œufs de quelques Poissons, tels sont ceux des Saumons et des Truites, ont besoin cependant d'une fort basse température.

Les Poissons dépendent moins que tous les autres Vertébrés des changements de saison. Pour les Mammifères, les Oiseaux, les Reptiles et même les Batraciens le printemps est, en général, l'époque de la naissance des petits ; on ne peut en dire de même des Poissons qui, suivant le groupe auquel ils appartiennent, frayent à des époques de l'année très différentes.

Suivant Günther, « l'hibernation a été observée chez beaucoup de Cyprinoïdes et de Murénoïdes dans la zone tempérée. Ces animaux ne tombent pas dans un sommeil profond, comme les Reptiles et les Mammifères, mais leurs fonctions vitales sont simplement ralenties ; ils se retirent dans des trous et cessent de manger. Entre les tropiques beaucoup de Poissons, surtout les Silures, les Labyrinthiformes, les Ophicéphales, passent le temps de la sécheresse dans un engourdissement complet, enfouis dans la vase desséchée. » Ces animaux, là où les flaques d'eau et les étangs assèchent pendant les grandes chaleurs, tombent dans un état analogue à celui qui a été signalé chez les Reptiles sous le nom de sommeil estival ; tels sont aussi les Poissons que nous décrirons plus loin sous le nom de Dipnoï.

DISTRIBUTION GÉOGRAPHIQUE.

Lorsque l'on étudie la répartition géographique des Poissons, il faut tenir grand compte du milieu dans lequel vivent ces animaux. Si les espèces marines peuvent avoir une aire de distribution si étendue, que certaines d'entre elles sont pour ainsi dire cosmopolites, il n'en est pas de même pour les espèces des eaux douces. Une chaîne de montagnes, un bras de mer, même de peu de largeur, sont, le plus souvent, des obstacles absolument insurmontables à la dispersion des espèces ; les Poissons des eaux douces sont, dès lors, caractéristiques des contrées dans lesquelles on les trouve.

Bien que, par leur genre même de vie, les Poissons ne puissent émigrer d'une contrée dans une autre que d'une manière pour ainsi dire immédiate, on retrouve parfois un certain nombre d'espèces communes dans des régions absolument isolées ; tels sont, entre autres, les animaux qui vivent dans des îles. Le zoologiste est en droit d'en conclure que ces terres, aujourd'hui séparées, ont été réunies, à une époque géologique relativement récente. L'étude de la répartition géographique des Poissons des eaux douces est, on le voit, des plus intéressantes, en ce sens qu'elle peut nous fournir d'utiles notions sur la configuration du sol aux époques qui ont précédé la période actuelle.

Entre beaucoup, nous ne citerons que quelques exemples à l'appui de ce dire.

D'après A. Günther, « la distinction entre les Poissons des eaux douces et des eaux salées est parfois difficile à établir, par suite de changements géologiques, qui ont fait que des espaces remplis d'eau salée se sont graduellement changés en marais pleins d'eau douce et réciproquement. Ces changements ont été si longs et si insensibles, que beaucoup de Poissons se sont accommodés aux nouvelles conditions de milieu qui leur étaient faites. Un des exemples les plus remarquables et les mieux connus de ce fait est la Baltique ; durant la seconde partie de l'époque glaciaire, cette mer communiquait librement et largement avec l'océan Arctique et avait sans doute la même faune marine que la mer Blanche. Depuis, par suite du relèvement du nord de la Scandinavie et de la Finlande, ce grand golfe de l'océan Arctique est devenu une mer intérieure, pourvue d'une étroite communication avec la mer du Nord : les eaux douces arrivant en quantité telle, que l'évaporation n'a pu maintenir l'équilibre, il en est résulté la partie nord de cette mer intérieure n'est guère que de l'eau douce. Neuf espèces de Poissons, qui viennent certainement de l'océan Arctique, se sont accommodées à cette modification, mais ont une taille moindre que leurs congénères marins. D'un autre côté, on trouve dans les parties saumâtres de la Baltique des Poissons réputés essentiellement d'eau douce, tels que le Rotengle, le Gardon, le Brochet, la Perche (1). »

Lorsque l'on étudie la faune ichthyologique des eaux douces de l'Indo-Chine, et des îles situées en deçà de la ligne de Wallace, c'est-à-dire apparte-

(1) A. Günther, *An introduction to the study of fishes.* 1880.

Fig. 121. — Le Barbeau commun (*Barbus fluviatilis*), d'après E. Blanchard. — Type de la faune paléarctique.

nant à l'Asie, on voit « que toutes les affinités de la faune de l'Indo-Chine sont, non avec l'Inde, avec laquelle peu d'espèces sont communes, mais avec Java, Sumatra, Bornéo, Nias, Pinang; c'est non seulement une affinité qui existe entre les deux faunes ichthyologiques, mais une similitude presque complète. La plupart des espèces de Cyprins et de Silures sont les mêmes dans l'Indo-Chine et dans les îles

que nous venons de citer; il y a identité absolue entre les individus provenant de l'Archipel malais et ceux de la Péninsule transgangétique. Nous sommes en droit d'en conclure qu'à une époque géologique récente, Java, Sumatra, Bornéo, communiquaient entre eux et avec la péninsule de l'Indo-Chine. Nous en avons, du reste, la preuve directe par ce fait, qu'à l'époque tertiaire les eaux douces

Fig. 122. — La Loche franche (*Cobitis barbatula*), d'après E. Blanchard. — Type de la faune paléarctique.

de Sumatra étaient peuplées par des Poissons appartenant à des genres qui vivent encore aujourd'hui et dans l'île et dans l'Indo-Chine. Grâce à cette communication *par terre*, un certain nombre d'espèces ont pu se disperser, tandis que d'autres sont restées cantonnées dans leurs domaines primitifs, tout en variant et en donnant naissance à des espèces, ou plutôt à des races locales (1). »

D'après Günther, on peut estimer à 2,269 espèces le nombre des espèces franchement d'eau douce. Plusieurs de ces espèces sont communes à des localités différentes; tels sont, entre autres, le Brochet, le Saumon, la Lotte, l'Esturgeon, plusieurs Lamproies que l'on trouve en Europe et dans la partie tempérée de l'est de l'Amérique du nord; on connaît des Lamproies qui habitent à la fois la Tasmanie, la Nouvelle-Zélande et le Chili. Des genres, à nombre d'espèces très limité, sont communs à plusieurs continents: tel est le genre Polyodon, qui ne comprend que deux espèces, dont l'une habite le Mississipi et l'autre le Yang-tse-Kiang; les genres Mastacemble et Ophicéphales, qui se trouvent dans la région indienne et dans la partie de l'ouest de l'Afrique tropicale; le genre Umbra, genre si spé-

cial qu'il constitue à lui seul une famille particulière et qui ne renferme que deux espèces, une des États-Unis, l'autre du Danube.

Dans un ouvrage paru il y a peu d'années, ouvrage dans lequel se trouve résumé avec autorité ce que nous connaissons des Poissons, Günther propose d'admettre trois zones pour la distribution des Poissons des eaux douces; la zone nord est subdivisée en régions européo-asiatique ou paléarctique et région nord-américaine; la zone équatoriale peut être partagée en région indienne, région africaine, région tropicale américaine, région tropicale pacifique; une seule région, la région antarctique, compose la zone sud; elle est subdivisée en trois sous-régions: la tasmanienne, la néo-zélandaise, la patagonienne.

Ce qui caractérise la région paléarctique, opposée à la région nord-américaine, qui fait partie de la même zone, c'est l'absence des Ganoïdes osseux et l'abondance des Barbeaux (fig. 121) et des Loches (fig. 122). Cette région comprend toute l'Europe, toute l'Asie jusqu'à une ligne passant par la chaîne de l'Himalaya et le Yang-tsee-Kiang, la plus grande partie du Japon.

Pour ce qui est des pays situés au pourtour de la Méditerranée, pour les Mammifères, les Oiseaux, les Reptiles, les Batraciens, la faune est celle de la

(1) H.-E. Sauvage, *Recherches sur la faune ichthyologique de l'Asie (Nouv. Archives du Muséum, t. IV).*

zone paléarctique. Il n'en est pas absolument de même pour les Poissons, et cela grâce à leur genre de vie; il en est d'eux comme pour les Tortues que présentent les grands cours d'eaux; nous avons, en effet, établi que « le cachet que présente la faune ichthyologique d'un grand fleuve est le même dans toute l'étendue de son parcours; la faune revêt le caractère, non des contrées situées près de l'embouchure, mais des pays dans lesquels ce fleuve prend naissance et reçoit ses principaux affluents » (1). Cela est si vrai pour la zone circum-méditerranéenne, que l'Égypte arrosée par un grand fleuve, le Nil, qui prend naissance dans le centre de l'Afrique, a la faune ichthyologique de la zone africaine, et non la faune paléartique, et cela jusqu'à son embouchure; que le nord de l'Algérie, au contraire, à travers laquelle ne coule aucun cours d'eau venant de la région éthiopienne, possède la faune ichthyologique de la région circum-méditerranéenne.

En 1882, E. Sauvage évaluait le nombre des Poissons d'eau douce à 3,863 espèces, en ne comprenant pas dans ce total les Esturgeons, qui sont plutôt marins que d'eau douce; sur ce nombre, 195 espèces appartiennent à l'Europe, 227 se trouvent dans la sous-région asiatique; quelques-unes de ces dernières espèces sont spéciales à cette sous-région, d'autres sont représentatives, d'autres se rencontrent en Europe.

Un certain nombre de types, tels que l'Apron, les Acérines, le Brochet, plusieurs Épinoches, sont autochtones de la région européo-asiatique.

En admettant, avec Günther, que le point de départ des Cyprinidées a eu lieu dans les contrées montagneuses qui séparent la région paléarctique de la région indienne, on remarque que cette famille a trouvé des conditions de développement aussi favorables dans la zone tempérée que dans la zone torride; sur 365 espèces de Poissons connues de la région paléarctique, 215, en effet, sont des Cyprins. Apparus, dès l'époque miocène, en Europe, dans l'Amérique du nord et dans les îles de l'Archipel malais, ils n'ont pu se répandre vers le sud du nouveau continent, la communication qui existait par le détroit de Panama, entre l'océan Atlantique et l'océan Pacifique, leur offrant une barrière infranchissable.

Les Salmonidés, abondamment représentés dans la région européo-asiatique, sont, d'après Günther, un des types les plus récents des Poissons, et ils n'ont pas apparu avant la fin des temps tertiaires; c'est certainement pendant l'époque glaciaire qu'ils ont fleuri, ainsi que le prouve la présence de certains d'entre eux en des points très élevés et absolument isolés dans des régions qui ne renferment pas de Salmonidés; tels sont l'Atlas, certaines parties de l'Asie Mineure et de l'Hindu-Kush.

Nous noterons enfin, avec Günther, que « les

(1) H.-E. Sauvage, Étude sur la faune ichthyologique de l'Ogooué Nouv. Archives du Muséum, 1880).

Esturgeons et les Lamproies sont les restes de la faune paléichthyique. Les Lamproies habitent en abondance les grandes rivières de l'est de l'Europe et de l'Asie, remontant périodiquement en partant de la mer. Leur limite sud est le Yang-tse-Kiang; à l'est les rivières qui se jettent dans l'Adriatique, la mer Noire, la Caspienne et le lac d'Aral vers le centre de la région; elles ne paraissent pas franchir les limites de la zone nord. Si les Lamproies sont à juste titre comprises parmi les Poissons des eaux douces, leur distribution est unique et exceptionnelle. Dans la région paléarctique, quelques espèces descendent périodiquement à la mer, tandis que d'autres sont cantonnées dans les eaux douces; le même fait se vérifie pour les Lamproies de l'Amérique du nord : manquant totalement dans la zone équatoriale, on les retrouve dans la zone tempérée de l'hémisphère sud. Plusieurs points de l'organisation des Cyclostomes indiquent que c'est un type d'une haute antiquité. »

L'orographie de la région qui sépare, vers le nord, l'Europe de l'Asie, peut rendre compte de la continuité des faunes entre la Russie et la partie de la Sibérie qui confine à l'Oural. Une série de plateaux s'étagent des deux côtés de la ligne de faîte par des fentes insensibles forment une barrière que les animaux peuvent facilement franchir; aussi, pour Richard Wallace, la limite entre l'Europe et l'Asie est-elle tracée par la vallée de l'Irtisch, vestige d'une mer préglaciaire, ayant réuni la mer d'Aral et la mer Caspienne à l'océan Arctique.

La faune d'une partie de la Sibérie est, du reste, celle de l'Europe; nous y trouvons la Perche, le Brochet, la Carpe, le Goujon, l'Ide mélanote, le Carassin, la Lotte, la Bouvière, la Vandoise et d'autres espèces encore. Dans le lac Baïkal on trouve plusieurs de ces espèces européennes, et plusieurs formes représentatives.

Nous avons dit que le Japon fait partie de la région européo-asiatique; dans le sud de cet archipel se trouvent cependant plusieurs genres spéciaux à la région indienne.

Il en est de même, du reste, dans l'Afghanistan, placé à la limite des deux zones.

Pour Günther, l'ouest de l'Asie appartient, en partie, à la faune indienne. « Les affluents des grandes rivières qui arrosent la région indienne sont plus nombreux, écrit-il, vers le sud, que vers le nord, et transportent les Poissons du sud loin vers le nord. Avant que la Perse ait passé par les changements géologiques grâce auxquels les eaux, d'abord saumâtres, ont disparu, ce pays semble avoir été habité par des Poissons de type indien, dont quelques-uns survivent encore dans l'Afghanistan et dans la Syrie. Des Poissons des eaux douces appartenant à la faune de l'Inde, de l'Afrique et de l'Europe se rencontrent dans une région qui, en réalité, est une jonction entre trois continents. »

Fig. 123. *Anabas scandens*. — Type de la faune indienne.

Il y a quelques années encore on pouvait poser en principe que le groupe des Caïmans était exclusivement propre au nouveau monde, et qu'on ne trouvait dans l'ancien continent que des Crocodiles et des Gavials. M. Fauvel a fait connaître récemment un véritable Caïman dans le Yang-tse-Kiang ou Fleuve Bleu; il en est de ce fait comme de la découverte également toute récente dans le Turkestan russe d'un groupe de Poissons voisins des Esturgeons, les Scaphirynques, que l'on croyait exclusivement cantonnés dans les eaux douces de l'Amérique du nord. Dans la partie nord de la Chine se trouvent également deux types américains.

Ce qui caractérise essentiellement la faune ichthyologique de la région nord-américaine comparée à celle de la région paléarctique ou européo-asiatique, c'est la présence de Ganoïdes osseux et l'absence, parmi les Cyprins, des Barbeaux et des Loches. Plusieurs espèces sont communes aux deux régions; d'autres sont représentatives. Les Cyprins ont largement représentés, les Silures sont beau-

coup plus abondants que dans la faune paléarctique, et l'on constate le développement de deux groupes tout particuliers, celui des Centrarches et des Pomotis, et celui des Ethéostomatidés, groupes faisant partie de la famille des Percoïdes.

Nous avons tracé plus haut les limites de la région indienne. En effet, les chaînes secondaires se rattachant à l'Himalaya forment une barrière des plus naturelles entre la faune ichthyologique de l'Asie centrale et celle du sud de l'Asie, de telle sorte que la faune de ces deux provinces est distincte; la limite nord de cette région est formée par l'Himalaya, qui les sépare de la Chine, et par l'Hindu-Kush, barrière avec la province asiatique centrale; le fleuve Sind ou Indus et la chaîne des monts Suliman séparent l'Inde de la partie ouest du continent asiatique.

D'un autre côté, la région indienne peut se diviser en deux sous-régions, le Brahmapoutre, les monts Mogs et quelques rameaux de l'Himalaya servant de limite entre la péninsule cisgangétique et la péninsule transgangétique; les îles de l'archipel Malais,

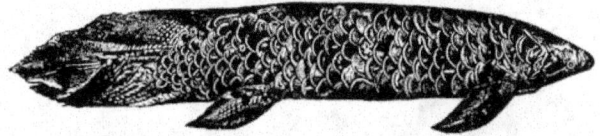

Fig. 124. — *Ceratodus Forsteri*, d'après Gunther. — Type de la faune australienne.

Java, Sumatra, Amboine, Bornéo, les Philippines et les îles intermédiaires, îles situées en deçà de la ligne de partage de Wallace, appartiennent à cette dernière sous-région.

Plusieurs groupes de Cyprins et de Siluridés sont autochtones de la région indienne; les Pharyngiens labyrinthiformes, les Ophicéphales, les Mastacembles, les Loches, sont très abondamment représentés. Sur 3,863 espèces de Poissons des eaux douces connues, on en compte 915 pour cette région ; sur ce nombre, Sauvage a noté 41 Ophicéphalidés, 24 Labyrinthicidés, 228 Siluridés, 527 Cyprinidés. Parmi ces derniers, ce sont certains groupes principalement qui sont représentés. Les grands groupes des Ganoïdes, des Cyclostomes, des Dipnoï font défaut.

Bien que Bali et Lombock ne soient séparées que par un détroit qui n'a guère que 50 milles de large dans sa partie la plus étroite, les Cyprins existent à Bali, et font complètement défaut à Lombock ; d'après Wallace, les Mammifères et les Oiseaux de ces deux îles sont plus différents que les animaux d'Angleterre le sont de ceux du Japon.

Lombock appartient, en effet, à la région Pacifique tropicale avec toutes les îles situées à l'est de la ligne de Wallace, la Nouvelle-Guinée et l'Australie, à l'exception de sa partie sud-est qui se rattache à la zone sud ; les îles situées dans les parties tropicales du Pacifique, et le groupe des îles Hawaï, font partie de la même région, caractérisée par l'absence des Cyprins, des Pharyngiens labyrinthiformes, des Characins, des Chromidés, des Siluridés, le seul Silure que l'on trouve aux îles Sandwich étant venu de l'Amérique du sud. Les Ceratodus (fig. 124) représentent les Dipnoï en Australie.

Lorsque l'on étudie les Mammifères et les Oiseaux, on peut diviser la zone sud en trois sous-régions : la première, ou sous-région tasmanienne, se compose du sud-est de l'Australie et de la Tasmanie ; dans la sous-région néo-zélandaise, on comprend la Nouvelle-Zélande, et les Auckland ; la sous-région patagonienne renferme le sud du Chili, la Patagonie, la Terre de Feu et les Falckland. Au point de vue de la faune ichthyologique on ne peut admettre qu'une seule région pour cette zone, fort pauvre d'ailleurs en Poissons des eaux douces ; il y a moins de différences, en effet, entre elles qu'entre l'Europe et le nord de l'Asie.

La zone sud est caractérisée par l'absence de Cyprins, de Characins, de Pharyngiens labyrinthiformes ; on ne trouve que quelques Silures, de types spéciaux dans la zone patagonienne, et encore ces espèces peuvent-elles être des apports de la zone tropicale pacifique, qui est à sa limite. Les Haplochitonidés et les Galaxidés représentent les Salmonidés et les Brochets de la zone nord. Il est un fait intéressant à noter, c'est que, bien que faisant défaut dans la zone sud, les Cyprins et les Saumons prospèrent à merveille dans certaines parties de cette zone depuis qu'on les y a introduits artificiellement.

Si l'on en juge par la faune ichthyologique, l'Amérique du sud n'a dû avoir aucune communication avec l'Amérique du nord depuis le commencement de l'époque actuelle ; la faune est, en effet, aussi distincte que possible entre ces deux parties d'un même continent reliées par l'isthme que forme l'Amérique centrale ; il y a certainement plus de différences entre l'Amérique du sud et l'Amérique du nord qu'entre cette partie du monde et l'Asie centrale.

Dans l'Amérique du nord les Cyprins, les Lépidostés (fig. 125) sont nombreux ; ils manquent totalement dans l'Amérique du sud.

Les Characins font défaut dans la région nord-américaine ; ils abondent dans la région pacifique tropicale ; cette famille des Characins joue dans cette partie du monde le même rôle que les Cyprins. On trouve aussi de nombreux genres de Chromidés, de Cyprinodontes herbivores et insectivores, des Silures qui sont autochtones de la région, ainsi que les Anguilles électriques ou Gymnotes, un Dipnoïque, le Lépidosiren (fig. 126) et deux Ostéoglossidés, l'*Osteoglossum bicirrhosum* et l'*Arapaima gigas*.

Placée à la limite des régions néotropicale et nord-américaine, Cuba participe des faunes de ces deux régions ; on y trouve, en effet, des Percoïdés tels que le Centropome, des Chromidés et le Symbranche, de telle sorte qu'il est plus que probable que cette partie des Antilles a été autrefois réunie d'une part à la Floride, d'autre part au Guatémala.

Günther note que, de même que la région indienne, la région néotropicale a une faune alpine particulière, composée de Siluroïdes et de Cyprinodontidés. Avec ce savant zoologiste, nous dirons

Fig. 125. — *Lepidosteus osseus*. — Type de la faune nord-américaine.

encore que « les ressemblances entre la région tropicale américaine et indienne datent, en partie,

Fig. 126. — *Lepidosiren paradoxa*. — Type de la faune sud-américaine.

d'une époque géologique reculée, ou sont dues à une similitude dans la constitution physique du sol. Il faut, en effet, appeler l'attention sur la pré-

sence dans le sud-Amérique d'un type franchement indien, le Symbranche marbré. »

L'Afrique proprement dite participe à la fois, par sa faune ichthyologique, de l'Inde et de l'Amérique du sud, bien qu'elle ait aussi une faune autochtone bien caractérisée. La famille des Mormyridées fait partie de cette dernière faune. Dans l'Inde, les Cyprins sont nombreux et les Characins font défaut ; nous venons de dire que l'inverse a lieu dans l'Amérique du sud ; or, en Afrique les Cyprins et les Characins sont également abondants, et ces derniers sont souvent représentatifs de genres américains ; par contre, beaucoup de Cyprins, tels sont les vrais Barbeaux, sont plutôt des types de la région paléarctique. Les Chromidés sont plus abondants que dans la région indienne, et presque aussi nombreux que dans l'Amérique du sud. Les Cobitidinés, qui existent dans l'Amérique du sud et dans l'Inde, font défaut en Afrique. Un Ostéoglossidé, l'Hétérotis, représente les Ostéoglossidés de la région

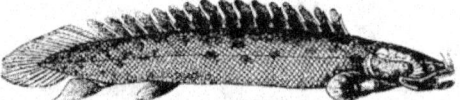

Fig. 127. — Polyptère du Sénégal (*Polypterus bichir*). — Type de la faune africaine.

néotropicale ; le Protoptère ressemble beaucoup au Lepidosiren de l'Amérique du sud, tandis que le Polyptère (fig. 127) et le Calamoïchthye rappellent les Lépidostés de l'Amérique du nord. Un fait très

intéressant à noter est la présence de types de l'Inde dans la partie ouest du continent africain : tels sont les Ophicéphales et les Mastacembles, et des Pharyngiens labyrintiformes.

BREHM. — VI.

DISTRIBUTION BATHYMÉTRIQUE

Nous avons dit plus haut que certains Poissons se trouvent aux embouchures des grands cours d'eau, qu'ils remontent, de telle sorte qu'ils habitent alternativement l'eau salée et l'eau douce, ou du moins l'eau saumâtre : tels sont beaucoup de Muges (fig. 128) et les Flets (fig. 129).

D'autres Poissons sont essentiellement littoraux et vivent, soit dans les petites flaques d'eau que laisse la mer en se retirant, comme certains Gobies (fig. 134), des Blennies, soit enfoncés dans le sable du rivage, comme des Ammodytes ; d'autres sont essentiellement des Poissons de surface, et ils ne descendent dès lors jamais à de grandes profondeurs.

La distribution de tous ces Poissons côtiers est

Fig. 128. — Muge Capiton.

déterminée, non seulement par la température des lieux où on les trouve, mais encore par la nature des fonds ; c'est ainsi que certains d'entre eux vivent parmi les récifs de coraux, que d'autres se tapissent entre les fentes des rochers, tandis que d'autres encore se traînent sur les fonds sableux ou vaseux.

Pour la distribution géographique de ces Pois-

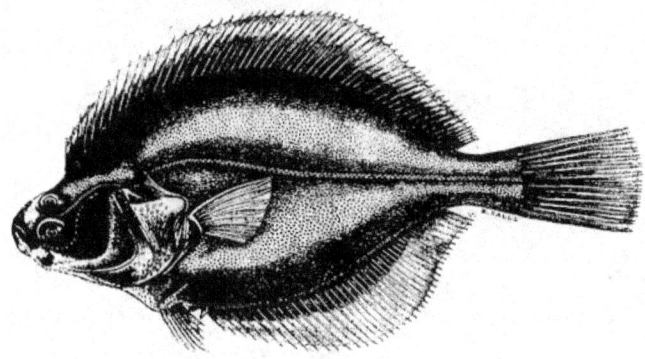

Fig. 129. — Le Flet (*Pleuronectes flesus*).

sons côtiers, nous suivrons l'ouvrage, à tous les points de vue si remarquable, que Günther a consacré à l'histoire de l'ichthyologie.

Poissons de surface. — D'après ce savant, les Poissons de l'Océan arctique démontrent la continuité de la faune circumpolaire, dont la limite sud peut être tracée par une ligne passant par le sud du Groenland et l'archipel des Aléoutiennes, par 60° de latitude nord.

Cette faune est, du reste, peu riche en espèces, bien que l'on ait recueilli des Poissons jusque vers le 83e degré de latitude nord. On connaît dans ces parages quelques Cartilagineux comme le Lémargue, le Centroscyllium, la Chimère, quelques Acanthoptérygiens appartenant aux familles des Cottes, des Discoboles, des Blennidées ; quelques-uns de ces genres sont tout à fait caractéristiques de cette faune : tels sont les Icélus, les Agonus, les Centronotes, les Liparis. On trouve encore des Gades, des

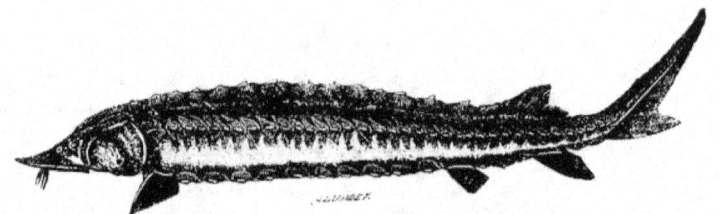

Fig. 130. — L'Esturgeon commun (*Accipenser sturio*).

Lycodidées, des Myxines, ces derniers vivant en parasites sur d'autres Poissons, des Esturgeons (fig. 130), le Hareng, le Capelan.

La zone nord tempérée peut se subdiviser en région anglo-française, en région méditerranéenne, en région américaine.

La première région a en partie une faune ichthyologique intermédiaire entre celle de la zone arctique et celle de la région méditerranéenne ; sur les côtes du Portugal et du sud-ouest de la France se trouvent, en effet, des Poissons de la Méditerranée, tandis que l'on recueille des espèces de la zone arctique le long des côtes du nord de l'Écosse et du sud de la Scandinavie.

Parmi les Squales, les vrais Chiens de mer sont tout particulièrement abondants, ainsi que les Raies ; quelques Acanthoptérygiens, tels que les Icelus, les Triglops, les Centridermichthys, pénètrent à peine dans cette région, et à sa limite nord seulement. Les Labres commencent à devenir abondants.

La faune ichthyologique de la Méditerranée a les caractères d'une faune relativement chaude ; nous y trouvons des Pristopomes, des Diagrammes, des Dentées, des Sargus, des Pagelles, des Daurades, des Hoplostèthes, des Béryx, des Polymixia, des Uranoscopes, des Sciènes, des Sphyrènes, des Lépidopes, des Trichiures, des Thyrsites, des Cyttes, des Stromatées, des Centrisques, des Héliastes, des

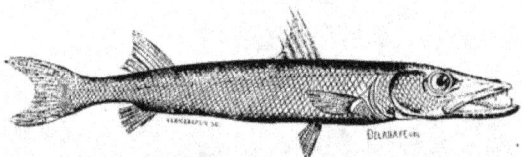

Fig. 131. — Grande Bécune (*Sphyræna barracuda*).

Scares, des Girelles, des Cossyphes, des Novacules, des Saurus, deux types de Plectognathes, le Baliste et le Coffre. Les Gades diminuent en nombre ; les vrais Saumons font défaut dans la région.

La faune littorale du district nord américain emprunte beaucoup de ses caractères à la faune anglo-française et à la faune méditerranéenne ; c'est ainsi qu'on y trouve des Pagres, des Daurades, des Anarrhiques, des Zoarces, des Phycis, des Motelles, des Ptéroplatées, des Trichiures, des Batrachus, des Sphyrènes (fig. 131), des Saurus, des Hippocampes ; avec ces genres, sont quelques formes spéciales, telles que les Tautoga, les Panmelas, les Chasmodes, tandis que nous ne trouvons pas des animaux européens, comme les Milandres, les Chimères, les Mulets, les Dorées, les Callionymes.

Günther divise la région tempérée du nord pacifique en trois districts.

Le nord du Japon jusqu'au 37e degré de latitude

nord correspond à la région anglo-française ; dans cette région, district Kamtschatka, les Labres, qui ne sont jamais des animaux des régions froides, font défaut et sont remplacés par les Embiotocoïdes dont nous retrouvons une espèce appartenant au genre Ditrème. Un singulier Salmonoïde, le Salanx, se trouve en abondance dans la région.

Le district japonais, compris entre les 37e et 30e degrés de latitude nord, correspond pour sa faune ichthyologique à la Méditerranée. On y trouve une grande variété de faunes ; c'est ainsi que cette faune comprend des Chimères, des Milandes, des Mustèles, des Anthias, des Pagres, un Hoplostèthe, des Béryx, des Polymixies, des Uranoscopes, des Lépidopes, des Trichiures, des Cépoles, des Girelles, des Motelles, des Saurus, des Myres, des Hippocampes (fig. 132). Selon la remarque de Günther, des Mulles, des Dorées, des Callionymes, des Centrisques habitent aussi bien la Méditerranée que les côtes du Japon, mais n'ont jamais été trouvés du côté opposé de la côte américaine, ni sur le Pacifique, ni sur l'Atlantique.

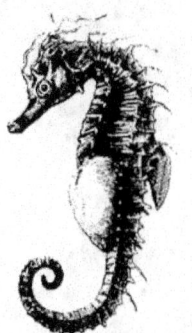

Fig. 132. — Hippocampe avec sa poche ovifère.

Le district californien correspond au district nord américain de l'Atlantique. On y trouve quelques types particuliers, comme des Hétérolépidines, plusieurs genres de Cottes et de Blennies et surtout des Embiotocoïdes, Pharyngognathes vivipares, qui y remplacent les Labres. Les Gades sont peu nombreux.

A mesure que l'on se rapproche des tropiques, les types spéciaux aux zones arctique et tempérée disparaissent peu à peu; ils sont graduellement remplacés par des formes caractéristiques des zones chaudes. C'est ainsi que deviennent de plus en plus rares les Squales de la famille des Spinacidées, les Anarrhiques, les Salmonidés marins; par contre, le développement des récifs de coraux est on ne peut plus favorable à l'extension des Squammipennes, des Pomacentrides, des Scares, des Girelles et d'autres genres de Labroïdes voisins, des Tenthies, des Plectognathes. La faune tropicale se fait non seulement remarquer par la richesse des formes, mais par le brillant et éclatant coloris que revêtent presque tous les animaux.

Au point de vue géographique, on peut, avec Günther, étudier séparément la faune ichthyologique de l'Atlantique tropicale et celle du Pacifique; la différence que ces deux faunes présentent est cependant moins grande que celle que l'on remarque chez les Poissons des eaux douces des régions continentales. La plupart des types sont communs

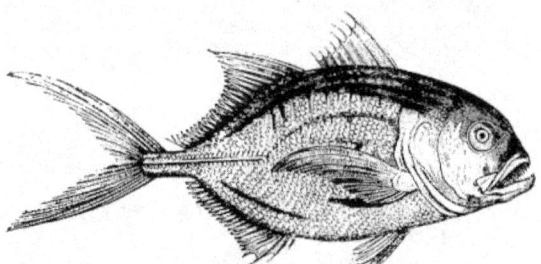

Fig. 133. — Fausse Carangue (*Caranx fallax*).

aux deux régions et beaucoup d'espèces même se trouvent dans les deux.

Les types spéciaux à la faune tropicale américaine sont peu nombreux; on peut citer cependant les Hœmulon, les Centropristes, les Malthées, les Rhypticus.

Lorsque l'on étudie la faune ichthyologique de l'océan Indo-Pacifique, on observe une grande uniformité, de telle sorte que beaucoup d'espèces se trouvent depuis la partie nord de la mer Rouge, jusqu'aux îles du nord du Japon et jusque vers la Tasmanie. Les types les plus caractéristiques de cette vaste zone sont les Percoïdes marins qui font leur principale nourriture de petits Poissons et de Crustacés et les Pharyngognathes mangeurs de coraux; on remarque également l'abondance des Squammipennes, des Teuthidées, des Murénidées,

des Carangidées (fig. 133), des Gobiades (fig. 134); certains genres de Lophobranches, de Raiidées, de Clupées (fig. 135) sont spéciaux à cette zone.

C'est l'absence presque complète de Poissons habitant les récifs de coraux qui caractérise essentiellement la sous-région qui s'étend du 30° degré nord et sud le long des côtes Pacifiques de l'Amérique tropicale : on note, dès lors, la rareté des Squammipennes, des Pharyngognathes et l'absence des Teuthidées.

Günther a désigné sous le nom de zone tempérée sud les côtes du sud de l'Afrique, du sud de l'Australie avec la Tasmanie, la Nouvelle-Zélande, et les côtes de l'Amérique du Sud comprises entre les 30° et 50° degrés de latitude sud, aussi bien celles qui sont situées sur l'océan Atlantique que sur l'océan Pacifique.

Fig. 134. — *Gobius criniger*.

Ce qui caractérise essentiellement cette zone, c'est la réapparition des types que nous avons vus dans les latitudes correspondantes de l'hémisphère nord, types qui cessent, avons-nous dit, au fur et à mesure que l'on se rapproche des tropiques. Nous retrouvons la Chimère, le Milandre, l'Aiguillat, la Dorée, la Baudroie, le Congre; les formes spéciales à la zone tropicale font cependant défaut, et c'est ainsi que nous ne trouvons ni Scares, ni Squammipennes, ni Teuthies, ni Pomacentridées, et que les Mullidées sont rares.

Quelques genres sont spéciaux aux districts du cap de Bonne-Espérance, de l'Australie méridionale, Patagonien et Chilien. Dans ce dernier, nous avons à signaler les Callorhynques qui représentent les Chimères de l'hémisphère nord, les Haplodactyles, les Scorpis, les Éleginus, les Bdellostomes; les genres Mendosome, Seriolelle, Labrichthys, que l'on croyait spéciaux à cette zone, ont été retrouvés aux îles Saint-Paul et Amsterdam qui appartiennent à la zone du Cap.

Avec Günther, nous pourrons rapporter à la zone de l'océan Antarctique le sud de l'Amérique, à partir du 50e degré de latitude sud, la Terre de Feu, les îles Falkland, la Terre de Kerguelen, l'île du Prince-Edouard. Dans cette région les Poissons ne s'avancent pas aussi près du pôle que dans l'hémisphère nord; la faune ichthyologique paraît, du reste, être pauvrement représentée dans toute l'étendue de la zone.

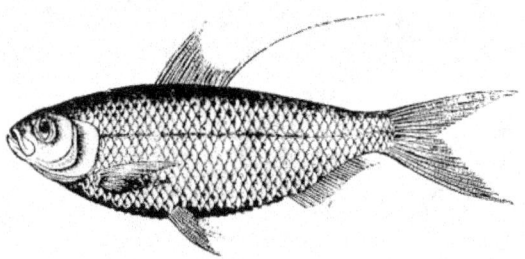

ig. 135. — Caillou tassart (Hareng de la Martinique).

Poissons pélagiques. — La plupart des Poissons de haute mer ou pélagiques sont d'excellents nageurs; tels sont beaucoup de Requins et des Scombéroïdes, comme les Thons, les Espadons, les Naucrates, les Sérioles, les Coryphènes. En haute mer se trouvent aussi des espèces qui peuvent, pour ainsi dire, voler à la surface des flots, tels les Exocets (fig. 136), les Dactyloptères. Les Remoras ou Echeneis se fixent, par leur ventouse, sur le corps d'autres animaux; ils peuvent être regardés comme des Poissons pélagiques, car ils sont souvent transportés à de grandes distances.

Il est aussi certains animaux qui, bien que fort mauvais nageurs, habitent cependant la haute mer, mais ils se fixent alors à la surface des corps flottants.

On sait qu'à l'ouest des îles du Cap-Vert existe une vaste étendue de mer toute remplie d'algues flottantes; cette partie est connue sous le nom de mer des Sargasses. Les algues sont disposées par paquets arrondis alignés suivant la direction des vents et des courants; les plantes sont maintenues à la surface de l'eau au moyen de petites boules remplies d'air. Tout un monde d'animaux

Fig. 136. — Poisson volaut (*Exocœtus acutus*).

s'agitent au milieu de ces troupes d'algues et tous revêtent une livrée spéciale, qui s'harmonise tellement avec celle du milieu, qu'il est fort difficile de les en distinguer. Le corps des animaux, irrégulièrement tacheté de noir, de brun, de blanc, de jaunâtre, se dissimule facilement au milieu des feuilles vertes, des tiges brunes ou des frondes encroûtées d'un dépôt blanchâtre. Nous avons ici un exemple de *mimétisme*, les bêtes prenant la couleur du milieu dans lequel elles se trouvent, soit pour mieux échapper à leurs nombreux ennemis, soit pour pouvoir s'approcher plus facilement et sans être vus de leur proie.

Au milieu de ces algues flottantes vivent plusieurs Lophobranches, des Apodes et de curieux Poissons faisant partie de la famille des Pectorales pédiculés et connus sous le nom d'*Antennarius*. Ceux-ci pondent sur les touffes de Sargasses, mais ils ont soin auparavant de les ficeler par paquets.

Ainsi qu'on devait le penser, les plus grands des Poissons, les Rhinodons, le Squale Pèlerin, les Carcharadons, les Myliobates, les Céphaloptères, les Thons, les Espadons, les Poissons-lunes appartiennent à la faune pélagique. Comme pour les espèces côtières, cette faune est, du reste, d'autant plus riche qu'on se rapproche des tropiques.

Poissons des grandes profondeurs. — Il n'y a que peu d'années encore, on pensait que les Poissons ne pouvaient vivre à de grandes profondeurs, aussi la connaissance de la faune ichthyologique ou abyssale est-elle une des découvertes les plus intéressantes et les plus curieuses, à tous les points de vue. C'est aux recherches de la commission scientifique anglaise du *Blake* et du *Challenger* et surtout à celles de la commission française du *Travailleur* et du *Talisman* (1) que nous devons la constatation de ce fait remarquable que des Poissons, absolument organisés comme leurs congénères de la surface, peuvent vivre sous les énormes pressions de 5000 mètres.

C'est, en effet, un premier point à noter : l'organisation des Poissons vivant dans les grandes profondeurs est identique, dans ses traits essen-

tiels, à celle des animaux de même groupe vivant à de faibles profondeurs ; aussi, comme le dit fort justement le professeur Vaillant, « sous des pressions énormes, les mêmes systèmes organiques que nous connaissons chez les êtres habitant les zones les plus superficielles suffisent pour l'accomplissement des réactions délicates que nécessitent les échanges gazeux, les modifications des substances alimentaires et les autres phénomènes de la vie. »

Il est certain qu'au-dessous de 200 brasses, au maximum, les rayons lumineux ne peuvent plus pénétrer, d'où une obscurité absolue.

On sait que lorsque des animaux vivant à la surface du globe se trouvent dans un milieu obscur, les organes visuels s'atrophient et disparaissent même complètement, car ils ne serviraient de rien à l'animal. Le Protée, un Batracien dégradé des grottes de la Carniole, a l'organe visuel extrêmement réduit (1). La caverne du Mammouth, dans le Kentucky, ne possède que des animaux aveugles, car l'obscurité y est complète ; c'est ainsi qu'on trouve dans un lac situé au fond de cette caverne un curieux Poisson, l'*Ambliopsis spelœus* chez lequel l'œil ne fonctionnant plus, la peau a recouvert le globe oculaire.

De ces faits on devait s'attendre à ce que les Poissons retirés des grandes profondeurs seraient aveugles, car le fonctionnement de l'organe visuel dans un milieu complètement obscur semblait impossible à comprendre. Les Poissons et d'autres animaux des grands fonds possèdent cependant des yeux normalement développés.

C'est qu'en effet, bien que la lumière du jour ne puisse pénétrer dans les abîmes de la mer, l'obscurité est loin d'y être complète.

La plupart des animaux qui habitent les grands fonds sont lumineux. Beaucoup de Crustacés dégagent des lueurs phosphorescentes qui servent à les éclairer ; les lueurs sont tantôt émises par toute la surface du corps, tantôt par les yeux eux-mêmes, tantôt par certains points particuliers, tels que les pattes ou les antennes ; certains portent réellement une paire de lanternes pour éclairer le terrain devant eux.

(1) Voy. Deniker. *Expédition du Talisman et du Travailleur* (*Science et Nature*, 1884, t. I, p. 113 et 193) et E. Perrier, l'*Expédition du Talisman* (*Science et Nature*), 1884, t. I, p. 232, 289, 324 et 358.

(1) Sauvage, in Brehm, *Les Merveilles de la Nature*, *les Reptiles et les Batraciens*, Paris, 1885.

Il en est de même pour les Poissons des grandes profondeurs. Beaucoup d'entre eux sont lumineux, et cette phosphorescence doit servir, d'une part à guider ces animaux, d'autre part à attirer les proies dont ils font leur nourriture.

Ce dernier fait était depuis longtemps connu pour les Poissons pélagiques et de surface qui chassent la nuit. C'est ainsi qu'un naturaliste anglais, Bennett, a fait connaître un Requin dont toute la partie inférieure du corps, enduite d'un épais mucus, dégage des lueurs verdâtres. Bennett raconte qu'ayant une fois capturé un de ces Squales, la pièce fut complètement illuminée par la phosphorescence qui se dégageait du Poisson ; après la mort du Requin la lueur disparut peu à peu, les mâchoires ayant été les dernières parties à rester phosphorescentes.

Il est probable que, comme pour l'espèce signalée par Bennett, les Squales que l'expédition du *Talisman* a capturés dans de grands fonds près des côtes du Portugal, que ces Squales doivent être phosphorescents.

Le mucus lumineux paraît être sécrété par des glandes situées le long des flancs et de la queue, dans le voisinage des yeux et parfois sur la partie supérieure de la tète.

Outre ces glandes, il existe, chez d'autres animaux, des organes particuliers et fort singuliers, dont le rôle est d'émettre de la lumière et qui jouent, dans le sens propre du mot, le rôle d'une lanterne pourvue de son réflecteur. Ces organes, qui à cause de leur structure ont été pendant longtemps considérés comme des organes visuels accessoires, consistent en une sorte de lentille biconcave translucide, placée comme un cristallin en avant d'une chambre remplie d'un fluide transparent, et tapissée par une membrane noirâtre formée de cellules dont la disposition rappelle beaucoup ce que l'on nomme la rétine dans l'organe de la vision ; le tout reçoit d'abondantes branches nerveuses.

Durant l'expédition du *Talisman* on a pêché sur les côtes du Maroc et par 1500 mètres de profondeur un singulier Poisson, le *Malacosteus niger ;* chez cet animal il existe au-dessous des yeux deux plaques phosphorescentes, dont l'une émet des lueurs d'un éclat doré, l'autre des lueurs verdâtres.

On trouve d'autres dispositions des organes lumineux ; c'est ainsi que chez les Stomias, singuliers Poissons au corps grêle et allongé, à la gueule largement fendue et armée de dents longues et pointues, on trouve tout le long de la partie inférieure du corps de petits points arrondis qui sont les organes lumineux, de telle sorte que l'animal se trouve comme enveloppé d'une brillante auréole ; une disposition semblable se trouve chez les Chauliodes, les Astronectes.

D'autres animaux, tels que les Argyropélèques, les Scopèles, les Mauroliques, ont des organes moins compliqués ; ils sont également lumineux.

« Chez d'autres Poissons des grands fonds, il semblerait que la propriété d'émettre de la lumière fût très atténuée ou qu'elle ait même complètement disparu. Le sens de la vue ne serait, dans ce cas, appelé à fonctionner que lors de la rencontre d'un animal transformé en une source de lumière.

« Le *Bathypterois longipes* paraît être dans ce dernier cas. Chez ce Poisson, abondant dans l'Atlantique entre 800 et 1500 mètres de profondeur, on ne trouve dans aucun point du corps de plaques phosphorescentes, et le système de glandes sécrétant une humeur lumineuse n'est pas développé. Les yeux sont, d'autre part, très petits par rapport à la taille du Poisson et, par conséquent, nullement comparables à ceux du *Stoimas boa*. En tenant compte de cette organisation relativement inférieure à celle des autres Poissons des abîmes, il semblerait que le *Bathypterois* dût rencontrer de grandes difficultés à assurer son existence au milieu de l'obscurité profonde régnant autour de lui. Mais heureusement la nature est venue à son secours en adaptant d'une manière spéciale une partie de son organisme à ces conditions biologiques toutes spéciales.

« Lorsqu'on examine un *Bathypterois longipes,* on est surpris de la forme et de la disposition de la première paire de nageoires. Chez les Poissons ordinaires, nous voyons que cet organe de locomotion est composé de différents rayons réunis entre eux de manière à constituer une rame destinée à frapper l'eau. Sur le *Bathypterois longipes* il n'en est pas ainsi. La nageoire antérieure se compose à sa partie tout antérieure d'un très long rayon, complètement indépendant du restant des rayons formant la nageoire. En présence de ce développement extraordinaire de la partie tout à fait antérieure de la rame pectorale, on se demande à quel besoin, à quelle fonction, il peut bien correspondre. En étudiant de près le mode d'articulation de cet appendice, on ne tarde pas à voir qu'il est disposé de manière à permettre un rabattement complet sur la partie antérieure du corps, et alors on saisit le genre de modification qui s'est accomplie sur ce Poisson des grands fonds. Une partie de la nageoire a été détournée de ses fonctions et elle est venue constituer un organe d'exploration. Lorsque le *Bathypterois longipes* s'avance au milieu de l'obscurité profonde, il porte en avant ces deux longs tentacules, ces sortes d'antennes, il tâte avec elles, et les sensations qu'elles lui transmettent l'avertissent de la présence d'une proie à prendre ou d'un ennemi redoutable qu'il faut s'empresser de fuir. Il doit également s'en servir pour explorer la vase et y découvrir des vers, des annélides, qui y vivent enfouis.

« La nageoire ventrale présente une semblable transformation de son rayon antérieur, mais les dimensions acquises par cet élément sont beaucoup moindres.

Fig. 137. — Le Mélanocète de Johnson — Pêché à 4000 mètres.

« En retraçant dans l'esprit l'image de la vie sous-marine, des luttes pour l'existence qui ne cessent de s'accomplir dans les profondeurs les plus reculées, on se demande quels sont les animaux dont les adaptations sont les plus parfaites. Sont-ce les superbes *Stomias* étincelants de lumière, les *Malacosteus* avec leurs phares placés sur le devant de la tête ou les obscurs *Bathypterois* qui sont arrivés à assurer leur vie de la façon la plus certaine ? Il se pourrait que ce fussent ces derniers. Leurs longs tentacules, sorte de bâtons entre les mains d'un aveugle, leur permettent de connaître ce qui les environne, de trouver leur nourriture, alors que les yeux encore préservés leur servent à voir venir de loin un ennemi dangereux tout entouré de la lumière qui se dégage de son corps. Ils peuvent fuir au moment du péril sans laisser de traces lumineuses de leur passage, et rapidement disparaître. Il se pourrait donc qu'au fond des mers la sécurité de la vie soit plus particulièrement assurée aux moins brillants (1). »

La couleur des Poissons des grands fonds est extrêmement simple ; nous ne voyons plus ici d'animaux brillamment parés, mais des animaux noirâtres ou blanchâtres. On trouve cependant avec ces animaux obscurs des Crustacés d'un rouge admirable, et cela par les grands fonds.

Les Poissons qui vivent d'une manière permanente dans les abîmes de la mer ont la peau mince revêtue de petites écailles peu adhérentes ou le corps complètement nu, enduit d'une mucosité abondante ; leur chair est molle, peu colorée.

Par suite de l'absence de lumière, la végétation n'existe pas dans les grands fonds, d'où il suit que tous les Poissons doivent être carnassiers ; presque tous ont la bouche armée de dents extrêmement puissantes, en forme de crochets acérés ; ils ont, en général, la gueule fort largement fendue, pour saisir et engloutir une proie ; c'est ce que l'on voit chez l'*Eurypharynx*, le *Neostoma*, l'*Eustomias*, types des plus curieux que le professeur Léon Vaillant a dernièrement fait connaître.

Le corps ne consiste parfois guère qu'en une large bouche et en un vaste sac permettant à l'animal d'engloutir une proie supérieure au volume de son propre corps ; c'est ce que l'on voit chez le singulier Mélanocète de Johnston (fig. 137) ; il en est de même chez le *Chiasmodus*.

Nous avons signalé la particularité intéressante que présente la nageoire pectorale du *Bathypterois longipes*. Beaucoup d'autres types présentent des dispositions analogues, et les organes tactiles sont généralement bien développés chez les animaux des grands fonds qui se meuvent dans un milieu où une lumière phosphorescente seule est émise.

C'est ainsi que chez le Mélanocète de Johnston le premier rayon de la nageoire dorsale se porte en avant et forme, au-dessus de la tête, un appendice tactile qui doit servir aux mêmes usages que ceux de la Baudroie ; or, on sait que cet animal vit caché dans le sable ou dans la vase, ne laissant passer que la partie supérieure du corps ; le tentacule qu'il porte sur la tête attire le Poisson, comme le ferait un appât. Chez les Macrures ou Grenadiers, Poissons au corps en forme de coin, à la tête fortement cuirassée, au museau avancé, au dos et au ventre entourés d'une nageoire finissant en pointe, il existe un petit barbillon tactile sous le menton (fig. 138). Un curieux Poisson recueilli à 2220 mètres de profondeur, l'Eustomias obscur, a sous la gorge un très long barbillon terminé par une partie

(1) H. Filhol, *La vie au fond des mers* (*La Nature*, 30 mai 1885).

Fig. 138. — Le Macrure australien. — Pêché à 4500 mètres.

rentlée. Des filaments semblables se voient chez des espèces appartenant aux familles des Trachyptéridées, des Macrouridées, des Ophidiidées et au genre *Bathypterois*.

Une hauteur de 10 mètres d'eau correspondant à une atmosphère, on ne peut se faire une idée de l'effrayante pression à laquelle sont soumis les animaux qui se trouvent par des fonds de 4000 mètres et plus. Cette pression est telle que, lors des dragages effectués pendant la campagne du *Talisman*, on a vu les disques en liège dont on se servait pour maintenir béante l'ouverture du chalut, on a vu ces disques réduits à environ la moitié de leur diamètre primitif et durcis au point de ressembler à du bois.

Les animaux vivant au fond de la mer supportent d'énormes pressions, mais de même que nous ne sentons pas le poids considérable qui pèse sur notre corps, les gaz qui sont à l'intérieur ayant même pression que l'atmosphère et lui faisant équilibre, de même les Poissons se meuvent librement sous des pressions de plus de 400 atmosphères, mais ils ne peuvent impunément passer brusquement d'une pression à une autre moindre.

De temps immémorial, les habitants de Sétubal et de Sesimbra, petits ports situés à l'est de Lisbonne, se livrent à la pêche des Squales, et la commission scientifique du *Travailleur* a recueilli sur cette pêche de curieux documents. Les Squales, qui appartiennent à plusieurs espèces, telles que le Centrophore granuleux, le Scymnodon, les Squatines, vivent entre 1300 et 1800 mètres ; lorsqu'on remonte rapidement ces animaux, ils sont soumis à la décompression, aussi les yeux sont-ils toujours sortis de leurs orbites.

Lors de la campagne du *Talisman* on a vu combien il était difficile d'obtenir les Poissons des grands fonds en bon état de conservation. Nous avons déjà dit que chez beaucoup de ces animaux il existe entre la colonne vertébrale et l'intestin une cavité close connue sous le nom de *vessie natatoire*. Chez un Poisson provenant des grands fonds et ramené à la surface, les gaz contenus dans la vessie natatoire étant de moins en moins comprimés ne cessent de prendre un volume de plus en plus grand ; il en résulte que la vessie, par suite de sa dilatation, exerce une pression de plus en plus forte sur la paroi abdominale, point le moins résistant. Le ventre se distend et les écailles se détachent. Si la dilatation est encore plus grande, la vessie natatoire pousse l'estomac devant elle et vient faire saillie par la bouche ; en même temps les yeux sont chassés de leurs orbites. Il arrive assez souvent que le Poisson éclate par l'effet de la décompression.

Dans les grands fonds la température est égale, peu élevée ; les tempêtes ne font plus ressentir leur influence et le calme le plus absolu ne cesse d'y régner.

Les Poissons paraissent se trouver jusqu'aux plus grandes profondeurs ; c'est ainsi que, à bord du *Talisman*, le Poisson pêché par le plus grand fond, le *Bythytes crassus*, provenant de 4255 mètres ; l'expédition du *Challenger* a pris une espèce, le *Bathyophis ferox*, à 5019 mètres.

Les Poissons des grands fonds rentrent, presque tous, dans des types connus ; ce sont, en général, des modifications des formes qui vivent près de la surface dans les zones froides ou dans les zones tempérées.

Les Poissons Cartilagineux sont relativement peu nombreux ; nous avons déjà cité les Squales qui, dans la fosse située près de Sétubal, vivent entre 1500 et 2800 mètres ; les Raies descendent jusqu'à environ 1000 mètres de profondeur.

D'après les dragages exécutés par le *Challenger*, Günther cite 27 genres d'Acanthoptérygiens trouvés depuis 200 brasses (Pomatome), jusqu'à 2400 brasses (Ceratias) ; les Acanthoptérygiens, qui forment la majorité des Poissons de côte et de surface, sont, on le voit, assez pauvrement représentés dans les grands fonds ; trois familles, celles des Trachyptéridées, des Lophotidées, des Notacanthidées, font plus particulièrement partie de la faune abyssale.

Les familles des Gadidées, des Ophidiidées, des Macrouridées comptent de nombreux représentants, 19 genres comprenant 58 espèces ; ces genres forment environ le quart du nombre total des Poissons des grandes profondeurs, et nous pouvons citer comme plus particulièrement nombreux en espèces les genres *Sirembo*, *Macrurus*, *Coryphænoïdes*, puis les genres *Bathygadus*, *Bathynectes*, *Haloporphyrus ;* tous ces genres sont spéciaux ; on en trouve les espèces depuis 215 jusqu'à 2650 brasses.

Parmi les Physostomes, les familles des Sternoptychidées, des Scopélidées, des Stomiatidées, des Salmonidées sont représentées, la famille des Bathythrissidées est spéciale ; beaucoup de genres, *Bathysaurus*, *Bathypterois*, *Bathyophis*, *Bathylagus*, *Bathytroctes* sont exclusivement des grandes profondeurs ; ce sont les animaux faisant partie de la famille des Stomiatidées qui descendent à la plus grande profondeur, 2750 brasses.

On a trouvé une Myxine à la profondeur de 345 brasses.

D'après Henri Filhol, « les Poissons de fond pris à bord du *Talisman* se rapportent à un nombre considérable de genres et d'espèces. Leur examen permet de reconnaître une série de faits généraux du plus haut intérêt. La première question que l'on se pose en les étudiant est la suivante : existe-t-il des genres et des espèces de Poissons caractéristiques de fonds de profondeur déterminée? C'est-à-dire la faune des Poissons se montre-t-elle différente lorsque l'on explore successivement des profondeurs de un, deux, trois, quatre et cinq mille mètres? A cette question l'on peut répondre par l'affirmation, car il ressort des dragages accomplis, que certaines formes ont leur distribution parfaitement limitée. Pour arriver à cette conclusion, il a fallu des recherches multipliées, par suite de ce fait fort étrange, que certaines espèces de Poissons se retrouvent dans la mer à partir de 600 mètres, à des profondeurs croissant de près de 3000 mètres. Ainsi un Poisson présentant la même structure organique est susceptible de vivre sous des pressions variant d'une demi-tonne à une et deux tonnes et même davantage. L'on peut se demander dès lors comment il se fait qu'il existe des formes caractéristiques de profondeurs déterminées, car en présence de zones si considérables de distribution il semble que les faunes abyssales doivent rester les mêmes. L'explication de ce fait si singulier consiste en ce que les Poissons que nous retrouvons, de 600 à près de 3600 mètres de profondeur, n'habitent pas d'une manière continue les mêmes localités. Ils s'y montrent en voyageurs, ils montent et ils descendent successivement dans les abîmes de la mer, et lorsqu'ils exécutent ces voyages ils vont doucement, de manière à subir des compressions et des décompressions lentes. Je vais signaler quelques-unes des espèces, qui nous ont permis de reconnaître de si remarquables pérégrinations. Ainsi nous avons trouvé l'*Alepocephalus rostratus* à partir de 868 jusqu'à 3658 mètres, le *Scopelus maderensis* de 1090 à 3655 mètres, le *Lepioderma macrops* de 1153 à 3655 mètres, le *Macrurus affinis* de 590 à 2220 mètres ; soit, pour ces quatre espèces, des aires de distribution de profondeur variant de 3000, de 2782, de 2502 et 2000 mètres. Je pourrais multiplier ces exemples, mais ceux que je cite me paraissent bien suffisants pour permettre de reconnaître que l'organisme des Poissons de certaines profondeurs est tel, qu'il est susceptible de supporter des pressions énormes sans en souffrir. »

LES POISSONS AUX DIFFÉRENTES ÉPOQUES GÉOLOGIQUES.

Si la période secondaire a vu le summum du développement de la faune herpétologique, on peut dire de l'époque primaire qu'elle est le règne des Poissons ; c'est à cette époque que ces animaux présentent le plus de formes étranges et qu'ils sont représentés par des types très différents de ceux qui existent actuellement, types qui disparaîtront ou se modifieront dans la suite des âges.

On trouve dans les terrains sédimentaires anciens, telles sont les couches inférieures du terrain silurien, de petits corps hérissés d'épines pointues et recourbées en crochets qui ont été désignés par le nom de *Conodonts*. On n'est pas encore fixé sur la provenance de ces corps, car tandis que certains paléontologistes en font des mâchoires de Mollusques ou d'Annélides, d'autres les regardent comme les pièces dentaires de Poissons très inférieurs, du groupe des Myxines ; ces animaux ont, en effet, le squelette complètement membraneux, de telle sorte que les dents seules auraient pu se conserver par la fossilisation.

Les débris les plus anciens de Poissons et par suite de Vertébrés que nous connaissions d'une manière certaine ont été trouvés dans les couches de Ludlow, qui appartiennent au terrain Silurien supérieur. Ces débris consistent en épines de faible taille, comprimées, recourbées en sabre et sillonnées, désignées sous le nom d'*Onchus*, en écailles à surface chagrinée connues sous le nom de *Thelodus*, en fragments de mâchoires et en plaques qui semblent provenir de Poissons à tête cuirassée; on y a trouvé aussi, d'après Günther, des coprolithes formés de phosphate et de carbonate de chaux, coprolithes qui proviennent de Poissons et qui renferment des débris de Mollusques et de Crinoïdes.

Une partie des Poissons de Ludlow doit être rapportée à des Cartilagineux ou Placoïdes. Les Elasmobranches, quoique très élevés en organisation, apparaissent donc dès les terrains les plus anciens et sont contemporains de ces animaux mi-vertébrés, mi-crustacés, tels que les Coccolepis et les Ptérichthys. Il est vrai de dire que les Placoïdes des mers anciennes appartiennent à un groupe spécial, celui des Cestraciontes, qui, après avoir seul constitué l'ordre pendant l'époque primaire et une partie de l'époque secondaire, a été en diminuant graduellement, de manière à n'être plus aujourd'hui représenté que par une seule espèce, le Cestracionte de Philipp, que l'on trouve dans les mers d'Australie.

Les Poissons de l'époque silurienne appartenant déjà à des types très élevés en organisation, il est plus que probable que ces animaux ont été précédés, à des périodes plus anciennes, par des types beaucoup plus inférieurs, mais qui, étant mous ou ayant le squelette cartilagineux ou même membraneux, la peau nue, n'ont laissé aucune trace dans les couches de l'époque terrestre; il est certain, par exemple, que le plus dégradé de nos Poissons actuels, l'Amphioxus, ne serait pas représenté à l'état fossile.

A l'époque dévonienne, la faune ichthyologique est riche. Les Elasmobranches, du groupe du Cestracion, existent seuls à cette époque, tandis que les Ganoïdes sont largement représentés; il est vrai de dire que ces animaux, grâce à leur puissante armure, composée d'écailles en partie osseuses, ont eu, plus que les autres, des chances d'être conservés par la fossilisation.

C'est à cette époque que vivent ces curieux Poissons désignés sous le nom de Placodermes; au lieu d'écailles, leur corps était recouvert de grandes plaques dures; tels sont les étranges animaux désignés sous le nom de *Scaphaspis*, de *Coccosteus*, de *Pteraspis*.

« Pour prouver que les *Scaphaspis* sont des Poissons d'un caractère tout à fait initial qui marquent le passage de l'Invertébré au Vertébré, il suffit de rappeler l'histoire de leur découverte. En 1835, dans son grand ouvrage sur les Poissons fossiles, Agassiz attribua leurs débris à des Poissons. Un peu plus tard, Rudolph Kner prétendit que ce n'étaient pas des restes de Poissons; il supposa que c'étaient

des coquilles internes de Mollusques, analogues à l'os de la Seiche. En effet, si l'on compare le tracé d'un os de Seiche et celui de la plaque singulière que représente la carapace du *Scaphaspis*, on ne peut manquer d'être frappé de leur ressemblance apparente.

« En 1856, Ferdinard Rœmer exprima l'opinion que la pièce attribuée par Kner à un Mollusque provenait d'un Crustacé, et il considéra la plaque d'un *Scaphaspis* du Dévonien de l'Eifel comme un os de Seiche; il l'inscrivit sous le nom de *Palæoteuthis*. Deux ans après, Huxley étudia la structure des plaques du *Scaphaspis*, et déclara que c'étaient bien des os de Poissons. Mais, pour enlever tous les doutes, il fallut que Ray Lankester eût, en 1863, la bonne fortune d'obtenir en morceau de *Pteraspis*, genre voisin du *Scaphaspis*, qui avait, outre ses plaques, des écailles semblables à celles des Poissons.

« On ne saurait s'étonner que d'éminents naturalistes, comme Kner et Rœmer, aient vu ces Poissons primitifs plus près des Invertébrés que des Vertébrés. En effet, des Vertébrés qui justifient leur nom devraient avoir des vertèbres; le *Scaphaspis* n'en montre pas plus de traces que l'*Amphioxus* de nos mers actuelles. Les Vertébrés ont leurs membres soutenus par des pièces osseuses; les *Scaphaspis* et leurs alliés n'ont aucun vestige de ces pièces ou d'un os interne quelconque; ils ont seulement une ou plusieurs plaques qui forment, à la périphérie, un lambeau de cuirasse, comme chez les Crustacés. Ces plaques, vues au microscope, n'ont pas laissé découvrir les ostéoplastes et les canalicules qui caractérisent, en général, les os des Vertébrés.

« Les membres de la famille dont le *Cephalaspis* est le chef ont apparu à la fin de l'époque silurienne, et n'ont pas dépassé le Dévonien inférieur. Ils ont donc été les contemporains de la famille des *Scaphaspis*. La structure de leurs os est plus compliquée, car ils ont des ostéoplastes. En outre, ils ont des nageoires pectorales, dorsale, caudale. Cependant ce sont encore des Poissons tellement différents de tous ceux qui existent actuellement, qu'on est embarrassé pour décider s'il convient de les ranger dans la sous-classe des Poissons osseux ou dans celle des Poissons cartilagineux. Ils sont dépourvus de vertèbres et d'os internes. Vainement chercherait-on dans leur tête les dispositions des Poissons actuels; on voit un bouclier où il est impossible de tracer les divisions des os du crâne; sa forme rappelle celle des Trilobites; il a des prolongements qui ressemblent à leurs pointes génales (fig. 139). Il est curieux de comparer à cet égard la tête du Poisson *Eukeraspis*, qui est un sous-genre du *Cephalaspis*, et la tête du Crustacé *Acidaspis*. Le dessous de la tête des Céphalaspidés a également des rapports de formes avec les Trilobites.

« Les *Pterichthys* diffèrent beaucoup des Céphalaspidés; mais, comme eux, ce sont d'étranges bêtes. En commençant son chapitre sur les *Pterichthys*, Agassiz s'est exprimé ainsi : « Il est impos-« sible de rien voir de plus bizarre dans toute la « création que le genre dont nous allons nous « occuper. Le même étonnement qu'éprouva Cuvier « en examinant pour la première fois les Plésiosau-« res qui semblent porter un défi à toutes les « lois de l'organisation, je l'ai éprouvé moi-même, « lorsque H. Miller... me fit voir les échantillons « qu'il en avait ramassés. »

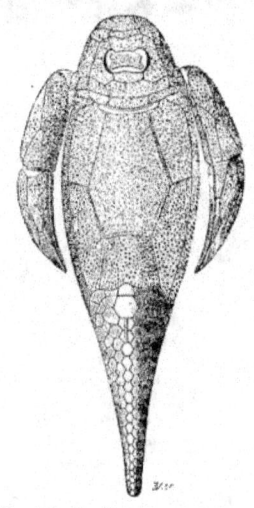

Fig. 139. — Le *Cephalapsis* de Lyell.

« Les *Pterichthys* se trouvent abondamment dans certains gisements, notamment à Lethen-Bar, dans le nord de l'Écosse. On en voit de nombreux échantillons dans les musées de Londres, d'Édimbourg, d'Elgin et de Forres. Pour faire saisir de suite leur bizarrerie, je dirai qu'à l'origine on a attribué leur carapace, tantôt à des Insectes, tantôt à des Crustacés, tantôt à des Tortues.

« Je conçois qu'on ait eu quelque peine à reconnaître en eux de vrais Poissons, car, bien qu'on les range parmi les Vertébrés, ils n'ont aucune partie de leur colonne vertébrale qui soit endurcie. L'ossification, au lieu de se produire à l'intérieur, s'est portée vers la surface, de sorte que plus de la moitié du corps est enfermée et en partie immobilisée dans une cuirasse, comme chez les Crustacés ; les membres antérieurs sont eux-mêmes cuirassés et articulés à la façon de ceux des Écrevisses ; ils semblent avoir été faits, non pour nager, comme ceux des Poissons, mais pour sauter ou pour marcher. La partie postérieure du corps est mobile, porte de petites écailles et des nageoires. Ainsi, on peut dire que le *Pterichthys* est partagé en deux portions : une antérieure par laquelle il se rapproche des Invertébrés, et une postérieure par laquelle il appartient aux Vertébrés (fig. 140).

« Le *Coccosteus* se rencontre dans les mêmes gisements que le *Pterichthys* ; comme il est bien plus grand et armé de dents aiguës, on suppose qu'il en faisait sa proie... Ce Poisson rentre plus franchement dans le type Vertébré que ceux dont j'ai précédemment parlé ; il présente des commen-

Fig. 140. — Le *Pterichthys* de Muller.

cements de vertèbres... Le *Coccosteus* offre l'exemple d'un Poisson où les arcs destinés à protéger la moelle épinière et les vaisseaux sont déjà ébauchés, tandis que les corps des vertèbres ne le sont pas encore (fig. 141).

« La partie postérieure du corps du *Coccosteus* était tout à fait nue ; aucune écaille n'empêche de voir son squelette interne ; la partie antérieure du corps formait un curieux contraste ; elle avait une cuirasse très solide ; cela a fait dire à Richard Owen : « Le *Coccosteus* était armé comme un dragon « français avec un fort casque et une courte cui-« rasse ; nous voyons ses restes dans l'état où l'on « pourrait un jour rencontrer ceux de quelques-« uns des soldats de la vieille garde de Napoléon, « qui, ayant été ensevelis tout habillés, seraient « déterrés dans le fatal champ de Borodino ou sur « les rives de la Dwina. » L'illustre naturaliste dont je viens de citer les paroles pense que le *Coccosteus* devait cacher dans la vase la partie postérieure de son corps qui était sans défense. Il raconte, sur l'autorité de Duff, qu'un petit Poisson de l'Inde, le *Pimelodus gulio*, dont le corps est nu et dont la tête porte un casque très dur, s'enfonce dans la vase, que, lorsqu'un Poisson passe au-dessus de lui, il saute dessus et le tue en lui donnant un coup

Fig. 141. — *Coccosteus*, d'après Pander.

de sa tête cuirassée; peut-être le *Coccosteus* se comportait-il de même.

« On n'a pas encore de données bien précises sur la manière dont fonctionnaient les mâchoires de ce singulier Poisson; une des grandes différences des animaux articulés et des Vertébrés consiste dans le jeu de leurs mâchoires; chez les premiers, elles sont en général disposées horizontalement, celle de gauche opérant avec celle de droite; chez les seconds, elles sont placées verticalement; il y a une mâchoire inférieure dont les dents rencontrent celles de la mâchoire supérieure située du même côté. Il serait curieux de trouver des Poissons primaires qui présentassent des transitions entre ces dispositions de mâchoires (1). »

En même temps que les curieux Placodermes que nous venons de faire connaître d'après les savantes recherches d'Albert Gaudry, vivaient quelques Ganoïdes proprement dits; ils appartiennent au sous-ordre des Acanthodiniens caractérisé par le corps allongé, couvert d'une sorte de chagrin, leur squelette non ossifié, des épines à chaque nageoire, épines implantées au milieu des muscles; on trouve aussi des espèces faisant partie des familles des Saurodiptéridées, des Holoptychidées, des Palœoniscidées comprises dans le sous-ordre des Polyptérides, dont le Polyptère du Nil est le représentant à l'époque actuelle.

A l'époque carbonifère disparaissent les Ganoïdes Placoïdes, tandis que les Ganoïdes proprement dits prennent un grand développement.

Le caractère le plus saillant qui distingue ces Poissons du vieux monde est d'avoir des écailles osseuses, brillantes et couvertes d'émail, écailles qui devraient constituer pour l'animal une impénétrable armure.

La forme et la dimension de ces écailles sont très variables; tantôt elles étaient arrondies, ayant assez la forme des écailles de nos Poissons d'eau douce actuels, tantôt elles étaient losangiques; quelquefois elles étaient très grandes, d'autres fois si petites que la peau était recouverte d'un chagrin comme chez la plupart de nos Requins; très souvent, surtout chez les types anciens, les

écailles se prolongent sur les nageoires, ainsi qu'on le voit chez un Ganoïde actuel, le Lépidostée des États-Unis.

Chez ces Poissons anciens la colonne vertébrale est presque toujours incomplètement ossifiée; il est, du reste, des degrés d'ossifications très différents suivant les types étudiés, et pour faire connaître les principales modifications qui se sont produites, nous ne pouvons mieux faire que de transcrire ici les observations judicieuses faites par notre savant paléontologiste, Albert Gaudry.

« La colonne vertébrale, dit-il, était entièrement ossifiée chez le *Tristichopterus* et le *Megalichthys*; elle l'était dans la partie postérieure du corps des *Dipterus*; chez le *Pygopterus*, il y avait des rudiments de centrum. Mais les autres Poissons trouvés dans les terrains primaires n'ont pas eu leur notochorde ossifiée; on trouve quelquefois des arcs neuraux et hémaux, quant aux centrum ils ne sont pas formés.

« Chez le *Megalopleuron*, du terrain permien, c'est-à-dire de la dernière époque des temps primaires, où la colonne vertébrale était encore à l'état de notochorde dans l'âge adulte comme dans les embryons des Poissons actuels, les centrum ne sont pas ossifiés; on voit seulement de petits arcs neuraux.

« Il y a là des faits qui ont une importance considérable; le centrum est la partie qui donne de la force aux vertèbres; et, comme la colonne vertébrale est l'axe sur lequel s'appuient les principaux organes du mouvement, il est vraisemblable que les animaux primaires, dont les vertèbres étaient dépourvues de centrum, n'avaient pas la même somme d'activité que les Poissons actuels. Le développement de la colonne vertébrale a eu lieu, au fur et à mesure de l'atténuation des écailles osseuses qui protégeaient le corps; avant d'être devenus plus capables de se mouvoir et par conséquent de se défendre, les Poissons ont eu plus besoin d'être très cuirassés; la solidification de l'exosquelette a été en proportion inverse de celle de l'endosquelette. »

Les Ganoïdes qui ont les écailles arrondies ont été nommés *Cyclifères* (fig. 142), ceux qui ont les écailles de forme sensiblement carrée ou losangique sont connus sous le nom de *Rhombifères* (fig. 143). Pendant l'époque carbonifère, les premiers sont assez nombreux, mais les autres dominent et donnent à la faune son caractère tout particulier; à

(1) A. Gaudry, *Les enchaînements du monde animal dans les temps géologiques; fossiles primaires*, p. 225.

cette époque les types étranges et aberrants que nous avons signalés dans la faune dévonienne disparaissent et sont remplacés par des animaux qui, par leur forme, se rapprochent des Poissons actuels.

C'est alors qu'apparaît la famille des Paléoniscidées dont les genres sont absolument caractéris-

Fig. 142. — Écailles de Ganoïdes cyclifères.

tiques de la faune carbonifère et de la faune permienne (fig. 144). Les Paléoniscidées sont des animaux aux formes lourdes et trapues qui, par leur port, rappellent assez la Carpe commune ; leurs espèces sont nombreuses.

Le sous-ordre des Lépidostéidées, dont les Lépidostées de l'Amérique du Nord sont les représentants dans la nature actuelle, sont assez largement

Fig. 143. — Écailles de Ganoïdes rhombifères

représentés à l'époque du Carbonifère ; à ce moment vivaient aussi des Poissons cartilagineux du groupe du Cestracion et d'autres qui, par leur organisation, rappelaient les Chimères de nos mers arctique et antarctique.

Fig. 144. — *Palæoniscus* de Freisleben.

Il existe en Australie, dans l'ouest de l'Afrique, dans le sud de l'Amérique, de curieux Poissons qui ont véritablement une double respiration, car ils respirent au moyen de branchies et à l'aide de la vessie natatoire convertie en poumon ; ces animaux, le Cératodus, le Protoptère, le Lépidosiren, sont connus sous le nom de *Dipnoi*, de Dipnoïques, ce qui veut dire deux souffles, deux respirations.

A l'époque dévonienne, le *Phaneropleuron* paraît avoir été le représentant de cet ordre qui s'est continué pendant la période du Carbonifère par le genre *Uronemus*.

Ainsi que nous l'avons dit plus haut, les animaux du groupe du *Paleoniscus* sont encore nombreux à l'époque permienne, qui fait directement suite à l'époque carbonifère.

Avec le terrain triasique commence l'époque mésozoïque ou secondaire ; ce terrain du Trias est formé généralement, ainsi que l'indique son nom, de trois parties qui sont, en allant de bas en haut : le *grès bigarré*, le *calcaire conchylien* ou *muschelkalk*, et les *marnes irisées* ou *keuper*.

Ainsi qu'il était facile de le prévoir, la faune du Trias indique un passage, une transition entre l'époque paléozoïque et l'époque néozoïque ; ainsi que le dit justement Contéjean, « elle conserve

encore un certain nombre des types anciens ; mais tous, ou presque tous, s'éteignent dans ce terrain, où apparaissent, en nombre infiniment plus considérable, les premiers types de la période secondaire. Il semble que la vie se ranime après un brusque déclin. On ne peut donc hésiter à rattacher le Trias aux terrains mésozoïques. »

A l'époque du Trias nous avons à signaler les Ganoïdes rhombifères et d'assez nombreux représentants du groupe des Placoïdes ou Poissons cartilagineux. Parmi ces derniers mentionnons des aiguillons, soutiens de nageoire ou *ichthyodorulithes*, tels que les Némacanthes, les Liacanthes, les Hybodus, des dents désignées sous le nom de *Strophodus* et d'*Acrodus*.

A la même époque nous voyons apparaître le genre Cératodus, du groupe des Dipnoïques, dont le représentant actuel, le *Cératodus* de Forster, se trouve dans le Queensland, en Australie (fig. 145).

La faune ichthyologique du Lias est peut-être la mieux connue de celle des temps secondaires ; on n'y signale pas, en effet, moins de cent soixante espèces. Lyme-Regis, Whitby, Scarborough Street en Angleterre, l'Oberland badois, Quedlinbourg en Allemagne, la Lozère, la Côte-d'Or en France, Schambelen en Argovie, sont les localités qui

Fig. 145. — Le *Ceratodus* de Forster (d'après Günther).

ont fourni le plus de Poissons de cette époque.

Étudiant les Brachiopodes des diverses assises du Lias, E.-C. Deslongchamps pense « qu'il y a une ligne de démarcation profonde entre la faune du Lias moyen et celle du Lias supérieur. Dans le premier, nous voyons un faciès presque paléozoïque ; dans le second, au contraire, commence pour lui la véritable faune jurassique. »

La connaissance des Reptiles nous conduirait à d'autres conclusions que celle des Brachiopodes, et nous aurions à citer les genres Ichthyosaure et Plésiosaure prédominant dans le Lias de Lyme-Regis, se continuant pendant toute l'époque jurassique, pour se terminer dans les terrains crétacés. Il est vrai que l'examen de la faune ichthyologique pourrait tout d'abord nous entraîner à une autre opinion et que l'on serait tenté de rattacher le Lias supérieur plutôt au Jurassique proprement dit, en voyant cantonné dans ces couches le genre *Leptolepis*, qui semble préluder à l'évolution du type Téléostéen.

Mais, en opposition à ce fait, nous pourrions citer dans les couches de Lyme-Regis la naissance du vrai type Squale, l'avènement du vrai type Raie ; nous voyons également apparaître à la même époque le type Esturgeon et le type Chimère. Parmi les Ganoïdes prédomine le sous-ordre des Lépidostéidées, surtout jurassique, tandis que le sous-ordre des Crossoptéridées, dont le principal développement a eu lieu pendant les temps primaires, déchoit absolument ; les Ganoïdes cyclifères l'emportent sur les Ganoïdes rhombifères ; la terminaison de la colonne vertébrale est moins hétérocerque ; chez beaucoup de Poissons la colonne vertébrale est bien ossifiée.

Pour donner une idée de ce que devait être la faune ichthyologique à l'époque jurassique, nous nous bornerons à citer quelques localités.

« Les couches du Lias supérieur, dont la faune ichthyologique est la mieux connue, paraissent être surtout des dépôts côtiers... Dans les schistes de la Lozère ont été trouvés des *Leptolepis*, espèces toutes de faible taille, ayant dû vivre en troupes à la manière des petites Clupes de nos jours, se nourrissant de substances végétales ou d'animaux mous en décomposition, se tenant à une faible profondeur et s'éloignant peu des côtes.

« Au Lias inférieur appartiennent les deux localités si célèbres de Lyme-Regis, dans le Dorsetshire, et de Schambelen, dans le canton d'Argovie.

« Cette dernière localité a été tout particulièrement illustrée par Oswald Heer dans son livre sur le *Monde primitif de la Suisse*. Suivant le savant paléontologiste, les couches de Schambelen ont été déposées dans une anse tranquille. Au milieu des buissons de plantes marines, des espèces délicates de *Zonarites* et de *Chondrites*, des tiges rigides de Fucoïdes, jouaient des bandes de petits Poissons appartenant au genre Pholidophore et quelques Semionotes. Un *Acrodus* et un *Hybodus*, de 6 à 7 pieds de long, Squales carnassiers et chasseurs, devaient être la terreur des petites espèces sans défense qui peuplaient la baie de Schambelen.

« Comme les Leptolepis, les Pholidophores étaient des Poissons de faible taille, ayant, quant à l'aspect extérieur, quelque analogie avec nos petites Clupes actuelles, et ne devant que peu s'écarter des rivages qu'ils côtoyaient. La terre était, du reste, toute proche. Les marnes nous ont gardé, en effet, les restes de cent quarante-trois espèces d'Insectes, appartenant surtout à l'ordre des Coléoptères. La présence de Cyprins et de grands Hydrophiles nous fait supposer l'existence de petits cours d'eau venant se déverser dans une anse abritée. Le climat était sans doute chaud à cette époque reculée, comme l'indique le groupe des Buprestes, et les îles de l'océan Pacifique peuvent seules, de nos jours, nous donner une idée approchée de ce que devait être cet ancien monde.

« Les couches de Lyme-Regis paraissent avoir été déposées sous des eaux plus profondes que les couches de Schambelen, ce que semble démontrer la présence de squelettes entiers de grands Enaliosauriens, Plésiosaure et Ichthyosaure.

« La faune ichthyologique de Lyme-Regis présente cet intérêt que nous y trouvons réunis presque tous les types signalés jusqu'à présent dans les couches liasiques. C'est à cette époque qu'apparaissent d'une manière certaine le type des Raies et celui des Squales, coexistant avec les Hybodontes et les Cestraciontes, types plus franchement secondaires.

« Tout près des côtes de Lyme-Regis nagent en troupe des Leptolepis et de nombreuses espèces de Pholidophores se nourrissant d'animaux mous en décomposition et s'engageant dans les estuaires. Là se tient sans doute le représentant de nos Esturgeons, le Chondrostée ; comme les Esturgeons actuels, cette espèce reste sur le fond, où elle semble en quelque sorte ramper, fouillant sans cesse avec son museau comme avec un boutoir, et se nourrissant de débris animaux et végétaux décomposés que les courants entraînent. Dans les mêmes parages vivent des *Lepidotus* aux formes lourdes, aux allures peu rapides ; les dents fortes et coniques dont ces animaux ont les mâchoires armées leur permettent de s'emparer de proies plus résistantes qu'ils écrasent avec les dents arrondies qui garnissent le vomer et les palatins ; chez eux le régime semble être plus particulièrement végétal ; les dents antérieures sont merveilleusement aptes à arracher les algues coriaces qui tapissent le fond de cette mer liasique. Certaines espèces semblent avoir broyé leurs aliments.

« Ce rôle de broyeur dévolu dans la nature actuelle à des genres appartenant aux familles les plus diverses, aux Tetraodons, au Diodons, aux Scares, aux Anarrhiques, aux Sparoïdes, à quelques Cyprins, est aussi, aux époques anciennes, accompli par des types divers, mais surtout par les Poissons appartenant au sous-ordre des Lépidopleuridées. Ces poissons se nourrissaient probablement de plantes marines, de petits mollusques ou de zoophytes ; ils devaient trouver dans l'épaisse cuirasse dont ils étaient revêtus une protection contre les Squales voraces et les hardis Sauroïdes qui habitaient les mêmes mers, protection parfois insuffisante, puisqu'on trouve de leurs débris dans certains coprolithes. Les *Tetraponolepis* ont les dents antérieures pointues comme des lancettes, rappelant jusqu'à un certain point celles des Canthares de la période actuelle ; tandis que les dents postérieures échancrées ressemblent à celles de certains Sargues ; ces dents sont parfaitement aptes à couper les herbes marines ou les zoophytes que les dents antérieures viennent d'arracher. Les *Tetragonolepis* et les *Dapedius* se reconnaissent à leur corps aplati, formant un ovale plus ou moins large, se rétrécissant rapidement jusqu'au pédicule de la caudale, qui est gros ; à leur tête arrondie, à leur nageoire de moyenne grandeur. Ce sont des Poissons à allure peu dégagée ; leur caudale, peu développée relativement à la masse du corps, fait croire qu'ils étaient assez mauvais nageurs.

« Le rôle de broyeurs est plus spécialement dévolu aux *Pycnodus* pendant la période jurassique. Leur dentition démontre qu'ils se nourrissaient de coquilles et de crustacés, que les dents en ciseaux au devant des mâchoires pouvaient aisément saisir ; tels étaient aussi les *Placodus*, qui les représentaient à l'époque du Trias.

« Parmi les Squales, ce rôle de broyeur est rempli par les Cestraciontes (*Acrodus*), qui se nourrissent de coquilles, de zoophytes et de madrépores. Certains Hybodontes, comme certaines Roussettes de nos mers, ne peuvent attaquer de fortes proies. Les *Hybodus*, les *Sphenoncus*, les *Palæospinax*, sont essentiellement carnassiers ;

leur voracité les entraîne sans discontinuité à la poursuite de leur proie. Ces animaux comme les Squales actuels habitent habituellement les fonds, qu'ils parcourent sans cesse pour y trouver une nourriture, la cherchant çà et là, comme le chien de chasse qui, le museau près du sol pour mieux flairer la trace du gibier, bat le terrain en tout sens. Les *Palæospinax* et les *Hybodus* se défendent en frappant avec leurs aiguillons dorsaux, et cela grâce aux mouvements rapides de leur tronc ; telle est l'habitude des Aiguillats de notre époque. Parmi les Raies, les *Squaloraja*, comme les Pastenagues de nos mers, attaquent et se défendent au moyen de l'aiguillon dont leur queue est armée. Les *Arthropterus* et les *Cyclarthrus*, moins terribles dans leurs attaques, recherchent presque toujours leurs victimes au fond de la mer.

« Le rôle de carnassiers est dévolu, non seulement aux Squales, mais encore à ces Poissons aux allures rapides, au corps élancé et bien disposé pour une course rapide, aux mâchoires armées de dents aiguës et puissantes, qu'Agassiz a compris sous le nom de Sauroïdes. La voracité de ces Poissons est extrême et ne le cède en rien à celle des Squales. Quant aux *Lophiostomus*, au corps court et épais, à la bouche largement fendue, armée de fortes dents sur toutes ses parties, ils doivent rappeler les Baudroies de nos mers, se tenir comme celles-ci au fond de l'eau, à demi enterrés dans le sable, attendant que la proie passe à leur portée pour s'en saisir et la déglutir avec voracité.

« Si maintenant, jetant un rapide coup d'œil sur l'ensemble de la faune ichthyologique du Lias, nous considérons cette faune au point de vue zoologique, nous remarquerons tout d'abord l'énorme prédominance des Ganoïdes sur les Poissons appartenant aux autres sous-classes. Ce fait n'a rien qui doive nous surprendre. Nous savons, en effet, qu'au point de vue de l'histoire paléontologique des Poissons, on peut diviser les formations en deux grandes époques : l'une comprenant le tertiaire et la craie, caractérisée par la prédominance de plus en plus marquée des Poissons téléostéens et la diminution graduelle des Ganoïdes ; l'autre, antérieure aux terrains crétacés, caractérisée au contraire par l'extrême abondance des Ganoïdes et le manque presque absolu des Téléostéens. Ceux-ci paraissent naître dès l'époque des couches de Lyme-Regis ; c'est encore là un fait important à noter dans l'ichthyologie du Lias. On remarque aussi la séparation bien tranchée entre les Squales et les véritables Raies, parfaitement distinctes des Hybodontes et des Cestraciontes.

« Les Holocéphales, caractérisés par leur mâchoire supérieure unie au crâne, sont probablement représentés dans les couches dévoniennes par les genres *Pristacanthus* et *Nemacanthus*. Cet ordre fait d'ailleurs son apparition d'une manière certaine, pendant que se déposaient les couches du Lias, par le genre *Ischyodus*, caractéristique de l'époque jurassique proprement dite (1). »

A l'époque où finissaient les temps triasiques, pour faire place aux temps jurassiques, la faune ichthyologique semble revêtir un caractère tout spécial : quoique la modification qu'a subie la classe des Poissons ait sans doute été moins profonde que celle qui s'est produite vers la fin des temps jurassiques, elle n'en est pas moins importante à signaler. Nous notons, en effet, qu'en général les Poissons antérieurs au Lias ont la caudale plus symétrique que leurs successeurs dans la série des âges.

Par beaucoup de points, la faune ichthyologique de l'époque jurassique proprement dite ressemble à celle du Lias, dont elle est la continuation directe ; elle tend cependant vers la faune actuelle. Si nous avons encore des Plagiostomes appartenant aux groupes des Cestraciontes et des Hybodontes, nous trouvons, en même temps, de vrais Squales, dont quelques-uns, comme les *Notidanus* ou Grisets, appartiennent à des genres qui vivent encore aujourd'hui (fig. 146) ; on a signalé des espèces se

Fig. 146. — Dent de Griset.

rapprochant des Lamies et des Oxyrhines, qui sont des Requins de nos mers. Une véritable Roussette, le *Phorcynis*, se trouve dans les couches jurassiques supérieures de l'Ain. Les Raies sont représentées par les genres très voisins de genres actuels ; tels sont les *Thaumas*, les *Belemnobates*, les *Spathobates*. Les Holocéphales ou Chimères sont largement représentées par le genre *Ischyodus*.

De même qu'à l'époque liasique, nous notons le grand développement des Ganoïdes. Parmi les Poissons faisant partie du sous-ordre des Polyptéroïdiens, sous-ordre dont le Polyptère du Nil actuel est le type, nous n'aurions que peu d'espèces à signaler, car ce type est plus particulièrement des terrains anciens. Le sous-ordre des Lépidostéoïdiens, représenté à notre époque par les Lépidostées de l'Amérique du Nord, est, au contraire, très florissant ; à part la famille des Platysomidées, qui est des formations carbonifère et permienne, nous trouvons toutes les autres familles à l'époque jurassique, bien que celle des Paléoniscidées soit en décroissance très marquée.

Parmi les Lépidostéoïdiens, nous appellerons plus particulièrement l'attention sur quelques types.

On trouve fréquemment dans les terrains juras-

(1) H. E. Sauvage, *Essai sur la faune ichthyologique de la période liasique.*

siques des écailles épaisses, massives, de forme rhomboïdale, recouvertes d'une couche brillante ; ces écailles proviennent de Poissons désignés sous le nom de *Lepidotus*. Ceux-ci ont le corps oblong, de forme lourde, ce qui fait qu'ils devaient être fort mauvais nageurs ; la dorsale et l'anale, opposées l'une et l'autre, sont peu développées et reculées vers la partie postérieure du corps ; la colonne vertébrale est bien ossifiée ; les mâchoires sont armées de dents obtuses, le palais portant des dents sphériques et arrondies, admirablement disposées pour broyer les coquillages dont ces animaux faisaient leur nourriture ; mauvais nageurs, les *Lepidotus* devaient peu s'écarter des côtes et se tenir souvent près des estuaires.

Les Aspidorrhynques et les Bélonostomes ressemblent, pour la forme, aux Orphies actuelles ; le corps est allongé, les mâchoires prolongées. Autour des *Lepidotus*, ces Poissons à forme de Cyprins, viennent se ranger les *Pholidophores*, la plèbe des espèces jurassiques, les *Pleuropholis*, qui ont le port de nos Sardines, les *Histionotus* et les *Distichlepis*, dont la nageoire occupe toute la longueur du dos, les *Attakeopsis*, à la gueule largement fendue, et de nombreux types encore.

On recueille, principalement dans la partie supérieure des terrains jurassiques, des dents arrondies comme un bouton ou oblongues comme une fève qui aurait été coupée suivant le sens de la longueur ; ces dents ont été pendant longtemps regardées comme des yeux de Crapaud pétrifiés ; elles proviennent de Poissons qui ont été désignés par Agassiz sous le nom de *Pycnodus*.

Ces *Pycnodus* sont le type du sous-ordre des Pycnodontoïdiens, plus particulièrement spécial à la période secondaire. Les Poissons qui rentrent dans ce sous-ordre ont généralement le corps court, haut et comprimé latéralement, le plus souvent à profil subelliptique ; la tête est forte, particulièrement développée dans le sens de la hauteur. Le corps est couvert d'écailles osseuses, émaillées, à contour à peu près rhomboïdal, pourvues de forts onglets articulaires qui les maintiennent solidement engrenées les unes aux autres. Le système locomoteur n'a rien de bien vigoureux ; la caudale, la seule nageoire un peu puissante, est largement échancrée et ses deux lobes sont symétriques ; le dos et le ventre sont bordés, depuis le milieu de la longueur jusqu'à la queue, par une dorsale et une anale dont les rayons décroissent graduellement ; les ventrales, lorsqu'elles existent, sont très petites et les pectorales ne sont guère développées.

Les Pycnodontes sont des Poissons broyeurs et, comme tels, ils ont la bouche pavée de dents larges et aplaties. Le contour de la couronne de ces dents en pavé est ou circulaire ou elliptique ; la surface en est unie ou marquée de stries ou de fossettes, suivant les genres. Le devant des deux mâchoires est armé de fortes incisives, à tranchant

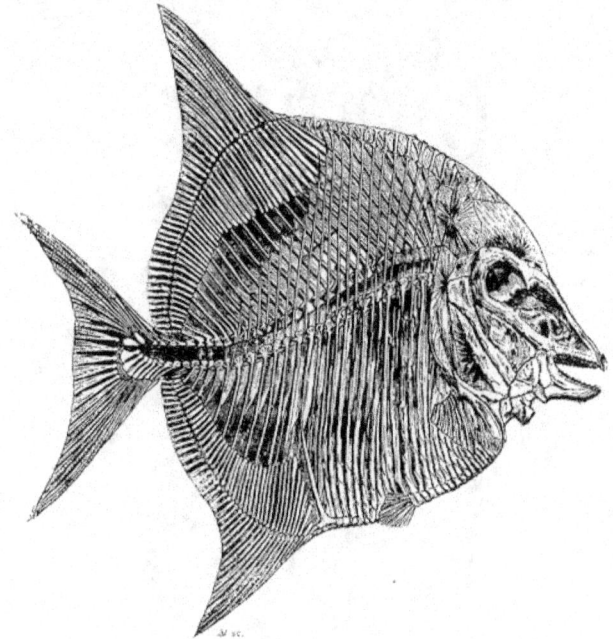

Fig. 147. — Le *Pycnodus*, de Wagner, d'après Thiollière.

généralement aigu, portées par les os maxillaires. Les os de la tête se séparent facilement les uns des autres, aussi n'est-ce, le plus souvent, que par des portions plus ou moins complètes de plaques dentaires que l'on connaît ces animaux (fig. 147).

Certains gisements, tels que celui de Cerin, dans le Bugey, gisement qui appartient à la partie supérieure des terrains jurassiques et qui a été illustré par Thiollière, certains gisements ont cependant conservé dans leur entier des squelettes de *Pycnodus*. Comme chez beaucoup de Ganoïdes du même âge, la colonne vertébrale n'est pas ossifiée, tandis que le système des côtes et des apophyses est à l'état osseux. On a remarqué que les espèces les plus récentes avaient cependant des demi-vertèbres ossifiées, de telle sorte qu'il semble y avoir une corrélation entre le degré d'ossification du squelette et l'âge des gisements.

Ainsi que nous l'avons déjà dit plus haut, au point de vue de l'histoire paléontologique des Poissons, on peut diviser les formations géologiques en deux grandes époques : l'une, comprenant le tertiaire et les terrains crétacés, caractérisée par la prédominance de plus en plus marquée des Poissons de types actuellement vivants et la diminution graduelle des Ganoïdes ; l'autre, antérieure aux formations de la craie, remarquable au contraire par l'extrême abondance des Ganoïdes et le

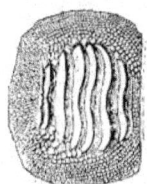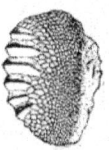

Fig. 148, 149. — Dents de *Ptychodus*.

manque presque absolu des Téléostéens représentés seulement, dans les temps jurassiques, par la famille de *Leptolepis*. La faune ichthyologique et la flore rattachent la période crétacée au tertiaire, tandis que les faunes herpétologique et malacologique nous conduisent au jurassique ; est utile, peut-être, de rappeler la présence, pen-

Fig. 150. — *Le Semiophorus velicans.*

dant l'époque de la Craie, des Bélemnitides, des Ammonitides d'une part, et des Ptérodactyliens, des Enaliosauriens, des Dinosauriens d'autre part.

Dans les mers crétacées, les Ganoïdes sont peu nombreux et ne peuvent être rapportés qu'à un petit nombre de genres ; on trouve des débris de *Lepidotus* et de Pycnodontes dans les couches inférieures du Crétacé ; nous aurons aussi à signaler la présence d'un genre caractéristique, le genre *Macropome*, qui comprend des espèces homocerques, au corps couvert d'écailles arrondies couvertes d'une couche d'émail et percées de nombreux tubes muqueux. Le genre *Amiopsis* se trouve dans les couches de Comen en Istrie ; ce genre a de nombreux rapports avec le genre actuel *Amia*, qui vit dans les eaux douces des États-Unis.

La tendance vers les types tertiaires et actuels se manifeste chez les Poissons cartilagineux, et la plupart des genres sont encore actuellement vivants ; mentionnons toutefois le genre spécial *Ptychodus* (fig. 148, 149).

Les Poissons Téléostéens prédominent pendant l'époque crétacée ; parmi les Acanthoptérygiens, le groupe des *Beryx* est plus particulièrement représenté ; on trouve également de nombreuses espèces appartenant aux groupes du Hareng, du Scopèle.

Parmi les gisements crétacés, les plus célèbres sont à coup sûr ceux de Hakel et de Sahel-Alma, dans le Liban ; ces gisements qui appartiennent à la partie inférieure de la formation de la craie étaient déjà connus sous Louis IX, ainsi que nous le voyons mentionné dans la chronique de Joinville. « On apporta au roy, dit-il, une pierre... la plus merveilleuse du monde, car quand on levait une écaille, on trouvait entre les deux pierres la forme d'un Poisson. Le Poisson était de pierre, mais il ne manquait rien à sa forme, ni yeux, ni arêtes, ni couleur, ni autre chose qui empêchât qu'il ne fût tel que s'il fût vivant. Le roy demanda une pierre et trouva dedans une Tanche. » Ces gisements du Liban ont fourni de nombreux exemplaires, car les empreintes organiques paraissent y être fort abondantes.

A l'époque tertiaire, la faune ichthyologique est, dans ses traits généraux, absolument celle de l'époque actuelle ; elle est exclusivement représentée par les types qui vivent encore aujourd'hui. Presque tous les Ganoïdes de type ancien, déjà si en décroissance dès l'origine de la période crétacée, ont complètement disparu ; nous trouvons, par contre, des genres qui se rapprochent des Esturgeons, de l'Amia, du Lepidostée. Les Cartilagineux tendent de plus en plus vers les formes actuelles, aussi bien les Squales et les Raies que les Chi-

mères. De même qu'actuellement, les Téléostéens
prédominent de plus en plus et beaucoup d'entre
eux appartiennent à des genres qui vivent encore
dans nos mers ou dans nos eaux douces.

Comme fait général, on peut dire que la distribution géographique des Poissons, pendant
l'époque tertiaire, diffère de ce qu'elle est actuellement. Beaucoup de genres actuellement
cantonnés dans les parties chaudes du globe se
trouvaient alors dans nos pays, mêlés à des formes
que l'on y rencontre encore. C'est ainsi que des
Cyprins du groupe du Gardon, de la Chevaine, du
Goujon existaient dans les eaux douces de la Suisse,
à l'époque tertiaire moyenne, ou Miocène, tandis
que les Poissons recueillis dans des couches marines
presque contemporaines ne sont plus représentés
aujourd'hui que dans les mers les plus chaudes.

Établissant un trait d'union entre les temps crétacés et les temps tertiaires, nous trouvons l'époque des ardoisières de Matt, dans le canton de
Glaris, ardoisières formées sous une mer profonde
et célèbres par la grande quantité de Poissons
qu'elles renferment. Cette faune a, dans ses traits
généraux, une grande ressemblance avec la faune
actuelle, quoique les quatre cinquièmes des genres
soient éteints et propres à cette localité.

citer les Sémiophores (fig. 150), à la haute nageoire dorsale, aux longues ventrales.

Plus récents que Monte-Bolca se trouvent les
gisements de l'argile de Londres et ceux du calcaire grossier du bassin de Paris.

Dans l'argile de Londres nous trouvons, pour la
dernière fois, des Ganoïdes de types jurassiques,
représentés par quelques Pycnodontes; la faune a un
caractère méridional; on y rencontre cependant
quelques types des zones froides, de telle sorte
que, suivant Agassiz, on constate déjà dans les Poissons de cette intéressante localité un achemine-
ment vers le caractère actuel de la faune ichthyologique d'Angleterre.

Dans les couches de calcaire grossier des environs de Paris, on trouve plus particulièrement des
dents de Squales, principalement de *Lamna elegans*
(fig. 151); on connaît également du même niveau
des Daurades, des Sargues, des Labres, des Dentées, genre actuellement vivant, et le genre éteint
Hemirrhynchus. Dans les lignites du Soissonnais
ont été recueillis des débris de Lépidostée, genre
aujourd'hui confiné dans les eaux douces de l'Amérique du Nord.

A la partie supérieure des couches éocènes, se
trouve le gisement d'Aix en Provence, dépôt d'embouchure dans lequel ont été recueillis, par grand
nombre, de petits Poissons, le *Lebias cephalotes*, que
l'on trouve généralement en masse; ces petits Poissons sont généralement si bien conservés que l'on
voit encore la trace de leurs yeux et des vestiges de

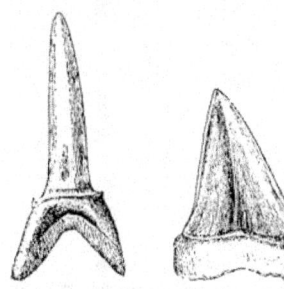

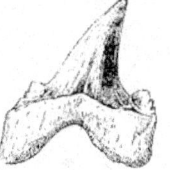

Fig. 151. — *Lamna elegans.*   Fig. 152. — Oxyrhine.   Fig. 153. — Otodus.   Fig. 154. — Corax.

On sait que l'on divise généralement la période
tertiaire en trois terrains qui sont, en commençant
par le plus ancien, l'Éocène, le Miocène, le Pliocène.

La localité si célèbre de Monte-Bolca, dans le
Vicentin, appartient à la base des formations tertiaires. Cette localité est, à juste titre, célèbre par
l'abondance des Poissons qu'elle a fournis et souvent par leur admirable conservation, qui permet
de les étudier comme on ferait de squelettes provenant d'espèces actuelles.

Ce qu'il faut signaler dans cette faune, dont on
connaît actuellement cent quarante espèces, c'est
le cachet essentiellement tropical, avec mélange
de quelques types de la Méditerranée et des régions
voisines de l'océan Atlantique. Parmi les genres
représentatifs de formes de l'océan Indien, on peut

l'appareil digestif. Les Lebias vivent aujourd'hui
dans les régions chaudes du globe, dans l'Amérique méridionale principalement.

Les couches marines du terrain tertiaire moyen,
ou Miocène, sont surtout riches en dents de Squales, tels que Lamna, Oxyrhine (fig. 152), Otodus
(fig. 153), Corax (fig. 154); on y trouve également des
dents et des aiguillons de Mourines (fig. 155); parmi
les espèces les plus remarquables, citons le *Carcharodon megalodon*, espèce de Requin qui devait arriver à une taille vraiment gigantesque, si on en juge
par la grandeur de ses dents (fig. 156); mentionnons
aussi des plaques dentaires provenant de Poissons
broyeurs et connues sous le nom de *Labrodon*.

A Œningen, en Suisse, nous avons des couches
d'eau douce appartenant à l'époque miocène. L'en-

semble des Poissons rappelle beaucoup ce que l'on voit encore maintenant dans les grands lacs d'Europe ; nous y trouvons, en effet, des Perches, des Loches, des Goujons, des Tanches, des Bouvières, des Chevaines, des Vandoises, des Chondrostomes, des Brochets, des Anguilles, mêlés à des Lebias, de type sud-américain.

Parmi les gisements appartenant à une époque intermédiaire entre celle du Miocène et du Pliocène, nous pouvons citer Oran, en Algérie, et Licata, en

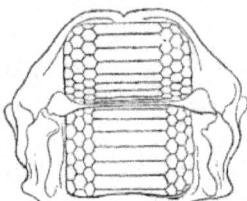

Fig. 155. — Mâchoire de Myliobate.

Sicile. Ce dernier gisement a fourni jusqu'à quarante-huit espèces marines et huit espèces des eaux douces. D'après E. Sauvage, qui a bien étudié cette faune ichthyologique, elle présente un cachet essentiellement méditerranéen avec quelques formes qui indiquent un climat plus chaud que celui qui règne actuellement le long des côtes de Sicile. C'est qu'en effet il y a eu, pendant les temps tertiaires, une communication entre l'océan Indien et la Méditerranée, grâce à laquelle de nombreux types Indiens se sont répandus dans les mers tertiaires ;

un certain nombre de ces types se sont, à la même époque, répandus de la Méditerranée dans l'Atlantique, tandis que d'autres ont passé directement de l'océan Indien dans l'Atlantique et de l'Atlantique dans la mer des Indes.

La faune de l'époque pliocène proprement dite est à peine connue ; il en est de même de celle de l'époque quaternaire ; nous voyons cependant apparaître les Saumons à cette dernière époque, et nous

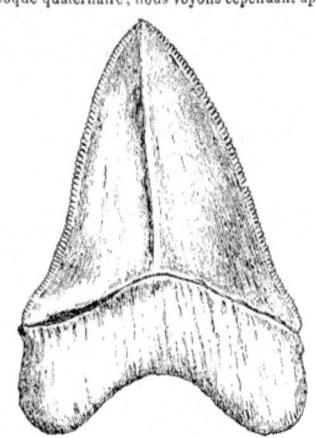

Fig. 156. — *Carcharodon megalodon.*

raître les Saumons à cette dernière époque, et nous trouvons quelques Cyprins d'espèces actuelles, parmi les débris accumulés par l'homme.

UTILITÉ DES POISSONS.

« Par leurs formes et leurs couleurs infiniment variées, par leur organisation, remarquablement modifiée à tant d'égards suivant les types, mais toujours merveilleusement adaptée à des conditions d'existence particulière, par leurs instincts encore trop imparfaitement connus, les Poissons fournissent des sujets d'observation du plus grand intérêt au naturaliste, au philosophe, à quiconque a l'esprit assez élevé pour admirer ce qui est admirable dans la vie des êtres, à celui enfin qui est capable de comprendre que toute connaissance acquise dans le domaine de la nature est un bien apporté à la cause de la civilisation. Cependant, ce n'est pas à raison de ces faits d'une incontestable grandeur, appréciés dans des limites fort étroites, à cause de leur grandeur même, que les Poissons sont l'objet de l'intérêt ou des préoccupations de la multitude. Les Poissons, aux yeux de la foule, n'ont d'importance qu'au point de vue économique (1). »

(1) E. Blanchard, *Les Poissons des eaux douces de la France,* p. 531.

Cette importance, en effet, est si considérable que de tout temps elle a attiré l'attention des grands politiques, des plus habiles économistes. Si la fertilité de la terre est limitée, celle de la mer est, on peut le dire, indéfinie. Les Poissons forment au sein des océans des masses pressées qui doivent donner à l'homme une abondante et substantielle nourriture, et, comme le dit de Lacépède, « quels sont les animaux dont la recherche peut employer tant de bras utiles, accoutumer de si bonne heure à braver la violence des tempêtes, produire tant d'habiles et intrépides navigateurs, et créer ainsi pour une grande nation les éléments de sa force pendant la guerre et de sa prospérité pendant la paix?

« Et quelle industrie fait vivre un plus grand nombre d'hommes? Des populations entières vivent de la pêche ; des flottes nombreuses affrontent la tempête, vont arracher à la mer les trésors qu'elle renferme. La Hollande a dû à la pêche du Hareng sa grandeur et sa prospérité ; habitant un pays au sol montagneux et peu productif, aux côtes coupées de baies profondes et entourées d'îlots, le Norwégien s'est tourné vers la mer et lui a demandé ses principaux moyens d'existence ; la position géographique du Royaume-Uni a été la cause de sa puissance maritime ; tous les peuples adonnés à la pêche ont été de hardis colons et d'intrépides navigateurs. »

Avec la culture de la terre, la pêche est l'industrie qui donne lieu au mouvement commercial le plus important ; quelques faits le démontreront amplement.

En Angleterre et dans le pays de Galles, il y a environ 15,000 bateaux de pêche, montés d'une manière permanente par 28,000 matelots et temporairement par 14,000 hommes en plus. La flottille de pêche de l'Écosse est estimée à 14,809 bateaux, avec un équipage de 48,121 marins. Les bateaux de pêche irlandais sont au nombre de 6,458, avec 24,528 hommes. La population de l'Île de Man vit presque exclusivement de l'industrie des pêches, la flottille se composant de 450 bateaux, avec 2,872 hommes. Dans les îles de la Manche, on compte 1,000 pêcheurs montant 300 bateaux. Tous ces bateaux pêchent annuellement plus de 600,000 tonnes de Poissons.

La flottille de pêche de la Grande-Bretagne se compose, on le voit, de plus de 37,000 bateaux, montés par plus de 100,000 matelots, tous excellents marins pour la flotte de guerre et pour la flotte de commerce. En Angleterre et dans le pays de Galles, on compte un pêcheur pour 600 habitants ; en Irlande, un pour 200 ; en Écosse, un pour 75 ; dans l'île de Man, un pour 19.

Les 118,000 pêcheurs du Royaume-Uni ne sont pas les seules personnes qui vivent de la pêche. D'après sir Spencer Walpole, cette industrie donne au bas mot du travail à plus de 200,000 personnes dans la Grande-Bretagne. Il est difficile de connaître exactement les valeurs du capital exposé dans les pêcheries. Sir Spencer Walpole estime en gros à 5 millions de livres sterling, ou 125 millions de francs, la valeur de la flottille de pêche, et à 10 millions de livres sterling, soit 250 millions de francs, le capital exposé dans les pêcheries anglaises.

Parmi ces pêches, la plus importante est celle du Hareng. Pour l'Écosse seulement, pendant l'année 1881, le nombre de bateaux, petits et grands, se livrant à cette pêche, a été de 8,279, montés par 43,837 hommes ; en outre, 2,799 tonneliers, 18,854 emballeurs, 2,233 hommes de peine, étaient employés dans les ateliers de préparation du Poisson. Pendant cette année 1881, ces 67,423 hommes ont préparé 1,111,155 barils de Harengs, le nombre de Poissons par baril variant de 700 à 1,000 ; en mettant à 850 en moyenne la quantité de Poissons par baril, on voit qu'il a été préparé dans les ateliers écossais seulement 944,481,962 Harengs, représentant un poids de plus de 166,672 tonnes et valant environ 45,050,000 francs.

Londres est le grand centre de mouvement commercial auquel donne lieu l'industrie des pêches an-glaises ; on en jugera par ce fait que, d'après le duc d'Édinbourg, il arrive annuellement sur le marché de Billingsgate 76,578 tonnes de Poissons par voie de terre et 42,399 tonnes par mer ; environ 24,000 tonnes de Poissons frais parviennent directement à Londres sans passer par ce marché, de telle sorte que la quantité de Poissons annuellement vendue à Londres dépasse certainement 143,000 tonnes.

On estime que Londres consomme annuellement 500,000 Merluches, 25 millions de Maquereaux, 100 millions de Lingues, 5 millions de Barbues dorées, 200 millions d'Églefins.

En France, 82,324 hommes, montant 32,262 navires ou bateaux, jaugeant 151,325 tonneaux, se sont livrés à la pêche pendant l'année 1883, et ce, non compris les pêcheurs italiens qui viennent, avec leurs bateaux, exercer l'industrie des pêches sur nos côtes méditerranéennes ; 52,994 personnes, hommes, femmes et enfants, ont, en outre, pratiqué la pêche à pied sur les grèves. D'après les documents officiels, la valeur en argent des produits obtenus s'élève au chiffre de 107,226,921 francs. En Algérie, 4,960 marins, montant 1,122 bateaux d'une jauge totale de 3,551 tonneaux, se sont livrés sur les côtes aux différentes sortes de pêche, et la valeur des produits obtenus s'est élevée à 3,829,284 francs.

D'après les documents officiels, en 1884, il a été consommé à Paris 23,586,791 kilogrammes de Poissons frais, dont 16,690,362 kilogrammes provenant des ports français et 6,896,429 kilogrammes de provenance étrangère ; pendant cette même année, on a consommé, en plus, en Poissons d'eau douce 2,436,680 kilogrammes dont près de la moitié, soit 1,149,712 kilogrammes, fournis par l'étranger.

Au point de vue de la provenance du Poisson, voici les envois principaux des ports français :

Boulogne, 2,808,542 kilog. — Quimper, 2,624,304 kilog. — Berck-sur-Mer, 2,115,436 kilog. — Gravelines, 1,526,057 kilog. — Brest, 1,129,374 kilog. — La Rochelle, 991,737 kilog. — Fécamp, 937,236 kilog. — Calais, 385,196 kilog. — Étaples, 834,126 kil.

Viennent ensuite : Cherbourg, Dieppe, Saint-Valery, Morlaix, les Sables-d'Olonne, Dunkerque, Lorient, Saint-Brieuc, le Croisic, Cancale, Plouaret, le Tréport, etc. Les plus forts arrivages de l'étranger sont ceux de Londres (4,531,996 kilog.) et d'Anvers (3,862,589 kil.), puis d'Ostende, de Rotterdam, de Furnes et de Berlin. En raison de la multiplicité des provenances, Paris est toujours approvisionné de toutes espèces de Poissons.

Si nous passons aux pays Scandinaves, nous verrons qu'en 1882 la Norwège a exporté pour 161 millions de francs de Poissons, rogues, huile, guano de Poisson, et que pendant cette même année elle a préparé plus de 55 millions de kilogrammes de Morue et près de 200,000 hectolitres d'huile de Poisson ; en Suède, la pêche a produit près de 12 millions de francs.

Si nous traversons l'Atlantique, nous trouverons

Terre-Neuve où la pêche est des plus productives.

La pêche peut être évaluée à plus de 36 millions de francs, non compté le produit de la chasse aux Phoques et autres mammifères marins, qui rapporte annuellement près de 5 millions de francs. La pêche la plus importante est celle de la Morue, principalement faite par les Anglais et par les Français ; le produit moyen annuel de cette pêche est approximativement de 31 millions et demi, sur lesquels la moyenne annuelle de la pêche française est de plus de un million et demi.

Le Dominion du Canada, baigné par trois océans, arrosé par de grands fleuves, renfermant des lacs d'une immense étendue, tire une de ses principales sources de richesse de la pêche, tant d'eau douce que d'eau salée. Nous n'avons qu'à dire que le produit des pêches pendant l'année 1882 s'est élevé à 16,824,092 dollars, soit plus de 94 millions de francs. Parmi les pêches en eau salée, nous devons mentionner celles de la Morue, du Charbonnier, de l'Eglefin, qui se font principalement sur les côtes de la province de Québec et de la Nouvelle-Écosse ; puis celle du Hareng, principalement capturé sur les côtes du Labrador. La pêche en eau douce a également une importance considérable ainsi qu'on en jugera par ce fait qu'en 1882 la pêche du Saumon seule a rapporté près de 8 millions de francs et que, pendant cette même année, il a été exporté pour 5,631,819 francs de Saumon préparé en boîte.

Avec sa flottille composée de plus de 600 navires et montée par plus de 160,000 matelots, l'Amérique du Nord tient un des premiers rangs parmi les nations qui s'adonnent à la grande pêche ; cette industrie va chaque année en se développant davantage. Le produit des pêches en mer, dans les fleuves et dans les grands lacs, dépassait 43 millions de dollars pendant l'année 1880 ; il s'est élevé à plus de 100 millions de dollars, c'est-à-dire à plus d'un demi-milliard de francs, en 1882.

Nous n'avons aucun document nous permettant d'établir une statistique sur les produits de la pêche dans l'Extrême-Orient, mais nous pouvons dire, à coup sûr, que cette pêche est fort importante ; une grande partie des habitants du Céleste-Empire se nourrissent de Poissons ; il en est de même des peuplades de l'Indo-Chine ; la plupart des indigènes des nombreuses îles de l'océan Pacifique sont ichthyophages.

Ce n'est pas seulement pour servir à l'alimentation que les Poissons sont capturés ; ces animaux fournissent encore divers produits à la médecine et à l'industrie ; ces produits sont presque exclusivement empruntés toutefois aux Gades, aux Esturgeons, aux Squales et aux Raies.

On sait qu'une Raie appartenant à la famille des Pastenagues fournit le galuchat, cette peau si estimée qui, lorsqu'elle est teinte, sert à couvrir des étuis de cigarettes, des porte-cartes, de petits coffrets et avec laquelle on revêt des meubles de fan-

taisie. Dans tous les pays du Nord, en Hollande principalement, on prépare avec les tubercules de la Raie bouclée une ichthyocolle qui sert à clarifier la bière.

Du foie si volumineux des Raies et des Squales on extrait une huile recherchée dans l'industrie et dans la médecine. Sur les côtes de Norwège, surtout dans les parages du cap Nord, on recherche activement dans ce but un grand Requin, le Lémargue boréal, que l'on capture par une profondeur moyenne de 250 à 300 brasses. Parmi les Squales,

Fig. 157. — Fragment de brèche avec un petit harpon (Les Eyzies, Dordogne).

la Roussette, la Centrine, la Leiche sont les espèces qui fournissent plus particulièrement la peau dite de Roussette ou chagrin qui, comme on le sait, sert aux ébénistes, aux menuisiers, aux tourneurs, pour adoucir les ouvrages en bois, en ivoire et les préparer à recevoir le poli ; cette peau fait l'office d'une râpe très fine. La peau de certains Requins fournit également une peau dite improprement chagrin, à cause de sa ressemblance avec certaines préparations de peaux qui, pendant très longtemps, ont été l'objet d'une industrie spéciale aux pays barbaresques.

Outre le caviar, préparation faite avec les œufs de l'Esturgeon, et si estimée en Russie, la vessie natatoire de l'Esturgeon sert, on le sait, à faire l'ichthyocolle dont l'usage est si répandu dans certaines industries.

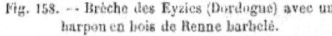

Fig. 158. -- Brèche des Eyzies (Dordogne) avec un   Fig. 159. — Harpon de la caverne
     harpon en bois de Renne barbelé.   de Massat (Ariège).

La Morue fournit une huile médicinale bien connue et qui fait l'objet d'un important commerce ; la Norwège seule n'exporte pas moins, en effet, de 400 à 500 hectolitres d'huile de poisson, année moyenne.

Nous rappellerons enfin que la matière argentée et si brillante qui recouvre les écailles d'un petit Poisson de nos cours d'eau, l'Ablette, est, sous le nom d'*Essence d'Orient*, employée à la fabrication des fausses perles.

ENGINS DE PÊCHE.

La capture des Poissons a lieu de différentes manières, tantôt à l'aide de filets, d'autres fois au moyen d'engins spéciaux connus sous le nom de hameçons, de foëne, etc.

Le Poisson est un aliment qui a toujours été fort recherché, aussi la pêche date-t-elle de la plus haute antiquité.

Dans les grottes et les abris sous roche de la vallée de la Vézère, dans la Dordogne, aux Eyzies, à la Madeleine, à Laugerie, avec de nombreux débris de Renne, agglomérés par un ciment calcaire, sorte de stalagmite, en forme de brèche, ont été trouvés par milliers des instruments en silex et des os façonnés par l'homme préhistorique ; parmi de nombreux débris de cuisine se trouvent des fragments de Poissons, principalement de Saumon.

D'après de Mortillet « cette époque du Renne nous offre divers engins de pêche. Le plus simple est une petite aiguille d'os, longue en général de 3 à 4 centimètres, droite, mince, appointée par les deux bouts. C'est l'hameçon primitif, l'hameçon élémentaire. On attachait ce petit fragment d'os ou de bois de Renne par le milieu et on le recouvrait de l'appât ; avalé par le Poisson et même par les animaux aquatiques, il se fixait dans l'intérieur de leur corps par l'une ou l'autre de ses pointes, et

l'animal glouton se trouvait ainsi retenu par la corde d'attache. A côté de la forme si simple qui vient d'être décrite, on a rencontré des formes bien plus perfectionnées. Ce sont également de petits fragments d'os ou de bois de Renne, qui portent d'un côté de profondes et larges entailles formant une succession plus ou moins longue de dents ou hachelures avancées et aiguës. Ces hameçons barbelés augmentent insensiblement de grandeur et finissent par devenir de longs et gros harpons.

« Ces harpons atteignent parfois et même dépassent 0,22 de longueur. Ils sont généralement faits en bois de Renne ; ils sont garnis, au moins sur un côté, habituellement sur deux, de fortes dents aiguës formant barbelure latérale. Les dents presque toujours sont creusées d'un petit sillon médian, comme les flèches que les sauvages empoisonnent. A la base, il y a un renflement et une pointe plus mousse que celle du sommet ; c'est pour l'emmanchement et la fixation du harpon. Cet engin était d'un usage très fréquent, car on en trouve en assez grande abondance (fig. 157 à 160). Mais ce qui est fort curieux, c'est que son usage s'est perpétué dans les régions habitées de nos jours par le Renne ; seulement, au lieu d'être en os ou en corne,

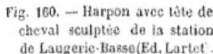

Fig. 160. — Harpon avec tête de cheval sculptée de la station de Laugerie-Basse (Ed. Lartet).

Fig. 161. — Harpon en os du Danemark.

Fig. 162. — Harpon en os des habitants de la Terre-de-Feu.

grâce aux progrès de la civilisation, il est maintenant en fer.

« Les engins de pêche que nous a laissés l'époque de la pierre polie, grâce aux habitations lacustres de la Suisse, sont encore plus nombreux et plus complets que ceux de l'époque du Renne.

« On a d'abord le véritable hameçon à bout recourbé, aigu, à grande branche terminée par une petite encoche pour fixer le fil. Difficile à faire, et surtout offrant peu de solidité, ce hameçon n'a pas dû être d'un usage très habituel. Il était remplacé par un petit appareil beaucoup plus simple ; c'est un petit os, long de 40 à 50 millimètres, mince, très uni, appointé soigneusement aux deux bouts, et ayant souvent au milieu une petite dépression pour maintenir l'attache ; fixé par le milieu, ce petit os, dissimulé dans l'amorce, était avalé par le Poisson, et ne pouvait plus ressortir du corps, les pointes ou du moins une d'elles s'engageant dans les chairs.

« Le harpon était aussi grandement en usage, soit le harpon en bois de cerf, de grande taille, à plusieurs dents supposées, fixé à une forte hampe, qui pouvait servir aussi d'arme de chasse et d'arme de guerre ; soit le tout petit harpon à une seule barbelure terminale, qui se fixait à un roseau ou à un bois léger.

« Dans les habitations lacustres de la Suisse, les hameçons abondent à l'âge du bronze. Le point d'attache se compose habituellement d'un anneau formé par le fil de bronze recourbé de diverses manières ; pourtant, souvent c'est tout simplement un étranglement du fil métallique, deux encoches faites à droite et à gauche du fil métallique aplati, ou bien encore une série de petites dentelures pratiquées le long du bout supérieur du fil. Le plus généralement la pointe de l'hameçon est garnie d'une barbelure, néanmoins, elle est parfois toute simple. Les stations lacustres suisses ont aussi fourni en certain nombre des hameçons doubles; le fil de bronze replié au milieu constitue l'attache et les deux bouts se recourbent des deux côtés formant l'hameçon; le plus souvent ils sont à pointes lisses, parfois pourtant les pointes sont garnies d'une barbelure (1). »

Presque tous les peuples pêcheurs ont connu, du reste, le harpon à dents récurrentes; c'est ainsi que le harpon trouvé dans les débris de cuisine du Danemark ressemble beaucoup à celui qu'emploient encore aujourd'hui les habitants de la Terre-de-Feu (fig. 161, 162).

Il ne faut pas remonter jusqu'aux peuplades primitives pour voir employés des engins de pêche tout à fait rudimentaires; aujourd'hui encore on se sert dans beaucoup d'endroits tout simplement d'une épine que l'on appointit à l'un des bouts et que l'on cache dans l'appât; cet engin rappelle à s'y méprendre les hameçons droits et en os provenant des stations lacustres de Suisse. L'usage des hameçons doubles s'est également perpétué, seulement les *bricoles*, c'est le nom qu'on donne à ces engins, se font aujourd'hui en acier; plusieurs hameçons courbes sont parfois réunis sur une hampe commune; l'engin prend alors le nom de *grappin*.

A l'époque romaine nous trouvons des hameçons en bronze qui rappellent absolument ceux dont nous nous servons aujourd'hui; c'est ainsi que ces engins présentent une palette ou sont percés d'un chas; certains de ces hameçons, d'assez grande taille, ont un fort prolongement au niveau où le dard se recourbe.

L'ethnographie des peuplades sauvages nous fournit de précieux renseignements sur les mœurs et les habitants des peuplades préhistoriques, car les mêmes instruments se retrouvent chez les deux. On connaît de l'âge des stations lacustres de la Suisse des hameçons faits avec des fragments de coquille, tout comme ces mêmes engins sont encore en usage chez certaines peuplades de la Polynésie.

Nous ne pouvons, on le comprend, indiquer toutes les modifications de forme, de courbure, que présentent les diverses sortes d'hameçons dont se servent actuellement les pêcheurs, aussi bien en eau douce qu'en eau salée; nous dirons seulement que la forme de l'hameçon est constitutive et que cet engin existe tel quel dès les temps les plus reculés.

On sait que l'hameçon ordinaire consiste en une tige métallique, en acier ou en fer étamé, recourbée à une de ses extrémités qui se termine par une pointe aiguë et barbelée connue sous le nom de *dard*; la courbure dans un plan latéral que présente parfois la pointe du dard sur la hampe

(1) G. de Mortillet, *Origine de la navigation et de la pêche.* 1867.

porte le nom d'*avantage*; la pointe sur laquelle on enfile l'appât, ce qu'en terme du métier on appelle *escher*, cette pointe est plus ou moins aiguë, plus ou moins recourbée; l'autre extrémité à laquelle on fixe l'*empile* peut être terminée par une boucle, par une palette, par un chas.

Pour certaines pêches en mer, celle de la Morue par exemple, on se sert d'un fort hameçon en fer étamé dont la partie voisine de la pointe simule un poisson.

La Truite, l'Ombre, le Chevesne, le Gardon, l'Ablette, sont essentiellement des poissons de surface qui recherchent avec avidité les insectes qui rasent l'eau ou que le vent jette à la rivière. De ce fait observé de toute antiquité est venue la pêche à la mouche artificielle et tous les engins, tels que le *moulinet*, dont elle exige l'usage.

Dans certaines régions, en Écosse principalement, au pied des rapides et des cascades aux eaux écumantes et tumultueuses, on pêche la Truite au moyen d'un curieux instrument dit *cuiller*. Que l'on se figure la partie creuse d'une cuiller à dessert coupée près du manche et portant une grappe d'hameçons attachés à un émérillon; l'eau imprime au tout un rapide mouvement de rotation, et l'appareil ressemble alors à un poisson argenté emporté par le courant.

Nous ne décrirons pas toutes les pêches qu'on fait à l'aide d'hameçons, pêche à la ligne volante (pl. I), à la ligne dormante, à la ligne fixe, etc. Nous signalerons seulement, parmi ces pêches, celle à la *palancre* ou *palangre*; cet engin se compose d'une série plus ou moins grande d'hameçons se rattachant à une maîtresse corde ou *aussière*; pour certaines pêches, telles que celle de la Morue, on emploie jusqu'à 4,500 hameçons et l'appareil est fixé au fond de la mer par des ancres, de grosses bouées soutenant le tout. Pour la pêche d'eau douce nous signalerons le *pater-noster*, engin qui consiste en une série d'hameçons attachés à diverses hauteurs à des grains en gutta, en os, en bois, en métal; cet engin sert à la pêche des Poissons de fond dans les eaux profondes et tranquilles. C'est avec un engin semblable connu sous le nom de *libouret* qu'on pêche en mer le Merlan, le Maquereau, la Sole, le Carrelet, la Limande.

Pour maintenir les lignes ou les filets, soit à des hauteurs déterminées, soit à la surface de l'eau, on fait usage de *flottes*; pour la pêche à la ligne, ces flottes sont généralement en liège et ont la forme de toupie, de cône, de fuseau. Pour la pêche en mer les flottes sont en liège, en bois léger; parfois ce sont des fuseaux ou des boules en verre creux. L'emploi des flottes est, du reste, aussi ancien que celui des filets; c'est ainsi que dans les stations lacustres des lacs de la Suisse, stations datant de l'âge de la pierre polie, ont été retrouvés des flotteurs faits avec l'écorce légère du pin.

Tous nos lecteurs savent ce que c'est qu'une

Paris J.B. Baillière et Fils, édit.

LA PÊCHE A LA LIGNE.

Fig. 163. — Pêche au feu dans la lagune de Comacchio (Italie).

ligne à pêcher, et cependant on étend souvent ce nom, soit à l'appareil tout entier qui se compose, on le sait, de la canne et de la ligne proprement dite, soit aux cordes ou autres engins de pêche similaires. Le nom de ligne doit donc être réservé au fil auquel on attache le ou les hameçons, que ce fil soit fixé à une canne, à une bouée, qu'il soit tenu à la main ou abandonné à l'eau.

Nous avons enfin à signaler le foëne, instrument formé d'une fourchette en fer à plusieurs dents aiguës, terminées en hameçons, ou l'emploie surtout pour la pêche aux Anguilles et pour la pêche au feu, en mer (fig. 163).

De même que nous l'avons fait pour la pêche aux hameçons, nous nous contenterons de donner quelques notions générales sur la pêche aux filets.

Nous venons de dire que l'usage de ces engins remonte à une époque extrêmement reculée; les hommes de l'âge de la pierre polie les connaissaient.

A cette époque, les filets sont à grandes, moyennes ou petites mailles, tressés avec de grosses ou moyennes ficelles; la maille est carrée et paraît avoir été faite sur un cadre en treillis, en nouant les ficelles à chaque point d'intersection; tous ces filets sont en lin, le chanvre n'étant pas encore cultivé à cette époque. Les poids destinés à les couler à fond consistent souvent en simples cailloux, ou rondelles de pierre tendre percées d'un trou de suspension.

On peut diviser les filets en filets fixes, filets flottants, filets traînants, filets à main.

Parmi ces derniers, l'épervier est, sans contredit, celui qui exige du pêcheur le plus d'habileté et qui demande autant d'adresse que de force. Cet engin est un vaste cône de filet ou pour mieux dire c'est un rond de filet que l'on soulève par le centre; il faut le lancer en lui donnant une impulsion qui lui fasse reprendre en l'air sa forme naturelle et lui permette de frapper la surface de l'eau, étendu

Fig. 164. — La pêche à l'epervier; premier temps.

dans toute sa grandeur; les poids de plomb qui chargent sa circonférence permettant à l'appareil de gagner le fond avec une grande rapidité. La manœuvre de cet engin, très meurtrier, est fatigante et difficile; l'examen des figures que nous donnons fig. 164 à 166) la fera mieux comprendre qu'une longue et fastidieuse description.

Le gille est un epervier de grande dimension qui n'est plus jeté à la main, mais remorqué par une barque.

Pour la pêche à pied, en mer, on emploie souvent, surtout dans les bas fonds, le haveneau, qui est un filet tendu sur deux perches qui se croisent comme des ciseaux : on le présente au courant, on prend surtout ainsi des Poissons plats; ce filet sert également pour la pêche des crevettes.

Le troubl sert principalement pour la pêche côtière; cet engin consiste, le plus ordinairement, en un demi-cercle en bois dont les extrémités sont reliées par une corde tendue; une poche de filet est établie sur le cadre et l'engin se manœuvre au moyen d'un manche. Le troubleau est un trouble ou trublé de plus petites dimensions.

Le boutteux est un filet en forme de trouble que l'on emploie pour pêcher sur les fonds de la même manière que le jardinier se sert de sa ratissoire ; on désigne sous le nom de gronelier un boutteux qui n'a pas de cerceaux, mais qui est soutenu par deux traverses.

Tous nos lecteurs qui ont été aux bains de mer ont certainement vu dans nos ports, près des écluses de barrage principalement, pratiquer la pêche au moyen d'un filet en forme de nappe monté sur des perches mobiles disposées en croix, filet attaché à une perche et manœuvré à l'aide d'une manivelle; cet engin est le carrelet, échiquier, caleu, on enteron, qui prend le nom de hamier lorsqu'on l'emploie dans des eaux un peu profondes et en mer; il sert également en eau douce et se tire le plus souvent alors à la main (fig. 167).

La balance, caudrette, bauet, est une poche de filet dans laquelle se place un appât et que l'on retire directement à la main; cet engin sert surtout à la pêche des crustacés, Crabes, Homards, Écrevisses.

Parmi les filets fixes, les plus communs sont les pares. Les bas-pares sont tendus au moyen de pieux et reposent sur le sol. Les hauts-pares diffèrent de ces derniers en ce que la corde du bas ou ralingue

FORÊT A ANGOULÊME.

Fig. 165. — La pêche à l'épervier ; deuxième temps.

Fig. 166. — La pêche à l'épervier ; troisième temps.

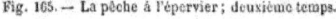

est placée au-dessus du sol ; ces filets, qui servent à prendre des Mulets, des Sardines, des Ceylans, sont établis en ligne droite ou courbe de la plage à la mer. Le *ravoir* est une variété de *haut-parc* placé parallèlement à la laisse de bassemer sur la plage et perpendiculairement au courant ; à la marée montante, le Poisson passe librement, mais, lorsque le flot se retire, le filet retombe, l'eau l'applique contre les pieux, et le Poisson se maille (Pl. II).

La pêche au *tramail*, dans les cours d'eau, constitue une véritable battue ; le filet est formé de trois rêts superposés les uns aux autres, les deux extérieurs ou *aumées*, étant à grandes mailles, l'intérieur ou *flue*, étant ourdie à petites mailles.

L'engin placé, les pêcheurs, déployant une *senne*, remontent la rivière et la barrent de telle sorte que le Poisson effrayé se place la tête au courant et vient se prendre dans les mailles du filet.

Pour prendre surtout des Raies on tend dans les fonds et en mer la *folle*, filet à larges mailles qui forme des plis et que l'on garnit de flottes pour le redresser.

Le *globe*, que l'on emploie dans les canaux qui font communiquer les étangs salés avec la Méditerranée, n'est, à vrai dire, qu'une variété de carrelet que l'on manœuvre à terre ; ce filet sédentaire est de forme carrée et l'on relève ses extrémités au moyen de treuils.

« Le *verveux* est un des filets les plus productifs que le génie du pêcheur ait inventé. Il revêt plusieurs formes différentes : le plus simple est composé d'un filet en forme de pain de sucre de 1 à 2 mètres de long. On soutient le corps du filet par trois ou quatre cerceaux en bois léger et de plus en plus petits à mesure qu'ils arrivent vers la pointe. Il ne reste qu'à attacher, à l'extérieur du cerceau le plus grand, l'ouverture de la *coiffe*. La coiffe est une espèce d'avancée aux mailles plus grandes qui s'évase plus rapidement encore que le verveux et est soutenue à son ouverture par un arc de cerceau dont les extrémités inférieures sont réunies, soit par une corde, soit par une tringle en bois.

« Ainsi combiné, le verveux ne retiendrait pas le Poisson que lui amène la coiffe. Il faut mettre au dedans un *goulet*, sorte d'entonnoir en filet, dont la pointe est retenue par une série de petites corde-

lettes attachées à l'extrémité pointue du verveux...
Le poisson, amené par la coiffe, s'engage dans le
goulet, écarte les fils de la pointe comme il le ferait des brins d'une touffe d'herbes, et, une fois
dans le verveux, il ne peut plus en sortir, parce
que, étant entré dans le piège en remontant le courant, il nage avec facilité dans l'intérieur, le nez au
filet pour chercher une issue ; pour retrouver celle
par laquelle il est entré, il lui faudrait se retourner
contre l'eau et démêler les fils du goulet ; il n'y parvient que très rarement.

« Ceci suffit dans les eaux courantes, mais dans
les rivières dormantes et les étangs, il est bon
de multiplier les goulets dans les verveux. Le Brochet et la Carpe, une fois pris, nagent au milieu du
verveux, rencontrent par hasard l'écartement de
deux fils de goulet et s'échappent. Avec plusieurs
obstacles semblables à franchir, on a beaucoup
plus de chance qu'ils ne réussiront pas.

« Les verveux peuvent rendre des services aussi
bien à la mer que dans l'eau douce. Dans ce cas,
on leur ajoute, quand cela est possible, des guideaux en clayonnage ou en filets (1). »

Ces *guideaux* sont des filets en forme de manche
dont on présente l'ouverture au courant qui les traverse. Parfois, en rivière, on prend ainsi surtout des
Poissons blancs et des Anguilles, principalement la
nuit. Pour la pêche en mer, on s'établit près de la
laisse de basse mer et on installe une sorte de barrage.

On construit aussi des verveux à double ouverture ; on leur donne alors le nom de *louves* ; le
guideau cylindrique, sous coiffe, avec un goulet à
chaque extrémité, porte le nom de *tambour*. Le *rafle*
est un verveux à plusieurs entrées.

Pour guider le Poisson vers le filet, on établit
souvent deux lignes de pieux ou de filets qui forment un angle aigu dont la pointe aboutit au verveux ; c'est ainsi qu'on prend beaucoup d'Anguilles
avec cet engin qui est connu sous le nom de *gord*.
D'autres fois, comme dans la *paradière*, le barrage
part perpendiculairement à la côte ; ce filet est principalement en usage dans les étangs salés qui bordent le littoral de la Méditerranée.

Un des engins fixes les plus ingénieux sont les
barrages établis en certains points de la Méditerranée et connus sous le nom de *bordigues*. Cet appareil se compose d'une sorte de labyrinthe formé
de claies ou nattes en osier, cannes ou roseaux généralement attachés à des cordes et soutenus par
des piquets ; la disposition du labyrinthe est telle
qu'une fois entré, le Poisson se trouve fatalement
conduit dans le *verveux* final, que l'on nomme
panterne, et dans lequel on le recueille. Nous aurons l'occasion de revenir sur cet engin lorsque
nous parlerons de la pêche dans les curieux établissements de Comacchio.

Pour la pêche des Poissons de mer qui vont en

grandes bandes, on emploie les filets dérivants. Ce
sont des engins de grande dimension qui sont
maintenus verticaux au moyen de flotteurs.

Le *manet*, qui sert à la pêche du Maquereau, est
un de ces filets dérivants ; la tessure est longue et
varie entre 2 et 3 kilomètres ; le Poisson se prend
vers la surface ; on ne pratique cette pêche que la
nuit et encore les nuits les plus obscures sont-elles
les plus favorables.

Les filets pour la pêche du Hareng sont des manets dont les mailles sont plus étroites ; ils ont souvent près de 5 kilomètres de long et se tendent
entre deux eaux. Par le bas, le filet est rendu pesant par un bourrelet fait de débris de vieux cordages enveloppés de ficelle et tombe par son propre
poids ; pour le soutenir à hauteur convenable, on y
adapte par le haut des tonnelets de bois dits *quarts à
poche*, reliés les uns aux autres par un câble ou
ficelle ; sur ces ficelles sont amarrées, à l'extrémité de chaque *alèze* qui compose la tessure, des
cordes appelées *ralingues* qui s'attachent d'un côté
aux filets et de l'autre aux tonnelets ; un cordage dit
bassoin rattache le filet à l'*aussière*, gros câble qui
relie la tessure au cabestan. Les tonnelets sont, en
Norwège, remplacés par des flotteurs en verre.

La Sardine se pêche au moyen de filets en nappes
faits en fil très fin dont la maille est de grandeur
telle que le Poisson se prend par les ouïes ; ces
filets sont garnis de liège à leur partie supérieure,
de telle sorte que, jetés à la mer, ils y flottent sans
obstacle. Le filet qui sert à la pêche de l'Anchois
prend, sur les côtes de Provence, le nom de *rissolle.*

Depuis longtemps sur les côtes de Provence et
de Languedoc on emploie la *thonaire* pour la
pêche du Thon. Cet engin se compose de trois
pièces de filet de 80 brasses chacune et de 6
brasses de haut ; il flotte au moyen de bouées
ou de grosses pièces de liège ; l'une des extrémités
du filet est fixée à un pieu fiché sur le rivage,
l'autre se porte en mer, d'abord en ligne droite,
puis en revenant sur lui-même ; on lui fait décrire
un long circuit, et les pêcheurs reviennent au point
d'où ils sont partis.

La *courantille* est une thonaire que l'on laisse dériver ; une des extrémités de l'engin est attachée à
un batelet qui dérive de telle sorte qu'après avoir
placé l'appareil à un endroit, on le relève le lendemain, à 2 ou 3 lieues au delà, suivant la force du
courant.

Concurremment avec la thonaire, on se sert,
pour la capture de la pêche du Thon, d'un engin
très compliqué connu sous le nom de *madrague* :
nous aurons à parler de cet appareil lorsque nous
ferons connaître cette pêche.

Parmi les filets traînants, un des plus connus et
des plus usités en mer est le *chalut*, surtout employé pour prendre des Poissons plats, tels que
Raies, Soles, Turbots, Limandes, Carrelets. Cet engin consiste en un filet conique, ne présentant

(1) De la Blanchère, *Nouveau dictionnaire général des pêches.*

BASSIN. *POISSONS.*

Paris, J. B. Baillière et Fils, édit.

Colombie. A. Imp. imp.

LA PÊCHE A LA SENNE.

Fig. 167. — Pêche à l'échiquier.

aucun étranglement; la partie supérieure est en-filée sur une vergue en bois garnie de poids de manière à ce que l'engin reste dans le fond de la mer. Le chalut est traîné au moyen de la marche du bateau.

La *drague*, plus petite que le chalut, se traîne également au fond de l'eau; la chausse est plus ou moins longue et porte une armature en fer destinée principalement à détacher du fond les Huîtres et divers coquillages.

Dans l'*eissaugue*, la poche est munie de deux ailes, qui sont très longues; l'engin est halé à bras. Lorsque ce filet est traîné par deux bateaux, il prend, dans la Méditerranée, le nom de *bœuf* ou de *gangui*.

La *tartane* est remorquée par un seul bateau; la poche ou manche terminale, qui traîne au fond, présente un étranglement à l'entrée; ce filet, qui râcle parfois le fond d'un mouvement lent, porte des flottes de liége et de plombs sur la partie opposée.

La *senne* est un des filets les plus anciennement usités; cet engin était connu des Grecs et des Romains. C'est un filet en nappe simple, qui a toujours beaucoup plus de longueur que de chute; comme il doit se tenir verticalement dans l'eau, l'extrémité antérieure est garnie de flottes et celle de pied est chargée de lest; des cordes, plus ou moins longues, connues sous le nom de *bras*, servent à tendre et à traîner le filet, qui sert tant en eau douce qu'en eau salée (Pl. III).

Les *nasses* sont des espèces de paniers faits

en cannes, en jonc, en osier, en branchages d'arbres; étant à claire-voie, ils laissent passer l'eau ;
un goulet retient le Poisson.

Pour ne rien omettre, nous signalerons enfin la
singulière pêche à l'aide de laquelle les enfants
s'amusent parfois à prendre des Goujons. Une carafe percée d'un trou dans laquelle on a mis quelque appât est plongée dans l'eau ; le goulot est
fermé par un morceau de canevas tendu ou par
un bouchon de paille lâche. L'appareil est placé, le
goulot placé en amont et dans la direction du courant. Ainsi que le dit de la Blanchère, « l'eau entre
par la fermeture imparfaite du goulot de la bouteille, et, en passant, entraîne les bribes de son ou
de pain par l'ouverture de l'entonnoir; les Vérons,
les Goujons se rassemblent dans le fil de l'eau
qui amène de si bonnes choses. Un premier s'a-
vance... il hésite... demeure quelques instants immobile, puis s'élance!... Il a franchi le Rubicon...
Le voilà prisonnier, tournant dans la prison transparente... Ses manœuvres appellent ses semblables,
en quelques minutes la bouteille est pleine. »

PISCICULTURE.

On n'a pas été sans s'apercevoir, de temps immémorial, qu'avec quelques soins, on pouvait favoriser la reproduction des Poissons dans les cours
d'eau ou introduire de nouvelles espèces, plus robustes ou plus productives, dans les fleuves où elles
manquent. De là est née la *pisciculture*, qui, comme
le dit Coste, est « l'art de peupler les eaux, d'y multiplier, d'y perfectionner, d'y acclimater les espèces
qui servent à la nourriture de l'homme ; comme
l'agriculture est l'art d'ensemencer la terre, d'en
améliorer les fruits, d'en préparer la récolte. »

Habitant une contrée largement arrosée par des
rivières et des canaux, creusée de nombreux étangs,
les Chinois devaient chercher dans les eaux de précieuses ressources alimentaires ; aussi l'art d'élever et de multiplier les Poissons est-il pratiqué depuis une très haute antiquité dans le Céleste-Empire.

On a attribué aux Romains l'invention de la pisciculture. Il existait à Rome et dans les environs des
viviers, des réservoirs où étaient conservés des Poissons destinés soit à l'amusement, soit à l'alimentation ; plusieurs espèces étaient même nourries et
engraissées avec grand soin, de manière à faire les
délices d'une table somptueuse. Les Romains ne
faisaient cependant pas pour cela de la pisciculture,
c'est-à-dire de l'élevage de Poissons.

Ce n'est guère au moyen âge, dans la partie
occidentale de l'Europe, que l'on pratiqua la pisciculture ; beaucoup d'ordres monastiques, voués au
maigre, exploitèrent les étangs avec plus ou moins
d'art et y multiplièrent la Carpe, la Tanche et le
Brochet.

La célèbre lagune de Comacchio, située sur les
bords de l'Adriatique, entre l'embouchure du Pô et
le territoire de Ravenne, est un véritable établissement d'*aquiculture* qui date d'une époque fort reculée ; dès le commencement du sixième siècle, en
effet, des populations chassées sans doute par les
barbares vinrent, comme les fondateurs de Venise,
se réfugier au sein des immenses marécages qui
existaient sur les côtes de l'Adriatique et s'appliquèrent à transformer le malsain marécage au milieu
duquel elles vivaient en une véritable exploitation de
la mer.

Sur les côtes de Provence, des essais ont été
tentés, dès une époque fort reculée, pour recueillir
et jusqu'à un certain point pour faire engraisser
le Poisson; nous avons parlé de ces établissements
connus sous le nom de *bordigues*.

Ce n'est que vers le milieu du siècle dernier,
que la pisciculture prit réellement naissance, car
c'est à cette époque seulement que l'on obtint d'une
façon certaine et rationnelle la fécondation artificielle des Poissons.

L'honneur de cette découverte, si féconde en
merveilleux résultats, paraît être dû à un agricul-
teur de Lippe Detmold, Jacobi. Voici, d'après Coste,
comment l'expérimentateur fut conduit à ce résultat.

« On savait, de son temps, que les Truites et les
Saumons, quand vient l'époque de la ponte, remontent les ruisseaux où une eau limpide coule sur un
fond de gravier, y choisissent une place où ils
s'arrêtent, écartent les pierres avec leur tête et leur
queue, les rangent de manière à former des espèces de digues qui puissent faire obstacle à la rapidité du courant, et dans les interstices desquels
leur progéniture se trouve à l'abri. C'est là, en effet,
que la femelle dépose ses œufs en frottant son
ventre sur le sol, afin d'en faciliter la ponte. A mesure qu'ils sortent, leur poids les précipite vers le
fond, et, comme le fond est pierreux, les uns passent derrière un caillou, les autres derrière un second, et ainsi de suite, jusqu'à ce que toutes les
anfractuosités du lit qui a été préparé pour eux en
soient garnies. Dans cette position, le choc continuel de l'eau ne peut les entraîner, mais il les conserve dans un état de propreté indispensable pour
leur développement ultérieur.

« On savait encore qu'au moment où la femelle
venait de pondre, le mâle, en frottant comme elle
son ventre contre les cailloux, versait sa laitance
sur les œufs, et que cette laitance, entraînée par le
liquide qui lui sert de véhicule, passait sur eux
comme un nuage, les imprégnait de molécules fécondantes et se dissipait après avoir troublé un instant la transparence de l'eau.

« L'observation directe avait donc déjà appris

Fig. 168. — Frayère en place.

que le contact de l'œuf et de la semence était un phénomène externe, réalisé entre deux produits expulsés de l'organisme des parents, et se continuant en dehors de ces organismes.

« De cette observation à l'idée que ce qui se passe normalement dans la nature pourrait être artificiellement imité dans un récipient, il n'y avait qu'un pas, et c'est là ce que comprit avec une admirable sagacité l'auteur du mémoire de Jacobi. Il s'en explique de la manière suivante : « Si l'on compare « cette histoire de la propagation naturelle des « Truites et des Saumons avec les procédés que « nous en avons déduits pour les faire naître chez « soi, nous nous flattons que l'on reconnaîtra dans « notre méthode toutes les attentions indiquées « comme principales et essentielles par la nature.

« En conséquence, après avoir versé une pinte d'eau très claire dans un récipient, il saisit une femelle dont les œufs étaient à maturité, les exprima par une légère pression dans ce récipient.

« Il prit ensuite un mâle, fit couler sa laitance par le même procédé, en versa suffisamment dans le récipient pour blanchir l'eau à l'imitation de ce qui se passe dans la nature, et c'est ainsi qu'il pratiqua la fécondation artificielle. »

Bien que le procédé de Jacobi ait été appliqué pratiquement dans le Hanovre, près de Nortelem, il resta ignoré pendant fort longtemps. En Angleterre, John Shaw le redécouvrit en 1837 ; la fécondation artificielle du Saumon était dès 1841 pratiquée dans plusieurs parties de la Grande-Bretagne et un ingénieur de Hammersmith, Boccius, évaluait à 120,000 le nombre de Truites qu'il avait élevées.

A peu près à la même époque, en 1844, un pêcheur de la Bresse, Joseph Remy, doué d'un remarquable esprit d'observation, mit en pratique le procédé de la fécondation artificielle avec l'aide de Antoine Géhin.

Malgré toutes ces expériences, ces tentatives, tout dormait encore jusqu'à ce que, sur les propositions du Gouvernement, un des savants les plus autorisés, Milne Edwards, fut chargé de se livrer à un examen propre à fixer l'opinion sur la valeur des divers essais faits pour assurer la multiplication des Poissons dans les étangs et dans les rivières et pour augmenter les produits de la pêche fluviale.

L'aquiculture entra dès lors dans la voie pratique, et les espérances fondées sur la pisciculture devinrent telles que l'on fonda l'établissement d'Huningue, en Alsace, pour propager la féconde découverte de Jacobi, perfectionner ses procédés, en étendre les applications, transformer en règles certaines les pratiques qui n'étaient pas encore fixées et introduire dans les procédés en usage toutes les modifications que l'expérience pourrait enseigner. Coste, à l'instigation duquel l'établissement d'Huningue fut fondé, fut le zélé apôtre de la science nouvelle.

Depuis cette époque, encore peu éloignée, où la France, prenant l'initiative, donnait à la pisciculture une impulsion dont tous les États de l'Europe devaient ressentir les heureux effets, l'art de reproduire et d'élever artificiellement le Poisson s'est développé au delà de toute espérance. Des établissements scientifiques ou industriels se sont fondés de toutes parts ; les procédés de culture des eaux se sont perfectionnés, et, d'empiriques qu'ils étaient, ont été basés sur des connaissances exactes ; partout on a demandé aux pratiques de la pisciculture de ramener l'abondance dans les cours d'eau qui se dépeuplent chaque jour ou d'introduire de nouvelles espèces, plus robustes ou plus productives, dans les fleuves où elles font défaut. Nos rivières d'Europe, autrefois si fertiles, menacent de ne plus rien donner ; de là est venue la nécessité de les repeupler par des procédés rationnels.

Ainsi que le fait remarquer Coste avec juste raison, « pour atteindre le but qu'on se propose, la pisciculture a plusieurs moyens à sa disposition, les uns naturels, les autres artificiels. Les premiers, mis en pratique de temps immémorial, consistent à transporter, à faire passer dans les pièces d'eau qu'il s'agit d'empoissonner, l'alevin, et même les œufs des espèces que l'on veut y élever et y propager. Les seconds comprennent les aménagements destinés à favoriser les pontes, à les rendre possible là où elles n'auraient pas eu lieu, les fécondations artificielles, l'incubation artificielle, l'alevinage artificiel, la domestication, l'acclimatation. »

Au point de vue pratique et industriel, les Poissons peuvent être divisés en deux grandes catégories; l'une comprend les espèces dont les œufs s'attachent aux corps étrangers sur lesquels les femelles les pondent ou les suspendent; l'autre comprend les animaux dont les œufs, toujours libres, sont simplement déposés sur la vase, sur le sable, dans les insterstices des cailloux.

Pour multiplier les espèces dont les œufs ne sont pas libres, tels sont la Carpe, le Gardon, la Chevaine, la Perche, on a eu recours à l'établissement de frayères artificielles où ces Poissons viennent déposer leur ponte. Ces frayères, qu'il est fort facile de construire et à peu de frais, consistent le plus souvent en une série de branchages reliés les uns aux autres, le tout maintenu par un cadre; les frayères, suivant les endroits et la disposition des lieux, sont disposées horizontalement (fig. 168) ou dans une position oblique, le long d'une berge. On peut établir très simplement une frayère à l'aide de gâteaux de gazon ou avec des plantes aquatiques groupées dans des caisses plates en bois (fig. 169).

Parmi les Poissons dont les œufs sont libres, les plus utiles, à coup sûr, pour l'alimentation, sont les Salmonoïdes, Truites et Saumons.

Chez ces espèces, lorsque le moment de la ponte approche, des signes particuliers l'indiquent; c'est ainsi que les femelles ont les flancs distendus par les œufs, de telle sorte que la plus légère pression suffit pour les expulser; la pression opérée sur les mâles fait écouler une liqueur blanchâtre; c'est alors le moment d'opérer.

Après avoir fait choix d'un vase très propre dans lequel on a versé de l'eau dont la température, pour les espèces qui pondent en hiver, doit être de 5 à 10 degrés centigrades, on saisit une femelle un peu en arrière de la tête, pendant que de l'autre main on exerce une légère pression sur le ventre de l'animal et d'avant en arrière; on refoule ainsi doucement les œufs et on les fait sortir par l'ouverture anale. Lorsque les œufs sont en parfaite maturité, la plus légère pression suffit pour les expulser, de telle sorte que la femelle se vide sans en éprouver le moindre dommage; lorsque l'on est obligé d'employer une certaine violence pour expulser les œufs, c'est que ceux-ci ne sont pas encore complètement mûrs, aussi l'opération est-elle prématurée et doit-elle être remise à plus tard (fig. 170). On agit pour le mâle comme pour la femelle. Au bout de quelques minutes, la fécondation est opérée; il ne reste plus, pour obtenir le développement des œufs, qu'à les transporter soit dans les appareils à éclosion, soit dans des boîtes que l'on place directement dans les cours d'eau.

Il est rare qu'on cherche à opérer la fécondation artificielle des espèces dont les œufs sont adhérents; cette fécondation a cependant été obtenue, en France d'abord, aux États-Unis ensuite, pour la Perche, le Gardon, la Carpe, le Goujon, la Tanche, le Cyprin doré.

Ainsi que le conseille Coste, « il faut pratiquer cette fécondation dans des conditions qui permettent d'imiter la nature. On commence donc par faire provision de bouquets bien lavés de plantes aquatiques, de petits balais de bruyères, de brindilles, de chevelu de certains arbustes, et même de corps inertes. En même temps, on fait choix, comme pour la fécondation des œufs libres, d'un vase de faïence, de verre, et même d'un baquet de capacité convenable, dans lequel on met de l'eau à la température de 14 à 16 degrés si l'on doit opérer sur des Perches, de 16 à 20 si c'est sur des Carpes ou des Tanches. Trois personnes se placent ensuite autour du récipient, dans lequel on introduit l'un des bouquets préparés d'avance, et se disposent à concourir simultanément à l'opération qu'il s'agit d'accomplir.

« L'une de ces personnes saisit la femelle, et, par le procédé indiqué plus haut, la délivre de ses œufs; la seconde prend le mâle, dont elle exprime en même temps le laitance, pendant que la dernière opère le mélange et favorise l'imprégnation, en promenant doucement dans l'eau le bouquet sur les brins duquel s'attachent les œufs... Lorsque la touffe végétale sur laquelle on opère est suffisamment chargée, on remet la mâle et la femelle à l'eau, pour les reprendre après s'ils ne sont pas encore complètement épuisés, et on laisse séjourner les œufs dont ces touffes sont garnies, pendant trois ou quatre minutes dans le liquide, afin de leur donner le temps de s'imbiber de molécules fécondantes; puis on rassemble les grappes imprégnées dans un baquet, en ayant soin de les y tenir immergées ou recouvertes d'un linge mouillé, en attendant qu'on les distribue dans les bassins ou dans les appareils à éclosion... ; quand la récolte est faite, on installe les herbes ou les corps inertes qui les portent, soit dans une eau stagnante et à température élevée si ce sont des Tanches, des Carpes qui l'ont fournie, soit dans une eau médiocrement courante, si ce sont des Vandoises, soit dans une eau très rapide et peu profonde, si ce sont des Barbeaux, des Chevaines, des Brèmes; on la place, en un mot, selon les espèces, dans les conditions qui conviennent à leur développement[1]. »

Dans certains pays, en Norwège, en Russie, aux États-Unis, on emploie pour la fécondation artificielle un procédé différent de celui de Coste; ce procédé consiste à recueillir les œufs à sec dans un récipient approprié et à verser lentement dessus de l'eau qui vient de recevoir à l'instant même la liqueur fécondante.

Dès le principe de l'application de la méthode, et dans le but de mieux imiter la nature, Jacobi

[1] Coste, *Instructions pratiques sur la pisciculture*, p. 39.

Fig. 169. — Caisse dans laquelle sont groupées des plantes aquatiques formant frayère (d'après Coste).

plaçait les œufs de Saumon dont il s'agissait d'obtenir le développement, sur une couche de gravier, dans une boîte de bois garnie d'une toile métallique à chacune de ses extrémités; Remy et

Fig. 170. — Opération de la ponte artificielle.

Géhin employaient des boîtes de fer-blanc criblées de trous. Coste a modifié la boîte de Jacobi, en ce sens que les œufs sont placés sur des claies superposées (fig. 171).

Fig. 171. — Boîte à incubation pour les cours d'eau.

Les œufs adhérents, placés directement dans les cours d'eau, sont reçus, avec les brindilles sur lesquelles ils sont fixés, dans des caisses, des paniers, des boîtes à claire voie ; ces caisses sont maintenues à la surface de l'eau à l'aide de flotteurs, ou, au contraire, coulées à une certaine profondeur, suivant qu'il s'agit de l'incubation d'œufs auxquels l'insolation est nécessaire ou d'œufs qui ne se développent qu'au courant et non à la surface.

Les appareils primitifs de Jacobi et de Remy, pour l'éclosion des œufs libres avaient de nombreux inconvénients, dont l'un des principaux était la difficulté de surveiller l'éclosion et l'impossibilité d'extraire des boîtes les animaux morts ou malades sans blesser les autres. Les grillages se trouvent souvent, en outre, bouchés par l'apport de plantes, de vase, de sédiments divers. Aussi Coste, le premier, imagina-t-il un appareil simple et d'une disposition des plus commodes.

Cet appareil, que Coste avait installé dans son laboratoire du Collège de France, consiste en un assemblage de rigoles ou d'auges en poterie un peu au-dessus du fond desquelles est disposée une claie à baguettes de verre (fig. 173). Les auges sont placés en gradins les unes au-dessus des autres, de telle sorte que l'eau, tombant dans l'auge supérieure, s'écoule dans la suivante, et ainsi de suite, établissant ainsi un assemblage de ruisseaux factices (fig. 172). Lorsque l'on n'a à mettre que peu d'œufs en incubation, on peut, ainsi que le conseille Coste, se servir tout simplement d'une auge, d'une simple caisse en bois doublée de zinc ou de plomb, alimentée par une fontaine de cuisine dont la terrine sert à recevoir le trop-plein.

L'appareil de Coste a été modifié dans certains pays, où l'on a à faire éclore une grande quantité d'œufs à la fois.

C'est ainsi qu'en Angleterre on se sert, le plus souvent, d'une boîte en bois recouverte d'un enduit silicaté; les œufs sont placés sur une série de doubles fonds en zinc percés de nombreux petits trous; l'eau arrive par le bas, de telle sorte que les œufs sont constamment baignés par le courant. Aussitôt qu'ils ont perdu leur vésicule ombilicale, les alevins sont reçus dans un appareil fort ingénieux dû à Oldham Chambers, et consistant en un vase en verre de forme sphérique, dans lequel l'eau entre avec une pression suffisante pour forcer le Poisson à tenir constamment tête au courant.

On est revenu dans les pays Scandinaves aux appareils primitifs. Les œufs sont déposés sur un lit de gravier qui garnit le fond d'auges en bois disposées en escalier. En Danemark, le fond de l'appareil est carrelé; il en est de même en Hollande.

En Bavière, Zenk se sert de caisses en bois dans lesquelles les œufs sont placés sur un grillage en fil de fer galvanisé; l'eau est fortement aérée et soigneusement débarrassée des impuretés qui pourraient la souiller. Le même pisciculteur emploie également une longue caisse en porcelaine munie d'un double fond percé de nombreux petits sourt; l'eau filtrée pénètre par en bas; cette disposition a l'avantage d'empêcher les jeunes ale-

vins de se tasser dans une des parties de l'appareil.

Parmi les autres appareils employés, il faut encore citer l'*auge californienne*, qui se compose d'une caisse, soit en zinc, soit en tôle émaillée ou vernie pourvue d'un fond en toile métallique formant tamis sur lequel se placent les œufs. Le courant d'eau, qui est ascendant et vertical, est divisé par la toile métallique et réparti uniformément sur toute l'étendue du fond de la boîte.

Au Canada, pour l'éclosion des œufs de Corégone, Wilmot se sert d'un appareil dans lequel se font automatiquement le triage et le nettoyage des œufs. Cet appareil consiste en un vase cylindrique en cristal, en forme d'éprouvette à pied; l'eau se brise contre le fond et contre les parois de l'éprouvette, se répartit également dans toutes les directions, traverse la masse d'œufs, les aère, les met en mouvement continuel, et ramène vers le haut la vase, les œufs morts, les impuretés, tandis que les œufs sains, plus lourds, restent au fond.

Les rigoles d'incubation, dont on fait usage en certaines contrées, offrent ce grand avantage qu'elles sont d'une installation peu coûteuse et qu'elles permettent de laisser grandir les alevins dans l'appareil même où ils sont éclos; comme tous les appareils à courant horizontal, elles présentent toutefois ce grave inconvénient que le courant ne pouvant pas être trop rapide, de manière à ne pas entraîner les œufs, il se dépose des sédiments qui peuvent nuire à l'éclosion. C'est pour obvier à ce grave inconvénient qu'on a imaginé des appareils à courant vertical, ascendant. L'emploi de ces jarres est aujourd'hui presque général aux États-Unis.

Parmi ces appareils, fort nombreux, nous ne citerons que celui qui a été inventé par Mac Donald pour l'éclosion des œufs de Salmonidés ou des autres Poissons dont les œufs, très lourds, vont constamment au fond. Cet appareil, dont la hauteur est de 15 pouces, la capacité de près de 6 litres, consiste en un vase en cristal fermé par un couvercle métallique percé de deux ouvertures. Par l'une de ces ouvertures passe, à frottement, un tube en verre qui descend jusqu'à une faible distance du fond de l'appareil; c'est le tube d'arrivée de l'eau; l'autre ouverture donne passage à un tube qui ne plonge que d'une faible longueur dans le liquide; c'est le tube de déversement. Le courant entre avec une forte pression et se brise contre les parois du vase, de telle sorte que les œufs sont constamment mis en mouvement et ne se froissent pas en pressant les uns contre les autres.

Pour obtenir de bons résultats dans l'incubation des œufs, il faut se préoccuper de la température convenable et du degré d'intensité de la lumière; il est également indispensable, si les œufs en incubation sont ceux de Salmonidés, que l'eau soit très pure et fortement aérée; s'il en est autrement, les œufs ne tardent pas à s'altérer, et il se déve-

Fig. 172. — Appareil à incubation (d'après Coste).

loppe à leur surface des végétaux parasites, d'apparence cotonneuse qui amènent rapidement la mort des embryons. Il faut avoir grand soin d'enlever rapidement ces œufs gâtés.

Ainsi que le fait remarquer Coste, « après leur éclosion, les jeunes Poissons ne montrent pas tous le même instinct; les uns, comme la Perche, le Brochet, la Fera, errent et se dispersent presque aussitôt dans le milieu ambiant, recherchent la vive lumière; les autres, comme les Saumons, les Truites, alourdis par une énorme vésicule ombilicale (fig. 174), qui rend leurs mouvements pénibles, ne s'écartent pas beaucoup des lieux où ils sont nés, restent couchés sur le flanc ou sur la vésicule ombilicale elle-même, fuient le trop grand jour, se recherchent et se groupent à l'abri d'une pierre, des anfractuosités que laissent entre eux les cailloux, dans une irrégularité du sol. S'ils se déplacent, ce n'est qu'avec de grands efforts et pour retomber bientôt, entraînés par leur propre poids. Tandis que les premiers perdent en peu de jours leur caractère fœtal, et, par leur petitesse, leur vivacité, leur humeur vagabonde, échappent de bonne heure aux soins qu'on pourrait leur donner, les seconds, au contraire, conservent pendant plusieurs semaines après l'éclosion leur formes embryonnaires, sont incapables de se soustraire par la fuite à la voracité de leurs ennemis, demeurent plus longtemps inactifs, et, par conséquent, sont plus soumis à l'action de l'homme.

« Pour les espèces précieuses, comme celles de la famille des Salmonidés, dont les œufs, plus volumineux, par conséquent moins nombreux que ceux des Poissons communs, produisent des jeunes qui, je le répète, restent immobiles à la même place pendant près de deux mois, pour ces espèces,

dis-je, c'est à les garantir des dangers auxquels elles sont exposées durant leur premier âge, que l'industrie doit particulièrement s'appliquer. Elle y réussit complètement en ne les abandonnant pas trop tôt à eux-mêmes dans une pleine eau qui renfermerait d'autres animaux nuisibles, en les élevant provisoirement dans les ruisseaux ou des bassins d'alevinage. »

Lorsque les jeunes Poissons viennent de naître, les matériaux nutritifs contenus dans leur vésicule

Fig. 173. — A, auge ou rigole factice de poterie; B. claie retirée de cette auge.

ombilicale subviennent suffisamment à leur entretien. Cette vésicule résorbée, il faut nourrir les jeunes Poissons. La nourriture varie suivant les espèces. Les Salmonidés, Truites et Saumons, sont essentiellement carnassiers, aussi faut-il que la proie qu'on leur donne soit, sinon vivante, du moins en mouvement, car sans cela ils n'y toucheraient pas.

« On voit en Chine, dans le mois de mai, un grand nombre de barques rassemblées dans le grand fleuve *Yang the Kiang* (Yang-tse-Kiang) pour

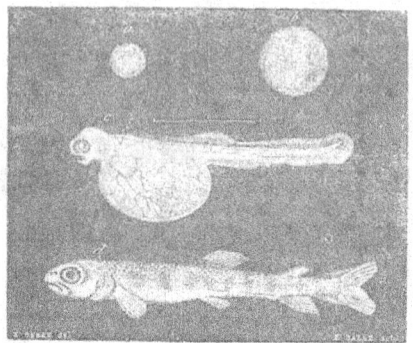

Fig. 174. — Alevin de Saumon (d'après Coste) (*)

y acheter de la semence de Poisson, coutume qui remonte au temps les plus reculés. Les gens du pays barrent ce fleuve en plusieurs endroits avec des nattes et des claies, espèces de frayères artificielles qui n'occupent pas moins de 8 à 10 lieues, et ne laissent pas la place nécessaire pour le passage des barques. Les œufs que les Poissons viennent pondre sur ces claies sont recueillis, déposés dans de grands vases, vendus à des marchands, qui les transportent dans les provinces, où ils les revendent, par mesures, à tous ceux qui ont des rivières, des viviers, des étangs domestiques à empoissonner.

« Les Romains firent comme les Chinois et eurent recours à la même méthode de repeuplement, l'appliquèrent sur une vaste échelle, semant ainsi des œufs comme on sème des pois, et poussant la perfection de cette industrie jusqu'au point de faire éclore, dans les eaux douces, la semence de Poissons de mer qu'ils réussirent à y acclimater. C'est ainsi que les lacs Velinus, Sabatinus, Vulsinensis, Cimnuis en Étrurie, furent peuplés de Bars, de Dourades, de Muges et de toutes les espèces qui se prêtèrent à ce caprice. Les rustiques descendants de Romulus et de Numa pratiquèrent ce mode d'ensemencement comme une mesure d'utilité publique, et qui leur fournit dans la vie agreste une abondance qu'ils avaient le plus grand soin d'y entretenir. Mais, vers le commencement du septième siècle, quand le luxe et la vanité prirent la place des mœurs simples de cette race antique, on dédaigna les piscines d'eau douce, piscines à l'usage du peuple, pour ne plus s'occuper que des piscines marines à l'usage des riches.

« Le transport des œufs à de grandes distances est donc un fait dont l'expérience démontre la possibilité. Il ne s'agit, par conséquent, que de déter-

miner les conditions dans lesquelles il convient de les placer pour que ce transport s'opère sans déchet, d'une manière économique et avec sécurité. »

Coste, au mémoire duquel nous avons emprunté les lignes qu'on vient de lire, recommande pour le transport des œufs libres à enveloppes résistantes, de placer ces œufs sur une couche de mousse humide déposée elle-même au-dessus d'une couche de sable fin (fig. 175). Les œufs agglutinés, tels que ceux de la Perche, ou adhérents à des corps étrangers, comme ceux de la Carpe, du Gardon, ayant peu de résistance, ne peuvent être transportés par ce moyen ; ils doivent être mis avec quelques végétaux aquatiques dans des récipient aux trois quarts plein d'eau (fig. 176, 177).

De nombreux appareils, établis sur le principe que nous venons d'indiquer, ont été construits. C'est ainsi que l'appareil de Mather, avec lequel des Poissons vivants ont été transportés avec succès des États-Unis en Europe, se compose d'un bac de tôle galvanisée, dans l'intérieur duquel des éponges sont fixées à quelques centimètres au-dessus du niveau ordinaire de l'eau ; par suite des mouvements incessants du navire, le niveau change continuellement ; il en résulte que les éponges, plongeant alternativement dans l'eau ou émergeant, aspirent ou laissent écouler le liquide et lui impriment une agitation qui en permet l'aération.

Il y a environ trente ans, la pisciculture était à peine entrée dans le domaine de la pratique et il fallut toute la persévérence de Coste en France, de Buckland en Angleterre, pour faire sortir la science nouvelle de la théorie dans laquelle elle était restée jusqu'à cette époque. Aujourd'hui la pisciculture, ou pour mieux dire l'aquiculture, est largement pratiquée dans tous les pays civilisés, et, dans beaucoup de cas, elle a donné des résultats au-dessus de toute espérance.

Nous ne pouvons, on le comprend, faire ici l'his-

(*) a, œuf de saumon après la fécondation, de grandeur naturelle ; b, le même grossi ; c, saumon venant d'éclore, grossi ; d, saumon, grandeur naturelle.

Fig. 175. — Panier pour le transport de la montée (d'après Coste).

torique de toutes les tentatives qui ont été tentées dans les principaux États de l'Europe ; nous dirons quelques mots seulement de la pisciculture aux États-Unis, parce qu'en Amérique la pisciculture a donné de merveilleux résultats.

C'est en 1871 que la commission des pêches fut instituée dans ce pays, le Gouvernement ayant voté une somme de plus de un million de dollars pour l'organisation du service. Il existe actuellement treize stations principales pour la pisciculture, tant marine que d'eau douce, dans les divers États

la Truite, les Corégones, ces Poissons délicats ne peuvent être partout cultivés : il leur faut, en effet, de l'eau fraîche, courante et constamment aérée. Un autre Poisson, au contraire, qui remonte les rivières en quantités innombrables, l'Alose ou *Shad*, par sa grande rusticité, par sa prodigieuse fécondité, par la facilité avec laquelle il se prête aux pratiques de la fécondation artificielle, par son rapide développement, paraît être d'une immense ressource pour l'alimentation publique. Ce Poisson,

Fig. 176. — Bocal pour le transport des jeunes Poissons.

Fig. 177. — Panier à compartiments destiné à recevoir les bocaux de transport.

qui comprennent les États-Unis ; outre ces établissements, on compte de nombreux laboratoires d'éclosion pour la reproduction des alevins destinés au repeuplement des eaux dépendant du domaine public.

On a essayé, et avec succès, aux États-Unis, non seulement l'éclosion artificielle des Poissons d'eau douce, Truite de ruisseau, Truite des lacs, Saumon commun, Saumon de Californie, Saumon sébago, Carpe, Tanche, Corégones, mais encore des espèces marines telles que l'Alose, le Hareng, la Morue, l'Esturgeon, l'Éperlan, l'Églefin.

Quelque intérêt qu'il y ait à propager le Saumon,

autrefois d'une abondance extrême aux États-Unis, par suite des pêches abusives, par suite de l'établissement de nombreux barrages sur les cours d'eau, menaçait de disparaître des rivières dans lesquelles il était jadis si commun, que la pêche en était à peine rémunératrice. Il n'est dès lors pas surprenant que la Commission des pêches des États-Unis ait fait porter tous ses efforts sur la propagation de cette utile espèce. Un bateau à vapeur a été construit spécialement dans le but de remonter les cours d'eau, pour y verser les alevins de l'Alose, au fur et à mesure de leur éclosion. C'est par millions que les alevins d'Alose sont distribués chaque année

Fig. 178. — Double escalier à chutes serpentantes (d'après Coste).

dans les endroits les plus favorables, le navire gagnant successivement les divers cours d'eau du sud au nord, où le frai a lieu plus tardivement.

Échelles à Poissons. — Certains Poissons, le Saumon entre autres, remontent les cours d'eau à des époques fixes pour aller pondre vers la source des fleuves et des rivières. Il existe malheureusement des barrages naturels ou artificiels sur un grand nombre de rivières; il arrive souvent que la hauteur des chutes, leur pente trop raide, la rapidité du courant ou le trop peu de profondeur de l'eau sont autant de circonstances qui empêchent les Poissons de remonter. C'est pour obvier à ces graves inconvénients que Smith, de Deanson, a inventé les *échelles* qui permettent au Poisson de remonter les cours d'eau et d'aller frayer malgré les obstacles accumulés sur sa route. Depuis, les échelles se sont partout multipliées, aussi n'est-il pas surprenant qu'un grand nombre de modèles aient été proposés; tel système, excellent dans une loca

lité, ne donnera, en effet, que de médiocres résultats dans telle autre localité. Une échelle doit être facilement accessible au Poisson. Celui-ci cherche, par instinct, à franchir l'obstacle qui se dresse devant lui, et il se rend toujours au point où l'eau est fortement aérée; l'échelle doit, dès lors, être disposée de telle façon que le Poisson s'y engage tout naturellement et qu'il n'ait que peu d'efforts à faire pour remonter.

L'échelle inventée par Smith peut être regardée comme le type du système dit à *escalier*, elle consiste en une série de gradins séparés par des murs verticaux percés d'ouvertures placées les unes à droite, les autres à gauche.

Les bassins formant escalier peuvent être rangés sur deux files parallèles, adossées l'une à l'autre par un de leurs côtés; c'est ce que l'on connaît sous la dénomination de double escalier, à chutes serpentantes (fig. 178).

Parfois les échancrures par lesquelles on passe d'un bassin dans un autre, au lieu d'alterner, sont

GARDENS AT SAMSON.

Fig. 179. — Coupe et élévation d'une échelle à poisson à chûtes en ligne droite (d'après Coste).

établies dans le milieu des cloisons, de manière à produire, non plus des cascades serpentantes, mais une série de chutes qui se succèdent en ligne droite, depuis le haut jusqu'au bas de l'escalier; on voit cette disposition dans l'escalier à chutes en ligne droite (pl. IV et fig. 179).

Dans les échelles à plan incliné il n'existe pas de gradins, l'inclinaison étant combinée de telle sorte que le Poisson peut facilement remonter le courant; celui-ci est, du reste, rompu par une série de traverses allant à la rencontre les unes des aures, chaque ouverture formant une série de petites cascades. De nombreuses modifications ont été apportées à ce système primordial.

Les différents systèmes dont nous venons de parler sont établis en ligne droite ou en ligne courbe, et la passe va directement de la chute à la rivière. Lorsque la passe a plus de 100 mètres de long, il faut la couper en deux par un palier, une partie allant de la digue à l'extérieur, l'autre du palier à la chute; il existe parfois même plusieurs paliers.

Outre le système à ligne droite et le système à paliers coupés, mentionnons, en terminant, les systèmes à disposition spirale.

CLASSIFICATION DES POISSONS.

Nous n'avons pas l'intention de passer ici en revue les diverses classifications qui ont été proposées pour grouper les Poissons d'après un ordre plus ou moins méthodique et rationnel; ces classifications sont, en effet, fort nombreuses, et il faut avouer que si, grâce aux recherches anatomiques qui ont été faites surtout dans ces dernières années, nous commençons à connaître les grandes lignes de cette classification, nous ne savons presque rien sur les groupements d'ordre inférieur. Cette difficulté n'avait pas échappé à Cuvier. « La classe des Poissons, écrit-il, est, de toutes, celle qui offre le plus de difficultés quand on veut la subdiviser en ordres, d'après les caractères fixes et sensibles. »

La première classification basée sur des caractères anatomiques est due à Cuvier. Le grand anatomiste admet deux divisions principales, les *Poissons osseux* et les *Poissons cartilagineux* ou *Chondroptérygiens* (Esturgeons, Plagiostomes, Cyclostomes). Les Poissons osseux sont eux-mêmes subdivisés en Poissons à branchies en forme de houppes, *Lophobranches*, et en Poissons à branchies en peigne ou en lames. Parmi ces derniers, les uns ont la mâchoire supérieure fixée au crâne: ce sont les *Plectognathes*; les autres ont la mâchoire libre, mais tantôt il existe une dorsale composée de

rayons durs, épineux, *Acanthoptérygiens*, tantôt cette nageoire est formée de rayons mous, flexibles, *Malacoptérygiens*. Les nageoires ventrales peuvent être chez ces derniers placées bien en arrière des pectorales, *Abdominaux* (Carpe, Silure, Saumon, Hareng, Brochet), ou se trouver sous la gorge, *Subbrachiens* (Morue, Sole).

En résumé, Cuvier divise les Poissons en cinq ordres, les *Chondroptérygiens*, les *Malacoptérygiens*, les *Acanthoptérygiens*, les *Plectognathes* et les *Lophobranches*.

Cuvier et Valenciennes plaçaient dans le voisinage des Clupes, deux étranges Poissons, le Polyptère du Nil et le Lépidostée de l'Amérique du Nord, tout en reconnaissant les rapports qui existent entre ces animaux et certains Poissons fossiles. Il était réservé à Agassiz de bien préciser ces rapports en établissant l'ordre des *Ganoïdes*, dans lequel il plaçait également plusieurs types qui doivent en être complètement séparés.

Pour Cuvier, les Plagiostomes, c'est-à-dire les Raies et les Squales, étaient, d'après la considération tirée du squelette cartilagineux, réunis aux Lamproies ou Cyclostomes; ces deux types sont à bon droit séparés, car si les Plagiostomes doivent prendre place au sommet de la série, les Cyclostomes, par leur organisation très inférieure, doivent être placés au bas de l'échelle.

Un curieux animal de la partie ouest de l'Afrique, le Protoptère, avait été alternativement considéré comme un Poisson ou comme un Batracien dégradé ; il a, en effet, à la fois des branchies et des poumons. Müller démontra que cet étrange animal est un Poisson et en fit le type de la sous-classe des *Dipnées*.

A la même époque on venait également de mieux étudier un animal de faible taille, que Pallas, qui l'avait découvert, considérait comme une Limace marine. Cet animal, l'*Amphioxus*, est le plus dégradé de tous les Vertébrés ; il semble, par certains points de son organisation, établir un lien entre ces derniers et certains Invertébrés voisins des Vers. Müller regarde cet Amphioxus comme devant former à lui seul une sous-classe distincte qu'il désigne sous le nom de *Leptocardes*.

Pour Jean Müller, la classe des Poissons se divise donc en six sous-classes, qui sont, du haut en bas de la série : les *Dipnoi* (Protoptère) ; les *Teleostei*, divisés en Acanthoptérygiens (Perches), en Anacanthiniens (Morues, Poissons plats), en Pharyngognathes (Labres, Scombresox), en Physostomes (Silures, Cyprins, Brochets, Saumons, Scopèles, Anguilles), en Plectognathes (Balistes, Coffres, Ordes épineux), en Lophobranches (Hippocampes, Syngnathes) ; les *Ganoïdes*, subdivisés en Holostées (Lépidostée, Polyptère) et en Chondrostées (Esturgeons) ; les *Élasmobranches* subdivisés en Plagiostomes (Squales, Raies), et en Holocéphales (Chimères) ; les *Marsipobranches* (Lamproies, Myxines) et enfin les *Leptocardes* (Amphioxus).

Récemment Clauss a admis trois sous-classes, celle des *Leptocardiens* pour l'Amphioxus, celle des *Marsipobranches* pour les Lamproies et celle des *Euichthyes* pour tous les autres Poissons.

D'après la disposition de l'appareil branchial, Émile Moreau divise également les Poissons en trois sous-classes. « Les branchies sont supportées par les arcs mobiles et articulés de l'appareil hyoïdien, dans la sous-classe des *Hyobranches* (Plagios-

tomes, Ganoïdes, Téléostéens) ; elles ne sont pas supportées par les arcs mobiles de l'appareil hyoïdien, mais forment des espèces de bourses ou de sacs dans la sous-classe des *Marsipobranches* (Lamproies) ; enfin, elles sont composées de lamelles, qui constituent une espèce de treillage, et qui sont couvertes de cils vibratiles, dans la sous-classe des *Pharyngobranches* (Amphioxus).

« La sous-classe des Hyobranches comprend deux divisions parfaitement distinctes.

« Dans la première division, nous rangeons les Poissons qui ont la première branchie portée sur la corne de l'os hyoïde, et que pour cette raison nous appelons *Branchiocères* ou *Cératobranches*. Cette division forme la section des *Plagiostomes* qui se partage en deux ordres : l'ordre des *Sélaciens* et l'ordre des *Chimères*.

« Dans la seconde division, nous plaçons naturellement les Poissons qui n'ont pas de branchies sur les cornes de l'os hyoïde et que nous nommons *Abranchiocères* ou *Acératobranches*. Cette division se compose de deux sections : la section des *Ganoïdes*, et la section des Poissons osseux ou *Téléostéens*, qui compte quatre ordres : l'ordre des Lophobranches, l'ordre des Plectognathes, l'ordre des Chorignathes et enfin l'ordre des Apodes. »

A. Günther admet les sous-classes des Leptocardes, des Cyclostomes, des Téléostéens, telles qu'elles ont été définies, mais il réunit les Ganoïdes, les Dipnées et les Chondroptérygiens en une sous-classe unique, sous le nom de *Palæichthys*.

Malgré l'autorité incontestable qui s'attache aux travaux de Günther, nous pensons qu'il y a lieu de séparer ces derniers Poissons et, dans les pages qui vont suivre, nous admettons six sous-ordres, tels que nous les avons délimités plus haut.

Ces sous-ordres sont : 1° les *Dipnés*, 2° les *Ganoïdes*, 3° les *Poissons cartilagineux* que l'on appelle *Chondroptérygiens* ou *Élasmobranches*, 4° les *Téléostéens*, 5° les *Cyclostomes* ou *Marsipobranches* et 6° les *Leptocardes*.

FIN DE L'INTRODUCTION.

LES POISSONS

LES DIPNÉS — *DIPNOI*

Die Lungenfische.

Historique. — En septembre 1836, Fitzinger communiquait aux naturalistes assemblés en congrès à Iéna quelques observations sur le singulier animal découvert par Natterer, durant le séjour qu'il venait de faire au Brésil. L'animal en question avait le corps semblable à celui d'une Anguille un peu grosse, la queue pointue, mais non filiforme, et deux paires de membres formés par un rayon simple ; il existait des fentes branchiales. D'après Fitzinger, l'animal découvert par Natterer était un Batracien urodèle à ouvertures branchiales persistantes, voisin de l'Amphiume ; aussi lui donna-t-il le nom de *Lépidosiren paradoxal*, ce qui veut dire Sirène écailleuse.

En 1837, Natterer soutint la même opinion, et induit en erreur, dit-il, par l'aspect général, il avait d'abord rapporté à la classe des Poissons cet animal dont la vraie place dans la série zoologique fut pour lui mise hors de doute quand il eut connaissance des observations de Fitzinger.

Peu de temps après on découvrait en Afrique un animal fort voisin du Lépidosiren ; Richard Owen qui le faisait connaître en 1839, sous le nom de *Protoptère*, par allusion à l'état rudimentaire des membres, regardait cet animal comme un Poisson, mais un Poisson qui se rapproche beaucoup des Batraciens ichthyoïdes.

Il est hors de doute aujourd'hui que les Dipnés soient réellement des Poissons ; ils n'en constituent pas moins et fort manifestement un groupe de transition entre ces derniers et les Batraciens inférieurs. La découverte du Cératodus vient, du reste, relier encore les Dipnés, que l'on connaissait anciennement, aux Ganoïdes actuels.

On trouve dans le Trias, cette formation qui compose le premier terme de la série secondaire, des dents de forme singulière qu'Agassiz, qui les regardait comme provenant d'animaux voisins des Squales, désignait sous le nom de Ceratodus.

En 1870, Krefft fit savoir que l'on pêchait dans les rivières Burnett, Dawson et Mary, dans le Queensland, un Poisson de forme étrange désigné par les indigènes sous le nom de *Barramanda* ; ce Poisson était fort estimé comme nourriture et sa chair ressemblait beaucoup à celle du Saumon. Or ce poisson avait une dentition tout à fait semblable à celle des Cératodus du Trias et devrait appartenir au même genre. L'anatomie du Cératodus ayant été faite, on reconnut que cette espèce rentrait dans le groupe des *Dipnoi*, et que, comme ces derniers, elle peut respirer l'air en nature au moyen de poumons. Si par certains points de l'organisation, le Ceratodus se rapproche des Batraciens les plus inférieurs, sa forme est bien celle d'un véritable Poisson ; le corps est, de plus, recouvert de larges écailles, et comme le Cératodus relie intimement le Protoptère et le Lépidosiren aux Poissons proprement dits, il est hors de doute aujourd'hui, pour les zoologistes, que les Dipnés doivent prendre place dans la classe des Poissons ; ils forment un ordre distinct et présentent des caractères anatomiques du plus haut intérêt.

Squelette. — Les Dipnés présentent dans leur squelette des caractères d'animaux très anciens et dès lors des caractères d'infériorité.

Chez le Lépidosiren, la corde dorsale persiste sous la forme d'un cordon continu cartilagineux, ne présentant aucune trace de seg-

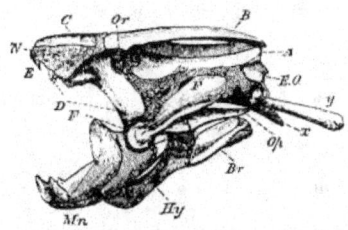

Fig. 180. — Crâne de Lépidosiren.

mentation et supportant, sur son enveloppe fibreuse, des apophyses et des côtes ossifiées. En avant, la corde se continue jusqu'à la base du crâne, qui existe à l'état de crâne primordial cartilagineux, mais se recouvre, en certains points, de plusieurs pièces osseuses. Une des particularités les plus curieuses de ce crâne consiste dans la présence, à la partie supérieure, de deux longues pièces osseuses

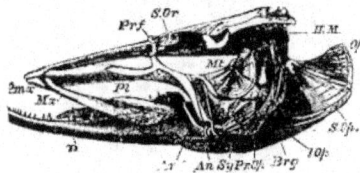

Fig. 181. — Section longitudinale et verticale du crâne du Lépidosiren.

qui ont été comparées à une paire de cornes (fig. 180, 181). Les os de la face sont développés.

La disposition générale est la même chez le Protoptère. On ne voit pas, chez le Cératodus, les pièces crâniennes que nous venons de signaler.

Immédiatement derrière la tête, on trouve les nageoires pectorales composées d'un long rayon cartilagineux un peu aplati, conique, effilé à l'extrémité et composé de segments articulés bout à bout chez le Protoptère, simple chez le Lépidosiren ; le Protoptère a en outre, dans le repli cutané de la nageoire, des rayons nombreux et très fins qui les soutiennent. La

ceinture scapulaire, très simple, consiste en une paire de pièces osseuses qui est suspendue au crâne par une petite tige. Les nageoires ventrales sont très éloignées des nageoires pectorales et aussi simples qu'elles ; elles sont soutenues par un simple cartilage ne se reliant pas au squelette central.

De même que chez certains Poissons dévoniens désignés par Huxley sous le nom de Crossoptérygiens, chez le Ceratodus les membres consistent en une tige centrale sur laquelle viennent s'insérer, sur chaque bord, une série de rayons, et cette nageoire, qui a la forme d'une palette, est garnie d'écailles.

Centres nerveux et organes des sens. — L'encéphale a de nombreux rapports avec celui des Batraciens urodèles et se distingue, par le développement de certaines de ses parties, de ce que l'on voit chez les autres Poissons.

Chez le Lépidosiren et le Protoptère la peau est recouverte de petites écailles imbriquées et de forme circulaire ; nous avons dit que les écailles sont grandes chez le Cératodus ; il existe une ligne latérale bien marquée.

Les narines sont logées dans des capsules formés par les cartilages nasaux, sous le pli labial supérieur, et consistent en un cul-de-sac.

Les yeux sont petits chez le Protoptère et le Lépidosiren, mieux développés chez le Ceratodus. Comme chez les Poissons cartilagineux et chez les Ganoïdes les nerfs optiques ne sont pas simplement croisés, mais réunis dans ce que l'on nomme un *chiasma*.

L'organe de l'audition se trouve dans une capsule cartilagineuse.

Appareil digestif. — Chez le Protoptère et le Lépidosiren, la région antérieure et médiane de la face est formée par une pièce osseuse unique, qui est armée de deux petites dents médianes, antérieures, coniques et pointues. La mâchoire inférieure, de forme non moins étrange que la supérieure, présente une partie fortement ondulée avec des saillies séparées par des enfoncements dans lesquelles pénètrent les dents de la mâchoire supérieure, quand la bouche est fermée ; les saillies forment, les médianes, des dents pointues, les autres des dents en forme de lame tranchante. Au palais se trouvent également des saillies disposées suivant trois rangées et qui servent à la mastication. De ces dispositions il résulte pour l'animal la possibilité de déchirer, de retenir la proie avec les dents pointues du devant, de la couper avec les autres.

Les dents des Cératodus rappellent celles de certains Squales fossiles connus sous le nom de Cestraciontes, ce qui explique l'erreur dans laquelle Agassiz était tombé en plaçant les Cératodus, dont il ne connaissait que les dents, avec ces derniers.

Chez le Cératodus on voit une paire de dents à la voûte palatine et une paire de dents à chaque mâchoire ; ces dents sont bien disposées pour couper et écraser.

L'œsophage est court et se continue sans interruption avec l'estomac auquel, après un léger étranglement, fait suite l'intestin. Celui-ci présente une valvule spirale, comme chez les Ganoïdes et chez les Chondroptérygiens. Chez le Lépidosiren, le cloaque communique avec une vessie urinaire.

Circulation et respiration. — D'après Clauss, « tous les caractères que nous venons d'énumérer rapprochent les Dipnoïques du type Poisson ; mais le mode de respiration par des poumons, ainsi que la conformation du cœur, leur sont communs avec les Amphibiens nus. Toujours les capsules nasales cartilagineuses et généralement fenêtrées présentent des orifices postérieurs qui traversent la voûte palatine dans la région antérieure immédiatement en arrière de l'extrémité du museau. En outre deux sacs (un seul chez le *Ceratodus*), situés en dehors de la cavité abdominale, au-dessus des reins, occupent la place de la vessie natatoire, et débouchent par l'intermédiaire d'un court canal commun dans la paroi antérieure du pharynx. Ces sacs, qui présentent des alvéoles bien développées et des réseaux capillaires, se comportent physiologiquement comme les poumons ; ils reçoivent du sang veineux par une branche de la crosse aortique postérieure et envoient au cœur du sang artériel par des veines pulmonaires. Les conditions de la respiration sont donc entièrement semblables à ce qu'elles sont chez les Amphibies nus à respiration branchiale et pulmonaire. Il faut encore noter la ressemblance dans la conformation du cœur et des principaux troncs vasculaires. Les Dipnoïques possèdent une circulation double et deux oreillettes droite et gauche incomplètement séparées.

« Il existe aussi un cône artériel musculeux renfermant soit des séries de valvules comme chez les Ganoïdes, *Ceratodus*, soit, comme chez les Grenouilles, deux replis longitudinaux disposés en spirale, qui se réunissent à leur extrémité antérieure et qui tendent à diviser la cavité du cône en deux moitiés, dont l'une est en rapport avec les artères branchiales, l'autre avec les vaisseaux pulmonaires. »

Nous ajouterons que chez le Lépidosiren et chez le Protoptère tous les arcs branchiaux ne sont pas munis de lamelles membraneuses. Les orifices qui font communiquer cette chambre avec l'extérieur sont au nombre de quatre chez le Lépidosiren, de cinq chez le Protoptère.

Classification. — Plusieurs zoologistes, Clauss entre autres, partagent les *Dipnoi* en deux sous-ordres, les *Monopneumones* et les *Dipneumones*.

Ces derniers, qui comprennent les genres Protoptère et Lépidosiren, ont les poumons pairs et les branchies peu développées. Chez les premiers, qui ne renferment que le genre Cératodus, l'appareil pulmonaire est composé de deux moitiés symétriques ; il existe des pseudo-branchies ; l'appareil branchial comprend cinq arcs cartilagineux en quatre branchies.

Distribution géographique. — Le groupe des Dipnés ne comprend que trois, peut-être quatre espèces seulement. Le genre Lépidosiren est cantonné dans les parties les plus chaudes de l'Amérique du sud ; le Protoptère est spécial à l'Afrique tropicale ; le genre Cératodus ne se trouve que dans les rivières du Queensland, en Australie.

Distribution géologique. — Les Dipnés paraissent remonter à une très haute antiquité. On a recueilli, en effet, dans le terrain dévonien un Poisson de forme allongée, avec une nageoire continue sur le dos, la queue et le ventre, au corps recouvert de petites écailles, aux mâchoires armées d'une série de faibles dents coniques. Ce poisson, connu sous le nom de *Phaneropleuron*, est sans doute un Dipné ; il en est de même de l'*Uronemus*, du Carbonifère, qui lui est intimement allié.

Les *Dipterus* du Dévonien appartiennent également au même groupe ; ils ont deux nageoires dorsales très reculées ; la caudale est hétérocerque ; les ventrales sont près de l'anale ; il existe des plaques gulaires et deux paires de dents molaires.

LES PROTOPTÈRES — *PROTOPTERUS*

Caractères. — Le genre Protoptère ne comprend qu'une seule espèce, le *Protopterus an-*

nectens. C'est un animal d'environ 0ᵐ,90 de long, au corps anguilliforme, à la queue filiforme à son extrémité. La nageoire dorsale, qui commence à peu près au milieu de la longueur du corps, se continue avec la caudale. Les pectorales, fort écartées des ventrales, consistent en un long rayon composé de segments placés bout à bout et supportant, au bord externe, dans une partie de leur étendue, des rayons très fins. La bouche, plutôt petite que grande, est fendue obliquement. Le corps est couvert de petites écailles (fig. 182).

Le dos est d'un vert olive, avec de nombreuses taches irrégulières brunes ou noires ; le ventre est d'une couleur violacée uniforme ; chez les individus jeunes on voit des anneaux de couleur foncée sur le membre antérieur. L'œil a une coloration d'un brun châtain.

Distribution géographique. — L'espèce que nous faisons connaître se trouve dans la partie la plus chaude de l'Afrique occidentale, dans la Gambie, le Sénégal ; elle vit également dans le centre et le sud-est du même continent, à Quellimane, Boror, Tette et dans la région du Nil Blanc.

Mœurs, habitudes, régime. — « On trouve, dit Heuglin, ce curieux Poisson dans la vase, plus rarement dans les eaux claires et limpides. Pendant la saison sèche, on le rencontre dans des trous creusés soit horizontalement, soit verticalement, trous que l'animal semble se creuser dans les berges élevées. On voit également ce Poisson dans les feuillages humides ; il ne quitte sa demeure que pendant la nuit, moment où il se livre à la chasse ; il se nourrit de grenouilles, de petits reptiles, de crustacés. Pendant la saison des pluies il fraie en chemin dans la vase. Ses mouvements sur le sol ne sont pas adroits ; ils sont plutôt brusques ; on voit qu'il a quelque peine à se glisser sur le sol, ce qui a lieu par le redressement de la partie antérieure du corps et une sorte de reptation au moyen de mouvements de latéralité de la partie caudale, à la manière des Anguilles. Il est rare qu'on trouve ensemble plusieurs individus ; si plusieurs d'entre eux se rencontrent accidentellement, ils se battent ; ces combats doivent être fréquents, ce qui expliquerait pourquoi il est rare de trouver des exemplaires qui n'aient pas la partie postérieure du corps mutilée. Le *Doko* se défend contre l'homme, mord et siffle lorsque l'on veut s'en emparer ou lorsque l'on marche sur lui. Les nègres s'emparent de l'animal au moyen de javelots, car ils recherchent beaucoup sa chair, qui est très délicate ; le *Doko* mord à l'hameçon. »

Une des particularités les plus intéressantes de l'histoire du Protoptère est la faculté qu'il a de s'enterrer pendant la sécheresse et de sécréter alors un cocon dans lequel il s'enferme. A. Duméril, qui a bien observé ce fait curieux, nous donne, à ce sujet, les renseignements suivants :

« Les organes de la locomotion, écrit-il, sont disposés uniquement pour la vie aquatique et non pour la progression, si ce n'est dans l'eau, quand l'animal, se soulevant au-dessus du fond, avance par une sorte de marche quadrupédale à l'aide de ses membres.

« La natation est rapide, grâce à l'énergie des mouvements de la queue, mais elle peut être comparée à celle d'un Triton, plus encore qu'à celle d'un Poisson.

« Une partie de la vie, au reste, se passe dans une immobilité presque absolue, car leur instinct les entraîne à se cacher, vers la fin du temps des pluies avant la saison sèche, en s'enfouissant dans la vase qui se durcit après la disparition de l'eau et sous l'influence des rayons solaires.

« Depuis quelques années, on apporte de la Gambie en Europe des mottes de terre d'une grosseur variable, mais qui ne dépassent pas le volume des deux poings ; elles contiennent toutes un Protoptère. Elles proviennent des rizières, des marais, des étangs ou des rivières qui se dessèchent et dont les eaux sont habitées en abondance par ce Poisson. De semblables mottes ont été vues à différentes reprises, et plusieurs observateurs ont pu étudier, à l'état de vie, les animaux qu'elles contenaient.

« A la ménagerie des Reptiles du Muséum d'histoire naturelle, il m'a été donné d'assister aux manœuvres qu'ils exécutent pour se creuser leur demeure souterraine.

« A une certaine époque, on avait cru que l'ensevelissement se faisait au milieu de feuilles qui constituaient l'étui protecteur. Plus tard on a reconnu l'inexactitude de cette supposition. Leuckart a émis l'opinion que l'épiderme, en se détachant du corps, fournit les matériaux de l'enveloppe. Cependant, comme jusqu'au moment de la réception à la ménagerie du Muséum de blocs provenant de la Gambie, on n'avait été témoin que de l'apparition de l'animal quand il quitte sa demeure

souterraine où jamais on ne l'avait vu pénétrer, on en était réduit à des conjectures sur
la nature et le mode de formation de cette
sorte de cocon.

« Deux Lépidosiren (Protoptères) revenus à
l'état de liberté par suite du ramollissement
lentement obtenu des mottes où ils étaient
logés, donnèrent, après un mois d'existence
active dans un aquarium, la preuve que le
moment était venu pour eux de chercher,
dans la terre molle que l'eau recouvrait, l'a-
bri qui, dans les conditions ordinaires de leur
vie, est indispensable durant la saison sèche :
agitation, sécrétion abondante de mucus, efforts pour fouir, tout annonçait un irrésisti-
ble besoin de trouver un milieu autre que
celui où ils étaient plongés. Je m'efforçais
donc de les placer dans des conditions analogues à celles qu'ils rencontrent lorsque le sol
abandonné par les eaux se dessèche et finit
par se durcir. L'eau de l'aquarium fut peu à
peu enlevée, dès que les animaux eurent
creusé la vase. Trois semaines environ s'é-
taient à peine écoulées et, déjà, la terre durcie
formait une masse fendillée sur plusieurs
points par la dessiccation. Ce sont ces ouvertures qui permettent l'arrivée d'une petite
quantité d'air pour les besoins de la respiration.

« Au bout de soixante-dix jours, j'explorai
le sol et je pus constater que les deux animaux avaient trouvé les conditions favorables
pour traverser sans danger la saison de sécheresse artificiellement produite, car ils
étaient enveloppés dans des cocons et pleins
de vie, comme le prouvaient leurs mouvements provoqués par le plus léger attouchement.

« Le cocon est donc un étui protecteur produit par une sécrétion muqueuse. Un des cocons venus de la Gambie et d'apparence absolument identique à ceux qui ont été faits
dans l'aquarium où il n'y avait que de l'eau
et de la terre, n'offrait aucune trace de tissu
végétal. Mon confrère, le professeur Decaisne,
s'en est assuré par l'examen microscopique,
et la substance répandait, en brûlant, l'odeur
caractéristique des matières animales soumises à la combustion.

« La mucosité abondamment sécrétée, j'en
ai eu la preuve, recouvre d'abord et agglutine
les parties du sol que le Lépidosiren (Protoptère) traverse : ainsi les parois du canal souterrain qu'il s'était creusé et qui resta béant,

étaient-elles, après la dessiccation, lisses et
comme polies ; puis, dans le lieu où il s'arrête,
la sécrétion devenant plus active encore, la
mucosité se dessèche et acquiert la consistance d'une enveloppe membraneuse, remarquable par sa structure (1). »

Les renseignements donnés par divers voyageurs nous permettent de compléter les observations si curieuses que nous venons de
relater.

Lorsque les eaux dans lesquelles vit le Protoptère viennent à assécher, il s'enveloppe d'un
cocon dans lequel il passe le temps de la sécheresse. Depuis quelques années des Protoptères vivants arrivent en Europe ; ils sont toujours renfermés dans ces cocons ; ils y reposent
enroulés, la queue repliée en partie sur la tête ;
l'animal occupe un si petit espace comparativement à sa grandeur, qu'on ne peut nullement juger de sa taille, d'après les dimensions
de la motte dans laquelle il est renfermé. Les
parois de ce cocon sont formées de vase desséchée, mais l'intérieur, ainsi que nous l'avons
dit, est enduit d'une masse muqueuse. On ne
sait pas combien de temps dure le sommeil
hivernal, mais il est certain que l'animal peut
passer plusieurs mois dans son étroite prison,
et cela sans en éprouver aucun dommage.

Quand on place un de ces cocons dans un
bassin rempli d'eau, dont la température répond à peu près à celle des eaux de l'Afrique
centrale, le Protoptère, dont l'enveloppe se
délaye rapidement, se trouve aussitôt rappelé
à la vie ; il se montre d'abord extrêmement
lent, comme endormi, mais au bout d'une
heure, il est complètement réveillé. Au bout
de peu de temps la faim se fait sentir et tout
mouvement à la surface attire son attention,
car il croit reconnaître une proie. Adroit et
gracieux dans ses mouvements, il remue alternativement les nageoires paires et le repli dorsal puis monte vers la surface par des mouvements qui rappellent ceux des Anguilles. Exclusivement carnassier, le Protoptère s'empare
de toute proie vivante qui lui est offerte et accepte même des morceaux de viande ; la proie
saisie, il s'empresse de retourner vers la retraite qu'il s'est choisie.

Pendant plusieurs années, on a conservé en
captivité un Protoptère au Palais de Cristal de
Londres et on a pu l'observer avec attention,
cet animal ayant vécu près de trois ans.

(1) A. Duméril, *Histoire naturelle des Poissons*, t. II.

Fig. 182. — Le Protoptère.

Ce Protoptère était nourri avec des Poissons, des Grenouilles ; on lui donnait aussi des morceaux de viande crue, après avoir attiré son attention en agitant la surface de l'eau. L'animal saisissait les morceaux de viande avec ses dents de devant, aiguës et puissantes, puis il faisait mouvoir rapidement toutes les parties de son museau comme s'il eût voulu sucer la viande ; il happait tout à coup rapidement le morceau, puis le rejetait, le saisissait de nouveau, recommençait ainsi plusieurs fois de suite, et enfin l'avalait. On introduisit le Protoptère dans un bassin habité par des Poissons rouges ; il se mit immédiatement à leur faire la chasse, s'attaquant indifféremment aux individus de toutes tailles, même à ceux plus gros que lui. Il observait avec attention les Poissons qui nageaient au-dessus de lui, rampait avec grâce jusqu'à ce qu'il fût au-dessous du ventre de sa victime, s'élançait brusquement, et, par une violente morsure, lui arrachait un lambeau de chair ; puis il replongeait, tandis que quelques instants après l'infortuné Cyprin blessé à mort surnageait sans mouvement. Il se jetait de la même manière sur des Grenouilles qui se trouvaient dans le même bassin que lui. Une nourriture abondante profita beaucoup au Protoptère ; lorsqu'il arriva à Londres, sa taille était de 0ᵐ,25 ; trois ans après il avait atteint une longueur de près de 1 mètre et un poids de plus de 3 kilogrammes. Malgré les précautions prises, le Protoptère en question ne se terra pas, bien qu'on ait eu soin de lui fournir un lit d'argile et de vase.

Ajoutons qu'Auguste Duméril a remarqué que les Protoptères conservés au Jardin des Plantes de Paris poussaient un cri assez fort au plus léger contact de la surface du cocon.

LES LÉPIDOSIRENS — *LEPIDOSIREN*

Caractères. — Très voisin du genre Protoptère, le genre Lépidosiren s'en distingue en ce que les pectorales et les ventrales, fort écartées l'une de l'autre, sont formées par un rayon simple, non articulé, sans rayons accessoires dans le repli cutané de leur bord externe. Ajoutons que la queue, qui est pointue, n'est pas filiforme à son extrémité. Il existe cinq paires d'arcs branchiaux, dont le troisième et le quatrième seulement partent des branchies; les fentes branchiales externes sont très courtes; on trouve une branchie accessoire antérieure. Tandis qu'on voit des branchies extérieures chez le Protoptère, ces branchies n'existent pas dans le genre Lépidosiren.

La seule espèce du genre connue, le Lépidosiren paradoxal (*Lepidosiren paradoxa*), est un animal d'un mètre de long environ, au corps d'un gris brunâtre foncé ou olivâtre, avec des taches rondes, irrégulières, plus claires, peu apparentes sur la tête et le milieu du dos; la ligne latérale se détache par sa couleur plus foncée (fig. 183).

Fig. 183. — Le Lépidosiren paradoxal.

Distribution géographique. — Le Lépidosiren est des parties les plus chaudes de l'Amérique du Sud; il est connu des indigènes sous le nom de *Caramuru*. C'est un animal des plus rares en collection et nous ne pouvons mieux faire que de transcrire ici ce que dit A. Duméril à son sujet :

« Durant le séjour de dix-sept années que Natterer a fait au Brésil, il n'a trouvé que deux Lépidosirens, l'un dans un canal du voisinage de Barba, sur le Rio-Madeira, et le second dans un marais sur la rive gauche de l'Amazone, au-dessus de Villanova, dans un endroit que l'on nomme Caracaucu.

« Un spécimen rapporté par de Castelnau faisait partie du produit d'une pêche abondante pratiquée dans un lac de la mission de l'Ucayale, communiquant avec le fleuve, comme beaucoup d'autres lacs de cette contrée à la saison des pluies, et dont les eaux avaient été emprisonnées au moyen de *Babasco*.

« Peut-être ce Poisson habite-t-il aussi le lac Feia et celui de Padre Arandas et le Rio de Piloes dans la province de Goyaz, si l'animal gigantesque connu par des récits éminemment

fabuleux sous le nom de *Minhocôn*, et qui, se tenant au fond des eaux, y entraîne, dit-on, les chevaux et les bêtes à cornes, est le *Lepidosiren*.

« Le Lépidosiren est tellement rare, dit Natterer, que tous les habitants de Barba vinrent à lui pour voir cet animal, qui, inconnu de presque tous, n'avait jamais été pêché par ceux de Caracaucu.

« M. Bates, voyageur anglais qui, pendant trois ans, a fait de constantes recherches au Brésil pour y trouver ce Poisson, ne l'y a point rencontré et a informé M. Sclater que beaucoup de pêcheurs du pays, auxquels il a montré un dessin représentant l'animal, ont déclaré qu'on le prend occasionnellement dans la vase du fond des grands lacs lorsque, à l'époque des sécheresses, on cherche à y harponner le *Pirarucu* (*Sudis gigas*). Ils le nomment *Tamhaki-Mloya*. M. Bates dit que le Lépidosiren semble être confiné dans les grands lacs voisins des rivières de Tapajos et Madeira. »

Mœurs, habitudes, régime. — Il est grandement probable que les mœurs du Lépidosiren sont celles du Protoptère. Certains voyageurs relatent qu'il doit se nourrir de végétaux, mais, à en juger par la dentition, il est certain que cet animal est carnassier. Lorsque l'on touche le Lépidosiren, il fait entendre, d'après Natterer, un bruit qui a été comparé au miaulement du chat.

LES CÉRATODUS — *CERATODUS*

Caractères. — Ainsi que nous l'avons dit plus haut, le genre *Ceratodus* a été établi par Agassiz pour des dents que l'on trouve assez abondamment dans les terrains triasiques, qui sont situés à la base des formations secondaires.

C'est le 28 avril 1870, que Gérard Krefft a fait connaître à la Société zoologique de Londres un singulier animal trouvé en Australie et qui, par sa dentition, se rapprochait tellement du Poisson dont Agassiz ne connaissait que les dents, qu'il a dû assimiler génériquement l'espèce vivante aux animaux depuis si longtemps disparus.

D'après A. Günther, le genre *Ceratodus* se caractérise par le corps allongé, comprimé, les nageoires paires en palettes, avec le bord large, recouvert d'écailles ; les dents vomériennes sont en forme d'incisives ; les dents molaires ont leur surface ondulée et ressem-

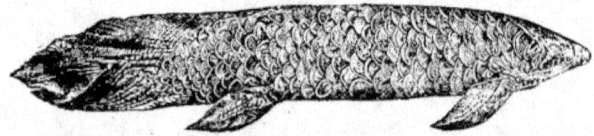

Fig. 184. — Le Cératodus de Forster (d'après Günther).

blent à des meules ; il n'existe pas d'appendices branchiaux externes ; les ovaires sont transversalement lamellés.

L'espèce découverte par Krefft a été désignée par ce naturaliste sous le nom de *Ceratodus Forsteri* ; depuis, Günther a décrit une seconde espèce sous le nom de *Ceratodus miolepis*, espèce qui n'est, peut-être, qu'une variété de la précédente.

Quoi qu'il en soit, le Cératodus de Forster, le mieux connu, est un Poisson qui peut arriver à six pieds de long, dont le corps allongé, tout d'une venue, est recouvert de larges et grandes écailles. La tête est déprimée, relativement petite, mais large proportionnellement ; le museau est court et avance sur la mâchoire inférieure ; l'œil est petit ; derrière lui se voient quelques grandes écailles ; le dessus de la tête et l'espace situé en avant des yeux sont couverts par une peau épaisse percée d'assez nombreux pores. La fente qui conduit dans la chambre branchiale est largement fendue. La partie postérieure du corps s'appointit peu, de telle sorte qu'il n'existe pas de pédicule caudal proprement dit, la queue se continuant avec le tronc.

Très en arrière du milieu de la longueur du corps se trouve un repli peu élevé qui constitue la dorsale, nageoire qui vient se continuer avec la caudale, qui elle-même se réunit à l'anale. Les deux nageoires paires sont fort écartées l'une de l'autre. Ces nageoires sont en forme de palettes. De même que chez certains Ganoïdes anciens, le squelette consiste en une tige centrale sur laquelle viennent s'appuyer, en haut et en bas, de nombreux rayons ; des écailles recouvrent toute la surface des nageoires (fig. 184).

Mœurs et distribution géographique. — Les Cératodus ne sont connus que du Queensland en Australie, principalement des rivières Burnett, Dawson et Mary. D'après Günther « les colons nomment ce Poisson Tête-Plate (*Flat heard*) ; *Saumon Burnett* ou *Saumon Dawson* ;

les indigènes le désignent sous le nom de *Barramunda*. Dans l'estomac de cet animal on trouve généralement, et en grande quantité, des débris de plantes poussant sur les bords des cours d'eau, évidemment avalées après qu'elles sont tombées dans les rivières et entrées en décomposition. La chair de cette espèce a le goût et l'aspect du Saumon et fournit une nourriture très estimée.

« On dit que le *Barramunda* peut aller à terre ou, du moins, dans les marécages ; il est bien possible que cette assertion soit exacte, car le Cératodus est pourvu d'un poumon. Néanmoins, il est plus probable qu'il s'élève de l'eau çà et là dans le but de respirer de l'air en nature, puisqu'il plonge jusqu'à ce que le besoin de prendre de l'air en nature se fasse de nouveau sentir. On dit aussi qu'il peut faire entendre un bruit qui ressemble à un grognement qui, la nuit, s'entend à une certaine distance ; ce bruit est probablement produit par le passage de l'air à travers l'œsophage lorsqu'il est expulsé pour être renouvelé. De ce que le *Barramunda* a des branchies bien développées outre le poumon, nous pourrons fortement prévoir que si l'eau a une composition normale et qu'elle soit suffisamment pure pour contenir la quantité voulue d'oxygène, ces branchies sont largement suffisantes pour l'acte de la respiration ; mais lorsque le Poisson est forcé de séjourner dans de l'eau trouble et boueuse, chargée de gaz, produits de décomposition des matières organiques (et cela doit arriver fréquemment pendant les sécheresses qui chaque année assèchent les cours d'eau de l'Australie tropicale), lorsque cela arrive, l'animal se sert de son poumon et prend l'air de la manière indiquée plus haut. Si le milieu dans lequel se trouve le Cératodus est absolument irrespirable, les branchies cessent totalement de fonctionner ; s'il y a encore de l'air dans ce milieu, la respiration branchiale se fait concurremment avec la respiration pulmonaire ; en un mot le *Barramunda* peut se servir à la fois de ces branchies et de son poumon ou des deux successivement. Il est peu probable toutefois que ce Poisson vive normalement hors de l'eau, ses membres étant beaucoup trop faibles pour soutenir le poids du corps et pour servir à la progression sur le sol ; néanmoins, il est possible que cet animal puisse accidentellement quitter l'eau, bien que nous ne puissions pas supposer qu'il puisse se passer de l'eau et vivre à sec, au moins pendant un certain temps.

« Sur la reproduction et le développement du Cératodus nous ne savons rien, si ce n'est qu'il pond un grand nombre d'œufs de la grosseur de ceux d'un petit lézard et que ces œufs sont enveloppés d'une matière gélatineuse. Nous devons penser que les jeunes ont des branchies externes, comme le Protoptère et le Polyptère. »

Hill rapporte que le Cératodus de Forster se trouve dans la plupart des rivières du nord, principalement à Wide-Bay ; la limite septentrionale autant qu'on le sait, est le Burdekin ; la limite méridionale, la rivière Mary. L'espèce ne va que jusqu'à l'eau saumâtre ; à la nuit il quitte le courant, et se retire entre les roseaux ; pendant les nuits calmes, on l'entend parfois le long des rives de la rivière Mary pousser des grognements sourds. Les aborigènes le pêchent en abondance.

LES GANOIDES — *GANOIDEI*

Die Schmelzschupper.

Historique. — On connaît de toute antiquité un Poisson qui, par son aspect général, ressemble un peu à un Requin, c'est l'Esturgeon, l'*Ichthyocolla* et l'*Acipenser* des auteurs romains, l'*Estourgeon* des naturalistes de la Renaissance.

Cuvier, sachant que l'Esturgeon a le squelette non ossifié, le plaçait non loin des Squales et formait pour lui un ordre sous le nom de : les Sturioniens ou les Chondroptérygiens à branchies fixes.

Au commencement de ce siècle, Étienne Geoffroy Saint-Hilaire décrivait sous le nom de *Polyptère* un curieux animal du Nil connu des Arabes sous la dénomination de *Bichir*. Geoffroy plaça ce Poisson près des Brochets ; C. Duméril, en 1806, réunissait le Polyptère et un Poisson de l'Amérique du nord, le Lépidostée, aux Brochets, aux Sphyrènes et à quelques autres animaux à la tête allongée.

En 1833, Louis Agassiz, étudiant les Poissons fossiles, s'aperçut rapidement que les caractères à l'aide desquels on classe les Poissons actuels ne pouvaient lui être d'aucun secours pour la détermination ; les organes mous ont, en effet, toujours disparu et le paléontologiste n'a, le plus souvent, à sa disposition que des débris isolés, que des parties fragmentées, des écailles ou des dents détachées, rarement un animal entier, et encore dans ce dernier cas, de beaucoup le plus favorable, nous n'avons pas la dentition de la voûte palatine qui donne de si bons caractères et il nous manque encore beaucoup de renseignements.

Frappé de ce fait, Agassiz chercha s'il ne trouverait pas dans les caractères purement extérieurs les bases d'une classification et c'est ainsi qu'il fut amené à diviser les Poissons en quatre grands groupes d'après la nature des écailles.

Les Raies, les Requins n'ont pas d'écailles proprement dites ; leur peau est couverte d'une sorte de chagrin formé de scutelles placées côte à côte dans l'épaisseur de la peau ; parfois ces scutelles prenant un plus grand développement constituent des boucles ; ces Poissons sont les *Placoïdes* d'Agassiz (fig. 188).

Chez les Poissons osseux ordinaires le corps est recouvert d'écailles dont le bord est tantôt pectiné, tantôt entier ; cette première disposition se trouve chez la plupart des Acanthoptérygiens, c'est-à-dire des Poissons munis d'une dorsale à rayons durs et d'une dorsale à rayons mous (fig. 186) ; la seconde est, on peut dire, spéciale aux Malacoptérygiens, qui n'ont qu'une dorsale molle (fig. 185). Les Acanthoptérygiens correspondent donc à peu près aux *Cténoïdes* d'Agassiz, les Malacoptérygiens aux *Cycloïdes* du même auteur.

Les Poissons antérieurs à la formation crétacée ont les écailles comme osseuses, revêtues d'une couche de matière brillante ; l'aspect de ces écailles est tout à fait différent de celui des Poissons ordinaires ; tous ces Poissons ont été désignés par Agassiz sous le nom de *Ganoïdes* (fig. 187).

Cette classification, fondée sur un seul caractère, est sans doute artificielle et a dû forcément subir plusieurs modifications par suite des progrès de la science ; mais Agassiz n'en a pas moins eu le grand mérite de séparer le Polyptère et le Lépidostée de la famille des Clupes et d'en faire les représentants actuels, presque seuls survivants, de tout une sous-classe qui a régné dans les mers anciennes, et d'avoir réuni en un seul grand groupe, sous le nom de Ganoïdes, des Poissons épars dans les familles les plus diverses. On peut dire avec Pictet que la création de l'ordre des Ganoïdes « a été le trait de génie qui domine l'ensemble

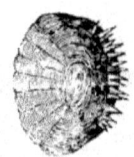

Fig. 185. — Écaille cycloïde.   Fig. 186. — Écaille ctènoïde.   Fig. 187. — Écaille ganoïde.   Fig. 188. — Écaille placoïde.

« du bel ouvrage sur les Poissons fossiles ».

L'ordre des Ganoïdes, tel qu'il avait été établi par Agassiz, comprenait les Siluroïdes, les Lophobranches, les Sclérodermes, qu'on a, et avec raison, rapprochés des Téléostéens. Ce fut Johannès Muller, en 1845, qui, par de nombreuses observations anatomiques, limita le groupe des Ganoïdes tel que nous l'admettons aujourd'hui.

Caractères généraux. — Dans l'état actuel de nos connaissances, il est difficile de donner une définition exacte des Ganoïdes pris dans leur ensemble, car il n'existe pas un seul caractère différentiel qui leur soit commun et, d'autre part, nous ignorons absolument quelle était l'organisation des Ganoïdes fossiles.

Malgré leur apparence extérieure et leur ressemblance générale avec les Téléostéens, il est évident que les Ganoïdes ne peuvent être comparés à ces derniers ; leur anatomie s'y oppose ; ils ont par contre de grands rapports avec les Dipnés que nous venons d'étudier et avec les Chondroptérygiens.

Chez les Ganoïdes, le cœur a un cône artériel contractile pourvu de plusieurs rangées de valvules ; l'intestin est garni d'une valvule spirale, valvule qui est toutefois rudimentaire chez l'Amia et chez le Lépidostée ; les nerfs optiques ne croisent pas en passant l'un au-dessus de l'autre, mais forment un chiasma avec échange partiel de leurs fibres. Ces caractères leur sont communs avec les Chondroptérygiens et avec les Dipnés. Mais les branchies sont, comme chez les Téléostéens, libres dans la chambre branchiale qui est fermée par un battant operculaire, de telle sorte qu'il n'existe, de chaque côté, qu'une seule fente branchiale. La vessie natatoire est pourvue d'un canal aérien et l'on ne trouve jamais de poumons.

La peau peut être nue, comme chez le Spatule ou Polyodon, couverte de grands écussons osseux disposés suivant des rangées lon-gitudinales espacées, ainsi qu'on le voit chez les Esturgeons, ou bien, ce qui est le cas le plus général, être revêtue d'écailles.

Les écailles, chez le Polyptère, le Lépidostée, la plupart des Ganoïdes anciens, ont une forme rhomboïdale caractéristique et s'unissent les unes aux autres par de petits appendices articulaires ; elles sont formées par un tissu osseux et recouvertes d'une couche brillante d'émail. Certains Ganoïdes cependant, tels que l'Amia, ont des écailles arrondies dont l'aspect est tout à fait celui des écailles des Poissons malacoptérygiens actuels.

Un caractère spécial à beaucoup de Ganoïdes, c'est la présence de *fulcres*, petites écailles osseuses en forme de chevrons, situées sur le bord supérieur et le rayon antérieur des nageoires, et principalement sur la caudale. Ces fulcres sont tout à fait caractéristiques ; aussi Müller accordait-il à leur présence une grande valeur : « Tout Poisson, écrit-il, qui possède des fulcres sur le bord antérieur d'une ou de plusieurs nageoires est un Ganoïde. » Nous connaissons d'assez nombreux Ganoïdes qui n'ont pas ces écailles particulières ; tels sont les Amia.

Le squelette peut être osseux (Lépidostée, Polyptère, Amia), ou cartilagineux (Esturgeons, Polyodon) ; chez beaucoup de types anciens, tandis qu'une partie du squelette est bien ossifiée, une autre partie, telle que la colonne vertébrale, est cartilagineuse, la corde dorsale persistant, de telle sorte qu'elle a toujours disparu par la fossilisation.

Chez les Poissons les vertèbres sont biconcaves ; on trouve cependant une exception chez les Lépidostées qui ont, comme certains Amphibiens, les vertèbres convexes en avant, concaves en arrière.

Chez les Ganoïdes osseux, le crâne primordial est plus ou moins complètement refoulé par le crâne osseux. Les autres Ganoïdes ont le crâne cartilagineux avec intercalation de parties osseuses, de telle sorte qu'il est fort difficile de dire ce qui appartient au squelette primitif, ce qui fait partie du crâne proprement dit ou ce qui doit être rapporté au squelette dermique ; la figure 189 montre bien le crâne

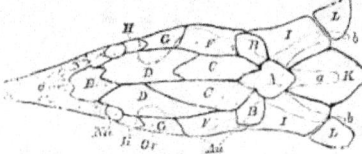

Fig. 189. — Crâne cartilagineux d'un Esturgeon avec os crâniens (*).

cartilagineux de l'Esturgeon ; la figure 190 les os crâniens, dont une grande partie sont surajoutés au crâne fondamental.

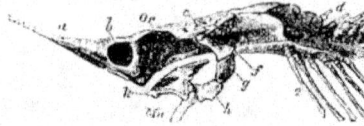

Fig. 190. — Crâne cartilagineux de l'Esturgeon, vu latéralement (**).

De même que les Poissons osseux, les Lépidostées ont des rayons branchiostèges, c'est-à-dire de ces rayons qui soutiennent la membrane des branchies ; chez l'Amia, ces rayons sont en rapport avec une grande plaque osseuse qui couvre une partie de la gorge ; les rayons branchiostèges font défaut chez les Esturgeons et les Spatulaires ou Polyodons ; chez le Polyptère, par une exception unique chez les Poissons actuels, dans la membrane branchiostège se trouvent de grandes pièces osseuses émaillées, semblables aux os du

(*) Le premier est ombré et supposé être vu à travers les derniers qui sont découverts à gauche ; a, crête formée par l'apophyse épineuse de la vertèbre antérieure ; b,b, apophyse latérale en forme d'aile ; c, bec ; Au, position de l'organe auditif ; Na, position des sacs nasaux ; Or, des orbites. Os membraneux de l'aire supérieure superficielle ; A, analogue du sus-occipital ; BB, des épiotiques ; E, de l'ethmoïde ; G,G, des postfrontaux ; H, des os préfrontaux ; CC, pariétaux ; DD, frontaux ; FF, squamosals ; K, écaille (seule) antérieure dermale ; H et LL, ossifications dermales reliant l'arc pectoral au crâne (d'après Huxley).

(**) a, bec ; b, chambre nasale ; Or, orbite ; c, région auditive ; d, vertèbres antérieures réunies ; e, côtes ; fgh, suspensorium ; k, appareil palato-maxillaire ; Mn, mandibule (d'après Huxley).

crâne, pièces qui s'opposent à la mobilité du battant operculaire.

Classification. — J. Müller, d'après l'état du squelette, divise en Ganoïdes ces deux grands groupes, les *Ganoïdes osseux* ou *Holostés* et les *Ganoïdes cartilagineux* ou *Chondrostés*. C'est également la classification que suit Auguste Duméril qui admet, pour les Ganoïdes actuels, les seuls dont il s'occupe, les familles des Sturioniens (Esturgeons, Scaphirhynque), des Polyodontidés (Polyodon ou Spatulaire), des Lépidostéidées (Lépidostée), des Polyptéridées (Polyptère, Calamoïchthys), des Amiadées (Amia).

Les considérations tirées de l'état du squelette ne peuvent donner qu'une classification artificielle : aussi dans les pages qui vont suivre adopterons-nous le groupement en sept sous-ordres tel qu'il a été établi par les recherches les plus récentes.

Ganoïdes fossiles. — Quelques-uns de ces sous-ordres ne renferment qu'un petit nombre de types, parfaitement caractérisés du reste : nous les ferons ici connaître.

Dans l'introduction, nous avons déjà dit que les Poissons les plus anciens et tout à la fois les plus curieux appartiennent au groupe des *Placodermes* ; ils constituent un type absolument étrange et dont rien, dans la nature actuelle, ne peut nous donner la moindre idée. Nous avons vu que ces animaux ont la tête et le tronc recouverts de larges plaques osseuses à surface émaillée et ornée de saillies de formes diverses. La corde dorsale était persistante.

Les types les plus curieux, qui rentrent dans ce groupe des Placodermes, sont ceux des Pterichthys, des Coccosteus, des Céphalaspis.

Ainsi qu'on peut en juger par l'examen de la figure 141, p. 60, le Pterichthys est bien le Poisson le plus étrange qu'on puisse imaginer, et il ressemble certainement beaucoup plus à certains Crustacés qu'à un Poisson ; aussi n'est-il pas surprenant, ainsi que nous l'avons dit plus haut, que cet étrange animal ait été placé dans les groupes les plus divers.

Les Pterichthys sont des Poissons de type tout à fait ancien ; ils ne se trouvent que dans les formations dévoniennes.

Dans le même groupe que le Pterichthys se trouve un être non moins étrange, le Coccosteus (fig. 142, p. 61). Celui-ci est dans un état d'infériorité moins marqué, car il présente des rudiments de vertèbres ; chez lui, les arcs destinés à protéger la moelle épinière sont déjà ébauchés, tandis que les corps des vertèbres ne le sont pas encore.

Toute la partie antérieure du corps du *Coccosteus* est cuirassée ; elle est couverte de plaques dures, osseuses et brillantes, fermement unies entre elles ; le ventre est protégé par une courte cuirasse. Toute la partie postérieure du corps est nue et ne devait être recouverte par aucune plaque ni aucune écaille, car on voit toujours, et sur tous les exemplaires connus, le squelette complètement à découvert. La nageoire dorsale est courte, reculée, opposée à l'anale, qui a même forme ; il n'y a pas de nageoire caudale proprement dite, le corps se terminant en pointe et s'amincissant graduellement. D'après certains paléontologistes il n'y a pas d'épine pectorale, tandis que d'autres ont reconnu récemment qu'il existait, au contraire, de puissantes nageoires pectorales.

Cet étrange animal se trouve dans les mêmes couches que le Pterichthys ; comme il est plus grand, plus robuste, et armé de dents aiguës, on suppose qu'il en faisait sa proie ; il est également probable que le Coccosteus pouvait cacher dans la vase la partie postérieure de son corps sans défense, et qu'il se servait de sa tête, comme d'une massue, pour tuer ou étourdir les imprudents qui passaient autour de lui.

Ce type, si curieux à tous les points de vue, se trouve non seulement en Europe, mais encore aux États-Unis. Des formations dévoniennes de ce pays a été décrit, en effet, un genre *Dinichthys* qui arrivait à la taille gigantesque de 15 à 18 pieds.

Les *Céphalaspis* sont encore plus anciens que les types que nous venons de faire connaître ; ils se trouvent dans les parties supérieures du Silurien et n'ont pas dépassé le Dévonien.

Nous avons dit plus haut que les débris de ces animaux avaient été considérés comme des coquilles internes de mollusques, analogues à l'os de la seiche ; il a fallu l'examen microscopique de ces débris pour montrer qu'ils appartenaient réellement à des Poissons. Les Céphalaspis et les genres voisins sont, en effet, dans un état d'infériorité des plus marqués et ils manquent tout à fait du caractère vertébré, puisqu'ils n'ont pas de vertèbres et ne présentent aucun vestige de pièces internes ; si ces pièces existaient, elles devaient être cartilagi-

neuses ou membraneuses et elles ont, dès lors, totalement disparu par la fossilisation ; on voit seulement, sur le corps, quelques pièces qui forment un lambeau de cuirasse. La tête porte un bouclier où on ne peut reconnaître les divisions des os du crâne ; la forme de ce bouclier rappelle celle du corps de certains crustacés étranges connus sous le nom de Trilobites.

Le corps des Céphalaspis est allongé ; il se termine par une queue très hétérocerque, recouverte d'écailles ; il a une faible dorsale et des pectorales peu développées.

Les *Astrolepis*, qui appartiennent au même groupe que les Cephalaspis, arrivent à une taille tout à fait gigantesque ; ils ne devaient pas avoir moins de 20 et même 30 pieds de long ; leur bouche était formée de deux rangées de dents.

Le sous-ordre des *Acanthodiniens* est également des formations géologiques anciennes, Dévonien et Carbonifère. Il comprend des Poissons au corps oblong, allongé ; les écailles sont extrêmement petites et forment une sorte de chagrin, rappelant assez ce que l'on voit chez les Squales actuels. Le crâne est cartilagineux. La caudale est asymétrique ; en avant des nageoires sont des piquants qui sont simplement suspendus dans les muscles et n'ont aucune connexion avec le squelette. Les genres *Acanthodes*, *Chiracanthe*, *Diplacanthe* font partie de ce groupe.

Lorsque, dans l'introduction, nous avons donné des considérations générales sur l'ordre d'apparition des divers groupes des Poissons fossiles, nous avons assez longuement parlé des Pycnodontes pour que nous n'ayons que peu de chose à en dire ici.

Ce sous-ordre des Pycnodontides comprend des Poissons au corps gros et court, fortement comprimé comme celui de beaucoup de Squammipennes actuels, couvert d'écailles émaillées, larges, rhomboïdales. Ces écailles sont soutenues par des côtes dermiques particulières constituées par deux rangées d'écussons placés sur le bord ventral et dorsal, qui, par leur ensemble, forment une sorte de grillage des plus étranges (fig. 148, p. 66). Il existe des côtes proprement dites dépendant du squelette et bien ossifiées ; la corde dorsale est persistante, les arcs de la vertèbre seuls étant ossifiés ; on voit des rayons branchiostèges, mais pas de plaque gulaire. Lorsqu'elles existent, les nageoires ventrales sont petites ; la dorsale et l'anale sont reculées et assez longues.

Parmi les membres les plus anciens de ce sous-ordre nous pourrons citer les *Pleurolepis*, qui sont du Lias, c'est-à-dire des parties inférieures de la formation jurassique. Ils ont le corps ovalaire, la queue homocerque ou équilobe, des fulcres aux nageoires, des dents cylyndriques, à pointes émoussées.

Les mieux connus de ces Poissons sont les Pycnodontidées dont on recueille fréquemment des débris, surtout des dents, dans les formations jurassiques et dans certaines parties des formations crétacées.

Ces Pycnodontidées ont, en général, le corps très élevé et fort comprimé. La nageoire caudale, qui est tout à fait symétrique, est dépourvue de fulcres ; les nageoires paires ne sont pas lobées ; il existe des ventrales. Les arcs supérieurs des vertèbres et les côtes sont bien ossifiées ; la partie articulaire des côtes s'élargit à ce point chez certains Pycnodontes moins anciens que les autres à ce point qu'elle peut recouvrir la corde dorsale et simuler un corps de vertèbre. Le palais et les bords de la mâchoire inférieure portent des dents obtuses, arrondies, fort bien disposées pour broyer ; le maxillaire est dépourvu de dents ; l'intermaxillaire et la partie antérieure de la mâchoire inférieure sont armées de dents en forme d'incisives humaines, admirablement aptes à couper et à arracher. On trouve fréquemment de ces dents isolées dans les formations secondaires, principalement dans la partie supérieure des terrains jurassiques ; certaines de ces dents sont arrondies, parfois ornées de plis en creux sur leur surface broyante et ressemblent à de petits boutons ; d'autres dents sont allongées et ont assez bien la forme d'une fève ou d'un haricot qui aurait été coupé suivant son grand axe ; la forme de ces dents dépend de la place qu'elles occupaient dans la bouche.

A en juger par la forme de leur corps et leur dentition, les Pycnodontes devaient avoir sensiblement mêmes mœurs et mêmes habitudes que les Pagres, les Pagelles, les Daurades de nos mers. C'étaient des animaux lourds, mais qui pouvaient cependant nager assez rapidement, grâce à la forme élevée et comprimée de leur corps ; leurs nageoires sont peu développées, ce qui indique que ce n'étaient pas des animaux faisant de grands voyages. Ils devaient se tenir dans les bas-fonds et se nourrir de polypiers que leurs dents antérieures sont aptes à couper ; leur régime alimentaire devait certainement beaucoup rappeler celui de nos Daurades. Duhamel nous apprend, en effet, que la Daurade vulgaire soulève le sable par de fréquents et rapides mouvements de sa queue, dans le but d'y trouver des mollusques ; le Poisson s'empare adroitement du mollusque à l'aide de ses lèvres, et le porte dans la gueule ; la coquille est broyée entre les dents qui font l'office de meule, les débris les plus gros en sont rejetés et l'animal avalé.

Distribution géographique. — S'ils ont régné en maîtres aux époques anciennes, les Ganoïdes, sont actuellement en déchéance fort marquée et ne comprennent qu'un très petit nombre de genres et d'espèces. La dispersion de ces types indique bien que ces animaux ne sont que des restes épars d'une faune qui a peu à peu disparu et qui n'est plus représentée aujourd'hui que par quelques rares survivants.

En tant qu'animaux marins ou tout au moins passant une partie de leur existence dans la mer, les Esturgeons sont ceux qui ont la plus large distribution ; ils habitent dans l'hémisphère nord la zone tempérée et surtout ses parties froides ; dans les portions les plus chaudes de cette zone ils sont loin d'être aussi communs ; ils fréquentent les côtes nord de l'Europe, de l'Asie et de l'Amérique.

Un genre apparenté, le genre Scaphyrrhynque, est à la fois des eaux douces des États-Unis et de l'Asie centrale.

Les Polyodon sont également américains et asiatiques ; ils se trouvent dans une partie de la Chine et dans les fleuves de la région sud-est des États-Unis.

Les Lépidostées et les Amiadées sont exclusivement des eaux douces de l'Amérique du nord ; le Polyptère et le genre voisin Calamoichthys sont cantonnés dans les parties les plus chaudes du continent africain.

LES LÉPIDOSTÉOIDÉES — *LEPIDOSTEOIDEI*

Caractères généraux. — Les Lépidostéoïdées, appelés aussi *Euganoïdes*, peuvent être regardés comme le type des Ganoïdes; ils possèdent, en effet, au plus haut degré les caractères de la sous-classe.

Chez eux le corps est recouvert d'écailles franchement ganoïdes, c'est-à-dire osseuses, brillantes, de forme rhomboïdale; presque toujours on trouve des fulcres sur le bord antérieur des nageoires; les nageoires paires ne

Fig. 191. — Palæoniscus de Freisleben.

sont pas lobées; l'appareil operculaire est bien développé; les rayons branchiostèges sont toujours nombreux et il n'existe pas de plaque gulaire; ce sont des Poissons abdominaux, en

dant leur organisation interne qui, par plus d'un trait, rappelle celle des deux grands groupes mentionnés ci-dessus.

Distribution géologique. — Ce sous-ordre,

Fig. 192. — Écailles de Palæoniscus carbonifère.

Fig. 193. — Écailles de Palæoniscus permien.

ce sens que les ventrales sont toujours insérées en arrière des pectorales, entre ces nageoires et l'anale. En un mot, les Lépidostéoïdées forment un groupe nettement distinct des Plagiostomes et des Dipnés, et par leur forme extérieure se rapprochent des Poissons normaux ou Téléostéens, dont les éloigne cependant

qui n'est plus représenté aujourd'hui que par trois espèces, a été autrefois des plus florissants, depuis les formations anciennes jusque vers le commencement de l'époque crétacée; à cette époque il présente déjà une déchéance des plus marquées et c'est à peine si on en connaît des représentants à l'époque tertiaire,

Fig. 191. — Un paysage de l'époque houillère.

encore ceux-ci font-ils partie du genre actuel.

L'ordre des Lépidostéoïdes peut être partagé en un certain nombre de familles dont nous allons faire connaître les principaux représentants; nous devons dire au préalable que tous ces genres sont éteints, à part les Lépidostées.

Dans les formations anciennes, terrain carbonifère et terrain permien, on trouve fréquemment des Poissons au corps ovalaire et trapu, aux formes lourdes, à la queue très inéquilobe, la partie supérieure en étant largement garnie d'écailles, aux écailles franchement ganoïdes, aux nageoires munies de fulcres, à la dorsale très reculée, à la tête relativement petite et couverte de larges plaques émaillées, aux rayons branchiostèges nombreux. Ces Poissons sont des Palæoniscus (fig. 191) et des Amblypterus qui, d'après certaines considérations dont nous ne pouvons parler ici, ont été divisés en un certain nombre de genres distincts; ils appartiennent à la famille des *Palæoniscidees*. Nous noterons qu'en général les écailles des Palæoniscus carbonifères sont lisses (fig. 192), tandis que les espèces du permien ont plutôt les écailles striées ou rugueuses (fig. 193).

Les Palæoniscus et les genres voisins vivaient dans l'eau douce, ou tout au moins dans l'eau saumâtre. A l'époque houillère, les marécages dans lesquels se trouvaient les Palæoniscus étaient nombreux. « Sans cesse inondées par des torrents de pluie, coupées de vastes fondrières, couvertes de lacs et d'étangs fort étendus, les terres fermes étaient envahies par les végétations les plus luxuriantes, que favorisaient, sous un ciel toujours nébuleux, la chaleur, l'humidité et sans doute aussi la richesse de l'atmosphère en acide carbonique. Dans les dépressions et les marécages, les Stigmaires s'enchevêtraient en un bois inextricable, et formaient une tourbe épaisse, au-dessus de laquelle s'élevaient les tiges énormes des Sigillaires, des Cordaïtes et des Lépidodendrons. Des Prêles, grands comme des arbres, et des Fougères arboracées se mêlaient à cette végétation singulière. Dans les lieux plus secs, d'autres Fougères, aux tiges élancées, des Cycadées semblables à des Palmiers et des arbres résineux complétaient le tableau. Les mêmes formes se répétaient sans cesse. Les plantes à fleurs odorantes n'existaient point encore. Rien ne venait rompre la monotonie de cette végétation surabondante, où les individus se

Fig. 195. — Restauration d'un Poisson ganoïde rhombifère.

pressaient dans un inextricable désordre au milieu des tiges renversées et des arbres morts. Des Poissons, aux écailles brillantes, pullulaient dans les eaux; des Insectes s'agitaient dans les airs, et de hideux Reptiles, aux parures bizarres, laissaient leurs empreintes sur la fange des marais. Mais cette nature n'était plus muette, comme aux époques précédentes; déjà se mêlaient au murmure des forêts agitées par les vents, le bourdonnement des Insectes, les stridulations des Sauterelles et sans doute aussi les mugissements des énormes Batraciens et des Labyrinthodontes qui peuplaient les marécages (fig. 194) (1). »

Les genres appartenant à la famille des Sauroïdées sont nombreux et ces Poissons abondent dans les mers du lias et du jurassique proprement dit.

Parmi ces genres, nous pouvons citer les *Lophiostomus;* chez eux la tête est déprimée, le corps étant court et épais; la bouche est large, grande, ouverte en dessous, et rappelle ce que l'on voit chez les Baudroies. Mentionnons encore les *Macrosemius*, dont la nageoire s'étend sur toute la longueur du dos, les *Pholidophores*, poissons de faible taille, ayant, quant à l'aspect extérieur, quelque analogie avec nos petites Clupes actuelles; les *Pachycormus*, à la

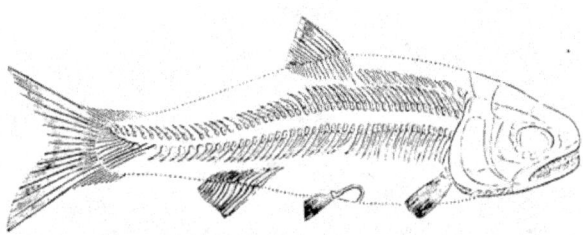

Fig. 196. — Squelette restauré de Caturus.

dentition puissante; les *Pleuropholis*, petites espèces, au corps recouvert de larges écailles formant une série de plaques sur le tronc.

Les *Eurysomus*, les *Mesolepis*, les *Platysomus*, des formations du carbonifère et du permien, sont des animaux au corps haut, comprimé, recouvert de grandes écailles brillantes disposées suivant des lignes à peine obliques; la notocorde est persistante, la caudale est hétérocerque; les dents sont obtuses. Ces Poissons devaient être lourds, mauvais nageurs et

broyer leurs aliments comme les Sparoïdes de l'époque actuelle(fig. 195).

On trouve dans les formations liasiques des Poissons, connus sous le nom de *Tetragonolepis*, qui devaient avoir les mêmes allures que ceux dont nous venons de parler. Chez eux toutefois, la terminaison de la colonne vertébrale est homocerque. Les dents sont disposées suivant plusieurs rangées et en forme de lancettes, ce qui indique les habitudes essentiellement carnassières.

Plus carnassiers encore étaient les *Caturus* qui existaient pendant l'époque jurassique. La forme bien proportionnée de leur corps, leur

(1) Ch. Contejean, *Éléments de géologie et de paléontologie*, p. 508.

caudale puissante indiquent que c'étaient d'excellents nageurs, comme tous les Poissons qui
vivent de proie vivante, du reste ; les dents sont
pointues (fig. 196).

On trouve assez fréquemment dans les terrains jurassiques et dans la partie inférieure
de la formation crétacée des écailles brillantes,
de forme rhomboïdale ; ces écailles proviennent
le plus généralement de *Lepidotus*, genre qui
appartient à la famille des *Sphærodontidées*.
Ces animaux ont le corps oblong, les formes
lourdes, les nageoires peu puissantes ; les vertèbres sont ossifiées, les mâchoires sont ar-

mées de dents obtuses et la voûte palatine
porte des dents globulaires.

Il existe enfin, dans les formations jurassiques et à la base des formations de la Craie,
des Poissons au corps allongé, fusiforme, recouvert d'écailles ganoïdes, formant une large
bande le long des flancs ; ces Poissons, qui font
partie de la famille des *Aspidorhynchidées*,
ont, les uns, les deux mâchoires très développées et d'égale longueur (*Belonostomus*), les
autres les mâchoires d'inégale longueur (*Aspi-
dorhynchus*).

LES LÉPIDOSTÉIDÉES — *LEPIDOSTEIDÆ*

Caractères. — Les Lépidostéidées, qui sont
des Ganoïdes holostés ou à squelette osseux,
comprennent des Poissons au corps allongé,
subcylindrique, ressemblant à celui du Brochet, recouvert d'écailles osseuses, à surface
émaillée, disposées en séries régulières ; la dorsale, très reculée, est opposée à l'anale et composée, ainsi que celle-ci, seulement de rayons
articulés ; la queue est hétérocerque ou asymétrique ; toutes les nageoires sont garnies de
fulcres, ces petites écailles de forme particulière que nous avons dit être spéciales aux
Ganoïdes. Les rayons branchiostèges ne sont
pas accompagnés de plaques osseuses.

Classification. — On n'admet généralement
qu'un seul genre, le genre Lépidostée, dans la
famille ; pour certains zoologistes cependant il
existe trois genres.

Les grandes dents sus-maxillaires sont disposées suivant deux rangs, et la museau est
large, très déprimé chez les Atractostées ; les
dents sont implantées suivant une seule rangée,
et le museau est de même largeur que le reste
de la tête et un peu élargi chez les Cylin-
drostées ; chez les Lépidostées proprement dits,
le museau, étroit, effilé, est beaucoup plus
long que le reste de la tête. Ces caractères
sont plutôt d'ordre spécifique qu'ils n'ont de
caractères génériques.

LES LÉPIDOSTÉES — *LEPIDOSTEUS*

Caractères. — Les Lépidostées, dont nous
avons indiqué les caractères lorsque nous
avons défini la famille à laquelle ils appartiennent, présentent de curieuses particula-

rités anatomiques dont nous devons mentionner les principales.

Les vertèbres s'articulent entre elles comme
chez la plupart des Reptiles ; les corps présentent, en effet, en avant une tête articulaire
et en arrière une concavité correspondante. Le
crâne a la forme d'une massue à base carrée
et à manche allongé. La face présente cette
particularité que les maxillaires supérieurs
sont décomposés en une série de pièces allongées, articulées bout à bout.

La vessie natatoire, divisée en deux parties
latérales, présente des brides charnues entre
les alvéoles de sa paroi, et s'ouvre, par une
fente longitudinale, dans la partie supérieure
du pharynx. Cette vessie a été regardée par
plusieurs anatomistes comme un appareil respiratoire, car l'ouverture œsophagienne pourrait livrer passage à l'air extérieur.

La disposition de l'appareil respiratoire est,
d'une manière générale, celle des Poissons
osseux ordinaires ; il y a quatre arcs branchiaux
portant chacun deux rangées de lamelles vasculaires ; il n'existe point d'interopercule.

Distribution géographique. — Les Lépidostées habitent les grands cours d'eau de
l'Amérique du Nord ; c'est là, selon la remarque
d'Agassiz, un fait important, car il prouve que
cette partie du nouveau continent a une faune
indépendante de celle de l'ancien monde.
D'après le zoologiste que nous venons de citer,
« on les rencontre dans toutes les eaux du sud,
à partir de la Floride jusqu'au Texas ; dans le
Mississipi et dans tous les grands affluents de
ce fleuve jusqu'à la latitude du lac Supérieur,
qui cependant n'en possède point ; dans tous

Fig. 197. — Le Lépidostée osseux.

les grands lacs moins septentrionaux du Canada et dans le Saint-Laurent. Il y en a aussi dans les rivières et dans les lacs situés à l'ouest de l'État de New-York, et dont les eaux sont reçues par ce fleuve. Ils habitent également celles de la Pensylvanie occidentale, tributaires de l'Ohio et celles qui se rendent à l'Atlantique, entre la baie de Chesapeake et la Floride. Dans les États de la Nouvelle-Angleterre, à l'est du lac Champlain, les Lépidostées manquent, ce qui est d'autant plus étonnant que, en remontant vers le nord, on les retrouve dans le Saint-Laurent déjà signalé comme étant une de leurs stations ; en descendant vers le sud, on constate leur présence dans la Delaware. Agassiz croyait en 1850 qu'ils faisaient défaut à l'ouest des montagnes Rocheuses et dans l'Amérique centrale ; mais depuis cette époque on en a trouvé une espèce près des côtes du Pacifique. Enfin, pour achever l'énumération des régions du nouveau monde où ils vivent, j'ajoute qu'il y en a un à Cuba (1). »

Distribution géologique. — Fait étrange, les Lépidostées, aujourd'hui cantonnés dans le nouveau monde, ont existé en Europe pendant l'époque tertiaire ; on en trouve d'assez abondants débris dans le terrain éocène, c'est-à-dire tertiaire inférieur, du bassin de Paris, et ces

(1) A. Duméril, *Histoire naturelle des poissons*, t. 1er, p. 316.

débris indiquent un animal appartenant au genre Lépidostée. A la même époque ce genre et des genres voisins vivaient dans les eaux douces de l'Amérique du Nord ; il est curieux de noter que les Lépidostées ont continué à vivre dans le nouveau continent, tandis qu'ils ont disparu de l'ancien monde.

LE LÉPIDOSTÉE OSSEUX. — *LÉPIDOSTEUS OSSEUS*

Kaimanfisch.

Caractères. — Le Lépidostée osseux ou Lépidostée gavial, l'espèce la plus anciennement connue, présente au plus haut degré les caractères que nous avons indiqués ci-dessus. C'est un animal de forme allongée, à la tête longue, au museau très étroit et effilé, ayant une rangée de grandes dents aux mâchoires. La couleur tire sur le verdâtre dans les régions du dos, sur le jaunâtre le long des flancs, sur le rougeâtre sous le ventre ; les nageoires ont une coloration rougeâtre. La longueur de l'animal peut atteindre 1 m,50 (fig. 197).

Distribution géographique. — Les zoologistes sont loin de s'entendre sur le nombre des espèces de Lépidostées ; tandis que les uns n'admettent que quatre espèces, d'autres cataloguent jusqu'à trente espèces réparties dans trois genres. On comprend, dès lors, qu'il soit difficile de donner la répartition géographique exacte de ces espèces comprises d'une manière aussi différente.

Mœurs, habitudes, régime. — « De tous les Poissons osseux, écrit Lacépède, les Lépidostées sont ceux qui ont reçu les armes défensives les plus sûres. Les écailles épaisses, dures et osseuses dont toute leur surface est revêtue forment une cuirasse impénétrable à la dent de presque tous les habitants des eaux, comme l'enveloppe des Ostraciens, les boucliers des Acipensères, la carapace des Tortues et la couverture des Caïmans. A l'abri sous leur tégument privilégié, plus confiants dans leurs forces, plus hardis dans leurs attaques que les Écoses, les Synodes et les Sphyrènes, avec lesquels ils ont de très grands rapports; ravageant avec plus de sécurité le séjour qu'ils préfèrent, exerçant sur leurs victimes une tyrannie moins contestée, satisfaisant avec plus de facilité leurs appétits violents, ils sont bientôt devenus plus voraces, et porteraient dans les eaux qu'ils habitent une dévastation à laquelle très peu de Poissons pourraient se dérober, si ces mêmes écailles défensives qui, par leur épaisseur et leur sûreté, ajoutent à leur audace, ne diminuaient pas, par leur grandeur et leur inflexibilité, la rapidité de leurs mouvements, la facilité de leurs évolutions, l'impétuosité de leurs élans, et ne laissaient pas ainsi à leur proie quelque ressource dans l'adresse, l'agilité et la fuite précipitée. Mais cette même voracité les livre souvent entre les mains des ennemis qui les poursuivent; elle les force à mordre sans précaution à l'hameçon préparé pour leur perte; et cet effet de leur tendance naturelle à soutenir leur existence leur est d'autant plus funeste par son excès, qu'ils sont très recherchés à cause de la bonté de leur chair. »

Cette description est certainement brillante, mais elle est loin d'être exacte, Lacépède n'ayant jamais observé les animaux dont il parle. Il n'en est pas de même d'Agassiz, qui nous a laissé de précieux renseignements sur les Lépidostées.

Ces animaux, dit Agassiz, sont des Poissons qui nagent avec une extrême rapidité; ils se lancent comme une flèche à travers les eaux et franchissent les courants les plus rapides, même ceux du Niagara, si violents cependant.

En observant des jeunes Lépidostées, Agassiz a vu que, par leurs mouvements, ces animaux offrent des analogies avec les Reptiles, ce que pouvait faire prévoir le mode d'articulation de leurs vertèbres. Leur épine, dit-il, se montre plus flexible qu'elle ne l'est chez les Poissons ordinaires; fréquemment, pendant le repos, ils sont plus ou moins infléchis, principalement vers la queue; l'éminent naturaliste a vu, au Niagara, un Lépidostée mouvoir la tête librement sur le cou; comme celle d'un Saurien, elle se penchait à droite, à gauche, en haut, et exécutait ainsi des mouvements qui ne peuvent avoir lieu chez aucun autre Poisson.

Agassiz a également observé que les Lépidostées prennent leur nourriture à la manière des Reptiles et non comme les autres Poissons qui, d'ordinaire, tiennent, pour la recevoir, la bouche largement ouverte et l'avalent aussitôt. Les Lépidostées, au contraire, s'approchent de la proie qu'ils convoitent et arrivent près d'elle de côté, la saisissent par une attaque soudaine; puis la retiennent dans leurs mâchoires, la blessent à coups de dents répétés, à la manière des Crocodiles, et lui donnent ainsi la position la plus convenable pour qu'ils puissent la déglutir; on voit la proie avancer dans les organes digestifs par suite des mouvements de déglutition.

Sur l'espèce de Cuba, Poëy a observé que la vessie natatoire peut servir d'organe de respiration. « Un Lépidostée, dit-il, placé dans un bassin rempli d'eau, y restait en repos tout le jour. La respiration branchiale s'effectuait par un mouvement continuel et à peine visible de la mâchoire inférieure et par un déplacement un peu plus apparent des opercules; quarante mouvements respiratoires pouvaient être comptés par minute; huit fois environ ou douze fois par minute, il venait à la surface avaler de l'air, et retournait aussitôt au fond du bassin. Une seconde après, une demi-douzaine de bulles d'air, dont quelques-unes assez grandes, s'échappaient par les ouïes. L'air séjourne une seconde ou quelquefois une seconde et demie dans la vessie, et ce temps est probablement suffisant pour l'absorption de l'air, en vue du rôle qu'il est destiné à jouer et pour son rejet. »

Poëy rapporte que les œufs de l'espèce de Cuba ont des propriétés vénéneuses; une poule mourut pour en avoir mangé, et chez un chien ils déterminèrent des vomissements.

LES CROSSOPTÉRYGIENS — *CROSSOPTERYGIDÆ*

Caractères généraux. — Le caractère le plus saillant de cet ordre est la présence de deux larges plaques jugulaires, souvent accompagnées de plaques latérales, remplaçant les rayons branchiostèges. Les nageoires pectorales, aussi bien que les nageoires ventrales,

Fig. 198. — Extrémité caudale de Polyptère (*).

qui sont toujours reculées, sont formées par une partie centrale écailleuse qu'entourent les rayons. Les dorsales sont au moins au nombre de deux, parfois subdivisées en de nombreuses petites nageoires. La terminaison de la colonne vertébrale est hétérocerque ou, comme chez le Polyptère, symétrique (fig. 198). Les écailles peuvent être rhomboïdales ou arrondies.

Distribution géologique. — De même que les Lépidostéides, les Crossoptérygiens, aujourd'hui représentés par quelques espèces seulement, ont eu autrefois une large distribution.

La famille des Saurodiptéridées est des terrains dévonien et carbonifère. Elle comprend des Poissons chez lesquels le corps est recouvert d'écailles brillantes ; les dents sont coniques ; la queue est asymétrique ; il existe deux dorsales.

Parmi les genres qui rentrent dans cette famille, l'un des plus remarquables est celui des *Megalichthys;* la tête est toute cuirassée de fortes plaques osseuses ; les dents sont énormes et rappellent celles des Sauriens.

Les *Osteolepis* ont été trouvés dans le vieux grès rouge, qui fait partie des formations dévoniennes ; chez eux les nageoires verticales sont alternantes, c'est-à-dire que la première dorsale est placée au milieu du dos, la première anale en avant de la seconde dorsale, et la seconde dorsale en arrière de cette même nageoire.

Chez les Cœlacanthidées les écailles sont arrondies ; la corde dorsale est persistante ; il

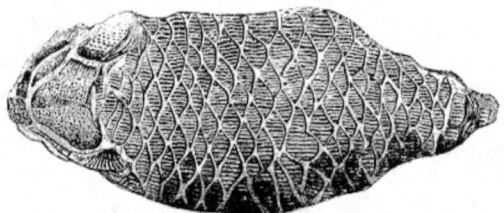

Fig. 199. — Restauration d'un Holoptychius, d'après Huxley.

existe deux dorsales; les nageoires paires sont lobées. Cette famille a vécu plus longtemps que celle dont nous venons de citer les principaux genres; on en trouve des représentants depuis les terrains carbonifères jusqu'aux formations crétacées.

Les *Cœlacanthes* ont les rayons creux à l'intérieur et des dents pointues; les *Undina*, qui

sont de la partie supérieure des terrains jurassiques, ont les dents en pavé; les *Macropoma*, de la craie, ont les rayons qui supportent les nageoires hérissés d'épines sur leur bord.

La famille des Holoptychidées se caractérise par des écailles sculptées, deux nageoires dorsales, les nageoires paires étroites et lobées; les mâchoires sont armées de deux sortes de dents, de petites dents arrangées en séries et des dents beaucoup plus fortes et plus grandes

(*) *ch*, notocorde.

disposées à de larges intervalles. Chaque dent présente à sa base, et par une coupe transversale, une disposition qui rappelle ce que l'on voit chez les curieux Batraciens fossiles connus sous le nom de Labyrinthodontes, de telle sorte que la surface externe de ces dents est sillonnée.

Tous les représentants de cette famille sont des terrains anciens, les plus récents n'ayant pas dépassé l'époque du Trias, formation qui appartient à la base des terrains secondaires.

Parmi les formes les plus caractéristiques nous pouvons citer les *Glyptolepis* qui ont le corps fusiforme, la tête petite, deux dorsales et deux dorsales opposées, les *Holoptychius*, chez lesquels le corps est trapu, les os de la tête granulés et émaillés, les écailles arrondies et ornées de nombreuses sculptures (fig. 199); les *Gyroptychius*, qui ont le corps allongé, la queue terminée par une nageoire rhomboïdale et pointue, les écailles imbriquées, ornées de lignes concentriques, deux dorsales insérées au-dessus de deux anales; les *Saurichthys*, qui ont des dents ressemblant à celles de certains Reptiles, logées dans des rainures et garnies de plis verticaux, et de nombreux genres encore dans la caractéristique desquels nous ne pouvons entrer.

LES POLYPTÉRIDÉES — *POLYPTERIDÆ*

Caractères. — Le caractère le plus saillant que présentent les animaux qui rentrent dans la famille des Polyptéridées est la décomposition de la nageoire dorsale; elle est formée d'une série de nageoires soutenues chacune par une forte épine qui porte des rayons articulés attachés à sa face postérieure; il n'existe point de fulcres; l'anale est très reculée; la caudale, arrondie, entoure l'extrémité de la queue. Le corps est revêtu d'écailles osseuses, à surface émaillée.

Les Polyptéridées sont des Ganoïdes osseux; comme les autres Poissons, ils ont des vertèbres biconcaves; la portion abdominale de la colonne vertébrale est beaucoup plus longue que la portion caudale. La vessie natatoire a deux lobes d'inégale longueur, réunis, en avant, dans une cavité commune très courte, qui s'ouvre à la face ventrale de l'œsophage par une fente longitudinale. Il n'existe pas de branchies accessoires, soit operculaires, soit branchiales.

Classification. — Cette famille ne comprend que deux genres, le genre Polyptère et le genre Calamoichthys; ce dernier, qui ne comprend qu'une seule espèce, le Calamoichthys de Calabar, se reconnaît à l'absence de ventrales.

Distribution géographique. — Les Polyptéridées sont confinés dans l'Afrique tropicale et se trouvent principalement dans les cours d'eau de la partie ouest de ce continent et dans le haut Nil; on ne les connaît pas encore dans les rivières qui appartiennent au versant de l'océan Indien. Les Polyptères sont rares dans le Nil moyen et dans le bas Nil, et les individus qui ont été pêchés en aval des cataractes ont été entraînés accidentellement de régions situées plus au sud. Les diverses espèces se trouvent, du reste, indifféremment dans le haut Nil ou au Sénégal.

Le genre Calamoichthys paraît être cantonné dans une partie de l'ouest de l'Afrique, et n'a été trouvé qu'au Vieux-Calabar et dans les régions voisines.

LES POLYPTÈRES — *POLYPTERUS*

Vielflosser.

Caractères. — Les caractères des Polyptères sont ceux de la famille; le genre est défini par la présence de nageoires ventrales.

Parmi les quatre espèces qu'on admet assez généralement dans le genre, la mieux et la plus anciennement connue est le Bichir (*Polypterus bichir*).

C'est un animal qui peut atteindre la taille de près de un mètre, au corps allongé, cylindrique; la tête est courte, plate, élargie, recouverte de grandes plaques émaillées; les mâchoires, qui ne se prolongent pas, sont armées d'une rangée de dents coniques, derrière lesquelles se trouvent des dents en râpe. Ainsi que nous l'avons dit, la dorsale est décomposée en une série de petites nageoires, de seize à dix-sept; les écailles sont osseuses, assez fortement striées (fig. 200). D'après Geoffroy Saint-Hilaire, « le vert est la couleur générale du Bichir; le ventre tire un peu sur le blanc sale; cette couleur est relevée par quelques

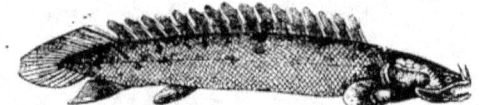

Fig. 200. — Polyptère du Sénégal (*Polypterus bichir*).

taches noires irrégulières et plus nombreuses vers la queue que vers la tête. »

Mœurs, habitudes, régime. — Geoffroy, qui a trouvé le Polyptère en Égypte, nous apprend qu'on le prend seulement pendant les basses eaux, dans la vase ; il y nage à la manière des Serpents ; peut-être aussi la progression a-t-elle lieu par une sorte de marche quadrupède, en raison de la conformation des pectorales et des ventrales qui peuvent soutenir le corps.

D'après les recherches de Heuglin, ce Poisson se rencontre dans les endroits peu profonds, vaseux, ou dans les mares laissées par le retrait du fleuve, parfois dans les petits étangs, qui parfois assèchent.

Suivant Geoffroy, les œufs sont d'un vert-pré et ressemblent à des graines de chènevis ou de millet.

LES AMIOIDÉES — *AMIOIDEI*

Caractères généraux. — L'ordre des Amioïdées comprend des Ganoïdes osseux, à terminaison de la colonne vertébrale hétérocerque ; le corps est recouvert d'écailles imbriquées assez grandes, à bord postérieur arrondi, n'ayant plus le caractère des écailles des vrais Ganoïdes ; il existe des rayons branchiostèges.

Distribution géologique. — Cet ordre ne se compose que de deux familles.

Celle des Leptolépidées ne comprend que des espèces ayant vécu pendant l'époque jurassique et rappelant par leur aspect extérieur les Poissons ordinaires ; la nageoire dorsale est courte ; la gueule est armée de petites dents disposées suivant des bandes ; tels sont les *Thrissops* et les *Leptolepis*.

La famille des Amioïdées, encore vivante, est représentée à l'époque tertiaire, tant en Europe qu'aux États-Unis, par des genres fort voisins du genre actuel *Amia*.

LES AMIES — *AMIA*

Caractères. — La famille des Amiadées ne comprend qu'un seul genre, celui des Amies, *Amia*. Elle est composée de Poissons dont le corps est allongé, un peu comprimé, le museau court, la gueule largement fendue, la tête légèrement voûtée en dessus, striée, mais non couverte d'écailles. Le bord libre de la mâchoire porte, sur toute son étendue, une rangée de dents coniques, et derrière une bande de dents en râpe ; on voit des dents sur le vomer, les palatins et les os ptérygoïdiens. La nageoire dorsale est longue, l'anale courte, la caudale arrondie (fig. 201) ; on ne voit pas de fulcres aux nageoires. Les rayons branchiostèges sont nombreux ; il existe une

Fig. 201. — Extrémité caudale d'Amia (*).

large plaque gulaire, entre les branches de la mâchoire inférieure. La vessie natatoire est celluleuse. Le squelette est complètement ossifié.

Distribution géographique. — Les Amies, dont plusieurs zoologistes distinguent jusqu'à onze espèces, ne se rencontrent que dans les

(*) *ch*, notocorde.

eaux douces de l'Amérique septentrionale qui parcourent la grande vallée limitée à l'est par les monts Alléghany, et, à l'ouest, par les montagnes Rocheuses. Ces espèces paraissent être assez limitées dans leur distribution, de telle sorte que celles que l'on trouve dans le nord des États-Unis ne seraient pas les mêmes que celles qui vivent dans le sud de ce pays.

Mœurs, habitudes, régime. — Aux eaux vives et courantes, les Amies semblent préférer les eaux marécageuses où, lorsque les chaleurs de l'été font évaporer l'eau, elles restent dans la vase desséchée, habitude qui leur a fait donner le nom de *Poissons de vase*, *Mudfish*.

D'après Günther, « les Amies peuvent atteindre la longueur de deux pieds. Ce sont des animaux qui se nourrissent de petits Poissons, de crustacés, d'insectes aquatiques. Wilder a observé la manière dont respirent ces animaux ; ils viennent à la surface de l'eau, et, sans lâcher les bulles d'air, ouvrent largement la gueule, et avalent une grande quantité d'air ; cet acte se passe surtout et plus fréquemment lorsque l'eau est impure et ne contient pas beaucoup d'air respirable ; il est certain dès lors que les Amies peuvent respirer l'air en nature. Leur chair n'est pas estimée. »

LES POLYODON — *POLYODON*

Caractères. — La famille des Polyodontidées ne comprend que le genre Polyodon ou Spatulaire avec deux espèces, la Spatule (*Polyodon folium*), et le Glaive (*Polyodon gladius*).

L'espèce le plus anciennement connue est la Spatule, étrange animal au corps allongé, un peu comprimé en arrière, au museau se prolongeant en un long rostre aplati, élargi à son extrémité et ressemblant exactement à l'ustensile d'où la bête a tiré son nom. La bouche, placée en dessous, est largement fendue. Les yeux sont très petits.

L'autre espèce, dont les formes générales sont les mêmes, s'en distingue par le museau de forme conique, ressemblant à une épée à large base. Les fulcres du bord supérieur de la caudale sont très développés et forment de grandes plaques. En dessus l'animal est d'un gris ardoisé bleuâtre. Les nageoires sont d'un rose de chair.

Distribution géographique. — Les deux espèces de Polyodon ont une curieuse distribution géographique.

La *Spatule* est cantonnée dans le Mississipi et dans les rivières qui se jettent dans ce fleuve. C'est dans le fleuve Bleu ou Yeng-tse-Kiang, ce large fleuve de la Chine, que vit le *Glaive;* c'est à Woosung, ville située sur le confluent du fleuve Bleu et de la rivière qui remonte à Shanghaï, que von Martens, qui a fait connaître l'espèce, l'a trouvée chez un marchand de poisson, confondue, dans une même corbeille, avec des Cyprins de différentes espèces.

Mœurs, habitudes, régime. — Le *Glaive* peut arriver à la taille de 20 pieds ; il est probable que son rostre, qui, sur l'animal en vie, est doué d'une grande flexibilité, lui sert à fouiller dans la vase et à faire ainsi sortir les animaux dont il se nourrit ; le rôle du bec de la *Spatule* doit être le même ; car cet organe est merveilleusement disposé pour permettre à l'animal de remuer la vase.

LES CHONDROSTÉES — *CHONDROSTEI*

Caractères généraux. — Tandis que les Ganoïdes de l'époque actuelle dont nous avons parlé dans les pages précédentes ont le squelette osseux, le squelette reste cartilagineux pendant toute la vie chez les Ganoïdes qu'il nous reste à étudier.

Chez eux la corde dorsale persiste. La capsule crânienne est cartilagineuse, couverte d'os dermique qui chez les Esturgeons forment de larges plaques ; la composition générale du crâne est la même chez les Spatulaires ou Polyodon, chez lesquels la constitution de la mâchoire inférieure rappelle ce que l'on trouve chez les Elasmobranches (fig. 202).

La notochorde se relevant faiblement, il en résulte que le lobe supérieur de la caudale est beaucoup plus développé que le lobe inférieur, d'où cette nageoire est franchement hétérocerque ; il existe des fulcres au bord supérieur de la caudale. La peau est nue, ou revêtue d'écussons disposés par séries. Les rayons branchiostèges sont peu nombreux ou peuvent manquer et être alors remplacés par une plaque osseuse

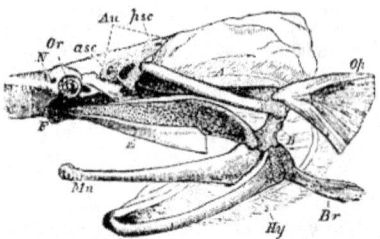

Fig. 202. — Crâne de Spatulaire, vu latéralement (*).

Distribution géographique. — Tandis que

les ordres dont nous avons fait précédemment l'histoire ont surtout régné pendant les temps anciens, il ne semble pas en être de même pour les Ganoïdes cartilagineux. Les Esturgeons sont probablement de tous les Ganoïdes les plus récents, car on n'en connaît pas de plus anciens que ceux que l'on trouve dans les couches éocènes, c'est-à-dire tertiaires inférieures, de l'île de Sheppy. Le genre *Chondrosteus*, du Lias de Lyme-Regis, s'il indique la présence d'un animal voisin des Esturgeons, ferait toutefois remonter ce groupe jusque vers la base de l'époque jurassique.

Classifications. — Les Chondrostées se partagent nettement en deux familles, Polyodontidées et Sturionidées.

LES POLYODONTIDÉES — *POLYODONTIDÆ*

Caractères. — Les Polyodontidées ou Spatularidées ont le corps allongé, nu ou couvert de petites granulations osseuses. La bouche est large, garnie de petites dents. La queue est hétérocerque, armée de fulcres à son bord supérieur. Les rayons branchiostèges sont remplacés par une plaque osseuse. La vessie natatoire, assez grande et simple, communique avec la partie antérieure de l'estomac.

LES STURIONIDÉES — *ACIPENSERIDÆ*

Caractères. — Les Sturioniens sont des Poissons dont l'apparence extérieure rappelle assez celle des Squales, aussi avaient-ils été placés par Cuvier près de ces derniers, sous le nom de Cartilagineux ou de Chondroptérygiens à branchies libres. Le corps est revêtu de scutelles épineuses de forme et de grandeur variables, avec des écussons osseux disposés en rangées régulières, presque toujours au nombre de cinq. La bouche, complètement privée de dents, protractile, est placée en dessous du museau qui est toujours allongé et porte des barbillons. Les nageoires anale et dorsale sont reculées et placées près de la caudale; il existe des fulcres. Les rayons branchiostèges font défaut. La vessie natatoire

(*) *b*, préfrontal; *c*, post-orbitaire; *d*, cartilage post-auditif; *e*, condyles occipitaux; *f*, trou occipital; *g*, suspensorium; *h*, arc dentaire supérieur; *i*, *k*, *l*, cartilages labiaux; *Mn*, mandibule; *Au*, chambre auditive; *Or*, orbite; *N*, chambre nasale; *Op*, filaments cartilagineux opusculaires; *Br*, rayons branchiostèges; *Hy*, arc hyoïdien.

est grande et communique avec l'estomac.

Entrant dans plus de détails, nous dirons que la colonne vertébrale n'est pas formée par des vertèbres distinctes et séparées; le corps des vertèbres manque complètement; on ne trouve au-dessus et au-dessous de la corde dorsale que des pièces cartilagineuses. La corde dorsale est un cordon arrondi et de consistance gélatineuse. Le crâne est constitué par une boîte cartilagineuse qui porte une plaque osseuse vers sa base; le dessus en est protégé par des pièces dépendant de la peau et endurcies.

Le cerveau est réduit, eu égard à la masse de l'animal; c'est ainsi qu'il ne pesait que 2 grammes chez un Esturgeon de plus de 20 kilogrammes. Les narines sont placées sur les côtés du museau, les yeux sont situés sur les parties latérales de la tête.

Par la disposition générale de leurs organes respiratoires, les Sturioniens offrent beaucoup d'analogie avec les Poissons ordinaires. En dehors de la cavité branchiale, il y a un battant operculaire qui s'applique exactement contre le pourtour de son ouverture, lorsque l'eau, durant le premier temps de la respiration, pénètre dans la bouche. La communication entre la bouche et la cavité respiratoire se fait au moyen de cinq fentes branchiales.

Distribution géographique. — La famille des Sturionidées ne comprend que deux genres, les Esturgeons, *Acipenser*, et les Scaphirhynques, *Scaphirhynchus*.

Ces derniers ont le museau aplati en forme de pelle, la partie postérieure du corps déprimée, enveloppée par des écussons osseux, et terminée par un filament; il n'existe pas d'évents.

La distribution géographique de ce genre est tout aussi remarquable que celles des Polyodons ou Spatulaires.

Jusqu'à ces dernières années on ne connaissait qu'une seule espèce, le Scaphirhynque platyrhynque, Esturgeon-pelle, *Shovel-Fisch, Flat-nose*; cette espèce vit dans les rivières qui dépendent du système du Mississipi; c'est ainsi qu'elle a été recueillie dans la rivière Wabash, État de l'Ohio, à la Nouvelle-Orléans, dans le Mississipi même.

Les récentes explorations des Russes dans l'Asie centrale nous ont fait connaître trois autres espèces, également cantonnées dans les eaux douces. La présence d'un même genre dans les cours d'eau de deux régions aussi éloignées que le sont l'Asie centrale et l'Amérique du Nord est une des plus fortes preuves qui montre l'analogie qui existe entre les deux faunes; nous aurions plusieurs faits du même genre à citer, comme la présence du genre Caïman dans le Yan-tse-Kiang.

Quant aux Esturgeons « ils sont habitants de la zone tempérée et surtout de ses régions froides, quoiqu'ils ne semblent pas s'étendre, si ce n'est exceptionnellement, jusqu'aux eaux polaires; dans les portions les plus chaudes de cette zone, ils ne sont pas en aussi grand nombre.

« Les vastes lacs salés situés à l'est de la Méditerranée et qui constituent les mers intérieures dites mers Noire, d'Azof et Caspienne, sont leur principale demeure dans l'ancien monde, ou du moins c'est là que les espèces se rencontrent en plus grande abondance. Chaque espèce s'étend au loin, car au moment de la remonte, tous les fleuves qui alimentent ces mers sont envahis par des troupes d'Esturgeons.

« Plus à l'est encore, on en trouve dans les lacs de l'Asie centrale et jusque vers les rivières de la Chine.

« En Amérique, les grands lacs du Canada sont également habités par ces Poissons qui n'y sont pas aussi nombreux que dans la Russie méridionale et offrent cette particularité que, laissant les lacs pour des rivières à la saison du frai, et revenant ensuite dans les lacs, ils ne fréquentent jamais les eaux salées.

« Au nord, il y a une très vaste zone d'habitation; elle comprend tous les fleuves de l'Amérique et de l'Asie qui ont leur embouchure sur les rivages de l'Océan Pacifique où leur limite septentrionale paraît pouvoir être fixée, d'une manière générale, entre le 55e et le 56e degré de latitude nord, car on ne possède aucun renseignement sur leur présence au delà du lac Stuart, à l'ouest des montagnes Rocheuses. On n'en trouve pas dans les rivières Churchill, dans les affluents de Mackensie, ni dans les rivières du continent américain, dont les eaux alimentent l'Océan Glacial arctique, fait remarquable, selon l'observation de Richardson, puisque celles de l'Asie qui y débouchent nourrissent ces Poissons. Ils sont extrêmement nombreux dans l'Océan Pacifique et dans ses eaux tributaires, sur les côtes d'Amérique, à partir du détroit de Behring, jusqu'à la Californie, sur les côtes d'Asie, de la mer du Japon jusqu'aux rivages de la Chine.

« Les Esturgeons fréquentent aussi les eaux septentrionales de l'Océan Atlantique. Il y en a sur les côtes de l'Amérique du Nord, non pas au-dessus du lac Winipeg, qui s'étend jusqu'au 54e degré de latitude nord, mais à partir de cette limite environ jusqu'au bas Mississipi. Ceux qui sont pris vers la fin du cours de ce fleuve ne paraissent pas venir, dit Agassiz, du golfe du Mexique, de sorte qu'ils seraient exclusivement fluviatiles et n'iraient jamais à la mer, de même que ceux des grands lacs canadiens. Richardson, cependant, émet la supposition qu'ils descendent jusqu'au golfe du Mexique.

« On en trouve sur les côtes européennes, dans les fleuves de l'Allemagne, de la Hollande, des îles Britanniques et de la France. La Méditerranée et l'Atlantique en ont aussi quelques espèces.

« En résumé, les Esturgeons occupent les mers ou les eaux douces de toutes les régions tempérées de l'hémisphère boréal (1). »

Les deux grands groupes que l'on peut admettre dans le genre Esturgeon présentent de curieux faits de distribution géographique. Tous les Esturgeons chez lesquels les épines sont placées à l'extrémité des écussons sont cantonnés dans les grands fleuves qui appartiennent au bassin hydrographique de la Caspienne et de la mer Noire ; les espèces chez lesquelles les épines des écussons sont centrales comptent de nombreux représentants dans les eaux douces de l'Amérique du Nord, tant sur le versant du Pacifique que sur celui de l'Atlantique.

LES ESTURGEONS — *ACIPENSER*

Die Stören.

Caractères. — Les Esturgeons (fig. 203) ont la queue ronde, non enveloppée par des écussons osseux ; il existe des évents.

Classification. — Suivant qu'on donne plus ou moins d'importance à tels ou tels caractères, on admet un plus ou moins grand nombre d'espèces ; c'est ainsi que Günther ne reconnaît que 20 espèces, tandis qu'Auguste Duméril en décrit jusqu'à 80.

Ces espèces ont été groupées en six sous-genres ou sections, d'après les dispositions des écussons. C'est ainsi que l'épine des écussons dorsaux peut être située à leur centre ou à l'extrémité postérieure de la carène. Dans ce dernier cas, les scutelles étoilées sont nombreuses chez les *Helops* (Esturgeon étoilé) ou n'existent pas ; tantôt alors la lèvre inférieure est divisée au milieu, *Sterlet*, ou entière, *Lioniscus* (Esturgeon nu). On trouve des dispositions similaires chez les *Mesocentres* ou espèces à épine centrale ; tantôt, en effet, les scutelles étoilées sont nombreuses, comme chez les *Antaceus*, ou nulles. Les scutelles sont alors disposées sans ordre chez le *Huso* (le grand Esturgeon, l'Ichthyocolle) ou disposées en quinconce chez les Esturgeons proprement dits ou *Acipenser* (l'Esturgeon commun).

Mœurs, habitudes, régime. — Les Esturgeons passent une partie de l'année dans la mer et remontent les grands fleuves pour effectuer leur ponte ; on ne pêche, du reste, que des animaux adultes dans les cours d'eaux ;

peu de temps après leur naissance, les individus descendent à la mer et ne remontent les fleuves qu'à l'époque où ils sont aptes à se reproduire. De même que tous les Poissons qui passent de l'eau salée dans l'eau douce, les Esturgeons sont d'une grande puissance musculaire ; ils ont souvent à lutter contre des courants très rapides.

A l'époque du frai, les Esturgeons quittent, en effet, « les mers où ils vivent pour pénétrer dans les golfes ou dans les fleuves qui s'y jettent, et s'ils habitent les grands lacs, ils remontent le cours des eaux tributaires de ces lacs.

Pallas dit, en parlant de l'Esturgeon nommé *stellatus* : « Cette espèce habite la mer Caspienne et remonte, au mois de mai, par grandes troupes dans les fleuves. » Il dit encore : « Le vrai Esturgeon remonte directement dans les fleuves et n'entre jamais dans les golfes ; c'est la raison pour laquelle on n'en prend avec les *Bielonga* que dans les villes établies à l'embouchure du Volga ou sur le fleuve même. Il est si rare, ajoute Pallas, d'en pêcher dans les golfes, que le pêcheur qui en prend dans son filet le garde pour lui.

« C'est surtout dans les descriptions des différentes espèces, que ce zoologiste a décrit les longs voyages accomplis chaque année par les Esturgeons. De la mer Caspienne, de la mer Noire, de la mer d'Azof, du lac d'Aral et des autres grands lacs de la Russie qui, autrefois, communiquaient avec la mer Caspienne et la mer Noire, ils remontent dans les fleuves, souvent à de grandes distances de leur embouchure. »

Les mêmes habitudes sont observées dans l'Amérique du nord, et Catesby en a fait mention. « Aux approches du printemps, dit-il, les Esturgeons quittent le fond de la mer et entrent dans les rivières, montant lentement vers les endroits élevés pour y pondre leurs œufs, et les rivières sont remplies de ces Poissons.

« Les grands lacs des régions septentrionales de l'Amérique du Nord contiennent beaucoup d'espèces, dont l'ascension dans les rivières a lieu au printemps, quand les glaces se rompent et que les eaux des lacs deviennent vaseuses.

« Les Esturgeons s'engagent quelquefois dans les affluents des fleuves et y remontent très haut. On en a pris dans la Moselle, à Sierck, au-dessous de Metz, près de la frontière du Luxembourg. Je me souviens, dit Son-

(1) A. Duméril, *Histoire naturelle des Poissons*, t. II, p. 81.

nini, d'en avoir vu pêcher un à Pont-à-Mousson, à cinq lieues de Nancy. Dans la Loire, on en a pris un individu pesant 40 kilog. aux Ponts-de-Cé, près d'Angers, en 1810 (1). »

Sonnini rapporte également que des Esturgeons ont remonté jusqu'à Paris. « On trouva, dit-il, ces Esturgeons dans les filets appelés *gords*, à Neuilly-sur-Seine, près de Paris, en 1800, année fertile en grands événements. Le Poisson pesait 200 livres ; il avait six pieds et demi de long et quatre pieds de tour. On le fit conduire vivant à la Malmaison, dans une gondole remplie d'eau ; il y arriva ainsi vivant, et on le mit dans un des bassins du parc où il resta quelque temps. On l'amena ensuite à Paris, et on l'y montra au public dans une enceinte de planches, disposée sur la Seine, vis-à-vis des galeries du Louvre. On a pu juger du naturel pacifique de l'espèce, par la douceur extrême avec laquelle cet animal se prêtait à la gêne continuelle, que lui faisaient éprouver tous ceux qui l'exposaient aux regards de tous venants. On a montré quelquefois à Paris des Esturgeons ; mais on n'y en avait pas vu de cette taille, et ils avaient été amenés de plus loin. »

« On n'a pas de données précises, suivant Auguste Duméril, sur la marche de la croissance qui doit se prolonger beaucoup, à en juger par la très grande taille à laquelle peuvent parvenir ces Poissons qui sont doués d'une remarquable longévité. »

On cite des Esturgeons ayant atteint un volume énorme. Cependant certaines espèces, le Sterlet en particulier, n'arrivent jamais à de grandes dimensions.

C'est parce qu'ils vivent très longtemps que les Esturgeons peuvent atteindre una pareille taille, même lorsqu'ils sont cantonnés exclusivement dans l'eau douce, et nous citerons le fait suivant :

Vers la fin de son règne, Frédéric le Grand fit transporter de ces animaux dans un lac d'eau douce de Poméranie, le Gorland-See ; en 1866, les Esturgeons vivaient encore, mais ne s'étaient pas reproduits, la vie alternative dans l'eau salée et dans l'eau douce étant indispensable à ces animaux. En faisant remonter leur translation à la dernière année de la vie du roi, qui mourut, on le sait, en 1786, les survivants auraient donc eu à cette époque plus de quatre-vingts ans. Certains naturalistes as-

surent, du reste, que le grand Esturgeon peut vivre deux cents ans.

L'absence complète de dents fait que les Esturgeons ne peuvent s'attaquer à des proies volumineuses et qui offrent un peu de résistance, aussi les anciens auteurs tels que Albert le Grand, disent que l'estomac contient, au lieu d'aliments, une humeur visqueuse prise par la succion. Belon nous apprend que l'Esturgeon « n'a aucune dent, par quoi il est malaisé de croire qu'il ne mange rien qu'il trouve d'uligineux et de vaseux au fond de l'eau, fouissant le bourbier de sa fluste, à la manière du Rouget barbu. Aussi ne lui trouve-t-on jamais rien de solide en son estomac, ainsi telle chose qui ressemble à la glaire. »

La forme du museau permet à l'Esturgeon de labourer, en quelque sorte, les fonds vaseux, comme avec un boutoir, et de trouver dans la vase des vers, des mollusques, des débris d'animaux ou de végétaux en décomposition. Dans l'estomac de l'animal se trouvent souvent des débris de crustacés, des portions de Poissons imparfaitement digérés, des substances végétales altérées et de la vase. La bouche est, du reste, pourvue de muscles puissants qui permettent à l'animal de saisir et de retenir une proie, même assez volumineuse.

Plusieurs auteurs racontent même que l'Esturgeon s'attaque aux Poissons d'une certaine taille. Sonnini rapporte que « lorsqu'il est encore dans la mer, ou près de l'embouchure des grandes rivières, l'Esturgeon se nourrit de Harengs ou de Maquereaux et de Gades, et lorsqu'il est engagé dans les fleuves, il attaque les Saumons qui les remontent à peu près dans le même temps que lui, et qui ne peuvent lui opposer qu'une faible résistance. Comme il arrive quelquefois dans les parties les plus élevées des rivières avant ces Poissons, ou qu'il se mêle à leurs bandes, dont il cherche à faire sa proie, et qu'il paraît semblable à un géant au milieu de ces légions nombreuses, on l'a comparé à ses chefs et on l'a nommé le *conducteur des Saumons*. »

Pêche. — Très recherché pour sa chair exquise, pour ses œufs qui servent à préparer le caviar, pour sa vessie natatoire qui fournit l'ichthyocolle, l'Esturgeon donne lieu à une pêche très importante, principalement dans le sud-est de la Russie et dans les fleuves de la Sibérie orientale.

A la fin du siècle dernier, le naturaliste Pallas nous apprend que les Cosaques de

---

(1) A. Duméril, *Histoire naturelle des Poissons*, t. II.

BREAM. *Poisson*.

Peint. J. B. Rochard et Sowerby.

L'ESTURGEON.

l'Oural prennent généralement au mois de janvier des Esturgeons communs et des Esturgeons ichthyocolles. « On prétend, écrit Pallas, qu'en automne, ces Poissons se placent par rangs, dans les endroits les plus profonds du fleuve, et qu'ils y passent l'hiver dans une espèce d'engourdissement, sans perdre le sentiment et sans remuer. Comme le lit du Jaïk, l'Oural, est un terrain mouvant, ces enfoncements varient chaque année dans les inondations du printemps, qui entraînent le sable et la vase ; de sorte qu'on ne peut jamais connaître les retraites de ces poissons. Ceux qui veulent le savoir ont grand soin d'observer, pendant l'automne, au moment où la glace commence à se prendre, les mouvements de ces Poissons ; ils prétendent qu'ils sautent et jouent à la surface des places où ils veulent se fixer. D'autres se couchent sur la glace dans les endroits où il n'y a pas de neige, se couvrent la tête d'un drap et ils prétendent voir par ce moyen les Poissons au fond de l'eau. Ils s'assurent de ces endroits pour en tirer parti lorsque la pêche commence. On assure que lorsque les eaux sont hautes, en automne, le Poisson se place dans les endroits unis et profonds ; que lorsqu'elles sont basses, il cherche, au contraire, les plus profonds. C'est toujours dans ces derniers que les Poissons abondent le plus. »

Un ichthyologiste contemporain de Pallas nous décrit de la manière suivante la pêche sur le Volga. « On choisit, écrit Bloch (1), un endroit où un fond uni s'étend depuis le bord presque jusqu'au milieu du fleuve. Là, on enfonce une rangée d'arbres ou de pieux, qui traverse une partie du fleuve soit en ligne droite, soit en forme d'angle obtus ouvert vers le courant. Après cela, on prend des claies, faites de branches d'arbres ou d'osier, et assez larges pour s'étendre depuis le fond jusqu'à la surface. On assujettit ces claies au fond contre les pieux, de manière que le courant les y presse davantage. Cela forme une espèce de parc qui oblige les Poissons qui remontent le fleuve de suivre sa direction et de chercher une autre issue. Or, dans l'angle du parc, est une ouverture d'environ deux ou trois brasses, qui sert d'entrée à une chambre carrée, fermée aussi avec des pieux et de l'osier, et dans laquelle le Poisson se prend. Dans chaque chambre, il y a des choses préparées pour avertir de l'entrée des Poissons et pour aider à les prendre. Au fond

(1) Bloch, *Histoire naturelle des Poissons*. Paris, an IX, VIII, p. 173.

est un cadre fait de fortes perches sur lequel est étendu un filet de petites cordes (Pl. V), ou en été une claie d'osier ; aux quatre coins sont assujetties de fortes cordes, avec lesquelles on peut lever cette machine, par le moyen de deux poulies. Au-dessus de l'ouverture de la chambre, on a une trappe faite de perches et d'osiers entrelacés, ou un filet monté sur une perche transversale, et qui s'étend devant l'ouverture. Dès que l'on remarque quelques mouvements à un morceau de bois qui sert d'avertisseur, on baisse la trappe ou le filet, et la chambre se trouvant fermée, on lève la machine qui est au fond, et on amène tout le Poisson qui s'y trouve. Alors on prend les Poissons avec un crochet, on laisse retomber la machine, et on rouvre la chambre pour une nouvelle prise. »

D'après Pallas, la pêche se fait en Sibérie au moyen d'une corde d'environ quarante brasses de longueur à laquelle on attache, de distances en distances, des cordelettes munies d'un fort hameçon et d'un flotteur en écorce de tremble ; à l'une des extrémités de la maîtresse corde se trouve une ancre, à l'autre un panier qui flotte ; le tout est jeté dans les endroits les plus profonds du fleuve. Les Sterlets, qui nagent plutôt vers le fond qu'à la surface, s'accrochent aux hameçons.

La pêche de l'Esturgeon sur l'Oural est fort productive et occupe un grand nombre de personnes. De curieux renseignements sur cette pêche ont été recueillis par C. Danilewski, et nous pensons ne pouvoir mieux faire que de transcrire ici ce qu'en a dit cet auteur dans son intéressant mémoire sur les pêcheries en Russie :

« La partie inférieure du cours de l'Oural, sur environ 600 verstes de longueur, et une des parties de la mer adjacente, appartiennent aux Cosaques de l'Oural, qui comptent près de 80,000 âmes. Cette propriété s'est établie depuis très longtemps et n'a été que confirmée, ou, pour ainsi dire, ratifiée par le gouvernement. D'après les idées des Cosaques, tout le fleuve et la partie avoisinante de la mer sont une propriété indivisible et collective de l'armée de l'Oural, c'est-à-dire de leur corporation, propriété qu'elle a reçue en rémunération de ses obligations militaires. D'après cette manière de voir, toutes les pêches doivent se faire collectivement, d'après un plan fixé une fois pour toutes, dans lequel on n'admet, chaque année, que de légers changements

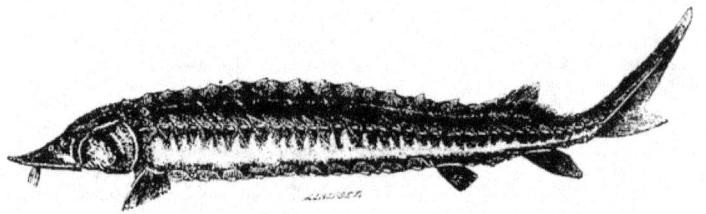

Fig. 203. — Esturgeon commun (*Acipenser Sturio*).

conformément aux circonstances. Les traits caractéristiques de ce plan sont : 1° la concentration des pêches dans le fleuve préférablement à la mer ; 2° la pêche pendant la saison froide préférablement à l'été ; 3° l'exercice collectif de la pêche dans des localités et à des termes fixés d'avance, sans quoi il serait impossible d'atteindre les deux buts que les Cosaques se sont appropriés.

« Pour donner une idée de la manière dont se font ces pêches, pour quelques-unes desquelles se rassemblent jusqu'à dix mille hommes, nous en décrirons deux qui se distinguent le plus par leur originalité : la pêche d'automne aux filets flottés, et la pêche d'hiver au croc.

« Quand, au printemps, le Poisson remonte l'Oural pour frayer, il faut absolument pêcher celui qui suit le lit même du fleuve, bien que les chaleurs qui se font déjà sentir obligent d'employer beaucoup de sel pour le conserver, et que les prix soient bas, car autrement il redescendrait le fleuve après avoir frayé, et échapperait complètement des mains des Cosaques. Dans cette saison, il n'y a qu'une partie du Poisson qui suit la vallée inondée auquel on puisse, dans certaines localités favorables, barrer le retour au moyen de digues et de filets tendus, pour le retirer en hiver de ces espèces de viviers. Mais le Poisson qui entre dans l'Oural pendant les mois d'été en quantité croissante, à mesure que la saison avance vers l'automne, ne retourne pas la même année à la mer, mais, comme des observations nombreuses l'ont prouvé, reste dans le fleuve pour hiverner, s'il n'est pas sans cesse poursuivi et troublé dans ses habitudes. Quand l'eau commence à devenir froide, le Poisson cherche les endroits profonds, connus sous le nom de *yatove*, et s'y rassemble en grande quantité pour y passer l'hiver sous la glace, dans une sorte d'engourdissement ou de demi-sommeil. Pour retirer plus d'avantages de

cette particularité dans les mœurs des Poissons, les Cosaques ont, de tout temps, non seulement défendu la pêche pendant les trois mois d'été et le mois de septembre, mais, à ce qu'il nous semble, ils vont jusqu'au pédantisme dans leur sollicitude à le leur prouver. Ils ne permettent pas d'aller en bateau sur l'Oural ; on ne peut même traverser le fleuve qu'en cas de nécessité urgente, comme, par exemple, pour couper le foin dans les prairies de la rive droite ; les chevaux et les bestiaux ne doivent pas être abreuvés dans le fleuve ; on n'ose pas tirer de coups de fusil le long de ses bords ; il n'était même pas permis naguère d'éclairer les chambres dont les fenêtres donnaient sur l'Oural. Les bateaux à vapeur doivent s'arrêter à une certaine distance des embouchures du fleuve, et même les bâtiments de cabotage au moyen desquels les Cosaques entretiennent un commerce avec Astrakan, n'entrent jamais dans le fleuve depuis que le bras qui leur est destiné est à sec, mais restent dans une petite baie située à quelques verstes à l'ouest de son embouchure. Ainsi l'Oural est un fleuve dont la pêche est l'unique destination.

« Il y a dans chacune des *stanitzas*, villages de Cosaques, un vieillard nommé gardien de l'Oural, qui doit observer la marche du Poisson afin de connaître approximativement en quelle quantité il s'est rassemblé dans telle ou telle *yatove*. L'expérience qu'ils acquièrent est si grande, qu'ils reconnaissent, d'après les bonds des Poissons, non seulement l'espèce à laquelle ils appartiennent, mais même leur sexe, différence très importante pour les espèces d'Esturgeons : parfois le prix d'une femelle pleine d'œufs surpasse au moins trois fois le prix d'un mâle.

« Le Poisson, gardé ainsi jusqu'à l'approche de la saison froide, est pêché à deux reprises et de deux manières différentes. Dans la partie

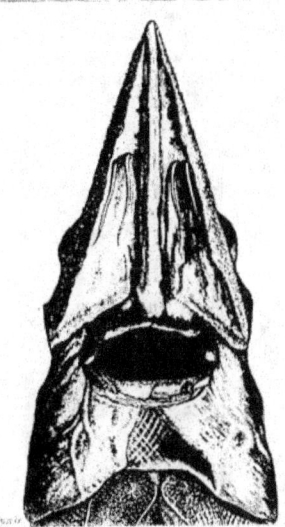

Fig. 204. — Tête de l'Esturgeon commun (vue en dessus).

Fig. 205. — Tête de l'Esturgeon commun (vue en dessous).

inférieure de l'Oural, sur une étendue de 280 verstes environ, on commence à pêcher dès le mois d'octobre. Tous ceux qui désirent prendre part à cette pêche doivent se rassembler pour le premier de ce mois, au village d'Antonorskaïa, d'où elle commence. Le nombre des pêcheurs atteint quelquefois 8,000 hommes avec 3,000 petits bateaux. Toute l'étendue du fleuve, destinée à cette pêche, est divisée en quinze parties, dans chacune desquelles on pêche pendant une journée en descendant le fleuve. L'instrument dont on se sert est le ya-ryga, espèce de chausse ou de sac en filets, de 7 toises de largeur, ayant deux ailes, une supérieure et une inférieure. On traîne ce filet sur le fond du fleuve au moyen de deux bateaux qu'on fait avancer à force de rames.

« La pêche commence au lever du soleil, sans heure fixée pour la terminer. On la continue jusqu'à ce qu'on ait parcouru tout l'espace fixé pour la journée. Avant de commencer, toutes les nacelles sont rangées en ligne sur le rivage, et sont poussées dans l'eau à un signal donné par le chef, l'ataman de cette pêche ; quand elles sont toutes à flot, l'ataman les conduit en colonnes, sans permettre à aucune nacelle de quitter les rangs et de devancer la sienne. S'étant approché ainsi à une certaine

distance de la *yatove*, la nacelle du chef tourne à droite et chaque rameur redouble de force en tâchant de devancer les autres avec sa nacelle. Ils rament avec une telle énergie, qu'il arrive à ces hommes forts et robustes de tomber sans connaissance épuisés de fatigue. Leur but, en luttant ainsi de vitesse, n'est pas de devancer simplement leurs camarades dans l'espoir assez probable, il est vrai, mais pourtant assez trompeur, que la pêche en avant des autres sera plus avantageuse, mais d'atteindre le premier, ou du moins des premiers, la *yatove* où le Poisson est entassé et d'où on peut le puiser, pour ainsi dire, comme d'un vivier, avant que la plus grande partie en ait été enlevée ou ne se soit dispersée, effrayée par le bruit.

« Cette espèce de chasse ou de régate se nomme le *coup*. Quand on a pris la plus grande partie du Poisson sur une *yatove*, on retire les traînes, *yarygas*, dans la nacelle et on ne pêche pas dans l'intervalle des *yatoves* parce qu'il n'y a pas là d'Esturgeons. Il y a ordinairement plusieurs intervalles dans la portion désignée pour la pêche pendant une journée. Ils ne font qu'avancer lentement et en ordre, sous la conduite du chef, jusqu'à une certaine distance de la *yatove* suivante, puis la chasse recommence, ce qu'on appelle faire un *second coup*. Quand la masse principale des pêcheurs, l'armée, comme on la nomme, a laissé derrière elle une des parties du fleuve désignées pour la pêche d'une journée, ceux qui n'ont pas pris part à cette pêche principale ont le droit d'y pêcher avec la seine, non seulement pour recueillir les Esturgeons qui ont pu échapper à leurs devanciers, mais pour prendre une grande quantité de Sandres, de Brêmes, de Carpes et d'autres Poissons de moindre valeur.

« La pêche, dans la partie supérieure de l'Oural jusqu'à la ville d'Ouralsk, chef-lieu des Cosaques, sur l'espace d'environ 220 verstes, n'a lieu qu'en hiver, alors que le fleuve se recouvre de glace.

« Cet espace se divise aussi en parties désignées pour la pêche de chaque journée. On ne pêche aussi que sur les *yatoves* et c'est le croc, *bagor*, qu'on emploie comme unique instrument de pêche. C'est un grand crochet en acier assujetti à un manche en bois dont on peut augmenter la longueur en y ajoutant des perches bout à bout selon le besoin, c'est-à-dire selon la profondeur de l'eau où on veut pêcher ; cette longueur atteint quelquefois jusqu'à 9 toises. Pour que le courant ne fasse pas dévier le croc de la position verticale, on y attache, un peu au-dessus du crochet qui le termine, des poids en plomb ou en fonte.

« Au jour fixé, mais pas avant dix heures du matin, pour donner à tout le monde le temps de se rassembler, car beaucoup passent la nuit, à cause du froid, dans les villages et les habitations du voisinage, les traîneaux des pêcheurs avec les crocs suspendus à l'attelage se rassemblent et s'alignent sur le rivage en face de la *yatove*. On observe pendant ces préparatifs le plus profond silence, pour ne pas effaroucher le Poisson engourdi. Un coup de canon donne le signal après lequel tous sautent sur la glace, pour occuper au plus vite les places et percer les trous dans la glace, afin d'y plonger leurs crocs au commencement même de la pêche. Ces trous se font ordinairement de forme ronde d'un pied et 14 pouces de diamètre. En quelques minutes la place, sur tout l'espace occupé par la *yatove*, est percée de trous, comme un crible. Chacun plonge son croc dans son trou presque jusqu'au fond de l'eau, le relève et le descend lentement. Le Poisson, d'abord immobile au fond de l'eau, effrayé par le bruit commence

à se mouvoir lentement pour se disperser, et doit nécessairement s'accrocher aux crocs qui forment comme une forêt épaisse dans l'eau, puisqu'il y en a quelquefois plus de dix mille sur un espace d'une verste ou d'une verste et demie au plus de longueur et d'une soixantaine de toises de largeur.

« Dans cette pêche, le Poisson n'est donc pas harponné ou piqué par en haut, mais accroché par dessous. Quand le pêcheur sent qu'un Poisson a touché son croc, il le relève doucement pour l'accrocher et tire le Poisson à lui, ce qui n'est pas difficile, puisqu'il a à peu près la pesanteur spécifique de l'eau, et qu'il est très tranquille dans son état de torpeur. Mais il arrive de prendre des Poissons de 20 et même 50 pounds, que non seulement un homme ne pourrait pas tirer hors de l'eau, mais qui ne pourraient même pas passer à travers le trou de la glace. L'heureux pêcheur appelle à son aide quelqu'un de son *artèle*, compagnie ou petite société de dix à quinze hommes que les pêcheurs forment entre eux, non seulement pour s'entr'aider pendant la pêche, mais aussi pour égaliser leur chance de réussite, en divisant en parties égales entre les membres de l'association le produit de leur pêche.

« Comme la pêche ne peut pas être également heureuse partout, tout le monde se jette sur les endroits où elle commence à devenir abondante, en abandonnant leurs trous pour en faire de nouveaux, de sorte que la masse des pêcheurs est dans un mouvement perpétuel de flux et de reflux sur l'espace étroit qui forme le théâtre de cette pêche. La cohue est tellement pressée, et la glace percée de tant de trous, que, malgré son épaisseur, elle cède souvent sous le poids, s'affaisse et se couvre d'une couche assez profonde d'eau qui se colore bientôt en rouge par le sang des Poissons accrochés. Sur le rivage, se passe une scène non moins animée d'achat et de vente, et c'est sur les lieux mêmes qu'on prépare le caviar frais ou liquide. Pendant cette pêche, comme en général pendant les pêches d'hiver, on laisse l'ichthyocolle et le vésiga dans le Poisson pour ne pas le gâter. Après avoir pris tout ou la plus grande partie du poisson d'une *yatove*, les pêcheurs quittent la glace et vont à la suivante, s'il y en a deux ou plusieurs dans l'espace désigné pour la pêche de la journée, mais il est sévèrement défendu de passer cette limite.

« La pêche au croc est la pêche favorite des

Cosaques, parce qu'elle est accessible aux plus pauvres, n'exigeant pour être pratiquée qu'un croc, un traîneau attelé d'un cheval et une petite provision d'avoine, parce que le poisson est cher, et principalement parce que le hasard y joue un plus grand rôle que dans les autres modes de pêche. C'est une espèce de loterie où l'on peut avec du bonheur gagner quelquefois plus de cent roubles en un quart d'heure. »

Usage alimentaire. — La chair de l'Esturgeon est grasse, et sa saveur très fine et très délicate, ce qui fait qu'elle est recherchée dans l'alimentation; on préfère, du reste, les individus capturés dans les fleuves à ceux qu'on pêche en mer.

Dans le sud de la Russie, où la pêche est tout particulièrement active, on emploie, suivant Danilewsky, trois procédés pour conserver le Poisson. On le gèle, on le sale simplement, ou on le sale et le sèche ensuite.

Le premier procédé conservant au Poisson toutes ses qualités, on l'emploie d'autant plus que l'Esturgeon gelé a presque la même valeur marchande que l'Esturgeon frais. L'Oural fournit à lui seul, en moyenne, pour 525,000 roubles de Poisson gelé, sur 675,000 de Poisson salé. Beaucoup de propriétaires conservent vivant le Poisson pêché pendant l'été pour le vendre gelé en hiver.

C'est surtout le long du cours inférieur du Volga qu'on sale le Poisson dans de grands établissements connus sous le nom de *vatgas*.

Une quantité assez considérable d'Esturgeon est préparé en *balyk*, qui est du poisson salé, et puis séché à l'air. Comme on ne fait de *balyk* qu'en Russie, nous croyons que les détails suivants, que nous empruntons à Danilewsky, ne seront pas sans intérêt.

« On ne prépare le balyk qu'au printemps, avant que les chaleurs aient commencé, parce que plus tard il faudrait le saler très fortement pour qu'il ne se gâtât point. On regarde ceux de mars comme les meilleurs. Dans les pêcheries de la partie septentrionale de la mer Caspienne et dans celles de la mer d'Azof, on n'emploie pour le balyk que l'Esturgeon et le Huso; sur le Coura, en Transcaucasie, on emploie de 200,000 à 300,000 Sèvragas pour en faire du balyk d'une qualité nommée *djirine*. Il est sec et excessivement salé, mais c'est justement ce qui fait son mérite aux yeux des habitants de la Cakhétie, son marché principal, car il excite la soif qu'on se plaît à

étancher avec l'excellent vin que produit le pays. On choisit les Poissons les plus gros et l'on commence par leur ôter la tête, la queue, ainsi que le ventre et les parties latérales du corps, en ne laissant que le dos qui forme justement ce qu'on nomme *balyk*, c'est-à-dire Poisson par excellence, car *balyk* veut dire Poisson en tartare. Les parties qu'on a séparées se salent à la manière ordinaire ou s'emploient pour la nourriture des pêcheurs et des ouvriers; mais les parois du ventre, qui sont excessivement grasses, se préparent aussi quelquefois comme les balyks et s'appellent *tiochka*. Les dos des Esturgeons restent entiers, et chaque dos forme un balyk; mais les dos des grands Huso se divisent encore en long et en large en plusieurs parties qui forment autant de balyks, parce qu'autrement ils seraient trop gros pour se bien pénétrer de sel. On met les dos dans des auges ou des caisses de bois, en ayant soin d'entourer chaque dos de sel, de manière qu'il n'ait de contact ni avec les parois de l'auge ni avec les autres dos, sans quoi ils se gâteraient infailliblement. On les laisse dans le sel de neuf à douze jours, et même quinze jours quand il fait chaud, et pour les très grandes pièces, on ajoute du sel et du salpêtre, environ 2 livres pour 50 pouds de balyk, pour lui donner une couleur rougeâtre. On emploie encore, pour la fabrication des meilleurs sortes, du poivre, des clous de girofle et des feuilles de laurier. Quand on pense que les dos ont été suffisamment pénétrés de sel, on les retire des auges et on les fait macérer un ou deux jours dans de l'eau douce, ou dans l'eau saumâtre de la mer d'Azof, qu'on préfère même à l'eau douce. Quand la macération a soutiré le surplus du sel du balyk, on le suspend à l'air pour le faire mûrir; il reste quelque temps exposé aux rayons directs du soleil, après quoi on le transporte à l'ombre sous un hangar ouvert de tous côtés, pour que le vent traverse librement les rangées de balyks. Il reste ainsi pendant un mois ou six semaines, selon le temps qu'il fait. Quand il est mûr, il doit être recouvert d'une sorte de moisissure; si elle ne se forme pas, c'est un signe que le balyk est trop salé. Malgré tous les soins qu'on donne à cette préparation, les balyks ne réussissent jamais également bien; il y en a toujours quelques-uns qui se distinguent au premier coup d'œil par leur couleur foncée; ce sont les meilleurs.

« Le bon balyk, comme on en prépare près

des embouchures du Don et sur quelques points du littoral de la mer d'Azof, surtout sur la côte septentrionale et orientale de la presqu'île de Kersch, est presque aussi tendre que le Saumon salé, d'une couleur brun orange et translucide. Son odeur est tout à fait spéciale et ressemble un peu à l'odeur des concombres frais; il ne doit pas avoir d'arrière-goût rance ou putride, ni être trop salé. Il n'y a que peu d'ouvriers habiles qui sachent donner à leur balyk toutes ces qualités qui le font rechercher des amateurs. On le paye jusqu'à 18 roubles le pound sur les lieux de sa production; mais le prix de détail auquel on le livre au consommateur atteint souvent 1 rouble la livre. »

Chez l'Esturgeon la colonne vertébrale n'est pas ossifiée; elle consiste en un long ruban cartilagineux, de consistance à demi molle; sous le nom de *vésiga* ou *viasiga* cette corde dorsale sert à l'alimentation. Après l'avoir lavée, on en sépare la couche extérieure, qui est cartilagineuse, pressée, puis séchée. La substance gonfle beaucoup lorsqu'elle est cuite à l'eau.

Les œufs de l'Esturgeon fournissent le caviar. On prépare en Russie deux sortes de caviar, le caviar liquide, qu'on nomme aussi caviar à grains, et le caviar solide, qui porte le nom local de *païonsuaya*. Le caviar le plus estimé est fait avec les œufs de l'Esturgeon Bélouga; les œufs de l'Esturgeon Ichthyocolle et du Sewringa, mélangés ensemble, donnent un caviar moins estimé; quant aux œufs extrêmement petits du Sterlet, ils fournissent un caviar qui est consommé sur place.

D'après Danilewsky « on met le caviar qu'on a retiré du Poisson et dont le noir ou le gris foncé est la couleur naturelle, sur un tamis composé d'un cadre en bois sur lequel on a tendu un filet en cordons ou en fil d'archal à mailles très serrées, à travers lesquelles les grains de caviar doivent pourtant facilement passer. On étend le caviar sur ce tamis en le pressant avec les mains; par ce procédé, les grains se séparent des parties de l'ovaire dont ils sont entourés en tombant à travers les mailles du tamis dans un demi-tonneau ou un autre vase en bois, tandis que les fibres de l'ovaire entremêlé de graisses restent sur le tamis.

«Quand on a l'intention de préparer du caviar liquide, on met dans le vase qui reçoit les grains du caviar du meilleur sel en poudre fine en proportion de une demi-livre à quatre demi-livres sur un pound de caviar, selon la saison et la température qu'il fait... Quand on remue le caviar avec le sel, il se sent au toucher d'abord comme une pâte homogène et liquide; mais bientôt les grains acquièrent plus de résistance en s'imbibant de sel, et on a la sensation comme si on remuait un tas de perles. C'est le signe que le caviar est fait à point. On le transvase alors dans des barils de tilleul, les seuls qui ne communiquent aucun goût désagréable au caviar.

« Si on veut préparer le caviar solide, on verse dans le vase qui doit réunir les grains de caviar une dissolution de sel dont le degré de concentration varie aussi selon la saison et la température. Pour que chaque grain s'imprègne bien de sel, on imprime à la saumure un mouvement circulaire, en la remuant avec une pelle, toujours dans le même sens; puis on verse toute la masse sur un grand tamis en crin. Quand le liquide superflu s'est écoulé, on met le caviar dans des sacs de nattes de deux à trois pounds de capacité. On place ces sacs sous une presse pour en exprimer la saumure superflue et pour les comprimer en une masse compacte. Il va sans dire que cette compression écrase beaucoup de grains de caviar, dont le contenu s'écoule avec la saumure, raison pour laquelle ce caviar n'est jamais aussi délicat que le caviar liquide. On retire le caviar pressé des sacs, et on en remplit des tonneaux ou des barils in l'y foulant fortement; les tonneaux sont toujours garnis en dedans de toile de serviette; c'est de là que provient le nom de *caviar à serviette*, sous lequel il est connu dans le commerce.

« La meilleure sorte de caviar pressé, c'est-à-dire la moins salée et la moins pressée, se met dans des sacs cylindriques longs et étroits qui ont l'aspect de grands boudins. C'est le *caviar à sac*. On en remplit aussi des boîtes en ferblanc qu'on ferme hermétiquement. Le caviar peu salé, empaqueté de cette manière, peut se garder assez longtemps, même pendant les chaleurs. Le caviar peut être plus ou moins gras, selon les qualités des poissons et le temps de la pêche. Quand on juge qu'il n'est pas assez gras, on verse dans le tonneau un peu de graisse de poisson, qu'on prépare exprès dans ce but, en la séparant des intestins de différentes espèces d'Esturgeons et la faisant fondre au bain-marie. Au caviar en boîtes de ferblanc on ajoute aussi quelquefois de l'huile

Fig. 204. — Le Sterlet.

d'olive. Le caviar liquide se vend toujours plus cher que le solide... Il est très difficile de déterminer les quantités relatives de ces deux espèces de caviar. Sur l'Oural, le caviar liquide forme un peu moins de la moitié du caviar solide. Le meilleur caviar est, sans contredit, celui d'Astrakan. »

Usages industriels. — La vessie natatoire des Esturgeons est l'objet d'un important commerce à cause de l'ichthyocolle qu'elle fournit.

C'est avec le Sterlet qu'on prépare principalement la *colle en lyre*, qui est la plus estimée. Après avoir ouvert le poisson et retiré les œufs, on détache avec précaution la vessie natatoire, on la retourne, on la lave à grande eau, puis on détache la membrane interne, la seule qui serve.

La vessie natatoire de l'Esturgeon Bélouga est coupée, suivant le sens de sa longueur, en bandes qu'on fait un peu sécher au soleil; le feuillet interne est détaché, roulé, et les bandes sont foulées dans des tonnes où elles restent pendant quelques heures: on obtient ainsi la *colle en feuilles*.

L'ESTURGEON COMMUN. — *ACIPENSER STURIO*.

De Suède.

Caractères. — L'Esturgeon commun (fig. 203) peut atteindre une grande taille; certains auteurs mentionnent des individus longs de 4 et même 6 mètres. Cette espèce a le corps allongé, la crête dorsale prononcée, le ventre aplati en dessous. La tête est longue, le museau effilé, pointu; la bouche est assez large, très protractile (fig. 204, 205); la lèvre inférieure est largement divisée au milieu; l'épine des écussons dorsaux est située au centre; les scutelles qui garnissent la peau sont disposées en quinconce. La coloration est brunâtre sur le dos et le haut des flancs, les régions inférieures étant plus claires, à reflets argentés.

Distribution géographique. — La zone d'habitation de cette espèce est très étendue. Dans l'Océan Atlantique, sa principale demeure, il fréquente les côtes de France, d'Angleterre, de Norwège, d'Islande; on le rencontre dans la mer du Nord, dans la Baltique et accidentellement dans la Méditerranée; cependant, d'après Doumet, il est assez commun à Cette.

Suivant E. Moreau, « l'Esturgeon commun se trouve sur toutes nos côtes de France. Il s'engage dans la Seine, mais il s'avance rarement loin; il a été pris à Neuilly, à Montereau; accidentellement quelques individus pénètrent dans l'Yonne, et il en a été pêché au delà de Sens, entre Laroche et Auxerre. Quelques-uns de ces animaux ont remonté, mais très rarement, la Loire jusqu'aux Ponts-de-Cé et même jusqu'à Saumur; dans le département de Maine-et-Loire on n'a pas pris d'Esturgeon de 1860 à 1869. Ces Poissons pénètrent dans la Gironde; ils ne s'engagent dans la Dordogne qu'en très petit nombre et accidentellement; ils gagnent plutôt la Garonne. Suivant Duhamel, l'Esturgeon remonte l'Adour pendant l'été jusqu'à l'endroit où le Gave se décharge dans cette rivière; il ne remonte pas au delà de l'Adour, mais il entre dans le Gave dont les eaux sont claires et limpides. Au printemps, les Esturgeons remontent le Rhône pour frayer. Avant l'établissement des bateaux à vapeur, il s'en prenait beaucoup, même de fort gros; maintenant ils sont plus rares. L'Esturgeon s'engage parfois dans la Saône et même dans le Doubs. Il est assez rare à Nice. »

L'ICHTHYOCOLLE. — *ACIPENSER ICHTHYOCOLLA.*

Caractères. — Le grand Esturgeon, l'Ichthyocolle, ou *Bélouga* des Russes, est l'espèce qui arrive à la plus grande taille; c'est ainsi que Pallas parle d'un individu pêché en 1769 près de Bogatoï-Koultouk, en Russie, qui pesait 2,310 livres et qui avait près de 27 pieds de long (8m,93); des individus de 6 mètres de long et du poids de 2,500 livres ont été mentionnés par des auteurs dignes de foi.

Chez cette espèce, la peau est plus lisse, les boucliers plus petits que chez l'Esturgeon commun. Le corps est d'un gris cendré tirant sur le brun, le ventre est blanchâtre, le museau jaunâtre.

Distribution géographique. — Cet Esturgeon n'est pas aussi répandu que l'Esturgeon commun et ne se trouve guère que dans la Caspienne et la mer Noire; il remonte le Volga jusqu'à Checkma, le Danube jusqu'aux environs de Pesth; il est également commun dans la mer d'Azof.

Mœurs, habitudes, régime. — Le Bélouga se rassemble en légions innombrables et fraie dès le commencement du printemps; il remonte les fleuves plus tôt que l'Esturgeon commun, c'est-à-dire avant la fonte des glaces; il dépose une quantité vraiment prodigieuse d'œufs sur les pierres, là où le courant est le plus rapide, puis redescend à la mer suivi des jeunes nouvellement éclos.

LE STERLET. — *ACIPENSER RUTHENUS.*
Der Sterlet.

Caractères. — Le Sterlet n'arrive jamais à une taille aussi considérable que les deux espèces que nous venons d'étudier; il dépasse rarement un mètre, en effet, et son poids est tout au plus de 12 kilogrammes.

Cette espèce (fig. 206) se reconnaît facilement en ce que son museau est plus allongé que chez les deux autres; les barbillons, assez longs, sont frangés; la lèvre supérieure est étroite, la lèvre inférieure divisée en son milieu; les écussons sont échancrés en arrière et garnis d'une carène oblique terminée par une pointe épineuse; il n'existe pas de scutelles étoilées. Le dos est d'un gris brunâtre ou d'un jaune-brun allant, chez certains individus, presque jusqu'au noir; la couleur des écussons est d'un brun sale; les nageoires du ventre sont légèrement rougeâtres.

Distribution géographique. — Le Sterlet habite la mer Noire et remonte dans tous les cours d'eau qui se jettent dans cette mer; dans le Danube il arrive régulièrement jusqu'à Vienne; il n'est pas rare à Linz; on l'a recueilli non loin d'Ulm dans le Danube; il habite également la Caspienne et se trouve dans ses affluents; on le rencontre dans l'Océan Arctique et dans les fleuves qui s'y rendent.

LES CHONDROPTÉRYGIENS
ou ÉLASMOBRANCHES, ou POISSONS CARTILAGINEUX
CHONDROPTERYGII

Die Knorpelfische.

Caractères généraux. — La sous-classe des Élasmobranches ou Chondroptérygiens comprend des Poissons dont le squelette est toujours cartilagineux ; la peau n'est jamais couverte d'écailles, elle est nue ou garnie de productions épidermiques connues sous le nom de *boucles*, de *scutelles;* la terminaison de la colonne vertébrale est hétérocerque, le lobe supérieur de la nageoire caudale étant le plus développé ; les ventrales sont toujours abdominales ; il n'y a pas d'appareil operculaire ; au lieu d'avoir les branchies libres par le bord externe, comme les autres poissons, les Élasmobranches les ont, au contraire, adhérentes à la peau par ce bord externe, en sorte que l'eau s'échappe par autant de trous percés dans la peau qu'il y a d'intervalles entre les branchies. Il n'existe pas de vessie natatoire ; on trouve une valvule spirale dans l'intestin ; l'appareil central de la circulation est pourvu d'un cône artériel musculaire ou bulbe aortique renfermant plusieurs valvules ; les nerfs optiques forment un chiasma.

Classification. — On divise les Élasmobranches en deux ordres, les *Plagiostomes* et les *Holocéphales.* Chez ces derniers les branchies s'ouvrent à l'extérieur par une seule ouverture, la peau passant en avant des fentes branchiales ; de plus, l'appareil maxillo-palatin est soudé au crâne.

LES PLAGIOSTOMES — *PLAGIOSTOMA*

Die Haifische.

Caractères. — Les Plagiostomes n'ont jamais la mâchoire supérieure soudée au crâne ; le nombre des fentes branchiales est constamment de cinq au moins.

La forme du corps est des plus variables. Chez les Squales proprement dits elle est, en effet, allongée, en forme de fuseau, tandis qu'elle est aplatie, déprimée chez les Torpilles ; on trouve, du reste, de nombreuses formes intermédiaires entre ces deux formes extrêmes, de telle sorte que pour certains genres, tels que le Pristiophore, les Anges d'un côté, les Scies, les Rhamphobates, les Rhinobates de l'autre, les Squales se rattachent aux Raies.

Ces caractères généraux donnés, il est utile, croyons-nous, d'entrer dans quelques détails pour faire connaître dans leur ensemble les particularités anatomiques que présentent les Plagiostomes.

Squelette. — Il existe un rachis qui se décompose en une série de vertèbres nettement distinctes et fortement biconcaves. Le nombre de ces vertèbres varie suivant les types examinés ; c'est ainsi qu'il est de 94 chez la Raie blanche, tandis qu'il atteint 365 chez le

Squale Renard ; du reste, le nombre de vertèbres n'est pas constant pour une même
espèce.

Le mode d'union des vertèbres entre elles
est comparable à ce que l'on voit chez les
autres Poissons ; les corps se touchent par les
bords des cavités coniques dont elles sont
creusées en avant et en arrière et réunies par
un bourrelet fibreux ; l'intervalle formé par
les concavités des deux vertèbres est rempli
d'une substance demi-fluide.

Une particularité fort remarquable de l'organisation des Raies consiste dans la soudure des premières vertèbres, de telle sorte
que cette partie de la colonne vertébrale consiste en une tige.

Quant à la vertèbre elle se compose d'une
partie centrale, corps ou centrum ; à cette
partie sont surajoutées diverses pièces que
l'on peut ramener à deux paires, une paire
formant l'arc supérieur, protecteur de la
moelle, une paire constituant l'arc inférieur,
renfermant les vaisseaux qui partent de la
moelle ou qui s'y rendent.

Les lames vertébrales supérieures se composent de pièces dites *crurales* qui forment en
quelque sorte les piliers de la voûte vertébrale ;
entre elles se trouvent des pièces intercalaires,
ou *cartilages intercruraux*, parfois encore des
cartilages *surcruraux* (fig. 207). Dans les Pla-

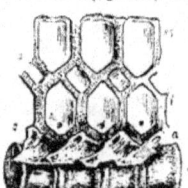

Fig. 207. — Colonne vertébrale de Raie bouclée (*).

giostomes les apophyses transverses, qui se
rattachent à l'arc inférieur, présentent de
grandes variations ; chez beaucoup de Squales
elles sont larges et donnent attache aux cartilages costaux qui sont généralement peu développés ; ceux-ci sont presque rudimentaires
chez les Raies, les Torpilles.

Le crâne consiste en une boîte percée de
plusieurs trous pour le passage des nerfs et

(*) V, corps de la vertèbre ; *a*, apophyse transversale ;
c, cartilage crural ; *i*, cartilage intercrural ; *s*, cartilage
surcrural ; *ss*, cartilage supérieur supplémentaire (d'après
E. Moreau).

des vaisseaux, sur lequel il est difficile de
reconnaître des pièces distinctes. La base de
ce crâne s'articule tantôt avec la colonne ver-

Fig. 208. — Crâne de Squatine, vu latéralement (*).

tébrale, comme chez les Raies, tantôt ne présente pas d'articulation et reçoit l'extrémité

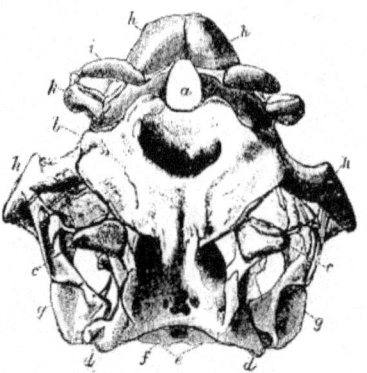

Fig. 209. — Crâne de Squatine, vu par derrière.
(Même explication des lettres.)

antérieure de la corde dorsale. La réunion de
la mâchoire inférieure cartilagineuse avec le

(*) *b*, préfrontale ; *c*, post-orbitaire ; *d*, post-auditive ;
e, condyles occipitaux ; *f*, trou occipital ; *g*, suspensorium ; *h*, arc dentaire supérieur ; *i, k, l*, cartilages labiaux ; *Mn*. mandibule ; *Au*, chambre auditive ; *Or*, orbite ; *N*, chambre nasale ; *Op*, filaments cartilagineux
operculaires ; *Br*, rayons branchiostèges ; *Hy*, arc hyoïdien.

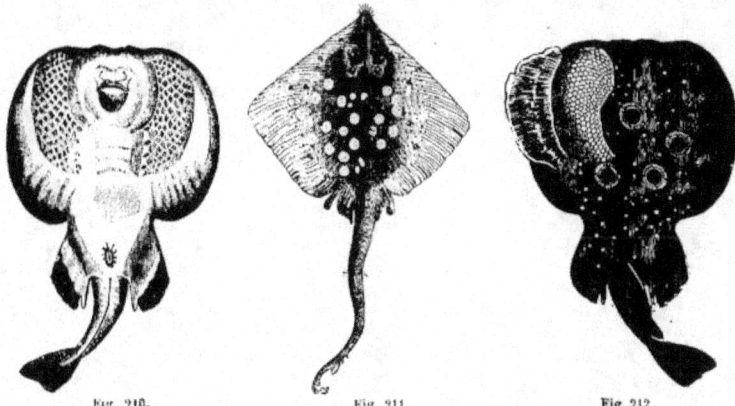

Fig. 210.   Fig. 211.   Fig. 212.

Fig. 210. — La Torpille ocellée (vue de face).
Fig. 211. — La Raie bouclée (*Raja clavata*).

Fig. 212. — La Torpille ocellée (vue de dos), montrant
la forme de l'appareil électrique.

crâne a lieu au moyen d'une pièce généralement mobile. L'appareil maxillaire est fort réduit ; chaque mâchoire est composée de deux cartilages réunis par une symphyse sur la ligne médiane. Dans certains genres, comme chez le Squatine, il y a autour de la bouche des cartilages plus ou moins développés (fig. 208 et 209).

Les nageoires pectorales sont suspendues par une ceinture cartilagineuse au dernier arc branchial ou à la partie antérieure de la colonne vertébrale ; tantôt elles sont placées presque verticalement dans la partie antérieure du corps comme chez les Squales, tantôt elles prennent un énorme développement et constituent de larges lames horizontales sur les côtés du corps auquel elles contribuent à donner la forme discoïdale que l'on remarque chez les Raies, les Torpilles (fig. 210).

Les nageoires impaires sont toujours très développées et par leur situation fournissent de bons caractères pour la distinction des genres et des espèces. On trouve parfois un aiguillon en avant des nageoires dorsales, aiguillon qui sert d'arme défensive ; cette pièce peut se trouver isolée sur la caudale, ainsi qu'on le voit chez les Trygones ou Raies armées.

Motilité. — « Des différences remarquables dans le genre de vie et dans le mode de locomotion résultent de celles que présente le squelette des Plagiostomes, selon le groupe auquel ils appartiennent.

« Ainsi les Raies, qui offrent une large surface, sont obligées de se servir de leurs grandes nageoires paires antérieures, dont la direction est horizontale, comme l'oiseau se sert de ses ailes, et elles ont à vaincre beaucoup de résistance pour déplacer des organes d'une étendue si considérable (fig. 210). Il est vrai que, par suite du mode d'insertion de ces nageoires sur le tronc, et de la multiplicité de leurs rayons cartilagineux articulés bout à bout, le Poisson peut, jusqu'à un certain point, en les abaissant et en leur faisant subir de légères inflexions partielles, diminuer sa surface, et, par cela même, mieux profiter du mouvement d'impulsion qu'il s'est communiqué en frappant l'eau avec ses ailes étendues. Un déplacement semblable des ventrales se produit, et elles viennent en aide, avec plus ou moins d'efficacité, selon leur grandeur, aux pectorales. C'est ainsi que le Poisson s'élève vers la surface.

« Pour gagner rapidement les profondeurs où, d'ailleurs, l'entraîne naturellement son propre poids, il plonge en prenant une position oblique.

« On comprend facilement, vu le peu de volume de la queue, souvent terminée en une sorte de fouet grêle et effilé, qu'elle ne peut pas avoir, à beaucoup près, et n'a pas en réalité, dans les mouvements de propulsion, la même force que chez les Squales.

« Le mode de locomotion des Raies est donc

évidemment beaucoup plus imparfait que celui de ces derniers. Aussi se tiennent-elles de préférence dans les fonds, où elles se déplacent par de simples mouvements d'ondulation des pectorales. Elles voyagent, par conséquent, beaucoup moins que les Squales, qui nagent à la manière des poissons ordinaires. Conformés de même, ils produisent sur l'eau, par les mouvements alternatifs de leur queue, des effets absolument comparables, mais peut-être plus énergiques chez les individus où elle présente beaucoup de longueur, comme chez les Gynglymostomes et le Stégostome parmi les Roussettes, ou chez le Squale à queue de renard.

« Leur corps fusiforme est admirablement construit pour la natation rapide. Sa vitesse ne pourrait être mesurée comme l'est celle des Cétacés que l'œil peut, en quelque sorte, suivre puisqu'ils sont obligés de venir à la surface prendre l'air nécessaire à leur respiration. Il y a cependant lieu d'admettre, avec Ev. Home, que la locomotion d'animaux si semblables de forme doit s'exécuter au sein des eaux avec une rapidité égale. Or, une Baleine, et par conséquent un Squale, dépasse aussi facilement que s'il était à l'ancre un navire excellent voilier qui parcourt 14 milles, près de 26 kilomètres par heure, le mille étant de 1852 mètres (1). »

De ce que nous venons de dire, il résulte que les Raies habitant de préférence des fonds se déplacent beaucoup moins que les Squales et ont, dès lors, une aire de distribution beaucoup plus limitée, plus circonscrite. Les Squales, au contraire, puissants nageurs, ont souvent une aire de distribution extrêmement répandue, de telle sorte que certaines espèces sont, on peut le dire, cosmopolites ; quelques espèces ne viennent cependant jamais à la surface et vivent exclusivement dans les grands fonds.

Système nerveux et organes des sens. — Les Plagiostomes sont supérieurs aux autres Poissons par la structure du cerveau et des organes des sens. Bien que ne remplissant pas, et à beaucoup près, la boîte crânienne, l'encéphale est cependant relativement développé, surtout le cerveau antérieur qui présente des plis, premiers indices des circonvolutions. Les pédoncules olfactifs sont parfois très courts, comme chez certains Squales, tantôt allongés, comme on le remarque chez les Raies ; les

(1) A. Duméril, *Histoire naturelle des Poissons*, t. I, p. 51.

deux nerfs optiques forment toujours un chiasma et présentent un entre-croisement partiel de leurs fibres. Le cervelet présente de grandes variétés dans sa forme et dans son développement. Le long de la moelle allongée se trouvent parfois des lobes distincts. Chez les Torpilles on voit un renflement considérable qui est composé par les deux lobes électriques (fig. 212).

La peau ne porte jamais d'écailles chez les Plagiostomes ; elle est généralement couverte de scutelles, petites pièces qui la rendent rude au toucher ; ces scutelles ont même structure que les dents et même mode de développement. On trouve, en outre, des bouches, épines à large base, sur le corps du Squale bouclé et de certaines Raies.

Ce qui est exceptionnel dans le groupe des Poissons, il existe, non seulement des paupières libres, mais souvent encore une paupière mobile, qui rappelle la membrane nictitante des Oiseaux ; cette paupière, qui est inférieure, recouvre plus ou moins l'œil et se meut à l'aide d'un tendon spécial. L'œil est souvent pourvu d'un tapis de couleur variable ; il est parfois porté à l'extrémité d'une apophyse qui contribue à donner une forme si étrange à la tête des Marteaux (fig. 213).

L'appareil auditif est complètement séparé de la cavité cérébrale ; l'oreille comprend un labyrinthe membraneux et un cartilagineux ; cette disposition est caractéristique des Plagiostomes. On ne trouve pas de pierres de l'oreille, mais une fine poussière qui porte le nom d'*otoconie*. L'appareil auditif communique avec l'extérieur au moyen de petits pertuis généralement au nombre de deux ; il existe, de plus, une sorte de conduit auditif dans l'évent de beaucoup de Sélaciens ; les Plagiostomes seuls, parmi les Poissons, présentent un tel caractère de supériorité.

Les narines n'ont aucune communication avec la bouche ; elles ne possèdent qu'une seule ouverture et sont munies d'une valvule, le plus souvent isolée, parfois réunie, vers la bouche, à celle du côté opposé.

Appareil digestif. — La bouche est, le plus souvent, ouverte transversalement ; elle est parfois en courbe plus ou moins étendue, le plus ordinairement largement fendue.

Les dents ne sont jamais implantées dans la substance cartilagineuse des mâchoires, mais simplement fixées dans le rebord des gencives. Chez les Requins, elles sont dispo-

Fig. 213. — Le Marteau (*Zygæna malleus*).

sées par rangées sur le bord arrondi des cartilages des mâchoires, de telle sorte que les
rangées postérieures, les plus jeunes, ont
leurs pointes dirigées en dehors et en arrière,
tandis que les plus anciennes, plus ou moins
usées, ont leur extrémité tournée en dessus et
en dehors.

La forme, le nombre, les dimensions des
dents varient beaucoup suivant les divers
groupes examinés et fournissent de bons
caractères pour la classification.

Chez les Squales, animaux essentiellement
carnassiers, les dents sont le plus souvent
longues, plates, en forme de poignard, à bords
tranchants, parfois dentelées sur les bords,
ou même hérissées de grandes pointes latérales ; ces dents sont tantôt très larges, ainsi
qu'on le voit chez les Carcharodons, les Carcharias, d'autres fois plus subulées et plus
étroites, comme chez les Odontaspis. Le cône
médian peut être flanqué latéralement de
cônes latéraux parfois fort développés ainsi
qu'on le voit dans le genre *Acrodus* ; ces dentelures peuvent être multiples, de telle sorte
que la dent se compose d'une série de dentelures, ainsi qu'on le remarque chez les Grisets
ou *Notidanus*. Chez l'Aiguillat commun les
dents, qui sont semblables aux deux mâchoires,
forment une sorte de bord ; elles sont tranchantes et ont l'angle externe saillant, très
pointu, dirigé en dehors.

Assez souvent les dents sont dissemblables
aux deux mâchoires. Tantôt, comme chez le
Bleu, la différence n'est pas très grande, les
dents inférieures étant seulement plus pointues ; tantôt, au contraire, les différences sont
telles que, si l'on n'avait pas les dents en place,
on hésiterait à les attribuer à un même animal.
C'est ainsi que chez le Griset la mâchoire supérieure est dans sa partie médiane armée de
dents étroites, pointues, à une seule pointe,
puis de dents plus larges armées de une ou deux
pointes sur le bord postérieur, les dents les
plus reculées forment une sorte de petit pavage ;

à la mandibule on trouve une dent médiane
dentelée sur les bords latéraux et plus ou
moins tranchante sur le bord supérieur, tandis que les dents latérales sont larges, à bord
taillé obliquement et dentelé comme une scie.
Chez le Sagre les dents de la mâchoire supérieure ont une pointe médiane très longue et
deux pointes latérales, tandis que les dents de
la mâchoire inférieure ont leur bord tranchant avec une pointe tournée en dehors. Des
variations tout aussi grandes se voient chez
le Centrophore granuleux, chez l'Humantin,
chez la Liche, chez le Lémargue, pour ne citer
que des Squales des côtes de France.

Certains Squales fossiles, tels que les *Strophodus*, les *Acrodus*, les *Psammodus*, ont les
dents plus ou moins aplaties, formant une
surface destinée, non plus à couper, à retenir
la proie, mais à les broyer. Parfois, les dents
sont tordues sur elles-mêmes, ainsi que nous
le voyons chez les *Cochliodus*, des terrains houil-
lers, ou en forme d'éventail, comme chez les
Ctenodus, les *Chirodus* et chez d'autres genres
particuliers aux formations anciennes. Les
Ptychodus, qui sont spéciaux aux terrains
de la craie, ont les dents plus ou moins carrées, assez bombées, supportées par une
épaisse racine, recouverte d'une épaisse couche d'émail qui se relève en une série de granulations, de mamelons, de plis tranchants
souvent parallèles.

Les Raies n'ont jamais les dents aussi développées et aussi puissantes que les Squales.
Le plus souvent ces dents sont placées en
grand nombre les unes à côté des autres de
manière à former deux séries obliques ou verticales ; la forme des dents varie souvent
chez le mâle et chez la femelle. Chez les Myliobates ou Mourines les dents ont la couronne plate ; elles sont soudées entre elles, de
manière à former deux larges plaques ; une
disposition analogue se voit chez les Ætabates
et les Zygobates.

La dimension des dents qui garnissent la

bouche n'est pas toujours en raison directe de la grandeur de l'animal ; c'est ainsi que le gigantesque Squale Pèlerin, dont la taille peut arriver à 12 mètres, n'a que de petites dents excessivement nombreuses, coniques et crochues ; le nombre de ces dents n'a pas été évalué à moins de 4,032 par de Blainville, à 2,700 par Duméril ; elles n'ont que de 6 à 8 millimètres de hauteur. Un autre Squale, non moins gigantesque, le Rhinodon, n'a comme dentition qu'une plaque toute hérissée de pointes en carde ; on peut aisément se figurer la petitesse de ces dents par ce fait que, malgré le peu de place, 3 centimètres seulement, qu'elles occupent dans la vaste gueule du Poisson, elles y sont cependant au nombre de plus de 6000.

Le Carcharodon de Rondelet est, parmi les Squales actuels, celui qui a les plus grandes dents ; elles ont 5 centimètres de haut pour un animal de 11 mètres de haut. On peut juger d'après cela de la saillie colossale que devait attendre un Squale du même genre qui vivait dans nos pays à l'époque tertiaire moyenne ; les dents de *Carcharodon megalodon* ont jusqu'à 82 millimètres de haut, ce qui donnerait à l'animal une taille d'environ 18 mètres.

Le canal digestif s'élargit pour former un vaste estomac ; l'intestin est relativement court ; dans l'intestin grêle se trouve une valvule en spirale qui retarde beaucoup le passage des substances alimentaires et augmente considérablement la surface d'absorption.

Par une disposition singulière, le péritoine et le péricarde, c'est-à-dire les deux cavités qui renferment les intestins et le cœur, communiquent entre eux au moyen de petits orifices.

Le foie a un volume souvent considérable ; sa forme est en rapport avec celle du corps ; allongé chez les Squales, il est large et déprimé chez les Raies. La rate est située près de l'estomac et vers le commencement de l'intestin grêle.

Circulation et respiration. — Le cœur des Plagiostomes est bien un cœur de Poisson en ce sens qu'il n'est composé que de deux cavités, une oreillette et un ventricule ; le *sinus de Cuvier*, grand réservoir à parois membraneuses et dans lequel vient se déverser le sang veineux de toutes les parties du corps, ce réservoir est placé dans le péricarde ; on trouve un cône musculeux artériel qui renferme de deux à cinq rangées de valvules.

La disposition et la structure des branchies constituent un des caractères distinctifs des Poissons cartilagineux. Tandis, en effet, que dans le plus grand nombre des Poissons, les lames branchiales sont libres et renfermées dans une cavité commune, à orifice externe unique, elles sont, au contraire, chez les Plagiostomes, réunies deux à deux ; elles forment ainsi des cavités indépendantes qui ont chacune une issue extérieure sous forme de fente. Le nombre de ces fentes est de cinq, excepté chez les Grisets qui en ont six et sept ; la quatrième et la cinquième sont quelquefois très rapprochées et semblent presque confondues, ainsi qu'on le voit chez certaines Roussettes. Ainsi que nous l'avons déjà dit, ces fentes branchiales sont placées latéralement chez les Squales, à la face inférieure du corps chez les Raies.

A l'étude des organes de la respiration se rattache celle des ouvertures de la cavité buccale destinées à les mettre en communication avec l'extérieur ; nous parlons des évents, qui peuvent livrer passage à l'eau. La présence de ces évents est constante chez les Raies, mais il n'en est pas de même chez les Squales, aussi leur présence ou leur absence chez ces derniers donne-t-elle des caractères pour la classification. Leurs dimensions sont très variables ; tantôt les évents sont plus grands que les yeux, ainsi qu'on le voit chez les Torpilles, tantôt ils sont extrêmement petits, comme chez le Squale Renard. Dans l'évent se trouve une petite branchie accessoire.

Les fœtus d'un certain nombre de Plagiostomes portent au niveau des fentes branchiales des appendices qui constituent des branchies transitoires.

Développement. — Les Plagiostomes sont ovovivipares, c'est-à-dire que l'œuf se développe dans le corps de la mère ; ou, au contraire, pondent des œufs ; par une exception remarquable chez les Poissons, le petit contracte parfois des connexions avec l'utérus maternel.

Les œufs sont enveloppés dans une coque dure dont la forme est des plus variables suivant les espèces. On trouve fréquemment au bord de la mer des œufs de Raies ; ils ont la forme d'un carré long terminé par une pointe assez longue à chaque angle ; les œufs des Roussettes portent de longs filaments qui servent à les fixer aux plantes marines. Certains œufs ont des formes très bizarres ; ils peuvent être enroulés en cornet ou en spirale; leur volume peut être considérable; leur couleur est le plus ordinairement d'un brun verdâtre ou jaunâtre, la surface interne étant brillante et comme vernissée.

La ponte effectuée, les œufs sont complètement laissés au hasard; aussi, aussitôt après leur naissance, les petits doivent-ils non seulement pourvoir à leur nourriture, mais encore se défendre contre leurs nombreux ennemis.

Eu égard à la dimension considérable à laquelle peuvent arriver certains Plagiostomes, il est certain que ces animaux doivent vivre très longtemps. On connaît un exemplaire de Squale pèlerin qui n'a pas moins de 35 pieds anglais, soit près de 11 mètres; la Raie cornue ou Diable de mer peut atteindre jusqu'à 5 mètres de large et 3 mètres de long, sans la queue.

Mœurs, habitudes, régime. — Nous avons déjà dit que la station était différente suivant la forme du corps; les Squales sont essentiellement pélagiques, les Raies se tiennent de préférence au fond de la mer.

Les Plagiostomes sont presque tous marins; quelques-uns seulement habitent les grands fleuves de l'Amérique et de l'Inde. C'est ainsi que les Raies armées ou Trygones se trouvent dans l'Amazone, très loin de l'embouchure de ce fleuve et près de la frontière du Pérou; un Requin de forte taille remonte le Gange à une grande distance de la mer; une Scie vit dans le Mé-Kong, exclusivement dans l'eau douce.

Le mode d'alimentation des Plagiostomes est nécessairement en rapport avec leur appareil dentaire.

« Tous ceux, écrit Auguste Duméril, qui ont les dents acérées recherchent avec ardeur les animaux dont ils veulent se nourrir et les attaquent avec une impétuosité dont les Brochets et les Sarrasalmes, entre autres, nous offrent, parmi les Poissons osseux, de remarquables exemples. Je ne rappellerai pas tous les récits auxquels a donné lieu l'étonnante variété des Squales, ces Tigres de la mer, pour me servir de l'expression employée par Lacépède, dans un de ses récits les plus brillants, mais empreint de l'exagération trop habituelle des écrivains qui ont traité ce sujet. Voici, toutefois, des assertions positives. Chez un Squale ouvert à bord d'un navire qui se rendait à la Martinique, le docteur Guyon trouva des débris de pantalon et une paire de souliers.

Outre les poules et les canards, morts dans la nuit et jetés le matin à la mer, ainsi que divers objets provenant de l'équipage, un Squale, dont on fit l'autopsie sur un navire commandé par le capitaine Basil Hall, avait avalé la peau d'un buffle tué à bord quelque temps auparavant. Et même Brunnich raconte, d'après deux témoins dignes de foi, dit-il, que sur les côtes de la Méditerranée, on prit un Squale de plus de 5 mètres, dont l'estomac était rempli par deux Thons et par le cadavre entier d'un homme recouvert de ses vêtements. Enfin, un exemple curieux de l'énorme capacité de ce viscère se trouve dans une note de G. Bennett, sur de grands Squales pris au Port-Jackson. On tira de l'estomac d'un Carcharias long de 4 mètres à peu près, huit gigots de mouton, la moitié d'un jambon, les parties postérieures d'un porc, les membres de devant d'un chien avec la tête et le cou entourés d'une corde, 135 kilogrammes de chair de cheval, une râcle de navire et enfin un morceau de sac. »

Quoy et Gaimard rapportent « que la voracité des Squales est extrême dans certains cas; dans d'autres, elle est nulle, sans qu'on puisse en donner de bonnes raisons. Nous avons vu des Requins rôder autour du vaisseau pendant des journées entières, refuser pendant longtemps la chair qu'on leur offrait, enfin se laisser prendre et ne rien offrir dans leur tube digestif. »

« La voracité des Squales n'est pas la même dans tous les parages. Ainsi Humboldt dit que, à la Guayra, port voisin de Caracas, on n'a rien à craindre de ceux qui sont si fréquents dans ce port, mais que ces Requins sont dangereux et avides de sang aux îles opposées à la côte de Caracas. William Tatham raconte l'étonnement qu'il éprouva, dans le port de Charlestown, Caroline du Sud, en voyant un mousse tombé à l'eau pendant une manœuvre sur le mât de beaupré ne point être attaqué, bien que dans l'endroit même de sa chute, deux ou trois Squales, quelques minutes auparavant, eussent été aperçus à la surface de l'eau. Sa surprise fut plus grande encore de voir des enfants se baigner, sans crainte et sans danger pour eux, sur le bord de la mer, pendant que deux Squales y prenaient leurs ébats; mais aux appréhensions de Tatham, on répondit en lui donnant l'assurance que les Poissons étaient, en quelque sorte, d'anciens camarades de jeu des enfants, qui n'avaient rien à en redouter, les Squales de cette localité n'étaient pas des voraces. Les petits baigneurs s'enfuiraient avec rapidité, lui dit-on, si, par hasard, un Requin d'espèce dangereuse, qu'ils sauraient d'ailleurs parfaitement distinguer, venait à se montrer.

« Les espèces à dents plates, destinées à triturer les aliments, sont moins voraces que les autres ; elles se nourrissent surtout de crustacés, de zoophytes et de madrépores, comme on le sait par l'examen des viscères. Ce sont ces mêmes animaux et des mollusques à coquilles qui servent aussi de pâture à certaines Roussettes, quoique ces Squales n'aient pas les dents plates ; mais elles sont fort petites et constituent des armes peu propres à permettre l'attaque contre de grosses proies.

« L'énorme Pèlerin est moins carnassier que beaucoup d'autres espèces plus petites. Ses dents étant très courtes et faibles, il ne peut se nourrir, comme les Baleines proprement dites, que d'animaux peu volumineux, et, par conséquent, il ne se montre pas, à la manière des Squales à puissante armure dentaire, intrépide assaillant contre tout ce qui nage autour de lui.

« La voracité de la plupart des Squales les entraîne, presque sans discontinuité, à la poursuite de la proie. Les Raies, moins terribles dans leurs attaques, recherchent, le plus souvent, leurs victimes au fond de la mer.

« M. Hill, qui a publié un travail intéressant sur différents points de l'histoire des Squales, a insisté sur la manière dont ils poursuivent leur proie. Il a d'abord constaté, par l'abondance de jeunes individus ramenés dans les filets traînants nommés seines, que plusieurs Squales habitent d'ordinaire les fonds, qu'ils parcourent sans cesse pour y trouver leur nourriture, la cherchant çà et là, comme le chien de chasse, qui, le museau près du sol pour mieux flairer la trace du gibier, bat le terrain en tous sens. Aussi, l'habitude de nager en troupes sur les fonds, qui semble propre au Squale bouclé, à la Liche et aux Roussettes, a-t-elle valu plus particulièrement à ces dernières des noms vulgaires empruntés, en quelque sorte, à la nomenclature des races canines. Ce genre de vie, suivant l'observation de M. Hill, est plus particulièrement propre aux espèces ovipares. Les Roussettes déposent leurs œufs là où ils peuvent, en les accrochant par les filaments terminaux des angles pour recevoir la lumière et l'action bienfaisante du soleil. Par conséquent, hors le temps de la ponte, elles restent dans les profondeurs, n'ayant pas besoin, comme les Squales vivipares, de séjourner près de la surface de la mer pour y chercher la chaleur dont l'action paraît nécessaire au développement des jeunes animaux.

« Les Squales offrent, dans leur mode de préhension des aliments, cette particularité qu'ils ne peuvent s'en emparer en continuant à nager sur le ventre. Tous les voyageurs qui les ont observés en mer, les ont toujours vus se retourner au moment de l'attaque, la longue proéminence nasale n'apportant plus alors aucun obstacle au jeu des mâchoires.

« On ne sait pas positivement s'il en est de même pour les Raies, mais on est en droit de le supposer, en raison de la conformité de structure. Quand on ouvre l'estomac d'une Raie, on est surpris d'y trouver quelquefois des proies entières, d'une taille considérable, des Poissons plats, entre autres, qui vivent comme elles dans les fonds.

« Les Torpilles déchargent-elles leur électricité contre les animaux dont elles veulent se nourrir, afin de pouvoir s'en emparer plus facilement ? Il y a lieu de le supposer, mais on n'en a pas la certitude. Peut-être, à ces Poissons nus et par conséquent mal protégés, l'appareil électrique fournit-il un moyen de défense. Au reste, les armes défensives et offensives des autres Plagiostomes sont terribles. Ainsi, les Pristides portent un long bec en forme de scie dentelée des deux côtés ; les nageoires dorsales des Spinaciens et des Cestraciontes sont munies d'une forte épine ; la queue des Pastenagues, des Myliobates, de certains Céphaloptères a un ou plusieurs dards longs et dentelés, et celle des Raies est plus ou moins hérissée de forts aiguillons. La queue des Squales, enfin, est redoutable à cause de sa puissance musculaire.

« Les Aiguillats, par exemple, comme Couch le rapporte, savent adroitement frapper avec leurs aiguillons dorsaux, en exécutant des mouvements rapides du tronc. Aussi les pêcheurs doivent-ils prendre des précautions, même lorsqu'ils saisissent ces Poissons par la tête, leur main n'étant pas à l'abri d'une attaque soudaine de l'aiguillon de la seconde dorsale.

« Les habitudes de combat des Pastenages sembleraient indiquer, selon Couch, que l'animal sait combien son arme est puissante. Saisi et effrayé, il enroule sa queue longue, mince,

flexible, et semblable à un fouet, autour de
l'ennemi, puis le frappe à coups redoublés
avec l'aiguillon, et les dentelures latérales qui
en hérissent les bords dilacèrent les parties
atteintes. A peine est-il nécessaire d'ajouter
qu'il n'y a point de venin sécrété à la base de
cet instrument dangereux, dont la longueur est
quelquefois de 0^m,25 à 0^m,30 chez les grands
individus. La cause des accidents graves aux-
quels ces blessures peuvent donner lieu s'explique par l'acuité de l'aiguillon, qui en permet la pénétration jusqu'au milieu des parties
profondes, et par la présence des dentelures
latérales, produisant des plaies déchirées,
douloureuses, toujours moins simples que les
solutions de continuité faites par des instruments tranchants, et difficiles à guérir.

« Les Raies se défendent et attaquent en
exécutant une manœuvre singulière que décrit
Yarrell, d'après Couch, en parlant de la *Raie
vomer ;* mais elle doit être habituelle à toutes
les espèces de ce genre, dont l'appendice caudal est fortement épineux. L'animal replie son
disque de bas en haut, et si, comme chez cette
Raie, le museau est long, il vient toucher à la
base de la queue, dont la portion terminale,
nécessairement dirigée en haut, à cause de
la position du corps, est agitée par de violentes
contractions musculaires, et blesse tout ce qui
se trouve à sa portée.

« Les dents, souvent si formidables, en raison des blessures qu'elles peuvent faire, ne
servent cependant pas plus que les dents de
beaucoup de Poissons osseux, à une véritable
mastication, si ce n'est peut-être quand elles
ont, aux deux mâchoires, comme celle du
Squale Renard, un bord horizontal tranchant,
et même sera-t-elle alors très incomplète. Elle
le deviendra bien plus encore chez les Plagiostomes qui, comme les Scymniens, ont, en bas,
des dents tranchantes, et, en haut, de véritables crochets. Elle sera enfin tout à fait
impossible pour les espèces à dents acérées
coniques ou triangulaires. Leur obliquité naturelle apporte à l'accomplissement de l'acte de
la mastication un obstacle qui est augmenté
par le mode d'articulation des mâchoires, la
supérieure étant plus avancée que l'autre.
D'après cette disposition de l'appareil maxillaire et de son armure, il est permis de considérer comme exagéré ce qu'on dit d'hommes
coupés en deux ou qui ont eu des membres
détachés du tronc. Telle est l'opinion de Quoy
et Gaimard. Ils ajoutent, avec raison, que les

dents paraissent plus spécialement destinées
à déchirer et à vaincre les efforts d'une victime encore vivante au moment où elle est
engloutie. Les proies sont souvent avalées par
portions volumineuses, et même elles pénètrent presque sans altération dans l'estomac,
si elles sont peu considérables.

« Les Myliobates, les Emissoles, les Cestraciontes peuvent cependant broyer des aliments
durs, comme le font les Tétraodons, les Diodons, les Raies, les Anarrhinques, les Sparoïdes à molaires très développées, et les Poissons à grosses dents pharyngiennes (1). »

Distribution géographique. — D'après leur
genre de vie, on peut prévoir que les Raies,
plus sédentaires que les Squales, sont beaucoup plus cantonnées. Certains Squales ont
cependant une répartition peu étendue ; nous
citerons, entre autres, plusieurs Requins qui
paraissent ne se trouver que dans la fosse profonde qui se trouve au large de Sétubal, en Portugal, le gigantesque Rhinodon, qui représente
vers le pôle austral le géant Squale Pèlerin, de
l'hémisphère boréal, les Cestracions, des côtes
d'Australie.

Certaines espèces de Squales sont pour ainsi
dire cosmopolites ; d'autres sont plutôt des
zones froides, tels que le Lémargue, tandis
que d'autres sont cantonnées dans les mers
chaudes, tels que le Stégostome, les Gyngly-
nostomes, les Carcharias. La zone tropicale
est également beaucoup plus riche en animaux du groupe des Raies que les zones
froides.

Nous reviendrons, du reste, sur ces faits de
distribution en faisant l'histoire particulière
de chaque famille. Nous dirons seulement que,
pour les côtes de France, Émile Moreau ne
catalogue pas moins de 32 espèces de Squales,
réparties entre 23 genres et 8 familles, et 30 espèces de Raies, contenues dans 6 genres et
8 familles.

Distribution géologique. — Bien que les
Poissons cartilagineux soient des animaux
élevés en organisation, ils paraissent dater
d'une très haute antiquité ; on en connaît des
représentants dès l'époque du Carbonifère,
et les Squales proprement dits apparaissent
alors par un genre qui semble être, par la
dentition, très voisin du genre actuel *Carcharodon.* Les trois grands types des Squales, des
Raies, des Chimères existaient dès les époques

(1) A. Duméril, *Histoire naturelle des Poissons,* t. 1
p. 142.

Fig. 214. — Épine dorsale d'Hybodus.

les plus reculées et se sont continués jusqu'à nos jours. Le fait le plus saillant est la déchéance de plus en plus prononcée du groupe des Hybodontes (fig. 214), aujourd'hui éteint, et de celui des Cestraciontes qui, à l'époque actuelle, n'est plus représenté que par un seul genre ; sur ces deux groupes prédominent peu à peu les vrais Squales, tandis que les Chimères ou Holocéphales diminuent de telle sorte qu'il n'en existe plus que quatre espèces dans nos mers.

Dans la sous-classe des Élasmobranches, certaines familles, certains groupes ont pris plus ou moins de développement ; il ne s'est pas opéré, en général, les grandes modifications que l'on peut noter chez les Ganoïdes, qui, après avoir longtemps régné en maîtres, ne jouent plus qu'un rôle insignifiant dans la forme actuelle, remplacés peu à peu qu'ils ont été par les Poissons osseux ou Téléostéens.

LES SQUALES — *SELACHOIDEI*

Caractères. — Ainsi que nous l'avons déjà dit, les Squales ont le corps allongé et confondu avec la queue ; les ouvertures des branchies sont latérales, les nageoires pectorales ne sont pas réunies en avant aux cartilages de la tête.

Distribution géographique. — Les Squales comprennent un grand nombre d'espèces que certains zoologistes n'estiment pas à moins de 140 espèces, réparties dans 45 genres.

Ces animaux, plus nombreux dans les mers situées entre les tropicales, deviennent plus rares dans la zone tempérée, et on n'en retrouve qu'un petit nombre d'espèces dans le cercle arctique. Ce sont des Poissons essentiellement pélagiques ; quelques-uns cependant entrent dans les fleuves, tels que le Tigre, le Gange, le Mé-Kong, l'Amazone, et remontent à une grande distance de la mer.

Mœurs, habitudes, régime. — A l'époque actuelle, les Requins sont les géants des Poissons ; ils sont essentiellement carnassiers, et ceux qui ont les mâchoires armées de grandes

dents coupantes sont extrêmement redoutables, même pour l'homme, à qui ils peuvent s'attaquer, car ils sont hardis et fort voraces. L'odorat est très développé chez eux, ce qui fait qu'ils sentent leur proie à de grandes distances, surtout lorsqu'elle est morte et dans un état de décomposition assez avancée ; ceux qui ont les dents plates ou obtuses paraissent se nourrir plutôt de coquilles ou d'animaux de faible taille, dont la capture est facile.

Usages alimentaires. — D'assez nombreuses espèces de Squales servent à l'alimentation; certains d'entre eux sont mangés sur les côtes de France sous le nom de *Thon blanc*.

Parmi les espèces les plus recherchées dans nos pays, nous pouvons citer l'Ange, le Renard de mer, le grand Requin désigné sous le nom de Squale-nez ou de Touille-bœuf, la Lamie ou Oyrhine de Spallanzani, l'Émissole connue dans les pays scandinaves sous le nom de *Haage*, le *Bleu*, le Milandre ou *Haut* des pêcheurs normands ; le Squale bouclé ou Chenille arrive assez fréquemment sur le marché

Fig. 215 et 216. — L'Émissole lisse (Voy. p. 143) et l'Aiguillat. (Voy. p. 152.)

de Paris ; on mange enfin dans quelques localités la Roussette commune ou Chien de mer et l'Aiguillat.

Les Japonais font usage, ainsi que plusieurs peuplades d'Océanie, de Requins dont ils font attendrir la chair par une demi-putréfaction.

Ce sont surtout les Chinois qui mangent le Requin en grande quantité, et la pêche des Squales est, dans la mer des Indes, l'objet d'un commerce très important. A Koratchi, port situé à l'embouchure de l'Indus, dans la principauté de Sindiy, les bateaux occupés à cette pêche capturent, en effet, environ 40,000 Requins chaque année ; ces animaux se prennent au harpon et au filet. L'Archipel Indien et les îles de l'Océanie fournissent aussi leur part dans les cargaisons destinées à la Chine ;

on pêche le Requin dans toutes les mers, depuis la côte orientale d'Afrique jusqu'à la Nouvelle-Guinée ; la mer Rouge, la côte de Malabar, l'Archipel indien sont les principaux centres de pêche.

Les animaux capturés sont traînés sur le rivage ; on leur coupe les nageoires que l'on fait sécher au soleil ; la chair elle-même est divisée en lanières, qui sont salées pour l'alimentation ; du foie on extrait une huile qui sert principalement dans l'industrie pour assouplir les cuirs.

On distingue sur le marché de Canton deux sortes d'ailerons de Requins, le blanc et le noir. Le blanc est préparé exclusivement avec les nageoires du dos qui ont uniformément même couleur pâle et qui passent pour donner plus de gélatine que les autres. Les nageoires pectorales, ventrales et l'anale fournissent la sorte noire ; on n'utilise pas la caudale.

Préparées pour être mangées, les nageoires sont sous forme de filaments minces, à demi transparents, flexueux, d'un aspect qui rappelle assez celui de la corne. On fait avec cette matière une sorte de vermicelle qui sert aux usages culinaires.

Usages industriels. — Partout où ils sont abondants, les Squales sont chassés, car leur foie, généralement très volumineux, fournit en abondance une huile qui est utilisée dans l'industrie des cuirs. Sur les côtes de Norwège, surtout aux environs du cap Nord, on pêche dans ce but principalement le Lémagne boréal. La pêche du Requin, en Norwège, fournit chaque année, en moyenne, cinq mille barils d'huile de foie de Requin ; les foies, préparés maintenant à la vapeur, donnent une huile d'éclairage et de l'huile brune pour la corroierie.

La peau de certains Squales, polie et généralement teinte en bleu ou en vert, était recherchée pendant le moyen âge et à l'époque de la Renaissance pour en recouvrir des poignées d'épées ou des manches de poignards, principalement chez les habitants des pays barbaresques. Aujourd'hui la peau de certains Squales, tels que la Roussette, le Sagre, la Squatine, la Centine, le Leiche, fournissent une peau qui est connue dans le commerce sous le nom de *peau de Roussette* ou sous le nom impropre de *chagrin* et qui sert, après avoir été polie et teinte, à recouvrir de petits objets de fantaisie. Le Centrophore granuleux, que l'on pêche principalement sur les côtes d'Algérie et du Portugal, sert à fabriquer un faux galuchat ; la peau est improprement connue dans le commerce sous le nom de *Requin de Chine* ; la régularité de son grain et de son éclat opalin nacré l'a fait rechercher des gainiers et des armuriers pour former des étuis et des manches de poignards, pour recouvrir des étuis de cigarettes, des porte-cartes, de petits coffrets. Les Chinois et les Japonais se servent également de peaux de Requins pour les mêmes usages.

On utilise enfin la peau de certains Squales dans l'ébénisterie, pour le polissage des bois.

LES CARCHARIDÉES — *CARCHARIDÆ*

Die Menschenhaie.

Caractères. — Les Carchariens ou Carcharidées renferment les Requins les plus redoutables, et par leur puissante denture et par la taille à laquelle ils peuvent arriver. Ils ont le corps fusiforme, allongé, deux nageoires dorsales, la première étant opposée à l'espace qui sépare les pectorales des ventrales ; les dorsales ne sont pas armées d'aiguillons. Il existe une anale ; les yeux sont pourvus d'une membrane nictitante. La valvule de l'intestin est enroulée suivant sa longueur.

Distribution géologique. — Nous connaissons des représentants de cette famille dès l'époque jurassique moyenne ; dans le terrain oxfordien on trouve, en effet, des Grisets, genre qui vit encore actuellement.

Parmi les genres actuels, citons les vrais Requins que l'on connaît de l'époque crétacée et de l'époque tertiaire ; les Milandres, de la base des terrains tertiaires ; les Galéocerdes, de la même époque ; les Marteaux, de la Craie et du Tertiaire.

Plusieurs genres éteints peuvent être rapprochés de ceux-ci. C'est ainsi que les *Glyphis*, de l'époque tertiaire, devaient ressembler aux Requins, dont ils diffèrent par leurs dents antérieures en forme de ciseau de tailleur de pierre. Les *Corax*, surtout abondants à l'époque crétacée, ont des dents qui ressemblent beaucoup à celles des Milandres ; ces dents sont toutefois pleines à l'intérieur, tandis que celles des Milandres sont creuses ; les dents ont une base large et sont fortement dentelées. Les *Œllops*, de la partie supérieure des terrains jurassiques, paraissent avoir eu les formes des Milandres, dont ils diffèrent par la grandeur de leur seconde dorsale. On trouve, principalement dans les terrains tertiaires moyens, des dents dentelées dans une partie de leur hauteur, la pointe étant lisse ; ces dents ont été rapportées à un genre voisin des Milandres, le genre *Hemipristis*.

LES REQUINS — *CARCHARIAS*

Caractères. — Les Requins proprement dits ont le corps admirablement conformé pour une rapide natation ; le museau est arrondi, plus ou moins effilé à son extrémité ; vers ses bords sont percées les narines, dont l'ouverture est, en partie, protégée par une petite valvule triangulaire. La bouche, fortement arrondie et largement fendue, est armée de dents en forme de triangle, à bords tranchants, lisses ou dentelés.

Distribution géographique. — Le genre Carcharias comprend environ quarante espèces, surtout abondantes entre les tropiques.

Mœurs, habitudes, régime. — Tous les Requins ont mêmes habitudes, même régime. Ce sont des Poissons pélagiques, bien qu'ils puissent cependant se rapprocher des côtes ; ils nagent très haut, de telle sorte que les dorsales sortent souvent de l'eau ; lorsqu'ils ne sont pas poursuivis, leur nage n'est pas très rapide, mais lorsqu'ils veulent fuir un danger ou se précipiter sur une proie, leur natation est extrêmement puissante ; de tous les Poissons, ce sont certainement les meilleurs nageurs ; on en a vu en suivre pendant très longtemps des navires voguant à toute vitesse.

Les organes des sens sont très développés chez les Requins, surtout l'odorat, de telle sorte que ces animaux sentent à de fort grandes distances une proie, surtout lorsqu'elle est corrompue ; on prétend qu'ils attaquent plutôt les nègres que les blancs, attirés qu'ils sont par l'odeur particulière que dégagent les premiers. Il est certain que chez les Requins les facultés psychiques sont plus développées que chez les autres Poissons ; ce qui le témoigne, c'est l'exécution du plan de chasse, la régularité avec laquelle ils visitent certains endroits, la mémoire qu'ils manifestent en ces circonstances ; on sait avec quelle persistance ils accompagnent les navires, certains qu'ils sont de trouver toujours quelque chose à happer. « Les Requins, dit Gesner, sont des animaux tout à fait agiles, voraces et méchants ; hardis, intrépides, ils dévorent souvent les Poissons que le pêcheur vient de capturer dans ses filets. »

Tous les voyageurs font mention de la gloutonnerie extrême des Requins, qui avalent, non seulement ce qui est mangeable, mais même les objets les plus invraisemblables. On a retiré, d'après Brehm, de l'estomac d'un Requin blanc un demi-jambon, plusieurs os de mouton, la partie postérieure d'un cochon, une quantité de viande de cheval, la tête d'un boule-dogue, un morceau de grosse toile. On a vu des Requins dévorer les choses les plus diverses qu'on leur jetait des navires, telles que des morceaux de vêtements, de la morue sèche, des matières végétales, qu'ils engloutissaient avec autant d'avidité que des substances réellement nutritives.

Les Requins s'attaquent souvent aux gros Poissons, et Cetti assure qu'on prend dans les madragues des Requins qui pèsent jusqu'à 150 à 200 kilogrammes qui avalent des Thons de grande taille ; aussi les pêcheurs redoutent-ils beaucoup ces animaux, qui leur occasionnent de grands dommages et déchirent leurs filets. A défaut de proies volumineuses, les Requins se rejettent sur de petits animaux. Un Requin ouvert par Bennet avait l'estomac rempli de petits Poissons, de Calmars et d'autres Céphalopodes ; Bennet pense de ce fait que le Requin fend la mer, la gueule largement ouverte, et engloutit tout ce qu'il peut alors rencontrer.

Lacépède raconte également que les Requins se nourrissent parfois de proies de faible dimension ; cet auteur donne dans un de ses tableaux les plus imagés une pittoresque peinture des mœurs du Requin.

« Ce sont, dit-il, les plus grands animaux que le Requin recherche avec ardeur ; et, par une suite de la perfection de son odorat, ainsi que de la préférence qu'elle lui donne pour les substances dont l'odeur est la plus exaltée, il est surtout très empressé de courir partout où l'attirent des corps morts de poissons ou de quadrupèdes, et des cadavres humains.

« Il s'attache, par exemple, aux vaisseaux négriers, qui, malgré les lumières de la philosophie, la voix du véritable intérêt, et le cri plaintif de l'humanité outragée, partent encore des côtes de la malheureuse Afrique. Digne compagnon de tant de cruels conducteurs de ces funestes embarcations, il les escorte avec constance, il les suit avec acharnement jusque dans les ports des colonies américaines, et, se montrant sans cesse autour des bâtiments, s'agitant à la surface de l'eau, et, pour ainsi dire, sa gueule toujours ouverte, il y attend, pour les engloutir, les cadavres des noirs qui succombent sous le poids de l'esclavage ou aux fatigues d'une dure traversée. On a vu de ces cadavres de noirs pendre au bout d'une vergue élevée de 6 mètres, 20 pieds au-dessus de l'eau de la mer, et un Requin s'élancer à plusieurs reprises vers cette dépouille, et y atteindre enfin, et le dépecer sans crainte, membre par membre.

« Quelle énergie dans les muscles de la queue

et de la partie postérieure du corps ne doit-on pas supposer, pour qu'un animal aussi gros et aussi pesant puisse s'élever comme une flèche à une aussi grande hauteur ! Comment être surpris maintenant des autres traits de l'histoire de la voracité des Requins ? Et tous les navigateurs ne savent-ils pas quel danger court un passager qui tombe dans la mer, auprès des endroits les plus infestés par ces animaux ? S'il s'efforce de se sauver à la nage, bientôt il se sent saisi par un de ces Squales qui l'entraîne au fond des ondes. Si l'on parvient à jeter jusqu'à lui une corde secourable, et à l'élever au-dessus des flots, le Requin s'élance et se retourne avec tant de promptitude que, malgré la position de l'ouverture de sa bouche au-dessous de son museau, il arrête le malheureux qui se croyait près de lui échapper, le déchire en lambeaux, et le dévore aux yeux de ses compagnons effrayés. Oh ! quels périls environnent donc la vie de l'homme, et sur la terre et sur les ondes, et pourquoi faut-il que ses passions aveugles ajoutent à chaque instant à ceux qui le menacent !

« On a vu quelquefois cependant des marins surpris par le Requin au milieu de l'eau, profiter, pour s'échapper, des effets de cette situation de la bouche de ce Squale dans la partie inférieure de sa tête, et de la nécessité de se retourner, à laquelle cet animal est condamné par cette conformation, lorsqu'il veut saisir les objets qui ne sont pas placés au-dessous de lui.

« C'est par une suite de cette même nécessité que lorsque les Requins s'attaquent mutuellement (car comment des êtres aussi atroces, comment les tigres de la mer pourraient-ils conserver la paix entre eux ?), ils élèvent au-dessus de l'eau et leur tête et la partie antérieure de leur corps ; et c'est alors que, faisant briller leurs yeux sanguinolents et enflammés de colère, ils se portent des coups si terribles que, suivant plusieurs voyageurs, la surface des ondes en retentit au loin. »

Bien qu'il y ait certainement de l'exagération dans ce récit, les Requins n'en sont pas moins des animaux fort redoutables dans certaines circonstances. L'homme qui tombe à la mer sous les tropiques est très souvent attaqué par le Requin. Beaucoup de voyageurs écrivent que lorsque celui-ci a goûté la chair humaine, il devient d'une inconcevable audace. Pendant son séjour à Alexandrie, Brehm constata qu'il était impossible de se baigner dans la mer, un Requin ayant successivement enlevé plusieurs hommes tout près de la ville. Dans la partie méridionale de la mer Rouge, il vit un de ces animaux venir échouer sur la plage, en poursuivant un baigneur qui, s'étant aperçu du danger qu'il courait, avait sauté à terre le plus rapidement qu'il avait pu. Le docteur Alexandre fut attaqué à Singapore par un Requin, alors qu'il recueillait des coquilles, n'ayant de l'eau que jusqu'au genou : cruellement blessé, il aurait certainement été entraîné, si une barque n'était arrivée à son secours. Pendant la bataille d'Aboukir, on vit les Requins nager entre les vaisseaux des deux flottes ennemies ; nullement effrayés par la terrible canonnade, ils guettaient les morts et les blessés qui tombaient par-dessus bord.

Capture. — Chaque fois que l'on peut capturer un Requin, on s'empresse de le faire, car tous les marins, dont il déchire les filets et dont il trouble la pêche, lui ont voué une haine à mort.

On prétend qu'il y a sur la côte d'Afrique des nègres assez hardis pour s'avancer en nageant vers le Requin, prendre le moment où le terrible animal se retourne et lui fendre le ventre avec une arme tranchante. Dixon assure avoir vu, aux îles Sandwich, des indigènes se battre avec des Requins pour la possession d'intestins de porcs jetés par des matelots d'un navire stationné dans ces parages.

Les armes à feu à main sont impuissantes pour tuer le Requin, car la balle glisse sur la peau épaisse de cet animal ; la capture se fait principalement à l'aide de forts hameçons qu'on attache à une chaîne de fer ; l'amorce peut consister en un poisson, en un morceau de lard, même en un paquet d'étoupe, car le monstre happe tout ce qu'on lui jette du haut du navire.

Lorsque Heuglin voyageait dans le sud de la mer Rouge, il tua un Fou qui tomba à l'eau ; le pilote de son bateau sauta à la mer pour lui rapporter l'oiseau. Mais à peine la « vieille momie » encore toute ruisselante d'eau avait-elle repris sa place au gouvernail, qu'un Requin apparut à l'arrière de la barque et, cherchant la proie qu'il avait sentie sans doute de loin, s'agitait à droite et à gauche de l'embarcation qu'il suivait. « Raschid, le pilote, était mort de frayeur, dit Heuglin, et, par signes, me montrait la bête, puis un second et un troisième Requin apparurent rapides comme une flèche. A l'unanimité, nous résolûmes de nous débar-

Fig. 217. — Le Marteau. (Voy. p. 144.)

rasser de ces « hyènes de la mer ». Un croc long d'environ 30 centimètres fut solidement fixé à une chaîne de fer et amorcé avec un poisson à demi fumé. L'appât n'était pas descendu d'une demi-brasse dans l'eau que le plus petit des Requins nagea vers lui en ligne droite et se jeta dessus. Le matelot qui tenait le câble tira trop vite, de sorte que le Squale lâcha prise, mais ce fut pour mordre à nouveau et mieux cette fois. Le câble fut alors enroulé autour d'un cylindre, et à grands renforts de bras le Requin fut hissé par dessus bord et, à son arrivée dans le bateau, accueilli à coups de bâton, de hache et de harpon. On mit un nouvel appât à l'hameçon; cinq minutes ne s'étaient pas écoulées que l'on capturait un second Squale. Cependant, le plus gros Requin n'était plus visible, bien que nous fussions convaincus qu'il n'était pas bien loin de nous; nous le revîmes quelque temps après, et c'est en vain que nous lui offrîmes un morceau de mouton; il nageait tranquillement près de nous sans paraître se soucier de l'appât qui lui était offert. On descendit l'appât à une plus

grande profondeur; le Requin s'approcha avec défiance et se fit capturer. Nous n'osions nous hasarder à le prendre vivant dans l'embarcation, car il était réellement effrayant; pendant qu'il se balançait entre ciel et terre, nous lui envoyâmes deux balles dans le crâne, on l'acheva à coups de gaffe et on put alors le hisser sur le pont; le monstre mesurait près de 3 mètres, et les gens de l'équipage estimèrent son poids à au moins deux cents kilogrammes.

« Comme les animaux capturés n'étaient pas encore morts et se débattaient sur le pont, au point d'ébranler les parois de l'embarcation, les matelots leur jetèrent dans la gueule quelques cuviers d'eau douce, prétendant que ce moyen tuerait infailliblement les Squales; il est vrai de dire qu'ils accompagnaient ce moyen de violents coups de bâton et de croc sur le crâne, ce qui certainement fut la cause de la mort. On dépeça alors les animaux. Le foie, long de près de 1 mètre, fut enveloppé dans l'estomac même du monstre, car il fournit une huile excellente pour le calfatage des barques. On coupa les nageoires pectorales, caudale et dorsales pour les vendre à Massoua, d'où on les expédie aux Indes; ces nageoires servent comme cuir pour repasser les objets en métal et leur donner du poli; le corps fut jeté à la mer, car on ne mange pas la chair des grands Requins. »

LE BLEU. — *CARCHARIAS GLAUCUS*
Blaukai.

Caractères. — Cette espèce, vulgairement appelée *Peau bleue*, *Requin bleu*, sur les côtes de l'ouest de la France, a le corps effilé, fusiforme, allongé; elle atteint une longueur de 3 à 4 mètres. La tête est aplatie en dessus; le museau est allongé, pointu; la bouche est fortement arquée. Les dents de la mâchoire supérieure sont larges, aplaties, triangulaires; les dents de la mandibule sont plus étroites et plus droites; chez l'adulte, le bord des dents est dentelé, il l'est à peine chez les jeunes. La première dorsale est reculée, plus rapprochée des ventrales que des pectorales. Un beau bleu ardoisé colore la face supérieure du corps; le ventre est blanchâtre; les jeunes individus sont souvent d'un bleu clair (pl. VI).

Distribution géographique. — Comme beaucoup d'autres Squales, le *Bleu* paraît avoir une large zone de distribution; A. Duméril le signale, en effet, de la Méditerranée, de l'Océan Atlantique, du Pacifique; Arnoux l'a capturé à la Nouvelle-Zélande.

Ce Squale se trouve sur toutes nos côtes de France; il est assez rare sur les côtes de Picardie et de Normandie, plus commun sur les côtes de Bretagne, plus abondant encore dans la Méditerranée; il a été signalé sur les côtes de la Scandinavie et de la Grande-Bretagne.

LES MILANDRES — *GALEUS*

Die Glatthaie.

Caractères. — Les Milandres ont le museau allongé, aplati en dessus, la bouche arquée, largement fendue, deux dorsales non munies d'aiguillons, la première étant insérée en arrière de la base des pectorales; on remarque une entaille sur le lobe supérieur de la caudale. Les évents sont assez grands. Les dents sont obliques en dehors, à bord interne lisse, le bord externe étant dentelé; les dents antérieures sont droites et portent une pointe de chaque côté de la base.

Distribution géographique. — Ces Requins sont de moyenne taille et dépassent rarement 1m,50; on en connaît cinq espèces, dont quatre se trouvent sur les côtes du Japon et de Californie, dans l'archipel Indien.

Une espèce, le *Galeus canis*, se trouve sur les côtes d'Europe; elle a été prise accidentellement au cap de Bonne-Espérance et dans la mer des Indes. Le Milandre est appelé *Chien de mer* sur les côtes du Calvados, *Canicule* à Marseille, *Cagnot* en Provence et dans le Languedoc, *Palloun* à Nice.

Mœurs, habitudes, régime. — Les Milandres se tiennent au fond de l'eau. Malgré leur faible taille, ils sont très redoutés des pêcheurs, car ils s'emparent souvent des amorces et effraient les poissons au moment où ils sont sur le point de se laisser prendre. Ce fait est bien connu de tous les pêcheurs, et voici ce qu'en 1358 nous apprend Rondelet à ce sujet : « Le grand combat que ce poisson ha de coutume d'auoir auec les homes, lequel encore auiourd'hui les pescheurs, é ceux qui demeurent près du rivage de mer craignent. Car ce poisson désire tant d'atteindre é mordre les homes par les cuisses, gerrets, talons é par toute autre chair nuë, que quelque fois il en saute en terre voiant les homes près de l'eau aiant les iambes nuës, ce que ne fait aucun Chien de mer que le Milandre. »

D'après Risso, le Milandre a 20 à 40 petits, deux fois l'an.

LES ÉMISSOLES — *MUSTELUS*

Die Mardenhaie.

Caractères. — Bien différents des Squales que nous venons d'étudier, les Émissoles ont des dents petites, plates, disposées en pavé, régulièrement implantées comme les pièces d'une mosaïque; chez l'Émissole commun ces dents ne portent pas de saillies pointues sur leur bord externe, tandis qu'une saillie existe chez l'Émissole lisse. Les évents sont assez grands, situés derrière l'œil, qui est pourvu d'une membrane nictitante.

Ainsi qu'on peut s'en assurer par l'examen de l'Émissole commun (*Mustelus vulgaris*) qui est figuré à la partie inférieure de la figure 216, le corps est allongé, fusiforme; la tête est longue, le museau arqué; les pectorales s'étendent jusque sous la première dorsale, tandis qu'elles n'atteignent pas cette nageoire

LE REQUIN CARCHARIAS GLAUCUS.

chez l'Émissole lisse (*Mustelus lœvis*). Il existe deux dorsales, non armées d'aiguillons ; la première est située près de l'attache des pectorales ; la seconde ne le cède guère en hauteur à la nageoire antérieure ; le lobe supérieur de la caudale est développé. La peau est couverte de scutelles peu développées, de telle sorte qu'elle est à peu près lisse. La coloration est d'un gris brunâtre ou ardoisé sur le dos et les flancs, gris blanchâtre sous le ventre ; on voit parfois, sur la partie supérieure du corps, des taches blanches en forme de lentilles.

L'Émissole lisse a le dos d'un gris olivâtre, le ventre de couleur blanchâtre, les flancs portent des lignes à reflets violacés. La coloration est parfois d'un gris cannelle sur le dos (fig. 215).

Distribution géographique. — Le genre Émissole ne comprend que les deux espèces dont nous venons de parler. De même que beaucoup d'autres Squales, elles ont une large distribution géographique ; c'est ainsi qu'on les connaît des mers d'Europe, du cap de Bonne-Espérance, de l'archipel indien, de la Nouvelle-Zélande.

D'après E. Moreau, l'Émissole vulgaire est abondant sur toutes nos côtes de France, tandis que l'Émissole lisse, commun dans la Méditerranée, ne paraît pas remonter dans l'Océan au-dessus de la Gironde.

Mœurs, habitudes, régime. — La dentition des Émissoles indique que ces animaux doivent être beaucoup moins carnassiers que les autres Squales ; ils se nourrissent, en effet, de Zoophytes et de Crustacés qu'ils peuvent parfaitement broyer.

Bien que les deux espèces d'Émissoles soient très semblables, elles présentent cependant un fait du plus haut intérêt. Aristote avait, en effet, déjà remarqué que tandis que l'Émissole lisse, Γαλεός λεῖος, a un placenta formé par l'abondante vascularisation de la vésicule ombilicale, chez l'autre espèce le petit n'a pas de connexion avec la mère ; il en résulte que l'Émissole commun a des œufs, tandis que l'Émissole lisse fait ses petits vivants. En 1558, Rondelet a confirmé la découverte du grand philosophe grec. Chez l'Émissole lisse les petits sont au nombre d'environ douze.

« Plutarque écrit que lorsque les Émissoles sont attaqués, ils avalent leurs petits par crainte et les vomissent ensuite. Lorsque les Égyptiens veulent désigner un homme qui mange beaucoup, qui vomit, ils lui donnent le nom de ce Poisson. »

Cette citation, que nous empruntons à Gesner, mentionne un fait qui n'est peut-être pas complètement inexact. Suivant E. Moreau, en effet, « Rondelet, dans la description qu'il fait du Renard (*Alopias vulpes*) consigne une observation des plus extraordinaires que n'ont pas cru devoir rapporter la plupart des ichthyologistes ; le Renard « fait ses petits ni plus ni moins « que l'Aiguillat, et les reçoit « dedans soy en « leur crainte, come escrit Aristote, comme « aussi est la vérité. » Dans l'*Histoire des animaux*, on lit : « Après que les Chiens de mer « sont sortis du ventre de leur mère, elle les « y retire de nouveau. De même la Lisse et la « Torpille. On a vu une Torpille de grande « taille recevoir ainsi environ quatre-vingt « petits. »

« Une pareille observation faite par Aristote et confirmée par Rondelet mérite d'autant mieux d'attirer l'attention que l'ichthyologiste de Montpellier n'est pas, dans cette circonstance, un simple narrateur, mais bien un témoin oculaire, comme il a soin de le dire.

« J'ai pensé, ajoute le docteur Moreau, que de nouvelles recherches sur les habitudes, les instincts du Renard offriraient un certain intérêt. Grâce à l'obligeance d'une personne très intelligente, qui est sans cesse en rapport avec les pêcheurs de Cette, j'ai pu obtenir quelques renseignements exacts dont voici le résumé.

« La femelle du Renard non seulement nage en compagnie de ses petits (qui sont peu nombreux, il n'y en aurait guère que deux habituellement (?), mais encore pour les abriter, pour les protéger, elle les reçoit sous ses ailes (pectorales) comme « une poule fait de ses poussins » ; elle n'abandonne ses petits que lorsqu'ils sont assez forts pour se suffire à eux-mêmes.

« Un pêcheur a vu, deux ou trois fois, la mère, tenant un de ses petits sous chacune de ses ailes, nager très rapidement, sauter même en les gardant ainsi, pour fuir le danger qui les menaçait.

« Mais là se borne la protection ; les pêcheurs ne pensent pas que la mère puisse recevoir ses petits, comme le dit Rondelet.

« En tous cas, si les informations que nous avons reçues ne garantissent pas le fait extraordinaire signalé par Aristote et reconnu vrai par Rondelet, elles donnent au moins la preuve que l'instinct maternel n'est pas, chez les Poissons, toujours aussi complètement aboli qu'on le suppose.

« D'ailleurs, il ne faut pas l'oublier, des naturalistes américains ont publié des observations qui ont un certain rapport avec celle de Rondelet ; suivant eux, certaines espèces d'A-runs avalent leurs petits, pour les soustraire momentanément au danger qui les menace. »

LES MARTEAUX — ZYGÆNA

Die Hammerhaie.

Caractères. — Les Marteaux sont des Squales à l'aspect étrange ; chez eux la tête est singulièrement élargie par suite du prolongement des apophyses de l'orbite réunies en une lame cartilagineuse, de telle sorte que chacun de ces prolongements porte l'œil à son extrémité terminale et la narine sur son bord antérieur. Ces singuliers Poissons qui, depuis les temps les plus reculés, ont attiré l'attention, ressemblent aux Requins par la forme générale du corps. Il existe deux nageoires dorsales, la première insérée entre les pectorales et les ventrales. Les dents sont semblables aux deux mâchoires, à pointe droite ou plus ou moins oblique, plus ou moins dirigée en dehors, avec un talon à la base du côté externe ; ces dents sont très finement dentelées, principalement sur le talon. On voit une fossette vers la base de la caudale. Il n'existe pas d'évents ; la valvule de l'intestin est enroulée dans le sens de la largeur.

Distribution géographique. — On connaît six espèces de Marteaux, plus particulièrement abondantes entre les tropiques. Nous avons deux espèces sur les côtes de France, le Marteau (*Zygæna malleus*) (fig. 217), et le Maillet (*Zygæna tudes*), ce dernier signalé accidentellement à Nice.

Mœurs, habitudes, régime. — Les Marteaux se tiennent principalement dans les fonds vaseux ; ils paraissent surtout faire la chasse aux Raies et aux autres Poissons plats. On les voit parfois à la surface de la mer, et suivant l'expression de Günther, « ils s'élèvent alors des profondeurs bleues de l'Océan ainsi qu'un grand nuage. » Ils rôdent parfois autour des navires, et ils doivent être assez dangereux, car ils atteignent près de 4 mètres de long.

D'après Cantor, on trouve jusqu'à 37 embryons qui mesurent près de $0^m,50$.

LES LAMNIDÉES — LAMNIDÆ

Caractères. — Les Lamnidées, qui ne le cèdent guère en force et en puissance aux Charcharidées, ont, comme ceux-ci, le corps en fuseau et disposé pour une rapide natation. Ils n'ont pas de membrane nictitante ; les évents manquent le plus ordinairement ou du moins ils sont petits. L'anale existe ; on trouve deux dorsales, la première étant opposée à l'espace qui sépare les pectorales des ventrales ; les dorsales ne sont pas armées d'épines.

Distribution géologique. — Dans l'état actuel de nos connaissances ce sont des représentants de cette famille qui, parmi les Squales, ont apparu les premiers. On trouve, en effet, dans le terrain carbonifère, des dents qu'Agassiz a désignées sous le nom de *Carcharopsis* et qui ne diffèrent de celles des *Carcharodon* actuels que par de gros plis à la base. Les *Carcharodon* proprement dits ont été trouvés dans la partie supérieure des terrains crétacés ; certaines espèces, telles que le *Carcharodon megalodon* (fig. 218) des terrains tertiaires moyens, devaient atteindre une taille réellement gigantesque, si on en juge à la grandeur de ses dents.

Les Otodus, des terrains crétacés et tertiaires, ne vivent plus aujourd'hui ; leurs dents ont la forme de celles des Carcharodon, mais en diffèrent par l'absence de dentelures (fig. 219). Les Oxyphines forment aussi un genre éteint qui n'est connu que par les dents qui diffèrent de celles des Otodus en ce qu'elles n'ont pas de dentelons à leur base. Les *Oxytes*, du terrain tertiaire, ne diffèrent de celles des Otodus que par leurs dentelons multiples.

Parmi les genres actuellement vivants qui sont connus à l'état fossile, citons les Lamies et les Odontarpis, apparus à l'époque crétacée, et plus abondants dans les mers tertiaires.

Les Sphénodus, apparus dès l'époque jurassique moyenne, sont aujourd'hui éteints. Leurs dents, semblables à celles des Lamies, en diffèrent en ce que la face externe, au lieu d'être plane, est un peu bombée ; de plus les bords

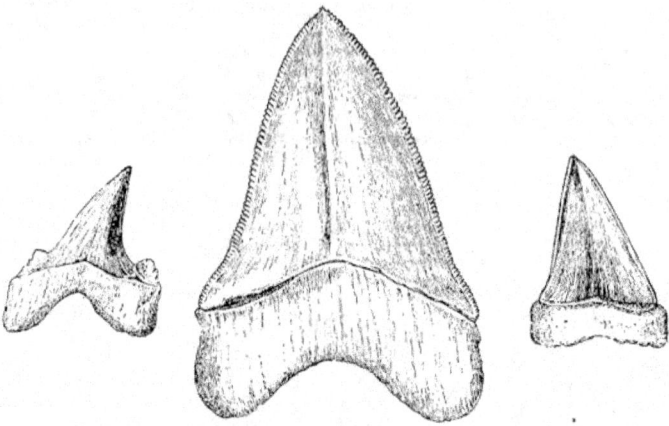

Fig. 219. — Otodus.   Fig. 218. — Carcharodon megalodon.   Fig. 220. — Oxyrhine.

sont extrêmement tranchants et accompagnés d'une légère rainure parallèle.

LES LAMIES — *LAMNA*

Caractères. — Les Lamies ou Touilles ont le corps fusiforme, la peau couverte de très petites scutelles; le museau est pointu. Les dents sont aiguës, non dentelées, à bords lisses et portent un cône pointu, simple ou double, de chaque côté de la base, chez les adultes (fig. 221).

Le genre *Lamna* ne comprend qu'une seule espèce, la Touille (*Lamna cornubica*) désignée sous le nom de *Nez*, de *Taupe*, de *Touille-bœuf* sur les côtes de l'Océan et de la Manche.

Cette espèce, dont la taille peut dépasser 5 mètres, a la bouche grande, arquée. La teinte est ardoisée sur le dos, blanchâtre sous le ventre.

Distribution géographique. — La Lamie se trouve dans les mers d'Europe, depuis le nord jusqu'à la Méditerranée; elle a été également capturée sur les côtes du Japon.

Mœurs, habitudes, régime. — Tous les pêcheurs sont unanimes à reconnaître que la Lamie est un des Requins les plus voraces, ce que devait faire croire, du reste, la forme de ses dents, aiguës comme des poignards.

Les pêcheurs anglais connaissent la Lamie sous le nom de *Requin-marsouin* et de *Chien-dauphin*, parce que, comme ces Cétacés, elle se réunit en petites troupes lorsqu'elle se met en chasse. Cette espèce attaque tous les Poissons

BREHM. — VI.

et d'autres animaux encore; Couch trouva dans l'estomac d'une Lamie de petits Squales, des Merluches, des Sèches. Barrois a vu la Lamie poursuivre les Thons, Risso a vu un de ces

Fig. 221. — Lamna elegans.

Squales s'attaquer à un Espadon presque aussi gros que lui.

Notre vieil ichthyologiste de la Renaissance, Rondelet, note aussi la voracité de la Lamie. « Ce Poisson mange les autres, écrit-il, il est très goulu, il dévore les hommes entiers, comme on a connu par expérience; car à Nice et à Marseille on a autrefois pris des Lamies, dans l'estomac desquelles on a trouvé home armé entier. De ceste grande voracité des Lamies, je crois qu'on a appelé Lamies certaines sorcières, lesquelles pour avoir grande envie de manger de la chair humaine par tous moiens de plaisirs attiroient à soi de beaux jeunes homes, pour après les manger.

« J'ai veu Lamie en Saintonge de gorge si grande qu'un home gros é gras aisément i fut entré, tellement que si avec un baillon on leur tient la bouche ouverte les chiens i entrent aisément pour manger ce qu'ils trouvent dans l'estomac. Ce que considérant de près, i'ai pensé que cestoit une Lamie dans le ventre de laquelle Jonas par la providence divine fut par l'espace de trois iours, d'où en sortit sain é sauve, ce qui n'est aucunement contre la Sainte Escriture : car il est escrit que Jonas fut au ventre d'un Cete, lequel nous est général à tous poissons fort grands principalement ceux lesquels engendrent animal vif sans dents selon Aristote. Quoi que ce soit il ne faut point plus par les noms de Cette entendre une Balene, qu'un autre grand Poisson cétacé, veu vresment que la Balene ha une aspre artère, des poumons lesquels tiennent lieu de sorte qu'il faut que l'estomac é la gorge ne soient si grand qu'en la Lamie, dans laquelle on a trouvé autrefois des homes entiers. »

Usages, superstitions. — La chair de la Lamie est assez estimée, du moins sur les côtes de la Méditerranée. Rondelet note que « la Lamie ha la chair blanche pas fort dure, ni de maueuse senteur, par ce milieure que plusieurs Chiens de mer. Je pense que la Lamie soit le poisson nommé *Carchenias* dans l'Athénée, où Archestrate loue tant le dessous du ventre é enseigne comme il le faut acoustrer, disant que ceux sont sots qui n'en voudraient manger à cause qu'il mange les homes. Les orfèvres garnissent les dens d'argent, les appelans dens de serpents. Les femmes les pendent au col des enfans, é pensent qu'elles leur font grand bien quand les dens leur sortent, qu'elles les gardent aussi d'avoir peur. » On préparait aussi avec ses dents une poudre dentifrice fort estimée.

LES OXYRHINES — OXYRHINA

Caractères. — Les Oxyrhines ont la forme des Lamnies, dont elles diffèrent par l'absence de dentelures à la base des dents, même chez les sujets de grande taille.

L'Oxyrhine de Spallanzani (*Oxyrhina Spallanzani*), connue à Cette sous le nom de Lamie, peut atteindre la taille de 4 mètres et peser plus de 300 kilogrammes. C'est un Squale d'un gris ardoisé sur le dos et les flancs, blanchâtre sous le ventre, au corps fusiforme allongé, à la tête longue, au museau pointu, à la gueule largement fendue; la première dorsale est très avancée et commence près de la fin de l'insertion des pectorales; la seconde dorsale est petite.

Distribution géographique. — A l'époque actuelle, le genre Oxyrhine comprend trois espèces ; une habite les mers du Japon, une autre fréquente les côtes de l'Amérique septentrionale ; l'Oxyrhine de Spallanzani se trouve dans la Méditerranée et est beaucoup plus rare dans l'Océan.

LES CARCHARODONTES — CARCHA-RODON

Caractères. — Chez le Carcharodon de Rondelet (*Carcharodon Rondeletii*), la seule espèce qui rentre dans le genre que nous étudions, la forme générale du corps est la même que chez les Lamies et chez les Oxyrhines, c'est-à-dire allongée, fusiforme, épaisse en avant; la tête est grosse, le museau assez court, la bouche grande, arquée ; les évents, très étroits, sont loin derrière l'œil. La première dorsale est avancée et commence un peu en arrière de l'insertion des pectorales, qui sont très développées.

Ce qui distingue surtout le Carcharodon, ce sont ces dents qui, triangulaires et dentelées sur les bords, sont droites et semblables aux deux mâchoires, avec cette différence toutefois que les inférieures sont plus étroites et que la troisième d'en haut est plus courte que les autres.

Le Carcharodon atteint une très grande taille, jusqu'à 25 pieds de longueur, suivant le prince de Canino, et peut peser plus de 2000 kilogrammes. D'après Rondelet, il est excessivement dangereux et peut avaler un homme tout entier.

Distribution géographique. — Cette espèce se trouve dans la Méditerranée ; elle a également été capturée dans l'Océan et au cap de Bonne-Espérance.

LES PÈLERINS — SELACHE

Riesenhai.

Caractères. — On trouve dans l'extrême nord un Squale qui dépasse tous les autres par sa taille et qui porte, avec raison, le nom de Requin géant; on le nomme encore Pèlerin à cause de la ressemblance qu'on a voulu trouver entre les collets du manteau des Pèlerins et les replis flottants formés par le bord libre des membranes interbranchiales de ce Squale.

Ce Squale (*Selache maximus*) constitue un genre distinct. C'est un animal dont la taille peut atteindre jusqu'à 12 et 14 mètres et le poids arriver à plus de 8000 kilogrammes. Le corps est allongé, fusiforme, couvert de petites scutelles écailleuses ; on remarque une petite fossette et une carène sur le tronçon de la queue ; le museau est peu développé, conique. Les fentes branchiales sont très étendues. La première nageoire dorsale est insérée à peu près au milieu de l'espace qui sépare les pectorales des ventrales ; l'anale est petite. La coloration est d'un brun ardoisé ou noirâtre sur le dos, grisâtre sous le ventre.

Les mâchoires sont garnies de dents petites, non dentelées, presque coniques et crochues ; leur nombre, très considérable, a été évalué à 4,032 par de Blainville, à 2,700 par A. Duméril.

Au bord interne des arcs branchiaux on trouve de longs processus analogues à ceux que l'on voit chez beaucoup de Poissons osseux ; ces processus ont la structure des dents et des productions dermiques des Squales ; on a recueilli dans le Crag d'Anvers, qui appartient à la partie supérieure des terrains tertiaires, de ces franges branchiales qui indiquent la présence du genre Pèlerin à cette époque reculée.

Distribution géographique. — Le Pèlerin vit dans les profondeurs de la mer Glaciale ; sa présence sur nos côtes de France est accidentelle et cet animal n'y arrive guère qu'à la suite de violentes tempêtes ; il a été pris dans la Manche, à Boulogne, à Dieppe, à Saint-Malo, dans l'Océan, à Concarneau. En 1788 on en tua un à Saint-Malo qui avait près de 11 mètres de long et 8 mètres de circonférence ; en 1802 on en captura un à Boulogne qui plusieurs heures auparavant s'était battu avec un Cétacé ; dans la nuit du 21 novembre 1810 un Pèlerin s'étant embarrassé dans des filets à pêcher le Hareng, fut remorqué à Dieppe et transporté à Paris où il fut étudié par de Blainville ; un individu de grande taille, qui se trouve au Muséum de Paris, est venu échouer à Concarneau il y a une dizaine d'années.

Le Pèlerin a été plusieurs fois observé sur les côtes du pays de Galles, du Devonshire, du Cornwall, du Dorsetshire et du Sussex ; d'après Yarrel un exemplaire de 11 mètres de long a été capturé à Brighton.

Barboza del Bocage et Brito Capello nous apprennent que deux grands Squales Pèlerins, dont l'un atteignait 12 mètres de long, ont été pris sur les côtes du Portugal en 1840 et en 1850.

Le Musée de Genève possède enfin un jeune Pèlerin, de près de 3 mètres, capturé dans la Méditerranée.

Mœurs, habitudes, régime. — Dans les profondeurs de l'Océan Glacial le Pèlerin poursuit de petits animaux et des Poissons de faible taille ; malgré sa grandeur, sa dentition est, en effet, trop faible pour qu'il puisse s'attaquer à une proie un peu volumineuse qu'il ne pourrait dépecer ou à un animal qui se défendrait par trop ; d'après Rinck le Pèlerin rechercherait les cadavres des grands Cétacés ; sa nourriture doit cependant essentiellement consister en petits Poissons et en autres petits animaux marins qui vont en troupes pressées.

Günner, évêque de Norwège, raconte quelques traits du genre de vie du Pèlerin qui paraissent être exacts. A ce qu'il écrit, le Pèlerin n'a rien de la férocité des autres grands Squales ; c'est un animal qui n'attaque jamais, qui est particulièrement lent et paresseux ; un bateau peut le poursuivre pendant longtemps sans qu'il prenne la fuite ; on peut s'approcher de lui assez près pour le harponner lorsqu'il se laisse flotter à la surface de l'eau, se chauffant aux pâles rayons du soleil du nord. Ce n'est que lorsqu'il se sent blessé qu'il relève la queue et plonge brusquement. Sa capture n'est pas sans danger et ressemble à celle de la Baleine, l'animal pouvant d'un coup de sa puissante queue faire chavirer un navire d'assez grande dimension. S'il voit que les efforts qu'il fait pour s'échapper sont vains, le Pèlerin continue à nager avec une rapidité étonnante et déploie alors une telle vigueur qu'il peut entraîner même contre le vent des navires jaugeant jusqu'à 70 tonneaux.

Sur la côte ouest d'Islande on chasse le Pèlerin à cause de la grande quantité d'huile que l'on peut extraire de son foie, qui, d'après Günner, peut atteindre, chez des animaux des côtes de Norwège, un poids de 1000 kilogrammes.

Sa chair est coriace, d'un goût désagréable ; cependant on la mange dans quelques pays du Nord ; parfois on la coupe en lanières et on s'en sert alors comme appât pour la pêche de certains poissons.

LES RENARDS — *ALOPIAS*

Seefuchs oder Drescher.

Caractères. — Pline désigne sous le nom de Renard, *Vulpes*, un étrange Poisson qu'en 1558

Rondelet dit être ainsi nommé « pour la longueur de la queüe, é la figure semblable à une espée, *Peis spaso*, des autres pour la longueur de la queüe *Ramart*, car comme le Renard ha la queüe longue et espesse, aussi ce poisson l'ha très longue. »

Ce poisson qui constitue le genre Alopias est désigné aujourd'hui encore sous le nom de Squale Renard ou de Faux (*Alopias vulpes*). Les dimensions extraordinaires de la caudale, qui égale ou même dépasse la longueur du tronc et de la tête réunis, a fait donner à ce singulier animal des noms tels que *Singe de mer*, *Touille à épée*, *Poisson épée*, *Pei ratou*, *Pei espasu*.

Le corps est en fuseau, couvert de petites scutelles à pointes mousses, gris ardoisé sur le dos et les flancs, blanchâtre sous le ventre. La tête est courte, le museau court et conique. La seconde dorsale et l'anale sont très petites. Il n'existe pas de carène sur le tronçon de la queue. Les dents sont semblables aux deux mâchoires, assez petites, plates, non dentelées sur les bords. Les narines sont petites, les évents si étroits qu'il est souvent difficile de les voir. La longueur dépasse parfois 5 mètres.

Distribution géographique. — Comme beaucoup d'autres Squales, le Renard a une large distribution géographique ; on le connaît aussi bien de l'Atlantique et de la Méditerranée que des côtes de Californie et de la Nouvelle-Zélande.

D'après Émile Moreau, le Renard se trouve sur toutes les côtes de France ; il est très commun à Cette au mois d'août où on le vend pour la table sous le nom de *Thon blanc ;* il a été pêché sur la côte de Cette, en avril et en mai 1875 et 1876, des Renards de très grande taille, mesurant 4 et 5 mètres. L'espèce est assez rare dans le golfe de Gascogne, plus rare au-dessus de la Gironde, à La Rochelle, aux Sables d'Olonne ; il est extrêmement rare dans la Manche et dans le Pas-de-Calais ; il a été cependant capturé à Dieppe, à Boulogne ; on le rencontre parfois sur les côtes d'Angleterre.

Mœurs, habitudes, régime. — En 1558, Rondelet nous apprend que, « comme le Renard de terre est fin et malfaisant, aussi est le Re-

nard de mer, lequel se sentant près du haim, il l'aualle d'auantage iusques au plus feble de la ligne pour le couper aisément. Ce poisson est le vrai Renard de mer, à caùse qu'il sent tout ainsi que le Renard de terre, comme escrit Athénée. D'auantage il fait ses petits ne plus ne moins que l'Aguillat, é les reçoit dedans soi en leur crainte, comme écrit Aristote, comme aussi est la vérité. »

Gesner dit également : « Le Renard passe pour très rusé, car lorsqu'il a pris l'amorce de l'hameçon, il tire la ligne et l'arrache, de sorte qu'on trouve parfois trois ou quatre hameçons dans son ventre. »

Plusieurs observateurs disent que le Renard se sert de sa longue queue comme moyen de défense. Duméril rapporte d'après Borlase que cette espèce est connue aux États-Unis sous le nom de *Trasher* qui veut dire *frappeur ;* « au dire de Borlase, le Renard se sert de sa queue pour frapper la Baleine, le moins agile et le plus volumineux de ses ennemis, lorsqu'elle vient respirer à la surface de l'eau ; et même, ajoute-t-il, d'après un témoin oculaire, le combat peut durer plusieurs heures. N'est-ce pas là, ajoute Duméril, une de ces erreurs des gens de mer trop facilement admises et propagées ? »

« Il n'est pas rare, dit Couche, qu'un Renard ne s'approche d'une troupe de Dauphins en train de chasser et que ceux-ci ne s'enfuient comme des lièvres à la vue d'un chien, lorsque le Renard leur a distribué quelques coups de queue, quand bien même le coup ne les aurait pas atteints. »

Suivant Günther, le Renard « poursuit les bandes de Harengs, de Pilchard, de Sprats et en détruit d'énormes quantités. Lorsqu'il chasse, il se sert de sa longue queue pour balayer la surface de l'eau, tandis qu'il nage en cercles de plus en plus étroits autour des bancs de Poissons qui, effrayés, se pressent les uns contre les autres et se rapprochent du centre du cercle tracé par l'ennemi qui s'en empare alors très facilement. On doit traiter de fables les récits de combats entre le Renard et la Baleine ou autres grands Cétacés. »

LES NOTIDANIDÉES — *NOTIDANIDÆ*

Caractères. — Les Notidanidées n'ont pas de membrane nictitante ou troisième paupière ; ils se distinguent essentiellement des Squales que nous venons d'étudier par la présence d'une

dorsale unique, très reculée, située entre les ventrales et l'anale ; les évents sont petits.

Distribution géographique. — Si les Notidaniens sont peu nombreux à l'époque actuelle, on n'en connaît que quatre espèces, ils paraissent avoir été plus abondants aux époques géologiques anciennes. On trouve en effet, dès les formations crétacées moyennes, des dents composées d'une série de dentelons

Fig. 222. — Dent de Griset.

dont le premier, qui est le plus grand, est lui-même crénelé à son bord antérieur ; ces dents, qui sont massives à l'intérieur, ont été rapportées au jeune *Notidanus* (fig. 222).

LES GRISETS — *NOTIDANUS*

Caractères. — Les Grisets ont le corps allongé, fusiforme, la peau couverte d'un chagrin assez fin, très serré, ou de scutelles carénées fort rudes. Il existe tantôt six fentes branchiales, ainsi qu'on le voit chez l'Hexanche, tantôt sept fentes, comme chez l'Heptanche.

On désigne à Nice sous le nom de *Mounge*, à Cette sous celui de *Bouca donça* un Squale qui peut atteindre 4 mètres de long et dont la coloration est gris rougeâtre sur le dos, grisâtre sur les flancs, avec une bande longitu-dinale blanchâtre allant jusque sur la caudale. La tête est large, aplatie, le museau court à bord arrondi. La nageoire caudale, très développée, fait le tiers, parfois plus, de la longueur totale du corps ; le grand lobe est marqué d'une échancrure au bord inférieur. Cet animal est le Griset ou Hexanche (*Notidanus cinereus*, *Hexanchus cinereus*).

Le *Squale perlon*, *Mounge gris*, des pêcheurs niçois (*Notidanus cinereus*, *Heptanchus cinereus*) a la tête moins large que le Griset, le museau plus pointu, la caudale moins allongée.

Distribution géographique. — Les Grisets, dont on connaît quatre espèces, sont plus particulièrement abondants dans les mers chaudes.

D'après Moreau, le Griset est assez commun à Nice, assez rare à Cette ; très rare dans l'Océan, il a été cependant signalé dans le golfe de Gascogne et sur les côtes de la Charente-Inférieure ; quant à l'Heptanche il est très rare à Nice et à Cette, dans le golfe de Gascogne ; on le cite des côtes de Portugal.

Mœurs, usages. — Les Grisets sont très voraces. D'après Risso, la femelle met bas des petits vivants plusieurs fois dans l'année.

D'après le même observateur la chair a peu de saveur, mais les intestins sont délicats. Moreau rapporte, au contraire, qu'à Cette la chair de ce Squale est rejetée de l'alimentation ; elle est, d'après certaines personnes, un purgatif très énergique.

LES SCYLLIDÉES — *SCYLLIDÆ*

Die Hundshaie.

Caractères. — On désigne communément sous le nom de *Chiens de mer* des Squales, généralement de faible taille, qui ont deux nageoires dorsales, la première située au-dessus ou en arrière des ventrales ; ces nageoires sont dépourvues d'aiguillons ; il existe une nageoire anale. Les dents sont disposées sur plusieurs rangées ; les évents existent ; on ne trouve pas de membrane nictitante ; les narines sont situées près de la bouche, le plus souvent continuées en un sillon jusqu'au bord de la lèvre et plus ou moins fermées par un ou deux lobes cutanés. La valvule de l'intestin est en spirale.

Distribution géologique. — On a trouvé dans la craie de Kent un animal qui paraît se rapprocher à la fois des Lamies, dont il a les vertèbres, et des Scyllium, ces dents étant semblables à celles de ces derniers ; ce Poisson a été désigné par Agassiz sous le nom de *Scylliodus*.

La *Thyellina*, que l'on connaît de la base des formations jurassiques et des terrains crétacés, paraissent être très voisines des Roussettes. Le genre *Palæscyllium* est du Lias.

Distribution géographique. — On connaît 25 espèces appartenant à ce groupe des Scyllidées ; trois espèces de Scyllium et de Pristiures se trouvent dans les mers d'Europe ; toutes les autres sont des mers chaudes.

Les Roussettes comprennent 11 espèces ; 2 sont des mers d'Europe, 6 du cap de Bonne-

Espérance, les autres d'Australie, du Japon, de Chine, de l'Archipel Indien ; les Héninscyllium sont spéciaux à l'Australie, les Chiloscyllium aux mers des Indes et de la Chine, ainsi que les Stegostomes et les Crossochines ; quant aux Ginglymostomes on les connaît à la fois des Antilles, des Guyanes et de la mer des Indes. En un mot, les Roussettes n'ont pas la large distribution géographique, en quelque sorte cosmopolite, que nous avons signalée pour d'autres Squales ; ils sont plus cantonnés.

LES ROUSSETTES — *SCYLLIUM*

Hundshaie.

Caractères. — Les Roussettes, plus particulièrement désignées sous le nom de Chiens de mer, sont des Squales de faible taille, au corps assez effilé, au museau court, à la bouche arquée ; la première nageoire du dos est située au-dessus de l'espace compris entre les ventrales et l'anale, la seconde entre celle-ci et la caudale, qui n'est pas dentelée à son bord supérieur ; les évents sont rapprochés des yeux, derrière lesquels ils sont situés ; les valvules nasales sont tantôt confondues par leur bord interne, tantôt séparées par un intervalle médian ou recouvrent presque complètement les narines. Les dents ont trois, même cinq pointes chez les jeunes, la pointe médiane étant beaucoup plus longue que les autres.

Mœurs, habitudes, régime. — Les Roussettes sont des Squales qui atteignent un mètre de long tout au plus. Elles vivent en bandes, non loin des côtes et vers le fond de la mer ; se nourrissant surtout de crustacés, de mollusques, de poissons morts, malheureusement elles ne dédaignent pas les proies vivantes, aussi sont-elles redoutées des pêcheurs dont elles déchirent les filets à l'aide de leurs dents coupantes. Les Roussettes suivent les bancs de Harengs et y font de grands carnages ; on raconte qu'elles en mangent tant qu'elles peuvent, vomissent et recommencent à donner la chasse aux poissons ; aussi lorsqu'une bande de Roussettes est à la poursuite d'un banc de Harengs, se répand-il une odeur d'huile des plus perceptibles ; la surface de la mer devient calme et miroitante.

Brehm rapporte qu'il y a une cinquantaine d'années, les Roussettes s'étaient multipliées à un tel point dans la Manche et dans le Pas de Calais que la pêche y était difficile ou presque nulle, les avaries aux filets étant très fréquentes. Les Squales étaient si abondants qu'en octobre 1827 plusieurs pêcheurs s'étant rendus vers un petit banc de sable situé à quatre milles de Hastings et à deux milles du rivage pour pêcher le Cabillaud, mirent à la mer environ quatre mille hameçons ; les lignes de fond furent retirées une demi-heure après ; à chaque hameçon, à la place du Cabillaud, se trouvait une Roussette, maigre compensation ; une seule Morue avait été capturée, mais elle n'était représentée que par la tête, le reste du corps ayant été dévoré par les Squales voraces ; quant à ceux-ci, ils n'auraient pas touché aux Chiens capturés, ce qui semblerait indiquer que les Roussettes, si gourmandes qu'elles soient, ne se dévorent pas entre elles.

Les Chiens de mer pondent des œufs, ce qui a été observé très anciennement ; le fait est mentionné par Aristote. Voici ce qu'en 1558 nous apprend maître Guillaume Rondelet. « Les œufs des Roussets font coques, quant à la couleur, é quant à estre transparens, semblables à une corne, dans lesquelles coques est contenue une humeur semblable à un œuf. La figure de ces coques est semblable à un oreiller ou quarreau que l'on met sous la teste pour reposer ; des coings dépendent comme poils longs, ou comme chorde de lin entortillés comme les fléaux de la vigne ; quand on les désentortille é qu'on les tire, sont bien longs de deux coudées. Ceste coque estant rompue, le petit sort... L'usage de ces chordes ainsi entortillées est pour bien tenir à asseurer l'œuf en son lieu, à fin qu'il ne se remue ne haut, ne bas, ne d'un costé ne d'autre, iusque à ce que estant bien formé é parfaict par la chaleur, l'animal vif en sorte. »

Cette description de l'œuf est parfaitement exacte. Chez les deux Roussettes de nos côtes les œufs sont en forme de rectangle allongé, légèrement ovalaire à leur extrémité postérieure, de consistance et de couleur de corne ; ils sont terminés aux deux bouts par deux appendices très développés, contournés en vrille, qui servent à tenir les œufs attachés aux varechs sur lesquels ils ont été déposés. A un moment donné la coque se fend pour laisser passer le petit.

Chez un animal voisin des Roussettes et également des côtes d'Europe, le Pristiure, l'œuf ne porte pas de ces appendices ; il est ovalaire, assez gros en arrière et se termine en avant par deux cornes pointues, légèrement couchées en dedans.

D'après les observations de Coste l'incubation dure environ neuf mois ; une femelle ayant pondu à Concarneau dès les premiers jours du mois d'avril, les dix-huit œufs sont éclos dans les premiers jours de décembre. D'après Moreau, les petits de la Roussette à grandes taches paraissent naître, ou plutôt sortir de l'œuf, vers le commencement du printemps. Brehm rapporte également que la femelle pond ses œufs au commencement de l'hiver, dans le voisinage de la côte, généralement entre les plantes marines aux ramifications desquelles s'attachent les filaments. Au moment de l'éclosion le jeune porte avec lui une poche qui contient une matière qui sert à son alimentation dans les premiers temps qui suivent la naissance ; la provision alimentaire épuisée, les dents sont assez développées pour que l'animal puisse suffire à son alimentation.

Usage. — D'après Moreau, « la chair des Roussettes est mangée sur toutes les côtes de France ; sans être délicate, elle n'est pas précisément mauvaise ; elle est dure ; elle répand une odeur ammoniacale et musquée, que l'animal perd plus ou moins par la cuisson. Le foie est généralement enlevé avec les entrailles et ne sert pas à l'alimentation ; il est rejeté plutôt à cause de son goût détestable qu'en raison des accidents que son usage peut, il paraît, déterminer dans certaines circonstances. »

Lacépède écrit, en effet, qu'il est très dangereux de se nourrir du foie, que les pêcheurs ont ordinairement le soin de rejeter avant de vendre l'animal ; il rapporte l'observation suivante, d'après les observations faites par Sauvage, « habile médecin de Montpellier, sur les effets d'un foie de Roussette pris intérieurement. Un savetier de Bias, auprès d'Agde, nommé Gervais, mangea un foie de ce Squale, avec sa femme et ses deux enfants, dont l'un était âgé de quinze ans, et l'autre de dix. En moins d'une demi-heure, ils tombèrent tous les quatre dans un grand assoupissement, se jetèrent sur la paille, et ce ne fut que le troisième jour qu'ils revinrent à eux assez parfaitement pour connaître leur état. Ils furent alors plus ou moins réveillés suivant qu'ils avaient pris une quantité moins grande ou plus considérable de foie. La femme qui en avait mangé le plus fut cependant la première rétablie. Elle eut, en sortant de son sommeil, le visage très rouge, et elle ressentit le lendemain une démangeaison universelle, qui ne passa que lorsque tout son épiderme fut séparé du corps en lames plus ou moins grandes, excepté sur la tête, où cette exfoliation eut lieu par petites partie, et n'entraîna pas la chute des cheveux. Son mari et ses enfants éprouvèrent les mêmes effets. »

La peau des Roussettes, qui est très rude, sert aux ébénistes, aux tourneurs pour adoucir les ouvrages en bois et les préparer à recevoir le poli ; on monte des morceaux de cette peau sur des mandrins de bois pour en faire des outils de forme variée, suivant les besoins de l'industrie. Le Chien de mer « duquel la peau aspre é rude sert aux menuisiers, artêliers et charpentiers a polir leur boys é ouvraiges, » nous apprend Belon en 1555.

Captivité. — Malgré la vitalité des Roussettes, ces animaux supportent mal la captivité. Placés dans un bassin, même assez vaste, ils se couchent d'ordinaire sur le fond et refusent toute nourriture ; ils ne tardent pas à succomber, car à l'inverse de beaucoup d'autres Poissons, ils ne peuvent rester longtemps sans manger. D'autres fois, les Roussettes, s'agitant sans cesse, se heurtent aux parois de leur prison, se blessent le museau. Dans les grands bassins de Concarneau on a pu cependant conserver de ces animaux assez longtemps pour observer leur ponte et l'éclosion des petits.

LA GRANDE ROUSSETTE. — *SCYLLIUM CANICULA.*

Caractères. — La grande Roussette ou Roussette à petites taches arrive à la taille d'environ 0m,80. La coloration est sur le dos et sur les côtés d'un gris roussâtre marqué de nombreuses petites taches, les unes grises, les autres brunes ou noires ; les taches des nageoires sont généralement bien marquées et de couleur foncée, d'autres fois elles sont pâles ; le ventre, d'un gris sale, porte des taches peu apparentes et mal délimitées.

Le corps est effilé, la tête assez large, aplatie en dessus, la bouche très arquée ; les valvules nasales sont contiguës. La première dorsale s'insère un peu en arrière des ventrales ; la dorsale postérieure est placée immédiatement au-dessus de la terminaison de l'anale. Les ventrales sont triangulaires, étroites, réunies, chez les mâles, presque complètement sur leur bord interne.

Distribution géographique. — Cette es-

pèce, plus commune que la petite Roussette, habite toutes les mers d'Europe; elle est très abondante dans la Manche.

LA PETITE ROUSSETTE. — *SCYLLIUM CATULUS.*

Caractères. — La petite Roussette ou Roussette à grandes taches a le corps plus épais, plus trapu que l'autre espèce, la tête plus large, plus haute, plus longue; le museau est court, la bouche moins arquée. Les valvules nasales ne sont pas confondues entre elles, mais séparées par un intervalle assez large. La caudale est plus longue que dans l'autre espèce; les ventrales sont quadrangulaires, coupées presque carrément en arrière, libres en arrière (fig. 223). La taille peut arriver à un mètre.

La coloration est d'un brun cendré, parfois d'un gris jaunâtre ou rougeâtre, avec de grandes taches arrondies d'un violet noirâtre entre lesquelles se trouvent d'autres taches plus petites, d'un gris cendré; le ventre est d'un blanc sale; on voit sur la tête des taches noirâtres, petites et assez nombreuses.

Distribution géographique. — Cette espèce habite les mers d'Europe, à l'exception cependant des parties tout à fait septentrionales; on en a recueilli des individus au Cap de Bonne-Espérance.

Bien que plus rare que la Roussette à petites taches, la Roussette à grandes taches se trouve aussi sur toutes les côtes de France. D'après Moreau, elle est assez commune dans la Méditerranée, rare dans le golfe de Gascogne et au-dessus de la Gironde, rare dans la Manche et dans le Pas de Calais.

LES CESTRACIONTIDÉES — *CESTRACIONTIDÆ*

Caractères. — La famille des Cestraciondidées se caractérise par l'absence de membrane nictitante, la présence de deux dorsales armées d'épines à leur bord antérieur, une nageoire anale; les cavités nasales et buccales sont confluentes; les dents sont obtuses et disposées en plusieurs séries.

Cette famille ne comprend à l'époque actuelle que le genre Cestracion avec quatre espèces qui habitent le Japon, Amboine, l'Australie, les Galapagos, la Californie.

Le plus anciennement connue de ces espèces est le Cestracion de Phillip (*Cestracion Phillipi*). C'est un animal à la tête volumineuse, arrondie en avant, au museau court, et mousse, aux nageoires bien développées. Le corps est de couleur brun jaunâtre, plus clair en dessous; le front, au devant des yeux, est traversé d'un côté à l'autre, par une bande de couleur rougeâtre.

Mœurs, habitudes, régime. — La dentition des Cestraciontes indique bien leur genre de vie; les dents antérieures sont petites, obtuses; les dents latérales grandes, en pavé, arrangées en séries obliques, sont disposées, non pour retenir, déchirer ou couper une proie, mais pour broyer des aliments durs, tels que des coquillages et des crustacés; l'épine dont sont armées les nageoires dorsales doit leur servir de moyen de défense.

Les Cestraciontes sont ovipares; ils pondent des œufs dont la forme est très étrange; ces œufs sont allongés, en forme de poire et sur toute leur surface s'enroule une lame à disposition spirale.

Distribution géologique. — Nous n'aurions pas mentionné la familles des Cestraciontidées si celle-ci n'avait eu autrefois une grande importance; on trouve, en effet, dans les terrains primaires et dans les formations secondaires de nombreuses dents que l'on doit rapporter à des animaux de ce groupe. Comme le dit Pictet « la famille des Cestraciontes a une histoire paléontologique très remarquable. On en trouve des traces dans les terrains les plus anciens, puis elle se continue sans interruption dans toute la série des formations, ayant son développement principal au commencement de l'époque secondaire et diminuant ensuite d'importance jusqu'à l'époque moderne », où elle n'est plus représentée que par un seul genre. La plupart des Cestracions anciens ne sont, du reste, connus que par des dents isolées, aussi est-il très difficile de se faire une idée exacte de leurs rapports réels.

On trouve dans les terrains dévoniens et carbonifères des dents en forme d'éventail dont les côtés seraient dentelées; ces dents ont été désignées sous le nom de *Ctenodus.*

Parmi les genres trouvés dans le terrain

Fig. 124. — La petite Roussette.

quée et plus ou moins échancrée dans son milieu. La partie émaillée est étalée par ses

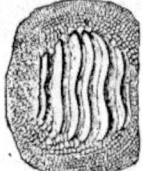 

Fig. 224 et 225. — Dents de Ptychodus.

bords, et se relève au milieu en un mamelon obtus et sillonné de rides, ou plutôt de gros plis tranchants, parallèles, quelquefois sinueux, séparés par des sillons plus profonds. Les bords sont ornés d'une granulation plus ou moins serrée et d'un réseau de plis irréguliers et peu saillants (fig. 224, 225). Avec ces dents plus plates, on en trouve d'autres plus petites et plus bombées, qui étaient probablement les antérieures. Les *Ptychodus* sont aussi connus par des rayons épineux très gros et formés de larges lames soudées ensemble dont l'union forme des sillons longitudinaux. Cette association des dents et des rayons justifie le classement des *Ptychodus* dans la division des Squalides; les dents seules auraient pu tout aussi bien faire croire à des rapports avec les Raies. »

LES SPINACIDÉES — *SPINACIDÆ*

Die Stachelhaie.

Caractères. — Les Spinacidées sont ainsi nommées à cause de l'aiguillon ou de l'épine dont chacune de leurs dorsales est armée; il n'existe pas d'anale, ni de membrane nictitante; la bouche est légèrement arquée, avec une entaille de chaque côté; les fentes branchiales sont petites.

Distribution géologique. — Le plus ancien représentant de cette famille, le *Palæospinax* est du Lias de Lyme Regis, c'est-à-dire des formations jurassiques inférieures. Chez cet animal la peau est granuleuse; les dents de la mâchoire inférieure sont armées de plusieurs pointes et ornées de plis longitudinaux, tandis que les dents de la mandibule sont tricuspides et que leur surface est lisse. On trouve un véritable *Spinax* et le genre *Drepanaphorus* dans les terrains crétacés d'Angleterre et du mont Liban.

LES AIGUILLATS — *ACANTHIAS*

Caractères. — Les Aiguillats ont les dents semblables aux deux mâchoires, à bord libre droit ou peu oblique et tranchant, à pointe rejetée en dehors; la peau est couverte de scutelles tridentées à arête médiane plus ou moins prononcée, généralement plus pointue que les divisions latérales.

Distribution géographique. — Le genre Aiguillat comprend trois espèces dont la distribution géographique est remarquable; ces animaux se trouvent dans l'hémisphère nord et dans l'hémisphère sud, mais manquent absolument dans la zone tropicale intermédiaire.

L'AIGUILLAT COMMUN. — *ACANTHIAS VULGARIS.*

Dornhai.

Caractères. — Parmi les Aiguillats, l'espèce la plus connue est l'Aiguillat commun, qui est représenté au second plan de la figure 217, p. 137. Ce Squale, qui peut atteindre la taille de 1 mètre, a le corps allongé, légèrement triangulaire en avant, la peau est couverte de scutelles à pointes acérées; la tête est assez longue, aplatie en dessus, le museau avancé, allongé, triangulaire; la bouche est presque transversale; les yeux, très grands, sont d'une teinte verdâtre, l'iris étant d'un blanc d'argent; les évents, placés en arrière de l'œil, sont assez grands. Les aiguillons des dorsales ne sont pas sillonnés; les nageoires pectorales sont grandes, les nageoires abdominales petites; la queue est bien développée.

Un gris brunâtre ou ardoisé uniforme colore le dos et les flancs; le corps est parfois marqué de petites taches bleuâtres; chez les individus jeunes, ces taches sont parfois très marquées et se détachent nettement avec le ton général; le ventre est de couleur plus pâle que le dos.

Distribution géographique. — L'Aiguillat est très commun sur toutes les côtes de France;

on le trouve également dans la Méditerranée, la Manche et l'Océan.

Mœurs, habitudes, régime. — Cette espèce est si abondante dans certains endroits qu'elle forme de véritables bancs, au voisinage des côtes, à la poursuite des petits poissons. L'Aiguillat est très redouté des pêcheurs dont il coupe les lignes et déchire les filets. « J'ai entendu dire, écrit Couch, que vingt mille de ces Poissons avaient été pris en une seule fois dans de grands filets de fond. J'ai vu moi-même des individus jeunes, n'ayant pas encore 0ᵐ,15 de long, se trouver au milieu des bandes pressées des animaux adultes, et nager de compagnie avec ceux-ci et assister à leurs chasses, bien qu'ils fussent incapables de faire de victimes. Pour se servir de ses aiguillons dorsaux, l'Aiguillat se recourbe en arc et sait si bien diriger ses mouvements d'un côté comme de l'autre, qu'il atteint la main qui le touche à la tête, sans se blesser lui-même. »

En mars 1858, il apparut à l'ouest de Uig une telle quantité d'Aiguillats qu'on vit la mer littéralement couverte de ces animaux dans un espace d'au moins 20 milles de large ; des myriades de ces Requins nageaient près de la surface de l'eau ; ils encombrèrent littéralement plusieurs baies du nord de l'Écosse.

Les œufs sont volumineux, mais peu nombreux ; il y a généralement quatre petits à chaque portée.

Usages. — Ces œufs sont mangés à Nice, d'après Risso.

La chair de l'Aiguillat, dure et sèche, est mangée en Écosse, après qu'elle a été séchée ; on retire de l'huile du foie ; la peau est employée pour polir le bois ; les résidus, enfin, sont fréquemment employés comme engrais.

LES HUMANTINS — *CENTRINA*

Caractères. — Le genre Centrine ne comprend qu'une seule espèce, l'Humantin, appelé aussi *Cochon de mer* sur les côtes de Poitou, *Porc* sur celles du Languedoc et de Provence (*Centrina Salviani*).

Cette espèce a une forme singulière ; le corps est ramassé, prismatique, triangulaire, le dos est étroit, en forme de carène, le ventre large, aplati, avec un repli cutané, très saillant qui s'étend des pectorales aux ventrales. La tête est petite, aplatie en dessus, le museau court, large, la bouche très peu fendue. La mâchoire supérieure porte une plaque de dents en crochets, à pointe fine, disposées suivant plusieurs rangées ; on ne voit qu'une seule rangée de dents à la mandibule ; ces dents sont aplaties, à bord libre triangulaire et dentelé.

La première dorsale est très développée ; elle s'insère au-dessus des pectorales ; par une exception singulière, chez les Squales, cette nageoire est traversée par une épine qui n'est pas inclinée suivant le sens de la nageoire, comme chez les autres Spinacidées, mais qui, au contraire, se porte d'arrière en avant, pour sortir sur le bord antérieur de la nageoire. La seconde dorsale est opposée aux ventrales, qui sont fort reculées.

La couleur est noirâtre sur le dos, brunâtre en dessous. L'animal peut atteindre 2 mètres de long.

Distribution géographique. — Cette espèce habite surtout la Méditerranée, bien qu'elle puisse se pêcher dans le golfe de Gascogne, Moreau pense qu'elle ne se trouve pas au-dessus de l'embouchure de la Loire.

Usages. — Rondelet nous apprend, en 1558, que « le foie de ce poisson se fond en huile qui peut servir pour mollir la dureté du foie de l'homme, peut servir aussi à brûler. Le fiel avec du miel est bon pour les cataractes, le cuir est bon pour polir. La cendre de cuir est bonne contre la teigne. »

LES SCYMNIDÉES — *SCYMNIDÆ*

Caractères. — Les Scymnidées, que certains naturalistes réunissent aux Spinacidées, n'en diffèrent que par l'absence d'aiguillons aux nageoires dorsales. Ils ont le corps allongé, parfois comprimé, la bouche armée de dents plus ou moins aiguës et tranchantes ; les fentes des branchies assez petites.

LES LICHES — *SCYMNUS*

Caractères. — Le genre Liche ne comprend qu'une seule espèce, le *Scymnus lichia*.

C'est un Squale allongé, au corps couvert de tubercules égaux, pointus, excessivement rudes; la tête n'est pas très grande, la lèvre inférieure, qui est développée, porte de grandes papilles.

Les dents de la mâchoire supérieure sont allongées, minces, étroites, à pointes très longues, et disposées sur plusieurs rangées; à la mâchoire inférieure on trouve une ou deux rangées de dents redressées, suivant que la rangée hors de service est ou n'est pas tombée; les dents internes ou non relevées sont disposées ordinairement sur six rangées; ces dents ont une plaque quadrilatérale surmontée d'un triangle à bords latéraux dentelés.

Les narines s'ouvrent très en avant; les évents sont larges.

La teinte générale est d'un brun violacé avec des taches noirâtres mal marquées. Les yeux sont très grands, l'iris est d'un blanc jaunâtre; d'après E. Moreau, un tapis blanc verdâtre, brillant d'un éclat très vif, donne un aspect effrayant aux yeux de ces animaux.

Distribution géographique. — La Liche habite la Méditerranée et les parties de l'Atlantique voisines; elle est assez commune dans le golfe de Gascogne et très rare au-dessus de la Gironde.

Usages. — La peau de la Liche est couverte de scutelles disposées en quinconce et fort rapprochées; convenablement préparée, cette peau est très recherchée par les ébénistes.

D'après Moreau, la chair de ce Squale « est vendue pour la table sur les marchés de Saint-Jean-de-Luz et de Bayonne. Les pêcheurs de Socoa rapportent souvent une grande quantité de Liches, qu'ils vont prendre le plus ordinairement près des côtes d'Espagne. »

LES LAIMARGUES — *LÆMARGUS*

Eishai.

Caractères. — Les Laimargues ont le corps allongé, couvert de petits tubercules, toutes les nageoires petites, la première dorsale insérée à une grande distance des ventrales, les narines placées près de l'extrémité du museau. A la mâchoire supérieure sont des dents étroites, de forme triangulaire, à pointe rejetée en dehors; la mandibule est armée de dents en forme de plaquettes allongées, à bords latéraux parallèles, à bord libre tranchant, terminé en pointe très oblique tournée en dehors, le bord latéral interne de chaque sens est couvert par la dent qui précède.

Distribution géographique. — Le genre Lai-

margue comprend quatre espèces : deux espèces sont propres aux mers du nord; le Laimargue à long museau fréquente la Méditerranée et les côtes du Portugal; une espèce à Maurice.

LE LAIMARGUE BORÉAL. — *LÆMARGUS BOREALIS.*

Caractères. — Le Laimargue boréal, appelé aussi Squale du Groenland, Laimargue à courtes nageoires, a de 4 à 6 mètres de long; sa couleur est grisâtre. Le corps est comprimé, raccourci; la bouche est, en avant, fendue au delà de l'œil; les yeux sont petits, ovales, placés très bas; l'iris est bleuâtre; les évents sont grands, les fentes branchiales petites. La première dorsale est très petite, très basse, ainsi d'ailleurs que toutes les autres nageoires.

Distribution géographique. — Cette espèce habite les régions septentrionales, principalement les mers boréales, bien qu'elle puisse accidentellement se trouver plus au sud; c'est ainsi que Gaimard en a vu un individu échoué à l'embouchure de la Seine; un animal a été capturé en 1840 sur les côtes du comté de Durham.

Mœurs, habitudes, régime. — Le Laimargue ne le cède pas en force, en hardiesse, aux plus grands Requins. D'après Fabricius, il dévore tout ce qu'il rencontre, des Cabillauds, des Harengs, des Poissons plats, de jeunes Dauphins. « Ce Squale, écrit Scoresby, est un des pires ennemis de la Baleine; il la tourmente, la mord, et lorsqu'elle est morte la dévore. Avec sa puissante denture, il enlève de larges morceaux au corps du géant mammifère jusqu'à ce qu'il ait assouvi son appétit. Le Laimargue lutte avec l'homme pour dépecer le Cétacé : tandis que le pêcheur dépouille le géant des mers par le dos, le Squale se charge de le dilacérer par les parties ventrales. »

Le même observateur rapporte que le Laimargue est si hardi, qu'il dispute aux pêcheurs les débris de la Baleine, se logeant dans la carcasse qu'on est en train de dépecer; il ne s'attaquerait cependant pas à l'homme, même si celui-ci pendant le dépouillage vient à tomber accidentellement à la mer. Fabricius, au contraire, dit que le Laimargue se met souvent à la poursuite de petites barques faites en peau de Phoques des Groenlandais et que sa voracité est telle, qu'il n'épargne même pas sa propre espèce. Un Lapon, rapporte

Leems, ayant pris un jeune Laimargue, l'amarra à son canot; la corde s'étant rompue, il la retrouva dans l'estomac d'un Laimargue de forte taille, qu'il captura peu de temps après.

Certains marins disent que le Laimargue a l'ouïe très fine et qu'il entend parfaitement le moindre bruit, aussi évitent-ils de causer lorsqu'ils se trouvent dans les parages fréquentés par cet animal. Scoresby est d'un avis opposé. « Les matelots, écrit-il, s'imaginent que le Squale boréal est aveugle, car il ne fait pas attention à l'homme; ils le croient d'autant plus que ce Requin bouge à peine lorsqu'il a reçu un coup de lance ou de couteau. Ce Squale est d'une indifférence extraordinaire à la douleur; un d'eux, qui avait été frappé d'un coup de couteau, s'enfuit, mais revint bientôt près de la même Baleine sur le dos de laquelle il venait d'être frappé. Le cœur est petit; il bat tout au plus une dizaine de fois par minute, mais il continue à palpiter pendant des heures entières, alors même qu'il a été retiré du corps de l'animal. »

Le Laimargue passe pour être vivipare; on dit qu'il donne naissance chaque fois à quatre petits.

Pêche, usages. — La pêche de cet animal est facile. D'après Fabricius, on attache un sac rempli de viande gâtée ou une tête de Phoque à un crochet et on traîne la chose à l'arrière du navire; le Requin nage autour de l'amorce, la goûte, puis nageant doucement suit le navire. On retire alors l'appât; le Squale vorace, qui voit que la proie va lui échapper, se précipite dessus et l'avale d'un seul coup. Le Squale fait alors des bonds prodigieux pour se dégager; il mord la chaîne, saute avec rage et finit par se déchirer avec le croc. L'animal est cependant remonté; on lui jette un lac autour du corps et avant de l'amarrer sur le pont on lui coupe, à coups de hache, la tête et la queue, car, même décapité, il pourrait encore blesser à l'aide des coups formidables qu'il donne avec la partie postérieure de son corps.

Aujourd'hui on pêche ce Squale sur les côtes de Norwège par une profondeur de 250 à 300 brasses; les bateaux, devant aller parfois jusqu'à 200 kilomètres de la terre, sont pontés et montés par cinq à six hommes. Tantôt on s'empare du Requin au moyen de harpons, d'autres fois de filets, mais le plus souvent avec d'énormes hameçons en fer ayant jusqu'à un centimètre de diamètre et rattachés à la corde au moyen d'une chaîne en fer que le vorace Poisson ne peut briser.

« Dès qu'un bateau a atteint un banc de Squales, écrit Hermann Baars, il jette l'ancre. On tend la ligne, et on adapte, à quelques brasses au-dessus des hameçons, une caisse percée de trous et remplie de lard putréfié de Morse ou de Marsouin. Cette amorce sort par chacun des trous, et l'odeur qu'elle exhale, portée par le courant, ne tarde pas à attirer le poisson. Le pêcheur tient la ligne, et lorsqu'il sent que le poisson est pris à l'hameçon, il imprime soudain à la corde un mouvement qui a pour effet de la faire pénétrer plus avant dans les chairs. Le Squale, saisi, se roule autour de la ligne, et le pêcheur le tire le plus vite possible en s'aidant d'un petit tourniquet installé sur presque tous les bateaux. Dès que le poisson a été hissé jusqu'à la surface, on le tue avec un grand crochet ou un maillet; on lui ouvre le ventre, et le foie commence à flotter. Souvent le Squale capturé ne monte jusqu'à la surface de l'eau qu'accompagné d'autres Squales; on harponne aussitôt ces derniers avec un grand crochet et on les fixe au bateau avec un harpon très fort, jusqu'à ce qu'on puisse les éventrer. Quand les pêcheurs s'éloignent, ils font souvent flotter les carcasses des poissons à l'aide de bouées; ils craindraient, en les laissant couler au fond, que les Squales ne se nourrissent de ces débris et ne se souciassent plus de l'appât. »

Les Groenlandais et les Irlandais se nourrissent de la chair du Laimargue, qu'ils laissent putréfier pendant un certain temps, afin de le rendre plus tendre.

Le foie, très volumineux, fournit une huile qui sert dans l'industrie des peaux.

LES ÉCHINORHINES — *ECHINORHINUS*

Caractères. — Le genre Echinorhine ne comprend qu'une seule espèce, le Bouclé (*Echinorhinus spinosus*), appelé *Chenille* sur les côtes de l'ouest de la France et *Spinous Shark* par les pêcheurs anglais.

Cette espèce, au lieu d'avoir le corps rugueux, couvert de petites scutelles, comme les autres Squales, a la peau parsemée de place en place, mais sans aucune espèce de régularité, de petites épines et de boucles épineuses; ces boucles consistent en un disque plus ou moins fort portant dans le milieu une épine crochue à pointe dirigée en arrière; de la base de l'épine partent des stries radiées assez profondes. Ces boucles sont tantôt isolées, tantôt réunies en groupes, parfois même si rapprochées qu'elles se soudent de manière à former des disques.

Le Bouclé a le corps allongé, un peu comprimé dans la partie postérieure; la tête est épaisse, le museau large, assez long. Les dents ont une forme très caractéristique; elles sont très obliques, la pointe étant fortement rejetée en dehors; on voit plusieurs fortes denticulations aux bords de la pointe principale. Les yeux sont grands, ovales, l'iris est jaunâtre. Les dorsales sont petites. La teinte générale est d'un brun violacé, moucheté de taches irrégulières plus foncées, parfois d'un brun olivâtre.

Distribution géographique. — Ce Squale se trouve principalement dans la Méditerranée et dans les parties de l'Atlantique voisines; il arrive accidentellement sur les côtes d'Angleterre et on en a capturé quelques exemplaires au cap de Bonne-Espérance.

D'après Moreau, le Bouclé habite les côtes méridionales et occidentales de la France; il apparaît au printemps à Nice et à Cette, où il est assez rare; il est assez commun dans le golfe de Gascogne entre la Bidassoa et l'Adour; ce n'est qu'accidentellement qu'il arrive jusqu'aux côtes du Finistère.

Usages. — Le Bouclé sert dans l'alimentation; à certaines époques il est assez commun sur le marché de Paris.

LES SQUATINIDÉES — *SQUATINIDÆ*

Caractères. — Les Squatinidées forment un type très distinct qui s'éloigne sensiblement de la forme générale des Squales pour se rapprocher beaucoup de celle des Raies, de telle sorte que l'on a le passage entre ces deux grands groupes. Le corps est, en effet, large et déprimé, ainsi que la tête, dont le bord antérieur est demi-circulaire. Ce qui prouve bien cependant que les Squatinides, malgré leur forme, sont des Squales, c'est la position des fentes branchiales placées sur les parties latérales et inférieures du cou; ces fentes ne peuvent être vues cependant quand on regarde l'animal en dessus, à cause d'un prolongement de la peau venant des nageoires pectorales.

Distribution géologique. — Des Poissons de même type que l'*Ange* ont été signalés dans les formations oolithiques et décrits sous le nom de *Thaumas;* il est probable qu'il faut également rapporter à cette famille le genre *Orthacanthus*, trouvé dans le terrain carbonifère.

LES ANGES — *SQUATINA*

Neerengel.

Caractères. — La famille des Squatinidées ne comprend qu'un seul genre, et même pour plusieurs zoologistes qu'une seule espèce, l'Ange (*Squatina angelus, Rhina angelus, Rhina squatina*).

« L'Ange de mer, dit Gesner, a reçu son nom de sa forme, car par sa partie antérieure, élargie, on peut, en quelque sorte, le comparer à un Ange. »

Le corps est déprimé, large. La tête est supportée par une espèce de cou; elle est aplatie, en forme de disque. La bouche, qui est terminale, est très large. La queue est grosse, aplatie dans sa région inférieure. Les pectorales, échancrées à leur origine, se prolongent en avant, de manière à laisser entre elles et le cou un espace libre où s'ouvrent les branchies. Les dorsales ont à peu près la même dimension et s'insèrent en arrière des ventrales, tout à fait sur la queue; les ventrales sont larges, la caudale est aussi large que longue (fig. 227).

Les dents sont triangulaires, pointues, portées par une base épaissie, assez écartées les unes des autres. Les yeux sont très petits, de couleur grisâtre.

La teinte générale, au-dessus, est d'un vert brunâtre avec de petites taches plus ou moins foncées; on voit parfois chez des jeunes des taches blanches plus ou moins nettement ocellées ou des macules noirâtres sur la queue. En dessous la coloration est blanchâtre.

La taille peut atteindre deux mètres.

Distribution géographique. — L'Ange paraît avoir une large distribution géographique, Günther le mentionnant des côtes d'Europe, de la partie est de l'Amérique du Nord, de Californie, du Japon, du sud de l'Australie. D'après Moreau, cette espèce se trouve sur toutes les côtes de France, mais elle est plus commune dans l'Océan que dans la Méditerranée.

Mœurs, habitudes, régime. — La forme de l'Ange indique qu'il doit se tenir au fond de l'eau; il fait la chasse aux Raies et aux Poissons plats qui forment sa principale nourriture. Il aime à se cacher à demi dans le sable. Dès 1558, Rondelet nous apprend que « l'Ange comme le Turbot se cache dans l'arène, et des barbillons de sa bouche attire les petits Poissons pour les manger. »

L'Ange est vivipare et donne naissance à environ trente petits; Günther indique que la femelle porte de treize à vingt petits; d'après Aristote, cette espèce produit deux fois par an; Rondelet écrit également que l'Ange « a des petits deux fois l'an, à chaque fois sept ou huit, et les reçoit dedans soi quand ils ont peur. » Cette dernière observation paraît être fausse, du moins les naturalistes modernes ne mentionnent-ils rien de semblable.

On a prétendu également que l'Ange change de couleur, ce que réfute Rondelet dans les termes suivants : « Aucun disent que ce poisson change incontinent de couleur, représentant celle du lieu où il est, ce qui est faux. Car les bestes qui changent ainsi de couleur, le font ou à cause qu'ils ont le corps transparent comme le Chamelleon, ou à cause qu'ils ont le cuir si délié é mince que selon les diverse agitation d'humeur é d'esperits, ils monstrent par le cuir diverses couleurs; ce qui ne se peut dire de ce poisson, qui ha le cuir é aspre espés. »

Pêche, usages. — Comme l'Ange de mer ne le cède en rien en voracité aux autres Squales, on le prend facilement à l'hameçon. Brehm rapporte que les Anges qu'il a pu observer dans les aquariums étaient extrêmement lents et paresseux, qu'ils restaient toujours à la même place et qu'ils ne tardaient pas à périr.

Sa chair dure, coriace, n'est généralement pas estimée; « ce poisson sent mal, est de mauvais goût, de chair dure, parquoi on n'en tient aucunement conte en Languedoc, » écrit Rondelet, qui ajoute : « Le foïe se peut fondre en huile, proufitable contre la dureté du foïe. »

La peau, susceptible de prendre un beau poli, est employée pour fabriquer un faux galuchat, avec lequel on recouvre des étuis, des fourreaux et d'autres menus objets; elle sert également pour le polissage de l'ivoire.

LES RAIES — *RAIINÆ*

Rochen.

Caractères. — Le sous-ordre des Raies ou Hypotrèmes comprend des Poissons qui ont le corps le plus souvent aplati et discoïde, mais parfois plus ou moins allongé comme celui des Squales, ainsi qu'on le voit chez les Scies qui forment le passage entre les deux groupes. Les ouvertures des branchies, constamment au nombre de cinq, sont situées à la partie inférieure du corps; il existe toujours des évents; la ceinture scapulaire est complète, presque toujours intimement unie à la partie antérieure de la colonne vertébrale formée de vertèbres soudées entre elles. Les pectorales sont le plus souvent larges et constituent l'unique agent de la locomotion; il n'existe pas de nageoire anale; la dorsale, parfois réduite à un repli cutané, est située sur la queue; on trouve parfois deux dorsales; chez le plus grand nombre des Hypotrèmes la queue est bien distincte du tronc.

Distribution géographique. — Les Raies ou Hypotrèmes comprennent un assez grand nombre d'espèces que l'on n'estime pas à moins de 180, réparties dans trente genres. De même que pour les Squales ces espèces sont particulièrement abondantes dans les zones tropicales; on ne connaît que très peu d'espèces du cercle arctique. Les Raies étant beaucoup plus sédentaires que les Squales, leur extension géographique est beaucoup plus restreinte. Quelques espèces vivent en eau douce; c'est ainsi qu'on trouve des Raies armées dans le cours supérieur de l'Amazone, à une fort grande distance de l'embouchure de ce fleuve; on a également trouvé une espèce de Pristis assez haut dans le Mé-Kong.

Mœurs, habitudes, régime. — Ainsi que nous l'avons dit plus haut, la forme même des Hypotrèmes indique leur manière de vivre. Tandis que les Squales, au corps en fuseau, à la queue puissante, fortement musclée, sont par excellence des animaux voyageurs et nagent entre deux eaux, parfois près de la surface, les Raies proprement dites, au corps plat, à la queue grêle ne pouvant aucunement servir à la progression, se tiennent au fond de l'eau, à demi cachées dans le sable ou dans les algues; leur vie se passe au fond des mers et elles arrivent fort rarement à la surface. La progression se fait uniquement par le mouvement des nageoires pectorales, le plus souvent fort développées ; à l'aide de ces nageoires l'animal bat l'eau, parfois avec une telle vitesse que certaines Raies armées semblent voler dans la mer. De même que les Squales, les Raies sont essentiellement carnassières; leur dentition, la lenteur de leurs mouvements ne leur permettent pas cependant de s'attacher à des proies volumineuses ou qui fuient rapidement devant l'ennemi, aussi leur nourriture se compose-t-elle le plus souvent de Mollusques, de Vers, de Crustacés; lorsqu'ils passent à bonne portée, les petits Poissons ne sont pas pour cela dédaignés. La bouche étant toujours placée à la partie inférieure du corps, il est impossible aux Raies de saisir directement leur proie avec les mâchoires; l'animal se lance sur sa victime de manière à se placer sur elle, l'empêcher ainsi de fuir et pouvoir ensuite la saisir avec la bouche, qui est toujours largement fendue.

Les Raies sont des animaux plus essentiellement côtiers que les Squales ; ils ne descendent généralement pas à d'aussi grandes profondeurs que ces derniers. Les Myliobatidées et les Céphaloptéridées, qui comprennent les géants du groupe, se trouvent souvent à de grandes distances des côtes, assez près de la surface de l'eau, et peuvent, à bon droit, être comptées au nombre des Poissons pélagiques. Presque tous les Hypotrèmes sont ovipares.

Usages. — Les Raies proprement dites approvisionnent largement tous nos marchés, leur chair étant estimée.

On pêche les Raies avec des cordes de 150 à 200 mètres de long, auxquelles on attache une série de hameçons amorcés avec des déchets de Poissons, des Crabes mous; la Raie se tenant au fond de l'eau, il faut suffisamment lester les câblières. La pêche se fait également au chalut et généralement avec les filets traînants.

Le foie des Raies, très volumineux, fournit, de même que celui des Squales, une huile qui est recherchée dans l'industrie; cette huile a été à plusieurs reprises proposée comme succédanée de l'huile de foie de Morue.

Dans tous les pays du Nord, en Hollande principalement, on prépare avec les tubercules de la Raie bouclée une ichthyocolle qui sert à clarifier la bière; il s'exporte chaque année en Belgique et dans les départements du nord de la France une quantité relativement considérable de peaux de Raies destinées à cet usage. Des négociants, principalement des juifs, achètent en Hollande ces peaux en détail à raison de 3 florins le kilogramme, pour les revendre en gros au prix moyen de 5 florins.

C'est avec la peau d'une Raie habitant la mer Rouge et la mer des Indes, l'*Hypolophe sephen*, ou *Wolga Tenku* des pêcheurs de la côte de Coromandel, qu'on obtient le vrai galuchat. La partie supérieure du corps de l'Hypolophe est couverte de scutelles très serrées, formant une sorte de mosaïque, dont chaque pièce, un peu excavée à sa partie centrale, est légèrement crénelée sur son bord postérieur; vers la partie antérieure du corps se voient trois tubercules beaucoup plus gros que les autres et dont la forme est presque circulaire. C'est cette partie de l'animal qui fournit le plus beau galuchat.

« Presque tout le monde, écrit Lacépède, connaît cette peau dure, forte et tuberculée, employée dans le commerce sous le nom de *galuchat*, que l'on teint communément en vert, et dont on garnit l'extérieur des boîtes et des étuis les plus recherchés. Cette peau a aussi reçu le nom de *peau de Requin*; et c'est par cette dénomination qu'on a voulu la distinguer d'une peau couverte de tubercules beaucoup plus petits, beaucoup moins estimée, destinée à revêtir des étuis et des boîtes moins précieuses, appelée *peau de Chien de mer*, et qui appartient, en effet, au Squale ou Chien de mer désigné sous le nom de *Roussette*. On reçoit d'Angleterre de ces dépouilles de Sephen de presque toutes les grandeurs, jusqu'à la longueur de 65 centimètres ou environ. La peau des Sephen parvenue à un développement plus étendu ne pourrait pas être employée comme celle des petites, à cause de la grosseur trop considérable de ses tubercules. »

Marchand écrit également à la fin du siècle dernier, « que la pêche française ne fournit point de peaux de cette Raie au commerce, qui, jusqu'à présent, la tire d'Angleterre, et

Fig. 226. — L'Ange (p. 150).

que nos gainiers les mettent en œuvre avec autant de goût que d'intelligence. »

L'industrie reçoit aujourd'hui de la mer Rouge et des mers de Chine les Raies armées avec lesquelles se prépare le galuchat.

LES PRISTIDÉES — *PRISTIDÆ*

Caractères. — Par la forme générale de leur corps, les Scies relient intimement les Squales aux Raies; la bouche est cependant, comme chez ces dernières, placée en dessous, ainsi que les fentes branchiales. Ce qui caractérise essentiellement les animaux appartenant à la famille des Pristidées, c'est le prolongement du museau en une lame de scie, formée par les cartilages costaux, dentelée sur les bords, qui portent une série de fortes pièces osseuses implantées comme des dents.

LES SCIES — *PRISTIS*

Saw-fish.

Caractères. — La famille des Pristidées ne comprend qu'un seul genre, le genre Scie ou Pristis.

Ces Poissons ont le corps allongé, déprimé en avant, la queue grosse et charnue, continuant le tronc sans ligne de démarcation distincte; la peau est couverte de petites scutelles; il existe deux nageoires dorsales. La bouche est transversalement fendue ; les dents sont petites et plates.

Le prolongement singulier qui termine le museau, et qu'à raison de sa forme on a comparé à une scie dentelée sur les deux bords, acquiert un grand développement ; le bec peut avoir le tiers ou le quart de la longueur du corps. Les dents qui garnissent les bords de la lame sont tantôt grêles, longues et nombreuses, tantôt fortes et courtes ; elles peuvent être sagittées.

Distribution géographique. — Les Scies sont plus particulièrement abondantes dans les mers tropicales ; elles sont rares dans la zone tempérée et tout à fait inconnues dans les mers froides.

Nous avons deux espèces de *Pristis* sur les côtes de France, la *Scie des anciens* et la *Scie pectinée* ; ces deux espèces se trouvent dans la Méditerranée.

Mœurs, habitudes, régime. — Nous ne possédons encore que peu de renseignements sur les mœurs des Pristis, car les nombreuses histoires que l'on raconte sur ces animaux, sur leurs instincts meurtriers, doivent être acceptées avec la plus grande réserve.

D'après certains voyageurs la Scie serait un des pires ennemis de la Baleine qu'elle attaquerait en dessous à l'aide de sa puissante défense ; elle combattrait pendant des heures entières, n'abandonnant le champ de bataille qu'après la mort de son ennemi ou la perte de son arme meurtrière. Les pêcheurs contempleraient de loin le combat, en attendant patiemment qu'il ait pris fin, car la Scie ne dévorerait que la langue de la Baleine, abandonnant le reste.

Un naturaliste dont l'imagination brillante a souvent suppléé aux observations, de Lacépède, raconte absolument comme s'il en avait été le témoin le terrible combat des deux animaux. « La Scie, écrit-il, ose se mesurer avec la Baleine mysticète, ou Baleine franche, ou grande Baleine ; et, ce qui prouve quel pouvoir lui donne sa longue et dure épée, son audace va jusqu'à une sorte de haine implacable. Tous les pêcheurs qui fréquentent les mers du nord assurent que toutes les fois que ce Squale rencontre une Baleine il lui livre un combat opiniâtre. La Baleine tâche en vain de frapper son ennemi de sa queue, dont un seul coup suffirait pour le mettre à mort ; le Squale, réunissant l'agilité à la force, bondit, s'élance au-dessus de l'eau, échappe au coup,

et retombant sur le Cétacé lui enfonce dans le dos sa lame dentelée. La Baleine, irritée de sa blessure, redouble ses efforts ; mais souvent les dents de la lame du Squale pénètrent très avant dans son corps, elle perd la vie avec son sang, avant d'avoir pu frapper mortellement un ennemi qui se dérobe trop rapidement à sa redoutable queue.

« Martens a été témoin d'un combat de cette nature derrière la Hislande, entre une autre espèce de Baleine nommée *Nord Caper*, et une grande Scie. Il n'osa pas s'approcher du champ de bataille, mais il les voyait de loin s'agiter, s'élancer, s'éviter, se poursuivre, et se heurter avec tant de force que l'eau jaillissait autour d'eux, et retombait en forme de pluie. Le mauvais temps l'empêcha de savoir de quel côté demeura la victoire. Les matelots qui étaient avec ce voyageur lui dirent qu'ils avaient souvent sous les yeux de ces spectacles imposants, qu'ils se tenaient à l'écart jusqu'au moment où la Baleine était vaincue par la Scie, qui se contentait de lui dévorer la langue, et qui abandonnait, en quelque sorte, aux marins le reste du cadavre de l'immense Cétacé.

« Mais ce n'est pas seulement dans l'Océan septentrional que la Scie donne, pour ainsi dire, la chasse aux Baleines ; elle habite, en effet, dans les deux hémisphères, et on l'y trouve dans presque toutes les mers. On la rencontre particulièrement auprès des côtes d'Afrique, où la forme, la grandeur et la force de ses armes ont frappé l'imagination de plusieurs nations nègres qui l'ont, pour ainsi dire, divinisée, et conservent les plus petits fragments de son museau dentelé comme un fétiche précieux.

« Quelquefois ce Squale, jeté avec violence contre la carène d'un vaisseau, ou précipité par sa rage contre le corps d'une Baleine, y enfonce sa scie qui se brise ; et une portion de cette grande lame dentelée reste attachée au doublage du bâtiment, ou au corps du Cétacé, pendant que l'animal s'éloigne avec son museau tronqué et son arme raccourcie. L'on conserve, dans les galeries du Muséum d'histoire naturelle, un fragment considérable d'une très grande lame de Squale scie, qui y a été envoyée dans le temps par M. de Capellès, capitaine de vaisseau, et qui a été trouvée implantée dans le côté d'une Baleine. »

A l'état de vie le bec de la Scie est doué d'une assez grande flexibilité pour que cette arme serve réellement à l'animal pour attaquer des Cétacés de grande taille ; la Scie ne se trouve nullement, du reste, dans les mêmes régions que les grands Cétacés, tels que les Baleines. Il est possible que l'on ait de loin confondu la Scie avec l'Espadon et la Baleine avec quelque autre Mammifère marin.

Le Scie vit probablement au fond de l'eau, ce que semble bien indiquer la forme de son corps ; son bec doit lui servir à fouiller la vase pour en faire sortir les poissons et autres animaux dont elle se nourrit.

Les Scies habitent la haute mer ; on en connaît cependant une espèce en eau douce, dans l'Indo-Chine.

Ces animaux sont ovipares ; d'après les observations de Bennet, le rostre avec ses dents latérales est déjà formé avant que le petit ait rompu les enveloppes de l'œuf ; le rostre est cependant, à ce moment, très flexible et à l'état mou.

Usages. — La chair dure, coriace, n'est pas utilisée ; on attribuait autrefois des vertus merveilleuses à certaines parties du bec.

LES TORPÉDINÉES — *TORPEDINIDÆ*

Der Zitterrochen.

Caractères. — Les Raies qui possèdent la faculté remarquable de dégager de l'électricité et de donner souvent de violentes secousses sont connues depuis longtemps sous le nom de Torpilles ou de Raies trembleuses. Ce sont des Poissons au corps arrondi, ayant la forme d'un disque, à la peau lisse et nue, à la queue courte, grosse, charnue, munie d'un repli de chaque côté, au museau non proéminent, à la dentition faible. Les nageoires dorsales peuvent manquer, ainsi qu'on le voit chez les *Temera*, de la mer des Indes, ou être au nombre de une ou de deux ; les ventrales sont séparées ou réunies sur la ligne médiane.

Distribution géographique. — Le groupe des Torpilles comprend dix-huit espèces réparties dans six genres. Toutes ces espèces sont essentiellement des régions chaudes ; nous en connaissons cependant trois sur les côtes de France, mais il faut dire que, relativement communes dans la Méditerranée, elles sont rares dans l'Océan et surtout dans la Manche.

Appareil électrique. — Les écrits des anciens mentionnent souvent la Torpille ; son image a été souvent reproduite sur des vases ; on peut même affirmer que les Grecs et les Romains étaient plus renseignés sur son genre de vie que nous le sommes actuellement ; ils connaissaient les effets de l'appareil électrique, bien qu'ils fussent absolument incapables de les expliquer.

A l'époque de la Renaissance on n'était guère plus avancé. Rondelet nous apprend, en 1558, que la Torpille est nommée en latin *Torpedo*, « à cause qu'elle rend les membres endormis ».

Elle vit aux rivages fangeux de chair des poissons qu'elle prend par finesse. Car estant cachée dans le limon ou arène, elle rend les poissons qui s'approchent tellement endormis, estourdis, é immobiles, qu'elle les prend, é en iouit aisément. Non seulement elle ha ceste vertu contre les poissons, mais aussi contre les homes, car si un home lui touche d'une verge, elle lui endormira le bras. Elle use de ceste ruse quand elle se sent prise, car elle embrasse la ligne de ses aeles, é par le long d'icelle endort le bras du pescheur. Elle est impatiente du froid, par ce en hyver elle se cache dans un creux qu'elle fait au fond de la mer. Elle engendre environ l'autonne, selon Aristote, non par des œufs, mais des petits vifs des œufs qu'ell'esclost en dedans, lesquels quand ils ont peur les reçoit dedans soi, puis les met dehors. Ell'est de mauvais suc, malplaisante au gout, de chair humide et molle, parce on n'en tient compte en Languedoc, à Venise on n'en oserait vendre au marché. »

« Les Torpilles, écrit Gesner, habitent seulement les lieux vaseux, fangeux et les marais de la mer ; elles nagent lentement à l'aide de leurs larges nageoires et se cachent dans la vase à l'approche de l'hiver ; elles mettent au monde des petits vivants et lorsqu'un danger les menace, peuvent les recevoir dans la bouche. Bien que la Torpille soit de sa nature lente, paresseuse et qu'elle nage mal, la nature lui a donné une telle puissance qu'elle peut dompter les poissons les plus agiles dans le but d'en faire sa nourriture ; tout ce qu'elle touche est aussitôt endormi, épuisé, paralysé, puis mort. La

Torpille est couchée contre le fond de la mer et immobile. Les poissons qui s'approchent d'elle et nagent dans son voisinage en ressentent les effets ; elle ne produit pas toute sa force seulement contre les poissons et contre les animaux qui habitent dans l'eau, mais encore contre les pêcheurs qui la prennent dans leurs filets, car leur action se transmet par les cordes et jusqu'aux mains des pêcheurs qui, contre leur volonté, sont obligés de lâcher leur engin de pêche. La chose est bien connue des pêcheurs et aucun d'eux ne touche la Torpille ; lorsque, par imprudence, ils la prennent, leur bras est épuisé, une sensation froide parcourt le membre, qui est immobile et engourdi. De même l'eau dans tout le rayon qui l'environne est imprégnée du venin qui s'écoule de son corps ; de même encore lorsque l'on touche une Torpille avec une longue perche ou une lance, le venin suit le bois et arrive jusqu'à la main de l'homme, tellement il est puissant. La Torpille ne possède toute sa force et tout son venin que lorsqu'elle est vivante, car morte elle peut être touchée sans danger. »

Nous avons dit que de tout temps on avait observé la curieuse faculté qu'a la Torpille de donner des secousses lorsqu'on la touche, mais on ne se rendait nullement compte de la cause de cette décharge. Ce fut le naturaliste Redi qui chercha à avoir une idée nette de ce phénomène ; il voulut s'assurer des effets produits par une Torpille que l'on venait de pêcher. « A peine l'avais-je touchée et serrée avec la main, dit-il, que j'éprouvai dans cette partie un picotement qui se communiqua dans le bras et dans toute l'épaule, et qui fut suivi d'un tremblement désagréable et d'une douleur accablante et aiguë dans le coude, en sorte que je fus obligé de retirer aussitôt la main. »

Cet engourdissement a été aussi décrit par Réaumur, qui a fait plusieurs observations sur la Raie Torpille. « Il est très différent des engourdissements ordinaires, a écrit ce savant naturaliste ; on ressent dans toute l'étendue du bras une sorte d'*étonnement* qu'il n'est pas possible de bien peindre, mais lequel (autant que les sentiments peuvent se faire connaître par comparaison) a quelque rapport avec la sensation douloureuse que l'on éprouve dans le bras lorsqu'on s'est frappé rudement le coude contre quelque corps dur. »

Redi, en continuant de rendre compte de ses expériences sur la Raie dont nous écrivons l'histoire, ajoute : « La même impression se renouvelait toutes les fois que je m'obstinais à toucher de nouveau la Torpille. Il est vrai que la douleur et le tremblement diminuèrent à mesure que la mort de la Torpille approchait. Souvent même je n'éprouvais plus aucune sensation semblable aux premières ; et lorsque la Torpille fut décidément morte, ce qui arriva dans l'espace de trois heures, je pouvais la manier en sûreté, et sans ressentir aucune impression fâcheuse. D'après cette observation, je ne suis pas surpris qu'il y ait des gens qui révoquent cet effet en doute, et regardent l'expérience de la Torpille comme fabuleuse, apparemment parce qu'ils ne l'ont jamais faite que sur une Torpille morte ou près de mourir. »

Mais ce n'est pas seulement lorsque la Torpille est très affaiblie et près d'expirer qu'elle ne fait plus ressentir de commotion électrique ; il arrive assez souvent qu'elle ne donne aucun signe de sa puissance invisible, quoiqu'elle jouisse de toute la plénitude de ses forces. « Je l'ai éprouvé à la Rochelle, en 1777, écrit de Lacépède, avec trois ou quatre Raies de cette espèce qui n'avaient été pêchées que depuis très peu de temps, qui étaient pleines de vie dans de grands baquets remplis d'eau, et qui ne me firent ressentir aucun coup que près de deux heures après que j'eusse commencé de les toucher et de les manier en différents sens. Réaumur rapporte même qu'il toucha impunément, et à plusieurs reprises, des Torpilles qui étaient encore dans la mer, et qu'elles ne lui firent éprouver leur vertu engourdissante que lorsqu'elles furent fatiguées en quelque sorte de ces attouchements réitérés. Mais revenons à la narration de Redi, et à l'exposition des premiers phénomènes relatifs à la Torpille.

« Quant à l'opinion de ceux qui prétendent que la vertu de la Torpille agit de loin, a écrit encore Redi, je ne puis prononcer ni pour ni contre avec la même confiance. Tous les pêcheurs affirment constamment que cette vertu se communique du corps de la Torpille à la main et au bras de celui qui la pêche, par l'intermédiaire de la corde du filet et du bâton auquel il est suspendu. L'un d'eux m'assura même qu'ayant mis une Torpille dans un grand vase, et étant sur le point de remplir ce vase avec de l'eau de mer, qu'il avait mise dans un second bassin, il s'était senti les mains engourdies, quoique légèrement. Quoi qu'il en soit, je n'oserais nier le fait ; je suis même porté à le croire. Tout ce que je puis assurer, c'est qu'en approchant la main de la Torpille sans la toucher, ou en plongeant mes mains dans l'eau où elle était, je n'ai ressenti aucune impression. Il peut se faire que la Torpille, lorsqu'elle est encore pleine de vigueur dans la mer et que sa vertu n'a éprouvé aucune dissipation, produise tous les effets rapportés par les pêcheurs.

« Redi observa, de plus, que la vertu de la Torpille n'est jamais plus active que lorsque cet animal est serré fortement avec la main, et qu'il fait de grands efforts pour s'échapper.

« Réaumur rapporte une expérience qui peut donner une idée du degré auquel s'élève le plus souvent la force de l'électricité de la Raie dont nous traitons. Il mit une Torpille et un Canard dans un vase qui contenait de l'eau de mer, et qui était recouvert d'un linge, afin que le Canard ne pût pas s'envoler. L'oiseau pouvait respirer très librement, et néanmoins au bout de quelques heures il le trouva mort ; il avait succombé sous les coups électriques que lui avait portés la Torpille ; il avait été pour ainsi dire foudroyé.

« Cependant la science de l'électricité fit des progrès rapides, et fut cultivée dans tout le monde savant. Chaque jour on chercha à en étendre le domaine ; on retrouva la puissance électrique dans plusieurs phénomènes dont on n'avait encore pu donner aucune raison satisfaisante. Le docteur Bancroft soupçonna l'identité de la vertu de la Torpille et de l'action du fluide électrique ; et enfin M. Walsh, de la Société de Londres, démontra cette identité par des expériences très nombreuses qu'il fit auprès des côtes de France, dans l'île de Ré, et qu'il répéta à la Rochelle, en présence des membres de l'Académie de cette ville. Voici les principales de ces expériences :

« On posa une Torpille vivante sur une serviette mouillée. On suspendit au plancher, et avec des cordons de soie, deux fils de laiton ; tout le monde sait que le laiton, ainsi que tous les métaux, est un très bon conducteur de l'électricité, c'est-à-dire qu'il conduit ou transmet facilement le fluide électrique, et que la soie est au contraire non conductrice, c'est-à-dire qu'elle oppose un obstacle au passage de ce même fluide. Les fils de laiton employés par M. Walsh furent donc, par suite de leur suspension avec de la soie, *isolés*, ou, ce qui est la même chose, séparés de toute substance perméable à l'électricité ; car l'air, au moins quand il est sec, est aussi un très mauvais conducteur électrique.

« Auprès de la Torpille étaient huit personnes disposées ainsi que nous allons le dire, et *isolées* par le moyen de tabourets faits de matières non conductrices, et sur lesquels elles étaient montées.

« Un bout d'un des fils de laiton était appuyé sur la serviette mouillée qui contenait la Torpille, et l'autre bout aboutissait dans

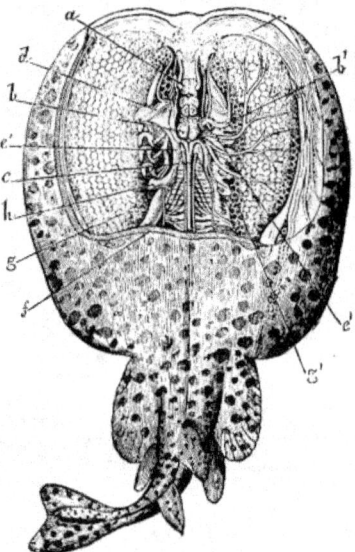

Fig. 227. — Torpille marbrée, son anatomie (*).

un premier bassin plein d'eau. La première personne avait un doigt d'une main dans le bassin où était le fil de laiton, et un doigt de l'autre main dans un second bassin également rempli d'eau ; la seconde personne tenait un doigt d'une main dans un second bassin et un doigt de l'autre main dans un troisième ; la troisième plongeait un doigt d'une main dans le troisième bassin et un doigt de l'autre main dans un quatrième et ainsi de suite ; les huit

(*) *a*, cerveau ; *b*, moelle allongée ; *c*, moelle épinière ; *d* et *d'*, portion électrique du trijumeau ou cinquième paire ; *e e'*, portion électrique des pneumogastriques ou nerfs de la huitième paire ; *f*, nerf récurrent ; *g*, organe électrique gauche non cutané ; *g'*, organe électrique droit disséqué pour montrer la distribution des nerfs ; *h*, la dernière des chambres branchiales ; *t*, tubes mucipares.

personnes communiquaient l'une avec l'autre par le moyen de l'eau contenue dans neuf bassins. Un bout du second fil de laiton était plongé dans le neuvième bassin ; et M. Walsh ayant pris l'autre bout de ce second fil métallique, et l'ayant fait toucher au dos de la Torpille, il est évident qu'il y eut à l'instant un cercle conducteur de plusieurs pieds de contour, et formé sans interruption par la surface inférieure de l'animal, la serviette mouillée, le premier fil de laiton, le premier bassin, les huit personnes, les huit autres bassins, le second fil de laiton et le dos de la Torpille. Aussi les huit personnes ressentirent-elles soudain une commotion qui ne différait de celle que fait éprouver une batterie électrique que par sa moindre force ; et, de même que dans les expériences que l'on fait avec cette batterie, M. Walsh, qui ne faisait pas partie du cercle déférent ou de la chaîne conductrice, ne reçut aucun choc, quoique beaucoup plus près de la Raie que les huit personnes du cercle.

« Lorsque la Torpille était *isolée*, elle faisait éprouver à plusieurs personnes *isolées* aussi quarante ou cinquante secousses successives dans l'espace d'une minute et demie ; ces secousses étaient toutes sensiblement égales ; et chaque effort que faisait l'animal pour donner ces commotions était accompagné d'une dépression de ses yeux, qui, très saillants dans leur état naturel, rentraient alors dans leurs orbites, tandis que le reste du corps ne présentait presque aucun mouvement très sensible.

« Si l'on ne touchait que l'un des deux organes de la Torpille, il arrivait quelquefois qu'au lieu d'une secousse forte et soudaine, on n'éprouvait qu'une sensation plus faible, et pour ainsi dire plus lente ; on ressentait un engourdissement plutôt qu'un coup ; et quoique les yeux de l'animal fussent alors aussi déprimés que dans les moments où il allait frapper avec plus d'énergie et de rapidité, M. Walsh présumait que l'engourdissement causé par cette Raie provient d'une décharge successive des tubes très nombreux qui composent les deux sièges de son pouvoir, tandis que la secousse subite est due à une décharge simultanée de tous ses tuyaux (1). »

Nous avons tenu à donner, d'après Lacépède, la relation de cette mémorable expérience qui

1) Lacépède, *Histoire naturelle des poissons.*

faisait définitivement connaître la décharge de la Torpille. Redi avait bien auparavant observé de chaque côté du crâne de cet animal deux organes particuliers qu'il supposa devoir être le siège de la puissance de la Torpille.

Cet organe (fig. 227) est pair, situé de chaque côté du corps dans l'espace circonscrit par la tête, la nageoire pectorale et les branchies ; en dessus et en dessous, la peau seulement le recouvre, de telle sorte qu'on l'aperçoit par transparence.

L'appareil se compose de nombreuses colonnettes verticales, de forme prismatique, et dont les extrémités sont en contact avec la peau du dos et du ventre. Chacune de ces colonnettes est divisée par de minces cloisons transversales, formant des espèces de diaphragmes ; entre ceux-ci se trouve une humeur transparente, gélatineuse, renfermée dans une membrane à noyaux d'épithélium ; les prismes sont indépendants, séparés les uns des autres par des cloisons auxquelles ils ne sont pas adhérents, excepté vers les angles. Il résulte de cette disposition que chaque colonnette est formée d'une série de petits prismes empilés les uns sur les autres, à la manière d'une pile de monnaie ; ces petits prismes sont très nombreux, car Pacini n'en compte pas moins de cinquante dans un espace d'un millimètre de hauteur. De son côté Hunter estime à 470 le nombre des colonnettes qui se trouvent dans chaque batterie de la Torpille marbrée, de telle sorte que l'appareil électrique serait composé de plus de deux millions trois cent mille petites piles indépendantes.

C'est sous l'influence du système nerveux que se fait la décharge électrique. L'organe reçoit, en effet, cinq gros troncs nerveux ; l'un d'eux vient de la cinquième paire ou nerf trijumeau, nerf sensitif, qui, chez les Vertébrés supérieurs, innerve la peau de la tête ; les autres troncs se détachent du pneumo-gastrique ou nerf vague qui, lui, se rend à l'appareil pulmonaire, à l'appareil circulatoire, à l'appareil digestif, qui préside, en un mot, aux fonctions qui sont soustraites à l'influence de notre volonté. Ces troncs envoient dans les prismes électriques des rameaux qui, après s'être divisés et subdivisés en ramuscules extrêmement déliés, vont se terminer, en formant des réseaux excessivement fins, à la face inférieure des diaphragmes. Des réseaux sanguins, également fort ténus, se répandent sur la face supérieure de ces diaphragmes.

Fig. 228. — La Torpille marbrée.

C'est à l'aide de cet appareil que se produit de l'électricité.

La décharge que donne la Torpille a toutes les propriétés du courant électrique ; avec elle on peut faire dévier l'aiguille magnétique, décomposer l'eau, opérer des compositions et des décompositions chimiques, produire des étincelles. On a constaté que le courant a une direction verticale, la face supérieure du diaphragme étant positive, tandis que la face inférieure, à laquelle se rendent les fibres nerveuses, est négative.

La décharge par la Torpille est volontaire et l'animal la donne, soit qu'étant saisi avec la main il veuille se défendre, soit qu'il se propose d'étourdir ou de tuer sa proie. Pour recevoir le choc, il faut prendre l'animal par deux points différents, de manière à fermer le circuit ; avec une Torpille de bonne taille ce choc est violent et on le ressent souvent jusque dans la poitrine. Lorsque la Torpille a donné un premier choc, on constate que le second est beaucoup moins violent ; les secousses s'affaiblissent de plus en plus, et après un certain nombre de décharges l'animal ne produit plus d'électricité ; il lui faut un certain temps pour recharger sa batterie.

Mœurs, habitudes, régime. — De même que les Raies, les Torpilles se tiennent au fond de l'eau, collées pour ainsi dire contre le sol ou à demi enterrées dans la vase ou le sable. Nues et privées de toutes armes, elles trouvent cependant un efficace moyen de protection dans leur appareil électrique, certainement redoutable pour des animaux de moyenne dimension. Bien que leur dentition soit très faible, leur bouche largement fendue leur permet d'avaler des proies relativement grandes.

Toutes les Torpilles sont ovovivipares, c'est-à-dire que l'œuf éclot dans l'intérieur de la mère, de telle sorte que les petits arrivent vivants ; leur nombre est le plus souvent de huit.

LES TORPILLES PROPREMENT DITES — *TORPEDO*

Marcachni.

Caractères. — Les Torpilles proprement dites ont deux nageoires dorsales ; la première, qui est la plus développée, se trouve à peu près au-dessous des ventrales ; celles-ci sont arrondies, entières ; la caudale est développée. Les évents sont petits, rapprochés du bord postérieur des yeux, nus ou pourvus de petites franges sur leur contour.

Nous avons trois espèces de Torpilles sur les côtes de France.

Une des espèces les plus connues est la Torpille marbrée (*Testudo marmorata*, Galvani), désignée sous le nom de *Tremble*, de *Tremblad*, de *Tremblant*, sur les côtes de la Vendée, sous celui de *Tremontino* à Nice. Cette espèce (fig. 228), qui atteint environ 0m,50 de long, a la coloration variable ; tantôt il n'y a pas de taches sur la peau, qui est d'un jaune rougeâtre en dessus et d'un blanc légèrement roussâtre en dessous ; tantôt la peau est sur le dos d'un gris assez clair avec des marbrures sinueuses brunâtres, des taches plus ou moins nombreuses, parfois de couleur blanche. Les évents sont circulaires ou ovales.

La Torpille à taches (*Torpedo oculata*) est très reconnaissable aux taches qui se trouvent sur le dos ; le plus souvent, ces taches, au nombre de cinq, sont entourées par une teinte plus claire ; on peut trouver de une à sept taches. Le dos est jaunâtre ou brun rougeâtre, le ventre blanc grisâtre.

On reconnaît la Torpille de Nobili (*Torpedo Nobiliana*) à ce que le dos est échancré sur les côtés, vis-à-vis des yeux, en sorte qu'il paraît être formé de deux portions de disques inégaux. Les évents, plus grands que les yeux, ne portent à leur pourtour ni franges ni tentacules ; le dos est généralement d'un rouge noirâtre, le ventre d'un blanc rosé.

Distribution géographique. — On connaît sept espèces de Torpilles ; une habite les îles Canaries, une les côtes de l'Amérique septentrionale, deux se trouvent dans la mer Rouge.

D'après E. Moreau, la Torpille marbrée est très rare dans la Manche, rare dans le nord de la Bretagne, moins rare dans l'Océan sur les côtes de Bretagne ; elle est assez commune à partir de la Loire, très commune relativement dans la Vendée ; on la pêche assez souvent dans le golfe de Gascogne ; elle est commune dans la Méditerranée.

Très rare dans l'Océan, la Torpille à taches est moins abondante dans la Méditerranée que l'espèce que nous venons de citer.

Quant à la Torpille de Nobili elle se trouve accidentellement sur les côtes de France.

LES RAIIDÉES — *RAJIDÆ*

Rochen.

Caractères. — Les Poissons qui rentrent dans la famille des Raiidées ont le corps rhomboïdal, aplati, très large, la queue grêle ; les pectorales, très grandes, s'avancent de chaque côté de la tête, et se prolongent en arrière jusqu'aux ventrales ; celles-ci sont divisées en deux lobes et très développées ; il existe deux dorsales reculées vers l'extrémité de la queue ; la caudale est nulle ou peu développée.

Distribution géographique. — Quatre genres rentrent dans la famille des Raiidées ; parmi ceux-ci, trois ne renfermant d'ailleurs qu'un très petit nombre d'espèces sont connus du Brésil, du Chili, de Californie, des eaux de Chine et d'Indo-Chine.

LES RAIES PROPREMENT DITES — *RAIA*

Rochen.

Caractères. — Chez les Raies proprement dites le museau a son extrémité complètement libre, non enveloppée par le prolongement des nageoires pectorales ; la nageoire caudale est constante, mais souvent peu développée et représentée alors par un simple repli cutané.

Les mâles adultes portent généralement plusieurs rangées d'aiguillons sur le côté du museau et vers l'angle externe des pectorales ; ils ont près des nageoires ventrales des appendices plus ou moins longs suivant les espèces.

Organe électrique. — Lorsqu'on fait la section de la queue d'une Raie d'assez forte taille, on voit une partie comme gélatineuse placée de chaque côté de la colonne vertébrale ; on a opéré la section de l'appareil électrique découvert par Ch. Robin en 1847 (1).

Cet appareil, situé de chaque côté de la queue, se compose d'un assemblage de disques prismatiques empilés dans le sens longitudinal, et séparés les uns des autres par des cloisons ; les disques forment des colonnettes ou piles, dont plusieurs sont placées l'une à côté de l'autre, pour constituer l'organe, qui a environ chez un animal adulte, le volume du doigt indicateur, et une longueur de 0m,25 à 0m,40. Cet appareil reçoit les nerfs venant de la moelle épinière ; ces nerfs se ramifient dans l'organe, et forment un réseau à larges mailles.

Distribution géographique. — Le genre Raie comprend environ quarantes espèces, dont dix-sept se trouvent, d'après E. Moreau, sur les côtes de France. Les Raies, qui habitent principalement les mers tempérées, sont beaucoup plus nombreuses dans l'hémisphère nord que dans l'hémisphère sud ; elles s'avancent beaucoup plus vers le cercle arctique que les autres animaux faisant partie du grand groupe des Pleurotrèmes.

Mœurs, habitudes, régime. — De même que tous les Poissons plats, les Raies se tiennent au fond de l'eau, à demi enterrées dans le sable ; elles attendent ainsi patiemment

(1) Robin *in* Littré, *Dict. de méd.* 13e édition. Paris, 1884, p. 1345.

Fig. 229. — Un fond de mer; Raies, Roussettes et Trigles, d'après Gaston Noury.

qu'une proie passe à leur portée pour se jeter sur elle. Lorsqu'elles sont jeunes, elles se nourrissent souvent d'Annélides, surtout de l'espèce connue sous le nom d'Arénicole ou Ver des pêcheurs; on trouve fréquemment des Poissons, principalement des jeunes Pleuronectes, dans l'estomac des adultes.

Toutes les Raies sont ovipares; ainsi que nous l'avons déjà dit, les œufs ont la forme d'un quadrilatère allongé, les angles étant terminés par une sorte de corne; des œufs vides arrivent fréquemment sur les côtes. La ponte a lieu au commencement du printemps; les œufs sont pondus au nombre de six à huit.

Les Raies se conservent généralement assez bien dans les aquariums, pourvu que ceux-ci soient d'assez grande dimension et que le fond en soit garni d'une couche de sable assez épaisse pour que les animaux puissent s'y terrer.

A l'inverse des autres Poissons plats, les Raies ne s'appliquent pas complètement contre le fond, elles se soulèvent en partie sur leurs nageoires pectorales, de telle sorte qu'il existe toujours un espace entre le ventre et le sol. Pour respirer elles font entrer l'eau par la bouche et le chassent ensuite par les branchies, ce que l'on voit bien au mouvement du sable qui les entoure. Pendant la journée, la Raie reste immobile, le dessus du corps en partie recouvert de sable ou de gravier et pa-

raissant être à peu près indifférente à tout ce qui l'entoure, à ce point que d'autres animaux peuvent s'approcher d'elle sans qu'elle se dérange. Mais vienne la nuit, elle semble recouvrer toute son activité. Elle nage alors tout près du fond, en quête de nourriture; la face ventrale semble être très sensible et lui sert à reconnaître les objets qu'elle veut saisir. Lorsqu'elle touche ainsi une proie, elle s'applique de suite sur elle, se glisse, tout en la maintenant, et la saisit par de brusques mouvements. On la voit assez souvent s'élever du fond de l'eau, et cela par des mouvements des larges nageoires pectorales qui frappent l'eau à la manière d'une aile, de telle sorte qu'elle vole en réalité au sein du liquide plutôt qu'elle ne nage; dans ce mouvement la queue ne sert guère que de gouvernail. C'est ce que l'on voit bien sur la figure 229, qui représente un fond de mer; on y remarque des Raies, des Roussettes et des Trigles.

Pêche, usages. — On pêche les Raies avec des cordées ou câblières de 150 à 200 mètres de long, auxquelles on attache des hameçons distants d'environ 10 à 12 mètres; on les prend aussi avec des filets traînants par grande eau, tels que des *folles* ou des *chaluts*.

Les Raies arrivent fréquemment sur les marchés, car elles fournissent un excellent aliment.

LA RAIE BATIS. — *RAJA BATIS*
Glattrochen.

Caractères. — La Raie cendrée, Raie batis, atteint jusqu'à 2 mètres de longueur et peut avoir un poids de plus de 50 kilogrammes. Chez elle le disque est rhomboïdal, plus large que long; la tête, qui est allongée, mesure à peu près le quart de la longueur totale; elle est couverte d'aspérités; le museau est allongé, généralement plus large chez les femelles que chez les mâles (fig. 230). Les dents sont pointues; chez le mâle adulte, la couronne de la dent est beaucoup plus développée que chez la femelle, et la pointe en est plus longue, plus aiguë et plus courbe.

Chez les femelles, la partie supérieure du disque est lisse dans sa partie moyenne et postérieure; il porte des aspérités sur le museau et sur le bord antérieur des pectorales. Chez les mâles, le disque est à peu près lisse; on voit seulement quelques épines vers le bord antérieur et externe des pectorales.

Le système de coloration est assez variable. Le dos est gris ou gris jaunâtre, parfois brunâtre avec des bandes et des marbrures grises; le ventre est d'un gris ou d'un blanc sale tacheté de points noirs.

Distribution géographique. — La Raie blanche habite la mer du Nord, la Manche, l'Océan; on la trouve également à l'entrée de la Baltique; Moreau la signale comme étant assez commune à Cette.

LA RAIE BLANCHE. — *RAJA ALBA.*

Caractères. — Cette espèce, qui atteint une grande taille, a le corps très épais. La queue est large, grosse, courte, déprimée, et elle se termine brusquement, de telle sorte qu'elle paraît être comme tronquée. La tête est allongée, couverte de petites aspérités. Le museau est très long; il est étroit, puis s'élargit brusquement, son bord externe faisant une courbe très prononcée. La bouche est large, peu arquée, armée de dents pointues dans les deux sexes. Sur le disque se voit souvent vers la ligne médiane une rangée d'aiguillons peu développés; on trouve chez les mâles, et près des yeux, plusieurs rangées d'épines assez fortes.

Le dessus du corps est de couleur cendrée, ou d'un gris uniforme, ou d'un gris jaunâtre avec des taches arrondies d'un gris blanchâtre; le ventre est d'un blanc laiteux.

Distribution géographique. — La Raie blanche est assez commune dans la Manche pendant l'été; elle paraît être moins abondante dans l'Océan; on la trouve aussi dans la Méditerranée.

LA RAIE BOUCLÉE. — *RAJA CLAVATA.*

Caractères. — La *Bouclée* ou *Clouée* a le corps couvert en dessus par des aspérités, parmi lesquelles se trouvent des boucles plus ou moins nombreuses et plus ou moins développées; le milieu du dos, à partir de la nuque, porte une rangée d'aiguillons qui se continue sur la queue, dont elle forme la série médiane; ces aiguillons ne présentent, du reste, rien de régulier dans leur disposition. Il arrive parfois que l'on ne trouve pas de boucles, car celles-ci tombent à certaines époques.

Le disque, qui est large, est ondulé sur son bord antérieur; le museau est relativement peu pointu; la queue fait généralement la moitié de la longueur du corps (fig. 231).

La bouche est arquée, assez large, garnie de dents assez grosses, relativement peu nombreuses. Chez les mâles, les dents sont placées en séries verticales; sur les rangées externes, ces dents sont rapprochées les unes des autres, taillées en losange; sur les rangées internes elles sont très pointues et ressemblent à des crochets à pointe acérée. Les femelles ont des dents disposées suivant des séries obliques et ces dents ressemblent à des têtes de clous carrées.

D'après Moreau, le système de coloration est variable; la partie supérieure du corps est, le plus souvent, gris verdâtre ou gris jaunâtre avec des taches brunes et des taches blanches plus ou moins arrondies; quelquefois sur les pectorales se trouve une tache ocellée, blanche, bordée de noir.

Distribution géographique. — La Raie bouclée est connue sur toutes les côtes de France.

Fig. 230. — La Raie batis.

LES TRYGONIDÉES — *TRYGONIDÆ*

Stechelrochen.

Caractères. — On désigne sous le nom de Trygonidées des Raies qui ont les nageoires pectorales plus prolongées que chez les Raies proprement dites, se réunissant au-dessous de l'extrémité du museau, formant ainsi l'angle antérieur du disque. La queue est souvent très longue, fort grêle, remplacée par une sorte de fouet; elle ne porte que rarement soit une dorsale, soit une caudale soutenue par des rayons cartilagineux; la queue est le plus ordinairement armée, en dessus, à une certaine distance de sa base, d'un ou de plusieurs aiguillons, à dentelures latérales aiguës et nombreuses, qui constituent une arme redoutable.

Distribution géographique. — On connaît environ soixante espèces de Trygonidées, réparties dans neuf genres; toutes ces espèces sont plus particulièrement abondantes dans les mers chaudes, et aucune ne s'avance jusqu'au cercle arctique; une seule espèce même se trouve sur les côtes d'Europe.

LES PASTENAGUES — *TRYGON*

Stechrochen.

Caractères. — Les Pastenagues ont le disque rhomboïdal, la queue aussi longue et même plus longue que le disque et en forme de fouet, tantôt nue, tantôt munie de deux plis cutanés qui cessent après un court trajet; il existe un ou plusieurs aiguillons sur la queue. Les mâchoires sont garnies de dents assez petites, rangées par séries régulières.

Distribution géographique. — Les zoologistes cataloguent trente-six espèces de Trygons; une de ces espèces se trouve jusque sur les côtes de l'Océan Indien et de l'Océan Atlantique, d'autres habitent exclusivement les eaux douces de la partie est de l'Amérique tropicale.

Mœurs, habitudes, régime. — D'après Couch, l'espèce des côtes d'Angleterre, la Pastenague commune, se tient sur les fonds de sable au voisinage des côtes; mais, en été, elle aime à se rendre dans les bas-fonds formés pendant la marée basse et y cherche sa nourriture, qui consiste en petits Poissons, en Mollusques, en Crustacés. La manière dont l'animal se défend montre qu'il sait qu'il porte une arme dangereuse. Attaquée ou effrayée, la Pastenague a l'habitude d'enlacer sa longue queue pliée tout autour de l'objet saisi et de presser alors l'aiguillon dans la blessure. De nombreux observateurs assurent que la Pastenague peut lancer son aiguillon avec la rapidité d'une flèche et qu'elle manque rarement son but; tous les pêcheurs le savent et ont bien soin de se garer des attaques fort dangereuses de la Pastenague; lorsqu'ils ont pris un de ces animaux, ils s'empressent de lui couper de suite la queue.

C'est de tout temps que la Pastenague ou *Turtur* a été redoutée : les auteurs anciens, Aristote, Pline, Ælien, Oppien, écrivent, en effet, que les blessures faites par le Trygon sont presque toujours mortelles. Cette opinion s'est propagée jusqu'à l'époque de la Renaissance ; aussi un célèbre ichthyologiste italien, Salviani, a-t-il consacré de longues pages à l'énumération des remèdes que l'on doit employer contre la blessure du *Turtur*. Vers la même époque, en 1558, Rondelet nous apprend, d'après Oppien, que l'aiguillon de la Pastenague « est plus venimeux que les flèches des Perses envenimées, laquelle garde son venin encore que le Poisson soit mort, estant pernicieux non seulement aux bestes, mais aussi aux herbes et arbres, car ils sèchent et meurent, estant touchés d'iceluy. Circé en donna à Telegone pour en user contre ses ennemis ; toutefois il en tua son père sans y mal penser. Du venin de cet éguillon autant en disent Ælien et Pline. Estant brûlé et mis en cendres, appliqué sur la plaie, avec vinaigre, est remède à son venin mesme. Le Poisson ouvert et appliqué sur la plaie guerit le mal qu'il a fait. Pline escrit que la présure du Lièvre, ou du Chevreau, ou de l'Agneau prise du poids d'une drachme proufite contre la piqueure de la Pastenague, et contre la piqueure et morsure de tous autres Poissons marins. »

Un autre ichthyologiste, Belon, écrit en 1555 : « Les Grecs anciens ont appelé ce Poisson une Tourterelle, luy uoyant deux aelles estendues en nageant en façon d'un oiseau Tourterelle, ioinct que les couleurs de leurs doz s'entreressemblent. Ce Poisson est plat, et uiuant par les rivages et bourbiers de la mer; se nourrit de Goujon, Escrevisses, et choses semblables, que souvent lon trouve dedans son estomach. Au demeurant elle ha un esguillon venimeux vers la racine de la queue, qui est de la longueur d'un doigt, quelquefois double et triple, que les Latins ont appelé *radius*, duquel elle ha de coustume poindre et piéguer ceulx qui les prennent, sils ne s'en donnent de garde. »

« Parmi les Poissons plats, dit Gesner, on compte aussi la Raie venimeuse, l'animal le plus venimeux de tous les Poissons de mer. La peau est lisse, sans écailles; au milieu se trouve la queue semblable à une queue de rat; elle possède un crochet aigu ou un dard long d'un doigt, à la base duquel en croissent parfois deux autres plus petits. Le dard ou flèche possède sur sa longueur des barbes qui font qu'elles ne peuvent jamais être retirées sans peine lorsqu'elles ont été enfoncées. C'est avec cette flèche ou ce crochet, qu'elle empoisonne avec un venin nuisible tout ce qu'elle blesse. La Raie venimeuse se défend en tout temps, et lutte avec son dard; elle blesse parfois aussi les pêcheurs, ou d'autres personnes lorsqu'on la prend étourdiment; elle est surtout rusée à la chasse, car elle se cache sous la vase. Elle ne mange aucun Poisson avant de l'avoir piqué à mort. La piqûre de ce dard est si nuisible et si venimeuse qu'un homme blessé succombe à l'empoisonnement et aux douleurs, si on ne lui donne pas immédiatement des remèdes. De même un arbre vert et frais, blessé au tronc avec ce dard, périrait aussitôt. »

De nos jours encore, des pêcheurs expriment presque en ces termes les idées des anciens et ils soutiennent avec assurance que les Raies à aiguillon font couler de leur arme dangereuse un venin dans les blessures qu'elles ont causées.

Le récit de voyage suivant, emprunté à Schomburgk, peut montrer combien ces blessures sont réellement douloureuses et dangereuses : « Parmi les nombreux Poissons qui sont propres à Takutu, les Pastenagues occupent une des premières places par leur quantité. Elles enfouissent leur corps aplati dans le sable ou la vase de manière à ne laisser que les yeux de libres, et se soustrayent ainsi même dans l'eau la plus limpide aux regards des promeneurs. Si quelqu'un a le malheur de marcher sur un de ces insidieux animaux, le Poisson inquiété lance sa queue avec une telle force contre le perturbateur de son repos, que l'aiguillon cause les blessures les plus redoutables qui ont pour conséquences non seulement les convulsions les plus dangereuses, mais encore la mort. Comme nos Indiens connaissaient ce dangereux ennemi, ils examinaient toujours la route avec une rame ou un bâton, sitôt que l'embarcation était glissée ou poussée sur les bancs. Malgré cette précaution, un de nos bateliers fut cependant blessé deux fois au cou-de-pied par un de ces Poissons. Sitôt que le malheureux reçut les blessures, il chancela vers le banc de sable, s'abattit et se roula, se

Fig. 231. — La Raie bouclée.

mordant les lèvres, de la douleur atroce qu'il ressentait, bien qu'aucune larme ne s'échappât de ses yeux et que sa bouche ne proférât aucune plainte. Nous étions encore occupés à soulager autant que possible le pauvre garçon, lorsque notre attention fut attirée par un cri perçant et dirigée sur un autre Indien qui avait également été piqué. Ce garçon ne possédait pas encore la fermeté de caractère nécessaire pour supprimer comme celui-là l'expression de sa douleur ; il se jeta sur le sol au milieu de cris retentissants, cacha sa figure et sa tête dans le sable et y mordit même. Je n'ai

jamais vu un épileptique être atteint à ce point de convulsions. Bien que les deux Indiens eussent été blessés seulement l'un au cou-de-pied, l'autre à la plante du pied, tous deux cependant ressentaient les plus violentes douleurs dans les flancs, la région du cœur et sous les bras. Les convulsions survinrent assez fortes chez le vieil Indien, mais elles prirent chez le garçon un caractère si intense que nous crûmes devoir tout redouter. Après avoir fait sucer les blessures, nous les pansâmes, les lavâmes, et nous plaçâmes alors en permanence des cataplasmes de pain de Kassava. Ces symptòmes avaient beaucoup de ressemblance avec ceux qui accompagnent la morsure des serpents. Un vigoureux et robuste ouvrier, qui peu avant notre départ de Demerara a été blessé par une Pastenague, mourut au milieu des convulsions les plus terribles. » Schomburgk est aussi disposé à croire, après de tels malheurs, que réellement la Pastenague enve-

nime, cependant nous pouvons affirmer avec assurance que c'est seulement la conformation de l'arme qui rend la blessure si douloureuse et provoque une irritation généralisée des nerfs. Un aiguillon d'acier de même forme, pénétrant également avec la même force, provoquerait certainement des douleurs aussi violentes et des phénomènes semblables.

LES MYLIOBATIDÉES — *MYLIOBATIDÆ*

Adlerrochen.

Caractères. — Les Pleurotrèmes, qui rentrent dans cette famille, ont le disque très large, la queue longue, effilée, armée d'un ou de deux aiguillons dentelés. Les nageoires pectorales semblent, en perdant leurs rayons, se terminer, suivant l'expression de Duméril, « sur les parties latérales de la tête qui, par là même, se trouve, au niveau des évents, dégagée du disque, mais dont la région antérieure est munie d'une paire de nageoires céphaliques de

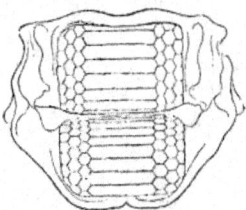

Fig. 232. — Mâchoires de Myliobate.

forme variable, soutenues par des nageoires qu'on peut considérer comme une dépendance des pectorales. Le museau est entier et pointu ou divisé par une échancrure médiane. La nageoire dorsale est petite, placée en avant de l'aiguillon, par contre très reculée. La bouche est garnie de deux plaques composées de dents beaucoup plus larges que longues et plates, assemblées comme les pièces d'une mosaïque (fig. 232).

Distribution géographique. — Trois genres entrent dans la famille des Myliobatidées. Les Myliobates sont particulièrement abondantes dans la mer des Indes ; on les trouve également dans la Méditerranée, sur les côtes de l'Amérique du Nord, aux Canaries, au Cap ; les Œtobates vivent dans la mer Rouge, la mer des Indes, sur les côtes du Gabon et du Brésil ;

on connaît sept espèces de Rhinoptères qui habitent la Méditerranée, la mer des Indes et se trouvent dans les parages du Brésil, de la Californie, de la partie est des États-Unis.

Distribution géologique. — On trouve fréquemment dans les terrains tertiaires des dents et des aiguillons qui se rapportent à des animaux de la famille des Myliobatidées ; ce sont surtout les Myliobates proprement dites qui sont abondantes.

Les Œtobates ont la mâchoire inférieure saillante, tandis que la supérieure est courte et tronquée ; ils n'ont qu'une seule rangée de dents transversales, sans dents latérales ; en conséquence, leurs petits côtés sont droits et non taillés de manière à s'articuler avec un autre hexagone, ainsi qu'on le voit chez les Myliobates et les Zygobates ; ce genre Œtobate, qui à l'époque actuelle comprend deux espèces des mers chaudes, vivait à l'époque tertiaire.

Voisines des Myliobates, les Zygobates diffèrent par leurs dents latérales, qui diminuent graduellement de largeur du milieu vers les bords ; ce genre, qui est des côtes du Brésil, se trouve dans les formations tertiaires.

Münster a désigné sous le nom de *Janassa* des Pleurotrèmes qui ont les dents arrangées à peu près comme les Myliobates et qui semblent présenter de nombreux rapports avec ceux-ci. La découverte d'une empreinte du corps a montré que l'animal était couvert d'une peau chagrinée et que la forme générale formait une transition aux Squalidiens. Ce genre date d'une époque reculée, les espèces ayant été trouvées dans la partie la plus inférieure des formations secondaires, dans les terrains du Trias d'Allemagne.

LES MOURINES — *MYLIOBATES*

Mœradler.

Caractères. — Les Mourines ou Aigles de mer sont essentiellement caractérisées par leurs dents médianes qui forment des hexagones irréguliers, à côtés antérieur et postérieur beaucoup plus longs que les autres ; les dents latérales, qui ressemblent à des pavés, sont disposées sur plusieurs séries et beaucoup moins développées que les dents médianes.

L'espèce la plus connue est la Mourine ou aigle de mer (*Myliobates aquila*) qui peut atteindre près de 2 mètres. Les ailes sont très développées ; le dos est bombé au niveau de l'épaule ; la tête présente une conformation assez irrégulière qui l'a fait comparer à celle d'un crapaud ; elle est bombée, large, aplatie à sa région supérieure ; le museau est large, les yeux sont grands, latéralement placés ; la queue, très longue, flexible, est filiforme à son extrémité et peut facilement s'enrouler autour du corps que la Mourine veut atteindre. L'aiguillon, qui se trouve près de la naissance de la queue, est une espèce de lance étroite, pointue, triangulaire, dont les bords sont armés de fortes dentelures à pointe dirigée en avant.

La peau est complètement nue et lisse. Le devant du corps est, le plus souvent, de couleur bronze cuivrée, parfois jaunâtre ; le ventre est d'un gris blanchâtre, brunâtre ou d'un brun jaune ; on voit parfois quelques taches peu marquées chez les individus jeunes.

D'après Günther, ceux-ci diffèrent tout à fait des adultes, car ils n'ont pas de série médiane de grandes dents ; chez eux toutes les dents sont de même grandeur et régulièrement hexagonales ; la queue est proportionnellement plus longue chez les jeunes que chez les adultes.

Distribution géographique. — On connaît à l'époque actuelle huit espèces de Myliobates : trois se trouvent dans la Méditerranée, quatre dans la mer des Indes, une sur les côtes de l'Amérique du Nord.

D'après E. Moreau, le Myliobate Aigle se pêche sur toutes les côtes de France ; il est assez rare dans la Manche, assez commun sur les côtes de Bretagne et de Poitou, commun pendant l'été dans le golfe de Gascogne ; on le pêche assez fréquemment à Nice et à Cette. L'espèce a été trouvée au cap de Bonne-Espérance, Couch l'indique des côtes d'Angleterre.

Mœurs, habitudes, régime. — La dentition du Myliobate indique son régime ; cet animal se nourrit de crustacés et de mollusques que ses dents plates disposées comme une paire de meules sont parfaitement aptes à broyer.

E. Moreau rapporte que le Myliobate semble plutôt voler que nager. « Bien souvent, à l'aquarium d'Arcachon, nous avons observé, dit-il, avec notre ami Lafont, les évolutions d'un individu très développé, qui tantôt nageait lentement au milieu du bassin, tantôt s'approchait du bord qu'il frappait de l'une de ses ailes. Toutes les fois que cet animal était retiré de l'eau, il faisait entendre un mugissement assez fort.

« D'après Couch, le Myliobate est ovipare ; c'est une erreur. A défaut de nombreuses raisons qu'il est inutile de développer, on peut citer le fait suivant. Il y a quatre ou cinq ans, un pêcheur de Roscoff prit une Mourine qui mit bas sept petits quelques instants après avoir été déposée dans la barque. »

Les blessures que la Mourine fait avec son aiguillon sont tout aussi redoutables que celles que causent les Trygons. Rondelet nous apprend que le Myliobate « vit es lieux fangeux, é nage lentement, é comme en grauité, d'où en Languedoc| a esté nommé *Glorieuse*. E ainsi qu'un cheual vigoureux, bien pansé, bien harnaché marche brauement, et rue contre ceux qui s'aprochent, ainsi la Glorieuse nageant de telle sorte, pique de son aiguillon les poissons nageans près elle. »

Usages. — La chair de la Mourine est généralement rejetée de l'alimentation, peut-être simplement parce qu'il est dangereux de s'emparer de l'animal. « Galien parlant de sa chair, écrit Belon, et aussi de celle de la Pastenade, a dict qu'elle offense l'estomach ; aussi est-elle de mauuais goust et saueur : parquoy ceulx qui en usent en la Grèce et ailleurs ont de coustume luy faire une saulse avec les aulx, affin que l'odeur de l'un passe celle de l'autre. »

LES RAIES CORNUES — *CEPHALOPTERIDÆ*

Caractères. — La conformation singulière des Poissons que nous allons rapidement faire connaître leur a fait donner le nom de Raies cornues, de Diables de mer. Les nageoires pectorales s'avancent sur les côtés de la tête et forment à droite et à gauche de celle-ci une espèce de corne qui leur donne un aspect très bizarre. Les yeux sont placés latéralement, les mâchoires sont garnies de dents petites, tantôt en pavés, tantôt semblables à de petites scutelles.

Distribution géographique.—La famille des Céphaloptéridées ne comprend que deux genres, avec sept espèces, encore mal connues du reste, car ces animaux atteignant souvent des dimensions gigantesques ne sont, le plus souvent, représentés que par des fragments dans les collections. C'est surtout dans les mers tropicales que se trouvent ces animaux, bien qu'on puisse les recueillir accidentellement, même sous la latitude de l'Angleterre.

LES CÉPHALOPTÈRES — *CEPHALOPTERA*

Hornrochen.

Caractères. — Les Céphaloptères ont le corps déprimé, la peau à peu près complètement lisse, la queue grêle, effilée, armée d'un aiguillon dentelé sur les côtés; la tête, qui est large, porte de chaque côté une corne enroulée à concavité externe. Il existe une nageoire dorsale placée au-dessous des ventrales.

L'espèce de nos côtes de France, le Céphaloptère giorne (*Cephaloptera giorna*) est connue à Nice sous le nom de *Vacchetta;* elle atteint près de 2 mètres de long; d'après Risso, la coloration est d'un bleu indigo avec des reflets glauques et violets en dessus; le ventre est d'un blanc mat.

Distribution géographique. — Les Céphaloptères se trouvent dans les mers tropicales; on les rencontre accidentellement dans la Méditerranée.

Mœurs, habitudes, régime. — « Voici le Diable! Grande alarme parmi les matelots! Tous aussitôt saisissent des armes et on ne voit plus que lances, harpons et carabines. J'accourus moi-même et je vis un gros Poisson semblable à une Raie, sauf qu'il portait deux cornes comme un bœuf. Il était toujours accompagné d'un Poisson blanc, qui de temps en temps se montrait pour le harceler et se cachait ensuite sous lui. Il portait entre ses cornes un petit Poisson gris, que l'on appelait le pilote du diable, parce qu'il le conduit et le pince, quand il remarque un Poisson; le

Diable se précipite alors sur lui avec la rapidité d'une flèche. »

Tel est le récit d'un écrivain qui voyageait à Siam à la fin du dix-septième siècle et qui publia ses relations de voyage en 1685. D'autres voyageurs et naturalistes parlent après lui du même Diable; le plus explicite d'entre eux est Levaillant, qui observa trois de ces animaux sous le 10e degré de latitude nord. Ils étaient également entourés de poissons-pilotes et il vit sur la corne, en avant de la tête, un Poisson blanc, allongé, de l'épaisseur du bras, qui paraissait conduire chacun d'eux. On réussit à prendre le plus petit de ces Diables et on trouva que c'était une Raie de 9 mètres de large et de 7 mètres de long sans compter la queue, qui mesurait 70 centimètres de long. La bouche était si grande qu'il pouvait facilement avaler un homme; le dos était brun, l'abdomen blanc. On estima le poids à 1000 kilogrammes.

On serait tenté d'accepter ces récits avec méfiance, si récemment on n'avait pas pris et observé des géants semblables. A New-York on tua une Raie qui pesait à peu près 5,000 kilogrammes. Le corps mesurait 5 mètres de long, la queue 1 mètre; la largeur d'une nageoire pectorale à l'autre était de 6 mètres. Deux bœufs attelés, deux chevaux et vingt hommes suffirent à peine pour tirer le monstre à terre.

Risso mentionne un Céphaloptère capturé aux environs de Nice; il pesait 600 kilogrammes et mesurait 2 mètres de long. Un autre exemplaire pris dans les parages de Messine pesait 1,250 livres.

En 1723, on captura près de Marseille un Céphaloptère qui pesait 6 quintaux et mesurait 6 pieds de long.

Le naturaliste américain Elliot a décrit une chasse à laquelle il assista dans le golfe du Mexique, où le Diable de mer se trouve assez fréquemment. Le Poisson nage avec grâce et avec une rapidité extraordinaire; il se roule à travers les vagues avec des mouvements étonnants; soulevant souvent une de ses nageoires au-dessus de l'eau, puis l'autre, il semble réellement voler à la surface des eaux. « Quelquefois, ajoute Elliot, sinon souvent, on peut s'approcher du géant, mais il faut toujours être sur ses gardes, car ses mouvements sont d'une rapidité extrême. »

D'après Risso, dans les environs de Nice, le Céphaloptère giorna s'approche des côtes pendant l'été, surtout pendant le mois de juillet.

On rencontre souvent ensemble un mâle et une femelle. Une femelle ayant été prise dans un thonaire, le mâle se tint pendant deux jours aux environs de la *chambre des morts* et essaya de déchirer le filet; on le trouva mort dans le filet, car il avait fini par rejoindre sa compagne.

Les fœtus sont très peu nombreux; les femelles, d'après Risso, mettent bas en septembre un ou deux petits seulement.

LES HOLOCÉPHALES — *HOLOCEPHALA*

Die Seedrachen.

Caractères. — L'ordre des Holocéphales ou Chimères est essentiellement caractérisé par la réunion de la mâchoire supérieure, de l'appareil maxillo-palatin avec le crâne.

Le squelette, qui est cartilagineux, reste dans un état d'infériorité très marqué. La corde dorsale, qui est persistante, ne présente aucune trace de segmentation; elle est enfermée dans un long cylindre terminé en pointe à ses extrémités et formé d'anneaux cartilagineux très étroits réunis entre eux par du tissu fibreux. Au-dessus de ce cylindre se trouvent des cartilages, dont les intervalles sont comblés par de petites pièces disposées en sens inverse; on voit également une rangée de cartilages, destinés à la protection des vaisseaux, à la région inférieure de la colonne vertébrale.

La région antérieure du rachis offre de l'analogie avec ce que l'on remarque chez les Raies; elle est formée par un cartilage qui se compose de deux pièces principales. Le crâne est une boîte cartilagineuse percée d'ouvertures pour le passage des nerfs (fig. 233).

Il existe deux nageoires dorsales très développées et soutenues par un aiguillon dont le bord postérieur est plus ou moins concave, et armé de dentelures sur ses bords.

Les dents sont de grandes pièces d'une forme toute particulière qui, à l'exception des antérieures, ont surtout pour usage de broyer les aliments. A la mâchoire supérieure, et en avant, se voit, de chaque côté, une plaque dentaire creusée de stries verticales et terminée sur son bord libre par des dentelures assez prononcées; en arrière et latéralement se trouve une plaque qui se réunit à celle du côté

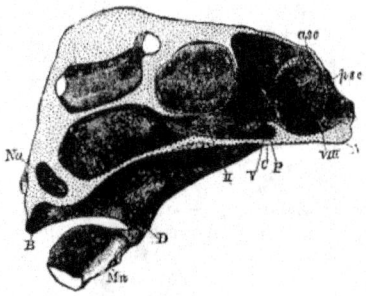

Fig. 233. — Section verticale du crâne de Chimère (*).

opposé et dont le bord externe mince et tranchant continue le bord libre de la mâchoire. La mâchoire inférieure est armée d'une paire

(*) A, région basi-occipitale; P, fosse pituitaire; NA, cloison entre les sacs olfactifs; B, alvéoles pour les dents de la mâchoire antérieure supérieure; CD, région du cartilage triangulaire répondant à l'hyo-mandibulaire et au quadrate, DB, ce qui représente le quadrate, le ptérygoïde et le palatin; Mn, mandibule; IOr, septum interorbital; asc et psc, canaux antérieur et postérieur demi-circulaires; I, II, VIII, sortie des nerfs olfactifs, optiques des cinquième et sixième paires.

Fig. 234. — Le Callorhynque antarctique.

de plaques dentaires bien développées, marquées de stries profondes.

Comme chez les autres Elasmobranches, on trouve une valvule spirale dans l'intestin.

Les branchies, libres seulement à leur extrémité externe, forment cependant des cavités distinctes au nombre de quatre, s'ouvrant chacune dans le pharynx par un orifice particulier; toutes les branchies d'un même côté donnent dans une cavité qui communique avec l'extérieur par une seule ouverture qui est placée à la partie latérale et inférieure de la gorge. L'ouverture extérieure de la chambre branchiale est protégée par un opercule en grande partie membraneux. Malgré ces modifications, le type de l'appareil respiratoire est bien celui des Elasmobranches, les Holocéphales tenant beaucoup plus du type des Poissons à branchies fixes que de celui des espèces à branchies libres.

Distribution géographique. — Les Holocéphales ne comptent que peu de représentants dans la nature actuelle; on n'en connaît en effet que huit espèces, réparties dans deux genres : les Callorhynques et les Chimères.

Distribution géologique. — Le type des Holocéphales est en pleine déchéance à l'époque actuelle; il n'en a pas été de même pendant les temps géologiques. Par le genre *Rhynchodus*, du terrain dévonien de l'Ohio, ce type semble apparaître.

Dans les mers jurassiques vivaient des animaux qui avaient certainement la plus grande analogie avec les Chimères de l'époque actuelle, bien que nous ne connaissions nullement la forme que devaient avoir ces Poissons; ils ne nous sont connus, en effet, que par

des plaques dentaires et par des aiguillons.

Les *Ischyodus* ont les tubercules de trituration de la mâchoire inférieure très développés et séparés les uns des autres, celui du milieu étant très large ; on les trouve dans les terrains jurassiques et crétacés. Chez les *Ganodus*, des formations jurassiques, ces mêmes tubercules sont allongés, rapprochés, réunis en une seule proéminence recouverte d'une lame osseuse, et situés très en arrière et fort obliques. Dans les terrains crétacés et tertiaires se trouvent les *Edaphodon*, qui ont les maxillaires supérieurs munis de trois tubercules de dentine faisant saillie sur la mâchoire ; on retrouve à peu près la même disposition à la mâchoire inférieure. Les *Elasmodus*, particuliers aux formations tertiaires inférieures, ont les lames du maxillaire supérieur disposées en quatre séries verticales, et leur maxillaire inférieur a, avec les lames semblables, un bord irrégulier dû à l'usure. Chez les *Psaliadus* des mers tertiaires, la mâchoire inférieure ressemble davantage à celle des Chimères vivantes ; elle en diffère toutefois par l'absence des tubercules de trituration.

LES CALLORHYNQUES — *CALLO-RHYNCHUS*

Caractères et distribution géographique. — Les Callorhynques, qui se reconnaissent au prolongement médian, soutenu par des cartilages latéraux qu'ils portent sur le museau (fig. 234), habitent la zone Sud tempérée et la mer du Nord.

Mœurs, habitudes, régime. — Le Callorhynque paraît se nourrir plus particulière-

Fig. 235. — La Chimère monstrueuse.

ment de poissons, surtout de Harengs, au milieu des bancs desquels on le voit souvent.

L'œuf du Callorhynque a une forme étrange ; il consiste en une partie centrale fusiforme dans laquelle se trouve l'embryon ; cette partie est entourée d'un rebord large et plissé, frangé au bord libre et couvert à la surface inférieure de poils d'un brun jaunâtre. La couleur générale de cet œuf est un noir grisâtre assez foncé.

Usages. — En Norwège on mange le foie de Callorhynque. « Lorsque l'on place cet organe dans un vase tenu dans un endroit chaud, écrit Pontoppidam, il se fond peu à peu en huile ; cette sorte d'onguent produit de merveilleux résultats pour la guérison des blessures et des plaies de toutes sortes. »

LES CHIMÈRES — *CHIMERA*

Seekatzen.

Caractères. — L'espèce de Chimère la plus connue, la Chimère monstrueuse (*Chimera monstrosa*) a un aspect des plus bizarres (fig. 235). Le corps est allongé, comprimé après le niveau des nageoires ventrales et se continue par une queue grêle, très longue, excessivement effilée. La tête est grande, de forme pyramidale ; elle se termine par un museau mou, pointu, triangulaire ou légèrement conique. La bouche est située en dessous, transversalement fendue. Chez les mâles, on voit sur le front, entre les yeux, un appendice dirigé en avant. Les yeux sont grands, ovales ; l'iris est argenté. On remarque sur une tête une série de pores formant des lignes régulières.

Au-dessus des nageoires pectorales, qui sont assez grandes, se trouve la première dorsale portée sur une plaque cartilagineuse ; elle a une forme triangulaire ; en avant d'elle se trouve une assez forte épine. La seconde dorsale, très rapprochée de l'autre, est longue et va se continuer avec le lobe supérieur de la caudale. L'anale est courte et s'insère sous le tiers postérieur de la seconde dorsale. La caudale semble être le prolongement de cette nageoire et de l'anale. Les ventrales sont beaucoup moins développées que les pectorales.

Le corps de la Chimère monstrueuse est d'un gris argenté nuancé de brun ; les nageoires impaires sont d'un gris jaunâtre et bordées de noir.

Distribution géographique. — La Chimère monstrueuse se trouve dans la Méditerranée et dans l'Atlantique, depuis les côtes d'Europe jusqu'au cap de Bonne-Espérance ; elle aurait même été pêchée dans les parages du Japon ; la Chimère de Collie habite les côtes de Californie ; la Chimère affine n'a encore été trouvée que sur les côtes du Portugal.

Mœurs, habitudes, régime. — La nourriture des Chimères se compose de mollusques, de crustacés. Les Chimères se tiennent habituellement dans les profondeurs, de telle sorte que l'on connaît bien peu de chose sur leurs mœurs.

Les femelles sont ovipares ; elles pondent des œufs recouverts d'une enveloppe cornée plus ou moins épaisse.

Usages. — La chair des Chimères est dure et immangeable ; les œufs passent, au contraire, pour un mets très délicat,

LES TÉLÉOSTÉENS — *TELEOSTEI*

Caractères généraux. — En terme général, « les Téléostéens, dit Claus, comprennent la plus grande partie des Poissons, et se distinguent des Chondroptérygiens et des Ganoïdes par un ensemble de caractères anatomiques, abstraction faite de la structure osseuse du squelette, qui n'a nullement la valeur d'un critérium absolu. Ils possèdent un bulbe aortique simple, à parois non revêtues d'une couche musculaire, pourvu à sa base de deux valvules placées l'une vis-à-vis de l'autre. Le bulbe chez les Poissons osseux n'est pas un prolongement du ventricule doué de pulsations, c'est la partie initiale épaissie de l'artère. Jamais il n'existe d'évents ni de valvule spirale dans l'intestin. Les nerfs optiques se croisent simplement sans constituer jamais de chiasma (fig. 236).

« Les branchies, pectinées pour la plupart, sont, comme chez les Ganoïdes, libres dans la cavité branchiale recouverte par un opercule, auquel s'attache un repli cutané soutenu par des rayons *branchiostèges*. D'ordinaire on compte quatre branchies complètes formées chacune d'une double rangée de feuillets et cinq fentes branchiales, une fente se trouvant ménagée entre la dernière branchie et l'os pharyngien. Si le nombre des branchies se réduit à trois et demie par suite de l'avortement de la rangée de lamelles postérieure de la dernière branchie (*Labioïdes*, quelques *Cataphractes* et *Gobioïdes*), la dernière fente disparaît également; chez les Pédiculates et les Gymnodontes, il n'en existe même que trois et rarement deux et demie, par suite de la disparition de la branchie antérieure; chez l'*Amphipnous*, enfin, il n'existe que deux branchies de chaque côté. L'opercule ne porte jamais de branchies accessoires, mais on rencontre souvent des *pseudo-branchies*, pectinées ou glandulaires, et, dans ce dernier cas, recouvertes par la membrane muqueuse; celles-ci fournissent parfois d'excellents caractères pour

distinguer des familles entières ou des genres (*Cyprinodontes*, *Siluroïdes*, etc.).

« Le squelette présente toujours des vertèbres distinctes, en général ossifiées, et une boîte crânienne osseuse en dedans de laquelle persistent souvent des restes du crâne primordial cartilagineux. La structure particulière de l'appareil maxillo-palatin, le solide

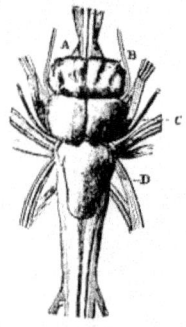

Fig. 236. — Cerveau de Brochet (*Esox lucius*) (*).

agencement (*Plectognathes*) ou le jeu plus ou moins facile des os qui le constituent, surtout des intermaxillaires, ainsi que ces formes si diverses des dents ont une grande importance systématique.

« Tous les os qui entourent la cavité buccale et le pharynx peuvent porter des dents; si elles manquent aux mâchoires et aux os de la cavité buccale, elles se développent souvent sur les os pharyngiens inférieurs et présentent alors une grosseur et une forme caractéristiques (dents pharyngiennes des *Cyprinoïdes*). Il est

(*) A, lobes olfactifs au-dessus desquels on voit les nerfs optiques; B, hémisphères cérébraux; C, lobes optiques; D, cervelet (d'après Huxley).

rare que les os pharyngiens se soudent en une seule pièce impaire (*Pharyngognathes*).

« L'enveloppe tégumentaire est aussi très diverse ; rarement la peau est nue ou privée en apparence d'écailles, ces écailles, très petites, ne faisant pas saillie au-dessus de la surface ; plus fréquemment elle porte des écussons osseux, principalement derrière la tête. En général, la peau est revêtue d'écailles cycloïdes ou cténoïdes, disposées comme les tuiles d'un toit. Ces écailles, qui n'offrent d'importance systématique que pour quelques groupes inférieurs, sont flexibles, composées de diverses pièces et offrent à leur surface, au lieu de la couche externe d'émail qui caractérise les Ganoïdes, de nombreuses lignes concentriques en relief (1). »

Classification. — Pour Cuvier, les Poissons forment deux séries distinctes ; les *Chondroptérygiens* ou *Cartilagineux* et les *Poissons proprement dits* ou *Poissons osseux*.

« Cette série, écrit l'illustre naturaliste, m'offre d'abord une première division dans ceux où l'os maxillaire et l'arcade palatine sont engrenés au crâne ; j'en fais un ordre des *Plectognathes*, divisé en deux familles, les *Gymnodontes* et les *Sclérodermes*.

« Je trouve ensuite des Poissons à mâchoires complètes, mais où les branchies, au lieu d'avoir la forme de peignes, comme dans tous les autres, ont celles de séries de petites houppes ; j'en forme encore un ordre que je nomme *Lophobranches*, et qui ne comprend qu'une famille,

« Alors il me reste encore une quantité innombrable de Poissons auxquels on ne peut plus appliquer d'autres caractères que ceux des organes extérieurs du mouvement. Après de longues recherches, j'ai trouvé que le moins mauvais de ces caractères est encore celui qu'ont employé Ray et Artedi, tiré de la nature des premiers rayons de la dorsale et de l'anale. On divise ainsi les Poissons ordinaires en *Malacoptérygiens*, dont tous les rayons sont mous, excepté quelquefois le premier de la

dorsale ou les pectorales, et en *Acanthoptérygiens*, qui ont toujours la première portion de la dorsale, ou la première dorsale quand il y en a deux, soutenues par des rayons épineux, et où l'anale en a aussi quelques-uns et les ventrales au moins chacune un.

« Les premiers peuvent être divisés sans inconvénient d'après leurs ventrales, tantôt situées en arrière de l'abdomen, tantôt adhérentes à l'appareil de l'épaule, ou enfin manquant tout à fait.

« On arrive ainsi aux trois ordres des *Malacoptérygiens abdominaux*, des *subbrachiens* et des *Apodes*, lesquels comprennent chacun quelques familles naturelles ; le premier est surtout fort nombreux. »

J. Müller, tout en conservant les grandes lignes de la classification de Cuvier, les modifia cependant sur plusieurs points.

C'est ainsi que Müller remarqua que les Poissons à nageoires ventrales jugulaires, qui par la structure de leur nageoire dorsale sont des Malacoptérygiens, sont cependant Acanthoptérygiens par leurs nageoires ventrales dont le premier rayon non segmenté est transformé en épine. Tous les Acanthoptérygiens, quand ils possèdent une vessie natatoire, ne présentent jamais de canal aérien, ce qui est le contraire chez les Malacoptérygiens. Les Malacoptérygiens subbrachiens de Cuvier et une partie des Apodes offrent la même disposition de la vessie natatoire que les Acanthoptérygiens, aussi ont-ils été séparés par Müller sous le nom de *Anacanthiniens* (Morue, Lote, Sole). Les Malacoptérygiens, dont les nageoires ventrales, quand elles existent, sont situées à l'abdomen, ont une vessie natatoire toujours pourvue d'un canal aérien ; ils forment le groupe des *Physostomes* (Silure, Carpe, Brochet, Saumon, Hareng). La ligne de démarcation entre les deux groupes ci-dessus nommés n'est pas très marquée, car les Équilles ou Ammodytes manquent aussi bien de vessie natatoire que de nageoires ventrales.

LES ACANTHOPTÉRYGIENS — *ACANTHOPTERYGII*

Die Stachelflosser.

Caractères. — C'est la présence de rayons épineux aux nageoires qui caractérise le plus

nettement les Acanthoptérygiens. La première partie de leur nageoire dorsale ou leur première dorsale tout entière, quand il y en a deux, est soutenue par des rayons de cette nature ; au

(1) Claus, *Traité de zoologie*, trad. Moquin-Tandon.

moins le premier rayon de l'anale est épineux ; le plus souvent le rayon externe de la ventrale est de même nature.

Les ventrales manquent quelquefois comme chez l'Espadon, l'Anarrhygne, le Trichiure, le Stromatée. Lorsqu'elles existent, ce qui a lieu presque toujours, ces nageoires peuvent être placées en avant des pectorales (Uranoscope, Blennie, Callionyme, Baudroie), en dessous des pectorales (Gobie, Mullet, Trigle, Perche, Maigre, Maquereau, Daurade, Picarel, Labre, Chromis), en arrière des pectorales (Épinoche, Muge, Athérine, Sphyrène).

Habitat. — Le groupe des Acanthoptérygiens, très nombreux en espèces, se compose à peu près exclusivement d'animaux marins ; il ne comprend qu'un très petit nombre d'espèces habitant des eaux douces.

LES PERCIDES — *PERCIDÆ*

Barsche.

Caractères. — Les Percides, dont la Perche de nos eaux douces peut être regardée comme le type, ont, en général, des formes assez sveltes,

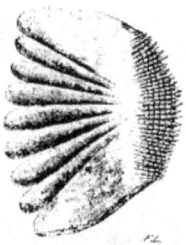

Fig. 237. — Écaille de la Perche, prise vers le milieu du corps.

le plus souvent oblongues, presque toujours recouvertes d'écailles âpres au toucher et dont le bord libre est garni de dentelures, tandis que la partie implantée dans la peau porte de petites

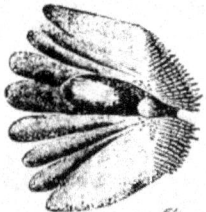

Fig. 238. — Écaille de la ligne latérale (d'après Blanchard).

épines (fig. 237 et 238). La bouche, assez grande, est armée de dents fort nombreuses, pressées les unes contre les autres ; ces dents, dites en velours, se trouvent non seulement sur les mâchoires, mais encore sur le vomer, et le plus souvent sur les os palatins (fig. 239). L'opercule

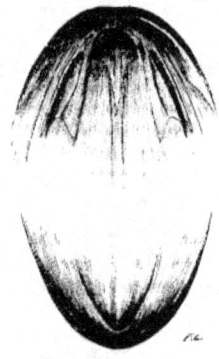

Fig. 239. — Appareil dentaire de la Perche de rivière (d'après Blanchard).

est épineux ; le préopercule est généralement dentelé (fig. 240) ; la membrane branchiostège

Fig. 240. — Tête et portion antérieure du corps de la Perche de rivière (d'après Blanchard).

est soutenue au plus par sept rayons. La dorsale est unique ou double, composée de rayons épineux et de rayons mous ; on trouve aux ventrales un aiguillon et cinq rayons mous.

Distribution géographique. — Les Percides, qui comptent un très grand nombre de genres et d'espèces, sont marins en majeure partie ; les Perches proprement dites, les Gremilles, les Lucioperches, les Pomotes, les Huro, les Siniperca, les Centrarches et plusieurs genres encore vivent cependant exclusivement dans les eaux douces.

Les représentants marins de la famille se trouvent dans toutes les mers tropicales et tempérées.

Distribution géologique. — Les Percoïdes datent du commencement de l'époque tertiaire.

Fig. 241. — Tête et portion antérieure du corps de la Perche des Vosges (d'après Blanchard).

On trouve à Monte-Bolca, en Italie, des Bars, des Apogons, des Varioles, des Serrans, des Lates, des Doules, des Pristipomes, qui sont des genres actuels. Un Bar a été découvert dans le calcaire grossier des environs de Paris.

Les Perches proprement dites ont été recueillies dans les terrains tertiaires moyens d'Aix en Provence, de Menat (Puy-de-Dôme), d'OEningen en Suisse. Les Smerdis sont également des poissons d'eau douce ; ils constituent un genre perdu qui a été trouvé à Aix-en-Provence, au Puy en Velay, à Montmartre, à Apt, aux environs d'Ulm. Les *Paraperca*, d'Aix, sont également des animaux d'eaux douces.

Mœurs, habitudes, régime. — Tous les Percoïdes sont exclusivement carnassiers ; ils se nourrissent d'autres poissons, de vers, d'insectes. Ils pondent un grand nombre d'œufs.

LES PERCHES PROPREMENT DITES — *PERCA*

Caractères. — Les Perches ont le corps oblong, couvert d'écailles pectinées ; le crâne

et l'espace qui sépare les orbites sont nus ; l'opercule porte une seule épine à son bord postérieur. Les dorsales sont distinctes, la première ayant de 13 à 15 épines ; on remarque deux épines à la nageoire anale. Toutes les dents sont en velours, sans canines ; il n'existe pas de dents sur la langue.

Distribution géographique. — On connaît trois espèces de Perches : la Perche commune qui se trouve en Europe, et dans le nord de l'Asie, dans le nord-est de l'Amérique ; la Perche gracile (*Perca gracilis*) qui habite le Canada ; la Perche de Schrenck (*Perca Schrenckii*) qui a été trouvée dans le Turkestan.

Le genre *Siniperca*, étroitement allié au genre Perche proprement dit, est du nord de la Chine.

Les *Percichthys*, qui diffèrent des Perches en ce que la tête est garnie d'écailles, que l'on compte 3 épines à l'anale et 9 ou 10 seulement à la dorsale antérieure, ces animaux, disons-nous, représentent les Perches dans les eaux douces de la partie tempérée de l'Amérique du Sud ; on les connaît de la Patagonie, du Chili, du Pérou.

LA PERCHE DE RIVIÈRE. — *PERCA FLUVIATILIS.*

Barsen.

Caractères. — Parmi les Poissons de nos eaux douces, l'un des plus connus est assurément la Perche de rivière qui est parée de brillantes couleurs. La coloration est, du reste, des plus variables, suivant l'habitat, la saison. La vivacité des teintes se manifeste dans tout son éclat à l'époque de la ponte ; la teinte est alors d'un vert doré ou d'un gris azuré sur le dos et sur les côtés, avec cinq ou sept bandes verticales d'un brun plus ou moins foncé, qui descendent de la région dorsale vers les flancs, où elles se perdent ; parfois ces bandes s'étalent et forment des sortes de larges taches mal définies ; la coloration s'assombrit sur le dos, tandis que le ventre est d'un gris blanchâtre. L'œil est d'un brun teinté de jaune. La première nageoire dorsale a souvent une teinte violacée, parfois bleuâtre ; elle est semée de points noirâtres rapprochés les uns des autres qui parfois se réunissent de manière à former une grande tache noire sur la partie postérieure de la nageoire. La seconde dorsale tire en général sur le jaune verdâtre. Les pectorales sont d'un jaune pâle, d'un jaune rouge, parfois teinté de

Fig. 242 et 243. — La Perche fluviale et la Sandre commun (p. 186).

gris; l'anale, la caudale, les ventrales, sont d'un rouge assez vif.

Le corps est oblong, un peu comprimé latéralement, le dos arqué, surtout à l'origine de la première nageoire dorsale. La tête s'incline depuis la nuque jusqu'au museau, en présentant un front plat et assez large. La bouche, faiblement protractile, est fendue jusqu'à l'aplomb de l'orifice antérieur de la narine. La fente des ouïes est grande. L'opercule porte une épine aplatie à son angle postérieur; il est couvert d'écailles dans sa moitié supérieure. Le sous-opercule, écailleux, est dentelé sur le bord inférieur. Le bord postérieur du préopercule est finement dentelé, le bord inférieur de cet os étant armé de dentelures qui deviennent de plus en plus fortes vers la partie antérieure.

La première dorsale, qui commence presque

exactement au-dessus de la pointe de l'opercule, est formée de quinze épines, parfois de quatorze, même de treize; ces épines sont fortes et aiguës. La dorsale postérieure est beaucoup moins longue que la première; son premier rayon, qui est épineux, est de moitié plus court que les suivants; ceux-ci, au nombre de treize, sont flexibles et divisés en une série d'articles (fig. 242).

D'après E. Blanchard « la Perche varie dans des limites assez larges, non seulement sous le rapport de la coloration, mais un peu aussi sous le rapport des proportions générales du corps et du nombre des dentelures du préopercule. Cuvier et Valenciennes ont décrit comme espèce particulière une Perche sans bande, d'Italie (*Perca italica*), qui se distinguerait de notre Perche commune par l'absence de bandes noires et par la tête un peu plus forte. Le prince Ch. Bonaparte n'a pas eu de peine à montrer que ces différences étaient seulement individuelles. D'un autre côté, des naturalistes, et Agassiz lui-même, avaient pensé que la Perche de la région du Danube (*Perca vulgaris*, Schœffer) était distincte de la Perche des autres parties de l'Allemagne et de la France. Cette opinion encore a dû disparaître devant l'observation attentive, comme M. de Siebold en a donné des preuves multiples (1). »

Blanchard a signalé également, sous le nom de *Perche des Vosges*, une variété très remarquable de la Perche commune, variété qui se trouve dans les lacs de Longuemer et de Gérardmer. La forme est plus allongée, le dos beaucoup moins élevé que chez la Perche ordinaire ; le museau est plus aminci ; de petites écailles s'étendent sur toute la joue ; les dents du préopercule sont plus serrées, plus nombreuses (fig. 241).

E. Moreau a observé que les Perches qui vivent dans les courants rapides sont plus minces, plus allongées que celles qui restent dans les eaux tranquilles.

La Perche commune dépasse rarement 0^m,40 ; les individus du poids de un kilogramme sont déjà de belle taille ; Blanchard cite cependant des Perches du poids de 2^{kg},500, 3 kilogrammes, et même de 4 kilogrammes à 4^{kg},500, et d'une longueur de 0^m,60, mais il remarque que ce sont des exemples bien rares de nos jours.

Distribution géographique. — La région de distribution de la Perche de rivière s'étend sur toute l'Europe et sur une grande partie de l'Asie septentrionale ; plusieurs naturalistes regardent même les Perches de la partie est des États-Unis comme des variétés de notre Perche commune.

D'après Yarrell, la Perche serait rare en Écosse et manquerait dans les îles Orcades et Shetland ; la Perche se trouve cependant dans la presqu'île Scandinave beaucoup plus au nord que les îles que nous venons de citer.

La Perche est commune dans la plupart des eaux douces de France ; d'après Moreau, elle paraît manquer cependant aux environs de Nice et même dans toute la partie des Alpes-Maritimes qui est à l'est du Var. L'espèce est répandue dans toutes les parties de l'Allemagne, à l'exception des hautes régions.

Mœurs, habitudes, régime. — Les eaux

(1) E. Blanchard, *Les Poissons des eaux douces de la France*, p. 139.

claires, transparentes, sont l'habitat de prédilection de la Perche ; on la trouve dans les grands fleuves, les petites rivières, les ruisseaux, aussi bien que dans les lacs ; elle remonte plutôt vers les sources qu'elle ne descend vers les embouchures ; elle séjourne dans certaines circonstances dans les eaux saumâtres ; c'est ainsi qu'on la trouve dans les points de la Baltique où la salure est faible. Pallas note qu'au moment du frai, en février et en mars, on trouve là Perche et le Brochet en un point de la mer Caspienne nommé le *golfe amer*.

Dans les rivières, la Perche se tient de préférence vers la rive là où le courant n'est pas très violent, elle n'est généralement pas à une grande profondeur, et c'est le plus ordinairement à deux ou trois pieds sous l'eau qu'on est le plus certain de la rencontrer ; en hiver elle s'enfonce cependant davantage ; au moment de la ponte c'est dans les endroits où se trouvent des joncs, des herbes, des roseaux qu'on la trouve de préférence. Dans certains lacs la Perche descend assez profondément.

« Les pêcheurs du lac de Genève, dit Gesner, racontent que les Perches ramenées pendant l'hiver dans leurs filets laissent pendre hors de leur bouche un petit corps rouge qui les oblige à nager dans les couches supérieures de l'eau ; ils présument que cela arrive à la Perche lorsqu'elle est irritée. » Siebold a confirmé cette opinion : « Sur toutes les Perches retirées de grandes profondeurs, lors de la pêche au Lavaret, écrit-il, je vis la cavité buccale contenir un corps particulier ressemblant à une langue ; chez quelques individus ce corps sortait même de la bouche. En examinant les choses de plus près, je vis que ce corps rouge n'était rien autre chose que l'extrémité de l'estomac rejeté par la décompression trop subite. En ouvrant le corps de ces animaux je me convainquis que les parois de la vessie natatoire avaient été fortement distendues chez des animaux retirés d'une profondeur de 30 à 40 brasses, et s'étaient rompues ; il en était résulté que l'air épanché dans la cavité abdominale avait chassé l'estomac du côté de la bouche. »

Les habitudes de la Perche ne sont pas très sociables, et cet animal ne nage jamais en grandes troupes, comme le font d'autres Poissons ; il se tient, en général, par petites troupes. La Perche nage avec rapidité vers les couches supérieures de l'eau, en quelque sorte par bonds et par saccades, s'arrêtant brusquement pour rester à la même place pendant un certain temps, pour s'élancer de nouveau et ainsi de suite; pendant les temps chauds on l'aperçoit à la surface, pour saisir des larves d'insectes.

On voit parfois la Perche stationner pendant quelques minutes dans quelque creux de la berge, évidemment pour faire le guet, car si on la dérange, elle revient de suite à la même place. Lorsqu'une bande de petits Poissons s'approche de la Perche, on la voit fondre sur eux avec une extrême rapidité; elle s'empare toujours de l'un d'entre eux, soit brusquement, soit après une chasse plus ou moins prolongée. «Les Ablettes qui nagent tranquillement en troupes près de la surface, dit Siebold, sont souvent troublées et effrayées par ces attaques subites : aussi cherchent-elles par la suite à se soustraire à la voracité de la Perche gloutonne; il arrive parfois que la Perche se jette avec une telle avidité sur sa proie, que celle-ci pénètre de la bouche largement ouverte dans une des fentes branchiales; elle meurt alors, punie de sa gourmandise. »

Cuvier et Valenciennes ont écrit que la Perche « se nourrit, en général, de vers, d'insectes qui nagent ou qui volent sur l'eau, de petits crustacés, de petits poissons, et sa voracité est extrême; elle ne met pas toujours dans le choix de sa proie les précautions nécessaires; ainsi, l'Épinoche lui donne souvent la mort, parce que, redressant ses épines au moment où la Perche veut l'avaler, elle les enfonce dans son palais ou dans son gosier. Les Salamandres, les petites Couleuvres, les jeunes Grenouilles, lui servent aussi d'aliments. »

Blanchard rapporte que « la Perche, si bien douée pour sa défense, est ardente à l'attaque, et elle est citée pour sa voracité. Après avoir rempli son estomac de façon à ne pouvoir plus rien y loger, on la voit encore chercher à mordre ou à saisir une proie. On observe parfois des Perches qui, ayant pris un individu de leur espèce d'une taille un peu inférieure à leur propre dimension, font des efforts inouïs et très prolongés pour engloutir leur victime. » La gloutonnerie de la Perche est telle qu'elle lui a fait donner en Allemagne le nom d'*Anbeiss*, c'est-à-dire *qui mord à*.

Lorsqu'elle est attaquée, la Perche redresse les fortes épines dont ses dorsales, ses ventrales, son anale sont armées; elle gonfle en même temps ses joues de manière à faire saillir les piquants qui garnissent les pièces opercu-laires. C'est ainsi qu'elle se défend contre les attaques du Brochet, plus vorace et plus hardi qu'elle encore; Walton dit, en effet, que le Brochet n'attaque la Perche que lorsqu'il y est poussé par une faim extrême; lorsqu'il le fait, il se blesse le plus souvent aux épines de sa victime et on le voit alors rejeter sa proie hors de la bouche, non sans secousse et sans douleur.

En dehors du Brochet, la Perche a encore à redouter la Loutre, l'Aigle pêcheur, le Héron, la Cigogne et, lorsqu'elle est jeune, le Saumon. D'après Cuvier et Valenciennes « la Perche est mieux armée que d'autres Poissons d'eau douce, contre les attaques de ses ennemis. Pour peu qu'elle ait grandi, ses épines doivent effrayer les Poissons voraces; aussi dit-on qu'alors le Brochet même ne l'attaque plus, quoique les petites Perches soient l'un des appâts qui l'attirent avec le plus de force. Les Oiseaux d'eau, comme Plongeons, Harles et Canards, la redoutent moins, et lui font une chasse très active. Elle craint aussi le tonnerre et la gelée, et elle a des ennemis intérieurs. Rudolphi compte jusqu'à sept espèces de vers intestinaux qui vivent à ses dépens. » Des crustacés parasites se fixent également dans la cavité branchiale et finissent souvent par la tuer.

C'est vers sa sixième année que la Perche devient apte à frayer; elle a atteint alors une longueur d'environ 0^m,15. L'époque du frai, qui peut varier dans une certaine mesure suivant la température de l'eau, suivant sa profondeur, tombe, en général, depuis le milieu de mars jusque vers la fin de mai; on voit des animaux qui pondent déjà vers le milieu du mois de février, tandis que d'autres ne déposent leurs œufs qu'au mois de juin, parfois même vers les premiers jours de juillet; dans la Seine c'est au mois d'avril qu'a lieu l'époque du frai.

Cuvier et Valenciennes écrivent que « lorsque le moment est venu de se défaire du frai, la Perche femelle se frotte contre les corps durs; on dit même qu'elle sait faire entrer la pointe d'un jonc ou d'un roseau dans son oviducte, et attirer ainsi une partie du fluide glaireux qui enveloppe ses œufs. S'éloignant alors par des mouvements sinueux, elle file ce fluide et l'allonge en un cordon semblable à ceux des œufs de Grenouille, et qui a quelquefois plus de 6 pieds, mais qui est replié sur lui-même en divers sens, de manière à former des réseaux ou des pelotons. Quand on l'observe à la loupe, on trouve toujours quatre ou cinq œufs réunis, par une pellicule, en une petite pelote sur laquelle s'appuie une autre pelote, de sorte que les œufs paraissent rapprochés dans des cellules carrées ou hexagonales.

« A Paris, les mâles sont beaucoup moins nombreux. C'est à peine, au dire des pêcheurs, si l'on en prend un sur cinquante femelles. Mais cette inégalité dans le nombre des individus de chaque sexe n'a pas lieu pourtant. Il y a tant de mâles dans le lac de Harlem, qu'un certain village, nommé Lisse, est renommé pour un mets que l'on y prépare avec des laitances de Perches.

« Les pêcheurs de Brandebourg prétendent que les troupes de Perches ont toujours un conducteur, qui se reconnaît à ce que ses opercules sont dépouillés de leur épiderme et transparents, de sorte que l'on voit les ouïes au travers, et ils attribuent cette conformation à ce que cet individu est plus exposé que les autres à différents contacts. »

Nous avons dit que le frai sort sous la forme de chapelets agglutinés entre eux. Les œufs ont la grosseur de graines de pavot; la totalité des œufs d'une seule femelle pèse 200 grammes et plus, et leur nombre s'élève à près de 300,000.

Pêche. — « Pour pêcher la Perche, écrit de la Blanchère, il faut une ligne forte, mais mince; ce Poisson une fois pris ne se défend pas, il est sur le pré avant d'avoir fait des efforts sérieux. Il faut une ligne mince pour endormir sa méfiance et tromper sa gloutonnerie. Un seul brin de florence suffit, mais il faut en faire une avancée d'au moins 2 mètres. La Perche cependant emploie un bon moyen pour se remettre en liberté : elle s'efforce, quand elle est prise, de couper la monture de l'hameçon avec ses dents. Malgré cela, nous avons pêché la Perche avec un ou deux crins, et nous en prenions plus grande quantité qu'avec la florence, dont le brillant lui fait peur.

« Il faut faire choix d'une flotte qui soit le plus petite possible et parfaitement équilibrée pour se tenir verticalement dans l'eau, afin que le pêcheur soit constamment averti de l'attaque de la Perche, attaque quelquefois comme foudroyante.

« Ordinairement elle attaque par une ou deux secousses, et plonge franchement, emportant la flotte sous l'eau; c'est une attaque à laquelle on ne se méprend pas, quand on l'a vue quelquefois.

« Pour pêcher la Perche on se sert de ver rouge le plus vif possible, et que l'on renou-velle souvent pour qu'il frétille sans cesse. On emploie également de petites Grenouilles que l'on laisse nager et l'on enferre par la peau du dos, ou de petits Vérons que l'on pêche au vif. Les pattes d'Écrevisses crues font également bien; à défaut de Vérons, on prend le Gardon, le Goujon, l'Ablette, etc.

« Les grosses Perches se tiennent ordinairement plus au fond; il faut les pêcher au vif avec une bricole de deux hameçons n° 9 à 12. On l'enfile sur une très forte florence ou une corde en six brins.

« Le meilleur moment pour pêcher la Perche est en août, le matin, au point du jour. Masqué par un arbre, le pêcheur fera passer sa canne par-dessus les roseaux et laissera descendre dans l'eau sa ligne toute en florence, ou mieux en crin, et sans flotte aucune, si l'eau est très claire. Puis, quand l'esche de ver rouge qu'il a mise à l'hameçon sera descendue jusqu'au fond de l'eau, il la fera remonter à la surface en élevant la main et le bout du scion, puis la laissant redescendre la fera remonter, et ainsi de suite, par un mouvement lent et régulier. Le ver frétillant dans l'eau claire est un appel séduisant, auquel ne résistent pas les Perches des environs; elles arrivent sans méfiance, car elles ne voient ni plume, ni bouchon. Le pêcheur n'a pour se garder que la sensibilité de son tact; il sent à la tension du fil de la ligne que la Perche tient le ver, l'attaque, et qu'il peut ferrer parce qu'il l'entraîne; il faut remarquer que c'est surtout en remontant le ver que l'on sent le mieux la résistance du Poisson qui se laisse entraîner... On doit souvent changer de place à cette pêche, parce qu'il faut aller chercher le Poisson; mais si l'on vient de manquer une Perche en un endroit, il faut y retendre de suite, car elle est assez vorace et assez peu prévoyante pour y retourner le plus souvent.

« Dans tous les cas, il ne faut pas ferrer la Perche trop fort, car elle a la bouche tendre, et si elle n'est accrochée qu'au palais et aux lèvres, ce qui arrive souvent, elle achève, en se débattant, de déchirer la peau et s'échappe.

« Pendant les jours orageux et chauds de l'été, quand souffle le vent du midi, la Perche chasse toute la journée; dans les autres jours, elle mord beaucoup le matin, un peu le soir, point le jour. De novembre en février, suivant la température, elle ne mord plus aux esches, à moins que le temps ne soit très doux et qu'on ne la pêche qu'au vif. »

Fig. 244 et 245. — Le Serran écrivain et le Bar commun.

Usage. — La chair de la Perche est recherchée, car elle fournit un manger agréable. Les anciens tenaient la Perche pour exquise, témoins ces vers d'Ausone : « C'est de toi que je parle, ô Perche, toi la joie de la table, toi comparable aux Poissons de mer parmi tous les produits des rivières. Seule tu peux lutter avec le Rouget barbu de la mer. »

LES SANDRES — *LUCIOPERCA*

Sander.

Caractères. — Les Sandres ont les nageoires et l'armature operculaire de la Perche avec des dents pointues qui rappellent celles des Brochets ; c'est ce qui leur a fait donner par Conrad Gesner le nom composé de *Lucioperca*, Brochet-Perche ; « ce Poisson curieux, dit-il, ressemble par la tête à un Brochet et par le reste du corps à une Perche. »

Les deux nageoires dorsales sont séparées ; on voit deux épines en avant de l'anale ; le préopercule est dentelé.

Distribution géographique. — Les Brochets-Perches habitent les eaux douces de la zone tempérée nord. Une espèce se trouve dans la partie est du continent européen ; le Sandre bâtard (*Lucioperca volgensis*) se pêche dans les eaux douces de la partie est de la Russie ; on le trouve également dans une partie de la Russie d'Asie ; deux ou trois espèces fréquentent les fleuves de l'Amérique du Nord.

LE SANDRE COMMUN. — *LUCIOPERCA SANDRA*

Sander.

Caractères. — La forme générale de ce Poisson est plus allongée que celle de la Perche (fig. 243) ; la tête constitue environ le quart de la longueur totale du corps ; la gueule est modérément fendue ; les mâchoires sont garnies d'une bande très étroite de dents en velours, parmi lesquelles il y a un rang de dents coniques et pointues ; on voit quatre dents canines à la partie antérieure des mâchoires ; la langue est lisse ; le préopercule est arrondi, finement dentelé dans toute sa partie montante. Les deux dorsales sont séparées ; la première est composée de quatorze épines, la seconde d'une épine et de vingt-deux rayons mous ; on compte deux épines et onze rayons mous à l'anale. La caudale est un peu fourchue.

Le Sandre est loin d'égaler la Perche pour la richesse de sa coloration. Tout le dessus du corps est d'un gris verdâtre qui, sur les flancs et vers le ventre, prend insensiblement une teinte blanchâtre, argentée, uniforme, avec des reflets dorés ; on voit sur les flancs des taches nuageuses de couleur brunâtre, et chez les individus jeunes des bandes verticales brunes ; entre les rayons des dorsales sont des taches noires qui se détachent sur un fond grisâtre et forment, par leur ensemble, des bandes longitudinales. Les individus jeunes sont d'une teinte plus pâle que les adultes et souvent de couleur cendrée.

Ce Poisson atteint une longueur de 1 mètre à 1ᵐ,20, un poids de 10 à 15 kilogrammes.

Distribution géographique. — Le Sandre habite les fleuves et les grandes rivières de l'Europe centrale et nord-est. On le trouve dans l'Allemagne du nord, dans le bassin de l'Elbe, de l'Oder, du Weisel et dans les lacs voisins; dans l'Allemagne du sud, dans le bassin du Danube; il manque dans les bassins du Rhin et du Weser; il est inconnu à l'Italie, à la France, à l'Angleterre, de même qu'à toute la partie ouest de l'Europe.

Dans les fleuves de la Russie méridionale, notamment dans le Volga et le Dniester, le Sandre est représenté par une espèce qui n'est peut-être qu'une variété: c'est le *Berschick* des Russes (*Luciuperca volgensis*).

Mœurs, habitudes, régime. — Le Sandre aime les eaux courantes et profondes; il préfère les fonds de sable et ne vit bien que dans les eaux très pures; la vase, les moindres dissolutions gypseuses lui sont nuisibles. C'est un animal très vorace qui n'épargne même pas sa propre race. Lorsqu'il est abondamment nourri, il croît rapidement et, d'après Heckel, il atteint un poids d'une livre et demie la première année, de deux livres dans la seconde; c'est surtout dans les eaux des hauteurs qu'il croît aussi rapidement; sa croissance est plus lente dans les eaux des basses régions, dans le Danube, par exemple.

La ponte a lieu aux mois d'avril et de mai; les œufs, qui ont été estimés à plus de trois cent mille, sont déposés sur les pierres et les herbes aquatiques. Malgré la grande quantité des œufs, le Sandre ne se multiplie pas en proportion, les adultes faisant une chasse acharnée aux jeunes.

Usages. — D'après Cuvier et Valenciennes, « la chair de Sandre est très agréable au goût, grasse, et d'une blancheur remarquable lorsqu'elle est cuite; grillée, on la trouve souvent moins bonne que bouillie; elle prend le sel et devient alors plus ferme; on peut aussi la fumer, et l'on en exporte beaucoup de Silésie et de Prusse sous ces deux formes. Il y a même des personnes qui mangent cette chair crue, après l'avoir préparée avec de l'huile, du sel et du poivre.

« Le Sandre n'a pas la vie si dure que la Perche; quand il est renfermé il ne mange point, et on a même de la peine à le conserver longtemps dans des vases, de sorte qu'il est difficile à transporter vivant. C'est probable

ment ce qui a empêché que l'on essayât de multiplier chez nous un poisson qui donnerait à nos tables une ressource nouvelle et des plus agréables. La tentative mériterait bien d'en être faite; notre climat n'aurait rien qui s'y opposât, car il habite et plus au nord et plus au midi. » Les œufs fécondés se transportent, en effet, avec facilité; la peine qu'on se donnerait pour élever ce poisson dans les étangs, les petits lacs, les rivières où pullulent les espèces de peu de valeur, telles que les Gardons, les Vairons et autres Poissons blancs, cette peine serait amplement payée.

Suivant Pallas, le *Berschick* est si commun dans la mer Caspienne et dans la mer d'Azof que le bas peuple même prend le poisson en dégoût; Geosgii rapporte qu'on en extrait de l'huile qui, à Astrakan, est employée par les teinturiers en coton.

LES BARS — *LABRAX*

Wolfsbursche.

Caractères. — Les Bars ou Perches de mer ont la forme générale des Perches d'eau douce, le corps étant toutefois plus allongé; la tête est écailleuse; les ouïes sont largement fendues; l'opercule est armé de deux épines; le bord postérieur du préopercule est dentelé, tandis que l'on voit de fortes épines dirigées en avant le long du bord inférieur; il existe sept rayons branchiostèges; les fausses branchies sont très développées. Toutes les dents sont en velours; il en existe aux mâchoires, au palais et sur la langue. Les deux dorsales sont rapprochées, la première ayant neuf aiguillons.

Distribution géographique. — On connaît sept espèces de Bars; deux se trouvent sur les côtes de France, le Bar commun (*Labrax lupus*) et le Bar ponctué (*Labrax punctatus*); une troisième espèce, le Bar allongé (*Labrax elongatus*) habite la partie sud-est de la Méditerranée; on trouve une espèce au Japon, une en Polynésie; on connaît trois espèces sur les côtes est des États-Unis.

Mœurs, habitudes, régime. — Les Bars d'Europe habitent la mer; ils remontent parfois les rivières assez haut; les espèces américaines se trouvent aussi bien à l'embouchure des fleuves que dans les eaux à peu près douces. Ce sont des animaux extrêmement voraces, ce qui leur avait fait donner le nom de *Loups* (*lupus*) par les Romains.

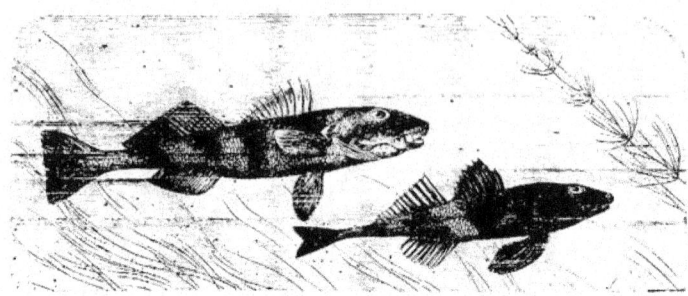

Fig. 246 et 247. — L'Apron vulgaire et l'Apron zingel.

LE BAR COMMUN. — *LABRAX LUPUS.*

Seebarsch.

Caractères. — Le Bar arrive parfois à la taille de 1 mètre. Sa coloration est un gris plombé sur le dos, un gris plus clair, argenté sur les flancs; le ventre est argenté; les individus jeunes ont souvent de petites taches noires le long du dos. Les nageoires dorsales, anale et caudale sont grisâtres. On voit une tache d'un brun foncé sur l'opercule.

Le corps est un peu plus comprimé, plus allongé que celui de la Perche. La bouche est grande, la mâchoire inférieure étant généralement un peu plus longue que l'autre. Les deux nageoires sont contiguës, ainsi que le montre l'animal représenté à la partie supérieure de la figure 245.

Distribution géographique. — Le Bar commun se trouve sur toutes les côtes de France; il fréquente assez abondamment les côtes d'Angleterre; on le pêche dans la Méditerranée.

Mœurs, habitudes, régime. — Le Bar est un des Poissons les mieux connus des anciens naturalistes de l'antiquité; Aristote le décrit sous le nom de *Labrax*, Pline sous celui de *Lupus.* « Selon Aristote, le Bar craint le froid, il pond deux fois par an, principalement à l'embouchure des rivières; l'animal se nourrit, non seulement de proie vivante, mais encore d'algues et d'immondices; il vit en troupes, a l'ouïe très fine et peut être cependant capturé lorsqu'il est endormi. »

D'après Cuvier et Valenciennes « on attribuait au Loup beaucoup de prudence et de soin de sa conservation; Aristote l'appelait le plus fin de tous les Poissons; selon Ovide, selon Pline, quand il est entouré de filets, il creuse le sable avec sa queue pour se frayer une issue; lorsqu'il est pris à l'hameçon il sait, en s'agitant, élargir sa plaie et se dégager; cependant on disait qu'un Crustacé petit et faible, la Crevette, lui donnait la mort en déchirant son palais avec la scie dont elle est armée, et même cette vengeance de la Crevette contre le Loup a fourni le sujet d'un bel épisode à Oppien. C'était une suite de la voracité de ce Poisson, qualité qu'il portait, disait-on, au plus haut degré, et d'où lui venait son nom de *Labrax*, aussi bien que celui de Loup. »

Le Bar fraie au commencement de l'automne et dépose ses œufs près du rivage; il est extrêmement vorace, se nourrit de poissons, de vers, de crustacés; il se tient dans les endroits rocheux.

Pêche. — Le Bar se prend à l'hameçon. Depuis quelques années sa pêche dans le Pas-de-Calais se fait à l'aide d'un appareil très ingénieux que nous allons faire connaître.

Cet appareil consiste en un tube creux en caoutchouc, un peu moins gros que le petit doigt, de 0^m,033 à 0^m,025 de long; ce tube est fendu sur une longueur de 0^m,015 à 0^m,016, de manière à former une languette; la partie non fendue cache un hameçon, fort et avec *avantage*, dont la pointe sort à l'endroit même où commence la fente du tube. Le hameçon est rattaché par un émerillon à une ligne en crin marin de 1^m,70 de long, ligne rattachée elle-même par un émerillon à une cordelette qui a le plus souvent de 15 à 18 mètres de long. La ligne est frappée sur une perche qui se trouve à l'arrière du bateau.

Lorsque l'on a filé la ligne, le bateau étant en marche, le courant imprime un mouvement de rotation rapide à la languette de caoutchouc, donnant au Bar la sensation d'un petit Poisson qui nage rapidement. Le Bar se précipite sur l'engin, s'enferre et alors se défend vigoureusement ; on fait jouer la ligne par un mouvement de va-et-vient, de manière à ce que le Poisson ne puisse s'échapper.

Cette pêche commence dans le Pas-de-Calais vers la première semaine de mai ; elle est dans son plein pendant les mois de juillet, août et septembre.

Usages. — Le Bar était connu des anciens, qui estimaient beaucoup sa chair ferme et fort délicate ; Athénée le met au premier rang des Poissons ; Archestrate l'appelle *enfant des dieux*. Les Romains ne tenaient pas le Bar en moindre estime que les Grecs ; ils prisaient tout particulièrement ceux que l'on prenait dans Rome même, entre les deux ponts.

LES APRONS — *ASPRO*

Spindelbarsche.

Caractères. — Les Aprons diffèrent des Perches par leur corps fusiforme, les deux nageoires dorsales écartées l'une de l'autre ; le préopercule est dentelé.

Distribution géographique. — On ne connaît que deux espèces d'Aprons : l'Apron vulgaire (fig. 246) et l'Apron zingel (fig. 247) ; ce dernier habite exclusivement le bassin du Danube.

L'APRON VULGAIRE. — *ASPRO VULGARIS.*

Streber.

Caractères. — Le nom d'Apron semble signifier quelque chose de rude, d'âpre et, comme nous l'apprend Rondelet, « les Lionnois appellent ce Poisson *Apron*, dont se doit nommer en latin *Asper*, de l'âpreté de ses écailles. » Celles-ci sont, en effet, très rudes, aussi bien les écailles de la ligne latérale (fig. 248) que les écailles des flancs (fig. 249).

Le corps de l'Apron est assez allongé ; presque rond dans son milieu (fig. 250). La tête est large, un peu aplatie, écailleuse ; le museau est lisse, obtus ; les joues sont lisses (fig. 251, 252). On compte 8 ou 9 épines à la première dorsale, 11 ou 12 rayons à la seconde de ses nageoires.

La couleur de la partie supérieure du corps est généralement d'une teinte jaune ou d'un brun jaunâtre, avec trois, quatre ou cinq bandes noirâtres qui descendent obliquement sur les côtés ; le nombre et la largeur de ces bandes peuvent varier. Le ventre est d'un gris

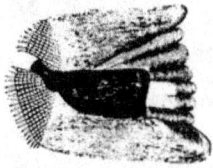

Fig. 248. — Écaille de la ligne latérale
(d'après Blanchard).

blanchâtre ; un jaune nuancé de gris colore les nageoires.

La taille dépasse rarement $0^m,15$; il pèse 60 à 100 kilogrammes.

Distribution géographique. — L'Apron, toujours rare, habite le bassin du Danube et celui du Rhône ; on le trouve, en France, dans tous les affluents de ce dernier fleuve.

Fig. 249. — Écaille des flancs prise vers le milieu
du corps.

Mœurs, habitudes, régime. — Les Aprons aiment les eaux pures, courantes ; ils se nourrissent d'insectes et de petits poissons ; la ponte a lieu en mars et en avril.

Blanchard rapporte que l'Apron vulgaire « se tient habituellement, paraît-il, au fond de l'eau et ne nage guère en pleine rivière que par les mauvais temps, lorsque soufflent les vents du nord et de l'ouest, alors que les autres Poissons se retirent dans les profondeurs. Cette circonstance a amené les pêcheurs de plusieurs localités à regarder l'Apron comme le Poisson maudit, et ils s'en sont vengés en l'appelant le *Sorcier*. Les pêcheurs de la partie de la Saône qui traverse le département de la Côte-d'Or, rapporte Vallot, ont acquis la cer-

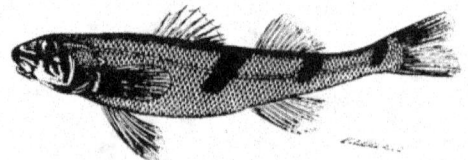

Fig. 250. — L'Apron commun.

titude que la pêche sera mauvaise s'ils ramènent un Apron dans leurs filets, et fort mécon

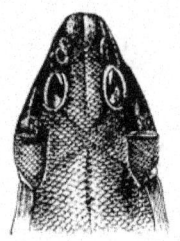

Fig. 251. — Tête d'Apron, de grandeur naturelle, vue en dessus (d'après E. Blanchard).

tents de leur capture, ils le rejetaient autrefois avec dépit; mais à présent, comme ils connais

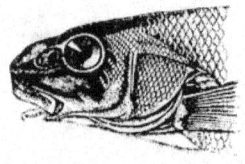

Fig. 252. — Tête et partie antérieure du corps de l'Apron, vues de profil (d'après E. Blanchard).

sent le bon goût de la chair de ce Poisson, très analogue à celui de la Perche, ils préfèrent le manger.

LES GREMILLES — *ACERINA*

Schrollen.

Caractères. — Par leur aspect général, les Gremilles se rapprochent beaucoup des Perches, dont elles se distinguent cependant par la réunion des deux nageoires dorsales en une seule. La tête est dépourvue d'écailles. Le

BREHM. — VI.

préopercule est dentelé le long de son bord postérieur; on trouve une pointe à l'opercule. Toutes les dents sont en velours, sans canines; on en trouve sur les mâchoires et sur le vomer (fig. 253).

Fig. 253. — Dents de la mâchoire supérieure de la Gremille, très grossies (d'après E. Blanchard).

Distribution géographique. — Les Gremilles, dont on ne connaît que trois espèces, sont de petits Poissons des eaux douces. La Gremille commune habite une grande partie de l'Europe et de la Sibérie ; la Gremille de Schrætzer est confinée au bassin du Danube et aux rivières qui se jettent dans la mer Noire ; la Gremille de Czekanowski est spéciale à la Sibérie.

LA GREMILLE COMMUNE. — *ACERINA CERNUA*.

Caractères. — La Gremille commune qui porte, en France, les noms de *Gremille*, de *Gremillet*, de *Grimon*, de *Chagrin*, de *Perche goujonnière*, de *Goujon-perchat*, est un petit Poisson ne dépassant guère $0^m,18$, au corps oblong, assez épais en avant, comprimé en arrière (fig. 254). La couleur du dos est jaune ou brunâtre tirant sur le vert; elle est d'un brun jaunâtre sur les flancs, d'un blanc d'argent sous le ventre, d'un blanc rosé sous la gorge. Au moment de la ponte, les côtés de la tête sont nuancés de couleurs chatoyantes, variant du rose au verdâtre, et du plus agréable aspect. Le corps, chez les vieux individus, est souvent parsemé de petites taches noirâtres. La

POISSONS. — 23

dorsale est gris jaunâtre avec quelques taches de couleur foncée; la caudale est grisâtre. L'œil est jaune, teinté de brun à son pourtour supérieur.

Les écailles sont assez grandes, ovalaires; les épines qui garnissent leur bord libre sont coniques et aiguës (fig. 255, 256).

Le nombre des épines de la première dorsale varie de 12 à 15; on compte de 11 à 14 rayons à la dorsale postérieure.

La tête de la Gremille est entièrement dépourvue d'écailles. On voit sur les joues des fossettes larges et profondes dans lesquelles se logent de volumineux renflements nerveux; chacun de ces renflements a l'apparence d'un bouton arrondi, couvert d'ue riche réseau sanguin (fig. 257).

Distribution géographique. — La Gremille se trouve dans la plupart des rivières du centre et du nord de l'Europe. Elle est commune en Angleterre, où on la désigne sous le nom de *Pope*. En France, elle se trouve dans les départements du nord-est; elle n'est pas rare dans le bassin de la Seine; d'après E. Moreau, l'espèce paraît manquer dans le bassin de la Loire et celui de la Gironde. La Gremille ne paraît pas exister dans l'Europe méridionale, dans la péninsule Ibérique, en Italie, en Grèce.

En France, la Gremille semble être d'introduction assez récente; il paraîtrait qu'elle se répand peu à peu vers le midi.

Mœurs, habitudes, régime. — Les habitudes de la Gremille sont fort semblables à celles de la Perche; elle ne se montre guère que pendant la belle saison, se retirant dans les profondeurs pendant les mauvais temps; elle préfère à tout les eaux vives et courantes, aimant les fonds de sable. Sa nourriture se compose d'insectes, de vers, de petits poissons; d'après Heckel et Kner, la Gremille se nourrit également d'herbes. Au moment du frai, on la trouve en troupes; les œufs, très nombreux, sont déposés sur des pierres; ils sont agglutinés en chapelet, comme ceux de la Perche; la ponte a lieu au milieu des roseaux.

Pêche, usage. — La Gremille se prend à la ligne au moyen de vers de vase bien vifs et bien rouges; elle mord plus rarement à l'asticot; il faut avoir soin que l'appât ne reste jamais en place.

On pêche aussi la Gremille à l'aide de filets, dans certains endroits, pendant l'été, dans d'autres durant la mauvaise saison. C'est ainsi que Klein rapporte que l'on prend dans le golfe de Frise, à Dantzig, sous la glace, beaucoup de Gremilles et de jeunes Saumons.

La particularité que présente la Gremille de se laisser attirer par un bruit retentissant a été mise à profit par les pêcheurs du golfe de Courlande. On dispose dans différentes directions un certain nombre de filets, puis, d'après Beerbohm, on fait le plus de bruit possible au moyen d'une longue perche qui descend jusqu'au fond de l'eau et sur laquelle sont attachés sur des montures des anneaux de fer. Les Gremilles arriveraient en si grande quantité que les filets en seraient absolument surchargés. En Poméranie et dans l'île de Rugen, la pêche au moyen des filets a été faite d'une manière si inconsidérée que la Gremille a presque totalement disparu.

La chair de la Gremille est estimée pour sa légèreté et son bon goût; malgré sa petitesse, c'est un des Poissons de rivière les plus dignes d'être recherchés.

La Gremille se recommande pour l'exploitation des étangs à fond propre; sa multiplication n'est pas trop considérable; sa frugalité, son innocuité, sa vitalité, la rendent tout à fait propre à la pisciculture.

LES SERRANS — *SERRANUS*

Caractères. — Les Serrans, qui forment un des groupes les plus riches en espèces de toute la famille des Percidées, se caractérisent par leur corps oblong, comprimé, recouvert de petites écailles. Les deux nageoires dorsales sont réunies; il existe trois épines à l'anale. On voit des écailles sur la tête et sur les joues, mais les mâchoires sont nues. Des dents en velours ou en cardes, avec des canines, arment les mâchoires, le vomer et les palatins; la langue est lisse.

Beaucoup d'espèces sont agréablement parées; les ornements consistent en bandes, en zébrures, souvent en taches. Les individus sont généralement de teinte plus sombre que les animaux d'âge moyen.

Distribution géographique. — On connaît plus de 160 espèces de Serrans; ces animaux sont plus particulièrement abondants dans les mers tropicales et très peu d'espèces s'avancent jusque dans la zone tempérée.

Mœurs, habitudes, régime. — Les Serrans sont essentiellement marins; très peu d'espèces entrent dans les eaux douces ou saumâtres; on en a trouvé cependant dans le Gange, aux

Fig. 254. — La Gremille.

confins du Népaul. La ponte a toujours lieu en mer. Le régime est essentiellement carnivore.

LE SERRAN ÉCRITURE. — *SERRANUS SCRIBA.*

Schriftbarsch.

Caractères. — Ce Poisson porte sur le museau et sur les joues des traits qui ont été com-

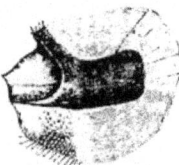

Fig. 255. — Écaille de la ligne latérale de la Gremille
(d'après E. Blanchard).

parés à des caractères d'écriture et lui ont fait donner le nom qu'il porte. Le museau et les

Fig. 256. — Écaille des flancs de la Gremille
(d'après E. Blanchard).

joues sont parcourus, en effet, par des lignes sinueuses entrecoupées, d'un bleu argenté et tirant sur le lilas, liserées de noir, se détachant sur le fond, qui est rougeâtre ou roussâtre; on voit souvent une bande brunâtre sur l'opercule et des taches rougeâtres sur les mâchoires.

Le corps est d'un jaune rougeâtre, les flancs

Fig. 257. — Tête et portion antérieure de la Gremille
(d'après E. Blanchard).

étant ornés de cinq ou six bandes noirâtres qui vont verticalement de la dorsale sur les flancs. La nageoire dorsale est d'un gris jaune ou d'un gris rosé, avec des taches rouges plus ou moins arrondies; l'anale d'un gris rosé, avec les rayons jaunâtres, est bordée de noir; les pectorales ont une tache brune à la base, le fond étant jaune nuancé de rosé; les ventrales sont brunes.

Le corps est oblong, la tête allongée, la bouche assez largement fendue; l'œil, qui est arrondi, est d'un rouge doré. On compte dix épines à la première dorsale, 14 ou 15 rayons à la seconde de ses nageoires (fig. 244, p. 189).

La longueur est d'environ 0ᵐ,20.

Distribution géographique. — Cette es-

pèce est assez commune dans la Méditerranée.

Mœurs, habitudes, régime. — Les côtes pierreuses, qui sont riches en petits poissons et en crevettes, constituent le séjour de prédilection du Serran écriture ; Cavoline assure qu'il fait surtout ses délices du Poulpe, qu'il se tient en embuscade à l'entrée du trou où ce Mollusque se cache, et que, pour peu qu'il en voie un sortir le bout d'un tentacule, il s'empresse de le saisir.

LE SERRAN CABRILLE. — *SERRANUS CABRILLA.*

Caractères. — Chez le Serran cabrille, le corps est plus allongé que chez le Serran écriture ou Serran écrivain ; il est aussi couvert d'écailles plus petites ; le museau est sensiblement plus court, le chanfrein est un peu plus convexe que chez l'espèce que nous venons de décrire ; l'œil, qui est de couleur rougeâtre, est également plus grand.

E. Moreau note que « le système de coloration est très variable suivant le sexe, l'âge, la saison. La teinte générale est d'un gris jaunâtre ou d'un rouge assez clair, avec sept à neuf bandes verticales d'un rouge brunâtre et trois ou quatre longitudinales, soit jaunâtres, soit d'un brun vermillon ; ces bandes sont beaucoup plus marquées chez les mâles que chez les femelles ; le dessous de la gorge, chez les mâles, est d'un rose très vif. Chez les femelles, ordinairement la teinte est saumon ; les bandes longitudinales sont d'un jaune pâle. Le ventre est de couleur rosée. La tête montre une disposition de couleurs en quelque sorte caractéristique ; sur un fond rougeâtre se détachent trois bandes jaunâtres ou lilas, dirigées obliquement de bas en haut et d'arrière en avant ; elles partent du bord postérieur de l'appareil operculaire. Ces bandes sont moins nettes, peuvent même parfois manquer chez les femelles. Les différences dans le système de coloration ont fait admettre plusieurs espèces. »

Distribution géographique. — Ce Serran, qui habite tout le bassin de la Méditerranée, se trouve dans l'Océan et s'avance parfois même assez loin vers le nord ; il a été pris accidentellement à l'embouchure de la Somme.

LES CERNIERS — *POLYPRION*

Wrachfisch.

Caractères. — On désigne sous le nom de *Lenia*, à Nice, de *Cernier*, à Marseille, de *Méro* ou *Méron*, dans le golfe de Gascogne, un Poisson qui arrive souvent à la taille de 2 mètres et peut peser plus de 50 kilogrammes

Ce Poisson est le *Cernier brun* ou *Polyprion cernium* (fig. 258), animal très voisin des Serrans, dont il se distingue par l'absence des canines, la présence de dents sur la langue ; une forte crête traverse l'opercule.

Le Cernier a le corps ovale, comprimé, couvert de petites écailles très rudes. La tête est forte, écailleuse, toute hérissée d'aspérités, d'arêtes, d'épines surtout saillantes chez les individus jeunes. Le museau est court, la bouche grande, fendue obliquement ; la mâchoire supérieure, moins avancée que l'inférieure, est assez protractile. Les ouïes sont largement fendues ; le préopercule a son bord fortement crénelé. La nageoire dorsale est longue ; les épines sont robustes, dentelées sur leur bord antérieur, réunies par une membrane assez basse, de sorte qu'elles restent libres sur une assez grande partie de leur hauteur ; leur nombre est de onze ; on compte douze rayons à la dorsale postérieure. La caudale est coupée à peu près carrément, avec les angles légèrement arrondis. On voit trois fortes épines à la partie antérieure de l'anale. Les ventrales sont armées d'une épine longue et robuste, hérissée de dentelures plus ou moins prononcées.

Chez les individus jeunes, le corps est d'un brun violacé, avec des marbrures blanches et noirâtres ; on voit sous le ventre quelques bandes blanchâtres. Les individus adultes sont d'un gris brunâtre, tirant sur le jaunâtre.

Distribution géographique. — Le Cernier paraît avoir une très vaste distribution géographique ; on le trouve dans la Méditerranée, sur les côtes océaniques de la péninsule Ibérique et de France, dans les parages d'Angleterre, au Cap de Bonne-Espérance, à Madère ; on en a pris des individus au sud de l'embouchure de la Plata et dans l'océan Pacifique.

On peut, du reste, distinguer deux races, peut-être même deux espèces dans les Polyprion. Le Polyprion de Kner habiterait dans l'hémisphère austral, l'océan Pacifique et la mer des Indes (île Saint-Paul, Nouvelle-Zélande, Chili, île Juan Fernandez), tandis que le Polyprion cernier type vivrait dans la Méditerranée et l'Atlantique.

Mœurs, habitudes, régime. — Les anciens, qui s'étaient beaucoup occupés des Poissons comestibles, ne mentionnent pas le Cernier,

Fig. 258. — Le Cernier.

bien qu'il ne soit pas rare sur les côtes d'Italie et du sud de la France. C'est Duhamel du Monceau qui, à la fin du siècle dernier, en donna la description sous le nom de Mérou du Cap Breton.

Risso, qui fit connaître ensuite l'espèce, nous apprend que la chair du Cernier est blanche, tendre, de bon goût ; que cet animal se tient pendant toute l'année sur les fonds rocheux, à de grandes profondeurs ; qu'il se nourrit de coquillages, de Poissons, principalement de Sardines; qu'on le prend à la palangre, avec les Caranx et les Spares, et qu'il est souvent tourmenté par une grande quantité de Tentaculaires fines, longues et rougeâtres qui se tiennent dans ses intestins et lui donnent une voracité insatiable.

Le Cernier se trouve parfois sur les côtes d'Angleterre, où il est connu sous le nom de Bar des pierres, *Stone-bar*.

« Il s'approche, dit Couch, des côtes de Cornwall dans des circonstances particulières, lorsqu'il accompagne les débris d'un navire échoué dans des contrées méridionales et chassés par le courant. On le voit jouer avec vivacité, en compagnie de ses semblables, autour de ces débris ; il arrive parfois que l'un d'eux, dans ses poursuites, se jette sur une épave et s'y trouve à sec, jusqu'à ce qu'une vague le remette à flot. Comme en général les Cerniers accompagnent les épaves couvertes d'Anatifes, on peut penser qu'ils recherchent ces animaux ; cependant on ne trouve que de petits Poissons dans l'estomac des Cerniers qu'on examine, de telle sorte qu'il est aussi possible que le Cernier les poursuit alors qu'ils accompagnent le bois flotté où ils trouvent leur nourriture. »

En tout cas, le Cernier mérite le nom de *Wrachfisch* ou *Poisson des épaves* qu'on lui donne en allemand, car il accompagne souvent les débris flottés. C'est ainsi que l'équipage du navire *Providence* remarqua qu'un gros tronc d'acajou couvert d'Anatifes était entouré de Cerniers ; on en captura quatre ou cinq. Le capitaine Nicholls observa que le navire qu'il commandait et dont la coque était toute chargée d'Anatifes fut suivi pendant plus de deux semaines par des bandes de Polyprions, de telle sorte que l'équipage put se nourrir pendant quelque temps de ces animaux.

LES MULLIDÉES — *MULLIDÆ*

Seebarben.

Caractères. — Un des Poissons les plus en estime chez les Romains, le Mulle ou Rouget barbu, a servi de type pour l'établissement d'une famille voisine de celle des Percidées, la famille des Mullidées.

Chez ceux-ci le corps est ovale, couvert de

grandes écailles non dentelées au bord libre; la tête est assez forte, à profil supérieur arqué. Le museau est arrondi, la bouche petite; les dents sont faibles et peuvent manquer au palais; sous la mâchoire inférieure se trouvent deux barbillons attachés à l'os hyoïde; les ouïes sont largement fendues; il n'y a que quatre rayons branchiostèges.

Les deux dorsales sont assez éloignées l'une de l'autre et peuvent être reçues dans un sillon; l'anale est opposée à la dorsale postérieure; les ventrales sont thoraciques, composées d'un aiguillon et de cinq rayons mous. La couleur est très brillante, généralement d'un rouge de sang, d'un rouge feu, d'un rouge carmin glacé d'or, parfois avec des bandes d'un jaune citron du plus bel effet.

Distribution géographique. — On connaît environ quarante espèces pouvant être rapportées à la famille des Mullidées; elles sont surtout abondantes dans les mers tropicales, bien que trois espèces se trouvent dans la Méditerranée et puissent remonter jusque dans le Pas de Calais.

Mœurs, habitudes, régime. — Tous les Mulles sont marins; quelques espèces vivent cependant en eau saumâtre. Les Mulles se trouvent en petites troupes. Au milieu de l'été, ils visitent les côtes sablonneuses, là où la profondeur de l'eau n'est pas trop considérable, et viennent y frayer. Ils se procurent leur nourriture en creusant dans la vase; ils recherchent les petits Crustacés, des Mollusques de faible taille, des matières animales et végétales en putréfaction, ne dédaignant pas certaines algues. Ils se couchent souvent sur les fonds sableux dans une position horizontale, s'enfouissent parfois assez profondément et troublent l'eau au loin.

Les Mulles n'ont que peu ou presque pas de moyens de défense, aussi sont-ils attaqués par de nombreux Poissons carnassiers et voraces.

Pêche, usages. — Les Mulles se prennent à la senne, au tramail; ils sont difficiles à capturer, car ils sautent souvent au-dessus des filets.

Leur chair est très délicate, aussi sont-ils fort recherchés dans l'alimentation.

Chez les Romains, les Mulles étaient en haute estime, non seulement à cause de leur goût exquis, mais encore à cause de la magnificence de leur coloration. Les Grecs vantaient la saveur de ces Poissons, mais les Latins en parlent souvent et dans les termes les plus expressifs.

« Des autres Poissons qui ont quelque réputation, dit Pline, le meilleur et le plus connu est le Mulle. Sa grosseur est médiocre; rarement il pèse plus de deux livres. Il ne croît ni dans les rivières ni dans les réservoirs. On ne le trouve que dans l'Océan septentrional, et dans la partie qui est le plus à l'occident. Au surplus, il y en a de plusieurs espèces. Les uns vivent d'algues, d'autres d'huîtres; d'autres se nourrissent de limon, et d'autres enfin de la chair des autres Poissons. Ce qui les caractérise, c'est un double barbillon à la lèvre inférieure. Le moins estimé est celui qu'on nomme vaseux. Il est toujours accompagné d'un autre Poisson nommé Sargue, qui, tandis que le Mulle fouille la vase, dévore toute la nourriture qu'il en a fait sortir. On fait peu de cas de ceux qu'on pêche sur les côtes. Les plus recherchés ont la saveur des Poissons à coquilles. Fenestella pense que le nom de *Mullus* leur est venu de la couleur de la chaussure appelée *Mulleus*. Ils frayent trois fois l'an; du moins voit-on apparaître leurs petits à trois époques. Les coryphées de la table prétendent qu'un Mulle expirant se nuance en mille manières différentes, et que si on le place dans un bocal, on voit le rouge éclatant de ses écailles pâlir et s'éteindre par une infinité de dégradations successives. M. Apicius, homme admirablement ingénieux pour tous les raffinements du luxe, a pensé que la meilleure manière d'apprêter le Mulle était de le faire mourir dans la saumure, qu'on appelle garum des alliés (*garum sociorum*); car cela même a obtenu un surnom. Il proposa un prix à celui qui inventerait une saumure nouvelle avec le foie de ce Poisson. Il est plus facile de rappeler cette proposition que le nom de celui qui mérita le prix.

« Asinius Celer, consulaire, a donné sous Caligula un exemple de prodigalité, en payant un Mulle huit mille sexterces. Cela donne à penser à ceux qui, dans leurs déclamations contre le luxe, se plaignaient de ce qu'on achetait les cuisiniers plus cher que les chevaux. Aujourd'hui un cuisinier coûte autant qu'un triomphe, un Poisson autant qu'un cuisinier; et déjà nul mortel ne paraît d'un plus haut prix que l'esclave qui connaît le mieux l'art de ruiner son maître (1). »

L'engouement avait fait que le Mulle, le *Mullus*, était au nombre des Poissons les plus chers et les plus recherchés : « Voulez-vous

(1) Trad. Ajasson de Gransagne; livre IX, chap. xxx

acheter un Poisson, dit Juvénal, n'allez pas désirer un Surmulet, lorsque vous n'avez dans votre bourse que de quoi vous payer un Goujon. » « Une ville, disait Caton le Censeur, où un Poisson coûte plus cher qu'un bœuf ne saurait subsister longtemps. »

La valeur à laquelle on cotait le Mulle augmentait avec son poids; deux livres étaient, selon Pline, le plus élevé qu'ils atteignaient communément et même alors ils passaient pour une sorte de magnificence, bien que la livre romaine fût de près de un tiers moindre que la nôtre. Martial cite, en effet, l'achat d'un Mulle de ce poids parmi les sacrifices que sa maîtresse exigeait de lui; en parlant d'une table somptueusement servie, il s'écrie : « Je ne veux pas que tu serves pour moi un Mulle de deux livres. »

Un Mulle de trois livres passait pour un objet d'admiration : « Tu t'émerveilles adroitement devant un Mulle de trois livres ! » s'écrie Horace. Quant à un Mulle pesant quatre livres, c'était un mets ruineux, ainsi que nous l'apprend Martial : « Tu as vendu hier un esclave 1,300 écus, afin de bien souper une fois dans ta vie, Calliodore, et cependant tu as mal soupé. Un Mulle de quatre livres, que tu as acheté, a été la pièce capitale, la gloire de ton festin. Il me prend envie de m'écrier : Misérable, ce n'est pas un Poisson, Calliodore, c'est un homme; oui, c'est un homme que tu dévores. »

Mais au delà de ce poids, le prix du Mulle atteignait un prix vraiment extravagant. Juvénal en cite un qui fut vendu 6000 sexterces, soit environ 1168 francs de notre monnaie ! « Mais ce qui flétrirait les gens de bien, s'écrie-t-il, les Titius, les Seius, honore Crispinus; que faire lorsqu'il n'est point de crime qui soit audessous de la turpitude de l'homme? Il a compté 6000 sexterces pour un Surmulet; il est vrai de dire que ce Poisson pesait six livres, s'il faut en croire ceux qui se plaisent à grossir le merveilleux. Qu'il eût voulu par ce beau présent acheter la succession d'un vieillard sans enfants, ou la bienveillance de cette riche matrone que l'on promène en litière fermée, j'approuverais sa politique; mais rien de tel : il achète le Poisson pour lui seul. Nous voyons maintenant des excès inconnus à l'économe, au frugal Apicius. 6000 sexterces pour un Surmulet ! Et c'est toi, Crispinus, qui le payes, toi que l'on vit autrefois revêtu de grosse toile d'Égypte ! Le pêcheur t'eût moins

coûté, peut-être; la province offre des terres au même prix et la Pouille t'en donnerait à meilleur compte (1). »

C'est sous Tibère que les Mulles atteignirent le plus haut prix; les gourmands de Rome se disputaient à poids d'or le bonheur insigne d'avoir sur leur table un de ces Poissons de grande taille. Sénèque raconte à ce propos la plaisante histoire suivante :

« L'empereur Tibère reçut en présent un Surmulet d'une grosseur énorme. Pourquoi n'en dirais-je pas le poids, ne fût-ce que pour faire venir l'appétit à quelques gourmands? Ce Poisson pesait, dit-on, quatre livres et demie. L'empereur ordonna qu'on allât le vendre au marché. « Mes amis, je me trompe fort si ce Surmulet n'est acheté par Apicius ou par P. Octavius. » Il devina plus juste qu'il n'avait espéré. Apicius et Octavius enchérirent l'un sur l'autre. Octavius l'emporta, et parmi ses amis il obtint une gloire insigne pour avoir acheté 5000 sexterces un Poisson vendu par l'empereur et qu'Apicius lui-même n'avait pas acheté (2). »

D'après Suétone, Tibère se plaignait amèrement de ce que le prix des vases de Corinthe s'élevait chaque jour davantage et de ce que trois Mulles avaient été vendus 30 000 sexterces, soit 5,900 francs environ de notre monnaie ! Ces prodigalités engagèrent l'empereur à rendre des lois somptuaires et à faire taxer les vivres apportés au marché.

Les Mulles venaient de la mer et on les gardait dans des étangs assez longtemps pour qu'ils fussent, en quelque sorte, apprivoisés. « O délicieux rivage de la douce Formies, s'écrie Martial. La ligne ne va pas chercher bien loin sa proie, vous la lancez de la chambre, du lit même, et le poisson vous la rapporte du fond de l'eau, où vous l'apercevez.

« Si parfois Nérée souffre de la puissance d'Éole, sûre de son approvisionnement, la table rit de la tempête; dans les réservoirs où s'engraissent les Turbots et le Loup domestique, la délicate Murène cherche en nageant son maître; le nomenclateur appelle à lui le Mulet, qui le reconnaît et, à sa voix, paraissent aussi les vieux Surmulets. »

S'ils faisaient ainsi venir à grands frais des Poissons vivants, c'est que les Romains aimaient à contempler les brillantes couleurs dont sont

(1) Juvénal, *Epigrammes*, X, 31; trad. Verger Duboi et Mangeart.
(2) Sénèque, *Lettres*, 95; trad. de Rozoir.

parés les Mulles, et qu'il était de mode de les
observer avant de les faire cuire. C'est, en effet,
ce que nous apprend Sénèque.

« Sans doute, dit-il, vous allez accueillir par
des plaisanteries ce fait incroyable, que par
politesse vous vous bornez à traiter de fable.
Eh quoi! l'on va à la pêche sans filets, sans hameçons, et la pioche à la main! Bientôt on ira
chasser dans la mer. Mais pourquoi les Poissons ne passeraient-ils pas sur la terre, quand
nous passons nous-mêmes en mer? Nous ne
ferons que changer de séjour. Ce changement
vous étonne. Que de phénomènes plus étonnants
encore vous présente le luxe, quand il imite ou
surpasse la nature! Les Poissons nagent dans
nos salles; on les prend sous la table même,
pour les faire paraître dessus un moment après;
un Mulet ne paraît pas frais s'il ne meurt dans
la main d'un convive. On les expose à la vue
dans des bocaux de verre; on observe les nuances variées par lesquelles une agonie lente et
douloureuse les fait passer successivement;
d'autres fois on les fait périr dans la saumure,
et on les confit tout vivants. Et vous traitez de
fable l'existence des Poissons souterrains, qui
sont exhumés plutôt que pêchés! Ne devrait-il
pas paraître plus incroyable encore que des
Poissons nagent dans la sauce, qu'on les tue
sur la table même, après avoir longtemps joui
de leur agonie, et avoir rassasié sa vue avant
son goût?

« Rien de plus beau, dit-on, qu'un Mulet expirant. Dans son agonie, il se colore d'un rouge
vif, auquel succèdent des nuances plus pâles;
mais quelle admirable dégradation de couleurs
dans ce passage de la vie à la mort! Que de
temps perdu pour le luxe! Comme il a été lent
à reconnaître sa faute, et à sentir la privation
d'une si douce jouissance! Jusque-là un spectacle si beau, si magnifique, n'avait été connu
que des seuls pêcheurs. A quoi bon le meilleur
Poisson, s'il est cuit, s'il ne vit plus? Je veux
qu'il meure dans l'assaisonnement même. On
s'émerveillait jadis en voyant des gourmets
dédaigneux rejeter le Poisson qui n'avait pas
été pris le jour même, qui, suivant leur expression, n'avait pas encore le goût de la mer : aussi
la diligence était extrême; on se hâtait de faire
place aux porteurs de marée hors d'haleine,
et épuisés par leurs cris. Que de progrès a fait
le luxe! Aujourd'hui, le Poisson est déjà rance,
fût-il pêché le jour même. Mais il a été pris
dans le moment! Je ne veux pas m'en fier sur
vous à une affaire aussi importante; je ne veux

m'en rapporter qu'à moi; qu'on l'apporte sur
ma table, qu'il meure sous mes yeux. Ainsi
le palais de nos gourmands est devenu si délicat, qu'ils ne peuvent goûter d'un Poisson, s'ils
ne l'ont vu nager et palpiter au milieu du festin.
Quelle fécondité de ressources pour ranimer
des estomacs blasés! Que d'habileté, que de
finesse dans ce luxe extravagant, qui s'évertue
à inventer chaque jour des modes nouvelles,
pour suppléer à celles qu'il dédaigne! On disait
naguère : Rien de meilleur qu'un Mulet de
rochers; on dit aujourd'hui : Rien de plus beau
qu'un Mulet expirant. Passez-moi ce bocal de
verre; qu'il s'y agite, qu'il y tressaille. Quand
on a longtemps loué la victime, on le tire de
ce vivier de cristal; alors le plus habile indique
les phases de l'agonie. Voyez ce rouge de feu,
plus vif que le plus beau carmin; voyez ces veines latérales; on dirait maintenant que son
ventre est de sang; avez-vous remarqué ce reflet brillant et azuré à l'instant même où le
Poisson est expiré? Mais déjà il reste étendu,
immobile; il est tout pâle, et une seule couleur revêt son corps inanimé. Nul de ces convives n'assiste au chevet d'un ami mourant;
nul n'a le courage de voir l'agonie désirée de
son père; nul ne daigne suivre jusqu'au bûcher
le convoi d'un parent; la dernière heure d'un
frère, d'un proche est solitaire; mais l'on court,
l'on s'empresse autour d'un Mulet expirant,
car aucun spectacle n'offre tant d'attraits! Je
ne puis m'empêcher d'employer ici des termes
énergiques, et trop hasardés peut-être; la gourmandise n'a pas assez des dents, du ventre et
de la bouche : les yeux mêmes dévorent (1). »

Le foie de Mulle passait chez les gourmets
pour en être la plus délicate; on le
broyait avec du vin et du garum pour en faire
une sauce dans laquelle on faisait cuire le
Mulle; la tête était également très estimée.

« Galien, écrit Rondelet, dit qu'il ne peut entendre pourquoy plusieurs acheptent les plus
grands Surmulets, veu qu'ils ne sont point de
chair si délicate que les moindres, ne si aisée
à digerer, parce qu'elle est dure. Pour ce,
aiant demandé à quelqu'un pourquoy il auoit
acheté si cherement de grandz Surmuletz, il lui
respond, qui les auoit achetés premièrement
pour le foïe, secondement pour la teste. Ils ne
mangeoient pas le foïe tout seul, mais ils acous-
troient du sel, de l'huile auec un peu de vin,
é auec cela brisaient le foïe iusques à ce qui

(1) Sénèque, *Quest. nat.*, trad. Lagrange.

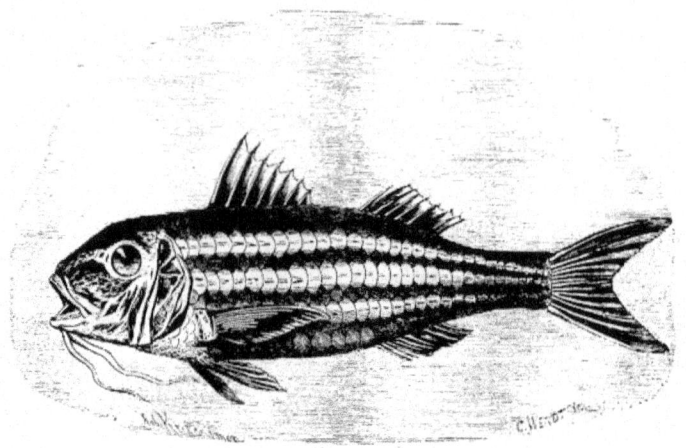

Fig. 259. — Le Surmulet.

fut tout ensemble. Or, a dit Galien, tout cela ne me semble estre si friand ne tant proufitable au corps, qui le faille tant estimer, come ne la teste aussi, ia çoit que les friands la louent é l'estiment après le foie. Pline et Dioscoride escrivent, que la vue se débilite fort pour manger continuellement de ce poisson; dauantage Pline dit qu'il nuit aux nerfs. »

Rondelet nous apprend également qu' « Hegesandre escrit que aux sacrifices de Diane on portait ce poisson, parce qu'il chasse et deuore le Lieure marin, au grandissime proufit de l'home, parce à la déesse de la chasse, le poisson chasseur est dédié. C'est chose merveilleuse qu' escrit Alexandre Aphrodisien, que la Torpile ha cette vertu d'induire par la ligne de laquelle on le veut pescher, un endormissement à la main du pescheur, auquel résiste le Surmulet manié, par uertu contraire. Dioscoride escrit ce poisson guérir la picqueure du Dragon é Scorpion marins, si feudu tout creu, on le met sur le mal. »

La passion des Romains pour les Mulles ne dura qu'un temps, et bientôt ces Poissons ne furent plus vendus aux prix excessifs dont parlent les écrivains des premiers temps de l'empire.

Aujourd'hui encore les Mulles sont placés au rang des meilleurs poissons; leur chair, en effet, est blanche, ferme, agréable au goût et de facile digestion.

BREHM. — VI.

LE SURMULET. — MULLUS SURMULETUS.

Streisenbarbe

Caractères. — Le *Surmulet*, *Rouget*, *Rouget barbu*, *Barberin*, *Rousset*, atteint ordinairement la longueur d'un pied; le corps est arrondi vers le dos, comprimé vers le ventre, recouvert de larges écailles; le profil de la tête est arrondi, avancé; les yeux sont grands, à fleur de tête, d'un jaune rougeâtre. On compte huit épines, la première très courte, à la dorsale antérieure (fig. 259).

Le corps est rouge sur le dos, rosé sur les côtés, d'un blanc rose sur le ventre; le long des flancs se voient trois ou quatre larges bandes longitudinales de couleur jaunâtre. La première dorsale est lilas à sa base, blanchâtre à sa partie supérieure; elle est ornée d'une large tache d'un jaune rougeâtre et d'une tache noire à l'extrémité. La seconde dorsale, qui a neuf rayons, est colorée en jaune rougeâtre teinté de brun. Les pectorales sont d'un jaune rosé, les ventrales d'un rose tendre.

Distribution géographique. — Le Surmulet habite la Méditerranée, et se trouve sur toutes les côtes de France, bien que plus rare vers le nord; on le rencontre parfois en quantité sur les côtes de la Grande-Bretagne.

Mœurs, habitudes, régime. — Dans la Méditerranée cette espèce se pêche sur les fonds argileux ou vaseux. D'après Yarrell, le Surmulet se trouve sur les côtes d'Angleterre, aux profondeurs les plus variables. Beaucoup sont pris dans les filets à maquereaux, près de la surface. En Cornwal, le Surmulet, d'après Couch, s'approche en nombre des côtes, mais pendant l'hiver il s'enfonce à de grandes profondeurs, et on ne le prend plus que d'une manière accidentelle.

Le Surmulet fraye au printemps; à la fin d'octobre, on trouve des petits ayant environ 0m,12 de long.

La nourriture se compose de Mollusques, de petits Crustacés; l'animal doit fouiller dans la vase, et ces barbillons lui servent alors d'organes de tact. « Le Rouget, écrit Oppien, mange volontiers tout ce qui pourrit et infecte dans la mer, notamment les cadavres; aussi le prend-on avec des appâts en putréfaction et le compare-t-on avec raison au cochon qui, comme lui, vit de choses immondes, et cependant donne une chair exquise. »

Pêche, usage. — Nous avons dit que le plus souvent on s'empare du Surmulet à l'aide de filets. Il arrive parfois que sur les côtes d'Angleterre on fasse ainsi des pêches merveilleuses. C'est ainsi que le 8 avril 1819, dans la baie de Weymouth, on en prit 5000 dans une seule nuit, et qu'en mai 1851, on envoyait de Yarmouth 10000 de ces Poissons au marché de Londres, et cela dans une semaine.

En Italie on prend le Surmulet, pendant toute l'année, à l'aide de filets, de nasses et de hameçons, amorcés avec des fragments de Crustacés.

On dit que dans certaines régions, comme les Rougets barbus se corrompent très rapidement, on a l'habitude de les faire cuire de suite à l'eau de mer, puis de les saupoudrer de farine; c'est dans cet état qu'ils sont livrés à la consommation.

LE MULLE ROUGET. — *MULLUS BARBATUS.*

Gistere.

Caractères. — Le vrai Rouget ou Rouget barbu se distingue facilement du Surmulet par la forme de la tête, dont le profil tombe bien plus verticalement, de telle sorte que la physionomie est fort différente; le corps est, en outre, moins oblong et les écailles paraissent être plus petites; la première dorsale est un peu plus avancée.

L'œil est argenté. Le corps ne porte pas de lignes jaunes; il est rouge plus ou moins foncé sur le dos, rose d'argent sur les flancs et sur le ventre. La première dorsale est colorée en blanc rosé, sans taches noires.

Distribution géographique. — Cette espèce est commune dans la Méditerranée et s'avance jusque dans la mer Noire et sur les côtes de la Tauride; elle est rare dans le golfe de Gascogne, très rare et accidentelle sur les côtes de Bretagne.

LES SQUAMMIPENNES — *SQUAMMIPENNES*

Die Schuppenflosser.

Caractères. — Les Poissons dont nous allons parler sont peut-être les plus beaux de tous (Pl. VII). Leur parure rivalise en beauté avec celle des Oiseaux les plus éclatants, avec celle des Papillons aux couleurs les plus variées; ils sont l'ornement de la mer, comme les Colibris et les Paradisiers sont l'ornement des forêts vierges; leurs couleurs sont peut-être encore plus pures, plus éclatantes, et dans leur agencement règne une admirable harmonie. Des taches, des bandes, des zébrures, des raies, des anneaux, de couleur bleue, azurée, verte, purpurine, noir velouté, se détachent avec éclat sur un fond tout resplendissant d'or et d'argent; le bleu de ciel, le vert des flots se reflè-

tent sur leurs brillantes écailles; des plus délicates nuances de l'arc-en-ciel resplendit leur corps, qui réfléchit la splendeur des métaux les plus précieux, l'éclat des pierreries, la couleur délicate des plus belles fleurs, le tout relevé par des nuances plus foncées. Ces animaux sont de ceux que la nature semble avoir pris à plaisir d'habiller de la manière la plus brillante; elle n'a certes épargné ni l'or ni l'argent, ni la topaze ni le rubis, ni l'améthiste, ni le corail, ni toutes les pierres précieuses.

A la beauté, à l'éclat des couleurs, à la délicatesse, à l'infinie variété du dessin, s'ajoute encore une forme tout à fait particulière et qui nous est tout à fait étrangère, à nous habitants

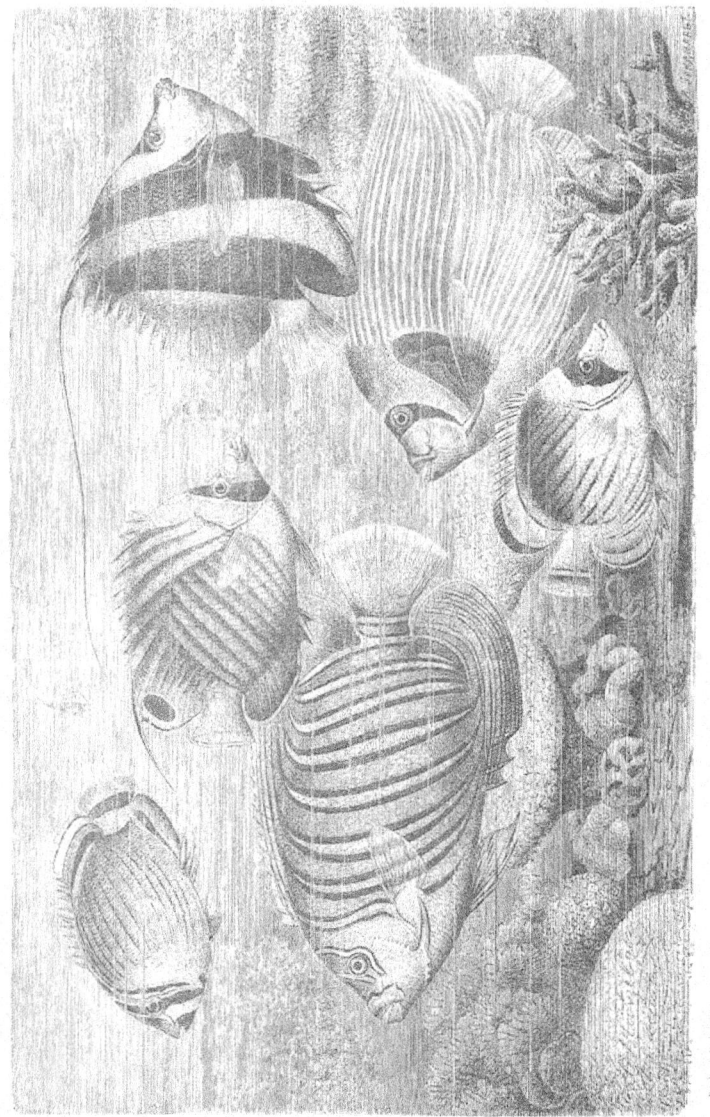

SQUAMMIPENNES. CHÆTODONS et POMACANTHES.

du Nord. Le corps est généralement très comprimé latéralement, élargi de haut en bas, revêtu de petites écailles, qui couvrent même la nageoire dorsale et l'anale. La tête, petite, est quelquefois prolongée en museau, comme on le voit chez le Chelmon. Les mâchoires sont garnies de petites dents souvent sétiformes et disposées en bandes ; il n'existe pas de canines ; tantôt on ne voit pas de dents au palais, tantôt le palais est denté ; parfois, comme chez les Platax, les dents de la rangée extérieure sont tranchantes, divisées en trois lobes ou dentelures, les autres étant sétiformes. Le préopercule peut être entier ou armé d'une forte épine. Un ou plusieurs des aiguillons dorsaux sont parfois prolongés en filaments. La dorsale est double ou unique ; dans ce dernier cas elle est entièrement écailleuse, dans le second la dorsale molle seulement est recouverte d'écailles. Les nageoires ventrales, placées sous la poitrine, sont composées d'une épine et de cinq rayons mous ; il existe parfois quatre épines à l'anale.

Distribution géographique. — Les Squammipennes habitent exclusivement les mers tropicales.

Mœurs, habitudes, régime. — Sauf quelques rares exceptions, les Squammipennes séjournent à peu de profondeur et dans le voisinage immédiat des côtes ; quelques-uns remontent les rivières, d'autres émigrent accidentellement vers la haute mer. Les espèces le plus brillamment colorées se trouvent presque toujours dans le voisinage des récifs de coraux ; c'est alors que sous les rayons d'un brillant soleil ils aiment à prendre leurs ébats ; on dirait vraiment qu'ils cherchent à se faire voir et à étaler tous les ornements qu'ils ont reçus de la nature ; ils sont sans cesse en mouvement, aussi tous les observateurs parlent-ils de leurs ébats dans les termes les plus enthousiastes.

Dans la mer Rouge, d'après Heuglin, on voit les Squammipennes jouer dans les profondes crevasses qui découpent les récifs de coraux et dans lesquelles l'eau est calme et transparente. Lorsque le navire est à l'ancre entre les récifs pendant les nuits obscures, on reconnaît la présence de ces Poissons à la lumière qui émane de la mer ; souvent on aperçoit à de grandes profondeurs des taches jetant une vague lueur, qui soudain se dispersent comme des étincelles jaillissantes, errent lentement çà et là, se rassemblent peu à peu de nouveau,

forment des groupes, puis se séparent et vont dans toutes les directions.

Les Squammipennes sont essentiellement carnassiers ; ils se nourrissent d'animaux de faible taille, tels que des petites Méduses, des Acalèphes, des Astéries ; ils broutent les animaux des coraux. Ils se jouent à travers les branches des coraux, rapporte Heuglin, de la même manière que voltigent les chantres des forêts au milieu des arbres ; ils s'arrêtent par troupes pendant quelques instants devant un polypier épanoui ; puis soudain, se précipitant par bonds, déchirent ces fleurs animales ; tout à coup ils recommencent le même manège.

Plusieurs Squammipennes, tels sont les Scatophages, semblent rechercher plus particulièrement les matières en décomposition ; d'autres, tels que l'Archer et le Chelmon, se nourrissent d'insectes qu'ils chassent d'une manière fort curieuse.

Pêche, usage. — Bien que les Squammipennes soient rarement utilisés dans l'alimentation, on les pêche parfois. D'après Heuglin, cette pêche se fait au hameçon, car le Poisson mord après toute amorce ; la pêche n'est pas toujours facile, car, sitôt qu'ils sentent le hameçon, ils se cachent dans les fentes des rochers, se faufilent dans les trous et on a alors beaucoup de mal à les retirer.

Heuglin décrit la pêche des Squammipennes, pendant une sombre nuit, comme une chose fort attrayante. On voit à plusieurs brasses de profondeur, et grâce à la grande transparence de l'eau, les Poissons qui se pressent autour des appâts ; à la lueur étincelante de la ligne qui apparaît comme une mèche soufrée en ignition, on peut reconnaître que l'animal a mordu ; on le sent à peine, en effet, au choc qu'il produit.

Suivant Klunzinger, il est fort difficile de s'emparer de Squammipennes, car ils mordent très rarement au hameçon.

Quelques rares Squammipennes sont recherchés dans l'alimentation ; tel est le Tranchoir cornu. D'après Valenciennes, cette dernière espèce porte aussi les noms de *Trompette*, de *Porte-enseigne*; « sa figure extraordinaire et ses petites cornes l'ont rendu l'objet de la superstition de certaines peuplades, et Renard assure que les pêcheurs des Moluques, lorsqu'il leur arrive d'en prendre un, le rejettent à la mer après lui avoir fait des génuflexions et donné d'autres marques de respect. »

LES CHOETODONS — *CHOETODON*

Borstenzähnler.

Caractères. — Linné réunissait tous les Squammipennes sous le nom de Chétodons ; on réserve aujourd'hui cette dénomination à des Poissons au corps comprimé, de forme ovalaire, ayant la queue courte et la caudale tronquée, la tête petite, la bouche très petite, peu ou point saillante, des dents fines et en brosse aux deux mâchoires, point de dents à la voûte palatine, une nageoire dorsale entièrement écailleuse ; le préopercule n'est pas armé d'épines.

Les Chétodons, qui forment le genre le plus nombreux en espèces, de la famille, sont peut-être aussi ceux qui sont le plus brillamment colorés et c'est d'eux que Cuvier et Valenciennes ont pu justement écrire : « Les mers de la zone torride n'ont rien à envier aux terres dont elles arrosent les côtes pour la vivacité et l'agréable disposition des couleurs de leurs productions. Si les contrées chaudes de l'Afrique et de l'Amérique ont leurs Souï-Mayas, leurs Colibris, leurs Cotingas et leurs Tangaras, l'océan Indien et celui des Antilles possèdent des milliers de Poissons encore plus éclatants, dont les écailles reflètent les teintes des métaux et des pierres précieuses, relevées par des taches et des bandes plus sombres, et distribuées avec une symétrie et une variété également admirables. Les Chétodons surtout forment une famille presque innombrable, et que la nature semble s'être jouée à revêtir des ornements les plus propres à plaire à la vue ; le rose, le pourpre, l'azur, le noir velouté, sont répartis à la surface de leurs corps en raies, en écharpes, en anneaux, en taches ocellées, sur des fonds dorés et argentés, nuancés, comme le plus beau nacre, de toutes les couleurs de l'iris ; et l'œil de l'homme jouit d'autant plus de toutes ces beautés que ces Poissons, peu volumineux, habitués à se tenir près de la côte et entre les rochers où il y a peu d'eau, s'y agitent sans cesse à la lumière du soleil, comme pour lui faire éclairer d'un jour plus vif tous les ornements qu'ils ont reçus de la nature. »

LE CHÉTODON ÉTENDARD. — *CHOETODON SETIGER.*

Fahnenfisch.

Caractères. — Les pêcheurs arabes de la mer Rouge désignent sous le nom d'*Étendard* un Chétodon dont la partie antérieure de la dorsale molle se prolonge en un long filament.

Cette belle espèce, qui est représentée à la partie supérieure et au milieu de la planche VII, a le museau saillant et pointu, le profil concave jusqu'au-dessus des yeux, la dorsale et l'anale arrondies ; sa longueur est d'environ 7 pouces ; on compte 13 épines à la dorsale, 24 rayons mous à la dorsale postérieure, l'anale est précédée de 3 épines.

Les couleurs sont fort belles ; sur le fond, d'un blanc terne passant parfois au grisâtre, s'étendent dans diverses directions des bandes sombres ; l'une d'elles se dirige verticalement de la gorge à la nuque et traverse l'œil ; elle est bordée de blanc ; quatre traits d'un jaune orangé vont d'un œil à l'autre au travers du front. Il existe à la partie antérieure du tronc 5 stries d'un gris foncé, montant obliquement en arrière ; 8 à 10 autres stries noirâtres, croisant presque à angle aigu ces dernières bandes, se dirigent en sens inverse. La partie postérieure de la nageoire dorsale porte une tache noire entourée de blanc ; elle est d'un jaune citron, ornée d'un mince liséré noir. La nageoire caudale, colorée en jaune, porte une bande d'un jaune pâle, puis un mince filet blanc ; son extrémité est gris rougeâtre. Une bande blanche, bordée de noir, se voit au bord de l'anale dont le fond est orangé. Les nageoires pectorales et ventrales sont d'un gris rougeâtre et transparentes.

Distribution géographique. — Cette belle espèce habite toutes les parties chaudes de la mer des Indes et de l'océan Pacifique.

LE CHÉTODON RUBANNÉ. — *CHOETODON FASCIATUS.*

Korallenfisch.

Caractères. — Cette espèce, désignée sous le nom de *Tabak-el-Kus* par les Arabes de Djedda, atteint une longueur d'environ 0m,15.

Le museau est saillant, mais assez gros, ce qui fait que son profil est oblique. On compte 12 épines à la dorsale antérieure, 24 rayons à la dorsale postérieure (cette espèce est figurée à la partie inférieure de la planche VII).

Le museau est jaune ; sur la couleur blanchâtre de la tête se détache une large bande qui monte directement du bord inférieur du préopercule vers le front, qu'elle traverse, pour aller d'un œil à l'autre. Sur le corps, de couleur jaune vif, se détachent une douzaine de bandes d'un noir brun, qui se dirigent obliquement vers le haut. Le devant du dos est jaune, le reste, jusqu'à la ligne latérale, noir. Une bande fauve suit la base de la dorsale, qui ensuite est noire, puis fauve jaunâtre, et a le bord fauve, terminé par une ligne brune. L'anale est colorée en fauve jaunâtre. La caudale, qui est jaunâtre, est traversée dans son milieu par deux bandes brunes; son extrémité est blanchâtre. Les ventrales sont jaunes, les pectorales grises.

Distribution géographique. — On trouve cette espèce depuis la mer Rouge jusque sur les côtes méridionales de la Chine.

LE CHÉTODON A BANDELETTES. — CHOETODON VITTATUS.

Klippfisch.

Caractères. — Ce qui distingue essentiellement cette espèce, qui est représentée à la partie supérieure et gauche de la planche VII, c'est la brièveté de son museau; il dépasse à peine, en effet, la courbe générale de l'ovale du corps; la dorsale et l'anale sont arrondies; on compte 13 épines et 21 rayons mous à la dorsale, 3 épines et 20 rayons à l'anale. L'espèce n'atteint au maximum que 0^m,12 de long.

Par sa brillante coloration, ce Chétodon semble avoir été connu fort anciennement, et Valenciennes croit qu'elle a été décrite par Ælien, comme le deuxième Citharœdeus de la mer Érythrée. « D'autres Citharèdes, dit Ælien, sont pourprés et ont des lignes dorées disposées par intervalles; leur tête est entourée de ceintures violettes; une au-devant de l'œil, jusqu'aux branchies; une à l'œil même, jusqu'au milieu de la tête; la troisième entourant le cou, comme un collier. »

Le corps, de couleur jaune citron, est orné de lignes longitudinales noirâtres. Le tour de la bouche, la bande oculaire et une ligne qui lui est parallèle et qui descend dès les premières épines de la dorsale sur l'opercule, sont noirs. La bande qui traverse l'œil est lisérée de citron. Une bande noire lisérée de jaune commence en pointe sur la partie molle de la dorsale, suit sa base et se termine sur la queue; une bande semblable règne sur la base de l'anale; sur le milieu de la caudale se trouve une bande verticale noire. La dorsale molle est couleur orangée pâle; elle porte une large bande plus pâle, bordée d'un étroit liséré noir.

Distribution géographique. — Ce beau Poisson se trouve dans la mer Rouge et dans l'océan Pacifique jusqu'à Taïti.

LES CHELMONS — CHELMO

Spritzfische.

Caractères. — Les Chelmons, qui ressemblent beaucoup aux Chétodons, en ont été séparés à cause de la forme extraordinaire de leur museau, formé par l'intermaxillaire et la mâchoire inférieure prolongés; il en résulte que la bouche n'est qu'une petite fente horizontale placée à l'extrémité de cette espèce de cylindre; les dents, qui entourent le bord des mâchoires, sont très fines.

Les deux espèces les plus connues sont le Chelmon à bec médiocre (Chelmo rostratus) et le Chelmon à long bec (Chelmo longirostris).

Chez la première de ces espèces, le corps est verdâtre et irisé; les nageoires sont vertes, aux reflets d'azur; une tache noire, entourée d'un cercle blanc de perle, se voit sur la nageoire dorsale; 5 bandes verticales de couleur d'azur et bordées d'une ligne d'un blanc mat ornent le corps; l'une de ces bandes croise l'œil obliquement; une seconde coupe la nuque et se prolonge jusqu'aux ventrales, tandis que les deux bandes qui suivent zèbrent les flancs et que la bande postérieure coupe le pédicule de la caudale.

Chez le Chelmon à long bec le corps est de couleur jaune citron. Au lieu de la bande oculaire que nous avons notée chez l'autre espèce, on voit à la partie antérieure du corps une large tache de couleur noirâtre et de forme triangulaire, qui se prolonge en pointe sur le museau; cette tache est bordée d'un liséré blanc de nacre; le front est azuré, nuancé de glauque; l'œil est rouge vif; un étroit liséré noir orne le bord des nageoires, dont le fond est de couleur fauve; on remarque à la partie postérieure de l'anale, et près de son bord, une tache d'un noir profond cerclée d'une ligne d'un blanc de perle.

Distribution géographique. — Le genre Chelmon ne comprend que quatre espèces, qui se trouvent dans les mers tropicales.

Mœurs, habitudes, régime. — Les Chelmons sont des Poissons d'eau saumâtre et qui peuvent remonter assez loin en eau douce, en quête de leur nourriture.

Connus sous le nom de Bandoulières, les Chelmons, et surtout le Chelmon rostré, ont été décrits sous le nom de Poissons archers. Ces animaux se procureraient, en effet, leur nourriture d'une façon singulière, ce qui leur a fait donner le nom de *Jaculator*, par Schlosser, de *Poisson-pompe* ou de *Poisson-cracheur* (*Spuytvisch*), par les colons hollandais.

D'après certains voyageurs, on raconte que le Chelmon remonte les rivières de Java, à la recherche des insectes dont il se nourrit. Voit-il une mouche posée sur les plantes qui croissent dans les eaux peu profondes, il s'en approche en nageant, puis, à une assez grande distance, et avec une dextérité vraiment surprenante, il lance une goutte d'eau, à l'aide de son museau qui fait l'office d'une sarbacane; son adresse est telle qu'il manque rarement son but, qu'il frappe sûrement l'insecte visé, le fait tomber à l'eau, de manière qu'il peut le saisir.

C'est en 1762, que le Dr Schlosser présenta à la Société royale de Londres un Chelmon et décrivit l'étrange particularité que nous venons de rapporter; il n'avait point, du reste, été témoin du fait et le rapportait d'après le dire des indigènes de Java.

Lacépède rapporte également, d'après les dires des voyageurs, que le Chétodon à museau allongé « se tient, le plus souvent, auprès de l'embouchure des rivières, et particulièrement dans les endroits où l'eau n'est pas profonde. Il se nourrit d'insectes, et surtout de ceux que l'on peut trouver sur les plantes marines qui s'élèvent au-dessus de la surface de la mer. Il emploie, pour les saisir, une manœuvre remarquable qui dépend de la forme très allongée de son museau, et qu'au reste on retrouve, avec plus ou moins de différences, parmi les habitudes du Spare insidiateur, du Chétodon souffleur et de quelques autres Poissons dont le museau est très long, très étroit et presque cylindrique, comme celui de l'animal que nous décrivons. Lorsqu'il aperçoit un insecte dont il désire faire sa proie, et qu'il le voit trop haut au-dessus de la surface de la mer pour se jeter sur lui, il s'en approche le plus possible; il remplit ensuite sa bouche d'eau de mer, ferme ses ouvertures branchiales, comprime avec vitesse sa petite gueule, et, contraignant le fluide salé à s'échapper avec rapidité par le tube très étroit que forme son museau, il le lance quelquefois à deux pieds de distance avec tant de force, que l'insecte est étourdi et précipité dans la mer. Cette chasse est un petit spectacle assez amusant pour que les gens riches de la plupart des îles des Indes orientales se plaisent à nourrir dans de grands vases des Chétodons à museau allongé. »

Dans son *Histoire des Poissons*, publiée à la fin du siècle dernier, Bloch raconte d'après Hommel, inspecteur de l'hôpital à Batavia, que la *Bandoulière à bec* est très remarquable, à cause de la singulière manière dont elle recherche sa nourriture. « Voici, dit Bloch, comment ce Poisson attrape la mouche qu'il aperçoit sur les plantes marines qui émergent hors de l'eau. Il s'approche jusqu'à la distance de 4 ou 6 pieds, et de là, il seringue de l'eau sur l'insecte avec tant de force qu'il ne manque jamais de le précipiter dans l'eau pour en faire sa proie... M. Hommel a fait lui-même cette expérience. Il fit mettre quelques-uns de ces Poissons dans un large vaisseau rempli d'eau de mer. Après qu'ils furent accoutumés à cette prison, il perça une mouche avec une épingle, et l'attacha sur les côtés du vaisseau ; alors il eut le plaisir de voir que ces Poissons s'empressaient à l'envi de s'emparer de la mouche, et qu'ils lançaient sans cesse, et avec la plus grande vitesse, de petites gouttes d'eau, sans jamais manquer le but. »

Reinwardt rapporte le même fait ; il relate que c'est un amusement pour les Chinois de Java de conserver des Chelmons dans des vases en verre ou en porcelaine, au-dessus desquels ils placent un insecte sur un fil ou sur un bâton; le Poisson, pour faire tomber la mouche, lance de gouttelettes d'eau à plus de 1 pied de hauteur.

Nous devons à la vérité d'ajouter que, d'après Bleeker, qui a longtemps habité les Indes néerlandaises, cette singulière industrie de lancer des gouttes d'eau sur les insectes rampant sur les herbes du rivage dans le but de le faire tomber, n'a non seulement jamais été constatée par lui, mais encore qu'il n'en a jamais entendu parler pendant le long séjour qu'il a fait à Batavia. « Ce qui est certain, ajoute Bleeker, c'est que l'espèce, à Batavia, n'habite que les eaux des récifs des petites îles de la baie et ne s'approche pas des côtes marécageuses et sablonneuses de la capitale, ni de l'embouchure des fleuves. »

D'après Günther, tous les faits apportés par les auteurs du siècle dernier auraient été mal observés, et on aurait prêté aux Chelmons une particularité qui appartient incontestablement à un autre Poisson, faisant du reste partie de la même famille, au Toxote. En réalité, le long tube des Chelmons leur sert à saisir entre les fentes de rochers les petits animaux dont ils font leur nourriture et dont ils ne pourraient s'emparer d'une autre manière, à cause de l'exiguité de leur bouche.

LES HÉNIOCHES — *HENIOCHUS*

Beitschenfische.

Caractères. — Les Hénioches sont des Chétodons chez lesquels le quatrième aiguillon dorsal est prolongé en un long filament, qui ressemble à une sorte de fouet ; le museau, qui est court, porte des dents en brosse.

Distribution géographique. — Ce genre ne comprend que quatre espèces qui habitent les parties les plus chaudes de la mer des Indes et de l'océan Pacifique.

LE COCHER. — *HENIOCHUS MACROLEPIDOTUS*

Scitzler.

Caractères. — Ce Poisson, connu des colons hollandais sous le nom de *Porte-Enseigne*, *Porte-Pavillon*, est facile à reconnaître au long filament que forme la quatrième épine de la dorsale. Le corps est tranchant, très élevé ; le museau, bien que court, est assez pointu, le profil de front étant concave ; la nuque est presque verticale ; la bouche est fort petite, peu rétractile ; les dents sont très faibles. On compte 82 épines et 24 rayons aux nageoires dorsales, 3 épines et 18 rayons à l'anale.

L'espèce est représentée à la partie droite et supérieure de la planche VII.

La couleur dominante, jaune grisâtre, passe au blanc d'argent sur la poitrine et sur la gorge ; le dessus du museau et l'intervalle des yeux, quelquefois même tout le chanfrein, sont colorés en noir ; les joues sont de nuance claire. Deux larges bandes, d'un noir profond, traversent le corps et s'étendent jusque sur les nageoires ; la première part de la nuque et va jusqu'au ventre ; la seconde, qui lui est presque parallèle, se dirige de la dorsale à la partie postérieure de l'anale.

LES HOLACANTHES — *HOLA-CANTHUS*

Kaiserfische.

Caractères. — Les Holacanthes se distinguent facilement des autres Chétodontiens par la présence d'un grand aiguillon à l'angle du préopercule ; lorsqu'ils écartent leur appareil operculaire, ces Poissons ont ainsi une arme puissante. De plus, le bord du préopercule est dentelé.

Distribution géographique. — La distribution de ces Poissons, tous brillamment colorés, est la même que celle des Chétodons ; ils habitent les mers les plus chaudes ; on en connaît environ 40 espèces.

L'HOLACANTHE DUC. — *HOLACANTHUS DIACANTHUS.*

Herzogsfisch.

Caractères. — Les colons hollandais ont désigné sous le nom de *Duc* et de *Duchesse* le beau Poisson qui est représenté à la partie gauche de la planche VII. Il atteint 0ᵐ,20 de longueur ; son corps est oblong, le museau peu saillant ; on compte 14 épines et 19 rayons à la dorsale, 3 épines et 19 rayons à l'anale

La coloration est des plus agréables. La tête, la gorge et la poitrine sont d'un gris tirant sur le violet. Sur un fond jaune citron, le tronc porte de huit à neuf bandes transversales de couleur bleue pâle, bordées de noir ; sur le haut de la tête se trouvent des raies de même couleur, lisérées de brun. Les nageoires pectorales et ventrales sont jaunes ; l'extrémité de la caudale est transparente. L'anale est bleue, ornée de bandes concentriques de couleur brun clair.

Distribution géographique — Cette espèce se trouve depuis les côtes orientales d'Afrique jusqu'en Polynésie ; elle a, on le voit, une large extension.

L'EMPEREUR. — *HOLACANTHUS IMPERATOR.*

Kaiserfisch.

Caractères. — Le plus célèbre de tous les Holacanthes, tant par la singularité de son vêtement que par la beauté de sa coloration, est celui que les Hollandais des Moluques ont appelé *Empereur-du-Japon*, et dont ils se sont plu à multiplier les représentations.

D'après Cuvier et Valenciennes, tout nous fait croire que ce Poisson « est le premier *Citharœdus* d'Ælien, que cet auteur décrit en ces termes : « Il naît dans la mer Érythrée un Poisson plat comme une Sole. Ses écailles ne sont pas très âpres. Sa couleur est un peu dorée, et il a de la tête à la queue des lignes noires, semblables à des cordes, ce qui le fait nommer *Citharède*. Sa bouche est serrée, noire, entourée d'un cercle jaune; le sommet de sa tête est varié de lignes noires et dorées; ses nageoires sont mélangées de jaune et de roux, et sa queue est noire, excepté le bout, qui est blanc. »

Les couleurs de l'Holacanthe Empereur sont des plus belles. Une bande noire bordée de bleu clair orne la tête, dont la couleur est jaune soufre; au-dessus de la nageoire thoracique se voit une large tache d'un noir profond, entourée de jaune, tache qui tranche agréablement sur le fond du corps, de couleur bleu violacé; sur le tronc se détachent vigoureusement des bandes longitudinales, au nombre d'une trentaine et dont la couleur est d'un beau jaune-orangé. Le ventre et la poitrine sont d'un brun vert; les nageoires sont bleuâtres, et leurs rayons sont colorés depuis l'orangé clair jusqu'au noir de velours; la nageoire anale, qui est brune, est ornée de lignes courbes de couleur bleu de ciel; l'extrémité de la caudale est d'un beau jaune vif; les ventrales sont d'un jaune brun.

L'espèce est figurée à la partie droite de la planche VII.

Distribution géographique. — Cette belle espèce habite la mer des Indes; elle est assez commune à Maurice, où les colons lui donnent le nom de *Guingans*, emprunté de fines étoffes de l'Inde, rayées comme ce Poisson.

LES ARCHERS — *TOXOTES*

Schutzensfische.

Caractères. — Les Squammipennes qu'il nous reste à décrire sont tout à fait différents des espèces typiques qui constituent la famille; aussi leur place dans la classification a-t-elle été longtemps incertaine.

Au lieu d'être plus ou moins ovalaire comme chez les Chétodons, le corps est allongé, la ligne du dos étant presque droite, tandis que la ligne du ventre est courbée, de telle sorte que le Poisson a une forme sensiblement triangulaire. La dorsale est courte, placée sur la partie postérieure du corps; elle se compose de cinq fortes épines et de rayons mous, ces derniers recouverts par des écailles; l'anale, également écailleuse, commence par trois épines. La tête, située presque sur le même plan que la ligne du dos, est pointue; les dents, qui sont faibles, garnissent les mâchoires, le vomer et les os palatins; l'œil est grand, la bouche largement fendue.

Nous ne retrouvons plus chez les Archers les brillantes couleurs qui ornent les Chétodons proprement dits et les Holacanthes; le corps est brun olivâtre ou jaunâtre; il porte de larges taches arrondies ou oblongues, ou des bandes verticales de couleur noire; l'œil est rose et brillant, le ventre d'un blanc d'argent.

Le plus connu des Archers est l'Archer sagittaire (*Toxotes jaculator*), qui est figuré à la planche VIII de ce recueil. C'est un animal au corps en ovale peu régulier, comprimé vers le ventre et vers la partie postérieure du corps, au dos arrondi, au-dessus de la tête aplati.

Distribution géographique. — Quatre espèces, habitant la Polynésie et l'Inde archipélagique, composent le groupe des Toxotes ou Archers; l'Archer sagittaire est connu depuis les Indes néerlandaises jusque dans les parages du nord de l'Australie.

Mœurs, habitudes, régime. — C'est à l'Archer qu'il faut rapporter l'observation mentionnée plus haut à propos du Chelmon, et d'après laquelle ce Poisson pourrait lancer des gouttes d'eau sur les insectes, dans le but de s'en emparer. Les Malais lui donnent, en effet, le nom de *Ikan sumppit* ou Poisson cracheur.

Cuvier et Valenciennes rapportent que, « bien que la bouche de ce Poisson diffère infiniment avec son organisation de celle du Chelmon, il sait lancer des gouttes d'eau à une grande hauteur, à 3 pieds et davantage, et atteindre presque sans les manquer les insectes ou autres petits animaux qui rampent sur les plantes aquatiques, ou même sur les herbes du rivage. Les habitants de plusieurs contrées des Indes, surtout les Chinois de Java, l'élèvent dans leurs maisons pour s'amuser de ses manœuvres, et lui offrent des fourmis et des mouches sur des bâtons à portée. Nous en avons reçu de Batavia un individu dont l'estomac était tout rempli de fourmis. »

Plusieurs voyageurs affirment que les habitants de Java s'amusent à tenir des Archers en captivité pour être témoins de la singulière manière dont chassent ces Poissons. Les Toxotes sont renfermés dans des bassins au-dessus desquels un petit bâton s'élève d'environ 0m,40 au-dessus de l'eau; on introduit dans le bâton des bouchons en bois sur lesquels on place des insectes que l'on destine aux Pois-

L'ARCHER *TOXOTES JACULATOR.*

Fig. 260 et 261. — Le Sargue annelé (p. 211) et la Daurade (p. 213).

sons. A peine ceux-ci ont-ils vu leur proie qu'ils montent à la surface de l'eau, restent immobiles pendant quelque temps, fixent attentivement l'insecte, puis, avec une sûreté merveilleuse, projettent quelques gouttes d'eau qui font presque toujours tomber l'animal visé; s'ils le manquent, ils nagent pendant quelques instants, puis recommencent la même manœuvre.

Plusieurs voyageurs auraient été témoins de ce fait.

LES SPAROIDES — *SPARIDÆ*

Die Brassen.

Caractères. — Les Spares ou Brèmes de mer ont le corps oblong, couvert d'écailles généralement dentelées. Le palais est presque toujours lisse. La dorsale est composée d'une partie épineuse et d'une portion molle, non recouverte d'écailles ; ces deux parties ont sensiblement le même développement ; il existe trois épines à l'anale ; les rayons inférieurs des pectorales sont généralement divisés ; les ventrales, qui sont thoraciques, sont composées d'une épine et de cinq rayons mous.

La dentition, assez variable chez les Sparoïdes, a permis de diviser la famille en un certain nombre de tribus.

Assez souvent les dents incisives sont tranchantes, disposées sur un seul rang; les molaires sont arrondies, implantées suivant plusieurs rangées chez les Sargues, suivant une seule rangée chez les Charax.

D'autres fois les incisives sont coniques et suivies de dents molaires; les incisives sont fortes chez les Daurades, les Pagres, les Dentés, faibles chez les Pagels, les Lethrins; ces derniers n'ont pas d'écailles sur la joue.

Les Canthères, les Bogues, les Scathares, les Oblades n'ont plus de molaires arrondies; il n'existe pas de dents au palais; les dents antérieures sont plus ou moins tranchantes, parfois aplaties et crénelées, souvent suivies, en arrière, de dents en velours.

Les Haplodactyles, qui n'habitent que la partie sud de l'océan Pacifique, se distinguent des autres Sparoïdes en ce que les rayons inférieurs des pectorales sont simples, non divisés; il existe des dents au palais.

Le groupe qui comprend les Piméleptères se compose d'espèces chez lesquelles les dents sont disposées suivant un bord tranchant, suivi d'une bande de dents en velours; comme chez les Squammipennes, les écailles impaires sont couvertes de petites écailles; on trouve des dents sur les mâchoires, sur la voûte palatine et sur la langue.

Distribution géographique. — Les Sparoïdes se trouvent dans toutes les mers chaudes et tempérées. On en connaît sur les côtes de France 23 espèces, réparties dans 7 genres; ces espèces sont plus particulièrement abondantes dans la Méditerranée.

Mœurs, habitudes, régime. — La dentition des Sparoïdes nous indique leur manière de vivre. Ceux qui comme les Sargues et les Daurades ont les dents incisives tranchantes et les dents postérieures arrondies, se nourrissent de coquilles, de Crustacés qu'ils broient très facilement, de polypiers qu'ils peuvent couper. Les espèces qui constituent le groupe des Canthariniens sont, les uns herbivores, les autres carnassiers; les Haplodactyles se nourrissent exclusivement de végétaux.

LES SARGUES — *SARGUS*

Geisbrassen.

Caractères. — Chez les Sargues les dents incisives, disposées sur une seule rangée, sont élargies, comprimées, tronquées à leur extrémité et semblables à des incisives humaines;

les dents molaires, arrondies, sont insérées suivant plusieurs rangées. Le corps est oblong, comprimé, couvert d'assez grandes écailles.

Distribution géographique. — On connaît une trentaine d'espèces rentrant dans ce genre; ces espèces se trouvent dans la Méditerranée, les parties de l'Atlantique voisines, sur la côte est des États-Unis, aux Antilles, dans l'Amérique du Sud, dans la mer Rouge. Il en existe quatre espèces sur les côtes de France.

Mœurs, habitudes, régime. — Les Sparoïdes qui vivent dans la Méditerranée étaient, pour la plupart, bien connus des anciens, mais leur histoire biologique a été enjolivée de curieuses fables.

« Ces Poissons, dit Oppien, habitent les rochers couverts de varech et sont paresseux; pendant l'époque du frai, ils se livrent de violents combats et se jettent alors violemment contre les récifs ou se laissent prendre dans les nasses des pêcheurs; les plongeurs les capturent alors à la main. Pour frayer, ils se retirent deux fois vers les côtes, au printemps et à l'automne. Ils se tiennent à de grandes profondeurs et suivent les Surmulets parce qu'ils mangent ce que ces derniers ont déterré en remuant la vase et ce qu'ils ont laissé. Ils entourent les Chèvres d'une affection toute particulière et accourent en troupe, lorsqu'ils les entendent chevroter ou le pâtre chanter; ils sautent alors en foule et joyeusement sur la plage; aussi les pâtres s'enveloppent-ils dans des peaux de chèvre et font-ils des cabrioles sur la plage pour s'emparer de Poissons ainsi dupés. »

Nous ne savons ce qui a pu donner lieu à une semblable fable, qui s'est propagée jusqu'à l'époque de la Renaissance; voici, en effet, ce qu'en 1558, écrit Rondelet en parlant du Sargue, ou *Sargo* : « Le Sargo fait des œufs deux fois l'an, selon Aristote, au printems é en automne... Il aime ses femelles, mais aussi les Chieures, comme escrivent Oppian et Ælian, de sorte que quand ils ont veu l'ombre d'une Chieure ou deux qui paissent au rivage, incontinent ils tressaillent de ioie, é i acourent, é veulent sauter pour i toucher, qui est le moien par lequel ils sont pris. Car le pescheur se couvrant d'une peau de chieure avec les cornes, é iettant de la farine trempée avec du brouet de chieure, incontinent accourent à ceste odeur, prenans aussi grand plaisir à la veüe de la chieure feinte, é l'hors s'en prennent beaucoup avec l'hameson, toutesfois ce Poisson est fin, car estant pris il brise sa ligne contre les pierres. »

Les anciens nous ont laissé de nombreux renseignements plus ou moins apocryphes sur l'histoire des Sparoïdes. Ælien et Oppien nous apprennent que le Sarge est polygame et que chaque année, au printemps, il se livre de violents combats pour la possession des femelles ; ce moyen serait même-employé pour s'emparer de ce Poisson. Une nasse, construite en branchages, lui offrirait un asile dans lequel il contraindrait les femelles à entrer et il viendrait le dernier se faire prendre avec elles.

Ælien, Athénée, Aristote, Pline, Oppien, nous apprennent aussi que le Sargue est un Poisson essentiellement littoral, qu'il se tient surtout dans les grottes sous-marines, là où la lumière peut pénétrer, qu'il aime les hauts-fonds, est fort rusé et peut user le fil de la ligne à laquelle il est pris.

Les Sargues font leur principale nourriture des coquilles, que leurs dents antérieures peuvent arracher et leurs molaires broyer. D'après Lesueur, l'espèce de la Nouvelle-Orléans porte le nom de *Casse-burgos*, parce qu'elle se nourrit de coquillages qu'elle brise sous ses molaires.

LE SARGUE ANNELÉ. — *SARGUS ANNULARIS.*

Ringelbrasse.

Caractères. — L'espèce représentée à la partie supérieure de la figure 260 porte le nom de *Sparaillon* ou de *petit Sargue ;* il n'arrive qu'à la taille de 0m,20.

Le corps est ovale, comprimé ; la tête a le profil supérieur régulier, continuant la courbure du dos ; la bouche est peu fendue.

Le haut du corps est d'un jaune doré ; les flancs sont d'un jaune clair glacé d'argent, le bord des écailles étant grisâtre ; une bande noirâtre entoure le tronçon de la queue, sans se porter sur les nageoires. Les nageoires dorsales et caudale sont grises, à reflets jaunâtres ; l'anale est orangée ; les pectorales sont grises, les ventrales d'un jaune orangé fort vif.

Distribution géographique. — Cette espèce, commune dans toute la Méditerranée, est fort rare dans le golfe de Gascogne.

LE SARGUE ORDINAIRE. — *SARGUS VULGARIS.*

Caractères. — Le Sargue ordinaire ou Sargue de Salviani a le corps ovale, comprimé,

le profil de la tête un peu oblique, le museau assez avancé, la bouche petite.

Les couleurs sont vives et brillantes. Le front est gris ; une tache dorée se voit au-dessus des yeux. Le corps est d'un gris argenté, avec des bandes verticales d'un gris doré, fort pâle, et des bandes longitudinales de teinte jaunâtre ; ces dernières bandes, au nombre de quatorze à seize, sont surtout marquées au-dessus de la ligne latérale. De la base de la dorsale descend une large bande noirâtre qui s'étend sur la partie postérieure de l'appareil operculaire. Sur le tronçon de la queue on remarque une bande noirâtre qui s'étend sur les rayons mous de la dorsale, et parfois sur ceux de l'anale. L'œil est de couleur argentée, doré en certains points. La dorsale épineuse est tachetée de noir ; la caudale est grisâtre ; les ventrales sont noires à leur face externe, grisâtres à leur face interne. Les mâchoires portent deux rangées de molaires.

La longueur peut atteindre 0m,25.

Distribution géographique. — On ne trouve ce Sargue que dans la Méditerranée.

LE SARGUE DE RONDELET. — *SARGUS RONDELETII.*

Caractères. — Fort semblable à l'espèce précédemment décrite pour la forme et les proportions du corps, le Sargue de Rondelet en diffère cependant pour la coloration.

D'après E. Moreau, l'œil est d'un blanc jaunâtre. « La dorsale est d'un gris jaunâtre, l'anale d'un brun foncé, la caudale d'un brun jaunâtre est bordée de noir ; les pectorales sont grises ou d'un gris rosé ; les ventrales sont noirâtres ; une tache noire se montre à la base des pectorales. Un gris brunâtre colore le dos et les flancs ; le ventre est argenté ; sur les côtés sont tracées vingt à vingt-cinq grandes lignes longitudinales brunâtres ; sept ou huit bandes verticales, d'un brun plus ou moins foncé, descendent de la région dorsale sur les flancs ; le tronçon de la queue porte une large bande noire formant une demi-ceinture fermée en dessus ; cette bande ne s'étend ni sur la partie inférieure du tronçon de la queue, ni sur les rayons mous de la dorsale. L'opercule est bordé de noir. »

La longueur atteint 0m,30.

Distribution géographique. — Le Sargue de Rondelet est commun dans la Méditerranée ; il se trouve dans l'Atlantique jusqu'à l'embouchure de la Gironde.

LES DAURADES — *CHRYSOPHRYS*

Goldbrassen.

Caractères. — Ainsi que le font remarquer Cuvier et Valenciennes, « les Daurades se distinguent des Sargues par leurs dents incisives qui, au lieu d'être tranchantes et au nombre de 4 ou de 6 à chaque mâchoire, et des Pagres par leurs molaires, qui sont au moins sur trois rangées, tandis que les Pagres ne le sont que sur deux. Ces molaires sont, pour la plupart, arrondies comme celles des Sargues et des Pagres; quelquefois seulement les antérieures prennent une forme conique. Le nombre plus considérable de ces molaires a nécessité une plus grande épaisseur des os des mâchoires, ce qui a rendu le museau des Daurades plus gros et plus épais que celui des Sargues et des autres Sparoïdes à dents rondes. »

Nous dirons en plus que le corps est oblong, comprimé, couvert d'écailles assez grandes, très finement dentelées. Les épines de la dorsale, au nombre de 11 ou de 12, peuvent se replier dans un sillon : il existe 3 épines à l'anale.

Distribution géographique. — Les 30 espèces qui rentrent dans ce genre habitent les mers tropicales et les parties chaudes de la zone tempérée; on en trouve deux espèces sur les côtes de France.

Mœurs, habitudes, régime. — Les Daurades étaient bien connues des anciens, qui estimaient fort leur chair. D'après Cuvier et Valenciennes, « selon Aristote, le *Chrysophrys* se tient près des côtes et dans les étangs salés; il fraye l'été et dépose ses œufs à l'embouchure des rivières. Les grandes chaleurs l'obligent à se cacher; le froid le fait aussi souffrir; il est carnassier et on le frappe du trident quand il dort.

« Selon Archippus, dans Athénée, il était consacré à Vénus, et Hicesius le regardait comme le meilleur des Poissons pour le goût.

« Ælien le donne comme le plus timide des Poissons. Des branches de peupliers implantées dans le sable pendant le reflux effrayaient tellement les Chrysophrys amenés par le flux, qu'au reflux suivant ils n'osaient plus remuer, et se laissaient prendre à la main. Oppien nomme le Mendole comme le meilleur appât pour attirer le Chrysophrys. »

La dentition des Daurades indique leur régime : elles n'ont pas, comme les Sargues, la facilité de couper les plantes marines ou les coraux avec leurs dents antérieures, mais leurs molaires, qui sont fortes et font l'office de meules, leur permettent de briser les coquillages les plus épais, et l'on trouve dans leur estomac des débris de Mollusques. Elles prennent ces coquilles avec leurs lèvres, les font passer sous leurs dents molaires, les brisent et en rejettent les débris, avalant le Mollusque. Les Daurades semblent préférer à tout les Moules qu'elles détachent des roches sur lesquelles ces animaux sont fixés; leur nourriture se compose également de Vers et d'autres animaux marins. Duhamel du Monceau rapporte que les Daurades agitent fortement le sable avec leur queue, afin d'y découvrir les Mollusques qui s'y enfouissent.

Cuvier et Valenciennes constatent qu'ils ont trouvé l'abdomen de la Daurade à museau renflé, rempli de débris de Crustacés, d'opercules de Turbos, de Trochus et d'autres coquillages à test fort dur.

Les espèces exotiques ont le même régime ; d'après Forskal, cependant, une Daurade de la mer Rouge, connue des Arabes sous le nom de *Berda* et de *Abu-basal*, habite les plages vaseuses, principalement autour des îles plantées de l'arbre *Schoûra*, dont elle mange les feuilles.

Un froid rigoureux est funeste aux Daurades, aussi, sur nos côtes de France, se retirent-elles dans les profondeurs aussitôt que l'hiver se fait sentir; lorsqu'elles sont surprises par les gelées, elles ne tardent pas à périr.

Pêche, usage. — La chair de la Daurade de la Méditerranée, un peu sèche, est cependant d'excellent goût, aussi a-t-elle été recherchée de tout temps. Les Poissons que l'on prend dans les lacs salés situés au voisinage de la côte passent pour être plus délicats que ceux que l'on pêche en pleine mer. « Toute Daurade ne mérite pas l'estime et le prix ; ce sont celles qui se nourrissent de coquillages du lac Lucrin qui sont les meilleures », chante Martial.

Columelle nous apprend que l'*Aurata* était au nombre des Poissons que les Romains élevaient dans leurs viviers, et même, dit-il, l'inventeur des viviers de Poissons de mer, Sergius *Aurata*, paraît avoir tiré de la Daurade le surnom qu'il portait et qu'il laissa à ses descendants. C'étaient principalement les Daurades du lac Lucrin que les Romains estimaient, et Sergius y avait introduit ce Poisson.

La Daurade entre dans les étangs salés de la

Méditerrannée où elle s'engraisse rapidement. On recherchait fort à Montpellier, du temps de Rondelet, les Daurades pêchées dans l'étang de Martigue. « Nous estimons fort celles de l'estang de Martigue, é de Lates, de l'estang près du cap de Sete », écrit-il en 1558 ; puis il ajoute : « Il faut choisir celles qui sont de la mer Méditerranée, ou des profonds estangs é nets. »

Les espèces exotiques ne sont pas moins recherchées que nos deux Daurades de France ; tous les voyageurs sont d'accord sur ce point.

« On acoustre le Daurade, dit Rondelet, en diverses sortes, bouillie en eau é vin, comme on fait en France est bonne, ou en eau é vinaigre ; très bonne bouillie en huile é peu d'eau, avec peu de safran, poevre, vinaigre, passerille ; ou rostie sur le gril, é arrousée d'huile é de verius. Si vous mettés dans le ventre un bouquet de fenouil ou une branche de romarin, elle sent milieur, ce qui faut faire principalement quand est Daurade d'estang. On la mange chaude, rostie ; on la mange aussi froide, gardée avec vinaigre é poevre ; on la met en paste, principalement si elle est grande, avec huille, verius, bonnes espices. Si elle est salée, bouillie dans l'eau douce, se mange avec du vinaigre, ou bien après qu'ell' est bien trempée dans l'eau pour la désaler, on la frit en la poele, é i fait on une sauce de moust, ou vin cuit, de vinaigre, d'ognons, qui lui donnent très bon goût, é est trouvée fort bonne en Languedoc. Le moust lui adoucit fort la saleure, le vinaigre lui donne une pointe plaisante, l'ognon lui donne bonne odeur. »

Au siècle dernier, on faisait des salaisons de la Daurade ; suivant Cornide, ces salaisons se préparaient surtout sur les côtes d'Espagne et on en expédiait en France, principalement pendant le carême.

Rondelet rapporte que « en notre estang de Lattes, on fait des haïes de Tamaris, ou on tend des rêts, é prend on tant de Daurades que les faut saler, puis on les porte par tout le Languedoc é Dauphiné. Ælian met une façon de les prendre, non pas fort dissemblable. Où, dit-il, la mer monte é descend, les navires estant à sec au rivage, les pescheurs fichent dans la graue des rameaux d'arbres apointés. Le montant de la mer amène en ce circuit grande multitude de Daurades, lesquelles en descendant de la mer delessées en petite eau aisément se prennent, non pas des pêcheurs, mais des femmes é petits enfants. »

LA DAURADE VULGAIRE. — *CHRYSOPHRYS AURATA.*

Goldbrasse.

Caractères. — La Daurade vulgaire ou *Daurada*, représentée au premier plan de la figure 261, p. 209, a le corps ovale, comprimé ; la tête est forte, le museau obtus, la bouche moyenne. Les dents molaires sont placées sur quatre ou cinq rangées à la mâchoire supérieure, sur trois ou quatre à la mandibule ; les dents qui arment le devant des mâchoires sont fortes, coniques, légèrement crochues, à pointe mousse. On compte 11 rayons à la première dorsale, 13 à la seconde ; l'anale, qui commence par trois épines, se compose de 11 ou 12 rayons.

Certains individus peuvent atteindre une taille de 0^m,50 ; la taille de 0^m,25 à 0^m,35 est la plus commune ; le poids est le plus généralement de 4 à 8 kilogrammes.

Chez la Daurade vivante, la coloration est de toute beauté. Le dos est d'un bleu foncé, les flancs sont d'un jaune argenté, relevé par des lignes d'un brun clair ; le ventre est luisant comme de l'argent. On voit des points blancs, brillants, le long du dos. Une bande dorée forme une espèce de croissant entre les yeux ; une large tache d'or se trouve sur la joue ; à l'aisselle de la pectorale est une tache rougeâtre. La dorsale, qui est bleuâtre, est parcourue par une bande longitudinale brunâtre ; l'anale, les caudales sont grisâtres, ainsi que les pectorales ; un violet grisâtre colore les ventrales.

Distribution géographique. — Sur les côtes méditerranéennes de France, ce Poisson est fort commun de Port-Vendres à Nice ; on le pêche assez abondamment dans le golfe de Gascogne ; il est rare sur les côtes de Bretagne et on le signale de temps en temps dans la Manche et sur les côtes d'Angleterre. La Daurade vulgaire est connue dans toute la Méditerranée.

LES PAGRES — *PAGRUS*

Caractères. — Les Pagres se distinguent essentiellement des Daurades en ce que les dents molaires de la mâchoire supérieure ne sont disposées que sur deux rangées ; il en résulte que le museau est moins épais que celui des Daurades, avec lesquelles les Pagres ont d'ailleurs une grande ressemblance.

Distribution géographique. — On a décrit

13 à 14 espèces de Pagres ; elles se trouvent surtout dans les mers chaudes ; on en connaît de la Méditerranée et des parties de l'Atlantique voisines; une espèce se trouve à New-York. On en trouve deux espèces sur les côtes de France : le Pagre vulgaire et le Pagre orphie.

LE PAGRE VULGAIRE. — *PAGRUS VULGARIS.*

Caractères. — « Le Pagre, dit Rondelet, est un Poisson marin suivant les rivages, aucunes fois, la haute mer, nombré aussi entre les Poissons du Nile par Athénée é Strabon, semblable à une petite Daurade, de corps, d'aelles, de situation é nombre d'icelles, d'éguillons, de queue, de couleur dissemblables. »

La forme du corps est effectivement fort semblable dans les deux espèces. Le dos est rosé ou d'un rouge tendre, les flancs sont argentés ; toutes les nageoires ont une teinte rose pâle. Leur taille ne dépasse généralement pas 0^m,40 ; le poids peut aller jusqu'à 8 kilogrammes.

Distribution géographique. — Cette espèce habite toutes les parties de la Méditerranée ; elle a été prise accidentellement jusque sur les côtes de Bretagne.

Mœurs, habitudes, régime. — D'après Rondelet, le Pagre se nourrit de vase, d'algues, de sèches, de squilles et de divers coquillages.

LES PAGELS — *PAGELLUS*

Rothbrassen.

Caractères. — Les marins des côtes de Provence désignent sous le nom de *Pagel* ou *Pagneau* un Poisson qui se rapproche beaucoup du Pagre, avec lequel on le confond souvent, bien que la dentition soit différente ; il n'existe point, en effet, de canines, les dents antérieures étant toutes en cardes plus ou moins fines, et non pas fortes et coniques ; les molaires sont plus petites que celles des Pagres et à plus forte raison que celles des Daurades.

Distribution géographique. — On ne connaît que 7 espèces rentrant dans le genre Pagel ; sur ce nombre 6 se trouvent sur les côtes de France, principalement dans la Méditerranée.

Pêche, usages. — Sur les côtes de la Méditerranée on prend les Pagels au moyen de grandes nasses que l'on amorce avec des Sardines fraîches, principalement en automne, époque à laquelle le Poisson est de meilleure qualité.

LE PAGEL COMMUN. — *PAGELLUS ERYTHRINUS.*

Pagel.

Caractères. — Rondelet a parfaitement connu le Pagel et l'a bien distingué du Pagre, dont il se distingue par le museau plus étroit et plus aigu, les dents petites et pointues.

Le Pagel, dont la taille dépasse souvent 0^m,50, a le corps ovale, couvert d'écailles minces, faiblement ciliées ; le profil de la tête est déclive ; la bouche est assez grande, les lèvres sont charnues. L'œil est argenté, teinté de jaune. Le dos est d'un rouge assez brillant, les flancs sont d'un rouge plus pâle, le ventre est d'un blanc rosé, sur l'animal vivant, le corps est orné de bandes verticales rougeâtres et changeantes. Les nageoires verticales sont roses ; les pectorales et les ventrales sont d'un blanc rosé.

Distribution géographique. — On trouve cette espèce dans la Méditerranée et dans les parties de l'Atlantique voisines ; assez rare sur les côtes de Bretagne, elle a été prise accidentellement dans la Manche.

LE ROUSSEAU. — *PAGELLUS CENTRODONTUS.*

Schafzähner.

Caractères. — On désigne sous le nom de *Gros-Yeux* sur le marché de Paris, de *Rousseau* sur les côtes de Vendée, de *Pilonneau* à la Rochelle, une espèce qui se reconnaît en ce qu'elle porte une tache bien marquée à l'origine de la ligne latérale. Le corps est d'un gris plus ou moins foncé, rosé sur le dos, gris d'argent sur les flancs ; les nageoires impaires sont d'un jaune rosé, les nageoires paires rosées ou d'un blanc rose clair. La bouche, largement fendue, est rouge saumon ou orangée. Les yeux, qui sont très grands et de couleur jaunâtre, ont le tiers de la longueur de la tête. La taille dépasse rarement 0^m,50.

Distribution géographique. — Très commun dans la Méditerranée, le Rousseau remonte tout le long des côtes atlantiques de la France, se trouve sur les côtes de Belgique, de Hollande, d'une partie de l'Allemagne et d'Angleterre ; le Danemark marque la limite de son extension vers le nord, encore est-il fort rare sous cette latitude.

Mœurs, habitudes, régime. — Le Rousseau est assez abondant sur les côtes occidentales d'Angleterre. « On le prend pendant toute l'année, dit Couch, mais surtout en été et en automne, car avec l'hiver il se retire des côtes. Le frai est déposé au commencement de l'hiver; en janvier on trouve des petits, de 2 centimètres de long, appelés *Chards*, dans l'estomac d'autres Poissons capturés au large. Dans le courant de l'été, et alors qu'ils ont atteint une longueur de 10 à 12 centimètres, ces Poissons apparaissent en quantité, même au milieu des ports, à la grande joie des pêcheurs, car ils mordent à tout appât. Leur nourriture ne se borne pas aux matières animales; ils se nourrissent aussi d'herbes marines, qu'ils broutent et déchirent avec leurs dents invisives. En général, on peut considérer les Pagels comme des Poissons solitaires, mais les pêcheurs nous apprennent qu'on les voit souvent en troupes à la surface de l'eau et se mouvant lentement. On rencontre souvent de ces bandes au dessus des fonds rocheux, là où l'eau est profonde. »

Pêche, usages. — La chair du Rousseau est bonne, ferme, surtout lorsque l'animal a été pêché par un temps froid.

On capture aussi cette espèce à la ligne, absolument comme on pêche en eau douce.

LES BOGUES — *BOX*

Blöter.

Caractères. — Les Bogues sont des Sparoïdes au corps allongé, à la tête assez grosse; la petitesse de leur bouche, la faiblesse et la brièveté de leurs rayons épineux les font reconnaître parmi les Poissons qui constituent la famille. Leurs dents sont aplaties, disposées sur une seule rangée; ces dents sont terminées en pointe à la mâchoire inférieure, tranchantes, plus ou moins crénelées à la mâchoire supérieure.

Distribution géographique. — On connaît deux espèces sur les côtes de France et deux espèces étrangères; l'une se trouve au Sénégal, l'autre dans la mer des Indes.

LA BOGUE COMMUNE. — *BOX VULGARIS.*

Boga.

Caractères. — Cette espèce, qui atteint environ 0^m,30 de long, a le corps brillamment coloré; il est d'un gris-bleuâtre sur le dos, argenté sur les flancs et sur le ventre; sur le corps se voient plusieurs lignes longitudinales dorées; toutes les nageoires sont de nuance pâle, parfois bordées de jaunâtre.

Le corps est légèrement fusiforme, allongé, couvert d'écailles minces; le museau est nu; les yeux sont grands. On compte 14 épines et 15 rayons aux dorsales, 3 épines et 15 ou 16 rayons à l'anale.

Distribution géographique. — Le Bogue se trouve sur toutes les côtes de France, mais il est extrêmement rare dans le nord et le nord-est; c'est essentiellement un Poisson méditerranéen.

Mœurs, habitudes, régime. — Ainsi qu'on devait le prévoir par la dentition, ce Poisson se nourrit de végétaux; on trouve son estomac rempli d'algues et de fucus; il fraie deux fois par an et s'approche alors par troupes des rivages.

Pêche. — Au moment du frai, la chair du Bogue est plus particulièrement recherchée. Dans la Méditerranée on le capture alors à l'aide de grands filets connus sous le nom de *Bughiera;* on rapporte que les pêcheurs pour rendre leur pêche plus fructueuse suspendent à leurs bateaux de petites figures de Bogues, ciselées en argent.

On prend également ce Poisson à la ligne, et dans ce cas on amorce avec des mollusques dépouillés de leur coquille.

LA SAUPE. — *BOX SALPA.*

Caractères. — La Saupe se distingue du Bogue, autant par la vivacité de ses couleurs que par la forme du corps. Le corps est ovale, comprimé. L'œil est jaunâtre. Le dos est teinté d'un gris-bleuâtre; sur les flancs, qui sont d'un blanc argenté vert, se voient une dizaine de lignes longitudinales d'un beau jaune d'or; sur la partie supérieure de la pectorale on remarque une tache noirâtre. La longueur varie de 0^m,20 à 0^m,40.

Distribution géographique. — Très rare dans l'Océan, cette espèce est, au contraire, commune dans la Méditerranée.

LES OBLADES — *OBLADA*

Caractères. — Voisines des Bogues, les Oblades s'en distinguent essentiellement en ce que derrière les inscives se trouvent une rangée de dents très petites, comme grenues.

La seule espèce qui rentre dans le genre, l'Oblade ordinaire (*Oblada melanura*), a le corps oblong d'environ 0^m,20 de long.

Le dos est de couleur jaunâtre; les flancs sont d'un gris argenté nuancé de bleuâtre et parcouru par des lignes longitudinales tantôt noirâtres, tantôt d'un bleu foncé ; le ventre est d'un gris-jaunâtre fort pâle, glacé d'argent ; une bande assez large, de couleur noirâtre, entoure le tronçon de la queue chez les individus jeunes ; on voit une tache noire sur le bord de l'opercule ; la tête est d'un gris d'argent avec des reflets rosés. La caudale est brunâtre ; les autres nageoires sont d'un gris plus ou moins foncé.

Mœurs, distribution géographique. — Cette espèce, dont la chair est peu estimée, est spéciale à la Méditerranée ; elle séjourne, par de moyennes profondeurs, le long des côtes et nage avec une grande vitesse près de la surface de l'eau.

LES CANTHARES — *CANTHARUS*

Caractères. — Les Canthares forment dans la famille des Sparoïdes une tribu caractérisée par des dents toutes en cardes, serrées, les dents antérieures étant un peu plus grandes et plus crochues que les autres ; la bouche est peu fendue, non protractile.

Distribution géographique. — On connaît trois espèces de Canthares sur les côtes de France ; les autres espèces sont du Sénégal, du Cap, de la mer des Indes.

LE CANTHARE GRIS. — *CANTHARUS GRISEUS.*

Caractères. — Cette espèce désignée sur nos côtes de France sous les noms de *Brême de mer*, de *Pilonneau*, *Piano*, *Bouchon*, *Canthaio*, arrive parfois à la longueur de 0^m,50. Le corps est ovalaire, le museau aigu. L'œil est de couleur argentée, teinté de noirâtre. La couleur du corps est un gris brunâtre sur le dos, argenté très brillant sur les flancs, qui sont parcourus par une quinzaine de lignes longitudinales brunes, dorées, plus ou moins éclatantes ; parfois les flancs paraissent d'un gris teinté de noirâtre avec des lignes brunâtres ; d'autres fois encore le dos et les côtés sont marqués de lignes longitudinales foncées alternant avec des lignes plus claires. Derrière l'œil se voit une tache jaunâtre et verdâtre qui disparaît rapidement après la mort. La caudale, grisâtre, est bordée de brun foncé ; les nageoires verticales sont d'un gris violacé ou d'un bleu noirâtre ; les pectorales sont grises, les ventrales plus ou moins brunâtres.

Distribution géographique. — Le Canthare gris se trouve sur toutes les côtes de France ; il est commun dans la Méditerranée et s'étend dans les parties voisines de l'Atlantique ; il est à certaines époques abondant dans la Manche et dans le Pas-de-Calais.

Mœurs, habitudes. — La nourriture du Canthare est essentiellement animale.

Pêche. — On prend cette espèce sur les côtes vaseuses ; elle est vorace et se pêche facilement à la ligne, amorcée avec des mollusques ou d'autres matières animales ; elle vit solitaire et ne se rassemble jamais en troupe.

LES MÉNIDES — *MŒNIDÆ*

Caractères. — Les Poissons qui composent sa famille des Ménides ont de grandes affinités avec les Percoïdes et les Sparoïdes, mais ils en diffèrent par leur bouche très protractile, pouvant se prolonger en forme de tube, à l'aide duquel ils saisissent les petits animaux qui nagent à leur portée ; cette protraction est due à l'allongement des branches montantes des os intermaxillaires.

Distribution géographique. — La famille des Ménides ne comprend qu'un petit nombre de genres et d'espèces qui se trouvent principalement dans la Méditerranée et les parties de l'Atlantique voisines ; les Cæsio vivent cependant sous des latitudes plus chaudes ; on les pêche dans l'océan Indo-Pacifique ; elles ne sont pas rares dans la mer des Indes, sur les côtes d'Australie, de Tasmanie et de la Nouvelle-Zélande.

Mœurs, habitudes, régime. — Ces Poissons étaient connus des anciens ; selon Aristote, ils vivent en troupes, frayent après l'équinoxe et sont très féconds ; au temps du frai, ils prennent une couleur foncée et leur chair devient alors malsaine.

Les Mendoles et les Picarels se tiennent près des côtes, dans les endroits riches en algues et vaseux ; elles se trouvent en troupes et se nourrissent de fucus et d'herbes marines, sans dédaigner pour cela les petits Mollusques qui se cachent parmi les algues. La ponte a lieu au printemps.

Fig. 262. — Le Grondin hirondelle.

LES MENDOLES — *MŒNA*

Caractères. — Ce qui distingue essentiellement les Mendoles de tous les autres Ménides,
c'est la présence de dents en vomer. La forme
du corps est allongée.

Distribution géographique. — On connaît
quatre espèces de Mendoles; elles habitent
toutes la Méditerranée.

LA MENDOLE COMMUNE — *MŒNA VULGARIS*

Caractères. — Parmi ces espèces, la plus
abondante est celle qui est désignée sur les côtes
de France sous les noms d'*Incandela* et de
Mala-Soulla. C'est un Poisson qui arrive à la
taille de 0m,20, dont la forme, si on ne considère pas les dorsales, est assez semblable à
celle d'un Hareng; le museau est assez allongé,
la bouche très protractile; la mâchoire supérieure est garnie de dents assez fines, les dents
de la rangée externe étant les plus fortes. Les
deux dorsales sont réunies; les épines, qui sont
taillées, sont au nombre de 11; on compte le
même nombre de rayons mous.

Le dos est grisâtre ou gris plombé, marqué
de cinq à dix raies longitudinales brunâtres; les
flancs sont jaunâtres, parsemés de taches

bleues; le ventre argenté; au-dessus de la pectorale existe une large tache noirâtre. Les dorsales sont olivâtres, avec des parties rougeâtres, l'anale et la caudale sont jaunâtres, tachetées de bleu; les nageoires sont d'une teinte rougeâtre ou gris rougeâtre; l'œil est jaunâtre.

Pêche, usages. — Bien que la chair des Mendoles soit peu estimée, on pêche ces Poissons par les fonds sableux, légèrement vaseux, au moyen de ganguis, de sennes et autres filets traînants. D'autres fois on les prend très près de terre et parmi les herbes.

LES PICARELS — *SMARIS*

Caractères. — On sépare les Picarels des Mendoles parce que leur palais n'est pas denté; ils leur ressemblent, du reste, par tous les autres points de leur organisation; comme eux ce sont des Poissons au corps oblong, allongé, couvert d'écailles ciliées; la bouche est très protractile; les deux dorsales sont réunies, les épines étant faibles.

Mœurs, distribution géographique. — On connaît quatre espèces de Picarels dans la Méditerranée; on en voit quelques-unes s'avancer dans l'Atlantique: une espèce se retrouve sur les côtes de Guinée.

De même que les Mendoles, les Picarels fréquentent les côtes vaseuses et herbacées, s'y nourrissant de petits Poissons, d'herbes marines, de mollusques mous, de diverses annélides.

LE PICAREL COMMUN. — *SMARIS VULGARIS.*

Caractères. — Le corps de ce Poisson est arrondi, allongé, fusiforme, aminci aux deux extrémités; la tête est pointue; les lèvres sont minces.

La coloration, peu brillante, est un gris brunâtre, rembruni à la région dorsale, avec quelques lignes longitudinales bleuâtres peu marquées; on voit sur les flancs une large tache noire. La dorsale et la caudale sont jaune olivâtre, parfois ornées de quelques points rouges; l'anale est jaune pâle, les pectorales sont orangées ou d'un jaune rougeâtre; l'œil est jaunâtre.

LES JOUES-CUIRASSÉES — *CATAPHRACTI*

Panzerwangen.

Caractères. — Cuvier et Valenciennes ont désigné sous le nom de *Joues-cuirassées* des Poissons chez lesquels les sous-orbitaires, ou l'un d'entre eux, se portent assez loin sur la joue pour la couvrir plus ou moins sur sa longueur, et pour s'articuler par leur extrémité postérieure avec le préopercule; il en résulte que la joue est revêtue d'une plaque osseuse plus ou moins développée qui contribue à donner à la tête, généralement armée de fortes épines, une apparence toute spéciale; il existe en outre, très souvent, des lambeaux charnus disposés sur plusieurs points de la tête et du corps. La dentition, généralement faible, consiste en bandes de dents en velours; la présence de canines est rare; très souvent le palais est armé.

Le plus ou moins de largeur que prend le prolongement qui s'étend sur la joue fait varier la forme de la tête. C'est ainsi que chez les Trigles, qui ont la joue entièrement cuirassée, la tête prend la forme d'un cube, le museau tombant rapidement sur l'avant et les côtés étant presque verticaux. Dans les Cottes, la forme de la tête est plus ou moins écrasée, la ligne du profil descendant peu et les côtés s'écartant à droite et à gauche. Chez les Scorpènes, au contraire, cette forme est généralement comprimée.

La forme de la tête est en rapport avec d'autres caractères, de telle sorte qu'on peut diviser les Joues-cuirassées, abstraction faite des Épinoches qui constituent un type très distinct, en trois tribus: les *Triglieus*, les *Cottieus*, les *Scorpéuieus*. Nous pourrons noter, en effet, que les Trigles et les Cottes ont deux dorsales, tandis que les Scorpènes n'en ont qu'une, que les Trigles ont les pectorales divisées en plusieurs parties, tandis que chez les Cottes et chez les Scorpènes ces nageoires ne sont pas divisées.

Le corps est parfois nu, le plus souvent recouvert d'écailles pectinées, quelquefois petites et formant des cercles plus ou moins complets; les écailles se réunissent, se soudent parfois pour former une sorte de cuirasse, ainsi qu'on le voit chez les Péristédions ou Malarmats.

Distribution géographique. — Les poissons

qui composent le groupe des *Joues-cuirassées* sont plus particulièrement abondants dans les mers tropicales ; c'est là que se rencontrent exclusivement les Platycéphales, les Minous, les Apistes, les Synancées, les Pélors, les Ptérois, les Agriopes. Les Dactyloptères, les Malarmats, les Grondins, les Sébastes, les Scorpènes, sont surtout de la zone tempérée, ainsi que certains animaux du type du Cotte. D'autres, tels que les Icelus, les Aspidophoroïdes, les Siphagonus, ne se trouvent que sous les latitudes froides ; c'est ainsi que les Icelus, qui représentent les vrais Cottes dans l'extrême nord, s'avancent jusque par 81°41, sous la latitude du Spitzberg et du Groenland.

Mœurs, habitudes, régime. — A part un certain nombre d'espèces faisant partie du groupe des Cottes, les Cottes proprement dits et les Centridermichtys, qui n'en diffèrent que par la présence de dents sur les os palatins, tous les Poissons rentrant dans la famille des Joues-cuirassées sont marins. Ils sont essentiellement carnassiers.

A part les Dactyloptères, qui peuvent pendant un certain temps se soutenir hors de l'eau, les espèces tant marines que d'eau douce sont essentiellement sédentaires et se tiennent pour ainsi dire collées contre le sol, sous les pierres, entre les herbes, en quête de nourriture ; lorsqu'elles aperçoivent une proie, elles se soulèvent, se précipitent sur leur victime par de rapides mouvements de leur nageoire caudale, et ne tardent pas à l'engloutir dans leur bouche largement fendue.

La couleur s'accommode le plus ordinairement à celle des fonds sur lesquels vivent ces animaux ; c'est ainsi que les Scorpènes, les Minous, les Synancées, les Aspidophores ont le corps de couleur grisâtre, marbré de brunâtre, de noirâtre, avec des gouttelettes blanchâtres et rougeâtres dont le ton général doit s'harmoniser avec celui du milieu dans lequel vivent ces animaux.

Dangers. — Toutes les espèces, et elles sont nombreuses, chez lesquelles les épines, les aiguillons de la tête sont pointus et acérés sont fort redoutées des pêcheurs, et cette crainte est, en réalité, exagérée en ce qui concerne les espèces de nos côtes ; il ne paraît cependant pas en être de même pour les animaux exotiques.

Parmi les espèces dont la piqûre est le plus redoutée, nous pouvons mentionner un animal aux formes hideuses, à la peau molle et verruqueuse, à la gueule largement fendue ; c'est la Synancée horrible, qui vit dans les mers des Indes et la mer Rouge.

La Synancée se tient dans les bas-fonds et se cache entre les pierres et les herbes marines ; sa couleur est telle qu'on peut difficilement l'apercevoir, et il arrive fréquemment que les habitants indigènes des côtes qu'habite ce poisson marchant pieds nus sur le rivage mettent le pied dessus ; l'animal tourmenté dans son repos fait alors une piqûre extrêmement douloureuse à l'aide de ses épines. « La piqûre occasionnée par les épines dorsales, dit Klunzinger, produit une douleur tout aussi violente, au moins, que celle du Scorpion, comme je le sais par ma propre expérience. Plusieurs personnes blessées eurent une syncope ; on parle même de cas de mort ; celle-ci peut du reste arriver, non par le fait de la blessure elle-même, mais parce que la plaie s'envenime et se gangrène, si elle est mal soignée. En tous cas, on peut comprendre la Synancée parmi les animaux venimeux, au même titre que le Scorpion. Un pêcheur dans la véracité duquel je puis avoir toute confiance assure que pendant le redressement des épines dorsales, on voit suinter un liquide laiteux qui découle d'un repli de la peau ; bien que mon attention ait été attirée sur ce fait, je n'ai jamais rien vu de semblable ; mais, si l'observation du pêcheur se confirmait, on aurait la certitude de l'existence, chez les Poissons, d'aiguillons venimeux comparables aux dents à venin des serpents. »

L'existence de cet appareil à venin est pleinement démontrée aujourd'hui, et nous ne pourrons mieux faire que de transcrire ici les observations fort intéressantes qui ont été faites par Albert Günther sur ce sujet.

« La présence d'un *organe à poison* est plus commune chez les Poissons qu'on ne le croyait autrefois, mais il semble que cet organe soit exclusivement un appareil défensif, et qu'il ne serve pas d'organe accessoire pour la capture de la proie, ainsi qu'on le voit chez les serpents venimeux.

« Un organe semblable se trouve chez les Ætobates, ou Raies armées, dont la queue porte un ou plusieurs aiguillons barbelés sur les bords. Bien qu'il manque un organe spécial pour la sécrétion du poison ou un canal par lequel le venin pourrait s'écouler, les symptômes causés par la blessure de l'aiguillon de l'Ætobate sont tels qu'ils ne peuvent pas seulement résulter d'une action mécanique, la douleur étant fort intense et l'inflammation et l'enflure de la partie blessée se terminant trop souvent par la gangrène. Le mucus sécrété par le Poisson et inoculé par l'épine possède certainement des propriétés venimeuses.

« Tel est également le cas chez beaucoup de Scorpénoïdes et chez la Vive, chez laquelle les épines dorsales et l'aiguillon operculaire remplissent le même office que l'aiguillon caudal de l'Ætobate; néanmoins, chez la Vive l'aiguillon qui arme l'opercule est manifestement cannelé, et sert à charrier un mucus fluide. Chez la Synancée l'organe à venin est beaucoup plus développé; chaque épine dorsale est dans le milieu de sa longueur pourvue de chaque côté d'un sillon profond; la partie inférieure de ces sillons est entourée d'une poche contenant un poison laiteux; cette poche se prolonge en un canal membraneux qui se rend dans le sillon. Les pêcheurs des endroits où se trouve la Synancée connaissent bien le danger que présente cet animal, aussi évitent-ils soigneusement de le manier avec les mains. Il arrive parfois que des personnes allant pieds nus dans des eaux peu profondes marchent sur le poisson, qui est généralement caché dans le sable. Une ou plusieurs des épines dorsales toujours dressées pénètrent dans la chair et y introduisent le venin. La mort est non rarement la conséquence d'une semblable blessure.

« L'organe à venin le plus perfectionné a été jusqu'à présent découvert chez le Thalassophryne, un Batracoïde des côtes de l'Amérique centrale. Chez ce Poisson, les deux épines dorsales et l'aiguillon operculaire sont les appareils d'introduction du venin. L'opercule est fort étroit et très mobile; il est armé d'une épine de huit lignes de long et conformée absolument comme la dent vénéneuse d'un Serpent, étant perforée à sa base et à son extrémité. Une poche revêt la base de l'épine et exprime son contenu par l'ouverture de la base dans l'intérieur de l'épine. La disposition est la même aux épines dorsales. Il n'existe pas de glande incluse dans la membrane des poches, et le fluide doit être sécrété par leur membrane muqueuse. Les poches sont dépourvues d'une paroi musculaire externe et situées immédiatement sous la peau épaisse qui enveloppe les épines à leur extrémité; l'injection du poison dans le corps d'un animal vivant ne peut se faire, de même que chez les Synancées, que par la compression que subit la poche au moment où l'épine éprouve de la résistance.

« Enfin, le singulier appareil trouvé chez beaucoup de Siluroïdes peut être indiqué, comme en connexion avec un organe à venin, bien que ses fonctions soient encore hypothétiques. Plusieurs Siluroïdes sont armés d'épines aux pectorales dont les blessures sont redoutées à juste titre; on trouve une poche plus ou moins développée qui s'ouvre dans l'aisselle de la pectorale; il n'est pas invraisemblable que cette poche renferme un fluide qui peut être inoculé au moyen de la piqûre faite par l'épine. Quant à la question de savoir si toutes les espèces qui ont des cavités à l'aisselle sont vénéneuses, elle ne pourra être résolue qu'à l'aide d'expériences pratiquées sur des Poissons vivants. »

LES GRONDINS — *TRIGLA*

Seehähne.

Caractères. — Ainsi que le font remarquer Cuvier et Valenciennes, de tous les Poissons à joue cuirassée, les Trigles sont ceux où elle l'est le plus complètement; le sous-orbitaire est énorme et couvre entièrement la joue, s'articulant, d'une part, avec le museau, et de l'autre avec le préopercule et les os qui bordent la partie inférieure de l'orbite. Le museau, qui est immobile, est constitué par la suture de plusieurs pièces osseuses.

La forme du corps, chez les Grondins, est absolument caractéristique; le tronc est allongé, plus étroit à la région dorsale qu'à la région ventrale, et se termine en coin vers la queue. La tête est grosse, à profil antérieur déclive, armée d'épines plus ou moins fortes, couverte de plaques osseuses ciselées, striées, granuleuses; le museau, crénelé, est ordinairement échancré dans son milieu; la bouche, qui s'ouvre en dessous, est surplombée par la mâchoire supérieure; la fente des ouïes est très large. Les deux dorsales peuvent se replier dans un sillon bordé par les saillies que forment les os interépineux; la dorsale antérieure est d'ailleurs plus haute et plus courte que la seconde. Les pectorales sont grandes et les trois rayons inférieurs sont détachés. Les mâchoires sont garnies de petites dents en velours; le vomer est également denté, mais les palatins sont lisses; ces derniers sont cependant munis de dents chez un genre voisin, celui des Prionotes. Les écailles sont fort petites, excepté celles de la ligne latérale, qui sont parfois armées d'épines; les écailles sont de moyenne grandeur chez les quelques espèces qui ont été désignées sous le nom de Lépidotrigles.

Distribution géographique. — On connaît environ quarante espèces de Trigles, habitant la zone tropicale et surtout la zone tempérée. Ces animaux sont plus particulièrement abondants dans la partie chaude de cette dernière zone.

Les Lépidotrigles sont surtout de la zone torride ; les Prionotes sont confinés sur les côtes atlantiques des États-Unis.

Mœurs, habitudes, régime. — Les Trigles sont des animaux qui se tiennent toujours au fond de l'eau, surtout dans les endroits sablonneux ou un peu rocheux, à la poursuite des mollusques, des crustacés dont ils font leur principale nourriture. Ils nagent d'une manière extrêmement gracieuse, sinon peu rapide, employant leurs larges nageoires pectorales à la manière d'ailes, qu'ils déploient et referment alternativement. Lorsque, la nuit, ils se meuvent dans les endroits où l'eau a peu de profondeur, ils émettent des lueurs phosphorescentes, tantôt sous la forme de points, tantôt de bandes lumineuses.

Lorsqu'on peut les observer dans les aquariums, on voit qu'ils marchent réellement sur le sol, à l'aide des trois doigts détachés de la nageoire pectorale, le corps légèrement soulevé au-dessus du fond ; ils font mouvoir alors rapidement ces doigts indépendamment les uns des autres, tout en aidant la progression par de faibles mouvements latéraux de la nageoire caudale. Comme les rayons des pectorales sont relativement courts, la marche est assez lente ; elle suffit cependant aux Trigles pour atteindre leur proie. Les doigts reçoivent des nerfs très volumineux qui en font des organes de tactilité des plus sensibles.

La forme du corps des Trigles indique que ces animaux peuvent glisser, sans se blesser, au milieu des pierres, et passer avec la plus grande facilité, au travers des plantes marines.

L'époque de la ponte paraît varier suivant les espèces. Le Trigle gris pond en mai et en juin ; l'Hirondelle fraie pendant l'hiver et sans doute aussi en juillet et en août.

Les Trigles sont des Poissons qui ne se trouvent jamais en troupes ; il vivent généralement solitaires.

Lorsque les Trigles sont retirés de l'eau, ils font entendre un bruit plus ou moins fort qui leur a fait donner le nom de *Grondins* ; ce bruit est occasionné par le passage du gaz venant de la vessie natatoire, que l'animal peut comprimer à sa volonté.

En parlant des dernières opérations de l'amiral Courbet à Formose, un journal anglais rapporte qu'en rade de Tamshui, nos marins ont été fort surpris de voir et d'entendre des poissons chanteurs.

Le fait n'a pourtant rien d'extraordinaire, et si les poissons qui vivent dans l'eau douce sont en général muets « comme des carpes », il n'en est pas de même des espèces qui habitent la mer et dont plusieurs produisent des bruits intentionnels, profèrent des sons au moyen de leur vessie natatoire et des muscles annexes, si bien qu'on peut dire que ces Poissons ont une voix et chantent.

Parmi ces Poissons bavards et chanteurs se placent en première ligne les «Grondins» que l'on appelle à Marseille des *Gournaou, Galinettes* et *Belugans*. L'un d'eux est connu des pêcheurs sous le nom de *Petaire*, nom significatif ! Le Saurel, l'*estranglo belle mero*, grogne avec énergie, et il n'est pas un pêcheur à la ligne sur les côtes de Provence, qui n'ait eu l'occasion de s'en apercevoir. Un autre Poisson de nos côtes produit aussi des sons assez forts : c'est la Dorée ou *San-Piarré*.

Dans l'Océan, les Maigres, sorte de grands poissons analogues au *Pei-Quoua* et aux Umbrines, vivent en bandes et chantent, surtout à l'époque de la fécondation.

Un savant naturaliste marseillais avait eu, dans le temps, dit-on, l'idée de mettre à profit, pour la pêche, cette aptitude des poissons chanteurs et il avait disposé au fond des eaux, en captivité dans des nasses, des Grondins mâles destinés à attirer par leur chant les poissons d'un autre sexe qui s'engageaient dans les filets tendus autour de ces appeaux marins. La tentative a plus d'une fois réussi ; mais, comme il faut beaucoup de patience, ce genre de pêche ne séduit qu'un petit nombre d'amateurs.

Pêche, usage. — La chair des Trigles, ferme, de facile digestion, bien qu'un peu sèche, est estimée, aussi ces animaux sont-ils recherchés par les pêcheurs.

La pêche est différente suivant les espèces. Le Grondin morrude se prend principalement au chalut, ainsi que l'Hirondelle, pour lequel, dans la Méditerranée, on emploie des filets traînants ; le Grondin gris ou Gornand est surtout capturé au moyen de lignes sur les fonds sableux, et dans les eaux un peu profondes.

LE GRONDIN ROUGE. — *TRIGLA PINI*.

Caractères. —Cette espèce, que l'on nomme plus particulièrement *Rouget*, sur le marché de Paris, dépasse rarement un pied de longueur. Le corps est allongé et diminue d'une façon régulière de la tête à la queue ; la tête est plus haute que le tronc dont elle fait environ le quart de la longueur totale ; elle est couverte de pièces granuleuses, marquées de stries profondes, plus ou moins radiées ; le museau est peu échancré, la bouche assez petite.

Ce qui permet de reconnaître facilement cette espèce, c'est que les flancs sont cerclés de replis de la peau qui avancent entre les écailles et forment des stries parallèles entre elles. Les écailles, qui sont petites, sont logées dans des replis de la peau.

La couleur de ce Poisson est un rouge clair ou rosé ; le ventre est blanc rosé ; l'œil est argenté ; les nageoires sont d'un rouge clair ; les pectorales sont teintées de violet jaunâtre, leur bord étant liseré de jaune très pâle.

Distribution géographique. — Ce Grondin est très répandu sur toutes les côtes de France, moins commun cependant dans la Méditerranée que les autres espèces ; il est souvent apporté sur le marché de Paris. On le prend également sur les côtes d'Angleterre, de Belgique, de Hollande ; il a été trouvé accidentellement dans les parages de New-York.

LE ROUGET CAMARD. — *TRIGLA LINEATA*.

Caractères. — « Le Surmulet sans barbe, écrit Rondelet, est nommé en Languedoc *Imbriago*, c'est-à-dire iurongue, a raison de sa couleur rouge et luisante. » Le corps est, en effet, d'un beau rouge, semé sur la tête et sur le dos de petites taches noirâtres, de forme irrégulière, irrégulièrement éparses. Les nageoires pectorales sont grisâtres à leur partie interne avec des taches d'un noir bleuâtre, souvent disposées suivant des bandes transversales ; la face externe est noirâtre ; les autres nageoires sont rougeâtres. L'œil est argenté.

Cette espèce atteint rarement un pied. Des lignes transversales et parallèles, formées par des replis de la peau, entourent complètement le dos et les flancs ; dans l'intervalle qui sépare deux de ces plis sont insérées de très petites écailles.

Le museau, peu échancré et fort court, a fait donner à cette espèce le nom de *Camard*. La tête est plus raccourcie, les pectorales plus longues que chez le Rouget ou Grondin rouge ; la brièveté de la tête dépend principalement de la chute rapide du profil.

Distribution géographique. — Le Camard, tout aussi commun que le Grondin rouge, est souvent apporté sur nos marchés.

LE PERLON. — *TRIGLA HIRUNDA*.

Ruurrkahn.

Caractères. — Le *Perlon, Rouget grondin, Rouget hirondelle, Corbeau de mer*, est parmi les espèces qui vivent sur nos côtes celle qui arrive à la plus grande taille ; elle dépasse parfois 0^m,60.

Le corps est épais en avant, couvert de petites écailles. La tête est large, aplatie en dessus ; le museau, peu avancé, coupé carrément, est garni de petites pointes. Le sillon qui reçoit les dorsales est bordé d'épines fort peu saillantes, souvent effacées (fig. 262).

La coloration varie suivant les individus. Le plus ordinairement, le dos est d'un rose jaunâtre ou grisâtre, le ventre d'un blanc doré, les flancs d'un rose un peu doré ; la tête est de couleur roussâtre. D'autres fois des teintes rougeâtres colorent la tête, le dos étant brunâtre.

D'après E. Moreau, au pourtour de la pupille, l'iris est d'un jaune brillant ; il est souvent tacheté de points obscurs dans le reste de son étendue. « Les dorsales sont roses ; la première, d'une teinte un peu plus foncée que l'autre, a parfois une tache obscure entre le quatrième et le cinquième aiguillon ; la seconde dorsale est rose, un peu rougeâtre vers son bord libre ; elle est à sa base d'un rose pâle. La caudale est rougeâtre. Les pectorales présentent une coloration variable ; généralement, elles sont en dehors d'un violet foncé, marqué parfois de taches rougeâtres ; les rayons sont blanchâtres ; à leur face interne, elles sont d'un vert très foncé, obscur, grivelé de noir ; elles ont une assez large bordure bleuâtre ; le dernier espace interradiaire est rose en dedans et en dehors ; les doigts sont roses, plus blanchâtres à leur extrémité libre ; chez les jeunes, les pectorales portent en dedans une large tache noire semée de taches d'un bleu quelquefois assez clair. Les ventrales sont d'un blanc rosé, ainsi que l'anale ; toutefois cette dernière nageoire a les espaces interradiaires plus rosés. »

Distribution géographique. — Ce Trigle, très commun sur toutes les côtes de France, est apporté constamment sur nos marchés; on le trouve sur les côtes d'Angleterre, de Belgique, de Hollande.

LE GRONDIN GRIS. — *TRIGLA GURNARDUS.*

Gurnard.

Caractères. — Le Grondin gris, ou Gurnard, est plus allongé et a le museau moins vertical que la plupart des autres Trigles. La peau est couverte de petites écailles. La tête est large, aplatie en dessus; la bouche est obliquement fendue; le museau est très peu échancré. Le sillon des dorsales est bordé par une série d'osselets dont le bord libre, chez les individus adultes, est granuleux, légèrement denticulé. Les pectorales, généralement un peu plus courtes que les ventrales, n'arrivent pas à l'anale.

La coloration est variable. Le corps est le plus souvent gris, avec des taches blanchâtres sur le dos et sur les flancs, blanchâtre sous la gorge et sous le ventre; souvent aussi la tête et le dessus du corps sont d'un brun ou d'un cendré foncé, nettement séparé du blanc de la gorge et de toute la partie inférieure; la ligne latérale divise le corps en deux parties fort distinctes par une raie blanche. La première dorsale est brune, tachetée de blanc, avec une tache noire entre la troisième et la cinquième épine; cette tache peut manquer. La dorsale postérieure est transparente, avec des bandes transversales brunâtres. La caudale est brunâtre. Les autres nageoires sont grisâtres. On trouve enfin des individus d'un gris uniforme, sans taches, d'autres fois rougeâtres ou même rouges, de telle sorte que le caractère le plus important qui permet de reconnaître l'espèce consiste en ce que la ligne latérale est formée de grosses écailles à crête médiane denticulée.

Distribution géographique. — Le Gurnard se pêche sur toutes les côtes de France; il est cependant beaucoup plus commun dans le Pas de Calais et dans la Manche que dans la Méditerranée; l'espèce remonte dans la mer du Nord jusqu'aux côtes de Norvège.

LE MORRUDE. — *TRIGLA CUCULUS.*

Caractères. — Ce qui caractérise essentiellement ce Trigle, c'est l'allongement du deuxième rayon de la dorsale antérieure, qui est excessivement allongé; la dorsale postérieure est très rapprochée de la première; la ligne latérale est droite, composée de grandes écailles, très différentes de celles qui couvrent le corps.

Le dos et les flancs sont rougeâtres ou d'un gris brunâtre; le ventre est gris blanchâtre; le bord des écailles qui garnissent la ligne latérale est brunâtre; les dorsales sont gris rougeâtre, les pectorales d'un bleu plus ou moins foncé, avec des taches jaunes; les ventrales et l'anale sont blanchâtres.

Cette espèce ne dépasse pas un pied de long.

Distribution géographique. — Le Morrude habite principalement la Méditerranée; on le trouve aussi dans l'Océan, mais il est rare au nord de la Loire.

LES PÉRISTÉDIONS — *PERISTEDION*

Panzerfischen.

Caractères. — Les singuliers animaux qui ont été désignés sous ce nom ont tout le corps protégé par de grandes plaques osseuses qui se soudent entre elles de manière à former une sorte de cuirasse, à carènes épineuses; le ventre est garni d'une sorte de plastron; la tête est couverte de plaques osseuses, prolongées en museau profondément fourchu; les dorsales sont rapprochées l'une de l'autre; deux rayons sont détachés des pectorales: il n'existe pas de dents; on voit des barbillons à la mâchoire inférieure.

Distribution géographique. — On connaît dix espèces qui rentrent dans le genre Péristedion; une d'entre elles habite le parage des îles Sanwich; les autres se trouvent dans la Méditerranée, les parties chaudes de l'Atlantique et de la mer des Indes.

LE MALARMAT. — *PERISTEDION CATAPHRACTUM.*

Malarmat.

Caractères. — « *Cornuta*, duquel Pline fait mention, ou espèce de Lyre, écrit Rondelet, est celui qui en Languedoc é en la coste de Gesnes s'appelle *Malarmat;* nous l'avons aussi appelé en latin *Kataphractum*, parce qu'il est par tout armé, é garni d'os. »

Le Malarmat, nommé ainsi sans doute par antithèse, est le mieux armé de tous les Poissons de nos côtes; du bout du museau à l'extrémité de la queue cet animal est revêtu d'une armure complète. Le corps présente la figure d'une pyramide à huit pans dont les angles sont hérissés d'épines.

Le ventre est protégé par un plastron composé de trois boucliers. La tête est forte, allongée, le museau très avancé, profondément fourchu, armé d'épines; la tête est entièrement rugueuse. La bouche, ouverte en dessous, est assez grande, demi-circulaire; sous la mâchoire inférieure sont attachés plusieurs barbillons de longueur inégale, les externes étant grands et fort ramifiés. La fente des ouïes est large. Une membrane rattache la première dorsale à la seconde; la dorsale antérieure est composée de 7 à 8 épines, la seconde de une épine et de 18 rayons; on compte 18 rayons à l'anale, qui correspond exactement à la dorsale postérieure. La caudale est peu développée. La longueur est d'environ 0m,30 (fig. 263).

La couleur de la partie supérieure du corps est d'un magnifique rose couleur de chair, passant au doré sur les flancs, à l'argenté sous le ventre; les nageoires dorsales sont d'un beau brun violet, les ventrales et l'anale sont blanchâtres.

Distribution géographique. — Assez commun dans toute la Méditerranée, le Malarmat se retrouve sur les parties de l'Atlantique voisines; il a été pris accidentellement dans la Manche et jusque sur les côtes d'Angleterre.

Mœurs, habitudes, régime. — Ce curieux Poisson se tient dans les profondeurs et ne se rapproche des côtes que pour frayer, ce qui a lieu vers l'équinoxe. Il vit solitaire, et nage avec tant de rapidité qu'il brise souvent les pointes de son museau contre les rochers; sa nourriture se compose de petits crustacés, de mollusques sans coquilles, de zoophytes gélatineux. On a supposé que le prolongement du museau devait constituer une arme défensive, mais il est plus probable que le Malarmat s'en sert pour fouiller la vase et le sable, et déterrer les petits animaux dont il fait sa proie.

Usages. — Le Malarmat est peu recherché comme aliment; on le pêche cependant sur les côtes d'Espagne, où on l'estime beaucoup, à cause de la bonté de sa chair. La préparation qu'on lui fait subir est spéciale, car sa cuirasse est telle qu'elle opposerait une résistance sérieuse à tout couteau de cuisine; on échaude tout d'abord l'animal, puis on l'écaille; parfois on le vide par la bouche; on le remplit

de beurre et on le fait frire jusqu'à ce que les écailles se détachent.

Sur certains points des côtes de la Méditerranée, on fait sécher le Malarmat, on le suspend au plafond à l'aide d'une ficelle et on s'en sert ainsi comme d'une sorte de baromètre. Cet usage doit être fort ancien; Rondelet nous apprend, en effet, en 1558, « qu'on le pend aux planches, la queue monstrant d'où souffle le vent ».

LES ROUGETS VOLANTS — *DACTYLOPTERUS*

Flatterfische.

Caractères. — Le développement extraordinaire des nageoires pectorales, dont la partie postérieure peut s'étaler en une aile d'une large surface, tandis que la partie antérieure est courte; la première dosale précédée de rayons détachés; le corps allongé, couvert d'écailles fort adhérentes : tels sont les principaux caractères qui permettent de reconnaître les Dactyloptères ou Rougets volants, si connus des navigateurs et dont tant de relations font l'histoire.

Dans le jeune âge, les pectorales sont courtes; il existe une pointe forte et longue à l'angle du préopercule. Les différences entre l'adulte et le jeune sont telles, que celui-ci a été décrit comme un genre distinct sous le nom de *Céphalacanthe*.

Chez les Dactyloptères la partie antérieure de la colonne vertébrale se soude en un tube.

Distribution géographique. — Trois espèces seulement rentrent dans ce genre; elles se trouvent dans la Méditerranée, les parties chaudes de l'océan Atlantique et dans l'océan Indo-Pacifique. L'espèce exotique la plus connue, le Dactyloptère oriental (*Dactylopterus orientalis*), se distingue facilement de l'espèce de nos côtes par le casque osseux de la tête échancré en arrière et par un long rayon détaché de la dorsale et se trouvant immédiatement derrière la tête.

Mœurs, habitudes, régime. — Les Dactyloptères, et surtout le Dactyloptère volant, qui habite toute la Méditerranée, sont des Poissons trop remarquables à tous égards pour qu'il n'en ait pas été question à toutes les époques, dans les ouvrages où il est parlé d'histoire naturelle. On peut croire cependant qu'il a été souvent confondu avec l'Exocet,

Fig. 263. — Le Malarmat.

qui, comme lui, peut s'élever au-dessus de la surface des eaux.

Comme le font remarquer Cuvier et Valenciennes, « le nom d'*Aronde* ou d'*Hirondelle*, que le Dactyloptère porte encore sur les côtes de la Méditerranée, en commun avec l'Exocet, lui avait déjà été donné par les Grecs et par les Romains. Il ne nous paraît pas même que chez les anciens il l'ait partagé avec cet autre Poisson.

« A la vérité, ce qu'Aristote dit de l'Hirondelle n'est pas encore bien décisif. Il parle de son vol élevé, et lui attribue un bruit; mais il semble expliquer ce bruit par le choc des nageoires dans l'air, ce qui peut s'entendre également bien des deux Poissons.

« Mais lorsque Oppien range l'Hirondelle avec les Scorpions, les Dragons, et les autres Poissons dont les épines faisaient des blessures mortelles; lorsque Élien répète la même chose, ils n'ont point voulu parler de l'Exocet, qui n'a point d'épines; c'est le Dactyloptère et les terribles épines de son préopercule qu'ils avaient en vue.

« Un témoignage tout aussi décisif est celui de Speusippe dans Athénée, qui dit que le Coucou, l'Hirondelle et le Trigle se ressemblent. On ne peut l'appliquer à l'Exocet qui ressemble bien plutôt à une Sardine ou à un Muge, et qui a même reçu de quelques auteurs le nom de *Muge volant.* »

Les ichthyologistes de la Renaissance, Belon, Rondelet, Salviani, parlent du Dactyloptère ou *Arondelle de mer* et en donnent d'assez bonnes figures. « Elle vole, dit Rondelet, hors de l'eau pour n'estre la proie des plus grands poissons, é fait un son en volant, à cause quell' ha les aeles longues é larges, la petite é estroite ouverture des ouies peut aussi estre cause de ce son : car l'aer sortant par un lieu estroit rend un son, pour ceste même raison l'Arondelle vit plus temps en l'aer, car l'aer ne perce si fort, ne si tost par si estroite ouuerture. »

Suivant de Lacèpède, le Dactyloptère peut réellement voler hors de l'eau; il lui est possible, dit-il, « de s'élever au-dessus de la mer, à une assez grande hauteur, pour que la courbe que ce Poisson décrit dans l'air ne le ramène dans les flots que lorsqu'il a franchi un intervalle égal, suivant quelques observateurs, au moins à une trentaine de mètres ; et voilà pourquoi, depuis Aristote jusqu'à nous, il a porté le nom de *Faucon de mer*, et surtout d'*Hirondelle marine*.

« Elle traverserait au milieu de l'atmosphère des espaces bien plus grands encore, si la membrane de ses ailes pouvait conserver sa souplesse au milieu de l'air chaud et quelquefois même brûlant des contrées où on le trouve ; mais le fluide qu'il frappe avec ses grandes nageoires les a bientôt desséchées, au point de rendre très difficile le rapprochement et l'écartement alternatifs des rayons ; et alors le Poisson, perdant rapidement sa faculté distinctive, retombe vers les ondes au-dessus desquelles il s'était soutenu, et ne peut plus s'élancer de nouveau dans l'atmosphère que lorsqu'il a plongé ses ailes dans une eau réparatrice, et que, retrouvant ses attributs par une immersion dans son fluide natal, il offre une sorte de petite image de cet Antée que la mythologie grecque nous représente comme perdant ses forces dans l'air, et ne les retrouvant qu'en touchant de nouveau la terre qui l'avait nourri.

« Les Pirapèdes ou Dactyloptères usent d'autant plus souvent du pouvoir de voler qui leur est départi, qu'elles sont poursuivies dans le sein des eaux par un grand nombre d'ennemis. Plusieurs gros Poissons, et particulièrement les Daurades et les Scombres, cherchent à les dévorer, et telle est la malheureuse destinée de ces animaux qui, Poissons et Oiseaux, sembleraient avoir un double asile, qu'ils ne trouvent de sûreté nulle part, qu'ils n'échappent aux périls de la mer que pour être exposés à ceux de l'atmosphère, et qu'ils n'évitent la dent des habitants des eaux que pour être saisis par le redoutable bec des Frégates, des Phaétons, des Mauves, et de plusieurs autres oiseaux marins.

« Lorsque des circonstances favorables éloignent de la partie de l'atmosphère qu'elles traversent des ennemis dangereux, on les voit offrir au-dessus de la mer un spectacle assez agréable. Ayant quelquefois un demi-mètre de longueur, agitant vivement dans l'air de larges et longues nageoires, elles attirent d'ailleurs l'attention par leur nombre, qui souvent est de plus de mille. Mues par la même crainte, cédant au même besoin de se soustraire à une mort inévitable dans l'Océan, elles s'envolent en grandes troupes ; et lors-

qu'elles se sont confiées ainsi à leurs ailes au milieu d'une nuit obscure, on les a vues briller d'une lumière phosphorique, semblable à celle dont resplendissent plusieurs autres Poissons, et à l'éclat que jettent, pendant les belles nuits des pays méridionaux, les insectes auxquels le vulgaire a donné le nom de *Vers luisants*. Si la mer est alors calme et silencieuse, on entend le petit bruit que font naître le mouvement rapide de leurs ailes et le choc de ces instruments contre les couches de l'air ; et on distingue aussi quelquefois un bruissement d'une autre nature, produit au travers des ouvertures branchiales par la sortie accélérée du gaz que l'animal exprime, pour ainsi dire, de diverses cavités intérieures de son corps. Ce bruissement a lieu d'autant plus facilement, que ces ouvertures branchiales étant très étroites, donnent lieu à un frôlement plus considérable ; et c'est parce que ces orifices sont très petits, que les Pirapèdes, moins exposés à un dessèchement subit de leurs organes respiratoires, peuvent vivre assez longtemps hors de l'eau. »

Les voyageurs modernes confirment, en partie, ces données. Ils racontent que, à bord des navires, on aperçoit parfois un essaim de Dactyloptères, se soulevant tout à coup au-dessus des vagues, s'élever rapidement hors de l'eau à la hauteur de 4 à 5 mètres et, après avoir parcouru une distance de 100 à 120 mètres, disparaître de nouveau sous les flots. Il n'est pas rare de voir se renouveler plusieurs fois de suite cet intéressant spectacle ; un essaim se soulève, se précipite en avant et replonge ; mais pendant ce temps un second a déjà commencé à tourbillonner de la même manière, et avant qu'il n'ait plongé, un troisième, voire même un quatrième, a pris son essor. Lorsque son élan a lieu dans certaines directions, on peut voir que ces animaux sont pourchassés par des Poissons voraces et qu'ils cherchent leur salut dans la fuite au sein des airs ; mais le plus souvent ils ne suivent aucune direction déterminée et semblent prendre leurs ébats tout à fait au hasard. Au voisinage des côtes, les Poissons volants attirent très souvent cependant l'attention des Mouettes et des Pétrels qui accourent aussitôt et commencent à leur donner la chasse ; c'est alors que le spectacle devient plein d'attrait, car les Oiseaux doivent déployer toute leur adresse et toute leur rapidité pour pouvoir s'emparer des Dactyloptères qui plongent sans cesse

POISSONS VOLANTS (DACTYLOPTERUS VOLITANS).

et changent de direction à chaque instant.

La nourriture des Dactyloptères se compose de Crustacés et de petits Mollusques.

LE DACTYLOPTÈRE VOLANT. — *DACTYLOPTERUS VOLITANS.*

Flughahn.

Caractères. — On désigne cette espèce sous les noms de *Gallina* à Nice, de *Ratapenada*, *Pei voulan* à Cette, d'*Aronde*, *Aronelle*, *Rondolo*, sur les côtes de Provence et de Languedoc.

Elle arrive généralement à la taille de $0^m,30$ à $0^m,40$. Le corps est, sur le dos, d'un brun foncé chez les individus jeunes, d'un brun clair ou rougeâtre avec des taches bleu de ciel chez les adultes; les flancs sont d'un rouge assez vif; le ventre est rosé; le dessous de la tête est généralement d'un brun rougeâtre. La première dorsale est grisâtre avec des marbrures brunâtres; la seconde est colorée en gris clair et porte des anneaux brunâtres dans l'espace qui sépare les rayons; la caudale présente le même système de coloration; les ventrales et l'anale sont d'un blanc rosé; la partie antérieure de la pectorale est brunâtre, avec des taches bleues; l'aile est noirâtre en dessous, noirâtre ou olivâtre avec de larges taches bleuâtres en dessus. Chez les individus jeunes, les nageoires sont d'une teinte brun foncé uniforme.

Le corps, allongé, va en diminuant régulièrement de la tête à la queue; il est couvert de grandes écailles, semblables à des écussons, dures, fort rudes, très adhérentes; ces écailles portent une carène médiane plus ou moins saillante, dont l'ensemble forme des séries longitudinales d'arêtes tranchantes. Un casque, composé de pièces osseuses granulées, couvre le dessus et une partie des côtés de la tête. Le museau est court, fendu sur le milieu; la bouche est petite, ouverte en dessous, entouré de lèvres épaisses. Les yeux sont grands, jaunâtres. Les os de l'épaule sont striés, granuleux et se terminent par une épine longue, acérée. On compte sept épines et huit rayons aux dorsales, six rayons à l'anale; la petite pectorale est composée de six rayons, l'aile de vingt-neuf ou trente rayons (pl. IX).

Distribution géographique. — Le Dactyloptère se trouve dans toute la Méditerranée; il traverse l'Atlantique, aussi est-il connu sur les côtes du Brésil et aux Antilles; le grand courant chaud appelé *gulf stream* l'entraîne parfois vers le nord, il a été pris par la latitude de New-York.

LES ASPIDOPHORES — *ASPIDO-PHORUS*

Panzergroppen.

Caractères. — Avec une forme du corps assez semblable à celle des Péristédions, les Aspidophores se rapprochent des Cottes par la présence de deux nageoires dorsales distinctes. Le corps est en forme de pyramide allongée, cuirassé de plaques écailleuses; les mâchoires sont garnies de petites dents.

Distribution géographique. — Les onze espèces connues sont des parties froides et tempérées de l'hémisphère nord; une espèce représente le genre dans l'hémisphère sud, sur les côtes du Chili.

Les Aspidophoroïdes, qui ne se distinguent des vrais Aspidophores qu'en ce que les deux dorsales sont réunies, se trouvent au Groenland.

L'ASPIDOPHORE ARMÉ. — *ASPIDOPHORUS CATAPHRACTUS.*

Steinpider.

Caractères. — C'est en 1624, qu'un naturaliste allemand, Schonevelde, figura sous le nom de *Cataphractus* un petit Poisson dont le corps est entièrement cuirassé. Le corps est en forme de pyramide allongée, mince en arrière, large et un peu déprimé en avant; il est recouvert de grandes écailles, de boucliers dont les angles forment des arêtes longitudinales très prononcées. La tête est large, triangulaire, déprimée; la bouche, peu fendue, est placée au-dessous; les yeux sont situés non loin de l'extrémité du museau, qui est avancé, armé de deux petites épines verticales; les deux mâchoires portent une bande assez étroite de dents en velours très ras; sous la gorge, à la mâchoire inférieure, sont attachés de petits tentacules, des appendices cutanés. On compte six épines et six ou sept rayons aux dorsales, six ou sept rayons à l'anale. Les deux dorsales, bien que contiguës, sont distinctes; l'anale correspond exactement à la dorsale postérieure (fig. 264).

Il est assez difficile de bien indiquer le système de coloration; il est tantôt d'une

Fig. 264. — L'Aspidophore armé

teinte sombre assez uniforme, tantôt on voit sur un fond rosé ou rougeâtre des bandes brunes ou noirâtres ; le ventre est blanc grisâtre en avant, jaunâtre en arrière. Les nageoires sont d'un brun plus ou moins foncé, à part les ventrales qui sont d'un gris jaunâtre, avec quelques taches brunes.

Distribution géographique. — L'Aspidophore armé, connu sous le nom vulgaire de *Souris de mer* sur certaines côtes de France, ne se trouve que dans la partie nord de la France, où il est toujours rare ; il est beaucoup plus abondant dans la mer Baltique et dans la mer du Nord, vers les côtes de Norvège.

Mœurs, habitudes, régime. — L'espèce dont nous faisons l'histoire vit dans les lieux sablonneux ; pendant l'été elle se tient à des profondeurs moyennes, mais vers l'hiver elle se retire dans les profondeurs de la mer. D'après Eckström, le mâle s'approche des côtes plus rarement que les femelles, et seulement à l'époque de la ponte, en avril et en mai ; les Aspidophores arrivent parfois alors en grand nombre vers les côtes de la mer Baltique. La multiplication de cette espèce doit être faible, car Kröger n'a trouvé que 300 œufs dans le corps d'une femelle pleine. Bien que de faible taille, $0^m,015$ à $0^m,15$, l'Aspidophore est très vorace et s'empare de tous les petits animaux qui se trouvent à sa portée.

LES COTTES — *COTTUS*

Groppen.

Caractères. — Les Cottes, Chabots, Chaboisseaux, se reconnaissent à leur corps épais en avant, mince vers la queue, complètement nu ou portant des tubercules isolés ; à leur tête grosse, déprimée ; les deux dorsales sont distinctes, la seconde étant plus longue que la première, et que l'anale ; les rayons des pectorales sont tous ou presque tous simples ; les rayons des ventrales, au nombre de trois ou quatre seulement, sont enveloppés dans la peau (fig. 265) ; les mâchoires et le vomer

Fig. 265. — Le Cotte chabot.

sont armés de dents en velours. Chez les Cottes proprement dits, les palatins sont privés de dents, tandis que des dents existent chez les Centridermichthys.

Distribution géographique. — On connaît environ 40 espèces de Cottes proprement dits; elles se trouvent dans la partie froide et tempérée de l'hémisphère nord, en Europe, en Asie, en Amérique.

LE CHABOT DE RIVIÈRE. — COTTUS GOBIO.

Groppe.

Caractères. — Ce petit Poisson, dont la taille ne dépasse guère 0^m,12, se reconnaît de suite, parmi les espèces des eaux douces de nos pays, à sa forme étrange, due principalement à la grosseur énorme de sa tête et à l'amincissement graduel du corps jusqu'à l'origine de la queue. Les yeux sont petits, situés presque au sommet de la tête et dirigés de côté ; le museau est large, arrondi, la bouche est grande, ce qui permet à l'animal de saisir des proies relativement fortes. Au préopercule se trouve une petite épine ; au moment d'un danger, le

Chabot gonfle la membrane des ouïes par l'introduction d'une certaine quantité d'air, de manière à soulever l'os, et par suite à faire saillir l'épine. L'ouverture des ouïes n'est pas fort grande. Les dorsales sont réunies par une membrane peu élevée ; la première se compose de six à huit épines très flexibles, la seconde de seize à dix-huit rayons. L'anale, plus courte que la dorsale postérieure, est soutenue par douze ou treize rayons. La caudale est courte, tronquée à l'extrémité. Les pectorales sont grandes, arrondies ; les ventrales sont grêles (fig. 266).

La coloration est des plus variables ; la teinte générale est le plus souvent grisâtre avec de larges marbrures noires sur le dos et sur les flancs ; elle est gris plus clair, d'un blanc pâle, à la partie inférieure du corps ; les marbrures forment parfois des bandes transversales irrégulières. Les vieux individus ont ordinairement une couleur sombre presque uniforme, avec les parties inférieures toujours plus claires. La tête est grise, marquée de petites taches noires. Les dorsales sont parfois annelées de gris et de brun noirâtre ; en un mot, la coloration est différente suivant l'âge, le sexe et suivant l'habitat.

Distribution géographique. — Le Chabot habite toutes les eaux douces de l'Europe, depuis l'Italie jusqu'en Suède et en Norvège ; toutes les faunes locales en font mention.

D'après E. Blanchard, « le nom de *Chabot* ou *Cabot* remet en mémoire notre vieux mot français *caboche*, mais les altérations manquent rarement de modifier les noms, au point même de masquer leur origine : c'est sans doute ainsi, par corruption, que le mot Chabot est devenu *Chapsot* pour les pêcheurs des environs de Paris, et *Chamsot* pour ceux de la Normandie. On

Fig. 266. — Le Chabot de rivière.

reconnaît dans l'appellation de la Provence, usitée surtout dans le département de Vaucluse, *Lou Chabaou*, le même sens qu'à notre mot de Chabot.

« Sur le Rhône, à Genève, le poisson à grosse tête des ruisseaux est appelé *Séchot;* nous ne nous hasarderons pas à rechercher l'étymologie de ce nom. Dans la même contrée, on lui applique encore vionties, parlait-il, l'épi-

thète de *Sorcier.* Sur la rive du lac Léman, c'est le *Sassot* ou *Chassot,* et il est peut-être permis de croire que c'est le mot *Chasseur,* interprété par les habitants de la Savoie. Dans la Franche-Comté, c'est la *Linotte;* dans les Vosges, le *Bavard,* à cause de la mucosité, de la *bave* dont se couvre le corps ; dans une partie de l'Auvergne, à Raulhac, par exemple, l'*Esquale,* mot dont le sens pour nous n'est pas très bien déterminé. Dans le Languedoc, la tête de notre Poisson devient encore le signe distinct : c'est la *Tête-d'aze,* ce qui, en vrai français, signifie *Tête-d'âne.* Dans plusieurs départements, c'est le *Textu* ou *Testard,* bien plutôt probablement à cause de sa grosse tête, qu'en considération d'une vague ressemblance avec les larves des Batraciens, les *têtards* de grenouilles et de crapauds.

« Dans la Lorraine allemande, le Chabot est le *Kaitzenkoff,* c'est-à-dire la tête de Hibou et le Chat-huant ; en Alsace, il porte comme en Allemagne le nom de *Koppe* ou *Koppen* dont la signification primitive semble aujourd'hui assez obscure ; aux environs de Nice, c'est celui de *Botto.* Dans les autres contrées de l'Europe où l'on rencontre notre Chabot, les habitants le désignent par des appellations analogues. Les Anglais, par exemple, le nomment *Bull-head,* tête de taureau (1). »

Mœurs, habitudes, régime. — Le Chabot aime les eaux claires, limpides, à fond de sable et de graviers ; il se cache sous les pierres, pour y guetter sa proie, sur laquelle il se précipite avec une extrême rapidité ; « il se rend, dit Gessner, d'un endroit à un autre avec une telle vitesse qu'aucun autre Poisson d'eau douce ne peut lui être comparé ». L'élargissement de la partie antérieure du corps, qui s'atténue graduellement vers la queue, la puissance des pectorales, sont des conditions éminemment favorables à une locomotion brusque et rapide.

Par ses élans soudains, le Chabot s'empare facilement des insectes et des larves qu'il semble préférer à tout, mais, extrêmement vorace, il ne craint pas de s'attaquer à d'autres Poissons dont la taille ne le cède que peu à la sienne ; on dit même qu'il n'épargne pas sa propre progéniture.

Ce Poisson fraie dans certaines localités en mai et en avril ; dans la Seine c'est en mai, juin, juillet. Linné a rapporté que le Chabot bâtit un nid et qu'il défend avec courage sa progé-

(1) *Les Poissons des eaux douces de la France,* p. 163.

PÊCHE AU CHABOT

niture ; Marsigli et Fabricius disent que c'est le mâle qui se charge du soin des petits ; Fleming a constaté le même fait. Nous savons aujourd'hui que le mâle creuse simplement une cavité dans le sable, sous une pierre et amène des femelles pondre en cet endroit ; il garde ensuite le précieux dépôt avec une vigilance extrême, jusqu'au moment de l'éclosion des jeunes.

Des pêcheurs expérimentés de la Traun rapportèrent à Heckel et Kner ce qui suit :

« A l'époque du frai, le mâle se rend dans un trou qu'il a creusé entre des pierres et défend cette retraite avec le plus grand courage contre tous ceux qui font mine de vouloir s'en approcher ; si un Poisson, quand bien même il serait de sa propre espèce, s'approche du nid, le Chabot se précipite sur lui avec une extrême fureur, et le combat peut durer longtemps ; pendant ces luttes, on trouve souvent des Chabots qui tiennent dans leur vaste gueule la tête de leur adversaire sans pouvoir l'avaler. Lorsqu'il voit une femelle, le mâle l'invite à venir déposer ses œufs dans le trou creusé par lui, après quoi la femelle poursuit son chemin. Alors le mâle se fait le gardien des œufs pendant quatre ou cinq semaines, il ne les quitte que pour prendre sa nourriture. Son ardeur est aussi remarquable que sa persévérance ; il mord le bâton ou la baguette avec laquelle on veut le chasser et se laisse tuer plutôt que d'abandonner la place. »

Pêche, usages. — On savait, du temps d'Aristote, que le Chabot, que le grand naturaliste désigne sous le nom de *Boitor*, se tenant sous les pierres, il fallait frapper celles-ci pour le faire sortir de sa retraite, et qu'alors, tout étourdi par le coup, il venait de lui-même se livrer à la main ou au filet du pêcheur.

« Le Chabot, écrit Gesner, se prend de plusieurs manières, avec la main, avec des filets ; la nuit, on s'en empare facilement lorsque la lune brille ; à ce moment, les Chabots quittent leur cachette et rôdent çà et là, de telle sorte qu'on n'est pas forcé de retourner les pierres pour s'en emparer. On a aussi coutume de les capturer avec des nasses ou des faisceaux de petites baguettes reliées ensemble et placées sur le fond ; les Chabots se cachent et s'égarent dans ces fascines que l'on n'a plus qu'à soulever pour en faire une bonne récolte. Le Chabot a la chair saine, bonne et agréable au goût ; on apprécie ceux qui vivent dans les eaux courantes. »

Le Chabot est peu recherché aujourd'hui comme aliment, sans doute à cause de sa faible taille ; sa chair qui, en cuisant, prend une couleur saumonée, n'est cependant pas à dédaigner. Si on fait la pêche du Chabot, c'est surtout dans le but d'avoir un excellent appas pour l'Anguille.

« Le Chabot, écrit Blanchard, est, croit-on, trop intelligent pour mordre à l'hameçon. Pour le prendre, on emploie une nasse que l'on traîne, en renversant les pierres et en agitant le sable, soit avec les pieds, soit avec un bâton, de manière à déloger le poisson blotti dans les cavités, et à le pousser dans le filet. Il ne faut rien moins que trois hommes, pour mettre parfaitement cette manœuvre en pratique dans une petite rivière ; tandis que deux d'entre eux traînent la nasse en remontant le courant, le troisième, placé en avant, remue le fond avec son bâton dans la direction du filet. Il y a encore un procédé bien connu, et surtout à l'usage des enfants, pour s'emparer du Chabot : c'est la pêche à la fourchette, à laquelle se montrent fort habiles les jeunes habitants des parages du lac Léman, de l'Alsace et de bien d'autres localités. Une fourchette de fer est solidement attachée à un bâton ; le pêcheur soulève les pierres avec assez de précaution pour ne pas effrayer le poisson, et, guettant sa proie, il l'embroche d'un coup de son instrument (pl. X). »

LE COTTE SCORPION. — *COTTUS SCORPIUS.*

Seescorpion.

Caractères. — Les Cottes de mer ou Chaboisseaux ont la tête armée de fortes épines, de telle sorte que plusieurs ichthyologistes les ont réunis en un genre distinct sous le nom d'*Acanthocottes.*

L'espèce la plus connue est le Scorpion de mer, dont la taille arrive à 0m,25. La tête est grosse, couverte d'une peau molle, armée de fortes épines ; les membranes branchiostèges sont unies sous la gorge ; le museau est obtus, large, arrondi, la bouche largement fendue ; les yeux, de couleur jaunâtre, sont rapprochés du profil inférieur de la tête. Une membrane, assez courte et assez basse, réunit les deux dorsales, dont la postérieure est beaucoup plus développée que l'extérieure ; on compte à celle-ci huit à dix épines ; à l'autre se voit une épine et de treize à quinze rayons ; les pectorales sont bien développées (fig. 267).

Le dos et les flancs sont colorés en gris rous-

Fig. 267.   Le Cotte scorpion.

sâtre ou verdâtre, le ventre est d'un gris jaunâtre sale ; des marbrures brunes et noirâtres,
formant des taches très irrégulières, se dessinent plus ou moins nettement sur le corps ; la
tête est d'un brun ou d'un gris assez foncé relevé par des points et de petites taches blanchâtres. Les nageoires impaires et les pectorales sont grisâtres, très souvent traversées par
des bandes obliques de couleur foncée et
marquées de taches noirâtres ; les ventrales,
d'un blanc grisâtre, sont le plus ordinairement
marquées de points brunâtres.

Distribution géographique. — Le Scorpion
est essentiellement une espèce des mers du
nord, aussi est-il rare dans le golfe de Gascogne ; très abondant dans la Baltique, dans
la mer du Nord, il se propage jusque sur les
côtes des États-Unis, de l'Islande, du Groenland.

Mœurs, habitudes, régime. — Les mœurs
des Cottes marins sont presque les mêmes
que celles des espèces des eaux douces. Ils se
tiennent de préférence sur des fonds rocheux ;
on les prend souvent non loin des côtes, sous
des profondeurs de huit à quinze brasses, et ils
sont alors ramenés par le chalut ; le plus ordinairement, le Scorpion de mer se cache
sous les pierres, et c'est de cette retraite qu'il
guette sa proie, sur laquelle il fond avec une
rapidité extrême, et que, grâce à sa gueule si
largement fendue, il peut engloutir avec facilité. Sa voracité est extrême et tout lui est
bon, poissons, crustacés, vers, détritus de
toute sorte tombés des navires ; il s'en prend
souvent à des animaux plus forts que lui,
qu'il déconcerte par la rapidité, l'imprévu
de son attaque.

A certains moments de l'année, le Scorpion se rapproche beaucoup des côtes, et se
trouve dans les petites flaques d'eau. La ponte
a lieu de novembre à fin janvier, au milieu
des algues et des autres plantes marines ;
les œufs sont d'un beau rouge orangé ; après
la ponte, qui a toujours lieu non loin du rivage, le Cotte Scorpion retourne dans les profondeurs.

Vient-il à être attaqué ou simplement menacé, le Scorpion fait comme le Chabot : il
gonfle ses joues, de manière à présenter à
l'ennemi les fortes épines dont son préopercule
est armé.

Pêche, usages, dangers. — Ces épines peuvent occasionner de cuisantes blessures qui ont
souvent passé pour être empoisonnées, aussi
sont-ils généralement redoutés.

La chair du Scorpion étant fade, de mauvais
goût, ce poisson n'est guère pêché. D'après
Pontoppidan, on le prend cependant sur les
côtes de Norvège pour extraire du foie une
huile qui passe pour excellente.

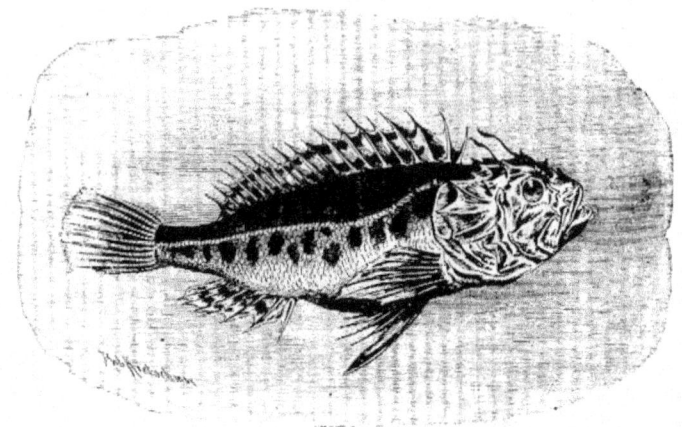

Fig. 208. — La Rascasse.

LES SCORPÈNES — *SCORPOENA*

Caractères. — « Les Scorpènes ressemblent beaucoup aux Cottes; elles en ont la tête épineuse et les grandes pectorales, en partie même les rayons gros et simples à ces nageoires; mais elles en diffèrent sensiblement par leur tête comprimée latéralement, par leur dorsale non divisée et par leurs dents aux palatins.

« Ce sont des Poissons à qui leur tête grosse et épineuse, et la peau molle et spongieuse qui les enveloppe le plus souvent, donnent un air hideux et dégoûtant, en même temps que les piqûres de leurs épines les rendent redoutables; aussi ne les a-t-on pas moins accablés de noms odieux que les Cottes; ceux de *Scorpion*, de *Crapaud*, de *Diable de mer* leur ont été prodigués. Celui de *Scorpènes* qu'on 'eur donne en quelques ports de la Méditerranée parait déjà sous la forme de *Scorpœna*, dans les ouvrages des anciens, quelquefois seul, quelquefois à côté de celui de *Scorpion*.

« Les Scorpènes proprement dites se caractérisent par une tête épineuse et tuberculeuse, dénuée d'écailles; des dents en velours aux palatins, aussi bien qu'au vomer et aux mâchoires; sept rayons à la membrane des ouïes; un corps écailleux; des lambeaux charnus, adhérents à leur tête et à leurs flancs,

BREHM. — VI.

et des rayons simples, quoique articulés, à la partie inférieure de leurs pectorales (1). »

Distribution géographique. — On connaît environ quarante-cinq espèces de Scorpènes; elles habitent les mers tropicales et sub-tropicales, il en existe deux espèces dans la Méditerranée.

LA SCORPÈNE TRUIE. — *SCORPOENA SCROFA*

Caractères. — Les formes de la grande Scorpène, Scorpène rouge, Scorpène truie, sont lourdes; le corps est oblong, la tête plus longue que haute; sous la mâchoire inférieure se voient des lambeaux cutanés plus ou moins nombreux; le museau est court, la bouche obliquement fendue; toute la tête est couverte d'épines acérées, couverte d'une peau molle; l'œil, qui est d'un jaune rougeâtre, est situé près de la ligne du front; le sourcil, armé d'épines, est très saillant. La dorsale s'insère très en avant et vient se terminer assez près de la racine de la caudale; on y compte douze épines acérées et neuf rayons; l'anale commence par des aiguillons robustes, suivis de cinq rayons mous; la caudale est large, un peu arrondie à ses angles.

La teinte générale est variable. Certains in-

(1) Cuvier et Valenciennes, *Histoire naturelle des Poissons*, t. IV, p. 286.

dividus ont le corps tout entier d'un beau rouge de minium, avec des marbrures et des lignes irrégulières brunâtres et blanchâtres ; d'autres fois le corps est tacheté, moucheté, marbré de brun, de noir, de grisâtre. Les dorsales sont marquées de taches ou de bandes brunes, jaunâtres ou rougeâtres, ainsi que les pectorales ; on y voit parfois une tache noire qui se trouve dans la partie antérieure de la nageoire. Les ventrales sont roses ou grisâtres avec des taches sombres.

La longueur de l'espèce peut arriver à 0ᵐ,50.

Distribution géographique. — Connue dans toute la Méditerranée, cette espèce se trouve sur les côtes voisines de l'Atlantique ; elle n'est même pas rare dans le golfe de Gascogne.

Mœurs, habitudes, usages. — La grande Scorpène habite principalement entre les rochers, plus généralement la haute mer.

Salviani, Rondelet, disent que ce poisson a la chair coriace, et voici ce que rapporte Rondelet à son sujet : « Ce poisson est nombré entre ceux qui ont la chair dure, parfois s'il est gardé quelque temps mort, il se fait plus tendre, comme toute autre chair dure. On le mange bouilli avec le vinaigre, rôti il n'est pas si bon : car il se fait trop dur. On le fait mourir en vin pour après boire le vin contre les douleurs du foïe, comme escrit Pline. De ce poisson se prenent d'autres médecines comme lesquelles trouverés dans Pline é Dioscoride. Quand on le prend à la main il fait mal ; car il a tant d'aiguillons à la teste, au dos, qui ne sçauroit estre qu'il ne blesse, si on ne le prend par la queüe, ou de deux dois par le milieu du corps. Les pescheurs souvent se piquent en le prenant, d'où s'ensuit inflammation, é grande douleur. J'ai veu un enfant bien fort blessé de ce poisson le voulant cacher dans son sein, lequel je guéris en lui mettant dessus la plaie un Surmulet fendu en deux, é le foïe de *Scorpena* mesme, d'où par expérience i'ai reconneu estre vrai ce que les Anciens ont escrit des remèdes contre la blessure du *Scorpena*. »

LA RASCASSE. — *SCORPOENA PORCUS.*

Seetrote.

Caractères. — La ressemblance de cette espèce avec celle que nous venons de faire connaître est extrême, et il n'est pas jusqu'à certains détails dans l'armure de la tête qui ne se retrouvent dans les deux. La Rascasse a cependant le corps plus haut, le dos et le ventre

plus convexes, les écailles beaucoup plus petites, très peu ciliées ; la mâchoire inférieure ne porte pas de lambeaux charnus. La taille, qui n'est jamais aussi grande, arrive rarement à 0ᵐ,30 (fig. 268).

Rien de plus variable comme la coloration de la Rascasse ; le corps est généralement grisâtre, largement marbré de noir ; le ventre, les ventrales, les parties inférieures des pectorales ont une teinte rosée ; l'œil est jaunâtre.

Distribution géographique. — La Rascasse est commune dans la Méditerranée et se trouve dans les parties de l'Atlantique voisines ; elle n'est pas très rare dans le golfe de Gascogne.

Mœurs, habitudes, usages. — Suivant Belon, la Rascasse préfère les étangs, les côtes fangeuses. De même que les autres espèces, elle est sédentaire, se tenant posée sous le sable ou cachée entre les herbes qui croissent sur les rochers, elle guette ainsi sa proie, qui consiste en petits poissons.

Bien qu'un peu coriace, la chair de la Rascasse est estimée sur les bords de la Méditerranée ; sur les côtes de Provence, elle sert surtout à la confection de la *bouille-abaisse*, et comme le dit Méry, la Rascasse est absolument indispensable

A ce plat phocéen accompli sans défaut.

LES PTÉROIS — *PTEROIS.*

Fittiggroppen.

Caractères. — Les Ptérois se rapprochent des Scorpènes par leur tête épineuse et comprimée, les lambeaux charnus qui se voient en divers points du corps, les rayons simples aux pectorales ; ils s'en distinguent toutefois par les nageoires dorsales réunies par une membrane et aux rayons prolongés ; les mâchoires et le vomer sont armés de dents en velours.

Distribution géographique. — Les neuf espèces de Ptérois habitent toutes les régions tropicales de l'océan Indo-Pacifique.

LE PTÉROIS VOLTIGEANT. — *PTEROIS VOLITANS.*

Rothfeuerfisch.

Caractères. — Chez cette espèce, le profil, qui descend obliquement, est un peu concave entre les yeux, qui sont grands et placés tout près de la ligne du front ; le museau et l'orbite portent des lambeaux charnus. La première dorsale est formée de treize longues épines dont la base seule est réunie par une membrane ; on compte douze rayons à la dorsale postérieure ; les pectorales sont composées de rayons réunis dont la membrane est profondément échancrée (fig. 269).

La couleur de cet animal est des plus belles ; d'après Klunfiger, qui a pu observer le Ptérois voltigeant sur le vivant, le corps est rouge ou brun rougeâtre, traversé d'une vingtaine de bandes d'un rose vif, rapprochées deux par deux et par paires ; sur la tête plusieurs de ces bandes se bifurquent ; sur le menton et sous la gorge se trouvent des lignes ondulées de couleur brune se détachant vigoureusement sur un fond rougeâtre. Le ventre est de couleur rosée. Au-dessus de la racine de la pectorale se voit une tache arrondie d'un blanc de craie ; la nageoire elle-même est noire grisâtre, le plus souvent avec de grandes taches nuageuses noirâtres dans l'intervalle des rayons et des anneaux blanchâtres sur ces rayons eux-mêmes ; à la base se trouvent quelques lignes rosées et des gouttelettes d'un blanc de lait. Les nageoires verticales sont d'un noir brunâtre, tachetées de blanc pur, avec des anneaux d'un rose rougeâtre et brunâtre, la membrane étant rayée de brunâtre sur un fond noirâtre. Les autres nageoires, d'un jaune pâle, sont tigrées de noir. Les lambeaux des sourcils sont bruns, marbrés de rouge et de blanc. L'œil est traversé par des rayons de couleur alternativement brune et blanchâtre.

Distribution géographique. — Cette espèce, largement répandue, se trouve depuis la mer Rouge jusque sur les côtes d'Australie.

Mœurs, habitudes, régime. — Bien que Linné ait donné à ce Poisson l'épithète de *volant, volitans*, il est fort douteux que ses pectorales, faibles et profondément échancrées, puissent soutenir le Ptérois au-dessus de la surface des eaux ; les observateurs affirment, en effet, le contraire.

Le Ptérois n'est même pas un bon nageur, aussi se tient-il surtout dans les fentes des rochers ou au milieu des récifs de coraux.

LES PÉLORS — *PELOR*

Caractères. — « Dans cette famille des Joues-cuirassées, écrivent Cuvier et Valenciennes, famille si abondante en Poissons de figure singulière, et parmi les genres voisins des Scorpènes, qui se font presque tous remarquer par leur laideur, il en existe un plus difforme et, on peut le dire, plus monstrueux que tous les autres, et que nous avons cru devoir désigner par un nom qui rappelât sa difformité : c'est le genre des Pélors. Sa tête écrasée en avant, ses yeux saillants et rapprochés, les épines hautes et presque isolées de sa dorsale, le font distinguer dès son premier aspect ; et à ces caractères se joignent des caractères précis : l'absence d'écailles sur le corps ; celle de dents aux palatins et deux rayons libres sous les pectorales. Les deux premiers de ces caractères sembleraient devoir rapprocher les Pélors des Cottes, le troisième des Trigles ; mais la dorsale indivise les sépare des uns et des autres pour les ramener près des Scorpènes. »

Parmi les Pélors, l'espèce la plus facile à caractériser par les filaments qui se voient en haut de la pectorale est le Pélor filamenteux (*Pelor filamentosus*) représenté figure 270. « Il serait impossible, d'après Cuvier et Valenciennes, sans le secours du dessin, de donner une idée de l'inconcevable bizarrerie des formes que la nature s'est plu à imprimer à ce Poisson. Ses joues concaves ; les épines de sa dorsale, droites, séparées, chargées d'arbuscules ; les filaments de sa pectorale ; les doigts libres et crochus qu'elle a sous elle ; ses ventrales attachées au ventre et réduites à des espèces de crêtes, tout, jusqu'à la singularité des couleurs, qui pénètrent même dans l'intérieur de sa bouche, sembleraient en faire un jeu horrible de la nature, si la constance de ses caractères ne montrait que c'est une espèce aussi réelle qu'aucune autre, et soumise à des lois tout aussi précises. »

Tout l'animal est enveloppé d'une peau molle et spongieuse, hérissée en plusieurs points de filaments mous ou de lambeaux plats et déchiquetés. La couleur de la bête n'est pas plus facile à décrire que sa forme. Le corps est grisâtre, marbré de taches fort irrégulières de couleur brune avec des points blancs passant par toutes les nuances jusqu'au rose rougeâtre ; de petites taches blanches, noires, rosées, se voient sur la tête et jusque dans la bouche. La pectorale, qui est transparente, a sa face interne de couleur rosée, tandis que la face externe est marbrée et pointillée comme le corps ; la base de la nageoire porte des taches noires séparées par des intervalles blanc de lait, tandis que le bord est semé de taches arrondies et brunâtres. La dor-

Fig. 269. — Le Ptérois volant.

sale molle est bordée de noir; trois barres de même couleur se voient sur la caudale; l'anale est brunâtre dans sa plus grande partie, ainsi que les ventrales.

Mœurs, distribution géographique. — Tous les Pélors sont des parties chaudes de la mer des Indes; ils paraissent se nourrir principalement de petits crustacés.

LES SÉBASTES — *SEBASTES*
Ultzfische.

Caractères. — Les Sébastes se rapprochent des Perches de mer par leur tête écailleuse; ils se relient aux Scorpènes par les rayons simples de la moitié inférieure des pectorales; la tête est plus ou moins épineuse; il existe des dents en velours aux mâchoires, au vomer et, le plus souvent, aux palatins.

Distribution géographique. — On connaît environ 35 espèces de Sébastes; elles habitent surtout la zone tempérée, et se trouvent plus particulièrement sur les côtes du nord-ouest de l'Europe, du Japon, de Californie

de la Nouvelle-Zélande et de la terre de Van-Diemen.

LE SÉBASTE SEPTENTRIONAL. — *SÉBASTES NORVEGICUS*
Bergilt.

Caractères. — La forme de cette espèce est à peu près celle de la Perche ou des Serrans, le corps étant oblong, un peu comprimé; l'œil est situé près de la ligne du front; plusieurs crêtes arment la tête; la membrane des ouïes est très fendue. On compte 15 épines et 15 rayons noirs aux dorsales.

La couleur est un rouge carminé vif qui se rembrunit un peu vers le dos et pâlit vers le ventre; on voit une tache noire plus marquée à l'angle de l'opercule.

Distribution géographique. — Cette espèce n'habite que la partie la plus septentrionale de l'océan Atlantique; on la trouve dans le haut de la mer du Nord, sur les côtes de Norvège, à Terre-Neuve, en Islande, au Groenland; elle descend accidentellement plus au

Fig. 270. — Le Pélor filamenteux.

sud et a été prise dans les parages de la Belgique.

Mœurs, usages. — Selon Fabricius, la chair du Sébaste septentrional est maigre, mais agréable au goût; on la mange séchée ou cuite ; les lèvres se mangent crues.

Le même naturaliste nous apprend qu'au Groenland ce poisson se tient dans les golfes les plus profonds qui découpent la partie méridionale, qu'il n'approche jamais des côtes que lorsqu'il est amené à sa surface par une tempête; il se nourrit principalement d'une petite Plie, très commune dans ces parages. On le pêche comme le Flétan, mais avec des lignes plus longues.

Les Groenlandais employaient autrefois les épines dorsales du Sébaste en guise d'aiguilles.

LE SÉBASTE DACTYLOPTÈRE. — *SEBASTES DACTYLOPTERUS.*

Caractères. — Fort voisin pour ses formes de l'espèce du nord de l'Europe, le Sébaste de la Méditerranée s'en distingue cependant par le nombre des rayons des dorsales, composées de 12 épines et de 12 rayons. La tête est comprimée, armée d'aiguillons; le museau est court, la bouche grande, oblique, la fente des ouïes très longue ; le préopercule est armé sur son bord postérieur de 5 épines. La longueur est d'environ 0ᵐ,30.

La teinte générale du corps est tantôt d'un rouge plus ou moins vif avec des bandes verticales blanchâtres, tantôt d'un rouge lavé de blanc, ou rosée avec des marbrures rougeâtres ; parfois on voit des bandes brunes qui se continuent jusqu'à la ligne latérale. Le ventre est rosé, l'œil est doré ou jaunâtre; le palais est noirâtre, la muqueuse de la chambre respiratoire d'un lilas très foncé, presque noirâtre.

Distribution géographique. — Le Sébaste dactyloptère ou Sébaste impérial habite toute la Méditerranée ; il se trouve aussi dans le golfe de Gascogne.

Mœurs, habitudes, régime. — Cette espèce se tient dans les endroits profonds. Delaroche, qui l'a découverte à Iviça, dit en avoir vu prendre plusieurs à des profondeurs variant entre 260 et 540 mètres.

LES GASTÉROSTÉIDÉES — *GASTEROSTEIDÆ*

Die Stichlinge.

Caractères. — A la suite des Joues-cui-rassées, Cuvier et Valenciennes ont fait con-naître de petits Poissons qui se distinguent de tous les autres par les épines dont leur dos est armé, ainsi que par les aiguillons qui leur tiennent lieu de nageoires ventrales ; ces deux caractères, joints à plusieurs autres, sont tels que les Épinoches, ce sont les pois-sons dont nous parlons, que les Épinoches sont aujourd'hui groupées dans une famille distincte.

Aux caractères énoncés plus haut, nous ajouterons que le corps est allongé, légère-ment comprimé, nu ou bien ayant, au lieu d'é-cailles, des pièces osseuses sur les flancs, et parfois sur les côtés de la queue ; la tête est nue ; il n'existe que trois rayons branchios-tèges ; les mâchoires sont garnies de petites dents ; le palais est lisse. En arrière de l'oper-cule, au-dessous de l'extrémité postérieure du crâne, on voit une pièce prolongée en pointe au-dessus de la nageoire pectorale ; cette pièce, qui est l'humérus, surmontée d'un petit os, ou scapulaire, forme la limite supérieure d'un large espace lisse et nacré, compris entre l'œil et la nageoire.

Distribution géographique. — Les Épino-ches ne se trouvent que dans les régions tem-pérées et arctiques de l'hémisphère nord ; elles sont principalement abondantes en Europe et dans l'Amérique du Nord ; on en connaît une espèce dans le nord de la Chine, et une en Algérie ; une espèce aurait été trouvée dans les grands lacs de l'Afrique centrale, mais ce der-nier fait mérite confirmation.

En France, les Épinoches sont fort com-munes, et il n'est pour ainsi dire pas de petit cours d'eau, de petite mare, où ne vivent ces animaux.

Une espèce est marine, elle se trouve dans le nord de l'Europe et descend jusque dans le golfe de Gascogne.

« Les Épinoches, écrit Émile Blanchard, sont connues à peu près de tout le monde, sous différents noms vulgaires ; tous ces noms font allusion à leur caractère le plus frappant : la présence des épines dont leur corps est armé. Du mot *épine*, on a formé le nom d'*Épinoche*, usité aux environs de Paris et dans plusieurs de nos départements. Ce nom, plus ou moins altéré, est devenu *Épinocle* sur plusieurs points de la Normandie, *Épinglotte* dans le centre de la France, *Épinarde*, *Épinaude*, *Écharde* dans certaines localités. Des auteurs ont pensé que la qualification d'*Épinarde* était née d'une sorte de ressemblance entre les piquants du Poisson et la feuille d'épinard ; la recherche des étymo-logistes est parfois périlleuse ; on a été un peu loin ici, où, sans doute, il n'y a rien de plus que le mot *épine* accompagné d'une désinence particulière.

« Dans l'idiome provençal, où les radicaux d'origine latine sont mieux conservés que dans la langue française, l'Épinoche est appe-lée *Spinobé*, comme en Italie on la nomme *Spinarella*.

« En divers endroits on ne regarde pas si l'Épinoche a des épines, mais on s'aperçoit toujours qu'elle pique ; de là, le nom de *Picot* employé dans les Ardennes ; l'équivalent, *Stichling*, en Alsace comme en Allemagne, dé-rive du mot *Stich* qui signifie piqûre. Dans le département du Nord et sur quelques points du département du Pas-de-Calais, le nom fla-mand *Estanclin* ou *Esteclin* s'est conservé ; il a la même origine et la même signification. Dans la Lorraine allemande, le nom *Spissert* est en usage ; c'est un substantif formé du verbe germanique *Spiessen*, qui se traduit en français par *enterrer* ou percer d'une piqûre.

« La plupart des noms étrangers de l'Épino-che ont la signification de ceux de notre pays. Les Anglais, pourtant, ont voulu indiquer que c'est principalement le dos qui est redoutable (*Stickleback*).

« Quelquefois le peuple, dans ses appellations, va au delà de ce qui frappe les sens ; une com-paraison lui vient en idée, une analogie est saisie au vol. Ainsi on s'aperçoit que les épines du petit Poisson de nos ruisseaux ont une certaine ressemblance avec l'instrument qui sert à la confection des chaussures, c'est-à-dire avec une alène ; le petit Poisson sera nommé *Cordonnier* ou *Savetier* (1). »

(1) *Les Poissons des eaux douces de la France* p. 117

Mœurs, habitudes, régime. — Dans la plupart des régions où se trouvent des ruisseaux dont le cours peu rapide permet aux plantes aquatiques de se multiplier ; dans les localités où les mares, les étangs, sont couverts de végétaux, on est presque certain de trouver des Épinoches en abondance, car ces petits animaux vivent toujours en troupes.

« Ces Poissons, dit Blanchard, les plus petits de nos eaux douces, évitent les grandes profondeurs. Rares dans les plaines et les larges rivières, lorsqu'ils s'aventurent dans les vastes cours, ils semblent craindre de s'éloigner de la terre ; ils nagent là où le courant est paisible, entre les herbes qui croissent près du rivage. Les Épinoches ayant une prédilection pour les eaux calmes et assez claires, l'observateur arrêté au bord d'un ruisseau tranquille, par une belle journée de printemps ou d'été, ne tarde pas à apercevoir quelques-uns de ces petits Poissons aux formes gracieuses, aux couleurs vives et chatoyantes, à la désinvolture pleine d'élégance, tantôt presque immobiles, tantôt nageant avec rapidité, poursuivant une proie ou se poursuivant entre eux.

« Les Épinoches, qui appartiennent essentiellement à la catégorie des Poissons d'eau douce, fréquentent aussi les eaux saumâtres, et quelquefois le rivage de la mer ; mais ces différences de régions n'ont pas lieu, en général, pour les mêmes espèces ; les Épinoches qui habitent le voisinage des côtes maritimes ne se rencontrent pas dans l'intérieur des terres.

« Ces Poissons nagent souvent en troupes, et dans les eaux où ils se trouvent en abondance, il n'est pas rare de les voir se former en longues colonnes. Des individus isolés errent aussi à l'aventure. Les Épinoches vivent d'insectes, de vers, des mollusques qui fourmillent dans les mares et les ruisseaux ; elles en consomment des quantités prodigieuses et avalent également une infinité de poissons nouvellement éclos et même du frai, ce qui leur vaut une antipathie prononcée de la part des pêcheurs.

« Les Épinoches ont la réputation très établie d'avoir une humeur irascible et d'être d'une étonnante voracité. Des amateurs se sont souvent amusés à observer de ces Poissons qu'ils mettaient dans des vases, dans le but d'épier leurs mouvements vifs et gracieux, d'exciter leur colère, d'assister à leurs combats, de les voir s'emparer avidement de leur proie. Les récits sur ces sujets sont nombreux. Ici,

l'auteur a contemplé une lutte entre deux individus acharnés, il décrit l'impétuosité de leur poursuite, la manière dont les coups d'aiguillon étaient portés, comment là il y eut un vainqueur et un vaincu, comment le vainqueur, furieux et sans pitié, a fini par éventrer son adversaire ; là, l'observateur a vu parmi les Épinoches, s'agitant dans un bassin devenu leur demeure, un individu qui, après avoir pris possession d'un coin particulier, poursuivait avec fureur ses pareils, s'ils s'avisaient de l'approcher. Ailleurs, on a vu une Épinoche dévorer dans l'espace de cinq heures de temps 74 poissons vivants de l'espèce connue sous le nom vulgaire de Vandoise. On en a remarqué une qui avait avalé entièrement une sangsue d'assez forte taille.

« Il est très curieux de voir ces Poissons changer instantanément d'attitude suivant les circonstances. Nagent-ils paisiblement, leurs épines dorsales sont couchées et à peine visibles ; leurs épines ventrales sont ramenées sur les côtés du corps. Survient-il un danger, quelque chose de nature à exciter leur colère, soudain, les pointes du dos se dressent menaçantes, les pointes du ventre s'écartent, prêtes à entamer l'ennemi. Ces terribles aiguillons inspirent la crainte, même à d'assez gros Poissons. Il arrive malheur aux imprudents. Des Perches, de jeunes Brochets voraces, malgré l'armature de leur palais, ont quelquefois la bouche ou le gosier embroché par l'Épinoche qu'ils ont saisie et dont ils ne parviennent pas toujours à se débarrasser sans grave accident.

« On assure que la durée de l'existence des Épinoches ne se prolonge pas au delà de trois années ; Bloch, le célèbre ichthyologiste allemand, l'a dit ; d'autres l'ont répété. L'assertion n'a pas été démentie ; ainsi que Cuvier le fait remarquer, elle ne saurait être présentée néanmoins comme ayant le caractère de la certitude. »

Les Épinoches se conservent parfaitement en captivité, pourvu qu'on leur donne un bassin un peu grand ; il est facile d'observer ces animaux pendant longtemps ; aussi les mœurs des espèces de nos eaux douces sont-elles bien connues.

Un excellent observateur, Evens, nous a laissé sur les Épinoches d'intéressants détails.

« Presque sans exception, écrit-il, tous les prisonniers qu'on vient de faire et que l'on place dans un aquarium se démènent avec une rage insensée. Pendant des heures entières une Épinoche faisait rage à la même place, la tête toujours dirigée contre les parois de verre de sa prison et rien ne pouvait la tirer de cette position, pas même l'appât d'un friand morceau. Tout dérangement rendait l'animal encore plus furieux. Il n'est pas douteux que beaucoup d'animaux tenus en captivité ne périssent de la sorte et que dans leur colère ils ne se blessent mortellement en se lançant contre les parois de leur prison. »

Les choses ne se passent pas toujours ainsi, lorsque l'aquarium est un peu grand et abondamment pourvu d'eau. Les Épinoches qu'on vient d'y mettre nagent d'abord en troupes, comme pour bien reconnaître les lieux et vont examinant chaque place, chaque recoin. Soudain une d'entre elles prend possession d'un endroit qui sans doute lui convient mieux que les autres, et alors un combat acharné s'engage entre le premier occupant et les intrus qui feraient mine de vouloir s'emparer de son domaine. Les deux combattants nagent avec la plus grande rapidité en cercle ou côte à côte, se mordant et cherchant mutuellement à implanter leurs terribles épines dans le corps de l'adversaire. Souvent le combat dure plusieurs instants avant que l'un s'avouant vaincu lâche prise; le vainqueur, montrant alors la plus vive colère, nage derrière le vaincu et le chasse de place en place jusqu'à ce que, n'en pouvant plus de lassitude, il se réfugie dans la vase. L'Épinoche se sert de ses aiguillons avec une telle force que souvent l'adversaire est transpercé de part en part et tombe mort sur le coup. Peu à peu cependant chacun a choisi la place qui lui convient, et il arrive que dans le même bassin plusieurs de ces petits tyrans se surveillent réciproquement, et si l'un d'eux quittant la place qu'il doit occuper vient à s'approcher d'un voisin, le combat recommence alors plus vif et plus acharné que jamais.

« Le duel, dit Évans, est surtout dangereux lorsqu'il a lieu entre deux mâles. Les animaux tournent alors autour l'un de l'autre avec une extrême rapidité. Si le soleil vient à luire sur l'eau, les aiguillons et la cuirasse brillent du plus vif éclat. Le plus souvent le combat n'a pas de graves conséquences; le plus faible finit par prendre la fuite, poursuivi qu'il est par l'enragé vainqueur, jusqu'à ce qu'il soit hors d'atteinte et qu'il ait trouvé un abri sûr. Plusieurs fois j'ai vu le vaincu, acculé par son adversaire, se retourner brusquement, se placer de côté et dresser ses armes redoutables; le

plus souvent l'adversaire lâchait prise alors et s'enfuyait, car, conscient de la supériorité de son ennemi, il n'osait engager la lutte. Je n'ai jamais vu, bien qu'on me l'ait affirmé, les Épinoches s'entre-déchirer et se dévorer entre elles. »

D'après plusieurs observateurs, les mâles seulement se combattraient et les femelles vivraient entre elles dans une paix profonde; Évers combat cette assertion; d'après lui, les femelles seraient tout aussi acharnées au combat que les mâles, bien que, le plus souvent, elles soient d'humeur moins belliqueuse. « On n'a pas besoin, dit Évers, de présenter aux femelles un friand morceau pour les exciter les unes contre les autres; pour un rien, elles se cherchent querelle. »

Le même observateur rapporte que ce sont les femelles qui surtout taquinent et attaquent les Poissons que l'on place dans le bassin qu'elles occupent; placées vers le haut de leur aquarium, elles observent attentivement tout ce qui se passe au-dessous d'elles; deux mâles viennent-ils à se battre, elles se précipitent avec rage sur les combattants, tantôt pour repousser les fuyards et les obliger à accepter la bataille, tantôt pour attaquer le vainqueur; dans toute querelle, elles excitent au combat et soufflent, pour ainsi dire, le feu de la discorde. Deux femelles de forte taille qu'Évers soignait plus particulièrement s'étaient posées en souveraines maîtresses de l'aquarium; elles ne s'attaquaient pas entre elles, mais avaient su inspirer une telle frayeur aux autres femelles qui habitaient le même bassin, que celles-ci se cachaient pour prendre leur nourriture, laissant leurs tyrans s'emparer de la part du lion; les mâles avaient également à souffrir des deux despotes et ils étaient régulièrement attaqués et chassés lorsque, poursuivis par d'autres mâles, ils venaient chercher asile auprès d'elles. Le despotisme des deux mégères était tel, qu'Évers dut les retirer de l'aquarium, qu'elles terrorisaient littéralement.

Les diverses passions exercent une grande influence sur la coloration des Épinoches. La colère du vainqueur transforme la couleur vert argenté de son corps en teintes les plus vives; le ventre et la mâchoire inférieure deviennent d'un rouge vif; le dos passe du jaune rougeâtre au vert clair; l'œil luit d'un vert d'émeraude; cette coloration ne dure parfois qu'un instant et le vainqueur est-il vaincu à

Fig. 271. — L'Épinoche à queue lisse et son nid (d'après E. Blanchard).

son tour qu'il pâlit de suite, tandis que l'adversaire, de gris et terne qu'il était, revêt immédiatement la brillante parure de triomphateur.

Evers a fait à ce sujet de nombreuses et curieuses observations, et rien qu'en voyant la coloration de ses petits hôtes il pouvait savoir quels étaient, pour ainsi dire, les sentiments qui les faisaient agir. Tout mâle qui s'était emparé de la place qui lui convenait était paré des plus brillantes couleurs; ceux qui aspiraient à prendre cette place, de gré ou de force, étaient également parés; si brusquement une Épinoche, soit un mâle, soit une femelle, devenait d'un rouge rosé, on pouvait affirmer qu'elle se préparait au combat; si la coloration disparaissait soudain, il était certain que l'animal avait échoué dans son entre-

prise, et que, tout honteux de sa défaite, il redevenait humble, ainsi que cela convient à un vaincu. Lorsqu'un animal paré de toutes ses couleurs était brusquement placé dans un autre bassin, la parure disparaissait de suite et ne revenait pas tant que la bête était au repos. Parfois cependant les Épinoches isolées ainsi se coloraient brusquement, sans qu'on pût bien exactement en savoir la cause; essentiellement irritable et despote, l'Épinoche prenait feu et se mettait en colère contre un roseau agité par le vent, contre un grain de sable ou un cailloux qu'elle ne trouvait sans nul doute pas bien placé, parfois contre l'ombre de l'observateur.

La natation des Épinoches est rapide, et ces animaux nagent, le plus souvent, près de la surface de l'eau. Malgré leur petitesse, elles n'ont guère peur des autres Poissons, ayant conscience de la force de leurs armes; instinctivement cependant, lorsqu'elles se trouvent en présence d'un ennemi, elles dirigent tous leurs efforts contre lui. Lorsque Évers mettait une Perche dans un vaste aquarium contenant diverses sortes de Poissons, les Dorades de la Chine ne faisaient guère attention au nouveau venu, à peine les Vandoises s'appercevaient-elles de la présence de l'ennemi; il en était tout autrement pour les Épinoches. Tandis que la Perche nageait en traçant des cercles, les yeux rouges et avides de carnage, les Épinoches se rassemblaient en troupe, toute resplendissantes de colère et d'inquiétude, et surveillaient l'ennemi, toutes les épines hérissées; les dissensions intestines étaient à ce moment oubliées, et tant que l'ennemi commun, la Perche, resta dans le même réservoir qu'elles, les Épinoches ne se cherchèrent pas querelle; ces petits animaux se tenaient constamment vers la surface de l'eau dans le voisinage des herbes qui pouvaient leur offrir quelque abri ; les mâles étaient en avant et formaient l'avant-garde d'une petite et courageuse armée toute prête, au moindre danger, à se jeter sur l'ennemi.

Nous avons déjà dit que la voracité de l'Épinoche est très grande ; en voici plusieurs exemples :

D'après Ramage, de jeunes sangsues sont poursuivies avec acharnement par l'Épinoche. Sitôt qu'on mettait une sangsue dans le verre où se trouvait le Poisson, celui-ci se précipitait sur l'Annélide; cette dernière s'attachait-elle à la paroi, elle en était arrachée, mordue et secouée absolument comme un chien le fait d'un rat qu'il vient de prendre; il arrivait parfois que la sangsue se fixait à l'Épinoche, mais cette dernière parvenait toujours à s'en débarrasser. Couch donna comme compagnon de captivité à une Épinoche une jeune Anguille longue de 8 centimètres; l'Anguille fut de suite attaquée par le vorace Poisson et ne tarda pas à être avalée la tête la première; mais l'Anguille était trop grosse pour être engloutie d'un coup et une partie sortait de la gueule de l'Épinoche; celle-ci se vit forcée de rejeter ce qu'elle ne pouvait pas engloutir. De petits Papillons qui touchaient à la surface de l'eau étaient aussitôt engloutis, les ailes ayant été coupées.

Un observateur de beaucoup d'humour, le docteur Jonathan Franklin, nous a laissé quelques traits vraiment charmants sur les mœurs de l'Épinoche, et nous ne pouvons mieux faire que de transcrire ici quelques passages, d'après l'habile traducteur A. Esquiros :

« La captivité soumet, assure-t-on, les esprits les plus remuants. S'il en est ainsi pour l'Épinoche, ce poisson doit être, à l'état de liberté, le prince du mouvement. Jetées dans l'aquarium, les Épinoches s'élancent comme des enfants qu'on laisse sortir de la classe dans la cour des récréations. Volant dans toutes les directions, elles vont reconnaître tout d'un coup les limites de leur nouvelle résidence. Au bout de quelques heures, leur plan de conduite est tracé pour l'avenir. Ce plan peut être expliqué en quelques mots : épier tout, attaquer tout être vivant qu'elles rencontrent, avaler tout ce qui se meut dans l'eau, — pourvu que ce ne soit pas trop gros pour leur bouche, — et tourmenter, autant qu'elles peuvent, leurs compagnons de captivité.

« Elles se réunissent par bandes; et, différentes en cela des brigands, auxquels elles ressemblent sous tant d'autres rapports, les Épinoches ne s'associent point pour combiner une attaque, mais pour le plaisir de se quereller à propos de butin. Si une parcelle de bois ou toute autre chose du même genre descend dans l'eau, le plus agile de la bande le saisit et l'avale ; mais, la trouvant rebelle au sens du goût, elle la dégorge au profit d'une de ses pareilles, la seconde en activité, qui lorgnait tout à l'heure l'opération d'un œil attentif; le morceau passe ainsi de bouche en bouche jusqu'à ce que, reconnu décidément impropre à la nutrition, on le laisse tomber et reposer au fond de l'eau.

« Malheur aux Mollusques que rencontre l'Épinoche, s'ils ne cherchent point une prompte retraite au fond de leurs coquilles! Le grand Scarabé d'eau lui-même est obligé de rebrousser chemin s'il ne veut point subir l'indignité d'avoir ses cornes tirées et son dos frappé chaque fois qu'il change de quartier. Jetez-vous un ver dans l'aquarium, toute la bande le flaire simultanément ; le premier venu l'avale autant que le permet la capacité de ses voies digestives et s'éloigne, comme un trait, de ses camarades envieux, en rusant comme un lièvre; mais en vain : un plus grand et un plus fort de la famille est là qui le guette. Il a vu une queue tordue et inabsorbée se projeter hors de la bouche de son camarade. Cette queue, il la saisit sans scrupule, puis part à toute vitesse, traînant çà et là dans l'aquarium sa victime. Si rapide et si adroit que soit le tour, il n'a point échappé à la surveillance d'un autre frère d'armes aussi fort et aussi vorace que lui-même. A peine ce dernier a-t-il réussi à prendre le morceau de la bouche de son voisin, qu'il est attaqué, dévalisé par un autre qui ne se montre pas, lui, d'aussi bonne composition. Chacune des Épinoches a maintenant un des bouts du pauvre ver inoffensif qui se trouve mangé par deux ennemis à la fois. Ces deux adversaires exécutent de concert une course aussi amicalement que deux lévriers en laisse. A la fin, le plus faible ou le moins persévérant cède, dégorge sa moitié, et laisse le vainqueur achever son repas. Heureux quand celui-ci n'est pas obligé, à son tour, de rendre sa proie à quelque nouveau brigand !

« J'ai passé des heures entières à observer de telles scènes. Dans cette chasse au ver j'avais une allégorie vivante de l'activité avec laquelle les hommes se disputent les richesses.

« Quelquefois un petit fier-à-bras prend la résolution insolente de persécuter un des membres de la communauté, quinze à vingt fois plus gros que lui, par exemple, une Carpe prussienne douce, désarmée, inoffensive. J'ai été témoin oculaire d'un engagement de ce genre-là. Une Carpe se tenait immobile à mieau : à peine si une légère ondulation se faisait remarquer dans une de ses nageoires. Elle semblait rêver. Tout à coup, une Épinoche, les épines dressées et armée d'une vivacité de coup d'œil dont on croirait difficilement ces petites créatures susceptibles, se précipite avec la rapidité de l'éclair, donne un choc à la nageoire de la Carpe, et bat en retraite. La Carpe, désapprouvant cette manière de saluer le monde, se meut et va chercher un autre lieu de repos ; mais, hélas ! elle n'y trouve pas ce que cherchait Dante : la paix. Son persécuteur n'est point d'humeur à se laisser si vite déconcerter dans ses plans ; il renouvelle ses attaques. C'est maintenant à la queue de l'animal qu'il en veut. La pauvre Carpe ne cherche point à user de représailles : cette patience, néanmoins, ne touche point le cœur de son ennemi. Sa jolie queue et ses nageoires, hier si coquettes (je parle de la Carpe), pendent maintenant en lambeaux. »

Pendant la plus grande partie de l'année on peut observer les ébats, les chasses, les combats des Épinoches ; viennent les mois de mai, de juin ou de juillet, on est dans la saison pendant laquelle ces petits Poissons vont se reproduire ; ils nous offriront alors des observations du plus haut intérêt.

Dès 1724, un naturaliste anglais, Richard Bradley, constata d'une manière positive que les Épinoches construisent un nid composé de fibres de racines, « de manière, dit-il, à laisser un tube creux à l'intérieur plutôt pour recevoir la ponte que pour servir de logement au Poisson lui-même ; car les Épinoches ont dans leur nageoire dorsale une épine aiguë, qui est suffisante pour les défendre contre les Poissons de proie ; mais comme elles vivent toujours dans les plus basses eaux, leur ponte serait trop exposée aux Hirondelles et aux autres Oiseaux qui se plaisent dans le voisinage des eaux, si elle n'était protégée par quelque chose comme une couverture. »

En 1775, Valmont de Bomare, auteur d'un Dictionnaire estimé d'histoire naturelle, relate que l'Épinoche va chercher des brins d'herbes, les apporte dans sa bouche et les dépose dans la vase. « Est-ce un nid, dit-il, ou un magasin de vivres ? Si d'autres Épinoches approchent de cet endroit, bientôt il leur donne la chasse et les poursuit au loin avec une vivacité étonnante. »

Depuis 1775 jusqu'en 1844, divers observateurs anglais et allemands parlèrent de la modification de l'Épinoche ; en 1844, A. Lecoq publia plusieurs faits concernant la modification de ce petit Poisson.

Tous ces faits étaient cependant restés inaperçus lorsque, en 1846, Coste communiqua à l'Académie des sciences une étude complète sur les mœurs des Épinoches qu'il avait été à même d'observer dans les bassins du Collège de France.

Depuis, de semblables observations ont été souvent faites ; un de nos plus savants zoologistes, Émile Blanchard, ayant été témoin de la nidification des Épinoches, nous croyons ne pouvoir mieux faire que de transcrire ici le passage plein de charme qu'il a consacré aux mœurs de ces petits animaux, si intéressants à tous égards.

« L'Épinoche mâle, l'Épinoche à queue lisse, après s'être arrêté à un endroit déterminé, fouille avec son museau la vase qui se trouve au fond de l'eau ; il finit par s'y enfoncer tout entier. L'agitant avec violence, tournant avec

rapidité sur lui même, il forme bientôt une cavité qui se trouve circonscrite par les parties
pierreuses rejetées sur les bords. Ce premier
travail exécuté, le Poisson s'éloigne sans paraître toujours suivre une direction bien arrêtée; il regarde de divers côtés, il est évidemment en quête de quelque chose. Un peu de
patience encore, et vous le verrez saisir avec
ses dents un brin d'herbe, ou un filament de
racine. Alors, tenant ce fragment dans sa bouche, il retourne directement et sans hésiter au
petit fossé qu'il a creusé. Il y dépose le brin, le
place à l'aide de son museau, en apportant au
besoin des grains de sable pour le maintenir et
en portant son ventre sur le fond. Dès qu'il est
assuré que le fragile filament ne pourra être
entraîné par le courant, il va en chercher un
nouveau pour l'apporter et l'ajuster comme il
a fait du premier. Le même manège devra être
recommencé bien des fois avant que le fond du
fossé ne soit garni d'une couche suffisante de
brindilles. Le moment arrive cependant où le
tapis est devenu épais; toutes les parties sont
bien enchevêtrées et parfaitement adhérentes
les unes aux autres, car l'Épinoche, par le frottement de son corps, les a agglutinés avec le
mucus qui suinte des orifices percés le long de
ses flancs.

« Ce qui ravit l'observateur attentif à suivre
ce travail, c'est de voir l'intelligence qui paraît
présider aux moindres détails de l'opération.
En plaçant ces matériaux, le Poisson semble
d'abord chercher simplement à les entasser;
mais une fois le premier lit établi, il les dispose
avec plus de soin, se préoccupant de leur donner la direction qui sera celle de l'ouverture à
la sortie du nid. Si l'ouvrage n'est pas parfait,
l'habile constructeur arrache les pièces défec-
tueuses, les façonne, et recommence jusqu'à
ce qu'il ait réussi au gré de ses désirs. Parmi
les matériaux apportés, s'en trouve-t-il que
leur dimension ou leur forme ne permet pas
d'employer convenablement, il les rejette et
les abandonne après les avoir essayés. Ce n'est
pas tout encore; comme s'il voulait s'assurer
que la base de l'édifice est bien consolidée, il
agite avec force ses nageoires de manière à
produire des courants énergiques, capables de
montrer que rien ne sera entraîné.

« L'industrieux Épinoche, dans l'accomplissement de son labeur, déploie une activité infa-
tigable. Il veille à ce que nul n'approche, et s'é-
lance avec ardeur sur les Poissons ou les insectes qui osent se montrer dans son voisinage.

« Les fondations du nid seules sont établies;
pour compléter l'édifice, notre architecte doit
travailler beaucoup encore, mais sa persistance
ne faiblit pas un seul instant. Il continue à se
procurer des matériaux, et bientôt les côtés du
fossé dont le fond est tapissé se garnissent de
brindilles qui sont pressées et tassées les unes
contre les autres. L'Épinoche les englue toujours avec le même soin. Il s'introduit entre
celles qui s'élèvent des deux côtés, de façon à
ménager une ouverture assez vaste pour que le
corps de la femelle y passe sans difficulté. Il
s'agit enfin de construire la toiture; de nouvelles pièces y sont apportées, et pour former
la route, elles prennent place sur les murail-
les déjà établies et s'enchevêtrent par leurs
extrémités. Le Poisson poursuit toujours son
travail de la même manière; il fixe et contourne les brindilles avec son museau, il lisse
les parois de l'édifice en les imprégnant de mucosités par les frottements réitérés de son corps.
La cavité est particulièrement l'objet de ses
soins, il s'y retourne à maintes reprises, jusqu'à
ce que les parois du tube soient devenues bien
unies. Parfois, le nid demeure fermé à une de
ses deux extrémités; le plus souvent, au contraire, il est ouvert aux deux bouts; seulement,
l'ouverture opposée à celle par laquelle l'animal est entré si fréquemment, pour accomplir
son travail, reste très petite. La première est
surtout construite avec un soin extrême; pas
un brin ne dépasse l'autre, le bord est englué,
poli avec les plus minutieuses précautions pour
rendre le passage facile.

« N'est-ce pas un saisissant et merveilleux
spectacle donné par la nature, que celui de l'industrie de l'Épinoche mâle. Ce Poisson, si
petit, si chétif, exécutant avec persévérance un
travail pénible, long, difficile, montrant une
incroyable vigilance pour mettre son ouvrage
à l'abri des accidents, déployant au besoin un
courage prodigieux pour repousser l'ennemi!
Et ce mâle est seul, il ne tire secours de nul
autre. Tant qu'il est à l'exécution de son travail,
aucune femelle ne le préoccupe; cette préoccupation ne se manifeste qu'après l'entier
achèvement de son édifice.

« Les nids d'Épinoche se trouvent en grande
partie enfoncés dans la vase, et quand on les
aperçoit à plate terre, au fond d'un ruisseau
clair, où il y a parfois des quantités énormes,
ils apparaissent comme autant de petits monti-
cules, dont la dimension est d'une dizaine de
centimètres. Pour rendre distinctes les formes

Fig. 272. — L'Épinochette lisse et son nid (d'après E Blanchard).

de celui qui va être représenté sur notre dessin, il a été indispensable de le faire paraître un peu isolé, en un mot de le montrer dégagé sur les côtés des parties pierreuses qui l'entourent dans l'état ordinaire (fig. 271).

« Les différentes espèces d'Épinoches, proprement dites, paraissent se comporter dans tous leurs actes exactement de la même manière. Il n'en est pas tout à fait ainsi de la division des Épinochettes. Le mâle est toujours le seul architecte, et il ne se montre ni moins habile ni moins vigilant que l'Épinoche. Celui-ci établit son nid à une certaine hauteur du sol, parmi les plantes qui croissent dans les eaux, contre les tiges ou contre les feuilles. Il sait choisir les matériaux les plus délicats ; ce sont des conferves, des brins d'herbes très déliés. Il

en apporte jusqu'à ce qu'il en ait un paquet suffisant pour continuer le petit édifice, en prenant des soins incessants pour leur faire contracter adhérence avec les végétaux sur lesquels ils sont appuyés et les empêcher d'être entraînés par le courant. Il emploie, dans ce but, le même moyen que l'Épinoche ; il englue de mucus toutes les parties, à l'aide de frottement de son corps. Lorsque la masse des brins d'herbes et des conferves est devenue assez considérable, il s'efforce de pénétrer dans le milieu en poussant avec son museau. Dès qu'il a réussi à enfoncer un peu dans cette masse, il se retourne à diverses reprises, et avance de mieux en mieux en faisant agir ses nombreuses épines dorsales qui contournent et enchevêtrent tous les brins d'herbes les uns avec les autres.

Parvenu au but, il sort par l'extrémité opposée à celle par laquelle il a pénétré. A ce moment, le nid a pris sa forme définitive. On a comparé assez heureusement ce nid à un petit manchon. Le Poisson a encore peut-être quelques précautions à prendre pour que le petit édifice soit achevé, les parois du tube bien lissées, l'orifice d'entrée bien uni. Tout cela s'exécutera à l'aide des procédés que nous avons vus employés par l'Épinoche.

« Le nid de l'Épinochette est encore plus gracieux que celui de l'Épinoche. D'abord il est suspendu aux feuilles et aux tiges comme le nid des petits oiseaux; ensuite, n'ayant point de contact avec la terre, avec la vase, il conserve ordinairement une jolie teinte verte (fig. 272).

« On ne découvre pas aussi facilement les nids des Épinochettes que ceux des Épinoches; cachés entre les herbes, entre les roseaux, ils demeurent dérobés aux regards les plus attentifs. Une recherche spéciale devient nécessaire pour les apercevoir.

« Leur construction terminée et prête à recevoir le dépôt des œufs, l'Épinoche et l'Épinochette mâles vont se montrer animés des mêmes désirs.

« Le Poisson, à ce moment, est dans tout l'éclat de sa parure de noce, et ses couleurs ont une vivacité surprenante; son dos est diapré des plus jolies nuances. Ainsi paré, il s'élance au milieu d'un groupe de femelles, s'attache à celle qui semble être la mieux en situation de pondre, tournant, s'agitant auprès d'elle, paraissant l'engager à le suivre. Celle-ci s'empresse à son tour; on supposerait volontiers de la coquetterie de sa part. Alors, le mâle, comme s'il avait saisi une intention manifestée de la suivre, se précipite vers son nid, en élargit l'ouverture de façon à ce que l'accès en soit rendu plus facile. La femelle, qui ne l'a pas quitté, ne tarde pas à s'enfoncer dans l'intérieur du tube, où elle disparaît en entier, ne montrant plus au dehors que l'extrémité de sa queue. Elle y demeure deux ou trois minutes, témoignant par ses mouvements saccadés qu'elle fait des efforts pour pondre. Après avoir déposé quelques œufs, elle s'échappe par l'ouverture opposée à celle qui lui a servi d'entrée, pratiquant quelquefois elle même cette ouverture par un effort violent, si l'extrémité du nid est restée fermée. Alors, pâle, décolorée, elle semble avoir éprouvé une souffrance, un affaiblissement qui réclame un repos.

« Pendant que la femelle occupe l'intérieur du nid, le mâle paraît plus agité, plus animé que jamais, il remue, il frétille, il touche fréquemment la femelle avec son museau, et à peine celle-ci est-elle partie, qu'il entre précipitamment à son tour et se met à frotter, comme avec délice, son ventre contre les œufs.

« Mais le nid, objet de tant de soins et de fatigues, n'a pas été construit pour recevoir une seule ponte. Le mâle s'efforce sans relâche d'y attirer successivement d'autres femelles. Il recommence près d'elles les mêmes agaceries, et continue le même manège plusieurs jours de suite; la même femelle est quelquefois ramenée au nid à diverses reprises. Les pontes s'accumulent ainsi dans la petite construction, formant une quantité plus ou moins considérable de tas qui, réunis, deviennent une masse considérable. Ces habitudes de polygamie de l'Épinoche mâle suffiraient à montrer que, parmi ces Poissons, les femelles sont beaucoup plus nombreuses que les mâles, si l'inspection d'un grand nombre d'individus dans une foule de localités n'avait fait constater à cet égard une disproportion très marquée.

« Lorsque les nids sont remplis d'œufs, lorsque les pontes sont achevées, la mission du mâle n'est pas arrivée à son terme. Ce mâle va avoir pour premier soin de fermer l'ouverture du nid qui a été le passage de sortie pour les femelles; ensuite, il veillera sur le berceau de sa postérité, avec une persévérance et une sollicitude dont les oiseaux n'offrent pas d'exemple plus parfait. Ne voulant rien laisser approcher de son nid, il donne la chasse et poursuit avec fureur les insectes et les poissons attirés par la présence de ces magasins d'œufs, si séduisants pour les voraces habitants des eaux. S'il a affaire à des ennemis trop nombreux ou trop puissants, il doit naturellement succomber malgré sa vaillance; mais en pareille circonstance, avec le sentiment de sa faiblesse relative, il sait avoir recours à la ruse. Il s'éloigne de son nid, il fuit pour détourner l'attention de l'ennemi, sans toujours y parvenir. Les œufs sont quelquefois mangés, l'édifice bouleversé et tout est à recommencer pour l'Épinoche qui ne se décourage pas si la saison est peu avancée.

« Pendant dix à douze jours, s'écoulant entre le moment de la ponte et celui de l'éclosion des jeunes, on voit fréquemment ce mâle venir, le museau placé vers l'entrée de son nid, agiter ses nageoires avec force, pour déterminer des courants sur les œufs. C'est le moyen de les bien laver et d'empêcher qu'aucune végétation ne puisse se développer à la surface.

« Le moment de l'éclosion arrive, et les jeunes Épinoches commencent à s'agiter, portant, comme tous les Poissons nouveau-nés, leur énorme vésicule ombilicale appendue à leur ventre. Jusqu'au temps où ils auront à pourvoir à leur subsistance, où ils seront devenus assez agiles pour se soustraire à la poursuite des espèces carnassières, le mâle ne les perd pas de vue, il ne leur permet point de s'écarter, il les protège toujours avec l'ardeur qu'on lui a vu déployer dont les autres phases de son existence laborieuse.

« C'est en général depuis les derniers jours de mai jusqu'à la fin de juillet, que les Épinoches se livrent à leurs travaux ou s'occupent des soins de la reproduction de leur espèce. Le mois de juin surtout est l'époque où tout ce petit monde des ruisseaux est en pleine activité; mais il y a quelquefois des individus précoces, d'autres retardataires. Que la température soit chaude de bonne heure ou qu'elle demeure longtemps froide, on pourra remarquer des différences assez sensibles dans l'époque où les Épinoches se préparent à frayer. Cuvier a rencontré au mois d'août des femelles encore remplies d'œufs, ce qui n'est pas ordinaire, car toutes les femelles que j'ai examinées dans cette saison avaient les ovaires vides.

« Ces poisson sont, relativement à leur taille, des œufs d'une grosseur remarquable ; j'ai compté, d'ordinaire, de 100 à 120 œufs mûrs chez les femelles qui, alourdies par cette masse énorme, avaient les flancs les plus distendus (1). »

Bien que les mœurs de l'Épinoche de mer nous soient moins connues que celles des espèces qui vivent dans les ruisseaux, nous pouvons cependant donner quelques détails sur la première de ces espèces.

Les Épinoches qui fraient en eau douce choisissent habituellement pour établir leur nid un fond de sable ou de gravier sur lequel l'eau ruisselle assez rapidement, et ils placent le nid soit sur le fond à demi creusé, soit entre les plantes aquatiques.

Il en est de même pour l'Épinoche de mer qui choisit les varechs croissant au voisinage

Émile Blanchard, *Les Poissons des eaux douces de la France*, p. 192.

des côtes ; l'extrémité effilochée d'un cordage qui pend dans l'eau peut également servir à attacher le nid. Couch trouva un de ces nids qui était fixé à l'extrémité d'un câble pendant d'environ 0^m,60 au-dessous de la surface de l'eau, profonde de quatre à cinq pieds, et l'habile architecte avait dû effectuer un travail considérable pour remonter du fond tous les matériaux nécessaires à sa construction.

Nous avons dit que l'Épinoche a l'habitude de cacher son nid en partie dans la vase, et c'est peut-être bien là la cause principale qui a fait qu'on a connu si tard la ponte cet animal. « Comme je visitais en 1838, écrit Siebold, dans les environs de Dantzig un étang dont le fond était couvert de sable, mon attention fut attirée sur la présence de quelques Épinoches qui flottaient immobiles sur l'eau ; je me rappelai alors ce que j'avais lu peu de temps auparavant sur la nidification de ces animaux, et je présumai que ces Épinoches faisaient le guet au voisinage de leur nid ; malgré la grande clarté de l'eau, je ne pus cependant découvrir les nids sur le fond sablonneux de l'étang. En explorant le fond avec mon bâton, je remarquai que lorsque je l'approchais d'une Épinoche, celle-ci suivait mes mouvements avec la plus grande attention ; soudain une Épinoche fondit avec impétuosité sur mon bâton, d'où je conclus que j'avais enfin rencontré le point où le nid se trouvait dans le sable. Je ne me trompais pas, et je pus mettre à nu un nid composé de brins de racines et d'autres fragments de plantes ; le nid contenait des œufs. C'est ainsi que j'appris à me faire indiquer par l'Épinoche même l'endroit où il cache son nid ; une fois mon attention appelée, je pourrais facilement reconnaître le nid, bien qu'il fût caché complètement. »

Bien que, d'après Blanchard, nous venions d'indiquer avec beaucoup de détails la manière dont l'Épinoche de ruisseau construit son nid, nous aurons cependant quelques détails encore à ajouter d'après les observations de Warrington, de Coste, d'Evers.

Au moment de la ponte, le mâle, qui s'est paré de la plus brillante livrée, se met au travail. Il commence, après avoir trouvé un endroit favorable, par chercher les brindilles qu'il trouve éparses ; il accroche même diverses plantes, et comme pour connaître si elles pourront servir utilement dans les constructions, il les laisse toucher au fond de l'eau ; celles qui gagnent rapidement le fond, matériaux lourds, sont seules employées ; les autres sont rejetées. Les matériaux sont toujours triés avec soin, disposés par couches et en ordre jusqu'à ce que le petit artiste les trouve arrangés à son goût. L'animal donne de la solidité à la construction en cimentant, en égalisant les matériaux ; Evers a nettement observé que l'architecte secoue ses nageoires après avoir ajouté une nouvelle couche de matériaux, arque son corps en dehors, glisse de toute la surface de son ventre sur la bâtisse et, à ce moment, sécrète une sorte de matière glutineuse ; parfois, à l'aide de la tête, l'animal tasse les matériaux ; d'autres fois, avec la bouche, il écarte ceux qui sont trop tassés ; d'autres fois encore, à l'aide du mouvement de ses nageoires, il détermine des courants qui enlèvent les matériaux trop légers ; il reprend alors ces matériaux qui se détachent et cherche à les placer d'une façon plus convenable. L'apport de ces matériaux dure environ quatre heures, et après ce temps l'échafaudage du nid, si on peut dire, est achevé ; mais l'achèvement complet, le rejet des parties trop légères, l'arrangement de quelques brins, l'entrelacement de ces parties, le recouvrement avec le sable durent plusieurs jours. Pendant la construction du nid, l'Épinoche n'a en vue que son travail ; elle surveille avec soin les environs et donne une chasse active à tous les animaux qui s'approchent, que ce soit une autre Épinoche, un Triton, un Insecte, une larve. Evers vit un Insecte qui persistait à rôder près du nid pris plus de trente fois et porté sur le côté opposé du bassin où se trouvait le Poisson. La grosseur du nid est variable, cela dépendant de l'endroit choisi et des matériaux dont l'animal peut disposer ; il a, en général, la grosseur du poing ; habituellement sa forme est ovalaire.

Lorsque l'Épinoche a achevé sa construction elle cherche à y faire venir une femelle. Warrington dit qu'un nid bien fait attire l'attention de celle-ci ; Coste a vu, au contraire, que le mâle fait tout ce qu'il peut pour engager une femelle à venir pondre. Lorsque le mâle s'aperçoit qu'une femelle l'a suivi, il en témoigne une grande joie ; il nage autour d'elle, entre dans le nid, le nettoie, revient aussitôt et, poussant doucement la femelle, il cherche à la faire entrer dans le nid ; s'il n'obtient pas par la douceur ce qu'il désire, il n'hésite pas, le plus souvent, à employer des arguments plus décisifs et à la menacer de ses aiguillons.

La ponte achevée, l'Épinoche mâle se place devant l'entrée du nid qu'elle défend avec rage ; on la voit agiter sans cesse ses nageoires pectorales, de manière à renouveler incessamment l'eau, comme si elle savait que l'apport de l'oxygène est absolument indispensable pour l'éclosion. Couch observa une Épinoche de mer qui avait construit son nid au-dessus de la ligne de balancement des marées ; obligée de se retirer à la marée baissante, elle revenait avec le flux, surveillait et réparait le nid. Très souvent le nid est attaqué par des femelles ou des mâles de la même espèce, de telle sorte que la garde de ce nid est un combat incessant.

Lorsque les œufs approchent de leur maturité, les mâles doivent protéger les petits sans défense ; de nouveaux soins s'imposent alors à l'Épinoche. Warrington observa qu'une femelle ayant pondu dans la nuit du 8 mai, elle fut chassée par le mâle dès le jour suivant. Ce dernier surveilla et défendit les œufs jusqu'au 18 du même mois ; il commença, ce jour-là, à démolir le nid ; toute la vase et le sable placés sur le nid furent soigneusement enlevés et transportés avec la bouche sur une étendue d'environ 8 centimètres de diamètre. L'observateur constata alors que les œufs venaient d'éclore ; l'Épinoche nageait en long et en large, redoublant de surveillance et empêchant les alevins de s'échapper ; ceux-ci faisaient-ils mine de s'enfuir, qu'ils étaient pris dans la bouche et replacés sur le nid ; ce ne fut que lorsque les petits furent assez forts pour se suffire à eux-mêmes que le père leur permit de prendre la clef des champs.

Une observation que le hasard fit faire à Evers est assez curieuse pour être relatée. Dans un des bassins de ses aquariums, Evers vit qu'un nid d'Épinoche venait d'être construit lorsqu'il fallut, par suite d'une circonstance fortuite, porter toute la population d'un aquarium dans un autre. Un des nids était rempli d'œufs, et le mâle le défendait avec fureur ; il fallut l'en extraire de force ; le mâle, ne cédant pas sans bataille, pâlit en un instant. Le nid, enlevé avec infiniment de précautions, fut transporté dans le nouveau bassin, dans lequel on plaça également l'habile et courageux architecte. Toutes les Épinoches, principalement les femelles, qui se trouvaient dans ce nouveau bassin, surveillaient avec le plus grand soin le transport du nid ; sitôt que la chose eut lieu, elles se précipitèrent violemment sur le nid et en arrachèrent quelques bribes. L'édifice courait un tel danger qu'Evers dut étendre à la hâte une couche de sable pour

Fig. 273 et 274. — L'Épinoche aiguillonnée, l'Épinochette et l'Épinoche de mer.

le protéger. Lorsqu'elles aperçurent le mâle, constructeur du nid, les femelles se ruèrent sur lui et le poursuivirent de telle sorte qu'Evers dut le protéger à l'aide d'un petit filet et même enlever les femelles les plus acharnées. Le malheureux architecte, sans doute exaspéré par les tracasseries auxquelles il venait d'être en butte, ne pouvait se calmer; il montait et descendait sans cesse le long des parois de l'aquarium, se heurtant aux glaces; il cherchait évidemment quelque chose; était-ce le nid; il était à peine permis de le supposer. Le mâle, au bout d'un certain temps, prit des teintes plus éclatantes, et l'on eut alors l'idée de diriger son attention vers le nid qu'il ne pouvait apercevoir. La première tentative attira seulement l'attention de quelques femelles, mais la troisième réussit au delà de toute espérance. Lorsqu'alors le mâle s'approcha du nid,

Evers retira rapidement une partie des œufs et attendit impatiemment ce qui allait se passer. « Ce que nous vîmes alors, écrit l'observateur, ne serait pas cru si nous ne l'avions absolument vu. A peine avais-je retiré le bâton à l'aide duquel j'avais découvert une partie du nid, que deux ou trois femelles se précipitèrent vers le nid pour en dévorer les œufs, mais avant qu'elles pussent y parvenir, le mâle s'était élancé prompt comme l'éclair, avait repris de suite son ancien rôle de héros, et par d'adroits mouvements en zigzag, les aiguillons dressés et menaçants, la gueule largement ouverte, repoussait les femelles terrifiées; c'était une chasse incessante et curieuse, des combats incessants, des tournoiements rapides comme le vent; bientôt le mâle effraya tellement les femelles que, timides, elles se réfugièrent dans le coin le plus reculé de l'aquarium; elles pâlirent toutes alors, tandis que le vainqueur se revêtit de la pourpre la plus brillante. Le mâle se mit en devoir de restaurer la maison ; les brins d'herbe furent de nouveau remis en ordre et l'édifice ne tarda pas à être reconstruit dans son état primitif. »

La fin de cet habile et courageux ouvrier fut lamentable. Un jour, toutes les autres Épinoches qui habitaient le même bassin se ruèrent sur le nid, le démolirent et les femelles dévorèrent les œufs. Evers trouva le pauvre mâle ayant perdu ses brillantes couleurs ; il faisait rage contre la paroi miroitante ; peu de temps après il était mort.

Emplois. — Bien que les Épinoches ne pondent pas beaucoup d'œufs, 60 à 70, ils se multiplient cependant à tel point qu'ils infestent littéralement certains cours d'eau. On raconte, dit Émile Blanchard, « que ces Poissons pourraient être recueillis dans certains comtés de l'Angleterre en quantités tellement prodigieuses, qu'on les emploierait comme engrais. Ce serait sans doute un tort, néanmoins, de prendre l'assertion absolument à la lettre.

« Pennant, un zoologiste anglais du dernier siècle, a rapporté qu'un habitant du Lincolnshire avait trouvé grand profit, durant une période de temps assez longue, à récolter des Épinoches pour en fertiliser les terres. Cet homme ne les vendait qu'à raison d'un sou (un demi-*penny*) le boisseau, et, à ce prix assurément bien modique, il gagnait encore 5 francs (quatre *shillings*) par jour. Le brave homme avait eu une idée lumineuse ; il méritait, en vérité, de faire fortune. Toujours d'après le récit de Pennant, les Épinoches, une fois tous les sept ou huit ans, apparaîtraient en colonnes immenses dans la rivière de Whelland, où les riverains les prendraient par charretées, se procurant ainsi, à peu de frais, un engrais d'excellente qualité. D'après cela, depuis quatre-vingt-huit ans, chacun répète que les Épinoches sont employées en Angleterre comme engrais, sans se préoccuper davantage si l'usage a persisté, si cet emploi est un peu général, ou même seulement habituel de la part de quelques agriculteurs.

« D'un autre côté, ces Poissons, paraît-il, sont recueillis sur quelques-uns des points de la Baltique pour être donnés en pâture aux pourceaux. On en prend, dit-on, en Angleterre pour nourrir les volailles, qui s'en montrent très friandes et qui, avec cette nourriture, engraissent d'une façon merveilleuse. Des pê-

cheurs à la ligne estiment que les Épinoches, dont on a eu soin d'arracher les épines, constituent un excellent appât pour la Perche.

« Ces chétifs Poissons ne semblent pas avoir été jamais recherchés en France comme aliment, même par les plus pauvres. L'exiguïté de leur taille devait déjà porter à les dédaigner ; la présence de leurs épines et de leurs plaques osseuses devait porter à les faire absolument repousser. Cependant, d'après le témoignage de Belon, les Épinoches ne seraient pas aussi méprisées dans tous les pays. Ce naturaliste rapporte qu'on en pêche en quantité dans la Néra, un affluent du Tibre, et qu'on les porte sur les marchés de Narni, l'une des villes des États romains. Belon écrivait cela en 1553 ; Rondelet, son contemporain, a certifié le même fait ; mais, depuis, personne n'en a dit mot. Rien donc ne nous assure que le goût des habitants de Narni ne soit pas devenu plus délicat.

« En quelques endroits, par suite de la famine, les Épinoches ont pu encore devenir une ressource alimentaire. A Dantzig, il a été raconté à de Siebold, qu'au temps du dernier siège de cette ville « ces Poissons s'étaient mul- « tipliés en si incroyable quantité dans les fos- « sés de la forteresse, que les plus pauvres habi- « tants de la grande cité maritime de la Prusse « orientale, manquant de nourriture, y avaient « eu recours pour apaiser leur faim. »

LES ÉPINOCHES — *GASTEROSTEUS*

Caractères. — Les Épinoches proprement dites ont la partie antérieure du dos cuirassée par des plaques osseuses disposées en séries ; il existe une armure thoracique composée d'un nombre variable de plaques ; les rayons mous de la dorsale sont précédés de forts aiguillons, généralement au nombre de trois, rarement de deux ou de quatre (fig. 273).

L'ÉPINOCHE AIGUILLONNÉE. — *GASTEROSTEUS ACULEATUS.*

Stichelinste.

Caractères. — Chez cette espèce le corps est comprimé, plus ou moins fusiforme ; la ligne du front suit la courbure générale du dos ; le museau est assez effilé, la bouche peu fendue, la fente des ouïes grande. Le tronc est entouré par une ceinture formée par les plaques dorsales, des écussons latéraux, les os de l'épaule et du bassin; cette ceinture est souvent plus large chez les femelles que chez les mâles. La taille ne dépasse pas 0ᵐ,08; chez les mâles, dont le corps est toujours un peu plus effilé que celui des femelles, la longueur est de 0ᵐ,05 à 0ᵐ,06.

Pendant la vie, la coloration est brillante; la tête et le dos sont de couleur vert de mer avec des marbrures plus foncées; les plaques qui revêtent le corps ont le brillant métallique de l'argent, avec de petits points noirs; le ventre est blanc d'argent, de couleur rouge vif à l'époque du frai. D'après Moreau, la coloration est d'ailleurs variable suivant l'habitat et l'époque de l'année; « elle est verdâtre, à pointillé noirâtre sur les flancs et sur le dos; blanchâtre sous le ventre; la teinte est souvent plus foncée chez les Épinoches qui vivent dans les eaux plus ou moins saumâtres; chez les Épinoches à queue lisse de la Teste, près d'Arcachon, le dos et les côtés portent souvent des bandelettes brillantes. »

Cette espèce paraît varier dans de très larges limites, aussi, tandis que certains zoologistes n'admettent qu'une seule espèce en France, d'autres en cataloguent jusqu'à huit.

Chez l'Épinoche aiguillonnée typique, les flancs sont revêtus dans toute leur longueur de plaques, au nombre de 30 ou 31 (fig. 275); dans l'Épinoche neustrienne, certaines plaques viennent à manquer de telle sorte qu'il existe, le long des flancs, un espace complètement nu (fig. 276); cet espace est encore plus étendu chez l'Épinoche demi-cuirassée (fig. 277) et chez l'Épinoche demi-armée (fig. 278); enfin, chez les Épinoches à queue lisse (fig. 279), de Baillon, argentée (fig. 280), élégante, on ne trouve de plaques que sur la partie antérieure du corps. Certaines Épinoches n'ont que deux épines dorsales, d'autres en ont quatre.

La forme, l'ornementation des épines dorsales et de l'aiguillon qui arme les ventrales, ne sont pas moins sujets à variation, ainsi qu'on pourra s'en convaincre par l'examen des figures 281 à 295 données d'après l'ouvrage d'Émile-Blanchard sur les Poissons des eaux douces de la France.

Distribution géographique. — L'Épinoche se trouve dans presque toute la France, à l'exception cependant de la Savoie; on la rencontre également en Angleterre, dans toute l'Europe centrale, en Suède, en Italie et jusque vers les confins de la mer Noire.

Pour la France certaines variétés paraissent être plus particulièrement cantonnées.

C'est ainsi que, d'après Blanchard, l'Épinoche aiguillonnée habite les ruisseaux, les étangs, les mares peu éloignées de la mer; on la trouve près des côtes de Normandie et de Picardie; on la rencontre également dans certains petits ruisseaux de l'Anjou, suivant divers observateurs. L'Épinoche neustrienne, comme toutes les espèces dont la cuirasse prend un grand développement, ne se trouve pas loin de la mer, dans le département de la Seine-Inférieure. C'est dans la Somme, dans la Seine-Inférieure, que l'on prend les Épinoches demi-cuirassée et demi-armée. L'Épinoche à queue lisse est l'espèce ou la variété la plus commune; elle se trouve presque partout, dans les régions du nord, de l'est, du centre de la France, aux environs de Paris, dans la Seine-Inférieure, dans les départements du Nord, du Pas-de-Calais, de la Somme, de l'Oise, des Ardennes, dans les régions des Vosges, en Auvergne; elle vit également dans les eaux saumâtres d'Arcachon, de Bayonne, des environs de Montpellier; elle existe aussi de l'autre côté du Rhin, principalement dans la région arrosée par le Neckar et elle n'est pas rare en Angleterre; l'Épinoche de Baillon n'en est qu'une variété recueillie aux environs d'Abbeville, de même que l'Épinoche argentée qui paraît être spéciale aux ruisseaux herbeux qui sillonnent les environs d'Avignon et que l'Épinoche élégante qui a été pêchée dans plusieurs départements du sud-ouest de la France.

LES ÉPINOCHETTES — *GASTEROSTEA*

Caractères. — Les Épinochettes ont le corps plus effilé que les Épinoches; elles manquent d'armure thoracique, leur peau étant nue sur les côtés du corps; on trouve, chez certaines espèces quelques petites scutelles sur le tronçon de la queue; tout le long du dos, jusqu'à l'origine de la nageoire dorsale, se voient de très petites plaques osseuses qui, à l'exception de la première, donnent attache à des épines dorsales dont le nombre varie de huit à onze.

L'ÉPINOCHETTE PIQUANTE. — *GASTEROSTEA PUNGITIUS.*

Caractères. — L'Épinochette d'Europe a le corps allongé, fusiforme, la tête assez forte; la

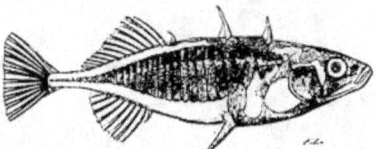

Fig. 275. — L'Épinoche aiguillonnée (d'après Blanchard).

Fig. 276. — L'Épinoche neustrienne (d'après Blanchard).

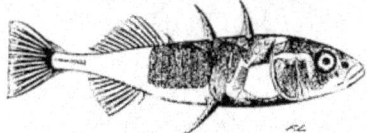

Fig. 277. — L'Épinoche demi-cuirassée (d'après Blanchard).

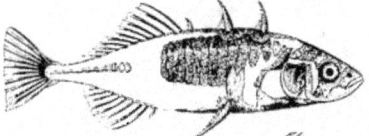

Fig. 278. — L'Épinoche demi-armée (d'après Blanchard).

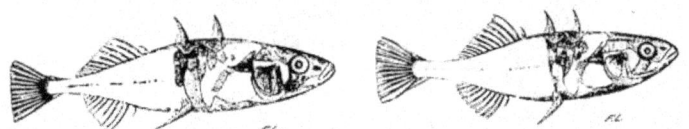

Fig. 279. — L'Épinoche à queue lisse (d'après Blanchard). Fig. 280. — Épinoche argentée (d'après Blanchard).

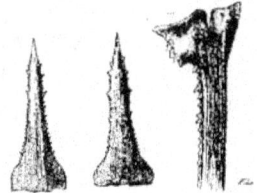

Fig. 281 à 283. — Les épines de l'Épinoche aiguillonnée (d'après Blanchard).

Fig. 284 à 286. — Les épines de l'Épinoche à queue lisse (d'après Blanchard).

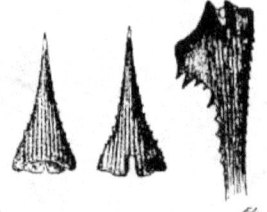

Fig. 287 à 289. — Les épines de l'Épinoche de Baillon (d'après Blanchard).

Fig. 290 à 292. — Les épines de l'Épinoche argentée (d'après Blanchard).

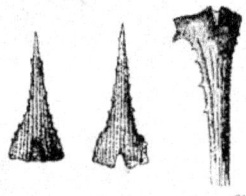

Fig. 293 à 295. — Les épines de l'Épinoche élégante (d'après Blanchard).

Fig. 296. — L'Épinochette piquante (d'après Blanchard).

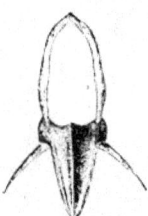

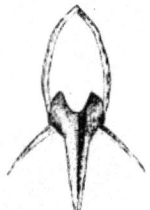

Fig. 297. — Sternum de l'Épinochette vu en dessus (d'après Blanchard).

Fig. 298. — Sternum de l'Épinochette bourguignonne (d'après Blanchard).

Fig. 299. — L'Épinochette lisse (d'après Blanchard).

Fig. 300. — L'Épinochette lorraine (d'après Blanchard). Fig. 301. — L'Épinochette à tête courte (d'après Blanchard).

taille dépasse rarement 0^m,06. La coloration est variable, le plus souvent d'un vert jaunâtre, avec un pointillé noirâtre, très fin sur le dos et sur les flancs, le ventre étant argenté.

Comme pour l'Épinoche, on admet tantôt une seule espèce, tantôt cinq espèces dans les eaux douces de la France; la forme de la tête, celle du sternum sont, en effet, différentes chez les espèces ou les variétés qui ont été décrites sous le nom d'Épinochette piquante (fig. 296, 297), d'Épinochette bourguignonne (fig. 298), d'Épinochette lisse (fig. 299), d'Épinochette lorraine (fig. 300), et d'Épinochette à tête courte (fig. 301).

Tandis que l'Épinochette piquante proprement dite est fort commune dans les départements du nord de la France, l'Épinochette lisse se trouve plus particulièrement dans les environs de Paris, l'Épinochette bourguignonne dans la Côte-d'Or, l'Épinochette lorraine dans la Meuse et les ruisseaux adjacents, l'Épinochette à tête courte en Normandie.

LES ÉPINOCHES DE MER — SPINACHIA

Seeftichling.

Caractères. — Les Épinoches de mer ont le corps très allongé, de forme pentagonale en avant de l'anus, tétragonale en arrière; le ventre est aplati; le tronçon de la queue est très long, déprimé, à bords latéraux presque tranchants.

La seule espèce du genre est le *Spinachia vulgaris* (fig. 274, p. 249).

Celle-ci atteint parfois 0^m,15 de long; le dos est verdâtre, avec des teintes brunes d'un ton plus ou moins foncé; les joues, la gorge, le ventre sont blanchâtres; les nageoires sont d'un gris plus ou moins clair; une tache noirâtre se voit à l'origine de la dorsale et de l'anale.

La dorsale est directement opposée à l'anale, la caudale est légèrement arrondie, ainsi que les pectorales. On voit 15 épines en avant des rayons mous de cette nageoire; elles sont crochues, séparées les unes des autres et pourvues en arrière d'une petite membrane. La tête, qui a la forme d'une pyramide à quatre pans, est aplatie en dessus; le museau est allongé, tubuleux; la bouche est étroite, à fente oblique; les lèvres sont épaisses et forment une espèce de bourrelet; la nageoire supérieure est plus courte que l'inférieure. Le long du dos se voit une série de petits boucliers.

Distribution géographique. — Cette espèce se trouve dans toute la mer du Nord et dans la Baltique; elle s'étend parfois vers le sud jusque dans le golfe de Gascogne.

LES SCIÉNOIDES — SCIŒNIDÆ

Umberfische.

Caractères. — Par leur aspect, les Poissons qui composent la famille des Sciénoïdes ont la plus grande ressemblance avec les Percoïdes, de telle sorte qu'on peut entre les deux établir des divisions parallèles. Les Sciénoïdes diffèrent cependant des Percoïdes par l'absence constante de dents au palais; ils ont, en outre, quelque chose de particulier dans la physionomie; la tête est fortement bombée vers le front et le museau, qui est gros, très court, conséquence d'une conformation spéciale de la tête et des os de la face qui sont largement creusés de cavités.

Nous dirons, en outre, que le corps est généralement allongé, oblong, comprimé, couvert d'écailles pectinées. La tête est écailleuse, la bouche médiocrement fendue, placée à l'extrémité du museau; à la partie supérieure de la tête les os portent des crêtes plus ou moins saillantes qui soutiennent la peau et circonscrivent des espaces celluleux, ce qui contribue à donner une physionomie toute spéciale à ces Poissons. Les ouïes sont largement ouvertes et les os operculaires ne sont ni armés d'épines ni denticulés. Les deux nageoires dorsales sont rapprochées; les ventrales sont placées sous la gorge. La vessie natatoire porte très souvent une série d'appendices, de franges qui parfois sont nombreux (fig. 302).

Mœurs, distribution géographique. — Les Poissons qui composent la famille des Sciénoïdes habitent surtout les parties tropicales et subtropicales de l'océan Atlantique et de l'océan Indien. La plupart d'entre eux se trouvent de préférence à l'embouchure des larges rivières, dans lesquelles ils remontent, certains d'entre eux sont exclusivement d'eau saumâtre et ne vont presque jamais à la haute mer ; il faut à ces animaux de l'eau douce, aussi sont-ils très rares le long des côtes d'Australie et des nombreuses îles de l'Océanie, où n'existent que très peu de grandes rivières ; cette particularité fait qu'ils manquent dans la mer Rouge.

Nous ne savons que très peu de chose sur le

Fig. 302. — Vessie natatoire de Sciénoïde.

genre de vie de ces animaux ; leurs mœurs semblent être celles des Percoïdes ; ils sont cependant moins carnassiers, moins voraces et semblent rechercher plus particulièrement les invertébrés de petite taille.

LES MAIGRES — *SCIOENA*

Sinne.

Caractères. — Les Maigres ou Sciènes ont le corps oblong, la tête grosse, écailleuse, les mâchoires à peu près d'égale longueur avec les dents de la rangée externe plus fortes que les autres, mais sans canines ; il n'existe pas de barbillons ; les épines de l'anale sont très faibles ; la seconde dorsale est beaucoup plus longue que la première.

Distribution géographique. — Ainsi que les autres Sciénoïdes, les Maigres vivent fréquemment en eau saumâtre ; certaines espèces sont même cantonnées dans l'eau douce ; la Sciène de Richardson se trouve dans le lac Huron ; la Sciène de l'Amazone remonte ce fleuve à une très grande distance de son embouchure ; il en est de même pour plusieurs espèces que l'on pêche dans les fleuves de l'Inde, très loin de la mer.

LE MAIGRE COMMUN. — *SCIOENA AQUILA.*

Adlerfische.

Caractères. — Le Maigre ou Aigle est un grand Poisson qui arrive parfois à la taille de deux mètres et dont la forme générale rappelle beaucoup celle du Bar. Le corps est oblong, la tête forte, bien développée, à profil supérieur régulier, légèrement déclive ; le museau est obtus, un peu convexe, la bouche médiocrement fendue. On compte 9 à 10 épines à la dorsale antérieure ; la seconde dorsale est composée d'une faible épine et de 27 à 29 rayons ; il existe deux petites épines et 7 ou 8 rayons à l'anale. De chaque côté du dos un repli cutané, couvert d'écailles, forme un sillon dans lequel les nageoires peuvent se coucher et même se cacher plus ou moins. La caudale est coupée carrément (fig. 303).

Le dos est d'un gris plombé teinté de brun ; les côtés et le ventre sont d'un gris argenté ; les individus jeunes ont souvent des taches arrondies fort brillantes sur les flancs ; les nageoires paires, la première dorsale, l'anale, sont brunâtres ; la seconde dorsale et la caudale sont grisâtres.

La vessie natatoire, fort large, s'étend dans toute la longueur de l'abdomen.

Distribution géographique. — Le Maigre se trouve sur toutes les côtes de France, bien qu'il soit rare vers le nord ; on le pêche accidentellement dans les parages de la Grande-Bretagne ; sa distribution est fort étendue, plusieurs voyageurs l'ayant signalé au Cap de Bonne-Espérance et jusque sur les côtes du sud de l'Australie.

Mœurs, habitudes, régime. — D'après Duhamel, le Maigre est un Poisson de passage et il est rare qu'il reste un certain temps dans un même parage. Moreau rapporte qu'on en prend sur les côtes de France pendant le mois d'avril, et que c'est dans les mois de mai, juin et juillet que les Maigres viennent par bandes ; on va les chercher alors sous l'eau jusqu'à dix et douze brasses : « Quand, dit-il, ces Poissons sont rassemblés en troupe, ils avertissent du lieu où il faut les aller chercher, par un mugissement plus fort que celui des Grondins, et qui se fait entendre d'assez loin. Il est arrivé que trois pêcheurs dans une barque, étant guidés par ce bruit, ont pris vingt Maigres d'un seul coup de filet. Suivant les pêcheurs, le bruit que font ces Poissons est assez considérable pour être entendu lors même qu'ils sont à vingt brasses

Fig. 303. — Le Maigre commun.

sous l'eau. Aux environs de La Rochelle, on appelle ce bruit *seiller*, terme qui lui est affecté comme *braire*, *hennir* à l'égard d'autres animaux. Les pêcheurs n'emploient aucun appât pour attirer le Poisson ; mais ils comptent produire cet effet avec un sifflet, qui, suivant eux, fait à l'égard de ce Poisson le même effet que les appeaux pour les cailles. Ce Poisson est d'une force extraordinaire, car souvent, quand il est en vie dans une barque, il renverse d'un coup de queue un matelot. Pour prévenir cet accident et éviter qu'il ne déchire les filets, les pêcheurs les assomment avant de les tirer à bord. »

Le bruit que font entendre les Maigres est, d'après certains pêcheurs, un bourdonnement sourd ; d'après d'autres, c'est plutôt une sorte de sifflement ; on prétend que les mâles seuls font entendre ce bruit à l'époque du frai.

Duhamel rapporte qu'à Royat on considère l'apparition du Maigre comme l'annonce de l'arrivée des Sardines ; il en est de même dans la Méditerranée, de telle sorte qu'il en est pour ce Poisson comme pour d'autres grandes espèces carnassières qui suivent les bancs des Poissons migrateurs, où elles trouvent en abondance leur nourriture.

Usages. — Le Maigre, bien connu des anciens, est depuis longtemps célèbre par la délicatesse de sa chair. « En Languedoc, écrit Rondelet en 1558, nous l'appelons *Peis rei*, c'est-à-dire Poisson roial, à cause qu'il est fort délicat é fort bon, digne d'estre présenté aux tables des rois. »

Aujourd'hui on paraît, au moins en France, faire peu de cas de ce Poisson ; il était cependant autrefois en très haute estime et voici ce que Cuvier rapporte à ce sujet :

Fig. 304 et 305. — L'Ombrine commune et le Corb noir.

« Bien connu à Paris au seizième siècle, sous le nom de *Maigre*, que rapportent tous les auteurs de ce temps-là, cette espèce ne l'y est plus aujourd'hui sous aucun ; il en paraît à peine un ou deux individus par an chez les marchands de comestibles. Cependant je puis attester par expérience que sa chair, quoique un peu sèche, est fort bonne à manger, de quelque manière qu'on l'apprête.

« Comme on est obligé de vendre le Maigre par morceaux, et que la tête est la partie la plus estimée, les pêcheurs de Rome étaient autrefois dans l'usage d'offrir cette tête, ainsi que celle de l'Esturgeon, aux trois magistrats nommés *conservateurs de la cité*, comme une sorte de tribut, de façon qu'on ne pouvait en manger que chez eux ou par leur courtoisie. Paul Jove fait même à ce sujet un conte que je rapporte sans scrupule, parce qu'il montre en quel honneur le Maigre était de son temps.

« Un fameux parasite, nommé Tamisio, plaçait chaque jour son valet en embuscade au marché, pour être informé des maisons où allaient les bons morceaux. Ayant appris une fois qu'il était arrivé un Maigre plus grand que de

coutume, il se hâta de faire visite aux *conservateurs* dans l'espoir qu'on le retiendrait et qu'il aurait sa part de la tête ; mais il n'avait pas encore monté les degrés du Capitole, qu'il vit repasser cette tête, que les *conservateurs* envoyaient, couronnée de fleurs, au cardinal Riario, alors en grand crédit comme neveu du pape Sixte IV. Tout réjoui que ce friand morceau fût destiné à un prélat qu'il connaissait et à qui il pouvait sans crainte demander à dîner, Tamisio s'empressa de se mettre à la suite des gens des *conservateurs ;* mais pour le malheur du parasite, Riario eut une autre idée. Il est juste, dit-il, que la tête d'un si grand poisson aille au plus grand des cardinaux ; et sur ce mauvais jeu de mots il l'adressa à un de ses collègues, le cardinal Frédéric de Saint-Séverin, que les mémoires du temps présentent comme d'une taille démesurée. Nouvelle course pour Tamisio et nouvel accident. Saint-Séverin, qui devait beaucoup d'argent au riche banquier Augustin Chigi, fut bien aise de lui faire une politesse ; il lui envoya la tête sur un plat d'or. Cette fois il fallut la suivre au delà de Tibre, où Chigi faisait bâtir le joli palais de la Farnésine, que les chefs-d'œuvre de Raphaël et de Sadoma ont rendu si célèbre. Mais Chigi encore ne la garda pas ; il fit renouveler les fleurs que le soleil avait fanées, et l'envoya à sa maîtresse, courtisane en vogue, qui demeurait près du pont Sixte. Ce fut là seulement que le pauvre Tamisio, vieillard gros et replet, après avoir couru toute la ville par une chaleur ardente, put se repaître à son aise de l'objet d'une si violente convoitise.

« On conviendra, ajoute Cuvier, qu'un Poisson que les plus grands de Rome regardaient comme un magnifique présent, et qui faisait braver à un vieux gourmand le soleil d'Italie à midi, méritait bien une place dans les livres des ichthyologistes. »

Comme beaucoup d'autres Poissons le Maigre a une pierre dans l'oreille ; comme cette pierre est très développée on lui a attribué des vertus imaginaires. Ce Poisson, écrit Belon en 1555, « ha les deux grosses pierres en la teste, nommées *pierres de colique*, si congnues en France, qu'il n'y a orfebure qui n'en ait d'entrechassées en ses anneaux. Mais pour les avoir bonnes, sans qu'on ne les achete, ains qu'elles soient données par un autre, autrement on ne les estimerait de nulle valeur. »

LES CORBS — *CORVINA*

Caractères. — Les Corbs diffèrent des Maigres par la grosseur et la longueur de leur épine anale, transformée en aiguillon ; la mâchoire inférieure est plus forte et plus longue que l'inférieure, qu'elle recouvre ; les mâchoires sont garnies de dents en velours, avec une rangée externe de dents plus fortes que les autres et toutes égales.

Distribution géographique. — La distribution des Corbs est la même que celle des Sciènes.

LE CORB NOIR. — *CORVINA NIGRA.*

Meerrabe.

Caractères. — Le Corb est beaucoup plus trapu, plus ramassé que le Maigre ; le corps est ovale. le profil du dos étant plus aigu, plus convexe que celui du ventre ; la tête est forte, écailleuse, le museau gros, arrondi ; la mâchoire supérieure déborde la mandibule. La première dorsale commence en dessus des pectorales ; se composant de 10 épines grêles, elle est séparée de la seconde dorsale seulement par une profonde échancrure ; on compte à cette dernière nageoire une épine et 23 à 25 rayons ; la seconde épine anale est forte, suivie de 7 à 8 rayons mous ; la caudale est coupée carrément (fig. 304).

Chez les individus jeunes le corps est brunâtre, avec un fin pointillé noir ; les adultes ont le dos et les flancs brunâtres avec des parties jaunâtres ; le ventre est de teinte plus claire, avec des reflets argentés ; toutes les nageoires sont noirâtres ; l'œil est doré, parfois d'un jaune brunâtre.

La taille ne dépasse pas 0ᵐ,25 à 0ᵐ,30.

Mœurs, distribution géographique. — Bien que le Corb soit assez commun dans la Méditerranée, ses mœurs sont très peu connues. On le prend dans les étangs salés comme dans la mer, mais il ne paraît pas remonter les cours d'eau. D'après Belon, le Corb se nourrit de petits crabes, de crevettes, de fucus ; Rondelet rapporte qu'il vit en troupes et qu'il pond en automne après le Surmulet, au milieu des herbes marines ; Risso écrit également que le Corb vient au printemps déposer ses œufs sur les galets calcaires du rivage.

LES OMBRINES — *UMBRINA*

Caractères. — Ce qui distingue essentiellement les Ombrines des Poissons que nous venons d'étudier, c'est la présence d'un petit barbillon à la mâchoire inférieure ; le corps est oblong, comprimé ; le profil supérieur de la tête est convexe ; le museau gros, arrondi ; percé de pores très distincts ; la mâchoire supérieure recouvre largement l'inférieure ; les mâchoires portent une bande de petites dents en velours. Les deux nageoires ne sont séparées que par une faible échancrure, de telle sorte qu'elles se touchent par leur base.

Distribution géographique. — Le genre Ombrine se compose de vingt espèces que l'on trouve dans la Méditerranée, dans les parties de l'Atlantique voisines et dans l'océan Indien.

L'OMBRINE COMMUNE. — *UMBRINA CIRRHOSA.*

Umber.

Caractères. — L'Ombrine commune est un beau et grand Poisson qui dépasse fréquemment 2 pieds de longueur et pèse quelquefois, selon Risso, jusqu'à 32 livres. Le corps, un peu plus allongé que celui du Corb, est élevé en avant, comprimé. La tête est entièrement couverte d'écailles ; son profil supérieur est courbe, le museau arrondi ; la mâchoire supérieure déborde la mandibule, sous la symphyse de laquelle est attaché un barbillon charnu. La première dorsale s'insère au-dessous de la pectorale ; elle se compose de 10 épines assez grêles ; à la seconde dorsale on voit un aiguillon et 22 ou 23 rayons mous ; l'anale, qui est haute, pointue, a 2 épines et 7 rayons mous ; la caudale est carrée, ou plutôt coupée un peu obliquement (fig. 305).

Le dos et les flancs sont jaunâtres, le ventre étant gris argenté, avec des reflets métalliques. Du dos descendent des lignes obliques au nombre de 25 à 30, dont les antérieures se dirigent vers la nuque, et dont les suivantes se portent, en ondulant, sur les côtés, où elles s'effacent ; chez l'animal vivant, ces lignes sont d'un bleu d'acier et liserées de noirâtre. L'œil est d'un rouge pâle. La première dorsale est noirâtre ; la seconde est jaunâtre avec quelques lignes bleuâtres ; la caudale est d'un brun noirâtre ; les autres nageoires sont jaunâtres, avec des reflets rougeâtres.

Distribution géographique. — Commune dans la Méditerranée, l'Ombrine se trouve dans l'Océan, bien qu'elle soit rare au-dessus de la Gironde ; d'après plusieurs voyageurs, on la retrouverait jusque dans les parages du Cap de Bonne-Espérance, mais il est probable qu'on aura confondu avec elle une espèce voisine.

L'Ombrine séjourne dans les profondeurs moyennes et préfère les bancs de sable ; elle vit en troupes et, comme le Thon, se dirigerait, dans la Méditerranée, de l'ouest à l'est au printemps, de l'est à l'ouest en automne. Sa nourriture se compose principalement de petits Poissons, tels qu'Anchois, Sardines, bien que l'Ombrine ne dédaigne pas les Seiches, les Mollusques nus, les Vers, les Crustacés, et, dit-on, aussi certaines Algues. La ponte a lieu au printemps, moment où l'animal s'approche des côtes ; la femelle se frotte alors le ventre contre les pierres et pond des œufs très nombreux, petits, blanchâtres.

D'après Gessner, l'Ombrine est très craintive : « Cet animal est si peureux, dit-il, qu'à l'approche d'un danger, il se cache la tête dans une fente de rocher ou parmi les herbes, pensant ainsi être en sûreté, comme le font les enfants qui se cachent les yeux, pensant qu'on ne les voit pas, aussi les pêcheurs captivent-ils facilement ce Poisson. »

Pêche, usages. — Le long des rivages l'Ombrine se prend parfois à la senne ; plus au large, on la capture au moyen de lignes qu'on amorce avec des Muges, des Seiches.

La chair de l'Ombrine est blanche, de bon goût ; aussi depuis plusieurs années ce Poisson arrive-t-il de temps en temps sur le marché de Paris.

Les anciens tenaient l'Ombrine en grande estime. « Est estimé bon Poisson, écrit Rondelet, en 1558, é se sert aux tables des riches, combien qu'elle soit de chair sèche é de dure digestion, autrement est bonne au goût, é est blanche. L'Umbre de mer à Rome est en grand pris, principalement la teste, il s'en fait de gelée comme du Loup : on l'appreste comme le grand Corp ; on cuit la teste en eau é vin, on la mange avec le vinaigre ; on en frit en la poêle é on la mange avec l'orange ; on la coupe aussi par darnes, é lardée de cloux de girofle on le cuit sur le gril l'arrousant souvent d'huille ; on en met en pasté avec clous de girofle, canelle, é sel pour la garder. En Saintonge é en Poitou on la mange en esté avec vinaigre et petits oignons estant bouillie. Les entrailles de l'Umbre é les écailles brûlés ostent une espèce d'enfure ressemblant à un petit pain, nommée des Latins *panus*, comme escrit Pline. »

LES TAMBOURS — *POGONIAS*

Trommler

Caractères. — Les Tambours ou Pogonias ressemblent à des Ombrines qui, au lieu de n'avoir qu'un seul barbillon à la mandibule, en auraient un grand nombre. Le museau est convexe, la mâchoire supérieure recouvrant largement l'inférieure ; la seconde épine anale est forte ; les os pharyngiens sont armés de grandes dents.

L'espèce la plus connue du genre est le Pogonias géant ou *Pogonias chromis* qui peut atteindre une longueur de 2 à 3 mètres et peser de 40 à 60 kilogrammes. La forme est celle d'un Corb, mais d'un Corb gigantesque ; la tête est plus grosse et plus renflée sur les côtés ; plus grosse et plus obtuse au museau ; la bouche est plus fendue. Les dorsales sont unies par une membrane très basse ; la première de ces nageoires est composée de 10 épines fortes et comprimées comme des lames de sabre ; on voit à la seconde dorsale un rayon épineux et 22 rayons mous ; l'anale se compose de 2 épines, la seconde, très forte, est de 7 rayons

Fig. 306. — Le Pogonias chromis.

mous; la caudale est coupée carrément. Tout
le corps est couvert d'écailles grandes et fortes
(fig. 306).

La couleur est d'un gris brun, avec un fin
pointillé noir; les flancs brillent souvent d'une
teinte cuivrée et rougeâtre; il existe une tache
brune derrière la pectorale; les nageoires tirent sur le rouge, principalement les pectorales et les dorsales.

Mœurs, distribution géographique. — Les
Pogonias, qui habitent les côtes atlantiques du
Nouveau-Monde, font entendre des bruits que
l'on perçoit souvent à d'assez grandes distances. Suivant Mitchel, ces Poissons émettent
des sons au moment où on les tire de l'eau;
ce sont des animaux paresseux et stupides qui
nagent en troupeaux. Schœrpf rapporte que les
Drums font entendre leur bruit sous l'eau, et
qu'ils se rassemblent en grande masse autour
de la cale des navires qui sont à l'ancre.

On a prétendu que ce bruit est produit par
le frottement des grandes dents des pharyngiens les unes contre les autres.

Des animaux émettant des sons comme les
Pogonias se trouvent dans la mer des Indes et
dans les mers du Sud. John White, lieutenant
de la marine des États-Unis, se trouvant, en
1824, à l'embouchure du fleuve du Cambodge,
rapporte que lui et son équipage furent frappés des sons extraordinaires qui se faisaient

entendre autour du navire. D'après Cuvier,
« c'était comme un mélange des basses de
l'orgue, du son des cloches, des cris gutturaux
d'une grosse grenouille, et des sons que l'imagination prêterait à une énorme harpe; on aurait dit que le vaisseau en tremblait. Ces bruits
s'accrurent et formèrent enfin un chorus uni-
versel sur toute la longueur du vaisseau et des
deux côtés. A mesure que l'on remonta la rivière, ils diminuèrent et cessèrent entièrement. L'interprète leur apprit qu'ils étaient
produits par une troupe de Poissons de forme
ovale et aplatie, qui ont la faculté d'adhérer
fortement aux divers corps par la bouche. »

De Humboldt a été témoin d'un fait analogue : « Nous trouvant, écrit-il, le 28 février
1803, dans les mers du Sud, vers les sept heures du soir tout l'équipage fut effrayé par un
bruit extraordinaire qui ressemblait à une
batterie de tambours en plein air. On crut
d'abord que ce bruit était produit par un coup
de vent; mais bientôt on l'entendit nettement
le long du vaisseau, principalement à l'avant;
il ressemblait au bruit qui se produit pendant
l'ébullition de l'eau, lorsque les bulles écla-
tent. On craignit alors qu'il ne se fût déclaré
une voie d'eau; le bruit s'étendit successivement à toutes les parties du bâtiment et, enfin,
vers les neuf heures, il cessa entièrement. »

« En avril 1860, raconte Prayer, nous étions

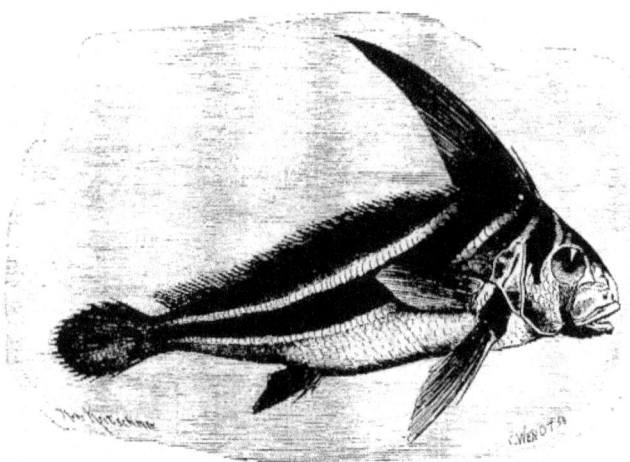

Fig. 307. — Le Chevalier a baudrier.

pendant la nuit sur le Pontiniac, la plus grande rivière de la côte occidentale de Bornéo, lorsque nous entendîmes une musique distincte, tantôt basse, tantôt élevée, tantôt éloignée, tantôt rapprochée ; elle venait des profondeurs, comme le chant des Sirènes, tantôt résonnant comme de puissantes orgues, tantôt comme une douce, harmonieuse harpe éolienne. Lorsque l'on plonge on entend cette musique beaucoup plus nettement et on constate bien qu'elle provient de plusieurs voix distinctes. Cette musique, ainsi que le rapportent les indigènes. est produite par des Poissons. »

LES CHEVALIERS — *EQUES*

Caractères. — Les colons des Antilles désignent sous le nom de *Chevaliers*, de *Gentilshommes*, de *Serrana*, des Poissons qui ont la première dorsale élevée, la seconde dorsale et l'anale recouvertes d'écailles et qui sont parés de brillantes couleurs disposées en forme de bandoulière, ou de bandes obliques; le corps est allongé, comprimé ; la nuque est convexe, la mâchoire supérieure recouvrant l'inférieure ; il existe des pores et des fossettes à la mandibule.

Le mieux connu de ces Poissons est le Chevalier à baudrier (*Eques balteatus*) dont la couleur est d'un gris jaunâtre, plus pâle et plus argenté sous le ventre; une large bande, d'un brun noirâtre, liseré de blanc, va du crâne à l'angle de la bouche et traverse l'œil ; une autre bande part de la nuque, passe sur l'opercule en avant de la pectorale, et, se courbant un peu, se termine sur la ventrale ; la troisième bande, plus large, part de la base de la première dorsale et se dirigeant un peu obliquement, va sur la longueur du milieu du corps jusqu'à la caudale. La première dorsale se compose de 16 épines, la seconde d'une épine et de 53 rayons ; il existe 2 aiguillons et 10 rayons mous à l'anale, cette nageoire étant très courte comparativement à la dorsale (fig. 307).

LES TRACHINIDÉES — *TRACHINIDÆ*

Drachenfische.

Caractères. — Cuvier et Valenciennes ont séparé des Perches proprement dites les espèces qui ont les ventrales jugulaires ou insérées sous la gorge; ces Poissons sont aujourd'hui groupés en une famille distincte, celle des Trachinidées.

Chez celles-ci, le corps est allongé, tantôt nu, tantôt couvert d'écailles formant parfois des espèces de bandes obliques parallèles. Les dents sont coniques, petites ; elles se trouvent le plus souvent sur les mâchoires, le vomer et les palatins ; les ouïes sont largement fendues. Il existe parfois deux dorsales séparées, d'autres fois une seule dorsale ; en tous cas, la dorsale antérieure est toujours beaucoup moins développée que l'autre ; l'anale est aussi longue que la dorsale postérieure ; les ventrales se composent d'une épine et de cinq rayons mous.

Distribution géographique. — La plupart des espèces qui rentrent dans cette famille sont plus particulièrement abondantes dans les parties tropicales de l'océan Indien et de l'océan Pacifique ; d'autres se pêchent dans la zone tempérée, comme les Vives, tandis que d'autres se trouvent exclusivement dans les mers froides ; tels sont, entre autres, les Notothenia qui dans la zone antarctique représentent les Cottes de l'hémisphère nord.

On peut dire, dès lors, des Trachinidées que ces animaux se trouvent dans toutes les mers, mais que s'ils sont pauvrement représentés dans la zone arctique, ils sont relativement nombreux autour du cercle antarctique.

Mœurs, habitudes, régime. — Les Trachinidées sont tous des animaux exclusivement marins et carnassiers. Mauvais nageurs, ils se tiennent au fond de la mer, de préférence sur les endroits sablonneux ; ils s'enfouissent jusqu'à la tête dans le sable et attendent leur proie ; celle-ci vient-elle à passer à portée, qu'ils se précipitent rapidement et l'engloutissent. Ces Poissons se trouvent depuis le rivage jusqu'à de faibles profondeurs ; très peu d'entre eux vivent sous des eaux un peu profondes.

LES VIVES — *TRACHINUS*

Caractères. — Les Vives ont le corps allongé, fortement comprimé, couvert de petites écailles minces ; la tête est comprimée latéralement, le museau court, la bouche fendue très obliquement ; on trouve des dents en velours sur les mâchoires, le vomer et les palatins ; le préorbitaire et le préopercule sont armés de fortes épines. Il existe deux dorsales distinctes : la première, courte, se compose de six à sept rayons épineux très acérés ; la se-

conde dorsale et l'anale sont très longues ; les ventrales s'insèrent à la gorge, les rayons inférieurs des pectorales ne sont pas divisés.

Distribution géographique. — Les Vives se trouvent surtout dans les mers d'Europe, principalement dans la Méditerranée ; elles habitent également les côtes du Chili.

Nous avons quatre espèces de Vives sur les côtes de France, la petite Vive et la Vive commune dont nous allons donner les caractères distinctifs, la Vive rayonnée et la Vive araignée ; ces deux dernières espèces ne se trouvent que dans la Méditerranée.

LA VIVE COMMUNE. — *TRACHINUS DRACO*

Betermännchen.

Caractères. — La Vive commune ou grande Vive, qui peut atteindre 0m,40 de long, a le corps très comprimé et allongé ; le profil supérieur est presque droit, le profil inférieur légèrement convexe ; le museau est court, la fente des ouïes très grande ; les joues sont couvertes d'écailles. La première dorsale commence au-dessus de l'épine qui arme le scapulaire et se compose de 6 fortes épines ; la seconde, qui est unie par une membrane basse à la première, comprend 20 rayons ; on voit 2 épines et 30 rayons noirs à l'anale (fig. 308).

Le corps est d'un gris roussâtre ou jaunâtre, à reflets bleus avec des bandes ou des taches brunâtres dirigées irrégulièrement suivant les bandes d'écailles ; les taches sont souvent confondues vers la région du dos, de manière à donner à la partie supérieure du corps une teinte foncée. Le ventre est rayé de blanc. La tête est d'un gris foncé avec des points et des lignes bleuâtres. L'œil est jaune doré. La première dorsale est marquée d'une grande tache noire dans sa partie antérieure, blanchâtre dans le reste de son étendue ; la seconde dorsale est blanche, ainsi que l'anale ; ces deux nageoires portent une large bande longitudinale de teinte jaunâtre ; la caudale est grisâtre avec des taches jaunâtres et l'extrémité noirâtre.

Distribution géographique. — Cette espèce est commune sur toutes les côtes de France ; on la trouve dans toute la Méditerranée ; elle s'étend jusque sur les côtes d'Angleterre, du Danemark, de la Suède et de la Norvège.

Mœurs, habitudes, régime. — La Vive commune se tient de préférence par les fonds sablonneux, presque entièrement enterrée et ne laissant passer que la tête. « Cet animal, écrit Lacépède, a tant de facilité de creuser son asile dans le limon, que lorsqu'on le prend et qu'on le laisse échapper, il disparaît en un clin d'œil, et s'enfonce dans la vase. Lorsque la Vive est ainsi retirée dans le sable humide, elle n'en conserve pas moins la faculté de frapper autour d'elle avec force et promptitude par le moyen de ses aiguillons et particulièrement de ceux qui composent sa première nageoire dorsale... La Vive n'emploie pas seulement contre les marins qui la pêchent, et les grands Poissons qui l'attaquent, l'énergie, l'agilité et les armes dangereuses dont elle est armée ; elle s'en sert aussi pour se procurer plus facilement sa nourriture, lorsque, ne se contentant pas d'animaux à coquilles, de mollusques ou de crabes, elle cherche à dévorer des Poissons d'une taille presque égale à la sienne. » Rondelet dit également que la Vive se nourrit de « petits Calanars et autres Poissons menus ».

C'est au mois de juin que la grande Vive s'approche des côtes pour frayer ; c'est alors qu'on la pêche au moyen de nasses, de manets ou filets à nappes simples, de *dréjées* ou filets reposant légèrement sur le fond et pouvant dériver avec la marée.

LA PETITE VIVE. — *TRACHINUS VIPERA.*

Viperqueise.

Caractères. — La petite Vive, connue sous le nom de *Toquet* sur les côtes du nord de la France, sous celui de *Lesser wewer* sur les côtes d'Angleterre, a le corps relativement assez court ; la tête est plus large, moins comprimée, moins rugueuse que dans l'autre espèce, la fente de la bouche plus verticale ; la joue est à peine écailleuse, il n'existe point d'épine sur le bord antérieur du sourcil. La longueur est généralement de 0ᵐ,10 à 0ᵐ,12, pouvant aller à 0ᵐ,15 (fig. 310).

La coloration est d'un gris jaunâtre sur le dos avec un faible pointillé brun sur les bandes que forment les écailles ; au-dessous de la ligne latérale les points forment un large liseré noirâtre ; sur le bas des flancs la teinte est d'un gris argenté passant au jaune pâle sous le ventre ; la gorge est d'un blanc d'argent, le dessus de la tête est marqué de petites taches formées par un pointillé noirâtre ; les joues sont argentées avec un fin moucheté brun,

l'œil est jaunâtre, marqué de noir dans sa partie supérieure.

La première dorsale a 6 épines, parfois 7 ; sur les 3 premiers rayons on voit une tache d'un noir très foncé. La seconde dorsale se termine avant la fin de l'anale, on y compte 22 rayons mous ; la nageoire est d'un gris pâle, parfois avec de très petites taches grises. L'anale, qui est d'un blanc jaunâtre, a 25 rayons. La caudale est jaune pâle avec des points gris ; elle est noire sur son tiers postérieur. Les pectorales sont d'un jaune pâle, les ventrales blanchâtres.

Mœurs, distribution géographique. — La répartition géographique de cette espèce est la même que celle de la grande Vive ; les mœurs des deux espèces sont semblables.

Dangers. — On sait depuis longtemps combien les blessures occasionnées par les Vives sont douloureuses, même dangereuses. « L'Araignée de mer ou la Vive est nommé Dragon, écrit Rondelet en 1558, comme très bien dist Œllian, à cause de sa teste, des ieux, des éguillons venimeux... Nature n'ha point desprouvé les homes de remède contre le venin de ce Poisson : car il est lui-mesme remède à son venin ; la chair du Surmulet appliquée prouficte autant. J'ai veu autrefois partie piquée de ce poisson deuenir fort enfle et enflammée, auec grandissimes doleurs, que si on n'en tient conte, la partie se gangrène... Les pescheurs é poisonniers en maniant ce Poisson se prenent bien garde. En France on ne les sert à table que la teste coupée. »

Parmi les animaux marins, dit également Gesner, la Vive est un de ceux qui blessent l'homme par son venin ; cette opinion qui est celle de tous les pêcheurs n'étonne pas celui qui sait par expérience que la blessure de ce Poisson provoque des douleurs terribles et de violentes inflammations.

C'est à bon droit, en effet, que l'on craint les piqûres faites par les Vives ; la petite Vive, désignée sous le nom de Toquet sur les côtes du nord de la France, est plus particulièrement redoutée ; elle est entièrement cachée dans le sable, ne laissant passer que ses aiguillons dorsaux si acérés ; les pêcheuses de crevettes qui vont pieds nus sont plus particulièrement exposées aux piqûres.

« Si plusieurs marins, écrit Lacépède, vont sans cesse à la recherche des Vives, la crainte fondée d'être cruellement blessés par les piquants de ces animaux, et surtout par les aiguillons de la première nageoire dorsale, leur

Fig. 308 et 309. — La Vive commune et l'Uranoscope rat.

fait prendre de grandes précautions; les accidents occasionnés par ces dards ont été regardés comme assez graves pour que, dans le temps, l'autorité publique ait cru, en France, devoir donner à ce sujet des ordres très sévères. Les pêcheurs s'attachent surtout à briser ou arracher les aiguillons des Vives qu'ils tirent de l'eau. Lorsque, malgré toute leur attention, ils ne peuvent pas parvenir à éviter la blessure qu'ils redoutent, ceux de leurs membres qui sont piqués présentent une tumeur accompagnée de douleurs très cuisantes et quelquefois de fièvre. La violence de ces symptômes dure ordinairement pendant douze heures, et comme cet intervalle de temps est celui qui sépare une haute marée de celle qui la suit, les pêcheurs de l'Océan n'ont pas manqué de dire que la durée des accidents occasionnés par les piquants des Vives avait un rapport très marqué avec les phénomènes de flux et reflux, auxquels ils sont forcés de faire une attention continuelle, à cause de l'influence des mouvements de la mer sur toutes leurs opérations. Au reste, les moyens dont les marins de l'Océan et de la Méditerranée se servent pour calmer leurs souffrances, lorsqu'ils ont été

piqués par des Trachines vives, ne sont pas très nombreux; et plusieurs de ces remèdes sont très anciennement connus. Les uns se contentent d'appliquer sur la partie malade le foie ou le cerveau encore frais du poisson; les autres, après avoir lavé la plaie avec beaucoup de soin, emploient une décoction de lentisque, ou les feuilles de ce végétal, ou des joncs de marais. Sur quelques côtes septentrionales on a recours quelquefois à de l'urine chaude; le plus souvent on y substitue du sable mouillé dont on enveloppe la tumeur, en tâchant d'empêcher tout contact de l'air avec les membres blessés par la Trachine. »

Émile Moreau rapporte également que les aiguillons des Vives déterminent parfois des accidents très graves. « J'ai connu, rapporte-t-il, un peintre d'histoire naturelle qui en pêchant en 1874 à Veules, Seine-Inférieure, fut blessé au pouce par l'épine operculaire d'une petite Vive. Une douleur atroce se fit sentir à l'instant; la main et l'avant-bras furent le siège d'un gonflement considérable qui dura vingt-quatre heures environ. La rapidité avec laquelle se développent les accidents causés par la piqûre des épines des Vives a évidem-

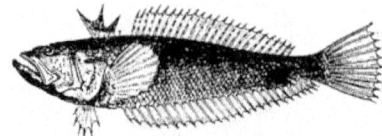

Fig. 310. — La petite Vive.

ment quelque chose de particulier. A une certaine époque, la crainte que causait le danger de ces blessures était si grande que l'autorité crut devoir prendre une mesure de précaution; il parut des règlements de police obligeant les pêcheurs à couper les épines des Vives avant de les mettre en vente. Ces règlements sont à peu près tombés en désuétude sur nos côtes de l'ouest, mais il restent en vigueur sur les bords de la Méditerranée. A Cette, par exemple, les Vives de grande taille ne sont jamais apportées sur le marché que complètement mutilées. »

LES URANOSCOPES — URANOS- COPUS

Sternfcher.

Caractères. — Aristote désigne sous le nom de Callionyme un Poisson de la Méditerranée à grosse tête carrée, à l'extrémité de laquelle la bouche est fendue verticalement, tandis que les yeux sont placés de telle sorte qu'ils ne peuvent regarder qu'en haut; c'est de cette dernière particularité que le nom d'Uranosope a été donné à ce Poisson par Salviani.

Les Uranoscopes ont le corps en forme de coin, couvert d'écailles très petites, la tête grosse et large, aplatie en dessus, en partie cuirassée; on voit des dents sur les mâchoires, la voûte et les palatins; la fente des ouïes est très large. Il existe deux dorsales, la première avec 3 à 5 épines, la seconde aussi développée que l'anale; les ventrales sont très avancées et insérées à la gorge; les rayons des pectorales sont divisés.

Distribution géographique. — Les Uranoscopes proprement dits habitent l'océan Indo-Pacifique et les parties chaudes de l'Atlantique; on en connaît une espèce de la Méditerranée.

Un genre voisin, celui des Agnus, habite les côtes atlantiques de l'Amérique du Nord; trois genres étroitement apparentés se trouvent sur les côtes de la Nouvelle-Zélande et d'Australie.

L'URANOSCOPE VULGAIRE. — *URANOSCOPUS SCABER.*

Meerpsass.

Caractères. — L'Uranoscope ou *Muou* des pêcheurs de Nice a le tronc épais, le dos large, le ventre arrondi, la partie postérieure du corps en forme de coin; la peau est couverte de petites écailles disposées en bandes légèrement obliques; la gorge et le ventre sont nus. Comme chez les autres espèces la tête est grosse, carrée, large, aplatie en dessus; elle est épineuse, recouverte de plaques osseuses, chagrinées, rugueuses. Le museau est court, aplati; la bouche, fendue verticalement, est protractile, entourée de lèvres épaisses, munies de petits tentacules; les mâchoires sont nues; les yeux sont tournés directement en haut. La première dorsale est courte, basse, composée de 4 épines grêles; la seconde dorsale est unie à la première par une membrane très basse; on y compte 14 rayons; l'anale se compose de 2 épines et de 12 rayons mous; la caudale est coupée carrément (fig. 309).

La coloration est d'un gris brunâtre sur le dos avec des taches plus claires, d'un gris clair sur les côtés, blanchâtre en-dessous; la dorsale antérieure est noire, la seconde grisâtre; l'anale est blanchâtre; la caudale est gris noirâtre; les pectorales, qui sont grises, ont leur extrémité de couleur violacée; les ventrales sont rosées.

La taille dépasse rarement 0m,25.

Distribution géographique. — L'Uranoscope habite la Méditerranée.

Mœurs, habitudes, régime. — Rondelet a bien connu les mœurs de l'Uranoscope, qu'il nomme Raspeçon ou Tapeçon, et voici ce que dit l'ichthyologiste de la Renaissance : « Entre la langue é la mâchoire basse sort une peau, au commencement un peu large, peu à peu finissant en une rondeur charnue, pendant hors la bouche, de quoi il alleche les Poissons pour les manger, é la retire quand il veut, faisant comme serpent de sa langue... La finesse de laquelle il use pour prendre les autres Poissons est telle. Il se plonge tout dans la fange, mettant un peu la teste dehors, il laisse pendre hors la bouche ceste peau de laquelle nous avons parlé, à laquelle accourent les petits Poissons comme à un ver, é la mordent, ce que sentant le Poisson, il la tire é ensemble le petit Poisson. »

Lacépède rapporte le même fait. « Le Rat, dit-il, vit le plus souvent auprès des fonds vaseux; il s'y cache dans la fange; et, par une habitude semblable à celle qu'on observe dans plusieurs Raies, dans la Lophie baudroie et dans quelques autres Poissons, il se tient en embuscade dans le limon, ne laissant paraître qu'une petite portion de sa tête, et étendant le filament mobile qui est attaché au bout de sa mâchoire inférieure, et attirant par la ressemblance de cette sorte de Barbillon avec un ver, de petits Poissons qu'il dévore. Ce Poisson ne peut se servir de ce moyen qu'en demeurant pendant très longtemps immobile, et paraissant plongé dans un sommeil profond. Voilà pourquoi, apparemment, on a écrit qu'il dormait plutôt pendant le jour que pendant la nuit, quoique dans son organisation rien n'indique une sensibilité aux rayons lumineux moins vive que celle des autres Poissons, desquels on n'a pas dit que le temps de leur sommeil fût le plus souvent celui pendant lequel le soleil éclaire l'horizon. »

Usages. — La chair de l'Uranoscope passe pour être de mauvais goût, cependant ce Poisson est mangé dans le midi de la France; Risso fait-d'ailleurs observer que la qualité de la chair dépend beaucoup des endroits où se trouve cet animal.

Aristote avait observé que la vésicule du fiel du Callionyme, notre Uranoscope, est très développée; aussi chez les anciens, cette abondance de fiel avait-elle donné lieu à plusieurs expressions proverbiales. « On comparait, dit Cuvier, des hommes en colère à des Callionymes : *Je te ferai venir plus de fiel qu'à un Callionyme*, s'écrie un des personnages de Ménandre; et un autre dans Anaxippe, dit : *Si tu me fatigues, si tu me fais bouillir la bile comme celle d'un Callionyme.*

« Par une suite assez naturelle de leur manière de raisonner en matière médicale, les anciens médecins avaient attribué par excellence au fiel de Callionyme, les qualités qu'ils regardaient comme appartenant au fiel en général, de consumer les chairs parasites, et d'éclaircir la vue, de rendre l'ouïe moins dure. »

Rondelet dit que « le fiel de Raspecon guérit les cicatrices, é comme les chairs superflues des ieux, é rompt les commencemens de cataractes en l'œil, selon Galien ».

Gessner écrit également que « les yeux de Tobie, dont il est parlé dans l'Ancien Testament, auraient été ouverts par le fiel de ce Poisson; aussi, suivant quelques-uns, c'est un remède excellent pour les yeux et les oreilles. »

LES SCOMBÉROIDES — *SCOMBRIDÆ*

Die Matrelen.

Caractères. — « Nous voilà arrivés à l'une des familles de Poissons les plus utiles à l'homme, et par leur goût agréable, et par leur volume, et surtout par leur inépuisable reproduction, qui les ramène chaque année dans les mêmes parages, et les offre comme une proie facile à l'activité des pêcheurs et à l'industrie de ceux qui possèdent l'art de les préparer et de les conserver. La famille des Harengs peut seule, dans la classe des Poissons, le disputer à celle des Scombres. Il n'est personne qui n'ait entendu parler du Thon, de la Bonite et du Maquereau, ainsi que des captures et des excellentes salaisons que l'on en fait dès la plus haute antiquité.

« Les Poissons célèbres, considérés isolément, seraient faciles à caractériser. La seule séparation des rayons postérieurs de leur seconde dorsale et de leur anale suffirait pour cela; mais ils ne sont que les chefs d'une nombreuse série de genres et de sous-genres, où la forme qui leur est propre s'altère par degré, et passe insensiblement à d'autres, dans lesquelles on ne retrouve ni ce caractère, ni presque aucun de ceux qui l'accompagnent dans les premiers types. Des écailles ordinairement très petites, qui font paraître la plus grande partie de la peau comme si elle était lisse ; des nageoires verticales non écailleuses ; des pièces operculaires sans épines ni dentelures ; des cæcums généralement nombreux : voilà presque tout ce que l'on peut dire de général, et cependant ils ont tous un air de famille qui ne les abandonne dans aucune de leurs modifications, en sorte qu'ils forment ce que les botanistes nomment une famille par série ou par transition. La plupart ont cependant les côtés de la queue carénés ou armés d'écailles ou de boucliers eux-mêmes carénés, ou bien les derniers rayons de leur seconde dorsale et de leur anale sont libres, ou bien encore ce sont les rayons épineux de la première qui manquent de membrane qui les unisse. Le plus souvent leur nageoire caudale est d'une dimension et d'une vigueur remarquables. Dans la plupart encore, les rayons épineux de l'anale sont séparés du reste de cette nageoire, et en forment une petite et distincte. Mais aucun de ces caractères ne leur est commun à tous, et même on pourrait dire que la transition va jusqu'à en rapprocher d'une part, les Poissons en forme de rubans, dont on a formé la famille des Ténioïdes, de l'autre les Acanthures, ou même les Sidjans. En un mot, aucun groupe d'Acanthoptérygiens ne prouve mieux que ne le fait celui-ci, que cet ordre immense par le nombre des genres et des espèces qu'il embrasse, ne constitue au fond qu'une seule famille, et que les divisions de ce degré que l'on a essayé d'y établir sur des bases plus ou moins constantes, ne sont pas, à beaucoup près, aussi séparées les unes des autres que le sont celles des Malacoptérygiens, les Siluroïdes, par exemple, et les Clupéoïdes, ou les Lucioïdes.

« Il est possible, du moins de former dans l'intérieur de la famille des Scombéroïdes des groupes ou des tribus mieux déterminées que la famille elle-même.

« Dans une première tribu, par exemple, on peut placer les espèces qui ont la première dorsale continue et les derniers rayons de la dorsale et de l'anale séparés, ou, comme on dit, formant des *fausses pinnules*, et dont la queue est carénée sur les côtés, mais non armée de boucliers.

« Dans une seconde on peut mettre ceux dont les rayons épineux du dos ne forment point une nageoire continue, mais demeurent séparés les uns des autres.

« Dans une troisième on peut ranger ceux qui

ont la ligne latérale armée en tout ou en partie, et principalement les côtés de la queue, de boucliers ou de fortes écailles carénées et épineuses. Le caractère même va en diminuant par degrés dans certains genres, remarquables d'ailleurs par un corps très élevé et comprimé.

« Il y a en outre des groupes moins considérables, qui ne se rattachent aux précédents que par quelque caractère partiel, et ne tiennent à la grande famille que par l'ensemble et peut-être par la petitesse des écailles. Les uns, comme les Espadons, n'ont de plus que les carènes des côtés de la queue ; les autres, comme les Sérioles, que la petite nageoire en avant de l'anale (1). »

Ainsi que nous venons de le dire avec Cuvier et Valenciennes, tous les Poissons qu'ils ont classés sous le nom de Scombéroïdes se relient si intimement les uns aux autres qu'il est très difficile d'établir autre chose que des tribus dans cette vaste famille.

Distribution géographique. — Les Scombéroïdes, qui comptent un grand nombre d'espèces, sont plus particulièrement abondants dans les mers tropicales et subtropicales ; peu d'espèces s'avancent jusque dans les eaux froides ; aucune ne va jusqu'au cercle polaire.

Distribution géologique. — La famille des Scombéroïdes paraît apparaître vers le milieu de l'époque crétacée ; on a trouvé dans la craie de Lewes et dans celle de Maëstricht des dents bombées à leur face interne, plus comprimées à leur face externe et qui rappellent celles des Thyrsites et des Lépidopes ; ces *Enchodus* paraissent être les plus anciens Scombéroïdes connus.

Les *Anenchelum* sont également voisins des Lépidopes ; leur corps est allongé, anguilliforme ; leurs mâchoires sont armées de fortes dents ; les dorsales sont continues ; ce genre n'est connu que des schistes de Glaris formés au fond d'une mer très profonde ; l'époque à laquelle se sont déposés ces schistes établit un trait d'union entre les temps crétacés et les temps tertiaires.

A Glaris ont également été trouvés les *Palœrhynchum*, animaux au corps long et anguilliforme, à la mâchoire prolongée en un long bec dépourvu de dents, à l'anale et à la dorsale très développées.

A Monte-Bolca, c'est-à-dire pendant les premiers temps tertiaires, les Scombéroïdes sont

(1) Cuvier et Valenciennes, *Histoire naturelle des Poissons*, t. VIII, p. 1.

bien représentés, souvent par des genres qui existent encore dans nos mers ou en tous cas par des genres voisins; c'est ainsi que nous pouvons citer les Thons, les Germons, les Tassards, les Liches, les Trachynotes, les Vomer, parmi les genres vivants; les Ductors, les Carangopsis, les Acanthonèmes, les Gastéronèmes, parmi les genres perdus.

D'autres genres se trouvent dans les formations tertiaires inférieures et moyennes; tels sont les Maquereaux, trouvés dans le bassin de Vienne; les Lépidopides, des schistes de Moravie et de Gallicie. Les Hémirhynques, du calcaire grossier de Paris ont le corps allongé; leur bec n'est formé que par la mâchoire supérieure.

A Licata, en Sicile, à l'époque tertiaire supérieure, nous trouvons des Lépidopes, des Thons, des Zeus, des Equula et des genres voisins des Trichiures, des Thyrsites, des Vomers.

LES MAQUEREAUX — *SCOMBER*

Makrele.

Caractères. — Les Maquereaux ont le corps allongé, les dorsales éloignées l'une de l'autre, cinq à six fausses nageoires après la seconde dorsale et après l'anale; les écailles sont très petites et ne forment pas de corselet; les mâchoires sont garnies d'une rangée de petites dents pointues; le vomer et les palatins sont dentés.

Distribution géographique. — Ces Poissons habitent toutes les mers tropicales et tempérées, à l'exception des côtes atlantiques de la zone sud tempérée de l'Amérique, où ils n'ont pas encore été trouvés; on en connaît plusieurs espèces du Cap, du Japon, des côtes de Californie, du sud de l'Australie et de la Nouvelle-Zélande; toutes ces espèces sont étroitement apparentées au Maquereau des mers d'Europe.

LE MAQUEREAU COMMUN. — *SCOMBER SCOMBRUS.*

Makrel.

Caractères. — Le Maquereau de nos côtes est tellement connu qu'il n'est pas utile d'en faire une longue description. On sait que ce Poisson a le corps fusiforme et que ses écailles, excessivement petites, semblent être perdues dans la peau, que la tête est conique, légèrement comprimée sur les côtés, le museau

pointu, la bouche grande, les ouïes très fendues. Les nageoires sont assez peu développées. La première dorsale, qui est en forme de faux, se compose de 10 à 13 épines grêles; la dorsale postérieure, opposée à l'anale, est basse et courte, car on n'y compte qu'une épine et 11 rayons mous, de même qu'à l'anale; le caudale est fortement échancrée; les pectorales sont courtes; les ventrales, insérées un peu en arrière de ces nageoires, sont petites (fig. 311).

Il faudrait un habile pinceau pour représenter l'admirable richesse de coloration que présente ce Poisson vivant. Le dos est d'un bleu d'acier, changeant en vert irisé, tout glacé d'or et de pourpre; de larges lignes sinueuses d'un bleu foncé viennent se mêler à des lignes d'un beau vert qui descendent sur les flancs; une bande d'un blanc doré, relevée par une ligne légèrement teintée de noir, va de l'attache de la pectorale à la queue. Le ventre est d'un blanc argenté très brillant avec des reflets dorés. Le dessus de la tête est d'un bleu noirâtre plus ou moins foncé. L'anale, et souvent les ventrales, sont couleur de chair; toutes les autres nageoires sont d'un brun tournant souvent vers le noirâtre. L'œil est d'un jaune doré.

Parfois le dos et les côtes sont marqués de lignes bleuâtres, étroites, sinueuses, formant des zigzags plus ou moins prononcés.

La taille peut arriver à 0^m,50, le poids à 1 kilogramme, bien que les individus de ces dimensions soient rares.

Distribution géographique, migration. — Le Maquereau commun se trouve dans toutes les mers d'Europe, bien qu'il soit plus rare dans la Méditerranée que dans l'Océan; il s'étend jusque sur les côtes d'Islande et descend parfois jusqu'à la latitude des îles Canaries; il se retrouve de l'autre côté de l'Océan, aux latitudes correspondantes à celle où on le pêche en Europe; on le connaît, en effet, des États-Unis.

Chacun sait que le Maquereau ne se prend sur nos côtes qu'à certaines époques de l'année, de même que le Hareng et que, dès lors, il semble être un Poisson de passage; Anderson a tracé les lointains voyages qu'accomplirait cet animal.

D'après Anderson, le Maquereau passe l'hiver dans le Nord; vers le printemps, il côtoie l'Islande, l'Écosse, l'Irlande, puis se jette dans l'océan Atlantique, où une colonne, en con-

Fig. 311 et 312. — Le Maquereau et le Saurel.

tournant l'Espagne et le Portugal, entre dans la Méditerranée, tandis qu'une autre colonne passe dans la Manche, y paraît en mai sur les côtes de France et d'Angleterre et passe en juin sur celles de la Hollande ; cette seconde colonne, étant parvenue en juillet sur les côtes du Jutland, se sépare à son tour en deux autres colonnes ; l'une, doublant le Jutland, pénètre dans la Baltique, tandis que l'autre passe dans la Norvège et retourne vers le nord.

D'après Lacépède, Pléville-Lepley nous apprend que l'on voit le long des côtes du Grœnland, dans la baie d'Hudson, auprès du rivage de Terre-Neuve, des enfoncements de la mer dans les terres, nommés *barachouas*, et tellement coupés par de petites pointes qui se croisent, que par tous les temps les eaux y sont aussi calmes que dans le plus petit bassin ; la profondeur de ces petites anses diminue à raison de la proximité du rivage, et le fond en est généralement de vase molle, couvert de fucus et d'autres plantes marines. « C'est, écrit Lacépède, dans ce fond vaseux que les Maquereaux cherchent à se cacher pendant l'hiver, et qu'ils enfoncent leur tête et la partie antérieure de leur corps jusqu'à la

longueur d'un décimètre ou environ, tenant leur queue élevée verticalement au-dessus du limon. On en trouve des milliers enserrés ainsi dans chaque *barachoua*, hérissant pour ainsi dire de leurs queues redressées le fond de ces bassins, au point que les marins, les apercevant pour la première fois auprès de la côte, ont craint d'approcher du rivage dans leur chaloupe, de peur de la briser contre cette sorte particulière de banc ou d'écueil. M. Pléville ne doute pas que la surface des eaux de ces *barachouas* ne soit gelée pendant l'hiver, et que l'épaisseur de cette croûte de glace ainsi que celle de la neige qui s'amoncelle au-dessus ne tempèrent beaucoup les effets de la rigueur de la saison sur les Maquereaux enfoncés à demi au-dessous de cette double couverture, et ne contribuent à conserver la vie de ces animaux. Ce n'est que vers juillet que ces Poissons reprennent une partie de leur activité, sortent de leurs trous, s'élancent dans les flots, et parcourent les grands rivages. Il semble même que l'engourdissement ou la stupeur dans lesquels ils semblent avoir été plongés pendant les très grands froids ne se dissipe que par degrés : leurs sens paraissent très affaiblis pendant une vingtaine de jours ; leur vue est alors si débile, qu'on les prend facilement au filet. Après ce temps de faiblesse, on est souvent forcé de renoncer à cette dernière manière de les pêcher ; les Maquereaux recouvrant entièrement l'usage de leurs yeux, ne peuvent plus être pris qu'à l'hameçon ; mais, comme il sont encore très maigres, et qu'ils se ressentent de la longue diète qu'ils ont éprouvée, ils sont très avides d'appâts, et on en fait une pêche très abondante. »

Il est à peine nécessaire de dire que ce récit est absolument fantaisiste ; Lacépède l'avoue, du reste, tout le premier. « On doit être convaincu, écrit-il tout justement, que le Maquereau, et nous en dirons autant du Hareng, passent l'hiver dans les fonds de la mer plus ou moins éloignés des côtes dont ils s'approchent vers le printemps ; qu'au commencement de la belle saison, ils s'avancent vers le rivage qui leur convient le mieux, se montrent souvent, comme les Thons, à la surface de la mer, parcourent des chemins plus ou moins directs, plus ou moins sinueux, mais ne suivent point le cercle périodique auquel on a voulu les attacher, ne montrent point ce concert régulier qu'on leur a attribué, n'obéissent pas à cet ordre de lieux et de temps auquel on les a dits assujettis. »

En tous cas, les Maquereaux, s'ils existent sur les côtes du Grœnland, y doivent être fort rares, car Othon Fabricius, qui a séjourné longtemps dans ce pays, ne les mentionne même pas parmi les Poissons qu'il a pu observer, ce que n'aurait certainement pas manqué de faire cet habile naturaliste.

Ce qui est certain, c'est que l'on trouve dans la Manche, et cela dès le mois d'avril, des Maquereaux petits et non laités, que l'on nomme en Normandie *Sansonnets*, en Picardie, *Roblots*. Ces Poissons deviennent plus gros et sont pleins vers le mois de mai ; au mois d'août ils sont vides et portent le nom de *chevillés* sur les côtes du nord-ouest de la France.

En tous temps, on prend des Maquereaux à de grandes profondeurs, aussi bien dans la mer du Nord que dans la Baltique, bien qu'on ne puisse méconnaître qu'ils deviennent plus rares vers l'est ; ils séjournent dans les profondeurs de la mer et nagent vers les côtes pour frayer comme le font le Hareng et d'autres Poissons. On les trouve depuis le printemps jusqu'en automne dans la Frise orientale ; ils apparaissent de mai à juin vers l'embouchure du Weser ; à Rügen et au Stralsund on les prend de juin jusqu'en septembre ; à l'embouchure de la Trave on ne les voit en masses que pendant le mois d'août. Parfois ils font complètement défaut dans cette dernière localité, tandis qu'ils se montrent en grande abondance à Rügen, surtout lorsque souffle d'une manière permanente le vent du nord-est.

Phosphorescence. — Les Maquereaux, étant très gras, peuvent, dans certaines circonstances être lumineux. « Ils luisent dans l'obscurité, dit Lacépède, lors même qu'ils sont tirés de l'eau depuis peu de temps, et on lit dans les *Transactions philosophiques de Londres*, année 1666, qu'un cuisinier, en remuant de l'eau dans laquelle il avait fait cuire quelques-uns de ces Scombres, vit que ces Poissons rayonnaient vivement, et que l'eau devenait très lumineuse. On apercevait une lueur phosphorique partout où on laissait tomber des gouttes de cette eau, après l'avoir agitée. Des enfants s'amusèrent à transporter ces gouttes qui ressemblaient à autant de petits disques lumineux. On observa encore le lendemain, que lorsqu'on imprimait à l'eau un mouvement circulaire rapide, elle jetait une lueur comparable à la clarté de la lune ; cette lumière égalait l'éclat de la flamme, lorsque la vitesse du mouvement de l'eau était très accélérée ; et des jets lumineux très brillants sortaient alors du gosier et de plusieurs autres parties des Maquereaux. »

Usages. — Le *Scomber* est un des Poissons dont il est le plus souvent question chez les auteurs anciens, car il est abondant dans la Méditerranée, et bien que sa chair soit plus sèche que celle du Maquereau pêché dans l'Atlantique, elle ne laisse point cependant de fournir une nourriture agréable.

D'après Cuvier, Aristote range « le Maquereau parmi les Poissons qui vivent en troupe, et parmi les Poissons voyageurs qui sortaient du Pont-Euxin, et y rentraient ; il l'associe aux Thons, aux Pélamydes, aux Colias, mais il le dit inférieur à eux pour la force.

Le Scombre était très connu des Romains, et il en est souvent question dans les écrits de Pline le Naturaliste, de Perse, d'Athénée, de Martial. Le poisson était grillé, après avoir été enveloppé de parchemin. « A qui veux-tu, mon livre, s'écrie Martial, que je te dédie ? Hâte-toi de choisir un protecteur, de peur que bientôt, emportés dans une noire cuisine, tes feuillets n'enveloppent des Cordylles après avoir été humectés, ou ne servent de cornets pour l'encens ou le poivre (1) ! »

On préparait des salaisons à Parium, sur l'Hellespont, mais surtout à Sex, sur la côte de la Bétique (aujourd'hui Almunecar).

Une des préparations les plus en honneur chez les gourmets de l'ancienne Rome, était le garum. Selon Pline, ce condiment était une invention des Grecs, qui l'obtenaient avec un Poisson auquel ils donnaient aussi le nom de *Garon ;* on le préparait à l'aide des intestins et du sang du Maquereau ; « ce précieux garum, chante Martial, c'est le sang le plus pur du Maquereau respirant encore ; accepte ce rare présent. » Le garum retiré du Thon était encore plus recherché : « Je suis fille d'un Thon d'Antipolis, nous dit encore Martial ; si je l'étais d'un Scombre, je ne t'aurais pas été envoyé. »

Pline nous apprend qu'on fabriquait du garum estimé à Clazomène, à Pompeia et à Leptes, et surtout à Carthagène. « Un liquide recherché, écrit-il, est ce que l'on nomme *garum ;* il est formé d'intestins de poissons et d'autres parties qu'il faudrait jeter, mais qu'on fait mariner dans le sel ; c'est donc une sauce putréfiée de poissons ; on n'employait jadis pour la faire que le poisson appelé *Garon.* Aujourd'hui le garum de première qualité se fait avec le Scombre, dans les grands réservoirs de Carthage-la-Spartienne ; on l'appelle garum des alliés (*Sociorum id appellatur*). Le prix de deux coupes va jusqu'à mille pièces d'argent. Après les parfums, il n'est pas de substance liquide qui soit plus chère et plus estimée ; le garum a fait la gloire de peuples entiers. Les Scombres qui viennent de l'Océan sur les côtes de la Mauritanie et de la Bétique n'ont point d'autre utilité. On vante aussi le garum de Clazomène, de Pompeia et de Leptes, ainsi que la saumure d'Antipolis, de Thurium et de la Dalmatie. »

D'après Cuvier et Valenciennes, les Géoponiques ont conservé diverses recettes de préparation du garum. « Selon l'une, on salait jusqu'à un certain point les intestins des poissons ou même plusieurs petits poissons, tels qu'Athérines, Anchois, petites Mulles, etc. On les mettait dans un vase ; on les exposait au soleil ; on les y retournait plusieurs fois, et l'on y excitait ainsi une certaine décomposition. Quand le moment convenable était venu, on faisait entrer dans le vase qui contenait ces matières

à demi corrompues, un panier long et d'un tissu serré ; la portion liquide du mélange traversait les mailles du panier ; c'était le garum ; ce qui restait en dehors, à cause de sa consistance plus ferme, portait le nom d'*alec.*

« En Bithynie on suivait une recette un peu différente. On mettait les Poissons avec de la farine dans un vase, où l'on ajoutait pour chaque modium deux mesures de sel. Après qu'ils y avaient passé une nuit, on plaçait le mélange dans un vase de terre ouvert, qu'on exposait au soleil pendant deux ou trois mois, ayant soin de le remuer avec des baguettes, et on le couvrait ensuite. Quelques-uns versaient dessus une quantité double de vieux vin. Il y avait aussi une manière de jouir plus tôt de ce garum, en le faisant cuire au lieu de l'exposer au soleil. Pour cet effet on prenait une saumure assez forte pour qu'un œuf y surnageât ; on y mettait le poisson avec un peu d'origan ; et après l'avoir fait bouillir et refroidir, on passait le liquide à plusieurs fois à la chausse, jusqu'à ce qu'il fût clair.

« Enfin il y avait un garum meilleur que ceux-là, qui se faisait en enfermant dans un vase des intestins et du sang de Thon, avec du sel, en laissant reposer ce mélange pendant près de deux mois, après lesquels on perçait le vase. Le liquide qui s'en écoulait était le garum sanguinolent.

« On aura peine à concevoir que des opérations si dégoûtantes pussent produire une substance agréable au goût, mais le témoignage unanime des anciens ne nous permet de douter ni de leur nature ni de leur résultat. Apparemment ce garum, semblable à ces liquides demi-putrides et demi-salés qui s'écoulent de certains fromages, jouissait de la faculté de réveiller l'appétit et d'exciter la digestion ; mais il paraît que c'était une substance très âcre. Sénèque en parle comme d'une des causes qui altéraient le plus la santé des riches de son temps.

« Son odeur était détestable, d'après Martial, mais ce n'en était pas moins un assaisonnement cher et recherché. Il servait de sauce aux huitres. Apicius avait imaginé d'y noyer les Mulles, pour les manger dans toute leur perfection. »

L'usage du garum était encore en usage à l'époque de la Renaissance ; en 1558, Rondelet nous apprend, en effet, que « d'auantage de la saumure du Picarel se fait de très bonne saulce, comme le tems passé du poisson *Ga-*

(1) Martial, *Épigrammes*, livre III.

rus. Il i a une autre manière de liqueur exquise, que l'on appelle *garum*, des boiaux é autres parties que l'on ietteroit, trempés au sel. » Belon écrit à la même époque que le garum était de son temps en Turquie sinon en aussi grand cours qu'il fut jamais, qu'il n'y avait boutique de poissonnier qui n'en eût à vendre à Constantinople et qu'on le fabriquait avec les intestins des Maquereaux et des Saurets.

Pêche. — Les ports du Pas de Calais et de la Manche qui se livrent à la pêche du Maquereau se servent de grands filets appelés *manets*, tendus vers la surface ; on ne pêche que pendant la nuit et encore les nuits les plus obscures sont-elles les plus favorables ; ce sont les ports de Boulogne, de Dieppe, de Fécamp qui se livrent principalement à cette pêche qui a lieu jusque dans la mer d'Irlande.

Les Anglais font également la pêche au moyen de filets ; cette pêche est, d'ailleurs, fort aléatoire. En mai 1807, d'après Yarrell, on paya, au marché aux poissons de Londres, jusqu'à 40 guinées le cent de Maquereaux, soit 10 francs pièce ! La cargaison du bateau suivant ne valait plus que la somme encore fort élevée de 13 guinées, soit 325 francs le cent ; en 1808, au contraire, le Maquereau fut pris en telle quantité qu'on pouvait en acheter 60 à Douvres pour un schelling, soit 1,25 centimes ; cette même année, un filet fut tellement chargé de Poissons que le navire sombra corps et biens. Toujours d'après Yarrell, en 1821, le produit de la pêche dépassa tout ce qu'on avait encore vu, car seize bateaux prirent le 30 juin pour 5,252 livres sterling, soit 131,900 francs de Poisson !

Actuellement, la pêche du Maquereau sur les côtes de la Grande-Bretagne, par les bateaux anglais, peut être estimée à environ 180,000 livres sterling, soit 4,500,000 francs.

La pêche du Maquereau sur les côtes de Norvège se fait principalement aux filets dérivants ; on emploie également des filets fixes et des sennes.

Le Maquereau est un des Poissons de grande pêche aux État-Unis ; on se sert de filets de traîne ; la pêche commence fin mars et dure jusqu'au commencement de décembre.

A certaines époques le Maquereau arrive en abondance sur tous les marchés, car il constitue un aliment très agréable, bien que de digestion un peu difficile. Le plus souvent on mange ce Poisson à l'état frais ; on le sale souvent, soit en grenier, c'est-à-dire dans la cale même du bateau, soit dans des barils, comme on fait des Harengs ; d'autres fois il est préparé soit à la marinade, soit au vin blanc ; les Américains en font différentes conserves.

On prend également le Maquereau à la ligne à trainer, au libouret, l'hameçon étant garni avec un morceau de drap écarlate qui attire le Poisson, fort vorace.

LE MAQUEREAU COLIAS. — *SCOMBER COLIAS.*

Caractères. — Dès 1558, Rondelet avait parfaitement distingué le Colias du Maquereau commun : « Il ha, dit-il, une partie de la teste si claire qu'on i voit par le traver les nerfs descendans du cerveau aux ieux, qu'on appelle obliques, comme par le traver d'un verre. »

A ce caractère, qui est constant, nous ajouterons que, chez l'adulte, la région pectorale est couvert d'écailles assez grandes « figurant une sorte de corselet ». La formule des nageoires est la même que pour le Maquereau commun. Le dos est d'un bleuâtre tirant sur le vert, avec des bandes et des taches noirâtres ; sur les côtés se voient des taches plus ou moins grandes et plus ou moins apparentes d'un vert noirâtre. La taille ne dépasse guère 0ᵐ,30.

Distribution géographique. — Le Colias se trouve abondamment dans la Méditerranée ; il remonte dans l'Atlantique, mais ne semble plus exister au-dessus de la Gironde.

LES THONS — *THYNNUS*

Tunfische.

Caractères. — Les Thons diffèrent des Maquereaux par leurs dorsales rapprochées et parce que les écailles du thorax, plus grandes que les autres, forment une espèce de corselet, qui se partage en arrière en plusieurs pointes ; les fausses nageoires ou pinnules sont en nombre plus considérable que chez les Maquereaux ; le tronçon de la queue porte de chaque côté une carène plus ou moins saillante ; les dents sont petites, fines et se trouvent sur les mâchoires, les palatins, généralement aussi sur le vomer.

Distribution géographique. — On connaît cinq espèces de Thons sur les côtes de France ; plusieurs de ces espèces ont une très large distribution géographique ; c'est ainsi que le

Fig. 313. — Le Thon commun.

Thon commun se trouve depuis les côtes d'Angleterre jusqu'en Tasmanie ; plusieurs espèces
sont spéciales aux mers tropicales.

LE THON COMMUN. — *THYNNUS VULGARIS*.

Tun.

Caractères. — Le Thon commun est le plus
grand de nos Poissons d'Europe, car il peut
dépasser 4 mètres de long et peser plus de
600 kilogrammes. Il a le corps en fuseau, très
renflé vers la poitrine ; la longueur de la tête
fait environ le quart de la longueur totale ; le
museau est assez pointu, la bouche médiocrement fendue, la mâchoire inférieure un peu
moins avancée que l'inférieure. Les mâchoires
sont armées d'une rangée de petites dents pointues et légèrement crochues ; le palais est
également denté. Le corselet, qui est bien
dessiné, est grand, la pointe supérieure se
prolongeant jusqu'à la terminaison de la seconde dorsale, tandis que la pointe inférieure
entoure la base des ventrales. La première dorsale naît à peu près vis-à-vis de la base de la
pectorale et se compose de 14 ou 15 épines ;
la dorsale postérieure, qui est très courte, a
une forme triangulaire et se compose d'une
épine et de 13 rayons mous ; on voit ensuite
9 ou 10 pinnules. L'anale, qui naît un peu en
arrière de la dorsale, a 14 rayons ; elle est
suivie de 8 ou 9 fausses nageoires. La caudale
est profondément échancrée. Les pectorales,
coupées en faux, se terminent avant l'origine
de la seconde dorsale ; les ventrales peuvent se
loger dans une fossette (fig. 313).

BREHM. — VI.

La coloration est d'un bleu plus ou moins
foncé sur le dos, grisâtre sur les flancs et sur
le ventre, avec des taches, nombreuses et rapprochées, d'un blanc d'argent. La dorsale antérieure, les pectorales et les ventrales sont
d'un brun foncé ; la caudale est d'un brun plus
clair ; la seconde dorsale et l'anale sont colorées en jaune rougeâtre ; les fausses nageoires
sont jaunâtres, bordées de noir.

Distribution géographique. — Le Thon se
pêche sur toutes les côtes de la Méditerranée
et se rencontre également sur les côtes du
Portugal et dans le golfe de Gascogne ; il ne
paraît pas remonter ordinairement plus loin
que l'embouchure de l'Adour ; d'après E. Moreau, il est assez commun à Saint-Jean-de-
Luz ; on le trouve accidentellement sur les
côtes de Poitou, dans la Manche, dans les eaux
d'Angleterre ; d'après Günther, il serait signalé
jusqu'en Tasmanie.

Mœurs, habitudes, régime. — De même
que pour le Maquereau, on a prétendu que le
Thon est un Poisson migrateur, car il n'arrive
en bandes nombreuses qu'à certains moments
de l'année. Dans la Méditerranée, les Thons
suivent, en effet, une certaine direction ; entrée au printemps par le détroit de Gibraltar,
la troupe se diviserait en deux colonnes, le
gros de l'armée se rendant dans la mer Noire
et dans la mer d'Azof, où aurait lieu la ponte.
Il est grandement probable que le Thon séjourne dans les profondeurs de la mer et qu'il
ne s'approche des côtes qu'au moment de a
ponte ; on ne peut cependant pas nier que ce
Poisson ne suive certaines vallées sous-ma-

rines, dans lesquelles il chemine de préférence.
Quelques animaux peuvent passer de la Méditerranée dans l'Océan, mais ce doit être l'exception. On a affirmé cependant que les bandes
de Thons qui se montrent sur les côtes de
Provence et de Ligurie se dirigent dans un sens,
tandis que vers la fin de l'été elles suivent une
direction opposée.

Bien que les Thons aient été souvent observés, nous ignorons encore bien des faits relatifs à leurs mœurs.

Au moment où ils se rapprochent des côtes,
les Thons se réunissent en grandes bandes,
parfois formées de milliers d'individus ; leur
marche est très rapide et souvent on les voit
bondir en partie hors de l'eau, car ils nagent
près de la surface.

Les bandes de Thons sont ordinairement
précédées par des Sardines ; le Thon chasse, en
effet, ces Poissons ; il est souvent poursuivi,
à son tour, par des Requins et des Dauphins ;
il vit en bonne intelligence avec l'Espadon.

La ponte a lieu au milieu des algues ; en
juillet, les petits éclosent ; quelques jours
après ils pèsent une once et demie ; en août,
ils ont déjà atteint un poids de 4 onces et de
30 onces en octobre ; la croissance doit être
assez rapide.

Suivant Lacépède, les anciens « donnaient
différents noms au Scombre dont il est parlé
ici, suivant l'âge et par conséquent le degré de
développement de ces animaux. Pline rapporte qu'on nommait *Cordyle* les Thons très
jeunes, qui venaient d'éclore dans la mer Noire,
repassaient pendant l'automne dans l'Hellespont et dans la Méditerranée, à la suite des
légions nombreuses des auteurs de leurs jours.
Arrivés dans la Méditerranée ils y portaient le
nom de *Pélamydes* pendant les premiers mois
de leur croissance et ce n'était qu'après un
an que la dénomination de *Thon* leur était
appliquée. »

Pêche, usages. — La pêche du Thon se faisait dans la Méditerranée dès la plus haute
antiquité, aux deux extrémités de cette mer,
aux colonnes d'Hercule et dans l'Hellespont.

D'après les auteurs anciens, c'était surtout
la ville de Byzance que ce Poisson enrichis-
sait, et à certains moments l'abondance du
Thon était telle dans le golfe qu'il en avait pris
le nom de *Corne d'or.*

Dans sa topographie de Constantinople, Gyl-
lius rapporte que les Thons « y abondent plus
qu'à Marseille, à Venise et à Tarente. D'un

seul coup de filet on remplirait vingt navires ;
on peut en prendre sans filets et avec la main ;
on peut, lorsqu'ils remontent vers le port en
troupes serrées, les tuer à coups de pierre.
Les femmes en prennent seulement en sus-
pendant de leurs fenêtres dans l'eau un panier avec une corde ; enfin, sans avoir besoin
d'amorcer les haims, on y pêcherait des
Pélamydes de quoi approvisionner la Grèce
entière et une grande partie de l'Europe et de
l'Asie. »

La pêche du Thon était tout aussi ancienne
du côté de l'occident ; les Phéniciens l'avaient
établie sur les côtes d'Espagne, où elle donnait
des produits fort estimés. D'après Ælien, les
Gaulois pêchaient le Thon au moyen de forts
hameçons de fer.

Suivant Cuvier et Valenciennes, « Strabon
marque avec soin dans sa *Géographie* les
lieux où se tenaient des hommes pour avertir
de l'arrivée des Thons, absolument comme on
le fait de nos jours ; Populonium ou Piom-
bino, Porto-Ercole, sur la côte d'Etrurie, où
ils étaient attirés par des coquillages, et le cap
d'Ammon, sur la côte d'Afrique, étaient les
stations. Ces espèces de guérites se nom-
maient *thynnoscopes*.

« Cette pêche s'exécutait à peu près comme
de nos jours. La description que nous donne
Ælien de celle qu'on faisait le long du Pont-
Euxin ressemble entièrement à celle que
Duhamel rapporte de la pêche à la thonaire,
telle qu'on la pratique à Collioure.

« On donnait des noms particuliers aux
Thons de différents âges. Le *Scordyle*, ou,
comme on l'appelait à Byzance, l'*Auxide*, était
le jeune Thon, lors de sa première sortie du
Pont-Euxin en automne ; le *Pélamyde*, le Thon
plus âgé, lorsqu'il retourne dans le Pont au
printemps. Les très grands Thons portaient le
nom d'*Orcynus*, et il y en avait d'assez gigantesques pour que l'on crût devoir les ranger parmi les Cétacés.

« Le Thon occupait une telle place dans la
diète des anciens, que l'on avait aussi des
noms particuliers pour en désigner les différents morceaux ou les différentes préparations
qu'on lui faisait subir.

« Le grand Thon coupé en tranches minces
séchées, et semblables à des planchettes de
chêne, s'appelait *mélandrys* (chêne noir).

« Du Thon plus jeune ou de la Pélamyde,
coupé en petits morceaux cubiques, s'appelait
cybium (petit cube). On servait ce *cybium*, avec

des œufs durs coupés, comme aujourd'hui nous servons les Anchois. Ce n'était pas d'ailleurs un mets de grand prix.

« Les parties voisines de l'épaule formaient le *clidium*; l'*auchenia* était la partie de la nuque, et plusieurs croient que l'*horeum*, qu'ils écrivent *areum*, était la queue. On estimait surtout la nuque, le ventre et le clidium. On préparait à Cadix les clidiums des très grands Thons nommés *Orcynus*, et Hisérius, dans Athénée, préfère ces morceaux aux abdomens pour le goût. »

Actuellement la pêche du Thon ne se fait plus en grand dans l'est de la Méditerranée; les pêcheries des côtes de Portugal, autrefois si florissantes, sont à peu près aussi complètement délaissées.

Aujourd'hui, c'est en Catalogne, en Provence, sur les côtes de Ligurie, en Sicile et en Sardaigne, que cette pêche est la plus active; elle se pratique surtout de deux manières, à la thonaire et à la madrague.

Sur les côtes de Languedoc, comme en Istrie, on établit des postes vigies pour signaler l'approche des bandes de Thons; d'innombrables embarcations, qui se tiennent toutes prêtes à appareiller au premier signal, prennent alors la mer, sous la conduite d'un chef expérimenté; toutes ces barques se développent en un large croissant; on jette les filets et on enserre le Poisson; on rétrécit le cercle de plus en plus, de manière à chasser les Thons vers le rivage; lorsqu'on est arrivé dans une eau peu profonde, on développe le dernier filet, qu'on tire sur la grève; les Thons sont alors massacrés en masse. D'après Duhamel, ce mode de pêche donne quelquefois en un seul coup 2000 ou 3000 quintaux de Thons.

La thonaire se compose de trois pièces de filets d'environ 80 brasses de longueur chacun; la hauteur de la partie qui plonge est de 6 brasses que l'on peut doubler au besoin, en mettant deux pièces l'une au-dessus de l'autre; le Thon, au moment où il se rapproche du rivage, se tenant toujours à la surface de la mer, on fait flotter le filet à l'aide de bouées ou de grosses pièces de liège. L'une des extrémités du filet est fixée sur le rivage, l'autre se porte en mer; on lui fait décrire un long circuit de manière à ramener vers la terre tous les Thons qui se trouvent pris; cette pêche est dite au *thonaire de poste* ou *courbière de poste*. La *courantille* est une thonaire que l'on laisse dériver.

Les anciens s'emparaient du Thon non seulement à l'aide de filets semblables, mais encore avec des filets rappelant notre madrague.

« Les filets, dit Oppien, semblables à une ville, s'avancent en pleine mer; ils ont leur vestibule, leurs portes, leurs chambres intérieures; les Poissons s'y jettent en foule, et la prise en est considérable. »

Lorsque l'époque de la pêche approche, les côtes de Sardaigne sont remplies d'animation. Sur les rives où depuis des années, on pourrait dire depuis des siècles, on prend des Thons, on construit des barraquements destinés à servir de logement aux pêcheurs et aux marchands. Jusqu'à la fin de mars, peu d'animation règne sur les rives, mais arrive avril, les côtes se transforment en un vaste marché dans lequel se réunissent les gens de toutes conditions.

Partout la plus grande animation; ici tonneliers et forgerons, là des portefaix qui transportent des tonnes de sel, là les pêcheurs et des ouvriers occupés à raccommoder et à mettre en place les différentes pièces qui composent l'immense filet. Le patron ou propriétaire de la pêcherie doit veiller à tout et sur tous; il est accompagné de quelques-uns de ses gens les plus actifs et les plus dévoués qui ont la haute surveillance, inspectent le travail et transmettent les ordres; mais le personnage le plus important de tous c'est le reïs ou commandant en chef des pêcheurs. Tout ce qui a rapport à la pêche est de la compétence du reïs; il doit être d'une honnêteté à toute épreuve, posséder autant de savoir que de sagacité, connaître à fond les mœurs et les habitudes du Thon et connaître parfaitement toutes les circonstances qui peuvent influer sur la pêche; c'est à lui qu'incombe le soin difficile de faire dresser l'immense et compliqué appareil de pêche, de manière à ce qu'il puisse même résister à la tempête. Lorsque ce travail est achevé, la tâche n'est pas finie pour le reïs, car il doit constamment surveiller l'appareil; tout repose sur lui; le jour de la pêche arrivé, il prend seul le commandement et tous doivent lui obéir, car de la prompte et exacte exécution des ordres qu'il donne, dépend tout le succès de l'entreprise; les reïs les plus habiles sortent ordinairement d'une école de pêche et viennent, le plus habituellement, soit de Gênes, soit de divers ports de Sicile.

Tous les préparatifs pour la pêche prennent le mois d'avril; dès le commencement de mai au moyen de longues cordes attachées les unes aux autres, on délimite l'emplacement que l'appareil doit occuper dans la mer. Le jour qui suit le jalonnement, on transporte, sur plusieurs embarcations, le filet solennellement béni par le clergé et on le maintient avec des ancres frappées de tous côtés.

Les pêcheurs savent de longue date que le Thon défile avec une grande régularité, sinon toujours, ainsi que le croyaient les anciens, le côté droit tourné vers le rivage, « tantôt à la façon des loups, d'après Ælien, tantôt à la manière des chèvres », c'est-à-dire soit deux par deux ou trois par trois, soit en grandes troupes. C'est lorsqu'il fait un vent modéré que le Thon est le plus en mouvement.

Pour bien comprendre la manière dont se fait la pêche, il est nécessaire de faire connaître dans quelques détails l'engin de pêche connu sous le nom de *madrague*.

On commence par établir obliquement à la côte une grande ligne de filets qui a parfois plus d'un kilomètre de longueur et que l'on nomme *queue de la madrague*. L'appareil lui-même forme une sorte de poche que l'on divise en compartiments, généralement au nombre de quatre. La dernière chambre, que l'on nomme le *corpou* ou la *chambre des morts*, est formé de filets, non seulement sur les côtés, mais encore au fond; la seconde chambre, qui porte le nom d'*isolette*, est située au point où la queue vient se réunir au corps de la madrague et s'ouvre dans la mer. Tout l'appareil est tenu verticalement, en haut par des flottes de liège ou de petits barils, en bas par un poids énorme de lest de pierres; le tout est encore assujetti avec de fortes ancres.

Les Thons, suivant la côte et marchant en bandes, sont arrêtés par la queue de la madrague; jamais ou presque jamais ils ne retournent en arrière; ils côtoient le filet et entrent dans l'*isolette*. Des guetteurs spéciaux se tiennent à l'ouverture de cette chambre et se rendent compte du nombre des poissons qui entrent; ils distinguent les Thons sous l'eau avec une finesse de vue merveilleuse, bien que ces Poissons se trouvent le plus souvent à une profondeur telle qu'ils ne paraissent guère plus gros qu'une Sardine; bien plus, ils peuvent les compter un à un, comme le pasteur compte ses brebis. Parfois cependant les guetteurs doivent employer divers artifices pour rendre possible l'inspection de l'eau profonde; ils recouvrent le bateau d'un drap noir pour amortir les rayons lumineux qui gênent la vue ou bien plongent dans la mer une pierre attachée à un os blanchi de Thon, ce qu'on appelle la lanterne. Si le reïs remarque que la chambre est pleine, il cherche à faire passer les Thons dans la chambre suivante; pour cela des pêcheurs placent derrière les poissons un grand filet tendu verticalement au moyen de deux bateaux; le plus souvent on effraie les craintifs Poissons en jetant du sable ou en plongeant devant eux une peau de mouton.

Après chaque examen, le reïs fait un rapport secret au propriétaire de la madrague sur l'état des choses; il indique le nombre de Thons qui se trouvent dans le filet et fait connaître la disposition établie.

Lorsque le chef de la pêche juge que tout le poisson a passé dans la chambre des morts, on ferme rapidement l'entrée du *corpou* à l'aide d'un filet qui repose sur le fond et que l'on fait monter tout à coup; un guetteur, placé dans une barque, avertit, à l'aide de signaux, que la bande de Thons tout entière est prisonnière. On accourt alors de tous côtés sur le lieu de pêche. C'est vraiment un spectacle saisissant et horrible tout à la fois qu'une levée de madrague, toute remplie de Thons.

Une chose importante est encore à faire; c'est de choisir le saint qui devra être pris comme patron; pour cela on jette les noms de plusieurs saints dans une urne et on tire au sort; le saint désigné doit être seul invoqué pendant toute la journée suivante.

Enfin tout est prêt; le reïs vient d'arborer un drapeau; les barques se dirigent en hâte et se placent à l'endroit qui leur est désigné. Le chef est partout et se multiplie, car il s'agit de relever avec méthode et avec lenteur le filet qui forme le fond du *corpou*, de manière à l'amener vers la surface de l'eau; un bouillonnement de la mer annonce l'arrivée des poissons. Le carnage commence; en vain les Thons se débattent-ils, cherchant à se défendre désespérément ou à prendre la fuite; ils sont harponnés ou assommés au fur et à mesure qu'ils apparaissent et bientôt la mer est toute teinte de leur sang. Tout entiers au massacre, les pêcheurs n'iraient certainement pas au secours d'un des leurs qui tomberait à la mer, de même que pendant la bataille on ne fait guère attention aux blessés; on frappe, on crie. Le nombre des survivants diminue cependant et le plancher du filet monte toujours avec de nouvelles victimes; un nouveau carnage commence.

Le massacre est enfin terminé ; les bateaux font voile et se dirigent vers la terre ; le bruit des boîtes établies sur le rivage les accueille. Avant de passer au déchargement de la cargaison, les pêcheurs mettent de côté la partie qui leur appartient et les voleurs réclament aussi leur part du butin. « On peut dire, écrit l'abbé Cetti, que dans la pêche à la madrague chacun vole le plus qu'il peut et que ce n'est pas estimé être une honte ; il ne peut rien arriver de plus grave pour le voleur que de perdre l'argent qu'il a volé, car le salaire que le pêcheur retire de son dur travail n'est certes pas en proportion de la peine et des fatigues qu'il a eues ; et c'est pourquoi on ferme les yeux sur les vols commis, à condition qu'ils n'aient pas lieu effrontément. Cette espèce d'accord tacite et la coutume admise que le patron sauve ce qui est sa propriété quand il peut prendre le voleur, le rendent, lui et ses employés, extrêmement vigilants ; les voleurs, au contraire, qui n'ont à redouter ni la honte ni les peines judiciaires, se montrent d'une hardiesse et d'une habileté extrême ; ils ne se bornent pas à dérober quelques morceaux de Thons, mais volent des Poissons tout entiers, et ils savent employer mille ruses pour mettre leur larcin à l'abri ; c'est avec l'adresse d'un escamoteur que les pêcheurs savent faire disparaître un Thon, comme d'autres déroberaient une sardine. »

Après chaque massacre, on ne vide jamais complètement le filet, mais on y laisse toujours quelques Thons qui attirent en quelque sorte ceux que l'on se propose de pêcher dans les jours suivants et tant que dure le passage. En Sardaigne, ce passage dure jusqu'au mois de juin. Dans certaines madragues on fait annuellement huit pêches dont chacune procure à peu près 500 Thons ; en certains endroits favorisés on massacre jusqu'à 14,500 Poissons.

Le produit de la pêche est souvent cédé tout frais à des acheteurs étrangers qui le salent comme ils l'entendent ; d'autres fois les Poissons sont portés de suite dans un endroit ombragé pour être utilisés. On coupe d'abord la tête, puis on retranche la chair comprise entre les nageoires ; après quoi on suspend l'énorme bête par une corde que l'on attache à la queue et on pratique des incisions longitudinales, deux depuis l'anus jusqu'à l'extrémité de la queue, deux le long du dos, deux dans la direction de la queue, ces dernières si rapprochées l'une de l'autre qu'elles séparent

seulement les fausses nageoires ; enfin on pratique encore une incision sur chaque flanc ; on obtient ainsi des parties dont la valeur est très différente.

On estime avant tout le ventre, morceau délicat, tendre, savoureux, que frais ou salé, on paye un prix double de celui que l'on regarde comme le meilleur après lui.

La chair qui doit être salée est déposée dans des tonneaux et reste de huit à dix jours à l'air libre ; on la retire ensuite et on la laisse égoutter sur des tables inclinées ; puis on la reporte dans les tonneaux, on la foule fortement, on ferme le fût, on verse de la saumure par la bonde. On prépare de l'huile avec les os et avec la peau. Cinq tonneaux remplis forment un lot.

Dans certains pays, on place le Thon coupé en morceaux dans de grandes chaudières et on le fait bouillir dans de l'eau de mer ; les morceaux, étendus sur des cannes, sont séchés, puis mis dans des barils avec de l'huile fine.

Aujourd'hui le Thon mariné est préparé avec des tranches de poisson frais et conservé dans l'huile d'olive ; il donne lieu à un très important commerce.

Autant est saine la chair du Thon lorsqu'il est frais ou convenablement préparé, autant est malsaine celle qui est gâtée ; les arêtes deviennent alors rouges et le goût est si âcre, qu'on croirait que la viande a été saupoudrée de poivre. L'ingestion du Thon peut donner lieu alors à des accidents tels qu'on l'a vue occasionner la mort ; aussi, par ordre de l'autorité supérieure, on inspecte les Thons en Italie avant qu'ils ne soient portés au marché, surtout lorsque souffle le sirocco, et la chair qui a déjà de l'odeur est immédiatement jetée à la mer.

Avant d'être cuite, la chair du Thon ressemble à celle du bœuf ; préparée, elle prend une couleur moins foncée.

LA BONITE A VENTRE RAYÉ. — *THYNNUS PELAMYS.*

Bonite.

Caractères. — Ce Thon a le corps assez trapu ; le corselet est bien développé ; le museau est pointu. La première dorsale est haute en avant, en forme de faux ; on y compte 5 épines ; la seconde dorsale se compose d'une épine et de 12 rayons mous ; les fausses pinnules sont au nombre de 8 sur le dos, de 7 sur le ventre ; l'anale, qui commence un peu en arrière de la dorsale se compose de 2 épines et de 12 rayons noirs. La caudale a ses lobes étroits, allongés ; les pectorales sont relativement courtes.

La coloration est de toute beauté ; le dos et le haut des flancs sont d'un beau bleu teinté de rose, le reste du corps est blanc d'argent ; quatre, quelquefois cinq bandes brunes s'étendent le long des flancs et remontent sur la ligne latérale en arrière de la dorsale postérieure.

La longueur ne dépasse guère 0ᵐ,75.

Distribution géographique. — Accidentelle sur les côtes d'Europe, la Bonite à ventre rayé habite surtout la zone torride ; on la trouve aussi bien dans l'Atlantique que dans la mer des Indes.

Mœurs, habitudes, régime. — D'après Cuvier et Valenciennes, la Bonite se nourrit principalement de Poissons volants et de Calmars ; Commerson a trouvé dans son estomac de petites coquilles et jusqu'à des herbes marines.

« La Bonite à ventre rayé, dit Kittlitz, fait surtout la chasse aux Poissons volants ; elle réussit souvent à happer ces animaux alors qu'ils sont encore hors de l'eau. Le jaillissement des flots, le bruit que causent ces Poissons en sautant et en retombant au milieu des vagues, présentent un spectacle saisissant et on est réellement surpris de la quantité de poissons que le Thon peut engloutir. »

Pêche, usage. — Les marins savent mettre à profit la prédilection que la Bonite a pour le Poisson volant pour s'emparer de ce Thon. D'après Osbeck, ils suspendent à une ligne dans l'air un poisson de plomb, auquel on adapte des plumes pour lui donner quelque ressemblance avec l'Exocet ; lorsque la marche du navire est rapide, le Bonite saute après l'appât jusqu'à un mètre de hauteur et se laisse ainsi facilement capturer.

D'après Cuvier et Valenciennes, « la chair, selon Osbeck, bien que mangeable, est sèche et peu agréable, et Dussumier est du même avis. Commerson dit, au contraire, qu'elle n'est point mauvaise, soit bouillie, soit grillée, et même que le bouillon de sa tête passe parmi les marins pour délicieux. Selon Lesson et Garnot, elle est ferme et un peu sèche, et parfois elle se trouve vénéneuse. Les officiers de l'équipage de Duperrey en furent un jour très incommodés ; les uns se virent couverts de rougeurs exanthémateuses très vives, suivies de chaleurs, de sueurs et de violents maux de tête ; les autres eurent des coliques et des diarrhées très fortes.

« Déjà l'on trouve dans Mérola que la Bonite des côtes d'Afrique, colorée en jaune et en vert, est un manger pernicieux qui cause une mort subite.

« Cette espèce est plus qu'aucune autre tourmentée par des vers intestinaux de plusieurs sortes. Commerson la représente comme très misérable sous ce rapport. »

LE GERMON. — *THYNNUS ALALONGA.*

Germon.

Caractères. — Ses grandes pectorales font de suite reconnaître le Germon, qui, par ses formes générales, ressemble au Thon ordinaire ; la tête est allongée, le museau conique. La première dorsale, assez haute, falciforme, est composée de 14 épines ; la dorsale postérieure a 15 rayons, dont les trois premiers sont épineux ; on voit 8 fausses pinnules sur le dos, 7 ou 8 sous le ventre ; l'anale a la même forme et le même nombre de rayons que la dorsale ; la base de la caudale est assez large.

Le dos est coloré en bleu très foncé ; les flancs et le ventre sont d'un gris bleuâtre ; l'œil est argenté.

La taille dépasse rarement un mètre.

Distribution géographique. — Le Germon se trouve dans la Méditerranée et dans une grande partie de l'Atlantique, région tempérée ; sur les côtes de France, il est commun dans le golfe de Gascogne, de juin à septembre ; il n'est pas rare, pendant l'été, sur les côtes du Poitou et de Bretagne ; on le prend de temps en temps dans la Manche.

Mœurs, habitudes, régime. — De même que le Thon ordinaire, le Germon se tient dans les grandes profondeurs, se rapprochant seulement des côtes au moment de la ponte. Il donne la chasse à tous les poissons qui vivent en troupes, aux Mulets, aux Anchois, aux Sardines et poursuit les Poissons volants ; lorsque ces derniers animaux s'élancent en foule hors de l'eau, on est à peu près certain qu'ils sont chassés par des Germons.

Pêche, usage. — Dans l'Océan, on prend le Germon à l'aide de longues lignes amorcées avec de l'Anguille salée, souvent même avec un morceau de basin blanc ou de toile bleue taillée grossièrement en forme de Sardine ; le Germon est, en effet, très vorace. D'après Cuvier et Valenciennes, « l'affluence des Oiseaux de mer et des Poissons volants s'élevant hors de l'eau est d'un très bon augure. La pêche donne alors de grands produits, et les bras suffisent à peine pour tirer les lignes et les rejeter à la mer. Une fois que les pêcheurs sont tombés sur un de ces bancs de poissons, ils le suivent jusqu'à ce que les vents de l'équinoxe d'automne aient déterminé la troupe à retourner vers le grand Océan. Un temps couvert, un vent frais, une mer doucement agitée, sont favorables à cette pêche ; elle se fait le mieux par les vents du sud-ouest et du nord-ouest. »

Suivant Moreau, le Germon est, depuis quelques années, expédié en assez grande abondance sur le marché de Paris, et vendu sous le nom de Thon ; il est appelé, à Bayonne, Thon ; sa chair est plus blanche que celle du Thon ; elle est aussi beaucoup plus estimée.

Sur certaines côtes on sale le Germon, après l'avoir coupé en tranches.

Dans la Méditerranée, on prend le Germon dans les madragues établies pour le Thon ordinaire.

LES PÉLAMYDES — *PELAMYS*

Caractères. — Les Pélamydes ont la forme des Thons et, comme chez ces derniers, les nageoires dorsales sont contiguës ; il existe un corselet ; les dents sont fortes, pointues, sur les mâchoires et sur les palatins, tandis qu'elles sont faibles chez les Thons proprement dits.

Distribution géographique. — On connaît cinq espèces de Pélamydes ; une habite la Méditerranée et l'Atlantique ; les autres se trouvent dans la mer des Indes et dans les mers de Chine.

LA BONITE A DOS RAYÉ. — *PELAMYS SARDA.*

Caractères. — La Pélamyde sarde ou Bonite à dos rayé a le corps plus allongé que le Thon commun, l'œil plus petit, le museau plus long, plus pointu et la gueule plus largement fendue ; le corselet est étroit. La première dorsale est composée de 22 à 24 rayons épineux ; la nageoire a la forme d'un triangle très allongé ; la seconde dorsale, qui est petite, est très rapprochée de la première ; on y compte 2 épines et 12 ou 13 rayons mous ; elle est suivie de 8 à 9 fausses nageoires ; l'anale a 2 épines et 12 à 13 rayons ; on voit derrière elle de 6 à 8 fausses nageoires ; la caudale est fortement échancrée ; les pectorales sont courtes, de forme triangulaire.

La coloration varie avec l'âge. Chez les individus jeunes, le dos est bleuâtre, les flancs et le ventre étant argentés ; dix à douze bandes, d'un bleu clair, descendent verticalement sur les flancs. Les adultes ont le dos marqué de douze à quinze larges bandes noirâtres ou d'un bleu foncé qui descendent sur les flancs, et coupant d'autres lignes de couleur beaucoup moins foncées ; celles-ci, au nombre de sept à neuf, se dirigent un peu obliquement de haut en bas.

La longueur est généralement de 0m,50.

Distribution géographique. — Cette espèce habite la Méditerranée et remonte dans l'Atlantique le long des côtes de France ; on la trouve également aux îles du Cap-Vert, sur les côtes du Brésil et jusque sous la latitude de New-York.

LES NAUCRATES — *NAUCRATES*

Lotfenfisch.

Caractères. — A la suite des Scombéroïdes chez lesquels les derniers rayons de la dorsale molle et de l'anale restent séparés et forment des fausses pinnules, Cuvier et Valenciennes ont décrit un certain nombre d'espèces chez lesquelles la première dorsale manque de membranes, de telle sorte que les épines sont libres et se meuvent isolément.

Tels sont les Naucrates ou Pilotes qui ont le corps oblong, couvert de petites écailles et chez lesquels on voit une carène latérale sur le tronçon de la queue. La première dorsale est remplacée par quelques épines isolées, tandis que la dorsale postérieure est longue ; on voit deux épines en avant de l'anale ; il existe de petites dents sur les mâchoires, le palais et la langue (fig. 314).

Le Pilote (*Naucrates ductor*), qui arrive à la taille de 0m,30, a le corps de couleur gris-bleuâtre sur le dos, d'un gris légèrement jaunâtre sur les flancs ; on voit cinq ou six larges bandes d'un bleu foncé descendant verticalement du dos sur les flancs, et formant des ceintures plus ou moins complètes. La tête est d'un gris brunâtre à sa partie supérieure. La seconde dorsale et l'anale ont une couleur grise, relevée par la teinte foncée des bandes verticales, qui s'étendent sur elles ; le bord de ces nageoires est blanchâtre ; les ventrales sont noirâtres, les pectorales grisâtres ; la caudale, dont l'extrémité est blanchâtre, porte une bande verticale d'un bleu foncé.

Fig. 314. — Le Pilote.

Distribution géographique. — Le Pilote se
trouve dans la Méditerranée, le long des côtes
de France; il est très rare dans l'Atlantique; sa
distribution dans l'Atlantique et dans la mer
des Indes est très étendue.

Dans les mers du Nord, le Pilote ne se montre
qu'accidentellement, mais plusieurs fois, et
suivant un navire, il s'est trouvé égaré jusque
dans la Manche. En janvier 1831, le *Pérou*,
venant d'Alexandrie, entra à Plymouth après
une traversée de quatre-vingt-deux jours. Deux
jours après le départ du navire on vit deux
Pilotes dans son voisinage immédiat; ces
Poissons accompagnèrent constamment le
navire pendant tout le voyage. Après que le
Pérou eut jeté l'ancre à Catwater, leur attachement pour le navire parut encore augmenter;
ils étaient devenus si hardis et si familiers qu'on
put en prendre un du haut d'un petit bateau; le
Pilote réussit à s'échapper, mais fut repris peu
de temps après.

Mœurs, habitudes, régime. — Les anciens
parlent d'un poisson *Pompilus* qui, disent-ils,
indique la route aux navigateurs, les accompagne jusqu'en vue des côtes et leur annonce
la terre en les quittant; d'après Ollien, ce poisson était regardé comme sacré.

Cette légende s'est transmise jusqu'à nous.
« Le Pompilus, dit Gesner, au seizième siècle,
habite seulement dans les profondeurs de la
mer; il ne s'approche jamais des ports, comme
s'il avait une répugnance pour la terre ferme.
Il montre une affection toute particulière pour
les navires, nageant sans cesse autour et près
d'eux, jusqu'à ce qu'ils se rapprochent des
côtes; alors il les abandonne. Lorsqu'un Pom-

pilus accompagne un navire, cela fait présage,
le beau temps, une mer calme et un heureux
voyage. »

D'après Cuvier et Valenciennes, « la fable
que ce Poisson sert de guide au Requin n'est
pas une de celles qui nous ont été transmises
par les anciens, bien qu'elle soit imitée de ce
que dit Pline sur un petit Poisson conducteur
de la Baleine. Elle paraît avoir été appliquée
assez tard au Requin par les navigateurs; les
ichthyologistes du seizième siècle, du moins,
n'en disent rien dans l'histoire de ce Squale, et
la première mention que l'on en trouve, c'est
dans la *Description des Antilles* de Dutertre,
imprimée en 1667; mais depuis, une foule de
voyageurs de toutes les nations l'ont soigneusement répétée, et Obeck ne manque pas d'en
faire un sujet de réflexions pieuses sur les voies
de la Providence.

« D'autres confondent ou mêlent l'histoire
du Remora avec celle du Pilote, et parlent de
Pilotes attachés au dos du Requin.

« Le fait paraît se réduire à ce que le Pilote
suit les vaisseaux comme le Requin, et avec
encore plus de persévérance, pour s'emparer
de ce qui tombe, et que le Requin ne l'attrape
pas ou n'est pas assez prompt dans ses mouvements pour en faire sa proie; c'est ainsi que
Dutertre explique déjà leur alliance apparente,
et son assertion est confirmée par les meilleurs
observateurs.

« Rose, qui a vu des centaines de ces Poissons, assure qu'ils se tiennent toujours à quelque distance du Requin, et qu'ils nagent assez
vite dans tous les sens pour être sûrs de l'éviter. Si on leur jette quelque menue nourriture,

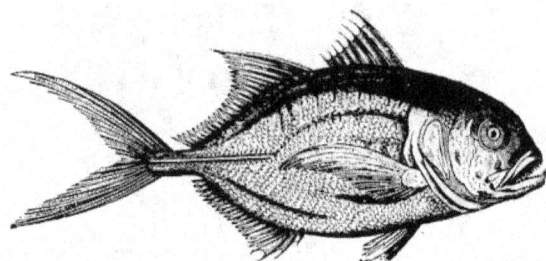

Fig. 315. — La Fausse Carangue (p. 283).

comme des purées ou des bouillies, ils s'arrêtent pour s'en saisir et abandonnent et le vaisseau et le Requin, ce qui ne peut laisser de doute sur l'objet qui les attirait. »

Commerson, qui a si bien étudié les Poissons de la mer des Indes, a observé les mêmes faits; il a vu très souvent le Pilote rôder autour d'un morceau quelconque jeté au Requin; lorsqu'on prend un de ces Squales, on voit les Pilotes l'accompagner jusqu'à ce qu'il soit hissé à bord du navire; on observe très souvent que des Pilotes suivent des navires, auprès desquels ne se trouvent pas de Requins.

Geoffroy, dans son mémoire sur l'affection naturelle de quelques animaux, prétend cependant que le Pilote sert réellement de guide au Requin. Il remarqua qu'un Requin suivait le navire et qu'il était accompagné de deux Pilotes; ces derniers firent plusieurs fois le tour du bâtiment, et comme ils ne trouvèrent rien à leur convenance, ils s'efforcèrent d'attirer le Squale autre part; à ce moment, un matelot jeta un hameçon recouvert de lard. Les poissons s'étaient déjà assez éloignés, lorsque les Pilotes, ayant entendu le bruit que l'appât fit en tombant à l'eau, revinrent vers le navire, flairèrent l'appât, puis retournèrent vers le Requin qui prenait ses ébats à la surface des flots. Les Pilotes conduisirent le Requin à l'endroit précis où se trouvait le lard, mais ils lui rendirent en réalité un bien mauvais service, car le Requin fut harponné; deux heures après on captura un des Pilotes qui n'avait pas encore quitté le navire.

D'autres observateurs racontent des faits analogues. Mayer rapporte que le Pilote nage habituellement devant le Requin, qu'il reste, en général, abrité sous une de ses nageoires pectorales et qu'il s'écarte brusquement à droite

ou à gauche; il revient fidèlement vers son ami. Un jour on jeta du navire sur lequel se trouvait Mayer un hameçon amorcé. Un Requin accompagné d'un Pilote suivait à la distance de quarante mètres environ. Le Pilote fondit sur l'appât avec la rapidité de l'éclair, parut le goûter et retourna vers le Requin; il nagea plusieurs fois près de celui-ci et fit tout pour attirer le Squale jusque vers l'appât; dans cette circonstance encore, l'ami devient un traître, inconsciemment sans nul doute.

Il est un fait certain, trop d'observateurs consciencieux racontent le fait, il est un fait certain, disons-nous, c'est qu'on rencontre très fréquemment, dans les mers chaudes, des Pilotes accompagnant de grands Squales, plus particulièrement le Requin bleu; il semble y avoir là une sorte de fait de commensalisme. On a prétendu que le Pilote se tenant toujours dans le voisinage du Requin recevait une protection efficace de la présence de son redoutable compagnon; que, trop faible pour se défendre, il n'était cependant guère attaqué; il est plus probable que le Pilote se nourrit des bribes qui tombent de la gueule du Requin et des nombreux crustacés qui viennent en parasites s'attacher sur le monstre.

LES LICHES — *LICHIA*

Gabelmakrelen.

Caractères. — Les Liches ont le corps oblong, comprimé, couvert de petites écailles, sans carène latérale, sans crêtes saillantes aux côtés de la queue; au lieu d'une dorsale épineuse on voit de petites épines qui peuvent se mouvoir isolément et ne sont retenues chacune que par une petite membrane particulière; en avant se trouve une épine fixe; deux épines libres sont placées devant l'anus et y forment une sorte de première nageoire.

Distribution géographique. — On connaît cinq espèces de Liches ; trois se trouvent dans la Méditerranée, les deux autres dans la partie tropicale de l'Atlantique et sur les côtes du Chili.

LA LICHE GLAUQUE. — *LICHIA GLAUCUS*.

Blaüel.

Caractères. — On désigne sous le nom de *Leca*, à Nice, de *Litcho*, à Cette, des Poissons de 0m,30 à 0m,40 de long, au corps ovale, très comprimé. La coloration est fort brillante ; le dos est d'un gris ardoisé ou d'un bleu d'outremer ; les joues, les flancs et le ventre sont d'un beau gris argenté ; on voit sur les flancs trois ou quatre bandes courtes de couleur grisâtre. La seconde dorsale et l'anale sont d'un jaune assez clair ; sur leur partie antérieure se trouve une large tache noire ; la caudale est grisâtre, avec les extrémités d'un noir intense ; les pectorales sont gris jaunâtre, les ventrales blanchâtres.

Ajoutons que les dents sont disposées aux mâchoires sur plusieurs rangs, que le museau est court, arrondi, la bouche obliquement fendue, légèrement protractile. La première dorsale se compose de 5 à 6 aiguillons, la seconde a 24 ou 25 rayons mous ; outre les deux épines qui précèdent l'anale, on voit à cette nageoire 2 épines et 24 ou 25 rayons.

Distribution géographique. — Cette espèce se trouve dans la Méditerranée ; on la pêche très rarement sur les côtes océaniques de France ; par contre elle se répand au loin dans les parties chaudes de l'Atlantique ; c'est ainsi qu'elle a été recueillie à Madère, à Ténériffe, à l'île de l'Ascension, sur les côtes de Gorée, du Brésil et au Cap.

Mœurs, habitudes, régime. — Nous n'avons que très peu de renseignements sur le genre de vie des Liches. Gessner, répétant les observations de Rondelet, raconte que ce sont des animaux qui vivent en société, qu'ils se tiennent toujours en troupes et qu'ils combattent vaillamment au moment du danger

LES CARANGUES — *CARANX*

Bastardmakrelen.

Caractères. — Chez les Thons et quelques genres voisins, nous avons vu qu'une partie cartilagineuse formait une carène plus ou moins prononcée de chaque côté de la queue, à l'extrémité de la ligne latérale ; chez les Scombéroïdes que nous allons étudier cette carène est recouverte par des boucliers carénés eux-mêmes, se recouvrant mutuellement et dont l'arête est le plus souvent terminée en pointe ou en crochet ; ces boucliers ne sont pas toujours limités à la partie postérieure de la ligne latérale ; ils peuvent se trouver sur toute sa longueur.

Au caractère tiré de l'écaillure, nous ajouterons que chez les Carangues le corps est plus ou moins comprimé, parfois allongé. Les deux dorsales sont distinctes, la première, composée de faibles épines, étant peu développée ; on voit deux aiguillons en avant de l'anale ; derrière l'anale et la dorsale se trouvent des fausses nageoires chez quelques espèces. La dentition est faible.

Près des Carangues proprement dites on doit placer certains Poissons qui ont le corps comprimé, le profil tranchant ; la première dorsale peut manquer ou, au contraire, se prolonger en longs filaments ; tels sont les Olistes, les Vomers, les Gals, les Blépharis, les Hynnis.

Distribution géographique. — Les Caranx, dont on connaît une centaine d'espèces, se trouvent principalement dans les mers situées entre les tropiques ; nous en avons quatre espèces sur les côtes de France, dont trois ne vivent que dans la Méditerranée.

LE SAUREL. — *CARANX TRACHURUS*.

Stöcker.

Caractères. — Par sa forme, le Saurel ressemble beaucoup au Maquereau commun, et c'est pour cela qu'il porte le nom de *Maquereau bâtard* sur certaines côtes de France, de *Makarelle* sur les côtes de Bretagne. Le corps est en effet en fuseau allongé ; le museau, qui est nu, est moins allongé, plus épais que celui du Maquereau ; la bouche est large. La ligne latérale est, dans toute sa longueur, garnie de boucliers beaucoup plus hauts que larges ; dans la partie antérieure du corps ces boucliers sont à peu près lisses ; sur le tronçon de la queue, leur carène devient saillante et ils sont pourvus d'une épine forte, acérée ; le nombre de ces plaques varie de 70 à 95. Le tronçon de la queue est court, robuste ; la caudale est fourchue. On compte 8 épines à la première dorsale, une épine et de 28 à 32 rayons mous à la dorsale postérieure ; en avant de l'anale se trouvent deux aiguillons, suivis d'une épine et de 25 à 29 rayons mous (fig. 312, p. 269).

Le haut du corps est d'un gris bleuâtre ; les flancs et le ventre sont d'un blanc argenté ; les joues ont une teinte irisée ; une tache noire se trouve sur le bord de l'opercule.

La longueur dépasse rarement 0^m,30.

Distribution géographique. — Le Saurel se trouve sur toutes les côtes de France ; on le pêche également sur les côtes d'Angleterre,

Mœurs, habitudes, régime. — D'après Couch, le Saurel, que les Anglais nomment *Maquereau-cheval* (*Horse-mackerel*), vit le plus souvent en troupes ; avant le mois d'avril on le voit rarement sur les côtes du Cornwall et du Devon, mais en été il est parfois très commun. Un soir d'août, raconte-t-il, on en prit jusqu'à 10,000 d'un seul coup de filet ; le soir suivant, des Saurels s'approchèrent si près de la côte, que toute la population riveraine se mit à l'eau, jeunes et vieux pataugeant à qui mieux mieux pour s'emparer de cette manne inespérée.

On raconte qu'en 1834 un essaim innombrable de Saurels s'approcha des côtes d'Irlande ; aussi loin que la vue pouvait atteindre, la mer bouillonnait ; on n'avait qu'à s'avancer un peu pour pouvoir prendre les Poissons à la main et en aussi grand nombre qu'on le voulait ; ces animaux étaient tellement nombreux qu'ils se pressaient les uns contre les autres ; on voyait les masses sombres de ces Poissons remplir au loin les couches supérieures de la mer. Pour s'emparer de ces Poissons on se servit de filets aux harengs et bientôt chaque maille ayant retenu un Saurel, il fallut remorquer le filet jusqu'au rivage pour le vider. Pendant toute une semaine on vit ainsi cette bande innombrable de Poissons, puis ils disparurent tout à coup.

Ce n'est qu'accidentellement que le Saurel s'approche ainsi des côtes, car il paraît vivre habituellement dans les eaux profondes et ne remonte vers la surface qu'à l'époque de la ponte.

Usages. — La chair du Saurel ne peut rivaliser avec celle du Maquereau ; elle est sèche, peu savoureuse ; le Saurel est cependant assez souvent apporté sur le marché de Paris.

LA FAUSSE CARANGUE. — *CARANX FALLAX.*

Caractères, distribution géographique. — On trouve dans la mer des Antilles et sur les côtes du Brésil un Caranx au corps comprimé, à la nuque élevée, au profil du front tombant assez brusquement ; le nombre de rayons de la seconde dorsale est de 21, la partie antérieure et pointue de cette nageoire est noire à l'extrémité ; la poitrine est écailleuse (fig. 315).

Cette espèce, qui est connue sous le nom de *Jurel*, à la Havane, ressemble beaucoup à une autre espèce, la Carangue proprement dite, mais celle-ci a la poitrine nue et on voit une tache noire sur l'opercule.

Dangers. — Autant la Carangue vraie fournit un aliment sain et agréable, autant l'usage de la chair de la fausse Carangue peut être dangereux, surtout à certaines époques de l'année.

LES DORÉES — *ZEUS*
Häringskönig.

Caractères. — Les Dorées ou Jean-dorées sont de curieux Poissons au corps haut, très comprimé, couvert de petites écailles ; on voit une série d'écussons épineux le long de la seconde dorsale et de l'anale ; la tête est haute, comprimée, la bouche très protractile ; les deux nageoires dorsales sont contiguës.

Le plus connu de ces Dorées est le Jean-dorée proprement dit, appelé aussi sur les côtes de France *Poule de mer, Dorée, Poisson Saint-Pierre.* Ce poisson qui peut atteindre la taille de 0^m,60 a un aspect des plus bizarres, qui le fait de suite reconnaître ; le corps est comprimé, très haut, de forme ovale ; la tête est grosse, la bouche extrêmement protractile, fendue obliquement ; les yeux, de couleur jaunâtre, sont grands, ovales, placés très haut et très en arrière ; la fente des branchies est fort large.

La première dorsale se compose de 9 à 10 aiguillons ; la membrane qui réunit ces épines se détache en très longs filaments qui dépassent de beaucoup la pointe de ces aiguillons et qui sont soutenus par des tiges grêles et élastiques. La dorsale postérieure, légèrement arrondie, se compose de 22 ou 23 rayons mous ; elle est bordée par une série de boucliers osseux, armés d'épines. En avant de l'anale proprement dite, où l'on voit 21 ou 22 rayons, se trouvent 3 ou 4 épais aiguillons acérés. La caudale est arrondie (fig. 316).

Le corps est d'un gris argenté avec des tons jaunâtres ; on voit une large tache noirâtre, arrondie, entourée d'un cercle d'un gris assez clair, sur les flancs.

Fig. 316. — Le Jean-Dorée.

La longueur peut atteindre 0m,60.

Distribution géographique. — Ce Poisson se trouve sur toutes les côtes de France ; on le pêche jusque dans la mer du Nord.

Mœurs, habitudes, régime. — Le Dorée préfère la haute mer au voisinage des côtes ; il ne se trouve jamais en troupes. Couch nous apprend qu'il ne s'approche du rivage qu'à l'époque où le Pilchard vient vers la côte. Sa nourriture se compose de petits Poissons, de Crustacés et de Seiches ; la gueule, si largement fendue, la bouche extraordinairement protractile font que le Dorée doit pouvoir s'emparer de proies de forte taille ; cette espèce est, du reste, très vorace ; Moreau rapporte que dans l'estomac d'une femelle assez grosse, il a trouvé quatorze poissons à peu près entiers, beaucoup de morceaux de poissons et des débris de néréides.

Légendes, usages. — Le Dorée, écrit Rondelet en 1558, s'appelle « Poisson Saint-Pierre, come si c'étoit le poisson que saint Pierre print par le commandement de Jesus-Christ, pour trouver en sa bouche l'argent pour paier le tribut, dont encores l'on voit la merque de deux dois, par où il fut pris par le milieu du corps. Les Grecs de ce temps disent que saint Christophle passant la mer é portant Jésus-Christ, print ce poisson dont en restent encore les merques aux costés par où il fut pris. »

Les anciens faisaient grand cas des qualités culinaires du Dorée. Sans doute à cause de la laideur du Poisson, ces qualités ont été ensuite méconnues. Esquiros rapporte que « le Dorée était rentré dans la foule obscure des habitants d'eau qui n'ont point l'honneur d'attirer l'attention des gourmands. Il paraît même que sa laideur contribuait au dédain et à la répugnance générale qu'il inspirait, du moins comme poisson comestible. Enfin, Quint vint, Quint, le prince des bons vivants : il osa, lui, attaquer à belles dents le préjugé. Ce chef des épicuriens ne dédaignait point de faire le voyage de Bath à Plymouth, tout exprès pour manger le Dorée à l'état de perfection. On lui doit d'avoir ajouté à nos tables un mets délicat, car son exemple a été suivi. La laideur du Poisson a été oubliée en faveur de ses bonnes qualités alimentaires, et la réputation du Dorée s'est définitivement établie dans la Grande-Bretagne. »

Fig. 317. — Le Lampris lune.

Il est fâcheux qu'en France le Dorée ne soit pas apprécié comme il mérite de l'être, car sa chair est des plus succulentes.

LES LAMPRIS — *LAMPRIS*

Glanzfische.

Caractères. — Un Poisson aux éclatantes couleurs est mentionné dans l'Edda sous le nom de « Saumon des dieux » ; ce Poisson est le type du genre Lampris, qui ne comprend qu'une seule espèce, le Lampris lune (*Lampris luna, Lampris guttatus*).

Ce Poisson a le corps ovale, comprimé, couvert de petites écailles ; le profil supérieur de la tête est convexe, le museau arrondi, la bouche petite ; les ouïes sont largement ouvertes. Il n'existe qu'une seule nageoire, plus ou moins haute en avant et se portant très loin en arrière ; ses premiers rayons forment une espèce de faux ; on compte de 53 à 55 rayons. L'anale, qui se compose de 38 à 41 rayons, est basse. Le tronçon de la queue est court ; la caudale est en croissant. Les pectorales sont en forme de faux. Les ventrales s'attachent un peu en arrière des membres thoraciques ; elles sont aussi en forme de faux et fort longues (fig. 317).

La coloration du Lampris est des plus brillantes. « Ce Poisson, écrit Lacépède, a beaucoup de rapport avec le Cartilagineux que l'on nomme le *Diodon-Lune* ; mais il ne réfléchit pas les mêmes nuances ; lorsqu'il resplendit auprès de la surface de la mer, il ne renvoie pas une lumière argentine comme celle de la lune ; il brille de l'éclat de l'or : et c'est au disque solaire plutôt qu'à celui de l'astre des nuits qu'il aurait fallu comparer la surface richement décorée qu'offre chacun de ces côtés. Plusieurs reflets d'azur, d'un vert clair et d'argent, se jouent sur ce fond doré, au milieu d'un grand nombre de taches couleur de perle ou de saphir ; les nageoires sont du rouge le plus vif, et c'est ce qui a fait dire à un observateur, que l'on devait le regarder *comme un seigneur de la cour de Neptune, en habit de gala.* »

Le dos est bleuâtre, les flancs sont violacés, le ventre est rose, le tout glacé d'or et d'argent et relevé par des taches ovalaires d'argent mat; les nageoires sont d'un rouge admirable.

La taille peut atteindre un mètre.

Distribution géographique. — Le Lampris est un Poisson pélagique qui paraît être assez commun dans les parages de Madère; on le trouve de temps en temps dans la Méditerranée; il est excessivement rare sur les côtes océaniques de France; et a été pris à Dieppe, au Havre, à la Rochelle, à l'embouchure de la Gironde; en juillet 1878, un individu de près de un mètre de long a été pêché aux environs de Boulogne; on cite quelques captures faites sur les côtes d'Angleterre.

LES CORYPHÈNES — *CORYPHOENA*

Schillerfische.

Caractères. — Les Coryphènes forment un groupe très distinct dans la famille des Scombéroïdes; leur corps est long, comprimé, couvert de petites écailles lisses; le profil supérieur de la tête est plus ou moins arqué, le museau court; les mâchoires, le vomer et les palatins sont munis de dents en cardes; la langue est également dentée; les ouïes sont largement fendues. Le dos est pourvu d'une nageoire très longue, commençant sur la tête et finissant près de la caudale, qui est fourchue; l'anale est également bien développée; les ventrales se composent d'une épine et de cinq rayons mous.

Mœurs, distribution géographique. — Les cinq ou six espèces de Coryphènes connues habitent de préférence les mers tropicales et sub-tropicales. Ce sont des animaux essentiellement pélagiques, excellents nageurs, qui se réunissent en troupes pour donner la chasse aux Poissons volants ou Exocets.

LA CORYPHÈNE DORADE. — *CORYPHOENA HIPPURUS.*

Goldmakrele.

Caractères. — La Coryphène la plus connue est celle qui est habituellement désignée par les marins sous le nom de *Daurade*.

C'est un Poisson qui peut atteindre un mètre à un mètre et demi et un poids de 15 à 20 kilogrammes. La forme et la proportion des diverses parties du corps varient avec l'âge, la longueur de la tête étant différente chez les jeunes et chez les adultes. Le museau est court, gros, obtus; la bouche grande, un peu obliquement fendue. On compte de 54 à 60 rayons à la dorsale, de 24 à 28 à l'anale; les ventrales peuvent se loger, en partie, dans un sillon; les pectorales sont assez larges (fig. 318).

La coloration est de toute beauté. « Pendant un temps calme, écrit Bennet, la Dorade, qui nage à la surface de l'eau, resplendit superbement d'un bleu brillant ou d'une couleur de pourpre avec un reflet métallique mobile et changeant suivant que l'animal se trouve à la lumière ou dans l'ombre; la queue est de couleur jaune d'or. Hors de l'eau, les couleurs se transforment en d'autres non moins belles; le pourpre ardent et le jaune d'or passent au blanc d'argent brillant sur lequel jouent des tons pourprés et dorés. Le changement de couleur dure un certain temps, diminue peu à peu d'intensité et pâlit enfin; il devient alors d'un gris sombre. »

D'après les récits des voyageurs, Lacépède note également que lorsque la Coryphène est « vivante, dans l'eau, et en mouvement, elle brille sur le dos d'une couleur d'or très éclatante, mêlée à une belle teinte de bleu et de vert de mer, que relèvent des taches dorées et le jaune doré de la ligne latérale. Le dessous du corps est argenté. Les nageoires pectorales et thoraciques présentent un jaune très vif, à la splendeur duquel s'ajoute la teinte brune de leur base; la nageoire caudale, qui offre la même nuance de jaune, est d'ailleurs bordée de vert; celle de l'anus est dorée; et une dorure des plus riches fait remarquer les nombreux rayons de la nageoire dorsale, au milieu de la membrane d'un bleu céleste qui les réunit. »

Günther dit que le haut du corps est d'un bleu argenté, avec des nuages de l'azur le plus brillant et des reflets d'or et d'argent, d'une richesse de ton que toute description est impuissante à rendre; le ventre est d'un jaune citron, avec des marbrures d'un bleu pâle; les pectorales sont colorées en jaune et en gris de plomb; l'anale est jaune; l'œil est doré. Toutes ces brillantes couleurs disparaissent très rapidement après la mort; elles pâlissent et s'effacent aussitôt que l'animal est retiré de l'eau.

Suivant Moreau, « la dorsale est d'un gris argenté, à reflets dorés; l'anale est d'un blanc grisâtre; la caudale est gris argenté avec le bord interne et l'extrémité des lobes d'un bleu foncé presque noirâtre. Les pectorales ont une teinte jaune brunâtre. En dehors, les ventrales sont d'un jaune argenté ; à leur face interne elles sont d'un noir bleuâtre ; la membrane qui retient le dernier rayon mou à l'abdomen paraît d'un gris jaunâtre. La coloration semble variable ; la région supérieure du corps est d'un gris argenté ou d'un gris bleuâtre plus ou moins foncé ; près de la base de la dorsale, il y a généralement une douzaine de grandes taches ovales, noirâtres, rangées en séries. Les côtés et le ventre sont d'un gris jaunâtre, ainsi que les joues et la gorge. »

Mœurs, distribution géographique. — La Daurade, excessivement rare sur les côtes de France, habite les mers chaudes ; ce n'est qu'à l'époque de la ponte qu'elle se rapproche un peu des rivages. On ne l'aperçoit le plus généralement que par une mer agitée : aussi les marins pensent-ils que l'orage va éclater lorsque les Coryphènes se montrent dans les parages du navire.

D'après Lacépède c'est le « magnifique assortiment de couleurs d'or et d'azur qui trahit de loin le Coryphène hippurus, lorsque, cédant à sa voracité naturelle, il poursuit sans relâche les Trigles et les Exocets, dont il aime à se nourrir, contraint ces Poissons volants à s'élancer hors de l'eau, les suit d'un regard assuré, pendant que ces animaux effrayés parcourent dans l'air leur demi-cercle, et les reçoit pour ainsi dire dans sa gueule, à l'instant où, fatigués d'agiter leurs nageoires pectorales, et ne pouvant plus soutenir dans l'atmosphère leur corps trop pesant, ils retombent au milieu de leur fluide natal sans pouvoir y trouver un asile.

« Non seulement les Hippurus cherchent ainsi à satisfaire le besoin impérieux de la faim qui les presse, au milieu des bandes nombreuses de Poissons moins grands et plus faibles qu'eux, mais encore, peu difficiles dans le choix de leurs aliments, ils voguent en grandes troupes autour des vaisseaux, les accompagnent avec constance, et saisissent avec tant d'avidité tout ce que les passagers jettent dans la mer, qu'on a trouvé dans l'estomac d'un de ces poissons jusqu'à quatre clous en fer, dont un avait plus de quinze centimètres de longueur. »

Bennett trouva dans l'estomac de Coryphènes des Céphalopodes et diverses espèces de Poissons ; la nourriture préférée de la Daurade est cependant l'Exocet.

« Une grande Daurade, raconte Hall, suivait depuis longtemps notre navire, nous permettant d'admirer la richesse de sa coloration. Un essaim de Poissons volants s'étant montré, la Daurade monta à la surface de l'eau et sauta avec une telle promptitude qu'on aurait vraiment dit un boulet traversant l'air ; l'animal s'élança ainsi d'environ six mètres, sans toutefois atteindre la proie convoitée ; retombée dans l'eau, la Daurade glissa de nouveau et plus rapidement encore dans les ondes. La mer était unie comme un miroir ; on y pouvait donc suivre tous les mouvements du Poisson. Les malheureux Poissons volants, qui savaient bien l'ardeur avec laquelle ils étaient pourchassés, ne nageaient plus ; ils volaient presque continuellement, c'est-à-dire plongeaient et se relevaient immédiatement ; chaque fois ils changeaient la direction de leur vol, dans le but de dépister l'ennemi ; mais celui-ci ne se laissait pas dérouter ; il modifiait son vol. Cela ne dura pas longtemps et l'intervalle qui séparait la Daurade des Exocets diminuait de plus en plus. Les volées des Exocets devenaient plus courtes, en même temps plus incertaines et moins fréquentes, tandis que la Daurade nageait, au contraire, de plus en plus vigoureusement. Enfin on put voir que le vorace Poisson réglait sa course de telle sorte qu'il se précipitait à l'endroit même où l'Exocet devait tomber. »

Botelet put s'assurer un jour de la force musculaire vraiment étonnante de la Daurade. Alors qu'il était à bord d'un navire de guerre, il vit un de ces Poissons se lever sous le côté du vent en avant du vaisseau, sauter le long du flanc et venir se jeter avec une telle force qu'il aurait grièvement blessé un homme qui se serait trouvé en cet endroit ; d'abord étourdi par la violence du choc, le Poisson tomba comme une masse sur le pont ; il se remit bientôt, sauta et s'agita de telle sorte qu'on dut lui donner quelques coups de hache pour pouvoir s'en emparer sans danger. La plus grande hauteur à laquelle la Daurade sauta fut de six mètres au-dessus des flots ; la longueur parcourue « aurait atteint jusqu'à quinze mètres, si l'élan n'avait pas été contrarié par des chocs ».

C'est vers l'automne que les Coryphènes s'approchent des côtes pour frayer ; on a remarqué dans la Méditerranée qu'ils recherchent plutôt les parages rocheux que les plages sablonneuses, et c'est pourquoi on en prend plus souvent sur les côtes de Provence que sur les côtes du Languedoc.

Pêche, usages. — Les marins, pour s'emparer des Coryphènes, mettent à profit le goût si prononcé que ces Poissons ont pour les Exo-

Fig. 318. — La Coryphène dorade,

cets. Au moyen de chiffons, de plumes, ils imitent grossièrement un Poisson volant et, le navire étant en marche, agitent l'appât à l'arrière du bateau ; il arrive fréquemment qu'un Coryphène se laisse prendre à ce grossier appât. On profite d'autant plus de la gloutonnerie de la Daurade, que sa chair est ferme et très agréable au goût. A l'époque du frai on s'empare des Coryphènes à l'aide de filets de barrage ; on les prend aussi avec des lignes de fond.

LES RÉMORAS — *ECHENEIS*

Caractères. — Pour terminer ce que nous avons à dire des Scombéroïdes, il nous reste à faire connaître de singuliers Poissons dont la classification a pendant longtemps été des plus incertaines.

Connus des anciens sous les noms d'Echeneis et de Rémora, ces Poissons ont sur la tête un disque ovale, composé d'un nombre variable de lamelles transversales, disposées par paires ; ces lamelles ont leur limbe garni de plusieurs rangées de petites épines ; à l'état de repos, les lamelles sont inclinées en arrière et disposées un peu comme les lames d'une persienne, mais elles peuvent se redresser.

Cet appareil singulier, qui permet au Poisson de se fixer fortement aux corps étrangers, est une modification des plus curieuses de la première nageoire dorsale ; chacune des lamelles représente la moitié de l'un des rayons qui se serait rabattu et étalé.

Au caractère tiré de la présence du disque céphalique, nous ajouterons que chez les Echeneis le corps est allongé, en forme de coin, que la tête est large, la bouche terminale, peu fendue, la mâchoire supérieure étant moins avancée que l'inférieure ; chaque mâchoire, ainsi que le vomer et les palatins, est garnie de dents

Fig. 319. — Le Rémora.

en velours; la dorsale proprement dite est reculée et opposée à l'anale; les ventrales se composent d'une épine et de cinq rayons mous.

Les deux espèces les plus connues sont le
Remora (*Echeneis remora*) et le Naucrate (*Echeneis naucrates*).

Le *Remora*, qui atteint 0m,40 de long, a le
corps uniformément coloré en brun ardoise
teinté de violacé. Le nombre des lamelles du
disque varie de 16 à 19; on compte de 18 à
22 rayons à la seconde dorsale, et de 20 à
22 rayons à l'anale (fig. 319).

Le corps est plus effilé chez le *Naucrate* dont
la couleur est d'un bleuâtre très foncé, passant
au noirâtre sur le dos; la dorsale, la caudale,
l'anale, sont brunes, bordées de jaune; sur la
partie inférieure du corps se voit une bande
blanchâtre ou jaunâtre. On compte de 20 à
24 lamelles au disque, de 35 à 40 rayons à la
dorsale molle, de 34 à 39 rayons à l'anale.

Distribution géographique. — On connaît
environ dix espèces d'Echeneis et plusieurs
de ces animaux, par leur genre même de vie,
ont une large distribution géographique; ils
s'attachent fréquemment aux navires, aux

épaves, et peuvent ainsi être entraînés au loin,
de telle sorte que certaines espèces sont presque
cosmopolites; les Rémoras ne se trouvent point
cependant dans les mers froides; ils sont plus
particulièrement abondants dans la zone tropicale et certaines espèces semblent être assez
cantonnées.

Pour ce qui est de l'Echeneis Rémora, il est
rare dans la Méditerranée, sur les côtes de
France, extrêmement rare dans l'Océan; le
Naucrate a été plus rarement encore rencontré
sur les côtes de France.

Mœurs, habitudes, régime. — « De même
qu'on prend en plein champ, écrit Gesner, le
lièvre avec des chiens de chasse, de même qu'on
s'empare des oiseaux avec l'Autour et des animaux de proie, de même certaines peuplades
capturent les Poissons marins à l'aide d'autres
Poissons exercés à cette chasse. On a décrit
deux sortes de ces Poissons chasseurs. La première pourrait être comparée à une grande
Anguille, sauf que la tête est plus grosse et
qu'on y trouve une poche ou un sac long, large
et étalé; ce dernier animal est attaché sur les
navires, en un point où l'air n'arrive pas, car il

ne peut supporter ni l'air, ni la lumière. Lorsqu'on aperçoit une bête dont on désire s'emparer, que ce soit une Tortue ou un Poisson, on relâche la corde, de telle sorte que l'animal fond sur son ennemi, se colle à lui à l'aide de sa poche qui le retient si fort que la proie ne peut plus s'échapper ; alors on retire la proie et l'animal, et ce dernier lâche sa capture, aussitôt qu'il sent l'air et aperçoit la lumière. »

L'animal dont nous venons de parler avec le vieil auteur Gesner est le Rémora, qu'ont bien connu les anciens ; ces derniers ont débité sur le Rémora les fables les plus étranges et lui ont attribué la faculté d'arrêter les plus grands navires.

Pline, dont l'ouvrage renferme un singulier mélange d'observations exactes et d'erreurs les plus grossières, a écrit les choses les plus bizarres à propos du Rémora. « C'est, dit-il, un petit Poisson accoutumé à vivre au milieu des rochers ; on croit qu'il s'attache à la carène des vaisseaux, il en retarde la marche. Doué d'une puissance bien plus étonnante, agissant par une faculté morale, il arrête l'action de la justice et la marche des tribunaux ; lorsqu'on le conserve dans le sel, son approche seule suffit pour retirer du fond des puits les plus profonds l'or qui peut y être tombé. » Et plus loin : « Qu'y a-t-il de plus violent que la mer, les vents, les tourbillons et les tempêtes ? Quels plus grands auxiliaires le génie de l'homme s'est-il donnés que les voiles et les rames ? Ajoutez la force inexplicable des flux alternatifs qui font un fleuve de tout l'Océan. Toutes ces puissances et toutes celles qui pourraient se réunir à leurs efforts sont enchaînées par un seul et très petit Poisson qu'on nomme *Echeneis*. Que les vents se précipitent, que les tempêtes bouleversent les flots, il commande à leurs fureurs, il brise leurs efforts ; il contraint de rester immobiles des vaisseaux que n'aurait pu retenir aucune chaîne, aucune ancre précipitée dans la mer, et assez pesante pour ne pouvoir en être retirée. Il met ainsi un frein à la violence, il dompte la rage des éléments, sans travail, sans peine, sans chercher à retenir, et seulement en adhérant ; il lui suffit, pour surmonter tant d'impétuosités, de défendre aux navires d'avancer... On raconte que, lors de la bataille d'Actium, ce fut un Echeneis qui, arrêtant le navire d'Antoine au moment où il allait parcourir les rangs de ses vaisseaux et exhorter les siens, donna à la flotte de César la supériorité de la vitesse et l'avantage d'une attaque

impétueuse. Plus récemment, le bâtiment monté par Caius lors de son retour d'Andura à Antium s'arrêta sous l'effort d'un Echeneis ; et alors le Rémora fut un augure ; car à peine cet empereur fut-il rentré dans Rome, qu'il périt sous les traits de ses propres soldats ; du reste, son étonnement ne fut pas long, lorsqu'il vit que de toute sa flotte son quinquérème seul n'avançait pas ; ceux qui s'élancèrent du vaisseau pour en rechercher la cause trouvèrent l'Echeneis adhérent au gouvernail, et le montrèrent au prince, indigné qu'un tel animal eût pu l'emporter sur quatre cents rameurs et très surpris que ce Poisson, qui dans la mer avait pu retenir son navire, n'eût plus de puissance jeté dans le vaisseau (1). »

Ælien, Oppien racontent des faits du même ordre. Les auteurs anciens rapportent aussi qu'un navire fut envoyé à Corcyre par ordre de Périandre, tyran de Corinthe ; l'équipage avait mission d'immoler une partie des enfants nés à Corcyre ; malgré un vent favorable, le navire restait immobile, arrêté par un grand nombre de Rémoras, qui, en l'honneur de cette merveille, furent dès lors honorés dans le temple de Vénus.

Toutes ces fables se sont transmises jusqu'à l'époque de la Renaissance et voici ce que Rondelet écrit en 1558 : « Pline é d'autres s'ébaissent grandement, comment se peut faire que ce poisson (le Rémora) puisse auoir ceste force é vertu de arrester un nauire voire poussé par voiles é rames, mais comme dit Aristote on s'esmerueille de beaucoup de choses, desquelles on n'entend point la raison ; laquelle nous renderons touchant l'effect de ce poisson, prise de lui mesme en l'endroit où il demande, pourquoi le gouvernail estant petit, é mis au bout du nauire, conduit par un home ne s'efforceant pas trop autrement, par la puissance de faire mouoir tout le nauire, quelque grand qu'il soit... Ainsi si une galere, ou autre vaisseau de mer soit droit é légèrement porté, és que *Echeneis* ou *Rémora* aiant mis son museau ou bouche contre le gouvernail ou la pouppe, se remüe çà é là, il faut que ce mouuement pour la continuité du vaisseau se communique aussi à la proüe, é quelle s'arreste en son premier cours, pour chanceler çà et là selon que le Poisson se rémuera. »

Il n'est point utile, ce semble, de dire que l'Echeneis ne peut arrêter les navires ; il s'at-

_____

(1) Traduction Ajasson de Grandsagne.

tache à eux avec force, et voilà tout, de même qu'aux autres corps flottants ; c'est ainsi qu'on voit fréquemment des Rémoras fixés sur des Requins.

Lacépède rapporte, d'après Commerson, que « lorsqu'on met un Rémora dans un récipient rempli d'eau de mer, plusieurs fois renouvelée en très peu de temps, on peut le conserver en vie pendant quelques heures, et que l'on voit presque toujours cet Echeneis, privé de soutien et de corps étranger auquel il puisse adhérer, se tenir renversé sur le dos, et ne nager que dans cette position très extraordinaire. On doit conclure de ce fait très curieux, et qui a été observé par un naturaliste des plus habiles et des plus dignes de foi, que lorsque le Rémora change de place au milieu de l'Océan par le seul effet de ses propres forces, qu'il se meut sans appui, qu'il n'est pas transporté par un Squale ou par tout autre moteur analogue, et qu'il nage véritablement ; il s'avance le plus souvent couché sur son dos, et par conséquent dans une position contraire à celle que presque tous les Poissons présentent dans leurs mouvements.

« L'inspection de la figure générale des Rémoras, et particulièrement la considération de la grandeur, de la forme et de la situation de leur bouclier, doivent faire présumer que leur centre de gravité est placé de telle sorte qu'il les détermine à voguer sur le dos plutôt que sur le ventre ; et c'est ainsi que leur partie inférieure étant très fréquemment exposée, pendant leur natation, à une quantité de lumière plus considérable que leur partie supérieure, et d'ailleurs recevant également un très grand nombre de rayons lumineux, lorsque l'animal est attaché par son bouclier à un Squale ou à un Cétacé, il n'est pas surprenant que le dessous du corps de ces Echeneis présente une nuance aussi foncée que le dessus de ces Poissons. »

L'observation mentionnée par Lacépède est exacte ; elle a été récemment contrôlée par le professeur Léon Vaillant. « Ayant eu l'occasion en 1883, dit-il, pendant la campagne du *Talisman* sur les côtes occidentales de l'Afrique, d'examiner un Echeneis pêché avec un Requin du genre *Carcharias*, auquel il adhérait, j'ai été frappé d'une disposition des couleurs d'autant plus intéressante qu'elle peut être mise en rapport avec les habitudes particulières de l'animal. Tandis que chez les Poissons la partie dorsale est toujours plus vivement co-

lorée que le ventre, dont la teinte est blanche, chez l'Echeneis, qui a fait l'objet de cette observation, c'est précisément le contraire, le ventre et les flancs étaient d'un noir blanchâtre, chatoyant, tandis que le dos, surtout entre le disque céphalique et la dorsale, était bleuâtre, argenté. Aussi, en examinant le Poisson, était-on tenté au premier abord de l'orienter au rebours de ce qui est la réalité, prenant la partie supérieure pour l'inférieure et inversement. L'illusion était d'autant plus grande que, mis dans une cuvette avec de l'eau de mer, il se fixait immédiatement au fond, présentant ainsi à l'observateur sa face ventrale sombre ; en outre, les yeux sont tournés de ce même côté, étant débordés par la partie supérieure de la tête, et la bouche, dont la partie supérieure déborde l'inférieure, rappelle beaucoup celle d'un grand nombre de Poissons chez lesquels, au contraire, cette mâchoire supérieure est la plus courte.

« Cette disposition des teintes, inverse de ce qu'elle est d'habitude, résulte évidemment de ce que l'Echeneis, fixé par son disque céphalique, soit aux autres Poissons, soit aux corps submergés, a sa partie dorsale en contact avec ce support, et par conséquent à l'abri de la lumière, laquelle, au contraire, frappe les parties ventrales et latérales. C'est un fait du même ordre que la répartition des couleurs chez les Pleuronectes, dont le côté supérieur est diversement coloré tandis que l'autre est pâle. »

L'Echeneis adhère très fortement aux corps sur lesquels il est fixé ; en raison de la disposition et de la mobilité des lamelles qui composent le disque, en raison de l'élasticité de son bourrelet, le disque agit comme une puissante ventouse. Pour détacher l'animal il faut, non le tirer en arrière, mais au contraire le pousser en avant, afin de rabattre les lamelles du disque et de diminuer ainsi la force d'adhérence.

Bien qu'il soit presque toujours fixé, l'Echeneis peut nager cependant assez bien, principalement à l'aide de sa nageoire caudale ; ainsi que nous l'avons dit, il nage dans une position étrange, le ventre tourné en haut. « J'ai vu, écrit Bosc, deux ou trois Rémoras se séparer du navire que je montais pour courir après des haricots cuits que j'avais jetés dans la mer, et toujours ils nageaient le ventre en dessus ; cette attitude leur a valu le nom de *reversus*. »

D'après les récits des voyageurs, l'Echeneis est très vorace. Lorsque l'on rejette dans la mer les résidus d'un navire, on voit des Rémoras se détacher et se précipiter en foule, nageant avec des mouvements anguilliformes, pour s'emparer de ce qui tombe. Bennett a trouvé dans l'estomac de Rémoras des Crustacés et de petits Mollusques. Après s'être emparés d'une proie, les Rémoras vont se fixer de nouveau au même endroit et restent ainsi attachés tant que la partie sur laquelle ils se trouvent plonge dans l'eau. On croit que l'Echeneis est vivipare.

Usages. — Les auteurs de l'époque de la Renaissance nous apprennent que l'on se servait de Rémora pour la pêche de la Tortue de mer ; c'est ce que l'on peut lire dans l'*Histoire des Indes* publiée par Hernandes de Oviedo en 1525.

Le naturaliste voyageur Commerson nous a donné, au siècle dernier, d'intéressants renseignements sur le même sujet.

« On attache, dit-il, à la queue d'un Naucrate vivant un anneau d'un diamètre assez long pour ne pas incommoder le Poisson, et assez étroit pour être retenu par la nageoire caudale. Une corde très étroite tient à cet anneau. Lorsque l'Echeneis est préparé, on le renferme dans un vase plein d'eau salée, qu'on renouvelle très souvent, et les pêcheurs mettent le vase dans leur barque. Ils voguent ensuite vers les parages fréquentés par les Tortues marines. Ces Tortues ont l'habitude de dormir souvent à la surface de l'eau, sur laquelle elles flottent; et leur sommeil est alors si léger, que l'approche la moins bruyante d'un bateau pê-

cheur suffit pour les réveiller et les faire fuir à de grandes distances ou plonger à de grandes profondeurs.

« Mais voici le piège qu'on tend de loin à la première Tortue que l'on aperçoit endormie. On remet dans la mer le Naucrate garni de sa longue corde : l'animal, délivré en partie de sa captivité, cherche à s'échapper en nageant de tous les côtés. On lui lâche une longueur de corde égale à la distance qui sépare la Tortue marine de la barque des pêcheurs. Le Naucrate, retenu par ce lien, fait d'abord de nouveaux efforts pour se soustraire à la main qui le maîtrise; sentant bientôt, cependant, qu'il s'agite en vain et qu'il ne peut se dégager, il parcourt tout le cercle dont la corde est en quelque sorte le rayon, pour rencontrer un point d'adhésion et, par conséquent, un peu de repos. Il trouve cette sorte d'asile sous le plastron de la Tortue flottante, s'y attache fortement par le moyen de son bouclier, et donne ainsi aux pêcheurs, auxquels il sert de crampon, le moyen de tirer à eux la Tortue en retirant la corde. »

D'autres voyageurs rapportent des faits semblables : c'est ainsi que Middleton nous apprend que « les indigènes de la côte de Natal prennent vivant un Poisson nommé Rémora, et fixent deux cordes, l'une à la tête, l'autre à la queue. Ensuite ils le plongent au fond de l'eau à l'endroit où ils jugent qu'il doit y avoir des Tortues, et lorsqu'ils sentent que l'animal s'est attaché à une Tortue, ce qu'il fait bientôt, ils tirent à eux le Rémora et avec lui la Tortue. »

LES XIPHINIENS — *XIPHINI*

Die Schwertfische.

Caractères. — On plaçait autrefois les Espadons dans la famille des Scombéroïdes auxquels, on peut le dire, ils ressemblent par plus d'un point ; les Espadons possèdent cependant des particularités assez importantes pour que l'on ait dû les regarder comme formant un groupe à part.

C'est ainsi que la mâchoire supérieure se prolonge en un bec en forme de glaive ; le vomer, le maxillaire, les os intermaxillaires concourent à la formation de ce rostre. La substance de ce glaive est celluleuse et se compose d'une série de cavités qui sont entourées par une matière

osseuse très solide et traversée par quatre canaux, qui reçoivent les vaisseaux nourriciers. Les dents n'existent pas ou sont fort petites.

La nageoire peut manquer ou être composée d'un ou de plusieurs rayons.

La forme, la grandeur des nageoires, varient, suivant l'âge, dans de telles limites qu'il est très difficile de bien distinguer les espèces. Généralement la nageoire dorsale, en tout ou en partie, est très élevée ; l'animal peut la laisser passer hors de l'eau, de manière à s'en servir à la manière d'une voile.

Les Xiphiniens sont, à coup sûr, les plus

Paris, Lib. Hachette et Cie, édit. Gerlach, Leipzig, imp.

ESPADON (*XIPHIAS GLADIUS*).

grands de tous les Acanthoptérygiens; des individus de cinq pieds de long ne sont pas rares et l'on conserve dans beaucoup de collections des becs qui ont jusqu'à trois pieds de long.

Distribution géologique. — La famille des Xiphiniens paraît être ancienne; on en connaît des représentants dans la craie de Lewes et dans les terrains tertiaires inférieurs.

LES ESPADONS — *XIPHIAS*

Caractères. — Les Espadons proprement dits manquent de nageoires ventrales.

L'espèce la plus connue est l'Espadon épée (*Xiphias gladius*).

Cet animal a le corps allongé, presque rond de l'arrière, peu comprimé de l'avant, de telle sorte que le corps est en fuseau, condition excellente pour une natation très rapide; les individus jeunes sont, d'ailleurs, plus élancés que les adultes. La peau est lisse chez les adultes, tandis qu'elle est couverte de petits tubercules chez les jeunes. La coloration est d'un bleu foncé sur le dos, argenté brillant sur les flancs et sur le ventre.

En dessus la tête est aplatie ou très légèrement bombée; la bouche est très fendue; on trouve sur la mâchoire et sur le vomer une bande de fort petites dents en velours excessivement ras. Le développement progressif des mâchoires est très remarquable, en ce que la différence qui existe entre la longueur de la mandibule et celle de la mâchoire supérieure augmente de plus en plus avec l'âge. Le bec est épais à sa base, qui est formée par les frontaux, l'ethmoïde, les maxillaires supérieurs, le vomer et les intermaxillaires; ces deux derniers os formant, par leur allongement, la pointe du bec. Les ouïes sont largement fendues.

La dorsale, qui est très longue, est entière chez les jeunes, plus ou moins usée dans son milieu chez les individus adultes, simulant ainsi deux nageoires distinctes; les trois premiers rayons, qui sont simples, épineux, sont suivis de 40 rayons mous. L'anale se compose de 2 épines et de 15 rayons. Le tronçon de la queue porte, de chaque côté, une carène saillante; la caudale est fourchue chez les jeunes, échancrée en croissant chez les adultes (pl. XI).

Distribution géographique. — L'Espadon se trouve assez communément dans la Méditerranée; on le prend pendant toute l'année dans les parages de Nice et de Cette. Les adultes sortent assez souvent de cette mer intérieure; on en trouve de temps en temps dans le golfe de Gascogne; l'espèce est très rare au nord de la Loire, bien qu'elle ait été signalée accidentellement dans la Manche, dans le Pas-de-Calais, dans la mer du Nord et même dans la Baltique; elle se trouve également sur le côté occidental d'Afrique.

Mœurs, habitudes, régime. — Un animal aussi remarquable que l'Espadon, par sa taille et par sa conformation, n'a pu être ignoré à aucune époque. Tous les auteurs anciens décrivent l'arme terrible dont son museau est armé, les coups qu'il sait habilement porter, les combats acharnés dont il sort le plus souvent vainqueur, la pêche qu'on en fait et les ruses qu'on emploie pour s'en emparer.

C'est ainsi que Pline rapporte que le Xiphias a le museau fait en poignard et que de cette arme il peut percer le flanc des navires, qui coulent alors à pic; l'Espadon, dit-il, abonde dans l'Océan, vers les parages de Cotha, en Mauritanique, dans le voisinage de Lixos.

Oppien parle également de l'arme redoutable que portent le Xiphias et la Pastenague, le premier à l'extrémité du museau, le second sur la queue; il raconte une pêche fort curieuse en usage de son temps, où on employait des barques auxquelles on donnait la forme de l'Espadon, afin de s'en emparer plus facilement.

Ælien a bien décrit la forme et la disposition du rostre de l'Espadon, rostre dont il se sert pour percer les poissons dont il fait sa nourriture et pour combattre les grands cétacés. Plusieurs racontent, dit-il, avoir vu un navire échoué à Byzance et dans les flancs duquel se trouvait un rostre d'Espadon, l'animal l'ayant brisé après s'être rué sur le vaisseau.

Lorsque l'on lit les relations des anciens, on est tenté de reléguer au nombre des fables ce qu'ils ont écrit de l'Espadon, et cependant la plupart de ces faits ont été bien observés.

« L'Espadon, écrit Gesner, en 1558, est un poisson magnifique, à la marche rapide, puissant, noble; il tire son nom de sa forme: sa mâchoire supérieure se prolonge, en effet, en une lame semblable à un glaive tranchant. Des nations l'ont désigné sous le nom de Guerrier, Capitaine ou Empereur de la mer, en raison de ce glaive, de sa puissance et aussi des dangers qu'il fait courir. A l'époque de la canicule, ce Poisson serait si cruellement tourmenté par un petit animal nommé *Asilus* qui se colle dans ses ouïes qu'il meurt parfois de douleur ou se tue en se jetant contre les navires ou sur le rivage. Les Baleines redoutent les Espadons comme de cruels ennemis; l'Espadon ne craint pas moins la Baleine; aussi, par frayeur, enfonce-t-il son glaive dans la vase et reste-t-il ainsi sans mouvement; la Baleine, supposant alors que c'est un objet immobile, nage au-dessus sans être atteinte.

« Dans l'océan Indien il est des Espadons dont les épées atteignent une telle force qu'ils traversent les parois de navires portugais, épais d'un empan et demi. Des voyageurs instruits et dignes de foi ont assuré que parfois un homme nageant dans la mer et transpercé de ces épées est tué. Ce n'est pas en vain qu'une forte épée tranchante a été donnée à l'Espadon.

« Ce Poisson serait si intelligent qu'il semblerait reconnaître les différentes langues parlées. Près de la ville de Locres, en effet, lorsque parfois plusieurs pêcheurs Italiens se livraient à la pêche, ils ont vu que l'Espadon ne s'enfuyait pas lorsqu'on parlait grec, ce qu'il s'empressait de faire aussitôt qu'il entendait parler italien.

« Les pêcheurs redoutent beaucoup l'Espadon, car il déchire leurs filets; on prend cependant de jeunes Espadons au filet.

« Dans la mer de Narbonne, pour s'emparer de l'Espadon on emploie les navires qui ont la forme de ces animaux, avec une queue, un long rostre. Avec grand plaisir, nous avons été souvent témoin de cette pêche. Les Espadons, trompés par la forme des barques, et supposant voir un des leurs, ne fuient pas; on les entoure et on les frappe à mort; parfois cependant ils renversent les navires ou les transpercent de leur glaive; les pêcheurs abattent souvent alors le bec d'un coup de hache et bouchent le trou avec une cheville préparée à cet effet; des pêcheurs sont parfois blessés, tués même par l'Espadon. »

« Les Xiphias Espadons, écrit Lacépède, ont des muscles très puissants; ils nagent avec vitesse; ils peuvent atteindre avec rapidité de très grands habitants de la mer. Parvenus quelquefois à la longueur de plus de 7 mètres, frappant leurs ennemis avec un glaive pointu et tranchant de plus de 2 mètres, ils mettent en fuite, ou combattent avec avantage les jeunes et les petits cétacés, dont les téguments sont aisément traversés par leur arme osseuse qu'ils poussent avec violence, qu'ils précipitent

avec rapidité, et dont ils accroissent la puissance de toute celle de leur masse et de leur vitesse. On a écrit que dans les mers dont les côtes sont peuplées d'énormes Crocodiles, ils savaient se placer avec agilité au-dessous de ces animaux cuirassés, et leur percer le ventre avec adresse à l'endroit où les écailles sont le moins épaisses et le moins fortement attachées. On pourrait même, à la rigueur, croire, avec Pline, que lorsque leur ardeur est exaltée, que leur instinct est troublé ou qu'ils sont le jouet de vagues furieuses qui les roulent et les lancent, ils se jettent avec tant de force contre les bords des embarcations que leur arme se brise, et que la pointe de leur glaive pénètre dans l'épaisseur du bord, et y demeure attachée, comme on a vu quelquefois également implantés des fragments de l'arme dentelée du Squale à scie, ou de la dure défense du Narval. »

Il est un fait certain, que l'on ne peut expliquer, c'est que parfois l'Espadon s'attaque aux navires en marche et qu'il arrive que ce grand et puissant Poisson enfonce son épée dans les planches d'un vaisseau; une pareille attaque est, du reste, plus souvent fatale à l'animal qu'au navire lui-même, car il est réellement plus facile d'enfoncer une pareille arme que de la retirer : le rostre se brise presque toujours.

Valenciennes rapporte que Cornide cite cependant et expressément le fait d'une palandre espagnole, qui fut au moment de périr, sur la côté de Galice, pour avoir été percée par un Espadon; il assure que la planche et le bec, qui s'y était implanté, sont conservés au cabinet royal de Madrid. « On doit comprendre, ajoute-t-il, que de tels accidents ne peuvent arriver qu'à des bâtiments légers et vieux; mais ce qui arrive souvent, c'est de trouver des becs d'Espadon rompus dans des carènes de navires. »

Tout récemment Günther a rapporté des faits du même ordre. « L'Espadon, dit-il, n'hésite jamais à s'attaquer aux grands Cétacés, mais ces derniers sortent généralement victorieux du combat. La raison qui pousse l'Espadon à la bataille est inconnue; cet instinct est chez lui si aveugle qu'il s'attaque aux navires, qu'il prend certainement pour des Cétacés de grande taille. Il arrive parfois que l'Espadon perce ainsi les œuvres vives d'une barque, la mettant en danger; l'Espadon peut alors retirer très difficilement l'arme engagée, et elle se brise lorsque l'animal fait des efforts pour se dégager. On peut voir au Musée Britannique une pièce de bois de deux pouces d'épaisseur provenant d'un navire pour la pêche des Cétacés, percé par l'épée d'un Espadon, épée qui est restée dans le bois. Le révérend Wyatt Gill, qui pendant de longues années a habité les îles de la mer du Sud, a remarqué que beaucoup d'Espadons ont le rostre brisé et que ces animaux percent facilement les canots des indigènes. »

En parlant du Thon, Gessner rapporte que ce dernier craint beaucoup l'Espadon et que c'est ce qui détermine ses migrations ; Paulus Jovius rapporte le même fait. Cetti, qui a si bien observé les Poissons des côtes de Sicile et plus particulièrement le Thon, combat cette assertion. « D'après Jovius, dit-il, la Méditerranée est pour le Thon une mer de refuge, car il est chassé de l'Atlantique par son plus cruel ennemi, l'Espadon, qui se rue sur lui et le terrorise. Jovius rapporte sans doute le fait d'après Strabon ; il est cependant faux sous tous les rapports. » Les pêcheurs que Cetti interrogea lui assurèrent que le Thon et l'Espadon suivent chacun une route différente. « Le Thon se tient dans la profondeur, l'Espadon, au contraire, nage toujours vers la surface de l'eau ; l'Espadon peut cependant descendre vers le fond de la mer. Et cependant il n'existe aucune animosité entre les deux animaux ; le Thon ne craint pas l'Espadon, pas plus que ce dernier ne redoute le Thon ; on peut s'en convaincre par le petit nombre d'Espadons qui viennent sur les côtes de Sardaigne en même temps que les Thons et qui tombent dans les filets. Loin d'être ennemis, l'Espadon et le Thon vivent en parfaite intelligence. Si l'Espadon était réellement pour le Thon un ennemi aussi féroce que Jovius veut bien le dire, les pêcheurs ne le redouteraient pas moins que le Requin, jetant la déroute dans toute la troupe et la dispersant ; ils le craindraient à l'égal de ce monstre et emploieraient contre lui les mêmes moyens de défense. A la vérité l'Espadon n'est pas sans causer de sérieuses inquiétudes aux pêcheurs ; déjà les anciens imploraient Neptune pour qu'il détournât le Xiphias de leurs filets, non pas parce qu'il attaque le Thon, mais parce que, à l'aide de son glaive, et lorsqu'il se sent prisonnier, il déchire les filets et permet ainsi à la bande de Thons captive de s'échapper. A ce point de vue, l'Espadon rend, en réalité, plus de services aux Thons qu'il ne leur est nuisible. »

Bennett est cependant d'une opinion tout opposée. « Assez souvent, écrit-il, on voit des Thons se rassembler auprès d'un navire, comme s'ils voulaient y chercher une protection contre leur plus cruel ennemi, l'Espadon, qui alors, profitant de ce que les Thons sont en troupe, se précipite sur eux et les transperce en grand nombre ; on le voit souvent tuer de son glaive plusieurs Thons les uns après les autres. »

On a souvent écrit que l'Espadon s'attaquait aux Baleines. Bien que le fait puisse être possible, il ne doit être accepté qu'avec beaucoup de réserve, car l'Espadon est extrêmement rare dans les parages où arrivent, même accidentellement, ces Cétacés. Crow, navigateur anglais, rapporte cependant le trait suivant. « Un matin, écrit-il, un calme plat ayant arrêté le navire que nous montions, tout l'équipage put assister à un singulier et curieux combat entre des Squales-Renards et des Espadons, d'un côté, et une gigantesque Baleine de l'autre. On était en été, la nuit était claire et les animaux se trouvant non loin du vaisseau, nous étions dans les meilleures conditions pour observer. Sitôt que le dos de la Baleine apparut au-dessus de l'eau, les Requins sautèrent à plusieurs mètres de hauteur dans l'air ; ils se précipitèrent de toutes leurs forces contre l'objet de leur haine et donnèrent à la Baleine de si rudes coups avec leur queue, que ces coups résonnaient comme des coups de feu tirés à quelque distance. De leur côté, les Espadons attaquèrent la malheureuse Baleine en dessous ; attaquée de toutes parts, assaillie partout, blessée en plusieurs endroits, le pauvre cétacé ne pouvait plus fuir ; l'eau était couverte de sang ; la Baleine ayant disparu, nous ne pûmes suivre tout le drame ; mais il est plus que probable que le Cétacé dut périr. »

Pêche, usages. — Nous avons raconté plus haut, d'après Gesner, que l'Espadon ne s'enfuit pas quand il entend certains mots, tandis qu'il prend la fuite lorsqu'on parle italien. D'après Valenciennes, « la pêche de l'Espadon, dit Brydone, est plus divertissante que celle du Thon. Un homme monté sur un mât ou un rocher du voisinage avertit de son approche ; on l'attaque avec un petit harpon, attaché à une longue ligne, et on le frappe souvent de fort loin. C'est exactement la pêche de la Baleine en petit. Quelquefois on est obligé de le poursuivre des heures entières avant de l'atteindre. Les pêcheurs siciliens, qui sont très superstitieux, chantent une certaine phrase,

Fig. 320. — Le Voilier porte glaive

que Brydone croit grecque, et qu'ils regardent comme un charme pour amener l'Espadon près de leur bateau. C'est la seule amorce qu'ils emploient : ils prétendent qu'elle est d'une efficacité merveilleuse et qu'elle contraint le Poisson à les suivre, au lieu que si malheureusement il entendait prononcer un mot italien, il se plongerait aussitôt dans l'eau, et on ne le reverrait plus.

« C'est la pêche que décrit déjà Strabon, d'après Polybe, et qu'il croit avoir été en usage dès le temps d'Ulysse. Au reste, la chanson dont parle Brydone n'est point grecque. Kircher le rapporte dans sa *Musurgia*, et c'est un assemblage de mots qui ne sont d'aucune langue.

« La chair des jeunes Espadons est parfaitement blanche, compacte, fine et d'un excellent goût, ainsi que nous l'avons éprouvé plusieurs fois. Celle des vieux prend d'autres qualités. Brydone dit qu'elle ressemble plus au bœuf qu'au poisson, et qu'on la découpe en côtelettes. On la compare, en général, à celle du Thon, ainsi que nous l'avons dit ; je l'ai trouvée, en effet, très ferme, mais de bon goût.

« Les Siciliens salent le Xiphias, et cet usage avait aussi lieu chez les anciens. C'était le morceau de la queue (*l'ursum*) qui était surtout estimé. Aujourd'hui on prépare ses nageoires que l'on nomme *callo*. »

LES VOILIERS — *HISTIOPHORUS*

Fischerfisch.

Caractères. — Les Voiliers diffèrent essentiellement des Espadons par leurs longues ventrales ; leur dorsale est très haute, leur museau fort allongé, plus arrondi.

Le Voilier-Glaive (*Histiophorus gladius*) arrive à une grande taille ; sa forme est à peu près celle de l'Espadon. Les pectorales sont en forme de faux ; les ventrales sont composées chacune de deux rayons osseux, aplatis, très longs et d'un troisième beaucoup plus petit ; elles peuvent rentrer en partie dans une rainure située le long de l'abdomen. La caudale est très échancrée (fig. 320).

Ehrenberg, qui a observé ce Poisson dans la mer Rouge, nous apprend, d'après Valenciennes, qu'il est brun rougeâtre, que sa dorsale est

Fig. 324. — Le Trichiure lepture.

noirâtre avec des taches rondes plus foncées, que sur la base des treize premiers rayons règne une grande tache triangulaire blanchâtre; la pectorale est noirâtre, avec une tache jaunâtre allongée; les ventrales sont d'un noir foncé; l'anale et la caudale sont noirâtres.

Mœurs, distribution géographique. — Cette espèce habite la mer Rouge et la mer des Indes. D'après Valenciennes, « les Malais d'Amboine nomment ce poisson *ikan-lajer* (poisson éventail) et les Hollandais *zeyl-vish* (poisson à voile).

« On nous dit, en effet, qu'il relève et abaisse sa dorsale comme un éventail, et qu'il s'en sert comme d'une voile. Il y en a de fort grands, comparables, dit Renard, à de petites baleines;

et lorsqu'ils élèvent leur voile, on les distingue d'une lieue en mer.

« Shaw rapporte un fait semblable à ceux dont nous avons parlé à l'article de l'Espadon commun, c'est qu'un de ces Poissons avait enfoncé son bec dans la cale d'un navire avec tant de force qu'il s'était rompu et y était demeuré fixé; accident heureux, sans lequel le vaisseau aurait infailliblement coulé bas.

« Tout récemment le capitaine Ducamper, commandant la corvette l'*Espérance*, qui a accompagné la *Théthys* dans le voyage autour du monde de M. le capitaine Bougainville, a donné au cabinet du roi un fragment de bec de la même espèce, qu'en radoubant son navire on trouva enfoncé dans le bordage, à 4 pieds au-dessous de la ligne de flottaison. »

LES TRICHIURIDÉES — *TRICHIURIDÆ*

Die Bänbfische.

Caractères. — On a séparé des Scombéroïdes proprement dits des Poissons au corps très allongé, comprimé ou semblable à un ruban; le dos et le ventre sont munis d'une longue nageoire; les ventrales sont nulles, ou réduites à un petit rayon, en forme d'écaille. La tête est allongée; les mâchoires sont armées de fortes

dents; les ouïes sont largement ouvertes.

Distribution géologique. — La famille des Trichiuridées paraît dater de l'époque crétacée; on a trouvé dans la craie de Lewes et de Maestricht des Poissons voisins des Trichiures actuels. Les *Aarachelum* des schistes de Glaris, c'est-à-dire de la base des terrains tertiaires, rappellent les Lépidopes, mais ils ont des ventrales allongées. Dans les terrains tertiaires de Licata, en Sicile, ont été recueillis des Lépidopes et des animaux voisins des Thyrsites et des Trichiures de l'époque actuelle.

Distribution géographique. — La famille des Trichiuridées se compose seulement de neuf genres, ne comprenant qu'un très petit nombre d'espèces. La plupart de ces poissons vivant à de très grandes profondeurs, sont extrêmement rares dans les collections ; la mer de Madère paraît être particulièrement riche en ces animaux. Certains Trichiuridés se trouvent dans la Méditerranée, dans les parties de l'Atlantique voisines ; d'autres dans la mer des Antilles, la mer des Indes, le long des côtes de Tasmanie et de la Nouvelle-Zélande.

LES TRICHIURUS — *TRICHIURUS*

Haarfchwanfische.

Caractères. — Les Trichiurus ont le corps très allongé, la queue longue, mince, se terminant en pointe, de sorte qu'il n'existe pas de nageoire caudale ; c'est de ce dernier caractère que vient le nom générique (*Trichiure, queue en cheveu*) ; le dos est garni d'une nageoire très longue ; l'anale n'est représentée que par de nombreuses petites épines qui percent à peine la peau ; les ventrales sont réduites à une paire d'écailles ou manquent complètement. Les mâchoires et les palatins sont armés de fortes dents. Les vertèbres sont très nombreuses et peuvent s'élever à cent soixante.

Distribution géographique. — On connaît six espèces de Trichiures ; elles habitent les parties chaudes et tempérées de l'Atlantique et les parties les plus chaudes de la mer des Indes.

LE TRICHIURE LEPTURE. — *TRICHIURUS LEPTURUS.*

Degenfisch.

Caractères. — Cette espèce, qui atteint une longueur d'environ 1 mètre, a le corps très comprimé, très allongé ; le dos et le ventre ont le bard fort mince ; la queue est longue, très grêle. La tête est longue, comprimée ; les mâchoires sont pointues, la mandibule étant plus proéminente que la mâchoire supérieure ; elles sont armées de dents aiguës, tranchantes ; les palatins sont munis de dents très fines. La dorsale, très longue, a de 130 à 136 rayons ; l'anale se compose de 115 à 168 épines isolées ; les pectorales sont courtes (fig. 321).

On n'aperçoit pas d'écailles ; tout le corps semble être couvert d'une lame très mince d'argent, de telle sorte que l'animal est fort éclatant. L'œil est d'un jaune pâle ; la dorsale est d'un gris assez foncé, parfois pointillé de noir.

Distribution géographique. — Le Trichiure paraît être plus particulièrement abondant dans la mer des Antilles ; il est connu des colons de Cuba sous le nom de *sable* (sabre) ; les Anglais de la Jamaïque lui donnent celui de *sword-fish ;* il remonte d'une part jusqu'à New-York, tandis qu'il descend d'autre part jusqu'à Montevideo. L'espèce traverse parfois l'Atlantique, de telle sorte qu'on le trouve accidentellement sur les côtes de France et d'Angleterre ; c'est ainsi qu'au Muséum d'histoire naturelle de Paris se trouve un Trichiure qui, en 1871, a été acheté au marché.

Mœurs, habitudes, régime. — Nous ne savons que très peu de choses sur les mœurs de ce Trichiure, animal toujours très rare et tout à fait accidentel sur nos côtes. Sa dentition indique un être essentiellement carnassier.

D'après Lacépède, « les voyageurs s'accordent à attribuer au Trichiure une agilité singulière et une vélocité extraordinaire. S'agitant presque sans cesse par de nombreuses sinuosités, ondulant en différents sens, serpentant aussi facilement que tout autre habitant des eaux, il s'élève, s'abaisse, arrive et disparaît avec une promptitude dont à peine on peut se former une idée. »

LES LÉPIDOPES — *LEPIDOPUS*

Strumpfbandfisch.

Caractères. — Les Lépidopes ressemblent beaucoup aux Trichiures, dont ils diffèrent essentiellement par la présence de la nageoire caudale.

L'espèce la plus connue est le Lépidope argenté (*Lepidopus argenteus*), vulgairement désigné sous le nom de *jarretière.*

Le corps, qui arrive à la taille de 2 mètres, est semblable à une espèce de ruban très allongé ; le dos est tranchant, le ventre légèrement arrondi. La peau est sans écailles ; elle est couverte d'un enduit blanchâtre qui s'attache aux doigts. La tête est comprimée, allongée ; les mâchoires sont étroites, pointues, armées de dents aiguës et tranchantes, dont les premières sont beaucoup plus grandes que les autres; la fente des ouïes est grande. La dorsale, qui est très longue, s'étend sur presque tout le dos et se compose de 100 à 105 rayons. En arrière de l'anus se trouvent quelques fort petites épines; l'anale, qui commence en arrière, se compose d'un nombre variable de rayons, de 18 à 25. Le tronçon de la queue est court et grêle; la nageoire est fourchue. La ventrale est représentée par une écaille mobile, allongée.

Distribution géographique. — Cette espèce est assez commune dans la Méditerranée et on la prend assez fréquemment dans les parages de Nice, où elle est connue sous le nom d'*Argentin;* sur les côtes de France, elle a été capturée accidentellement dans le golfe de Gascogne et même au-dessus de la Gironde, d'après E. Moreau;

Günther note qu'elle a parfois été pêchée dans les parages de la Grande-Bretagne.

Le Lépidope paraît, du reste, avoir une large distribution géographique; on le connaît du Cap de Bonne-Espérance, de la Nouvelle-Zélande et de Tasmanie.

Mœurs, habitudes, régime. — Le Lépidope doit être surtout un Poisson des profondeurs. D'après Valenciennes, c'est en avril et en mai qu'il approche des côtes; on le prend alors au tramail, car, selon Risso, sa chair est fort délicate; la femelle est pleine d'œufs au printemps; la natation est des plus rapides. Selon Moreau, le Lépidope est excessivement vorace : « J'ai trouvé, dit-il, dans l'estomac d'un animal de petite taille six poissons qui pouvaient à peine y tenir; le dernier Poisson avalé était encore au commencement de l'œsophage. »

LES BATRACHIDÉES — *BATRACHIDÆ*

Die Froschfische.

Caractères. — Certains Poissons, par leur apparence extérieure, ressemblent tellement à des Chabots, qu'on les placerait certainement avec ceux-ci, si leur joue n'était pas cuirassée. La tête est grosse, épaisse; le corps est épais en avant, comprimé en arrière; lorsque la peau n'est pas nue, elle ne porte pas de petites écailles. Tandis que la dorsale molle et que l'anale sont longues, la dorsale antérieure ne consiste qu'en deux ou trois épines; les ventrales sont placées sous la gorge et ne sont composées que de deux rayons mous.

Mœurs, distribution géographique. — La famille des Batrachidées ne comprend qu'un petit nombre d'espèces comprises dans trois genres. Ce sont des Poissons carnassiers, tous de petite taille, qui vivent au fond de la mer, non loin des côtes dans la zone tropicale; certaines espèces s'avancent jusque dans la zone tempérée.

LES BATRACHUS — *BATRACHUS*

Brummer.

LE COTTE GROGNANT — *BATRACHUS GRUNIENS*

Caractères. — L'espèce la plus connue de la famille est le Cotte grognant (*Batrachus gruniens*),

qui arrive à la taille de 0,30; la tête et le dos sont colorés en brun, les flancs sont jaunâtres et largement marbrés de noirâtre; les nageoires pectorales sont rougeâtres, les autres étant grisâtres et mouchetées de foncé. On compte trois épines à la dorsale antérieure; le battant operculaire est armé d'épines; le pourtour de la bouche porte de nombreux barbillons; des tentacules se trouvent sur diverses parties de la tête (fig. 322).

Mœurs, distribution géographique. — Cette espèce est commune dans la mer des Antilles; elle tire son nom de ce que, lorsqu'on la prend, elle fait entendre un grognement particulier, par le frottement des diverses pièces operculaires.

Suivant Günther, « certains Batrachus ont dans l'aisselle une spacieuse cavité, qui est revêtue d'une membrane muqueuse aréolée; cette cavité s'ouvre à l'extérieur par un petit pore; comme elle ressemble en tous points à ce que l'on trouve chez beaucoup de Siluroïdes, il est grandement probable, de même que chez ces derniers, elle constitue un appareil véneneux. » Nous avons, du reste, déjà cité cet appareil chez un genre voisin, le genre Thalassophryne.

Fig. 322. — Le Cotte grognant.

LES PECTORALES PÉDICULÉES — *PEDICULATI*

Die Armflosser.

Caractères. — Cette famille se compose d'un certain nombre de Poissons, tous plus bizarres les uns que les autres, et qui présentent ce caractère commun, que les os du carpe se sont prolongés de manière à former un moignon sur lequel s'insère la pectorale; cette nageoire est, dès lors, pédiculée. Les ventrales peuvent manquer; lorsqu'elles existent, elles sont composées de quatre ou cinq rayons. La dorsale épineuse est toujours très avancée, formée d'un petit nombre de rayons isolés, parfois transformés en tentacules, en filaments pêcheurs; cette nageoire peut faire défaut. La tête et la partie antérieure du corps, qui sont dépourvues d'écailles, sont très larges. L'ouverture des ouïes, toujours très étroite, consiste en un trou situé en dessous de l'insertion de la pectorale; les lames respiratoires ne sont disposées que sur un petit nombre d'arcs.

Mœurs, distribution géographique. — Selon Günther, les Pédiculati sont, probablement, de tous les Poissons ceux lesquels la singularité de la forme est le plus en rapport avec les mœurs et les habitudes. On les trouve dans toutes les mers; ce sont des animaux lourds, lents et paresseux, très mauvais nageurs; ceux qui vivent près des côtes gisent dans la vase, se maintenant par leurs nageoires pectorales, semblables à des bras, aux pierres et aux plantes marines, entre lesquelles ils se tiennent; ceux qui sont pélasgiques se cramponnent aux algues flottantes et sont ainsi entraînés par les vents et les courants. Beaucoup de ces animaux se sont cependant peu à peu enfoncés dans les profondeurs de l'Océan; ils ont encore conservé les caractères généraux de leurs ancêtres qui vivaient à la surface, mais se sont modifiés de telle sorte qu'ils ont pu vivre dans les abîmes de la mer.

Nous devons ajouter que la plupart de ces Poissons capturés à de grandes profondeurs semblent, en réalité, consister en un vaste sac digestif et en une bouche énormément fendue; on n'a, pour s'en convaincre, qu'à jeter les yeux sur la représentation du Mélanocète de Johnson qui, pendant la récente expédition du *Talisman*, a été pêché à la profondeur de 4,000 mètres (fig. 323).

Fig. 324. — Le Mélanocète de Johnston.

LES ANTENNARIUS — *ANTENNARIUS*

Caractères. — La forme de ces animaux est étrange et aucune description ne saurait rendre leur laideur. La tête est grosse, haute, comprimée latéralement ; la bouche est fendue presque verticalement ; les mâchoires sont armées de dents en râpes ; le corps est nu, visqueux, et porte, sur divers points, des tentacules plus ou moins développés. La dorsale épineuse est réduite à trois épines, dont la première est transformée en un tentacule situé sur le museau ; la seconde dorsale et l'anale sont courtes ; les ventrales existent.

Mœurs, distribution géographique. — Suivant Günther, « les Antennaires sont des animaux pélagiques, que l'on rencontre le plus souvent au milieu de l'Océan, entre les tropiques, principalement dans les endroits où se trouvent des algues flottantes ; on voit parfois des individus être entraînés avec ces plantes loin de leur habitation habituelle ; c'est ainsi que des courants en ont porté sur les côtes de Norwége et de la Nouvelle-Zélande. Leurs moyens de natation sont les plus imparfaits. Lorsqu'ils habitent près des côtes, on les trouve au milieu des coraux, des pierres, des fucus ; ils avancent sur le sol en marchant réellement à l'aide de leurs nageoires pectorales transformées en bras. Leur coloration s'harmonise si parfaitement avec celle des objets qui les entourent, qu'il est très difficile de les apercevoir et de les distinguer de pierres ou de coraux couverts de végétation.

Leur manière d'attirer la proie et de s'en emparer est évidemment la même que pour les autres animaux qui rentrent dans la même famille. La curieuse distribution géographique de certaines espèces que l'on trouve aussi bien dans l'Atlantique que dans l'océan Indo-Pacifique est certainement la conséquence de l'habitude qu'ils ont de se cramponner aux corps flottants. Presque toutes les espèces sont richement colorées, mais le ton des couleurs varie excessivement. Ces Poissons n'arrivent jamais à une grande taille, et ne dépassent probablement pas 10 pouces de long. Les ichtyologistes ont décrit un grand nombre d'espèces, mais il est fort probable que le nombre de ces espèces ne dépasse pas 30. »

H. Filhol, lors de l'expédition du *Talisman*, a pu faire de curieuses observations sur un Antennarius : « La similitude de couleurs, dit-il, entre les animaux et le milieu où ils se trouvent être placés est très fréquente. Un des exemples les plus curieux que nous puissions citer à ce sujet, est celui concernant un petit poisson, l'*Antennarius marmoratus*, qui habite dans l'Atlantique nord, sous les tropiques ; cette partie de l'Océan, couverte de varechs flottants, est nommée la mer des Sargasses.

« Les sargasses, ces raisins des tropiques, comme les ont surnommés les matelots, possèdent un axe central, duquel se détachent latéralement de nombreux rameaux, dont les dimensions vont progressivement en diminuant à mesure qu'on s'approche de l'une des extrémités de la tige centrale. Cette dernière partie, les feuilles garnissant les trois quarts de l'étendue des rameaux latéraux, ont une couleur d'un jaune brunâtre, alors que les feuilles terminales présentent un peu de vert mélangé à la teinte jaune. Les animaux qui habitent parmi les sargasses sont parés des mêmes couleurs. Les Poissons, les Crutacés, les Mollusquées ont pris, en quelque sorte, la livrée des sargasses. Ainsi l'*Antennarius marmoratus* a le corps marbré de brun et de jaune. Sa tête est énorme par rapport au volume du corps, et elle porte à sa partie supérieure de nombreuses franges flexibles, dont quelques-unes s'élèvent à une grande hauteur. D'autres franges, mais plus réduites, moins déchiquetées sur leurs bords, s'observent à la partie inférieure de la bouche. Les nageoires sont très remarquables, car elles s'élargissent à leurs extrémités et ressemblent à de véritables mains terminées par des doigts. Nous avons pu, à bord du *Talisman*, conserver durant quelque temps plusieurs de ces Poissons dans nos aquariums et étudier leur mode de locomotion. Lorsqu'ils nagent, ils meuvent leurs nageoires comme les Poissons ordinaires ; mais lorsqu'ils sont au fond, ils s'appuient sur la face inférieure de la partie élargie de ces organes et progressent en s'appuyant sur elle. A ce moment les nageoires remplissent le rôle de pattes.

« La taille de ce Poisson est assez réduite, car elle ne dépasse pas 10 à 12 centimètres. Les habitudes de l'*Antennarius marmoratus* sont sédentaires ; il est certain que ce Poisson naît, vit et meurt au milieu des sargasses. Les touffes de ces algues lui offrent un asile assuré contre les poursuites de Poissons de plus grande taille, et sa couleur lui permet de se dissimuler encore plus complètement. Lorsqu'on le prend et qu'on le jette un peu au large de la masse des varechs où il a été pris, on le voit donner des signes d'une inquiétude extrême et nager avec rapidité vers le paquet d'algues le plus voisin. Il se glisse, comme l'a dit M. A. Milne Edwards, à travers les rameaux avec une telle adresse et une telle rapidité que souvent en un instant il disparaît et devient introuvable.

« Cet animal construit un véritable nid, et ce sont les sargasses qui en fournissent les éléments. Avec ses nageoires, il assemble des paquets de ces algues sur lesquels il a déposé ses œufs, et les maintient solidement en les entourant de fils visqueux qu'il sécrète. Les nids

flottants, arrondis, de la grosseur d'une noix de coco, sont abandonnés à la surface de l'Océan ; les jeunes y naissent et y trouvent durant les premiers temps de leur existence un asile assuré (1). »

LES MALTHÉES — *MALTHE*

Caractères. — D'aspect bizarre, les Malthées sont plus singulières peut-être encore que les Antennarius.

Distribution géographique. — Les Malthées sont des parties américaines de l'Atlantique, surtout des parties les plus chaudes.

L'espèce la plus curieuse est certainement la Chauve-Souris marine (*Malthe vespertilio*).

LA MALTHÉE CHAUVE-SOURIS.

Caractères. — Chez cet animal (fig. 324), la partie antérieure du corps est très déprimée, fort élargie ; le museau se prolonge en une sorte de corne ; les pectorales, qui sont reculées, ont l'apparence d'ailes, d'autant plus qu'elles sont soutenues par une portion élargie, ce qui fait que l'animal a l'apparence d'une sorte d'oiseau étrange. La dorsale et l'anale sont très courtes. La bouche s'ouvre en dessous. Tout le corps est couvert d'aspérités, de rugosités. La couleur de la face supérieure est d'un beau brun gris clair, celle de la face inférieure d'un rouge tournant au rosé. La première dorsale est convertie en un filament, qui sert d'organe tactile.

LES BAUDROIES — *LOPHIUS*
Sippfchaftzgenoffen.

Caractères. — Ce sont des animaux très singuliers que les Baudroies, dont la tête est extrêmement large, déprimée ; ajoutez à cela que la gueule, qui est horizontale, est très largement fendue, que la partie postérieure du corps est grêle, de telle sorte que la tête semble faire la plus grande partie du corps, que l'animal est nu, couvert d'une peau molle et visqueuse, ce qui achève de lui imprimer un aspect tout à la fois étrange et repoussant.

Ces animaux, connus des marins sous le nom de Diables de mer, de Poissons-pêcheurs, de Poissons-grenouilles, n'ont que trois épines à la dorsale et ces épines sont isolées ; en avant des yeux se trouvent plusieurs filaments

(1) Filhol, *La Vie au fond des mers.* — Voy. aussi *Science et Nature*, 1884, t. I.

Fig. 324. — La Malthée Chauve-Souris.

dont l'antérieur se termine en lambeaux ; de nombreuses franges se voient sur la tête et sur divers points du corps. Les os de la tête sont épineux. La dorsale molle et l'anale sont courtes (fig. 325).

Les individus jeunes ont un aspect plus étrange encore, si possible, que les adultes. Les nageoires pectorales sont beaucoup plus développées ; les ventrales, qui sont énormes, ont les rayons qui dépassent largement la membrane qui les réunit ; sur la tête et sur la partie antérieure du tronc se trouvent de longs tentacules dont l'extrémité est comme arborisée ; les barbillons du menton sont développés.

Distribution géographique. — On connaît quatre espèces de Baudroies ; deux espèces, la Baudroie commune et la Baudroie budegassa, habitent les côtes de France ; cette dernière espèce est limitée à la Méditerranée. On trouve une espèce dans les mers de Chine et du Japon ; une est jusqu'à présent confinée dans les parages des îles de l'Amirauté.

Mœurs, habitudes, régime. — D'après A. Günther, « les mœurs de toutes les Baudroies sont identiques. Leur bouche est énorme et s'étend sur toute la circonférence antérieure de la tête ; chaque mâchoire est armée de bandes de longues dents crochues, qui sont dirigées en dedans et disposées de telle sorte

qu'elles laissent parfaitement entrer les animaux qui cheminent vers l'estomac, mais s'opposent absolument à leur sortie. Les nageoires pectorales et ventrales sont disposées de telle sorte qu'elles viennent en aide au rôle des dents ; grâce à elles le Poisson peut marcher, plutôt qu'il ne nage, au fond de la mer, car il se tient de préférence à demi caché dans le sable ou enfoui parmi les herbes marines. Tout autour de la tête, comme partout sur le corps, sont des appendices frangés, qui ressemblent à de petites feuilles de plantes marines ; cette particularité est jointe à la faculté extraordinaire qu'a le Poisson de s'accommoder à la couleur du milieu dans lequel il vit et qui fait qu'il peut plus facilement s'emparer de sa proie. Pour que les Baudroies soient encore plus sûrement des animaux pêcheurs, ils ont tous trois longs filaments attachés sur le milieu de la longueur de la tête, filaments qui sont, en réalité, des épines détachées de la première nageoire dorsale. Le filament le plus important au point de vue de la pêche est le premier, le plus long, terminé par une lanière déchiquetée et mobile dans toutes les directions.

« Il n'est nullement douteux que la Grenouille marine, comme d'autres Poissons qui ont des filaments semblables, ne se serve de ce filament comme d'un appât qui attire la proie,

Fig. 325. — La Baudroie.

qui est facilement engloutie, grâce à l'amplitude de la bouche. L'estomac de la Baudroie
est extraordinairement dilatable, et on en a plusieurs fois retiré des animaux de taille égale à
celle du Poisson. Barid rapporte que la ponte
de l'espèce anglaise se présente sous la forme
d'un mucus flottant, qui couvre parfois jusqu'à 60 et 100 pieds carrés. »

LA BAUDROIE COMMUNE. — *LOPHIUS PISCA-TORIUS*.

Seeteufels.

Caractères. — Comme tous les autres
membres de la famille, c'est un animal des
plus étranges que la Baudroie commune ;
ainsi que le dit Rondelet en son naïf langage,
« ce Poisson semble n'estre autre chose que
teste é queue. Donc ce Poisson est plat, cartilagineux, brun ou enfumé, de grosse teste,
ronde, aplatie, armée de plusieurs éguillons. »

La partie antérieure du corps de l'animal
est très large, déprimée jusqu'au niveau des
pectorales, après quoi il se rétrécit (fig. 326).

La tête, qui est également très élargie,
porte quelques épines à sa partie supérieure ; des épines se voient aussi aux pièces
de l'opercule. Le museau est court, fort raccourci ; la bouche, qui est énorme, occupe
toute la partie antérieure du corps ; la mâchoire supérieure est bien plus courte que
l'inférieure ; les mâchoires et le palais sont
armés de dents coniques, crochues, à pointe
tournée en arrière ; suivant Moreau, « les
dents sous une faible pression se renversent à
l'intérieur de la bouche ; aussitôt que l'effort
cesse, elles se redressent au moyen d'un mécanisme extrêmement simple : elles portent, à

la partie interne de leur base, une espèce de
ligament élastique qui fait l'office d'un ressort.
Sur le bord interne de la mâchoire inférieure
s'attache une membrane qui s'étend aussi
loin en arrière que la rangée de dents ; elle est
haute en avant, de même teinte que la peau,
grisâtre avec des taches noires ; cette membrane paraît jouer un double rôle ; elle semble
tout à la fois protéger la muqueuse buccale
lorsque les dents s'abaissent, et fermer la bouche lors du passage de l'eau par les fentes
interbranchiales. » Les yeux, qui sont placés
à la partie supérieure de la tête, manquent de
paupières ; le sourcil porte des épines. L'ouverture des ouïes, qui est très reculée, est située au-dessous de la nageoire pectorale.

Nous avons déjà dit que les trois *filaments
pêcheurs* que l'on trouve sur la tête de la Baudroie ne sont que des rayons isolés et détachés de la dorsale épineuse, aussi ces rayons
sont-ils portés sur des osselets semblables à
ceux qui normalement supportent la dorsale ;
le premier filament, qui se trouve sur la partie
antérieure du museau, est allongé et se termine par une membrane en forme de fer de
lance ; le second, également très mobile, est
placé en avant des yeux ; le dernier, relativement assez court, terminé en pointe, est reculé sur la partie postérieure du crâne. Après
ces filaments se voient trois rayons grêles,
assez simples, insérés sur la région antérieure
du tronc. La dorsale molle, qui se compose
de 10 à 12 rayons, est opposée à l'anale, où
l'on compte 10 ou 11 rayons.

Le corps est d'un brun olivâtre en dessus,
gris blanchâtre ou blanc sale en dessous.

La taille peut arriver à 2 mètres ; Pontoppidan cite des individus de 7 pieds, et Duhamel de 10 pieds de long.

Fig. 326 et 327. — La Baudroie et la Sphyrène vulgaire.

Distribution géographique. —La Baudroie se trouve sur toutes les côtes de France; d'après Moreau, elle est commune dans la Manche et dans l'Océan, très commune dans la Méditerranée.

L'espèce va, vers le nord, jusqu'aux Orcades et jusque dans les parages de l'Islande ; elle est cependant rare au-dessus du soixantième degré de latitude nord ; elle n'est pas très commune dans la Baltique ; on la prend de temps en temps aux Féroë et dans la baie d'Hudson ; elle se trouve sur les côtes atlantiques des États-Unis ; elle a été signalée enfin jusqu'au cap de Bonne-Espérance.

Mœurs, habitudes, régime. — Un animal aussi curieux que la Baudroie et qui se trouve communément dans la Méditerranée devait être bien connu des anciens.

« L'industrie qu'on prête à la Baudroie de

pêcher l'avait déjà rendue célèbre dès l'antiquité ; elle n'est pas mentionnée par les naturalistes seulement ; les poètes et les philosophes s'en étaient aussi emparés : les uns pour embellir leurs chants, les autres pour la citer en exemple de la sagesse de la nature ; mais nous n'oserions dire si les modernes n'ont pas reproduit des récits semblables sur la foi de ces anciens témoignages, plutôt que sur des observations directes. Du moins remarquons-nous plus d'une contradiction et dans la cause qu'on assigne à cette industrie, et dans la manière dont on dit qu'elle s'exerce.

« On suppose que la faiblesse de ce poisson et le peu de rapidité de ses mouvements sont ce qui lui rendait un moyen particulier nécessaire pour se procurer des aliments, et d'un autre côté on prétend qu'il est capable de poursuivre les Chiens de mer et de s'en rendre maître, et qu'il s'en est trouvé plusieurs fois dans son estomac. Cette opinion a même engagé les pêcheurs anglais à rendre la liberté aux Baudroies qu'ils prennent, parce qu'elles contribuent à diminuer le nombre de ces Squales, beaucoup plus nuisibles aux autres Poissons que les Baudroies elles-mêmes.

« Leur faiblesse est si peu réelle qu'on les a vues se défendre contre les pêcheurs.

« Cicéron fait simplement agiter un peu la surface du sable par le Poisson; selon Aristote, que Pline, Oppien et Ælien ont suivi, c'est au moyen des filaments qui terminent son premier rayon libre, qu'il attire ses victimes. Pontoppidan croit que c'est plutôt par les nombreux lambeaux cutanés qui lui entourent les mâchoires et qui ressemblent à autant de petits vers (1). »

Rondelet, en 1558, écrit que la Baudroie attire les petits poissons, que la petitesse de ses ouvertures branchiales est telle qu'elle peut vivre un certain temps hors de l'eau et que ses mâchoires sont très puissantes. Il rapporte même, d'après Valenciennes, « qu'une Baudroie vécut deux jours entiers parmi les herbes du rivage et saisit à la patte un jeune Renard qui rôdait auprès d'elle pendant la nuit et le retint jusqu'au lendemain, dans ses dents crochues, ce qui prouve une assez grande force dans les mâchoires. »

« Le Crapaud de mer, dit Gesner vers la même époque, est un animal hideux et horrible; sa bouche est si grande qu'il peut avaler un chien de chasse de taille ordinaire. Sa chair est tenace; sa forme est aplatie; la tête, qui est grosse, large, ne ressemble en rien à celle d'un Poisson ordinaire, car elle est seule arrondie à l'avant; la gueule est toujours ouverte, la mâchoire supérieure étant plus courte que l'inférieure. On voit de nombreuses pointes et épines sur la tête et autour des yeux; les deux mâchoires, le palais sont armés de dents. Quand on dépouille cet animal, qu'on le fait sécher et qu'on place dedans une lumière, on a ainsi un spectre horrible.

« Ce Poisson est extrêmement vorace; il poursuit même l'homme, guette les nageurs, et s'en empare; il les noie et les dévore. Il prend tellement de Poissons, que lorsqu'on peut le capturer, on lui fend le ventre, pour avoir ainsi les Poissons qu'il a en lui. L'instinct du Crapaud de mer est tel qu'il peut

(1) Cuvier et Valenciennes, *Histoire naturelle des Poissons*, t. XII.

capturer de nombreux animaux, et cela grâce à un artifice très curieux et fort particulier : il porte sur la tête des appendices charnus qui ressemblent à autant de vers en mouvement; c'est alors que les petits Poissons, attirés par cet appât, sont pris et dévorés. »

A la fin du siècle dernier, Lacépède nous apprend également que la « Baudroie a souvent fait naître une sorte de curiosité inquiète dans l'âme des observateurs peu instruits qui l'ont vue pour la première fois... Elle est appelée *Diable de mer*; et sa dépouille, préparée de manière à être transparente, et rendue lumineuse par une lampe allumée dans son intérieur, a servi plusieurs fois à faire croire des esprits faibles à de fantastiques apparitions.

« La peau de la Baudroie est molle et flasque dans beaucoup d'endroits; ses muscles paraissent faibles; sa queue, qui n'est ni très souple, ni très déliée, ne peut pas être agitée avec assez de vitesse pour imprimer une grande rapidité à ses mouvements. N'ayant donc ni armes défensives dans ses téguments, ni force dans ses membres, ni célérité dans ses mouvements, la Baudroie, malgré sa grandeur, est obligée d'employer la ressource de ceux qui n'ont reçu qu'une puissance très limitée; elle est contrainte, pour ainsi dire, d'avoir recours à la ruse, et de réduire sa chasse à des embuscades, auxquelles d'ailleurs sa conformation la rend très propre. Elle s'enfonce dans la vase, elle se couvre de plantes marines, elle se cache sous les pierres et les saillies des rochers. Se tenant avec patience dans son réduit, elle ne laisse apercevoir que ses filaments, qu'elle agite en différents sens, auxquels elle donne toutes les fluctuations qui peuvent les faire ressembler davantage à des vers ou à d'autres appâts, et par le moyen desquels elle attire les Poissons qui nagent au-dessus d'elle, et que la position de ses yeux lui permet de distinguer facilement. Lorsque la proie est descendue assez près de son énorme gueule, elle se jette sur ces animaux qu'elle veut dévorer, et les engloutit dans cette grande bouche, où une multitude de dents fortes et crochues les déchirent, et les empêchent de s'échapper.

« Cette manière adroite et constante de se procurer les aliments dont elle a besoin, et de pêcher en quelque sorte les Poissons à la ligne, lui a fait donner l'épithète de *Pêcheuse*, et voilà pourquoi on l'a nommée *Grenouille pêcheuse* et *Martin pêcheur*, en réunissant les idées que ces habitudes ont fait naître avec celles que révèle sa conformation. »

Les observations modernes confirment en partie ces données ; elles nous apprennent que la Baudroie se tient au fond de l'eau, à demi enterrée et qu'elle guette ainsi sa proie ; si un animal se trouve à sa portée, elle fond sur lui et le dévore. Quant à la victime, la Baudroie ne semble pas être fort difficile. Couch rapporte qu'un pêcheur qui avait pris un Églefin à l'hameçon s'aperçut que ce Poisson venait d'être happé par une Baudroie de grande taille ; une autre fois ce fut un énorme Congre que la Baudroie venait de saisir, après que l'An-guille de mer avait été capturée. Des pêcheurs ont affirmé à Couch que parfois la Baudroie est vorace à ce point qu'elle se jette sur les lièges qui tiennent les filets, et que plutôt que de lâcher l'objet, elle est hissée à bord tenant toujours les engins dans sa vaste gueule ; si on remonte la Baudroie dans le filet, elle n'en continue pas moins à nager et s'empare de ses compagnons de captivité, principalement des Pleuronectes.

La Baudroie pond beaucoup d'œufs, entourés d'une enveloppe dure ; ces œufs, qui sont pondus en masse, sont souvent dévorés par d'autres animaux.

LES GOBIIDÉES — *GOBIIDÆ*

Die Meergrundeln.

Caractères. — On connaît sous le nom de Gobies des Poissons de petite taille qui présentent cette particularité, que les ventrales, en se réunissant, forment une sorte de disque. D'autres Poissons, présentant la même particularité, ont été réunis à ceux-ci dans une famille distincte.

La réunion des ventrales n'existe pas chez certains animaux qu'on ne peut cependant séparer des Gobies, de telle sorte que les caractères que l'on peut assigner à la famille des Gobiidées sont les suivants : le corps est allongé, nu ou écailleux ; la dorsale épineuse est la plus courte ; l'anale est aussi développée que la dorsale postérieure ; l'ouverture des branchies est plus ou moins étroite, la membrane étant attachée à l'isthme.

Mœurs, distribution géographique et géologique. — Les Gobiidées, qui ont apparu dès l'époque crétacée, se trouvent dans nos mers des régions tempérée et tropicale ; ce sont des animaux carnassiers, de petite taille, essentiellement carnassiers.

La plupart des Gobiidées, dont on connaît plusieurs centaines d'espèces, se trouvent dans la mer ; quelques espèces se sont cependant acclimatées en eau douce.

Les espèces marines vivent non loin des côtes ; elles préfèrent les fonds rocheux, où elles se tiennent souvent en troupes, se nourrissant principalement de vers, de petits crustacés, d'œufs de Poisson. Sur les fonds vaseux, les Gobiidées se servent avec adresse de leurs nageoires pectorales, à l'aide desquelles ils progressent. Beaucoup d'entre eux peuvent séjourner assez longtemps hors de l'eau.

LES GOBIES — *GOBIUS*

Caractères. — Les Gobies ont le corps allongé, arrondi, couvert d'écailles ordinairement munies, à leur bord libre, d'une seule rangée de spinules ; les mâchoires sont armées de dents en cardes ou en velours ; la membrane branchiostège est attachée à l'isthme de la gorge. Les dorsales sont séparées, la première étant composée de rayons flexibles, peu nombreux ; les ventrales se réunissent de manière à former un disque ou une sorte de ventouse.

Mœurs, distribution géographique. — Les Gobies, dont on a décrit environ trois cents espèces, sont particulièrement abondantes dans les mers situées entre les tropiques ; nous en connaissons cependant jusqu'à dix-huit espèces sur les côtes de France.

D'après Günther, ces Poissons vivent « principalement près des côtes rocheuses, s'attachant aux roches à l'aide de leur ventouse ventrale et résistant alors à la violence des vagues. Beaucoup d'espèces semblent se complaire à se laisser entraîner par le courant jusqu'à la plage. Plusieurs vivent plutôt dans les eaux saumâtres, et d'autres se sont acclimatées dans les eaux complètement douces et principalement dans les lacs. Les mâles, chez plusieurs espèces, construisent des nids et savent défendre leurs petits.

« Un petit Gobie, le *Latrunculus pellucidus*,

Fig. 328. — Le Gobie crinigère.

connu dans certaines localités des côtes d'Angleterre, est remarquable par son corps transparent, sa gueule largement fendue et ses
dents disposées suivant une seule rangée. Suivant R. Collet, cet animal présente quelques
particularités fort remarquables. Il ne vit qu'un
an et offre cet exemple singulier d'un *vertébré
annuel*. Il pond en juin et juillet ; les œufs
éclosent en août et les petits atteignent toute
leur taille en octobre, novembre et décembre.
A cette époque, les deux sexes sont entièrement semblables. En avril, les mâles perdent
les petites dents qui arment les deux mâchoires et prennent des dents longues et robustes, tandis que les mâchoires deviennent
plus fortes ; chez les femelles la dentition
ne se modifie pas. En juillet et août tous les
adultes meurent, de telle sorte qu'en septembre
on ne trouve que des animaux de la ponte de
l'année précédente. »

Une espèce de côte de France, le *Gobius minutus*, présente, quant à la ponte, des particularités curieuses qui ont été récemment observées par M. de Saint-Joseph. « Cette espèce,
dit-il, dépose ses œufs à l'intérieur des coquilles d'huîtres, de cardium ou de pecten indifféremment. Le 23 juillet 1880, j'en ai trouvé
plusieurs ainsi garnies d'œufs à l'île des
Ehbiens et surtout sur une plage nord-est de
la presqu'île de Saint-Jacut, à peu de distance
de l'escalier qui descend au port. Ces plages
de sable demi fin et demi compact découvrent
à presque toutes les marées. La coquille, recouverte de 1 centimètre de sable environ, est
tournée l'ouverture contre terre, et souvent on
surprend au-dessous le mâle veillant sur les
œufs ; elle est très bien dissimulée. A peine se
produit-il une légère bosse indiquant sa présence, qui est surtout trahie par un ou deux
petits trous percés dans le sable, auxquels
aboutissent des traînées divergentes semblables à celles qu'on produirait en promenant
les doigts sur le sable sans appuyer. Ces trous
sont évidemment les entrées et les sorties du
Gobie, et les traînées sur le sable **sont les empreintes** laissées par son corps au moment où
il s'introduit sous la coquille. D'Orbigny avait
déjà observé, près de la Rochelle, les sillons
divergents tracés sur la vase des marais salants par des *Gobius minutus* se tenant sous
des coquilles. Il pensait qu'ils étaient là en
sentinelle pour guetter les petits animaux qui
tombaient dans les sillons, mais il ne dit pas
que les coquilles fussent garnies d'œufs. »

Cuvier et Valenciennes indiquent le Gobie à
soie (*Gobius setosus*) de Pondichéry, vulgairement appelé *calou-oulouvé*, comme un poisson
auquel on attribue des propriétés toxiques.
En 1861, Collas a observé à Pondichéry des accidents dus à l'usage d'un Gobie qu'il rapporte
au *Gobius criniger* (fig. 328) de Cuvier et Valenciennes (1).

LE GOBIE NOIR. — *GOBIUS NIGER*.

Schwarzgrundel.

Caractères. — Cette espèce, qui arrive tout
au plus à la taille de 0^m,10 à 0^m,12, a le corps
généralement d'un brun noirâtre maculé de
marbrures plus foncées ; parfois la couleur est
d'un gris plus ou moins foncé, passant au noir
sur le dos et au gris jaunâtre ou blanchâtre
sous le ventre. Chez les individus jeunes, les
nageoires sont grisâtres, marquées de taches noires, à l'exception des ventrales qui
sont le plus ordinairement jaunâtres ; les
adultes ont les dorsales et l'anale d'un brun
foncé avec des taches noires mal limitées, les
pectorales sont brunes ou grisâtres et alors
mouchetées de brun.

(1) Fonssagrives, *Traité d'hygiène navale*, 2e édition.
Paris, 1877, p. 628.

Fig. 329. — Le Gobie fluviatile.

Les dorsales sont assez rapprochées ; on compte 6 rayons à la première nageoire, 12 à 14 à la seconde, 12 ou 13 à l'anale ; les rayons supérieurs de la pectorale sont libres en partie, sétiformes. On remarque sur la joue plusieurs séries verticales de petits pores noirâtres.

Mœurs, distribution géographique. — Le Gobie noir est commun dans toutes les parties de la Méditerranée ; il n'est point rare le long des côtes océaniques de France ; on le trouve sur les côtes d'Angleterre et dans certains points de la Baltique.

D'après Moreau, le nom de cette espèce est *Cabot* sur les côtes de Normandie, *Bouterot*, *Goujon de mer* sur celles du Poitou.

Le Gobie noir, de même que la plupart des autres espèces du genre, habite plus particulièrement les fonds rocheux et se tient volontiers non loin de l'embouchure des rivières, bien qu'il n'habite pas les eaux douces ; il se nourrit de vers, de petits crustacés ; il se cache sous des pierres, d'où il s'élance sur sa victime, qu'il revient dévorer dans sa cachette. L'époque de la ponte a lieu en mai et en juin ;

à ce moment le Gobie quitte sa retraite, se retire dans les bas-fonds tapissés de plantes marines et, comme Olivi l'a observé, se creuse une habitation dont la voûte est formée par la racine même des plantes. Comme pour les Épinoches, le mâle est l'architecte : comme celles-ci il s'établit à l'entrée de son nid et guette les femelles qu'il cherche à y faire entrer. Pendant fort longtemps, le mâle se constitue le gardien et le défenseur des œufs qui lui sont confiés ; il les défend fort courageusement contre tout ennemi qui se présente ; c'est amaigri qu'il quitte le nid, au moment où les petits sont assez robustes pour se suffire à eux-mêmes. Si les femelles ne visitent pas le nid, celui-ci est abandonné, puis établi à un endroit plus favorable ; lorsque plusieurs femelles visitent le même nid, ce nid est agrandi pour recevoir toute la famille.

Pêche, usages. — Bien que le Gobie noir soit un animal de petite taille, il est fort recherché comme aliment sur certaines côtes d'Italie et on le pêche au filet, voire même à l'hameçon. Cette prédilection pour ce petit

Poisson date de loin, car nous lisons dans Martial que le Gobie sert de plat d'entrée aux repas somptueux. Le Gobie a cependant peu de valeur comme aliment et il peut tout au plus servir d'appât pour d'autres espèces plus comestibles.

LE GOBIE FLUVIATILE — *GOBIUS FLUVIATILIS.*

Fluzgrundel.

Caractères. — Le Gobie de rivière atteint tout au plus 0^m,08 de long; le corps est jaune-verdâtre pâle, plus foncé le long du dos et armé de tâches et de marbrures plus foncées; la première dorsale est bordée d'un large liséré noirâtre; sur la dorsale molle et sur l'anale se voient de nombreux points brunâtres. On compte 6 rayons à la première dorsale, 10 à la seconde, 7 à 8 à l'anale (fig. 329).

Mœurs, distribution géographique. — Cette espèce n'est pas très rare dans les lacs, les rivières et les canaux de l'Italie; elle est connue sous le nom de *Botta.* Elle se cache entre les pierres; c'est là que sont pondus les œufs; ceux-ci éclosent en juin; on n'a pas remarqué que l'éclosion fût surveillée par le mâle.

LES PÉRIOPHTHALMES — *PE-RIOPHTHALMUS*

Schlammgrundeln.

Caractères. — Les Périophthalmes ont le corps recouvert de petites écailles pectinées; la bouche est presque horizontalement fendue, la mâchoire supérieure étant la plus longue; les dents, qui sont coniques, sont verticalement implantées; les yeux sont placés très près l'un de l'autre, au sommet de la tête, fort mobiles et protégés par une paupière très développée; il existe deux dorsales séparées, la première formée d'épines flexibles; la base de la pectorale est libre, garnie de muscles puissants; les ventrales sont plus ou moins réunies en un disque; la fente branchiale est étroite.

L'espèce la plus connue du genre est le Périophthalme de Kœlreurt (*Periophthalmus Kœbeuteri*) qui arrive à la taille de 0^m,15. La couleur est variable; le plus souvent le corps est d'un bleu clair avec des taches brunes et argentées; les flancs sont parcourus par une bande longitudinale de couleur noire, lisérée de blanc ou de gris; sur les nageoires pectorales et ventrales se voient souvent des points brunâtres. A la première dorsale on compte 10 épines, à la seconde dorsale 12 rayons (fig. 330).

Mœurs, distribution géographique. — Les Périophthalmes abondent le long des côtes de la partie tropicale de l'océan Indo-Pacifique, principalement dans les endrois vaseux et où poussent en abondance les fucus; ils habitent l'ouest de l'Afrique.

Ces animaux sont, on peut le dire, tout aussi bien terrestres que marins; pendant le reflux ils quittent la mer et se traînent sur la vase à la poursuite des petits crustacés et d'autres animaux de faible taille dont ils font leur nourriture et qu'ils vont chercher jusque dans les flaques d'eau; à chaque marée, on les voit se traîner sur le sol, à l'aide de leurs nageoires pectorales, qui remplissent bien plutôt les fonctions de bras que de nageoires; le corps est alors surélevé dans sa partie antérieure, la queue traînant à terre; ils vont ainsi loin de l'eau et grouillent sur la vase.

D'après les voyageurs, les Périophthalmes chassent bien plutôt sur la plage que dans l'eau; ils sont, du reste, parfaitement conformés pour cela; si on les poursuit, ils fuient avec rapidité, puis s'enfoncent brusquement dans le sol.

« J'ai trouvé ces étranges Poissons, écrit Péchuel-Lœsche, seulement dans les eaux saumâtres, près de l'embouchure des rivières et dans leurs bras latéraux, jamais dans les lagunes salées; ils paraissent se complaire près des forêts de palétuviers. Sur la côte de Loango, par les temps calmes et à marée basse, on peut les voir par douzaines sur la plage tout humide, étendus le plus habituellement sous les palétuviers, évitant les fonds desséchés, ainsi que ceux dans lesquels pousse l'herbe en abondance. Lorsqu'ils ne sont pas poursuivis, ils sautillent en arquant et en détendant leur corps; ils se précipitent en avant par de petits sauts et peuvent ainsi parcourir une étendue considérable sur la vase humide; on les voit parfois sautiller et se poursuivre entre eux. Parfois l'un d'eux s'élance sur une racine de palétuvier et s'y cramponne. J'avoue n'avoir jamais pu voir comment font ces animaux pour grimper, mais, comme ils se tiennent seulement sur les racines les plus faibles, je pense qu'ils se soulèvent comme sur le sol par le jeu des nageoires. J'ai observé que lorsqu'ils sont effrayés, ces animaux pouvent se laisser tomber sur le sol de près d'un mètre de hauteur ; j'ai acquis la conviction qu'ils peuvent rester plusieurs heures hors de l'eau. Les Périophthalmes sont, du reste, assez craintifs ; ils se mettent en garde d'une manière assez curieuse, en se soulevant sur les nageoires pectorales ; si l'on ne bouge pas, mais qu'on les effraye en sifflant, ou en produisant un bruit quelconque, ils fuient par des bonds rapides et s'empressent de gagner l'eau, dans laquelle ils disparaissent ; en sautant ils parcourent le double et même le triple de la longueur de leur corps, parfois même davantage. Dans leur fuite précipitée, c'est en sautant qu'ils traversent les flaques d'eau peu profondes, dans lesquelles ils pourraient parfaitement nager ; ils produisent ainsi un clapotement tout particulier, surtout lorsqu'ils sont en certain nombre. Il est difficile de se procurer des Périophthalmes, tellement ils sont agiles ; les jeunes nègres s'amusent à les chasser à coups de petites flèches, et nous pûmes par ce moyen nous procurer plusieurs de ces Poissons légèrement blessés ; ils sautillaient encore très allègrement. »

Tous les voyageurs ont noté la propriété qu'ont les Périophthalmes de vivre longtemps hors de l'eau. D'après A. de Rochebrune « les bords des marigots de tout le Sénégal en sont couverts ; constamment hors de l'eau, à la chasse des insectes dont ils font leur nourriture exclusive ; ils marchent avec rapidité sur la vase, toutes les nageoires courbées, se servant des pectorales comme de pattes qu'ils agitent vivement pour franchir des espaces assez considérables, et se précipitant, au moindre bruit, soit dans l'eau, soit dans les trous profonds creusés par des Décapodes appartenant aux genres *Cardisoma* et *Sesarma*.

« La faculté de vivre longtemps hors de l'eau dont jouissent les Périophthalmes, réside dans une disposition particulière de l'appareil branchial. Comme exemple de la vitalité de ces animaux, nous citerons le fait suivant : durant les plus fortes chaleurs de juillet, plusieurs exemplaires que nous avions réunis pour l'étude dans un vase large et profond, après avoir gravi le long des bords perpendiculaires du vase et s'être échappés, franchirent un escalier de quinze marches et furent retrouvés, trois heures après, à cinq cents mètres de notre habitation, dans le sable brûlant d'une rue de Saint-Louis, où nous pûmes les reprendre ; rapportés et plongés dans le

vase, ils vécurent longtemps, faisant chaque jour de nouvelles fuites et restant des heures entières dans le sable, sans en éprouver aucun mal. La nuit ils se tenaient appliqués sans mouvement le long de la paroi du vase, position qu'ils affectionnent dans les trous de *Cardisoma* et de *Sesarma*, où ils se réfugient la nuit, comme nous nous en sommes assuré maintes fois. »

LES CALLIONYMES — *CALLIONYMUS*

Spinnenfische.

Caractères. — On réunit dans une sous-famille spéciale des Gobioïdes chez lesquels la tête et la partie antérieure du corps sont déprimés, aplatis ; le corps est allongé, en forme de coin ; la peau est lisse, dépourvue d'écailles ; le museau est pointu, la bouche petite, horizontalement fendue, la mâchoire supérieure très protractile, plus longue et plus large que la mandibule ; les deux mâchoires sont armées de dents très fines ; le palais est lisse ; les yeux sont très rapprochés l'un de l'autre, plus ou moins tournés en haut, couverts par la peau. L'ouverture des ouïes est petite, placée à la partie supérieure de l'opercule ; le préopercule est armé d'une forte épine, en forme d'éperon portant plusieurs pointes. Il existe deux dorsales, la première qui est avancée, composée de trois ou quatre épines flexibles, plus longues chez les mâles que chez les femelles ; les ventrales sont situées sous la gorge, écartées l'une de l'autre, composées de cinq rayons mous et d'une petite épine. Les couleurs sont souvent des plus brillantes.

Distribution géographique. — Les Callionymes habitent surtout non loin des côtes dans la partie tempérée de l'ancien continent ; on en trouve quelques espèces dans la zone tropicale de l'océan Indo-Pacifique ; celles-ci semblent descendre à une plus grande profondeur que les espèces littorales de l'hémisphère nord.

Nous avons quatre espèces de Callionymes sur les côtes de France ; chez le Callionyme belène, qui habite la Méditerranée, la première dorsale n'est composée que de 3 rayons ; on compte 6 à 7 rayons à la première dorsale chez le Callionyme lacert de la même mer ; le Callionyme tacheté des parages de Nice et de Cttee a 8 ou 10 rayons à la dorsale postérieure ; ce dernier a des taches argentées tout le long des flancs, caractère qui le distingue de la Lyre.

Fig. 330. — Le Périophthalme de Kœlreuter.

LE CALLIONYME LYRE — *CALLIONYMUS LYRA.*

Goldgrundel.

Caractères. — Cette espèce, dont la coloration est de toute beauté, a le corps allongé, la tête oblongue, triangulaire, aplatie, beaucoup plus grande chez les mâles adultes que chez les femelles et que chez les jeunes; on compte 4 rayons à la dorsale antérieure, 9 à 10 rayons à la dorsale postérieure (fig. 331).

D'après E. Moreau, « la première dorsale est de teinte orangée ; elle porte à sa base de larges taches lilas, à bordure sombre ou violette, et des bandes de même couleur dans les espaces intraradiaires ; la seconde dorsale est également orangée ou d'un gris jaunâtre assez pâle, avec trois ou quatre bandes longitudinales ou rayées de taches lilas à bordure violacée. L'anale est d'un blanc grisâtre vers la base ; elle est noirâtre dans le reste de son étendue. La caudale est noirâtre, marquée de taches sur les rayons et les espaces intraradiaires. Les pectorales sont d'un gris très pâle ; elles ont les rayons jaunâtres. Les ventrales sont noirâtres avec des taches arrondies d'un lilas plus ou moins violacé.

« Le dessus du corps est d'un jaune orangé, orné de taches lilas, à bordure violacée, plus ou moins larges, assez longues, parfois confluentes ; chez quelques animaux la teinte générale est lilas ou violet clair avec des taches jaunâtres et brunâtres ; le dessous du corps est blanc ou d'un gris très clair. La tête et les pièces operculaires portent des taches lilas très étroites, formant des lignes vers le museau ; une tache ovale se remarque sur la région moyenne du crâne. »

La longueur atteint, en général, 0^m,30.

Fig. 331. — Le Callionyme lyre.

Mœurs, habitudes, régime. — Le Callionyme lyre, rare dans la Méditerranée, est beaucoup plus commun le long des côtes océaniques de France ; sur les côtes de Normandie, on le trouve assez abondamment pendant les mois de mai, juin, juillet ; il se propage jusque sur les côtes de la Grande-Bretagne et de Norwège.

Sur les côtes de France, le nom de cette espèce est *Doucet, Dragonnet, Lavandière, Savary, Cornard.*

Mœurs, habitudes, régime. — Pendant l'été, la Lyre habite non loin des côtes, par des profondeurs moyennes de 10 à 15 mètres.

Couch a observé qu'elle se tient sur le fond, pourchassant de petits animaux. Il est rare qu'elle abandonne la position une fois choisie, mais alors elle fond sur sa proie avec la rapidité de l'éclair, pour revenir le plus ordinairement à la même place. Le Callionyme se poste absolument comme un chat qui guette sa proie sur laquelle il se précipite et qu'il manque rarement ; de même que le chat, il ne poursuit pas sa victime, et s'il l'a manquée, il attend une occasion plus favorable. Sa nourriture se compose principalement de vers marins, parfois aussi de petits Mollusques.

LES DISCOBOLES — *DISCOBOLI*

Scheibenbäuche.

Caractères. — Cuvier a séparé des Gobies quelques Poissons chez lesquels la peau est nue et qui ont les nageoires ventrales soudées, de manière à former un disque simple ou double, faisant office de ventouse ; ces animaux sont désignés sous le nom de Discoboles ou *Porte-écuelles.*

Aux caractères donnés, nous ajouterons que la dentition est faible, que la fente des ouïes est peu étendue, la membrane étant attachée à l'isthme.

Mœurs, distribution géographique. — Cette famille ne comprend que les deux genres Cycloptère et Liparis ; ces derniers habitent la partie nord de la zone tempérée et vont jusqu'au cercle arctique ; les Cycloptères sont également des animaux de la partie nord de la zone tempérée, s'étendant abondamment dans la zone arctique.

Les Discoboles sont des Poissons essentiellement carnassiers, vivant au fond de l'eau ; par leur disque ventral, ils adhèrent fortement aux rochers.

BREHM. — VI.

LES CYCLOPTÈRES — *CYCLOPTERUS*

Lampfische.

Caractères. — Parmi les Cycloptères, l'espèce la plus connue est le Lompe (*Cyclopterus lumpus*), que son apparence singulière fait de suite reconnaître. Il a le corps trapu, très épais, aplati en dessous, légèrement convexe sur les côtés, anguleux sur le dos, qui est pourvu d'une crête qui part de la nuque. La peau est très rude, parsemée de nombreuses petites granulations coniques; on voit de chaque côté des flancs trois rangées de gros tubercules. La tête est large, volumineuse, très rugueuse, le museau large et court, la bouche transversalement fendue. Les individus jeunes ont la peau complètement nue; les tubercules et les granulations apparaissent avec l'âge. Chez les jeunes animaux il existe une dorsale antérieure, nageoire qui disparaît chez les adultes; ceux-ci n'ont qu'une seule nageoire très reculée, opposée à l'anale, composée de 9 à 16 rayons; la caudale est arrondie. Ainsi que nous l'avons dit, les ventrales se réunissent de manière à former un disque large, couvert d'une peau très résistante dans laquelle sont cachés les rayons (fig. 332).

La coloration est le plus ordinairement d'un gris brunâtre, avec des parties plus foncées vers le dos, le ventre et les nageoires étant d'un jaune clair; certains individus ont le dos bleuâtre, teinté de rougeâtre.

La taille peut atteindre 0^m,70.

Mœurs, distribution géographique. — Le Lompe habite essentiellement la partie froide de la zone tempérée; sur les côtes de France on le trouve dans le Pas-de-Calais, dans la Manche; elle est rare dans l'Océan et a été prise accidentellement dans le golfe de Gascogne. On le connaît sous le nom de *Gras-Mollet* et de *Lièvre de mer*.

Le Cycloptère, par la forme même de son corps, est un très mauvais nageur; il se déplace rarement, ses nageoires étant faibles, en comparaison de la masse et du poids de son corps; au moyen de son disque ventral, il adhère le plus souvent aux rochers; il attend alors qu'une proie convenable passe à sa portée.

La force avec laquelle le Lompe s'attache aux objets est très grande. Hannox a calculé qu'il fallait un poids de 36 kilogrammes pour faire lâcher prise à un Cycloptère de 0^m,20 de long. Pennant a fait cette expérience qu'on pouvait soulever un seau plein d'eau en prenant un Cycloptère fixé au fond.

Le même observateur a vu un Cycloptère sur le front duquel avait poussé une algue longue de 0^m,13, d'où l'on peut conclure que le Lompe doit rester longtemps immobile à la même place, que c'est un animal lent et paresseux, se déplaçant rarement, attendant que la proie passe tout à portée de sa bouche.

En captivité, les Cycloptères se fixent de suite en un point quelconque de leur bassin, même sur les plaques de verre les plus lisses; ils passent ainsi des heures entières, ne faisant d'autres mouvements que ceux qui sont nécessaires à l'entrée et à la sortie de l'eau destinée à la respiration. Ils ne se déplacent que lorsqu'on leur jette de la nourriture, et recherchent tout particulièrement les Annélides et les petits mollusques.

Vers la fin du mois de mars les couleurs du Lompe se modifient et il change d'habitat. Il se colore en rougeâtre en quittant les profondeurs dans lesquelles il se tient d'habitude, et se rapproche des côtes, cherchant un endroit propre pour faire sa ponte.

Fabricius rapporte que le Cycloptère s'approche des anses rocheuses du Groenland vers le mois d'avril ou dans les premiers jours de mai; les femelles marchent les premières, immédiatement suivies par les mâles. Les œufs sont pondus entre les fentes des rochers dans le voisinage des grandes algues; les mâles se fixent à côté et les gardent.

La masse des œufs est considérable; chez une femelle du poids de 3 kilogrammes on peut l'estimer à 1 kilogramme. Fabricius dit que le mâle surveille attentivement l'éclosion des œufs et qu'il sait les défendre même contre le terrible Loup de mer.

Johnston, sur les côtes d'Angleterre, a vérifié l'observation de Fabricius; il a vu les mâles veiller sur les œufs jusqu'au moment de l'éclosion; les jeunes, au moyen de leurs ventouses, s'attachent alors à lui et celui-ci, chargé de son précieux fardeau, gagne des bas-fonds, où il est plus en sûreté que dans le voisinage des côtes. Vers la fin de novembre, les petits ont déjà atteint une longueur de 0^m,10 et peuvent se suffire à eux-mêmes.

Pêche, usages. — Le Cycloptère n'est guère recherché pour l'alimentation sur les côtes de France; sa chair, en effet, est molle, peu appétissante et a une odeur fade. Les Islandais prétendent cependant que si la chair de la

Fig. 332 et 333. — Le Cycloptère lompe et le Zoarcès vivipare.

femelle est mauvaise, celle du mâle, au con- | prend le Lompe au moyen de filets, ou on l'em-
traire, est savoureuse, surtout après avoir | broche avec une sorte de fourche, lorsqu'on
dégorgé dans le sel, pendant quelques jours. | le voit couché au milieu des plantes marines.

Sur les côtes du Groenland et d'Islande on |

LES BLENNIDÉES — BLENNIDÆ

Die Schleimfische.

Caractères. — Les Blennidées, que l'on | visée en deux, en trois parties; cette nageoire
confondait avec les Gobiidées, forment cepen- | est parfois exclusivement composée d'épines.
dant un groupe distinct. Le corps est allongé, | L'anale est longue; les ventrales sont atta-
plus ou moins comprimé; le plus souvent la | chées sous la gorge; elles peuvent être rudi-
peau est nue, visqueuse, couverte d'une abon- | mentaire ou même manquer complètement.
dante humeur (fig. 334). Lorsqu'elles exis- | La fente des ouïes est ordinairement très
tent, les écailles sont toujours très petites. La | large; les deux membranes s'unissent fré-
dorsale, très longue et occupant toute la ligne | quemment l'une à l'autre sous l'isthme du
du dos, est simple; le plus souvent, partois di- | gosier.

Mœurs, distribution géographique. — Les Blenniidées sont généralement de petits Poissons, abondants dans toutes les mers chaudes et tempérées ; quelques genres sont cantonnés dans la zone froide

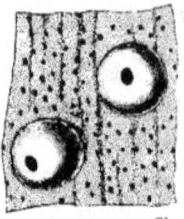

Fig. 334. — Fragment de la peau de Blennie (d'après Blanchard).

La plupart des Blenniidées sont des animaux littoraux ; quelques-unes vivent en eau douce ou en eau saumâtre.

A l'inverse de ce que l'on voit chez la plupart des Poissons, on peut habituellement distinguer les deux sexes, les mâles ayant une crête plus ou moins développée sur la tête.

Les Blenniidées sont des animaux essentiellement voraces et carnassiers.

Plusieurs Blenniidées sont vivipares ; d'autres sont ovipares ; elles construisent un nid et donnent des soins tout particuliers aux petits. A l'époque de la ponte les animaux sont souvent très brillamment colorés.

Les Blenniidées se tiennent souvent en petites troupes sur les fonds rocheux, au milieu des algues. Beaucoup vivent dans de petites flaques que la mer laisse en se retirant ; la plupart peuvent rester un certain temps hors de l'eau.

LES BLENNIES — *BLENNIUS*

Caractères. — Les Blennies proprement dites ont le corps allongé, la peau nue, visqueuse, la tête comprimée, le museau court ; les mâchoires sont armées d'une rangée de petites dents immobiles ; les ouïes sont largement fendues. Les ventrales sont composées d'une faible épine et de deux rayons. La dorsale est unique, très longue, occupant toute la ligne du dos. Sur la tête se montrent le plus souvent, au moins chez les mâles, divers appendices de forme variable ; c'est tantôt une crête érectile, plus ou moins développée, tantôt des tentacules, des filaments ténus qui constituent de véritables organes de tact.

Mœurs, distribution géographique. — On connaît environ cinquante espèces de Blennies, qui se trouvent dans la zone tempérée nord, dans la partie tropicale de l'Atlantique, dans la Mer Rouge, sur les côtes de la Tasmanie et des îles Sandwich ; dans l'Océan Indien les Blennies proprement dites sont remplacées par des formes étroitement apparentées.

Les Blennies vivent habituellement dans le voisinage immédiat des côtes ; plusieurs espèces s'attachent aux corps flottants et peuvent être ainsi transportées à d'assez grandes distances.

D'après E. Moreau, nous avons 18 espèces de Blennies sur les côtes de France.

LA CAGNETTE. — *BLENNIUS CAGNOTA*

Caractères. — La Cagnette, désignée sous le nom de *Chasseur* par les pêcheurs du lac du Bourget, atteint environ 0^m,12 de long. La teinte est, le plus souvent, d'un jaune verdâtre, plus ou moins pointillé de brun ; le long

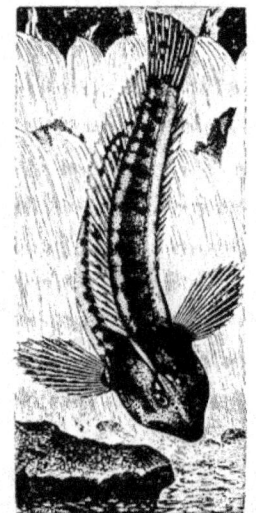

Fig. 335. — La Cagnette (d'après Blanchard.)

du dos se voient cinq ou six taches brunes assez grandes ; des bandes transversales, plus ou moins marquées, descendent sur les flancs et se trouvent parfois aussi sur la tête. Le ventre

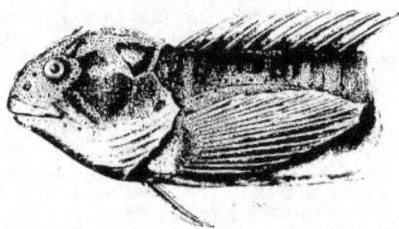

Fig. 336. — Tête et portion antérieure de la Blennie cagnette (d'après Blanchard).

est jaunâtre, la gorge étant d'un jaune assez vif. On voit ordinairement sur la joue deux bandes obliques, de couleur foncée; l'œil est jaune doré (fig. 335).

La tête est longue, massive, le museau gros, arrondi (fig. 336); à chaque mâchoire se trouve une dent plus longue que les autres (fig. 337).

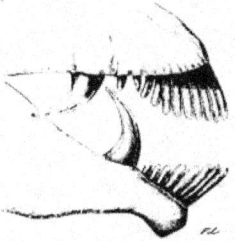

Fig. 337. — Appareil dentaire de la Cagnette (d'après Blanchard).

E. Blanchard a fait connaître une variété particulière au lac du Bourget, en Savoie. « Rien de plus jo i, dit ce savant, que le Blennie alpestre pendant la vie. Sa peau luisante est d'une teinte marron vif finement sablé de noir et relevé par de gros points, comme de petites taches de la même couleur, disséminés sur la tête et sur tout le corps, à l'exception de la région ventrale, qui est d'un blanc jaunâtre uniforme. Sur les côtés de la tête et sur le dos, sont de grandes taches irrégulières d'un brun jaunâtre uniforme. Sur les côtés de la tête et sur le dos, de grandes taches irrégulières d'un brun noirâtre contribuent à rehausser la fraîcheur de la nuance générale du corps, ainsi que de courtes bandes transversales très rapprochées les unes des autres, régnant sur les flancs dans toute la longueur du corps. Les

nageoires rendues d'une teinte assez sombre par un semis de points noirâtres très serrés, sont aussi marquées de taches d'un brun foncé, particulièrement la caudale et les rayons postérieurs de la caudale. La tête est plus brusquement abaissée encore que chez la Cagnette, avec la crête occipitale à peine sensible, l'appendice frangé qui surmonte l'œil assez long et très frêle (fig. 338). »

Distribution géographique. — La Cagnette, qui se trouve dans les lacs du nord de l'Italie, et en Dalmatie, vit également en France où elle n'est nulle part commune; elle habite ce-

Fig. 338. — La Blennie alpestre (d'après Blanchard).

pendant la plupart de nos départements du Midi, à partir du Tarn-et-Garonne jusqu'aux Alpes-Maritimes; on la trouve assez abondamment en Savoie, principalement dans les ruisseaux on les petites rivières qui se jettent dans le lac de Bourget.

Mœurs, habitudes, régime. — D'après E. Blanchard, la Cagnette recherche les eaux dont le fond est pierreux; elle a des mouvements rapides, vit en petites troupes et fraie, dit-on, pendant l'été; elle se trouve exclusivement en eau douce.

LA BLENNIE PAPILLON. — *BLENNIUS OCEL-LARIS.*

Seefschmetterling

Caractères. — Cette belle espèce, qui arrive à la taille de 0ᵐ,20, est facile à reconnaitre à la forme toute particulière de sa dorsale ; cette nageoire présente une échancrure assez profonde à la réunion des rayons épineux et des rayons mous ; les premiers rayons sont prolongés en filaments. La tête est forte, le museau court, le profil de la tête très déclive, le front bombé ; le tentacule inséré au-dessus de l'œil est généralement long, frangé à son extrémité (fig. 339).

Le corps est de couleur gris cendré, verdâtre, jaunâtre ou saumâtre ; sur les flancs se voient de quatre à six bandes noirâtres ou brunâtres qui descendent verticalement ; ces bandes sont parfois presque effacées et remplacées par des points plus ou moins serrés. Le ventre est gris jaunâtre. La tête est d'un brun tournant au jaune avec des points et des mouchetures plus foncées ; on voit, en arrière des yeux, un chevron d'un blanc jaunâtre. La dorsale est jaune grisâtre ; la partie antérieure de cette nageoire porte entre le cinquième rayon une tache noire ovalaire, entourée de blanc ; le haut de la nageoire est brunâtre ou noirâtre dans une partie de son étendue. L'anale est jaune pâle près de son insertion, brunâtre dans le reste de son étendue ; la caudale est gris noirâtre ; les ventrales sont brunâtres.

Mœurs, distribution géographique. — La Blennie paon est commune dans la Méditerranée, rare dans l'Océan ; elle se tient habituellement au voisinage des côtes, sur les rochers, parmi les herbes marines ; sa nourriture se compose principalement de petits crustacés ; la ponte a lieu au printemps.

LE PHOLIS. — *BLENNIUS PHOLIS.*

Schleimlerche.

Caractères. — On désigne sous le nom de *Baveuse* sur la côte de Picardie, de *Sirène, Serène* sur celle de Normandie et du Poitou, une petite Blennie de 0^m,10 à 0^m,12 de long, dont le système de coloration, extrêmement variable, est cependant le plus ordinairement roussâtre ou verdâtre avec des points noirs ; chez certains individus la teinte est d'un gris jaunâtre varié de points et de taches bruns, une bandelette jaune existant en arrière de l'œil ; d'autres fois, le corps est gris rougeâtre avec des taches noires et blanches. La dorsale est d'un jaune grisâtre, souvent nuancé de brun. La coloration est, du reste, si variable, qu'il n'est peut-être pas deux individus exactement colorés de la même manière.

La tête a le profil inférieur presque droit jusqu'au niveau des yeux, qui sont arrondis, fort rapprochés du profil supérieur de la tête ; le museau est assez gros, arrondi ; on ne voit pas de tentacules sur le sourcil, mais un tentacule frangé sur l'ouverture de la narine. La dorsale est basse, échancrée à la fin de sa partie épineuse ; on y compte 12 épines et 18 ou 19 rayons mous ; l'anale a 18 rayons.

Mœurs, distribution géographique. — Le Pholis est commun sur les côtes océaniques de France et se retrouve assez abondamment dans les parages de la Grande-Bretagne.

De même que les autres Blennies, le Pholis est très mauvais nageur, aussi se tient-il habituellement au fond de l'eau, dans quelque crevasse de rocher ; lorsque la mer se retire, il reste souvent dans les petites flaques d'eau ; très souvent on le voit se traîner sur la grève à l'aide de ses nageoires pectorales et gagner ainsi quelque crevasse dans laquelle il attend le retour de la marée. Montagu a observé que ce Blennie peut rester des heures entières hors de l'eau sur le sable humide ; Couch affirme avoir pu conserver de ces animaux pendant plus de trente heures dans un endroit tout à fait à sec ; on les faisait rapidement périr en les transportant dans l'eau douce.

Il semble que parfois le Pholis éprouve le besoin de sortir de l'eau ; un de ces animaux, que Ross tenait captif, devint très inquiet au bout de peu d'heures ; il s'élançait de toutes ses forces au-dessus de l'eau ; Ross pensa alors à placer une grande pierre dans le bassin, de manière à ce qu'une partie fût émergée ; aussitôt le Pholis se plaça sur ce petit rocher et y passa plusieurs heures complètement à sec. Par des observations réitérées, Ross put se convaincre que son captif montait sur la pierre au commencement du reflux et s'y rendait de nouveau à l'eau au moment de la marée montante.

Greatwood a observé les changements de couleur qu'éprouve le Pholis lorsqu'il sort de l'eau ; il devient alors plus sombre, et on voit apparaître une série de taches blanches le long de la ligne latérale.

La dentition du Pholis est relativement puissante, aussi peut-il arracher de petits mollusques ; il paraît être très vorace. Un Pholis tenu captif pendant près de six mois par Guyon, se jetait indistinctement sur des insectes, des araignées, de la viande.

Les yeux du Pholis peuvent se mouvoir indépendamment l'un de l'autre ; ils sont très vifs.

La ponte a lieu au milieu de l'été ; l'animal choisit une petite cavité dans des rochers qui se trouvent un peu au-dessus du niveau des plus basses marées, et y pond des œufs demi sphériques, brillants, de couleur ambrée, qui ne tardent pas à éclore.

LES GONNELLES — *GUNNELLUS*

Rlingenfische.

Caractères. — Les Centronotes ou Gonnelles ont le corps allongé, mince, comprimé, revêtu de petites écailles lisses, la tête petite, le museau court, de très petites dents aux mâchoires. La dorsale, très longue, est composée exclusivement de rayons épineux ; les ventrales sont courtes et rudimentaires.

Distribution géographique. — Les dix espèces que comprend ce genre habitent la partie nord de la zone tempérée ; on en connaît des côtes atlantiques de l'Amérique du Nord, de la Californie et du Japon.

LE GONNELLE VULGAIRE. — *GUNNELLUS VULGARIS.*

Butterfische.

Caractères. — Cette espèce, dont la taille est de 0ᵐ,20, a le corps allongé, très mince, la tête très petite, fort comprimé, le museau court, la bouche petite, obliquement fendue ; les yeux sont jaunâtres, arrondis. La dorsale se compose de 77 à 81 épines, l'anale de 2 épines et de 39 à 43 rayons mous.

Le corps est de couleur grisâtre ou brun roussâtre ; une dizaine de taches arrondies, noirâtres, cerclées de blanc, se voient le long de la dorsale ; le ventre est d'un gris assez clair ; sur la tête de couleur jaunâtre, se trouve une bande de couleur plus foncée qui se dirige obliquement de l'orbite, vers l'angle de la bouche.

Mœurs, distribution géographique. — La Gonnelle vulgaire habite surtout la partie froide de l'océan Atlantique ; elle descend sur les côtes de France jusqu'en peu en dessous de l'embouchure de la Loire.

Cette espèce se tient au fond de l'eau, sur les fonds rocheux et couverts d'algue ; à marée basse, on la trouve dans de petites flaques, sous des pierres ou entre les herbes marines, attendant le retour de la marée. Les mouvements dans l'eau sont rapides, aussi est-il difficile de capturer l'animal, d'autant plus que sa peau, enduite d'un mucus abondant, fait qu'il glisse entre les doigts avec la plus grande facilité ; lorsqu'on le saisit, il se tortille de telle sorte qu'il vous échappe presque toujours.

La nourriture se compose de petits mollusques, de jeunes Poissons, de crustacés de faible taille.

LES ZOARCES — *ZOARCES*

Gebärfische.

Caractères. — De même que les Gonelles, les Zoarces ont le corps allongé, effilé en arrière, recouvert de très petites écailles éparses sur la peau ; la tête est longue ; les mâchoires sont ornées de dents coniques disposées sur plusieurs rangées en avant, sur une seule rangée latéralement. La caudale n'est pas séparée ; elle est réunie à la dorsale et à l'anale ; la dorsale est formée, dans sa plus grande partie, de rayons mous ; les ventrales sont rudimentaires.

L'espèce la plus connue du genre, qui ne renferme d'ailleurs que deux espèces, est le Zoarces vivipare (*Zoarces viviparus*) qui peut atteindre 0ᵐ,40 de long. Le corps est allongé, terminé en pointe ; la tête a le profil supérieur légèrement accordé, les yeux sont rapprochés du profil supérieur du front. La dorsale qui occupe toute la ligne du dos, se compose d'abord de 78 à 80 rayons mous branchus, puis de 10 rayons durs et pointus, puis encore de 22 à 25 rayons branchus. Tous les rayons de l'anale, au nombre de 84 à 89, sont mous. Les pectorales sont arrondies (fig. 333 ; p. 315).

Le dos et les flancs sont d'un gris roussâtre, une douzaine de bandes brunâtres descendent verticalement sur les côtés ; la dorsale est ornée de bandes de même couleur ; l'anale est teintée de rougeâtre.

Mœurs, distribution géographique. — Une espèce est connue des côtes atlantiques de l'Amérique du Nord ; le Zoarces vivipare se trouve surtout dans les mers du Nord ; il est rare sur les côtes du nord de la France. Il remonte accidentellement en eau douce et a été capturé à Spandau dans le Havel.

Les Zoarces habitent de préférence les fonds rocheux.

Vers l'équinoxe du printemps, les femelles commencent par avoir des œufs, mais ils sont encore fort petits ; vers le milieu de mai, ces

Fig. 339. — La Blennie papillon.

œufs ont augmenté de volume, sont devenus rougeâtres ; on remarque déjà les yeux du fœtus, qui apparaissent comme deux petits points. Vers l'automne, les embryons ont achevé leur développement et sont contenus chacun dans une enveloppe particulière ; leur nombre va parfois jusqu'à trois cents, même au delà. A ce moment il suffit de la plus faible pression pour déterminer leur expulsion hors du corps de la mère. Parfois le développement se ralentit tellement que la sortie des petits n'a lieu qu'en février. A leur naissance, les jeunes ont, en moyenne, 3 centimètres de long ; ils sont alors si transparents, qu'à l'aide d'une loupe on peut voir dans l'intérieur de leur corps. La croissance est si rapide qu'au bout du quinzième jour, les petits ont plus que doublé de grandeur.

On peut observer assez facilement la naissance des petits, en gardant la mère dans un bassin suffisamment vaste ; ils viennent la tête en avant, rapidement les uns après les autres ; ils tombent alors au fond de l'eau et restent immobiles, près de leur mère, pendant près d'une journée. Lorsque plusieurs Zoarces se trouvent dans un même bassin, on voit que deux ou plusieurs de ces animaux se placent de chaque côté de la femelle, la compriment de manière à hâter la sortie des petits, qu'en parents dénaturés ils s'empressent de dévorer ;

du reste, la mère en fait tout autant, si elle n'est pas suffisamment nourrie. Dans la plupart des cas, elle se débarrasse de ses petits en une seule fois ; il arrive parfois cependant qu'un certain nombre de petits seulement sont émis, puis que les autres ne viennent que plusieurs heures, souvent même plusieurs jours après.

LES ANARRHIQUES — *ANARRHICHAS*

Kletterfisch.

Caractères. — Les Anarrhiques sont les géants parmi les Blenniidées, car ils peuvent arriver à près de 2 mètres de long. Leur corps est allongé, couvert de très petites écailles cachées sous l'épiderme. La tête est forte, la bouche largement fendue ; le devant de la mâchoire inférieure et les intermaxillaires sont armés de dents coniques ; il existe des dents plus ou moins tuberculeuses sur les côtés de la mandibale, sur le vomer et les palatins. La dorsale et l'anale sont longues ; il n'existe pas de ventrales.

Distribution géographique. — On connaît trois espèces d'Anarrhiques ; deux se trouvent dans le nord de l'océan Pacifique, l'autre est celle que nous allons faire connaître plus en détail.

Fig. 340. — L'Anarrhique loup.

L'ANARRHIQUE LOUP. — ANARRHICHAS LUPUS.
Seervolf.

Caractères. — Le Loup marin a le corps allongé, comprimé; la peau est épaisse, enduite d'une mucosité très abondante; la tête est grosse, à profil supérieur arrondi et déclive. La bouche est largement fendue; la mâchoire supérieure est armée en avant de quatre grandes canines, fortes, coniques et crochues; le vomer est garni d'une plaque oblongue formée par de grosses dents tuberculeuses, en forme de pavé; la mandibule porte en avant une première rangée de six dents crochues, une série interne de quatre dents assez courtes, puis, de chaque côté, une rangée double en avant, simple en arrière, de dents grosses et fortes, portées sur des sortes de pédoncules osseux, larges et courts. L'ouverture des branchies est grande. La dorsale occupe toute la ligne du dos; elle se compose de 75 rayons, tous simples et flexibles; on compte 46 rayons à l'anale; la caudale est arrondie; les pectorales sont larges et arrondies (fig. 340).

La couleur est gris jaunâtre ou verdâtre, avec des points brunâtres chez les individus jeunes; chez les adultes, le corps, qui est plus foncé, est orné de bandes verticales brunâtres, assez larges. L'œil est jaunâtre. La dorsale est gris brunâtre, avec des lignes noires; l'anale, la caudale et les pectorales sont d'un gris noirâtre

Distribution géographique. — L'Anarrhique est surtout un animal des mers du Nord; il est commun sur les côtes du Groenland et de l'Islande. On le trouve dans le détroit de Behring; il descend le long des côtes de Norvège et d'Écosse, de telle sorte qu'il se pêche dans la mer du Nord. Sur les côtes de France, ce Poisson est toujours une rareté; il a été quelquefois pêché dans la Manche et tout à fait accidentellement sur les côtes de la Charente-Inférieure.

Mœurs, habitudes, régime. — Lacépède, dont la brillante imagination a plus d'une fois suppléé à l'observation, a fait de l'Anarrhique et de ses mœurs une fantaisiste description. « Ce Poisson, dit-il, peut figurer avec avantage à côté du Xiphias, et par sa force, et par sa grandeur; et s'il n'est point armé d'un glaive, comme l'Espadon et l'Épée, s'il ne paraît pas se mouvoir au milieu des ondes avec autant d'agilité que ces redoutables animaux, il a reçu des dents redoutables, et par leur nombre, et par leur forme, et par leur dureté; il présente même des moyens plus puissants de destruction que le Xiphias, et il nage avec assez de vitesse pour atteindre facilement sa proie. Son organisation intérieure lui donne d'ailleurs une très grande voracité. Féroce comme les Squales, terrible pour la plupart des habitants des mers, vrai Loup de l'Océan, il porte le ravage parmi le plus grand nombre de poissons, comme la bête sauvage dont il a reçu le nom, parmi les troupeaux sans défense; et bien loin d'offrir ces marques d'une affection douce, cette durée dans l'attachement, ces traits d'une sorte de sociabilité que nous avons vus dans le Xiphias, il montre, par l'usage constant qu'il fait de ses armes, tous les signes de la cruauté. »

Et plus loin : « L'Anarrhique loup, condamné donc, par sa conformation et par la qualité de ses habitudes, à rechercher presque sans cesse un nouvel aliment, est non seulement féroce, mais très vorace; il se jette goulûment sur ce qui peut apaiser ses appétits violents. Il dévore non seulement des poissons, mais des crabes et des coquillages; il les avale avec tant de précipitation, que souvent de gros fragments de dépouilles d'animaux testacés, et des coquilles entières, parviennent jusque dans son estomac, quoiqu'il eût pu les concasser et les broyer avec ses nombreuses molaires. »

Les mœurs de l'Anarrhique sont celles des autres Blenniidées; comme elles, il se tient de préférence dans les fonds rocheux parmi les plantes marines, à la recherche de sa proie. Sa nourriture se compose principalement de crustacés et de mollusques, qu'il peut arracher avec ses dents de devant et broyer avec ses puissantes molaires; il est probable que l'Anarrhique ne dédaigne pas des Poissons; il nage, du reste, assez vite, et avec un mouvement de reptation, d'ondulation.

Pendant l'hiver, l'Anarrhique se tient dans les grandes profondeurs; en mai et en juin, il s'approche des côtes pour frayer. Les petits, de couleur verdâtre, se tiennent en assez grand nombre au milieu des herbes marines.

Pêche, usages. — Dans la mer du Nord, l'Anarrhique se capture accidentellement dans les filets; pris, le Poisson se démène avec fureur et, mordant, il cherche à s'échapper, aussi les pêcheurs ont-ils grand soin de l'assommer d'un coup de rame avant que de le ramener à bord; il peut vivre, en effet, pendant plusieurs heures hors de l'eau, et il mord alors avec rage tout ce qui est à sa portée.

Les Groenlandais et les Islandais mangent l'Anarrhique après l'avoir dépouillé de sa peau; ils prétendent que la chair est excellente. D'après Neill, on porte souvent au marché d'Édimbourg de jeunes Loups marins.

LES ACRONURIDÉES — *ACRONURIDÆ*

Die Lederfische.

Caractères. — Les Acronuridées ont le corps oblong ou élevé, couvert de petites écailles; la queue est généralement armée de plaques ou d'épines qui manquent chez les individus jeunes. La bouche est armée de dents plus ou moins comprimées, parfois pointues, souvent denticulées sur les bords. La dorsale est unique, la partie épineuse étant toujours la moins développée; les ventrales sont insérées au thorax.

Mœurs, distribution géographique. — Les Poissons qui rentrent dans cette famille, qui comprend environ soixante-dix espèces, habitent les mers tropicales et se trouvent surtout au milieu des récifs de coraux; ils se nourrissent principalement de plantes marines, de petits animaux vivant sur les coraux ou broutent les bryozoaires et certains polypes.

Dönitz a trouvé dans la conformation du squelette des nageoires dorsale et anale un caractère important de la famille. Les articles des premiers supports des nageoires se distinguent de ceux des autres Poissons en ce que le deuxième rayon peut jouer sur le premier, ce qui permet aux Acronuridées de maintenir leurs nageoires redressées, sans qu'il soit besoin de l'action d'un muscle spécial pour porter les rayons en avant.

LES ACANTHURES — *ACANTHURUS*

Schnäpperfische.

Caractères. — Le nom d'Acanthure ou *queue épineuse* explique le caractère le plus saillant de Poissons qui ont la queue armée de chaque côté d'une forte épine mobile, couchée dans l'état de repos contre le corps et pouvant se redresser à la volonté de l'animal. La tête est haute, comprimée, la bouche peu fendue, armée d'une seule rangée de dents tranchantes,

Fig. 341. — L'Acanthure chirurgien.

dentelées sur leurs bords, parfois mobiles. Les ventrales se composent d'une épine et généralement de cinq rayons. La peau est épaisse, revêtue de petites écailles parfois épineuses. Beaucoup d'espèces sont fort agréablement colorées.

Mœurs, distribution géographique. — Les Acanthures, dont on connaît cinquante espèces, habitent entre les tropiques, dans les deux océans, surtout dans la mer des Indes. Les colons américains les connaissent sous le nom de *chirurgien, porte-lancette, barbier*, à cause de l'aiguillon qui arme la queue de ces Poissons et qui peut occasionner de cruelles blessures; lorsqu'ils sont imprudemment saisis, les Acanthures redressent, en effet, leur épine caudale, épine dont la pointe est affilée et dont les bords sont tranchants.

Les jeunes de plusieurs espèces s'approchent périodiquement et en nombre immense de certaines îles des mers du sud, telles que l'archipel des Carolines; ils sont alors capturés par les indigènes, à qui ils servent de nourriture.

LE CHIRURGIEN — *ACANTHURUS CHIRURGUS*
Seebader.

Caractères. — L'espèce que les colons des Antilles désignent plus particulièrement sous le nom de *Chirurgien* atteint une longueur de 0^m,20 à 0^m,30. Le corps est ovale, comprimé, la bouche très petite; on compte 9 épines et de 23 à 26 rayons à la dorsale, 3 épines et 22 rayons à l'anale (fig. 341). Le corps est couvert de petites écailles lisses.

Cette espèce est colorée en brun sombre ou jaunâtre; des lignes verticales noirâtres se montrent sur les flancs; la dorsale est de couleur claire, avec des lignes noirâtres; les ventrales sont noires, les pectorales jaunâtres; la caudale est bordée de sombre.

Mœurs, usages, distribution géographique. — Le Chirurgien est une espèce commune dans la mer des Antilles; on le pêche pendant toute l'année à la Martinique, bien que la chair ne soit pas très estimée, étant dure et sèche. Les pêcheurs redoutent beaucoup ce Poisson à cause des terribles blessures qu'il peut occasionner, aussi est-il craint à l'égal des Serpents venimeux. On le trouve de préférence parmi les bancs de coraux.

LES NASONS — *NASEUS*

Ginhornfische.

Caractères. — Très voisins des Acanthures, les Nasons s'en distinguent surtout en ce que la queue est armée d'épines fixes et non mobiles; les ventrales sont composées d'une épine et de trois rayons. Les dents sont coniques, pointues, non dentelées sur les bords. On voit souvent sur la tête une proéminence en forme de corne dirigée en avant.

L'espèce la plus connue du genre est le Licorne (*Naseus unicornis*) qui atteint 0m,60 de longueur; il a le corps ovale et comprimé, la queue très mince; le profil du front descend obliquement de la nuque à la bouche; de son tiers supérieur naît une grosse proéminence conique et obtuse, se dirigeant horizontalement. Les écailles sont très petites, très serrées et constituent une sorte d'âpreté fine. On compte 6 épines et 28 rayons à la dorsale, 2 épines et 27 rayons à l'anale.

Le corps est gris bleuâtre dans la partie supérieure, gris jaunâtre sur le ventre; la dorsale et l'anale sont rayées de jaune et bordées de bleu; la queue est jaunâtre; les pectorales et les ventrales sont grises.

Mœurs, distribution géographique. — Les douze espèces connues de Nasons habitent la partie tropicale de l'océan Indo-Pacifique; leur limite est l'archipel des îles Hawaï; elles sont phytophages et nagent en troupes. Les jeunes n'ont pas la protubérance frontale qu'on voit chez les adultes.

Le Licorne est plus particulièrement abondant dans les parages de l'Ile-de-France; sa chair passe pour être peu agréable.

LES SPHYRÉNIDÉES — *SPHYRENIDÆ*

Die Bjeilhechte.

Caractères. — Cuvier a séparé sous le nom de Percoïdes à nageoires ventrales placées en arrière des pectorales, des animaux qui, dit-il, s'éloignent des Perches proprement dites, de telle sorte que l'on approche des dernières limites de leur famille. Ces animaux sont les Sphyrènes qui forment un type très distinct.

Les Sphyrènes, seul genre qui renferme la famille, ont le corps allongé, sub-cylindrique, couvert d'écailles arrondies, petites et minces. La tête est longue, le museau pointu, la bouche fendue à peu près horizontalement, la mâchoire supérieure étant plus courte que la mandibule; la mâchoire et le palatin sont armés de fortes dents. Les ouïes sont largement ouvertes. Il existe deux dorsales séparées, la première étant opposée aux ventrales, qui sont reculées.

Distribution géologique. — Les Sphyrènes proprement dites ont apparu au commencement de l'époque tertiaire: on en trouve des débris à Monte-Bolca; plusieurs genres de la craie, connus seulement par des fragments de mâchoires, ont été rapportés à cette même famille.

Mœurs, distribution géographique. — Actuellement les Sphyrènes vivent dans les mers tropicales et sub-tropicales; une espèce se trouve dans la Méditerranée. Elles préfèrent le voisinage des côtes à la pleine mer. Certains individus, dans la zone torride, peuvent atteindre une longueur de huit pieds, un poids de quarante livres, et comme les Sphyrènes sont des animaux extrêmement voraces, dont la dentition est puissante, elles peuvent alors devenir dangereuses. On connaît environ dix-sept espèces.

LE SPET. — *SPHYROENA VULGARIS*

Pjeilhecht.

Caractères. — Cette espèce a le corps allongé et presque cylindrique; le dessus de la tête est aplati, le museau étroit et conique; la mâchoire supérieure est armée, en avant, de deux longues dents comprimées, aiguës

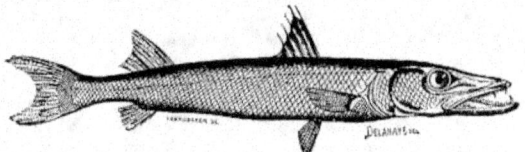

Fig. 342. — La grande Bécune.

tranchantes; latéralement, d'une rangée de dents courtes et fines; au palais, se voient trois ou quatre dents longues et tranchantes à la suite desquelles vient une série de fort petites dents. La dorsale antérieure, directement opposée aux ventrales, se compose de 5 épines; la seconde dorsale, placée un peu en avant de l'anale, commence par une épine, suivie de 9 rayons mous; la caudale est fourchue; les pectorales sont courtes; les ventrales sont composées d'une épine et de cinq rayons mous (fig. 327, p. 305).

Le haut du corps jusqu'à la ligne latérale est d'un brun verdâtre, le ventre est d'un blanc argenté; chez les individus jeunes, on voit des marbrures brunâtres sur le dos et sur les flancs. L'œil est argenté, avec des reflets d'un jaune pâle. La dorsale et la caudale sont colorées en brunâtre; l'anale et les nageoires paires sont d'un gris plus ou moins clair.

Mœurs, distribution géographique. — La Sphyrène vulgaire, qui arrive à la taille d'un mètre, habite toute la Méditerranée; elle est peu commune sur les côtes de France.

Comme les autres espèces que comprend le genre, le Spet vit en bandes plus ou moins nombreuses; il est très vorace et fait la chasse aux Poissons, surtout aux bancs d'Anchois, de Sardines, et s'attaque également aux mollusques et même à des animaux plus inférieurs. La chair de cette espèce est peu recherchée.

LA GRANDE BÉCUNE. — SPHYROENA BARRACUDA

Barracuda.

Caractères. — On trouve aux Antilles une Sphyrène de grande taille, qui ressemble beaucoup à notre espèce d'Europe. Les dents sont cependant plus larges et elles sont plus nombreuses au palais; on voit deux pointes à l'opercule; les ventrales sont avancées et répondent à la pointe de la pectorale; la dorsale antérieure, opposée aux ventrales, est par suite rapprochée de la tête. Le nombre des rayons aux dorsales et à l'anale est le même que pour l'espèce de la Méditerranée (fig. 342).

Usages, dangers. — La Bécune est un animal bien connu à cause des dangers que parfois présente l'usage de sa chair, aussi a-t-il été anciennement décrit.

Rochefort (1) range la Bécune parmi les monstres avides de chair humaine; d'après lui, l'animal peut atteindre huit pieds de longueur; il s'élance avec furie sur les baigneurs et leur fait des blessures souvent mortelles.

Dutertre rapporte les mêmes faits : il dit que la Bécune est plus redoutable que le Requin.

Le goût de la chair est bon, mais la Bécune est rarement apportée sur les marchés où elle occasionne de fréquents empoisonnements; si les dents sont blanches, si le foie n'est pas amer on peut manger sa chair.

Catesby assure que la Bécune peut atteindre la taille de dix pieds et même plus, que ce Poisson est extrêmement vorace, très hardi, qu'il s'attaque à l'homme, qu'il nage avec beaucoup de rapidité et que sa chair est fort souvent dangereuse; son usage peut occasionner de violents maux de tête, des vomissements; parfois les cheveux et les ongles tombent.

Le naturaliste Plée nous a laissé des renseignements plus précis sur la Bécune et voici ce que transcrivent Cuvier et Valenciennes. «Beaucoup de personnes, dit Plée, craignent de manger ce Poisson, parce qu'on a de fréquentes preuves qu'il occasionne des maladies et quelquefois la mort. Cette propriété vénéneuse de la Bécune tient très certainement à un état particulier de l'individu, qui paraît se présenter dans différentes saisons de l'année.

«J'ai consulté plusieurs personnes à l'égard du poison de la Bécune; toutes m'ont assuré qu'il y a un moyen infaillible de s'assurer si, lorsqu'on vient de la pêcher, elle est ou non vénéneuse. Pour cela il n'y a qu'à remarquer si,

(1) Rochefort, *Histoire des Antilles.*

en le coupant, il ne s'écoule point une espèce d'eau blanche, ou plutôt une sorte de sanie.

« Les signes de l'empoisonnement par la Bécune sont un tremblement général, des nausées, des vomissements, des douleurs vives, principalement dans les articulations des bras et des mains. Quelquefois ces symptômes se succèdent avec une telle rapidité, qu'il devient extrêmement difficile de déterminer d'une manière précise les différentes périodes de cette affection morbifique.

« Quand la mort ne termine pas la maladie, ce qui est heureusement le cas le plus ordinaire, on voit quelquefois le virus causer des phénomènes pathologiques tout à fait singuliers : les douleurs dans les articulations deviennent plus fortes ; les ongles des pieds, des mains, tombent insensiblement ; les cheveux, qui, comme on le sait, sont absolument de la même nature que les ongles, finissent aussi par tomber. On a vu ces phénomènes se présenter chez plusieurs individus et se continuer pendant un grand nombre d'années. On m'a cité une personne qui les éprouve depuis plus de vingt-cinq ans.

« Un fait remarquable, c'est que quand la Bécune a été salée, elle ne cause jamais aucun accident. A Sainte-Croix, par exemple, on est dans l'usage de ne la manger que le lendemain du jour où elle a été salée. Le sel ne pourrait-il pas être un antidote du poison de la Bécune ?

« Au reste, je n'ai été témoin d'aucun des accidents de l'empoisonnement par la Bécune, et je n'écris que ce que j'ai entendu raconter par des personnes, d'ailleurs fort instruites et dignes de foi. »

Fonssagrives (1) rapporte un cas d'empoisonnement produit par la grande Bécune en 1866, à bord du *Marceau*, en rade de Çanala (Nouvelle-Calédonie).

LES ATHÉRINIDÉES — *ATHERINIDÆ*

Die Aehrenfische.

Caractères. — Cuvier et Valenciennes ont décrit sous le nom d'Athérinidées des Poissons de petite taille qui ont le corps allongé, sub-cylindrique, couvert d'écailles arrondies. Certaines espèces ont des dents visibles aux mâchoires, sur le vomer et sur les palatins ; d'autres ont des dents si petites aux os palatins que c'est avec peine qu'on peut les apercevoir ; d'autres encore ont les palatins complètement lisses. Les yeux sont placés latéralement ; les fentes branchiales sont largement fendues ; les vertèbres sont nombreuses.

LES ATHÉRINES — *ATHERINA*

Aehrenfische.

Caractères. — Les Athérines ont le corps allongé ; la mâchoire supérieure est protractile, garnie de petites dents ; la première dorsale est courte, largement séparée de la seconde ; le corps est orné d'une large bande argentée située le long des flancs.

Distribution géologique et géographique. — C'est au commencement de l'époque tertiaire qu'apparaissent les Athérines ; à l'époque actuelle ces animaux se trouvent dans les mers chaudes et tempérées ; on en connaît 50 espèces.

Nous avons cinq espèces sur les côtes de France ; une seule est spéciale aux côtes océaniques.

Mœurs, usages. — Les Athérines sont des Poissons littoraux qui vivent en grandes troupes. Peu de temps après la naissance, les petits se réunissent en masses compactes, en quantités innombrables. Sur les côtes de la Méditerranée on les prend alors, et sous le nom de *nonnat*, on les vend pour être mangés, soit en friture, soit bouillis dans le lait.

Cuvier et Valenciennes rapportent que « en certains lieux l'adulte lui-même est si abondant qu'on l'abandonne aux animaux. A Venise, par exemple, où on le nomme *anguela*, il va par milliers dans les canaux, et l'on en crie tout l'été dans les rues pour nourrir les chats. »

LE SAUCLET — *ATHERINA HEPSETUS*

Aehrenfische.

Caractères. — Le Sauclet ou Mellet a le

(1) Fonssagrives, *Traité d'hygiène navale*, 2ᵉ édition. Paris, 1877, p. 625.

corps allongé, la tête petite et un peu pointue, le profil du dos presque droit et celui du ventre un peu convexe ; la bouche est située à l'extrémité du museau, obliquement fendue, la mâchoire supérieure étant plus courte que l'inférieure (fig. 343).

Chez les mâles, la première dorsale est un peu plus avancée que chez les femelles ; on y compte de 8 à 9 rayons ; la seconde dorsale se compose d'un aiguillon et de 11 ou 12 rayons mous ; l'anale, qui lui est opposée, à même formule ; la caudale est fort échancrée, presque fourchue ; les ventrales sont reculées.

Le dos est grisâtre, tacheté de noir sur chaque écaille ; le ventre et les flancs sont blanchâtres ; une bande argentée, lisérée de bleu verdâtre, s'étend tout le long du corps ; la partie supérieure des opercules, ainsi que le dessus de la tête sont marqués de points noirs ; la joue est d'un blanc d'argent. Les nageoires sont colorées en gris-clair.

Mœurs, distribution géographique. — Cette espèce, qui vit en grandes troupes, est fort abondante dans toutes les parties de la Méditerranée et dans les mers qui y aboutissent. Pendant l'hiver, on la trouve en grande quantité le long des côtes septentrionales de la mer Noire, où on la prend avec les Anchois. Le Sauclet se trouve assez rarement dans le golfe de Gascogne et le long des côtes du Portugal.

LES TÉTRAGONURES — *TETRA-GONURUS*

Alet.

Caractères. — On a placé dans la même famille que les Athérines un singulier Poisson de 0m,30 de longueur, qui a le corps allongé, couvert d'écailles dures et ciliées ; deux carènes saillantes se voient de chaque côté de la queue. Ce Poisson est le Tétragonure de Cuvier (*Tetragonurus Cuvieri*) représenté à la figure 344.

Le museau est comprimé, arrondi en avant, la bouche grande, la mâchoire supérieure plus avancée que la mandibule ; les deux mâchoires sont garnies d'une rangée de dents, à pointe dirigée en arrière ; le palais est également denté. La première dorsale se compose de 15 à 24 épines qui sont basses, courtes et peuvent se replier dans un sillon ; la seconde dorsale, qui continue la première, est beaucoup plus haute, opposée à l'anale ; on y compte de 11 à 13 rayons. L'anale compte de 11 à 12 rayons. Le tronçon de la queue est épais ; la nageoire est légèrement échancrée. Les ventrales sont insérées un peu en arrière de la base des pectorales.

Vivant, cet animal est d'une teinte lie de vin ou lilas très foncé sur le dos, noirâtre sur les joues, d'un lilas plus clair sur les flancs avec des reflets rougeâtres.

Mœurs, usages, dangers, distribution géographique. — Le *Courpata*, tel est le nom que l'espèce porte à Nice, est un Poisson que l'on pêche de temps en temps dans la Méditerranée et dans les parties de l'Atlantique voisines.

Risso assure que le Tétragonure a des mouvements lents, qu'il vit seul et dans les grandes profondeurs. Il fraie au mois d'avril, et à cette époque il se rapproche des rivages.

Suivant les observations de l'ichthyologiste que nous venons de citer, la chair de ce Poisson, quoique blanche et tendre, est vénéneuse ; plusieurs fois il a éprouvé, après en avoir mangé, de véritables phénomènes d'empoisonnement. Risso attribue ces effets pernicieux à la nourriture de ce Poisson, qu'il croit consister en Méduses du genre Stéphanomie, qui ont une âcreté et une causticité extrêmes.

D'après quelques observateurs, le Tétragonure est un animal essentiellement pélagique qui ne vient que rarement à la surface, ce qui explique sa rareté.

LES MUGILIDÉES — *MUGILIDÆ*

Die Harder.

Caractères. — Cette famille, des plus naturelles, se compose de Poissons ayant le corps presque cylindrique, couvert de grandes écailles arrondies qui s'avancent sur le dessus de la tête ; les lèvres sont généralement épaisses ; les dents sont toujours faibles ou peuvent manquer ; les ouïes sont largement fendues. Les deux dorsales sont éloignées l'une de l'autre ; la première est composée de 4 aiguillons ; la seconde est opposée à l'anale ; les ventrales

Fig. 343 et 344. — L'Athérine hepset et le Tétragonure de Cuvier.

s'insèrent en arrière des pectorales; on y compte une épine et 5 rayons mous.

Nous aurons quelques particularités anatomiques à noter. C'est ainsi que la partie inférieure de l'œsophage est pourvue de nombreuses papilles filiformes; l'estomac rappelle celui des oiseaux et se compose de deux parties, entourées de muscles puissants qui broient les aliments et suppléent à la faiblesse ou à l'absence des dents. L'intestin décrit un grand nombre de circonvolutions.

Cuvier et Valenciennes admettent quatre genres dans la famille des Mugilidées, les *Muges* proprement dits, ou *Mulets*; les *Cestres*, qui ont la bouche plus fendue et des dents à la mâchoire supérieure seulement; les *Dajaos*, chez lesquels le vomer et les palatins sont armés de dents; les *Nestis*, qui ont les mâchoires et le vomer garnis de dents et chez lesquels l'estomac est membraneux, nullement charnu, ce qui semble indiquer un régime différent.

On admet aujourd'hui trois genres : les *Muges*; les *Agonostomes*, qui ont la bouche autrement conformée que chez les Muges propre-

ment dits; les *Myxus*, chez lesquels les dents sont plus développées.

Distribution géologique et géographique. — Les Mugiloïdes, qui ont apparu au commencement de l'époque tertiaire, habitent toutes les mers chaudes et tempérées; ils sont plus particulièrement abondants sur la zone torride.

LES MUGES — *MUGIL*

Meerafchen.

Caractères. — Les Muges proprement dits sont surtout caractérisés par la forme de leur bouche, qui ne ressemble à celle d'aucun autre Poisson; par la faiblesse de leur dentition; par leur os sous-orbitaire masquant plus ou moins complètement le maxillaire, qui est toujours fort grêle; par leurs opercules larges et bombés.

A ces caractères généraux nous ajouterons que les pièces operculaires sont entièrement couvertes d'écailles; lorsqu'elles se réunissent aux branches de la mandibule, elles cachent l'appareil hyoïdien et la gorge, en partie ou

Fig. 345. — Le Muge à grosse tête.

presque complètement, laissant entre elles un espace plus ou moins étroit, que l'on nomme l'*espace jugulaire*. La bouche est terminale, fendue transversalement, un peu arquée ; la lèvre supérieure, plus ou moins grosse, est échancrée dans sa partie médiane pour recevoir un tubercule de la mâchoire inférieure. Les dents ressemblent à des soies et forment une espèce de brosse sur le haut de la mâchoire supérieure. Les yeux sont parfois recouverts dans une partie de leur étendue par un voile membraneux, plus ou moins transparent. Les branchies sont soutenues par 6 rayons. Les os pharyngiens sont très larges ; suivant Moreau, ils présentent une particularité fort curieuse dans la disposition de leurs surfaces et de leurs dentelures, formant tout à la fois une espèce de presse et de crible servant à séparer les matières alimentaires de celles qui doivent être rejetées au dehors.

Distribution géographique. — La distribution du genre Muge est la même que celle de la famille. Nous avons sept espèces sur les côtes de France ; leur distinction, parfois difficile, est fondée sur la présence ou l'absence de l'espace jugulaire, la présence ou l'absence de la paupière adipeuse, le nombre des rayons de l'anale qui peut être de 9 ou de 11, et sur d'autres caractères secondaires.

Une de ces espèces est spéciale à la Méditerranée ; les autres se trouvent dans l'Océan ; trois ne dépassent guère l'embouchure de la Loire et se rencontrent plus particulièrement dans le golfe de Gascogne ; les autres se pêchent dans la Manche, le Pas-de-Calais

et remontent jusque dans la mer du Nord.

Mœurs, habitudes, régime. — Les Muges sont des animaux essentiellement côtiers ; ils peuvent vivre dans les eaux douces et dans l'eau salée ; plusieurs espèces préfèrent les marais salants ; d'autres remontent les fleuves, parfois à une grande distance ; c'est ainsi que, d'après E. Moreau, « ils s'engagent dans la Loire et ses affluents, la Maine, la Mayenne, la Sarthe, le Loir ; dans la Charente, ils dépassent Cognac ; dans l'Adour ils vont plus haut que Dax ; ils s'avancent dans le Rhône au-dessus d'Avignon ; ils reviennent à la mer dès que les premiers froids se font sentir ; mais ce retour dans les eaux salées n'est pas absolument indispensable à leur existence, si l'on en juge d'après le fait suivant rapporté par Duhamel : M. Poivre ayant mis des Mulets, pris à la mer, dans une rivière d'eau douce et courante, qui traversait son jardin, non seulement les Poissons y ont vécu, mais ils s'y sont multipliés, et y sont devenus plus gros et meilleurs qu'ils n'étaient au sortir de la mer. »

Des observations faites par Arnould sont semblables ; cet observateur plaça une quantité de petits Muges d'un doigt de longueur dans un étang d'eau douce de trois acres de surface ; peu d'années après il pêchait des animaux pesant plus de 2 kilogrammes, plus gros, plus gras que des animaux de même âge vivant à la mer.

Les Muges se tiennent en troupes ; au dire des pêcheurs de la mer Rouge, ils se trouvent fréquemment avec les Mulets ou Rougets-barbus et avec d'autres espèces pacifiques, au moment de la marée et dans le voisinage immédiat du rivage, pour retourner à la mer avec le jusant; ils recherchent ainsi les eaux peu profondes, dans lesquelles ne peuvent les poursuivre les grands Poissons voraces; ils ne s'aventurent que rarement dans la haute mer et ne descendent jamais dans les profondeurs de l'océan; lorsqu'ils quittent les eaux peu profondes, ils se tiennent de préférence à la surface de l'eau; les Muges sont d'une remarquable agilité, aussi les voit-on souvent exécuter de grands sauts au-dessus de l'eau.

Nous avons dit que les Muges préféraient les eaux saumâtres; c'est qu'ils y trouvent en abondance des matières organiques mêlées à du sable ou à de la vase. Le pharynx des Muges est disposé comme un véritable appareil à filtration, qui empêche le passage des corps étrangers de gros volume dans l'estomac ou de substances quelconques, autres que l'eau, dans l'appareil respiratoire; à l'aide de leur bouche, ils prennent une certaine quantité de vase, puis après l'avoir triturée, malaxée, pour ainsi dire, pendant un certain temps, à l'aide de leurs dents pharyngiennes, ils rejettent les parties qui ne seraient pas assimilables. Comme nos Carpes de rivières, que, du reste, ils rappellent, les Muges se tiennent au fond des étangs.

Couch, qui a observé le Muge capiton sur les côtes d'Angleterre, nous apprend les faits suivants sur les mœurs de cette espèce : « Jamais ce Muge ne s'éloigne beaucoup de la terre; il se complaît bien plutôt dans les eaux peu profondes, notamment lorsqu'il fait beau et chaud; on voit fréquemment alors des sillons que son corps a tracés dans la vase molle. Lorsqu'il remonte les rivières avec la marée, il revient toujours vers la mer, à marée descendante. »

Dépourvus d'armes offensives, les Muges ne peuvent s'attaquer à des animaux vivants de taille un peu forte; ils n'ont pour se défendre que leurs faibles épines dorsales, aussi sont-ils la proie de nombreux Poissons voraces.

Pêche, usages. — Les anciens tenaient les Muges en grande estime et recherchaient plus particulièrement les animaux capturés dans les étangs et les lagunes du pourtour de la Méditerranée; ils avaient bien observé ces Poissons. C'est ainsi que Pline rapporte que les Muges se rassemblent en troupes et qu'à l'époque de la ponte ils se rapprochent des côtes, où ils sont chassés par le Dauphin. Celui-ci, en poursuivant le Muge, fait que souvent ce Poisson est

pris en abondance, aussi les pêcheurs offrent-ils au Dauphin une partie de leur pêche en reconnaissance des services qu'il leur rend. Pline rapporte également que c'est à l'aide de filets que l'on prend le Muge, mais que cet animal très rusé sait fort souvent s'échapper en sautant au-dessus des filets; il dit en outre que le Muge se nourrit principalement d'eau et de matières mucilagineuses.

Couch rapporte que, de nos jours, une espèce de Muge nommée, par les pêcheurs de Cornvall et du Devonshire, Muge gris se montre parfois en si grande abondance à l'embouchure des rivières que l'on a peine à retirer les filets, tant ils sont chargés; une telle abondance ne dure cependant que deux à trois jours. Les filets que l'on emploie sont divisés en compartiments isolés et s'élèvent en partie hors de l'eau, pour empêcher les animaux de s'échapper. La lumière attire les Muges, aussi la pêche au feu est-elle assez souvent usitée.

Sur les côtes de France, on pêche peu les Muges en pleine eau, mais lorsque les pêcheurs en aperçoivent une troupe qui entre dans une anse ou dans un cours d'eau, ils l'enveloppent avec des filets d'enceinte et en prennent ainsi une grande quantité. Souvent les Muges se glissent au-dessous des filets ou s'élancent par-dessus; les pêcheurs de certaines côtes emploient alors un filet particulier appelé *sautade* ou *cannut*, fait en forme de sac ou de verveux, qu'ils attachent au filet ordinaire et dans lequel les Muges se prennent d'eux-mêmes lorsqu'ils veulent s'échapper en sautant.

On capture aussi les Muges à l'embouchure des cours d'eau au moyen de sennes et de tramails tendus entre deux barques. Les pêcheurs du Rhône prennent le Muge céphale vers la fin de septembre à l'aide de filets tels que le senne, le tramail, le verveux.

Sur les côtes de la Méditerranée les Muges s'engagent fréquemment dans les bordigues et viennent se rendre d'eux-mêmes dans le filet final.

Les Muges prospérant dans l'eau saumâtre, on se livre à leur engraissement en divers points; c'est ce que l'on fait, par exemple, dans le bassin d'Arcachon.

La chair des Muges est blanche, grasse, de bon goût, aussi ces animaux sont-ils recherchés dans l'alimentation.

Depuis une époque très reculée, on fait avec les œufs des Muges une sorte de caviar que l'on nomme *boutargue* ou *poutargue*. « On sale les œufs, dit Rondelet en 1588, é on le deseche, se nomment botargues, qui donnent appétit, font venir la soif. »

« Pour faire la boutargue, écrit Baudrillart, on ouvre les Mulets, on en tire les œufs avec la membrane générale qui les enveloppe ; on les couvre de sel et, après les y avoir laissés quatre ou cinq heures, on les en retire ; on les met en presse entre deux planches pour leur faire rendre leur eau ; ensuite, on les lave avec une faible saumure, puis on les étend sur des claies pour les faire sécher au soleil pendant une quinzaine de jours, ce qui se fait dans les mois de juin et juillet, saison où le soleil a beaucoup de force ; mais pendant qu'on les tient au soleil, il faut avoir soin de les retirer tous les soirs pour les tenir à couvert pendant les nuits ; quelquefois on les fait sécher à la fumée. On prépare de cette même façon les œufs de différents poissons du genre des Muges, mais ceux des Mullets (Muge céphale) passent pour être les meilleurs. On fait beaucoup de cas de ce mets en Italie et en Provence, et pour en faire usage, on l'assaisonne avec de l'huile et du citron. »

LE MUGE CAPITON. — MUGIL CAPITO

Ramado.

Caractères. — Cette espèce a le corps oblong, la tête large en arrière, rétrécie en avant, le museau court, gros, la mâchoire supérieure est garnie d'une rangée de cils d'une extrême finesse, à peine visibles ; le sous-orbitaire ne cache pas entièrement le maxillaire lorsque la bouche est fermée ; l'espace jugulaire est ovale ; la paupière est étroite, circulaire. L'anale a 9 rayons mous, accidentellement 8.

Le dos est gris-brunâtre ; les flancs, qui sont grisâtres, sont parcourus par sept ou huit lignes longitudinales d'un brun-verdâtre ; le ventre est gris argenté ; l'anale est grisâtre ; les ventrales sont blanchâtres ; les autres nageoires d'un gris brunâtre plus ou moins foncé ; une tache noire se voit presque toujours à l'angle supérieur de la pectorale.

La longueur atteint 0m,50 à 0m,60.

Distribution géographique. — Le Muge capiton est très commun dans la Méditerranée et dans le golfe de Gascogne ; il est moins commun dans la Manche et sur les côtes d'Angleterre, et se retrouve sur les côtes de la péninsule scandinave.

D'après Blanchard, cette espèce pénètre en nombre considérable dans la Gironde et dans la Loire ; autrefois, elle entrait dans la Somme au mois de mai en légions si nombreuses, que la rivière en était couverte pendant quelques jours.

LE MUGE A GROSSE TÊTE. — MUGIL CÉPHALUS

Caractères. — Le Céphale ou Muge à grosse tête, bien connu des anciens, a le corps plus épais que le Capiton, les écailles proportionnellement plus grandes. La tête est plus forte, plus longue ; elle est en dessus légèrement bombée ; le museau est court, un peu abaissé ; la bouche petite, anguleuse ; la lèvre supérieure, qui est épaisse, porte, ainsi que l'inférieure, une rangée de cils ; la pointe du maxillaire est complètement cachée par le sous-orbitaire antérieur quand la bouche est fermée. Une particularité singulière permet de reconnaître à première vue le Céphale des autres espèces de nos côtes ; l'œil est pourvu de deux paupières verticales qui s'écartent vis-à-vis de la pupille, se rejoignant en haut et en bas, de telle sorte que ce voile membraneux ne laisse à découvert qu'un espace vertical étroit (fig. 345).

La coloration est assez belle. Le corps est gris bleuâtre sur le dos, d'un gris plus clair sur les flancs, qui sont parcourus par six ou sept lignes longitudinales, étroites, rapprochées les unes des autres, de couleur bleuâtre avec des reflets dorés ; le ventre est argenté. L'œil est d'un jaune argenté. Les dorsales et la caudale ont une teinte grise ; les pectorales, d'un brun assez clair, ont une tache noirâtre ; les ventrales sont blanchâtres.

La dimension est de 0m,30 à 0m,50 ; le poids de 3 à 4 kilogrammes ; on prend accidentellement des individus qui ont jusqu'à 0m,70.

Distribution géographique. — Commun dans la Méditerranée, le Céphale se retrouve dans les parties de l'Atlantique voisines ; il n'est point rare dans le golfe de Gascogne et remonte jusqu'à l'embouchure de la Loire.

Fig. 346. — Le Régalec de Banks.

LES TŒNIÔIDES — *TŒNIOIDÆ*

Die Senfenfische.

Caractères. — Cuvier et Valenciennes ont désigné sous le nom de Tœnioïdes de singuliers Poissons au corps allongé, très comprimé, en forme de ruban, de telle sorte que des individus de 30 pieds de long n'ont pas 12 pouces de hauteur et 1 ou 2 pouces d'épaisseur maximum. La peau est le plus souvent nue, parfois couverte de petites écailles. La tête est haute et courte; les yeux sont grands et latéralement placés; les dents sont très faibles. La dorsale, dont les rayons sont extrèmement nombreux, s'étend sur toute la longueur du dos; sa partie antérieure est le plus souvent détachée, de manière à former une sorte de nageoire distincte placée sur la tête. La nageoire anale fait défaut. La caudale n'est pas située dans l'axe du corps, mais se présente sous l'aspect d'une sorte de panache implanté verticalement. Les ventrales sont thoraciques, parfois réduites à un filament allongé. Le corps est le plus souvent de couleur argentée, les nageoires étant rosées.

Les Tœnioïdes jeunes ne ressemblent pas aux adultes; ils possèdent le plus grand développement des nageoires qu'on observe dans toute la classe des Poissons. Chez le Trachyptère jeune, par exemple, la caudale, qui est très allongée, continue directement l'axe du corps, tandis qu'elle est implantée verticalement en sorte de panache chez l'adulte. Les premiers rayons de la dorsale forment sur la tête une nageoire deux fois au moins aussi longue que le corps, composée de filaments très grèles; les ventrales sont aussi très allongées.

Mœurs, distribution géographique. — La

Fig. 347. — Le Lépadogaster à deux taches.

délicatesse même des rayons des Tœnioïdes fait penser que ces animaux vivent à de grandes profondeurs, dans des endroits où l'eau est absolument calme ; ces filaments et les nageoires sont, en effet, d'une telle délicatesse qu'il est très rare d'avoir de ces Poissons, sans qu'ils ne soient mutilés ; chez les adultes, la nageoire caudale est presque toujours brisée. En raison même des conditions dans lesquelles ils vivent, nous n'avons jamais que des animaux morts, venant flotter à la surface, ou amenés vers les côtes, à la suite de violentes tempêtes. A quelle profondeur vivent les divers Tœnioïdes? c'est ce que nous ne savons pas, bien qu'il soit fort probable que cette profondeur varie avec les différentes espèces.

Il est grandement probable que les Tœnioïdes sont beaucoup moins rares que nous ne le pensons et que leur extension géographique est certainement plus grande que nous ne la connaissons.

Nous ne connaissons que peu de Tœnioïdes. Les Trachyptères habitent la Méditerranée, la plus grande partie de l'Atlantique, remontant jusqu'aux Orcades ; on les trouve dans la mer des Indes ; les Stylophanes ne sont encore décrits que de la mer des Antilles ; les Régalecs ont une large distribution géographique, ayant été capturés dans la Méditerranée, dans tout l'Atlantique, dans l'océan Indien et sur les côtes de la Nouvelle-Zélande.

LES RÉGALECS — *REGALECUS*

Riemenfisch.

Caractères. — Chez les Régalecs ou Gymnètres la ventrale est réduite à un seul filament très allongé ; la caudale est rudimentaire ou manque complètement.

L'espèce la plus connue est le Régalec épée (*Regalecus gladius*), le géant des Tœnioïdes, car il peut atteindre 4 mètres.

Le corps, qui est très allongé, est couvert de tubercules lisses, ressemblant à de petites verrues ; la hauteur du tronc est contenue près de vingt fois dans la longueur, caudale non comprise. La tête est courte, à profil oblique en avant, excavée au devant des yeux ; le museau est court ; la bouche est protractile, fendue presque perpendiculairement à l'axe du corps ; les deux mâchoires sont garnies de dents excessivement fines ; l'œil est arrondi ; la joue est garnie de pièces écailleuses.

La dorsale commence au-dessus du bord antérieur de l'orbite ; elle se compose de rayons extrêmement nombreux, au nombre de 350 environ ; les cinq premiers rayons forment sur la tête une sorte de panache, trois ou quatre fois plus haut que le corps; les sept rayons suivants sont libres, élargis à leur extrémité ; ils vont en décroissant en hauteur ; tous les autres rayons sont réguliers et se continuen jusqu'à la caudale. Cette nageoire est presque toujours brisée; suivant Risso, lorsqu'elle est intacte, elle se compose de 12 rayons. Les pectorales sont courtes (fig. 346).

Rien ne peut donner une idée de l'éclat que présente ce Poisson lorsqu'on le voit nager; on dirait d'un ruban d'argent. Le corps est argenté avec des taches d'un gris noirâtre; les nageoires sont d'un beau jaune orangé.

Mœurs, distribution géographique. — Le Trachyptère épée habite la Méditerranée; il est très rare sur les côtes de France, et a été de temps en temps vu dans les parages de la Grande-Bretagne; deux ou trois de ces captures ont été mentionnées comme des événements tout à fait extraordinaires.

Le 23 janvier 1788, échouait sur les côtes d'Angleterre un Poisson de 2^m,50 de long, de 0^m,24 de haut, de 0^m,06 d'épaisseur, pesant 20 kilogrammes; aucun pêcheur ne le connaissait, on compara ce Poisson à un aviron. Le 18 mars 1796, on trouvait au même endroit un Poisson semblable, de plus de 4 mètres de long.

Nous ne connaissions rien sur le genre de vie de l'Épée; Laurillard nous apprend seulement qu'il est vivace et, lorsqu'on le saisit avec la main, il se rompt par les efforts qu'il fait pour s'échapper.

LES TRACHYPTÈRES — *TRACHYPTERUS*

Spanfisch.

Caractères. — Les Trachyptères se distinguent surtout des Régalecs par leurs ventrales composées de plusieurs rayons plus ou moins divisés.

Mœurs, distribution géographique. — L'étude de ces animaux présente de grandes difficultés, à cause de leur rareté et de la fréquence des mutilations auxquelles les expose la délicatesse de leurs nageoires; il en résulte que l'on n'est nullement fixé sur le nombre des espèces qu'il faut admettre. On s'accorde cependant assez généralement à reconnaître 5 espèces dans la Méditerranée; elles sont toutes très rares sur les côtes de France.

Une espèce des mers du nord, le Trachyptère arctique, se tient à de grandes profondeurs et, lorsque exceptionnellement il s'approche des côtes, il semble rechercher les endroits sablonneux.

LES GOBIÉSOCIDÉES — *GOBIESOCIDÆ*

Die Schildfische.

Caractères. — On rangeait autrefois parmi les Discoboles tous les poissons chez lesquels les ventrales se réunissent pour former une sorte de ventouse. Günther et d'autres zoologistes en ont retiré un certain nombre d'espèces chez lesquelles la composition du disque-ventouse est tout à fait différente.

Tandis que chez les Discoboles proprement dits, le disque abdominal est simple et que les nageoires ventrales forment la partie centrale du disque, chez les Gobiésocidées le disque ventral est double, les ventrales étant en réalité largement séparées l'une de l'autre et reliées par une expansion cartilagineuse d'un des os de l'épaule, le coracoïde.

Chez les Gobiésocidées le disque occupe une grande partie de la surface ventrale; il est arrondi et sa circonférence extérieure est divisée en deux parties, une antérieure et une postérieure, par une profonde échancrure commençant en arrière des nageoires abdominales. La partie postérieure est formée par quatre rayons et par un large repli interne qui renferme de chaque côté un rayon atrophié de la nageoire abdominale; la portion antérieure est constituée par une large plaque mobile, saillante en arrière de la nageoire pectorale, en connexion avec l'os coracoïde; la partie moyenne est essentiellement constituée par des muscles puissants recouverts par la peau.

En outre du caractère tiré de la composition du disque, nous ajouterons qu'il n'existe pas de dorsale épineuse, que la dorsale molle et que l'anale sont courtes, que le corps est nu.

Mœurs, distribution géographique. — Les Gobiésocidées se trouvent dans les mers chaudes et tempérées, depuis les côtes d'Angleterre jusqu'en Tasmanie. Leur genre de vie est le même que celui des Discoboles; ce sont des Poissons marins et littoraux, toujours de petite taille.

LES LÉPADOGASTER — *LÉPADO-GASTER*

Schildbäuchen.

Caractères. — Les Lépadogaster ou *Porte-écuelles* ont le corps plus ou moins allongé, cunéiforme, aplati en dessous, arrondi sur le dos, la tête large, déprimée, la bouche généralement bien fendue ; la caudale peut être libre ou réunie à la dorsale et à l'anale.

L'espèce la plus connue du genre est le Lépadogaster à deux taches (*Lepadogaster bimaculatus*), qui n'atteint que 5 à 6 centimètres de long. La nageoire caudale est libre, un espace assez large s'étendant derrière la dorsale et l'anale ; la première de ces nageoires est composée de 5 à 7 rayons, la seconde de 4 à 6. La tête est large, aplatie en dessus, le museau court, terminé en une pointe arrondie, la mâchoire supérieure est plus allongée que l'inférieure, la bouche largement fendue (fig. 347).

D'après E. Moreau, le système de coloration présente beaucoup de variétés ; le plus souvent il est rougeâtre, parfois brun clair ; il y a souvent du bleu autour des orbites ; ordinairement les côtés portent une tache arrondie, violacée, entourée de blanc ; cette tache n'est pas toujours très marquée ; elle manque chez les jeunes animaux. Dans la variété réticulée, le dos est brun-jaunâtre ou gris jaunâtre avec des ondulations de petits points ; les côtés inférieurs et la gorge sont d'un blanc nacré, varié de petites lignes noirâtres, qui forment une espèce de réseau ; les nageoires sont pointillées de jaune et de rougeâtre.

Distribution géographique. — Les Lépadogaster sont des animaux des côtes d'Europe, plus particulièrement abondants dans la Méditerranée. Le Lépadogaster de Gouan s'étend jusque sur les côtes de la Grande-Bretagne ; il n'est pas rare sur les côtes de France.

Mœurs, habitudes, régime. — Ces petits poissons se tiennent de préférence là où l'eau est peu profonde et dans le voisinage immédiat des côtes ; ils choisissent les fonds rocheux sur lesquels ils adhèrent fortement par leur disque central ; ils ne quittent cette position que pour se mettre en chasse ou fuir un ennemi. La nourriture se compose de petits crustacés et d'autres animaux de faible taille.

LES BOUCHES EN FLUTE — *AULOSTOMIDÆ*

Die Pfeifenfischen.

Caractères. — Cuvier a désigné sous le nom de *Bouches en flûte* de curieux Poissons chez lesquels la bouche, de petite taille, se trouve à l'extrémité d'un long tube formé par l'allongement de plusieurs os du crâne. Les uns ont le corps cylindrique, les autres l'ont ovale et comprimé ; ces derniers ont deux nageoires dorsales, tandis que chez les autres la dorsale épineuse manque ou est représentée par quelques faibles épines isolées. Le corps peut être nu, recouvert de petites écailles, protégé par des plaques osseuses, qui le cuirassent complètement, ainsi qu'on le voit chez les Amphisiles.

Distribution géologique et géographique. — Les Bouches en flûte, qui ont apparu au commencement de l'époque tertiaire, sont essentiellement des animaux des mers tropicales ; on en connaît cependant une espèce dans la Méditerranée.

LES CENTRISQUES — *CENTRISCUS*

Seefchnepfe.

Caractères. — Les Centrisques ou Bécasses de mer ont le corps ovale, comprimé, couvert de petites écailles rugueuses, la tête écailleuse, la bouche très petite, dépourvue de dents. La première dorsale est très reculée, courte, à deuxième aiguillon dentelé et fort développé ; les ventrales sont petites, rapprochées l'une de l'autre.

L'espèce la plus connue est le Centrisque bécasse (*Centriscus scolopax*). Le corps a de $0^m,10$ à $0^m,15$ de long, la coloration est d'un rose doré ou d'un gris doré sur le dos, d'un rose argenté sur le ventre et sur les flancs ; les jeunes brillent de l'éclat le plus éblouissant.

Le tronc est comprimé, garni de petites écailles rudes, fortement ciliées ; le ventre est caréné, très étroit, presque tranchant en

Fig. 348. — Le Centrisque bécasse.

avant; on voit, entre les ventrales et l'anale, trois épines minces, dont la médiane est dentelée. La tête comprimée se prolonge en un museau étroit à peu près cylindrique, en une espèce de tube à l'extrémité duquel s'ouvre la bouche qui est obliquement fendue ; la fente des ouïes est assez longue. La première dorsale, très reculée, se compose de cinq épines, la seconde fortement dentelée ; à la dorsale postérieure on compte un aiguillon et 10 à 11 rayons mous. L'anale prend naissance au-dessous du grand aiguillon de la première dorsale ; on y compte de 18 à 20 rayons. La caudale, qui est courte, est coupée plus ou moins carrément. Les pectorales sont assez développées. Les ventrales sont petites, rapprochées l'une de l'autre, pouvant se cacher dans une dépression du ventre (fig. 348).

Distribution géographique. — On connaît quatre espèces de Centrisques ; elles habitent la Méditerranée, les mers du Japon et se trouvent sur les côtes du Japon et de Tasmanie ; la Bécasse, qui se pêche dans la Méditerranée, a été parfois recueillie sur les côtes de la Grande Bretagne.

Mœurs, habitudes, régime. — D'après Risso, les Centrisques préfèrent les fonds vaseux et les eaux assez profondes ; elles fraient au printemps. Les petits se tiennent pendant l'automne en troupes au voisinage immédiat des côtes. La nourriture se compose de frai de poisson et de petits animaux qui vivent sur les plantes marines.

LES CURE-PIPES — *FISTULARIA*

Pfeifenfischen.

Caractères. — Les Fistulaires ont le corps allongé, dépourvu d'écailles ; le museau se prolonge en tube ; la caudale est échancrée et de son milieu part un prolongement filiforme.

Une particularité anatomique à noter est la fusion des premières vertèbres dorsales formant un long tube.

La Fistulaire cure-pipe (*Fistularia tabaccavia*) arrive à la taille de quatre à six pieds. Le dos est d'un brun foncé, avec des taches

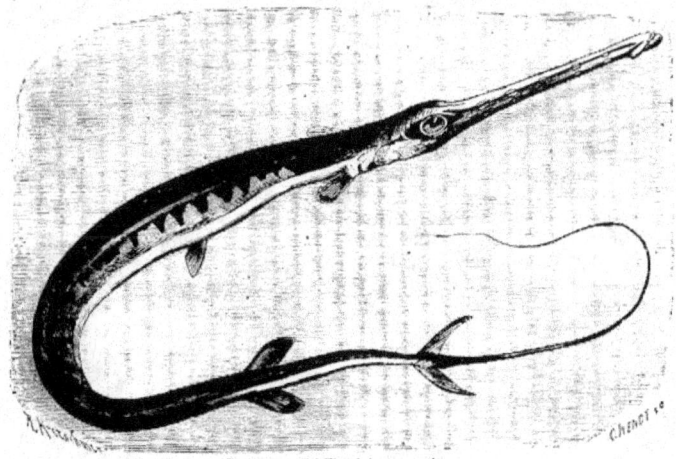

Fig. 349. — La Fistulaire cure-pipe.

bleuâtres; le ventre paraît blanc d'argent. Il n'existe qu'une seule dorsale, reculée, et composée de 14 rayons. L'anale, qui lui est opposée, a 13 rayons (fig. 349).

Mœurs, distribution géographique. — On connaît trois espèces de Fistulaires; celle que nous représentons habite la partie tropicale et atlantique du nouveau monde; les deux autres espèces se trouvent dans la partie chaude de l'océan Indien.

Les Fistulaires se nourrissent de petits Poissons et de Crustacés de faible taille.

LES PHARYNGIENS LABYRINTHIFORMES — *LABYRINTHICI*

Die Labyrinthfischen.

Caractères. — Les Poissons dont nous allons faire l'histoire sont remarquables par une

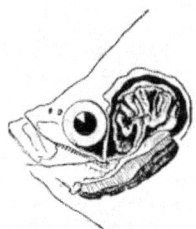

Fig. 350. — Appareil branchial du Gourami.

disposition anatomique qui leur est spéciale, et qui consiste dans une division en feuillets d'une partie des os pharyngiens, division qui produit des cavités et de petites loges plus ou moins compliquées (fig. 350); les opercules sont bombés et protègent ce curieux appareil; les membranes des ouïes s'attachent sous la gorge; les pseudo-branchies sont rudimentaires ou absentes.

Distribution géographique. — Tous les animaux qui rentrent dans cette famille habitent les parties les plus chaudes de l'ancien monde; on les trouve au Gabon, au Cap, dans l'Inde et dans les îles qui géographiquement en dépendent, en Indo-Chine, dans les îles de la Sonde.

LES ANABAS — *ANABAS*

Rletterfische.

Caractères. — Les Anabas ont le corps ova-

BREHM. — VI.   POISSONS. — 43

laire, oblong, comprimé, couvert de grandes écailles, la ligne latérale interrompue, la tête ronde et large, le museau très court, obtus, l'œil placé très en avant, la bouche petite, fendue en travers. De fortes écailles recouvrent toute la tête. Les épines anales et dorsales sont nombreuses.

L'Anabas grimpeur (*Anabas scandens*) désigné sous les noms de *Pannei-evi* ou *Sennal* par les Tamuls, sous celui de *Kawége* par les Cingalais, de *Koï* par diverses tribus de l'Inde, d'*Ikan Pouyou* par les indigènes de Malacca, arrive à la taille de 0ᵐ,15 à 0ᵐ,20. Le dos est vert-brunâtre, le ventre jaunâtre, les nageoires dorsales et anales violacées, les nageoires ventrales et les pectorales rougeâtres; quelques individus sont de couleur uniforme, d'autres ont le corps orné de bandes de couleur sombre. La coloration est, du reste, assez variable; parfois le corps est d'un noir-bleuâtre assez foncé, la gorge et la poitrine étant d'un gris-blanchâtre; on voit une tache blanchâtre derrière la base de chacune des épines de la dorsale; d'autres fois le corps est d'un vert très foncé, le museau est blanchâtre, la dorsale et l'anale sont violettes, la caudale verte, les pectorales et les ventrales roussâtres; d'autres fois encore la couleur est en dessus d'un vert-brun obscur, en dessous d'un jaunâtre pâle, avec des bandes obscures sur les flancs; la gorge est bleuâtre. L'œil est rougeâtre.

Les appendices lamelleux des branchies sont très compliqués et forment un véritable labyrinthe.

Le préorbitaire et les orbitaires sont fortement dentelés, toute la tête est couverte d'écailles; des dents en velours occupent une bande étroite à chaque mâchoire; on voit de petites dents en avant du vomer. La dorsale antérieure, réunie à la dorsale molle, se compose de 17 épines, suivies de 9 ou 10 rayons mous. La caudale est coupée carrément (fig. 351).

Distribution géographique. — L'Anabas habite l'Inde, l'Indo-Chine et une grande partie des îles qui forment l'Archipel Malais; il a été également recueilli aux Soulous et aux Philippines.

Mœurs, habitudes; Régime. — Deux voyageurs arabes, Soliman et un autre dont le nom n'est pas parvenu jusqu'à nous, qui visitèrent l'Inde à la fin du neuvième siècle, nous apprennent qu'ils virent un curieux Poisson qui peut sortir des eaux, se rendant sur la terre ferme dans le voisinage des cocotiers, qu'il y grimpe sur des arbres, et qu'il en boit le suc, après quoi il se rend dans les eaux.

Ce fait resta absolument inconnu jusque vers la fin du siècle dernier. A cette époque un résident de Tranquebar, Daldorf, dans un mémoire communiqué à la Société linnéenne de Londres, affirme avoir pris lui-même un Poisson sur un palmier croissant près d'un étang. Suivant Valenciennes, « le Poisson était à cinq pieds au-dessus de l'eau, et s'efforçait de monter encore; à cet effet, il se retenait à l'écorce par les épines de ses opercules, fléchissait la queue, s'accrochait par les épines de son anale, et détachant alors sa tête, s'élevait ainsi et se fixait de nouveau pour recommencer le même mouvement. C'est par des mouvements pareils que ce Poisson se promène sur la terre. »

John fait un récit semblable. « C'est, dit-il, un Poisson qui se tient d'ordinaire dans la vase des étangs, qui rampe à sec pendant plusieurs heures, au moyen des inflexions de son corps, et qui, par le secours de ses opercules dentelés en scie, et les épines de ses nageoires, grimpe sur les palmiers voisins des étangs, le long desquels ruisselle l'eau que les pluies ont accumulée à leur cime; aussi le nomme-t-on en Tamon le *Pannei-evi*, ce qui signifie *montant aux arbres, grimpeur des arbres*. »

Ce fait singulier ayant été contesté, le naturaliste Tennant a pu recueillir des renseignements exacts sur les curieuses habitudes de l'Anabas. « Dernièrement, lui écrivait Movris, j'inspectais un grand étang dont la digue devait être réparée. L'eau s'était évaporée, au point qu'il ne restait plus qu'une petite mare; partout ailleurs le lit de l'étang était à sec. Tandis que nous nous tenions sur un point élevé, nos compagnons indiens s'écrièrent en accourant vers nous : des Poissons, des Poissons. Lorsque nous arrivâmes, nous vîmes dans l'endroit où de la pluie venait de tomber une masse de Poissons glissant dans l'herbe; il y avait en cet endroit à peine assez d'eau pour que les animaux fussent couverts, et cependant ceux-ci avançaient. Nos serviteurs purent recueillir environ deux boisseaux de ces Poissons, qui pour la plupart se trouvaient à environ trente mètres de la mare; tous ces Poissons s'efforçaient de gravir la digue, pour atteindre un petit marais qui se trouvait de l'autre côté.

« Plus les mares se dessèchent, plus grande est la quantité de Poissons qui se réunissent

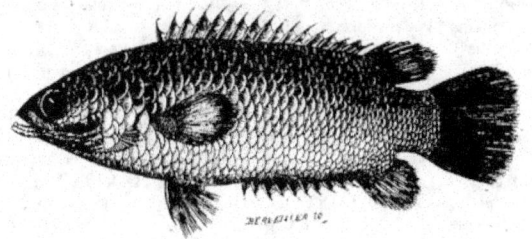

Fig. 351. — L'Anabas grimpeur.

dans les petites flaques d'eau. Dans ces endroits on peut apercevoir des milliers de Poissons qui se meuvent dans une vase ayant la consistance d'une bouillie ; lorsque cette vase se dessèche complètement, ils partent à la recherche d'autres endroits où se trouve de l'eau. Dans un endroit, je vis des centaines de ces Poissons se disséminer dans différentes directions, et se diriger malgré tous les obstacles semés sur leur route. Il m'a semblé que ces animaux ne voyagent guère que la nuit ; je ne les ai vus qu'une seule fois se déplacer aux premières heures du jour ; une fois que j'en avais placé dans un baquet rempli d'eau, j'observais qu'ils se tenaient tranquilles pendant le jour, mais le soir venu ils s'agitaient et faisaient les plus violents efforts pour s'échapper. »

Il est certain que l'Anabas, grâce à la disposition de son appareil respiratoire, peut vivre pendant assez longtemps hors de l'eau. Grâce aux fortes épines qui arment certains des os de sa tête, il peut progresser sur le sol et émigrer d'un étang dans un autre ; il lui est également possible de se hisser sur les branches des arbres voisins du rivage, et de trouver ainsi au milieu du feuillage l'eau qui est nécessaire à sa respiration. L'Anabas rampe sur la terre pendant des heures entières. Il peut vivre dans le sol presque entièrement desséché. Les Indous connaissent bien cette curieuse particularité ; au moment de la sécheresse, ils se rendent vers les étangs qu'habite l'Anabas et, se servant de bêches, le déterrent.

Valenciennes dit que les « pêcheurs tiennent l'Anabas pendant cinq ou six jours dans un vase à sec ; on en apporte ainsi en vie, au marché de Calcutta, des grands marais du district de Gazor, dont la distance est de plus de cent cinquante milles. Comme on en rencontre quelquefois à d'assez grandes distances des eaux, le peuple les croit tombés du ciel, et il a la même opinion, par la même raison, de quelques autres Poissons qui jouissent de la même propriété que l'Anabas. Les charlatans et jongleurs, dont l'Inde abonde, ont généralement de ces Poissons avec eux dans des vases, pour amuser la populace de leurs mouvements ».

D'après Errington de la Croix, les Malais de Pérak prétendent que l'Anabas monte aux arbres en s'aidant de ses opercules, fortement dentelés. Une légende rapporte que cet animal était autrefois un Rajah, qui a été métamorphosé en Poisson ; au moment de sa métamorphose, il fut attaqué par un gros *Ikane-Trebow*, ou Poisson de mer ; il se réfugia dans un marais et sauta sur un arbre.

LES POLYACANTHES — *POLYACANTHUS*

Bielftachler.

Caractères. — Les Polyacanthes ont le corps oblong et comprimé ; l'opercule n'est pas dentelé ; la bouche est petite, faiblement protractile, armée de petites dents ; le palais est lisse. Les épines dorsales et anales sont nombreuses ; la dorsale molle, l'anale et la caudale se prolongent plus ou moins chez les adultes.

Plusieurs de ces espèces ont été domestiquées et ont produit plusieurs variétés. Parmi celles-ci, la plus célèbre, à coup sûr, est le Macropode vert-doré (*Macropus viridiauratus*) auquel on a donné le nom de *Poisson de paradis*, *Poisson paradisier* (Pl. XII).

Cet animal est allongé, le corps étant fort comprimé latéralement ; à la dorsale on compte 13 épines et 7 rayons mous ; l'anale est composée de 17 ou 18 épines et de 15 rayons ; la caudale, qui est grande, est bilobée et semi-lunaire. La couleur brunâtre du dos passe au gris verdâtre sur les flancs ; les côtés sont ornés de bandes alternativement vert jaune, bleuâtres ou rougeâtres ; les nageoires verticales portent de petits points brunâtres ou noirâtres. Chez les femelles les nageoires sont moins développées et les couleurs sont plus ternes. La longueur atteint de 8 à 10 centimètres.

Distribution géographique. — On connaît 7 espèces de Polyacanthes, surtout de l'archipel indien. Le Macropode est originaire du sud de la Chine.

Mœurs, habitudes, régime. — C'est le 8 juillet 1870 que Simon, consul de France à Ning-Po, apportait à Paris les premiers Macropodes vivants ; ils furent confiés aux soins d'un habile pisciculteur, P. Carbonnier.

L'espèce apportée par Simon et par Géraud, officier à bord du navire l'*Impératrice*, est depuis longtemps connue en Chine, comme animal d'ornement. De cent individus qui avaient été embarqués, vingt-deux seulement arrivèrent à Paris ; ce sont ceux-ci qui sont la souche de tous les Macropodes qui existent actuellement en Europe.

Sachant que les Macropodes, comme tous les autres Pharyngiens labyrinthiformes, ont la vie fort dure, Simon avait conservé ces animaux pendant la traversée dans de petits bocaux de verre, les nourrissant de vermicelle pilé. A leur arrivée, les Macropodes furent confiés à Carbonnier, et cet habile pisciculteur a fait sur ces animaux des observations si curieuses que nous ne pouvons résister au plaisir de les rapporter ici.

« Chez les Macropodes, dit-il, les nageoires dorsale et anale sont très longues et teintées des plus vives couleurs. Les écailles, présentant toutes les couleurs de l'arc-en-ciel, offrent des bandes verticales, jaunes, rouges, bleues, sillonnées, de la tête à la queue, de rayons aux couleurs changeantes ; joignez à cela des formes gracieuses, mollement arrondies, une nageoire caudale longue, fourchue, se développant largement en éventail, comme celle d'un Paon qui fait la roue, et l'on ne s'étonnera pas du nom de *Poisson de paradis* que j'ai cru devoir lui donner, car il est parmi les Poissons ce qu'est l'Oiseau de Paradis dans le genre volatile.

« Quand mes Poissons me furent remis, la plupart avaient les nageoires rongées, écornées ; leur corps était recouvert de pustules, de limon gras et de sable, qui les auraient infailliblement fait périr avant peu, et dont il importait avant tout de les débarrasser. La tâche n'était pas facile. J'en suis néanmoins venu à bout ; voici comment :

« Dans un aquarium contenant environ 70 litres d'eau, je plaçai des touffes de plantes aquatiques, choisissant de préférence des Carex à feuillage rugueux, mélangés à des plantes chevelues ; j'y plaçai mes Poissons, et leur donnai pour nourriture du ver de vase. Pour aller chercher leur proie au fond de l'aquarium, les Poissons furent obligés de passer et de repasser au travers des plantes aquatiques, dont le frottement les dépouilla, en trois ou quatre jours, de tous les sédiments dont leur corps était souillé, et j'eus bientôt la satisfaction de voir leurs couleurs reparaître et leurs nageoires se reformer et croître rapidement.

« Dix jours se passèrent ainsi, pendant lesquels mes Poissons grossirent à vue d'œil. Les femelles surtout prirent un extrême embonpoint, que j'attribuai d'abord à l'abondance de la nourriture, mais qui n'était que le prélude du frai. En effet, le matin du onzième jour, je remarquai, non sans surprise, un grand changement dans l'aspect et la manière d'être de mes Poissons. Chez les mâles, les bords des nageoires s'étaient colorés en jaune-bleuâtre, l'épine qui prolonge chaque nageoire ventrale étant d'un jaune safrané ; ils faisaient la roue, tout comme les Paons et les Poules d'Inde, et semblaient, par leur vivacité, leurs bonds saccadés, et l'étalage de leurs vives couleurs, chercher à attirer l'attention des femelles, lesquelles ne semblaient pas indifférentes à ce manège ; elles nageaient avec une molle lenteur vers les mâles et semblaient se complaire dans leur voisinage.

« Bientôt, remarquant que les mâles se disputaient les femelles et devinant qu'une ponte allait avoir lieu, je choisis le mâle le plus vigoureux et je le plaçai avec une femelle dans un aquarium particulier, d'ardoise sur trois faces, éclairé par une seule glace et contenant 40 litres d'eau. Ignorant comment se ferait la ponte, je tâchai de réunir dans leur nouveau domicile toutes les conditions propres à assurer le succès ; je garnis le fond de sable fin ;

Fig. 352. — Le Gourami.

j'y plaçai des touffes de plantes aquatiques, puis, sur un côté, une ardoise inclinée pour leur faire un abri.

« Après dix minutes passées à examiner leur nouveau domicile, le mâle vint se placer contre la face transparente, bien à la surface de l'eau, et absorbant, puis expulsant sans trêve des bulles d'air, il forma ainsi une sorte de plafond d'écume flottante, d'un diamètre de 5 millimètres d'abord, puis d'une surface d'un décimètre carré, qui se maintint sur l'eau sans résorption, ce que l'on doit attribuer probablement à la sécrétion d'un mucus graisseux, produit par la bouche du mâle, et qui constitue l'enveloppe de chaque bulle d'air.

« Dès la première ponte, je vis le mâle chercher à avaler tous les œufs qu'il rencontrait ; désireux d'en sauver quelques-uns, j'en recueillis avec une pipette 100 à 150 que je plaçai dans un plat creux ; puis, voyant que les pontes continuaient, j'en laissai le produit dans l'aquarium pour voir ce qu'il en adviendrait. Alors, à ma grande surprise, je reconnus que, bien loin de dévorer les œufs, le mâle les récoltait dans sa bouche, et les portait ensuite dans le plafond d'écume.

« La ponte terminée, le mâle chassa la femelle : pâle et décolorée, elle se réfugia immobile dans un coin de l'aquarium, tandis que lui se chargea seul des soins nécessaires à l'heureuse incubation des œufs, reconstituant le plafond d'écume dès qu'une lacune venait à s'y produire, prenant avec sa bouche quelques œufs, là où ils étaient agglomérés en trop grand nombre, pour les placer dans un endroit inoccupé ; donnant un coup de tête là où la couche d'écume lui semblait trop serrée, pour en éparpiller le contenu ; remplissant tous les vides et y produisant tout de suite de nouvelles bulles. Il travailla ainsi dix jours sans trêve ni repos, et sans prendre de nourriture.

« Pendant tout le temps que durent les transformations par lesquelles passent les jeunes, le mâle continue à donner aux embryons les soins qu'il a donnés aux œufs. Il nage à la poursuite de ceux qui s'échappent du plafond d'écume, les hume avec sa bouche et les rapporte au gîte protecteur. Je l'ai vu, sans doute pour économiser ses courses, en récolter ainsi huit ou dix dans une seule chasse et les rapporter sans blessures et sans dommages. Cela dure ainsi jusqu'à ce que le nombre et la fréquence des fuites lassent sa patience, et lui annoncent la fin de sa tâche ; il abandonne alors sa progéniture à elle-même. »

Benecke a également observé les mœurs des Macropodes, et la planche XII de ce recueil a été dessinée sous sa surveillance avec la plus scrupuleuse exactitude.

« Les Macropodes, dit-il, sont fort voraces ; ceux que je pus observer mangeaient non seulement de très petits vers, mais encore des tronçons de gros vers de terre ; ils avaient bien soin, du reste, de mâchonner la proie, de manière à ne prendre que la matière réellement alimentaire et à rejeter le contenu de l'intestin et toutes les substances étrangères ; lorsque la proie saisie cherchait à se débattre, ils la frappaient contre les plantes marines ou contre les parois de leur prison.

« A leur arrivée, les animaux étaient d'un brun pâle uniforme ; mais bientôt ils devinrent plus foncés, en même temps que se dessinèrent des rayures d'un vert doré brillant d'un vif éclat. Comme chez beaucoup d'autres Poissons, du reste, la vivacité des couleurs augmente en certains moments, pour diminuer en d'autres.

« Très souvent, lorsqu'une femelle s'approche d'un mâle, celui-ci déploie toutes ses nageoires, comme le montre la figure principale de notre planche. Les deux animaux décrivent alors lentement une série de cercles, la femelle se tenant presque verticalement, la tête dirigée en haut ; souvent le mâle se place sur le côté. »

Benecke a vu plusieurs fois le mâle s'élancer sur la femelle ; tous les deux ouvraient la bouche et se saisissaient mutuellement les lèvres avec la mâchoire ; ils nageaient ainsi pendant dix à quarante secondes, remuant vivement les nageoires et en se tournant tantôt sur le côté droit, tantôt sur le côté gauche. Tantôt c'était le mâle, tantôt la femelle qui se précipitaient l'un sur l'aure. Très souvent des femelles se battent entre elles et se déchirent les nageoires ; il est vrai de dire que ces parties se cicatrisent fort rapidement.

La fécondité du Macropode est très grande.

LES COMBATTANTS — *BETTA*

Caractères. — Les Combattants sont de petits Poissons au corps oblong, comprimé, à la ligne latérale absente ou interrompue. La nageoire dorsale est courte, placée au milieu de la longueur du dos, dépourvue d'épines, tandis que l'anale est fort développée ; les ventrales se composent de 5 rayons mous, l'externe se prolongeant en un long filament. Les opercules ne sont pas dentelés. Les mâchoires sont armées de petites dents.

Distribution géographique. — Ces animaux habitent l'Indo-Chine et plusieurs îles de la Sonde.

Mœurs, habitudes. — Une des espèces les mieux connues du genre, *Betta pugnax*, bien que de petite taille, 5 à 6 centimètres, a des habitudes singulières qui la font rechercher des Siamois ; lorsqu'en effet deux de ces Poissons mâles se trouvent en présence, ils se combattent avec acharnement ; les Siamois ouvrent alors des paris et l'heureux possesseur du survivant est déclaré vainqueur.

Voici ce que rapporte Cantor à ce sujet : « Lorsque le Betta est tranquille, ses couleurs, qui sont ternes, ne présentent rien de remarquable ; mais s'il voit un de ses semblables ou même s'il aperçoit son image dans un miroir, le petit animal devient tout à coup surexcité ; il redresse sa dorsale, gonfle la membrane des ouïes qui forme comme un jabot autour de la gorge, pendant que tout le corps brille d'un vif éclat métallique, de la plus grande beauté. Dans cet état il est prêt à s'élancer sur l'adversaire réel ou supposé. Le plus souvent, après s'être vus, les deux Poissons redeviennent calmes et reprennent leurs couleurs ordinaires.

« Les Siamois sont aussi passionnés pour les combats de ces Poissons que les Malais pour les combats de Coqs ; ils parient des sommes considérables et vont souvent jusqu'à jouer leur personne, leur femme, leurs enfants. Le droit de montrer des Poissons de combat est affermé et rapporte chaque année un revenu fort important au roi de Siam. Ces combattants abondent dans les petits ruisseaux qui découlent du pied des montagnes de Penang ; ils sont connus des habitants sous le nom de *Pla-kat* ; les animaux de combat appartiennent à une variété dressée depuis longtemps pour cet objet. »

LES OSPHRONÈMES — *OSPHRO-NEMUS*

Caractères. — Les Osphronèmes, qui comprennent les Osphronèmes proprement dits et les Trichopus, ont le corps comprimé, plus ou

LES MACROPODES.

moins élevé ; le bord de l'opercule est lisse, non dentelé ; les mâchoires sont armées de petites dents ; il n'existe pas de dents au palais. Les épines de la dorsale et de l'anale sont généralement en assez grand nombre ; le rayon externe de la ventrale est très long, filiforme.

Mœurs, distribution géographique. — Ces Poissons se trouvent dans les cours d'eau de l'Inde, de l'Indo-Chine et des îles de la Sonde.

L'Osphronème trichoptère est souvent gardé en captivité, malgré sa petite taille, à cause de la beauté de ses couleurs qui revêtent le plus brillant éclat métallique, au moment où l'animal est excité ; comme tous les autres membres de la famille, il est, en effet, toujours disposé à combattre.

LE GOURAMI. — *OSPHRONEMUS OLFAX.*

Gourami.

Caractères. — Le plus célèbre des Poissons faisant partie de la famille des Pharyngiens labyrinthiformes est certainement le Gourami, qui peut arriver à la taille de 2 mètres et peser plus de 10 kilogrammes. Le dos est coloré en brun rougeâtre ; des bandes transversales un peu obliques, de couleur sombre, se voient sur les flancs ; les écailles du ventre ont le disque argenté et le bord brun, ce qui produit autant de taches ou de mailles rhomboïdales qu'il y a d'écailles ; on voit une tache noire sur la base de la pectorale.

Le corps du Gourami est haut et comprimé ; la courbe du dos descend jusqu'à la nuque, puis le profil descend un peu obliquement en courbe un peu concave. La bouche est petite ; toute la tête, à part le museau, est couverte d'écailles. La dorsale se compose de 14 épines et de 12 rayons ; les bords de la caudale sont un peu arrondis ; on compte 11 épines et 19 rayons à l'anale ; le premier rayon de la ventrale, semblable à une antenne d'écrevisse, suivant l'expression de Commerson, dépasse le corps (fig. 352).

Mœurs, distribution géographique. — Commerson croyait que le Gourami était originaire de la Chine, d'où il avait été introduit à Java ; tout au contraire, ce Poisson est originaire de plusieurs îles de la Sonde, telles que Java, Sumatra, Bornéo. C'est dans ces îles qu'il vivait à la manière de nos Carpes dans des bassins d'eau tranquille, garnis d'une végétation abondante ; il préfère les eaux pures, bien qu'il puisse vivre également dans les mares et

dans les étangs vaseux. L'alimentation est principalement végétale, quoique Dupetit-Thouars rapporte que le Gourami ne soit pas toujours aussi délicat. En captivité on a vu des Gouramis se nourrir de salade, d'oseille, de son, de pain, de riz, de maïs, de pommes de terre cuites et rechercher également des vers, des insectes, de petits poissons, des grenouilles, de la viande crue ou bouillie, être, en un mot, fort peu difficiles sur le choix des aliments.

Commerson rapporte que les Hollandais de Batavia nourrissent des Gouramis dans de très grands vases de terre, renouvelant l'eau chaque jour, et qu'ils leur donnent pour toute nourriture des herbes marines. Ce même voyageur ajoute que dans l'estomac des Gouramis qui vivent en liberté, on ne trouve jamais que des herbes broyées et serrées en masse.

Le Gourami donne des soins tout particuliers à sa progéniture. En cinq ou six jours il construit, dans un coin de l'étang qu'il habite ou entre les plantes aquatiques, un nid de la forme d'un œuf, dans lequel vient pondre la femelle ; le nombre des œufs est de 600 à 1000 ; ils sont entourés d'une matière gélatineuse qui sert de nourriture aux petits dans les premiers temps. Il est probable que le mâle seul travaille au nid et que c'est lui qui protège les jeunes.

Acclimatation. — De l'avis de tous les voyageurs, la chair du Gourami est des plus savoureuses ; Commerson déclare n'avoir jamais rien mangé de plus savoureux, ni parmi les Poissons de mer, ni parmi ceux des eaux douces. La vitalité du Poisson, la facilité qu'on a à le nourrir, sa croissance rapide, ont dès lors engagé à l'acclimater dans divers pays.

C'est en 1761 que le Gourami a été introduit à l'île de France ; ce Poisson a été nourri d'abord dans des viviers, d'où il s'est échappé dans les rivières, et on rapporte que le Gourami est maintenant au nombre des espèces qui vivent en liberté à Maurice, où il est servi sur les tables les plus délicates.

On a essayé aussi d'acclimater le Gourami dans la Guyane française. Le capitaine Philbert embarqua 100 Gouramis à Maurice ; ne perdit que 23 individus pendant la traversée et introduisit l'espèce à Cayenne ; la tentative ne paraît pas avoir réussi. Une tentative faite en 1819 à la Martinique ne fut pas plus heureuse. En 1867 on a transporté des Gouramis dans quelques-uns des lacs de Ceylan ; nous ne savons si l'acclimatation a eu lieu. Il est grandement à désirer que les essais soient repris ; avec des soins convenables, ils réussiraient certainement.

LES OPHICÉPHALIDÉES — *OPHICEPHALIDÆ*

Die Blätterfische.

Historique. — Aristote parle de Poissons que l'on trouve au voisinage d'Héraclée et qui s'enfouissent dans la vase lorsque l'eau des lacs dans lesquels ils vivent s'évapore ; ils restent ainsi dans un état de sommeil, tandis que la vase se durcit, mais ils remuent lorsqu'on les touche.

Théophraste rapporte le même fait ; il ajoute que ces animaux pondent aussitôt que l'eau apparaît à nouveau. «On trouve de même, dans l'Inde, ajoute-t-il, des Poissons qui abandonnent les eaux dans lesquelles ils vivent, et qui, comme les Grenouilles, émigrent sur la terre à la recherche d'un endroit marécageux. »

Les auteurs n'ajoutèrent que peu de croyance à la relation de ces faits, et c'est ainsi que Sénèque, se moquant de Théophraste, dit qu'il faudra désormais, pour pêcher, se servir non de hameçons et de filets, mais d'instruments aratoires.

Et cependant les faits rapportés par Aristote et par Théophraste sont vrais, et ces auteurs sont certainement les premiers, en Europe, qui aient parlé des Pharyngiens labyrinthiformes et des espèces qui leur sont apparentées ; il n'y a point de doute qu'ils n'aient connu ces Poissons à la suite des expéditions d'Alexandre le Grand. Nous avons dit que dans l'Inde se trouvaient des Poissons qui peuvent émigrer d'un bassin dans un autre, lorsque leur demeure vient à s'assécher ; ils voyagent alors sur le sol, peuvent s'enfouir dans la vase et rester pendant plusieurs mois dans un sommeil profond, jusqu'à ce que la saison des pluies les ramène à la vie.

Il est plus que probable que les Poissons dont parlent Aristote et Théophraste ne sont pas des Pharyngiens labyrinthiformes, tels que cette famille doit être comprise, mais plutôt des Poissons qui leur sont étroitement apparentés et que l'on connaît sous le nom d'Ophicéphales.

Le nom d'Héraclée est commun à un grand nombre de villes anciennes qu'on supposait fondées par Hercule, de telle sorte qu'il est impossible de savoir de quelle ville parle le grand naturaliste grec.

Caractères. — Les Ophicéphalidées ont le corps allongé, couvert d'écailles assez grandes ; la dorsale et l'anale n'ont que des rayons mous ; ces deux nageoires sont longues. L'appareil pharyngien est beaucoup moins compliqué que celui des Pharyngiens labyrinthiformes proprement dits ; il consiste seulement en une proéminence osseuse attachée à la partie antérieure de l'arc pharyngien-mandibulaire.

La famille ne comprend que deux genres, les Channa et les Ophicéphales.

Ces derniers ont la tête plus ou moins déprimée, aplatie en dessus ; le museau est très court, large, obtus ; les yeux sont situés fort en avant ; la gueule est fendue en travers, en haut du museau, large, garnie aux deux mâchoires et au palais de dents en cardes parmi lesquelles se trouvent souvent de fortes canines. Toute la tête est couverte d'écailles, qui forment parfois sur le crâne d'assez grandes plaques. Presque tout le long du dos règne une nageoire à peu près d'égale hauteur et dont tous les rayons sont articulés ; l'anale se compose également de rayons mous (fig. 353).

Distribution géographique. — Les Ophicéphales sont plus particulièrement abondants dans les parties les plus chaudes du sud de l'Asie ; on les trouve dans l'Inde, dans l'Indo-Chine, dans la partie la plus méridionale du Céleste-Empire et dans les îles de l'archipel Malais situées en deçà de la ligne de Wallace. On en connaît trois espèces dans la partie tropicale de l'ouest de l'Afrique, une de Caméroon, une de Sierra Leone et une troisième récemment découverte dans le Haut-Ogoöué.

Mœurs, habitudes, régime. — La conformation de l'appareil branchial des Ophicéphales fait que ces animaux peuvent, de même que les Anabas, vivre longtemps hors de l'eau. « Non seulement, dit Valenciennes, on peut les transporter au loin ; ils sortent eux-mêmes volontiers des marais ou des canaux où ils

Fig. 354. — L'Ophicéphale strié.

vivent, pour aller chercher d'autres eaux, et le peuple qui les rencontre ainsi sur la terre se figure qu'ils sont tombés des nuages. Les jongleurs, dont l'Inde abonde, en ont toujours avec eux pour divertir la populace, et les enfants mêmes s'amusent des mouvements qu'ils leur font faire pour ramper sur le sol. Leur vie est si dure, qu'on leur arrache les entrailles et que l'on en coupe des morceaux sans les tuer d'abord, et sur les marchés l'on en vend ainsi dès tranches aux consommateurs; mais aussitôt qu'on en a assez enlevé pour que le poisson ne remue plus, ce qui reste perd beaucoup de son prix. »

Dans le numéro de janvier 1839 du *Journal de la Société asiatique du Bengale*, un témoin oculaire fait paraître la description d'un Poisson qui fut nommé *Boratschung* par les indigènes de Butan, dans l'extrême sud-ouest de l'Himalaya. D'après la description des gens de Butan, ce Poisson n'aurait pas été trouvé dans une rivière, mais dans un endroit complètement à sec, au milieu d'un fourré couvert de gazon, à deux milles anglais et plus de distance de l'eau. Pour s'emparer de cet animal, les indigènes creusent le sol à l'endroit où ils voient des cavités, jusqu'à ce qu'ils aient trouvé de l'eau; ils tombent alors sur le Boratschung qui vit généralement par couple. Lorsqu'on retire le Poisson de son trou et qu'on le place sur le sol, il s'enfuit en rampant avec une merveilleuse rapidité.

Quelques années plus tard, Campbell rapporta le même fait d'après ses observations personnelles. Suivant lui, le Boratschung habile seulement les cavités qui existent le long de la rive, d'un lac ou d'un cours d'eau à courant lent; les cavités sont disposées de telle sorte que l'entrée est située à plusieurs centimètres au-dessous de la surface de l'eau. Campbell affirme que l'on trouve deux Poissons ensemble, enroulés comme des Serpents. Les cavités ne seraient pas creusées par le Boratschung lui-même, mais par des crustacés terrestres.

Selon toute vraisemblance, le Boratschung est un Ophicéphale; le récit des gens de Butan ne paraît pas être invraisemblable, car on sait parfaitement que les Ophicéphales peuvent vivre loin de l'eau et qu'on les trouve fréquemment dans la vase desséchée des marais.

D'après Günther, de même que beaucoup d'autres Poissons des tropiques, les Ophicéphales peuvent résister à la sécheresse en s'enterrant dans la vase demi-fluide ou en tombant en léthargie jusqu'à ce que la saison des pluies revienne. La respiration est probablement entièrement suspendue tant que l'animal est en léthargie, mais lorsque la vase est assez molle pour lui permettre de se frayer un passage jusqu'à la surface il vient de temps en temps respirer. Lorsque les Ophicéphales sont placés dans un bassin rempli d'eau et qu'ils se trouvent dans leur vie normale, si on les prive de venir respirer à la surface ou que d'une manière quelconque on les empêche de prendre de l'air, ils ne tardent pas à périr asphyxiés. On ne sait pas encore très exactement le rôle que joue dans la respiration la partie accessoire de la cavité branchiale; ce n'est qu'une simple cavité, sans organe branchial spécial, dont l'ouverture est en partie fermée par un repli de la membrane muqueuse.

LES LABRIDÉES — *LABRIDÆ*

Die Lippfische.

Caractères. — Quelques Poissons qui rentrent dans l'ordre des Acanthoptérygiens ont les os pharyngiens inférieurs soudés en une seule pièce impaire; de plus, ils ont la vessie natatoire complètement close.

Parmi ces Poissons, les plus connus sont ceux qui ont été désignés sous le nom de Labroïdes. Ils ont le corps oblong ou allongé, revêtu d'écailles non dentelées. Les deux dorsales sont continues, la nageoire antérieure étant aussi développée ou plus développée que la dorsale postérieure à laquelle répond l'anale. Les ventrales, qui sont insérées sous la gorge, se composent de 1 épine et de 5 rayons. Il n'existe pas de dents au palais.

Distribution géographique. — Les Labridées ne sont pas rares dans les formations tertiaires moyennes de France, d'Angleterre, d'Allemagne et d'Italie; quelques fragments, que l'on peut rapporter à un animal voisin des Labres, ont été trouvés dans les terrains crétacés d'Allemagne. ·

A l'époque actuelle, la famille des Labridées comprend plus de 400 espèces qui habitent les zones tempérées et tropicales; les espèces deviennent plus rares aux environs des cercles arctiques et antarctiques; elles manquent complètement dans la zone glaciale. C'est dans les mers les plus chaudes qui se trouve le plus grand nombre de genres et d'espèces.

Sur les côtes de France, on connaît 7 genres de Labridées, comprenant jusqu'à 31 espèces : sur ce nombre, 25 sont spéciales à la Méditerranée, 6 se trouvent dans l'Océan.

Mœurs, habitudes, régime. — Les Labridées sont surtout des Poissons littoraux qui se tiennent de préférence au milieu des bancs de coraux ou parmi les plantes sous-marines; ils sont, pour la plupart, essentiellement sédentaires. Beaucoup d'entre eux ont des lèvres très développées, à l'aide desquelles ils ramassent les Crutascés et les Mollusques qui constituent le fond de leur nourriture; d'autres arrachent aussi les plantes marines. La dentition des Labridées est merveilleusement adaptée à leur genre de vie, et beaucoup d'entre eux, à l'aide de leurs mâchoires, qui rappellent celles des Perroquets, peuvent arracher les coraux et les plantes dont ils se nourrissent; d'autres ont une dent forte et recourbée à l'extrémité postérieure de la mâchoire pour ramener la coquille saisie vers les dents latérales qui devront la broyer. ,

La plupart des Labridées sont parés des plus brillantes couleurs, qui deviennent plus riches encore au moment de la ponte.

LES LABRES — *LABRUS*

Caractères. — Les Labres, connus sur les côtes de France sous le nom de *Vieilles*, ont le corps oblong, comprimé, couvert d'écailles lisses plus ou moins grandes, au nombre d'au moins 40 dans une série transversale; des écailles couvrent les joues et l'opercule; le museau est nu, allongé; les lèvres sont épaisses; les mâchoires sont armées d'une seule rangée de dents coniques; la ligne latérale n'est pas interrompue. La dorsale est composée de nombreuses épines, au nombre de 13 à 32, l'anale comprend 3 aiguillons et 8 à 12 rayons mous.

Ces animaux sont parés des couleurs les plus brillantes, et pour plusieurs espèces les mâles sont différemment colorés que les femelles.

Mœurs, distribution géographique. — C'est dans la Méditerranée que, sur neuf espèces connues, vivent huit espèces; quelques-unes de ces espèces se trouvent dans les parties de l'Atlantique voisine, une seule habite les mers du nord de l'Europe.

Les Labres sont essentiellement des Poissons saxatiles; ils habitent les endroits peu profonds, garnis de roches et de varechs; ils recherchent principalement les Mollusques, les Crustacés qu'ils saisissent ou arrachent avec les dents qui arment leurs mâchoires et qu'ils broient avec leurs plaques pharyngiennes.

LE LABRE VARIÉ. — *LABRUS MIXTUS.*

Streifenlippfisch.

Caractères. — Cette belle espèce, dont la taille est de 0ᵐ,30, a le corps assez allongé, la tête pointue, sa longueur étant contenue trois fois et quart à trois fois et demie dans la longueur totale; on voit plusieurs rangées d'écailles sur l'interopercule. On compte 16 à 18 épines et 12 à 14 rayons à la dorsale, 3 épines et 10 ou 11 rayons à l'anale (fig. 354).

Le Labre varié et le Labre à trois taches sont, l'un le mâle, l'autre la femelle d'une même espèce; si les proportions de corps sont à peu près les mêmes dans les deux sexes, la couleur est très différente.

Suivant Émile Moreau, chez le mâle le corps est, dans sa partie supérieure, d'un brun verdâtre, orné de quatre ou cinq bandes longitudinales bleuâtres ou d'un bleu violacé; parfois le dos est rougeâtre avec des bandes bleues; la partie inférieure des flancs est jaunâtre, le ventre étant couleur saumon ou rouge pâle; la gorge est jaunâtre. La tête est d'un brun verdâtre, parcourue par des bandes bleuâtres figurant un réseau irrégulier. La nageoire dorsale est jaunâtre avec une tache bleue qui s'étend sur les sept ou huit premiers aiguillons et qui est ordinairement suivie de deux petites taches bleuâtres; parfois la nageoire est liserée de bleu. L'anale et les ventrales sont jaunâtres, bordées de bleu; la caudale est jaunâtre à la base, bleue dans le reste de son étendue; les pectorales sont tantôt orangées, tantôt d'un beau jaune clair, parfois d'un rose pâle, avec une tache noirâtre ou bleuâtre à la base.

Les femelles ont le corps d'un rouge plus ou moins vif sur le dos, plus pâle sur les côtés et le ventre. Les nageoires sont rougeâtres, la dorsale, la caudale et l'anale ayant une bordure blanchâtre. On voit trois taches noires, une sur le tronçon de la queue, deux à la base de la dorsale.

Distribution géographique. — Cette belle espèce se trouve sur toutes les côtes de France, on la rencontre également sur les côtes d'Angleterre et de Norvège.

Mœurs, habitudes, régime. — De même que les autres Labres, le Labre varié préfère les fonds rocheux couverts de plantes marines, entre lesquelles il se cache. Pendant l'été, d'après Couch, on le trouve dans les baies peu profondes, non loin du rivage; en automne, il se retire dans les profondeurs moyennes; sur les côtes de la Grande-Bretagne, il fraie en mars et en avril; suivant Risso, la ponte a lieu deux fois par an dans la Méditerranée. De petits Crustacés forment la nourriture préférée du Labre varié qui ne dédaigne cependant pas les vers marins.

Autant en temps ordinaire le Labre varié est un animal pacifique, autant au moment du frai il devient batailleur; lorsqu'il a remarqué une femelle, il resplendit des plus brillantes couleurs, l'accompagne partout où elle va et ne souffre pas qu'un autre mâle s'approche d'elle; il se rue alors sur lui et se bat jusqu'à la mort; à l'inverse d'autres Poissons que la lutte embellit, le Labre varié devient d'un gris presque uniforme aussitôt qu'il aperçoit un compétiteur ou un adversaire; il se dépouille alors de sa brillante parure.

Gessner raconte que ce Labre a une affection toute particulière pour ses petits, que la femelle fraie dans un trou, à l'entrée duquel se place le mâle qui reste pendant assez longtemps sans prendre de nourriture, tout occupé qu'il est de veiller sur sa famille.

LA VIEILLE. — *LABRUS BERGYLTA.*

Caractères. — On désigne sur les côtes Océaniques de France, sous le nom de *Vieille*, de *Tanche de mer*, de *Perroquet de mer*, un Labre qui peut atteindre 0ᵐ,50 et dont le système de coloration est des plus variables; indiquer ces variations serait chose impossible, tellement elles sont nombreuses. Le plus souvent le corps est d'un ton verdâtre sur le dos, plus clair sur les flancs, presque blanchâtre sous le ventre, orné de lignes plus ou moins régulièrement disposées, d'une teinte rouge brique; les nageoires sont d'un beau rouge-brique avec des taches verdâtres; on voit de nombreux ocelles à la dorsale. Parfois le corps est verdâtre avec des taches nacrées et les nageoires sont vertes. D'autres fois la teinte générale est rougeâtre, avec des taches blanchâtres; d'autres fois encore le corps et les nageoires sont bleuâtres, bleu verdâtre, avec des taches d'un rouge-brique vif.

Le corps est ovale, comprimé, le museau allongé; les lèvres sont fort épaisses; l'œil est rougeâtre ou jaune rougeâtre. On compte 20 ou 21 épines et 10 ou 11 rayons aux dorsales, 3 épines et de 8 à 10 rayons à l'anale.

Mœurs, distribution géographique. — La

Fig. 354. — Le Labre varié.

Vieille se trouve sur toutes les côtes de l'ouest de la France, sur les côtes de la Grande-Bretagne, de la Belgique, de la Hollande.

Cette espèce fraie en avril, se tient sur les côtes rocheuses et se nourrit principalement de Crustacés.

LES CRÉNILABRES — *CRENILABRUS*

Caractères. — On désigne sous ce nom les Labres chez lesquels le bord postérieur du préopercule est dentelé ou caréné. Le corps est ovale, la tête assez forte; les lèvres sont épaisses; les mâchoires sont armées d'une seule rangée de dents; les pièces operculaires et les joues sont écailleuses; le nombre des épines de la dorsale varie entre 13 et 18.

La plupart des espèces qui rentrent dans ce genre sont ornées des plus brillantes couleurs; leurs écailles et leurs nageoires paraissent surtout admirablement colorées à l'époque de la ponte.

Malgré de nombreuses recherches, la délimitation des espèces de ce genre est des plus difficiles, car ces animaux paraissent varier beaucoup; en outre, la couleur, si vive chez l'animal vivant, s'efface très rapidement dans l'alcool, et comme tous les Crénilabres ont à peu près mêmes formes et mêmes proportions, il est souvent presque impossible de les déterminer avec certitude. Le système de coloration varie non seulement d'individus à individus, mais encore suivant l'âge, suivant le sexe, et chez le mâle suivant qu'il porte sa livrée ordinaire ou qu'il est revêtu de sa parure de noce.

Dans certaines circonstances, la coloration se modifie rapidement; c'est ainsi que Fries et Ecektrom ont remarqué qu'une espèce qui vit sur les côtes de Norvège n'est dans tout son éclat que lorsqu'elle nage paisiblement; les taches dont le dos et les flancs sont ornés disparaissent pour reparaître lorsque l'animal se sent en sécurité. Aussitôt retiré de l'eau, le Poisson perd en grande partie sa brillante coloration.

Distribution géographique. — Les Crénilabres ont le même habitat que les Labres. La distinction des espèces étant loin d'être facile, les zoologistes ne sont pas absolument fixés sur le nombre des espèces à maintenir.

Nous aurions jusqu'à 14 espèces de Crénilabres sur les côtes de France; sur ce nombre, 8 sont spéciales à la Méditerranée, 4 se trouvent dans cette mer et dans le golfe de Gascogne, une paraît être spéciale à la Manche et aux mers voisines; celle que nous allons plus particulièrement faire connaître ici se rencontre

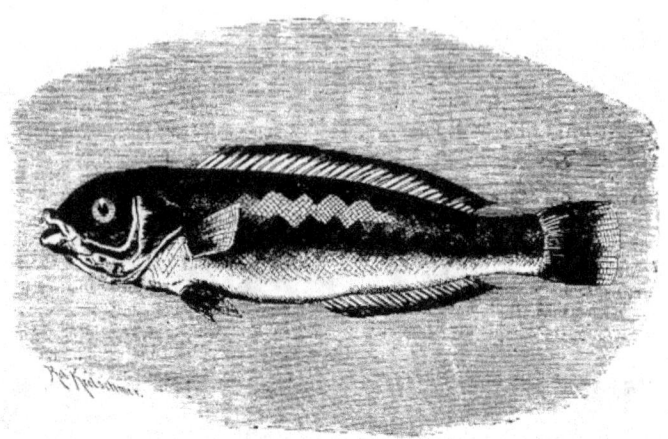

Fig. 355. — La Girelle commune.

depuis la Méditerranée jusque dans la mer du Nord.

LE CRÉNILABRE MÉLOPE. — *CRENILABRUS MELOPS.*

Goldmaid.

Caractères. — Comme pour les autres espèces, la coloration de ce Crénilabre est des plus variables, aussi a-t-il été décrit sous différents noms. Le corps est, le plus souvent, d'un jaune tirant sur le vert, avec des bandes longitudinales foncées et des points bleus sur les flancs; il est parfois complètement vert, tantôt vert pâle, tantôt sombre, d'autres fois brun rougeâtre avec des ocelles verdâtres, des marbrures brunes, des taches noires rougeâtres, marron. On voit sur le tronçon de la queue une tache noire. La tête est brillamment colorée; sur les côtés elle est ornée de lignes vertes ou bleuâtres; derrière l'œil se voit une tache d'un noir bleuâtre de laquelle part souvent une bande brunâtre qui descend obliquement et va s'unir sous la gorge à celle du côté opposé.

La portion épineuse de la dorsale est d'un verdâtre clair tantôt uniforme, tantôt avec des taches orangées; le bord de la nageoire est orange. La dorsale molle est souvent brunâtre à sa base, verdâtre au milieu, orangée à sa partie supérieure, ornée, en avant, de petites ocel-les d'un vert pâle et parfois d'une tache brune. L'anale est d'un vert pâle avec deux rangées de taches orangées et le bord de couleur vert-olive. D'autres fois elle est jaunâtre avec des traits bleus. La caudale est ordinairement de même couleur. Les pectorales, qui ont la base bleuâtre, sont jaunâtres; les ventrales sont de couleur jaune pâle, jaune orangé, bleuâtre.

Cette espèce, qui arrive à la taille de 0m,20, a le corps ovalaire. On compte de 14 à 17 épines et 8 ou 9 rayons mous à la dorsale, 3 épines et 9 rayons à l'anale.

Mœurs, distribution géographique. — Le Crénilabre Mélope se trouve depuis la Méditerranée jusque sur les côtes de Norvège et de la Grande-Bretagne. Commun dans la partie méridionale de l'Angleterre, il devient plus rare sur les côtes d'Écosse et se trouve accidentellement jusqu'à la latitude des Orcades. Sur les côtes de France, cette espèce est abondante dans le golfe de Gascogne, commune sur les côtes de Bretagne et dans la Manche, plus rare au nord de la Seine, dans le Pas-de-Calais et dans la mer du Nord.

Dans la Méditerranée, le Mélope se tient aussi bien sur les fonds sablonneux que sur les fonds rocheux; sa nourriture consiste surtout en petits crustacés; sur les côtes d'Angleterre il fraie en avril, et en juillet sur les côtes de Norvège.

Dans la mer du Nord on le prend surtout dans les casiers à homard. La chair de ce Poisson étant molle et fade, est peu estimée, aussi les pêcheurs l'emploient-ils, le plus souvent, pour amorcer leurs lignes.

LES GIRELLES — *JULIS*

Junterfische.

Caractères. — On désigne sous le nom de Girelles les Labroïdes qui ont le corps oblong, comprimé, couvert d'écailles de grandeur variable, mais jamais petites, la tête complètement nue, les dents coniques, plus fortes et plus longues en avant. La ligne latérale n'est pas interrompue. On compte 9 ou 10 épines à la dorsale.

Ces Poissons sont tous parés des couleurs les plus variées et les plus brillantes ; ce sont peut-être les plus beaux de tous les Labroïdes.

Mœurs, distribution géographique. — Les Girelles abondent dans la mer des Indes ; on en trouve trois espèces sur les côtes de France. D'après Valenciennes ce sont des Poissons littoraux, vivant parmi les roches madréporiques, où ils trouvent en abondance des Mollusques, des Oursins et autres animaux à test dur, qu'ils brisent facilement avec les dents fortes et coniques, soit des mâchoires, soit des pharyngiens.

LA GIRELLE COMMUNE. — *JULIS VULGARIS.*

Meerjunter.

Caractères. — La Girelle est admirablement parée, et il est presque impossible d'indiquer les diverses coloration que présente cet animal. D'après E. Moreau « les parties supérieure, de la tête et la région dorsale sont d'un brun bleuâtre, parfois nuancé de rouge. De l'opercule au tronçon de la queue s'étend une large bande dentelée, qui, le plus souvent, est orange ; parfois elle est d'un jaune rosé très pâle ou rougeâtre. Au-dessous de cette bande, et depuis l'épaule jusque vers l'aplomb des premiers rayons mous de la dorsale, se dessine une longue tache, ou plutôt une bande d'un noir bleuâtre, qui empiète souvent sur la bande dentelée ; à la suite de cette tache, il y a généralement une bande bleuâtre qui va jusque sur le tronçon de la queue. Les flancs et le ventre sont d'un blanc jaunâtre ou d'un jaune orangé ; la gorge est d'un ton un peu plus clair. Une large ligne d'un bleu d'outremer, quelquefois d'un blanc rosé sur le bord, va de la commissure des lèvres jusque sur l'opercule ; l'angle membraneux du battant operculaire porte une petite tache d'un bleu foncé ; à partir du bord inférieur de l'orbite, les côtés de la tête sont d'un jaune assez pâle plus ou moins rosé ; le haut de la joue est parfois orangé assez foncé. Chez quelques individus le dos est d'un bleu foncé rougeâtre et le ventre est orange ; les deux teintes sont séparées par une bande longitudinale d'un orangé assez clair.

« La dorsale est marquée sur les deux ou trois premiers espaces interradiaires d'une tache bleu foncé généralement bordée de rougeâtre. Elle est en outre teintée de couleurs variées ; vers la base elle est d'un jaune verdâtre fort clair, souvent nuancé de rose ou de gris ; à la partie supérieure elle porte une bande rougeâtre ou d'un rouge orangé ; la pointe des rayons est d'un gris rosé ou bleuâtre. Ordinairement l'anale est d'un rouge orangé assez clair, parfois mêlé de bleu ou de violet ; il y a quelquefois une bande jaunâtre longitudinale à la base de la nageoire. La caudale est d'un gris verdâtre teinté de roux. Les pectorales et les ventrales sont d'un jaune pâle varié de rougeâtre. »

Le corps est de forme allongée, le museau pointu, la bouche petite, légèrement protractile. On compte 9 épines et 11 ou 12 rayons à l'anale (fig. 355). La longeur atteint 0m,18.

Mœurs, distribution géographique. — La Girelle est commune dans la Méditerranée ; elle est rare dans l'Océan ; on la prend accidentellement sur les côtes d'Angleterre.

Cette espèce se tient de préférence sur les fonds rocheux couverts de varechs ; elle se nourrit de coquillages et de petits crustacés et fraie au printemps.

Pour une espèce de la mer Rouge voisine de l'espèce de nos pays, Klunzinger nous apprend qu'elle vit en petites troupes de dix à vingt individus. Lorsqu'une proie est à leur portée, ils se jettent rapidement dessus, et si elle est volumineuse chacun en emporte un morceau par un brusque mouvement, puis ils se hâtent de se retirer sous des rochers.

LES FILOUS — *EPIBULUS*

Betrugerfische.

Caractères. — Dans l'Océan Indien se trouve un Labroïde qui se distingue de tous les au-

Fig. 356. — Le Filou.

tres par l'allongement tubuliforme de son museau, qui est très protractile, les branches montantes de l'intermaxillaire, la mandibule et le tympanique étant très allongés.

La seule espèce de ce genre est l'*Épibulus insidiator* (fig. 356) qui atteint 0ᵐ,25 à 0ᵐ,30. La coloration, qui est variable, est le plus souvent rougeâtre sur le dos, les flancs étant jaunâtres avec le bord des écailles verdâtres ; les nageoires dorsale et anale sont jaunes avec des lignes onduleuses verdâtres ; les autres nageoires sont colorées en jaune verdâtre. Le corps est assez ramassé, le profil de la tête concave en devant des yeux. La caudale est fortement échancrée ; la dorsale et l'anale se prolongent en pointe ; on compte 9 épines et 13 rayons à la dorsale, 11 à l'anale.

Mœurs. — Cette espèce se tient cachée sous les rochers ou entre les plantes marines, et lorsqu'une proie passe à sa portée, elle allonge brusquement son tube buccal et peut ainsi s'emparer d'animaux relativement volumineux.

LES SCARES — *SCARUS*

Papageifische.

Caractères. — Sous le nom de Scares ou de *Perroquets de mer* on désigne des Poissons qui ont tous les caractères des Labres, mais chez lesquels les mâchoires sont convexes, le museau bombé ; les dents se soudent entre elles, de manière à former une lame tranchante ; les joues sont garnies d'une ou de plusieurs rangées de grandes écailles ; les lèvres sont épaisses ; les dents pharyngiennes se soudent en une large plaque, admirablement disposée pour broyer les aliments. Les couleurs sont toujours des plus brillantes ; les dents sont colorées en jaune, en rose tendre en bleu pâle, en vert d'eau (fig. 357).

Mœurs, distribution géographique. — Les Scares, fort nombreux en espèces, habitent la zone torride ; une espèce est connue de la Méditerranée ; ce sont des Poissons qui habitent surtout les récifs de coraux ; à l'aide de leurs mâchoires ils arrachent les plantes marines qu'ils broient avec leurs dents pharyngiennes.

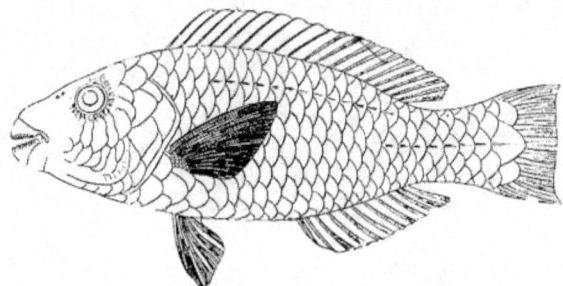

Fig. 357. — Le Scare gymnognathe.

LE SCARE DE CRÈTE. — *SCARUS CRETENSIS.*

Scapapuyei.

Caractères. — Cette espèce a le corps oblong, le museau obtus, le profil de la tête peu arqué, les yeux très rapprochés du front, une seule rangée d'écailles sur les joues. Le corps est d'un beau pourpre, tirant au rose vers le ventre et au brun violacé vers le dos; chaque écaille est bordée de violet; la pectorale est de couleur orangée, la ventrale est traversée par des lignes violettes, la dorsale, qui est d'un gris violacé, est ornée de taches et de bandes nuageuses de couleur aurore; l'anale a l'extrémité gris jaunâtre; la caudale est violacée avec le bord plus pâle. On compte 9 épines et 10 rayons mous à la dorsale, 2 épines et 9 rayons à l'anale. La longueur est d'environ 0ᵐ,40.

Mœurs, distribution géographique. — Cette belle espèce est confinée dans la partie orientale de la Méditerranée, aux environs surtout de l'île de Crète et vers les côtes de l'Asie Mineure; on la trouve accidentellement sur les côtes de la Sicile.

Sous le règne de Claude, d'après Pline, Optatus Élipentius rapporta ce Scare des rives de la Troade et l'introduisit entre Ostie et la Campanie.

« Pendant cinq années, dit Pline, on a jeté des Perroquets en ces endroits; depuis cette époque, on les trouve dans des parages où, auparavant, on n'en prenait pas un seul. »

Le Scare était bien connu des anciens; « il était célébré par les écrivains de l'antiquité, soit à cause de la faculté de ruminer et de celle de rendre un son qu'on lui attribuait, soit par l'adresse avec laquelle on prétendait qu'il savait, avec le secours de ses semblables, se tirer des nasses où il était pris, soit parce qu'on faisait surtout une estime particulière de ses intestins, soit, enfin, par les efforts et les dépenses que l'on fit pour le propager sur les côtes de l'Italie, afin qu'il ne manquât pas au luxe effréné de la capitale du monde.

« Aristote parle de sa rumination en trois endroits, mais comme d'une chose dont il ne s'était pas assuré par lui-même. Il dit, dans l'*Histoire des animaux* que « certains Poissons ont l'estomac différent des autres; tel est le Scare, le seul que l'on croie ruminer »; que « le Scare est le seul qui passe pour ruminer à la façon des animaux terrestres »; et « qu'un petit nombre de Poissons seulement n'a pas de dents disposées comme celles d'une scie et que de ce nombre est le Scare; aussi, est-ce pour cela que l'on croit et avec raison qu'il est le seul Poisson qui rumine. »

« Ces assertions ont été répétées sans autre examen par les écrivains postérieurs à Aristote: par Pline, par Ælien, par S. Ambroise, par S. Basile. Les poètes, surtout Ovide et Oppien, n'ont marqué à cet égard aucun doute, et cette rumination est devenue en quelque sorte un fait constant, bien que personne ne dise en avoir été témoin.

« Comme les ruminants terrestres, le Scare ne se nourrissait pas d'animaux. Aristote assure que « le Mélanure et le Scare vivent de fucus. Ælien dit qu'il vit d'algues; aussi se tenait-il parmi les rochers couverts d'herbes marines. Oppien et Ovide le témoignent également. Selon Ælien, on le prenait avec du co-

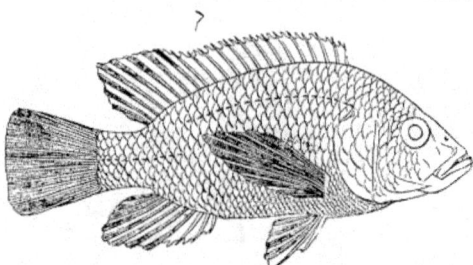

Fig. 358. — Le Chromis père de famille.

riandre et du panais, pour lesquels il avait une grande passion, encore plus aisément qu'avec des fucus.

« Le Scare passait pour avoir une voix pour produire un son. Oppien ne lui attribue pas moins exclusivement cette propriété que celle de ruminer, et Suidas l'explique en disant qu'il produit ce bruit en rejetant l'eau avec un sifflement et qu'il ne peut le faire entendre quand il est dans la profondeur.

«Seul aussi parmi les Poissons, selon Seleucus de Tarse, cité par Athénée, le Scare avait l'habitude de dormir et ne se prenait point la nuit.

« On trouve aussi dans Oppien, et d'après lui dans Ælien, que l'on en attirait en grand nombre dans les filets, en leur faisant suivre une femelle que l'on avait attachée à une ligne. Néanmoins, c'était aussi un Poisson très prudent. Leur amitié mutuelle n'était pas moins ingénieuse dans le danger que celle de l'Anthias. Selon les mêmes auteurs, quand l'un d'eux était pris à la ligne, les autres venaient tâcher de couper la corde, et s'il s'embarrassait dans les filets, ses compagnons cherchaient à le tirer par la queue ou lui présentaient la leur pour qu'il la prît avec les dents et qu'ils pussent l'enlever.

« Du temps de Pline, le Scare passait pour le premier des Poissons. Galien lui donne le même rang parmi les Poissons de roche ; Aétius répète la même chose. Un vers d'Epicharme, cité deux fois par Athénée, y ajoute une circonstance particulière : « Le Scare, dont les dieux mêmes craignent de rejeter les excréments. » Ses intestins et les matières qui y étaient contenues semblent, en effet, avoir beaucoup contribué à l'estime qu'on en faisait. Martial dit qu'il était gras intérieurement. C'est à cette propriété que se rapporte encore ce

passage d'Oribase, extrait du *Traité du médecin Xénocrate*, sur les aliments que fournissent les Poissons, où il est dit que le Scare est agréable au goût, se dissipe difficilement par la perspiration, se corrompt aisément et relâche le ventre ; mais celui qu'on a pris récemment et qui n'a pas été enfermé dans les réservoirs a beaucoup de viscères, est agréable au goût, surnage dans l'estomac et se corrompt facilement (1).

« D'après ces détails, il y a la plus grande apparence qu'on préparait le Scare avec ses propres intestins, et peut-être s'en servait-on pour l'assaisonnement, comme nous faisons aujourd'hui pour le Pluvier et pour la Bécasse.

« On en estimait aussi le foie, pris séparément, et Suétone nous apprend que Vitellius le fit entrer avec des cervelles de paons et de faisans, des langues de flamants et des laitances de murènes dans ce plat recherché qu'il nommait *bouclier de Minerve*.

« C'est sans doute à cause de cet usage de ses intestins qu'on voulait l'avoir dans l'état de la plus grande fraîcheur et même que, suivant Pétrone, on l'apportait vivant sur les tables.

« Enfin, ses qualités diététiques, bonnes ou mauvaises, n'étaient pas moins connues que la délicatesse de sa saveur. Diphilus de Siphinium, auteur d'un livre sur les aliments à donner aux malades et aux hommes en bonne santé, dont Athénée a conservé de longs extraits, disait que la chair du Scare était tendre, friable, douce, légère, facile à digérer, qu'elle passait vite et se distribuait bien, et cependant il ajoutait que ce Poisson devenait suspect lorsqu'il avait mangé du lièvre marin, et qu'alors ses intestins donnaient le *choléra-morbus*. Galien, Aétius ne parlent que de la fa-

(1) Oribase, *Œuvres*, trad. Bussemaker et Daremberg. Paris, 1851, t. I, p. 144.

cilité avec laquelle ce Poisson se digère et de son extrême salubrité. On le croyait même, à Rome, capable d'exciter et de ranimer l'appétit, comme on le dit des huîtres (1). »

Dans ces récits se trouvent consignés des faits bien observés, mélangés à de nombreuses erreurs.

Tous les Scares, surtout les espèces des pays chauds, vivent dans les fentes et les crevasses des rochers, entre les coraux et se tiennent en petites troupes. Leur nourriture paraît surtout consister en matières végétales qu'ils arrachent avec leurs dents coupantes et broient avec leurs plaques pharyngiennes ; lorsqu'ils nagent, ils se tiennent habituellement la tête en bas, dans une position presque verticale.

D'après Valenciennes, quand on examine la structure des doubles mâchoires de ces animaux, on comprend que les herbes dont ils se nourrissent doivent éprouver une forte trituration et qu'il est possible qu'elles reviennent des mâchoires pharyngiennes sur les mâchoires ordinaires ; d'ailleurs, le singulier

mode d'articulation de la mâchoire inférieure explique comment le Scare peut donner à cette mâchoire un mouvement de va-et-vient, qui peut être fort bien comparé au mouvement de rumination des mammifères. Il est encore possible que les aliments fassent un long séjour dans la bouche ; ce qui est certain, c'est que les matières alimentaires sont excessivement divisées quand elles arrivent dans l'estomac et y paraissent presque homogènes.

Usages, dangers. — Nous avons dit plus haut combien le Scare était tenu en haute estime comme aliment par les anciens ; il n'est pas moins recherché aujourd'hui par les Grecs qui font une sauce avec son foie et ses intestins. La chair est molle, aussi est-elle surtout mangée grillée ou rôtie. Sur le littoral de la mer Rouge, on sale certaines espèces de Scares ou on les fait sécher.

Dans certaines circonstances encore mal définies, la chair des Scares est vénéneuse, et des accidents mortels ont été signalés après son emploi.

LES CHROMIDÉES — *CHROMIDÆ*

Caractères. — On a séparé des Labres, des Poissons qui leur ressemblent beaucoup par l'aspect, et qui les représentent, en quelque sorte, dans les eaux douces. Le corps est élevé, oblong ou allongé, couvert d'écailles presque toujours dentelées au bord ; la ligne latérale est interrompue. La dorsale est unique, la partie antérieure étant épineuse ; l'anale molle est précédée au moins de trois épines, les aiguillons étant parfois en grand nombre. Les mâchoires sont armées de dents ; le palais est lisse.

Mœurs, distribution géographique. — A part le genre *Etroplus* qui est marin et qui ne comprend du reste que trois espèces, de Madagascar, de Ceylan et de la partie sud de l'Inde, tous les Chromidées sont des Poissons des eaux douces. Certaines espèces ont des dents lobées et leur intestin décrit de nombreuses circonvolutions ; elles sont herbivores ; les autres sont carnivores.

Les Chromidées peuvent se partager en deux groupes très tranchés, dont la répartition géographique est également nettement définie ; tous les genres qui habitent l'Amérique du sud et l'Amérique centrale, et ils sont nom-

breux, ont les écailles dentelées au bord ; tous les genres africains ont les écailles entières ; de l'Afrique, les Chromidées ont irradié dans l'Asie Mineure, la Palestine.

LES CHROMIS — *CHROMIS*

Caractères. — Les Chromis ont le corps oblong, comprimé ; les épines dorsales sont nombreuses, on ne voit que trois épines à l'anale ; les dents sont comprimées, plus ou moins lobées, implantées suivant une seule rangée ; la dorsale n'est pas revêtue d'écailles (fig. 338).

Mœurs, distribution géographique — On connaît environ 25 espèces de Chromis ; elles habitent les eaux douces de l'Afrique, de la Palestine.

D'après Lortet, dans le lac de Tibériade, les Chromis, qui y sont nombreux, se réunissent en bandes nombreuses, qui se rencontrent surtout dans les estuaires vaseux que forment les cours d'eau ; ils aiment les eaux tranquilles ; sous les feuilles des nénuphars et des nymphéas, entre les énormes touffes de papyrus, on en voit littéralement fourmiller d'innombrables bandes.

Une des espèces les plus curieuses du lac

(1) Cuvier et Valenciennes, *Histoire naturelle des Poissons*, t. XIV, p. 132.

de Tibériade est le Chromis de Simon ou Chromis père de famille, dont Lortet a fait connaître les mœurs curieuses. « Les œufs de ce Chromis, dit-il, sont gros comme du plomb de chasse numéro 4 et d'un beau vert foncé. J'ai vu plusieurs fois la femelle en pondre une quantité considérable, deux cents environ, entre les joncs et les roseaux, dans une petite excavation qu'elle creuse en se frottant dans la vase. Lorsque la femelle a terminé sa ponte, elle paraît épuisée et reste immobile à une petite distance. Le mâle, au contraire, semble très agité, tourne autour des œufs, nage sans cesse au-dessus. Quelques minutes plus tard, il avale les œufs les uns après les autres, et les garde dans l'intérieur de la cavité buccale, contre ses joues qui se gonflent d'une manière étrange. Quelques-uns passent cependant au milieu des branchies. Ces œufs, quoiqu'ils ne soient maintenus par aucune membrane, ni par une matière gommeuse ou glaireuse quelconque, tiennent cependant très bien dans la gueule. L'animal ne les lâche jamais lorsqu'il est dans l'intérieur de l'eau. Ce n'est que lorsqu'on jette le Poisson sur le sable, que les œufs tombent au dehors, à la suite des efforts provoqués par l'agonie ; il en reste toujours néanmoins une grande quantité dans la bouche.

« Dans cette cavité incubatrice d'un nouveau genre, les œufs subissent en quelques jours toutes leurs métamorphoses. Les petits prennent rapidement un volume considérable, et paraissent bien gênés dans leur étroite prison. Ils restent en grand nombre pressés les uns contre les autres, comme les grains d'une grenade mûre. La bouche du père nourricier est alors tellement distendue par la présence de cette progéniture, que les mâchoires ne peuvent absolument plus se rapprocher. Les joues sont gonflées et l'animal présente un aspect des plus étranges. Quelques jeunes, arrivés à l'état parfait, continuent à vivre et à se développer au milieu des feuillets branchiaux ; les autres ont tous la tête dirigée vers l'ouverture buccale du père et ne quittent cette cavité protectrice que lorsqu'ils sont longs de 10 millimètres, et alors assez forts et assez agiles pour échapper facilement à leurs nombreux ennemis.

« Je ne puis comprendre comment le mâle, qui porte ainsi pendant plusieurs semaines plus de 200 petits, peut se nourrir sans avaler avec sa proie un grand nombre d'alevins.

« Le célèbre voyageur Livingstone, dans son *Dernier Journal*, publié après sa mort, décrit une espèce, très probablement du genre Chromis, qu'il a découverte, le 28 juin, sur le bord du grand lac Tanganika. Je transcris ici cette note de l'illustre observateur. « Le *Dagala* ou *Nisipé*, petit Poisson que l'on prend en grand nombre dans toutes les eaux courantes, et qui ressemble beaucoup à notre *Witebait* (*Clupea*), émet, dit-on, ses œufs par la gueule ; l'éclosion est immédiate, et les jeunes pourvoient à leurs besoins dès la naissance. Certaines personnes disent avoir vu des œufs rester dans les côtés de la gueule, jusqu'au moment où ils vont éclore. »

Un autre Chromis du lac de Tibériade, le *Chromis sacré*, a des mœurs analogues. Cette espèce, dit Lortet, « dans le mois de juin, a toujours un très grand nombre d'œufs et d'alevins dans la gueule. Sur les plus gros individus que j'ai pêchés, j'en ai compté jusqu'à 250. La bouche du Poisson est tellement gonflée par cette abondante progéniture, que l'animal ne peut absolument plus la fermer ; il présente alors un aspect des plus bizarres .. La femelle se creuse un petit nid dans la vase ou dans le sable, toujours au milieu des joncs ou des racines de papyrus, elle y pond ses œufs. Quelques minutes après, le mâle les engloutit dans sa cavité buccale et part brusquement, abandonnant sa femelle. Au bout de très peu de jours, les métamorphoses sont achevées et les alevins sortent de l'œuf. »

LES ANACANTHINIENS — *ANACANTHINI*

Die Weichflosser.

Caractères. — Cuvier désigne sous le nom de *Malacoptérygiens subbrachiens* les Poissons chez lesquels les rayons de la dorsale sont tous mous et qui ont les ventrales insérées sous la gorge et adhérentes à l'appareil de l'épaule. Les Gades, les Pleuronectes ou Poissons plats, rentrent dans cet ordre, qui a été désigné par Muller sous le nom d'*Anacanthini*.

Les caractères de cet ordre sont d'être des Malacoptérygiens, avec ou sans nageoires ventrales jugulaires; ils se rapprochent des Acanthoptérygiens, auxquels ils font passage, par l'absence d'un canal aérien à la vessie natatoire.

Utilité. — Si les Anacanthiniens ne comprennent qu'un fort petit nombre de familles, les animaux qui rentrent dans ce groupe n'en ont pas moins une fort grande importance, au point de vue de la pêche; qu'il nous suffise de dire que la Morue, qui donne lieu chaque année à un si grand commerce, fait partie de l'ordre des Anacanthiniens.

LES GADIDÉES — *GADIDÆ*

Die Schellfische.

Caractères. — Les Gadidées ont le corps plus ou moins allongé, couvert de petites écailles lisses, assez souvent caduques. La tête est large; les mâchoires, et généralement le vomer, sont armés de dents; l'ouverture des ouïes est très fendue, la membrane n'étant pas le plus ordinairement attachée à l'isthme; les pseudo-branchies sont rudimentaires ou absentes. On voit sur le dos une, deux ou trois nageoires qui s'étendent sur la plus grande partie de son étendue; la caudale est libre, ou, si elle est contiguë à l'anale, elle est séparée de la dorsale par une échancrure; les ventrales sont insérées sous la gorge, le plus ordinairement composées de plusieurs rayons, parfois réduites à un filament.

Mœurs, distribution géographique et géologique. — On connaît à peine des Gadidées dans la série des formations; deux genres *Nemopteryx* et *Palæogadus* ont été trouvés à Glaris, dont les ardoisières se sont formées sous une mer très profonde; on a recueilli à la base des terrains tertiaires, dans l'argile de Londres, des Gades apparentés aux genres actuels.

Certains Gades sont des Poissons de surface et littoraux, et ce sont les plus nombreux, tandis que d'autres se tiennent dans la profondeur. Les premiers sont presque entièrement confinés dans la zone tempérée et s'étendent jusqu'au cercle arctique. Deux ou trois espèces seulement habitent les eaux douces.

LES GADES — *GADUS*

Schellfische.

Caractères. — Les Gades proprement dits ont le corps médiocrement allongé, couvert de petites écailles; il existe trois dorsales, deux anales; la caudale est nettement distincte; les ventrales sont courtes, composées d'au moins 6 rayons; on voit des dents aux mâchoires et au vomer, les palatins n'étant pas dentés.

Distribution géographique. — Cés Poissons habitent les zones arctique et tempérée de l'hémisphère nord.

LA MORUE. — *GADUS MORRHUA.*

Kabeljau.

Caractères. — La Morue franche a le corps allongé, épais en avant, recouvert de très petites écailles; le museau est obtus, la bouche grande; la mâchoire supérieure est plus longue que la mandibule; ces deux mâchoires sont armées de fortes dents en cardes; on voit un petit barbillon sous le menton. On compte de 13 à 15 rayons à la première dorsale, qui est plus haute et moins longue que les suivantes; les deux autres dorsales ont 17 à 18 et 18 à 21 rayons; les deux anales se composent de 17 à 19 et 16 ou 17 rayons; la caudale, qui est large et forte, est carrée ou à peine échancrée.

Cette espèce, qui est représentée à la partie inférieure de la figure 359, peut arriver à la taille de 1 mètre et même de 1 mètre et demi, et peser jusqu'à 40 kilogrammes.

La teinte générale est verdâtre ou d'un gris olivâtre avec de nombreuses taches jaunâtres ou brunâtres sur le dos et sur les flancs; le plus ordinairement les dorsales et la caudale sont d'un gris jaunâtre passant au brunâtre sur les bords; les anales sont d'un blanc pointillé de brun, l'extrémité étant brunâtre; les pectorales sont d'un gris jaunâtre; les ventrales sont blanchâtres, piquetées de brun.

Distribution géographique. — La Morue franche est un Poisson des mers du Nord; on la trouve dans l'océan Atlantique depuis le quarantième degré de latitude nord, et dans l'océan Glacial jusqu'au soixante-dixième degré; elle abonde sur les côtes du Labrador, du Groenland et dans les parages de l'Islande ; on la retrouve dans la mer Blanche jusque dans la partie septentrionale de l'océan Pacifique qui loge le Kamtschatka. Sur les côtes de France, le Cabillaud est assez commun dans le Pas-de-Calais et dans la Manche ; il devient rare sur les côtes de Bretagne et du Poitou ; quelques individus égarés se pêchent parfois dans le golfe de Gascogne et même sur les côtes du Portugal, sans jamais franchir toutefois le détroit de Gibraltar, la Morue ne se trouvant pas dans la Méditerranée.

Mœurs, habitudes, régime. — La Morue est un Poisson des bas fonds ; ses migrations vers les baies peu profondes ou son arrivée sur des bancs relativement superficiels, comme ceux de Terre-Neuve et de Rockall, n'ont lieu qu'à l'époque de la ponte et encore, même à ce moment, le Poisson choisit-il de préférence des profondeurs de 25 à 40 et même 50 brasses.

La fécondité de la Morue n'est guère dépassée par celle d'aucun autre Poisson ; Leuwenkœk assure avoir trouvé dans le corps d'une femelle près de 9 millions d'œufs ; Braydley estime leur nombre au moins à 4 millions.

L'époque du frai sur la côte est de l'Atlantique et dans l'océan Glacial tombe au commencement du printemps, vers février ; le Cabillaud, dans ces parages, s'approche des côtes dès janvier. Sur le versant occidental du même océan, la ponte a lieu plus tard, en mai et en juin, certainement parce que dans ces parages le Gulf-stream ne fait pas sentir son action vivifiante. Six mois après la ponte, les petits ont atteint une longueur d'environ 0^m,25 ; ils sont aptes à se reproduire dans leur troisième année.

Les Poissons qui fraient apparaissent en quantités innombrables, par montagnes, suivant l'expression des Norwégiens, c'est-à-dire en troupes serrées et pressées qui nagent les unes au-dessus des autres sur une épaisseur de plusieurs mètres et parfois sur une longueur de plusieurs milles ; ils se dirigent vers les côtes ou sur les bancs de sable, errent à la surface de ces bancs pendant plusieurs jours, pondent, puis disparaissent ; ils sont remplacés par d'autres bancs qui viennent déposer leurs œufs au même endroit.

Le Callibaud est extrêmement vorace ; il se montre tout particulièrement friand d'un petit Poisson, le Capelan, et d'une sorte de Sèche, l'Encornet ; on trouve fréquemment des coquilles dans son estomac ainsi que des débris de crustacés ; tout ce qui tombe à l'eau

attire son attention, de telle sorte que la Morue se précipite sur tout objet brillant.

Dans la Baltique la Morue apparaît toujours là où se montre le Hareng et se gorge d'Épinoches, sans dédaigner les mollusques et même certaines herbes marines.

Pêche. — « Parmi tous les animaux, écrit Lacépède, qui peuplent l'air, la terre et les eaux, il n'est qu'un petit nombre d'espèces utiles dont l'histoire puisse paraître plus digne que celle de la Morue, d'intérêt ou de la philosophie attentive et bienfaisante qui médite sur la prospérité des peuples. L'homme a élevé le cheval pour la guerre, le bœuf pour le travail, la brebis pour l'industrie, l'éléphant pour la pompe, le chameau pour l'aider à traverser les déserts, le dogue pour sa garde, le chien courant pour la chasse, le barbet pour le sentiment, la poule pour sa table, le cormoran pour la pêche, l'aigrette pour sa parure, le serin pour ses plaisirs, l'abeille pour remplacer le jour, il a donné la Morue au commerce maritime ; et, en répandant par ce seul bienfait une nouvelle ère sur un des grands objets de la pensée, du courage et d'une noble ambition, il a doublé les liens fraternels qui unissaient les différentes parties du globe. »

Parmi les grandes pêches, l'une des plus importantes et, à coup sûr, des plus dignes d'intérêt, est celle de la Morue, qui donne lieu chaque année à un mouvement commercial des plus importants.

Sur les côtes de Norwège le Cabillaud ou *Skrei* se trouve surtout aux îles Lofoten et dans le Sondmore, c'est là que sont les grandes pêcheries ; la Morue arrive, en outre, en abondance sur d'autres points, parmi lequels on doit citer la côte du Finmark occidental et oriental, plusieurs points de la côte du Helgoland et des deux préfectures de Trondhjelm, enfin les côtes de Romsdal et de Nordmore.

Les bancs de Morue forment pour ainsi dire trois courants. L'aile droite se jette sur la côte de Sondmore vers la fin de janvier ou le commencement de février et y pénètre par trois ou quatre grandes ouvertures, Vanelssgale, Bredsundsdyle, Boddyle, Gripholen ; un autre courant remonte vers le Finmark et le cap Nord, tandis que le troisième arrive dans un vaste golfe, le Vestjjord, circonscrit du côté de l'Océan, par le groupe des îles Lofoten ou Lofoden.

Les armements pour la pêche de la Morue

aux Lofoten se font vers la fin de décembre ou au commencement de janvier. « Entrez à cette époque, écrit Hermann Baars, dans les petites maisons des pêcheurs du Nortland après la fête de Noël. Toutes les familles sont occupées des préparatifs du départ. Les femmes disposent les vivres, qui consistent en pain de seigle et d'avoine, farine d'orge, beurre, fromage, viande séchée et bouillie ; elles raccommodent les vêtements, elles donnent leurs soins, en un mot, à tout ce qui intéresse l'équipement et l'alimentation des hommes, tandis que ceux-ci travaillent à réparer et à remettre en état les bateaux. Quand on a ainsi tout apprêté, on n'attend plus qu'un vent favorable pour partir, et chaque matin le pêcheur anxieux interroge le ciel et l'horizon pour en tirer l'espoir d'une bonne brise pour le jour. Le voilà enfin qui se lève ! Dans un moment, le bateau est mis à la mer, les vivres et les engins sont placés à bord, les pêcheurs embrassent leurs femmes et les enfants, on hisse la voile et le bateau vole vers Lofoden.

« Les grands bateaux de Nortland, qui se rendent à Lofoden, ont de 36 à 40 pieds de longueur et de 9 à 9 1/2 de largeur ; la hauteur de leur quille jusqu'au plat-bord est de 8 pieds et celle du mât de 25 pieds. Ils sont tous construits en bois de sapin, avec des planches très minces et placées à clains. Ils n'ont pas de pont et ne portent qu'une seule voile carrée ; il s'ensuit qu'ils ne louvoient que difficilement, mais lorsqu'ils doivent marcher contre le vent, les pêcheurs s'aident en général d'avirons et les plus grandes embarcations ont à bord dix de ces avirons.

« L'équipage de ces bateaux est composé habituellement de cinq hommes et d'un mousse qui choisissent parmi eux un chef, *hoverdsmand*, auquel ils obéissent sans murmurer, sachant bien que leur vie dépend en beaucoup de circonstances de ce que l'ordre du patron est plus ou moins promptement exécuté. Aussi, quelle que soit la rudesse des réprimandes, si la manœuvre se fait mal ou trop lentement, l'équipage les souffre-t-il avec patience. Dans le choix de *hoverdsmand*, on prend seulement en considération l'habileté, l'énergie, le sang-froid, et le don du commandement... Ce chef n'est pas seulement le commandant sur la mer ; tous les achats et toutes les ventes se font en son nom, et c'est lui qui, à terre, traite avec le magistrat comme délégué de son équipage. Ces fonctions ne sont pas rétribuées,

mais en revanche, elles sont une marque d'honneur ; elles communiquent à celui qui les exerce une autorité réelle parmi les pêcheurs, et l'élèvent à ses propres yeux. Dès qu'un pêcheur a été élu par ses pareils au commandement d'un bateau, sa tenue devient plus convenable, sa langue plus polie, son habillement plus soigné. Il sait mettre sa personne, moralement et physiquement, à la hauteur de sa nouvelle dignité.

« On appelle archipel de Lofoten l'ensemble des îles qui s'étendent de la terre ferme vers le sud-ouest, de 68°,36″ jusqu'à 67°,25″ de latitude, formant avec elle le grand Vestfjord. Sa population permanente, qui est de 20,000 âmes environ, s'adonne principalement à la pêche.

« Dans quelques-unes des îles les plus importantes, il y a néanmoins des pâturages très bons et assez bien cultivés. Indépendamment des habitations de la population même des Lofoten, il existe dans chaque baie un peu à l'abri de la mer un grand nombre de cabanes, construites sur leur propre sol par les marchands des localités qui sont en même temps armateurs et pêcheurs. Ces cabanes servent de logements aux pêcheurs étrangers qui visitent Lofoten, et s'y établissent pendant la saison de la Morue. Elles ne contiennent qu'une seule chambre avec des lits pour six ou douze hommes, et une sorte de magasin dans lequel on dépose les filets, les lignes, les barils pour les rogues, les huiles, etc.

« On construit entièrement ces habitations avec des planches brutes. La toiture est couverte en tourbe. L'air qu'on respire dans ces cabanes, où séjournent un grand nombre d'hommes hors de proportion avec leur étendue, et dans lesquelles on suspend pour les faire sécher les vêtements humides et sales des pêcheurs, est profondément vicié ; mais cette atmosphère infecte n'alarme pas les marins. Ce qui leur importe, c'est d'être à couvert, c'est d'avoir un toit sur leurs têtes. Il arrive quelquefois, en effet, lorsque la pêche est abondante dans certains parages, qu'une grande affluence y accourt et que la plupart des équipages, ne trouvant pas de refuge, sont forcés de camper sous des tentes improvisées avec les voiles de leurs bateaux, même en plein air, au milieu de la neige.

« La nourriture de ces pêcheurs est simple, mais cependant saine et suffisante. Au lever du jour, le mousse prépare le café et chaque pêcheur en prend avant d'aller à la mer. Le dîner est composé de viande ou de lard et de pain, auquel on ajoute quelquefois du beurre et des pommes de terre. Pour le souper, on se contente de poisson frais ou de foie cuit mélangé de pain.

« Dès qu'on a déchargé les vivres et les engins de réserve et que l'installation dans les cabanes est terminée, on se dispose à commencer les opérations de pêche. »

Les engins employés sont tantôt des lignes, tantôt des filets.

L'emploi de la ligne à main tend chaque jour à disparaître ; cette pêche se fait avec des barques montées par trois à cinq hommes ; on amorce avec du Hareng ou des morceaux de Morue ; on pêche parfois tout simplement en mettant au-dessus de l'hameçon un petit Poisson en fer blanc qui suffit pour attirer la Morue, tellement elle est vorace.

Le palancre, qui est un perfectionnement de la ligne simple, se compose d'une série de hameçons montés sur des cordes en chanvre ; le nombre des hameçons peut s'élever à 2,500 ; l'appareil est maintenu entre deux eaux à l'aide de flottes en verre.

L'usage des filets tend à se généraliser sur les côtes de Norwège ; ces filets forment des barrages de 700 à 800 mètres de longueur sur 3 à 4 mètres de chute ; une tessure se charge parfois de 400 à 500 Poissons dans une seule nuit. On tend dans l'après-midi pour relever l'appareil le lendemain matin. La seine ou filet de fond est employée depuis quelques années, et avec succès, aux Lofoten ; à l'aide de cet engin on peut faire une pêche très fructueuse.

De temps immémorial, les Islandais pêchent la Morue qui abonde sur leurs côtes. Cette pêche se pratique vers le commencement d'avril aux environs de Westmann ou d'Inforfrhode.

La pêche à Terre-Neuve commence aussitôt que les glaces ont disparu autour de l'île ; elle se fait à la palancre et à la ligne de fond. Ce dernier engin consiste en cordes très fortes sur lesquelles on fixe, de distance en distance, des lignes de pêche ordinaires armées chacune d'un hameçon. On amorce avec des Mollusques, des morceaux de Hareng, de Chien de mer, des Sardines à demi salées, des morceaux d'Oiseaux de mer, les entrailles et les ouïes de la Morue elle-même ; car cette dernière est si vorace qu'elle se jette avidement sur tout ce qui bouge, et qu'on peut même parfois la prendre avec des morceaux d'étoffe de couleur voyante ; mais l'appât par excellence est un petit Poisson

connu sous le nom de Capelan d'Amérique ou de Lodde ; on emploie souvent aussi une sorte de Seiche que l'on nomme Encornet et qui paraît en nombre immense vers le milieu de juillet, le long des côtes de Terre-Neuve.

La côte du Labrador est visitée chaque année par un grand nombre de bateaux ; avec son charme habituel, Audubon a décrit la pêche à la Morue dans ces parages.

« East-Port, dans le Maine, envoie chaque année, écrit le naturaliste américain, une grosse flottille de schooners et de pinasses au Labrador, pour se procurer Morues, Maquereaux et parfois du Hareng ; mais on ne pêche cette dernière sorte de Poissons que dans les intervalles des autres travaux. Les vaisseaux de ce port et autres du Maine et de Massachussetts mettent à la voile aussitôt que la chaleur du printemps a débarrassé les mers de l'encombrement des glaces, c'est-à-dire du commencement de mai à celui de juin.

« Un vaisseau de cent tonneaux et plus est pourvu d'un équipage de douze hommes, tous pêcheurs et matelots consommés. Leurs provisions sont simples, mais de bonne qualité, et très rarement les gratifie-t-on de quelques rations de spiritueux : du bœuf, du porc, du biscuit avec de l'eau, voilà tout ce qu'ils prennent avec eux. Cependant on a soin de leur donner des vêtements chauds ; des jaquettes et des culottes imprégnées d'huile et à l'épreuve de l'eau ; de grandes bottes, des chapeaux aux larges bords et à forme ronde, de fortes mitaines et quelques chemises composent la plus solide de leurs garde-robes. Le propriétaire ou capitaine les entretient de lignes, hameçons, filets et leur fournit aussi les amorces les plus propres à attirer le Poisson. La cale du vaisseau est remplie de barils de diverses dimensions, les uns contenant du sel, d'autres pour mettre l'huile qu'on retirera de la Morue.

« L'appât généralement employé au début de la saison consiste en moules qu'on a salées exprès ; mais dès que le Capelan commence à se montrer sur la côte, on s'en sert comme étant moins coûteux ; souvent même on se contente de *Fous* et autres oiseaux de mer. Les gages des pêcheurs varient de seize à cinquante dollars par mois, suivant la capacité des individus.

« Le travail de ces hommes est excessivement dur : sauf le dimanche, rarement sur les vingt-quatre heures leur en accorde-t-on plus de trois de repos. Le cuisinier est le seul qui, sous ce rapport, soit mieux traité ; mais il faut aussi qu'il aide à vider et saler le Poisson. Le déjeuner consistant en café, pain et viande pour le capitaine et tout l'équipage doit être prêt chaque matin à trois heures, excepté le dimanche. Chaque homme emporte son dîner tout cuit, qu'il mange ordinairement sur le lieu de la pêche.

« Ainsi, dès trois heures du matin, l'équipage est tout préparé pour le travail du jour. Ils n'ont plus qu'à prendre leurs bateaux, qui portent chacun deux rames et des voiles de lougre. Alors ils partent tous en même temps, soit à la rame, soit à la voile. Quand on a atteint les bancs où l'on sait que le Poisson se plaît, les bateaux s'établissent à de courtes distances les uns des autres ; la petite escadrille laisse tomber l'ancre par une profondeur de dix à vingt pieds d'eau, et immédiatement la pêche commence. Chaque homme a deux lignes et se tient à un bout du bateau du milieu duquel on a enlevé les planches pour faire place au Poisson. Les lignes amorcées sont lancées à l'eau, de chaque côté de la barque ; leurs plombs les entraînent à fond, un Poisson mord, le pêcheur tire à soi brusquement d'abord, puis d'un mouvement continu, et jette sa capture de travers sur une petite barre de fer ronde placée derrière lui, ce qui force le Poisson à ouvrir la gueule, tandis que le seul poids de son corps, si petit qu'il soit, fait déchirer la chair et dégage l'hameçon. Cependant l'amorce est encore bonne et déjà la ligne est retournée à l'eau chercher un autre Poisson, en même temps que par le bord opposé le camarade tire la sienne, et ainsi de suite. De cette manière, avec deux hommes travaillant bien, l'opération se continue jusqu'à ce que le bateau soit si chargé que sa ligne de flottaison ne vienne bientôt plus qu'à quelques pouces de la surface de l'eau. Alors on retourne au vaisseau qui attend dans le port, rarement à plus de huit milles des bancs.

« Presque toute la journée, les pêcheurs n'ont cessé de babiller ; on cause de pêche, d'affaires domestiques, de politique et autres matières non moins graves. Parfois une répartie de l'un excite chez l'autre un bruyant éclat de rire qui vole de bouche en bouche, et sur ce bon mot voilà toute la flottille en gaieté. C'est à qui se surpassera, à qui prendra le plus de poisson dans un temps donné. De là une nouvelle source d'émulation et de plaisanteries. Mais, en général, les bateaux se remplissent dans le même

espace de temps et s'en reviennent tous ensemble.

« Une fois arrivés au vaisseau, chacun s'arme d'une perche qui porte un bout en fer recourbé assez semblable aux dents d'une fourche à foin. Avec cet instrument, on perce le Poisson, qu'on jette d'une secousse sur le pont, en le comptant à haute voix au fur et à mesure, puis, dès que chaque cargaison est ainsi déposée en sûreté, les bateaux repartent à la pêche ; et quand l'ancre est jetée, l'équipage dîne pour recommencer. Laissons-les, si vous le permettez, continer quelque temps leurs manœuvres et voyons un peu ce qui va se passer à bord du vaisseau.

« Le capitaine, quatre hommes et le cuisinier ont, dans le courant de la matinée, dressé de longues tables en avant et en arrière de la grande écoutille ; ils ont porté sur le rivage la plus grande partie de leurs barils de sel, et placé en rang de larges caques vides pour les foies. L'intérieur du vaisseau est entièrement débarrassé, sauf un coin, où l'on a déposé un gros tas de sel ; et maintenant les hommes, ayant mangé à midi précis, sont prêts avec leurs grands couteaux. L'un commence par couper la tête de la Morue, ce qui se fait d'un coup de tranchant et d'un seul tour de main ; puis il lui ouvre le ventre par le haut, le passe à son voisin, jette la tête par-dessus le bord et recommence la même opération sur une autre. Celui auquel le premier Poisson a été passé lui enlève les entrailles, en sépare le foie qu'il jette dans une caque, et le reste par-dessus le bord ; enfin, un troisième individu introduit dextrement son couteau au-dessous des vertèbres, le sépare de la chair qu'il envoie dans le vaisseau par l'écoutille, et le surplus toujours à la mer.

« Maintenant si vous voulez jeter les yeux dans l'intérieur, vous pourrez voir la dernière cérémonie, qui consiste à saler et à entasser la Morue dans les barils ; six hommes qui en ont l'habitude et dont les bras veulent s'occuper, suffisent à décapiter, vider, désosser, saler et emballer tout le poisson pris dans la matinée, et à débarrasser complètement le pont pour le moment où les bateaux viendront avec une nouvelle charge. Leur travail se prolonge ainsi jusqu'à minuit. Alors ils se lavent la figure et les mains, prennent des vêtements propres, suspendent aux haubans leurs appareils de pêche et gagnent le gaillard d'avant, où ils sont bientôt plongés dans un profond sommeil.

Fig. 359 à 361. — La Morue franche, l'Églefin et le Merlan.

« Mais il est déjà trois heures du matin ! Le capitaine sort de sa cabine en se frottant les yeux et appelle à haute voix : « Tout le monde debout, holà ho ! ! ! » Les jambes engourdies, et encore à moitié endormis, les pêcheurs sont bientôt sur le pont. Leurs mains et leurs doigts leur font tant de mal et sont tellement enflés, à force de tirer les lignes, qu'ils peuvent à peine s'en servir. Mais c'est bien de cela qu'il s'agit! Le cuisinier, qui la veille a fait un bon somme et s'est levé une heure avant eux, a préparé le café et les vivres. Le déjeuner est promptement expédié ; on met de côté les vêtements propres pour reprendre l'habit de fatigue ; chaque bateau, nettoyé d'avance, reçoit ses deux hommes, et la flottille de nouveau fait voile pour le lieu de la pêche.

« Il n'y a pas moins de cent schooners ou pinasses dans le port ; or, comme trois cents bateaux partent chaque jour pour le banc, et que chaque bateau peut prendre en moyenne deux mille Morues, quand vient la nuit du samedi au dimanche, c'est à peu près six cent mille Poissons qui ont été pris, nombre qui ne laisse pas que de faire un peu de vide dans les premiers parages. Aussi le capitaine profite-t-il de la relâche du dimanche pour rentrer ses barils de sel, qui sont à terre, et se diriger vers un havre mieux approvisionné, où il espère arriver longtemps avant le coucher du soleil. Si la journée est propice, les hommes peuvent se donner du bon temps durant la traversée, et le lundi on recommence de plus belle (1). »

(1) Audubon, *Scènes de la nature dans les États-Unis et l'Amérique du nord*, trad. E. Bazin.

Aujourd'hui les Américains pêchent la Morue avec des filets et avec des palancres armées de 12,000 à 16,000 hameçons; cette pêche est devenue très importante.

Usages, préparations. — A Terre-Neuve, la Morue est préparée à terre dans une série d'établissements, qui consistent en un échafaud où l'on décharge le poisson, une cabane construite en clayonnage, un lavoir et une grève et des *vignots* ou *vignaux* pour la faire sécher.

D'après Milne Edwards, « les Morues ayant été salées, on les place sur des civières et on les porte au lavoir, une espèce de cage en bois placée sur le rivage de manière à être baignée par la mer sans en être recouverte. Après que les Morues y ont été placées, des hommes les remuent avec des bâtons dont le bout est garni d'un paquet de laine, puis les lavent une à une à grande eau. On les replace ensuite sur des civières; et après les avoir laissé égoutter, on les transporte à la grève, où l'on en forme un tas de cinq à six pieds de haut, et vingt-quatre heures après, si le temps est propice, on commence à les faire sécher.

« Lorsque la nature des localités le permet, comme à Saint-Pierre, c'est sur les galets de la grève qu'on étend la Morue pour la faire sécher; mais lorsque la grève est vaseuse ou couverte de sable fin, qu'elle soit exposée à des inondations, ou que le sol n'est pas bien sec, comme sur plusieurs points de Terre-Neuve, on construit pour cet usage des *vignots*. Tantôt ces séchoirs ressemblent aux échafauds, et sont formés avec des piquets couverts de clayonnages; tantôt ce sont des espèces de petits murs faits avec des cailloux entassés les uns sur les autres; d'autres fois enfin, on les établit en plaçant avec une grande régularité les unes sur les autres des branches de sapin. »

En Islande, la Morue est surtout séchée sur les rochers ou suspendue sur des cordes; elle acquiert promptement ainsi beaucoup de blancheur.

Sur les côtes de Norwège, on prépare la Morue de diverses manières.

Aussitôt que le poisson a été transporté à terre, on lui coupe la tête et on le prépare, soit en *klipfish*, soit en *stockfish*.

Le *klipfisch*, qui est surtout destiné à l'exportation dans les pays les plus lointains, subit la double préparation de la salaison et de la dessiccation. On met le Poisson avec du sel, puis on l'empile dans des magasins où on le laisse jusqu'au commencement de mai, époque à laquelle a lieu le séchage. On lave alors la Morue, puis on l'étale sur les rochers.

Le *stockfich* est le Poisson simplement séché à l'air sous l'influence d'une température basse et de vents très secs. On en distingue trois sortes.

Le *runfish* ou *Morue en bâton* se fabrique de janvier à avril; on fend l'animal par le ventre jusqu'à l'anus, et on le fait sécher sur des perches. Le *russefish* se distingue du précédent en ce que le Poisson est fendu par le dos jusqu'à la queue, et du côté du ventre jusqu'à l'anus. Le *radskjer* est fendu des deux côtés jusqu'à la queue; on enlève la colonne vertébrale et l'on suspend les deux moitiés, réunies par la queue, à des pieux pour la faire sécher; le poisson est ainsi abandonné à lui-même jusqu'au 12 juin.

Tout sert dans la Morue. La rogue est précieusement gardée et salée et sert d'appât pour la pêche de la Sardine; avec le foie on fabrique des huiles estimées.

L'huile blanche est destinée, soit à la pharmacie, soit pour l'éclairage; l'huile brune est employée dans la corroierie, pour assouplir et conserver les cuirs.

L'huile médicamenteuse est aujourd'hui obtenue au moyen de la vapeur.

« Aussitôt, dit Bars, que le pêcheur nordlandais est de retour de Lofoten, et que les huiles de foie de Morue sont préparées, il embarque celles-ci, avec les rogues et les produits de la pêche du dernier automne, sur de gros bateaux de 80 à 100 tonneaux, *jœgts*, pour Bergen, où ils parviennent ordinairement dans la dernière moitié de juin. C'est ce qu'on appelle la première *sterne*, foire.

« Après l'emmagasinage, chez le négociant, des produits de la pêche, on les partage en assortiments pour les différents marchés. L'huile de foie se divise en cinq qualités, savoir : 1° la blanche médicinale, liquéfiée à la vapeur; 2° la blanche supérieure naturelle, celle qu'on enlève la première des foies et qui, habituellement employée aussi comme médicament, a la couleur de la paille; 3° la blanche ordinaire, semblable au vin de Madère par sa couleur; 4° la brune claire, d'une couleur rougeâtre, à laquelle appartient l'huile médicinale si connue; et 5° la brune brune, cuite, pour l'usage des corroyeurs. Au moment où on embarque les huiles, l'agent nommé *reluteur public*, et qui est préposé à la vérification des marchandises exportées, extrait de chaque baril le résidu qui peut s'y être déposé, et il marque chaque enveloppe, au moyen d'une roulette, d'un signe distinct pour chaque qualité. »

On sait combien l'usage de l'huile de foie de Morue est répandu dans le traitement de diverses affections morbides, de la scrofule en particulier; cette huile paraît tenir ses propriétés au principe odorant en même temps qu'à l'iode qu'elle renferme; on doit ajouter que les acides gras qu'elle contient en quantité en font un aliment respiratoire de premier ordre.

La pêche de la Morue est très importante en Norwège. D'après une récente statistique, en 1882, la quantité de *stockfish* préparé a atteint 15,200,000 kilogrammes, celle du *klipfish* 40,100,000 kilogrammes; la quantité de rogue préparée a été de 66,500 kilogrammes, et celle de l'huile de 100,000 hectolitres.

D'après Paul Gervais, « indépendamment de son importance comme poisson alimentaire, la Morue est aussi d'une grande utilité à cause de l'huile, aujourd'hui très usitée en médecine, que l'on retire de son foie. Cette huile (*oleum jecoris Morrhuæ*) était autrefois connue sous le nom d'*oleum Aselli majoris*, et la Morue elle-même était appelée *Asellus major*. Pendant longtemps elle n'a été employée que pour l'éclairage ou les usages industriels; cependant les gens du peuple, principalement ceux des régions littorales de l'Angleterre ou du Nord de l'Europe, s'en servaient en frictions contre les rhumatismes et quelques autres maladies, mais on ne la voyait guère figurer dans les ordonnances des médecins. C'est de la même manière que nous voyons employer encore aujourd'hui l'huile de foie de Humantin et certaines graisses de mammifères. Quelque tardif qu'il ait été, l'usage médical de l'huile de foie de morue n'en est pas moins très répandu maintenant, et l'on peut dire que c'est aujourd'hui l'une des substances les plus à la mode; on ne s'en sert plus guère à l'extérieur, mais on en administre à l'intérieur dans un si grand nombre de cas, que le commerce de cette huile a pris une extension des plus considérables.

« La Morue proprement dite n'est pas la seule espèce de Gades qui fournisse l'huile vendue sous ce nom, et l'on en apporte non seulement de Terre-Neuve, mais aussi des côtes de la Norwège, et de plusieurs autres régions du Nord. Il est probable que les différentes espèces de Gadidés, et même d'autres Poissons, pourraient fournir une huile de *foie* analogue. D'après M. de Jongh on se sert principalement à Bergen, en Norwège, des foies du *Gadus callarias*, qui appartient au même genre que la vraie Morue, et n'en est même qu'une variété d'âge, et l'on emploie aussi ceux du *Gadus carbonarius* et *pollachius*, qui sont des Merlans, c'est-à-dire des Gades ayant les nageoires en même nombre que celles des Morues, mais dont le menton manque de barbillon.

« Toutes les huiles de foie de morue que l'on vend en droguerie n'ont pas la même couleur. Il y en a de *noires*, de *brunes* et de *blondes*; une autre variété est presque *incolore*: on la nomme huile blanche. Celle-ci s'obtient par une manipulation spéciale. Quant aux trois autres, elles sont telles qu'on les retire des poissons, et la différence qui les distingue dépend de l'époque de filtration qui les a fournies. Lorsque l'on soumet au filtrage les foies extraits des morues, la première *huile* qui passe est *blonde*. Au bout de quelque temps, sa nuance se fonce, parce qu'elle entraîne avec elle du sang et de la bile; enfin elle devient presque noire, si l'on continue l'opération pendant assez de temps pour que le foie lui-même entre en décomposition.

« On trouve dans l'huile de foie de morue beaucoup d'acide oléique, une quantité notable d'acide margarique, de la glycérine en quantité un peu moindre, et des traces plus ou moins évidentes de certaines autres substances, parmi lesquelles on remarque l'iode. Les analyses faites par M. de Jongh donnent, en même temps que l'acide oléique, un principe gras particulier désigné par ce chimiste sous le nom de *Gaduine*, et deux autres matières indéterminées.

« L'huile de foie de morue est maintenant d'un usage on ne peut plus fréquent, et l'on s'en sert contre un grand nombre de maladies. Les affections tuberculeuses ou scrofuleuses sont celles dans lesquelles on en obtient les meilleurs résultats. Il est maintenant peu d'enfants qui ne prennent ou n'aient pris, pendant quelque temps, une certaine quantité de cette huile, qui sert à la fois d'agent nutritif et dépuratif, en même temps qu'elle a, malgré la saveur désagréable et nauséabonde qu'on lui connaît, des qualités apéritives: c'est aussi un excellent moyen prophylactique. Certains adultes s'en accommodent d'ailleurs aisément, et le plus souvent les jeunes enfants ne s'aperçoivent même pas du goût particulier qui rend cette huile si insupportable à la plupart des grandes personnes.

« Le principe odorant de l'huile de foie de morue et surtout l'iode que cette huile renferme contribuent puissamment à lui donner les propriétés dont elle jouit. Il faut ajouter que sa nature grasse en fait aussi un aliment respiratoire.

« Jadis on prescrivait les dents de ce poisson réduites en poudre et porphyrisées, ainsi que les *pierres* de sa tête, à la dose de 10 à 30 grammes, comme absorbantes et bonnes contre l'épilepsie ou la diarrhée ; sa saumure servait comme résolutive et dessiccative appliquée à l'extérieur, comme laxative donnée en lavements, etc. Mais ces usages sont complètement abandonnés aujourd'hui. Sous le rapport médical, c'est l'*huile de foie de morue* qui mérite seule une mention spéciale.

« Cette huile, qu'il ne faut pas confondre avec l'huile de poisson, avec laquelle elle est souvent sophistiquée, s'obtient dans le nord de l'Europe, surtout à Bergen en Norwège, à Ostende en Belgique, puis à Dunkerque en France, de différentes manières, mais toujours du foie de diverses espèces de *Gadus*, particulièrement des *Gadus morrhua, molva* et *carbonarius*.

« *Premier procédé.* — On expose les foies frais dans de grands tonneaux percés de trous et à la chaleur du soleil ; il s'en écoule une *huile incolore ;* bientôt les foies se putréfient, et l'huile qui en provient est *citrine ;* puis on soumet les foies à la presse, et l'on obtient une huile *brune ;* enfin on les expose à une haute température, et l'on a par la presse une huile *noire*.

« *Deuxième procédé.* — On mêle toutes ces huiles ensemble, et l'on obtient ainsi une huile plus ou moins brune dite en effet *huile brune*.

« *Troisième procédé.* — On chauffe faiblement au bain-marie les foies frais, on les soumet à la presse, et l'on retire ainsi l'*huile incolore ;* puis si on les chauffe fortement, et qu'on les exprime de nouveau, l'huile ainsi obtenue sera l'*huile noire* (1). »

Captivité. — Yarrell raconte qu'on a tenu dans divers endroits de l'Écosse des Cabillauds en captivité dans de grands bassins remplis

(1) Gervais et Van Beneden, *Zoologie médicale.* Paris, 1859.

d'eau de mer, où on les nourrissait de Mollusques. Les Poissons prospérèrent dans ces réservoirs et étaient même arrivés à connaître le moment où on leur donnait à manger.

Aujourd'hui les pêcheurs de Grimby, port situé à l'embouchure de l'Humber, conservent en vie les Morues qui n'ont pas été trop blessées. Ils les placent dans des boîtes en bois à claire voie ; le Poisson peut vivre jusqu'à six semaines en captivité, bien que gardé dans un espace très étroit.

L'ÉGLEFIN. — *GADUS ÆGLEFINUS.*

Schellfisch.

Caractères. — L'Églefin, Morue noire, Morue de Saint-Pierre, dépasse rarement 0m,50 ; ainsi qu'on peut le voir par l'animal représenté à la partie supérieure de la figure 360, le corps est plus allongé que chez le Cabillaud ; la première dorsale est en pointe ; on y compte de 14 à 16 rayons ; la seconde et la troisième dorsale sont composées respectivement de 21 à 23 rayons, de 19 ou 20 rayons ; on voit 24 ou 25 rayons à 20 et 22 rayons aux anales (fig. 360, p. 361).

Le haut du corps est d'un gris foncé, le ventre étant blanchâtre, légèrement teinté de gris ; sur les flancs, un peu en arrière de la tête, se trouve une tache noire très marquée ; les dorsales et la caudale sont d'un bleu noirâtre, les anales et les nageoires paires, d'un gris pâle.

Distribution géographique. — L'Églefin est commun dans la mer du Nord ; il n'est pas rare dans la Manche et dans l'Océan jusqu'à l'embouchure de la Gironde.

Mœurs, habitudes, régime. — De même que le Cabillaud, dont il a à peu près les habitudes, l'Églefin voyage en grandes troupes et se nourrit de tout ce qui se trouve à sa portée, car il est extrêmement vorace.

Sur les côtes de la Frise on trouve cette espèce depuis le commencement de mars jusqu'à mai.

Pêche, usages. — La pêche de l'Églefin se pratique sur toute la côte de Norwège et presque en toute saison ; le Poisson se prépare en *rundfish ;* du foie on extrait une huile très estimée.

Pour capturer l'animal, on se sert surtout de la ligne de fond.

La chair de l'Églefin est blanche et plus savoureuse que celle du Cabillaud.

LE CAPELAN. — *GADUS MINUTUS.*

Zwergdorfch.

Caractères. — Cette espèce, de petite taille, car elle n'arrive qu'à 0^m,20 à 0^m,25, a le corps oblong, comprimé ; la peau est couverte d'écailles peu adhérentes. La première dorsale, plus courte que les suivantes, est composée de 12 à 14 rayons; on compte 19 à 21 et 17 à 20 rayons aux deux autres dorsales. La première anale, composée de 27 à 30 rayons, est complètement séparée de la seconde; celle-ci comprend 17 à 20 rayons. Les ventrales ont les deux rayons externes allongés et très grêles ; le deuxième rayon, qui est le plus développé, arrive à l'origine de la première anale.

Le corps est brun-rougeâtre, piqueté de noir sur le dos et sur les flancs, gris argenté sous le ventre ; assez souvent une tache noire se montre à l'aisselle de la pectorale ; les nageoires impaires sont brunâtres; les ventrales sont d'un gris rosé.

Mœurs, distribution géographique. — On n'est pas encore complètement éclairé sur la distribution et sur l'habitat du Capelan. On le trouve assez généralement sur les côtes d'Angleterre, de Hollande, de Suède, de Norwège, dans la mer Baltique comme dans la mer du Nord ; il est très rare dans la Manche, et Moreau avoue qu'il ne l'a jamais vu sur les côtes de l'ouest de la France ; il se montre tantôt ici, tantôt là avec abondance, et fait défaut sur de vastes étendues.

Le Capelan est très commun dans la Méditerranée, où on le prend pendant toute l'année ; il séjourne de préférence dans des profondeurs d'au moins 300 mètres. Parfois, à l'époque du frai, il se rapproche des côtes en nombre immense. « L'an 1545, écrit Rondelet, en nostre mer i eut si grande quantité de ce poisson, que par l'espace de deux mois les pescheurs ne prindrent autre poisson, non sans grande perte ; car ce poisson ne se pouvant garder salé ni deseché, ils estoient contrains le fouir dans terre, craignans la puanteur d'icelui corrompu. »

D'après Bloch, les pêcheurs de la Baltique saluent avec joie l'arrivée du Capelan, car on le considère comme le précurseur de la Morue.

Le Capelan se nourrit surtout de petits Crus-

tacés ; sa chair, malgré son bon goût, est peu estimée; elle sert surtout comme appât.

La ponte a lieu en avril et en mai.

LES MERLANS — *MERLANGUS*

Bittling.

Caractères. — Les Merlans se distinguent des Gades proprement dits par l'absence de barbillon à la mâchoire inférieure.

Distribution géographique. — Ce genre se compose de quatre espèces qui se trouvent sur les côtes de France ; trois d'entre elles se pêchent exclusivement sur les côtes océaniques ; l'autre, le Merlan poutassou (*Merlangus puntassou*), très rare dans l'Océan, est, au contraire, commun dans la Méditerranée.

LE MERLAN COMMUN. — *MERLANGUS VULGARIS.*

Bittling.

Caractères. — Le Merlan représenté à la partie supérieure de la figure 360 a le corps oblong, comprimé et peut arriver à 0^m,40 de longueur; la peau est couverte de petites écailles minces et molles ; le museau est avancé, légèrement conique ; la bouche est grande, la mâchoire supérieure étant plus longue que l'autre ; elles sont toutes les deux armées de dents longues, fortes, crochues, écartées, entre lesquelles s'en trouvent d'autres plus petites et beaucoup plus nombreuses.

Les nageoires impaires sont nettement séparées les unes des autres ; on compte respectivement 14 à 16, 18 à 22, 19 à 21 rayons aux dorsales; les anales se composent de 30 à 34 et 20 à 24 rayons (fig. 361, p. 361).

Le dos est gris verdâtre ou jaunâtre; les flancs sont souvent teints de jaune ou sont d'un blanc plus ou moins éclatant; le ventre est blanc argenté. Les dorsales sont d'une teinte pâle légèrement jaunâtre ; les anales sont pâles, avec un très fin pointillé brunâtre et une bordure blanchâtre ; la caudale est grisâtre à sa base, brune à l'extrémité ; les pectorales sont d'un jaune pâle nuancé de brun vers le haut; à sa base se voit une tache noire ou brunâtre qui remonte sur les flancs et qui peut manquer complètement; les ventrales sont blanchâtres.

Mœurs, distribution géographique. — Le Merlan n'est rare nulle part dans l'Atlantique, sur les côtes européennes, et dans la mer du Nord; sur les côtes de France, il est très commun dans la Manche et dans l'Océan jusqu'à l'embouchure de la Gironde, moins commun dans le golfe de Gascogne; vers le nord, les Orcades paraissent être sa limite de distribution. Il se rencontre parfois en bancs considérables. Pendant l'époque du frai, qui se trouve en janvier et en février, le Merlan se rassemble en troupes nombreuses et se rapproche du rivage. Sa nourriture se compose de Crustacés, de Vers et de petits Poissons.

Pêche. — On pêche le Merlan surtout à la ligne, pendant les mois de décembre, janvier et février, sur les côtes du nord de la France; on prend ce poisson le plus souvent avec un engin connu sous le nom de *petite corde*, garni de nombreux hameçons.

LE CHARBONNIER. — *MERLANGUS CARBONARIUS*.

Köhler.

Caractères. — Le Merlan noir, Colin, Sey ou Charbonnier, a la mâchoire supérieure plus courte que l'inférieure, le museau étant arrondi. La première dorsale, qui est triangulaire, se compose de 12 à 14 rayons; on compte de 20 à 22 et de 24 à 27 rayons aux deux autres dorsales; les deux anales sont composées de 24 à 27 et de 20 à 22 rayons. La longueur du corps peut atteindre 0m,80. Chez les adultes, le dos est noirâtre, le ventre étant d'une teinte moins foncée; les jeunes sont verdâtres ou d'un gris jaunâtre; on voit le plus ordinairement une tache noirâtre à l'aisselle de la pectorale. Les dorsales, la caudale et les pectorales sont, chez les adultes, d'un brun plus ou moins foncé; les autres nageoires sont grisâtres.

Mœurs, distribution géographique. — Le Charbonnier est surtout un Poisson des mers du Nord, bien qu'il ait été pris accidentellement dans le golfe de Gascogne; il est commun dans les parages de l'Islande, du Groenland, du Spitzberg, du nord de la Norvège.

D'après Couch, il choisit de préférence les fonds rocheux, à des profondeurs qui ne sont pas trop grandes; il a coutume de se tenir dans les endroits abrités, d'où il observe ce qui se passe autour de lui, tout prêt à s'élancer sur une proie, car il est très vorace. Thomson a trouvé dans l'estomac des Charbonniers des Crustacés, des Mollusques, de petits Poissons, surtout des Harengs. L'époque de frai a lieu de décembre à février; les petits éclosent en mai et en juin.

Pêche, usages. — D'après Baudrillart, la pê-che du Charbonnier en Norvège entre Berghem et Drontheim se fait à 5 ou à 6 lieues des côtes, sur des bancs qui ne sont recouverts que de 5, 7 ou 9 brasses d'eau, quoique la mer qui les environne en ait plus de 40 ou 50 de profondeur, en sorte que ces bancs sont dans la mer comme des dunes ou des montagnes isolées.

« C'est depuis la Saint-Jean jusqu'à la Saint-Michel qu'on en fait une pêche plus abondante. Pendant toute cette saison ils se nourrissent d'un très petit Hareng, qu'on nomme *Brisling*, et d'une sorte d'insecte nommé *Rouge-ote*, qui se trouve en si grande quantité sur les bancs, que la mer en paraît rouge, et qu'en puisant avec la main on les prend par milliers.

« Il y a souvent, dans les bonnes saisons, deux à trois cents bateaux qui pêchent journellement sur ces bancs, et sur un banc il ne peut s'établir tout au plus que deux ou trois filets ensemble; ceux-ci sont suivis par d'autres, qui le sont à leur tour par ceux qui reviennent pour recommencer leur pêche; ils s'empressent, à force de rames, de regagner le port.

« En été, il n'y a point de nuit dans le pays; cette pêche se fait continuellement; en automne, il commence à y avoir de la nuit, les pêcheurs restent tranquillement mouillés auprès de leur bouée pendant deux ou trois heures, en attendant le commencement du jour; mais en hiver ils se rendent à terre tous les soirs, et repartent le lendemain à trois heures avant le jour pour y être rendus lorsqu'il commence à paraître. »

Actuellement le Charbonnier est pris sur les côtes de Norvège, à la ligne, à la main, avec des filets de barrage. On en prépare une certaine quantité pour l'exportation; le foie fournit une huile très estimée.

LES MERLUCHES — *MERLUCIUS*

Meerhechte.

Caractères. — Les Merluches ou Merlus ont le corps allongé, plus ou moins arrondi, couvert de petites écailles; la tête est longue; les mâchoires et le vomer sont armés de dents disposées en plusieurs séries; il n'existe pas de barbillons. On voit deux dorsales et une seule anale; les ventrales sont très développées, la caudale est libre.

Distribution géographique. — Ce genre ne comprend que deux espèces: une, la Merluche de Gay (*Merlucius Gayi*), habite le détroit de Magellan, les côtes du Chili et accidentel-

lement les parages de la Nouvelle-Zélande ;
l'autre, que nous allons faire connaître, est
européenne.

LA MERLUCHE. — *MERLUCIUS VULGARIS.*
Rummel.

Caractères. — La Merluche que, dès 1558,
Rondelet a bien fait connaître, a le corps arrondi, couvert de petites écailles caduques. La
tête est plate en dessus, le museau élargi, la
bouche large ; la première dorsale est plus
haute que la seconde, mais beaucoup moins
longue.

Le corps, qui arrive à la taille de 0^m,75, est
grisâtre, parfois brunâtre, blanchâtre sous le
ventre ; l'œil est jaunâtre.

Mœurs, distribution géographique. — Cette
espèce est très commune dans la Méditerranée
et dans l'Océan ; elle n'est point rare dans la
Manche et sur les côtes d'Angleterre. D'après
Couch, elle fraye de janvier en avril et séjourne alors vers le fond de la mer.

Baudrillart rapporte que « les Merluches
paraissent deux fois par an sur les rivages
d'Angleterre, la première fois au mois de juin,
pendant la pêche du Maquereau, la seconde
fois en septembre, pendant celle du Hareng ;
elles changent quelquefois le cours de leurs
voyages, quittent les parages qu'elles avaient
coutume de fréquenter, se rendent vers d'autres
et reparaissent quelques années après dans
ceux qu'elles avaient abandonnés. Ce Poisson
est très vorace ; il poursuit particulièrement le
Hareng et le Maquereau ; il mange même les
Poissons de son espèce ; il multiplie considérablement. »

Pêche, usages. — La pêche du Merlus est
importante, aussi la sale-t-on sur plusieurs
points. On prend cette espèce à l'hameçon ou
avec de grands filets ; on la prépare souvent
comme on le fait de la Morue.

LES LOTTES — *LOTTA*
Trusche.

Caractères. — Les Lottes ont le corps allongé, couvert de très petites écailles ; sur le
dos se voient deux dorsales, la première
courte, la seconde très allongée ; l'anale est
également fort développée ; les ventrales sont
courtes, composées de 6 ou 7 rayons ; la caudale est libre. Les mâchoires et le vomer sont
armés de petites dents (fig. 362 et 363).

Mœurs, distribution géographique. — Le
genre Lotte comprend quatre espèces : une habite exclusivement les eaux douces ; les trois
autres habitent la mer. Parmi ces dernières,
deux, la Lotte lépidion et la Lotte allongée,
sont spéciales à la Méditerranée ; la Lotte molve
ou Lingue se trouve dans la mer du Nord et
n'est point rare sur les côtes océaniques de la
France.

LA LOTTE COMMUNE. — *LOTTA VULGARIS.*
Quappe.

Caractères. — De tous les Poissons des eaux
douces d'Europe, la Lotte est un des plus
étranges par son aspect ; le corps est allongé,
arrondi en avant, comprimé en arrière, couvert de petites écailles cachées sous une abondante mucosité. La tête est déprimée, large en
dessus ; la bouche est assez grande ; on voit
un barbillon au menton. La première dorsale,
qui est courte, se compose de 12 à 14 rayons ;
à la seconde dorsale, très longue, on compte
de 68 à 72 rayons et de 60 à 70 rayons à l'a-
nale ; le tronçon de la queue est fort court ;
la caudale est arrondie, ainsi que les pectorales ; le premier rayon de la ventrale est allongé, filiforme (fig. 362 et 363).

La longueur peut atteindre 0^m,70.

Le système de coloration est excessivement
variable, suivant l'âge et suivant les localités.
Le plus souvent le corps est jaunâtre avec des
marbrures brunâtres ou jaunâtres ; parfois il
est gris-jaunâtre avec des taches noires plus
ou moins nombreuses (fig. 363).

Distribution géographique. — La Lotte
habite toute l'Europe centrale et l'Europe du
nord ; elle se trouve, d'après Günther, dans
l'Amérique du nord.

Mœurs, habitudes, régime. — Seule parmi
les Gadidés de nos pays, la Lotte habite exclusivement les eaux douces. D'après E. Blanchard, c'est un de nos Poissons les plus voraces ; « elle consomme en grande quantité
des vers, des insectes, des mollusques, des
œufs, mais elle s'attaque aussi à des animaux
d'assez grande taille, que sa vaste bouche lui
permet d'engloutir. Se tenant habituellement
au fond de l'eau, elle se blottit dans des trous
et attire de petits animaux, en agitant son
barbillon. Elle reste cachée pendant le jour,
aussi les pêcheurs assurent-ils qu'on ne la prend
presque jamais que la nuit. Elle fraye pendant
l'hiver, c'est-à-dire en décembre et en janvier,
déposant ses œufs sur les graviers à peu de

Fig. 362. — La Lotte commune.

distance du rivage. La durée de l'incubation des œufs est d'environ six semaines; les jeunes Poissons croissent lentement, car on assure que la Lotte ne commence à frayer qu'à sa quatrième année (1) ».

La Lotte aime les eaux claires, aussi semble-t-elle être plus commune dans les régions montagneuses que dans les plaines. En Suisse, d'après Tschudi, elle se rencontre encore à une hauteur de 700 mètres, dans le Tyrol à plus de 1,200 mètres au-dessus du niveau de la mer.

Dans les régions montagneuses, la Lotte se tient cachée sous les pierres pendant le jour. « Lorsqu'on soulève doucement une pierre, écrit Schinz, la Lotte reste immobile pendant un instant, puis elle fuit avec la rapidité de l'éclair et va se cacher ou dans la vase ou sous une autre pierre. Les adultes se tiennent dans les profondeurs des cours d'eau, les jeunes non loin de la rive. Ce n'est que la nuit que la Lotte recherche sa nourriture. »

Pêche, usages. — La chair de la Lotte est blanche, très agréable au goût, fort estimée pour la table; le foie surtout est réputé délicieux.

On prend ce Poisson avec des filets, des nasses, des lignes de fond.

(1) Blanchard, *Les Poissons des eaux douces de la France*, p. 276.

LA LINGUE. -- *LOTTA MOLVA.*
Leng.

Caractères. — De forme allongée et à peu près cylindrique, le corps de la Lingue atteint une longueur de près de 2 mètres; aplatie en dessus, la tête est effilée vers le museau qui est arrondi; la bouche est grande, la mâchoire supérieure débordant l'inférieure; le barbillon est très développé. La première dorsale est soutenue par 14 à 16 rayons, la seconde par 63 à 68; l'anale, qui est longue, se compose de 58 à 65 rayons. Le corps est jaunâtre, parfois d'un brun jaunâtre; la caudale est brunâtre; les dorsales et l'anale sont d'un gris jaunâtre, plus ou moins foncé, bordées de blanc; on voit le plus ordinairement une tache noirâtre sur la seconde dorsale et sur l'anale.

Mœurs, distribution géographique. — La Lingue habite l'océan Glacial, la mer du Nord, elle se trouve sur toutes les côtes de l'ouest de la France.

Le plus habituellement, la Lingue nage dans les bas-fonds, à la poursuite des Crustacés et des Poissons qui se tiennent contre le sol; vers le printemps, elle se rapproche des côtes pour frayer.

Pêche, usages. — La Lingue ou Morue longue se pêche abondamment dans tous les pays du nord de l'Europe. Sur les côtes de Norvège, on la prend pendant l'été avec des lignes à

Fig. 363 et 364. — La Lotte (p. 367) et le Silure glane.

plomb ou des lignes de fond; l'animal étant fort vorace mord à tout appât.

LES MOTELLES — MOTELLA

Schneider

Caractères. — On désigne sous ce nom des Gadoïdes fort voisins des Lottes, dont ils diffèrent essentiellement par la présence de barbillons à la mâchoire supérieure. Le corps est oblong, allongé, couvert de petites écailles. Il existe deux dorsales; la première peut se loger dans le sillon et est formée de petits rayons très déliés, les premiers étant plus allongés que les autres; la caudale est distincte.

Distribution géographique. — On connaît huit espèces de Motelles; elles habitent l'Europe, l'Irlande, le Groenland, le Japon, le cap

de Bonne-Espérance, la Nouvelle-Zélande; quelques espèces ont une répartition géographique étendue.

Cinq espèces se trouvent sur les côtes de France; la Motelle brune ne se rencontre que dans la Méditerranée; la Motelle à cinq barbillons habite les côtes océaniques; sur toutes nos côtes, se trouve la Motelle à trois barbillons; commune dans la Méditerranée, la Motelle tachetée est rare dans l'Océan; quant à la Motelle glauque, elle est accidentelle dans nos parages.

LA MOTELLE A TROIS BARBILLONS. — MOTELLA TRICIRRATA.

Dreibartelstrafle.

Caractères. — La Motelle à trois barbillons est un Poisson de 0m,20 à 0m,35 de long, au corps arrondi en avant, comprimé en arrière ; la bouche est grande, armée de dents en velours et de dents fortes et crochues. La première dorsale se compose de 50 à 60 rayons ; on compte de 55 à 60 rayons à la seconde de ses nageoires, de 45 à 50 rayons à l'anale.

Le corps est d'un rouge orangé, finement pointillé de noir vers le dos, rosé sous la gorge, rosé lavé de bleuâtre sous le ventre ; le long du dos, se voient des taches noirâtres ; la tête est d'un rouge pointillé de brun avec des taches brunâtres ; les lèvres et les barbillons sont rougeâtres. Toutes les nageoires sont rougeâtres, la seconde dorsale étant marquée de taches noires.

Mœurs, distribution géographique. — On prend cette Motelle dans toutes les mers d'Europe, notamment dans la Méditerranée, car elle est plus rare vers le nord. Ce Poisson préfère les fonds rocheux, garnis d'algues, et nage avec rapidité en se glissant entre les pierres ; il aime les eaux peu profondes et se tient le plus habituellement couché sur le fond ; il remue alors ses barbillons et les rayons déliés de sa première dorsale, sans doute dans le but d'attirer les animaux dont il fait sa proie. La ponte a lieu pendant l'hiver.

LES BROSMES — *BROSMIUS*

Lab.

Caractères. — Le genre Brosme a été formé pour un Gade, le Brosme commun (*Brosmius*

vulgaris) qui a le corps modérément allongé, couvert de très petites écailles ; il n'existe qu'une anale et une dorsale très longues, la première composée de 37 rayons, la seconde de 49 ; les ventrales sont petites ; la caudale est séparée ; on trouve des dents au vomer et aux palatins ; il existe un barbillon au menton. La longueur atteint 0ᵐ,60. La partie supérieure du corps est d'un jaune sombre uniforme, le ventre d'un jaune clair ; les nageoires sont rayées et tachetées de noir et bordées de blanchâtre.

Mœurs, distribution géographique. — Le Brosme est cantonné dans la partie nord de la zone tempérée et s'étend jusqu'au cercle arctique ; parfois il se dirige un peu vers le sud de la mer du Nord ; il est commun dans les parages du nord de la Norvège, aux îles Feroë et sur la côte ouest de l'Islande ; il paraît être rare au Groënland.

Vers janvier, le Brosme s'approche en grande masse vers les côtes de l'Islande pour frayer ; il y reste jusqu'au printemps et les abandonne de nouveau en été ; même au voisinage de la côte il préfère les eaux profondes, dont le fond est couvert de grandes algues ; la ponte a lieu en avril et en mai, au milieu des plantes marines.

Pêche. — Ce Poisson est recherché pour l'alimentation, à l'égal de la Morue, et préparé de même en *rotscheer ;* on le prend à l'hameçon ; la chair, quoique ferme, est de bon goût et se conserve longtemps sans perdre ses qualités.

LES OPHIDIDÉES — *OPHIDIDÆ*

Die Schlangenfische.

Caractères. — Cuvier plaçait parmi les Malacoptérygiens apodes quelques Poissons, les Donzelles, les Fierasfer, les Equilles, que des recherches récentes ont permis de reconnaître comme des Gades manquant de nageoires ventrales.

Parmi ces Gades dégradés, on désigne sous le nom d'Ophididées des Poissons qui ont le corps plus ou moins allongé ; les nageoires verticales, la dorsale, la caudale, l'anale, sont le plus souvent réunies en une nageoire unique ; la dorsale s'étend sur la plus grande partie du dos. Lorsqu'elles existent, les ventrales sont tout à fait rudimentaires et placées sous la gorge ; les deux barbillons bifides que l'on voit sur la plupart des espèces représentent des ventrales reportées en avant. La fente branchiale est large, la membrane n'étant pas attachée à l'isthme.

Mœurs, distribution géographique. — On peut, avec Günther, établir quatre sections dans la famille des Ophididées.

Dans la première section sont des Poissons qui ont des ventrales rudimentaires. Parmi ceux-ci les *Brotules* et les *Lucifrages* ont les yeux nuls ou rudimentaires ; ils habitent les

Fig. 365. — L'Équille.

caverne de Cuba et ne viennent jamais au jour. Les autres genres, tels que les *Bathynectes*, sont des animaux des profondeurs.

Dans la seconde et dans la troisième section sont compris des animaux qui manquent de ventrales.

Parmi ces derniers nous devons citer les Fierasfer qui habitent la Méditerranée, l'Atlantique et l'océan Indo-Pacifique. Ils vivent en parasites et voici ce que Van Beneden a écrit à ce sujet.

« On trouve des commensaux libres dans diverses classes du règne animal ; ils se mettent en croupe tantôt sur le dos du voisin, tantôt à l'entrée de la bouche au passage des vivres ; ou bien, par un goût que l'on pourrait trouver peu délicat, à la sortie des déchets ; tantôt, enfin, ils se mettent à l'abri sous le manteau de leur hôte, dont ils reçoivent aide et protection.

« Un commensal intéressant de cette première catégorie est un Poisson d'une forme gracieuse, nommé *Donzelle*, qui va chercher fortune dans le corps d'une Holothurie. Les naturalistes le connaissent depuis longtemps sous le nom de *Fierasfer*. Il est allongé comme une Anguille, et ses formes comprimées l'ont fait comparer à une épée.

« Dans différentes mers on en trouve qui ont exactement les mêmes habitudes. Le Poisson est logé dans le tube digestif de ses compagnes et, sans égard pour l'hospitalité qu'il reçoit, il met la dent sur tout ce qui entre dans l'orifice. Le Fierasfer a trouvé le moyen de se faire servir par un généreux voisin mieux outillé que lui pour la pêche.

« Les Holothuries paraissent, du reste, bien organisées pour la pêche, puisque nous voyons parfois à côté des Fierasfer, qui sont déjà passablement gloutons, des Palémons et des Pinothères qui viennent également réclamer leur part. Mon ami M. C. Semper a vu aux îles Philippines des Holothuries qui ne ressemblaient pas mal, sous le rapport qui nous occupe, à un hôtel garni avec table d'hôte. »

LES LANÇONS — *AMMODYTES*

Sandaale.

Caractères. — Les Ammodytes ou Lançons rentrent dans le quatrième groupe de la famille des Ophididées ; ils ont le corps allongé, à peu près cylindrique, recouvert de très petites écailles disposées par séries obliques, la tête longue et conique, la bouche grande, les mâchoires non dentées ; la mâchoire supérieure, plus courte que la mandibule, se termine en pointe ; la fente des ouïes est très grande ; la dorsale est fort longue, ainsi que l'anale ; la caudale est libre, fourchue (fig. 365).

Nous avons trois espèces d'Ammodytes sur les côtes de France ; la mâchoire supérieure n'est pas protractile chez le Lançon (*Ammodytes lanceolatus*); elle est protractile chez l'Équille (*Ammodytes tobianus*) et chez la *Cicerelle*; tandis que chez cette dernière espèce la peau est nulle ou peu écailleuse, le corps est couvert d'écailles disposées en séries obliques.

Distribution géographique. — Le Lançon, rare dans la Manche, est beaucoup plus commun dans l'Océan.

L'Équille est fort répandue sur les côtes océaniques de la France et sur certains points de la Grande-Bretagne.

C'est exclusivement dans la Méditerranée que se trouve la Cicerelle. Trois espèces se trouvent sur les côtes atlantiques des États-Unis et de la Californie.

Mœurs, habitudes, régime. — Les Ammodytes sont de petits Poissons qui vivent exclusivement dans le sable, dans lequel ils disparaissent avec une étonnante rapidité. Si l'on prend un de ces animaux et qu'on le place sur le sable, on le voit se contourner en spirale et, s'aidant de sa mandibule, qui est fort pointue, creuser un trou dans lequel il s'ensevelit avec tant de vitesse, que bientôt toute trace en a disparu. Les Ammodytes fraient en mai.

Pêche, usages. — L'Équille est un des meilleurs appâts que l'on puisse employer pour plusieurs pêches, aussi lui fait-on une guerre acharnée. On le tire de son trou avec un crochet en fer, avec une bêche à fer long et tranchant, ou avec de longs rateaux; on employait autrefois la charrue et la herse.

La chair de l'Équille est fort délicate, aussi ce Poisson, quoique de petite taille, est-il recherché pour l'alimentation sur plusieurs points de nos côtes.

LES POISSONS PLATS — *PLEURONECTIDÆ*

Die Flachfische.

Caractères. — C'est à juste titre que la disposition symétrique des membres passe pour être le caractère essentiel des vertèbres; la forme peut être aussi bizarre que possible; un côté du corps ressemble toujours plus ou moins exactement à l'autre.

Il existe cependant tout un groupe de Poissons qui est caractérisé par l'exception remarquable qu'elle constitue à la règle que nous venons d'énoncer. Celui qui examine superficiellement ces Poissons est tenté de croire que chez eux le corps est aplati de haut en bas; mais, par un examen un peu plus attentif, il se convaincra bientôt qu'il en est autrement et que, comme l'avait déjà remarqué Gessner, « la tête a une position tout à fait contrariée; » c'est-à-dire qu'elle est distordue d'une façon remarquable.

Les Poissons plats ou Pleuronectes se caractérisent donc essentiellement par le corps fortement comprimé latéralement, discoïde et asymétrique; à l'état normal, le corps est coloré d'un seul côté, le côté supérieur, correspondant à celui où se trouvent les yeux, l'autre côté étant blanchâtre. La tête est asymétrique, les deux yeux étant placés du même côté, tantôt à droite, tantôt à gauche. La nageoire dorsale et l'anale sont peu longues, composées de rayons non épineux; elles font presque tout le tour du corps, s'unissant parfois à la caudale; les nageoires paires sont peu développées; la pectorale peut même manquer, soit d'un côté, soit des deux côtés. Le nombre des rayons qui soutiennent les branchies varie de 6 à 8; il existe des pseudobranchies (Pl. XIII).

Les Pleuronectes éprouvent des changements considérables avec l'âge, les jeunes ne ressemblent pas aux adultes; les larves sont transparentes, tout à fait symétriques, les yeux étant placés de chaque côté de la tête, et elles nagent dans une position verticale, de même que les autres Poissons. La manière dont se produit l'asymétrie n'est pas encore parfaitement connue. Pour Steenstrup c'est l'œil supérieur ou droit qui « pendant un âge très jeune a dû quitter sa place primitive, et se dirigeant vers l'intérieur et en haut, percer la voûte formée sur l'œil par l'os frontal, et se préparer un nouveau lit, soit dans ce trou, soit dans la région interne de l'os frontal du même côté de la tête, soit entre les deux os frontaux. »

Il est un fait certain, c'est qu'à mesure que se fait le développement, l'asymétrie se manifeste de plus en plus; l'un des yeux passe du côté opposé à la position qu'il occupera dé-

LES POISSONS PLATS.

TURBOT
RHOMBUS MAXIMUS.

CARRELET OU PLIE
PLATESSA VULGARIS.

SOLE
SOLEA VULGARIS.

Paris, J. B. Baillière et Fils, édit.

Cassel, imp. Cosh.

sormais; il se place au-dessus de l'autre œil; le dos et le ventre se trouvent dans un même plan horizontal, d'où résulte une plus grande épaisseur du côté supérieur du corps.

Il existe diverses anomalies; c'est ainsi que chez des animaux d'une même espèce, les yeux ne sont pas toujours placés du même côté de la tête; c'est ce que l'on voit parfois chez les Flets qui, ayant normalement les yeux à droite, peuvent les avoir à gauche; les individus qui présentent cette disposition sont dits *retournés*. D'autres fois le côté inférieur ou aveugle est d'une teinte aussi foncée que le côté supérieur; ils sont appelés *doubles* ou *monstrueux*.

La dentition varie suivant les différents groupes; les dents sont parfois fixes, effilées, couchées contre la mâchoire, plus propres à tamiser, comme les fanons des Baleines, qu'à mâcher; d'autres fois les dents sont fortes et aiguës. Les dents peuvent être également ou inégalement développées en haut et en bas, des deux côtés des mâchoires ou d'un seul côté.

Distribution géologique et géographique. — Les Pleuronectes paraissent avoir apparu au commencement de l'époque tertiaire; on n'en connaît du reste que trois ou quatre espèces à l'état fossile.

A l'époque actuelle, les Poissons plats sont répandus dans toutes les mers, surtout dans les mers chaudes; peu d'espèces s'avancent jusque dans la zone glaciale.

Mœurs, habitudes, régime. — Privés de vessie natatoire, les Pleuronectes restent presque constamment au fond de l'eau, sur lequel ils sont presque complètement appliqués; ils abaissent alors les premiers rayons de leur dorsale et de leur anale, de manière à s'arc-bouter et à tenir leur tête assez élevée pour que la respiration puisse s'effectuer.

Lorsqu'un de ces Poissons arrive au fond de l'eau, que ce soit une Sole, un Carrelet, une Plie, peu importe, il commence par faire mouvoir doucement ses nageoires dorsale et anale en leur imprimant un léger mouvement ondulatoire; par suite il fait voler un léger nuage de sable qui vient recouvrir le corps. On voit alors des Soles, des Plies rester immobiles pendant des heures entières, le corps presque entièrement recouvert, la tête seule dégagée, les yeux relevés et saillants, la tête ne faisant pas d'autres mouvements que ceux nécessaires pour le passage de l'eau dans les branchies. Inquiétés, les Poissons plats se redressent brusquement en appuyant sur le sol la partie postérieure du corps; ils nagent ensuite par une série alternative de mouvements de flexion et d'extension; quelques espèces, telles que le Flet et le Carrelet, se plient presque en deux dans les mouvements rapides; les nageoires paires, très peu développées, servent à l'animal pour changer de direction.

Si paresseux que semblent être les Pleuronectes, dans certaines circonstances cependant ils se déplacent. On sait que l'Halibut ou grand Flétan se tient pendant l'hiver dans les profondeurs et qu'il se rapproche des côtes au printemps. Cette espèce se montre dans le sud et dans l'ouest de l'Islande en mars avec le Cabillaud, et passe tout l'été dans le voisinage de la côte; dans le sud de l'île, au contraire, l'Halibut n'arrive que pendant le mois de mai; dans l'est on ne le voit pas avant juillet. Sur les côtes de Norwège, cette espèce disparaît aussitôt que la saison rigoureuse se fait sentir. Les pêcheurs savent que le Turbot remonte des profondeurs sur les bancs de sable vers la fin de mars dans la partie méridionale de la mer du Nord, un peu plus tard vers la partie septentrionale de la même mer, et retourne dans les profondeurs à l'approche de la saison chaude. On sait que la Barbue se montre le plus fréquemment sur les bancs de sable des rives de l'Elbe à partir d'avril, sur ceux de l'embouchure du Weser, depuis mai jusqu'en juin, dans le golfe de Greiswal depuis mai jusqu'en août. Tous les pêcheurs ont constaté que les Flets remontent les cours d'eau à certaines époques de l'année.

Nous avons dit que les Pleuronectes se tenaient presque toujours au fond de l'eau, la face colorée en dessus; ces animaux adaptent merveilleusement leur coloration au milieu dans lequel ils se trouvent; il y a là un exemple de mimétisme des plus intéressants. Si un Poisson plat se pose sur un fond de sable il ne tarde pas à prendre la couleur et le dessin de ce fond; la couleur jaune ressort, la couleur sombre disparaît ou s'atténue. Si l'on porte le même Poisson sur un autre fond, par exemple sur un fond granitique, la couleur de l'animal devient grisâtre, piquetée de noir. La coloration n'est pas constante chez les Pleuronectes et les pêcheurs savent bien que la même espèce est différemment colorée suivant les endroits d'où on l'a retirée.

Les Pleuronectes fraient pendant la belle saison, l'Halibut de mai à juillet, le Turbot et la Barbue de mars à mai, la Sole de mai à fin juin. Les œufs sont de préférence déposés sur un fond sablonneux ou entre des herbes marines.

Pêche, usages. — Les Poissons plats sont d'une grande importance dans l'économie domestique. La plupart des espèces ont une chair savonneuse, de telle sorte que ces animaux sont très recherchés dans l'alimentation. Quelques espèces sont salées ou séchées; presque toutes cependant sont consommées à l'état frais.

Parmi les espèces les plus estimées on peut citer la Sole, la Barbue, le Turbot; il s'en vend chaque année pour des sommes très importantes.

LES FLÉTANS — *HIPPOGLOSSUS*

Heilbutt.

Caractères. — Le Flétan ou Halibut est le géant des Pleuronectes, car il peut atteindre 2 mètres de long. Il a le corps ovale, couvert de petites écailles lisses, de couleur brun jaunâtre en dessus, de teinte blanc grisâtre en dessous. Les yeux sont situés à droite; la bouche est large, armée de dents pointues et écartées; les dents de la mâchoire supérieure sont disposées en double série. La dorsale, qui commence au-dessus de l'œil supérieur, se compose d'une centaine de rayons; elle finit, ainsi que l'anale, avant la base de la caudale; l'anale a de 75 à 82 rayons; la caudale est à peu près carrée ou très légèrement échancrée; les pectorales sont oblongues.

Mœurs, distribution géographique. — Le Flétan est un Poisson de la mer du Nord, et des mers plus septentrionales encore; on le trouve le long des côtes de Norwège et autour de l'Islande; il descend jusque dans le Pas-de-Calais, mais tout à fait accidentellement. Il se tient toujours au fond, faisant la chasse aux Poissons et à divers Crustacés.

Pêche, usages. — La chair de l'Halibut est ferme et sèche; aussi, partout où il se trouve, ce Poisson est-il pêché. On le prend ordinairement aux lignes de fond ou avec un engin composé d'une corde principale à laquelle sont attachées des cordelettes partant des hameçons. Dans beaucoup de localités on sale et on fume l'Halibut.

LES PLEURONECTES PROPREMENT DITS — *PLEURONECTES*

Schollen.

Caractères. — Les Pleuronectes proprement dits ont la bouche peu fendue et les dents beaucoup plus développées du côté aveugle que du côté qui porte les yeux; ces dents, qui ne sont pas très fortes, peuvent être disposées en une ou en deux séries; il n'y a de dents ni sur le vomer, ni sur les palatins. La dorsale commence en avant des yeux. Les écailles sont petites. Les yeux sont le plus habituellement situés du côté droit.

Distribution géographique. — On connaît 33 espèces appartenant au genre dont nous venons de donner les caractères; elles sont caractéristiques de la faune littorale de la partie nord de la zone tempérée; quelques espèces s'avancent jusqu'au cercle arctique.

LA LIMANDE. — *PLEURONECTES LIMANDA*.

Kliefche.

Caractères. — La Limande, qui peut atteindre $0^m,30$ de long, a le corps coloré en gris ou en brun jaunâtre, souvent avec des taches blanchâtres et orangées; le côté aveugle est gris blanchâtre. Les yeux sont placés à droite; le museau est pointu, les dents sont petites et aiguës. Le corps est ovalaire, couvert, du côté droit, d'écailles pectinées, de telle sorte que la peau est excessivement rude; la tête est petite, écailleuse, excepté le museau; la bouche, peu fendue, est oblique; une crête osseuse sépare les yeux. Au-dessus de la pectorale la ligne latérale décrit une courbe très prononcée, une espèce de demi-cercle, puis elle se continue directement jusqu'à la caudale. La dorsale, qui se compose de 65 à 76 rayons, s'insère au-dessus du milieu de l'œil supérieur. L'anale, où l'on compte de 50 à 56 rayons, commence par une épine fort aiguë; elle finit, ainsi que la dorsale, un peu avant la caudale, qui est arrondie. La pectorale droite est un peu plus développée que l'autre.

Mœurs, distribution géographique. — Ce Poisson est très abondant dans la mer du Nord et dans la Manche, un peu moins commun dans le golfe de Gascogne. Ses mœurs sont celles des autres Pleuronectes.

Pêche, usages. — La Limande est très fré-

quemment apportée sur les marchés; on la
pêche aux hameçons, aux lignes de fond.

LE CARRELET. — *PLEURONECTES PLATESSA.*
Goldbutt.

Caractères. — On sait que le corps du Carrelet ou Plie franche est de forme rhomboïdale et qu'il est couvert de petites écailles
lisses et minces. Du côté des yeux, placés à
droite, la couleur est gris brunâtre avec plusieurs séries de taches arrondies ou ovalaires,
de teinte rougeâtre ou orangée; le côté aveugle est blanchâtre; le plus ordinairement les
nageoires impaires sont marquées de taches
arrondies, orangées. La tête est grande et porte
quelques tubercules osseux; le museau est
court, la bouche oblique, protractile; la mâchoire supérieure est plus avancée que l'inférieure; les dents, qui ressemblent à de véritables incisives, sont aplaties et coupantes. Une
crête mousse, très saillante, sépare les yeux.
La dorsale, composée de 67 à 75 rayons, commence au-dessus de l'œil supérieur; on compte
de 50 à 56 rayons à l'anale, qui est précédée
par une forte épine. La caudale est arrondie
(pl. XIII et fig. 366).

Mœurs, distribution géographique. — Le
Carrelet, de même que la Limande, est très
commun dans la mer du Nord, dans la Manche et sur les côtes de France; on le trouve
dans la Baltique jusque sur les côtes de Poméranie.

Ce Poisson se tient de préférence sur les
fonds sablonneux, bien qu'on le pêche également par les fonds vaseux; il se nourrit de
petits Poissons, de crustacés et surtout d'une
Annélide connue sous le nom d'Arénicole des
pêcheurs.

La Plie franche nage à plat, plongeant alternativement la tête et relevant la queue; lorsqu'elle veut quitter le sol sur lequel elle repose, elle lève la tête la première en s'appuyant
sur la queue.

Cette espèce remonte volontiers les fleuves
dont le fond est sablonneux, tels que la Loire,
la Garonne; elle s'avance ainsi assez loin.

Pêche. — La Plie franche se prend en mer à
la ligne à main, au lihouret, ainsi qu'au chalut.

LE FLET. — *PLEURONECTES FLESUS.*
Flunder.

Caractères. — Le plus habituellement le

corps du Flet est tourné à droite; on rencontre
parfois des individus chez lesquels les yeux
sont à gauche; le corps est ovalaire, couvert
d'écailles lisses; du côté aveugle la tête est à
peu près nue, de l'autre côté elle est garnie de
petites écailles rudes et tuberculeuses. Le
museau est assez court, la bouche est fendue
obliquement; les mâchoires sont armées d'une
rangée de dents mousses et rapprochées; les
yeux sont séparés par une crête. La ligne
latérale dessine une légère sinuosité au-dessus de la pectorale, puis se continue directement jusque sur la caudale. Le corps est d'un
brun verdâtre, d'un jaune grisâtre, souvent
marqué de taches orangées, rougeâtres ou
jaunâtres, surtout au printemps.

La dorsale, à laquelle on compte de 58 à 64
rayons, commence au-dessus de l'œil supérieur et se termine, ainsi que l'anale, à une
petite distance de la caudale; l'anale se compose de 39 à 45 rayons (fig. 367).

Mœurs, distribution géographique. — Le
Flet est très commun dans la mer du Nord,
dans la Manche et sur les côtes océaniques de
France.

« Ce Poisson, écrit Émile Blanchard, s'attaque seulement à des animaux de petite dimension; il se nourrit à peu près exclusivement de
vers, d'insectes et de mollusques, et il fraie
au mois de mai dans le cours inférieur des
rivières où le flux se fait encore sentir. Il se
tient dans les endroits pierreux et souvent
dans la vase, car il peut vivre dans les eaux
les plus impures. On le prend ainsi en abondance dans les petits cours d'eau de la Normandie, sur lesquels se sont établies des usines
pour le lavage des laines importées d'Amérique. Autrefois on pêchait dans ces rivières
beaucoup de Poissons, même des Truites;
tout a disparu aujourd'hui de leurs eaux, incessamment chargées des déjections des usines; seul le Flet a continué à vivre et à se
multiplier où les autres Poissons devaient
périr, et il est resté la ressource des amateurs dans plusieurs localités du département
de la Seine-Inférieure.

« Le Flet remonte parfois fort loin dans les
rivières et les fleuves, mais ce n'est pas d'une
manière constante. M. Lacaze-Duthiers m'en
a procuré plusieurs individus pris dans la Dordogne à sa traversée dans le département du
Lot.

« On le pêche journellement dans la Tamise
à plusieurs milles au-dessus de Londres, et

Fig. 366. — Le Carrelet.

Yarrell rapporte qu'on le prend dans l'Avon à une certaine distance au-dessus de Bath. M. de Selys-Longchamps nous dit qu'il re-monte dans l'Ourthe, par le Maas, jusqu'à Liège, et dans la Nèthe par la Schelde, jusqu'à Waterloo. Holande a consigné ce fait qu'au

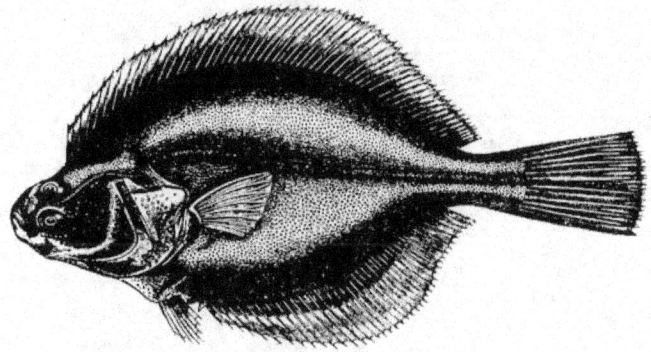

Fig. 367. — Le Flet.

mois d'août 1818 un Flet fut pêché à Metz dans la Moselle. Un autre naturaliste cite une capture de ce Poisson dans la Moselle au delà de Trèves. Au mois d'octobre 1842, on en vit sur le marché de cette ville deux individus qui venaient d'être pris dans la Moselle. Un pêcheur de Mayence a assuré à M. de Siebold avoir pêché le Flet dans le Rhin, à Mayence même. Les observateurs du seizième siècle, ayant déjà reconnu chez ce Poisson l'habitude de remonter accidentellement les cours d'eau, lui avaient donné le nom significatif de *Passereau de rivière* (1). »

Pêche, usages. — Bien que la chair du Flet soit fade et qu'elle ait trop souvent le goût de vase, ce Poisson est cependant partout pêché. On le prend avec le chalut; il mord parfaitement à la ligne amorcée avec des vers de terre ou des Arénicoles. A l'embouchure de la Seine on se sert de filets en nappe et de guideaux; dans la Loire on le prend avec la fouanne et la truble.

LA LIMANDELLE. — *PLEURONECTES MEGASTOMA.*

Caractères. — Cette espèce désignée aussi sous le nom de *Pole* et de *Cardine* atteint fréquemment 0ᵐ,40; elle a le corps de couleur gris-jaunâtre teinté de brun. Le corps est ovale, relativement allongé, couvert d'écailles minces et ciliées sur le côté gauche, généra-

(1) *Les Poissons des eaux douces de la France*, p. 209.

BREHM. — VI.

lement lisses sur le côté droit. La tête est écailleuse, effilée; la bouche, largement fendue, est oblique, la mâchoire inférieure étant plus avancée que la supérieure; les deux mâchoires sont armées de dents en velours, très fines, un peu crochues; on voit des dents au vomer; les yeux qui sont situés à gauche sont grands, l'inférieur étant plus avancé que le supérieur, dont il est séparé par une crête mousse. La dorsale commence en avant de l'œil supérieur; on y compte de 85 à 89 rayons; l'anale a de 67 à 70 rayons; la pectorale gauche est la plus grande; les ventrales sont placées très en avant.

Distribution géographique. — La Limandelle se trouve dans la mer du Nord; elle se pêche sur toutes les côtes de France.

LES SOLES — *SOLEA*

Sohlen.

Caractères. — Les Soles ont le corps très comprimé, plus ou moins ovalaire, couvert d'écailles dures, raboteuses et ciliées. Les yeux sont sur le côté droit, le supérieur étant plus ou moins en avance sur l'autre; la bouche est arquée, petite; on ne voit de dents que sur le côté qui ne répond pas aux yeux; ces dents sont faibles et forment une bande; il n'existe pas de dents à la voûte palatine. La ligne latérale est droite. La dorsale, excessivement longue, commence sur le museau, en avant de l'œil, et finit près de la caudale, ainsi que l'anale.

Distribution géographique. — On trouve ces Poissons dans les zones tempérées et tropicales, à l'exception de la partie sud de la zone sud tempérée, dans laquelle ils font défaut; on en connaît à peu près 40 espèces.

Nous avons six espèces sur les côtes de France. Deux espèces, la Sole de Klein et la Sole ocellée, sont spéciales à la Méditerranée; la Sole à pectorales noires et la Sole sétau se trouvent dans la partie sud des côtes océaniques; les deux autres espèces, la Sole commune et la Sole lascaris, se pêchent sur toutes nos côtes.

LA SOLE COMMUNE. — *SOLEA VULGARIS.*

Sohlen.

Caractères. — Chez cette espèce, que tout le monde connaît, le corps est ovale, allongé, couvert d'écailles rudes; la couleur est variable, certains animaux étant d'un brun très foncé, tandis que d'autres sont d'un gris assez clair; le plus souvent le côté qui porte les yeux est brunâtre, brun olivâtre avec des taches nuageuses mal limitées de couleur noirâtre; le côté gauche est blanchâtre. La tête est plus longue que large; du côté gauche elle est garnie de petits filaments; le museau est arrondi, la bouche arquée; les yeux sont petits, assez éloignés l'un de l'autre. La dorsale commence en avant de l'œil supérieur et se termine près de la caudale; on y compte de 72 à 87 rayons; l'anale se compose de 60 à 70 rayons. La longueur dépasse parfois 0ᵐ,40 (pl. XIII).

Mœurs, distribution géographique. — Commune dans une grande partie de la mer du Nord et sur toutes les côtes de France, la Sole se tient, comme les autres Pleuronectes, presque toujours au fond de l'eau; elle se nourrit de frai, de vers marins, de quelques espèces de mollusques, d'algues.

Pêche. — La Sole se prend au chalut et aux cordes de fond.

LES RHOMBES — *RHOMBUS*

Butten.

Caractères. — Les Rhombes sont les plus larges de tous les Poissons plats et ont le corps de forme ovale; les écailles sont lisses et petites ou peuvent être remplacées par des tubercules. Les yeux sont placés à gauche; l'espace qui les sépare est plus grand que leur diamètre vertical. La bouche est fendue obliquement; chaque mâchoire est armée d'une série de dents en velours, ou en cardes fines; il existe des dents sur le vomer, mais les dents font défaut sur les palatins. La dorsale commence sur le museau en avant de l'œil supérieur, et finit, comme l'anale, près de la caudale.

Distribution géographique. — On connaît sept espèces appartenant à ce genre; elles habitent le nord de l'Atlantique et la Méditerranée.

LE TURBOT. — *RHOMBUS MAXIMUS.*

Turbot.

Caractères. — Le Turbot a le corps en forme de losange; du côté des yeux il est couvert de tubercules coniques, plus ou moins rugueux, tubercules qui s'étendent sur la tête. Le museau est court, la bouche oblique, fort extensible; la mâchoire inférieure est plus avancée que la supérieure; les ouïes sont largement fendues. La ligne latérale décrit une grande courbure au-dessus de la pectorale, puis se continue directement jusqu'à la caudale. La dorsale se compose de 61 à 72 rayons, l'anale de 43 à 56 (pl. XIII).

La coloration varie, le plus souvent, du brun clair au brun foncé avec de très petites taches, les unes blanchâtres, les autres noires; le côté aveugle est blanchâtre; il est parfois coloré.

La taille peut dépasser 0ᵐ,80.

Mœurs, distribution géographique. — Le Turbot se pêche surtout dans la mer du Nord et dans la Manche, bien qu'il se trouve également dans la Méditerranée. C'est un Poisson extrêmement vorace qui se tient souvent non loin de l'entrée des étangs qui communiquent avec la mer; il recherche les fonds sablonneux et trouble l'eau autour de lui pour pouvoir saisir plus facilement sa proie, qui consiste en petits Poissons et en Crustacés; sa bouche est fort dilatable, aussi peut-il engloutir une proie relativement volumineuse.

Pêche, usages. — La chair de Turbot est des plus recherchées; elle est blanche, ferme et très savoureuse.

On prend ce Poisson pendant presque toute l'année, mais plus particulièrement au commencement du printemps. Il s'en fait une pêche assez considérable sur les côtes d'Angleterre, de Belgique, de France et de Hollande; les Turbots de ce dernier pays ont été

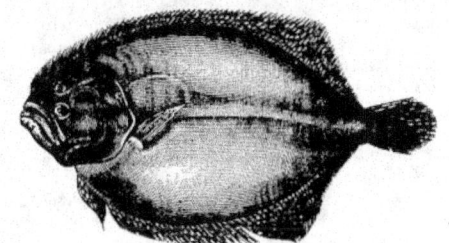

Fig. 368. — La Barbue.

pendant longtemps très recherchés et faisaient prime sur le marché de Londres ; il s'en exportait chaque année pour plus de 80,000 livres sterling, soit deux millions de francs.

Il est rare qu'on pêche le Turbot au filet ; c'est avec des lignes de fond garnies d'un grand nombre d'hameçons amorcés avec des morceaux d'Aigrefin ou de Hareng, qu'on le prend ordinairement. Les Anglais emploient pour appât de petits poissons encore en vie, et surtout de jeunes Lamproies qu'ils achètent aux Hollandais.

Juvénal a immortalisé le Turbot ; on connaît la satire dans laquelle le poète raconte que le sénat fut rassemblé pour délibérer sur cette grave question : à quelle sauce doit-on mettre le Poisson destiné à César ? Il y a surtout dans cette satire, qu'il faudrait pouvoir citer dans son entier, un mot admirable qui peint bien la bassesse de ce temps de servitude : *Ipse capi voluit*, « le Poisson lui-même a voulu être pris, » car ce devait être pour lui un bien grand honneur que d'être mangé par le maître du monde !

LA BARBUE. — *RHOMBUS LOEVIS*.

Brill.

Caractères. — Le corps de la Barbue est plutôt ovale que rhomboïdal ; il est couvert de petites écailles minces, arrondies, très adhérentes ; excepté sur le museau, la tête est garnie d'écailles ; le museau est court ; la bouche est oblique, bien fendue ; les mâchoires portent des dents en cardes fines et recourbées ; ordinairement l'œil inférieur est un peu plus avancé que l'autre. La dorsale, à laquelle on compte 63 à 83 rayons, commence sur le museau ; elle a ses premiers rayons plus ou moins profondément divisés et finit, comme l'anale, près de la caudale ; l'anale a de 50 à 61 rayons, le tronçon de la queue est relativement court ; la caudale est arrondie ; la longueur peut dépasser 0^m,70 (fig. 368).

Du côté des yeux, la coloration est d'un gris jaunâtre avec des taches irrégulières plus ou moins nombreuses, plus ou moins foncées ; on voit parfois des taches arrondies, blanchâtres le long de la base de l'anale et de la dorsale. Le côté aveugle est blanchâtre. L'œil est jaunâtre.

Mœurs, distribution géographique. — Les mœurs et la distribution de la Barbue sont celles du Turbot ; la Barbue est plus commune que cette dernière espèce.

LES MALACOPTÉRYGIENS ABDOMINAUX — *MALACOPTE-RYGII ABDOMINALES*

Caractères. — Nous avons vu que Cuvier divise les Malacoptérygiens, c'est-à-dire les Poissons chez lesquels les rayons des nageoires sont mous et articulés, en trois ordres, suivant la position des ventrales ; ces nageoires sont situées sous la gorge chez les Gades et chez les Poissons plats que nous venons d'étudier sous le nom d'Anacanthiniens ; elles s'insèrent à l'abdomen chez les *Abdominaux* ou peuvent même manquer chez les *Apodes*.

Johannes Müller, faisant cette remarque que les Poissons qui constituent l'ordre des Abdominaux et celui des Apodes ont une vessie natatoire pourvue d'un canal aérien, propose de réunir ces animaux en un ordre unique sous le nom de *Physostomes ;* « on ne peut cependant nier, dit Müller, qu'il est délicat de se servir dans la classification d'un caractère tiré de la vessie natatoire, organe qui varie beaucoup... Le nom de Physostome est tiré d'un caractère général de l'ordre ; il ne peut pas exprimer le seul caractère dominant. »

Le nom de Physostome est mal choisi ; on place, en effet, dans cet ordre, un certain nombre de Poissons qui n'ont pas de vessie aérienne, et d'autres, comme les Scombrésocidées, qui manquent, précisément du caractère de l'ordre, puisqu'ils n'ont pas de canal aérien à la vessie natatoire. Il paraît, dès lors, préférable de garder la classification proposée par Cuvier.

On peut dès lors dire que les Malacoptérygiens abdominaux sont les Poissons chez lesquels les nageoires ont leurs rayons mous et articulés, qui ont les nageoires ventrales insérées à l'abdomen et chez lesquels la vessie natatoire, lorsqu'elle existe, est presque toujours pourvue d'un canal aérien ; les branchies sont pectinées ; les os maxillaires ne sont pas soudés.

Les Malacoptérygiens abdominaux, qui renferment la moyenne partie des Poissons, sont divisés en de nombreuses familles dont nous allons étudier les plus importantes.

LES SILURIDÉES — *SILURIDÆ*

Die Welse.

Caractères. — Cette famille, qui ne comprend pas moins d'une centaine de genres et près de 1000 espèces, se compose de Poissons qui présentent d'intéressantes particularités anatomiques. La peau est nue ou revêtue, en tout ou en partie, de plaques osseuses ; en tous cas elle ne porte jamais d'écailles. On trouve presque toujours des barbillons ; la tête est, d'ordinaire, large et déprimée ; l'armature dentaire est puissante. Les mâchoires supérieures sont réduites à de petits osselets, le bord de la bouche étant, en haut, formé seulement par les os intermaxillaires. La vessie natatoire existe presque toujours ; son conduit communique avec l'organe de l'ouïe, par les osselets auditifs. Il n'existe pas d'appendices pyloriques.

Le crâne n'est pas membraneux latéralement, mais clos, sans qu'il y ait d'espace membraneux entre les orbites ; certains os, tels que le rocher et même le pariétal, peuvent manquer, tandis que d'autres prennent un grand développement. Le plus souvent la partie postérieure du crâne est élargie par l'adjonction de pièces dermiques, de manière à former une sorte de casque. En un mot, le crâne est caractérisé par l'absence totale de certains os tout autant que par le développe-ment extraordinaire que prennent quelques autres. A l'épaule, le scapulaire, le caracoïdien font défaut, de même que le sous-opercule à l'appareil operculaire.

Les deux ou trois premières vertèbres sont souvent soudées. En général, chez les espèces qui ont une forte épine dorsale, les premiers rayons inter-épineux se soudent en une pièce ou bouclier ; l'épine elle-même s'articule alors par un anneau ; ce mode d'articulation est très rare chez les autres Poissons. L'épaule est aussi constituée pour soutenir l'épine puissante que présentent la plupart des Siluroïdes.

Classification. — Les Siluroïdes ont été subdivisés en un certain nombre de sous-familles. D'après Günther ces sous-familles sont les suivantes :

Silures homoloptérés. — La dorsale et l'anale sont très longues et s'étendent sur presque toute la longueur du corps ; les Clarias, les Plotoses appartiennent à ce groupe.

Chez les *Silures hétéroptérés*, au contraire, la dorsale est très peu développée et lorsqu'elle existe elle se trouve sur la partie abdominale de la colonne vertébrale ; la nageoire adipeuse est très petite ou peut manquer ; par contre l'anale s'étend sur toute la partie abdominale de la colonne vertébrale ; ce groupe comprend, entre autres, les genres Silure, Saccobranche, Schilbe.

Les *Silures anomaloptérés*, qui ne comprennent, du reste, qu'un très petit nombre d'espèces, présentent les mêmes caractères que le groupe que nous venons d'inscrire ; seulement les membranes branchiales sont complètement séparées.

Le groupe des *Silures propteroptérés*, qui comprend la plus grande partie des Silures de l'ancien monde, se compose d'animaux chez lesquels la dorsale est toujours courte, insérée en avant des ventrales, placée sur la partie abdominale de la colonne ventrale ; la nageoire adipeuse existe ; la longueur de l'anale est toujours inférieure à celle de la partie caudale de la colonne vertébrale. La membrane des branchies ne se réunit jamais avec la peau à l'isthme. Les Bagres, les Pimélodes, les Arius, font partie de cette sous-famille.

On trouve ces mêmes caractères généraux chez les *Silures stenobranchiés*, mais chez ceux-ci la membrane des branchies se réunit à l'isthme avec la peau. Ce groupe comprend surtout des Siluroïdes des parties les plus chaudes du nouveau monde, tels que les Doras, les Synodontes.

Les *Siluroïdes proteropodes* ont généralement les ventrales insérées sous l'origine de la dorsale, qui est courte ; la fente branchiale est étroite ; les pectorales et les ventrales sont horizontales. A ce groupe appartiennent surtout des Poissons du nouveau monde, tels que les Callichthys, les Chétostomes, les Loricaires. Les animaux dont nous parlons ont le corps largement et fortement cuirassé.

Quelques Siluroïdes de l'Amérique du sud sont désignés sous le nom de *Siluroïdes opisthoptérés*. Chez eux la dorsale est toujours courte, ainsi que l'anale ; la membrane des branchies n'est pas réunie à l'isthme avec la peau (Trichomyctère, Erémophile).

Les plus petits et les plus inférieurs des Siluroïdes constituent la sous-famille des *Siluroïdes branchicoles* ; la dorsale, lorsqu'elle existe, est courte, placée en arrière des ventrales ; l'anale est courte, l'anus est très reculé ; la membrane des branchies est unie à l'isthme. Les Stégophiles et les Vandellies rentrent dans ce groupe.

Distribution géologique et géographique. — Les Siluroïdes, qui sont surtout des Poissons des eaux marécageuses des plaines, ont dû prendre naissance sous un climat tropical ; ainsi que le montre leur distribution actuelle, ils n'ont apparu qu'assez tardivement. A l'époque tertiaire, ils ne sont encore connus que dans l'Inde ; le groupe des Pimélodinés, si abondant dans l'Amérique du nord, a vécu, dans cette partie du monde, dès l'époque tertiaire.

D'après Günther, « les Siluridées se sont rapidement répandus dans le nord de l'Australie par l'Inde, et une espèce a émigré dans les îles Sandwich, probablement par le sud de l'Amérique. Leur progression dans les régions tempérées a été évidemment lente et difficile, quelques espèces seulement ayant pénétré dans la partie tempérée de l'Europe et de l'Asie ; si les espèces de l'Amérique du nord sont plus nombreuses, elles sont peu variées, comme si elles dérivaient toutes d'un seul type. De même, vers le sud, leurs progrès ont été arrêtés, les Siluroïdes n'existant pas en Tasmanie, à la Nouvelle-Zélande, en Patagonie. Les cours d'eau qui descendent des Andes du Chili sont habités par quelques formes naines identiques à celles qui caractérisent les localités semblables se retrouvant dans les parties plus chaudes et situées plus au nord du continent sud-américain. »

En résumé, les Siluroïdes habitent surtout les régions les plus chaudes du globe.

Mœurs, habitudes, régime. — Les Siluroïdes sont des Poissons des eaux douces ; quelques espèces seulement se trouvent dans les eaux saumâtres ou dans le voisinage immédiat des côtes. Ils préfèrent, en général, les eaux tranquilles, dormantes et vaseuses ; beaucoup d'entre eux se cachent sous les pierres ou entre les herbes et fondent sur la proie avec la plus grande rapidité, car ce sont des animaux voraces et carnassiers ; bien que leurs formes soient souvent lourdes, ils sont cependant, pour la plupart, très agiles. Plusieurs Siluroïdes peuvent, lorsque viennent les chaleurs, s'enterrer dans la vase desséchée ou émigrer d'un marais vers un autre. Quelques espèces sont pourvues d'un appareil venimeux situé dans l'aisselle, vraisemblablement en relation avec l'épine de la pectorale ; d'autres peuvent étourdir ou tuer leur proie au moyen de secousses électriques ; beaucoup d'entre eux sont munis d'armes très redoutables à l'aide desquelles ils peuvent faire de dangereuses blessures.

Certains Siluroïdes du sud de l'Amérique

sont peut-être de tous les Poissons ceux qui s'élèvent à la plus grande altitude ; les Trichonyctères, les Erémophiles, animaux de faible taille, se trouvent jusqu'à 14,000 pieds au-dessus du niveau de la mer ; dans les Andes, ils représentent les Loches de l'hémisphère nord, auxquels ils ressemblent par la forme, les habitudes et jusqu'à la coloration.

Plusieurs espèces vivent exclusivement dans les cours d'eau les plus torrentueux qui descendent des hautes montagnes ; ils présentent une conformation toute particulière. Les Pseudechenéis, par exemple, des monts de Khassya, ont un disque pectoral à l'aide duquel ils se fixent aux pierres ; chez les Euglyptosternes et les Glyptosternes, de Syrie et de l'Inde, les pectorales prennent une position horizontale, ainsi que les ventrales, de manière à former un organe d'adhérence. Les Exostomes, du Thibet et de l'Himalaya, se fixent au moyen de la bouche.

Quelques Siluroïdes, tels que les Vandellies, du Brésil, sont de très petite taille et vivent en parasites dans la chambre respiratoire d'autres Poissons.

On connaît un certain nombre de Siluroïdes qui contruisent un nid et donnent des soins assidus à leur progéniture.

Presque tous les Siluroïdes sont pourvus de tentacules qui leur servent d'organe de tact et de filaments pêcheurs.

LES CLARIAS — *CLARIAS*

Buschelwelse.

Caractères. — Les Siluroïdes dont nous aurons d'abord à parler ont le corps allongé, la dorsale s'étendant de la nuque à la queue ; la tête est très déprimée, la partie supérieure étant osseuse ou recouverte par la peau ; la nuque n'est pas armée ; aucun bouclier ne garnit l'origine de la dorsale ; la bouche est fendue transversalement ; on voit huit barbillons, un à l'orifice nasal, un au maxillaire, deux à la mâchoire inférieure.

L'espèce la plus connue est le *Clarias anguillaris* (fig. 369) désigné par les Arabes sous le nom d'*Harmouth*. Comme la plupart des Siluroïdes, cette espèce a le corps rond au thorax et comprimé vers l'arrière ; mais ce qui lui donne un faciès spécial, c'est la forme allongée semblable, jusqu'à un certain point, à celle d'une anguille ; les yeux, qui sont relativement petits, sont situés latéralement ; la bouche est fendue à l'extrémité du museau, la mâchoire supérieure avançant un peu sur l'inférieure ; à chaque mâchoire se trouve une bande de dents en velours, et au vomer une bande parallèle à celle-ci. La longueur atteint 0ᵐ,70. Le dos est d'un noir bleuâtre, le ventre étant blanc-jaunâtre, souvent tacheté de noir.

Distribution géographique. — Le Harmouth est commun dans le Nil, surtout dans le Delta et dans les marais qui avoisinent le fleuve dans la Basse-Égypte ; les autres espèces, au nombre de 20, habitent les parties tropicales de l'Afrique, les Indes Occidentales et le sud de l'Asie.

Les Hétérobranches, qui ne diffèrent des Clarias qu'en ce que la partie postérieure de la dorsale est adipeuse, sont limités à l'Afrique et à l'Archipel indien ; on en connaît six espèces.

Mœurs, habitudes, régime. — Les Clarias et les Hétérobranches présentent une curieuse particularité anatomique. Sous l'appareil operculaire on trouve un organe branchial accessoire ayant la forme d'un arbuscule, fixé au bord convexe du second et du quatrième arc branchial ; ces houppes ont une certaine ressemblance avec les arbres constitués par la ramification des bronches dans les poumons.

Le rôle de ces organes n'est pas encore bien connu, car il est peu probable qu'ils servent à la respiration à proprement parler ; les vaisseaux qui y arrivent proviennent des artères branchiales, ceux qui en émergent ramènent le sang dans les veines branchiales.

D'après Sonnini, le Harmouth a la vie très dure et il n'est peut-être pas de Poisson plus vivace ; il en a vu un qui avait passé une journée entière hors de l'eau, et après avoir reçu de nombreux coups sur la tête, il était encore plein de force et de vie ; coupé en deux, les parties séparées conservaient du mouvement et l'œsophage se contractait encore une demi-heure après avoir été détaché. Le voyageur ajoute que le Harmouth est un des Poissons les plus communs du Nil et en même temps les plus mauvais à manger.

Lorsque les marais dans lesquels se trouve le Harmouth viennent à se dessécher, il s'avance sur la vase à l'aide de ses nageoires pectorales et des mouvements de reptation de son corps, un peu à la manière d'une Anguille, et se met à la recherche de l'eau.

LES SILURES PROPREMENT DITS — *SILURUS*

Waller.

Caractères. — Lacépède désignait sous le nom de Silures les Siluroïdes chez lesquels la dorsale est petite, insérée en avant et dont l'anale, très longue, occupe tout le ventre et semble parfois se confondre avec la caudale. On a précisé davantage les caractères du genre et on désigne aujourd'hui sous le nom de Silures proprement dits les espèces qui n'ont pas de nageoire adipeuse, chez lesquels la nageoire dorsale, très courte, n'est pas armée d'épine, placée en avant des ventrales, celles-ci composées de plus de huit rayons; l'anale est très longue; le nombre des barbillons est de quatre ou de six, un à chaque maxillaire, un ou deux de chaque côté de la mandibule. Tout le corps est enveloppé d'une peau molle (fig. 370).

Distribution géographique. — Le genre Silure comprend cinq espèces qui habitent les parties tempérées de l'Europe et de l'Asie.

LE GLANIS. — *SILURUS GLANIS.*

Wels.

Caractères. — Le Glanis ou Silure d'Europe est déprimé à la tête, arrondi à la poitrine, comprimé sur le reste de sa longueur; la tête est aplatie; elle n'est recouverte, comme le reste du corps, que d'une peau lisse et molle.

La mâchoire inférieure avance plus que l'autre; la bouche occupe toute la largeur du devant de la tête; on voit à chaque mâchoire une large bande de dents en cardes serrées, et à la mâchoire supérieure une deuxième bande parallèle à la première et qui s'insère à la vomer. Il existe quatre barbillons à la mandibule, deux barbillons à la mâchoire supérieure. La dorsale est fort petite, composée de 4 rayons; on compte 90 rayons à l'anale, 12 aux ventrales; la caudale est un peu arrondie (fig. 364, p. 369 et fig. 370, p. 383).

La couleur est sur le dos un brun olivâtre ou un vert très foncé tirant au noirâtre, qui s'éclaircit sur les côtés et sur le ventre, où elle prend une teinte jaunâtre ou blanc sale; on voit souvent des marbrures et des pointillés bruns ou noirâtres; la lèvre inférieure a une teinte rougeâtre; une large tache brune arrondie, entourée d'un cercle pâle, se trouve sur la base de la pectorale; les nageoires abdominales et l'anale ont dans leur milieu une bande d'un jaune clair; les deux barbillons de la mâchoire supérieure sont blanchâtres, ceux de la mandibule ont une couleur rougeâtre.

Parmi les Poissons des rivières d'Europe, seul le grand Esturgeon peut rivaliser en grandeur avec le Glanis; d'après Heckel et Kner, on trouve dans le Danube des individus qui ont jusqu'à trois mètres de long et pèsent 200 à 250 kilogrammes; certains individus sont si gros qu'un homme peut à peine les embrasser entre ses bras.

Distribution géographique. — Le Glanis, le seul Siluroïde que nous ayons en Europe, se trouve dans l'Europe centrale et orientale, et dans une partie de l'Asie occidentale; il fait défaut dans certains points; c'est ainsi qu'on ne le rencontre pas dans le bassin du Weser; il n'existe pas en France, en Espagne, en Portugal, en Italie. Le Glanis est surtout commun dans le Bas-Danube, mais on le trouve aussi dans le cours supérieur du fleuve, ses affluents et les lacs qui communiquent avec ceux-ci; on le pêche dans le lac de Constance; c'est une rareté dans le Rhin; on le trouve dans la mer Noire et dans la Caspienne; on en a pris dans le lac salé d'Harlem.

D'après Cuvier et Valenciennes nous apprenons que « tous les affluents de l'Elbe nourrissent le Silure; il a donné lieu à divers proverbes en Bohème. La Sprée, les étangs des environs de Berlin en ont beaucoup. Du temps de Schonevelde, il était assez abondant pour qu'on en fit des salaisons à Slambourg, mais il ne descendait pas plus bas. Le Mecklembourg en a dans tous ses grands lacs, et il en descend quelquefois dans la Baltique. On en prend de temps en temps dans le lac de Sœroe en Séelande; mais il y est très rare. La Suède en a dans le lac Mœler et dans d'autres eaux en Scanie, en Ostrogothie. En Prusse, il est très commun, selon Wulf, dans le Curish-Haf, dans le Brandebourg; on en prend souvent dans la Prexel, dans le Mernel, surtout vers leurs embouchures. Il y en a aussi à l'embouchure de la Vistule, et même beaucoup plus haut. On en a pris, dans le Prexel, de 16 pieds de long. Raeszinsky en place dans le Buy, et assure que l'on en prend des milliers dans le Styr. Il s'en trouve en Livonie, mais rarement, et il n'y passe guère l'hiver. La plupart des fleuves de la Russie en nourrissent,

Fig. 369. — Le Clarias anguille.

tant ceux qui vont à la Baltique, comme la Duna et tout le système de la Néwa, que ceux qui aboutissent à la mer Noire, le Dniéper, le Don et, au delà du Bosphore cimmérien, le Combau et le Phase. La mer Caspienne et les rivières qui s'y jettent en produisent tant qu'il est au plus vil prix. A Astrakan, la livre n'en vaut pas souvent un copeck. Il y en a enfin en Georgie, dans le Kur et le Terck, et dans tous les lacs qui avoisinent la mer Caspienne. Le Terek en produit de 320 livres. »

Le Silure était parfaitement connu des anciens; Aristote en parle; Athénée, Juvénal, Ælien, Ausone en font mention.

Le Glanis est un animal aux allures lentes et paresseuses; il se tient de préférence dans les endroits vaseux, s'enfonçant parfois même dans la boue; il se tient sous les rochers, sous les troncs d'arbres; il est averti de l'approche de sa proie par le moyen de ses barbillons. Extrêmement vorace, il s'empare des Poissons, des Grenouilles et même des Oiseaux aquatiques. « On peut dire, écrit Gesner, que cet animal est vorace, tellement qu'une fois on a trouvé dans l'un d'eux une tête humaine et une main portant deux anneaux d'or; il dévore tout ce qu'il peut atteindre, oies, canards, n'épargnant pas même le bétail quand on le mène paître, et le noyant. » Ces faits ont été

confirmés par plusieurs observateurs, tout exagérés qu'ils paraissent être. D'après Valenciennes, « on assure que le Silure n'épargne même pas l'espèce humaine. En 1700, le 3 juillet, un paysan en prit un auprès de Thorn, qui avait un enfant entier dans l'estomac. On parle en Hongrie d'enfants et de jeunes filles dévorés en allant puiser de l'eau, et l'on raconte même que sur les frontières de la Turquie, un pauvre pêcheur en prit un jour un qui avait dans l'estomac le corps d'une femme, sa bourse pleine d'or et ses anneaux. » Heckel et Kner rapportent également qu'on trouva dans l'estomac d'un Glanis capturé à Presbourg les restes d'un jeune garçon, dans celui d'un autre un caniche, dans celui d'un troisième une oie que l'animal avait noyée avant de la dévorer. Les habitants du Danube et de ses affluents, écrivent les ichthyologistes dont nous venons de citer les noms, redoutent le Silure. D'après Gmelin, le Silure secoue avec sa queue, lors des inondations, les arbustes sur lesquels se sont réfugiés les animaux terrestres, de manière à les faire tomber et à s'en emparer.

Le moment du frai arrive de mai à juin; les Silures se trouvent alors habituellement par couples. Les animaux déposent leurs œufs sur des roseaux et se tiennent alors dans l'eau peu

Fig. 370. — Le Silure glanis

profonde, ce qu'ils ne font jamais en dehors du frai. La femelle pond environ 17,000 œufs d'où ·sortent, huit ou dix jours après, de petits animaux qui ressemblent pas mal à des têtards. D'après Valenciennes, « ce qu'Aristote rapporte avec détails, et en deux endroits, du soin que le Silure mâle prend des œufs de sa femelle, tient un peu du merveilleux. Selon lui, les grands Silures les déposent dans les eaux profondes ; les moindres, entre les racines des saules et des autres arbres, entre les roseaux ou même dans la mousse. La femelle, après les avoir pondus, les quitte ; mais le mâle les garde et les défend ; et comme ces œufs sont longtemps à éclore, il continue ce soin pendant quarante ou cinquante jours. »

Dans des conditions convenables, l'alevin atteint déjà un poids de trois quarts de kilogramme à la fin de la première année ; dans la seconde, jusqu'à 1 kilogramme et demi ; dans les eaux basses, la croissance est beaucoup moins rapide, l'animal ne pesant qu'un quart de kilogramme la première année, et tout au plus 1 kilogramme dans la seconde.

Des pêcheurs de Hongrie ont affirmé à Heckel et à Kner que le Silure ne vit que dix ou douze ans, assertion très certainement erronée, car, comme Baldner le mentionne, on a pu maintenir en vie, de 1569 à 1620, un Silure pris dans l'Ill à Strasbourg ; on a constaté que pendant ce temps il avait augmenté de la taille de un pied à un mètre et demi de long. Bien qu'il soit permis de penser que des animaux tenus en captivité ont la croissance plus lente que ceux qui sont en liberté, il est cependant grandement probable que des animaux de 3 mètres de long doivent être certainement âgés. Le Silure est un animal essentiellement nuisible ; aussi est-il heureux que les individus jeunes soient la proie de nombreux ennemis.

Usages. — Valenciennes écrit que « les opinions varient sur le mérite de la chair du Si-

lure comme aliment, mais que peut-être cela tient-il à la différence des saisons. Selon Schonevelde, il est bon surtout au mois de juin ; Siemsser le compare au veau ; Baldner à la Lotte. Pour nous, elle nous a paru tenir un peu de l'Anguille, mais peut-être moins délicate. Sa couleur est d'un blanc parfait. Les Raizes de Hongrie sèchent ses parties grasses, comme du lard, et en assaisonnent leurs légumes. On en utilise encore plusieurs autres parties. Sa graisse s'emploie pour brûler dans les lampes. On prépare une colle très tenace avec sa vessie. Les paysans russes et tartares se servent de sa peau séchée, en guise de vitres ; l'on fait la même chose à la Guyane hollandaise avec l'ichthyocolle de plusieurs Bagres. »

LES AMIURES — *AMIURUS*

Caractères. — Les Amiures, qui appartiennent à la sous-famille des *Proteroptérés*, ont une nageoire adipeuse peu étendue, une courte dorsale composée d'une épine et 6 rayons mous ; l'anale n'est pas très longue ; les barbillons sont au nombre de 8 ; l'ouverture antérieure et l'ouverture postérieure de la narine sont éloignées l'une de l'autre, la postérieure portant un barbillon ; il n'existe pas de dents au palais.

Le Silure chat (*Amiurus catus*) est l'espèce la plus connue du genre. C'est un Poisson assez semblable à notre Silure d'Europe, mais plus court et plus trapu. Chaque mâchoire est armée d'une bande de dents en cardes. La tête est entièrement recouverte d'une peau molle. La membrane des ouïes, qui est épaisse, légèrement échancrée dans son milieu, embrasse l'isthme. On compte de 22 à 23 rayons à l'anale et aux ventrales ; la caudale est coupée carrément. Le dessus du corps et les flancs sont brun cendré ou bleu noirâtre, le ventre blanchâtre ; toutes les nageoires sont brunes.

Mœurs, distribution géographique. — On connaît 12 espèces d'Amiures; une habite les eaux douces de la Chine.

Le Silure chat vit aux États-Unis, où il est commun. D'après ce que nous avons vu au Muséum de Paris, ses mœurs sont celles du Silure d'Europe; l'animal fuit avant tout la lumière, se cache sous les pierres, couché au fond de l'eau; il est vorace et c'est à l'aide de ses barbillons qu'il dirige en tous sens, qu'il porte même directement en avant, qu'il reconnaît les obstacles et s'aperçoit de la présence de sa proie; à l'aide de ses barbillons, il fouille, du reste, dans le sable, pour en faire sortir des vers de vase dont il fait sa nourriture.

LES ARIUS — *ARIUS*

Stachelwels.

Caractères. — Les Arius, dont on connaît plus de 70 espèces, ont l'adipeuse généralement peu développée; la dorsale qui est courte se compose d'une épine et de 8 rayons mous; l'anale est courte. La tête est osseuse, couverte d'un casque; on voit 6 barbillons, dont 4 à la mandibule; les deux ouvertures de la narine sont rapprochées. La caudale est échancrée, fourchue; les ventrales, qui s'attachent derrière la dorsale, comptent 6 rayons.

Mœurs, distribution géographique. — Ce genre a une large répartition géographique; on en trouve des représentants dans presque toutes les contrées tropicales qui sont arrosées par de larges rivières; quelques espèces préfèrent les eaux saumâtres aux eaux douces; d'autres se tiennent dans la mer, mais toujours au voisinage immédiat des côtes.

Plusieurs espèces sont abondantes au Brésil. « Notre pêcheur, écrit Schomburgk, était satisfait chaque soir, car nous ne retirions jamais nos hameçons sans capture. Un Silure de moyenne taille se montrait plus particulièrement avide. Toutes les fois que les Indiens tiraient à eux la ligne, je remarquais qu'ils frappaient le Poisson qui se débattait; en y regardant de plus près, je vis qu'ils brisaient ainsi un fort aiguillon dentelé, qui arme la nageoire dorsale et les pectorales, aiguillon qui constitue une puissante arme défensive. Si le pêcheur prend à la main un de ces Silures avant que l'aiguillon n'ait été brisé, il est certain de recevoir de cuisantes blessures, qui s'enveniment rapidement, deviennent doulou-

reuses, s'enflamment et occasionnent un gonflement considérable.

« Ce Silure est parfois si abondant, qu'on n'a pas besoin d'hameçons pour s'en emparer. Nos Indiens faisaient quelques pas dans l'eau et frappaient de tous côtés avec de grandes perches; ils tuaient ainsi autant d'animaux qu'il en fallait pour notre repas du soir. »

L'espèce dont parle Schomburgk est le Silure épineux (*Arius Herzbergii*), très répandu dans les rivières de la Guyane et du nord du Brésil.

LES DORAS — *DORAS* .

Kielwels.

Caractères. — Dans le groupe des Siluroïdes sténobranchiés, nous avons à mentionner plus particulièrement les Doras, qui ont la tête couverte de plaques formant un casque; la ligne latérale est cuirassée de plaques osseuses, carénées et terminées chacune par une épine; la dorsale est précédée d'un fort aiguillon dentelé sur les bords et porté sur une plaque osseuse; la pectorale est également armée d'une épine fort puissante, acérée et dentelée, de telle sorte que l'on peut regarder les Doras comme des mieux armés; d'après Valenciennes, « dans les colonies espagnoles d'Amérique ces animaux ont reçu le nom de *matacaïmans* (tueur de Crocodiles), parce qu'il leur arrive souvent, lorsqu'ils sont avalés par ces grands reptiles, de déchirer leur pharynx et leur œsophage, au point de les faire périr. Déjà Strabon avait attribué un pouvoir pareil aux Poissons du Nil, qu'il nommait *porcus*, et que l'on avait cru être les Schals. Mais c'est sans doute un rapport fort exagéré que celui de Gamilla, qui nommait ces Poissons *Bagres armés*, et dit qu'ils ont, depuis les ouïes jusqu'au bout de la queue, des pointes osseuses fort aiguës, faites comme les serres d'un aigle, et que, nageant avec la vitesse d'un trait, s'ils rencontrent un Poisson, un Caïman ou un homme, ils le mettent dans un tel état, qu'il ne saurait plus vivre. »

Mœurs, distribution géographique. — On connaît une trentaine d'espèces de Doras; elles habitent les cours d'eau de l'Amérique tropicale qui se jettent dans l'Atlantique.

Pendant la saison sèche, et lorsque les étangs se dessèchent, au moment où d'autres Siluroïdes, tels que les Callichthys, s'enterrent dans la vase, les Doras, eux, émigrent par terre, à la recherche de l'eau; les voyages ainsi accomplis durent parfois une nuit tout entière et l'on rencontre alors les Doras cheminant souvent en grandes troupes. Hancock rapporte que l'un de ses amis rencontra une fois des Doras en telle quantité, que ses nègres en remplirent plusieurs paniers; il s'est, du reste, assuré que ce Poisson peut vivre plusieurs heures hors de l'eau, même lorsqu'il est exposé aux rayons du soleil. Les Indiens rapportent que les *Hassar* emportent avec eux une provision d'eau pour leur voyage, mais ces Poissons n'ont pour cela aucun organe respiratoire spécial, et tout ce qu'ils peuvent faire c'est de fermer leurs opercules, de manière à ce que l'eau qui est contenue dans la chambre respiratoire s'évapore le moins possible. Suivant Hancock, le corps des Doras absorbe beaucoup d'humidité, de telle sorte qu'il est très difficile de les dessécher.

D'après le même voyageur, de même que les Callichthys, les Doras construisent un nid fait de feuilles et souvent établi dans une cavité de la berge; c'est au commencement de la saison des pluies que le nid est établi; les œufs sont déposés en peloton aplati; le mâle et la femelle sont auprès de ce nid, en garde attentive et le défendent avec acharnement, jusqu'à ce que les petits soient éclos.

Schomburgk rapporte des faits semblables; d'après lui, les Doras avancent en se poussant à l'aide de leur queue flexible, et en s'appuyant sur l'aiguillon qui arme la pectorale; ils peuvent cheminer ainsi avec la même vitesse qu'un homme qui va lentement au pas. « On m'a affirmé, ajoute le voyageur, que les Doras peuvent garder un peu d'eau entre les folioles branchiales, qui restent ainsi humectées tant que dure le voyage. J'ai constaté moi-même que ces animaux peuvent rester à terre pendant au moins dix heures, sans en souffrir. Tous les habitants d'un même marais émigrent ensemble; s'ils ne trouvent pas d'eau, ils s'enfouissent dans la vase molle, et y restent dans un état d'engourdissement. »

LES MALAPTÉRURES — *MALAPTE-RURUS*

Zitterwels.

Caractères. — Les Malaptérures se reconnaissent facilement à leur corps gros et court, au tronc arrondi, à la tête déprimée; l'animal est enveloppé d'une peau molle et lâche; les yeux sont petits; l'ouverture branchiale est étroite, réduite à une fente placée en avant de la pectorale; la bouche occupe toute la largeur du museau; les lèvres sont charnues; l'ouverture postérieure et l'ouverture antérieure de la narine sont écartées l'une de l'autre; on voit six barbillons, dont deux sont insérés de chaque côté de la mandibule; les dents sont en fin velours sur une large bande à chaque mâchoire; il n'y en a point au vomer. Il n'existe qu'une seule dorsale, qui est adipeuse, et située à la partie la plus reculée du corps; l'anale, qui commence un peu avant cette nageoire, est peu étendue; les pectorales n'ont pas d'aiguillon; les ventrales sont reculées et composées de 6 rayons.

L'espèce la plus connue, le Malaptérure électrique (fig. 371), peut atteindre la taille de quatre pieds. Le corps est olivâtre plus ou moins foncé; des taches noires, très inégales, irrégulières, y sont semées sans aucun ordre sur les flancs et sur les nageoires. Chez certains individus la partie supérieure du corps est d'un gris cendré foncé; le ventre est blanc jaunâtre; sur les flancs on voit de larges marbrures noires; la caudale est bordée de rouge pâle; les barbillons sont rosés; l'œil est rouge vif; d'autres individus enfin ont une bande blanchâtre au pédicule caudal. Il existe, du reste, plusieurs races qui semblent avoir chacune une coloration assez différente.

Distribution géographique. — Certains zoologistes distinguent trois espèces de Malaptérures, tandis que d'autres n'admettent qu'une seule espèce, qui serait répartie sur la plus grande partie du continent africain. On trouve le Malaptérure dans le Nil et dans toutes les rivières de la partie tropicale de l'ouest de l'Afrique.

Mœurs, habitudes, régime. — Dans le recueil des voyages de Purchas publié en 1554, il est question d'un Poisson africain qui peut donner des secousses électriques. Le passage en question est tiré de la relation de J. Nunnez Baretus, envoyé patriarche d'Ethiopie, et d'André Oviendo, son successeur. Il y est dit qu'il existe dans le Nil un Poisson, qu'il appelle *Torpedo*, ne causant aucune action, si on le tient sans aucun mouvement; mais qu'au plus léger mouvement que l'on fait, on sent aussitôt dans les artères, les articulations, les nerfs et dans tout le corps une douleur vive avec de l'engourdissement, effet qui cesse dès qu'on lâche le Poisson.

Fig. 371. — Le Malaptérure électrique.

« Un second passage est extrait des observations de maître Richard Jobson sur la rivière de Gambia. Il rapporte que dans cette rivière ils retirèrent dans le filet, parmi d'autres Poissons, un qui avait le corps large, semblable à une Brème, mais d'une plus grande épaisseur; qu'un des matelots ayant voulu le prendre, il s'écria qu'il avait perdu l'usage de ses mains et de ses bras. Un autre matelot qui le toucha du pied sentit de l'engourdissement dans la jambe.

« Enfin un troisième passage va offrir un autre genre d'intérêt... On raconte, dans la relation du voyage du frère João dos Sanitos, que dans la rivière de Sofala, abondante en Poissons gras et savoureux, on trouve un étrange Poisson, appelé par les Portugais *Tremador*, et par les Cafres indigènes *Thinta*, et d'une telle nature qu'on ne peut le prendre en vie sans que les mains et les bras soient frappés de douleurs; mais que, quand il est mort, il devient comme un autre Poisson, c'est-à-dire qu'il perd cette faculté; on y ajoute que le Poisson est estimé et de très bon goût (1). »

(1) Cuvier et Valenciennes, *Histoire naturelle des Poissons*, t. XV, p. 519.

Le Malaptérure est pourvu d'un organe électrique qui s'étend le long des flancs, étant plus épais vers l'abdomen; cet appareil est compris entre deux membranes aponévrotiques, situées directement sous la peau et se compose de cellules de forme rhomboïdale renfermant une substance gélatineuse; les nerfs qui se rendent à l'organe proviennent de la moelle, ne se rendent pas au ganglion qui se trouve à l'origine des nerfs spinaux.

Lorsqu'on touche le Malaptérure avec la main on ressent une secousse dont l'intensité est très variable; les secousses sont, du reste, données à la volonté de l'animal; on peut parfois le saisir sans rien ressentir, puis éprouver un choc violent quelques instants après. Cette secousse n'est, du reste, dangereuse que pour des animaux de faible taille.

D'après Valenciennes, « Geoffroy nous apprend que les Arabes ont bien apprécié les effets électriques du *Silurus electricus*, et qu'ils l'ont appelé *Raad* ou *Raasch*, qui signifie *tonnerre*.

« Anderson se borne à dire que l'effet de la secousse de ce Poisson ne lui a pas paru différer sensiblement de la bouteille de Leyde, et

Fig. 372. — La Loricaire cataphractée.

qu'il se communique de même par le simple attouchement avec un bâton ou une verge de fer de 5 à 6 pieds de long. Forskal en reconnait aussi la ressemblance avec l'électricité ; mais il le représente comme très faible et ne pouvant causer une véritable douleur ; peut-être n'avait-il qu'un individu affaibli. Le coup a lieu lorsqu'on touche le Poisson à la tête, et il le produit en remuant sa queue avec force ; si on le touche ou le saisit et le soulève par la queue, il n'agit point ; ce qui s'expliquerait assez bien par cette circonstance que la membrane extérieure de l'organe électrique finit après l'anale, et ne va pas plus loin sur la queue.

Usages. — Très commun dans tous les marigots du Sénégal, le Malaptère est très recherché des Nègres, qui ne redoutent nullement ses propriétés électriques. D'après certains voyageurs, les Nègres attribuent une propriété curative à l'appareil électrique ; ils le brûlent sur des charbons ardents et dirigent la fumée sur diverses parties du corps.

LES STYGOGÈNES — *STYGOGENES*

Bottomvels,

Caractères. — Les Silures qui rentrent dans ce groupe ont l'adipeuse, la dorsale et l'anale courtes ; il n'existe pas de dents au palais ; la lèvre inférieure est fort épaisse, pendante ; on voit un barbillon au maxillaire ; un court barbillon se trouve entre les ouvertures de la narine, ouvertures qui sont contiguës ; les yeux sont petits, recouverts par la peau, ainsi que toute la tête ; on compte 6 rayons aux ventrales.

Mœurs, distribution géographique. — Les Stygogènes et les genres voisins *Arges*, *Brontes*, *Astroblepus* se trouvent dans les Andes du Pérou ; le Stygogène des Cyclopes (*Stygogenes cyclopium*) a été recueilli jusqu'à 3,500 mètres de hauteur ; c'est donc un des Poissons vivant dans les plus hautes régions du globe.

Ces Poissons connus sous le nom de *Prenadilla*, malgré leur petitesse, « prennent, dit Valenciennes, un rang important dans l'histoire naturelle de notre globe, parce qu'ils sortent des entrailles embrasées du volcan le Cotopaxi, lors des éruptions de la montagne. Ce sont de petits Poissons qui sortent des entrailles fumantes des volcans et qui sont lancés au loin, emportés dans les boues argileuses rejetées par ces montagnes. Ce phénomène n'est pas offert par le seul Cotopaxi, mais le Tungurahua, le Sangay, l'Imbaburu, le Cargueirazo rejettent aussi des Poissons de la même espèce, et semblables aux *Prenadillas*. Ils sortent du volcan par le cratère ou par des fentes ouvertes constamment à 5,000 et 5,200 mètres d'élévation au-dessus du niveau de la mer. Or, comme M. de Humboldt a soin de le faire remarquer, les plaines d'alentour étant à une hauteur de 2,600 mètres au-dessus de ce niveau, les Poissons sortent de la montagne volcanique à une hauteur de près de 2,600 mètres au-dessus des plaines qui les reçoivent dans leur chute.

« M. de Humboldt, qui a exposé ce phénomène avec la clarté qu'il porte dans toutes ses recherches et avec cette grande hauteur de généralités de vues qui caractérise son génie, a recherché, dans les annales des villes voisines où sont consignées les éruptions de ces majestueux volcans, le nombre connu de chutes de *Prenadillas*. C'est ainsi qu'il a retrouvé que le Cotopaxi jeta sur les terres du marquis de Salvalegré une si grande quantité de Poissons, que l'odeur fétide de leur putréfaction s'en répandait au loin. Le volcan presque éteint d'Imbaburu en lança des milliers sur les environs de la ville d'Iharra, dans une éruption de 1691, et plus tard ce même volcan a continué d'en vomir.

« Les fièvres pestilentielles qui désolèrent ces contrées furent attribuées aux miasmes produits par les exhalaisons putrides des Poissons amoncelés sur le sol, et exposés à l'action du soleil. Lorsque la cime du volcan de Cargueirazo s'affaissa le 19 juin 1698, des milliers de Poissons sortirent de ses flancs au milieu des boues argileuses et fumantes vomies par la montagne.

« Ces faits, consignés avec tant de soin par l'illustre physicien que je viens de citer, touchent à de nombreuses questions, non encore résolues, sur l'histoire naturelle intérieure de la terre. Quels courants d'eau, ou quels lacs souterrains existent dans les cavernes de ces montagnes? comment l'eau, soumise à une haute température, a-t-elle encore assez d'air pour que les Poissons puissent y vivre? comment ces animaux à chair molle ne sont-ils pas détruits par une sorte de cuisson en traversant les colonnes de fumée qui entourent les masses boueuses rejetées pendant l'éruption? »

Il est probable que les *Prenadillas* habitent en abondance les lacs et les torrents si nombreux dans toute cette partie des Andes, tués par les dégagements de gaz sulfureux et rejetés avec tout le sol environnant au moment des éruptions; quoi qu'il en soit, bien des points obscurs restent encore à élucider sur ces faits si curieux.

LES CHÉTOSTOMES — *CHOETOSTOMUS*

Hassar.

Caractères. — Parmi les Siluroïdés protéropodes, le plus grand nombre a la tête et le tronc complétement cuirassés par des plaques qui protègent l'animal.

Les Chétostomes, qui appartiennent à cette division, ont une courte nageoire adipeuse supportée par un aiguillon; la dorsale est armée d'une forte épine; l'anale est courte; les pectorales portent un aiguillon acéré; on voit 6 rayons aux ventrales. Le corps est court, trapu; le museau est obtus, la bouche inférieure, transversale, formée d'une seule rangée de dents très fines; l'appareil operculaire est armé d'une épine érectile. Dans plusieurs espèces, le mâle porte une série de longues soies à l'interopercule et en certains points du museau.

Mœurs, distribution géographique. — Ces Poissons sont confinés dans les cours d'eau de la partie tropicale de l'Amérique du sud; l'espèce la plus connue est le Chétostome peint (*Chœstostomus pictus*) qui se trouve aux Guyanes et dans le nord du Brésil.

« Cette espèce, écrit Schomburgk, non seulement se construit un nid avec des herbes, mais elle défend encore sa progéniture avec acharnement et surveille les œufs avec le soin le plus empressé. La construction du nid est une véritable œuvre d'art; le nid ressemble beaucoup à celui de la Pie. C'est un peu au-dessous de la surface de l'eau, entre les joncs, que l'architecte construit en avril son nid avec des hampes de graminées; ce nid peut être comparé à une sphère creuse, un peu aplatie, dont la partie supérieure atteint la surface de l'eau; une ouverture, assez large pour laisser passer la femelle, conduit dans l'intérieur du nid. Aussitôt que la femelle a pondu, les animaux n'abandonnent plus le nid; ils restent constamment dans son voisinage et on peut alors facilement les capturer; on prend une petite corbeille, on la place devant l'ouverture du nid, sur lequel on frappe; le Poisson furieux, les épines hérissées, vient se jeter de lui-même dans le piège.

« Les eaux calmes, surtout les fossés d'irrigation, sont les endroits de prédilection du Hassar ; cet animal, à l'époque de la sécheresse, émigre d'un point dans un autre. »

LES LORICAIRES — *LORICARIA*

Harnifchwelfe.

Caractères. — Voisins des Poissons que nous venons de décrire, les Loricaires ont le corps beaucoup plus allongé, la queue étant longue, déprimée ; le corps et la tête sont complètement cuirassés ; la dorsale est courte ; l'anale est très avancée ; la tête est déprimée, le museau étant plus ou moins allongé et en forme de spatule ; la bouche s'ouvre à la partie inférieure du museau, à une certaine distance de son extrémité ; les lèvres sont épaisses, parfois frangées, déchiquetées ; un court barbillon se trouve à l'angle de la mâchoire ; chez le mâle le museau est garni de soies plus ou moins rudes ; les dents manquent parfois, mais, le plus souvent, elles sont petites, courbées, leur sommet étant dilaté et échancré.

L'espèce que nous représentons (fig. 372) a le corps d'un brun olivâtre. Le corps est très déprimé, la tête surtout étant plate, avec les bords tranchants ; les carènes des pièces écailleuses dont le corps est revêtu forment de chaque côté deux angles saillants, hérissés, qui se réunissent en un seul sur les côtés de la queue. Le lobe supérieur de la caudale, qui est légèrement échancrée, est terminé par un filet presque aussi long que le corps.

Mœurs, distribution géographique. — On connaît environ 40 espèces de Loricaires ; ce sont des animaux de faible taille qui habitent les cours d'eau de la partie tropicale du Nouveau Continent ; certaines espèces se trouvent à une grande hauteur.

LES ASPRÈDES — *ASPREDO*

Caractères. — Ce genre, établi par Linné, comprend des Siluroïdes qui ont une forme très remarquable ; la tête et la partie antérieure du corps sont aplaties, la région humérale est élargie, la queue est longue, grêle, tranchante en dessus ; la tête est revêtue d'une peau molle. Il n'existe pas de nageoire adipeuse ; la dorsale est courte, non armée d'un aiguillon ; l'anale est très longue, mais non réunie à la caudale ; on compte six rayons aux ventrales.

Les pièces operculaires sont réduites à de simples vestiges et entièrement soudées au préopercule ; les yeux sont très petits, les ouvertures des narines sont écartées l'une de l'autre ; on voit au moins six barbillons, dont deux insérés à chaque intermaxillaire.

Mœurs, distribution géographique. — Les Asprèdes habitent les parties tropicales de l'Amérique du sud.

Les soins donnés par la femelle à sa progéniture sont très rares chez les Poissons, ces soins étant ordinairement confiés au mâle ; chez un Lophobranche, le Solénostome, et chez un Silure, l'Asprède, l'incubation des œufs regarde la femelle.

Chez l'Asprède crapaud (*Aspredo batrachus*), au moment de la ponte la peau de la partie inférieure du tronc devient spongieuse et se creuse de petites cavités ; après avoir déposé ses œufs, la femelle se couche sur eux et par le frottement les fait entrer dans les cellules dont sa peau vient de se creuser ; elle transporte ses œufs avec elle sous le ventre, de la même manière que la femelle du Crapaud de Surinam, le Pipa, transporte ses œufs dans la peau du dos. Lorsque les œufs sont éclos, les cavités disparaissent et la peau du ventre redevient aussi lisse qu'auparavant.

LES ÉRÉMOPHILES — *EREMOPHILUS*

« Lorsqu'on s'élève, écrit de Humboldt, de la Cordillère des Andes à des hauteurs de deux mille six cents toises et au-dessus, l'on trouve de grands plateaux et des lacs d'une étendue considérable. Il est frappant de voir que, tandis que le sol y est encore couvert d'une belle végétation, tandis que les lacs sont remplis de mammifères et l'air d'une grande variété d'oiseaux, l'eau seule, les lacs et les rivières, soient si peu habités : la cause de ce phénomène tient sans doute à des faits géologiques, il tient au grand mystère de l'origine et de la migration des espèces.

« Les lacs considérables qui entourent la ville de Mexico, à 1,160 toises de hauteur, ne nourrissent que deux espèces de poissons, dont l'une, l'Axolotl, appartient plutôt au genre des Sirènes et des Protées (1). Dans le royaume de la Nouvelle-Grenade, dans la belle vallée de Bogota, à 1,347 toises de hauteur, il n'existe également que deux espèces, que les habitants de ce pays nomment le *Capitaine* et le *Guapucha* ; j'ai nommé le premier *Eremophilus*, à cause de la

(1) L'Axolotl n'est pas un Poisson, mais un Batracien urodèle (Voy. Brehm, *Les Reptiles et les Batraciens*, p. 647).

solitude dans laquelle il vit en de si grandes hauteurs, et dans des eaux qui ne sont presque habitées par aucun autre être vivant. »

Caractères. — L'Érémophile est un animal de 10 à 11 pouces de long, au corps allongé, enduit de mucosités, d'une couleur gris-bleuâtre, tacheté de vert olive ou de jaunâtre. La tête est petite, aplatie ; la bouche, située à l'extrémité du museau, est étroite ; la mâchoire supérieure, qui dépasse l'inférieure, porte six barbillons charnus ; deux autres barbillons sont placés sur les narines ; l'extrémité des lèvres est garnie de petites dents en forme de poils ; les yeux, très petits, sont recouverts par la peau ; la fente branchiale est très étroite.

Distribution géographique. — Cette curieuse espèce se trouve dans la petite rivière de Bogota qui forme la fameuse cataracte de Tequendana.

Usages. — D'après de Humboldt, « le Capitaine est un aliment très agréable, et d'autant plus précieux, que sans lui, dans le temps du carême, les habitants de la capitale de Santa-Fé seraient réduits au poisson salé de mer, qui leur vient de très loin. »

LES CYPRINIDÉES — *CYPRINIDÆ*

Die Karppen.

Caractères. — Les Cyprinidées que nous allons faire connaître forment la foule des Poissons des eaux douces de l'ancien monde ; ils se tiennent presque tous par des caractères si étroits qu'ils forment réellement une famille des plus naturelles.

Le caractère le plus important, c'est que ces Poissons ont toutes les parties de la bouche privées de dents, tandis que les os pharyngiens en sont constamment pourvus : ils ont le bord de la mâchoire supérieure formé par les os intermaxillaires, derrière lesquels sont placés les maxillaires. Le corps est, le plus souvent, couvert d'écailles non dentelées au bord ; la tête est toujours dépourvue d'écailles. Il n'existe qu'une seule nageoire dorsale, dont le premier rayon peut être osseux ; les nageoires ventrales s'insèrent en arrière des pectorales.

Les caractères tirés de l'organisation ne sont pas moins constants. La vessie natatoire est grande, enfermée dans une capsule résistante, divisée par un étranglement en deux parties, une antérieure et une postérieure, ou une droite et une gauche, et reliée à l'oreille par une chaîne de petits osselets. Les appendices aveugles de l'intestin manquent. Les sacs de l'ovaire sont clos.

Classification. — Le nombre des Cyprinidées connues est si considérable, il dépasse 1,600 espèces, qu'on a dû répartir ces animaux en un certain nombre de groupes distincts.

Deux de ces groupes sont si tranchés que certains zoologistes les ont même élevés au rang de famille ou tout au moins de sous-famille.

Chez un certain nombre d'espèces de l'Inde, en effet, la vessie natatoire fait défaut, de telle sorte que ces Poissons manqueraient de l'un des caractères importants de la famille ; ils ont les nageoires pectorales et ventrales horizontalement placées. Il s'agit probablement ici d'un groupe aberrant dont les véritables affinités ne sont pas encore très comprises.

Pour les Cyprins que nous pourrions nommer normaux, il est possible d'établir deux tribus. Chez les Cobitidinées (Loches) les écailles sont petites, rudimentaires ou absentes, les ouïes son peu fendues ; les autres Cyprins ont des écailles bien distinctes ; les ouïes sont plus largement ouvertes.

Distribution géologique. — Les Cyprinidées semblent avoir apparu vers le milieu des temps tertiaires ; on en connaît des formations d'eau douce d'OEningen et de Stemhein, des lignites de Bohn, de Stöchen, de Bilin, de Ménat, dans les couches à tripoli de Licata, en Sicile ; ils ont été également retrouvés à Idaho, dans l'Amérique du nord et à Padang, dans l'île de Sumatra.

Presque tous les Cyprins trouvés à l'état fossile appartiennent à des genres qui vivent encore aujourd'hui dans la contrée ; c'est ainsi qu'en Europe on a recueilli des Barbeaux, des Goujons, des Tanches, des Bouvières, des Loches, et qu'à Sumatra on a constaté la présence des genres Amblypharyngodons et Thynnichtys qui existent dans les cours d'eau de l'île. Quelques genres seulement sont éteints.

Agassiz et Winckler ayant, par exemple, comparé la faune du lac de Constance à l'épo-

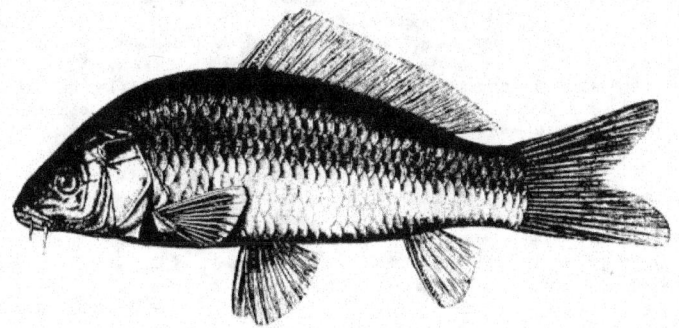

Fig. 373. — La Carpe.

que actuelle et celle qui, pendant l'époque éocène, vivait à Œningen, trouvent dans cette dernière localité des Perches, des Cottes, des Lebias, des Pécilies, des Loches, des Goujons, des Tanches, des Leucisques, des Chondrostans, des Aspius, des Bouvières, des Brochets, tandis qu'aujourd'hui dans le lac de Constance on recueille ces Poissons, moins les Lebias, les Pécilies, les Bouvières, et en plus les Barbeaux, la Carpe, le Vairon, la Brême, le Saumon, la Truite, le Corégone, le Lavaret et le Chevalier.

Distribution géographique. — La distribution géologique des Cyprins correspond exactement avec celle de leur répartition géographique ; ils se trouvent dans tout l'ancien monde et dans l'Amérique du nord ; ils manquent absolument dans toute l'Océanie et dans l'Amérique du sud, non parce qu'ils ne peuvent y vivre, mais parce que ces Poissons ont apparu à la surface du globe à une époque où l'Océanie n'était plus en communication, et sans doute depuis longtemps, avec l'Asie. Cela est si vrai, que certains Cyprins d'Europe, la Carpe, la Tanche, introduits artificiellement dans le sud de l'Australie, y prospèrent et qu'on les pêche couramment dans certaines rivières.

Nous avons dit que les espèces de Cyprins étaient fort nombreuses. On peut, en effet, estimer à 3,900 le nombre des espèces de Poissons connus des eaux du globe ; sur ce nombre 1,600 environ sont des Cyprins et 1,000 des Silures.

Mœurs, habitudes, régime. — Les Cyprinidées aiment, en général, les eaux calmes.

avec un fond sablonneux et plus souvent encore vaseux ; on les trouve également dans les fleuves au cours tranquille, les lacs et les étangs : si on en excepte les Homaloptérinés, qui ne sont peut-être pas des Cyprins, ces Poissons n'aiment pas les eaux rapides et torrentueuses.

La plupart des Cyprins sont herbivores sans dédaigner cependant les vers, les insectes et diverses matières en putréfaction. Beaucoup d'entre eux vivent en société et se réunissent en troupes nombreuses qui semblent chasser de concert ; les petites espèces agissent surtout ainsi, les grosses semblant être un peu moins sociables. Pendant les froids rigoureux, les Cyprins de nos pays se couchent pressés les uns contre les autres dans la vase.

Les Cyprins sont des animaux absolument inoffensifs, sans aucune défense ; aussi dans tous les cours d'eau les espèces de faible taille sont-elles la proie de tous les Poissons voraces. Il est heureux que la fécondité de la plupart des espèces soit extrême ; cette fécondité est telle que la Carpe était consacrée à Vénus et le nom de Cyprin dérive même de l'un des noms de cette déesse.

LES CARPES — *CYPRINUS*

Karpfen.

Caractères. — Le genre Carpe qui, pour Linné, comprenait tous les Cyprins d'Europe, est aujourd'hui limité à un petit nombre d'espèces faciles à reconnaître à leur dorsale longue précédée d'un rayon osseux, à leur anale courte armée également d'un fort aiguillon ;

les écailles sont grandes; le museau est obtus, arrondi, la bouche antérieure; on voit quatre barbillons à la mâchoire supérieure (fig. 373). Les dents pharyngiennes sont massives, en général au nombre de cinq de chaque côté.

LA CARPE COMMUNE. — *CYPRINUS CARPIO.*

Karpfen.

Caractères. — De tous les Poissons qui vivent dans nos eaux douces, la Carpe commune est certainement celle qui présente les modifications les plus considérables dans sa forme, dans la disposition de ses écailles, dans sa coloration.

Ainsi que l'écrit Blanchard, en effet, la Carpe « est un animal qui, depuis des siècles, a été soumis par l'homme à des conditions fort diverses. Il est devenu presque *domestique* et il a subi ainsi des modifications de celles que subissent les animaux domestiques, suivant les circonstances dans lesquelles ils naissent et se développent. Ces modifications n'affectent pas néanmoins les caractères essentiels de l'espèce; les variétés les plus considérables, que présentent certaines Carpes, ont pu être citées et décrites par plusieurs auteurs comme des espèces distinctes, ces variétés ont bientôt été appréciées exactement par d'autres naturalistes qui avaient dû y reconnaître des particularités, dues soit à des causes accidentelles, soit à des influences locales. Ainsi qu'il arrive parmi les animaux domestiques, les cas tératologiques ou ce qu'on appelle vulgairement les *monstres*, si rares chez les animaux sauvages, sont assez fréquents chez les Carpes. »

La Carpe (fig. 373 et 374) a le corps légèrement comprimé latéralement, arqué et aminci vers le dos, abaissé vers la tête, qui est elle-même sensiblement inclinée de la nuque à l'extrémité du museau. Le museau est obtus; les lèvres sont épaisses; la bouche est peu fendue; de chaque côté de la mâchoire pendent des barbillons. La fente des ouïes est grande; l'opercule est strié; les rayons branchiotèges sont larges, aplatis. Les dents pharyngiennes sont en forme de molaires.

La dorsale se compose de 3 ou 4 rayons simples, dont le dernier est robuste, garni de dentelures sur ces bords, de 17 à 22 rayons ramifiés. L'anale, qui est reculée, a 3 rayons simples et 5 rayons mous. La caudale est bien échancrée. On compte aux pectorales 1 rayon simple et 15 à 17 rayons branchus; les ven-

trales ont une dizaine de rayons (fig. 374).

La coloration est très variable; elle est le plus généralement d'un brun verdâtre, à reflets bleuâtres vers le dos, à reflets dorés plus ou moins vifs sur les flancs; les individus pêchés en eau limpide ont, presque toujours, la coloration moins foncée que ceux qui ont vécu dans les eaux vaseuses. L'œil est le plus souvent jaunâtre. On trouve des individus qui sont blanchâtres, d'autres presque noirs; l'espèce décrite par Lacépède sous le nom de *Carpe Anne-Caroline* est une variété dorée avec quelques taches noires. Certaines Carpes sont d'un jaune uniforme.

On parle de Carpes qui atteignent 1^m,50 de long, 0^m,60 de haut et qui pèsent 35 kilogrammes; abstraction faite de ces cas exceptionnels, dans sa plus grande taille une Carpe ne dépasse pas un mètre, et en poids de 15 à 20 kilogrammes.

Variétés, anomalies, monstruosités. — De même que tous les animaux soumis à l'influence de l'homme, la Carpe présente des monstruosités et des variétés qui semblent être assez constantes pour qu'on les ait prises pour des espèces bien distinctes.

Certains individus ont la face raccourcie, la partie antérieure du crâne faisant saillie en avant des yeux, au-dessus du museau; on désigne ces Carpes sous le nom de *Carpes dauphins* ou *Carpes à tête de dauphin*.

La *Carpe à miroir* ou *Reine des Carpes* présente une remarquable altération des écailles; ces écailles sont peu nombreuses, très grandes; elles manquent parfois sur une partie du corps et ne forment plus que deux ou trois rangées (fig. 375).

On désigne sous le nom de *Carpe à cuir* les individus chez lesquels les écailles sont atrophiées et où la peau épaisse a pris l'aspect d'une substance coriace, l'apparence du cuir.

Charles Bonaparte a fait connaître sous la dénomination de *Carpe bossue* des individus qui ont le dos très élevé, et sous celui de *Carpe reine* ceux qui ont le corps relativement allongé.

La Carpe de Hongrie (*Cyprinus hongaricus*) décrite par Heckel est une variété chez laquelle le corps est très allongé.

On trouve tous les passages entre les individus à corps trapu et ceux à corps allongé; ce sont autant de races locales.

Distribution géographique. — Il est à peu près certain que la Carpe n'est pas originaire d'Europe et qu'elle a été introduite de l'est du continent asiatique ; en tous cas, elle abonde à l'état sauvage dans le nord de la Chine, où elle a été domestiquée depuis plusieurs siècles. La Carpe aurait été introduite de fort longue date dans le sud-est de l'Europe, car elle était parfaitement connue des Romains.

En Asie, on trouve la Carpe dans le bassin de l'Obi, dans celui de l'Irtish ; elle abonde dans les cours d'eau de la Sibérie qui se déversent vers l'est dans les parties voisines du grand Océan.

D'après Pallas, on trouve la Carpe dans la mer Caspienne et dans ses affluents en quantité considérable, car elle s'accommode parfaitement des eaux saumâtres. La Carpe n'est pas moins abondante dans les rivières tributaires de la mer Noire ; pendant l'été elle séjourne en masse dans les eaux superficielles, entre les bancs de sable, remontant en automne dans les rivières, vers les montagnes, pour y passer l'hiver. La Carpe se trouve également dans le Caucase.

Suivant Baudrillart « la Carpe est originaire des contrées de l'Asie placées sous des latitudes tempérées ; l'espèce n'en fut introduite qu'assez tard et par degrés dans les eaux courantes ou closes de l'Europe. Les Romains, qui subjuguèrent les Grecs, et qui l'emportèrent sur eux dans tous les genres de luxe, n'auraient pas manqué de compter ce Poisson au nombre des meilleures espèces que la Grèce nourrissait. Pline en parle comme d'un poisson de mer, par cette raison que de son temps la Carpe venait encore des côtes de l'Asie-Mineure, où des barques légères allaient chercher les espèces les plus délicates, les plus rares, destinées à être servies sur la table des empereurs. Ces poissons pêchés en Asie étaient amenés vivants à Rome au moyen de réservoirs pratiqués à ce dessein dans l'intérieur des barques, genre de transport que la Carpe soutenait comme l'Anguille sans rien perdre de sa qualité.

« Il reste beaucoup d'incertitude sur la véritable espèce de ce poisson chez les anciens ; mais il est constant qu'elle est originaire d'Asie ; que de la Perse elle a été transportée dans les contrées orientales de l'Europe et que ce Cyprin, après avoir traversé la mer Noire, est remonté jusqu'à une certaine distance de l'embouchure du Danube et autres fleuves, et s'est naturalisé de lui-même dans les eaux de leur cours supérieur.

« La Carpe fut mieux connue dans le moyen âge. On les nourrissait dans des étangs en France et en Allemagne. Vincent de Beauvais en fait mention, et c'est d'elle qu'il est parlé sous le nom de *Carpeau* dans l'ordonnance de 1258. Pennant observe qu'elle fut importée beaucoup plus tard en Angleterre, elle ne le fut que sous Jacques 1er ; mais il n'en est pas moins certain qu'en 1289 elle était connue en France sous le nom qu'elle porte aujourd'hui, quoiqu'elle ne soit pas nommée dans les *Proverbes du douzième siècle*. Ce poisson est particulièrement cité dans les ordonnances de 1312 et 1317, qui fixent la longueur des poissons dont la vente sera permise sur les marchés, et il faut qu'il fût déjà très commun en France en 1328, puisque, dans le festin donné par la ville de Reims à l'occasion du sacre de Philippe de Valois et de Jeanne de Bourgogne, il fut servi 2619 Carpes. Les ordonnances rendues pour la police de la pêche dans la Somme et dans la Seine, en 1344, 1387 et 1402, parlent de la Carpe comme d'un poisson qui n'était pas plus rare que la Brême ou le Barbeau, et puisque la Carpe se trouvait dans la Somme il n'est point douteux que beaucoup d'autres rivières de France n'en fussent également pourvues ; nous pensons que c'est le poisson désigné par le nom de *Carpeaux* dans l'ordonnance de 1350, et c'est bien évidemment le même qui se trouve compris dans le tarif des droits à acquitter à Naerden, publié en 1324 par Guillaume IV, comte de Hollande (1). »

D'après A. Esquiros, « la tradition veut que ce Poisson ait été apporté d'Italie en Prusse, où il est aujourd'hui très abondant, par un gentilhomme dont le nom nous est inconnu. Or, en vérité, je regrette qu'il en soit ainsi ; tant d'autres ont attaché leur nom, un nom impérissable, à des batailles et à des œuvres de destruction dont l'humanité n'a recueilli que des larmes, quelquefois même que la servitude !

« On peut pourtant attribuer avec quelque probabilité ce service (je parle de l'acclimatation de la Carpe en Prusse) au burgrave Carper von Nostiz, qui mourut en 1588. Vers le milieu du seizième siècle, il envoya, dit-on, de ses États, situés dans la Silésie, la première Carpe en Prusse. Il la fit mettre dans le grand étang d'Aremberg, non loin de Creuzsbourg. Comme mémorial de cette circonstance, la figure d'une Carpe, gravée dans la pierre, se voyait autrefois

(1) *Dictionnaire des pêches*, 1827.

sur une porte du château d'Aremberg. Cet essai fut couronné de succès; en 1525, une Carpe fut envoyée de Kœnisgberg à Wilda, où demeurait alors l'archiduc Albert.

« Il est vraisemblable que la Carpe se fit connaître et estimer partout à partir de la fin du seizième siècle. On considérait comme un devoir religieux, parmi les catholiques, de manger ce Poisson en carême et les jours de jeûne. En conséquence, il se forma dans chaque pays des étangs où des colonies de Carpes furent importées. Aucun autre Poisson ne se développe et ne se multiplie, d'ailleurs, plus aisément que celui-ci dans les réservoirs.

« On ne sait point positivement à quelle époque la Carpe fut introduite en Angleterre. Fullers cite l'an 1514 comme la date à laquelle Léonard Marschall, un gentleman de Plumstead, dans le Sussex, importa la Tanche et la Carpe ; mais il y a des raisons de douter que le susdit Marschall ait eu l'honneur d'introduire le dernier de ces deux Poissons dans la Grande-Bretagne. Il est fait mention de la Carpe dans le *Livre de Saint-Albans*, publié par Wynkyn de Wood dès 1486. Ce livre contient un traité sur la pêche et plusieurs autres traités sérieux, compilés par la dame Julyans Barnes, prieuresse du couvent de Sopwell, près de Saint-Albans, femme célèbre par ses connaissances. Au sujet de la Carpe, elle dit, dans son vieux langage, que « c'est un Poisson délicat, mais qu'il y en a peu en Angleterre. »

Il est également fait mention de la Carpe, en 1532, dans le livre des dépenses du roi Henri VIII.

La Carpe aurait été acclimatée seulement en 1769 dans la vieille Russie, et aurait été apportée plus tard encore dans les provinces de l'Empire Russe, voisines de la Baltique.

On trouve aujourd'hui la Carpe dans toute l'Europe; depuis quelques années, on cherche à l'acclimater aux États-Unis et dans plusieurs autres contrées; ces tentatives ont été pleinement couronnées de succès.

Mœurs, habitudes, régime. — La Carpe recherche tout particulièrement les eaux calmes dont le fond est vaseux et dont la surface est çà et là couverte de plantes aquatiques; elle préfère, en effet, les eaux troubles et stagnantes aux eaux courantes, évitant avant tout les cours d'eau rapides.

Les insectes et leurs larves, les vers, des débris de végétaux sont la nourriture préférée des Carpes; elles avalent aussi une certaine quantité de vase dans laquelle elles trouvent des matières en décomposition. La Carpe est, du reste, peu difficile sur le choix de sa nourriture, et on peut la nourrir à peu près indistinctement avec tout ; elle mange avec avidité des feuilles de laitue, de choux, des pommes de terre, des courges, des fruits gâtés, du pain et toutes sortes de graines ; elle se jette avec avidité sur des morceaux de viande et toutes sortes de matières animales.

La Carpe peut supporter de longs jeûnes. Au commencement de l'hiver, les Carpes se rassemblent en nombre et s'enfouissent dans la vase, entre les plantes aquatiques; elles restent ainsi pendant plusieurs mois, dans un état de demi-engourdissement et sans manger.

La Carpe est très robuste et elle peut vivre pendant longtemps hors de l'eau, surtout si on prend la précaution de l'humecter de temps en temps. On expédie au loin des Carpes enveloppées simplement dans la mousse humide; on prétend que certains pêcheurs anglais mettent dans la bouche de la Carpe un petit morceau de bois trempé dans l'eau-de-vie et qu'on peut ainsi la conserver plus longtemps!

Suffisamment nourrie, la Carpe est apte à se reproduire dès la troisième année. La fécondité de ce Poisson est extrême; on peut compter cinq à six cent mille œufs chez un individu d'assez forte taille; le nombre des œufs augmente avec l'âge. La ponte a lieu pendant les mois de mai et de juin, parfois une seconde fois en août. Les œufs sont déposés sur les plantes aquatiques, et comme leur incubation est rapide, surtout si la température est un peu élevée, les jeunes éclosent au bout de huit jours.

Au moment de la ponte, il se développe chez les mâles de nombreux tubercules blanchâtres, disséminés irrégulièrement à la tête, sur les joues et sur les opercules.

Bien que la fécondité de la Carpe soit extrême, peu d'animaux se développent cependant; les œufs sont dévorés très souvent par d'autres Poissons, par des Oiseaux d'eau; les petits qui éclosent sont exposés à des dangers sans nombre, et sont la proie d'une quantité d'animaux.

Longévité. — La longévité des Carpes est proverbiale, et il n'est pour ainsi dire personne qui ne dise ou ne répète que ces animaux extraordinaires vivent une centaine ou même plusieurs centaines d'années.

Fig. 374 à 377. — La Carpe commune, la Carpe à miroir, le Carassin et le Barbeau.

Et cependant ce n'est là qu'une légende.

Quel est celui qui visitant Fontainebleau ne s'est arrêté sur la terre-plein de la cour de la Fontaine, pour assister aux ébats des énormes Carpes qui, frétillant d'impatience et de gloutonnerie, se disputent les morceaux de pain que leur jettent à l'envi les touristes anglais, les militaires de la garnison et les rapins en quête de paysages [...] 378 ? Eh bien, si l'on en croit la renommée, ces mêmes Carpes, alors plus jeunes et plus sveltes, mais non moins agiles, auraient eu leur premier petit pain de soleil des mains de François Ier, des seigneurs et des belles dames de sa cour; cela reviendrait à dire qu'elles auraient l'âge respectable de 370 ans environ.

On parle aussi des Carpes de Chantilly, dont la naissance remonterait au temps du grand Condé.

Buffon raconte qu'il vit dans les fossés du château de Pont-Chartrain, propriété du ministre Maurepas, des Carpes qui avaient au moins 150 années bien avérées; elles étaient aussi vives que les Carpes ordinaires.

On dit encore que les bassins du jardin royal de Charlottenbourg, près de Berlin, renferment des Carpes âgées de plus de deux cents ans.

On cite aussi les étangs de la Lusace comme nourrissant des Carpes qui auraient une réputation à peu près égale de vieille noblesse.

Enfin on raconte qu'en 1873 un propriétaire de Sussex, en faisant mettre à sec un grand étang, trouva une énorme Carpe barbotant dans la vase. Inspection faite, on découvrit que cette Carpe portait dans un des cartilages du nez un anneau d'or avec cette inscription :

W. C. et N. K.

le jour de notre mariage, 17 mai 1674.

C'est-à-dire que ce vénérable Poisson avait alors près de deux siècles.

L'homme est ainsi fait qu'il trouve quelque chose de merveilleux dans une existence qui se prolonge, fût-ce même l'existence d'un animal dont la vie semble cependant bien monotone. C'est un objet d'envie pour ceux qui regrettent que la vie humaine soit si courte. Aussi, comme on croit toujours ce que l'on désire, la crédulité sur ce point est grande.

Mais allons au fond des choses.

La date de la naissance de ces Carpes — toutes royales qu'elles sont — est d'abord fort douteuse. Qui donc a pris la peine de recueillir leurs actes de naissance? A quelles mains expertes et fidèles a-t-on confié le registre de leur état civil? Est-on sûr que les vieilles Carpes ne soient pas mortes et que d'autres ne les aient pas remplacées? « A-t-on oublié, dit E. Blanchard[1], qu'à chaque révolution les résidences royales ont été saccagées par les maîtres du moment? Les belles Carpes des étangs de Fontainebleau, de Chantilly, etc., ont été mangées par le peuple souverain en 1789, en 1830, en 1848, et certainement dans une foule d'autres circonstances. »

De plus, la pièce d'eau du château de Fontainebleau a été mise à sec en 1814, lors de l'occupation par les puissances étrangères; les Poissons furent tous mangés par les Cosaques.

Elle a été mise de nouveau à sec à la fin de l'année 1866, et 2,000 Carpes mesurant de 18 à 30 centimètres ont été vendues; 1,250 des plus grosses et beaucoup de petites qu'on voulait conserver ont été transportées dans le bassin du milieu du parterre jusqu'à ce que l'étang fût de nouveau rempli d'eau.

Les Carpes de Charlottenbourg ont-elles été plus respectées que les nôtres? Nous l'ignorons, mais ce n'est guère admissible.

En fait, la longévité des Carpes de Fontainebleau, de Chantilly, de Charlottenbourg n'est pas prouvée : elle n'est même pas probable.

Est-elle seulement possible? Et quelle en serait sinon la cause, au moins l'explication?

[1] Blanchard, Les Poissons des eaux douces de la France, p. 328.

Hufeland [1] remarque que parmi les Poissons la mort naturelle est beaucoup plus rare que chez les autres animaux. Parmi eux, c'est le droit du plus fort qui règle presque toujours le passage de la vie à la mort. Le plus fort mange le plus faible.

On a dit qu'un certain nombre de Poissons qui naissent très petits et qui croissent avec lenteur sont destinés cependant à acquérir une grande taille, et qu'en calculant d'après le poids que les Carpes atteignent en dix années, on peut estimer que certaines Carpes devaient avoir près d'un siècle.

On a cherché à expliquer ce phénomène par la température des milieux dans lesquels ils vivent, leur conformation particulière, les organes spéciaux dont ils sont doués.

On a dit que, les Poissons ayant le sang froid et ne perdant rien par la transpiration, ils doivent vivre plus longtemps que nous [2].

Mais si la circulation du sang est, en effet, moins active chez les Poissons, la vitalité est moins grande chez eux, de nombreuses causes de destruction s'opposent à cette prodigieuse longévité qu'on leur prête.

En outre, si la vie des Carpes devait être si longue, pourquoi multiplieraient-elles avec une si prodigieuse fécondité?

Enfin presque tous les Poissons qu'on garde dans des viviers sans moyens de reproduction sont morts au bout de quelques années; la Carpe aurait-elle reçu de la nature un brevet de longue vie?

Il faut donc perdre une illusion : nous n'avons pas de Carpes séculaires.

Quoiqu'il soit bien difficile de déterminer avec exactitude l'âge d'un animal qui, pour mille raisons, échappe souvent à l'observation,

[1] Hufeland, l'Art de prolonger la vie. Paris, 1871.
[2] Fordyce renferma des Poissons rouges dans des vases remplis d'eau, leur donna d'abord de l'eau fraîche tous les jours, puis tous les trois jours seulement ; ils vécurent ainsi pendant quinze mois sans autre nourriture. Il poussa l'expérience plus loin : il distilla l'eau, augmenta le volume d'air et ferma les vases de manière que les plus petits insectes ne pussent y pénétrer. Les Cyprins n'en vécurent pas moins et prirent même un embonpoint assez honorable. De quoi se nourrissaient-ils ? Il est présumable qu'ils avaient peu à réparer, qu'ils trouvaient quand même dans l'eau quelques substances organiques, et qu'ainsi ils donnaient un démenti formel au proverbe populaire qui dit qu'on ne vit pas de l'air du temps. Les Vertébrés inférieurs peuvent du reste se passer de nourriture pendant longtemps, et l'on a vu dans les ménageries des Serpents à sonnette rester jusqu'à vingt mois sans manger.

Heckel et Kner attribuent douze ou quinze ans de vie à la Carpe libre, tout en admettant que ce Poisson peut attteindre, sous la protection de la domesticité, à un âge beaucoup plus avancé.

Leur couleur devient moins foncée à mesure qu'elles vieillissent, et, dans un âge avancé, elles se montrent presque blanches. Elles sont alors sujettes à une singulière maladie : la tête et le dos se couvrent d'excroissances parasites quelque peu semblables à de la mousse. Cette maladie paraît aussi atteindre les jeunes Carpes qui habitent les eaux de neige ou les eaux putréfiées. Les eaux de neige produisent, en outre, sous les écailles, de petits boutons pustuleux que les pêcheurs appellent la *petite vérole des Carpes*.

En tous cas, nous concluons qu'on ne possède aucune preuve palpable qu'une Carpe ait pu arriver à l'âge de cent ans, pas plus à Fontainebleau qu'ailleurs (1).

Pêche, usages. — La chair de la Carpe est agréable au goût, bien qu'un peu fade, comme d'ailleurs celle de la plupart des Cyprins ; cette chair est d'autant meilleure que l'animal a été bien nourri et qu'il provient d'une eau plus limpide ; les Carpes qui ont été pêchées sur un fond trop vaseux et qu'on reconnaît à la couleur noire de leur corps ont un goût désagréable, qu'on peut leur faire perdre en les tenant une huitaine de jours dans de l'eau vive pour les dégorger.

La bile de la Carpe fournit aux peintres une couleur verte ; on s'en servait autrefois en médecine.

On pêche la Carpe à la ligne, aux filets. Pour faire cette pêche il faut se rappeler que ce Poisson est fort rusé et qu'il sait parfaitement éviter les pièges qu'on lui tend ; tantôt il saute par-dessus le filet, tantôt en le voyant s'approcher il se plonge dans la fange, de telle sorte que le filet glisse au-dessus de lui.

Le plus ordinairement, avant que de faire la pêche, on commence par jeter des appâts dans les endroits où on veut attirer le Poisson. Ces appâts peuvent être de différentes sortes ; assez ordinairement c'est un mélange de fèves. de marais, de blé, de chènevis cuits ensemble ; d'autres fois on emploie du sang de boucherie et des vers coupés en morceaux, le tout pétri avec du limon, de manière à en former de petites boulettes.

(1) Voyez : *Science et Nature*, 8 décembre 1883.

Le moment le plus favorable pour la pêche à la ligne est le soir, environ deux heures avant le coucher du soleil, ou le matin, au soleil levant ; on amorce avec des vers, de grosses fèves de marais, des mouches, de la mie de pain. Il faut toujours se rappeler que la Carpe se défend beaucoup et que parfois elle a un assez grand poids. On emploie le plus souvent la ligne dormante.

L'épervier, la seine, la truble, le tramail, le verveux sont les filets que l'on emploie pour la pêche de la Carpe.

Pisciculture. — La Carpe se transportant très facilement vivante, il est facile de l'introduire artificiellement là où elle n'existe pas. C'est, en effet, le poisson de préférence des étangs, surtout lorsque l'eau n'est pas trop froide et qu'il s'y trouve des herbes. La croissance est alors rapide et avec un peu de soins on a des produits abondants.

Pour la culture de la Carpe il faut deux sortes d'étangs, des étangs superficiels et des étangs profonds, des étangs de culture et de développement, des étangs d'hiver ou d'emmagasinage ; il est bon, en outre, de consacrer un étang au frai et d'y prendre tous les ans l'alevin qu'on destine à repeupler les autres.

Lorsque l'on possède plusieurs étangs, il faut choisir ceux qui sont les moins profonds et les plus étendus comme étangs de culture ; il faut autant que possible que l'eau y arrive avec lenteur et qu'il ne s'y trouve pas de sources d'un trop fort débit, car nous savons que la Carpe aime les eaux un peu stagnantes. Il est d'ailleurs de toute nécessité de réserver dans les étangs quelques endroits plus profonds, des trous en entonnoirs, dans lesquels l'eau ne gèle pas quelle que soit la température, et qui permettent à la Carpe d'hiverner, car sans cela on serait forcé de transporter le Poisson dans un bassin plus profond.

Pour un étang de deux cents ares de superficie, on compte habituellement cinq Carpes de quatre à douze ans, une laitée et quatre œuvées. Bien que la fécondité de la Carpe soit très grande, on ne peut guère compter par femelle sur plus de 1,200 à 1,500 alevins, car, par suite de circonstances qui nous échappent, il est rare que la Carpe donne tous ses œufs. On se trouve bien d'établir des frayères artificielles et la ponte en est notablement augmentée ; ces frayères peuvent être des nattes ou des claies tressées d'osier placées à environ

Fig. 378. — Les Carpes de Fontainebleau.

20 centimètres au-dessous de la surface de l'eau.

Fig. 379. — Tête et partie antérieure du corps de la Carpe de Kollar (d'après Blanchard).

Pendant le temps de l'évolution des œufs, l'eau doit sensiblement rester au même niveau.

Lorsque la température est douce et favorable, l'alevin croît de 8 à 10 centimètres dans le premier été ; la croissance est encore plus rapide dans la seconde année, si l'étang est assez grand, et si la nourriture est abondante. C'est dans la troisième année qu'on doit transporter les jeunes Carpes dans le bassin d'engraissement, où elles doivent passer au moins un ou deux ans. A l'approche de l'hiver on doit prendre la précaution d'associer aux jeunes des individus plus âgés pour les préparer à prendre leurs dispositions pour la mauvaise saison.

Parmi les pires ennemis des jeunes Carpes, il faut citer la Couleuvre vipérine, les Hérons et d'autres oiseaux aquatiques, les Rats d'eau, souvent même les Grenouilles, sans compter, bien entendu, les Poissons voraces de toute espèce.

Nous avons dit que la Carpe avait été in-

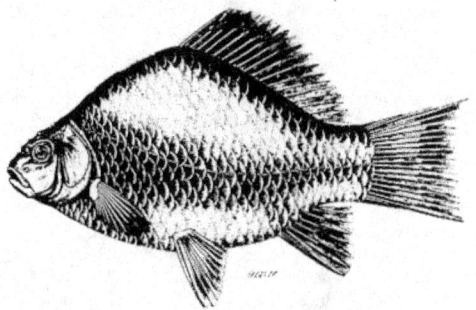

Fig. 380. — Le Carassin (d'après E. Blanchard).

troduite artificiellement aux États-Unis ; c'est vers le 1er novembre que le commissaire des pêcheries commence à distribuer les jeunes Poissons provenant, pour la plupart, des étangs dans lesquels se fait l'élevage près de Washington ; c'est ainsi qu'en 1863 il a été distribué 350,000 Carpes dans les diverses sections du pays. Pour faire cette distribution, les commissaires commencent dans les États du Nord, allant graduellement vers le sud-est et le sud ; ils voyagent dans des wagons où sont installés de vastes réservoirs pourvus d'appareils destinés à entretenir l'eau dégourdie, l'eau trop froide ne convenant pas plus aux Carpes qu'aux Brochets.

Nous rappellerons, du reste, que c'est en 1877 que la Carpe a été introduite en Amérique ; on commença l'élevage de ce Poisson aux environs de Baltimore ; c'est en 1880 qu'on a commencé la distribution des alevins, et depuis lors la Carpe a été introduite dans 17,860 localités. En 1879, Rudolph Hassels a obtenu la reproduction artificielle de la Carpe aux États-Unis.

LA CARPE DE KOLLAR. — *CYPRINUS KOLLARII.*

Caractères. — D'après E. Moreau, « depuis longtemps les pêcheurs de certaines contrées ont émis l'opinion que les œufs de la Carpe peuvent être fécondés par la laitance du Carassin, et ils ont donné aux produits de cette fécondation anormale le nom de *Demi-Carassin*, de *Carpe-Carassin*, pour en rappeler ainsi la double origine. Cette manière de voir a été acceptée par quelques naturalistes, repoussée

par d'autres. Malheureusement des expériences directes ne paraissent pas avoir été faites pour lever tous les doutes. Toutefois, lorsqu'on examine un certain nombre de spécimens venant de localités différentes, on constate que les uns ressemblent à des Carpes, les autres à des Carassins, et dans ces conditions, il devient difficile de ne pas considérer comme des hybrides les animaux qu'on a sous les yeux. »

Quoi qu'il en soit, la Carpe de Kollar a généralement le corps plus élevé que la Carpe ordinaire, plus ovalaire ; le dos s'élève beaucoup depuis la nuque jusqu'à l'origine de la caudale ; la tête a le front plus bombé que la Carpe ordinaire (fig. 379).

Le système de coloration est assez variable ; ordinairement le dos et les flancs sont d'un brun verdâtre à reflets dorés ; le ventre est rougeâtre ou d'un jaune assez clair ; parfois les parties latérales et les inférieures sont d'un gris jaunâtre.

La taille ne paraît pas dépasser 50 centimètres.

Distribution géographique. — La Carpe de Kollar a été observée en Belgique, dans presque toutes les parties de l'Allemagne et de la Hongrie. En France on la trouve dans plusieurs départements de l'Est et du Nord, particulièrement aux environs de Péronne, d'où on l'expédie sur le marché de Paris.

LES CARASSINS — *CARASSIUS*
Karaufchen.

Caractères. — Les Carassins, qui ressemblent beaucoup aux Carpes, s'en distinguent par l'absence de barbillons aux côtés de la bouche (fig. 380); les dents pharyngiennes, au nombre de trois ou de quatre seulement de chaque côté, sont placées sur une seule rangée.

Ce genre ne comprend que les deux espèces que nous allons faire connaître.

LE CARASSIN COMMUN. — *CARASSIUS VULGARIS.*

Giebel.

Caractères. — Très variable dans ses proportions, le corps du Carassin est plus ou moins élevé; en général, il a le profil supérieur plus arqué, plus convexe que le profil inférieur; le corps est presque toujours très élevé, élargi dans le sens de la hauteur, comprimé latéralement; la tête est petite et courte, le museau obtus; la bouche est peu fendue, placée obliquement; l'opercule est granuleux, strié. On compte de 19 à 24 rayons à la dorsale, les 3 ou 4 premiers étant simples, de 8 à 9 à l'anale (fig. 376, p. 397). Les écailles sont grandes, légèrement festonnées sur le bord (fig. 381).

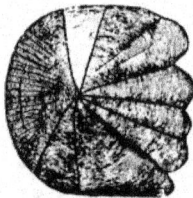

Fig. 381. — Écaille de Carassin (d'après E. Blanchard).

Ordinairement le dos et les côtés sont d'un brun verdâtre, le ventre jaunâtre, parfois d'un jaune rougeâtre; chez quelques individus les nageoires sont d'un jaune roux teinté de noir. La taille ne dépasse guère 0m,30.

Il paraît bien démontré que la Gibèle ou Carpe dorée est une variété du Carassin ordinaire. Le corps est plus allongé, plus épais, la tête plus massive, plus obtuse (fig. 382); les écailles paraissent être moins dentelées au bord (fig. 383). La coloration est en général plus uniforme et moins vive.

Mœurs, distribution géographique. — Le Carassin est rare en France; il se trouve dans quelques départements de l'est et du nord, dans l'Aisne, dans la Meurthe; suivant l'opinion générale il a été introduit dans les eaux de la Lorraine par le roi Stanislas. Il est rare

également en Angleterre, où il a sans doute été importé. En Allemagne, il est au contraire commun, et dans quelques parties de la Russie et en Sibérie, ce poisson est assez abondant pour entrer largement dans l'alimentation.

Les mœurs du Carassin sont à peu près celles de la Carpe; ce poisson habite surtout les étangs, et ce n'est que dans des circonstances assez rares qu'on le prend dans les rivières; il s'accommode parfaitement d'eaux sales et vaseuses. Sa nourriture consiste en larves d'insectes, en vers, en substances végétales décomposées. Ne s'éloignant guère de l'endroit où il est né, le Carassin se tient le plus habituellement au fond de l'eau; il s'envase et s'engourdit pendant la saison froide. Ce n'est guère que pendant la saison du frai, qui tombe en juin et en juillet, que cette espèce remonte vers la surface, dans les endroits couverts de plantes; les Carassins se tiennent alors en troupe, se pressant les uns contre les autres, et faisant entendre un bruit assez fort avec leurs lèvres.

La femelle pond environ dix mille œufs; cette espèce se multiplie cependant beaucoup, mais, sans doute par suite de circonstances qui nous échappent, elle s'est peu propagée.

Les Américains ont introduit cette espèce, qu'ils appellent la Carpe prussienne, dans les eaux des États-Unis.

Avec le charme qu'ils mettent à tous leurs récits, Jonathas Francklin et son fidèle traducteur A. Esquiros rapportent ce qui suit du Carassin : «La Carpe prussienne paraît être un poisson sociable; on voit quelquefois deux ou trois individus nager ensemble dans les meilleurs termes. Je crains pourtant qu'ils ne soient amis que dans la prospérité, *donec eris felix*; j'ai, en effet, des raisons pour croire qu'ils ne se montrent pas si bons compagnons dans l'infortune, *tempora si fuerint nubila*.

«Il y a peu de temps, j'avais un exemplaire de *valisneria* qui croissait dans un large vaisseau de verre où j'avais placé une couple de très petites Carpes prussiennes. Un matin, en allant les examiner, je trouvai que le verre avait été cassé (je ne sais pas trop par quel accident), et que l'eau s'était enfuie; les Poissons gisaient étendus au fond du vase sur le sable humide. Je les retirai; mais je découvris que l'un des deux avait mangé la moitié de l'autre; ai-je besoin de dire que ce dernier était mort des suites de l'expérience? Le meurtrier, lui, avait beaucoup profité en cor-

Fig. 382. — La Gibèle (d'après E. Blanchard).

pulence ; rien n'engraisse comme un bon repas. Je le plaçai dans un autre vase plein d'eau, après l'avoir nettoyé, c'est-à-dire après avoir détaché le sable et les arêtes de feu son ami, qui adhéraient à ses flancs. Cela fait, je regrette d'être obligé de dire qu'il prit ses ébats dans l'eau nouvelle, avec un air de fête, sans manifester le moindre remords. Il faut croire que

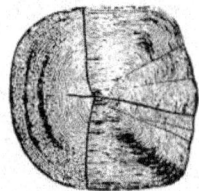

Fig. 383. — Écaille de Gibèle (d'après E. Blanchard).

manger, dans certains cas, son compagnon de captivité, est pour les poissons un principe de morale. »

LE CYPRIN DORÉ. — *CARASSIUS AURATUS.*

Goldfische.

Historique. — Kampfer parle le premier d'un Poisson d'ornement, de couleur rouge dorée, le *King-yi* qui se trouve dans les étangs de la Chine, et que l'on regarde comme un animal domestique.

Dans son histoire du Céleste-Empire, le missionnaire Du Halde parle du même Poisson. Il rapporte que les princes et les grands font creuser dans leurs jardins un étang spécial dans lequel ils tiennent ce Poisson ; ils le conservent aussi dans leurs appartements, renfermé dans de magnifiques vases en porcelaine

que l'on remplit d'eau deux ou trois fois par semaine ; ils passent beaucoup de temps à soigner ces animaux et à admirer leurs ébats.

Le *King-yi* est notre Cyprin de la Chine, le *Poisson rouge* si connu de tous.

D'après Valenciennes, « quant à l'époque de son introduction en Europe, elle est incertaine ; quelques auteurs la font remonter aux années 1611 ou 1691 ; d'autres ont pensé, ainsi que Yarrell a soin de le rapporter, que les Portugais, après avoir découvert la route de l'Inde par le Cap de Bonne-Espérance, ont d'abord naturalisé les Dorades au Cap, où elles sont encore aujourd'hui très connues, et d'où elles seraient venues ensuite à Lisbonne.

« Selon Baster, on les aurait portées à Sainte-Hélène. Elles ont été aussi naturalisées à l'Ile-de-France, où elles abondent et sont servies sur la table comme un mets délicat.

« Mais il paraît bien que ce n'est pas avant le commencement du dix-huitième siècle, vers 1730, que ces Cyprins se sont multipliés en Europe. Baster nous apprend que les premiers apportés en Angleterre sont venus avec Philippe Worth, et qu'après qu'ils y eurent frayé, on les répandit sur le reste de l'Europe. Le comte de Bealinck et Clifford, que Linné a rendu à jamais célèbre, furent les premiers Hollandais qui en nourrirent dans leurs rivières ; et à l'époque où écrivait Baster, 1765, ils n'y avaient pas encore frayé.

« On dit que les premières Dorades venues en France arrivèrent au port de Lorient dans le jardin de la compagnie des Indes, dont les directeurs en firent des présents à madame de Pompadour. »

Caractères. — Le Cyprin doré est si connu qu'il sera inutile d'en faire une longue description. Ainsi qu'on le voit par la figure 384, il a le corps assez épais, de forme oblongue, couvert de grandes écailles ; la tête est forte, le museau court, la bouche petite ; l'œil est généralement jaunâtre ; l'opercule est strié ; les dents pharyngiennes, placées sur un seul rang, sont au nombre de trois ou de quatre seulement. La dorsale est longue, composée d'une vingtaine de rayons ; l'anale n'a que 5 rayons branchus, outre les 3 rayons osseux ; la caudale est très échancrée. La taille peut arriver à 0ᵐ,20.

La coloration est des plus variables ; elle est le plus ordinairement d'un beau rouge vermillon ; parfois elle est rosée ; on trouve des individus qui sont blanchâtres, d'autres qui sont verdâtres avec des taches noires plus ou moins grandes, même des individus entièrement noirs. Lorsqu'ils sont mis en liberté, ces Poissons perdent rapidement leur brillante parure ; ils prennent une couleur terne, d'un brun verdâtre.

Variétés, monstruosités. — Le Cyprin que nous venons de décrire est le Poisson rouge normal ; avec un art merveilleux, avec la patience qui les caractérise, les Chinois sont parvenus à modifier la forme du corps, à changer la disposition des nageoires chez le Cyprin doré.

« Il y en a de beaucoup de variétés, et il en est d'elles comme de celles que nous obtenons de nos animaux domestiques, ou de nos plantes cultivées : selon la mode, suivant le goût de l'empereur, telle ou telle sorte devient plus recherchée et se paie plus cher.

« Ces nombreuses variétés se voient toutes réunies à Pékin dans le palais de l'empereur et dans la maison des princes et de quelques riches. On en fait élever de grandes quantités et ce n'est que le frétin ou le rebut qui va se vendre au marché. Les belles espèces n'y paraissent que très rarement, ordinairement lorsqu'une confiscation subite les a fait sortir de quelque grand palais.

« Les Chinois croient que l'on peut changer et multiplier à l'infini les variétés de ces Dorades. L'habileté de ceux qui font métier d'en élever consiste à mélanger convenablement les races dans les eaux, où on les fait se reproduire. Pendant les premières années leur vie est très délicate, et il n'y a guère que les hommes qui se livrent à l'industrie de leur éducation qui sachent y réussir ; encore ont-ils de la peine à conduire les poissons à leur troisième année, et en perdent-ils des milliers. Mais quand les *Kin-yu* ont passé trois ou quatre hivers, des soins très bornés suffisent pour les

garder un grand nombre d'années. On dit que dans le palais de l'empereur on en conserve qui ont plus de cinquante ans.

« De Lacépède parle de ces Poissons, et à la suite de l'article du Poisson doré, il cite comme des espèces distinctes cette variété à gros yeux, qu'il nomme Cyprin Télescope, et Cyprin gros yeux, et il en distingue une autre sous le nom de Cyprin à quatre lobes... On voit que M. de Lacépède ne consulta que le recueil de peintures coloriées, publiées chez Martinet par M. Sauvigny.

« Ces planches, parfaitement bien exécutées en couleurs, sont copiées d'un recueil de peintures chinoises, envoyées en 1772 au ministre secrétaire d'État Bertin. Elles sont toutes disposées sur un long rouleau et accompagnées d'une notice. Les missionnaires (qui ont rapporté ce rouleau) mentionnent six variétés de *Kin-yu*, dont voici, suivant eux, les noms chinois :

« 1° Les *Ya-tan-yu*, ou *œufs de cane*, ainsi nommés à cause de leur forme raccourcie et renflée au milieu. Il paraît, d'après le dessin, que la plupart des individus manquent de dorsale, et qu'il y en a à deux anales et à caudales quadrilobées ; cette variété se tient ordinairement au fond de l'eau, le dos en bas et le ventre en haut, quoique ce poisson puisse facilement se retourner quand il veut nager : il se tient aussi dans la position retournée. Il semble que c'est aussi le poisson le plus richement doré.

« 2° Le *Long-tsing-yu*, ou *œil de dragon*, correspond au *Télescope* et au *Gros-yeux* de Lacépède ; variété remarquable par la saillie des yeux... Ce Poisson se tient souvent renversé comme le précédent. Les Chinois ont sur l'origine de cette espèce une singulière croyance : ils la regardent comme un métis de *Kin-yu* ordinaire, fécondé par une Grenouille mâle. C'est d'ailleurs une des variétés les plus rares et les plus chères, et elles se vendent à Pékin jusqu'à 20 thalers la pièce.

« 3° On appelle *Choui-yu*, ou *dormeur*, une variété qui se tient presque toujours au fond de l'eau, sans mouvements. Il semble que de monter à la surface soit une fatigue pour le poisson, car il redescend très promptement sur le sable.

« 4° Le *Kin-Teon-yu*, ou *cabrioleur*, est dans l'habitude de sauter fréquemment au-dessus de l'eau, obliquement, comme le font d'ailleurs nos Carpes.

Fig. 384. — Le Cyprin doré.

« 5° Le *Nin-eubk-yu* ou la *nymphe*, est moins brillant d'or et d'argent que les autres Dorades, mais la délicatesse des nuances tendres et irisées dont elle est peinte, et la vivacité de ses mouvements, font beaucoup rechercher cette variété.

« 6° Enfin, ces missionnaires signalent le *Ouen-yu* ou le *lettré*, dont les couleurs sont disposées de telle façon qu'on croit retrouver des caractères chinois le long des flancs. Les marchands de Pékin prétendent qu'ils obtiennent ce résultat par un moyen dont ils ont le secret. Les prêtres des missions ont appris, sans l'avoir vérifié, que les Chinois pouvaient, par une sorte de tatouage, marquer les flancs de ces poissons de caractères simulant plus ou moins l'écriture. Les pères croient que la pâte employée pour laisser des traces sur le Poisson est faite avec de l'arsenic délayé avec de l'urine de Tortue. On sait que les préparations épilatoires contiennent ordinairement ce métal, qui a, pour cet usage, un effet très énergique. Il est assez naturel de croire que l'action de cet agent métallique laisse des traces sur les écailles cornées du Poisson (1). »

Il est infiniment probable que tous ou presque tous les « Poissons d'or et d'argent » apportés au siècle dernier en Europe étaient des individus monstrueux; c'est ainsi que l'exemplaire conservé dans l'esprit de vin que l'ambassadeur de Suède à la cour de Danemark remit à Linné en 1740, et que celui-ci présenta au mois de septembre de la même année à l'Académie des sciences de Suède, offrait une double nageoire anale et un dédoublement presque complet de la nageoire caudale.

Cette variété est encore aujourd'hui une des

plus communes; on la voit très fréquemment figurée dans les manuscrits et les peintures chinoises et japonaises. La queue n'est plus placée dans le plan vertical; elle est à trois lobes et semble double, comme si l'animal avait deux queues réunies seulement par leurs bords supérieurs et s'écartant à angle comme les côtés d'un toit. Les animaux monstrueux n'ont ordinairement pas de dorsale et cette nageoire est remplacée par un tubercule.

D'après George Pouchet, ces Poissons, dits « Poissons à trois queues, » sont offerts aux voyageurs dans les ports de Chine, et la plupart des paquebots en embarquent; mais ils paraissent très délicats et meurent presque toujours en route. Ils sont peu agiles; cette double queue, dont chacune prise isolément est déjà démesurément grande, n'a pas la rigidité de l'organe; elle ondule et flotte mollement dans l'eau. L'appareil musculaire qui le commande ne s'est pas renforcé; l'attache de la queue est restée grêle à l'extrémité d'un corps trapu, fibreux; l'abdomen est saillant, la ligne du dos descend en décrivant une courbe convexe prononcée vers l'origine de la queue, qui s'étale sur le sol quand l'animal touche le fond de l'eau.

Une autre variété est celle qui consiste dans le développement des yeux, qui sont portés sur un pédoncule très saillant, ce qui a fait donner à l'animal le nom de *Télescope;* la dorsale n'existe pas; par contre la queue s'est étalée en un large panache.

Les variétés, en un mot, sont infinies, et comme l'écrit de Lacépède, les Chinois ont modifié le Cyprin doré « à un tel point que les organes mêmes de la natation n'ont pu résister aux effets d'une attention sans cesse renouvelée. Dans plusieurs individus, la surface des nageoires a été augmentée; dans d'autres

(1) Cuvier et Valenciennes, *Histoire naturelle des Poissons*, t. XVI.

diminuée ; dans celui-ci, la dorsale a été réduite à un très petit nombre de rayons, ou remplacée par une sorte de bosse et d'excroissance double ou simple, ou retranchée entièrement, sans laisser de trace de son existence perdue ; dans ceux-là, les ventrales ont disparu ; dans quelques-uns, l'anale a été doublée et la caudale doublement échancrée a montré un croissant double ou trois pointes au lieu de deux ; et si l'on réunit à ces signes de la puissance de l'homme toutes les différences que le pouvoir de l'art a introduites dans les proportions des organes du Doré, ainsi que toutes les nuances que ce même art a mêlées aux couleurs naturelles de ce Cyprin, et surtout si l'on pense à toutes les combinaisons qui peuvent résulter des divers mélanges de ces modifications plus ou moins importantes, on ne sera pas étonné du nombre prodigieux de métamorphoses que le Cyprin doré présente dans les eaux de la Chine ou dans celles d'Europe.

« Le désir d'orner sa demeure a produit le perfectionnement des Cyprins dorés ; la nouvelle parure, les nouvelles formes, les nouveaux mouvements que leur a donnés l'éducation. ont rendu leur domesticité plus nécessaire encore aux Chinois. Les dames de la Chine, plus sédentaires que celles des autres contrées, plus obligées de multiplier autour d'elles tout ce qui peut distraire l'esprit, amuser le cœur et charmer des loisirs trop prolongés, se sont surtout entourées de ces Cyprins si décorés par la nature, si favorisés par l'art, image de leur beauté admirée, mais captive, et dont les évolutions, les jeux et les amours, peuvent remplacer dans les âmes mélancoliques la peine de l'inaction, l'ennui du désœuvrement et le tourment de vains désirs, par des sensations légères mais douces, des idées fugitives mais agréables, des jouissances faibles mais consolantes et pures. Non seulement elles en peuplent leurs étangs, mais en remplissent leurs bassins et elles en élèvent dans des vases de porcelaine ou de cristal, au milieu de leurs asiles les plus secrets. »

Distribution géographique. — D'après plusieurs auteurs, le Cyprin doré est originaire de la province de Tche-Kiang, qui s'étend de 27°,12 latitude nord au 31°10' et par 115° longitude ouest ; cette espèce est maintenant répandue dans tous les pays civilisés ; elle est devenue réellement indigène dans les parties chaudes de la zone tempérée.

Le Poisson rouge prospère parfaitement dans les rivières de France ; on le pêche assez fréquemment dans la Seine et ses affluents, où on le méconnaît le plus souvent, car il a perdu sa brillante parure ; il se trouve dans les rivières et les étangs de plusieurs de nos départements de l'ouest, dans la Charente, la Charente-Inférieure ; d'après E. Moreau, il est parfois apporté sur le marché de Paris.

Introduit à Maurice par les Français, le Poisson rouge anime aujourd'hui toutes les rivières, tous les étangs de cette île.

On cultive en nombre considérable le Poisson rouge dans certaines parties de la France, notamment dans le midi et dans l'ouest ; on l'élève également en quantité dans plusieurs régions de l'Allemagne, principalement dans les cercles de Mohrung, de Konigsberg, de Nimposch, d'Hirschberg, de Liebenwerde ; à Aldenbourg se trouve un établissement qui livre environ trois cent mille Poissons par an.

Mœurs, habitudes, régime. — D'après Valenciennes, en Chine, les Dorades sont assez voraces ; elles mangent des vers souvent beaucoup plus longs qu'elles et on les voit mâcher leur proie en l'avalant, afin d'en venir à bout ; c'est même une sorte d'amusement pour les Chinois, de donner un ver aux Poissons, et de voir les autres courir après celui qui a attrapé la proie pour en saisir l'extrémité flottante et l'adresse du Poisson à tromper par des mouvements d'une extrême vivacité l'avidité de ceux qui le poursuivent.

« On croit en Chine que certains petits vermisseaux rouges qui se trouvent dans la vase du bord de la mer ou des eaux saumâtres sont préférables à tous les autres pour la nourriture des *Kin-yu;* on croit même que ce genre d'alimentation augmente l'éclat de leurs couleurs métalliques. Il y a au palais de l'empereur des eunuques chargés d'aller tous les jours chercher des vers pour les Poissons de ses rivières.

« Pendant les hivers si rudes et si longs de Pékin, ces Poissons, qui viennent de provinces au moins aussi chaudes que l'Espagne, s'engourdissent par le froid et restent pendant près de six mois sans manger. Les canaux et les nappes d'eau du jardin impérial de Pékin sont pleins de Poissons dorés. Ces eaux communiquent à un grand bassin central, qui se nomme la grande mer, et au milieu est une espèce de large puits de quinze pieds de profondeur, qui y a été creusé exprès et sur lequel on a soin de rompre tous les jours la glace. Dès que l'automne arrive, tous les Poissons rouges se rendent à ce puits et s'y tiennent pendant tout l'hiver.

« A Pékin, les particuliers les conservent en les mettant dans les puits, où ils s'habituent très bien à vivre, quoique l'eau contenant beaucoup de sel soit saumâtre. Il faut seulement que le puits soit assez large, et que l'on habitue graduellement le Poisson à cette sorte d'eau par des mélanges préalables et faits d'abord en très petite quantité. »

Dans les établissements où se fait la culture en grand du Poisson rouge, par un traitement approprié on les fait pondre jusqu'à trois et même quatre fois dans le courant de l'été.

On sait que dans nos appartements on tient le Cyprin doré en captivité dans des bocaux hémisphériques ou dans de petits aquarium que l'on orne de diverses plantes aquatiques. Le Poisson vit de substances végétales aussi bien que de vers et d'insectes; on peut lui jeter quelques larves de fourmis, de la mie de pain ou des fragments de pain à chanter; lorsque le vase dans lequel il se trouve est petit, ce qui est le cas le plus ordinaire, il est préférable de ne donner que très peu de nourriture à la fois. Il est, en tous cas, nécessaire de changer l'eau de temps en temps; une excellente précaution pour garder les animaux pendant longtemps serait d'insuffler de l'air au moyen d'un soufflet muni d'une fine pointe; cette manœuvre n'est pas indispensable lorsque les Cyprins sont gardés dans un aquarium pourvu de plantes aquatiques. On doit se garder de prendre les Cyprins à la main; ce sont des animaux essentiellement sociables, aussi doit-on en mettre plusieurs ensemble; on a remarqué qu'habituellement ils ne survivent pas longtemps à la perte des compagnons de captivité auxquels ils étaient habitués.

Avec quelques soins, les Cyprins s'apprivoisent parfaitement; ils viennent prendre alors leur nourriture au bout des doigts, et lorsqu'ils sont parqués dans de grands aquariums, de petits étangs, ils accourent en foule au son d'une cloche.

En liberté dans les cours d'eau de France, le Cyprin doré vit parfaitement et se propage, pourvu que l'eau ne soit pas trop froide; le Poisson rouge est, en effet, frileux. A Roubaix, dans l'ancien canal, le Cyprin formait de véritables bandes qui se tenaient toujours dans le voisinage immédiat de la sortie de l'eau chaude provenant des machines à vapeur; en certains points, où prospéraient les Dorades, l'eau du canal ne gelait jamais et était toujours à une température sensiblement égale.

LES BARBEAUX — *BARBUS*

Barben.

Caractères. — Pour Valenciennes, les espèces à réunir sous le nom de Barbeaux « sont les Cyprinoïdes à corps plus ou moins fusiforme, dont la dorsale courte est précédée de trois petits rayons simples et d'un quatrième qui est, comme dans la Carpe, une très forte épine, souvent dentelée comme celle de ces Poissons, mais aussi quelquefois lisse. La bouche a quatre barbillons (fig. 385). Les dents pharyngiennes sont coniques, allongées, un peu crochues, et ordinairement sur trois rangs ».

Autour des Cyprins typiques dont nous venons de donner la diagnose s'en groupent d'autres qui, pris isolément, peuvent constituer des genres distincts, mais qui se relient si intimement entre eux qu'il est fort difficile de donner les caractères du genre Barbeau. En effet, les écailles peuvent être grandes ou petites; le plus ordinairement les barbillons sont au nombre de quatre, mais ils peuvent manquer; la nageoire anale est généralement haute; le plus souvent le troisième rayon de la dorsale est élargi, ossifié, souvent dentelé.

Distribution géographique. — Compris ainsi que nous venons de l'indiquer, le genre Barbeau est un des plus largement répandus parmi les Cyprins; il comprend environ 250 espèces qui se trouvent dans tout l'ancien continent. Les Barbeaux proprement dits sont surtout de l'Afrique et de l'ouest de l'Asie; dans la partie chaude de ce continent ils sont remplacés par d'autres formes.

Les espèces de petite taille, aux grandes écailles, sont plus particulièrement abondantes dans l'archipel Malais et dans les eaux douces de l'Afrique tropicale.

LE BARBEAU COMMUN. — *BARBUS FLUVIATILIS.*

Barbe.

Caractères. — Le Barbeau commun est doué de formes élégantes, des plus favorables à une rapide natation; son corps étroit, allongé, assez épais en avant, est aminci en arrière. La tête est effilée, assez large en dessus, légère-

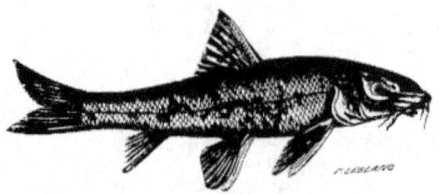

Fig. 385. — Le Barbeau commun (d'après E. Blanchard).

ment convexe; le museau est proéminent; la bouche, peu protractile, est placée en dessous, semi-circulaire; les lèvres sont épaisses et charnues; on voit de chaque côté deux grands barbillons, éloignés l'un de l'autre. La fente des ouies s'avance jusque sur le bord inférieur du préopercule. Le plus ordinairement la dorsale commence au-dessus du milieu de l'insertion des ventrales; son dernier rayon simple est très fort, dentelé en arrière; on voit 8 ou 9 rayons divisés. L'anale se compose de

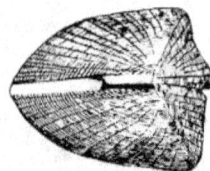

Fig. 386. — Écaille de Barbeau (d'après E. Blanchard).

3 rayons simples et de 5 ou 6 rayons divisés. La caudale est fourchue (fig. 377, p. 397).

Les écailles sont petites; on en compte de 60 à 70 sur une seule file, de l'ouïe à l'origine de la queue. Ainsi qu'on le voit par la figure 386, les écailles de la ligne latérale ont une forme très caractéristique.

Le corps est le plus souvent verdâtre sur le dos, les flancs étant nuancés de gris et de jaune; le ventre est blanchâtre. La dorsale est grisâtre, marquée de points bruns; l'anale, la caudale et les ventrales sont d'une teinte orangée. L'œil est généralement d'un jaune doré.

Les dents qui arment le pharynx sont, de chaque côté, au nombre de 9 ou 10; elles sont placées sur trois rangées, cinq sur la première rangée, trois sur la seconde et une ou deux sur la troisième; elles sont cylindriques ou coniques, terminées par un petit cro-

chet, excepté la première, qui est conique à pointe mousse.

Le Barbeau peut atteindre à une assez grande taille, et on voit assez fréquemment sur les marchés des individus pesant de 4 à 5 kilogrammes; on en trouve des individus de 60 à 65 centimètres de longueur. D'après Blanchard, « Valenciennes nous dit que le Barbeau sur lequel il a fait sa description *sur les bords de la Seine* avait 2 pieds 4 pouces de longueur. Voilà pour la taille ordinaire. Maintenant, pour les cas exceptionnels, on cite un individu pris en Angleterre du poids de 7^{kil},75 ; un de 7^{kil},50 capturé en 1857 dans la Seine, à Paris, entre le pont de la Concorde et le pont de l'Alma, canton très favorable, assure-t-on, pour la pêche du Barbeau. Au rapport de Heckel et Kner, un Barbeau pêché en 1833 dans la Salzach, à Lauffen, pesait 12^{kil},75. On prétend avoir vu des Barbeaux ayant 3^{m},25 de longueur; on écrit qu'on en pêche, dans le Volga, des individus du poids de 20 à 25 kilogrammes. Mais on prête si aisément aux riches, qu'il ne serait pas impossible qu'on ait cru pouvoir ne pas compter trop strictement avec des Poissons d'une taille véritablement imposante.

« Il faut sans doute, d'ailleurs, une longue vie à un Barbeau pour acquérir cette merveilleuse ampleur dont on cite avec admiration de rares exemples, et depuis longtemps les honnêtes pêcheurs et les braconniers s'arrangent de façon à ne pas laisser les gros Poissons vieillir indéfiniment. »

Distribution géographique. — Le Barbeau commun est répandu dans les eaux de l'Europe centrale et méridionale; on le trouve dans toute la France, à l'exception toutefois du lac Léman et du lac d'Annecy; il est extrêmement commun en Angleterre, particulièrement dans le Trent et dans la Tamise; en Allemagne, le Barbeau abonde également dans la plupart des

Fig. 387. — Le Barbeau méridional (d'après E. Blanchard).

grands cours d'eau, le Rhin et ses affluents, l'Elbe, le Weser, le Danube ; il se pêche aussi en quantité dans les fleuves et les rivières de la Russie qui se jettent dans la mer Noire et dans la mer d'Azof, mais il n'existe pas, paraît-il, au nord de la Russie ni en Suède.

Historique. — Le Barbeau était connu des Anciens. Athénée rapporte que ce Poisson était consacré à la chaste Diane ; Ausone, le chantre de la Moselle, l'a célébré dans ses vers.

D'après Baudrillart, il est parlé du Barbeau « sous le nom de *Berbix*, dans un acte antérieur à Charlemagne ; c'est le testament de saint Willebrod en faveur du monastère d'Esternach, sous la date de 726. On prétend, dit Coulon, que l'abbaye du Barbeau, fondée par Louis VII, fut ainsi nommée parce que ce prince, pêchant dans la Seine, prit un de ces Poissons qui avait une pierre précieuse dans l'estomac. Le Barbeau fut souvent placé dans les armes de la noblesse. A diverses époques, il fut pris des mesures pour la conservation de l'espèce, comme pour celle de la Carpe et du Brochet. Le Barbeau de Saint-Florentin est spécialement cité dans les *Proverbes du treizième siècle.* »

Mœurs, habitudes, régime. — Le Barbeau recherche les bassins profonds et pierreux, se plaisant dans les eaux rapides qui coulent sur un fond de cailloux ; il fuit les eaux stagnantes. « En Suisse, écrit Lenz, les Barbeaux aiment les rivières qui viennent des lacs ; ils se rassemblent à leur sortie et n'entrent pas dans les lacs eux-mêmes. » Pendant l'été, ils séjournent volontiers entre les plantes aquatiques ; vers l'automne ils se retirent dans les profondeurs et se cachent sous les pierres, dans les anfractuosités des rochers. Au moindre bruit ils s'enfuient, car ils sont extrêmement craintifs. Les Barbeaux se réunissent souvent en troupe de douze, de vingt, parfois même de cent individus, se cachent dans des endroits favorables et, se couchant les uns sur les autres, passent ainsi l'hiver. En 1841, d'après Schinz, on trouva l'enceinte de la roue hydraulique au pont tubulaire de Zurich si remplie de Barbeaux qu'on en prit en quelques heures plus de dix quintaux, sans compter les plus petits qu'on rejeta à l'eau ; les Poissons étaient couchés les uns contre les autres sur plus d'un mètre de hauteur. Lorsque les cours d'eau charrient des glaçons, les Barbeaux choisissent des graviers abrités contre le froid et exposés aux rayons du soleil.

Pendant la journée, le Barbeau est ordinairement caché ; c'est la nuit qu'il recherche plus particulièrement sa nourriture ; celle-ci se compose de petits Poissons, de vers, d'insectes, de mollusques et même de cadavres d'animaux de faible taille, sans dédaigner les substances végétales en décomposition. Le Poisson retourne les pierres et les graviers pour chercher sa subsistance et se sert alors de ses barbillons comme organe de tact.

Tant qu'ils sont jeunes, les Barbeaux se mêlent habituellement aux bandes de Goujons ; plus tard ils vivent solitaires.

Le Barbeau devient apte à se reproduire vers la quatrième année. Au printemps, les Barbeaux se réunissent par troupes ; d'après les pêcheurs, ordinairement les femelles forment la tête de la colonne, les vieux mâles les suivent immédiatement, et les jeunes mâles se tiennent en arrière ; souvent une femelle est suivie de plusieurs mâles. Quelques individus fraient déjà en mars, mais le plus ordinairement l'époque de la ponte commence en mai, dure pendant le mois de juin et se prolonge parfois même jusqu'en juillet ; dans certaines circonstances il y a deux pontes dans la saison, à un mois d'intervalle l'une de l'autre. Les œufs sont déposés contre les pierres.

Pêche, usages. — La chair du Barbeau est blanche et de bon goût, surtout pendant l'hiver; ce Poisson est cependant dédaigné dans beaucoup de pays. D'après Blanchard, « vers le Milanais la renommée du Barbeau est fort triste; les habitants estiment que ce Poisson ne mérite pas d'être mangé, ni chaud ni froid, ni jeune ni vieux.

« En Angleterre, si on le pêche en abondance, si ses dimensions ne sont pas vraiment magnifiques, il est aujourd'hui presque aussi méprisé que par les Italiens des rives du lac Majeur, ce qui permet habituellement de se le procurer à très bon marché. Ce dédain a succédé à l'estime qu'on avait autrefois pour le Barbeau. Pendant le règne d'Élisabeth, on faisait assez de cas de ce Poisson pour l'avoir placé sous la protection de la loi. Quiconque prendra un Barbeau ayant moins de 12 pouces de long, disait cette loi, payera vingt shilling, perdra le Poisson indignement pris, ainsi que le filet ou l'engin employé indignement.

« Aux rives de plusieurs de nos grands fleuves, et en particulier sur les bords de la Loire, on attache encore, paraît-il, quelque prix au Barbeau; l'enseigne *Aux trois Barbeaux,* fixée à la porte de plus d'une auberge, est destinée à tenter la gourmandise du voyageur.

« Les œufs du Barbeau sont réputés dangereux, au moins dans certaines circonstances qui, heureusement, semblent fort rares. On a cité l'exemple d'un individu qui, après avoir mangé de ces œufs, aurait éprouvé des symptômes analogues à ceux du choléra asiatique. Gesner a déclaré avoir été le témoin d'un accident des plus graves produit par la même cause. Il n'en a pas fallu davantage pour effrayer bien des gens. Cependant beaucoup de personnes ont plus d'une fois consommé des œufs de Barbeaux sans en avoir ressenti aucun fâcheux effet. Bloch, le célèbre ichthyologiste, en a fait l'expérience sur lui même et sur les membres de sa famille sans avoir eu lieu de s'en repentir (1). »

La nature des eaux et l'âge du Poisson ont, paraît-il, une grande influence sur la qualité de sa chair; les jeunes Barbeaux sont très souvent vendus avec les Goujons; les individus

(1) Blanchard, *Les Poissons des eaux douces de la France,* p. 312.

vivant dans les endroits boueux ont la chair molle.

On mange le Barbeau cuit en étuvée comme la Carpe, ou cuit sur le gril.

On prend le Barbeau à la ligne, avec toutes sortes de filets, principalement avec le verveux et l'épervier; on le pêche aussi à la nasse, avec le harpon ou la fouane. Les meilleures amorces sont des vers de terre, des vers de viande, des sangsues et des insectes vivants; on emploie souvent aussi du fromage de Gruyère.

LE BARBEAU MÉRIDIONAL. — *BARBUS MERIDIO-NALIS.*

Caractères. — Cette espèce se distingue facilement de celle que nous venons de faire

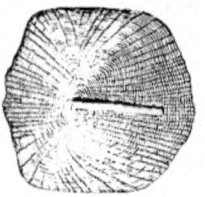

Fig. 388. — Écaille de Barbeau méridional
(d'après E. Blanchard).

connaître par l'absence d'un gros rayon dentelé à la dorsale; la forme du corps est moins effilée, plus ovalaire, la tête plus courte, plus obtuse (fig. 387). Les écailles, plus grandes que chez le Barbeau commun, ont une forme tout à fait différente (fig. 388).

Tout le corps est d'un gris verdâtre ou d'un gris teinté, soit de rose, soit de jaune, soit de gris perle; on voit de gros points noirâtres; le ventre est d'un blanc d'argent; au printemps le dos présente presque toujours une teinte olivâtre et le museau est coloré en bleu d'acier; les barbillons sont alors rougeâtres. Les yeux sont dorés. Les nageoires impaires sont jaunâtres, avec des taches noires disposées en séries longitudinales; les pectorales et les ventrales sont orangées à l'époque du frai.

La taille, toujours plus faible que celle du Barbeau commun, ne dépasse guère 0^m,30.

Distribution géographique. — Le Barbeau méridional. assez commun en Italie, ne se trouve en France que dans certains cours d'eau du Languedoc et de la Provence; on le pêche fréquemment dans le Lez et dans l'Hérault;

on le pend également dans la Sorgue près d'Avignon ; on le rencontre dans toutes les eaux des Alpes-Maritimes ; enfin, il est commun dans certaines rivières des Pyrénées-Orientales, principalement dans le Tech et dans la Tet.

LES CAPOÈTES — *CAPOETA*

Caractères. — Près des Barbeaux, il convient de placer les Capoètes qui ont le museau arrondi, la bouche étant placée transversalement à la partie inférieure ; chaque mandibule est couverte d'une substance cornée ; on voit généralement deux barbillons, mais ceux-ci peuvent manquer ; le troisième rayon de la dorsale peut être osseux ; il n'existe pas plus de neuf rayons branchus à cette nageoire. Les dents pharyngiennes sont comprimées, tronquées, disposées sur trois rangées.

Distribution géographique. — Les Capoètes sont caractéristiques de la faune de l'Ouest de l'Asie ; ils abondent dans le Jourdain, dans le lac de Tibériade, dans les cours d'eau de Syrie et d'Asie-Mineure. On en connaît une espèce d'Abyssinie.

Mœurs, habitudes, régime. — Une des espèces les plus connues, le *Capoeta damascena*, du Jourdain, descend jusqu'au point où les eaux commencent à devenir saumâtres, par suite de leur mélange avec celles de la mer Morte. Le *Capoeta fratercula*, qui se trouve dans la plupart des cours d'eau torrentueux des environs de Tripoli, fréquente surtout les eaux fraîches des montagnes ; à certains moments de l'année, il remonte les cascades.

Superstitions, usages. — D'après Lortet, « au nord de Tripoli, non loin de la route qui suit le rivage, se trouvent les ruines d'une mosquée célèbre et la tombe du Cheik el Beddaoni, tout près d'une belle source jaillissant dans un bassin carré. Cette eau fort limpide sert de retraite à un très grand nombre de Poissons argentés considérés par les Arabes et les Turcs comme des animaux sacrés. Il est absolument interdit de les pêcher, et les dévots de l'Islam les nourrissent avec le plus grand soin. Grâce à l'obligeance extrême de M. Blanche, j'ai pu me procurer quelques-uns de ces Poissons, regardés jusqu'alors comme des Truites par les Européens établis dans les contrées. Cette espèce est le *Capoeta fratercula*, se rencontrant aussi dans toutes les rivières voisines qui descendent des hautes sommités du Liban pour se précipiter dans la mer, non loin de Tripoli.

« La coutume de regarder .comme *sacrée* certaines espèces de Poissons est chose commune en Syrie et en Mésopotamie. C'est évidemment un reste de l'ancien culte rendu au dieu Dagon, le dieu Poisson des Assyriens ; comme le prouvent de nombreux cylindres gravés rapportés de Tripoli même.

« Sur la route de Safed à Banias, à une altitude de 363 mètres, se trouve le joli village de Deichoun, habité par les Algériens qui ont suivi Abd-el-Kader dans son exil. Au milieu d'une petite place ombragée d'arbres magnifiques, coule une belle source dans laquelle nagent de nombreux Poissons appartenant à l'espèce *Capoeta fratercula*. Les Arabes qui nous entouraient, de vrais Algériens à jambes nues et à burnous blancs, ne me permirent pas d'en prendre pour notre collection. Le vieux cheik de Deichoun qui fumait sous un figuier, à mes pressantes instances, me répondit avec une gravité imperturbable que ces Poissons étaient consacrés à Mahomet, et que de leur existence dépendaient la prospérité du village et le bonheur de ses habitants. Ces animaux étaient si peu farouches qu'on aurait pu les prendre avec la main.

« La persistance de ce fétichisme dans ces montagnes desséchées est un fait extrêmement remarquable. Le culte du dieu Dagon, très répandu chez les anciens peuples de la Syrie, paraît avoir été apporté de la Mésopotamie par les Assyriens, dont les prêtres, dans certaines cérémonies, se couvraient la tête et le dos d'une espèce de capuchon formé par la peau d'un très gros Barbeau, long de près de 1m,50 et que l'on pêche en très grande quantité dans les eaux du Tigre et de l'Euphrate.

« De nos jours encore, quelques peuplades de la Chine se servent de tuniques faites en peaux de Poissons encore pourvues de leurs écailles. Le singulier manteau des prêtres du dieu Dagon vient donc peut-être de l'Asie Centrale. »

A ces renseignements intéressants, nous ajouterons que les Capoeta ne sont pas les seuls Poissons qui dans l'ouest de l'Asie passent pour sacrés. D'après Chantre, deux autres Cyprins, le Chondrostome roi (*Chondrostoma regium*) et le Barynote blanc (*Barynotus albus*) sont élevés par les dévots musulmans dans la piscine sacrée d'Abraham, près d'Orfa, en Mésopotamie ; sous peine de mort, il est interdit de pêcher ces Poissons.

Fig. 389. — Le Goujon de rivière (d'après E. Blanchard).

LES GOUJONS — *GOBIO*

Gründling.

Caractères. — Les Goujons ont le corps allongé, couvert d'assez grandes écailles ; la tête est grosse, le museau arrondi, la bouche placée en dessous ; à l'angle de la bouche se trouve un barbillon plus ou moins développé ; les ouïes sont largement fendues ; les dents pharyngiennes, placées sur deux rangées, sont légèrement crochues. La dorsale et l'anale sont courtes, sans rayon dentelé (fig. 389).

Distribution géographique. — Les Goujons, qui se trouvent dans les eaux douces de l'Europe, sont représentés dans l'ouest de l'Asie par deux genres très voisins.

LE GOUJON DE RIVIÈRE. — *GOBIO FLUVIATILIS*

Gründling.

Caractères. — Suivant les eaux dans lesquelles on le pêche, le Goujon de rivière présente quelques modifications dans la forme du corps et dans son système de coloration. Le corps est plus ou moins allongé, large en dessus, aplati légèrement sur les flancs, couvert d'écailles assez grandes, relativement à sa taille (fig. 390 et 391). La tête est large, aplatie en dessus, le museau gros, arrondi, la bouche protractile, très fendue, la mâchoire supérieure plus avancée que l'autre ; les yeux, de médiocre grandeur, sont situés à peine au-dessous de la ligne frontale. Le plus ordinairement la dorsale commence un peu en avant de l'insertion des ventrales, à égale distance de la base de la caudale et de l'extrémité du museau ; on y compte de 9 à 11 rayons ; l'anale est assez éloignée de l'anus ; la caudale est fourchue (fig. 392).

Le dos est d'un brun verdâtre à reflets métalliques, marqués de six à sept traits noirâtres ; au-dessous de la ligne latérale, le corps est argenté ; le ventre est grisâtre ; sur les flancs se voient des taches noires ; les joues et les opercules sont argentés ; le plus ordinairement l'œil est blanc argenté dans sa moitié inférieure, blanc grisâtre dans sa moitié supérieure. La dorsale et la caudale sont grisâtres, ornées de séries plus ou moins irrégulières de points noirs ; l'anale est pâle, ainsi que les

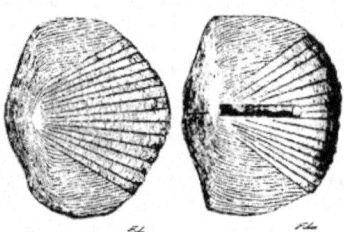

Fig. 390, 391. — Écailles de la région dorsale et de la ligne latérale du Goujon (d'après E. Blanchard).

ventrales ; les pectorales sont d'un gris rosé.

La taille peut exceptionnellement arriver à 0m.20 ; elle est, le plus habituellement, de 0m.10.

Distribution géographique. — Le Goujon se trouve dans toute l'Europe, aussi bien dans la Grande-Bretagne et l'Irlande que sur le continent ; il est extrêmement commun dans la Sibérie orientale et dans une partie de la Mongolie.

Mœurs, habitudes, régime. — Ce poisson recherche particulièrement les eaux courantes, claires, peu profondes, coulant sur un fond de sable ou de gravier, bien qu'il se trouve dans les marais et même dans les eaux souterraines, comme dans la grotte d'Adelsberg. Le Goujon vit aussi dans les lacs, mais au printemps il les quitte presque tou-

Fig. 302 à 304. — Le Goujon de rivière, la Bouvière, l'Ablette.

jours pour remonter les rivières. « Il est curieux, dit Blanchard, de voir ces Poissons dans les lacs, souvent réunis en masses considérables dans les endroits où viennent se décharger des rivières et des torrents. Au lac Léman et au lac du Bourget, je les ai vus plus d'une fois s'agiter en foule près de l'embouchure des rivières où les attirent l'eau courante, et surtout peut-être l'eau à basse température, car toutes les observations tendent à montrer que ces Poissons redoutent les fortes chaleurs. »

Le Goujon est un animal essentiellement sociable, car on le trouve toujours par troupes, et cela à toutes les époques de l'année. La nourriture se compose de vers, d'insectes, de petits mollusques, qu'il cherche au fond de l'eau, en remuant les graviers; il est fort avide de charognes en putréfaction, et lorsqu'il s'en trouve une dans un cours d'eau on peut être assuré de trouver des Goujons dans le voisinage.

Au printemps, le Goujon remonte par masses des lacs dans les rivières pour déposer son frai; à ce moment, la couleur s'assombrit et il se développe chez le mâle une éruption finement granuleuse sur le ventre, sur le dos et sur les rayons de la nageoire pectorale. La ponte a lieu principalement pendant le mois de mai et de juin. Les femelles semblent être ordinairement en plus grand nombre que les mâles. Les œufs sont fixés contre des pierres; ils sont petits et de teinte bleuâtre; la durée d'incubation dure environ quatre semaines.

« Lorsque j'étais à Désio, raconte Rusconi, j'allai me promener par un des plus beaux jours de juin de bon matin sur les bords d'un petit lac de la villa Traversi. Soudain un bruit frappa mon oreille. Je crus d'abord que quelqu'un frappait sur l'eau avec un bâton ou le plat d'une rame; je promenai mes yeux sur la rive et je découvris bientôt l'endroit d'où sortait le bruit, et curieux de jouir de ce spectacle de près, je me cachai dans les broussailles qui ornent les bords du lac et pus observer commodément. Les Poissons se trouvaient à l'embouchure d'un petit ruisseau dont l'eau était froide et limpide, mais le débit si peu abondant que les graviers étaient à sec en beaucoup de points. Les Poissons étaient des Goujons; ils s'approchèrent de l'embouchure du ruisseau, puis en nageant rapidement et donnant à leur corps une violente impulsion, ils remontèrent d'un mètre environ dans le ruisseau, sans sauter, glissant en quelque sorte sur le gravier; s'arrêtèrent, arquèrent le tronc et la queue alternativement à droite et à gauche et se frottèrent le ventre contre le gravier; tout le corps reposait alors à sec, à l'exception de la partie inférieure. Les Poissons restèrent dans cette position pendant quelques secondes, puis ils frappèrent d'un coup de queue si violent sur le fond du ruisseau que l'eau en rejaillit de tous côtés, se retournèrent et revinrent vers le lac, pour recommencer le même jeu bientôt après. Un naturaliste a soutenu que les Poissons, en frayant, se placent sur le flanc; je ne veux pas contester le fait, mais je puis certifier que les Goujons que j'ai observés n'exécutaient rien de semblable. »

Les Goujons multiplient beaucoup, quoiqu'ils soient exposés à la voracité d'un très grand nombre d'ennemis, tant parmi les autres Poissons que parmi les oiseaux aquatiques. Malgré ces causes de destruction, ils sont cependant encore abondants dans la plupart des rivières. Suivant E. Blanchard, « d'après le calcul d'un pisciculteur, Carbonnier, trente pêcheurs à l'épervier exerçant leur industrie à Paris, entre les ponts de Bercy et de Passy, en prendraient annuellement un million d'individus, et l'on en saisirait encore sans doute une pareille quantité à l'aide des autres engins de pêche. Des naturalistes anglais assurent que dans certaines localités de l'Angleterre, les Goujons sont pris parfois en telle quantité qu'on les jette en pâture aux pourceaux, et un auteur, Thompson, rapporte qu'ils se trouvaient être si communs dans une

chute de moulin sur le Legan, en Irlande, que le chien du meunier les happait et en dévorait des quantités.

Pêche, usages. — La chair du Goujon est des plus savoureuses, aussi partout où il se trouve avec quelque abondance ce poisson est-il pêché.

On le prend au filet et à la ligne; on le capture aussi avec la nasse ou des verveux dont les mailles sont très étroites.

Dans le nord de l'Allemagne c'est généralement en automne qu'on prend le Goujon en plus grande quantité; c'est surtout en été que la pêche se fait à l'hameçon.

Le Goujon est fort vivace, aussi le conserve-t-on pendant assez longtemps dans des caisses placées dans l'eau.

D'après Blanchard, on s'amuse parfois à prendre des Goujons à l'aide d'un moyen simple et peu fatigant. « Une carafe percée d'un trou, dans laquelle on a mis quelque appât, est placée dans l'eau; les Goujons s'introduisent par l'ouverture et il arrive souvent que la carafe est remplie de poissons au bout de peu d'instants (fig. 395). Il est vrai de dire qu'à cette singulière pêche on prend des Vairons plus encore que des Goujons. »

LES TANCHES — *TINCA*

Teichfehleihe.

Caractères. — Le genre Tanche, qui ne comprend qu'une seule espèce, est caractérisé par le corps assez large, couvert de très petites écailles très adhérentes, la bouche placée à l'extrémité de la tête, des nageoires inférieures courtes, sans rayon osseux. Les dents pharyngiennes, insérées sur une seule rangée, au nombre de quatre ou de cinq, sont comprimées, élargies à leur extrémité, qui est aplatie et terminée en petit crochet vers le bord interne.

LA TANCHE VULGAIRE. — *TINCA VULGARIS.*

Caractères. — La Tanche a une forme et une coloration tellement spéciales que c'est une des espèces de nos eaux douces la plus facile à reconnaître.

Le corps est assez haut, légèrement comprimé, le dos un peu arqué, enduit d'une mucosité très épaisse, couvert de fort petites écailles. La tête est grosse, le front large, l'œil petit; sur la tête se voient des pores, ouvertures de canaux sécrétant du mucus. Le museau est obtus, la bouche obliquement fendue; de chaque côté, à l'angle de la bouche, se trouve un court barbillon. La fente des ouïes est large. La dorsale, située au delà de la portion moyenne du corps, se compose de 12 rayons; on compte 9 à 10 rayons à l'anale, qui commence un peu en avant de la dorsale; la caudale est carrée ou très légèrement échancrée (fig. 396).

Le mâle diffère de la femelle en ce qu'il est plus petit, plus coloré et que ses nageoires sont plus grandes; le deuxième rayon des ventrales est beaucoup plus robuste.

En général, le corps est olivâtre, plus foncé sur le dos, plus clair sur les côtés, blanc jaunâtre ou vert clair sous le ventre; la couleur est presque toujours noirâtre dans les endroits fangeux et d'un jaune doré dans les rivières dont le fond est sablonneux et le cours rapide; d'autres individus sont d'une belle teinte verte, brillante de reflets dorés, avec des taches irrégulières d'un noir profond. L'œil est d'un rouge cuivré. Les nageoires sont ordinairement violacées; les pectorales et les ventrales ont leur bord rougeâtre, surtout au printemps.

Dans quelques contrées, principalement en Bohême et dans la Haute-Sibérie, on cultive une magnifique variété qui peut être rangée au nombre des plus beaux Poissons de l'Europe : c'est la Tanche dorée. Les écailles sont plus grandes que chez la Tanche ordinaire; elles sont minces et transparentes; les lèvres sont d'un rouge rosé, tout le corps étant jaune doré ou jaune rougeâtre. Chez d'autres individus le front est rouge carmin, les joues sont jaunes, le dos est noir en avant de la dorsale, brun jaunâtre en arrière, les flancs sont jaune cuivré avec des taches noires.

La longueur de la Tanche peut atteindre 0m,60; on cite des individus du poids de 5 à 6 kilogrammes.

Distribution géographique. — La Tanche, commune dans l'Europe entière, se trouve aussi dans l'Asie Mineure et dans une partie de la Sibérie occidentale.

Mœurs, habitudes, régime. — Cette espèce peut se trouver jusque vers l'altitude de 1000 mètres, mais c'est surtout un Poisson des plaines qui préfère les eaux stagnantes et vaseuses, de telle sorte qu'on la pêche surtout dans les lacs et dans les marais à fond argileux et sur le bord desquels croissent des joncs et des roseaux; dans les rivières, la Tanche se tient presque toujours aux points où l'eau coule lentement. Ce Poisson ne craint pas les rigueurs de l'hiver, car il passe la saison du froid enfoncé dans le limon et à demi engourdi, ne remontant vers la surface qu'au moment du printemps. En dehors de la période de la ponte, la Tanche se tient, du reste, presque constamment au fond de l'eau.

Comme la Loche, la Tanche peut vivre dans des endroits où ne sauraient prospérer d'autres Poissons, même les Carpes, car elle a la vie extrêmement tenace; elle peut passer jusqu'à une journée entière hors de l'eau sans périr.

Yarrell raconte un fait qui met bien en lumière le peu d'exigence des Tanches. Un bourbier qui était plutôt rempli d'immondices de toutes sortes que d'eau, devait être comblé avec de la terre. On ne pensait trouver dans cette fosse d'autres Poissons que quelques Anguilles, aussi la surprise fut-elle grande, lorsque le travail commencé, on recueillit près de 400 Tanches; un de ces animaux était enclavé entre des racines à ce point, qu'il ne pouvait bouger et qu'il était tout déformé; sa longueur atteignait 0m,85, sa circonférence 0m,60 et son poids près de 6 kilogrammes. Ce Poisson merveilleux qui, sans nul doute, avait dû séjourner pendant longtemps dans sa prison fut transporté dans un étang, dans lequel il vécut encore pendant près d'un an.

Nous avons dit que pendant l'hiver les Tanches s'enfouissent dans la vase et y restent presque insensibles; semblable fait arrive parfois en été. Siebold a vu des Tanches cachées dans la vase et insensibles à ce point qu'on put les déterrer sans qu'elles fissent le moindre mouvement; réveillées et remises à l'eau, elles s'empressèrent d'aller s'enterrer de nouveau.

La nourriture se compose de débris de végétaux, de vers, d'insectes, de mollusques; les Tanches avalent aussi de la vase qui contient en plus ou moins grande quantité des débris organiques. On voit parfois les Tanches sauter hors de l'eau pour prendre les insectes au vol.

La Tanche fraie au milieu de l'été, pendant le mois de juin, quelquefois un peu plus tôt, souvent même une seconde fois au mois d'août. A ce moment on voit le plus habituellement une femelle suivie de deux mâles, aller d'un bouquet de joncs à un autre pour y déposer ses œufs, car c'est sur les plantes aquatiques, dans les endroits exposés au soleil que

Fig. 395. — La pêche a la bouteille.

la ponte a lieu. Les œufs, fort petits, sont en nombre considérable ; on en a compté près de 300,000 chez une femelle de taille moyenne. L'incubation est rapide, les jeunes naissant sept ou huit jours après la ponte. Suivant Blanchard la croissance marche avec rapidité, pourvu que la température soit un peu élevée ; les jeunes atteignent le poids d'environ 125 grammes la première année ; 1 kilogramme à 1 kilogramme et demi au bout de trois ans, et à l'âge de six à sept ans, ils peuvent peser de 3 à 4 kilogrammes.

Usages. — La Tanche n'est pas placée bien haut dans l'estime des gastronomes, car sa chair est fade, souvent imprégnée d'une désagréable odeur de vase ; de plus, elle est pleine d'arêtes. La saveur de ce Poisson varie, du reste, comme sa coloration, suivant l'époque de l'année et suivant l'endroit où l'animal a été pêché. En tous cas, si la Tanche a été prise dans une eau vaseuse, il faut la faire dégorger pendant quelque temps dans une eau vive.

D'après Baudrillart, « on a attribué, dans plusieurs contrées, des propriétés extraordinaires à la Tanche ; on a cru que coupé par morceaux et appliqué sous la plante des pieds, ce poisson guérissait de la peste et des fièvres brûlantes ; que placé sur le front, il apaisait les maux de tête ; qu'attaché sur la nuque, il calmait les inflammations des yeux ; que, mis sur

Fig. 396. — La Tanche.

le ventre il faisait disparaître la jaunisse, et que le fiel chassait les vers. La Tanche a été appelée le *médecin des Poissons*, parce qu'on prétendait que les autres Poissons, et particulièrement le Brochet, se guérissaient de leurs blessures en se frottant contre la Tanche, dont la mucosité de la peau était pour lui et pour les autres Poissons un spécifique assuré. On estimait aussi comme absorbantes, détersives et diurétiques, deux petites pierres qu'on trouvait dans la tête des Tanches ; mais aujourd'hui on n'en fait pas usage, et il paraît qu'on ne sait même plus les trouver. »

Pêche. — On prend la Tanche avec le verveux, la seine, le tramail, l'épervier ; il faut en tout cas se rappeler que ce Poisson est très craintif et qu'au moindre bruit il s'enfonce dans la vase, de telle sorte que le filet passe sur lui sans l'atteindre.

La pêche à la ligne se fait en amorçant avec de gros vers de terre, des insectes, ou du pain pétri avec du miel. La pêche à la ligne dormante a lieu dans les étangs, aux endroits où le fond est uni et entouré d'herbes. On prend le plus souvent les Tanches en desséchant les étangs.

On peut pêcher les Tanches pendant les

mois les plus chauds ; on les prend cependant le plus souvent en avril et en mai.

LES LEUCISQUES — *LEUCISCUS*

Plötze.

Caractères. — Sous le nom de *Poissons blancs* on confond généralement des animaux qui ont

Fig. 397. — Dents pharyngiennes grossies du Gardon (d'après Blanchard).

entre eux la plus grande ressemblance et qui ne peuvent parfois se distinguer les uns des autres que par l'examen de leurs dents pharyngiennes.

On réserve aujourd'hui plus particulièrement le nom de Leucisques aux Cyprins qui ont le corps ovalaire, plus ou moins comprimé, couvert d'assez grandes écailles ; la dorsale commence au-dessus de l'insertion des ventrales. Les dents pharyngiennes sont disposées sur un seul rang, le plus souvent au nombre de 6 du côté gauche, de 5 du côté droit ; les dents antérieures affectent une forme conique, tandis que les postérieures sont comprimées, crochues à l'extrémité et très finement entaillées sur leur bord (fig. 397).

LE GARDON. — *LEUCISCUS RUTILUS*

Plötze.

Caractères. — Le corps du Gardon est ovale, comprimé, couvert d'assez grandes écailles dont le bord libre est festonné (fig. 398) ; sui-

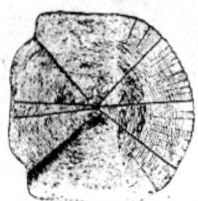

Fig. 398. — Écaille du Gardon commun, (d'après Blanchard).

vant le sexe et l'état de développement des laitances et des ovaires, la hauteur du corps varie d'une manière très notable. La tête est assez forte, le museau arrondi, la bouche petite, l'œil grand. La dorsale, qui est plus haute que longue, commence à peu près au-dessus du milieu de l'insertion des ventrales et finit avant l'origine de l'anale, qui est assez courte ; la caudale est fourchue (fig. 400 ; figure au milieu à droite).

Les couleurs sont souvent très vives. En général, le dos est d'un vert foncé ou d'un vert bleuâtre ; les flancs sont argentés avec des reflets bleuâtres et souvent on voit des taches brunes vers la base des écailles ; le ventre est argenté ; l'œil est jaune doré, parfois rougeâtre. La dorsale et la caudale ont une teinte sombre, souvent lavée de rougeâtre ou d'un vert grisâtre, la caudale étant verdâtre, teintée de rouge à son extrémité ; l'anale et les ventrales sont, le plus ordinairement, d'un rouge jaunâtre. Le système de coloration varie, du reste, suivant la saison et suivant les eaux.

Le Gardon varie dans des limites assez étendues, de telle sorte que plusieurs variétés ont été décrites comme espèces distinctes.

Parmi celles-ci, nous citerons le Vengeron (*Leuciscus prasinus*), spécial au lac Léman, et qui a le corps relativement allongé. Le dos est d'un beau vert pomme foncé ; les flancs sont d'un vert clair à reflets argentés ; la dorsale et la caudale sont d'un brun verdâtres ; l'anale et les nageoires paires sont jaunâtres ou rougeâtres.

Le Leucisque rutiloïde (*Leuciscus rutiloïdes*) a les nageoires colorées en jaune de gomme-gutte terne.

Chez le Leucisque de Selys (*Leuciscus Selysii*) la couleur est bleu d'acier, à reflets argentés, surtout vers le ventre ; les ventrales et l'anale sont blanchâtres ; les autres nageoires sont grises ou d'un rouge pâle.

Le Gardon pâle (*Leuciscus pallens*) a le corps argenté, tirant quelquefois sur le jaunâtre, avec le dos et la partie supérieure de la tête d'un gris clair, légèrement ardoisé ; la dorsale est d'un gris jaune avec les bords des rayons sablés de noir. Le corps est plus allongé, les écailles proportionnellement plus grandes (fig. 403).

La taille peut atteindre de 0m,30 à 0m,40.

Distribution géographique. — Le Gardon est un des Cyprins les plus répandus de l'Europe ; on le trouve dans toute l'Europe occidentale et centrale, y compris la Grande-Bretagne, dans la plus grande partie de l'Europe orientale, et dans le nord-ouest de l'Asie ; il est commun dans la mer Baltique.

Certaines variétés paraissent être cantonnées ; c'est ainsi que le Vengeron est spécial aux lacs de la Suisse et d'une partie de la Savoie ; le Gardon de Selys se trouve dans la Meuse, la Meurthe, la Moselle, l'Ill et le Rhin ; le Gardon rutiloïde se pêche surtout dans la Somme et dans les rivières de l'Anjou ; c'est aux environ d'Annecy qu'a été signalé le Gardon pâle.

Mœurs, habitudes, régime. — Le Gardon est un des Poissons blancs les plus communs dans les lacs et les rivières ; il aime les eaux limpides et les fonds sablonneux ; cependant on le trouve aussi en grande quantité dans certains marais. Il se tient toujours en troupe, et on a observé que lorsque des Gardons remontent les rivières, ils se suivent par troupes séparées, composées alternativement de mâles et de femelles, et que si l'ordre de leur marche est interrompu par une cause quelconque, il ne tarde pas à la reprendre. La nourriture se compose d'insectes aquatiques, de matières

Fig. 599 à 602. — Le Chevaine, le Gardon, le Rotengle, l'Ide mélanote.

végétales en décomposition ; l'animal fouille le fond de l'eau pour trouver des vers. Le Gardon nage avec aisance ; il est vif dans ses mouvements, craintif, et aime à se mêler aux troupes des autres Poissons ; redoutant son pire ennemi, le Brochet, il s'empresse de fuir lorsqu'il l'aperçoit.

La ponte a lieu dès le mois d'avril, et se continue pendant tout le mois de mai, parfois même de juin ; le Gardon abandonne alors en troupes les lacs dans lesquels il a passé l'hiver, remonte les cours d'eau et dépose ses œufs dans des endroits herbeux ; on compte jusqu'à 85.000 œufs dans le corps d'une seule femelle ; la durée de l'incubation des œufs est de dix à quatorze jours.

Pêche, usages. — La chair du Gardon est blanche et d'assez bon goût, quoique fade ; elle est du reste tellement remplie d'arêtes que ce poisson n'a pas grande valeur ; les individus qui ont été pêchés dans les étangs sont encore moins estimés que ceux que l'on prend dans les rivières.

Le Gardon est vif, très méfiant, et s'il entend du bruit près de la rive, il ne quitte pas le fond de l'eau, ou bien il fuit ; aussi pour le pêcher à la ligne faut-il de l'adresse et de la patience ; c'est pour cette pêche surtout que le silence le

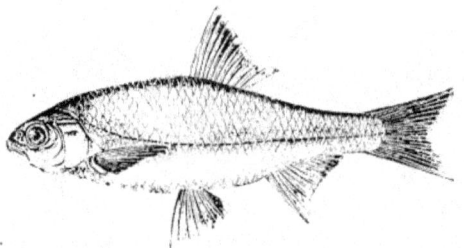

Fig. 403. — Le Gardon pâle (d'après Blanchard).

plus absolu est strictement indispensable.
On amorce le plus ordinairement avec du blé cuit, des vers de terre ; dans les étangs, au mois d'août, on amorce souvent avec des insectes vivants, tels que des Sauterelles vertes ; cette dernière pêche se fait avant le lever, ou après le coucher du soleil.

LES ROTENGLES — *SCARDINIUS*

Rothkarpfen.

Caractères. — Les Rotengles ont le corps ovale, comprimé, couvert de grandes écailles ; la dorsale est courte, placée en arrière (fig. 404).

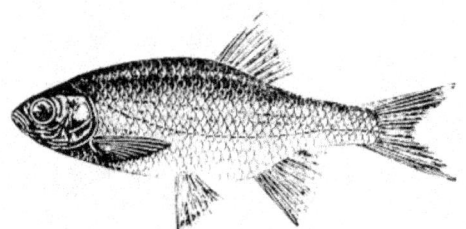

Fig. 404. — Le Rotengle (d'après Blanchard).

Les dents pharyngiennes sont disposées sur deux rangs, l'un formé de trois dents, l'autre de cinq ; ces dents sont plus ou moins comprimées, dentelées sur le bord interne, terminées en crochet (fig. 405).

LE ROTENGLE. — *SCARDINIUS ERYTHRO PHTHALMUS.*

Rotheuge.

Caractères. — Souvent confondu avec le Gardon, le Rotengle s'en distingue par un corps plus élevé, plus comprimé et par la dorsale plus reculée ; cette nageoire ne commence guère qu'au-dessus de la moitié postérieure des ventrales. La région supérieure du crâne est convexe, la bouche assez petite, lé-

gèrement protractile, fendue obliquement ; le museau obtus, la mâchoire supérieure un peu moins avancée que la mandibule (fig. 401, au milieu à gauche). Les écailles sont grandes, leur bord basilaire étant très sinueux (fig. 406).

Le corps est généralement verdâtre ou bleuâtre sur le dos, plus clair sur les flancs, argenté sous le ventre ; il brille souvent de reflets dorés ou argentés ; parfois la teinte est rembrunie et on voit des taches obscures formées de points très rapprochés. La dorsale est d'un gris bleuâtre à la base, rougeâtre à l'extrémité ; l'anale et les ventrales sont rouges ; la caudale est grisâtre vers la base, rougeâtre dans le reste de son étendue ; les pectorales, parfois jaunâtres, sont le plus ordinairement d'un gris rosé pâle.

Le Rotengle ne dépasse guère 30 centimètres et un poids de 1 kilogramme.

Distribution géographique. — Le Rotengle est commun dans toute l'Europe ; on le trouve depuis le nord de la péninsule scandinave jusque dans le sud de l'Italie, de l'Irlande, aux monts Ourals et même dans le bassin de l'Obi.

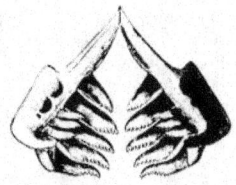

Fig. 405. — Dents pharyngiennes grossies du Rotengle.

D'après Blanchard, « le Rotengle se reconnaît au premier abord à la magnifique coloration rouge de ses yeux. De cette particularité est venu le nom de *Rotheuge*, œil rouge, employé en Allemagne, également en usage en Alsace, et d'où est dérivé, sans aucun doute, le nom vulgaire de *Rotengle*. Les pêcheurs appellent cependant plus ordinairement ce Poisson la *Roche*, la *Rosse* ou la *Rousse*, et la *Rosette*, s'il est petit, sans le distinguer toujours du Gardon, qu'ils désignent de la même manière. Dans diverses localités néanmoins, la confusion n'existe pas, et le Rotengle est nommé *Gardon rouge* ou *Gardon à ailerons rouges*. Dans les Basses-Pyrénées c'est le *Sergent ;* dans le département de la Côte-d'Or, on le nomme encore, paraît-il, *Chérin* ou *Charin.* »

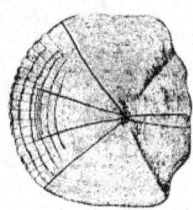

Fig. 406. — Écaille du Rotengle (d'après Blanchard).

Mœurs, habitudes, régime. — Bien que vivant également dans les eaux courantes et stagnantes, le Rotengle préfère les eaux calmes et dormantes ; on le trouve jusque vers 1,600 mètres d'altitude dans les lacs et les étangs. Le Rotengle est prudent, craintif, très agile ; il se nourrit de matières végétales et animales, de vase, de vers, d'insectes, de diverses plantes aquatiques ; il est fort vorace.

Le Rotengle fraye habituellement à la fin d'avril et au commencement de mai ; à ce moment ses couleurs s'assombrissent. La ponte a lieu dans les endroits herbeux.

LES IDES — *IDUS*

Nerfling.

Caractères. — Heckel a séparé sous ce nom des Poissons qui se rapprochent beaucoup des

Fig. 407. — Dents pharyngiennes de l'Ide (d'après Blanchard).

Gardons et des Chevaines par la forme de leur corps, qui est ovalaire. Les dents pharyngiennes, au nombre de huit de chaque côté, sont placées sur deux rangs, cinq sur le premier, trois sur le second ; ces dents sont comprimées latéralement, terminées en crochet recourbé (fig. 407).

L'IDE JESSE. — *IDUS JESES.*

Nerfling.

Caractères. — Cette espèce a, en partie, la forme du Gardon, mais le corps est plus oblong, la courbe du dos régulière, médiocrement élevée ; les écailles sont plus petites. La tête est courte, le museau arrondi, épais, la bouche protractile, terminale, légèrement oblique ; la mâchoire supérieure est un peu plus avancée que l'inférieure. La nageoire dorsale, qui s'avance presque au-dessus des ventrales, a trois rayons simples, huit ou neuf rayons divisés ; l'anale est plus haute que longue ; la caudale est fourchue (fig. 402, en haut de la planche).

Chez les individus jeunes, la partie supérieure du corps est d'un beau rouge doré, et cette couleur s'étend sur les flancs jusqu'au-dessous de la ligne latérale, en s'affaiblissant pour se fondre avec le blanc d'argent des régions inférieures ; les nageoires sont d'un rouge plus ou moins vif, passant au jaunâtre à leur extrémité. Les adultes ont le dos d'un noir bleuâtre, s'affaiblissant sur les côtés ; le ventre est argenté avec des reflets bleuâtres ; la dorsale et la caudale sont d'un rose grisâtre ; l'anale et les ventrales sont d'un rose jaunâtre. La taille atteint de 30 à 45 centimètres.

Distribution géographique. — Rare dans les cours d'eau de la France, l'Ide jesse, ou Ide mélanote se pêche dans la Moselle, dans la Meuse, dans l'Ill. Cette espèce se trouve dans les lacs de l'Europe centrale et du nord-ouest de l'Asie ; on le cultive dans certains cours d'eau et dans des étangs, par exemple dans le lac du parc du château de Luxembourg, à Vienne, dans la Regnitz, la Pegnitz, la Rednitz et dans quelques rivières des environs de Dinkensbühl, dans la Franconie moyenne ; on le trouve çà et là dans le Rhin et dans le Mein. D'après E. Moreau, l'Ide arrive parfois sur le marché de Paris, au milieu d'autres Poissons expédiés de Hollande.

Mœurs, habitudes, régime. — L'Ide recherche avant tout l'eau limpide, froide et profonde ; elle apparaît rarement vers la rive au moment des basses eaux, et seulement le soir. Sa nourriture se compose de vers, d'insectes. Vers le commencement du printemps, on voit apparaître chez le mâle de petites pustules sur les écailles du dos ; c'est à ce moment que l'Ide remonte des lacs dans les rivières et vient frayer dans les endroits sablonneux et herbeux ; la ponte peut avoir lieu depuis mars jusqu'en juillet, suivant les conditions de milieu.

Pêche, usages. — Bien que remplie d'arêtes, de même que tous les autres Poissons blancs, la chair de l'Ide passe pour être assez délicate ; aussi en plusieurs endroits pêche-t-on cette espèce au filet ou à l'hameçon ; dans ce dernier cas on amorce avec des insectes, tels que des sauterelles vertes.

D'après Jäckel, on se sert de l'Ide, en diverses parties de l'Allemagne, pour protéger les Carpes, car il nage près de la surface, ce qui fait qu'apercevant l'Aigle pêcheur, il plonge brusquement et met ainsi les autres Poissons en fuite.

A cause de la beauté de ses couleurs on cultive l'Ide en plusieurs endroits de l'Allemagne.

LES CHEVAINES — *SQUALIUS*

Döbel.

Caractères. — Les espèces qui composent ce genre se distinguent au premier coup d'œil de celles que nous venons de décrire par un corps plus élancé, fusiforme, légèrement comprimé ; la dorsale et l'anale sont courtes ; la dorsale s'insère au-dessus des ventrales. Les dents pharyngiennes, un peu comprimées, terminées en crochet recourbé, sont disposées sur deux rangs, l'un composé de deux, l'autre de cinq dents (fig. 408).

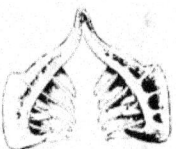

Fig. 408. — Dents pharyngiennes de la Vandoise (d'après Blanchard).

D'après E. Blanchard, « dans ce genre on reconnaît aisément trois formes principales : celle des *Chevaines* proprement dites, où la tête est fort épaisse, la nageoire dorsale avec huit rayons rameux, les écailles d'une apparence un peu mate, les dents pharyngiennes relativement minces ; celle des *Vandoises*, où la tête est plus effilée, la nageoire dorsale avec sept rayons rameux, les écailles très brillantes, les dents pharyngiennes plus épaisses ; celle des *Blageons* (genre *Telestes*, Bonaparte), où la tête est courte et obtuse, la nageoire dorsale à huit rayons rameux, les écailles délicates, avec des rayons en éventail plus nombreux que chez les Chevaines et les Vandoises, le dents pharyngiennes très semblables à celles de ces dernières. »

LE MEUNIER. — *SQUALUS CEPHALUS.*

Döbel.

Caractères. — Assez épais sur le dos, le corps du Meunier ou Chevaine est légèrement comprimé vers les flancs, oblong, plein d'élégance ; il est couvert de grandes écailles dont le bord est légèrement festonné et marqué de stries radiées (fig. 409).

La tête est grosse, large en dessus ; le museau obtus, arrondi, la bouche petite, légère-

ment oblique ; l'opercule légèrement et finement strié. La ligne latérale décrit une courbe
qui se rapproche du profil inférieur du corps.
La nageoire dorsale, qui s'élève presque
exactement au milieu du dos, un peu en
arrière de l'insertion des ventrales, est plus
haute que longue, formée de 11 rayons. A
l'aisselle de la ventrale se voit une écaille
pointue ; la caudale est échancrée (fig. 399 ;
figure du bas).

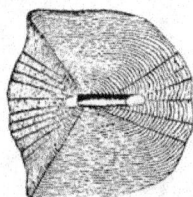

Fig. 409. — Écaille de la ligne latérale du Meunier
(d'après Blanchard).

La taille peut atteindre 60 centimètres ; le
poids, 3 à 4 kilogrammes.

Le dos est d'un bleu verdâtre, parfois bleuâtre plus ou moins foncé ; le ventre est argenté ;
tout le corps a des reflets métalliques des plus
brillants ; le bord des écailles est plus ou moins
teinté de sombre. On voit souvent vers l'épaule
une ligne noirâtre. Les nageoires du dos et de
la queue, noirâtres vers le sommet, partici-
pent de la couleur générale du corps, tandis
que les autres nageoires sont colorées en rose
ou en rouge plus ou moins vif suivant la saison.

Le Meunier présente un certain nombre de
variétés, qui sont assez constantes pour qu'on
leur ait donné des noms particuliers.

La Chevaine méridionale, par exemple, a le
corps un peu moins allongé, la ligne du dos
sensiblement plus arquée, la tête proportionnellement plus longue, la ligne latérale moins
courbée ; les écailles sont fortement striées et
le bord est assez festonné (fig. 410).

Cette variété a été pêchée dans les cours
d'eau des environs d'Avignon et dans le Lot-
et-Garonne.

Chez la Chevaine treillagée (fig. 411), le corps
est plus élancé ; les écailles ont une forme
différente. D'après Blanchard, la coloration est
charmante, « le dos et le dessus de la tête
sont d'un gris bleuâtre, et cette teinte, en s'af-
faibli-sant sur les côtés jusqu'au dessous de
la ligne latérale, prend exactement l'aspect

et les reflets brillants de la nacre, tandis que
toutes les parties inférieures du corps demeurent d'un beau blanc d'argent. Les joues
et l'opercule sont parsemés de gros points

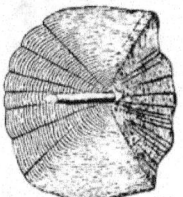

Fig. 410. — Écaille de la Chevaine méridionale
(d'après Blanchard).

noirs, et les écailles sont ornées chacune d'une
bordure de points également noirâtres, assez
gros et très serrés, figurant une sorte de grillage sur toute l'étendue des parties latérales
du corps. La nageoire dorsale est d'un gris
pâle ; les nageoires inférieures ont une teinte
jaunâtre. »

La Chevaine treillagée a été prise dans le
Lot.

Mœurs, distribution géographique. — On
trouve le Meunier dans toutes les rivières de

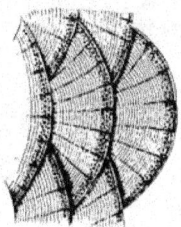

Fig. 411. — Écailles de la Chevaine treillagée
(d'après Blanchard).

l'Europe, jusqu'à l'ouest, depuis le niveau de
la mer jusqu'à la hauteur d'environ 1000 mètres ; il passe cependant pour rare dans la
Grande-Bretagne.

Lorsqu'il est jeune, le Meunier séjourne le
plus habituellement dans les ruisseaux et les
rivières à fond de sable ou de gravier, et se
tient en troupes nombreuses, fuyant avec la
rapidité d'une flèche au moindre bruit ; âgé,
il habite en des endroits où les courants sont
rapides, auprès des bancs de sable et dans le
voisinage des moulins.

Fig. 412. — La Vandoise.

Jeune, le Meunier recherche les vers, les insectes qui viennent à la surface de l'eau et les substances végétales en décomposition ; adulte c'est un Poisson d'une grande voracité qui fait la chasse aux autres Poissons, aux Mollusques, et s'empare même, dit-on, des jeunes Rats d'eau ; il détruit en quantité de frai de Poisson, aussi le Meunier peut-il passer en beaucoup d'endroits comme un animal qu'il ne faut pas trop propager.

L'époque du frai tombe en avril ou au commencement de mai ; la ponte a lieu sur le gravier et dans les petits cours d'eau.

Pêche, usages. — La chair du Meunier n'est guère estimée pour la table, bien qu'elle soit grasse et d'assez bon goût, mais elle est molle, remplie d'arêtes et prend une couleur jaunâtre par la cuisson.

On prend ce Poisson assez facilement avec toutes sortes de filets et avec des nasses dans lesquels on l'attire avec du sang caillé ; on le pêche aussi avec toutes les lignes ; cette dernière pêche se fait principalement en été ; on amorce avec des hannetons, des chenilles, des sauterelles, des mouches.

LA VANDOISE. — *SQUALIUS LEUCISCUS.*

Häsling.

Caractères. — La Vandoise ressemble beaucoup au Meunier, mais la tête, petite et étroite, a un aspect différent, le profil supérieur étant courbe. Le corps est oblong, un peu comprimé latéralement, revêtu d'écailles dont le bord est en général un peu anguleux. Le museau est avancé, terminé en pointe mousse ; la bouche est protractile, petite, placée en dessous ; la mâchoire supérieure est plus longue que la mandibule. La dorsale commence au-dessus de l'insertion des ventrales ; elle se compose de 10 à 12 rayons, dont

3 ne sont pas rameux ; à l'anale, plus haute que longue, on compte 8 ou 9 rayons branchus ; la caudale est échancrée (fig. 412).

Fig. 413. — Tête de la Vandoise bordeloise (d'après Blanchard).

Le dos, souvent d'un gris verdâtre uniforme, est chez beaucoup d'individus d'une belle teinte bleue qui s'étend jusqu'au voisinage de la ligne latérale ; les flancs sont d'un vert pâle argenté ; le ventre est d'un blanc fort éclatant ; parfois les écailles ont à leur base un pointillé noirâtre. La dorsale et la caudale sont grisâtres ou d'un gris verdâtre teinté de jaune ; l'anale est jaune rosé ; les autres nageoires sont couleur chair.

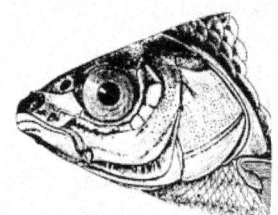

Fig. 414. — Tête de la Vandoise aubour (d'après Blanchard).

Plusieurs variétés de la Vandoise ont été décrites comme des espèces. Chez le *Rostré* le museau est allongé, pointu, la nuque brusquement relevée ; la tête est également effilée, le mu-

Fig. 415 et 416. — Le Blageon et le Vairon.

seau pointu chez l'Able de la Gironde ou *Vandoise bordelaise* (fig. 413).

Chez l'Aubour (*Squalius bearnensis*) le corps est comprimé, le dos élevé ; la tête est grande (fig. 414) ; le dos et la région supérieure de la tête sont d'une teinte brune à reflets métalliques bleuâtres ; des taches brunes se voient sur les écailles.

Mœurs, distribution géographique. — La Vandoise, dont la taille n'excède pas 0ᵐ,20, est commune dans tous les cours d'eau de la partie moyenne de l'Europe ; elle est plus rare vers le sud ; elle préfère les eaux claires et limpides et se tient habituellement vers la surface ; sa nourriture se compose de vers, d'insectes ; elle recherche principalement les diptères qui volent en rasant la surface de l'eau.

La Vandoise ne semble pas redouter l'eau saumâtre ; d'après E. Moreau, on en pêche dans le port de Bayonne à marée montante.

La ponte a lieu sur les pierres et les graviers pendant les mois de mars et d'avril.

Suivant Moreau, « dans la Nive, près de Bayonne, une partie des Aubours fraye en décembre, l'autre en mars. Les Poissons ne remontent pas tous au même point ; ceux qui s'avancent le plus loin ne dépassent pas le confluent des trois Nives ; les autres s'arrêtent sur diverses frayères. A leur retour ils se réunissent en quantité plus ou moins considérable à certains endroits, au port de Cambo, etc. Dans le Gave de Pau, les Aubours, au moment de la descente, sont tellement pressés qu'ils forment, pour ainsi dire, une masse compacte aux environs de Pau ; la pêche est si abondante que des gens viennent avec des charrettes pour en emporter le produit. Suivant un de nos correspondants d'Agde, pêcheur expérimenté, les Vandoises ou *Sofies* remontent l'Hérault pour frayer depuis le mois d'avril jusqu'en juin ; elles frayent à la même époque dans le canal du Midi. »

Pêche, usages. — La chair de la Vandoise est agréable au goût, mais extrêmement remplie d'arêtes, ce qui fait qu'elle est peu recherchée ; ce Poisson est cependant à propager ; il multiplie beaucoup et sert de nourriture à d'autres espèces voraces, plus utiles.

On prend la Vandoise en même temps que le Gardon avec toutes sortes de filets. La pêche à la ligne se fait par des fonds de gravier, d'une profondeur de 3 à 4 pieds, dont l'eau est vive et rapide; c'est surtout au mois de juillet que cette pêche se pratique avec le plus de succès; elle n'a lieu que le matin, avant le lever du soleil; comme la Vandoise est vive dans ses mouvements, il faut la piquer promptement; on l'attire avec toutes sortes d'amorces, surtout avec un insecte qui s'enferme dans une coque en forme de tuyau de plume et que l'on trouve dans les petits ruisseaux.

LE BLAGEON. — SQUALIUS SOUFIA.

Strömer.

Caractères. — Le Blageon a le corps plus effilé que la Vandoise; le profil du dos est presque droit; le museau est court, arrondi, la bouche légèrement protractile, obliquement fendue, la mâchoire supérieure un peu plus avancée que l'inférieure. La dorsale commence au-dessus de l'insertion des ventrales; la caudale est fourchue. La taille ne dépasse guère 0m,15 à 0m,20 (fig. 415).

Cette espèce se reconnaît facilement à sa coloration; le dos et la partie supérieure de la

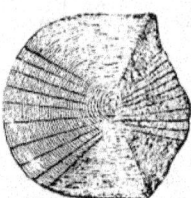

Fig. 417. — Écaille du Blageon (d'après E. Blanchard).

tête sont d'un gris cendré ou violacé qui s'étend sur les côtés, en s'affaiblissant; une large bande brunâtre s'étend de l'opercule à la base de la caudale; chez certains individus on voit une bande jaunâtre, peu marquée d'ailleurs, qui accompagne la bande noirâtre. La dorsale et la caudale sont pâles, légèrement teintées de gris; l'anale et les pectorales sont pâles; au moment du frai, la base des nageoires se colore en jaune rougeâtre chez les femelles, en rouge assez vif chez les mâles.

Les écailles ne sont pas très grandes; elles sont ornées de stries concentriques fines, régulières, très serrées (fig. 417).

Mœurs, distribution géographique. — Le Blageon, désigné aussi sous le nom de Telestes d'Agassiz (*Telestes Agassizi*), se trouve dans tout le bassin des Alpes; il est commun en Italie et en Suisse; on ne le connaît en Allemagne que de quelques affluents du cours supérieur du Rhin et du Danube, surtout dans le Neckar, l'Inn, le Lech, l'Isar, l'Isler, l'Amper, le Würm; on le pêche dans le Neckar.

Cette espèce existe également en France; on la prend dans le Var, dans le Rhône et dans la plupart de ses affluents; elle est assez commune dans le Gard, commune dans le lac du Bourget, dans le lac d'Annecy, dans la Durance.

Le Blageon se nourrit de petits animaux et de matières en décomposition; la ponte a lieu pendant les mois de mars et d'avril.

LES VAIRONS — PHOXINUS

Pfrillen.

Caractères. — Les Vairons ont le corps allongé, cylindrique, couvert de très petites écailles; la dorsale et l'anale sont très courtes; les dents pharyngiennes sont crochues, au nombre de six ou sept de chaque côté, placées sur deux rangs.

Distribution géographique. — Le genre Phoxinus et quelques genres très voisins comptent des représentants dans toute l'Europe, dans l'Asie centrale, au Japon; on en connaît plusieurs espèces des États-Unis.

LE VAIRON COMMUN. — PHOXINUS LEVIS.

Caractères. — Le Vairon, dont la taille ne dépasse guère 0m,08 à 0m,10, a le corps allongé, à peu près cylindrique, couvert d'écailles très petites, peu distinctes sur l'animal vivant et perdues sous une épaisse couche de mucosité. La tête est forte, le museau gros, arrondi, la bouche assez petite, protractile. La dorsale commence en arrière de l'insertion des ventrales et finit ordinairement au-dessus de l'origine de l'anale; on y voit six ou sept rayons branchus; la caudale est fourchue, très développée (fig. 416, p. 425).

En temps ordinaire, le Vairon a le dos d'un gris bronzé; les côtés sont marqués de taches et de bandes noirâtres et pointillées de la même couleur; le ventre est grisâtre. À l'époque du frai, la coloration chez le mâle devient des plus brillantes ; le dos prend des tons bleus, métalliques, chatoyants ; on voit une bande longitudinale du même bleu le long des flancs ; les lèvres, la gorge, la base des nageoires, parfois même le ventre, deviennent d'un rouge écarlate.

La coloration est d'ailleurs des plus variables. La couleur fondamentale du dos est tantôt vert olive, tantôt gris sale ; parfois les petits points se réunissent de manière à former une bande longitudinale ; parfois au moment du frai on peut voir une ligne dorée qui, commençant en arrière des yeux, s'étend jusqu'à la racine de la queue. D'après Siebold, on pêche en toutes saisons des individus qui ont la bouche d'un beau rouge carminé, la gorge noire, la poitrine d'un rouge écarlate, les nageoires jaune pâle passant au rouge pourpre.

Mœurs, distribution géographique. — Le Vairon se trouve par toute l'Europe dans les rivières, les lacs, les fossés, mais plus particulièrement dans les petits ruisseaux remplis d'herbe, où il vit en compagnie d'Épinoches, de Chabots, de Loches ; il se plaît sur les fonds sablonneux et vient souvent à la surface et vers la rive ; il fuit avant tout les eaux dormantes et marécageuses. Il est rare qu'on trouve le Vairon isolé, car, comme la plupart des espèces de petite taille, il est essentiellement sociable ; se tenant toujours en bandes, il forme des troupes sans cesse en mouvement, s'enfuyant avec rapidité au moindre bruit.

On voit parfois pendant l'été, lorsque la température s'élève, des bandes de Vairons remonter à la recherche d'eau plus fraîche ; le Vairon surmonte alors des obstacles qu'on croirait absolument infranchissables pour des animaux d'aussi faible taille ; lorsqu'un des individus qui compose la bande a franchi l'obstacle, tous les autres le suivent.

La nourriture se compose de matières végétales, de vers, de petits insectes, de débris de toutes sortes.

L'époque du frai tombe habituellement en mai et en juin, lorsque la température printanière n'a pas été chaude. A ce moment le Vairon choisit des eaux peu profondes, à fond de sable ; chaque femelle est le plus habituellement accompagnée de deux ou trois mâles. Dans certains cours d'eau les Vairons remontent en bandes pressées au moment de la ponte, formant des bandes qui ont jusqu'à un demi-mètre de large. Dans la Lenne on voit les bandes succéder aux bandes et la montée se

faire pendant une journée entière, de telle sorte qu'il passe ainsi des millions de Vairons.

Les œufs pondus sont nombreux ; d'après Davy, les jeunes sortent au bout de six jours ; au mois d'août ils ont déjà atteint une longueur de 2 centimètres ; à partir de ce moment la croissance est beaucoup plus lente ; ce n'est que dans le courant de la troisième ou de la quatrième année que le Vairon est apte à se reproduire.

Pêche, usages. — Bien que de petite taille, le Vairon sert parfois à l'alimentation, car sa chair est tendre, bien que de goût amer ; on prend ce Poisson avec de petits filets, le carrelet, la truble ; on s'amuse parfois à le pêcher à la ligne amorcée avec de petits vers, car il mord très facilement et très promptement à l'hameçon.

Dans certaines rivières d'Allemagne on s'empare du Vairon pendant les mois de mai et de juin, au moment où il remonte en grandes bandes, à l'aide d'un filet tendu sur deux branches en sapin attachées en croix et assujetties à l'extrémité d'une perche ; on abandonne cet engin dans les endroits où le courant n'est pas trop rapide, et on le retire rapidement aussitôt que le Poisson s'y est engagé. Dans d'autres endroits on pêche le Vairon à l'aide d'un engin qui ressemble à une sorte de souricière ; l'appareil est disposé de telle sorte que le Vairon peut bien s'y engager, mais qu'il ne peut plus ressortir ; cet engin, qui est une sorte de nasse, se place contre le courant. Cette pêche est très meurtrière, car elle détruit non seulement des Vairons, mais encore beaucoup d'alevins d'autres Poissons, plus particulièrement de Truites.

Le Vairon constitue un excellent appât pour prendre des Poissons voraces, tels que la Perche.

On doit multiplier le Vairon partout où on se propose de propager la Truite et le Saumon ; le Vairon n'est nullement nuisible ; il pond un grand nombre d'œufs et constitue une excellente nourriture très recherchée de tous les Salmonoïdes.

LES CHONDROSTOMES — *CHONDROSTOMA*

Caractères. — Par la forme de leur corps, les Chondrostomes ressemblent aux Chevaines et aux Vandoises, mais ils présentent un caractère qui les fait facilement reconnaître : le mu-

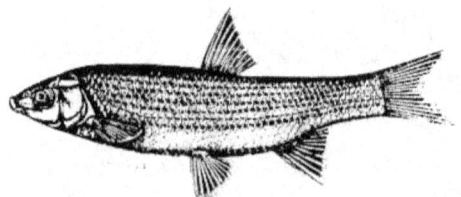

Fig. 418. — Le Chondrostome nase (d'après E. Blanchard).

seau est avancé, extrêmement épais et aplati en avant, avec les lèvres garnies d'une plaque cartilagineuse; la bouche est placée en dessous, arquée, fendue transversalement. La dorsale est courte, la caudale fourchue (fig. 418).

Les dents pharyngiennes, au nombre de cinq, six ou sept, sont disposées suivant un seul rang; elles sont comprimées latéralement et terminées par un élargissement dont le bord est coupé droit (fig. 419).

Fig. 419. — Dents pharyngiennes du Chondrostome nase (d'après E. Blanchard).

Distribution géographique. — On connaît sept à huit espèces de Chondrostomes; elles habitent l'Europe et l'ouest de l'Asie.

LE NASE. — *CHONDROSTOMA NASUS.*
Nase.

Caractères. — De forme assez élégante, ce Poisson a le corps allongé, élancé, le dos est peu arqué. Le museau est large, obtus, comme tronqué, formant une sorte cône aplati; la bouche, qui est légèrement arquée, est placée tout à fait en dessous; la mâchoire inférieure est un peu protractile; les mâchoires ont le bord mince, tranchant (fig. 420). Les écailles sont de médiocre dimension; leur bord externe est arrondi, légèrement festonné (fig. 421). La dorsale, qui s'élève au milieu du dos, est haute; elle a douze rayons, trois simples, dont un fort petit et neuf rameux (fig. 422; figure du bas).

Le corps, dont la longueur peut atteindre

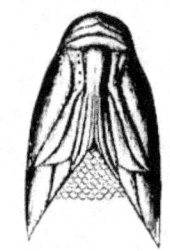

Fig. 420. — Tête du Chondrostome nase, vue en dessous (d'après E. Blanchard).

0^m,45, est gris foncé, parfois brunâtre sur le dos; une nuance légèrement jaunâtre ou roussâtre, avec quelques petits points noirs, s'étend

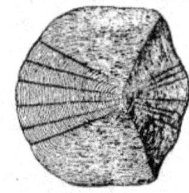

Fig. 421. — Écaille de Chondrostome.

sur les flancs; le ventre est argenté. La dorsale est brunâtre, parfois marquée de points rougeâtres, l'anale et les nageoires paires sont rougeâtres, passant souvent au jaunâtre; la caudale est brunâtre vers les bords.

Le Nase paraît varier dans d'assez grandes limites pour qu'on puisse admettre des races distinctes.

Le *Chondrostome bleuâtre* a le corps plus épais que le Nase proprement dit; le museau est moins large (fig. 425); toute la partie supérieure

Fig. 423 à 425. — Le Chondrostome nase, l'Aspius rapace (page 432), le Pélecus (page 437).

du corps est d'un gris noirâtre plus ou moins foncé, avec de vifs reflets d'un bleu d'acier; on voit sur les écailles de gros points noirs.

Fig. 426. — Tête, vue en dessous, du Chondrostome bleuâtre, d'après E. Blanchard.

Chez le *Chondrostome de Drème*, le corps est effilé (fig. 426); le dos est gris bleuâtre; au-

dessous de la ligne latérale se voit une bande longitudinale d'un ton un peu ardoisé; la dorsale est lavée de gris. Les dents pharyngiennes sont épaisses et leur extrémité tronquée est triangulaire (fig. 427).

Les dents sont grêles chez le *Chondrostome du Rhône*, qui a la tête effilée, la bouche petite et en croissant (fig. 428).

Distribution géographique. — Le Nase est répandu dans la plus grande partie de l'Europe; on le trouve dans beaucoup de cours d'eau de France. D'après E. Moreau, « il y a une vingtaine d'années, le Nase ne se trouvait pas dans les rivières qui se jettent soit dans l'Atlantique, soit dans la Manche, entre l'embouchure de la Gironde et celle de la Somme. Au mois de juin 1860, on reconnut à Sens un Poisson d'espèce nouvelle, pêché dans l'Yonne, auquel on donna le nom de *Mulet*: depuis cette époque, le Nase a pullulé d'une façon prodigieuse dans l'Yonne et dans la Seine. »

Mœurs, habitudes, régime. — Les Chondrostomes vivent en troupes, se tenant le plus souvent vers le fond, couchés contre le sable et restant immobiles pendant assez longtemps. Ils se roulent fréquemment contre le sol, de telle sorte que dans les cours d'eau peu profonds on voit briller leurs écailles au soleil; pendant l'été le Nase se rapproche de la rive et vient se frotter contre les pierres à peine recouvertes d'une mince couche d'eau.

La nourriture du Nase consiste en vers et surtout en matières végétales que l'animal peut parfaitement arracher et saisir sur les pierres, grâce à la disposition si particulière de sa bouche. A Wurtzbourg, d'après Siebold, le Nase a reçu le nom de *cracheur*, parce qu'il rejette toujours beaucoup de limon au moment où on le prend, limon qui était sans doute retenu entre les dents pharyngiennes.

L'époque du frai arrive en avril et en mai; à ce moment, les Nases se rassemblent en troupes et remontent les grands cours d'eau dans leurs affluents, souvent même dans de petits ruisseaux; ils recherchent avant tout les endroits dont le fond est couvert de gravier sur lequel l'eau s'écoule rapidement; les œufs sont nombreux. Au moment de la ponte, comme chez la plupart des Cyprins, on voit une sorte d'éruption cutanée sur la tête. Les petits éclosent vers le quinzième jour après la ponte.

Pêche, usage. — Bien que la chair du Nase soit molle, fade, remplie d'arêtes, ce Poisson est pêché en beaucoup d'endroits; on peut le prendre à la ligne amorcée avec des mouches d'appartement.

D'après Vallot, cité par E. Moreau, « dans les villages des bords de la Saône, du côté de Pontailler, les *Sengles*, c'est-à-dire les Nases et les Vandoises, que les pêcheurs confondent sous un même nom, sont préparés comme les harengs; ils sont salés et fumés. »

LES BOUVIÈRES — *RHODEUS*

Bitterfische.

Caractères. — Les Bouvières ont le corps ovale, comprimé, couvert de grandes écailles: la tête est petite, le museau court; il existe parfois de très petits barbillons; les dents pharyngiennes sont disposées sur une seule rangée, comprimées, au nombre de cinq de chaque

côté; l'anale et la dorsale sont de moyenne grandeur, sans rayon dentelé (fig. 429).

Distribution géographique. — Les Rhodeus ou Bouvières dont une espèce se trouve en Europe, habitent surtout l'est de l'Asie et le Japon; on en connaît des espèces réparties entre le genre *Rhodeus* proprement dit et quelques genres qui lui sont étroitement apparentés.

LA BOUVIÈRE COMMUNE. — *RHODEUS AMARUS*

Bitterling.

Caractères. — Ce Poisson, qui est le plus petit de nos Cyprins d'Europe, ne dépasse pas $0^m,08$. Le corps est ovale, comprimé, assez semblable à celui d'un jeune Carassin, couvert d'écailles grandes, larges et peu allongées. La tête est petite, en coin, le museau court, obtus, la bouche peu fendue, légèrement protractile. La ligne latérale est très courte. La dorsale, commençant au-dessus des ventrales, se compose de neuf rayons branchus, et de trois rayons simples, ainsi que l'anale. La caudale est échancrée (fig. 393, p. 413, figure du haut).

La coloration varie suivant le sexe et suivant l'époque de l'année.

En temps ordinaire, le mâle et la femelle sont à peu près semblables. Le dos et la partie supérieure de la tête sont d'un brun verdâtre, les flancs et le ventre étant argentés; une bande verdâtre, brillante, règne sur la partie moyenne des flancs. Les nageoires ont une coloration d'un rouge jaunâtre, la dorsale présentant ordinairement une bande transversale claire.

A l'époque du frai, c'est-à-dire pendant les mois d'avril et de mai, la femelle change peu, tandis que le mâle revêt la plus brillante parure. Le corps prend alors une couleur d'acier poli passant au violet, avec des reflets irisés d'un magnifique éclat métallique; la bande qui orne les flancs devient d'un vert émeraude, tandis que la poitrine et la région ventrale prennent une vive couleur jaune orange; chez d'autres individus le corps est rosé, teinté de bleu clair sur les flancs et de rose tendre sous le ventre; la dorsale et l'anale prennent une teinte rouge orangée ou jaunâtre, avec des taches noirâtres; les nageoires paires sont couleur chair, les ventrales étant souvent d'un jaune très pâle.

En même temps que l'animal se pare de brillantes couleurs, il se produit un fait singulier et encore inexplicable. De chaque côté

Fig. 426. — Le Chondrostome de Drème (d'après E. Blanchard).

de la mâchoire inférieure il apparaît une sorte de tumeur arrondie, en forme de bourrelet, duquel s'élèvent de huit à treize petits mamelons d'inégale grosseur et de couleur de craie; deux ou trois mamelons semblables se montrent au bord supérieur des yeux. Ces mamelons, suivant Siebold, consistent en un amas de cellules épidermiques pressées les unes contre les autres. Ces éminences disparaissent peu à peu après l'époque du frai.

Distribution géographique. — Le cercle de distribution de la Bouvière s'étend sur toute l'Europe centrale et orientale et même sur une

va souvent en troupes, surtout au printemps, qui est l'époque du frai.

A ce moment, la femelle présente une particularité des plus curieuses, qui a été bien observée par Siebold : un peu en arrière de l'anus apparaît un long boyau rougeâtre, tubuleux, légèrement conique, qui peut atteindre plusieurs centimètres de longueur. Ce tube reçoit les œufs, et c'est à ceux-ci qu'il doit la coloration qu'il présente. D'après Sie-

Fig. 427. — Dents pharyngiennes du Chondrostome de Drème (d'après E. Blanchard).

Fig. 428. — Tête, vue en dessous, du Chondrostome du Rhône (d'après E. Blanchard).

partie de l'Asie. Ce Poisson est fort commun dans certains points du bassin du Danube et de ses affluents, du Rhin, de l'Elbe, du Wiesel; il est répandu dans toute l'Allemagne, mais ne paraît pas exister dans la Scandinavie. D'après Blanchard, il serait inconnu en Angleterre. Suivant Émile Moreau, la Bouvière, « qui est le plus petit de nos Cyprinoïdes, est assez commun dans la Seine et ses affluents, Yonne, Marne, etc.; il se trouve dans la plupart des cours d'eau de l'est, du nord-ouest et d'une partie du centre de la France; il n'est pas indiqué dans les faunes de la Bretagne, de l'Anjou, du Poitou; il paraît manquer en Savoie, aussi bien qu'en Suisse. »

Mœurs, habitudes, régime. — La Bouvière se trouve dans les rivières et dans les lacs dont le fond est couvert de sable et de gravier; elle

bold, « ce conduit se recourbe souvent par son extrémité en-dessous de la nageoire caudale, donnant à l'animal lorsqu'il nage un aspect étrange. »

Ce tube sert à la ponte, et grâce à lui la femelle peut déposer ses œufs dans des cavités ou dans des espaces étroits; nous savons que la ponte a lieu ainsi entre les feuillets branchiaux de certains Mollusques bivalves.

Plusieurs observateurs de la fin du siècle dernier et des premières années de ce siècle avaient remarqué dans les feuillets branchiaux externes de la Mulette des peintres une quantité plus ou moins considérable d'œufs de Poissons, s'élevant souvent à une quarantaine; de ces œufs sortaient des embryons à divers degrés de développement. Cependant on ignorait totalement le Poisson qui pondait ces

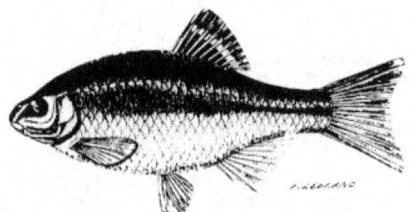

Fig. 429. — La Bouvière (d'après E. Blanchard).

œufs et la manière dont ils étaient déposés dans les branchies du Mollusque. Ce fut seulement lorsque Siebold eut décrit les œufs de la Bouvière comme des corps jaunes, oviformes, de 3 millimètres de long et de 2 millimètres d'épaisseur, que Roll déclara que la Bouvière introduisait ses œufs dans la coquille de la Mulette des peintres.

Les recherches instituées par Roll ont pleinement confirmé ses prévisions ; ce naturaliste a vu que c'est à l'aide de son oviducte prolongé extérieurement que la Bouvière peut introduire ses œufs dans la coquille du Mollusque. Roll éleva dans un bassin des Mulettes portant entre leurs feuillets branchiaux des œufs de Poisson ; au bout de quelque temps, il vit que le bassin contenait en abondance de jeunes Bouvières qui avaient achevé leur développement à l'abri de tout danger, protégées par la coquille du bivalve.

La ponte de la Bouvière entre les feuillets branchiaux des Anodontes ou Mulettes a été également bien observée en France dans ces dernières années par G. Wattebled, aux environs d'Auxonne.

A l'époque de la ponte, le mâle s'attache à une femelle et chasse impitoyablement tout autre mâle qui tente de s'approcher de celle-ci ; c'est lui qui choisit le Mollusque dans lequel les œufs doivent être pondus et il y conduit la femelle. Aussitôt que l'œuf s'engage dans l'oviducte, celui-ci se raidit et reste dans cet état jusqu'à ce que l'œuf soit évacué. Un peu avant la ponte la femelle se place verticalement, la tête dirigée vers le Mollusque qu'elle observe pendant un certain temps, puis au moment où un œuf s'engage dans l'oviducte et le dilate, elle descend rapidement vers le Mollusque, engage son oviducte dans les feuillets branchiaux, pond un œuf, puis retire le tube. La femelle ne réussit pas toujours à pondre un œuf dans les branchies du Mollusque ; l'œuf n'est pas alors évacué et l'animal le tient en réserve pour une occasion plus propice. Le mâle surveille attentivement tous les mouvements de la femelle ; lorsque la ponte a eu lieu, il fond sur le Mollusque et se maintient un instant au-dessus de lui en tremblant de tout son corps et en étalant ses nageoires.

La ponte achevée, le mâle et la femelle se retirent parmi les plantes aquatiques, timides et anxieux ; le mâle perd sa magnifique parure, et l'oviducte de la femelle se ratatine ; il ne persiste plus que sous l'apparence d'une petite papille.

D'après les observations de Roll, la Bouvière s'habitue très vite dans un bassin convenablement aménagé. Elle se cache d'abord pendant le jour, autant que possible au-dessous des feuilles qui flottent à la surface, et ne se montre active que pendant l'obscurité ; mais au bout de quelques jours, elle se familiarise et se montre aussi bien le jour que la nuit, se mettant en quête des petits animaux qu'on lui donne, tels que les Crustacés inférieurs connus sous le nom de Daphnis et de Cyclopes, des vers de vases ; elle recherche aussi les larves de fourmis, les fragments de viande, les miettes de pain qu'on lui jette. Lorsque la Bouvière a faim, elle explore avec le plus grand soin tous les coins de sa prison, cherchant de la nourriture de tous côtés. La femelle semble être plus hardie alors que le mâle, car elle chasse de la tête tout individu de son espèce qui cherche à s'approcher de l'objet qu'elle a convoité.

Nous avons dit que la Bouvière recherche principalement l'eau limpide et courante à fond pierreux ; on la trouve cependant fréquemment dans les bras morts des rivières et des ruisseaux ; de la plaine elle remonte dans dans les pays de colline et même dans les montagnes de moyenne hauteur. Sa vitalité lui

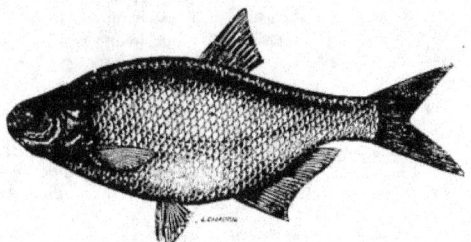

Fig. 430. — La Brème commune (d'après E. Blanchard).

permet de braver le froid comme la chaleur, c'est ainsi que Zäckel l'observa en mars sous la glace d'un fossé peu profond, gelé presque jusqu'au fond; le Poisson nageait avec vivacité.

Pêche, usages. — A cause de sa petite taille et de l'amertume de sa chair, la Bouvière est généralement dédaignée de tous les pêcheurs; on la pêche parfois cependant, car elle passe pour être un excellent appât pour la Perche.

LES BRÈMES — *ABRAMIS*

Brachsen.

Caractères. — Les Brèmes se reconnaissent facilement à leur corps comprimé, généralement très haut, couvert d'assez grandes écailles; le ventre est tranchant entre les ventrales et l'anus, dépourvu d'écailles. La mâchoire inférieure est le plus ordinairement moins longue que la supérieure, qui est protractile; chaque mâchoire est recouverte de lèvres simples; les peignes qui soutiennent les branchies sont courts; il existe des pseudobranchies. Les dents pharyngiennes sont disposées suivant un ou plusieurs rangs, au nombre de cinq, et présentent une troncature en arrière de leur pointe terminale. La dorsale, qui est courte et munie d'un rayon épineux, s'insère vis-à-vis l'espace qui sépare les ventrales de l'anale (fig. 430).

Distribution géographique. — Les Brèmes se trouvent dans la partie tempérée de l'hémisphère nord, aussi bien en Europe que dans le nord de l'Asie et aux États-Unis.

LA BRÈME COMMUNE. — *ABRAMIS BRAMA.*

Blei.

Caractères. — Cette espèce, qui peut atteindre une longueur de 0m,60 et un poids de

5 kilogrammes, a le corps ovalaire, comprimé latéralement, couvert d'écailles assez grandes. La tête est assez petite, relativement au volume du corps; le museau est obtus, la bouche peu fendue, la mâchoire inférieure plus courte que la supérieure. L'œil est assez grand, la fente des ouïes large. La nageoire dorsale se compose de douze rayons, les trois antérieurs simples; on compte vingt-sept à trente et un rayons à l'anale; la caudale est fourchue (fig. 431, en bas de la planche).

La Brème, comme la plupart des autres Cyprins, est sujette à d'assez grandes variations; c'est ainsi que chez la Brème de Gehin le corps est plus oblong, le dos étant peu élevé et décrivant une légère couche régulière; la dorsale est plus haute, ainsi que l'anale (fig. 435).

Le dos est brunâtre ou brun noirâtre; les flancs sont gris bleuâtre ou blanc grisâtre; le ventre est blanc argenté, teinté de rose, le tout semé d'un fin pointillé noirâtre; les joues sont dorées; les nageoires sont d'un bleu noirâtre.

Distribution géographique. — La Brème se trouve dans presque toute l'Europe; elle manque cependant au sud des Alpes; elle est très répandue dans tous les cours d'eau aussi bien dans les lacs que dans les fleuves, tels que la Seine, la Loire, le Rhône, l'Escaut, le Rhin; on la trouve dans la mer Caspienne. En France, la Brème commune est abondante dans la plupart des eaux douces, mais elle ne paraît se trouver ni en Savoie ni dans le département des Alpes-Maritimes.

Mœurs, habitudes, régime. — Les Brèmes, qui se réunissent habituellement par troupes, se tiennent dans les rivières dont les eaux coulent paisiblement sur un fond composé de marne, de glaise et d'herbages; elles se tiennent au fond, de telle sorte que, lorsqu'elles aperçoivent un Brochet, elles troublent l'eau et peuvent ainsi échapper à leur pire ennemi. Ce fait avait été observé par Gessner : « les Brêmes, écrit-il, nagent vers le fond, se rapprochent de la vase qu'elles agitent, évitant ainsi le Brochet. »

La nourriture se compose de vers, de larves d'insectes, de petits mollusques, de matières végétales en décomposition et contenues dans la vase.

Les Brêmes quittent le fond de l'eau au printemps, à l'époque du frai et recherchent des rivages unis ou des fonds de rivière garnis d'herbes, où les eaux sont courantes ; lorsqu'elles le peuvent, elles remontent à ce moment les rivières. Chaque femelle est habituellement suivie de trois ou quatre mâles ; les plus grosses femelles pondent les premières, ensuite les moyennes, puis les jeunes ; les œufs sont déposés sur les herbes. D'après Yarrell, au moment de la ponte, les animaux sont parfois tellement rapprochés qu'on n'aperçoit qu'une seule masse compacte. La ponte a lieu le plus habituellement pendant la nuit. A ce moment les Brêmes se font entendre d'assez loin, car elles battent l'eau avec leur queue et nagent brusquement.

Les œufs sont au nombre d'environ 140,000 pour un animal de taille moyenne, aussi, bien que la Brême ait de nombreux ennemis, est-elle très abondante dans les eaux qui lui conviennent ; on prend parfois par milliers de ces Poissons dans certains lacs ; Baudrillart rapporte que d'un coup de filet on captura 50,000 Brêmes pesant 18,000 livres au fond d'un lac de Suède.

Au moment de la ponte, il vient sur les écailles des mâles de petits boutons qui disparaissent ensuite.

Lorsque les conditions sont favorables, la ponte est terminée en trois ou quatre jours ; si le temps devient tout à coup mauvais, les Brêmes retournent au fond de l'eau, interrompant leur ponte ; les femelles sont sujettes à périr lorsqu'il survient du froid pendant leur frai. Lorsque la Brême est effrayée, elle cesse de pondre, aussi pendant cette époque était-il autrefois défendu en Suède de sonner les cloches au voisinage des lacs.

Les Brêmes croissent assez rapidement ; leur résistance vitale étant grande, on peut les transporter facilement d'un étang dans un autre.

Ennemis. — D'après Baudrillart, « outre l'homme et les poissons voraces, la Brême a principalement pour ennemis les oiseaux d'eau. On rapporte que les Grèbes et les Plongeons se réunissent dix à douze ensemble, chassent, en plongeant, les jeunes Brêmes vers le bord, où ils les acculent et les mangent. On dit aussi que la Bondrée ou Buse d'eau cherche assez souvent à contenter sa faim aux dépens des grosses Brêmes, mais qu'elle est quelquefois victime de sa voracité, ces Brêmes l'entraînant au fond de l'eau. »

Pêche, usages. — La chair de la Brême est blanche, assez délicate, à moins toutefois que l'animal n'ait été pêché dans un endroit vaseux, car il prend alors une odeur désagréable.

On a accordé d'ailleurs une valeur très différente à la Brême comme aliment, suivant le pays et suivant les temps. C'est ainsi qu'au commencement du quinzième siècle elle figurait dans les repas les plus somptueux ; la Brême est loin d'être aussi estimée aujourd'hui comme aliment.

Les meilleures Brêmes sont d'ailleurs celles qu'on prend dans les eaux vives et dont la taille est moyenne ; on les pêche avec la senne, le travail, l'épervier, la nasse ; on les prend facilement à la ligne amorcée avec des vers de terre ; cette pêche doit se fait surtout en juillet et en septembre.

D'après Pallas, sur les bords du Volga on sale la Brême pour la conserver.

LA ZERTE. — *ABRAMIS VIMBA.*
Zärthe.

Caractères. — Cette espèce se reconnaît à son corps relativement allongé et à son museau charnu, arrondi, saillant ; la bouche est, dès lors, inférieure. La dorsale se compose de onze rayons ; on compte vingt-deux rayons à l'anale, qui est insérée très en arrière (fig. 432). La couleur du dos est brunâtre ou d'un bleu noirâtre ; les flancs sont plus clairs, le ventre étant argenté ; les nageoires dorsale et caudale sont bleuâtres, les nageoires paires et l'anale ayant une coloration blanc jaunâtre.

Au moment du frai, qui arrive vers le commencement de juin, la coloration est beaucoup plus brillante. La face supérieure du corps et la tête sont colorées en noir profond, d'après Siebold, et les flancs ont un éclat brillant particulier ; sur ce fond tranche la couleur jaune-orangée des lèvres et de la gorge.

La Zerte reste toujours plus petite que la

Fig. 421 à 424. — La Brême commune, la Zerte, la Brême sopa, la Bordelière.

Brême commune et ne dépasse guère 0ᵐ,40 et un poids d'une livre.

Mœurs, distribution géographique. — La Zerte se trouve dans le nord de l'Europe centrale et dans une partie de la Russie.

D'après Bloch, la Zerte vit non seulement en eau douce, mais encore en eau saumâtre; ce naturaliste nous apprend qu'elle remonte au moment du frai de la Baltique dans l'Oder et pénètre de là dans les affluents de ce fleuve, tels que l'Inna et la Warthe. Pallas rapporte aussi que la Zerte sort de la mer Noire en bandes considérables pour pénétrer dans les fleuves qui s'y déversent; on trouve ce poisson également dans la Caspienne et dans divers cours d'eau, tels que le Tanaïs, le Volga, le Jaïk, l'Obi.

La Zerte se tient habituellement à une pro-fondeur de 10 à 20 brasses, généralement là où le fond est vaseux, car elle fouille la vase pour chercher sa nourriture et trouble l'eau à un tel point qu'elle se trahit elle-même.

Pêche, usages. — D'après Pallas, cité par Valenciennes, « la Zerte sort de la mer en bandes si innombrables que non seulement on la transporte par charretées dans les diverses provinces, mais que les marchands qui en font le commerce, après les avoir séchées ou salées, sont obligés de bien faire leur marché avec les pêcheurs, dans la crainte d'en accepter plus de soixante-dix mille individus, qu'ils peuvent prendre d'un seul coup de filet. C'est d'ailleurs une grande ressource dans les contrées moins poissonneuses, et surtout dans le temps du carême, à cause de la bonté de la chair, qui a peu d'arêtes. »

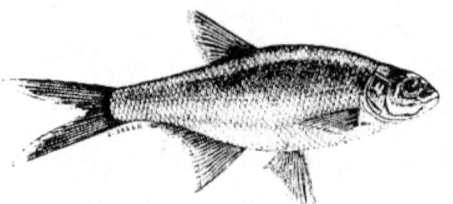

Fig. 435. — La Brème de Géhin (d'après E. Blanchard).

LA BRÈME SOPA. — *ABRAMIS SOPA*.

Sopa.

Caractères. — La *Sopa* ou *Claretza* se distingue facilement de la Zerte et de la Brème commune par la nageoire anale, qui commence en avant de la terminaison de la dorsale; on compte, en effet, quarante-deux rayons à l'anale, qui est basse; la pectorale est allongée, la caudale fourchue; le museau est arrondi. Les couleurs sont argentées, verdâtres sur le dos. La longueur atteint rarement 0m,30 (fig. 433, p 435, figure du haut, à droite).

Usages, distribution géographique. — Cette espèce est abondante dans les fleuves qui se jettent dans la mer Noire; elle n'est guère recherchée comme aliment; par contre, on utilise ses écailles pour la fabrication des perles fausses.

LA BORDELIÈRE. — *ABRAMIS BJOERKNA*.

Blicke.

Caractères. — La Bordelière, connue aussi sous le nom de *Blicke*, de *Petite Brème*, de *Brème Blanche*, rappelle beaucoup par ses formes la Brème commune; elle s'en distingue cependant par l'œil plus grand relativement au volume de la tête (fig. 436) et par quelques autres particularités; les dents pharyngiennes sont disposées sur deux rangées, une interne formée de deux dents, une externe composée de cinq dents.

Le corps est ovale, comprimé, recouvert d'écailles assez grandes; le profil supérieur va, en s'élevant par une courbe régulière, du museau à l'origine de la dorsale, puis il s'abaisse suivant une ligne légèrement concave, jusqu'à la caudale. La tête est petite, le museau arrondi,

la bouche protractile; les lèvres sont épaisses. La dorsale commence bien en arrière de l'insertion des ventrales; elle se compose de rayons branchus. La caudale est fourchue, le lobe inférieur étant le plus grand. L'anale, à laquelle on compte de dix-neuf à vingt-trois rayons, est falciforme, et commence sous la fin de la dorsale (fig. 434, p. 435, figure du haut, à gauche).

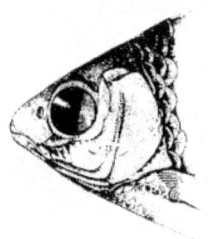

Fig. 436. — Tête de la Brème bordelière
(d'après E. Blanchard).

La Bordelière, verdâtre ou d'un gris bleuâtre en dessus, est argentée ou bien argenté sur les flancs; le ventre est d'un gris blanc rosé; la dorsale est d'un gris sombre, bordée de noir; la caudale est bordée de noir bleuâtre; l'anale est noirâtre en avant, blanchâtre en arrière; les nageoires paires sont rougeâtres à la racine.

Mœurs, distribution géographique. — La Bordelière est répandue dans les mêmes contrées que la Brème commune; elle habite les lacs, les étangs, les rivières à faible courant, avec fond de sable ou d'argile. Cette espèce se tient de préférence dans les profondeurs, et se nourrit de vers, de frai de poisson, et de matières végétales en décomposition; dans les mois de mai et de juin elle s'approche des rives pour frayer; ses mœurs se modifient alors de tout en tout, car, tandis que la Bordelière est timide et prudente en temps ordinaire, au moment de la ponte elle devient imprévoyante et hardie. Siebold a remarqué que la Bordelière devient apte à pondre à un âge très jeune, car on trouve des individus œuvés ou laités, bien qu'ils n'aient guère que 13 centimètres de long. Dans une femelle de grosseur moyenne, Bloch a compté jusqu'à cent mille œufs. Les Bordelières adultes commencent à pondre dès les premiers jours de juin et ont fini leur ponte au bout de trois à quatre jours, si la température est favorable ; une semaine environ plus tard pondent les animaux de moyenne grosseur, plus tard encore les individus de petite taille. La ponte a lieu de préférence au lever du soleil.

Pêche, usages. — D'après Eckström, la Bordelière est très vorace, aussi la pêche de cette Brême est-elle fort facile, car elle mord à tous appâts. Nulle part la pêche de la Bordelière ne se fait en grand ; la chair est molle et de plus l'animal est souvent rempli de vers rubanés. On se sert assez souvent de jeunes Bordelières pour nourrir les Truites que l'on tient dans les étangs.

LA BRÊME ROUSSE. — *ABRAMIS ABRAMO RUTILUS.*

Caractères. — D'après certains naturalistes, cette espèce est un hybride de la Bordelière et du Gardon ou du Rotengle. Le tronc est comprimé latéralement, la forme générale rappelant celle du Gardon ; la tête est très courte, avec le museau fort épais, comme gonflé, saillant au-dessus de la bouche ; l'œil est assez grand ; la taille ne dépasse guère 0^m,15 à 0^m,18.

Le dos est vert bleuâtre, les flancs bleuâtres, le ventre argenté, la nageoire dorsale bleu noirâtre ; la caudale et les pectorales sont d'un gris noirâtre, les ventrales et l'anale d'un orangé tournant au rouge.

Mœurs, distribution géographique. — Cette espèce, rare en France, se trouve dans la Meuse et dans la Moselle ; elle n'est guère plus commune en Allemagne, où on la pêche dans les grands cours d'eau ; elle fraye pendant les mois d'avril et de mai.

LA BRÊME DE BUGGENHAGEN. — *ABRAMIS BUGGENHAGII.*

Caractères. — D'après E. Moreau, cette espèce serait fort probablement l'hybride du Gardon commun et de la Brême commune. Le corps est oblong, comprimé ; le front est bombé, le museau arrondi, la bouche petite, la mâchoire supérieure plus avancée que la mandibule (fig. 437) ; la crête du dos est couverte

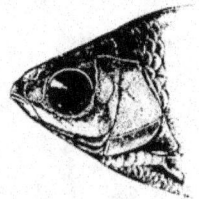

Fig. 437. — Tête de la Brême de Buggenhagen (d'après E. Blanchard).

d'écailles. La dorsale, qui commence en arrière de l'insertion des ventrales et finit en avant de l'origine de l'anale, est plus haute que longue, composée de dix rayons divisés et de trois à quatre rayons simples ; on compte de quatorze à dix-huit rayons branchus à l'anale, qui est reculée ; la caudale est très fourchue.

Le dos et les nageoires sont d'un gris verdâtre assez foncé ; les flancs sont colorés d'un gris argenté ; on voit un semis de petits points brunâtres sur la tête et sur le corps.

La taille ne dépasse guère 0^m,30.

Mœurs, distribution géographique. — Suivant E. Blanchard, « cette espèce fraye pendant les mois d'avril et de mai ; elle est très rare en France ; elle a été pêchée quelquefois dans la Somme, très rarement dans la Moselle, dans la Meuse, dans le Rhin. On la prend en Angleterre seulement dans quelques localités restreintes, et en Allemagne, où on la trouve plus fréquemment, croyons-nous, dans un assez grand nombre de cours d'eau, elle ne se montre jamais en abondance. »

D'après E. Moreau, la Brême de Buggenhagen se trouve dans la Moselle, dans la Meuse, dans la Somme, et se rencontre de temps en temps dans la Loire et dans le Doubs ; elle n'est pas rare dans le lac de Sylans, situé près de Nantua, et dans cette localité les pêcheurs la considèrent comme un métis de la Brême commune et du Gardon ; on la pêche aussi dans la Loire et dans la Sarthe.

LE PÉLÈQUE — *PELECUS*

Messerkarpfen.

Caractères. — Ce genre, qui ne comprend

qu'une seule espèce, le *Pelecus cultratus*, est caractérisé par la forme du corps, la position de la dorsale et la disposition des dents pharyngiennes ; celles-ci sont disposées en deux rangées de deux et de cinq, profondément dentelées en forme de scie à leur extrémité et recourbées.

Le corps, dont la longueur peut atteindre 0ᵐ,45 et le poids 1 kilogramme, est très comprimé latéralement, en forme de couteau ; le dos est rectiligne, tandis que le ventre est très fortement arqué ; la bouche est fendue presque verticalement, la mâchoire inférieure étant en pointe. La dorsale, très reculée, est composée de trois rayons simples et de sept rayons divisés ; l'anale, par contre, est longue, et on y compte vingt-huit rayons branchus ; les pectorales sont longues, étroites, falciformes ; les ventrales sont courtes (fig. 424, p. 429).

Le dessus de la tête est d'un bleu d'acier ou d'un vert bleuâtre ; le dos est d'un gris brun, les flancs ont un bel éclat argenté ; la dorsale est grisâtre ; les autres nageoires sont rougeâtres.

Mœurs, distribution géographique. — La distribution de cette espèce est très spéciale ; elle habite seulement la Baltique dans le nord de l'Europe centrale et les grands bassins d'eau douce qui sont en communication avec cette mer ; on la trouve également dans la mer Noire et dans tous les fleuves qui s'y déversent. D'après Pallas, le Pelecus est commun dans les cours d'eau de la Russie d'Europe, d'après Nordmann, dans ceux de la Crimée. Siebold rapporte que cette espèce se pêche parfois dans le Haut-Danube, mais qu'elle y est toujours rare.

Le Pelecus semble se complaire également dans les eaux douces et saumâtres ; il aime les eaux vives, courantes et se tient de préférence au voisinage des côtes ou des rives. L'époque du frai arrive en mai. D'après Bloch, le nombre des œufs s'élève à plus de cent mille ; cependant ce Poisson est relativement rare et s'est fort peu propagé. Heckel et Kner pensent trouver la cause de cette rareté dans l'absence de tout moyen de défense et dans la coloration argentée si brillante du Pelecus, qui le fait apercevoir de tous les animaux et en fait, en quelque sorte, une proie prédestinée.

Pêche, superstitions. — La chair du Pelecus est molle, pleine d'arêtes, aussi cet animal est-il peu recherché et sa pêche est-elle peu rémunératrice.

Dans certaines parties de l'Autriche les pê-cheurs sont remplis de terreur lorsqu'ils capturent un Pelecus, car ils sont persuadés que ce Poisson n'apparaît que tous les sept ans et qu'il annonce infailliblement la guerre, la peste, la disette ou toute autre calamité publique.

LES ABLETTES — *ALBURNUS*

Lauben.

Caractères. — Les Ablettes ont le corps oblong et mince, garni d'écailles d'une remarquable délicatesse ; entre l'insertion des ventrales et l'anus, la carène de l'abdomen est tranchante et n'a pas le bord couvert d'écailles imbriquées ; la ligne latérale, bien marquée, se rapproche du profil du ventre. La dorsale est courte, dépourvue d'aiguillon et s'insère fort en arrière de l'attache des ventrales ; l'anale est très longue. La mâchoire inférieure est saillante, la mâchoire supérieure protractile (fig. 438). Les dents pharyngiennes sont longues, assez grêles, disposées sur deux rangées, une externe formée de deux petites dents, une rangée interne composée de dents plus ou moins crochues à l'extrémité et plus ou moins denticulées (fig. 439).

Distribution géographique. — On connaît dix-huit espèces d'Ablettes ; elles habitent l'Europe et l'ouest de l'Asie.

L'ABLETTE COMMUNE. — *ALBURNUS LUCIDUS*.

Uckelei.

Caractères. — Cette Ablette, dont la taille ne dépasse pas 0ᵐ,20, a le corps, en général, effilé, comprimé latéralement ; la ligne dorsale étant presque droite chez les mâles, très légèrement arquée chez les femelles, et le ventre plus ou moins arrondi. Le museau est court, la bouche légèrement protractile, assez grande, fendue obliquement, la mâchoire étant moins allongée que l'inférieure et recevant, dans sa partie médiane, un tubercule de la mandibule. La dorsale, qui est reculée, est courte, composée de sept à huit rayons mous et de trois rayons simples ; la caudale est fourchue ; on compte seize à vingt rayons à l'anale (fig. 394, p. 413). Tout le corps est couvert d'écailles fort minces, qui se détachent avec la plus grande facilité et dont la forme est des plus caractéristiques (fig. 340).

La coloration bleu d'acier ou gris-verdâtre de la face supérieure du corps passe à une teinte argentée, à reflets très brillants ; l'œil et

Fig. 438. — L'Ablette commune (d'après E. Blanchard).

les joues sont également fort brillants; la dorsale est grise, la caudale brunâtre, bordée de noir; l'anale et les nageoires paires sont pâles.

Distribution géographique. — L'Ablette commune se trouve dans toute l'Europe centrale; on la pêche dans la plupart des rivières de France.

Mœurs, habitudes, régime. — Très sociables, les Ablettes vivent toujours en grandes troupes, nageant près de la surface de l'eau, chassant les insectes, par les temps chauds et calmes; elles sont peu craintives, curieuses et voraces, de telle sorte que si l'on jette quelque chose dans leur voisinage, elles se retournent après avoir fui un instant, reviennent et se jettent sur ce qui vient de tomber, le rejetant s'il ne leur convient pas,

colorantes des teinturiers de Barm et d'Elberfeld, et « bientôt de nombreux poissons morts et mourants redescendent la Wapper; parfois le nombre des cadavres qui pourrissent dans l'eau dans les endroits à cours lent est si considérable, que l'air est empesté au loin par une odeur insupportable. »

Les Ablettes choisissent pour frayer un fond pierreux ou garni de plantes aquatiques; elles sont à ce moment très vives, très surexcitées, et on les voit fréquemment s'élancer hors de la surface de l'eau. D'après plusieurs observateurs, la ponte a lieu en trois périodes plus ou moins longues; les animaux les plus âgés commencent à pondre les premiers, et ce sont les plus jeunes qui finissent.

Fig. 439. — Dents pharyngiennes de l'Ablette commune (d'après E. Blanchard).

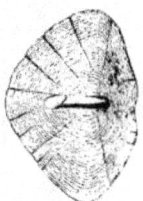

Fig. 440. — Écaille de l'Ablette commune (d'après E. Blanchard).

La ponte a lieu pendant le mois de mai; elle commence souvent fin mars pour se prolonger jusque vers juillet. A ce moment, les Ablettes se rassemblent en troupes serrées et remontent les rivières à la recherche d'un endroit propice. Malheureusement en beaucoup de points les résidus de fabriques empoisonnent les eaux et empêchent les Ablettes de se reproduire. En Allemagne, par exemple, en remontant la Wapper, les bandes tombent, d'après Cornélius, dans l'Evertsane dont l'eau empoisonnée est chargée d'acide et de matières

La multiplication est extrême, mais les nombreux ennemis qui s'emparent de l'Ablette les détruisent en grand nombre; l'habitude qu'ont les Ablettes de se tenir en troupe près de la surface de l'eau les expose à la chasse des poissons aussi bien que des oiseaux. Lorsqu'une Perche vorace se précipite au milieu d'une bande d'Ablettes, il arrive assez souvent que celles-ci s'élancent hors de l'eau et échappent ainsi.

Pêche, usages. — La chair de l'Ablette est molle, fade et par conséquent peu recherchée

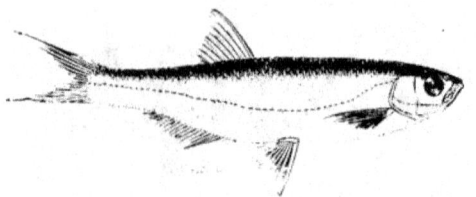

Fig. 141. — L'Ablette mirandelle (d'après E. Blanchard).

pour la table ; les pêcheurs emploient surtout ce poisson pour amorcer les lignes destinées à prendre des Anguilles, des Truites et des Brochets.

La pêche de l'Ablette se fait toute l'année aux filets ; c'est surtout au printemps, lorsque les eaux sont hautes, qu'on en prend une grande quantité au verveux, à la senne, à l'échiquier, à la truble, au tramail ; on capture ce poisson à la ligne pendant l'été.

D'après Beaudrillart, les endroits les plus propres à la pêche sont ceux où l'eau est peu profonde, vive et agitée, et le bas des moulins. On se sert de vers de viande pour amorcer les hameçons, et l'on jette de temps en temps de ces vers mêlés avec du crottin de cheval dans les lieux où l'on pêche ; peu de temps après, les poissons se rassemblent autour de la ligne en grande quantité.

« Dans la Seine, on forme au milieu de la rivière, avec des piquets, une espèce de clayonnage, qui, en augmentant l'agitation de l'eau, attire le poisson, et on attache à l'un des piquets un panier dans lequel on met des tripailles et du sang caillé, que l'on ramasse dans les boucheries ; l'eau emporte peu à peu ce sang, et les Ablettes, attirées par cet appât, se rassemblent auprès du palis, où on les prend le lendemain matin à la ligne et aux filets. Quelquefois plusieurs pêcheurs se portent dans un bateau auprès du palis, et ils prennent le poisson avec des lignes déliées, au bout desquelles ils ajustent trois ou quatre petits hameçons amorcés de vers blancs, qu'ils attachent à un simple brin de crin. On peut, dans les saisons où les Ablettes sont abondantes, en pêcher ainsi au bord des rivières. »

Dans certaines parties de l'Allemagne, l'Ablette n'est pas dédaignée comme aliment. Dans l'Ahr et dans d'autres affluents du Rhin, on prend l'Ablette en quantité, on la fait cuire,

on l'enveloppe dans des feuilles vertes après l'avoir fait sécher, on entoure le tout d'écorce d'arbre, et on les porte au marché sous le nom de *Rümpchez* ou de *Gesams*.

Dans la Prusse orientale on fume l'Ablette ou on la fait mariner.

Si l'Ablette est peu estimée pour la table, elle est fort recherchée pour la matière nacrée qui entoure la base de ses écailles.

« L'Ablette, écrit Émile Blanchard, donne lieu en France à une industrie aujourd'hui particulièrement exercée à Paris, qui est loin d'être sans importance. Tout le monde sait que les brillantes écailles de ce poisson fournissent le produit connu sous le nom d'*essence d'Orient*, employé à la fabrication des fausses perles. Les écailles du ventre sont détachées à l'aide d'un couteau, puis lavées et triturées pour en détacher leur pigment d'aspect métallique, qui se précipite au fond du vase sous la forme de particules microscopiques.

« On traite ensuite cette matière pulvérulente par l'ammoniaque pour l'isoler de tout ce qui pourrait rester de substances organiques. Alors, avec de la colle de poisson, on forme de cette poudre une sorte de pâte facile à étendre sur le verre.

« Les Chinois, s'il faut s'en rapporter à certaines assertions, connaîtraient, de temps immémorial, le parti que l'on peut tirer de la couche argentée qui revêt les écailles de certains poissons.

« D'un autre côté, on assure que, dès le seizième siècle, les Vénitiens conçurent l'idée d'enduire à l'intérieur de petits globes d'une couche d'essence d'Orient, et réussirent à imiter si parfaitement les véritables perles, que des gouvernements en vinrent à prohiber ce nouveau produit qui plusieurs fois avait été l'occasion de fraudes iniques.

« Réaumur fixe la date de l'emploi de l'es-

Fig. 442. — Le Spirlin (d'après E. Blanchard).

sence d'Orient en France à l'année 1656; d'autres la font remonter au règne de Henri IV. On fabriquait alors des globules de plâtre ou d'une matière analogue que l'on recouvrait ensuite d'une couche de la substance qui imite si bien les perles.

« D'abord on s'émerveilla à la vue de ces joyaux, mais bientôt quelle fut la désillusion ! La chaleur, la moiteur de la peau des belles dames pendant les soirées déterminaient un changement d'adhérence de la matière nacrée ; cette matière abandonnait le plâtre et s'attachait au cou, aux blanches épaules, en formant les dessins les plus incohérents. Les fausses perles étaient condamnées. Mais tout était à peu près oublié à cet égard, lorsque, en 1680, un industriel de Paris, du nom de Jacquin, fabricant de chapelets ou *patenôtrier*, suivant l'expression du temps, ayant observé de nouveau que les Ablettes lavées dans un vase faisaient déposer au fond des particules argentées ayant l'éclat des plus belles perles, eut la bonne pensée d'enduire avec l'essence d'Orient de petites boules de verre, c'est-à-dire de confectionner les fausses perles à peu près comme on les confectionne aujourd'hui.

« C'était une industrie véritablement créée. Des fabriques s'établirent sur les rives de la Seine, de la Loire, de la Saône et du Rhône. Après avoir bien décliné, cette industrie a repris faveur ; elle occupe à Paris bon nombre d'ouvriers et surtout d'ouvrières, et elle exporte annuellement pour plus d'un million de francs de ses produits. On a cité des fausses perles figurant à l'Exposition de 1855, d'une beauté si parfaite qu'il eût été impossible de les distinguer des véritables perles, sans un examen très attentif.

« Dans plusieurs de nos départements du Nord et de l'Est, et en Allemagne, on fait la pêche des Ablettes pour en arracher les écail-les. Comme on compte qu'il faut environ quatre mille Ablettes pour fournir un demi-kilogramme d'écailles, donnant à peine le quart de son poids d'essence d'Orient, les fabricants de fausses perles doivent être reconnaissants envers la Providence qui a fait les Ablettes d'une merveilleuse fécondité. La valeur des écailles, m'assure-t-on, varie de 20 à 24 francs le kilogramme. Un pêcheur de Metz estime que les Ablettes prises dans la Moselle en 1860, ont produit 5,000 francs (1). »

A ces documents intéressants, nous ajouterons que d'après les renseignements pris par Siebold dans la région du Rhin moyen, il faut dix-huit à vingt mille Ablettes pour obtenir 500 grammes de brillant argenté par le lavage. Dans cette région les Ablettes sont si communes qu'il est facile d'en recueillir de grandes quantités. Dans le lac de Constance, par exemple, on aurait pris de ces poissons en telle abondance, que d'un seul coup de filet on put en remplir dix tonneaux.

L'ABLETTE MIRANDELLE. — *ALBURNUS MIRANDELLA.*

Caractères. — Blanchard fait connaître sous ce nom une Ablette que beaucoup de zoologistes considèrent comme une variété de l'Ablette commune et qui est désignée en Savoie sous le nom de *Sardine* et de *Mirandelle*.

Le Mirandelle a le corps beaucoup plus allongé que celui de l'Ablette commune, le dos et le sommet de la tête formant une ligne presque complètement droite ; la mâchoire supérieure est tout à fait ascendante ; on compte huit rayons rameaux à la dorsale, quinze ou seize à l'anale (fig. 441). Le corps est d'un blanc d'argent éclatant et la région dorsale d'un bleu foncé chatoyant, du plus agréable effet.

(1) E. Blanchard, *Les Poissons des eaux douces de la France.*

Distribution géographique. — Le Miran-delle est spéciale au lac Léman et au lac du Bourget.

LE SPIRLIN. — *ALBURNUS BIPUNCTATUS.*

Riemling.

Caractères. — Cette espèce se reconnaît fa-cilement à ce que la ligne latérale est com-prise entre deux séries de petits points noirs. Le dos et la partie supérieure de la tête sont d'un brun verdâtre à reflets métalliques, ou d'un gris verdâtre ; les flancs et la région in-férieure du corps sont argentés, passant au jaunâtre sur les joues ; chez certains individus une bande brunâtre se remarque au-dessus de la ligne latérale ; l'œil est brunâtre en haut, argenté en bas, la pupille étant jaunâtre. Les nageoires sont jaune orangé à leur base.

Chez le mâle en habit de noce, les couleurs sont encore plus brillantes ; le dos est d'un vert vif, et sur les flancs se voit une bande bleuâtre, violette ou lilas, sablée de petits points noirs. La dorsale est verdâtre, mêlée de gris, avec un peu de jaune à la base. La caudale est de même couleur, mais plus claire et plus transparente ; la base des nageoires est jaunâtre, tournant souvent au rouge.

Plus haut que celui de l'Ablette commune, le corps du Spirlin est comprimé, moins effilé, plus ovalaire ; la taille ne dépasse guère 0^m,13. La tête est courte, le museau arrondi, la mâ-choire supérieure étant généralement un peu moins avancée que la mandibule. Les écailles sont minces, à peine striées. La dorsale com-mence en arrière de l'insertion des ventrales, et se termine au-dessus de l'origine de l'anale, qui a généralement moins de hauteur que de longueur ; on compte sept à huit rayons bran-chus à la dorsale, de quinze à dix-sept à l'a-nale ; la caudale est fourchue (fig. 442).

Mœurs, distribution géographique. — Le Spirlin est commun en Angleterre, en Belgique, dans la plus grande partie de l'Allemagne ; il paraît ne pas se trouver dans le nord de l'Eu-rope. En France cette espèce se pêche dans les rivières des départements de l'Est, dans la Meuse, la Moselle, la Meurthe et leurs affluents ; suivant E. Blanchard, on la trouve dans la Somme, dans la Seine, dans tout le cours in-férieur du Rhône.

Malgré sa faible taille, le Spirlin est très vo-race, se nourrissant de vers, d'insectes, de petits mollusques, d'œufs de divers animaux, mais ne dédaignant pas pour cela une nourri-ture végétale. La ponte a lieu pendant les mois de mai et de juin.

L'ABLETTE HACHETTE. — *ALBURNUS DOLA-BRATUS.*

Caractères. — D'après Géhin, cité par E. Mo-reau, cette espèce serait le métis de l'Ablette et de la Vandoise, suivant d'autres, de l'Ablette et de la Chevaine, ou de l'Ablette et du Rotengle.

En tous cas, le corps de l'Ablette Hachette est allongé, légèrement comprimé, couvert d'é-cailles minces, finement striées. La ligne du dos est un peu courbée, la tête petite, un peu aplatie en dessus, le museau court, obtus, la bouche fendue obliquement, légèrement pro-tractile. La dorsale, composée de sept à neuf rayons mous, commence en arrière de l'in-sertion des ventrales et se termine un peu en avant de l'origine de l'anale, à laquelle on compte de dix à seize rayons branchus. La caudale est fourchue. La taille ne dépasse pas 0^m,16.

La Hachette, d'un gris bleuâtre ou verdâtre sur les parties inférieures, avec des reflets mé-talliques, est d'un gris assez clair sur les côtés, d'un gris d'argent sur le ventre. Les nageoires dorsale et caudale sont d'un gris clair, les au-tres nageoires étant d'un blanc jaunâtre.

Distribution géographique. — Ce Poisson se trouve dans la Moselle et dans ses affluents ; il a été pris dans la Meuse.

L'ABLETTE DES LACS. — *ALBURNUS MENTO.*

Schiedling.

Caractères. — Cette espèce, qui peut arriver à la taille de 0^m,20 à 0^m,25, a le corps allongé, peu comprimé latéralement ; la tête et le dos sont d'un vert foncé, avec des reflets d'un bleu d'a-cier ; le ventre et les flancs brillent d'un éclat d'argent, la dorsale et la caudale sont bordées de noir. On compte huit rayons mous à la dor-sale et quatorze à seize rayons à l'anale.

Mœurs, distribution géographique. — Des lacs de la Bavière, l'Ablette des lacs se répand dans toute l'Europe orientale ; c'est ainsi qu'elle se trouve dans plusieurs cours d'eau de la Crimée.

Cette espèce habite les eaux calmes, froi-des, limpides, à fond pierreux. D'après Heckel et Kner, elle fait face au courant, comme les Truites, puis s'élance brusquement avec une grande rapidité. L'époque du frai arrive en mai et en juin. A ce moment les mâles et les femelles se rassemblent dans les eaux basses à fond pierreux, se débarrassent de la laitance et des œufs en se frappant avec la nageoire caudale, puis se retirent pour faire place à une nouvelle troupe.

LES ASPIUS — *ASPIUS*

Rapfen.

Caractères. — Les Aspius sont des Cyprins au corps oblong, à la dorsale courte, à l'anale allongée; le ventre est comprimé en arrière des ventrales, la carène étant couverte d'écailles. Les lèvres sont minces et la mâchoire supérieure est protractile. Il existe des pseudo-branchies; les dents pharyngiennes sont en hameçon à leur extrémité.

Distribution géographique. — On connaît quatre espèces de la Chine et de l'est de l'Europe.

L'ASPIUS RAPACE. — *ASPIUS RAPAX.*

Rapfen.

Caractères. — L'espèce la plus connue du genre (fig. 423, p. 429), atteint de 0m,50 à 0m,70 et peut peser 10 kilogrammes. Le dos est d'un bleu noirâtre; les flancs sont blanc bleuâtre, le ventre d'un blanc pur; les nageoires dorsale et caudale sont bleuâtres, les autres nageoires ayant une teinte rouge. On compte de huit à neuf rayons mous à la dorsale, quatorze rayons à l'anale. Le corps est un peu comprimé latéralement, la bouche est fendue obliquement; la mandibule présente une saillie qui est reçue dans une échancrure de la mâchoire supérieure.

Mœurs, distribution géographique. — Cette espèce, qui manque en France, se trouve dans l'est de l'Europe et dans certaines parties de l'Europe centrale; elle est commune dans certains lacs de la Bavière et de l'Autriche, et dans la plupart des cours d'eau du sud de la Russie.

L'Aspius se tient le plus ordinairement dans l'eau limpide, à cours cependant lent. La nourriture se compose de matières végétales en décomposition, mais surtout de Poissons de faible taille, car, par exception pour la grande majorité des Cyprins, l'Aspius est un animal des plus carnassiers.

Les Ablettes, qui n'ont aucun moyen de défense, seraient, dit-on, plus particulièrement la proie de l'Aspius.

Cette dernière espèce fraye vers mars, et la ponte peut continuer jusqu'au commencement de juin. L'Aspius remonte alors des lacs dans les rivières ou remonte des profondeurs vers la surface. A ce moment les mâles présentent une éruption cutanée, semblable à celle que nous avons déjà signalée chez beaucoup d'autres Cyprins; cette éruption, qui se compose de petits grains, se voit principalement sur le dos, le long de la mâchoire inférieure, sur les joues et près de la nageoire caudale. Les animaux pour frayer se réunissent en troupes; au dire des pêcheurs la ponte a lieu pendant trois jours; les jeunes éclosent rapidement, mais ils sont très délicats, de telle sorte qu'on ne peut les transporter à quelque distance, pas plus que les œufs.

Pêche, usages. —. On pêche l'Aspius au filet et à l'hameçon, principalement vers l'époque du frai, parce qu'à ce moment ce Poisson est beaucoup moins craintif qu'à toute autre époque. La chair est blanche, savoureuse.

LES LOCHES — *COBITIDINA*

Bartgrundeln.

Caractères. — Il est un certain nombre de Cyprins qui offrent des caractères si particuliers que certains zoologistes en font une famille distincte. Le corps est, en effet, très allongé, nu ou couvert d'écailles petites et rudimentaires; on voit toujours des barbillons autour de la bouche; les lèvres sont épaisses; les dents pharyngiennes sont disposées suivant une seule série. La vessie natatoire est, en tout ou en partie, contenue dans une capsule osseuse formée aux dépens de la première vertèbre.

Distribution géologique et géographique. — Le groupe des Loches a été divisé en plusieurs genres, dont les représentants se trouvent en Europe et en Asie.

Nos trois espèces d'Europe appartiennent à trois genres ou sous-genres.

Les Misgurnes, qui se trouvent également en Chine et au Japon, ont le corps allongé et dix à douze barbillons, dont quatre s'insèrent à la mandibule; il n'existe pas d'épine au sous-orbitaire. Notre Loche d'étang appartient à ce genre (fig. 443).

Avec les mêmes caractères généraux, les

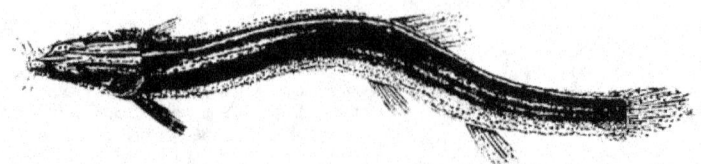

Fig. 443. — La Loche d'étang, type du genre Misgurne (d'après E. Blanchard).

Nemachilus ont six barbillons à la mâchoire supérieure, mais pas à la mandibule, ainsi qu'on le voit chez la Loche franche (fig. 444). Ce genre est d'Europe et de la partie tempérée de l'Asie.

Chez les Cobitis il existe une épine petite, bifide, érectile en dessous de l'œil; on voit six barbillons à la mâchoire supérieure, la mandibule en étant dépourvue. On connaît plusieurs espèces de ce genre, dont le type est la Loche de rivière (fig. 445).

Les Loches ont apparu vers le milieu de l'époque tertiaire.

Mœurs, habitudes, régime. — Les Loches vivent souvent dans les endroits marécageux, tandis que certaines espèces préfèrent, au contraire, les eaux limpides, d'autres même les eaux torrentueuses. Toutes se tiennent habituellement vers le fond, cachées dans la vase ou sous les pierres, et ne se mettent en chasse que vers le coucher du soleil ou par un temps sombre.

Ces animaux présentent un fait physiologique des plus remarquables : chez eux, au moins dans certains cas, la respiration branchiale paraît être insuffisante et le canal intestinal peut remplir, en quelque sorte, la fonction d'un second organe respiratoire. Dans ce but, les Loches viennent à la surface de l'eau et, sortant leur museau hors du liquide, avalent une certaine quantité d'air qu'elles font pénétrer dans le tube digestif, qui est court et en ligne droite, en comprimant fortement leur opercule ; en même temps des bulles de gaz sortent par l'orifice anal; or il a été reconnu que ces bulles de gaz étaient surtout composées d'acide carbonique.

Les anciens ichthyologistes avaient remarqué que les Loches de nos pays émettent de l'air par l'anus avec une sorte de sifflement; Bloch, entre autres, mentionne le fait. D'après Schneider, les Loches rendent des bulles d'air

par la bouche en faisant entendre un bruissement très sensible.

En 1808, Erman démontra, par des expériences bien conduites, que l'air qui a traversé le canal intestinal de la Loche d'étang ou Misgurne a subi les mêmes modifications que s'il avait été réellement en contact avec l'appareil respiratoire. G. Bischoff a constaté le même fait ; les expériences on été reprises par Siebold.

D'après ce naturaliste, nos trois espèces de Loches peuvent se servir de leur canal intestinal pour une respiration supplémentaire; elles le font rarement dans une eau fraîche, riche en oxygène et lorsqu'elles sont en liberté ; en captivité toutefois et si l'eau n'est pas constamment et suffisament renouvelée, on voit les Loches venir prendre de l'air en nature.

Le Misgurne, qui se trouve souvent dans les bourbiers les plus vaseux et les plus infects, doit certainement entretenir sa respiration surtout en avalant de l'air et en respirant au moyen de son appareil digestif. Jäckel a vu que des Loches privées d'eau fraîche et que l'on empêchait de venir prendre de l'air périssaient beaucoup plus rapidement que des Tanches et que des Rotengles placés dans les mêmes conditions.

LA LOCHE FRANCHE. — *COBITIS BARBATULA*.

Schmerle.

Caractères. — Cette espèce, qui est représentée à la partie supérieure de la figure 446 et figure 444, n'atteint guère que 0ᵐ,10 à 0ᵐ,12. Le corps est épais, arrondi en avant, comprimé en arrière de la dorsale, couvert de très petites écailles ; la ligne latérale est formée d'une série de petits tubes membraneux que l'on ne voit guère qu'avec le secours d'une loupe (fig. 449). La tête est large, aplatie en dessus ; le museau

Fig. 444. — La Loche franche, type de genre Nemachilus (d'après E. Blanchard).

est mousse, la bouche s'ouvrant en dessous ; on voit six barbillons à la mâchoire supérieure, dont deux sont situés à l'angle de la bouche ; l'œil est très petit, bleuâtre, situé à peu près à égale distance de l'extrémité du museau et du bord postérieur de l'appareil operculaire ; l'isthme de la gorge est large. La dorsale, composée de quatre rayons simples et de six à sept rayons branchus, est haute et commence au-dessus de l'insertion des ventrales ; la caudale est coupée carrément ou à peine échancrée.

La coloration est très variable ; souvent le corps est gris jaunâtre, avec des taches d'un brun foncé sur le dos et sur le haut des flancs. D'autres fois il est jaune rougeâtre avec des taches mal définies d'un brun pâle ; quelquefois les taches se réunissent pour former des bandes transversales ; vers les parties inférieures du corps les taches sont isolées et forment des marbrures irrégulièrement disséminées. A la base de la caudale se voit souvent une ligne noire avec une tache de même couleur ; la dorsale et la caudale sont semées de petites taches brunes disposées ordinairement en lignes ; les nageoires paires sont d'un jaune rougeâtre assez clair ; souvent on voit un fin pointillé noirâtre sur les pectorales.

Distribution géographique. — La Loche franche se trouve dans la plus grande partie de l'Europe ; on ne la trouve cependant pas au-delà des Alpes ; elle se propage à l'est jusqu'à l'Oural ; ainsi que l'indique Linné, elle a été introduite d'Allemagne en Suède par Frédéric Ier ; cette espèce est commune en Saxe, dans le Brandebourg, la Hesse, la Suisse, une partie du Tyrol ; d'après Moreau, elle n'est point rare dans les eaux douces de France, excepté dans la partie des Alpes-Maritimes qui se trouve à l'est du Var.

Mœurs, habitudes, régime. — La Loche franche se plaît particulièrement dans les eaux peu profondes, surtout dans les petits ruisseaux, bien qu'on la trouve aussi dans les lacs et les grandes rivières, mais elle se tient alors près des bords ; elle préfère les fonds de sable et de gravier et les eaux courantes, mais qui ne sont pas cependant par trop agitées ni battues ; très craintive, elle se réfugie habituellement sous les pierres ou entre les roches et se tient comme collée sur le sable ou le gravier. Sa nourriture se compose d'insectes, de vers, de petits mollusques qu'elle attire, assure-t-on, en faisant mouvoir ses barbillons. La chasse commence vers le coucher du soleil et dure probablement pendant une partie de la nuit ; la natation est rapide, mais se fait principalement par bonds et l'animal n'aime pas à parcourir de grandes distances. Si l'on soulève lentement une pierre sous laquelle une Loche franche est cachée, l'animal reste pendant quelque temps tranquille, puis s'élance comme une flèche, fait un détour, plonge vers le fond et va se cacher à nouveau sous une pierre.

D'après Émile Blanchard, la Loche franche « est le petit Poisson que des amateurs se plaisent à entretenir dans des vases ou dans des bocaux de cristal, pour le plaisir de ses mouvements gracieux et agiles, de voir son corps si bien tacheté, si agréablement moucheté, si finement pointillé, miroitant de reflets dorés lorsque la lumière joue à sa surface, ou encore de posséder un baromètre vivant. Dans l'opinion populaire, la Loche est très habile à marquer les changements de l'atmosphère. Elle monte en effet, vers la surface de l'eau si l'orage se fait sentir. La cause de cette manœuvre, ignorée de beaucoup de personnes, est simple et témoigne de la part du petit animal, d'un curieux instinct, peut-être d'une lueur d'intelligence. Dans les temps chauds et orageux, les insectes ailés volent, on le sait, en rasant la surface des étangs et des rivières ; le petit Poisson se tenant à fleur d'eau, se trouve alors admirablement placé pour les happer au passage. C'est, du reste, un instinct qui existe chez beaucoup d'espèces. »

L'époque du frai tombe en mars et en avril; des œufs sont très petits et très nombreux, de telle sorte qu'en juin et juillet, certaines parties des ruisseaux fourmillent d'alevins récemment éclos.

D'après Lennis, le mâle creuse dans le sable un trou dans lequel vient pondre la femelle, puis il surveille le nid jusqu'à l'éclosion des petits.

Captivité. — Les Loches franches convenablement soignées peuvent vivre pendant longtemps en captivité.

On remarque qu'elles restent au fond de d'eau pendant la plus grande partie du jour et ne se montrent guère à la surface que pendant le mauvais temps; elles remontent alors presque verticalement à l'aide de mouvements puissants de la queue, sortent le museau hors de l'eau pour respirer de l'air en nature, pendant que des bulles de gaz s'échappent par l'orifice anal, restent un certain temps à la surface, puis se laissent pesamment tomber au fond, où elles reposent à nouveau. En captivité elles se montrent très voraces, s'attaquant aux vers de vase plus particulièrement. Sitôt qu'elle s'est emparée d'une proie, la Loche franche agite violemment à l'aide des mouvements de ses nageoires paires le fond sur lequel elle repose et trouble l'eau à ce point qu'elle devient invisible; c'est alors qu'elle dévore sa proie, puis s'élançant avec la rapidité d'un trait, elle se cache sous quelque pierre.

Pêche, usages. — Bien que de petite taille, la Loche franche est estimée, car elle est grasse, très délicate, surtout vers la fin de l'automne et vers le printemps. « La chair de la Loche, écrivait Gessner au milieu du seizième siècle est agréable, saine, appétissante et d'une facile digestion; on peut la permettre à beaucoup de malades; on l'estime surtout depuis Noël jusqu'à Pâques. »

D'après Beaudrillart, «les gourmets assurent que ce Poisson devient un mets exquis, si on le fait mourir dans du vin ou dans du lait. On le mange ordinairement frit ou accommodé à la sauce blanche, et sans être vidé.

« On le conserve pendant longtemps en vie, en le renfermant dans une sorte de huche trouée que l'on met au milieu du courant d'une rivière; mais il meurt très vite si on le place dans un vase dont l'eau est en repos.

« Bloch indique le moyen de multiplier la Loche dans une rivière ou dans un ruisseau.

Ce moyen est indiqué comme étant employé en Allemagne. On pratique une fosse dans un endroit qui ait un fond de cailloux, ou qui reçoive l'eau d'une source; on donne à cette fosse 2 ou 3 pieds de profondeur, 7 à 8 pieds de longueur et 3 ou 4 pieds de largeur; on la revêt de planches percées ou de claies, de manière qu'il y ait un demi-pied d'intervalle entre ces planches et les côtés de la fosse, et l'on entasse du fumier de mouton dans cet intervalle. On ménage deux ouvertures, une pour l'arrivée de l'eau, et l'autre pour la sortie du courant. On garnit ces deux ouvertures d'une plaque de métal, qui est percée de plusieurs trous pour laisser passer l'eau courante, mais qui ferme l'entrée de la fosse à tout corps étrangers, et à tout animal destructeur. On place dans le fond de la fosse des cailloux ou des pierres jusqu'à la hauteur de 4 à 7 pouces, afin de faciliter la ponte et la fécondation des œufs. Les Loches qu'on introduit dans la fosse s'y nourrissent des sucs du fumier et des vers qui s'y engendrent; on leur donne néanmoins du pain de chènevis et de la graine de pavot; elles multiplient quelquefois à un si haut degré, qu'on est obligé de construire trois fosses, une pour le frai, une seconde pour l'alevin ou les jeunes Loches, une troisième pour les Loches parvenues à leur développement ordinaire.

« Au reste, on peut conserver longtemps ces Poissons et les envoyer au loin, en les faisant mariner. Mais il faut beaucoup de précautions pour les transporter en vie. L'eau des vases qui les contiennent doit être agitée continuellement, et on doit choisir pour le transport un temps frais, tel que la fin de l'automne. C'est en employant des moyens semblables que Frédéric Iᵉʳ, roi de Suède, fit naturaliser dans son royaume des Loches qu'il avait fait venir d'Allemagne. »

LA LOCHE D'ÉTANG. — *COBITIS FOSSILIS*
Schlammbeisser.

Caractères. — Ainsi qu'on peut le voir par l'animal représenté figure 443 et à la partie moyenne de la figure 447, la Loche d'étang ou Misgurne a le corps allongé, couvert d'écailles fort petites, mais cependant visibles à l'œil nu; la tête est légèrement comprimée, le museau avancé; la bouche, placée en dessous, est entourée de dix barbillons, deux de chaque côté à la mâchoire supérieure, un vers l'angle des mâ-

Fig. 445. — La Loche de rivière, type du genre Cobitis (d'après E. Blanchard).

choires et quatre à la lèvre inférieure ; les yeux sont petits ; le plus ordinairement la nageoire dorsale est placée tout entière sur la seconde moitié de la longueur totale et commence au-dessus de la base des ventrales ; la caudale est arrondie. La taille atteint parfois jusqu'à 0ᵐ,35.

Le dos est d'un brun verdâtre, avec des taches noirâtres, qui forment tantôt des zigzags, tantôt des séries continues ; sur les côtés se voient deux larges bandes noirâtres presque continues qui vont de l'œil à l'origine de la nageoire caudale ; une ligne longitudinale également noire ou d'un brun très foncé, plus ou moins interrompue, règne parallèlement aux larges bandes sur les côtés de la région ventrale et se termine en une série de taches ; on voit, en outre, de petites taches brunes ou noires disséminées sur divers points de la tête et du corps et se détachant nettement sur la couleur du fond, qui est jaune orangé vers le ventre. La dorsale et la caudale sont semées de points noirâtres.

Distribution géographique. — La Loche d'étang se répand dans une partie du nord et de l'ouest de l'Europe ; elle est rare en France et ne se rencontre guère que dans quelques localités de la Lorraine, aux environs de Toul. D'après E. Moreau, «Crespon dit que cette espèce se trouve dans les étangs et dans les marais du sud de la France et qu'on la pêche aussi quelquefois dans le canal du Languedoc. D'après de Soland, elle est commune dans l'étang de Saint-Nicolas, Maine-et-Loire ; elle existe dans le département du Nord, dans le marais de d'Aubigny, près de Douai. »

Mœurs, habitudes, régime. — Ce Poisson ne se trouve que dans les cours d'eau et les lacs dont le fond est vaseux et se cache habituellement dans des trous et sous les pierres ; en hiver il s'enfouit dans la vase ; il a la vie très dure, pouvant rester longtemps sans manger lorsque les eaux dans lesquelles il se tient viennent à se dessécher. On trouve des Loches qui sont ainsi enterrées depuis plus d'un mois ;

elles reprennent rapidement toute leur vitalité aussitôt qu'on les porte dans l'eau. Pendant les grandes chaleurs on peut rencontrer la Loche en fouillant dans les endroits marécageux que cette espèce habite, absolument comme le font les Singalais pour trouver des Ophicéphales.

La Loche d'étang paraît être fort sensible aux influences atmosphériques ; lorsque le temps se met à l'orage, elle se montre inquiète, sort de la vase et remonte vers la surface de l'eau. « Cette habitude, écrit Lacépède, l'a fait garder avec soin dans des vases par plusieurs observateurs. On l'a placé dans un vaisseau rempli d'eau de pluie ou de rivière, et garni dans le bas d'une couche de terre glaise. On a eu le soin de changer la terre et l'eau tous les trois ou quatre jours pendant l'été, et tous les sept jours pendant l'hiver. On l'a mis pendant les froids dans une chambre chaude, auprès de la fenêtre. On l'a gardé ainsi pendant plus d'un an. On l'a vu rester tranquille pendant le calme, sur la terre humectée, mais se remuer fortement pendant la tempête, même vingt-quatre heures avant que l'orage n'éclatât, monter, descendre, remonter, parcourir l'intérieur du vase en différents sens et en troubler le fluide. C'est d'après cette observation qu'il a été comparé à un baromètre et qu'il a été nommé *baromètre vivant*. »

Vivant à la manière de l'Anguille, le Misgurne se nourrit comme elle de petits poissons, de vers, d'insectes ; il avale aussi de la vase qui contient des matières organiques en décomposition, ce qui lui a fait donner en Allemagne le nom de *Schlammbeisser*, *mangeur de vase*.

Lorsqu'on blesse ou qu'on prend la Loche d'étang, elle fait entendre une espèce de petit cri ou de bruissement, d'où le nom de *Mürgrundel*, Goujon grondant, que ce Poisson porte dans certaines parties de l'Alsace.

La ponte a lieu au printemps, principalement au mois de mai ; le frai est déposé sur les herbes du rivage ; bien que le nombre des œufs

Fig. 116 à 118. — La Loche franche, la Loche d'étang, la Loche de rivière.

voit considérable, environ cent quarante mille, la Loche d'étang multiplie peu, car elle a de nombreux ennemis, étant souvent la proie des Brochets, des Perches, et lorsqu'elle est jeune, des Grenouilles et des Écrevisses.

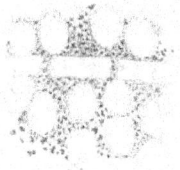

Fig. 119. — Portion de la peau de la Loche franche, montrant une partie de la ligne latérale et quelques écailles, grossi, d'après E. Blanchard.

Pêche, usages. — La chair de la Loche d'étang est molle, fade et sent presque toujours fortement la vase, de telle sorte qu'elle est à peu près immangeable; on peut cependant l'améliorer beaucoup en gardant ce poisson pendant plusieurs jours dans un réservoir à eau courante.

La Loche est un excellent appât pour pêcher des Anguilles et d'autres gros Poissons à la ligne.

On prend le plus habituellement la Loche d'étang avec des nasses; on la pêche aussi à la ligne amorcée avec des vers ou des grillons.

LA LOCHE DE RIVIÈRE. — COBITIS TÆNIA.

Atlas Blessière.

Caractères. — De forme élégante, la Loche de rivière fig. 115 et 118, a le corps très comprimé, surtout en arrière de la dorsale; la peau est couverte d'écailles d'une extrême petitesse. La tête est étroite, le museau abaissé, la bouche très étroite, garnie de six barbillons; la lèvre inférieure est échancrée dans son milieu. En arrière de la narine, exactement au-dessous de l'œil, se trouve une petite fissure dans laquelle se voit une double épine mobile dont la pointe supérieure est la moins longue; cette épine, qui peut sortir à la volonté de l'animal, est l'extrémité d'un os sous-orbitaire assez mobile. La dorsale commence au-dessus de l'insertion des ventrales, elle est assez haute, composée de six à huit rayons branchus; la can-

Fig. 450. — L'Anableps tetrophthalme.

dale est à peu près carrée, avec les angles arrondis. La taille ne dépasse guère 0^m,12 (fig. 448, p. 448).

Ainsi que le dit E. Blanchard, cette espèce « est remarquable par sa jolie coloration qui, tout en variant dans une certaine mesure suivant les individus, conserve toujours néanmoins ses principaux caractères. Sur toute la tête, à l'exception de la gorge, des taches brunes ou noirâtres, plus ou moins grandes et fort rapprochées les unes des autres, produisent le plus agréable effet. Sur la ligne dorsale, court une série de larges taches de la même nuance, et plus ou moins bien délimitées. Au-dessous de cette suite de taches accompagnées d'un sablé très fin, il y a des points très rapprochés qui, se confondant ensemble, forment une teinte vermicellée. Après un étroit espace, succède une bande longitudinale, tantôt plus, tantôt moins interrompue ; puis, après un nouvel intervalle, une série de points confus, et enfin, exactement au-dessous de la ligne latérale, une rangée de quinze à dix-huit grandes taches, commençant derrière l'orifice de l'ouïe et s'étendant jusqu'à l'orifice de la nageoire caudale. Ajoutons que les nageoires dorsale et caudale sont agréablement mouchetées de brun noirâtre, et l'on aura une idée de la coloration attrayante de la Loche de rivière. »

Distribution géographique. — Cette Loche a une large distribution géographique, s'étendant, d'après Heckel et Kner, au sud des Alpes jusqu'en Dalmatie ; vers le nord sa zone d'habitation se propage jusqu'à la mer, vers l'est jusqu'en Russie, vers l'ouest jusqu'à la Grande-Bretagne ; en Allemagne, en France, en Angleterre, la Loche de rivière est d'ailleurs moins commune que la Loche franche.

Mœurs, habitudes, régime. — Les mœurs de cette espèce diffèrent peu de celles de la Loche franche. La Loche de rivière habite principalement les eaux courantes, où elle se tient sous des rochers ou cachée dans les étroits interstices qui se trouvent entre des pierres. On la trouve aussi, bien que plus rarement, dans les fossés, les étangs et les lacs. La nourriture se compose de vers, d'insectes aquatiques, de petits mollusques. L'animal est très vif.

La ponte a lieu au printemps, en avril et en mai ; les femelles paraissent être beaucoup plus nombreuses que les mâles.

Usage. — La chair de cette espèce est dure et de mauvais goût, aussi l'animal n'est-il que rarement pêché.

LES CYPRINODONTIDÉES — *CYPRINODONTIDÆ*

Zahnkarpfen.

Caractères. — On confondait autrefois avec les Cyprins de petits Poissons qui leur ressemblent beaucoup par l'aspect extérieur, mais qui s'en séparent nettement par plusieurs caractères importants. C'est ainsi qu'on ne trouve pas de dents chez les Cyprins, tandis que ces organes existent chez les Cyprinodontes, qui ont également des dents en cardes aux os pharyngiens supérieurs et inférieurs ; la tête et le corps sont couverts d'écailles ; le bord de la mâchoire supérieure n'est formé que par les intermaxillaires. Les appendices pyloriques font défaut, ainsi que les pseudo-branchies ; la vessie natatoire est simple.

Les Cyprinodontidées peuvent être divisés en deux grands groupes, les Carnivores et les Limnophages.

Les premiers ont les deux branches de la mandibule fortement unies ; le tube intestinal est court. Chez les seconds, ce tube est long, plusieurs fois enroulé sur lui-même ; les deux branches de la mandibule sont lâchement unies entre elles.

La forme du museau, la disposition des dents varient suivant les divers groupes étudiés ; c'est ainsi que le museau est aplati, chaque mâchoire étant très déprimée chez les *Haplochilus;* les dents peuvent être coniques (*Fundules*) ou en forme d'incisives échancrées.

Distribution géographique. — Les Cyprinodontidés ont apparu au commencement de l'époque tertiaire par un genre voisin des Cyprinodons (Lebias) actuels ; on les trouve à Aix en Provence, au Puy-en-Velay, dans les schistes de Gesso, de San Angelo en Italie, dans les lignites de Bonn près de Francfort et dans les couches miocènes d'Œningen en Suisse.

De même qu'à l'époque actuelle, les Cyprinodontidées de l'époque tertiaire vivaient en troupes nombreuses ; c'est ainsi qu'à Aix en Provence le *Lebias cephalotes* se trouve en masses. Les Cyprinodons vivent surtout dans les eaux saumâtres ; il en était ainsi pendant l'époque éocène. Aix est, en effet, un dépôt d'embouchure, comme semble l'indiquer la présence à ce niveau d'un Muge, d'une Anguille, d'un Cotte mêlé aux Lebias.

Les Cyprinodontes herbivores étaient inconnus il y a quelques années encore à l'état fossile, lorsque Winckler signala une Pécilie dans les couches d'Œningen, qui appartiennent à la partie supérieure du miocène. Winckler a fait à propos de cette espèce une remarque intéressante que nous devons consigner ici : tous les exemplaires que cet habile paléontologiste a eus en main étaient courbés, le dos étant déprimé. « Un fait répété sept fois de suite dépend probablement d'une cause commune. On sait que quand un Poisson, soit une Carpe, soit un Saumon, veut faire un saut, dans l'eau ou sur la terre, il commence par approcher la tête de la queue, il se courbe et bat ensuite la terre ou l'eau d'un violent coup de queue. De même on sait qu'une des espèces du genre Pœcilie est la fameuse *Hydrargyra swanpina* de Lacépède, qui quitte quelquefois les marais qu'elle habite quand la nourriture commence à manquer, et qui alors cherche une lagune plus abondante en nourriture, en sautant à travers les herbes et les arbustes des prairies qui séparent les lagunes peu profondes de la Caroline. Eh bien, pourquoi n'admettrait-on pas que les Pœcilies d'autrefois ont mainte fois courbé leur corps pour sauter à travers champs, comme le font leurs successeurs de nos jours ? Pourquoi ne croirait-on pas que les Pœcilies d'un monde passé ont joué le même rôle dans les marais de la Suisse antédiluvienne, que les Hydrargyres jouent dans les étangs et les marais de l'Amérique ? Pourquoi ne supposerait-on pas que la mort a atteint ces Poissons tandis qu'ils faisaient un dernier effort pour se délivrer des masses vaseuses qui sont devenues leur tombeau ? »

Distribution géographique. — Les Cyprinodontidées habitent le sud de l'Europe, l'Afrique, l'Asie et l'Amérique.

Plus anciens que les Cyprinidées, ayant pris naissance sous une température plus chaude que celle de l'époque actuelle, ils n'ont pas, en Europe, franchi, au nord, la limite tracée par les Pyrénées, les Alpes, les Balkans ; tandis que, dans l'Amérique du Nord, ils remontent beaucoup plus haut. La famille s'est répandue dans l'Amérique du Sud, où sont cantonnés, à l'époque actuelle, les Limnophages, qui ne comprennent qu'une vingtaine d'espèces.

Sur les 96 espèces de Cyprinodontidées carnivores connus, 4 habitent le sud de l'Europe, 9 l'Afrique, 75 les deux Amériques, 8 l'Asie; 15 genres composent ce groupe des Carnivores.

Mœurs, habitudes, régime. — Les Cyprinodontidées habitent le plus généralement les eaux douces; certaines espèces cependant, telles que les Cyprinodons, ne se trouvent guère que dans les eaux saumâtres et même salées. Les Orestias, caractérisés par l'absence de ventrale, vivent dans le lac de Titicaca et dans d'autres lacs de la chaîne des Cordillères du Pérou et de Bolivie, entre les 14ᵉ et 19ᵉ degrés de latitude, jusqu'à une hauteur de 13 et 1,400 pieds au-dessus du niveau de la mer.

Ainsi que nous l'avons dit, la plupart des espèces sont carnivores, se nourrissant de petits Mollusques, de Vers de faible taille, d'Insectes; d'autres sont herbivores ou plutôt se nourrissent des détritus organiques de toute sorte que contient la vase et la boue qu'elles avalent; la plupart de ces dernières espèces ont les dents mobiles.

Presque tous les Cyprinodontidées sont vivipares; chez beaucoup d'espèces l'anale est modifiée chez le mâle, de manière à former une espèce de demi-tube. Les sexes sont d'ailleurs bien marqués, les mâles étant toujours plus petits; chez les mâles les nageoires sont plus développées et la coloration est souvent différente.

LES CYPRINODONS — *CYPRINODON*

Caractères. — Les Cyprinodons sont des Poissons de faible taille chez lesquels la bouche est petite, fendue horizontalement, garnie de dents en forme d'incisives, échancrées, disposées suivant une seule rangée; les écailles sont larges; l'anale est insérée derrière la dorsale dans les deux sexes; les nageoires sont plus grandes chez le mâle que chez la femelle.

Mœurs, distribution géographique. — On connaît une dizaine d'espèces de Cyprinodons; elles habitent la région circumméditerranéenne, le sud de l'Espagne, la Sardaigne, le sud de l'Italie, l'Algérie, la Tunisie, le nord de l'Égypte, le nord de l'Abyssinie, l'Asie Mineure; on les retrouve dans le nord du Mexique, au Texas, en Californie.

La plupart de ces espèces vivent dans les eaux saumâtres, en communication avec la mer; certaines d'entre elles peuvent se trouver dans des eaux chaudes et salées; c'est ainsi qu'on a recueilli plusieurs espèces dans des lagunes situées au nord du Jebel Usdom, sur la rive de la mer Morte, lagunes remplies d'eau à une haute température et chargée d'une grande quantité de sels; on recueille également des Cyprinodons dans le Sidi Ohkar, au Sahara, dans des sources dont la température s'élève à 94° Fahrenheit.

Une espèce de l'Amérique du Nord, le Cyprinodon varié, vit en troupes, se trouvant de préférence dans les endroits où l'eau est peu profonde, dont le fond est sablonneux, et où croisent des carex, des touffes de joncs et de sagittaires.

De même que d'autres Poissons vivant dans le sable, les Cyprinodons perdent parfois leurs nageoires ventrales.

LES FUNDULES — *FUNDULUS*

Caractères. — Chez les Fundules, animaux de petite taille, la bouche, qui est petite, est fendue horizontalement; le museau est court, les dents sont coniques, insérées suivant une bande étroite; la dorsale commence en avant de l'anale ou est opposée à cette nageoire.

Mœurs, distribution géographique. — On connaît environ trente espèces de Fundules dans le nouveau monde, tandis qu'on ne trouve que deux espèces dans l'ancien monde, une en Espagne, l'autre sur la côte est d'Afrique.

« Le nom de *Killifish*, écrit Valenciennes, sous lequel ces Poissons sont connus en Amérique, tire sa source du lieu de leurs habitations. Comme ils vivent tous dans les marais salés autant que dans les eaux douces, les anciens Anglo-Américains les ont nommés Poissons d'eau saumâtre, d'après un vieux mot usité, qui est d'origine hollandaise; *kil* signifie précisément ce que les Anglais appellent *estuaires*, ou eaux saumâtres du bord de la mer.

« Une des espèces, le Fundule cacao, vit en troupes; elle nage avec aisance par longs traits ou jets, elle s'arrête souvent près de la surface de l'eau, mais elle aime aussi à se tenir immobile au fond de l'eau sur le sable ou la vase, qu'elle quitte à la moindre peur en troublant l'eau pour dérober la direction de sa suite. On retrouve cette espèce sur les plages vaseuses de la Delaware où elle recherche les endroits où croissent le *Nymphæa* et le *Zizania*. »

Les Hydrargyres, très voisins des Fundules, vivent dans les marais saumâtres, ce qui les a fait nommer *Mayfish* ; ils sortent fréquemment hors de l'eau. Bosc en a vu parcourir, par des sauts répétés, des espaces souvent assez longs.

Les Fundules sont carnivores.

LES ANABLEPS — *ANABLEPS*

Vierange.

Caractères. — Les Anableps sont les plus grands des Cyprinodontidés, car ils peuvent atteindre 1 pied de long. Le corps est allongé, déprimé antérieurement, comprimé postérieurement ; la tête est large, déprimée ; la bouche est fendue horizontalement, la mâchoire supérieure étant protractile ; chaque mâchoire est armée d'une bande de petites dents ; la dorsale et l'anale sont courtes.

L'espèce la mieux connue est l'Anableps de Gronovius ou Anableps tetrophthalme (fig. 450) qui est de couleur vert doré rembruni, brune le long des flancs, avec quatre à cinq raies longitudinales. On compte neuf rayons à la nageoire dorsale et à l'anale ; la caudale est arrondie. Chez le mâle les premiers rayons de l'anale se soudent de manière à former un organe long et épais, couvert d'écailles et percé d'un orifice à l'extrémité.

Distribution géographique. — On connaît trois espèces d'Anableps ; elles habitent l'Amérique tropicale.

Mœurs, habitudes, régime. — Les Anableps se reconnaissent facilement à leurs yeux gros et saillants, à fleur de tête ; ces yeux présentent une particularité anatomique des plus remarquables : ils ont deux cornées séparées par une bandelette à peu près horizontale formée par la conjonctive et de couleur noirâtre ; il existe dès lors deux pupilles. Les Anableps nageant une partie de la tête hors de l'eau, il est évident que l'animal peut voir à la fois dans l'air et dans l'eau, absolument comme s'il avait quatre yeux. Comme le fait observer Lacépède, « il est à remarquer que l'Anableps passe une partie de sa vie caché presque en entier dans la vase et que, dans cette position, il ne peut apercevoir que des objets situés au-dessus de sa tête ; mais qu'assez souvent cependant il nage près de la surface des eaux, et doit alors chercher à voir, au-dessous du plan qu'il occupe, les petits vers dont il se nourrit, et les grands poissons dont il craint de devenir la proie. »

Schomburgh, qui a vu l'Anableps à Surinam, nous apprend qu'il se rencontre sur les bancs vaseux situés à l'embouchure des cours d'eau qui se jettent dans l'Océan et qu'il se trouve parfois en bandes innombrables, se plaisant à s'élancer sur la grève, d'où il revient en sautillant, lorsqu'il est effrayé par quelque objet, « si bien qu'habituellement un grand nombre, surpris par le retrait des eaux à marée basse, reste sur la plage et cherche à se précipiter par des bonds puissants après la vague qui se retire ; beaucoup d'entre eux deviennent alors la proie des Oiseaux rapaces. »

Les Anableps sont vivipares ; Bloch s'est assuré que chez le fœtus les deux prolongements de la choroïde ne se réunissent pas ; la bande transversale n'étant pas encore sensible, on ne distingue pas les deux prunelles comme chez l'animal plus avancé en âge.

LES SCOPÉLIDÉES — *SCOPELIDÆ*

Caractères. — On a souvent confondu avec les Salmonidés des Poissons marins, qui n'ont d'autre point d'affinité avec ceux-ci que la présence d'une dorsale adipeuse. Le corps peut être nu ou écailleux ; le bord de la mâchoire supérieure n'est formé que par l'intermaxillaire ; l'ouverture des branchies est très large, les pseudo-branchies étant bien développées ; il n'existe pas de vessie natatoire ; les œufs sont enfermés dans le sac de l'ovaire et sont rejetés par les oviductes ; l'intestin est court.

Le corps est, le plus souvent, subcylindrique, allongé ; la bouche est généralement largement fendue et puissamment armée ; chez le *Plagiodus*, par exemple, un des Poissons les plus formidables des profondeurs de la mer, les dents sont grandes, lancéolées : on trouve souvent des dents non seulement aux mâchoires, mais encore sur la langue et aux différentes parties de la voûte palatine.

Chez beaucoup de Scopélidées on voit sur les flancs et en différents points de la tête des taches qui, à l'examen microscopique, ressemblent assez à un œil et qui reçoivent des branches nerveuses volumineuses ; ces taches sont des organes de phosphorescence, à l'aide desquels les Scopélidées, qui sont presque tous des animaux de grandes profondeurs, peuvent se diriger.

Les *Bathypterois*, Poissons des grandes profondeurs, présentent une singulière adaptation de la nageoire pectorale : les premiers rayons de cette nageoire s'allongent, se séparent complètement des autres et peuvent être dirigés en avant, de manière à servir d'organe de tact ; les Bathypterois ont de très petits yeux, de telle sorte qu'ils se servent de leurs rayons pectoraux comme l'aveugle de son bâton.

Distribution géologique et géographique. — La famille des Scopélidées paraît avoir apparu à l'époque crétacée moyenne, aussi bien en Europe que dans l'Asie Mineure ; des genres alliés aux formes actuelles se trouvent dans les formations tertiaires.

De nos jours, les Scopélidées sont des Poissons ou pélagiques ou des grandes profondeurs ; ils se trouvent principalement dans la zone tropicale et subtropicale ; quelques espèces vivent dans la Méditerranée. Nous en avons onze espèces comprises en sept genres sur les côtes de France ; la plupart de ces espèces sont très rares dans les collections.

Mœurs, habitudes, régime. — Les Scopélidées sont exclusivement carnassiers, ce qu'indiquent leur dentition, souvent formidable, et leur tube intestinal, qui est très court ; quelques-uns, tels que les *Plagiodus*, peuvent passer pour les Poissons les plus voraces. Le Plagiodus féroce, qui a été trouvé à Madère et dans les parages de la Tasmanie, vers trois cents brasses de profondeur, atteint la longueur de 6 pieds ; d'après Günther, on a trouvé dans l'estomac de l'un d'eux des Poulpes, des Crustacés, des Ascidies, une jeune Brème de mer, un Caranx, treize jeunes Capros et un jeune individu de sa propre espèce.

LES SCOPÈLES — *SCOPELUS*

Caractères. — Les Scopèles ont le corps allongé, couvert de grandes écailles ; des points brillants et phosphorescents sont rangés en série vers le profil du ventre et se trouvent également sur diverses parties de la tête. Le museau est court ; la bouche, largement fendue, est armée de petites dents en velours ; l'inter-maxillaire est très allongé ; les yeux sont grands.

Mœurs, distribution géographique. — On connaît une trentaine d'espèces de Scopèles ; elles se trouvent dans les mers tropicales et subtropicales ; trois espèces vivent dans la Méditerranée.

Suivant Günther, les Scopèles « sont des animaux de petite taille, essentiellement pélagiques ; ils sont parfois si abondants que le filet, lorsque l'on pêche pendant la nuit par un vent modéré, en contient presque toujours quelques-uns. Ils ne viennent à la surface que la nuit ; pendant le jour et au moment des tempêtes ils descendent dans les profondeurs, car ils redoutent la vive lumière et la trop grande agitation des flots. Beaucoup d'espèces ne viennent jamais à la surface ; par contre, plusieurs autres ont été ramenées par la drague d'une profondeur de 2,500 brasses. »

D'après Valenciennes, les Scopèles de nos côtes paraissent nager avec rapidité ; malgré leur petitesse, ils sont très courageux ; ils dévorent les petits Mollusques et les Radiaires. Quelques espèces paraissent vivre en société ; les unes se tiennent dans des profondeurs assez considérables, les autre habitent de préférence les rivages. Ils frayent sur les plages couvertes de galets ; leurs œufs sont nombreux, d'un beau jaune, et contenus dans des sacs ovariens clos. Risso assure qu'ils éclosent très promptement.

LE SCOPÈLE DE HUMBOLDT. — *SCOPELUS HUMBOLDTI*.

Caractères. — Ce Scopèle, dont la grandeur est d'environ 0m,10, a le corps en forme de coin, couvert d'écailles relativement assez épaisses ; la tête est grosse, le profil antérieur et supérieur de la face fortement arqué, le museau court, tronqué ; la bouche, très largement ouverte, est garnie de dents fines. Les pectorales sont grandes, en pointe ; la dorsale se compose de 12 à 14 rayons, l'anale de 17 à 20 ; la caudale est fourchue.

Le corps est d'un jaune brunâtre ou d'un gris bleuâtre sur le dos, glacé d'argent sur les flancs et sur le ventre ; une rangée de points brillants, le plus souvent dorés, s'étend de chaque côté de la ligne du ventre ; d'autres points sont disséminés sur le corps et sur la tête ; l'œil est argenté, placé très haut ; les opercules sont argentés.

Distribution géographique. — Cette es- | assez rare dans les parages de Nice et des îles
pèce se trouve dans la Méditerranée ; elle est | d'Hyères.

LES CHARACINIDÉES — *CHARACINIDÆ*

Die Salmler.

Caractères. — « Après avoir décrit, dit Valenciennes, les Salmonoïdes d'un premier
groupe, qui ont la joue complètement nue, je
vais présenter l'histoire d'une seconde tribu,
caractérisée par des sous-orbitaires souvent
assez élargis pour couvrir d'une cuirasse osseuse l'intervalle qui sépare l'orbite du bord
montant du préopercule. La réunion de ces
espèces compose une nombreuse famille secondaire, analogue dans les Salmonoïdes à
celle des Joues cuirassées parmi les Percoïdes. »

Müller a fait des Poissons qui présentent le
caractère énoncé la famille des Characinidées,
en les séparant des Salmonoïdes proprement
dits.

Les Characins ont la tête nue, non écailleuse ;
il existe presque toujours une nageoire adipeuse ; le bord de la mâchoire supérieure est
formé au milieu par les intermaxillaires, latéralement par les maxillaires. Les appendices
pyloriques sont nombreux ; la vessie natatoire
est divisée transversalement en deux parties
et communique avec l'organe de l'audition par
l'intermédiaire des osselets auriculaires ; il
n'existe pas de pseudobranchies.

A ces caractères généraux nous pouvons en
signaler d'autres particuliers à tels ou tels
groupes.

Plusieurs de ces groupes sont établis sur la
dentition. Celle-ci peut être très incomplète,
ainsi qu'on le voit chez les Curimates, mais les
Characinidées étant des Poissons essentiellement carnassiers, ils sont, pour la plupart,
pourvus de dents puissantes. Chez les Citha-
rins d'Afrique, il existe des dents latérales. Les
dents sont généralement bien développées,
disposées en une ou en plusieurs séries ; souvent il existe plusieurs rangées de dents à l'intermaxillaire, tandis que les maxillaires et la
mâchoire inférieure ne portent qu'une seule
rangée de dents ; le palais peut être lisse ou
denté ; parfois les dents latérales sont beaucoup moins développées que les autres ; les
dents peuvent être coniques, aplaties, entières

et tranchantes à leur extrémité, échancrées,
dentelées plus ou moins profondément ou hérissées de pointes. Chez les Cynodons, des
Guyanes et du Brésil, on voit une paire de
fortes canines à la mandibule et elles sont reçues dans des fossettes creusées au palais.

Le corps est généralement oblong, comprimé ; souvent aussi il est développé en hauteur ; il peut être recouvert d'écailles grandes
ou petites ; parfois le ventre est aplati en avant
des ventrales ; les Gastropelecus, des Guyanes
et du Brésil, sont des Poissons de très petite
taille chez lesquels le corps est fortement
comprimé et qui ont la région thoracique dilatée en un disque sub-orbiculaire.

L'ouverture de la bouche, qui est transversale, est plus ou moins grande ; elle est parfois
très petite.

Distribution géographique. — Lorsqu'on
étudie la distribution géographique des Poissons des eaux douces, on est frappé de ce fait,
c'est que les Cyprinidées, dont on connaît actuellement environ 1400 espèces, se trouvent
dans tout l'Ancien Monde et dans l'Amérique
du Nord ; tandis qu'ils abondent dans l'Asie
orientale, aussi bien que dans les îles de la
Sonde, ils manquent totalement dans les îles
situées au delà de la ligne de Wallace ; ils font
également défaut dans l'Amérique du sud, dont
la faune a, par certains points, tant de rapports avec celle de plusieurs parties de l'Océanie, tout comme si ces deux régions avaient
primitivement fait partie d'un même centre
zoologique.

Si les Cyprins manquent dans l'Amérique
du sud, les Characinidées y abondent, par
contre, et les remplacent dans les cours d'eau
de cette partie du monde.

L'un des traits les plus intéressants de la
faune ichthyologique de l'Afrique est la présence simultanée dans ce continent des Cyprinidées et des Characinidées ; par ces derniers,
l'Afrique se rattache à la faune de l'Amérique
du sud ; il est vrai de dire que les Characins
sont en minorité en Afrique. Le nombre des

Characinidées actuellement connus s'élève à 360 espèces réparties entre 53 genres; sur ce nombre 40 au plus, répartis en 10 genres, sont africains.

D'après Günther « la coexistence des Characinidées et des Cyprinidées en Afrique prouve seulement que ce continent est plus près du centre primitif par lequel a commencé la dispersion des Cyprinidées que l'Amérique tropicale. »

Mœurs, habitudes, régime. — La dentition des Characinidées indique leur régime; quelques-uns sont herbivores, tandis que d'autres sont les Poissons des eaux douces les plus formidables.

Les espèces qui constituent le groupe des Curimatinés, groupe spécial à l'Amérique tropicale, ont la dentition imparfaite; leur intestin est très long et étroit; ils sont herbivores. Les Héniodus, d'après les voyageurs, se nourrissent surtout de la vase qui se dépose au fond des cours d'eau et dans laquelle ils trouvent des matières végétales en décomposition et de petits animaux. D'après Valenciennes, un Chalcée, de l'Amazone, avait l'estomac rempli de fragments de fruits de différentes cycadées.

D'Orbigny rapporte que le Salminus, Poisson de l'Amérique tropicale, est très carnassier et qu'il détruit une quantité considérable de Poissons; les Espagnols lui donnent, à cause de sa belle couleur dorée, le nom de *Dorado*, qui serait la traduction de son nom Guarani, car on l'appelle dans ce dialecte *Pira-Yu* (*Poisson jaune*). D'après Valenciennes, « d'Orbigny ajoute, dans ses notes, que ce *Dorado* poursuit les Poissons qui voyagent en troupes, ce qui le fait entrer dans toutes les rivières, quels que soient leur fond ou leur rapidité. Il en a rencontré une fois une troupe si nombreuse dans un rapide, que les individus tellement pressés pouvaient à peine nager et qu'une partie de leur corps était hors de l'eau. Les habitants de la province de Corrientes prétendent le reconnaître par l'odeur, même à une assez grande distance. Les pêcheurs lui disaient souvent: allons à la pêche; nous sentons qu'il passe des *Dorados*. Il a même eu soin de rapporter une légende de ce pays, dans laquelle les Indiens Payaguas prétendent que les Espagnols sont sortis des *Dorados*, parce qu'ils sont plus blancs qu'eux; et que les naturels tirent leur origine du *Pacu* (*Prochilodus*), d'où il suit que les Indiens valent beaucoup mieux que les Espagnols, parce que le *Pacu* est un bien meilleur Poisson que le Dorado.

« Quant au Pacu, ce Poisson préfère les endroits où il y a le plus de courant; il reste ordinairement au fond de l'eau; on le voit rarement paraître à la surface; les individus vivent isolés; on le pêche à la ligne. D'Orbigny dit que c'est un manger délicieux. Les pêcheurs prétendent l'attirer en jetant des citrons dans l'eau.

« Les Léporins voyagent toujours en troupes nombreuses dans les grandes rivières, et préfèrent les endroits rocailleux où il y a beaucoup de courants et de remous.

« Le Tétragonoptère de d'Orbigny, de la Plata, d'après d'Orbigny, est connu dans le pays sous le nom de *Mojarra*. Il est répandu, depuis les Missions jusqu'à Buenos-Ayres, dans le Parana, l'Uruguay et le Plata. Il préfère les fonds sablonneux et rocailleux, où le courant est rapide; il se jette avec avidité sur les corps en putréfaction. Il ne craint pas d'attaquer les hommes qui se baignent, et il les blesse en leur emportant des morceaux de peau. C'est une des espèces les plus voraces et les plus acharnées. Les individus ne deviennent pas très grands; ils ne dépassent guère 7 à 8 pouces. Ce Poisson sert de nourriture aux *Dorades*. Les habitants le mangent et l'aiment beaucoup. On se plaît à le pêcher, à cause de son extrême voracité. Il suffit pour le prendre d'attacher une épingle pliée au bout d'un fil fixé à une petite baguette et de battre l'eau pour le faire venir; on amorce avec un petit morceau de viande crue.

« D'après Schomburgk, les Mylètes, des Guyanes, sortent des grandes rivières pour aller frayer dans les savanes ou lieux inondés, puis ils reviennent, après la ponte, sur les fonds granitiques de l'Essequibo ou de Mazuruni. Leur nourriture principale et favorite consiste dans le *veyra* ou *haya*, sorte de Podosténacées voisine des Arumo, qui couvrent ces roches granitiques.

« Suivant d'Orbigny, un Mylète de Parana descend des parties élevées du grand fleuve et aime les eaux rapides et un fond sablonneux. C'est un des Poissons que les Espagnols nomment *Palometa* et les Guaranis *Mbirai* ou *Pirai*. Cette espèce, plus commune, vit en petites troupes qui font la terreur des pêcheurs à cause de leur voracité et de l'habitude qu'elles ont de couper les lignes. »

LES SERRASALMES — *SERRASALMO*

Sägefsalmler.

Caractères. — Les Serrasalmes ont le corps comprimé, en général de forme rhomboïdale ; les écailles sont petites, la dorsale est haute, insérée en arrière, l'anale est longue ; il existe deux aiguillons en avant de la dorsale (fig. 451).

Suivant Valenciennes, « les Serrasalmes sont caractérisés par leurs dents triangulaires et tranchantes sur un seul rang aux intermaxillaires, à la mâchoire inférieure et aux palatins ; comme si la nature avait voulu donner une plus grande force au jeu de la mâchoire supérieure, elle a développé l'intermaxillaire de manière à ce qu'il borde toute l'arcade supérieure de la bouche. Le maxillaire, presque entièrement caché par cet os ou par le sous-orbitaire, n'est ni très petit ni même avorté ; mais placé derrière l'intermaxillaire et sous le sous-orbitaire ; il donne, par ses apophyses saillantes, un point d'appui solide au bord de la mâchoire ; d'où il résulte que, dans leur jeu, les dents se rencontrent en s'engrenant, sans que les branches qui les portent puissent vaciller. Cette organisation fait que les dents coupent avec netteté. »

Distribution géographique. — Les Serrasalmes habitent les parties les plus chaudes de l'Amérique du sud, dans les Guyanes et dans le nord du Brésil.

Mœurs, habitudes, régime. — Ces Poissons, désignés par les indigènes sous le nom de *Pirayas*, vivent dans les rivières, rarement ou même presque jamais dans le voisinage immédiat des embouchures, mais plutôt de 40 à 60 milles marins de la mer, dans des endroits tranquilles, de préférence dans des baies entourées de rochers ou fort rocheuses. Habituellement les Pirayas se tiennent au fond de l'eau, mais ils apparaissent en nombre à la surface dès qu'ils aperçoivent une proie.

Les Serrasalmes sont célèbres dans toute l'Amérique équatoriale par leur extrême voracité, de telle sorte que tout animal qui tombe à l'eau est immédiatement dévoré par des essaims de ces poissons carnassiers. Dans les grands fleuves, ils entourent et accompagnent les embarcations, en attendant une proie. « Si on ne leur jette rien, écrit Bates, on voit tout au plus quelques-uns de ces animaux, la tête dressée dans un mouvement d'attente ; mais qu'on jette du bateau un objet quelconque,

aussitôt l'eau s'assombrit de leurs masses, un combat acharné s'engage autour du morceau, et souvent l'un des poissons parvient à voler la bouchée qu'un autre a déjà à moitié avalée. Lorsqu'un insecte vole près de la surface de l'eau, les poissons sautent après lui en tourbillonnant avec une telle simultanéité qu'on les dirait agités par une secousse électrique. »

Schomburgh, qui a si bien étudié les animaux des Guyanes, rapporte que les Serrasalmes sont les plus voraces des poissons des eaux douces, et que rien ne peut donner une idée de leur hardiesse ; toute proie leur est bonne. Leur gloutonnerie dépasse tout ce qu'on peut imaginer ; ils mettent en danger tout animal qui s'aventure dans les eaux qu'ils habitent, même des Poissons dix fois gros comme eux. « Lorsqu'ils attaquent un gros Poisson, écrit Schomburgh, ils lui arrachent d'abord la nageoire caudale, lui enlevant ainsi son principal moyen de locomotion, tandis que d'autres l'attaquent de tous côtés, lui enlèvent des lambeaux de chair et le tuent. Aucun mammifère qui veut traverser à la nage n'est à l'abri de leur voracité ; ils s'attaquent aux pattes des oiseaux aquatiques, aux membranes digitales des tortues, aux doigts des caïmans. Lorsque l'Alligator est attaqué, il se retourne habituellement sur le dos et fait flotter son ventre à la surface. »

La voracité des Serrasalmes est telle qu'ils ne font même pas grâce à ceux des leurs qui sont blessés. « Un soir, écrit Schomburgh, je jetai l'hameçon et j'amenai à terre un *Pirai* tout à fait remarquable (Serrasalme noir) ; croyant l'avoir tué par quelques violents coups sur la tête, je le posai à côté de moi sur un rocher ; soudain le poisson fit un mouvement, et avant que j'aie pu le retenir, il se trouvait à l'eau et nageait près de la surface, bien qu'étourdi. En un clin d'œil, une vingtaine de ses compagnons s'étaient rassemblés autour de lui, et quelques minutes après il était dévoré jusqu'à la tête. »

D'après Gumila, il arrive parfois que les plus gros mammifères, tels que le Bœuf, voulant traverser un bras d'eau à la mer, et tombant au milieu d'une bande de Serrasalmes, sont attaqués par ces terribles animaux. Privé de ses forces par la perte de sang résultant des innombrables blessures qui lui sont faites, le mammifère ne peut plus se sauver et se noie ; on a vu de ces gros mammifères périr en traversant des rivières qui n'avaient pas

Fig. 454. — Le Serrasalme piraya.

plus de 30 à 40 pas de large, ou arriver à l'autre rive tout en sang et tout déchiquetés, de telle sorte qu'ils ne tardaient pas à mourir de leurs nombreuses blessures. Les animaux qui habitent près des rivières connaissent le danger auquel les exposent les Serrasalmes; aussi en buvant ont-ils grand soin de ne pas troubler l'eau ou de l'agiter fortement, de crainte d'attirer leurs terribles ennemis. Les chevaux et les chiens qui viennent boire s'empressent de fuir aussitôt qu'ils aperçoivent une bande de Serrasalmes; il leur arrive cependant trop souvent de ne pas se sauver à temps et d'avoir les lèvres, le nez ou les oreilles déchiquetés.

Gumila a écrit que le Piraya épargue l'homme; déjà Dobrizhofer réfute ce dire; il rapporte que deux soldats espagnols ont été attaqués et tués par ce poisson en voulant traverser une rivière à la nage à côté de leurs chevaux.

De Humboldt, qui a bien observé les Serrasalmes dans l'Amérique tropicale, nous a laissé sur eux les renseignements suivants : «Depuis notre départ de San-Fernando, nous n'avons pas rencontré un seul canot sur cette belle rivière, l'Apure. Tout annonce la plus pro-

fonde solitude. Nos Indiens avaient pris, dans la matinée, à l'hameçon, le Poisson que l'on désigne dans le pays sous le nom de *Caribe* ou *Caribito*, parce qu'aucun autre Poisson n'est plus avide de sang. Il attaque les baigneurs et les nageurs auxquels il emporte souvent des morceaux de chair considérables. Lorsqu'on n'est que légèrement blessé, on a de la peine à sortir de l'eau avant de recevoir les blessures les plus graves. Les Indiens craignent prodigieusement les Poissons *Caribes*, et plusieurs d'entre eux nous ont montré, au mollet et à la cuisse, des plaies cicatrisées, mais très profondes, faites par ces petits animaux, que les Maypures appellent *Umati*. Ils vivent au fond des rivières; mais, dès que quelques gouttes de sang ont été répandues dans l'eau, ils arrivent par milliers à la surface. Lorsqu'on réfléchit sur le nombre de ces Poissons, dont les plus voraces et les plus cruels n'ont que 4 à 5 pouces de long, sur la forme triangulaire de leurs dents tranchantes et pointues, et sur l'ampleur de leur bouche rétractile, on ne doit pas être surpris de la crainte que le *Caribe* inspire aux habitants des rives de l'Apure et de l'Orénoque. Dans des endroits où la rivière était très limpide, et où aucun Poisson ne se montrait, nous avons jeté dans l'eau de petits morceaux de chair couverts de sang. En peu de minutes une nuée de *Caribes* est venue se disputer la proie. Ce Poisson a le ventre tranchant et dentelé en scie, caractère que l'on retrouve dans plusieurs genres, les *Serrasalmes*, les *Mylètes* et les *Pristigastres*. »

Toutes les espèces de Serrasalmes paraissent être aussi voraces les unes que les autres.

Parlant du Serrasalme caribe, que les Indiens Maypures appellent *Umati*, et qui habite l'Apure, l'Orénoque et tous les affluents de ces rivières Humboldt, rapporte ceci : « En faisant des recherches sur le Dorado, j'ai trouvé la première notice sur l'Umate ou Poisson carnassier de l'Orénoque, dans la relation de voyage d'Alonso de Herrera (1535) au Rio Meta. Les soldats trouvèrent, dans une cabane, des espèces de chaussons dont se servaient les pêcheurs pour se garantir de la morsure du *Caribito*. Ce Poisson est très recherché et d'un goût agréable; mais comme on n'ose se baigner partout où il abonde, on peut le regarder comme un des plus grands fléaux de ces climats, dans lesquels les piqûres des insectes tipulaires (*mosquitos*) et l'excitation de la peau rendent les bains si nécessaires. Les Espagnols appellent *Caribe* ces Serrasalmes, en faisant allusion à la cruauté de la puissante nation des Indiens Caribes ou Carisa. »

Le Serrasalme ou Pygocentre noir, d'après Schomburgk, cité par Valenciennes, « est un des Poissons les plus voraces des rivières de la Guyane. Il dit que ses mâchoires sont assez fortes pour couper le doigt d'un homme; que des Poissons d'un poids considérable sont promptement dépecés par la dent carnassière du Pygocentre; qu'aucune espèce d'animal n'est à l'abri de ses attaques, que les plus grands Crocodiles sont souvent blessés à la queue ou perdent leurs doigts par la morsure de ces dangereux poissons. Ainsi que Linné l'a déjà dit, Schomburgk assure que les pieds des Palmipèdes, ou les jeunes de ces oiseaux, sont dévorés par les *Pirais*. Il dit qu'il a vu en remontant la rivière de Cabaraba, un des affluents du Korentyn, un grand Cabiai (*Cabia capihara*) perdre trois de ses petits, sur cinq, que la mère conduisait pour traverser la rivière; ils ont été pris et dépecés par les *Pirais*. Une autre fois, sur la rivière de Korentyn, il vit un grand mouvement autour d'un corps desséché flottant sur

le milieu du fleuve; il reconnut bientôt la tête d'un très grand *Luganani* (*Cichla ocellata*), dévoré par une troupe de *Pirais*. Le Poisson avait de 20 à 26 pouces, et on pouvait voir qu'il avait été mangé peu à peu depuis la queue jusqu'aux nageoires pectorales. Les *Pirais* font entendre une sorte de grognement sous l'eau; ils sont très vivaces et peuvent rester des heures entières hors de l'eau. Leur chair est ferme, blanche et de bon goût. »

D'après Auguste de Saint-Hilaire, les habitants des Guyanes « se servent de frêles nacelles pour aller à la recherche des bêtes à cornes qui, étant restées sur de petites collines, finiraient par être submergées; ils forcent ces animaux à se jeter à la nage, et ils leur font gagner la terre ferme. Dans ces voyages, les bestiaux sont exposés à la rencontre d'un ennemi redoutable, le Poisson qu'on appelle *Piranha* ou *Poisson diable* (*Serrasalme piraya*). Ce beau Poisson atteint à peine deux pieds de longueur; mais il va par bandes, et a les mâchoires armées de dents triangulaires et tranchantes. Lorsqu'un animal ou un homme tombe dans l'eau, il est ordinairement attaqué, dans l'instant même, par les *Piranhas*. Leur morsure est tellement prompte et si vive, qu'on la sent aussi peu que la coupure d'un rasoir; c'est du moins ce que m'a assuré le respectable propriétaire de Capâo qui, étant tombé dans un marais, avait été mordu par des *Poissons-diables* en deux endroits différents. Les *Piranhas* habitent en très grand nombre, non seulement le San-Francisco, mais encore les lacs fangeux (*lugoas*), qui sont si nombreux sur ses bords et où l'eau séjourne toute l'année. La chair de ces Poissons est ferme et d'un goût très délicat; leurs arêtes n'ont point cette ténuité qui rend tant d'autres espèces désagréables à manger. On prend les *Piranhas* avec le filet ou des lignes dormantes, auxquelles on met pour appât un morceau de viande. Ces Poissons ont une telle voracité qu'ils se laissent prendre par la chair d'autres individus de leur espèce, et l'on assure même qu'ils se mangent entre eux. »

LES HYDROCYONS — *HYDROCYON*

Caractères. — Les Hydrocyons sont caractérisés par leur bouche largement fendue, dépourvue de lèvres et par leurs grandes et fortes dents implantées sur un seul rang aux deux mâchoires; ces dents, coniques, un peu com-

primées, ont leur bord tranchant et peuvent
être reçues dans des échancrures de l'autre
mâchoire, de telle sorte qu'elles sont visibles
lorsque la bouche est fermée ; le palais est dépourvu de dents.

La seule espèce du genre est l'Hydrocyon de
Forskal (*Hydrocyon Forskalii*) désignée par les
Arabes sous le nom de *Kelb el bahr* (*chien de
fleuve*) ou *Kelb el moyeh* (*chien d'eau*).

Cette espèce a le corps allongé, long d'environ un mètre, couvert d'assez grandes
écailles, les flancs légèrement comprimés, le
ventre arrondi ; la tête est longue ; l'œil est
placé sur le haut de la joue ; toute la joue est
cuirassée de larges plaques ; les ouïes sont
largement fendues ; la dorsale, composée de
10 rayons, est insérée un peu au-dessus des
ventrales ; la caudale est profondément fourchue ; l'anale, courte et échancrée, se compose de 16 rayons.

La couleur est un vert plus ou moins brillant sur le dos, se fondant peu à peu avec la
couleur argentée des flancs, très brillante sous
le ventre ; au-dessus de la ligne latérale on voit
des raies longitudinales composées de points
verts rembrunis ; la dorsale est verdâtre ;

l'anale a les premiers rayons rougeâtres ; les
nageoires paires sont rougeâtres ; le lobe supérieur de la caudale est vert, l'inférieur
rouge.

**Distribution géographique, mœurs, lé-
gendes.** — D'après plusieurs zoologistes il
n'existe qu'une seule espèce d'Hydrocyon, qui
se trouve dans toute l'Afrique tropicale ; elle
est commune dans le Nil, ainsi que dans le
Sénégal et ses marigots.

Ainsi que l'indique la dentition, c'est une
espèce extrêmement vorace, aussi les Européens qui habitent la côte ouest d'Afrique la
désignent-ils sous le nom de *Brochet*, rappelant
par là la forme du Poisson et les dégâts qu'il
fait dans les cours d'eau.

D'après Valenciennes, « l'Hydrocyon est bon
à manger, mais très plein d'arêtes. Les Nègres
racontent que l'Hydrocyon, envoyé par ses
frères en mission dans des pays très éloignés,
fut chargé d'un grand nombre de commissions
pour lesquelles chacun lui donna une arête,
afin qu'il pût se les rappeler ; mais il fut fait
prisonnier en chemin, et alors toutes les arêtes
lui restèrent. »

LES SALMONIDÉES — *SALMONIDÆ*

Die Lachfe.

Caractères. — Pour Cuvier la famille des
Salmonidées comprend tous les Malacoptérygiens abdominaux « chez lesquels il existe
une première dorsale à rayons mous et divisés,
suivie d'une seconde petite et adipeuse, c'est-
à-dire formée simplement d'une peau remplie
de graisse et non soutenue par des rayons ».

Ainsi définie, cette famille renfermait des
animaux qui, tout en se ressemblant par la
présence de la nageoire adipeuse, différent
cependant trop les uns des autres par la composition de l'arc maxillaire supérieur, pour
qu'on ne les ait pas séparés. C'est ainsi que
nous venons de décrire un certain nombre de
Poissons sous le nom de Scopélidées et de
Characinidées.

De même que chez ces derniers, chez les
Salmonidées proprement dits le bord de la
mâchoire supérieure est formé au milieu par
les intermaxillaires, latéralement par les
maxillaires (fig. 452). La tête est nue ; il n'existe

pas de barbillons ; les appendices pyloriques
sont généralement nombreux ; la vessie natatoire est grande, simple, et non divisée transversalement ; les œufs tombent dans la cavité
de l'abdomen avant leur sortie à l'extérieur.

Les œufs ne se développent pas dans une
poche fermée, comme chez la plupart des
autres Poissons ; ils tombent directement dans
la cavité abdominale, d'où ils sont expulsés à
l'extérieur par un orifice spécial situé en
arrière de l'anus.

Le corps est presque toujours couvert d'é-
cailles, la tête étant nue ; les écailles sont cependant caduques chez les *Salanx*, des côtes
de Chine ; elles sont petites chez la plupart des
Salmonoïdes ; les Argentines ont le corps recouvert de grandes écailles.

Sous le rapport de la dentition, les Salmonidées se divisent en deux groupes bien tranchés. Certains, tels que les Argentines, ont la
bouche petite ; les mâchoires sont privées de

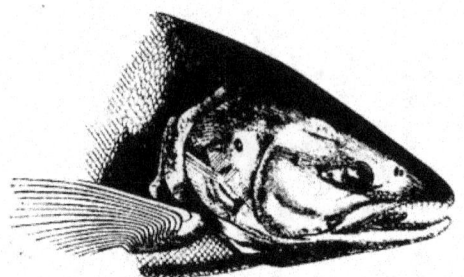

Fig. 152. — Tête et portion antérieure du corps du Saumon (d'après Blanchard).

dents et on ne trouve de ces organes que sur le vomer et sur une partie des palatins, où elles forment une petite bande; la langue est armée de faibles dents recourbées. Dans la plupart des autres genres, qui sont les Salmonidées vraiment typiques, la bouche est largement fendue; les dents peuvent exister sur toutes les pièces buccales, les mâchoires, le vomer, les palatins, les os ptérygoïdiens, sur la langue, ainsi qu'on le voit chez les Eperlans; ces dents, généralement robustes, sont faibles cependant chez les *Mallotus* et chez les *Plecoglossus*.

La couleur de quelques espèces ne varie pas seulement avec l'âge, mais encore avec l'époque de l'année, suivant que l'animal va frayer et qu'on le prend avant ou après la ponte. « Chez aucun autre Poisson d'Europe, écrit Siebold, on ne trouve autant de différence suivant l'influence exercée par la nourriture, la nature de l'eau, le degré de lumière, la chaleur; la couleur même de la chair, qui peut devenir rose-rougeâtre ou rouge-orangée, varie, pour une même espèce, suivant l'habitat. »

Cette couleur est singulièrement variable suivant la saison chez quelques Salmonidées de la Sibérie et du nord-ouest de l'Amérique du nord. C'est ainsi que le Saumon rouge (*Salmo erythræus*) ne mérite réellement ce nom que pendant l'époque du frai; à ce moment, le corps est d'un beau rouge, à l'exception de la tête qui est colorée en vert sombre; cette livrée de noce disparaît complètement après le frai et passe au bleu foncé sur la partie supérieure du corps, au bleu clair sur le ventre. Chez cette espèce le changement de coloration est si frappant que les Kamtschadales en ont cherché l'explication; ils disent que cette coloration est due à l'apport du sang vers la peau, le Saumon se fatiguant beaucoup à remonter les cours d'eau impétueux.

Distribution géologique et géographique. — On peut diviser les Salmonidées en deux grands groupes, ceux qui habitent toujours la mer, ceux qui vivent habituellement en eau douce.

Les Eperlans fréquentent les côtes du nord de l'Europe et de l'Amérique; des espèces appartenant à des genres voisins ont été observées à la Nouvelle-Zélande et sur les côtes ouest des États-Unis, dans l'Océan Atlantique.

C'est dans la Méditerranée et accidentellement sur les côtes de Norvège et de la Grande-Bretagne que se trouvent les Argentines.

Les Salanx, au corps allongé, comprimé, transparent, couvert de petites écailles caduques, vivent dans les profondeurs et se rapprochent des côtes du sud de la Chine à certains moments de l'année.

C'est sur les côtes arctiques de l'Amérique et du Kamtschatka que se pêche le Capelan.

Les *Microstoma* et les *Bathylagus* ont été découverts durant l'expédition du *Challenger* dans les océans Atlantique et Antarctique à des profondeurs variant de 1950 à 2050 brasses.

Une forme aberrante est le *Plecoglossus*, poisson d'eau douce du Japon et de Formose.

Les Salmonoïdes typiques, Saumons, Truites, Corégones, Thymallus, sont de la zone paléarctique, on n'en connaît que fort peu d'espèces de la zone circumméditerranéenne.

D'après A. Günther, « les Cyprins, dans leur dispersion du sud au nord, ont suivi une direction inverse de celle des Salmonoïdes. Ces

Fig. 153. — L'Ombre chevalier (d'après Blanchard).

derniers sont, sans aucun doute, un des types les plus jeunes des Téléostéens; ils ont fleuri pendant la période glaciaire, et ainsi qu'il est démontré par leur présence dans des cours d'eau isolés et situés à une haute attitude, dans l'Atlas, dans les montagnes de l'Asie Mineure, dans l'Hindu-Kush, ils se sont répandus jusqu'à l'extrémité sud de la région paléarctique. A l'époque actuelle, ils sont surtout très abondants dans la partie tempérée de l'hémisphère nord; vers le sud ils deviennent plus rares et remontent alors en altitude pour trouver les eaux froides qu'ils affectionnent. »

Les Salmonoïdes d'eau douce que l'on connaît à l'état fossile sont de la fin de l'époque quaternaire; on a recueilli des débris de Saumon dans les cavernes et les abris sous roches de la vallée de la Vezère, en France; ces gisements appartiennent à l'époque du Renne.

On trouve au Groënland, dans des couches d'âge encore indéterminé, des nodules contenant des Capelans que l'on ne peut distinguer de l'espèce qui vit encore dans ces parages; il paraît donc probable que ces couches sont d'âge récent.

Les formes marines des Salmonoïdes paraissent dater de l'époque crétacée; les *Osméroïdes*, *Acrognathus*, *Autolepis*, de la craie moyenne, sont très probablement des Salmonoïdes de grandes profondeurs.

Les Éperlans ont été trouvés dans les schistes de Glaris et de Licata, qui appartiennent à l'époque tertiaire.

Mœurs, habitudes, régime. — Parmi les Salmonoïdes, les uns, habitant la mer, remontent chaque année les cours d'eau, à des époques déterminées; tel est l'Éperlan vulgaire, qui ne se porte cependant pas à de grandes

distances; beaucoup de Saumons proprement dits, nés en eau douce, se rendent à la mer, puis remontent les fleuves à l'époque de la ponte : ce sont les migrateurs; d'autres sont sédentaires : ceux-là vivent dans les grandes rivières ou dans les lacs aux eaux pures et transparentes, ou même dans les limpides ruisseaux.

Beaucoup de Salmonidés, à l'époque du frai, émigrent de la mer dans les fleuves, les rivières, et chaque individu revient au point où il est né. L'instinct migrateur de ces Salmonidées est tel que les animaux qui remontent les cours d'eau qui prennent leur source dans les montagnes franchissent des obstacles qui paraissent insurmontables. Les Salmonidées qui se dirigent vers les lieux élevés pondent dans une fosse peu profonde qu'ils creusent dans le sable ou le gravier. Certains Salmonidées ne quittent qu'exceptionnellement les lacs qu'ils habitent; jusqu'à l'époque du frai, où remontent les cours d'eau qui se jettent dans ces lacs.

Le régime des Salmonidées est indiqué par leur dentition. Ceux qui ont les dents faibles et petites sont évidemment beaucoup moins carnassiers que les espèces aux dents robustes et puissantes, espèces qui peuvent s'emparer de proies souvent volumineuses.

LES SAUMONS — *SALMO*

Lachs.

Caractères. — Les Saumons ont le corps en fuseau, couvert de petites écailles adhérentes. La bouche est largement ouverte; on voit des dents sur les intermaxillaires, les maxillaires supérieurs, sur la mandibule, sur les palatins, le vomer et sur la langue ; en un mot, la bouche est puissamment armée ; le maxillaire supérieur, qui est allongé, dépasse en arrière le niveau de l'œil. Les rayons qui soutiennent les branchies sont au nombre de 9 à 12. La nageoire anale est courte (fig. 453).

On admet généralement la distinction des Saumons en Saumons proprement dits et en Truites ; cette distinction ne peut être admise que pour les espèces de nos pays. Chez les Saumons il existe des dents seulement sur le chevron du vomer, tandis que chez les Truites on voit des dents sur le chevron et sur le corps du vomer.

Il n'est pas, parmi les Poissons, de groupe plus difficile à étudier que celui des Saumons, car ces animaux varient dans de telles limites, suivant l'âge, le sexe, l'habitat, le régime, qu'il est extrêmement difficile de bien délimiter les espèces. Plusieurs de ces espèces se croisent entre elles et donnent lieu à des métis qui peuvent à leur tour se croiser avec leurs parents et donner ainsi des produits très difficiles à reconnaître.

Pour ce qui est de la coloration, qui, dans certains groupes, nous donne de bons caractères spécifiques, elle est, chez les Saumons, sujette aux plus grandes variations. Les jeunes de toutes les espèces se ressemblent, en ce qu'elles sont ornées de barres verticales noirâtres qui descendent du dos jusqu'à la région ventrale.

Au moment de la reproduction, les mâles se colorent souvent très vivement ; ils sont beaucoup plus ornés que les femelles ; nous avons noté le même fait chez d'autres Poissons.

La nature de l'eau a une influence sur la coloration ; suivant Günther, les Truites avec de grandes taches ocellées très marquées se trouvent généralement dans les rivières aux eaux claires et rapides, ou dans les étangs ouverts des Alpes ; dans les grands lacs à fond de gravier, les Truites sont argentées et les taches ocellées sont entremêlées de taches noires en forme d'*x*, ou remplacées par des barres ; dans les étangs ou les lacs à fond boueux ou tourbeux, les Poissons ont généralement une couleur sombre, et lorsqu'ils vivent dans des cavernes la couleur est uniformément foncée. La Truite commune, qui peut vivre dans toutes les eaux, même dans les eaux saumâtres, qu'on trouve depuis le niveau de la mer jusqu'à des altitudes élevées, présente, dès lors, les plus grandes variations, tandis que d'autres espèces comme le *Salmo ferox*, dont l'habitat est plus limité, varient moins dans leur coloration.

La taille, le poids varient beaucoup avec la plus ou moins grande abondance de nourriture ; c'est, par exemple, ce que l'on voit pour la Truite commune.

Suivant l'âge, les proportions des diverses parties de la tête et du corps sont des plus variables dans une même espèce ; c'est ainsi que la tête est plus courte, le museau plus obtus, le profil du front plus busqué chez les jeunes ; que la tête est toujours, toutes proportions gardées, plus longue chez les mâles que chez les femelles ; chez ces dernières les dents sont plus faibles que chez les mâles. Suivant Günther, il arrive que la plus ou moins grande abondance de nourriture fait varier dans de telles proportions les rapports entre les diverses parties du corps que la distinction de l'espèce est très difficile. A l'état jeune les mâles ressemblent aux femelles pour les proportions relatives de la tête et du tronc, mais les hybrides, sous ce rapport, ressemblent aux parents des deux côtés.

Le nombre des rayons des nageoires varie dans des limites si peu étendues qu'il n'y a pas lieu de s'en préoccuper. Par contre, la forme de la caudale est tout à fait différente suivant l'âge ; chez le jeune cette nageoire est tronquée, tandis qu'elle est plus ou moins profondément échancrée chez l'adulte.

On avait cru trouver de bons caractères dans la disposition des dents sur le chevron et sur le corps du vomer ; il a été reconnu que, dans plusieurs espèces, les dents disparaissent graduellement avec l'âge, de telle sorte qu'il ne subsiste plus que les dents antérieures.

Nous avons dit que les diverses espèces de Saumon peuvent donner des hybrides féconds entre eux, ou avec leurs parents. On trouve dans le pays de Galles de nombreux hybrides entre la Truite de rivière et le Saumon cambricus ; on connaît également des hybrides entre la Truite de rivière et la Truite de mer, entre la Truite de rivière et les Ombres, entre le Saumon et l'Ombre chevalier.

Distribution géographique. — Les Saumons habitent les zones arctique et tempérée de l'hémisphère nord ; ils se rencontrent surtout abondamment dans la partie nord de la zone tempérée, devenant plus rares vers le cercle arctique et vers la partie chaude de cette zone tempérée. La partie la plus méridionale dans laquelle on trouve des Saumons est, dans le nouveau monde, le haut du golfe de Californie; dans l'ancien continent les montagnes de l'Atlas et de l'Hindu Kush. Dans le nouveau monde les Saumons qui arrivent à cette limite sud sont des espèces qui émigrent, dans l'ancien monde ce sont des espèces [sédentaires et de petite taille; les espèces qui remontent le plus haut, jusque vers le 82e degré de latitude, appartiennent à la division des Ombres : tel est le Saumon alipes, du Groënland.

Acclimatation. — Un fait fort intéressant, c'est l'acclimatation des Saumons en Océanie, ces animaux faisant absolument défaut dans cette partie du monde, non parce qu'ils ne peuvent y vivre, mais que, par suite de conditions géologiques spéciales, ils n'ont pu y pénétrer.

On a tenté l'introduction du Saumon aux îles Sandwich, en Tasmanie, en Australie. La Truite se trouve maintenant dans un grand nombre de cours d'eau de l'est et du sud de la Tasmanie. Le Saumon d'Europe remonte la rivière Derwent et ses tributaires. En octobre 1880, des *smolts*, c'est-à-dire des Saumons jeunes, ont fait leur apparition dans la rivière Plenty. On a cherché également à introduire en Australie un Saumon migrateur de la rivière Sacramento, en Californie.

Les Saumons étant essentiellement des Poissons des eaux froides manquent dans l'Inde; ils ont été cependant introduits sur les plateaux supérieurs des Nilgheries, à l'altitude de 8,700 pieds anglais; c'est le *Lochleven Trout* ou *Salmo lewenensis*, espèce du lac Lochleven, qui paraît s'être acclimatée dans l'Inde, car elle a pondu dans les eaux torrentueuses de Pyjcara et de Macoorty. Ce n'est, on le comprend, qu'après plusieurs tentatives infructueuses qu'il a été possible de transporter des œufs de Salmonidés d'Angleterre sur les plateaux des Nilgheries; les œufs ont été empaquetés dans de la mousse et du charbon de bois et déposés dans une glacière; le développement a été obtenu dans des auges en ardoise, disposées en gradins.

LE SAUMON COMMUN. — *SALMO SALAR.*
Salm.

Caractères. — A l'état adulte, le Saumon a le corps allongé, fusiforme; le profil du ventre est assez courbe, la ligne du dos étant presque droite.

Les écailles sont lisses, adhérentes (fig. 454). La dimension de la tête représente à peu près le sixième de la longueur totale du corps; le museau est arrondi, plus long chez les mâles que chez les femelles, avec la mâchoire supérieure pourvue d'une fossette dans laquelle s'engage la pointe de la mâchoire inférieure. La bouche est largement fendue, armée de dents fortes, coniques; ces dents sont au nombre de 4 ou 5 sur l'intermaxillaire, de 8 à 14 sur le maxillaire supérieur; chez l'adulte, le vomer porte quelques dents sur le chevron seulement, mais chez le jeune on voit sur le corps du vomer une série de dents double en avant, simple en arrière. L'œil est petit, de couleur jaunâtre.

On compte 4 rayons simples et de 10 à 13 rayons branchus à la dorsale, dont la forme est trapézoïdale; l'anale est soutenue par 7 à 10 rayons; la caudale est plus ou moins échancrée; les pectorales sont assez étroites; les ventrales sont insérées à peu près sous le milieu de la base de la première dorsale (fig. 453).

En temps ordinaire la partie supérieure du corps est d'un gris bleuâtre ou verdâtre ou d'un bleu ardoisé; les flancs sont d'un gris d'argent; le ventre est argenté, à reflets très brillants. Des taches noirâtres, plus ou moins arrondies ou étoilées, plus ou moins rapprochées, plus ou moins nombreuses, sont éparses sur diverses parties du corps, surtout au-dessus de la ligne latérale. La dorsale et la caudale sont d'un gris plus ou moins foncé; l'anale est grise à l'extrémité des rayons; les pectorales et les ventrales ont la partie externe noirâtre, le reste de la nageoire étant grisâtre ou blanchâtre.

Suivant E. Blanchard, « la coloration des Saumons est sujette à de grandes variations suivant les circonstances. Lorsque ces Poissons arrivent de la mer dans les fleuves, au moment de frayer, on voit leurs teintes, particulièrement chez les mâles, prendre une nouvelle vivacité, des taches rouges apparaître dans le voisinage de la ligne latérale et même sur les opercules; le ventre s'empourprer, ainsi que la base de la nageoire anale, le bord antérieur des ventrales, les bords supérieur et inférieur de la caudale. Après avoir frayé, ces animaux affaiblis perdent leurs riches couleurs et reviennent à leur première condition. Ce n'est pas tout encore; Jardine, l'auteur d'un grand ouvrage sur les Salmonides de la Grande-Bretagne, nous a appris que, chez le Saumon mâle dans sa parure de noce, se produisait un remarquable épaississement de la peau du dos et des nageoires, qui disparaît bientôt après l'époque du frai. »

Distribution géographique. — Le Saumon commun appartient en propre à la mer du Nord et à l'Océan, ainsi qu'à presque tous les cours d'eau qui se rendent dans ces mers. On le prend dans les rivières d'une partie de la Russie, dans la Scandinavie, en Irlande, dans la Grande-Bretagne, en Allemagne, dans le Danemark, en Hollande, en Belgique, en Suisse, dans le nord de l'Espagne; le Saumon est plus rare, en France, vers le sud que vers le nord, et paraît s'étendre assez loin vers l'est. On pêche, en un mot, le Saumon dans la partie tempérée de l'Europe située au sud du 40° degré de latitude nord, l'espèce ne se trouvant dans aucun des cours d'eau qui se jettent dans la Méditerranée. Le Saumon se rencontre de l'autre côté de l'Atlantique; sa limite aux États-Unis est le 41° degré de latitude nord.

Fig. 454. — Écaille de Saumon commun.

Métamorphose, mœurs, habitudes. — Avant de prendre les caractères de l'adulte, tels que nous les avons décrits plus haut, le Saumon a subi des changements assez importants pour qu'ils n'aient été reconnus que depuis peu de temps; ces changements ont été si bien indiqués par le professeur Émile Blanchard, que nous ne pouvons mieux faire que de transcrire ici les pages qu'il leur a consacrées :

« Les âges, dit-il, sont désignés sous des noms particuliers chez les habitants de la Grande-Bretagne.

« Les noms de *Parr*, de *Smolt*, de *Grilse* sont aujourd'hui généralement adoptés en ce pays, et en l'absence de termes correspondants dans notre langue, nous pensons devoir n'en pas chercher d'autres.

« Lorsque, chez le jeune Saumon, la vésicule vitelline est entièrement résorbée, le petit animal, long de 0m,03, a encore une tête très grosse relativement au volume de son corps, mais peu de jours après avoir commencé à prendre de la nourriture, la tête tend à s'abaisser,

le museau à s'allonger, le dos à s'arrondir, et alors le petit Poisson prend l'aspect des Truites (fig. 457). Le jeune Saumon est d'une teinte grisâtre terne sur les régions supérieures, et il offre de quinze à dix-huit bandes transversales noirâtres qui descendent du dos jusqu'à la région ventrale.

« Pendant au moins une année, quelquefois davantage, le Saumon a conservé les ternes couleurs particulières à son jeune âge, l'état de *Parr*; mais, à un moment déterminé, ce brusque changement se produit. Tout le corps prend un magnifique éclat métallique; il devient le *Smolt*, ainsi que les Anglais nomment le Saumon parvenu à son second âge (fig. 458).

« Les parties supérieures sont d'un bleu d'acier étincelant. Huit ou dix grandes taches de même bleu brillant, comme voilées par un manteau d'argent, occupent les flancs et descendent au-dessous de la ligne latérale. Entre ces taches règne une teinte rougeâtre ou ferrugineuse très vive. Une tache noire se voit ordinairement au milieu de l'opercule. Le ventre est d'un beau blanc de nacre. La nageoire dorsale est grise avec sa portion basilaire brune et une rangée transversale de taches de la même couleur; les nageoires pectorales ont un ton gris uniforme; les ventrales et l'anale sont presque incolores.

« Le Saumon, à l'état de *Smolt*, a l'apparence d'une petite Truite; il a, comme ces dernières, le vomer bien garni de dents sur toute sa longueur, mais il est facile déjà de reconnaître que l'opercule est celui du Saumon; un peu moins arrondi que chez les adultes, il a cependant son bord postérieur sensiblement courbe et les stries sont très faciles à voir.

« Un peu plus d'une année s'écoule, avons-nous vu, depuis le moment de l'éclosion jusqu'à l'époque à laquelle le jeune Saumon, le *Parr*, commence à prendre sa livrée du second âge, celle de *Smolt*. Du mois d'avril au mois de juin, les écailles prennent leur vêtement argenté, et les bandes, alors plus ou moins confondues, s'affaiblissent, comme voilées, quelquefois presque complètement; elles redeviennent plus distinctes par une immersion dans l'alcool.

« Tant que les jeunes Saumons sont à l'état de *Parrs*, ils vivent isolément, ne cherchant jamais à se réunir; mais, devenus *Smolts*, c'est-à-dire ayant pris leur costume de voyage, selon l'expression de quelques auteurs anglais, ils se rapprochent, se forment en troupes. C'est

Fig. 455 et 456. Le Saumon commun et la Truite commune.

dans cette circonstance que les pêcheurs en ont fait souvent sans difficulté une déplorable destruction.

« Un fait digne de remarque, qui paraît avoir été bien observé, notamment à Startmonsfield, sur la Tay, en Écosse, c'est que les *Parrs* ne se changent point tous en *Smolts* au bout d'une année; il y en a la moitié environ qui conservent la livrée du premier âge, séjournant deux et même trois ans dans les eaux douces.

« Pendant tout le printemps, se succèdent les bandes de Saumonneaux descendant les rivières pour gagner l'Océan. Dans le trajet d'un parcours assez long, si des courants très rapides se manifestent en certains endroits, les *Smolts* s'en montrent parfois effrayés. La troupe, peut-être, rebroussera chemin, mais revenant bientôt à sa première direction quel-

ques individus se laissent entraîner résolument et la cohorte entière se décide à les suivre. Arrivés à la partie inférieure du fleuve où remonte la marée, les Saumonneaux, avant de

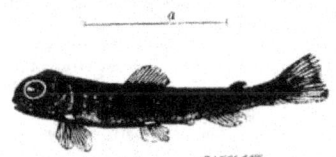

Fig 457. — Jeune Saumon, après la résorption de la vésicule. — *a*, grandeur naturelle (d'après E. Blanchard).

gagner la mer, s'arrêtent deux ou trois jours dans l'eau saumâtre comme pour se préparer à leur changement de séjour.

« Que deviennent-ils alors ? Nul ne le sait d'une manière précise ; ils disparaissent dans les profondeurs de l'Océan où ne peuvent les atteindre les filets des pêcheurs.

« Mais sept ou huit semaines sont à peine écoulées, que nos Saumonneaux reparaissent dans les mêmes rivières, remontant jusqu'aux endroits où ils sont nés. Ces Poissons ne sont plus reconnaissables ; ce ne sont plus des *Smolts* ; ce sont des *Grisles* ; aussi ne les reconnaîtrait-on pas, avant d'avoir pris le seul moyen possible de constater sûrement leur identité, c'est-à-dire d'attacher une marque à un certain nombre d'individus.

« Cette idée si simple semble n'avoir reçu un commencement d'exécution qu'il y a environ trente-cinq ans. Auparavant, et encore un peu après, les naturalistes, sans être en mesure d'arriver à une solution, discutaient sur la question de savoir si le *Saumonneau* des Français, *Samlet* ou *Parr* et *Smolt* des Anglais, *Sahmling* des Allemands, était d'une espèce particulière ou le jeune du Saumon, tandis que la plus naïve des expériences devait trancher la question. Il est vrai de dire que les naturalistes n'ont pas, en général, sous la main une rivière bien peuplée de Saumons.

« Par une note publiée en 1830, nous voyons qu'un pêcheur de la Sévern, en Écosse, s'étant avisé de passer un fil de métal à la queue d'un *Samlet* ou *Smolt*, reprit plus tard l'animal devenu Saumon.

« Les expériences ne tardèrent pas à se multiplier dans ce pays d'Écosse, tout particulièrement favorable aux études sur le Saumon « Ainsi, rapporte sir William Jardine, pen- « dant les deux années que les pêcheries de « Sanderland ont été en la possession du duc, « une série d'expériences a été entreprise par « ses agents... Le printemps dernier, plusieurs « milliers de Saumonneaux ont été marqués « dans les différentes rivières. Dans le Laxford, « les Saumonneaux marqués en avril revinrent « au 25 juin. Ils pesaient alors 3 livres, et pen- « dant la saison ils arrivèrent au poids de 6 li- « vres et demie.

« John Shaw, dont les observations ont beaucoup contribué à faire connaître l'histoire naturelle du Saumon, a signalé également les résultats d'expériences analogues, mettant hors de doute que le *Parr* est le jeune âge du Saumon.

« Citons encore les recherches d'Andrew Young : « Nous avons marqué des *Smolts* dans

« un double but, dit cet observateur, d'abord « pour nous assurer qu'ils revenaient dans les « mêmes rivières, ensuite pour constater le « temps qu'ils restaient dans la mer. »

« Ils reviennent avec la plus grande ponc- « tualité aux lieux où ils sont nés, dit encore « M. Andrew Young ; la nature les a doués d'un « si merveilleux instinct, que pas un seul d'en- « tre eux ne dépasse sa propre demeure ou ne « s'arrête à une station voisine. Nous avons « vérifié tous ces faits, ajoute l'auteur, de telle « sorte qu'une ombre de doute ne peut désor- « mais subsister. »

« Un fait des plus remarquables, sujet d'étonnement de la part des observateurs, c'est la rapidité de croissance du Saumon à tous les âges pendant le temps qu'il passe à la mer. Le Saumonneau ou *Smolt* qui a vécu dans les rivières une, deux et jusqu'à trois années pour atteindre la longueur de 0^m,12 à 0^m,20, devenu *Grilse* au bout de deux mois de séjour dans l'Océan, est un Poisson d'un kilogramme et demi à 2 kilogrammes. Les *Grilses*, après la ponte, demeurent encore quelque temps dans les eaux douces, puis, se rendant à la mer, où ils ne séjournent souvent pas plus de deux mois, ils reviennent à l'état de véritables Saumons, ayant atteint un poids variable de 3 à 6 kilogrammes ; la rapidité de leur accroissement est toujours en rapport avec la durée de leur voyage à la mer. Pour le Saumon qui en est à son second ou à son troisième voyage, l'accroissement n'est pas moins prodigieux pendant un très court séjour à la mer. Tous les auteurs de la Grande-Bretagne citent avec admiration l'exemple de ce Saumon de la Tay, pris après la ponte, et marqué d'une étiquette par le duc d'Atholl au mois de mars 1845. Le Poisson pesait 10 livres (anglaises) ; repêché, muni de son étiquette, cinq semaines et trois jours plus tard, par conséquent après une bien courte excursion à la mer, il pesait 21 livres et un quart.

« Chez le *Grilse* il n'y a plus aucune trace des bandes du *Parr*, visibles encore chez le *Smolt*. La tête est plus effilée, la queue n'est plus que faiblement échancrée. A beaucoup d'égards, ce sont les formes et la coloration du Saumon complètement adulte ; mais le corps est proportionnellement plus mince, et la teinte générale plus pâle, plus uniforme, n'est pas encore rehaussée par des taches (1). »

(1) Blanchard, *Les Poissons des eaux douces de la France*, p. 452.

Des expériences semblables ont eu lieu en France. « J'avais, écrit Deslandes, chargé les pêcheurs de Châteaulin de retenir une douzaine de Saumons parmi ceux qui descendent la rivière, et après avoir attaché à chacun un petit anneau de cuivre vers la queue, de les remettre à l'eau; ce qu'ils ont exécuté avec beaucoup d'adresse, et en trois années différentes. J'ai ensuite su d'eux-mêmes qu'ils avaient repris quelques-uns de ces Saumons, une année cinq, une autre année trois, une autre enfin deux. »

Le séjour à la mer est absolument indispensable pour que le Saumon acquière tout son développement; l'eau douce, courante et très aérée, lui est nécessaire pour la reproduction, l'eau salée pour lui fournir une nourriture abondante et lui permettre de réparer ses forces. Il est de toute nécessité que le Saumon abandonne, à certaines époques de l'année, les eaux douces pour se rendre à la mer; il grossit à peine s'il est tenu captif; la chair se décolore, devient molle et sans saveur. Fait curieux, les alevins et les *Pars*, c'est-à-dire les jeunes Saumons, sont tués rapidement par l'eau de mer.

Nous ne savons ce que deviennent les Saumons à la mer; il est cependant grandement probable qu'ils ne s'éloignent pas beaucoup de l'embouchure du fleuve d'où ils viennent et, qu'en tous cas, ils n'entreprennent jamais de grands voyages vers le pôle nord, ainsi qu'on le croyait autrefois; ils doivent s'enfoncer dans les profondeurs, là où ils trouvent une nourriture abondante. D'après les recherches des naturalistes suédois, le Saumon, à la mer, se nourrit surtout de Crustacés et de Poissons, principalement d'Ammodytes, sans dédaigner pour cela tout ce qui peut se trouver à sa portée.

Lorsqu'ils quittent la mer, c'est-à-dire dans les régions tempérées, vers le commencement du printemps, les Saumons partent avec le flux, surtout lorsque le flot est poussé contre le courant de la rivière par un vent assez fort. Au moment de la montée, les Saumons s'approchent, en troupes de trente à quarante, des côtes et de l'embouchure des fleuves; ils s'arrêtent un certain temps comme s'ils devaient s'habituer à l'eau douce, remontant avec le flux et retournant à la mer avec le reflux, jusqu'à ce que commence le véritable voyage. Les Saumons de divers âges, aussi bien les *Grilses* que les Saumons adultes, remontent ensemble les cours d'eau dans un ordre qui ne varie guère, les vieux individus formant la tête de la colonne, les jeunes suivant; le plus gros des Poissons, ordinairement une femelle, ouvre la marche; on a observé que les femelles montent toujours avant les mâles. Au moment de la montée, ce sont les plus forts Saumons qui font les premiers leur apparition, puis viennent ceux qui ont remonté déjà une fois, puis les jeunes nés l'année précédente, de telle sorte qu'il y a souvent une grande distance entre les bandes, les premiers étant déjà presque parvenus à l'endroit où ils doivent pondre, tandis que les autres s'engagent seulement dans le cours inférieur du fleuve.

Les Saumons venus récemment de la mer se reconnaissent à leur teinte argentée. Dans la montée rien ne les arrête. « S'ils donnent contre un filet, écrit Baudrillart, ils le déchirent ou cherchent à s'échapper par-dessous ou par les côtés; et dès qu'un de ces Poissons a trouvé une issue, les autres le suivent, et leur premier ordre se rétablit. Ils nagent au milieu du fleuve et près de la surface de l'eau; et comme ils sont souvent très nombreux et qu'ils agitent l'eau violemment, ils font un bruit qu'on entend de loin. Lorsque le temps est chaud et à l'orage, ils rasent le fond de l'eau ou se réfugient dans les endroits les plus profonds, où ils peuvent jouir de la fraîcheur qu'ils recherchent; et c'est par une suite de ce besoin de fraîcheur qu'ils aiment les eaux douces dont les bords sont ombragés par des arbres touffus. Les corps flottants sur l'eau et les couleurs vives les effraient et les forcent quelquefois à rétrograder. Si la température de la rivière et la qualité de l'eau leur conviennent, ils voyagent lentement; mais s'ils veulent se dérober à quelque sensation incommode ou à quelque danger, ils s'élancent avec tant de rapidité, que l'œil a de la peine à les suivre. On a remarqué qu'ils pouvaient parcourir en une heure un intervalle de 10 lieues, et que lorsqu'ils ne sont pas forcés à des efforts prolongés, ils peuvent franchir en une seconde une étendue de 24 pieds.

« Les Saumons ont dans leur queue une rame très puissante, et c'est également par son secours qu'ils franchissent des cataractes assez élevées. Ils s'appuient contre de grosses pierres, rapprochent de leur bouche l'extrémité de leur queue, en serrent le bout avec les dents, en font par là une sorte de ressort fortement tendu, lui donnent avec promptitude

Fig. 458. — Jeune Saumon (d'après E. Blanchard).

sa première position, débandent avec vitesse l'arc qu'elle forme, frappent avec violence contre l'eau, s'élancent à une hauteur de plus de 4 à 5 mètres, et franchissent la cataracte. Ils retombent quelquefois sans avoir pu s'élancer au delà des roches, ou l'emporter sur la chute de l'eau; mais ils recommencent bientôt leurs manœuvres, ne cessent de redoubler d'efforts après des tentatives très multipliées; et c'est surtout lorsque le plus gros de leur troupe, celui que l'on a nommé le conducteur, a sauté avec succès, qu'ils s'élancent avec une nouvelle ardeur. »

Il arrive trop souvent que les barrages établis sur les cours d'eau sont trop élevés pour que les Saumons puissent les franchir; c'est pour faciliter la marche de ces Poissons que l'on établit des échelles.

Bien qu'ils puissent nager très rapidement, les Saumons ne remontent souvent qu'assez lentement les cours d'eau. Ainsi, par exemple, ils entrent dans le Rhin au commencement du mois d'avril, mais ils ne se montrent à Bâle que pendant mai et ne parviennent qu'à la fin d'août dans les petites rivières. Dans le bassin du Rhin, ils visitent très régulièrement la Limmat, de là traversent le lac de Zurich, passent plus loin dans le Linth, franchissent le lac de Wallenstadt et cheminent vers les montagnes dans la Seetz. Une autre partie visite la Reuss et l'Aar, croise le lac des Quatre-Cantons et le lac Thonne, puis remonte les rivières que nous venons de nommer. Dans la Reuss, d'après Tschudi, on trouve des Saumons parfois à 4,300 pieds au-dessus du niveau de la mer, bien qu'ils aient à franchir des chutes nombreuses. Dans le bassin du Weser leur voyage ne se termine que dans la Fulda et la Werra, ainsi que dans leurs eaux collatérales. Dans le bassin de l'Elbe, des Saumons remontent très loin vers les montagnes, d'un côté vers le Fichtelgebirge, de l'autre dans la Moldau et ses affluents en amont.

En France, les Saumons remontent également très haut. C'est ainsi que, d'après E. Moreau, les Saumons arrivés à Montereau abandonnent la Seine et remontent l'Yonne; à Cravant, ils quittent ce dernier cours d'eau pour s'engager dans la Cure.

D'après de Soland, les pêcheurs de la Loire divisent les Saumons en quatre catégories : 1° Saumons de printemps, arrivant en février pour frayer; 2° Saumons de la Madeleine ou Saumons d'été; 3° Saumons d'automne ou Bécards; 4° Saumons d'hiver.

Le Saumon est essentiellement carnassier; lorsqu'il est jeune, il se nourrit de petits vers; en tous temps il chasse avec avidité les insectes qui volent à la surface de l'eau; lorsqu'il est adulte, le Saumon se nourrit d'autres Poissons et capture même parfois de petits Mammifères.

Vers l'époque du frai, il se produit chez le Saumon des changements dans la coloration; on voit apparaître des taches rouges sur les flancs et sur les opercules; d'après Siebold, chez les mâles le ventre se colore en pourpre rougeâtre, les joues prennent une teinte bleuâtre sur laquelle tranchent vivement des taches rouges disposées en zig-zag; la racine de la nageoire anale, le bord antérieur des ventrales et les bords de la caudale deviennent rougeâtres; en même temps, la peau du dos s'épaissit.

Lorsque le moment de la ponte est arrivé, un mâle et une femelle se réunissent; plusieurs mâles se trouvent-ils près d'une même femelle, ce qui arrive souvent, une lutte s'engage entre eux; d'un commun accord, le mâle et la femelle choisissent un endroit propice pour la ponte; au moyen de sa queue, la femelle creuse dans le gravier un trou dont la profondeur varie généralement de 0m,15 à 0m,25, tandis que le mâle, aux aguets, chasse les autres Poissons, surtout ses rivaux. La femelle dépose les œufs dans la fosse, et le mâle les imprègne immédiatement de sa laitance; par des mouvements de la queue, les deux Poissons travaillent en

Fig. 459 et 460. — Le Saumon Huch (p. 471) et la Truite des lacs.

commun pour recouvrir les œufs sous une couche de gravier.

Il n'est pas rare de voir une femelle entourée seulement de jeunes mâles; quelques observateurs attribuent à la présence de ces petits Saumons un rôle important. Tout mâle âgé surveille avec empressement la femelle qui se dispose à pondre et s'efforce d'écarter tous ses compétiteurs. Lorsque l'un d'eux s'approche, il se bat avec lui avec tant de furie, que souvent son sang rougit l'eau et que l'un des combattants perd la vie. Ces combats laissent la femelle indifférente; paraissant satisfaite de la présence des jeunes Saumons, elle continue à frayer, se jette tantôt sur un côté, tantôt sur l'autre à des intervalles de quelques minutes, exprime chaque fois une partie de ses œufs et, en se retournant, recouvre d'une mince couche de sable les œufs pondus antérieurement et fécondés dans l'intervalle par les jeunes Saumons qui se poussent avec empressement.

Les jeunes Saumons jouent ainsi le même rôle que les piquiers pendant le combat de deux Coqs. Malgré cela, les jeunes Saumons ne suffisent pas à la femelle, car elle cesse de pondre aussitôt que le mâle adulte est tué dans le combat ou forcé de fuir; elle nage vers un autre endroit calme et y attire un autre mâle adulte pour continuer à frayer sous sa surveillance; Andrew Young a vu qu'une seule et même femelle attira successivement sur la frayère neuf Saumons mâles, et lorsque le dernier de ceux-ci eut été chassé à son tour elle revint avec une grosse Truite qui la suivait. Le frai n'est pas déposé en une seule fois; la ponte, d'après certains observateurs, a lieu dans l'espace de trois ou quatre jours; suivant d'autres, de huit à dix jours.

Après la ponte, les Saumons sont si épuisés qu'ils peuvent à peine nager. Ils deviennent maigres et faibles et se laissent entraîner par les eaux. Avec les hautes eaux de l'hiver et du printemps, ils nagent lentement, évitant le plus possible les chutes d'eau et les rapides; ils séjournent pendant quelque temps dans les eaux saumâtres, puis se rendent à la mer. Ils ne mangent pas durant le voyage, du moins ne trouve-t-on jamais de résidus de digestion dans l'estomac des individus capturés; il est vrai de dire que le Saumon digère si rapidement que l'estomac est habituellement à peu près vide; de plus, on s'est demandé s'il n'arriverait pas au Saumon, saisi de frayeur au moment où il est pris, de dégorger sa nourriture.

La chair du Saumon, qui pendant la montée avait une belle couleur rougeâtre, devient, après la ponte, blanchâtre, fade et absolument immangeable. Des taches brunes et de petites excroissances répandues sur les écailles sont souvent la marque de l'épuisement des Saumons et du malaise qu'ils éprouvent. Le crochet de la pointe de la mâchoire s'allonge et repousse la mâchoire supérieure, de telle sorte que les Poissons ne peuvent plus fermer complètement les mâchoires et, par conséquent, sont incapables de saisir convenablement une proie et de la déchirer. Beaucoup de Saumons périssent à la descente; mais aussitôt qu'ils ont pu atteindre la mer, les Saumons se rétablissent d'une manière surprenante, tant elle est rapide; les parasites qui s'étaient fixés sur eux meurent dans l'eau salée, les mâchoires reprennent les proportions ordinaires, les taches disparaissent.

La fécondité du Saumon est très grande; les observateurs écossais estiment que chaque femelle donne, à peu de chose près, autant de millions d'œufs qu'elle pèse de livres.

Les œufs, d'une assez grande transparence, ont le volume d'un gros pois; ceux des Grilses sont toujours sensiblement plus petits que ceux des Saumons adultes; leur couleur est d'un blanc opalin dans les jours qui suivent la ponte, d'une agréable couleur rosée quand le vitellus s'est coloré.

La durée de l'incubation des œufs est longue et varie dans des limites assez considérables, suivant la température de l'eau; c'est ainsi que l'éclosion des jeunes, provenant d'œufs pondus en automne, a lieu ordinairement au bout de quatre-vingts à quatre-vingt-dix jours, tandis que l'incubation des œufs pondus en décembre peut durer de cent à cent quarante jours. Les petits Poissons nouvellement éclos s'agitent d'abord avec vivacité, alourdis cependant par l'énorme vésicule ombilicale qui sert à les nourrir pendant environ cinq semaines. Cette vésicule résorbée, les jeunes Saumons ont besoin de nourriture.

La croissance est assez lente dans les premiers temps; elle dépend, du reste, beaucoup de la nourriture plus ou moins abondante; ce n'est qu'après avoir été à la mer que le Saumon grandit rapidement. Le Saumon atteint assez fréquemment le poids de 10 à 12 kilogrammes, mais on cite des captures d'individus de très grande taille, dont le poids s'élèverait à 20 kilogrammes et qui auraient jusqu'à 2 mètres de long; de semblables captures sont de plus en plus rares.

Pêche, usages. — La chair du Saumon, celle du mâle principalement, est grasse, nourrissante, très agréable au goût et à la vue, aussi ce Poisson, partout où il se trouve, donne-t-il lieu à des pêches souvent très importantes.

On prend très rarement des Saumons dans les filets qu'on tend à la mer et au large; on n'en capture guère que près des côtes, dans les parcs, principalement vers l'embouchure des cours d'eau. C'est principalement lorsqu'il remonte que l'on prend le Saumon; après la ponte, en effet, la chair est mauvaise; ces Saumons sont désignés par les Anglais sous le nom de *Kelts*, et la loi britannique en interdit la pêche.

On pêche souvent le Saumon au moyen de filets de seine qui barrent une partie du cours d'eau; l'une des extrémités est tenue à terre, tandis que l'autre se trouve fixée à une barque qui revient rapidement vers la rive.

Lorsque la nappe d'eau a une certaine étendue, les pêcheurs traînent leur seine avec de petits bateaux, chacun en tenant un bout, puis, ils se rapprochent l'un de l'autre pour haler le filet à bord d'un des deux bateaux.

En Norvège on se sert, dans beaucoup d'endroits, de filets fixes placés à l'embouchure des fleuves, filets qui décrivent des lignes sinueuses dans lesquelles s'engage le Poisson. En Écosse et en Irlande, les filets sont disposés de telle sorte que le Saumon, filant le long de la côte, s'y engage presque nécessairement.

Sur certaines rivières ont été établis des appareils pour la pêche du Saumon. C'est ainsi qu'à Châteaulin, en Bretagne, cet appareil consiste en pieux placés les uns à côté des autres et en coffres dont l'entrée ressemble assez aux ouvertures des souricières faites avec du fil de fer. A Drammen, en Norvège, on dresse sur les rochers près des chutes, des échafaudages de poutres auxquelles sont attachées de grandes caisses de bois formées de pièces espacées pour que l'eau ne puisse pas les emplir; ces caisses sont disposées de façon à effleurer la surface de l'eau; le Saumon, qui remonte le courant, arrive au pied des cascades et, confiant dans sa force, il tente un vigoureux effort, mais il retombe presque toujours dans une des caisses, d'où il est immédiatement retiré au moyen de longs harpons armés de fers très pointus.

Dans plusieurs endroits on pêche le Saumon à l'aide de pièges à pinces où l'on se sert d'un Saumon mâle comme appât; l'animal est muselé, attaché au-dessus d'un endroit reconnu comme frayère; les femelles, qui viennent tourner autour du prisonnier, sont facilement capturées.

Le Saumon se prend fréquemment à la mouche, soit à la mouche naturelle, soit à la mouche artificielle, soit avec des Poissons artificiels imitant le Vairon ou le Goujon. Les Anglais excellent à la pêche à la mouche volante, aussi les trouve-t-on partout où le Saumon remonte, non seulement chez eux, mais encore à l'étranger, car beaucoup d'entre eux sont passionnés pour ce genre de sport. Brehm raconte qu'il a vu des pêcheurs anglais au voisinage du cap Nord, au Tana-Elf, entourés d'une auréole compacte de mouches, la tête enveloppée d'un voile épais; ils avaient dressé leur tente au voisinage d'un rapide, s'étaient munis, dans une forêt, de bouleaux, de tout ce qui leur était nécessaire pour la construction de huttes, et supportaient courageusement le vent, la pluie, la solitude et les piqûres de terribles moucherons; ils comptaient sans marchander de grosses sommes d'argent pour pouvoir pêcher des Saumons qu'ils abandonnaient, pour la plupart, aux individus qui les entouraient.

Le Saumon s'exporte soit frais, soit conservé dans la glace; en beaucoup d'endroits on le fume ou on le sale; depuis plusieurs années on fait une grande consommation de Saumon conservé en boîte par le procédé Appert.

LE SAUMON HUCH. — *SALMO HUCHO.*
Huchen.

Caractères. — Cette espèce, qui est représentée à la partie inférieure de la figure 459, a le corps plus long et plus rond, la tête plus allongée que le Saumon ordinaire. La fente de la bouche est assez grande; le maxillaire ne porte que de petites dents; les dents palatines sont assez fortes, en crochet, disposées en une seule rangée; on voit trois ou quatre dents sur le chevron du vomer. La dorsale, qui a 13 rayons, est insérée sur le milieu de la longueur du corps; on compte 12 rayons à l'anale. Les écailles sont très petites, de forme elliptique. La longueur atteint de 1 mètre et demi à 2 mètres, le poids de 20 à 50 kilogrammes.

Le dessus de la tête et le dos sont d'un brun sombre verdâtre ou gris bleuâtre foncé, ou grisâtre tirant sur le violet; le ventre a un bel éclat argenté, la teinte foncée et la teinte claire passant insensiblement l'une à l'autre. Sur le tronc et les joues se trouvent de petits points plus ou moins nombreux d'un gris sombre entremêlés vers l'arrière du corps de taches en forme de croissant. Chez les individus âgés, ces taches tendent à s'effacer et la couleur à passer au rosé. Les nageoires sont jaunâtres; le bord de la caudale est cependant grisâtre.

Mœurs, distribution géographique. — Bien que Pallas signale la présence du Saumon Huch dans les rivières qui se jettent dans la Caspienne, on ne connaît positivement cette espèce que dans le bassin du Danube, car il est plus que probable qu'elle se montre exclusivement dans ce fleuve et dans les affluents qui descendent des Alpes; on a pris parfois des Huchs dans les affluents du Danube qui viennent du Nord, mais leur présence en ces points doit être considérée comme exceptionnelle. Il est possible que pendant l'époque du frai, le Huch remonte vers la montagne, mais il s'élève à peine jusqu'à 1000 mètres de hauteur absolue.

Le Huch est extrêmement vorace. Davy a retiré de l'estomac de l'un de ces Saumons une Ide, un Ombre, une Ablette et deux jeunes Carpes; d'après Siebold, les pêcheurs rapportent qu'ils ont plusieurs fois vu le Huch s'emparer de Rats d'eau.

L'espèce dont nous nous occupons fraye en avril et en mai, commençant parfois en mars; à ce moment, le Saumon recherche les eaux à courant rapide, dont le fond est couvert de graviers; il creuse une cavité dans laquelle sont déposés les œufs, et à ce moment les animaux sont tellement attentifs aux soins donnés à la ponte qu'on peut passer en canot au-dessus d'eux sans les faire fuir. Les petits se développent rapidement et sont aptes à pondre lorsqu'ils ont atteint un poids de 2 kilogrammes.

Fig. 461 et 462. — L'Omble-Chevalier et l'Ombre commune.

Pêches, usages. — La chair de ce Saumon est blanche, mais un peu molle, aussi est-elle beaucoup moins estimée que celle du Saumon commun.

On s'empare du Huch avec des filets de barrage, avec le trident, ou on le pêche à l'hameçon; Davy assure que ce Saumon est très prudent et qu'il ne mord jamais deux fois de suite au même appât, de telle sorte qu'on le capture principalement au moment du frai, mais jamais pendant l'été. En Bavière on prend parfois le Huch la nuit, au feu, à l'aide d'un petit filet dont le lancer rappelle assez celui de l'épervier.

Acclimatation. — Comme d'après les recherches de Heckel et de Kner, le Saumon Huch peut vivre dans les étangs dont l'eau se renouvelle fréquemment, ce Poisson serait à introduire dans de semblables étangs, s'il n'était pas si vorace et s'il ne succombait pas fréquemment à une sorte de maladie de peau. C'est en hiver qu'on doit placer dans les étangs de jeunes animaux pesant environ 500 grammes. On les nourrit avec des Goujons, des Ablettes et d'autres Poissons blancs de faible taille et de peu de valeur; les Saumons augmentent chaque année d'un bon kilogramme.

L'OMBLE-CHEVALIER. — *SALMO SALVELINUS.*

Saibling.

Description. — Cette espèce, très variable dans ses proportions, suivant l'âge, le sexe, l'habitat, a le corps comprimé latéralement, plus ou moins élancé, couvert de très petites écailles; la tête est forte, abaissée en avant, avec le museau large, un peu déprimé, la mâchoire supérieure légèrement en saillie sur l'inférieure; les mâchoires sont armées d'une rangée de dents assez fortes, aiguës, crochues, à pointe tournée en arrière; les palatins portent des dents semblables; le vomer est pourvu de dents sur le chevron seulement; on trouve des dents sur la langue. On compte 4 à 5 rayons branchus à la dorsale, 3 ou 4 rayons simples et 7 à 9 rayons divisés à l'anale; la caudale est échancrée (partie inférieure de la figure 461). La taille peut arriver à 0^m,80.

La coloration est très variable. Le dos est

Fig. 463 à 466. — Dents vomériennes de la Truite des lacs, de la Truite de mer, de la Truite commune
(d'après E. Blanchard).

gris verdâtre, gris bleuâtre, cette nuance s'affaiblissant sur les flancs pour se fondre, d'une manière insensible, avec la teinte argentée des régions inférieures ; une coloration orangée rougeâtre se manifeste sur la gorge et sur le ventre pendant l'époque du frai. Des taches blanchâtres ou jaunâtres, parfois ocellées, ayant à leur centre un petit point rougeâtre, se montrent sur le dos et sur les flancs, principalement chez les individus jeunes ; ces taches disparaissent chez les individus âgés. La nageoire dorsale, de même que la caudale, est habituellement d'un gris foncé, rembrunie à l'extrémité. L'anale et les nageoires paires sont d'un orangé pâle ; elles ont, au moment de la ponte, leurs deux premiers rayons d'un blanc de lait très pur.

Mœurs, distribution géographique. — L'Omble-Chevalier est essentiellement un Poisson des lacs de l'Europe centrale, bien qu'on le prenne parfois dans la Meurthe, dans l'Ain, dans le Doubs, dans le Rhône.

L'habitat de prédilection de l'Omble, ce sont les lacs qui reçoivent des eaux froides provenant de la fonte des neiges, car ce Poisson peut se trouver jusqu'à 2,000 mètres d'altitude. Il est essentiellement sédentaire, ne remontant même pas, pendant l'époque du frai, les cours d'eau qui se déversent dans les lacs qu'il habite. Le temps du frai commence vers la fin d'octobre et dure jusqu'au commencement de décembre. Les œufs, assez gros, sont d'un jaune clair et d'une certaine transparence.

Lorsque l'animal est jeune, il se nourrit principalement d'insectes ; plus âgé, il fait la chasse aux petits Poissons.

L'Omble-Chevalier varie tellement que les zoologistes discutent encore sur la question de savoir s'il faut admettre une ou plusieurs espèces. Les zoologistes anglais sont de cette dernière opinion, aussi ne cataloguent-ils pas

moins de cinq espèces d'Ombles, qu'ils désignent sous le nom générique de *Charr*, dans les eaux de la Grande-Bretagne.

Au moment du frai, l'Omble s'élève des profondeurs des lacs, pour venir pondre vers la rive. Cependant, d'après Yarrell, il arrive, au moins dans les lacs d'Écosse, que les *Charrs* entrent parfois dans les rivières qu'ils rencontrent loin vers les montagnes.

Pêche, usages. — La chair de l'Omble-Chevalier est des plus délicates. Ce poisson est certainement le meilleur de tous nos Poissons des eaux douces ; pour un palais délicat, l'Omble-Chevalier est à la Truite ce que celle-ci est au Saumon.

La pêche se fait principalement un peu avant le moment du frai, alors que le Poisson remonte des profondeurs ; on emploie des filets à ailes.

LA TRUITE DES LACS. — *SALMO LACUSTRIS.*

Seeforelle.

Description. — La Truite des lacs, que plusieurs ichthyologistes considèrent comme une variété de la Truite commune, a le corps proportionnellement plus long que chez cette dernière espèce, plus épais, plus massif, surtout en avant (fig. 460 ; p. 469). Le museau est court et obtus ; les dents vomériennes sont moins nombreuses ; elles sont, de plus, différemment disposées chez la Truite des lacs, la Truite commune et la Truite de mer (fig. 463 à 466).

Le dos a une teinte gris de perle plus ou moins foncée, passant au bleuâtre ou au verdâtre ; les flancs sont d'une nuance grise très pâle, le ventre étant d'un blanc d'argent brillant ; de petites taches brunes ou noirâtres sont disséminées sur les flancs et, chez les individus jeunes, on voit quelques taches orangées ; la dorsale est grisâtre, avec quelques traits noirâtres et parfois avec des taches arrondies de même couleur.

On a constaté ce fait intéressant que chez nos Truites certains individus restent stériles, dans certaines conditions encore mal connues ; ces individus stériles diffèrent souvent assez des individus féconds pour qu'ils aient été décrits comme espèces distinctes.

C'est ainsi que, chez la Truite des lacs, les individus stériles ont le corps plus comprimé latéralement, le museau plus effilé, la bouche plus largement fendue, les couleurs plus pâles ; il n'existe pas de taches sur les flancs ; les nageoires sont incolores.

Mœurs, distribution géographique. — L'espèce que nous décrivons habite les lacs des Alpes ; on la trouve dans presque toutes les eaux profondes jusqu'à 1,500 mètres de hauteur absolue ; la Truite des lacs vit aussi en Écosse et, d'après certains naturalistes, dans la péninsule scandinave.

Dans les lacs alpestres, la Truite des lacs se tient généralement à de grandes profondeurs, rarement dans des couches de moins de vingt brasses. Lorsqu'elle est jeune, la Truite des lacs chasse surtout les Ablettes : « Lorsque, dit Heckel, ce Salmonide rencontre une bande d'Ablettes, elle la poursuit avec tant d'acharnement qu'elle arrive souvent jusque sur le bord du lac et dans les couches les plus superficielles. La troupe des Ablettes se disperse rapide dans tous les sens et cherche à échapper par des bonds en dessus de la surface de l'eau ; c'est en vain, car la Truite les saisit par la queue, les fait tournoyer rapidement, de manière à les avaler la tête la première. Lorsqu'elles arrivent au poids de 12 à 15 kilogrammes, les Truites des lacs ne se contentent plus de petits Poissons, mais s'attaquent à des Poissons pesant près de 1 kilogramme. »

Vers le milieu de septembre, les Truites adultes abandonnent les lacs et s'engagent dans les rivières, qu'elles paraissent remonter souvent jusqu'à de grandes distances. A ce moment, ces animaux prennent, en certaines parties, une teinte sombre avec un éclat chatoyant jaune orangé ; chez les mâles, la peau s'épaissit vers le dos. La montée a lieu en bandes ; cependant les individus âgés remontent habituellement les premiers. Ces animaux parviennent ainsi à de grandes distances ; ils arrivent, dans le Rhin, jusqu'à 1,800 mètres au-des-

sus de la mer, dans l'Inn ; d'après Tschudi, à des hauteurs plus considérables et recherchent avant tout des eaux rapides. La ponte a lieu comme celle des Saumons et ces animaux creusent une fosse dans laquelle sont déposés les œufs ; des Truites du poids de 10 à 15 kilogrammes peuvent creuser une fosse assez grande pour qu'un homme s'y couche ; ces fosses sont bien connues de tous les pêcheurs. Après la ponte, les Truites reviennent décolorées et amaigries dans les lacs ; les petits nés pendant l'année ou l'année précédente passent le printemps et l'été dans les rivières et se rendent dans les lacs seulement dans le deuxième hiver de leur existence ; à leur voyage, ils se laissent porter par le courant, la tête en amont, aussi beaucoup d'entre eux ont-ils la nageoire caudale abîmée.

Pêche, usages. — Comparée à la Truite de rivière, la Truite des lacs a la vie tenace ; en dehors de l'eau, elle ne meurt pas aussi rapidement que celle-ci. Elle prospère très bien dans les étangs profonds, à fond de gravier et dans lesquels viennent se déverser de nombreuses sources.

La chair de la Truite des lacs est très estimée, aussi partout où elle se trouve avec quelque abondance, cette espèce est-elle capturée. La pêche a lieu d'une manière spéciale dans presque chaque lac. Pendant le jour et lorsque le temps est doux et calme, dans le lac d'Halberstadt, par exemple, on pêche avec des filets à l'ombre des montagnes, direction que suit toujours la Truite ; pendant l'hiver, au contraire, la pêche se fait au moyen de lignes de fond amorcées avec des Rotengles ou des Ablettes vivantes. On prend le plus souvent la Truite des lacs lorsqu'elle remonte pour frayer.

LA TRUITE COMMUNE. — *SALMO FARIO*

Pachsforelle.

Caractères. — La Truite commune, très connue de tous les pêcheurs, a le corps généralement comprimé, médiocrement allongé, couvert de petites écailles (fig. 466). En dessus, la tête est large ; elle est forte, le museau est gros, obtus, plus ou moins arrondi, la bouche largement ouverte, la mâchoire supérieure étant ordinairement plus avancée que l'inférieure ; les deux mâchoires sont garnies de dents crochues. La dorsale se compose de 3 à 4 rayons simples et de 9 à 11 rayons branchus, l'anale de 3 rayons simples et de 7 à 9 rayons divisés; chez les individus jeunes, la caudale est fourchue, tandis qu'elle est fourchue et parfois même coupée à peu près carrément chez les individus adultes (fig. 456, p. 465).

Rien n'est variable comme le système de coloration; la nature des eaux, le fond, l'alimentation, la température exercent une influence des plus marquées sur cette coloration et sur la taille. « On est embarrassé, écrit Tschudi, lorsque l'on veut indiquer la coloration de la Truite de rivière. Souvent le dos

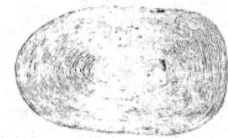

Fig. 466. — Écaille de la Truite très grossie (d'après E. Blanchard).

est tacheté de noir sur un fond olivâtre, les flancs étant jaune verdâtre ponctués de rouge avec des reflets dorés, le ventre étant d'un gris blanchâtre, les nageoires abdominales d'un jaune clair. Parfois la couleur sombre domine, sans que l'animal soit pour cela tout à fait noir. La plupart des Truites des Alpes sont ornées de taches noires, rouges ou blanches; souvent c'est la couleur jaune qui domine, d'autres fois c'est la couleur rougeâtre. Les variations sont telles que les pêcheurs des Alpes désignent les variétés sous le nom de Truites argentées, dorées, blanches, noires, Truites de pierres, Truites de forêts, sans qu'on puisse tracer une limite entre toutes ces variétés qui passent les unes aux autres. Les pêcheurs croient généralement que la couleur dépend de la nature de l'eau dans laquelle vivent les Truites; cette coloration est assez constante dans ces mêmes cours d'eau; c'est ainsi que dans l'Aa d'Engelberg les Truites sont généralement tachetées de bleu, tandis que dans l'Erlenbach, qui se jette dans l'Aa, les Truites sont presque toutes tachetées de rouge. En général, plus l'eau est limpide, plus la couleur est claire. Il en est de même de la couleur de la chair qui, chez les Truites dorées, ponctuées de jaune et de rouge, est rougeâtre. Les Truites du lac Blanc sur la Bernina, dont les eaux offrent une teinte presque laiteuse à cause du sable et des eaux des gla-

ciers qui y sont apportés, sont toutes de teinte plus claire que les Truites qui habitent près de là dans le lac Noir, dont le fond est vaseux. Les Truites pêchées dans ces deux lacs ont la chair blanche, tandis que les Truites du lac de Poschiano ont la chair d'un jaune rougeâtre. Saussure rapporte que les petites Truites pâles du lac de Genève ont des points rouges lorsqu'elles remontent dans certains ruisseaux du Rhône, tandis que dans d'autres ruisseaux elles deviennent d'un vert noir, tandis que dans d'autres encore elles restent blanches. On a vu des Truites conservées dans des viviers devenir brunâtres ou prendre des bandes sombres transversalement disposées sur le dos, cette coloration disparaissant rapidement lorsque l'animal est placé dans une eau vive et courante. Dans le lac de Sentis, qui communique vraisemblablement avec un lac souterrain, on voit un grand nombre de Truites d'un gris blanchâtre. Il faut bien distinguer entre les légères nuances de coloration et la distribution des diverses couleurs sous forme de bandes ou de raies; celles-là changent souvent suivant les diverses conditions dans lesquelles se trouve l'animal, tandis que celles-ci restent constantes. Non seulement la nature de l'eau, mais encore la saison, la lumière, l'âge du Poisson ont une grande influence sur sa coloration. On remarque chez les Truites de rivière une parure de noce spéciale, qui apparaît surtout lorsque l'animal est excité. »

La taille à laquelle arrive la Truite ne varie pas moins que sa coloration. Dans les petits ruisseaux à courant rapide où la Truite est obligée de se contenter d'une faible quantité d'eau, elle atteint tout au plus un poids de 1 kilogramme; dans les eaux profondes, au contraire, et lorsqu'elle trouve une nourriture abondante, elle peut arriver à une taille de 0m,60 et peser jusqu'à 7 à 8 kilogrammes. On prend accidentellement des animaux d'une grande taille; c'est ainsi que Yarrell mentionne la capture d'un mâle pesant 15 kilogrammes et mesurant 0m,88, Blanchard la capture d'une Truite de 12 kilogrammes dans l'Eure; Meckel rapporte que l'on pêcha en 1851 dans le Fischa, à Wiener Neustadt, un individu long de 0m,92, haut de 0m,24; Valencienne parle d'une Truite qui atteignait 1m,04.

On peut affirmer que des géants de cette taille doivent être bien âgés. Beaucoup de pêcheurs pensent que la Truite vit une vingtaine d'années; plusieurs observations dé-

montrent que cet animal peut vivre plus longtemps. Oliver rapporte qu'une Truite put être
conservée pendant vingt-huit ans dans le fossé
d'un château et qu'elle était devenue tout à
fait familière. Mossop cite une Truite qui
vécut dans de semblables conditions pendant
cinquante-trois ans.

Mœurs, distribution géographique. — La
Truite commune se trouve dans toute l'Europe, depuis le cap Nord jusqu'au cap Tarifa ;
elle existe également dans l'Asie Mineure et
sans doute dans d'autres parties du continent
asiatique.

La Truite aime une eau claire, froide, venant des lieux élevés, coulant avec rapidité
sur un fond pierreux ; aussi la trouve-t-on
dans toutes les eaux de montagne, dans les
rivières et les ruisseaux, aussi bien que dans
les lacs, pourvu que ceux-ci soient alimentés
par des sources abondantes ; la Truite se
prend rarement dans les eaux stagnantes,
dont le fond est boueux ; il lui faut une eau
très aérée.

Dans les Pyrénées, d'après Ramond, la
Truite s'élève jusqu'à l'altitude de 2,270 mètres ; dans les Alpes, d'après Tschudi, jusqu'à
celle de 2,000 mètres au-dessus de la mer, à
une altitude plus élevée, la surface des lacs
étant couverte par la glace pendant presque
toute l'année. La Truite se trouve cependant
dans le beau lac de Lucendro au Saint-Gothard,
où la Reuss prend sa source à 30 mètres
plus bas ; elle vit dans la plupart des lacs de la
Suisse et de la Savoie, dans le lac de Murg, à la
frontière de Tannen, dans le lac alpestre situé
près de Stockholm. Fait à remarquer, la Truite
habite presque toujours les lacs qui ont un
écoulement visible et rarement ceux qui s'é-
coulent sous terre. On ne sait vraiment comment sont venues les Truites qui habitent
certains lacs séparés de la plaine par des
chutes d'eau absolument infranchissables.

Pour les lacs d'Obersee et d'Olegisee situés
à 1,400 mètres d'altitude, pour celui d'Engst-
lensee situé à 1,800 mètres et pour quelques
autres encore, nous savons que la Truite a été
introduite par l'homme. La Truite est, à la
vérité, un Poisson robuste, qui peut remonter
de rapides courants et sauter à une grande
hauteur ; il existe cependant quantité de
lacs où il est de toute impossibilité que, dans
les conditions actuelles, les Truites aient pu
remonter de la plaine.

Les grandes chaleurs peuvent incommoder

la Truite : aussi les voit-on souvent en été
quitter les eaux échauffées pour remonter
vers des eaux plus froides. Cela est tel que,
dans la péninsule ibérique, la Truite se trouve,
dans la Sierra de Gredos et dans la Sierra Ne-
vada, à 3,000 mètres au-dessus de la mer.

« Malgré de nombreuses observations, écrit
Tschudi, le genre de vie des Truites n'est pas
encore complètement connu ; on ne sait pas
d'une manière certaine pourquoi et jusqu'où
elles vont des lacs dans les cours d'eau. Les
Truites semblent redouter les eaux troubles
des glaciers, tandis qu'elles recherchent l'eau
froide des sources. En Suisse, sitôt que la
neige et la glace commencent à fondre et que
les torrents deviennent troubles, elles abandonnent ces eaux et nagent en troupes vers
d'autres eaux, remontant un cours d'eau dans
certains points, le redescendant en d'autres.
Elles se trouvent, par exemple, dans le lac de
Genève, arrivant des rivières collatérales du
Rhône, y passent l'été, remontent le Rhône en
automne et fraient dans les cours d'eau qui se
déversent dans le fleuve. D'autres observations
contredisent absolument celles que nous venons de rapporter ; de nombreuses Truites vivent dans les lacs alpestres alimentés seulement par des eaux venues des glaciers, et on
en trouve dans des torrents qui sont presque
exclusivement alimentés par de l'eau provenant de la fonte des neiges et des glaces. »

Jurine a remarqué que les Truites du lac
Léman descendent le Rhône à Genève et le
remontent au Bouveret.

La Truite, douée d'une grande puissance
musculaire, peut nager contre la direction des
eaux les plus rapides avec une étonnante vitesse ; c'est surtout la nuit que le Poisson se
déplace ou tout au moins à la tombée du jour ;
pendant le jour, il se cache volontiers sous les
pierres et les rochers qui surplombent le long
de la berge ou dans des trous, des fosses plus
ou moins profondes. Lorsque tout est tranquille autour d'elle, la Truite quitte sa retraite, se tient la tête au courant, à la même
place parfois pendant longtemps, agitant doucement ses nageoires, puis tout à coup elle
fond comme une flèche, soit qu'elle aperçoive
une proie, soit qu'elle veuille se dérober ;
lorsqu'elle a choisi une retraite, adopté une
place, il est rare qu'elle n'y retourne pas ; la
Truite est, en effet, un animal d'humeur farouche et d'une prudence extrême. Ce Poisson chemine en aval du courant de deux ma-

nières différentes, en se laissant lentement entraîner, la tête dirigée contre le courant, ou bien il fond à travers l'eau avec une telle rapidité que la vitesse de sa course dépasse de beaucoup celle du courant. Tant qu'elle est calme, la Truite est toujours aux aguets, surveillant avec la plus grande attention tout ce qui se passe autour d'elle; si un insecte, gros ou petit, s'approche de l'endroit où elle se tient, elle reste immobile jusqu'à ce que sa proie soit à portée; par plusieurs coups vigoureux de la nageoire caudale, elle se jette alors sur sa proie et la déglutit. Lorsqu'elle est jeune, la Truite fait la chasse aux vers, aux insectes et à leurs larves; plus âgée, elle s'attaque aux Poissons, à leurs œufs, car elle est très vorace; la Truite se nourrit également d'Ephémères et de Phryganes qu'elle saisit avec adresse lorsqu'elles voltigent auprès de la surface de l'eau.

La Truite commence à frayer dès le mois d'octobre; en novembre et en décembre est leur plus grande activité qui, dans certaines régions, ne s'arrête pas, du reste, avant le mois de février; l'époque de la ponte varie avec la hauteur des lieux qu'habite le poisson; il résulte de là que la ponte de la Truite a lieu plus tôt à la source d'une rivière que vers son embouchure. Des Poissons de 0^m,25 de long et du poids de 200 grammes sont déjà aptes à pondre.

La présence d'individus stériles a été assez fréquemment constatée; les organes de la reproduction chez ces individus semblent être atrophiés, les œufs ayant seulement la grosseur de grains de millet. Les Truites stériles se distinguent facilement des Truites fécondes, et ce en dehors du temps du frai, par les caractères suivants : le corps est court, le dos déprimé vers les flancs; les nageoires, moins larges, sont soutenues par des rayons plus faibles, la bouche est moins fendue; la tête, plus petite, semble être moins développée, les os de la mâchoire, les opercules paraissant avoir eu un développement restreint, surtout chez les mâles.

Chez les Truites fécondes, au moment de la ponte, on voit apparaître, chez le mâle, une éruption cutanée de couleur noire vers le dos, vers le bord de la nageoire anale et sur la marge de la caudale. L'épaississement de cette dernière nageoire se montre également chez les femelles.

Lorsque les Truites vont frayer, elles remontent dans les ruisseaux; elles se rapprochent des rives et se placent entre les grosses pierres, près des racines d'arbres, toujours sur un fond de gravier sur lequel coule l'eau avec un léger courant. Le plus habituellement les femelles sont suivies de plusieurs mâles, petits en général, dont plusieurs accourent pour dévorer les œufs qui vont être pondus. Avant la ponte, la femelle se frotte le ventre contre le sable ou le gravier et, par des mouvements de la queue, creuse un trou plus ou moins profond, dans lequel elle dépose ses œufs; puis elle fait place au mâle qui féconde les œufs. Ceux-ci sont ensuite légèrement recouverts, puis abandonnés à eux-mêmes; assez gros, comme ceux de la plupart des Salmonoïdes, ils ont souvent la grosseur d'un pois. Jamais une Truite ne se débarrasse de ses œufs en une seule fois; la ponte se fait par interruption dans un espace de huit jours et la nuit, de préférence lorsqu'il fait clair de lune.

La durée de l'incubation dure de quarante à soixante jours, suivant la température. A leur naissance les alevins ont une vésicule ombilicale énorme qui se résorbe dans l'espace de trois à cinq semaines : les alevins grandissent alors avec plus ou moins de rapidité, suivant les conditions dans lesquelles ils se trouvent. La nourriture consiste d'abord en très petits animaux, crustacés inférieurs, infusoires, insectes de fort petite taille, puis les jeunes s'attaquent à des vers de faible dimension; leur voracité croissant avec la taille, les Truites ne craignent pas de donner la chasse à de jeunes Poissons. Pendant la première année, les Truites, comme les jeunes Saumons ou *Parrs*, ont des bandes transversales bien marquées; cette livrée du jeune âge disparaît dans le cours de la seconde année.

Beaucoup d'ennemis menacent la jeune progéniture. Avant même que les œufs soient développés, beaucoup de Poissons de fond, principalement la Lotte, en détruisent un grand nombre; le Merle d'eau en dévore aussi. Plus tard, beaucoup de Poissons donnent la chasse aux jeunes Truites, même les Truites adultes, qui dévorent leur propre progéniture; plus âgées, les Truites ont de terribles ennemis dans les Rats d'eau et dans les Couleuvres aquatiques.

Étangs à Truites. — La Truite étant un Poisson d'un goût exquis et certainement le meilleur de tous nos Poissons, on a cherché à le multiplier dans des étangs. D'après

Baudrillart, « il faut, pour former un bon étang à Truites, une vallée ombragée, une eau claire et froide, un fond de sable ou de cailloux, placé sur de la glaise ou sur une autre terre qui retienne les eaux, une source abondante ou un ruisseau qui, coulant sous des arbres touffus, et n'étant pas très éloigné de son origine, amène, même en été, une eau limpide et froide ; des bords assez élevés, pour que les Truites ne puissent s'élancer par-dessus ; de grands végétaux plantés assez près de ses bords pour que leur ombre entretienne la fraîcheur de l'eau ; des racines d'arbres ou de grosses pierres, entre lesquelles les œufs puissent être déposés ; des fossés ou des digues, pour prévenir les inondations des ravins ou des rivières boueuses ; une profondeur de 3 mètres environ, sans laquelle les Truites ne trouveraient pas un abri contre l'orage, monteraient à la surface de l'eau lorsqu'il menacerait, y présenteraient souvent un grand nombre de taches livides et périraient bientôt ; une quantité très considérable de Loches ou de Goujons, et d'autres petits Cyprins, dont les Truites aiment à se nourrir, ou une très grande abondance de morceaux de foie haché, d'entrailles d'animaux, de gâteaux secs, faits de sang de bœuf et d'orge mondé ; des bandes garnies d'une grille assez fine pour arrêter l'alevin ; enfin, il faut avoir soin d'évincer les Poissons voraces, les Grenouilles, les Oiseaux aquatiques, les Loutres et de casser pendant l'hiver la glace qui peut se former sur la surface de l'eau.

« On empoissonne ordinairement les étangs à Truites avec soixante Truites par arpent, et on choisit le commencement de l'hiver comme l'époque la plus favorable pour faire cette opération.

« Lorsque, pour peupler un étang, on est obligé d'y transporter des Truites d'un endroit un peu éloigné, il faut ne placer dans chaque vase qu'un petit nombre de ces Salmonides, renouveler l'eau dans laquelle on les a mis, et l'agiter souvent. »

Pêche, usages. — La Truite de rivière, dont la chair est des plus délicates, est partout pêchée ; elle est le triomphe des pêcheurs à la ligne. Le pêcheur doit toujours se rappeler que la Truite est très méfiante et qu'elle se défend vigoureusement ; si le Poisson aperçoit le pêcheur, rien ne la tentera ; elle se tiendra sur ses gardes.

La pêche de la Truite a été décrite avec tant de charme par de la Blanchère que nous ne pouvons résister au plaisir de citer ici ce qu'il en dit. « Si vous voyez une Truite s'élancer sur une mouche naturelle, jetez la vôtre un peu au-dessus de l'endroit ou vous jugerez que peut être la tête, un peu à droite ou à gauche... Elle ne viendra probablement pas à votre première épreuve ; recommencez trois ou quatre fois... Mais elle ne saisira votre mouche que lorsqu'elle se présentera tout près d'elle et de manière à la tenter. La Truite ne quittera pas sa position pour votre amorce, si celle-ci se trouve en dehors de sa tournée d'alimentation. Cependant, quelques jets répétés peuvent l'attirer dans l'endroit désiré, et c'est lorsqu'elle nagera à la surface de l'eau qu'elle prendra la mouche sans hésiter, mais elle ne sortira pas de sa route pour saisir *aucune* mouche.

« Le temps a un effet extraordinaire sur ce Poisson, et surtout sur sa disposition à manger. Avec le vent d'est, la Truite ne se prend pas facilement ; elle a horreur des orages accompagnés de tonnerre ; les vents violents sont défavorables au pêcheur, de quelque côté qu'ils viennent. Pendant et après les pluies douces, sans trop de vent, voilà le moment par excellence pour prendre la Truite.

« Il faut éviter un ciel très clair, à moins qu'il n'y ait assez de vent pour soulever sur l'eau de fortes rides, et même alors, par un jour limpide, on prendra peu de Truites. Au contraire, un temps sombre, succédant à une nuit lumineuse, est excellent pour remplir le panier, car les Truites sont presque aussi timides dans une nuit éclairée par la lune que dans le jour ; aussi, pendant ces nuits-là, elles ne chassent pas. Si donc le lendemain le temps est couvert, la Truite aura faim, se croira en sûreté et mordra âprement. Lors de la saison froide, pêchez seulement au milieu du jour ; dans la saison chaude, le matin et le soir. La soirée, en général, vaut mieux que la matinée, sans doute parce que les Truites, ne mangeant pas du tout pendant la chaleur, ont faim le soir ; au contraire, si elles ont chassé librement pendant la nuit, elles sont moins friandes de l'amorce le matin. L'heure qui précède la disparition du crépuscule et celle qui le suit, si la nuit est très sombre, sont les plus favorables ; c'est le moment d'ailleurs où les gros Poissons commencent leur tournée.

« A la pêche à la *surprise*, entre les arbres et les buissons, si l'on aperçoit un endroit où se

Paris, J.-B. Baillière et Fils, édit.

Cadart, Lerat, imp.

LA PÊCHE A LA TRUITE.

tient probablement une Truite, il faut descendre la mouche très doucement en lui imprimant un mouvement cadencé; mais elle ne doit que toucher la surface sans que la plus petite portion de florence attaque l'eau. Cette précaution est essentielle pour réussir, car il est bien rare de prendre une Truite à la ligne volante, si elle voit le plus petit morceau de florence dans le courant.

« Il arrive très souvent qu'on aperçoit une Truite tout près du bord du ruisseau ou sous l'ombre d'un buisson ; rien n'est plus facile que de s'en emparer. Ne vous placez pas devant elle, mais, vous portant en arrière, descendez la mouche très doucement, à quelques centimètres à côté de sa tête, mais jamais immédiatement en avant; si vous laissiez tomber la mouche en avant, le Poisson verrait le florence et fuirait, tandis qu'en le plaçant sur le côté, il ne sera prévenu de son approche que lorsqu'elle tombera à l'eau; il n'aura pas le temps de l'examiner trop scrupuleusement, il s'élancera dessus involontairement... de crainte qu'elle ne s'en aille au courant (1). »

« Dans les petits ruisseaux pierreux, clairs et rapides, où l'on voit des larves d'insectes ou de ces vers que l'on nomme des Planaires, une recherche attentive y fait presque toujours découvrir de jeunes Truites (2). » C'est une pêche qui ne laisse pas que d'être quelquefois fructueuse (pl. XIV).

LA TRUITE DE MER. — *SALMO MARINUS.*

Meerforelle.

Caractères. — Par l'ensemble de ses formes, la Truite de mer se rapproche plus du Saumon que de la Truite de rivière ; elle a le corps assez épais, arrondi sur les côtés. La tête est petite, proportionnellement à la longueur du corps ; le museau est arrondi, la bouche très largement ouverte; la mâchoire supérieure est un peu plus avancée que l'inférieure, les deux mâchoires étant armées de dents assez fortes, coniques et un peu crochues. La dorsale se compose de 3 à 5 rayons simples et de 9 ou 10 rayons divisés ; elle est à peu près aussi haute que longue; l'adipeuse est bien développée; on voit 3 ou 4 rayons simples et 8 ou 9 rayons branchus à l'anale;

---

(1) *La Pêche et les Poissons, Nouveau dictionnaire général des pêches.*

(2) Blanchard, *Les Poissons*, p. 477.

la caudale est coupée carrément, ou peu échancrée (fig. 467).

La Truite de mer est argentée sur les côtés, avec de petites taches noires éparses et en nombre plus ou moins grand au-dessus de la ligne latérale; le dos est gris verdâtre, le ventre d'un blanc d'argent éclatant. Souvent les opercules sont marqués de taches noires arrondies, taches qui paraissent d'ailleurs être plus nombreuses chez les individus jeunes que chez les individus âgés. La dorsale et la caudale sont d'un gris brunâtre, l'anale et les ventrales sont d'un gris pâle; les pectorales sont grisâtres, le plus ordinairement on voit des taches brunes sur les nageoires impaires.

Comme les autres Saumons, la Truite de mer subit des changements dans sa coloration. Vers l'époque du frai le dos devient plus bleu. Suivant E. Blanchard, avant d'avoir été à la mer la Truite que nous décrivons présente des taches orangées sur les flancs, de sorte que sa coloration se rapproche beaucoup de celle de la Truite commune, excepté dans les parties inférieures. Le dos, d'un noir magnifique, présente des reflets éclatants d'un bleu d'acier; une ponctuation noire s'étend sur le ventre; des taches d'un noir intense se détachent sur la teinte foncée des parties latérales et supérieures.

Il existe des individus stériles et on considère comme tels les individus qui ont une couleur argentée claire, la nageoire caudale plus échancrée et les écailles très caduques.

La Truite de mer peut atteindre la taille de 0m,80; on voit assez souvent sur les marchés des individus qui arrivent au poids de 12 à 15 kilogrammes.

Mœurs, distribution géographique. — Cette Truite semble avoir les habitudes du Saumon; elle naît dans les rivières, puis, parvenue à une certaine taille, elle descend à la mer.

Le cercle de distribution de la Truite de mer est assez étendu, cette espèce habitant la Baltique, la mer du Nord et l'Océan Glacial jusqu'à la mer Blanche; elle n'est pas rare sur les côtes de la péninsule scandinave, de la Grande-Bretagne, de l'Écosse, de l'Irlande, de l'Allemagne, de la Laponie, de la partie nord-ouest de la Russie; en France on la trouve dans la Meuse, dans la Seine, dans la Loire et dans les tributaires de ces fleuves.

Sa nourriture est celle du Saumon. L'époque du frai tombe en novembre et décembre. La remonte dans les rivières a lieu habituelle-

Fig. 467. — La Truite de mer (d'après E. Blanchard).

ment en mai, juin et juillet; jamais la Truite de mer ne remonte aussi loin que le Saumon, aussi ne la trouve-t-on pas dans les montagnes. Quelques auteurs ont indiqué que cette Truite habitait aussi des lacs sans communication avec la mer; mais, selon toute apparence, il y a eu confusion d'espèce.

LES ÉPERLANS — OSMERUS

Stintlachfe.

Caractères. — Les Éperlans ont le corps allongé, plus ou moins fusiforme, couvert d'écailles caduques très minces. La bouche est très largement fendue, la mâchoire supérieure étant plus courte que l'inférieure; la dentition est très forte; on voit des dents sur les mâchoires, sur le vomer, les palatins, les ptérygoïdiens, la langue; le maxillaire est long et dépasse, en arrière, le niveau du bord postérieur de l'œil.

Distribution géographique. — Les Éperlans sont de petits Poissons de mer qui entrent dans les fleuves, sans cependant se porter à de grandes distances; ils vivent dans le nord de l'Europe et de l'Amérique. On trouve sur les côtes de la Nouvelle-Zélande et sur les côtes Pacifiques de l'Amérique du nord des espèces appartenant aux genres *Retropina*, *Hypomesus* et *Taleichthys*, qui ont les mêmes habitudes que l'Éperlan commun.

L'ÉPERLAN COMMUN. — OSMERUS EPERLANUS.

Stint.

Caractères. — Cette espèce, qui arrive à la taille de 0ᵐ,25, a le corps allongé, arrondi sur le dos, un peu comprimé sur les flancs, couvert d'écailles caduques et très minces. En dessus le crâne est transparent. Le museau

est court, la bouche fendue obliquement, largement ouverte. L'intermaxillaire a des dents pointues, assez fortes; le maxillaire n'est armé que de très petites dents qui lui donnent l'apparence d'une lame de scie; la mandibule porte deux rangées de dents; sur le vomer se trouvent de grosses dents coniques; la langue est pourvue de dents fortes et crochues; les palatins et les ptérygoïdiens ont une rangée de dents. La nageoire dorsale, qui est courte, haute et s'insère au-dessus des ventrales, a 2 ou 3 rayons simples et 7 ou 8 rayons branchus; l'anale se compose de 3 rayons simples et de 12 ou 13 rayons divisés; la caudale est fourchue, avec le lobe inférieur plus grand (fig. 468).

La coloration, assez variable, est, le plus ordinairement, un vert clair ou un vert grisâtre, plus ou moins pointillé de noir sur les parties supérieures du corps; les flancs et le ventre sont argentés; une bande d'un vert assez prononcé sépare la teinte des côtés de celle du dos, cette bande manque cependant chez les individus jeunes. Les joues sont argentées; le museau est parsemé de petits points noirs. La dorsale est grisâtre, teintée de noir; l'anale et les ventrales sont blanches; la caudale est grisâtre, noirâtre chez les individus jeunes. L'œil est argenté.

Distribution géographique. — La mer du Nord et la Baltique sont les points où se pêche surtout l'Éperlan; on le trouve également en abondance dans la Manche et sur une grande partie des côtes ouest de la France, bien qu'il soit plus rare dans l'Océan; il se tient de préférence à l'embouchure des fleuves.

On trouve, dans certains lacs de la Prusse, des Éperlans qu'il n'est pas possible de séparer spécifiquement de l'espèce marine. Le genre Éperlan datant de l'époque tertiaire

Fig. 468. — L'Éperlan commun.

supérieure, il est certain que des individus s'en sont trouvés isolés dans des lacs à l'époque actuelle, et très anciennement, et qu'ils ont pu continuer à vivre loin de la mer. L'Éperlan marin ne diffère guère de celui des lacs que par sa taille, qui est plus grande, et quelques détails dans la coloration.

Sur les côtes d'Allemagne, l'Éperlan se prend d'une manière fort irrégulière et en nombre extrêmement variable suivant les années. Ce Poisson est principalement abondant aux embouchures de l'Elbe et du Weser; il est rare, au contraire, sur les côtes du Holstein, du Mecklembourg et de la Poméranie, mais se montre en quantité extraordinaire dans le golfe de Courlande. Dans ce dernier point on trouve également l'Éperlan dit des lacs, qui d'ailleurs ne se rend pas dans la mer et qui habite surtout les lacs de la Prusse orientale, de la Poméranie, du Brandebourg, du Mecklembourg et du Holstein.

Les deux variétés d'Éperlans se tiennent toujours en troupes et remontent les cours d'eau. L'Éperlan ne s'avance pas aussi loin que le Saumon, mais, en Allemagne, il pénètre cependant assez avant, remontant, par exemple, l'Elbe jusque dans les duchés de Saxe et d'Anhalt, dans le Weser jusqu'à Minden. L'Éperlan, sur les côtes de la Manche, ne remonte guère au delà de l'endroit où se fait sentir la marée; c'est ainsi qu'il remonte rarement la Seine au-dessus de Rouen; on en prend beaucoup aussi à l'embouchure de l'Orne, de la Loire.

Mœurs, habitudes, régime. — C'est au printemps que les Éperlans entrent en grandes troupes dans les cours d'eau; ils suivent plutôt le fond de l'eau que la partie voisine de la surface, excepté, suivant certains observateurs, lorsque les vents soufflent du midi; ils remontent à la file et on prétend qu'ils suivent constamment la même route sans se détourner.

Suivant Baudrillart : « L'Éperlan se plaît dans les eaux un peu troubles et stagnantes où il a trouvé une bonne nourriture et s'y réunit plus en masse que dans les eaux claires. On a encore remarqué qu'à l'embouchure de la Seine, à mesure que l'eau du fleuve baisse avec le reflux, le Poisson descend avec elle, et qu'il se porte successivement sur les bancs où il reste encore un peu d'eau.

« Quelques pêcheurs admettent une montaison; d'autres en admettent deux, et ils ne sont pas d'accord sur les époques. Noël pense que les pêcheurs qui admettent deux montaisons confondent souvent avec l'Éperlan de la première montaison le Poisson de cette espèce, qu'il appelle *stationnaire*, et qui se montre de bonne heure et avant les autres.

« Quand il se réunit des circonstances favorables, une montaison s'opère quelquefois en moins de dix jours, c'est-à-dire qu'un ou plusieurs lits d'Éperlans n'emploient que cet espace de temps à monter de Quillebœuf jusqu'à Rouen et au delà.

« Parmi les pêcheurs qui admettent deux montaisons, les uns prétendent que l'Éperlan de la seconde montaison est plus gros que celui de la première, tandis que les autres sont d'un avis contraire; et ce dernier avis est conforme à l'analogie et à ce qu'on remarque dans un grand nombre d'espèces. Mais une vérité incontestable, c'est qu'à telle époque de l'année qu'on veuille pêcher dans la Seine, on y trouve l'Éperlan en différents états, plein, vide, réparé de la maladie du frai, commençant à se remplir d'œufs, etc. Enfin, Noël n'hésite point à affirmer qu'une partie des Éperlans qui se pêchent dans la Seine y réside toute l'année; que, dans le temps du frai, il en vient aussi beaucoup de l'embouchure de ce fleuve et de la mer; qu'ainsi les lits d'Éperlans qui se trouvent dans la Seine sont composés, partie de poissons stationnaires, et partie de poissons qui abandonnent les eaux de la mer pour remonter les eaux douces et venir déposer leur frai sur des fonds plus appropriés aux besoins de la reproduction.

« L'Éperlan cherche toujours l'eau la plus douce pour y déposer ses œufs; mais il ne réussit pas toujours à y parvenir. S'il lui arrive, en remontant la Seine, d'être contrarié par les grosses eaux, il fraye, dès son embouchure même, sur les fonds où il se trouve; aussi des pêcheurs de Villequier ont-ils vu souvent des radeaux entiers d'Éperlans remonter la Seine, quoique déjà ils eussent jeté leurs œufs. Ils ont fait la même remarque pour l'Alose. Les plus gros Éperlans sont ceux qui frayent les premiers, circonstance de la reproduction de l'espèce qui leur est commune avec la Morue, le Hareng, la Bordelière, la Brême, etc.

« Comme le gonflement des rogues est plus sensible et plus extensif dans les femelles que celui des laites dans les mâles des Poissons, elles sont les premières à se soulager et à trouver des endroits propres à recevoir leurs œufs.

« C'est surtout à l'époque du frai que l'Éperlan exhale une odeur assez forte. Quelques personnes trouvent l'odeur du thym, d'autres celle de la violette, aux émanations qui s'échappent du corps de l'Éperlan.

« La *fraieson* (temps de frai) de l'Éperlan dure un mois et se prolonge souvent au delà. Si la température est favorable, il met beaucoup moins de temps à frayer. On a remarqué avec raison que les poissons qui multiplient beaucoup sont ceux dont la fraieson dure le plus : le Goujon, la Gibèle, etc., en sont la preuve.

« L'Éperlan fraye depuis l'embouchure de la Seine jusqu'au Pont-de-l'Arche, sur les fonds où l'eau tranquille promet au frai qui doit éclore une nourriture douce et une pleine sécurité. Il ne fraye qu'une seule fois par an, et l'époque de la fraieson varie suivant les lieux; plus les fonds sont voisins de la mer, plus l'Éperlan fraye de bonne heure, c'est-à-dire dès l'automne. Quand le jeune frai est assez fort pour venir s'essayer à la surface de l'eau, on le distingue des autres Poissons à sa queue, d'une couleur légèrement brunâtre. Quand le frai se montre ainsi dans les eaux courantes, le grand Éperlan ne s'y fait plus voir qu'en petites troupes; on présume qu'une partie a regagné la mer, que l'autre s'est fixée sur des fonds où l'eau est stagnante, et présente des aliments plus variés et plus nourrissants. A la fin de l'hiver, on voit souvent vers Villequier et au-dessous de prodigieuses quantités de petits Éperlans, qui sont charriées par les grosses eaux de la mer (1).

Pêche, usages. — Dans la basse Seine, là où l'Éperlan est abondant, la pêche se fait avec des filets sédentaires, tels que des gords, des guideaux, des nasses, ou des filets mobiles, seine, tramail; la pêche a lieu surtout la nuit, par une eau légèrement troublée; elle est, dit-on, meilleure par les vents doux d'est ou sud-ouest que ceux du nord. La pêche de ce Poisson a été de tout temps une source de richesse pour Caudebec; aussi cette ville porte-t-elle trois Éperlans dans l'écusson de ses armes.

On consomme l'Éperlan frais; en certaines parties de l'Angleterre et de l'Allemagne on le fume ou on le sale.

LES LODDES — *MALLOTUS*

Lodden.

Caractères. — Le Capelan (*Mallotus villosus*),

(1) *Dictionnaire des pêches.*

seule espèce que renferme le genre Lodde, est un petit Poisson au corps allongé, arrondi, couvert de petites écailles ; le long de la ligne latérale et le long d'une carène qui va de la pointe de la pectorale à l'insertion de la ventrale, se voit une suite d'écailles oblongues, très molles, étroites, qui semblent former une espèce de villosité. Les mâles, plus grands que les femelles, peuvent atteindre une longueur de 0ᵐ,20. La tête est étroite, comprimée vers le bas, le museau assez aigu, la mâchoire inférieure dépassant un peu la supérieure. La bouche est largement fendue ; le maxillaire est très mince, lamelliforme ; la dentition est très faible, les dents étant très fines, serrées, pointues, disposées sur un seul rang ; on voit une rangée de petites dents coniques sur le chevron du vomer et sur le palatin ; la langue est armée de dents un peu plus longues.

La dorsale est reculée au-dessus des ventrales ; elle est petite, composée de 14 rayons grêles. L'anale, à laquelle on compte 22 rayons, présente une disposition tout à fait remarquable : elle est attachée sur une sorte de pédoncule élevé revêtu d'écailles ; les premiers rayons sont peu profondément divisés et peuvent s'écarter beaucoup les uns des autres lorsqu'ils se redressent, la membrane qui les réunit étant très large ; ces rayons sont suivis de cinq autres tellement réunis et serrés, qu'ils forment une nageoire sans aucune flexibilité. La caudale est fourchue.

La couleur du dos est d'un vert sombre, avec des reflets brunâtres, celle des flancs et du ventre est un blanc d'argent avec de nombreuses taches noires ; les nageoires sont grises, bordées de noir.

Le mâle et la femelle se distinguent assez facilement l'un de l'autre. Le premier est svelte, avec la tête grosse et le museau pointu ; pendant l'époque du frai, on voit une bande d'un vert sombre le long des flancs ; la femelle, plus courte, a le museau plus émoussé.

Mœurs, distribution géographique. — Le Capelan est essentiellement un Poisson du cercle arctique ; il abonde entre le 64ᵉ et le 75ᵉ degré de latitude nord ; il se trouve aussi bien sur les côtes d'Amérique que sur celles du Kamtschatka.

D'après Valenciennes : « Le Capelan vient couvrir vers le 15 juin les plages de Saint-Pierre de Miquelon et de la partie sud de Terre-Neuve. Son apparition est à peu près régulière ; il ne précède presque jamais cette époque, et il ne retarde guère que de huit à dix jours. La Morue a coutume de le suivre, et elle disparaît souvent lors de la retraite du Capelan. Les bancs de ce Poisson se jettent à la côte pour se reproduire. Les femelles déposent les premières leur rogue ; il en périt une quantité considérable, parce qu'elles sont poussées sur le rivage par la vague qui s'y brise. Les Capelans mâles arrivent en troupes après les femelles pour féconder les œufs que celles-ci ont abandonnés ; ils ont souvent le même sort qu'elles. Les pêcheurs ont soin de remarquer l'abondance des cadavres des Poissons de ce sexe ; car on a reconnu que s'il y a peu de femelles, l'année suivante est pauvre en Capelans ; s'il arrive, au contraire, qu'elles soient en plus grand nombre que les mâles, la saison suivante sera riche. On examine aussi les Capelans morts pour s'assurer si les femelles ont déposé leurs œufs, attendu qu'après la ponte, cette espèce ne tarde pas à quitter la côte. Il est fort aisé de connaître si la ponte a eu lieu, parce que le ventre, qui était rond, devient aussi plat que celui du mâle. Au moment du frai, les yeux, la caudale et le pourtour de l'anus prennent une teinte rouge assez vive dans les deux sexes.

« Le Capelan n'entre jamais dans les eaux douces, il paraît même éviter l'embouchure des fleuves. On le trouve au Grœnland, en Islande, tantôt en troupes à la surface de l'eau, tantôt se tenant à une profondeur considérable. Ce Salmonoïde se nourrit de petites Crevettes, d'algues et d'œufs de différents Poissons, sans épargner les siens propres, ainsi que Fabricius l'a observé dans les baies du Grœnland. Il a pour ennemis tous les grands Gades, ainsi que les grands Pleuronectes, comme les Flétans ; les Marsouins, le Balœnoptère lui donnent aussi la chasse. Lorsque le Lodde se presse dans les baies, les Oiseaux de mer en détruisent un grand nombre. Le Capelan pond en mai, juin et juillet. Les mâles, en lâchant leur laitance, rendent l'eau de la mer trouble et comme laiteuse. »

Pêche, usages. — La Morue est extrêmement friande de Capelan, aussi ce Poisson est-il employé pour appât là où les bancs de Morue sont nombreux ; on le sale, on le fait sécher, ou on l'emploie frais.

Le Lodde ou Capelan est d'une précieuse ressource pour les habitants de l'extrême nord. Les Grœnlandais se livrent à sa pêche, car, à certains moments, le Capelan est tellement abondant qu'on n'a littéralement qu'à le ramasser, lorsqu'il s'approche des côtes, s'engageant dans les baies et dans les anses pour frayer.

LES CORÉGONES — *COREGONUS*

Renken.

Caractères. — Les Corégones ont le corps un peu comprimé latéralement, couvert d'écailles qui tombent facilement, assez grandes et arrondies. La bouche est petite; le maxillaire court; les dents, lorsqu'elles existent, sont petites et peuvent tomber; la dorsale est haute en avant, obliquement tronquée dans sa partie postérieure, placée en avant des ventrales (fig. 469).

A l'époque du frai, chez les mâles apparaît une sorte d'éruption cutanée qui détermine sur chaque écaille une saillie allongée et de couleur blanchâtre.

Mœurs, distribution géographique. — La plupart des Corégones, dont on connaît environ quarante espèces, habitent les lacs; peu d'espèces accomplissent des migrations au moment de la ponte, comme nous l'avons vu pour les Saumons; ces dernières espèces sont marines et remontent périodiquement les fleuves.

Les espèces sont confinées dans la partie nord et tempérée de l'Europe, de l'Asie et de l'Amérique du Nord. Leur distribution est très localisée, mais souvent on trouve plusieurs espèces dans le même lac. La distinction des espèces est, d'ailleurs, très difficile, ces animaux paraissant varier beaucoup et se croiser entre eux.

On ne trouve que quatre espèces de Corégones en France; en Allemagne le nombre des espèces est de six; les Corégones des lacs de la Grande-Bretagne, de la Scandinavie et de la Russie sont considérés comme étant d'espèces distinctes. Les Corégones abondent dans les lacs et les cours d'eau de la partie nord des États-Unis, où on les connaît sous le nom de *Poissons blancs* (*White-fish*).

Les Corégones abondent également dans certaines parties de la Sibérie. On en voit en abondance dans l'Obi; ce grand fleuve renferme cependant peu d'espèces de Poissons comparativement à son étendue. Les Corégones se trouvent dans les lacs et les cours d'eau montagneux de la région de l'Altaï. Le *Njelma* (*Coregonus leucichthys*), le *Sirok* (*Coregonus syrok*), le *Moksun* (*Coregonus muksun*), le

Tschokor (*Coregonus nasus*) et le *Sjeld* (*Coregonus merkeï*) habitent l'Obi et l'Irtisch en quantités innombrables depuis le golfe de l'Obi jusque dans les affluents supérieurs. Chaque année, après le départ des glaces, ces Corégones commencent leur voyage, remontent en quantités innombrables du côté des montagnes, beaucoup allant jusque dans les affluents du bassin supérieur; ils atteignent leur frayère vers la fin de l'été, pondent, puis retournent lentement vers leur point de départ. On ne sait pas encore exactement si ces Corégones hivernent dans l'Océan glacial même ou dans le golfe d'Obi. Certaines espèces, au moment de la ponte, entreprennent d'énormes voyages et font plus de 700 kilomètres. Bien que pendant ce voyage les Corégones se nourrissent surtout de petits Mollusques, beaucoup d'entre eux succombent à la fatigue. Les Sibériens cependant n'attribuent pas la perte innombrable en certaines années des Poissons migrateurs à cette dernière cause, mais à « la mort du fleuve »; c'est-à-dire qu'ils croient que l'eau de l'Obi et de quelques-uns de ses affluents devient mauvaise à cause de la présence des glaces, qui font que l'eau s'écoule lentement et qu'elle se sature alors de différents sels. En Sibérie on croit également que les Corégones sont poussés par l'Esturgeon Beluga qui suit leurs bandes et remonte alors le fleuve. La montée des Corégones n'a pas lieu régulièrement à la même époque, mais se règle surtout d'après la température de l'eau. Lorsque les glaces fondent trop tôt, il arrive souvent que les Corégones remontent le fleuve, non seulement sous la glace mais encore au-dessus de la glace; dans ce cas, ils périssent en grand nombre lorsqu'il regèle, ce qui arrive assez souvent. Lorsqu'il pleut beaucoup au printemps, après la fonte de la glace, le voyage des Corégones est hâtif; c'est le contraire qui arrive lorsque le printemps est sec.

L'apparition du Baluga annonce aux Russes ainsi qu'aux Ostiaques le commencement de la montée. Pour ces derniers, le Dauphin est le précurseur du Corégone; on ne le poursuit pas, aussi est-il peu craintif, à ce point qu'on peut s'approcher près de lui sans qu'il interrompe la pêche qu'il fait pour son propre compte. A ce que disent des pêcheurs expérimentés, cinq à six bandes de Dauphins, composées chacune d'une quarantaine d'animaux, visitent chaque année la partie inférieure de l'Obi; ils tiennent le milieu du fleuve, tandis

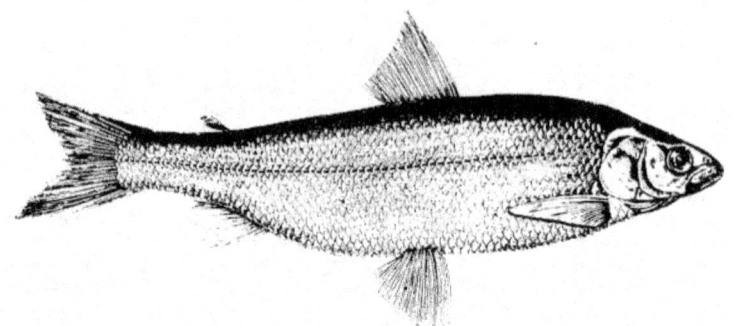

Fig. 460. — Le Lavaret (d'après E. Blanchard).

que les Corégones, au contraire, remontent plutôt le long des rives.

La descente des Corégones vers la mer commence au mois d'août, le plus souvent vers la fin de ce mois; les Poissons reviennent, non plus en grandes troupes comme au moment de la montée, mais par petites bandes; en automne, les jeunes, que l'on trouve en quantité généralement dans toutes les petites rivières affluents du fleuve, suivent leurs aînés.

Pêche, usages. — En Sibérie, la pêche des Corégones est des plus importantes. Tous les habitants du pays se livrent à cette pêche lorsque les cours d'eau sont débarrassés des glaces; les Ostiaques pêchent toujours sous la glace. Cependant la glace est parfois si épaisse que la pêche est impossible avec des filets et ne peut se faire qu'en certains points avec des nasses. De Tobolsk à Obdorsk la pêche est dans toute son activité; presque toute la population du littoral du fleuve s'y adonne.

De Tobolsk, tout d'abord, partent de lourdes barques, appelées *Barska;* elles sont remplies de toutes sortes de marchandises d'échange pour les Ostiaques. Une fois arrivé sur les endroits de pêche, on met à l'ancre la première embarcation et on commence à construire les habitations nécessaires et les hangars pour préparer le poisson. La plupart de ces habitations sont du plus misérable aspect, faites en murs grossiers et recouvertes d'un mauvais toit; lorsqu'il existe une fenêtre vitrée et un poêle, c'est un grand luxe; le plus souvent l'habitation consiste en une cabane dont les murs sont construits en clayonnage et dont le toit est constitué par des lames d'écorce de

bouleau : souvent aussi c'est le bateau qui sert d'habitation au patron. Les pêcheurs russes loués par celui-ci dorment dans une hutte en forme de four dont le toit est si bas que, même assis sur le plancher couvert de branches d'osier, ils touchent le sommet avec la tête et ne peuvent se mouvoir qu'en rampant. Chez les plus favorisés une étroite étable pour une vache et un petit réduit où se trouvent quelques poules complètent l'habitation du patron de l'entreprise. En tous cas, on s'établit toujours près d'une rive large, sablonneuse, sans blocs de rocher, sans grosses pierres, sans troncs d'arbre charriés par le courant et de tels endroits sont le plus souvent en possession des indigènes. Le fleuve modifie sans cesse son lit, de telle sorte qu'il est rare qu'on puisse créer des établissements durables; on se contente dès lors de campements.

Suivant la situation que doit occuper ce campement, on s'accorde de différentes manières avec le propriétaire de l'endroit de pêche. Lorsque l'entrepreneur amène ses propres gens, il compte au propriétaire indigène du sol une certaine somme d'or, plus du poisson et parfois même du pain; d'autres fois le payement se fait avec de l'eau-de-vie et diverses marchandises. Très souvent le pêcheur russe travaille de compte à demi avec les indigènes. Dans ce dernier cas, l'entrepreneur russe paye à chaque compagnie de pêche qui se sert du même filet une certaine somme : il prête en outre un filet traînant de cent cinquante brasses et reçoit en échange la moitié de tous les poissons capturés par ce filet, n'acceptant toutefois que ceux qui mesurent au moins 0ᵐ,25 de long. Lorsque les pêcheurs indigènes n'habitent pas des maisons de bois au voisinage d'un *sable* peu variable, ils viennent avec toute leur famille et se construisent des huttes en écorce de bouleau, appelées *tschun*, à quelque distance de l'habitation des Russes.

La pêche commence sitôt que le fleuve grossi par la fonte des neiges a baissé. Pendant l'été, les Russes pêchent partout sur l'Obi inférieur et toujours de la même manière. Le filet, que l'on cherche à proportionner autant que possible au fond sablonneux du fleuve, a, en moyenne, 160 mètres ; on le maintient à la surface de l'eau, soit au moyen de longues planchettes, soit avec des flottes formées de l'écorce du peuplier blanc et on le charge avec des pierres enveloppées dans des morceaux d'écorce de bouleau. Huit à douze hommes sont employés à la manœuvre du filet. Cet engin étant plié dans un assez grand bateau, les hommes rament jusqu'à l'extrémité du banc de sable ; un pêcheur qui a à diriger le bout d'une aile saute à terre et enfonce dans le sol une grande perche garnie d'une pointe en fer ; il attend alors que le filet soit développé en un grand arc, puis il suit lentement le filet qui flotte, jusqu'à ce que ses compagnons soient arrivés sur le sol. Après qu'on a tiré à terre une longueur assez grande pour que le sac placé à l'extrémité supérieure de l'aile soit parvenu au milieu, on tire le filet sur la rive et on vide dans le bateau le contenu, souvent très considérable, du sac ; on dirige ensuite le bateau vers les cabanes à poisson. On recommence la pêche et on continue à travailler jour et nuit tant que dure le passage.

Les Ostiaques pêchent également avec les mêmes filets, et en outre avec des filets à bourse, avec des nasses, ils barrent aussi le petit bras des rivières avec des haies qui forcent le poisson à suivre certains couloirs à l'extrémité desquels se trouvent des filets ou des nasses dans lesquels le poisson vient s'entasser.

Les poissons pris ou achetés par les Russes sont salés aussitôt que possible ; ceux qui sont capturés par les Ostiaques sont coupés et séchés à l'air ; une bonne partie est consommée à l'état frais par les pêcheurs russes aussi bien que par les indigènes.

Ni les Corégones salés ni ceux qui sont séchés ne peuvent passer pour un mets délicat ; autant les Corégones mangés frais sont savoureux, autant ceux qui ont été préparés sont secs et coriaces ; la préparation du poisson est d'ailleurs des plus grossières ; elle se fait avec le sel impur qu'on retire des lacs des steppes, sel mélangé de sulfate de soude et de sulfate de magnésie, ce qui le rend amer et déliquescent.

Avec le foie des corégones on obtient une huile très estimée ; les Ostiaques en font une grande consommation.

Dans les principaux villages de pêche de l'Irtisch on conserve jusqu'en hiver dans des étangs une partie des Corégones pris en automne, on les repêche au commencement de l'hiver, on les fait geler, on les emballe dans de la neige, on transforme le tout en un massif bloc de glace en l'arrosant avec de l'eau, puis on transporte ces blocs à Moscou ou à Saint-Pétersbourg.

Malgré le prix extrêmement bas du poisson en Sibérie, le produit de la pêche des Corégones se chiffre par une somme considérable ; il pourrait du reste être beaucoup plus important si le poisson était mieux préparé, de telle sorte qu'il pourrait être exporté sur les marchés étrangers.

LA FÉRA. — *COREGONUS FERA.*

Bodenrenke.

Caractères. — Ainsi qu'on peut le voir par l'animal représenté au bas de la figure 470, le Féra a le corps allongé ; la tête est conique, le museau tronqué obliquement d'avant en arrière (fig. 473). La dorsale est haute en avant ; on y compte 4 rayons simples et 10 ou 11 rayons branchus ; l'anale a 13 à 16 rayons ; la caudale est échancrée.

La couleur est habituellement d'un gris brunâtre sur le dos, avec des reflets verdâtres et parfois bleuâtres sur les côtes et sur la tête et des points noirs, surtout dans le jeune âge. Les nageoires, qui se colorent en rose tendre à l'époque du frai, sont pointillées de noir ; on voit sur la dorsale et sur la caudale de petites bandes transversales plus ou moins rembrunies.

La taille ne dépasse guère 0ᵐ,30 à 0ᵐ,40.

Distribution géographique. — La Féra est très abondante dans le lac de Genève ; on la trouve dans différents lacs de la Suisse, de la Bavière, de l'Autriche.

Mœurs, habitudes, régime. — Cette espèce fait sa nourriture de débris organiques et surtout de petits animaux, se montrant tout particulièrement avide des insectes qui voltigent à la surface de l'eau. L'époque du frai tombe en décembre ; la ponte a lieu sur les herbes à une assez grande profondeur.

Pêche, usages. — La Féra est un des meilleurs poissons de nos eaux douces ; on la prend en hiver avec des filets, en été, surtout en mai et en juin, avec des hameçons. Les lignes se composent de quelques brins de cordes ; on les attache habituellement de manière à ce qu'on puisse les maintenir à une profondeur variable ; sur chaque corde sont fixés plusieurs hameçons amorcés avec des mouches artificielles. Lorsque la Féra se sent prise, elle se défend énergiquement ; on laisse alors aller la ligne, de manière à ce qu'elle reste tendue mollement ; lorsque le poisson est calmé ou épuisé, on le retire doucement et on le prend avec une épuisette.

LE LAVARET. — *COREGONUS LAVARETUS.*

Blaufeschen.

Caractères. — Le corps du Lavaret est allongé, comprimé à peu près également de l'extrémité antérieure à l'extrémité postérieure ; la tête est proportionnellement petite ; le museau, atténué et tronqué au bout, ne forme qu'une faible saillie au-dessus de la mâchoire inférieure ; en dessus, la tête est presque transparente. La dorsale est plus haute que longue ; on y voit 4 ou 5 rayons simples et 10 à 11 rayons branchus. L'anale se compose de 4 rayons simples et de 11 à 12 rayons divisés. La caudale est échancrée (fig. 471).

Ce poisson est d'un magnifique blanc d'argent sur les flancs et sous le ventre ; le dos est gris bleuâtre ou verdâtre ; la ligne latérale est ponctuée de noir ; les nageoires, pâles chez les individus jeunes, sont lavées de gris vers leur extrémité et teintées de noirâtre chez les adultes. L'œil est argenté. Certains individus ont une teinte plus sombre.

La plupart des individus ne dépassent pas 0m,30 à 0m,35 ; on en trouve cependant, mais rarement, des individus qui atteignent 0m,65.

Distribution géographique. — En France, le Lavaret abonde dans le lac du Bourget ; il est quelquefois pêché dans le Rhône, et accidentellement dans l'Ain et l'Isère ; on ne le trouve pas dans le lac de Genève, où vit la Féra, mais il existe dans les lacs de Neuchâtel, de Zug, de Constance, et dans la plupart des lacs de la Bavière et de l'Autriche. On

pêche dans des lacs de la Grande-Bretagne et de Suède un Corégone qu'il faut sans doute assimiler au Lavaret.

Mœurs, habitudes, régime. — Le Lavaret fait principalement sa nourriture de petits animaux nageurs, tels que des larves d'insectes, des crustacés et de débris organiques divers. Ce Poisson se tient habituellement dans les eaux profondes ; pendant l'orage et les pluies chaudes, il remonte et se rapproche de la surface, jusque vers 5 brasses, parfois même moins, mais à l'approche d'un temps plus froid il replonge dans les profondeurs. Au moment de l'époque du frai, qui arrive vers la seconde moitié de novembre, les Lavarets se réunissent en troupes ; d'après Siebold, pendant quelques semaines avant de frayer, ils ne prennent aucune nourriture, aussi leurs viscères se rétractent-ils d'une manière extraordinaire. La ponte a lieu pendant deux ou trois semaines, de novembre à décembre, suivant la température ; ils se réunissent alors en bandes considérables, se portant tantôt si près de la surface que leurs nageoires peuvent se voir, tantôt plus profondément, à cause des fragments de glace ou de la neige ; les bandes sont souvent si pressées que les animaux frottent l'un contre l'autre, de telle sorte que les écailles se détachent et troublent l'eau sur une grande étendue ; souvent les Lavarets s'écrasent, tellement ils sont nombreux. « J'ai vu, écrit Carl Vogt, ces Poissons dans le lac de Neufchâtel, alors que, pour frayer, ils s'étaient rapprochés des endroits peu profonds situés près de la rive. Ils étaient réunis par couple et sautaient, ventre contre ventre, plusieurs mètres au-dessus, laissant en même temps écouler le frai et la laitance. Dans les nuits éclairées par la lune, lorsque de nombreux Lavarets frayent, l'apparition subite comme l'éclair de ces animaux argentés s'élançant hors de l'eau est un spectacle vraiment curieux. » Les œufs fécondés tombent lentement au fond de l'eau.

Pêche, usages. — La chair du Lavaret est des plus savoureuses, aussi partout où il se trouve en abondance est-il l'objet d'une pêche suivie. On prend ce Poisson pendant les mois d'août et de septembre.

LE CORÉGONE MARÈNE. — *COREGONUS MAROENA*

Marâne.

Caractères. — On n'a pas encore établi

Fig. 470 à 472. — La Féra, le Lavaret, le Corégone Gravenche.

d'une manière précise si le Corégone Marène doit être regardé comme une espèce distincte ou assimilé au Lavaret ou à la Féra; la distinc-

Fig. 473. — Tête de la Féra.

tion que l'on a établie entre les deux espèces est d'ailleurs futile.

Le Corégone Marène se distingue, d'après Siebold, par la forme du museau; la partie terminale en est beaucoup plus déprimée et plus large que chez le Lavaret; les os maxillaires sont plus dilatés. Le dos est bleuâtre, les flancs et le ventre étant d'une brillante couleur d'argent. La longueur atteint 0m,60, et parfois plus, le poids pouvant s'élever à 7 ou 8 kilogrammes (fig. 474).

Mœurs, distribution géographique. — Ce Corégone habite les lacs de Mœlu et de Schaal, entre Stettin et Stulgard; on l'a transporté dans différents lacs du Brandebourg et de la Poméranie. Comme le Lavaret, il se tient à des profondeurs considérables et ne remonte vers la surface que vers le milieu de novembre, au moment du frai; la ponte a lieu à une faible distance de la rive.

Pêche. — La pêche a lieu surtout en hiver, sous la glace, au moyen de grands filets, parfois aussi au printemps ou en automne. On

Fig. 474 et 475. — Le Corégone Marène et la Petite Marène.

expédie le poisson emballé dans de la glace ou de la neige; on le fume ou on le sale dans quelques endroits, lorsque la pêche a été abondante. Au printemps, la chair de ce Corégone prend une saveur toute particulière.

LA GRAVENCHE. — COREGONUS HIEMALIS.

Kilch.

Caractères. — Cette espèce, représentée à la partie supérieure de la figure 172, est voisine de la Féra, mais s'en distingue par la forme du corps, le volume de la tête, la coloration.

Le corps est relativement plus haut et le profil supérieur, du museau à la dorsale, plus arqué; la tête est, dès lors, fortement inclinée en avant. La dorsale commence un peu en avant de l'insertion des ventrales; elle est plus haute que longue, composée de 4 ou 5 rayons simples et de 10 à 12 rayons divisés. La caudale est échancrée.

La couleur de la face supérieure de la tête est d'un blanc jaunâtre, celle des opercules est d'un blanc d'argent très brillant, avec un fin sablé noir; le dos est d'un gris violacé très clair avec des points obscurs plus ou moins

nombreux; sur les flancs des points semblables forment une sorte de bordure à chaque écaille. Les nageoires sont pâles et moins tachetées de noir que celles de la Féra.

La longueur arrive à environ 0m,30.

Mœurs, distribution géographique. — C'est Jurine qui le premier, en 1824, a fait connaître la Gravenche. Ce Poisson vit dans le lac Léman à de telles profondeurs que, pendant onze mois de l'année, il échappe aux filets des pêcheurs, de telle sorte qu'on ne l'aperçoit presque jamais. Ce n'est qu'au commencement de décembre que la Gravenche se rapproche de la surface pour venir frayer près du rivage sur les fonds de gravier. La ponte, écrit Jurine, ne dure pas au delà d'une vingtaine de jours, après quoi, les Gravenches retournent dans les profondeurs, de sorte qu'il est très rare d'en apercevoir en dehors de cette époque.

D'après les recherches de Siebold, la Gravenche habite aussi le lac d'Ammer et probablement d'autres lacs des Alpes.

« Comme la Gravenche, écrit Siebold, habite les lieux les plus profonds, lorsqu'on la retire des profondeurs, elle éclate souvent par suite de la diminution brusque de pression. Dans une profondeur de 40 brasses, la vessie natatoire est remplie d'air et supporte une pression de sept atmosphères et demie. Lorsqu'alors le poisson est porté rapidement vers la surface de l'eau, la pression n'est plus que d'une atmosphère ; il en résulte une décompression subite et la vessie natatoire se dilate ; mais comme les minces parois de celle-ci et les parois simples de l'abdomen ne peuvent résister à une telle dilatation, l'abdomen du poisson se gonfle, tous les organes sont distendus, tiraillés, souvent déchirés et il en résulte rapidement la mort de l'animal. »

D'après Valenciennes, « les Gravenches marchent en troupes, et on les entend de loin au bruit qu'elles font en ouvrant et en fermant leur bouche à fleur d'eau ; elles imitent dans ce mouvement des mâchoires le barbottement des canards. On les attire par la lueur de feux allumés sur le rivage. Lorsqu'on les retire du filet avec précaution, on peut les mettre en réservoir où elles vivent deux mois, si on a soin de renouveler l'eau fréquemment et de la tenir toujours très claire. Au delà de ce temps, les Poissons deviennent rougeâtres et ne tardent pas à périr. Elles diffèrent donc beaucoup des Lavarets et des Féras, que l'on ne peut pas garder aussi longtemps en captivité. Leur estomac est rempli de coquillages et de débris de plantes aquatiques ; il est assez curieux que des animaux à canal intestinal aussi court soient herbivores. »

LA PETITE MARÈNE. — COREGONUS ALBULA.

Zwergmaräne.

Caractères. — La Petite Marène ou Vemme se distingue de tous les autres Corégones de l'Europe centrale par sa mâchoire inférieure proéminente, de telle sorte que l'extrémité de cette mâchoire vient affleurer la pointe du museau. On compte 4 rayons simples et 8 à 9 rayons divisés à la dorsale. Le dos est gris bleuâtre, les flancs et le ventre sont d'un blanc d'argent brillant ; les nageoires dorsale et caudale sont grisâtres, les autres blanchâtres. Leur longueur ne dépasse pas habituellement 0^m,15 à 0^m,20 (fig. 475).

Mœurs, distribution géographique. — En Allemagne, cette espèce se trouve surtout dans le lac de Posen, dans les lacs de la Prusse orientale et occidentale, de la Silésie, du Brandebourg, du Mecklembourg et du Holstein ; c'est cette espèce qui vit probablement dans la presqu'île scandinave et dans le nord de la

Russie : elle aurait, dit-on, été introduite dans quelques lacs d'Écosse où on la trouve d'ailleurs.

Comme la plupart des autres Corégones, en dehors de l'époque du frai, la Petite Marène se tient dans les profondeurs des lacs. Aux mois de novembre et de décembre, elle se réunit en troupes et remonte vers la surface en faisant entendre un bruit particulier qui se perçoit de loin.

Pêche, usages. — Ce Corégone passe pour avoir une chair excellente, aussi, partout où il se trouve, est-il l'objet d'une pêche suivie. Dans la Poméranie et le Mecklembourg on en prend de grandes quantités surtout en hiver sous la glace ; on les emballe alors dans de la neige sur de la glace pour les expédier. Dans certaines localités de la Prusse, on écaille le Poisson avec soin, on le vide, on le lave, puis, après l'avoir laissé passer une nuit dans la saumure, on le fume pendant huit à dix heures, jusqu'à ce qu'il prenne une couleur jaune doré ; on se sert le plus souvent de tonneaux pour cette opération.

On a transporté avec succès ce Corégone dans divers lacs de l'Allemagne. « Les nombreuses Marènes qui se trouvent dans le lac de Dolgen, écrivait à Brehm le propriétaire de ce lac, y ont été transportées il y a environ cinquante ans du lac de Wiln, situé à un quart d'heure de distance ; ce transport a été effectué au moyen de cuves remplies d'eau. Les Poissons étaient âgés de deux à trois ans ; c'est ici un fait bien connu, qu'avec quelques précautions, on peut transporter les Petites Marènes vers l'âge sus-indiqué ; l'essai a été plusieurs fois tenté avec succès. Chez moi, cet essai a pleinement réussi et mes animaux ont un embonpoint et une saveur que n'ont pas ceux qui vivent dans les lacs voisins, peut-être à cause de la limpidité parfaite de l'eau, qui est profonde et renferme beaucoup de végétaux. »

LE HOUTING. — COREGONUS OXYRHYNCHUS.

Schnäpel.

Caractères. — Le Houting a une forme tellement spéciale qu'il se reconnaît facilement. Le corps est très effilé, les flancs étant un peu arrondis, couvert d'écailles minces. Le museau est mou et présente une forme très caractéristique ; il se prolonge sous forme d'une saillie conique, de couleur noirâtre, qui tranche avec la teinte générale de la tête et du corps. La dorsale commence en avant de l'insertion des ventrales vers le milieu de la longueur totale du corps ; on y compte 3 à 4 rayons non divisés et 10 rayons mous ; l'anale se compose de 3 à 4 rayons simples et de 10 à 12 rayons divisés ; la caudale est fourchue (fig. 476).

Ce Poisson est ordinairement, sur les parties supérieures, d'un gris verdâtre qui devient gris plombé sur les flancs, où se trouvent des points épars bruns ou noirâtres ; le ventre est d'un blanc d'argent parfois un peu jaunâtre.

La taille est ordinairement de 0^m,30 à 0^m,45.

Mœurs, distribution géographique. — Poisson de mer, abondant dans la Baltique et dans la mer du Nord, le Houting remonte les grands cours d'eau vers la fin de mai, longtemps avant l'époque de la ponte, qui a lieu de septembre à décembre. Les migrations, au dire de plusieurs observateurs, auraient lieu avec régularité : les Poissons se disposent en triangle ; le voyage se ferait très lentement et la bande parcour rait tout au plus une lieue par jour. Lorsque le temps est mauvais, les Houtings s'enfoncent et se reposent ; le temps remis au beau, ils se rassemblent de nouveau pour continuer leur voyage. Tandis que le Saumon remonte à une grande distance de la mer, le Houting ne va jamais très loin ; dans l'Elbe, par exemple, il ne s'avance guère au delà de Magdebourg et de Torgau, dans le Weser au delà du confluent de ce cours d'eau et de la Fulda ; dans le Rhin, il ne dépasse pas la hauteur de Spire ; il a été cependant pris quelquefois près de Strasbourg.

Après l'époque du frai, le Houting retourne lentement à la mer ; les petits suivent lorsqu'ils ont atteint une longueur de 8 à 10 centimètres, puis ne reviennent qu'à leur maturité.

LES OMBRES — *THYMALLUS*

Aesche.

Caractères. — Le genre Ombre est caractérisé par une bouche très peu fendue, pourvue de petites dents courtes et pointues, nombreuses aux maxillaires et à la voûte palatine. La dorsale est longue, commençant en avant des nageoires ventrales.

Distribution géographique. — On connaît cinq espèces appartenant à ce genre ; elles habitent l'Europe, le nord de l'Asie et de l'Amérique.

L'OMBRE COMMUNE. — *THYMALLUS VEXILLIFER.*

Caractères. — Admirablement conformée

pour une rapide natation, l'Ombre a le corps allongé, légèrement comprimé ; le profil supérieur se courbe en avant de la dorsale, puis s'abaisse doucement jusqu'à la caudale ; le profil inférieur est presque droit. Le museau est convexe, assez large, la bouche étant placée un peu en dessous. La peau est revêtue d'écailles assez larges, excepté sous la gorge et dans l'espace limité par les pectorales ; dans cette région, elle est ou nue ou garnie de très petites écailles. La dorsale comprend de 20 à 24 rayons, l'anale de 11 à 14 ; la caudale est fourchue, la nageoire adipeuse assez grande ; les ventrales s'insèrent à peu près sous la moitié de la longueur de la dorsale (fig. 462, p. 472).

Le dos est blanc, teinté de gris ou, chez les individus jeunes, d'un bleu d'acier éclatant ; les flancs sont d'un blanc d'argent, légèrement grisâtre le long des rangées d'écailles, de telle sorte que le corps est souvent marqué de bandes longitudinales. Le museau est grisâtre, des points noirs se voyant sur les joues et sur les opercules. Chez les individus âgés, les couleurs ne sont plus aussi brillantes et passent au grisâtre. L'œil est argenté, teinté de noir à sa partie supérieure. La dorsale est d'un blanc rosé, lavé de jaunâtre avec quelques taches brunes disposées en bandes irrégulières. L'anale est couleur chair, avec des parties brunâtres vers l'extrémité. Les nageoires paires sont rouge jaune, souvent lavées de gris ou de brunâtre.

La taille est ordinairement de 0^m,30 ; elle peut s'élever jusqu'à 0^m,50.

Distribution géographique. — L'Ombre est largement distribuée en Europe ; on la trouve en Italie, en Suisse, en Angleterre, dans presque toute l'Allemagne, en Hongrie, en Suède, en Laponie, dans une partie de la Russie. Ce Poisson vit également dans les bassins de l'Obi, bien que dans cette dernière région il habite seulement les rivières et les ruisseaux montagneux qui se rendent dans le fleuve ou dans ses principaux affluents, principalement dans le Markukul de l'Altaï chinois.

En France, l'Ombre se trouve dans la Meurthe, la Moselle, la Meuse, le Doubs, l'Ain ; d'après E. Blanchard et E. Moreau, elle se pêche en assez grande quantité dans les rivières qui débouchent du lac Léman et dans le lac lui-même, en Auvergne, dans plusieurs cours d'eau qui se jettent dans le cours inférieur du Rhône, dans la Haute-Loire, dans l'Hérault.

Fig. 476. — Le Houting.

Mœurs, habitudes, régime. — L'Ombre est un vrai Poisson de rivière qui évite les lacs et les grands étangs ; elle vit dans les rivières et les ruisseaux limpides coulant sur un fond de sable et de gravier et paraît fuir les eaux très froides qui sont, au contraire, recherchées par les Truites. Un fait remarquable, d'après Blanchard, « c'est que l'Ombre, qui habite toutes les contrées de l'Europe, se rencontre dans chaque pays dans des localités assez restreintes, et lorsqu'on a voulu, comme en Angleterre, la faire vivre dans des rivières où elle n'avait jamais été vue, dans le cours supérieur de la Tamise, par exemple, on n'y a pas réussi. »

Ce Salmonoïde paraît préférer les rivières dont les eaux ne sont ni trop froides ni trop chaudes, dans lesquelles les rapides alternent avec les places tranquilles et dont le fond est surtout formé de cailloux et de graviers. De même que la Truite de rivière, l'Ombre nage avec une extrême rapidité et peut se tenir pendant très longtemps la tête au courant. Sa nourriture consiste en petits animaux : mollusques, vers, insectes.

A l'inverse de la plupart des autres Salmonoïdes, l'Ombre ne fraye pas en hiver, mais au printemps, en mai et en avril. A ce moment l'animal resplendit des plus brillantes couleurs argentées avec des reflets d'un beau vert doré.

Les animaux se réunissent par couples et creusent une fosse dans laquelle sont déposés les œufs qui sont ensuite recouverts avec du sable et du gravier ; ces œufs, très nombreux, sont assez petits et d'un blanc opalin. Les petits éclosent habituellement au commencement de juin.

Pêche, usages. — D'après E. Blanchard, « l'Ombre est regardée comme un excellent poisson pour la table ; une chair blanche, délicate, ayant un parfum spécial que l'on a comparé à l'odeur de thym et d'où serait venu le nom scientifique *Thymale* appliqué à ce Poisson. Un illustre gastronome lui aurait donné l'épithète de *Reine de délices*, et rapporte d'après un auteur anglais, Walton, que saint Ambroise, l'évêque de Milan, l'appelait la *Fleur des Poissons*. »

Les auteurs de la Renaissance vantent également la chair de l'Ombre. « Ce Poisson, écrit Gessner, est très bon, sain, estimé, agréable à manger ; il est le meilleur des Poissons des eaux douces et vaut le Turbot de mer. Après lui, comme finesse de goût, viennent la petite Marène, puis, en troisième lieu, la Truite de rivière. Quelques anciens ont dit que ce Poisson mange de l'or, ce qui peut s'entendre dans ce sens que des individus dépensent de l'or pour se procurer l'Ombre. »

Outre la chair, la graisse de l'Ombre était très estimée ; on lui attribuait la propriété d'effacer les taches de la peau, et même les marques de la petite vérole, de guérir les rougeurs des yeux et les inflammations de l'oreille.

D'après de la Blanchère, de nos jours « dans le Fuchlsee, en Allemagne, les pêcheurs conduisent tous les ans des bateaux remplis d'éclats de rochers et de moellons, gros comme le poing, qu'ils jettent au milieu du lac, et sur les parties où l'Ombre se tient habituellement, pour lui faciliter le frai. Ce Poisson se prend généralement au filet dormant, descendu jusqu'au fond du lac ; on les lève tous les jours ou tous les deux jours en temps de frai. Ces Poissons se prennent soit par la tête dans les mailles d'un filet très fin, soit dans une espèce de nasse en fil formant une sorte de filet dormant. Ce dernier engin est utilisé sur le lac Médiane Fuchlsee, en Allemagne. »

LES UMBRIDÉES — *UMBRIDÆ*

Die Hundsfische.

Caractères. — Cette famille, qui est très voisine de celle des Esocidées ou Brochets, est caractérisée par le corps oblong, large en avant, couvert d'écailles, ainsi que la tête ; il existe des dents sur les mâchoires et au palais ; le bord de la mâchoire supérieure est formé, au milieu, par les intermaxillaires, latéralement par les maxillaires ; la dorsale appartient, en partie, à la portion abdominale de la colonne vertébrale. Il n'existe pas d'appendice au pylore ; la vessie natatoire est simple ; les pseudobranchies sont glandulaires, cachées.

Mœurs, distribution géographique. — La famille des Umbridées ne comprend que deux genres et trois espèces. Le genre Dallia (*Dallia pectoralis*) est de l'Alaska. Des deux espèces d'Umbres, l'*Umbre de Cramer* se trouve en Autriche et en Hongrie, l'*Umbre limi* vit dans les parties sud-est des États-Unis, principalement dans le Minnesota et la Caroline du Sud.

Les Umbres sont des Poissons carnassiers, vivant dans les endroits marécageux ou sous les herbes au fond de ruisseaux au cours lent ; ils ont la vie extrêmement tenace.

LES UMBRES — *UMBRA*

Caractères. — L'espèce la plus connue de la famille, l'Umbre de Cramer (*Umbra Crameri*) a le corps oblong, large en avant, comprimé en arrière, couvert d'écailles arrondies ; il n'existe pas de ligne latérale ; la tête est couverte d'écailles. La tête est courte, un peu déprimée ; les yeux sont petits. La dorsale se compose de 14 rayons, l'anale de 8 ; la caudale est arrondie ; les pectorales sont insérées bas. La taille ne dépasse pas 0m,10. La couleur est d'un rouge brun sombre sur le dos, éclaircie sur le ventre ; le long des flancs se voient des taches et des points irréguliers brunâtres et une bande d'or jaune clair, parfois rouge cuivre.

Mœurs, distribution géographique. — « L'Umbre, écrivent Heckel et Kner, habite les marais tourbeux et les étangs des environs des lacs de Neusield et de Plattey, en compagnie de Chabots, de Carassins et de Loches. Ce Poisson se tient de préférence au voisinage des fonds vaseux, dans les endroits profonds, sous l'eau limpide. Il est toujours rare, dans un même étang, d'en trouver cinq à six à côté les uns des autres. L'Umbre est extrêmement craintif, agile, difficile à capturer, car il se cache dans les plantes aquatiques ou dans la vase. Pendant la natation, l'Umbre met alternativement en mouvement ses nageoires pectorales et abdominales, comme le fait de ses pattes un chien qui court ; la nageoire dorsale exécute avec tous ses rayons un mouvement ondulatoire rapide comme cela arrive chez les Hippocampes et les Syngnathes ; ce mouvement est réalisé par la disposition spéciale des muscles propres à chaque rayon des nageoires, même lorsque le petit poisson se tient tranquille ou plane dans l'eau, les trois ou quatre derniers rayons de la nageoire dorsale qui est dressée se trouvent constamment animés d'un mouvement ondulatoire. Cette attitude de repos a lieu d'une façon curieuse, tantôt dans une direction horizontale, tantôt dans une direction verticale, la tête dirigée en haut ou en bas, et elle se maintient souvent pendant des heures entières ; puis tout à coup les Umbres se précipitent toutes de la profondeur vers la surface par un mouvement rapide de la queue, happent l'air, le rendent en plongeant sous forme de grosses bulles par les ouïes et respirent ensuite très lentement pendant quelque temps.

« Mises en compagnie de trois ou quatre dans un vase spacieux, ces animaux s'habituent bientôt à la captivité, et nous avons réussi à les conserver vivantes pendant un an et demi, en les nourrissant avec de la viande crue coupée en petits morceaux qu'ils saisissaient d'habitude non pas pendant leur chute, mais seulement quand ces morceaux étaient au fond.

« Les Umbres deviennent en peu de temps si apprivoisés et si confiants qu'ils se pressent contre les parois de l'aquarium à la vue d'une personne connue, et happent avidement la nourriture qu'on leur tend à la main. Cependant ils ne pondent pas pendant leur captivité, et une femelle que l'on conserva pendant un an dans un petit bassin de jardin périt parce qu'elle ne pouvait frayer et qu'elle était pleine à éclater d'œufs de la grosseur d'un grain de millet. Sitôt que l'une d'entre elles meurt de la captivité, les autres ne tardent pas à la suivre. Autrefois on portait ces Poissons plus souvent qu'aujourd'hui au marché des marais au lac de Neusiedl, cependant ils s'y trouvaient mêlés souvent à de grandes quantités de Loches qui provenaient de cet endroit; les pêcheurs les éliminent soigneusement, car dans leur opinion elles sont vénéneuses et ils craignent de diminuer la valeur de leur marchandise en les y laissant

LES ESOCIDÉES — *ESOCIDÆ*

Die Hechte.

Caractères. — Pour Cuvier, cette famille « comprend les Poissons qui manquent d'adipeuse, chez lesquels la mâchoire supérieure a son bord formé par l'intermaxillaire, ou du moins quand il ne le forme pas tout à fait, le maxillaire est sans dents et caché dans l'intérieur des lèvres. Ils sont voraces, leur intestin est court, sans cœcum; plusieurs remontent dans les rivières; tous ont une vessie natatoire. »

Dans la famille des Brochets, Cuvier, ainsi que Valenciennes, comprenait des Poissons qui sont aujourd'hui placés dans d'autres groupes ou forment des familles distinctes; c'est ainsi que les Microstomes font partie des Salmonidées, et que les Vandellies sont regardées comme des Siluroïdes dégradés; les Galaxies et le Stomias forment une famille spéciale; enfin les Orphies et les genres qui leur sont apparentés ont été détachés des Esocidées, de telle sorte que cette famille ne renferme plus que le seul genre Brochet (*Esox*); en faire l'histoire c'est donc faire l'histoire de ce dernier genre.

LES BROCHETS — *ESOX*

Hechte.

Caractères. — Les Brochets se reconnaissent facilement à leur corps allongé, arrondi sur le dos, à leur tête large et aplatie, la mâchoire supérieure étant plus courte que l'inférieure, à leur dorsale unique, située vers l'extrémité et opposée à l'anale. Nous ajouterons que le bord de la mâchoire supérieure est formé au milieu par les intermaxillaires, latéralement par les maxillaires; la gueule est puissamment armée, car il y a des dents sur le vomer, sur les os de la langue, sur les pharyngiens supérieurs et inférieurs; les maxillaires supérieurs sont allongés, non dentés; les intermaxillaires, peu développés, sont garnis de dents pointues; les mandibules portent des dents inégales.

Distribution géologique et géographique. — On connaît des Brochets à l'époque miocène ou tertiaire moyenne; ils ont été trouvés à Œnigen en Suisse; un Brochet a été découvert dans les marnes diluviennes de Silésie; des débris du Brochet commun ne sont pas rares dans certains dépôts quaternaires.

A l'époque actuelle, les Brochets habitent les eaux douces des parties tempérées de l'Europe, de l'Asie et de l'Amérique du Nord; on trouve dans cette dernière partie du monde jusqu'à cinq espèces de Brochets, sur les sept que l'on connaît.

LE BROCHET COMMUN. — *ESOX LUCIUS.*

Caractères. — De forme allongée, le corps du Brochet est épais, arrondi dans la région dorsale, légèrement comprimé sur les côtés ; il est couvert d'écailles minces, petites, très adhérentes. La tête, fortement aplatie, se prolonge en un large museau un peu échancré ; en dessus la tête est nue ; la mâchoire inférieure dépasse notablement la mâchoire supérieure. La gueule, extrêmement vaste, est fendue jusqu'au niveau de l'œil ; aux intermaxillaires on voit de très fortes dents entremêlées avec de plus petites, au vomer et à la langue de fines dents en brosse, à la mâchoire inférieure de grandes dents coniques et peu courbées en arrière et d'inégale grandeur. La nageoire dorsale, composée de 20 à 23 rayons, est opposée à l'anale ; on compte à celle-ci de 17 à 19 rayons ; ces deux nageoires sont rapprochées de la caudale, qui est échancrée ; les pectorales sont insérées vers le profil inférieur du corps ; les ventrales sont insérées à peu près vers le milieu de la longueur totale (fig. 477).

La coloration est variable ; le plus souvent, le dos est vert foncé ou vert jaunâtre, les flancs étant verdâtres, le ventre argenté ; sur les côtés se dessinent des taches oblongues, des bandes transversales ou des marbrures très irrégulières de couleur olivâtre. D'après Blanchard, chez les individus qui vivent dans les eaux limpides, la coloration a une remarquable vivacité, tandis qu'elle est sombre, au contraire, chez ceux qui ont séjourné dans les eaux vaseuses. Les nageoires impaires sont ordinairement rougeâtres, tachetées de vert foncé ou de noir ; les autres nageoires sont rougeâtres.

Le Brochet peut atteindre une taille considérable. D'après E. Blanchard « les individus du poids de 10 à 15 kilogrammes ne sont pas très rares ; on en cite du poids de 20 à 25 kilogrammes, seulement ceux-là doivent être peu communs. Le Brochet se trouvant dans les conditions les plus favorables à son développement dans les pays froids, ce Poisson atteindrait fréquemment, assure-t-on, la longueur de un mètre à un mètre et demi dans les eaux de la Norvège, de la Suède, de la Sibérie. On a parlé de Brochets ayant des dimensions bien autrement considérables, et le poids énorme de 50 à 75 kilogrammes, mais il est toujours nécessaire de faire la part des exagérations. » Nous avons vu en Angleterre, sur des panoplies de pêche, des têtes de Brochets indiquant des animaux d'une taille réellement considérable.

Distribution géographique. — A l'exception, dit-on, d'une partie de la péninsule ibérique, le Brochet commun se trouve dans toute l'Europe. Il paraît bien supporter l'eau saumâtre ; Canestrini en a vu dans les lagunes de la Vénétie ; d'après Pallas, on le pêche aussi bien dans la Caspienne que dans plusieurs points de l'Océan glacial. Dans les Alpes on trouve le Brochet jusqu'à la hauteur de 1,500 mètres au-dessus du niveau de la mer ; dans les montagnes du sud de l'Europe il s'élève encore plus haut.

D'après E. Moreau, le Brochet est commun dans la plupart des eaux douces, rivières, étangs, de France ; il manque cependant dans le département des Pyrénées-Orientales, dans la partie du département des Alpes-Maritimes qui est à l'est du Var, dans le Var, dans le lac d'Annecy ; il ne se rencontre pas encore aux environs d'Agde, ni dans le canal du Midi, ni dans l'Hérault, mais il paraît, chaque année, s'en rapprocher davantage.

En Asie, le Brochet commun se trouve en abondance dans certains points de la Sibérie. Il est très abondant dans la partie est des États-Unis, située au sud du nord de l'Ohio.

Mœurs, habitudes, régime. — « Le Brochet, écrit Lacépède, est le Requin des eaux douces ; il y règne en tyran dévastateur, comme le Requin au milieu des mers. S'il a moins de puissance, il ne rencontre pas de rivaux aussi redoutables ; si son empire est moins étendu, il a moins d'espace à parcourir pour assouvir sa voracité ; si sa proie est moins variée, elle est souvent plus abondante, et il n'est point obligé, comme le Requin, de traverser d'immenses profondeurs pour l'arracher à ses asiles. Insatiable dans ses appétits, il ravage avec une promptitude effrayante les rivières et les étangs. Féroce sans discernement, il n'épargne pas son espèce, il dévore ses propres petits. Goulu sans choix, il déchire et avale, avec une sorte de fureur, les restes mêmes des cadavres putréfiés... Le Brochet cependant n'est pas seulement dangereux par la grandeur de ses dimensions, la force de ses muscles, le nombre de ses armes ; il l'est encore par les finesses de la ruse et les ressources de l'instinct. Lorsqu'il s'est élancé sur de gros poissons, sur des serpents des grenouilles, des oiseaux d'eau, des rats, de jeunes chats, ou même de jeunes chiens tombés ou jetés dans l'eau, et que l'animal qu'il veut dévorer lui oppose un trop grand volume, il le saisit par la tête, le retient

avec ses dents nombreuses et recourbées jusqu'à ce que la portion antérieure de sa proie
soit ramollie dans son large gosier, et aspire
ensuite le reste, et l'engloutit. S'il prend une
Perche ou quelque autre poisson hérissé de
piquants mobiles, il le serre dans sa gueule,
le tient dans une position qui lui interdit tout
mouvement, et l'écrase, ou attend qu'il meure
de ses blessures. »

Bien qu'il y ait de l'exagération dans le récit
de Lacépède, il n'en est pas moins vrai que le
Brochet est le véritable tyran des eaux douces
de nos pays. La force et l'adresse à la nage,
des sens remarquablement en éveil et une voracité énorme sont ses attributs les plus saillants. Les nageoires ainsi que les formes du
corps sont admirablement adaptées à une rapide natation, aussi le Brochet file-t-il comme
une flèche, épiant de tous côtés et se précipitant sur sa proie avec une sûreté presque infaillible ; il parcourt les eaux à la recherche de ce
qui peut être atteint ; on dit que plus d'un pêcheur ou d'un baigneur a reçu les atteintes de
ses dents redoutables. Le Brochet s'attaque
même parfois à de gros mammifères. « Il arriva un jour, raconte Gesner, qu'un homme
menait boire un mulet, lorsqu'un Brochet
mordit l'animal à la lèvre inférieure, de sorte
que le Mulet effrayé sortit de l'eau et s'enfuit
ayant le Brochet suspendu après lui ; l'homme
put ainsi prendre le poisson vivant et l'emporter
chez lui. » On a souvent trouvé dans l'estomac
de grands Brochets de jeunes Oies, des Canards,
parfois même, dit-on, des Couleuvres d'eau.
Aussi vorace qu'il soit, le Brochet ne s'attaque
cependant pas à l'Épinoche dont il redoute les
épines ; Bloch raconte à se sujet qu'il trouva un
jour un jeune Brochet qui, ayant saisi une Épinoche, avait été littéralement embroché par les
aiguillons dorsaux de ce petit Poisson, ces aiguillons ayant perforé le palais. On ne peut se
faire une idée de ce qu'il consomme de Goujons que lorsqu'on le tient en captivité. « Huit
Brochets, raconte Jesse, pesant environ 5 livres
(anglaises) chacun, consommèrent en trois semaines près de huit cents Goujons ; leur appétit était vraiment insatiable. Un matin, je
jetai à l'un d'eux, l'un après l'autre, cinq Gardons de 0ᵐ,10 de long environ ; il en avala quatre
coup sur coup, saisit ensuite le cinquième, le
garda un instant dans sa gueule, puis le fit
également disparaître. »

On ne peut s'étonner qu'avec un tel appétit,
l'accroissement du Brochet soit rapide. D'après

un travail inséré dans les *Anciens actes de
l'Académie de Stockholm*, on voit qu'un Brochet, mesuré et pesé à différents âges, a présenté les poids et les longueurs suivants : à
un an, 1 once et demie ; à deux ans, 10 pouces
et 4 onces ; à trois ans, 16 pouces et 8 onces ; à
quatre ans, 21 pouces et 20 onces ; à six ans,
30 pouces et 48 onces ; à treize ans, 48 pouces et
320 onces. La croissance est d'ailleurs, comme
chez tous les Poissons, en rapport avec l'a-
bondance de la nourriture. Des pêcheurs affirment qu'un Brochet doit consommer en une
semaine au moins deux fois son propre poids ;
on peut donc croire, d'après cela, qu'un Brochet parvenu au poids de 8 à 10 kilogrammes
n'est arrivé à ce développement qu'après avoir
dévoré une quantité de Poissons qui formerait
une masse pesant plusieurs centaines de kilogrammes.

Beaucoup de pêcheurs pensent que le Brochet ne vit guère qu'une dizaine d'années ; une
extrême longévité a été cependant attribuée à
ce Poisson. Ryacynsky parle d'un Brochet
âgé de quatre-vingt-dix ans. Combien de fois
n'a-t-on pas cité la prétendue histoire, rapportée par Gesner, d'un Brochet capturé en 1497,
à Kaiserslautern, près de Manheim, ayant près
de 18 pieds de longueur, pesant 360 livres ; il
portait, toujours d'après la légende, un anneau de cuivre doré, attaché par ordre de
l'empereur Frédéric Barberousse, deux cent
soixante-sept ans auparavant ; ce monstrueux
Brochet aurait donc vécu près de trois siècles.

Le Brochet habite toutes les eaux douces,
aussi bien les fleuves, les rivières, que les lacs
et les étangs.

Tous les Brochets ne frayent pas en même
temps ; les uns pondent dès la fin de février,
d'autres en mars et d'autres en avril, parfois
même en mai. A ce moment, les Brochets recherchent les endroits les plus solitaires, les
eaux tranquilles et peu profondes ; les femelles
laissent échapper les œufs en se frottant le
ventre sur les plantes aquatiques et même
sur la vase. On a compté près de 150,000 œufs
dans le corps d'une femelle de 4 kilogrammes. Au moment de la ponte, le Brochet,
d'habitude si méfiant et si farouche, est occupé
à ce point qu'on peut le prendre à la main,
d'autant plus facilement qu'il se rapproche
souvent très près de la surface de l'eau, se
chauffant au soleil.

Les œufs des Brochets sont souvent la proie
d'autres Poissons ; les jeunes sont parfois dé-

Fig. 477. — Le Brochet commun.

vorés par les plus gros de leur propre espèce ou par des oiseaux d'eau.

Pêche, usages. — On doit s'étonner que les anciens ne nous aient laissé presque aucun document sur un poisson aussi abondant que le Brochet; il est vrai que la chair de cet animal était tenue en mince estime par les Romains. « C'est ici, écrit Ausone, qu'habite le *Lucius* dans les calmes étangs, ennemi perpétuel des plaintives Grenouilles; il se blottit dans les trous, troublant la vase; dédaigné sur une table honorable, il remplit les gargotes de son infecte vapeur. »

On pêchait, il est vrai, le Brochet dans les marais de l'Étrurie, où il contractait une odeur de vase qui devait évidemment lui enlever beaucoup de sa valeur.

D'après E. Blanchard, au moyen âge, le Brochet était très commun en France; tandis qu'en Angleterre il était assez peu répandu pour qu'on lui attribuât un prix fort élevé, une valeur bien supérieure à celle du Saumon.

BREHM. — VI.

Au seizième siècle, Rondelet nous dit que le Brochet « est de chair dure, gueres gluantes, s'il est nourri aux grandes rivières é lacs, au contraire gluante é de mauvaise substance s'il est nourri aux eaux dormantes é fangeuses. Parquoi il en faut dire comme des autres, qu'ils sont bons ou mauuais selon les lieux où ils sont nais é nourris. »

Aujourd'hui on estime la chair du Brochet qui est généralement blanche, ferme, de bon goût et pas trop grasse; elle varie, du reste, beaucoup, comme celle des autres Poissons des eaux douces, selon l'âge, le sexe, le moment de l'année, et surtout le lieu d'où le Brochet provient. Ceux qui habitent les eaux limpides et abondantes en nourriture sont bien meilleurs que les autres et certains Brochets des lacs de Suisse sont tout particulièrement recherchés.

En plusieurs endroits, on sale les Brochets après les avoir vidés, nettoyés et coupés par morceaux.

D'après Baudrillart, « sur les bords du Jaïk et du Volga, on sèche les Brochets, on les fume, après les avoir laissés pendant trois jours dans la saumure. Dans le vaste lac de Tschany, en Sibérie, la pêche du Brochet se fait particulièrement en été au filet. En hiver, on le pêche à l'hameçon sous la glace. Celui que l'on prend en été se sale et se sèche, au lieu que celui d'hiver se transporte tout gelé jusqu'à Tobolsk. On en fait des envois considérables par voitures 1 on le vend à très bon marché. Les pêcheurs sont, pour la plupart, des paysans qui ont abandonné leurs campagnes et se sont établis dans des cabanes sur les rives de Tschany.

« Dans d'autres contrées, et particulièrement en Allemagne, on fait du caviar avec les œufs du Brochet. Dans la Marche électorale de Brandebourg, on mêle ces mêmes œufs avec des Sardines ; on en compose un mets que l'on nomme *netzin*, et que l'on regarde comme excellent. Cependant ces œufs de Brochet passent, dans beaucoup de pays, au moins lorsqu'ils n'ont pas subi certaines préparations, pour difficiles à digérer, purgatifs et malfaisants. »

Aux États-Unis, trois espèces de Brochet donnent lieu à une pêche importante ; on prend chaque année pour environ 133,000 fr. de Brochet commun, pour 630,000 fr. de Brochet américain, et pour 200,000 fr. de Brochet dit *Maskalange*.

La manière dont on pêche le Brochet en Europe est variable. En dehors des filets et des nasses, on emploie surtout l'hameçon. Nous laissons à Karl Miller le soin de décrire cette pêche. « La disposition de l'engin est très simple. Une forte perche constitue la canne à pêche ; la ligne est forte également sans être trop épaisse, on la plonge dans l'huile de lin plusieurs jours avant de l'employer ; l'hameçon est simple, court et bien piquant. On attache solidement quelques feuilles de plomb autour de la ligne entre le bouchon de liège et l'hameçon pour que l'amorce puisse rester dans la profondeur. On emploie comme appât un petit poisson de 5 à 8 centimètres, qu'on attache de manière à ce que la pointe de l'hameçon soit glissée sur le côté près du dos au-dessous de la peau, presque dans la région de la tête.

« Choisissons pour la pêche. Nous nous approchons doucement et avec précaution, la canne à pêche dans la main droite, l'hameçon avec son poisson-amorce dans la main gauche.

Visant bien, je lance la ligne, évitant de faire clapoter l'eau.

« A peine le bouchon flotte-t-il sur l'eau qu'il est déjà tiraillé avec violence vers le fond ; mais, n'attendant rien d'une attaque aussi rapide, je patiente un peu et j'enlève la ligne après que le poisson a été détaché de l'hameçon. J'en accroche un second. Cette fois je ne détourne pas les yeux du bouchon et mes bras sont prêts à retirer la ligne. Cela dure deux à trois minutes et le petit poisson décrit toujours tranquillement ses cercles. Mais maintenant il devient inquiet ; c'est un signe de l'approche du cupide vorace. Le bouchon plonge et au même instant je retire la ligne ; je sens la résistance d'un gros Brochet, je le vois déjà à moitié hors de l'eau ; il bat alors de la queue et l'hameçon se brise en deux. Le vorace est parti pour ne pas recommencer de sitôt.

« Un nouvel hameçon et un petit poisson frais sont ajustés. Nous essayons encore à la même place. Un quart d'heure se passe. Je viens de retirer la ligne pour la lancer à vingt pas plus loin ; le bouchon plonge alors, et heureusement retiré à l'hameçon par un coup sec, un animal de quatre livres est lancé hors de l'eau au-dessus de notre tête et se précipite au loin derrière nous sur le sol avec un bruit retentissant. L'hameçon est implanté comme d'habitude immédiatement sur le bord de la bouche. Comme nous avons du bonheur et que les Brochets mordent avec ardeur, nous faisons encore bonne pêche. Ainsi, un jour d'été de la Saint-Martin, par un doux vent du sud ou sud-ouest, est une vraie faveur du ciel pour le pêcheur de Brochet. En compagnie de mon père, au mois d'octobre 1839, j'ai enlevé 8 kilogrammes de Brochets en un jour. Partout où nous pouvions alors jeter la ligne, les Brochets arrivaient se faire prendre comme jamais.

« Au printemps c'est l'inverse ; car le Brochet sort de la profondeur pour venir sur les points plus superficiels ; mais à cette époque il aime les sinuosités et les saillies de la rive, d'où il peut faire le guet au voisinage des rapides et des eaux courantes. A cette époque, on pêche déjà vers le milieu ou à la fin de mars, à l'entrée et à la sortie des fossés, ainsi que dans les ruisseaux des moulins, dans lesquels le Brochet s'aventure jusqu'au voisinage des roues. Un été, mon père a jeté la ligne avec un succès complet dans les endroits des eaux basses dans lesquels il a vu le Brochet se livrer au pillage, et même au milieu du courant : ce qui se comprendra. »

En Suisse on a coutume de tirer le Brochet pendant l'époque du frai. « Bien avant le lever du soleil, on voit encore quelques feux des pêcheurs et des chasseurs qui ont passé la nuit. Avant que le jour paraisse, on voit ceux-ci parcourir le bassin du lac jusqu'au milieu du jour, la carabine chargée de plomb et dirigée vers la surface de l'eau. Bientôt ils remarquent un léger mouvement de passage dans les ondes limpides : le Brochet approche lentement des roseaux à quelques centimètres de la surface pour frayer. Le chasseur fait feu en observant la loi de la réfraction dans l'eau et en avançant à peu près d'une largeur de main. Il est rare que la balle, qui perd dans l'eau une partie de sa force, blesse le poisson ; mais le fracas et l'onde provoquée l'étourdissent, il se couche alors quelques instants sur le dos et il peut ensuite être tiré rapidement vers le rivage pour être tué. »

Le Brochet convient très bien pour la culture des étangs ; on le met bien entendu là où il ne peut pas nuire ou là où il trouve une provision suffisante de poissons. Il supporte aussi bien les eaux courantes que les eaux calmes, seulement il ne doit pas être transporté pendant le temps du frai, car il meurt facilement à cette époque. On le met dans les étangs de carpes afin d'exciter les paresseuses ; cependant on doit être prudent et ne mettre que de petits Brochets qui ne peuvent pas nuire, et quand on repeuple l'étang on doit les rechercher soigneusement et les enlever. « Il y a quelques années, raconte Lenz, on n'avait pas trouvé un Brochet dans un étang dont on retirait les poissons : on crut qu'il n'y en avait plus et on mit du nouvel alevin de carpe dans l'eau. Lorsque deux ans après on cura l'étang, il n'y restait que très peu de Carpes ; par contre, on trouva le Brochet gros et bien no., i et pourvu d'une gueule énorme. Il avait avalé les carpes l'une après l'autre, et comme elles étaient trop épaisses pour sa taille, sa gueule s'était élargie d'une manière tout à fait démesurée pendant ce travail. »

LES SCOMBRÉSOCIDÉES — SCOMBRESOCIDÆ

Die Trughechte.

Caractères. — Les Poissons qui composent cette famille, démembrée de celle des Ésocidées, ont le corps couvert d'écailles, ou sont carénés de chaque côté du ventre. Le bord de la mâchoire supérieure est formé, au milieu, par les intermaxillaires, latéralement par les maxillaires ; les os pharyngiens inférieurs se soudent en un seul os. La dorsale, qui est opposée à l'anale, se trouve sur la partie caudale de la colonne vertébrale. La vessie natatoire, généralement présente, est simple, parfois celluleuse, dépourvue de conduit. Les pseudobranchies sont cachées, glandulaires. L'intestin est droit et fait directement suite à l'estomac.

Distribution géologique et géographique. — Cette famille apparaît à Monte Bolca, à la base des formations tertiaires, par le genre *Holosteus*, apparenté aux Orphies actuelles ; des Orphies ont été trouvées dans les formations tertiaires supérieures de Licata, en Sicile.

A l'époque actuelle, les Scombrésocidées vivent dans la zone tempérée et dans la zone tropicale.

Mœurs, habitudes, régime. — Les Poissons qui rentrent dans cette famille sont surtout marins, la plupart vivant dans l'Océan ; quelques-uns se trouvent dans les eaux douces ou saumâtres ; la plupart de ces derniers sont vivipares, tandis que toutes les espèces marines sont ovipares. Tous les Scombrésocidées sont carnassiers.

LES ORPHIES — BELONE

Hornhechte.

Caractères. — Les Orphies ont le corps très allongé, la tête aplatie en dessus ; les mâchoires se prolongent en un long bec garni de nombreuses dents coniques ; tous les rayons de la dorsale et de l'anale sont réunis par une membrane.

Les ouïes sont largement fendues ; l'isthme de la gorge est toujours très étroit, et dans quelques espèces, à corps très comprimé, il est complètement caché entre les branches de la mâchoire inférieure, qui se touchent.

Les os du crâne se réunissent en dessus en un casque dur, creusé d'une cannelure et sculpté ou sillonné sur les côtés. La mâchoire supérieure est formée par l'allongement des intermaxillaires qui s'unissent par une suture médiane et longitudinale.

Un caractère singulier consiste dans la coloration verte des os.

Mœurs, distribution géographique. — On connaît environ cinquante espèces d'Orphies des mers tropicales et tempérées. Elles nagent toutes vers la surface de l'eau avec des mouvements ondulatoires très marqués et avec rapidité; elles se nourrissent surtout de petits Poissons.

L'ORPHIE VULGAIRE. — *BELONE VULGARIS.*

Hornhecht.

Caractères. — Cette espèce, qui peut arriver à la taille de 1 mètre, a le corps anguilliforme, fort allongé, légèrement déprimé sur le dos, arrondi sur les côtés, aplati sous le ventre, qui est séparé des flancs par une carène très marquée; les écailles sont minces, lisses et caduques. Chez les adultes, la longueur de la tête est comprise entre trois fois et demie et quatre fois dans la longueur totale du corps. On voit sur le devant du vomer une plaque garnie de dents coniques. La dorsale, très reculée, se compose de 17 à 19 rayons, l'anale de 21 à 22; la caudale est échancrée; les pectorales sont larges et courtes; les ventrales, qui sont tronquées, s'attachent sous la seconde moitié de la longueur totale (fig. 478).

Le dos est verdâtre, le ventre d'un blanc nacré; la mâchoire inférieure et les joues sont d'un blanc rosé; l'œil est argenté; la dorsale et la caudale sont d'un gris plus ou moins foncé, les autres nageoires d'un blanc sale.

Mœurs, distribution géographique. — Cet Orphie se trouve dans les mers d'Europe et on le voit souvent en compagnie du Maquereau. On le pêche, sur les côtes de France, aussi bien dans la Manche et dans l'Océan que dans la Méditerranée.

L'Orphie est commun dans les eaux de la Grande-Bretagne, surtout sur les côtes de Cornouailles; il est rare dans la Baltique; d'après Valenciennes, la quantité qu'on en prend sur les côtes de la Hollande est si considérable que l'Orphie n'y est guère employé que comme appât.

Suivant Couch, l'Orphie s'approche des côtes en troupes nombreuses vers le mois d'avril; il nage près de la surface de la mer avec de rapides mouvements de reptation et saute souvent hors de l'eau.

Ainsi que l'a remarqué Bell, la manière dont saute cet animal est fort curieuse; le Poisson se dirige verticalement hors de l'eau et retombe la queue la première. Des objets qui flottent attirent l'attention de l'Orphie, et Couch dit qu'il en a vu jouer pendant longtemps avec des brins de paille flottant à la surface. On prétend que les mâles s'approchent des côtes avant les femelles.

Lorsque l'Orphie a capturé un petit Poisson à l'aide de son long museau, il est rare qu'il le déglutisse de suite; le plus souvent il tient sa proie et s'efforce de la dilacérer avant de l'engloutir.

Pêche, usages. — On pêche l'Orphie avec des filets, parfois la nuit aux flambeaux. Il arrive parfois des quantités considérables de ce Poisson sur le marché de Londres, bien que la chair soit dure, coriace. En France, l'Orphie est peu recherché, sans doute à cause de la couleur verte des os qui inspire de la répugnance à beaucoup de personnes.

Dans la mer Ionienne, on prend en abondance l'Orphie aiguille (*Belone acus*), espèce qui ne diffère guère de celle que nous venons de décrire que par l'absence de dents au vomer. On se sert pour cette pêche d'une curieuse embarcation formée de trois bâtons placés en triangle et reliés entre eux; au milieu du triangle est plantée une voile latine. Le pêcheur, le vent soufflant de terre, se rend sur un rocher dominant la côte abrupte; il met à l'eau sa singulière embarcation et la laisse flotter aussi loin que le permet une longue corde mince qu'il tient à la main; à cette corde sont attachés de distance en distance, généralement tous les deux pas, des flotteurs en liège, portant, par l'intermédiaire de minces cordelettes, des hameçons amorcés. Lorsque le Belone a mordu et se trouve enferré, il se défend et tire le flotteur vers la profondeur, mais bientôt il ne se débat plus, de telle sorte qu'on en prend ainsi une série avant de retirer l'appareil. Lorsque le moment paraît être favorable, le pêcheur tire la corde à lui, détache les Poissons, renouvelle l'amorce et met de nouveau à l'eau le singulier vaisseau. Tonna rapporte avoir vu à Paxo un jeune garçon qui prit ainsi 50 à 60 Orphies dans l'espace d'une demi-heure.

D'après certains pêcheurs, l'Orphie ne se laisserait pas capturer aussi facilement que

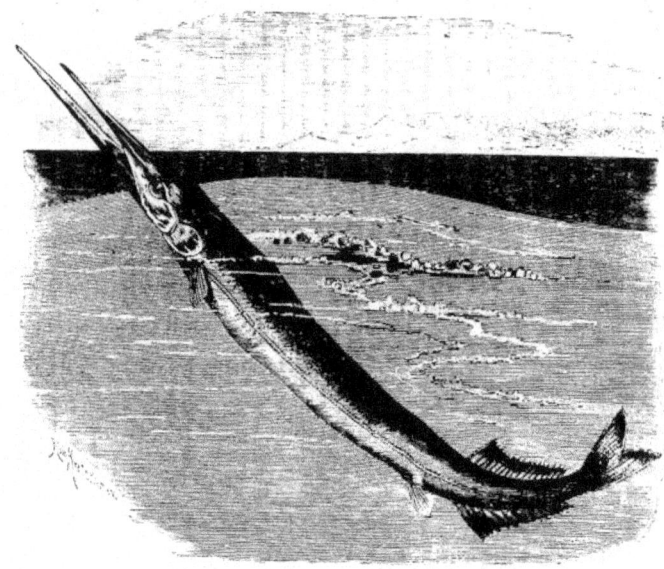

Fig. 478. — L'Orphie commune.

nous venons de le dire, mais, bien au contraire, se défendrait énergiquement, se débattant de toutes ses forces pour se débarrasser de l'hameçon; s'il y réussit, il vient à la surface de l'eau et s'y trémousse pendant plusieurs minutes de la manière la plus curieuse.

Suivant Valenciennes, « les Tcherkesses et les Abases pêchent l'Orphie, qui est très abondant dans la mer Noire, au moyen de longues lignes, auxquelles ils attachent, à la place d'un hameçon, une bourre de soie de couleur très vive et tranchante avec plusieurs nœuds. L'Orphie, attirée par cet objet brillant, vient y mordre et se trouve prise, parce qu'elle ne peut débarrasser ses nombreuses dents des filaments de la bourre. »

D'après plusieurs auteurs, la chair de l'Orphie peut être vénéneuse dans certaines circonstances encore mal déterminées.

LES SCOMBRÉSOCES — SCOM-BRESOX

Makrelenhechte.

Caractères. — On peut dire que les Scom-brésoces sont des Orphies ayant la queue d'un Maquereau; la dorsale et l'anale, très reculées, sont, en effet, suivies l'une et l'autre de fausses pinnules; la caudale est fourchue. Le corps est allongé ainsi que la tête; la mâchoire supérieure, très grêle, est plus étroite que l'inférieure et porte, comme celle-ci, de très petites dents.

Distribution géographique. — Les Scombrésoces sont des Poissons essentiellement pélasgiques qui habitent aussi bien l'Atlantique que le Pacifique. On en connaît deux espèces dans la Méditerranée : le Scombrésoce de Rondelet et le Scombrésoce Saurus.

LE SCOMBRÉSOCE SAURUS. — *SCOMBRESOX SAURUS.*

Caractères. — Cette espèce, qui arrive à la taille de $0^m,30$ à $0^m,40$, a le dos coloré en bleu d'outremer brillant; les côtés et le ventre sont d'un beau blanc d'argent; à l'aisselle de la pectorale se voit une petite tache d'un bleu foncé; la dorsale, l'anale, les pinnules inférieures et les nageoires paires sont d'un bleu assez clair;

la caudale et les pinnules supérieures sont d'un
gris bleuâtre. L'œil est argenté.

Jusqu'à l'orgine de la dorsale, le corps est
sensiblement de même hauteur, puis il se rétrécit et s'effile à mesure qu'il se rapproche de
la base de la caudale; il est allongé, comprimé,
couvert d'écailles minces, lisses et caduques.
Le bec est excessivement grêle, très allongé;
la face supérieure du crâne est aplatie. Le
tronçon de la queue est grêle. On compte 10 à
12 rayons à la dorsale, 12 à 13 à l'anale, qui
est suivie de 6 ou 7 fausses pinnules; sur le
dos sont 5 ou 6 de ces pinnules

Mœurs, distribution géographique. — Toujours très rare sur les côtes océaniques de
France, cette espèce serait, au contraire, assez
abondante à certaines époques dans les eaux
de la Grande-Bretagne, étant projetée sur le
rivage à la suite de violentes tempêtes, surtout
depuis juillet jusqu'en octobre. Elle nage en
masse dans les profondeurs; parfois on la
voit remonter à la surface en troupes nombreuses, poursuivie qu'elle est par les Dauphins ou les Bonites.

Lorsqu'une de ces dernières s'acharne après
une bande de Scombrésoces, ceux-ci viennent
à la surface de la mer, sautent les uns après
les autres hors de l'eau, plongent, puis recommencent; comme toute la bande, composée
souvent de nombreux individus, saute ainsi,
il en résulte un pêle-mêle extrême, surtout au
moment du plus grand danger; ils glissent
alors à la surface de l'eau, plutôt qu'ils ne nagent. Enfin l'ennemi atteint la troupe en fuite,
en cherchant à croiser celle-ci et aussitôt elle
disparaît dans les profondeurs; il arrive que
toujours quelques-uns des infortunés Poissons deviennent la proie des Bonites. Lorsqu'on voit un Scombrésoce avec ses nageoires
si peu développées on ne soupçonnerait pas
une telle agilité de sa part; mais sa nageoire
caudale est une rame puissante.

D'après Risso, le Scombrésoce de la Méditerranée se tient entre deux eaux; il apparaît
sur les côtes de Nice en juillet et les quitte en
automne.

Pêche, usages. — La chair des Scombrésoces rappelle beaucoup, par le goût, celle du
Maquereau. On prend le Scombrésoce surtout
avec des filets; on le sale dans plusieurs points
de la Méditerranée.

LES EXOCETS — *EXOCOETUS*

Hochflugfische.

Caractères. — Lorsque, plus haut, nous
avons parlé de la famille des *Joues cuirassées*
(voy. p. 224), nous avons décrit un Poisson
volant, le Dactyloptère. Dans la famille des
Ésocidées prend place un autre Poisson volant,
l'Exocet.

Les Exocets ont les pectorales très développées, pouvant servir d'organe de vol; le corps
est modérément long, couvert d'écailles lisses;
la dorsale est reculée, opposée à l'anale; la
caudale est profondément échancrée, le lobe
inférieur étant plus grand que le supérieur
(fig. 479). La bouche est petite; la mâchoire
supérieure, moins avancée que l'inférieure,
a son bord fermé par les inter-maxillaires, qui
ne sont pas soudés aux maxillaires supérieurs;
les dents sont très petites ou peuvent même
manquer.

Les pectorales sont plus ou moins développées suivant les espèces; chez les unes ces nageoires ne s'étendent que jusqu'à l'anale, tandis
que chez d'autres elles dépassent le corps.

Distribution géographique. — Les différentes espèces d'Exocets se ressemblent tellement entre elles, que, jusque dans ces derniers
temps, on n'en distinguait que quelques espèces; ce fut Valenciennes qui examina ces
Poissons avec plus d'attention et en décrivit
une trentaine d'espèces. De nouvelles recherches en ont fait connaître d'autres, de telle
sorte qu'on catalogue aujourd'hui environ
50 espèces d'Exocets.

Ces espèces habitent en quantité innombrable les mers tropicales et sub-tropicales; quelques individus, évidemment égarés, se trouvent de temps en temps dans des régions relativement froides, telles que la Manche. La
plupart des espèces ont une large répartition,
tandis que d'autres paraissent être très cantonnées; tel est, par exemple, l'Exocet callop-
tère qui n'a encore été trouvé que dans l'Océan
Pacifique, près de l'isthme de Panama.

Nous avons cinq espèces d'Exocets sur les
côtes de France; plusieurs de ces espèces sont
très rares.

Mœurs, habitudes, régime. — Les Poissons
volants vivent généralement dans la haute
mer, de sorte que nous ne savons presque
rien de leur vie aquatique, de leur reproduction; nos observations se bornent seulement à

leur vie aérienne, à leur vol, comme on dit, à leur manière de chasser et de fuir.

« La portion solidifiée du globe, écrit Valenciennes, dont les savants cherchent à écrire l'histoire physique, est entourée de deux océans. L'un liquide, obéissant à la pesanteur, s'est réuni dans ces vallées de la croûte primitive creusées par les efforts lents ou actifs, mais constants, du travail intérieur de la planète. Les couches superficielles ont été redressées suivant des lois que le génie des géologues vient de dévoiler. Des pans soulevés des abîmes où sont retenues les eaux ont été souvent assez larges pour former sur la terre ces crêtes alpines, qui dominent l'immensité de la surface moins accidentée des mers.

« L'autre, fluide élastique, se balance en atmosphère aérienne autour de l'Océan liquide et de la partie solide des deux hémisphères. Dans l'un des deux gaz qui le composent, la vie trouve l'élément nécessaire et indispensable à son activité.

« En dissolvant l'air dans l'eau la nature a pu faire descendre les êtres vivants jusque dans les profondeurs les plus cachées des mers. Elle a fait ainsi végéter ces vastes prairies sous-marines qui servent de nourriture et de retraite à ces innombrables légions d'animaux et d'animalcules, dévorés ensuite par les êtres carnassiers dont la mer est peuplée.

« En suivant la répartition des animaux plongés dans l'un et l'autre milieu, on les partage en aériens et en aquatiques. Nous comptons parmi les premiers les Mammifères et les Reptiles, vertébrés fixés à la surface de la terre. Les Oiseaux et les Insectes se meuvent et se soutiennent dans l'océan gazeux, comme les Poissons le font dans l'océan liquide. Les Mollusques, les Crustacés et l'admirable variété des Zoophytes paraissent essentiellement aquatiques.

« Mais il n'y a aucune limite fixe et tranchée dans ces partages; nous voyons certains Mammifères destinés à vivre dans les mers, sans pouvoir les quitter. Par la puissance de son génie créateur, la nature a conservé à ces Mammifères les grands traits de leur structure fondamentale; elle n'a rien changé aux appareils de la circulation, de la respiration; mais elle a porté, comme dans les Poissons, toute la force musculaire sur la queue. La suppression des membres postérieurs a permis d'étendre la large base du cône formé par les muscles sacro-coccygiens; elle a augmenté la

solidité de leurs attaches par l'accroissement des apophyses des vertèbres caudales, elle a enfin complété l'appareil locomoteur par le développement de la peau en une nageoire horizontale.

« Un petit nombre de Mammifères a été organisé pour traverser l'air en volant. On trouve en eux quelques conditions ornithologiques dans les petites crêtes osseuses élevées sur le sternum pour donner plus d'épaisseur aux muscles pectoraux.

« Si les Reptiles ne sont représentés aujourd'hui dans le sein des eaux que par quelques Chéloniens, par quelques Ophidiens à queue verticale et comprimée, ou par de petites espèces de Batraciens, cette classe d'animaux aériens peuplait autrefois les vastes bassins des mers et de ses gigantesques Sauriens. Ceux-ci devaient être moins bons nageurs que les grands Cétacés de notre âge. Ils les égalaient par leur taille, mais non par la rapidité de leurs mouvements; ils avaient conservé leurs quatre membres de vertébrés, chargés de nageoires aplaties enveloppées dans une peau épaisse, comme celle de nos Dauphins; la nature avait laissé leur queue petite et moins développée. Tout en les faisant nageurs, la nature avait conservé les conditions lentes des Reptiles.

« Les animaux aériens avaient déjà, comme de notre temps, fourni quelques-uns des leurs au groupe des animaux aquatiques.

« Examinons ceux-ci, et voyons ce qu'ils ont donné aux premiers. Nous n'y trouvons que des animaux de petite taille, vivant cachés dans l'humidité d'un épais ombrage. C'est par ce genre de vie qu'un assez grand nombre d'espèces de mollusques sont devenus aériens. Dans ces animaux sans vertèbres le changement de l'organe branchial en une cavité, constituant le poumon aérien du Mollusque, n'est pas à beaucoup près aussi grand que le serait la métamorphose d'une branchie de Poisson en cellules vasculaires et aériennes des Mollusques ou des Oiseaux, ou réciproquement.

« Les Crustacés nous offrent aussi l'exemple de quelques-uns des leurs, vivant en animaux terrestres; mais le nombre en est peu considérable, et leur organisation n'a subi aucune modification essentielle de cette différence de séjour. La même remarque s'applique aussi aux Insectes qui envoient quelques espèces dans le groupe des animaux aquatiques.

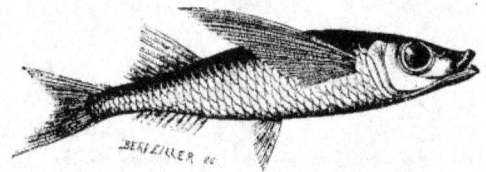

Fig. 439. — Le Poisson volant (Exocœtus acutus).

« Maintenant, si nous examinons au même point de vue les Oiseaux d'une part, et les Poissons de l'autre, nous ne tardons pas à reconnaître que les deux groupes sont plus intimement fixés au milieu qu'ils doivent habiter. Nous ne voyons plus ici ces exemples d'emprunt à l'un d'eux pour prêter à l'autre. Il y a bien, parmi les Palmipèdes, quelques espèces, comme les Aptérodites, que l'on peut regarder comme essentiellement océaniques; elles paraissent aussi mal organisées pour se traîner sur la plage ou sur les rochers qui le bordent, qu'elles sont aptes, au contraire, à nager ou à plonger, en s'aidant de leurs membres antérieurs, changés en une sorte de véritables nageoires, au lieu d'être des ailes motrices à travers les airs. En comparant les Oiseaux aux Cétacés, Mammifères si bien faits pour une vie constamment aquatique, on pourrait presque oser dire que les premiers ne sont qu'un essai imparfait d'animaux marins.

« La même remarque s'applique, mais en sens inverse, aux Poissons qui sortent de l'eau pour se transporter dans les airs. Les Scorpènes, les Apistes, et surtout les Dactyloptères, dans le grand groupe des Percoïdes, semblent s'efforcer de voler à la surface de l'eau à l'aide de leurs larges pectorales. Mais leur vol court, semblable à un saut aidé de la puissance d'une aile, à la manière des Sauterelles ou des Criquets, montre l'imperfection de leur organisation sous ce rapport. Cependant, en étudiant ces Poissons, et en les comparant à ceux auxquels les navigateurs donnent plus spécialement le nom de Poissons volants, on remarque que ceux-ci volent mieux et plus longtemps que les autres, parce qu'ils sont dans de meilleures conditions pour y parvenir. La largeur de la ceinture humérale, la force des muscles moteurs de la pectorale, l'étendue et la résistance de la nageoire à rayons peu

divisés, ou tout au plus bifides, sont autant de conditions essentielles pour aider le Poisson à se soutenir dans un milieu aussi peu résistant que l'air atmosphérique.

« Ces Poissons s'élèvent dans les airs par une conséquence de leur structure et pour satisfaire à cette admirable harmonie de la nature, qui a varié et vivifié chaque scène en faisant jouer à chaque être un rôle déterminé par son organisation. Grand et sublime tableau, dont le philosophe n'apprécie l'ensemble qu'après s'être bien pénétré des admirables lois des conditions d'existence de chaque être (1). »

Tous les voyageurs se sont occupés des Poissons volants, tous racontent le curieux spectacle auxquels ils ont assisté. Dans les mers tropicales on voit souvent les Exocets entourer de tous côtés le navire; aussi loin que le regard s'étend les Poissons volants s'élèvent dans les airs et replongent dans l'eau.

Kittling compare le vol des Exocets à celui des Bruants et des Pinsons pendant les jours froids de l'automne, alors qu'ils s'abattent sur les champs, à la recherche d'une nourriture devenue rare. Pour Humboldt, on peut comparer le vol des Exocets à celui d'une pierre plate qui s'enfonce et rebondit tour à tour à 2 mètres environ au-dessus des vagues.

Les Exocets ne sautent, en général, qu'à 1 mètre et demi ou 2 mètres au-dessus de l'eau; lorsqu'ils ne sont pas pourchassés, ils ne parcourent pas une grande distance d'un seul trait, et retombent bientôt après. Comme les Exocets sont très nombreux, qu'ils volent toujours par troupes, chaque Poisson est suivi d'un autre avec une telle rapidité qu'il semble que le premier ne fait toujours que toucher l'eau de nouveau pour se donner une nouvelle

(1) Cuvier et Valenciennes, *Histoire des Poissons*, t. XIX, p. 64.

Fig. 480. - L'Exocet volant.

impulsion et exécuter un nouveau saut, tandis que, en réalité, le premier se lance au delà du second. Il n'est point rare de voir sortir de l'eau en une seule fois une nombreuse troupe qu'on peut estimer à des centaines, parfois à des milliers de ces Poissons. On remarque alors constamment qu'une bonne partie d'entre eux retombent dans l'eau après un saut peu étendu, tandis que les autres continuent leur bond et ne retouchent les vagues qu'après avoir parcouru une distance beaucoup plus considérable ; la distance parcourue est, en effet, très variable. Lorsqu'ils ne sont pas poursuivis, les Exocets s'élèvent à environ 1 mètre au-dessus de la surface de la mer, de telle sorte qu'ils glissent juste au-dessus de la crête des vagues et retombent de nouveau après avoir parcouru une distance de 5 à 6 mètres ; mais lorsqu'ils font de plus grands efforts, ils bondissent jusqu'à 4, 5 et même 6 mètres de hauteur et franchissent des arcs surbaissés de 100 à 120 mètres, rarement plus. Presque toujours le vol se fait dans une direction rectiligne ; un mouvement de con

version est cependant possible, mais les animaux retombent à l'eau aussitôt après.

La force des muscles qui meuvent les nageoires pectorales est très grande, ainsi qu'il résulte des expériences de Humboldt. D'après ce savant physicien, dans un jeune Exocet de 5 pouces 2 tiers de long, chacune des nageoires pectorales qui servent d'ailes offrait déjà à l'air une surface de 3 pouces 7 dixièmes carrés. Il a reconnu que les neuf cordons de nerfs qui vont aux 12 rayons de ces nageoires sont trois fois plus gros que les nerfs qui se rendent aux nageoires ventrales. Lorsqu'on excite galvaniquement les premiers de ces nerfs, les rayons pectoraux s'écartent avec une force quintuple de celle avec laquelle les autres nageoires se meuvent lorsqu'on les galvanise avec les mêmes métaux. Aussi, d'après Humboldt, le Poisson volant est-il capable de s'élancer dans l'air à 12, 15 et même 18 pieds au-dessus de la mer ; il peut parcourir horizontalement une distance de 20 pieds au moins avant de toucher de nouveau la surface de la vague avec ses ailes. On a comparé ce mouvement à celui d'une pierre qui bondit par ricochets au-dessus de l'eau; cependant, dit Humboldt, malgré la rapidité de ce mouvement, on peut très bien se convaincre que le Poisson frappe l'air pendant le saut, qu'il étend et qu'il ferme alternativement ses pectorales.

Tous les observateurs ne sont pas d'accord sur la manière dont se fait le vol ou les sauts de l'Exocet. Nous venons de rapporter l'opinion de Humboldt. Bennet dit, au contraire, que le Poisson n'étend ses nageoires abdominales et pectorales qu'au moment où il s'élève, en produisant un bruit perceptible à distance et que l'on peut ensuite apercevoir un mouvement de trémulation, sans qu'on puisse distinguer un déploiement et un retrait des nageoires. « Si les Exocets, ajoute ce naturaliste, battaient réellement l'air avec leurs ailes, j'aurais dû le voir nécessairement lorsqu'ils passaient tout près du navire, comme cela arrive souvent. »

Les Exocets n'exécutent dans l'air un mouvement de conversion que dans le cas d'absolue nécessité, pour éviter, par exemple, un choc ou pour fuir un ennemi qui les poursuit de près, car les efforts de la nageoire caudale dérangent le Poisson qui saute de son équilibre et le chassent, pour ainsi dire, vers l'eau. L'Exocet, pour décrire des lignes courbes, exécute plusieurs petits sauts consécutifs et rapides, chacun d'eux ayant environ 1 mètre, et après chaque saut l'animal change de direction. Tant qu'aucun danger ne menace le Poisson, son vol est très sûr et peut ressembler à celui d'un Oiseau; mais si l'Exocet est poursuivi par un ennemi ou effrayé par la rencontre d'un navire, son saut prend alors quelque chose d'irrégulier, de raide, de maladroit, de telle sorte que le Poisson tombe alors souvent à l'eau, mais seulement pour se relever dans le même instant et continuer à voltiger de la même manière.

Agassiz ne s'accorde pas complètement avec ce que nous venons de dire. « J'ai eu l'occasion, écrit ce savant naturaliste, d'observer souvent les Poissons volants et je suis arrivé à cette conviction que, non seulement ils changent de direction à volonté dans le sens latéral, mais qu'ils peuvent également monter ou descendre sans toucher l'eau. Ils s'élèvent au-dessus de l'eau à la suite de plusieurs coups rapidement répétés de la nageoire caudale; plus d'une fois je les ai vus plonger jusqu'à la surface de l'eau pour renouveler les mêmes mouvements, répétant de cette manière leur impulsion en avant et devenir ainsi capables de continuer pendant longtemps leur voyage aérien. Les changements de direction du vol, soit à droite, soit à gauche, en haut ou en bas, n'ont pas lieu à la suite de coups des nageoires pectorales, mais simplement par suite de la direction de toute la surface de ces nageoires qu'elles prennent par les muscles qui les meuvent dans l'un ou l'autre sens, de sorte que la pression de l'air contre les nageoires détermine la direction; en fait, les Exocets peuvent changer de direction par la rotation de leurs nageoires; il est probable qu'ils se maintiennent au-dessus de l'eau jusqu'à ce que le besoin de respirer les force à plonger. Rien ne peut démontrer plus clairement la complète liberté de leurs mouvements, qu'ils suivent exactement la crête des vagues et qu'ils ne décrivent pas au-dessus de celles-ci un vol horizontal. Il ne semble pas, non plus, que les Exocets tombent simplement dans l'eau lorsque leur force d'impulsion est épuisée, mais qu'ils plongent, au contraire, volontairement, tantôt après un très court, tantôt après un beaucoup plus long trajet. Il est pour moi évident que l'inégalité de longueur des deux lobes de la nageoire caudale facilite les mouvements qui font que le corps est lancé au-dessus de la surface de l'eau à travers l'air et que le déploiement des pectorales ne peut servir que de soutien pendant la fuite dans un milieu plus léger. »

« On représente, écrit Valenciennes, les Exocets poursuivis constamment par les Bonites ou les Dorades et cherchant dans leur fuite précipitée une retraite aérienne bien peu sûre, puisqu'ils y trouvent des ennemis ni moins nombreux ni moins actifs dans les Pétrels, les Frégates, les Albatros et autres Palmipèdes, grands voiliers et de haute mer, et qui sont avides des Exocets. Je ne veux pas, assurément, nier que la poursuite des Poissons voraces ne pousse hors de la mer une troupe d'Exocets. Je crois à l'exactitude de l'observation des navigateurs, mais il ne faut pas étendre, au-delà d'une certaine limite, l'action d'une cause dont on apprécie mal l'effet quand on lui donne trop d'extension. »

Humboldt est du même avis : « Je doute, écrit-il, que les Poissons volants s'élancent hors de l'eau pour se soustraire uniquement à la poursuite de leurs ennemis. Semblables à des

Hirondelles, ils se meuvent par milliers en ligne droite et dans une direction constamment opposée à celle de la lame. Dans nos climats, on voit souvent des Poissons isolés et n'ayant, par conséquent, aucun motif de crainte, bondir au-dessus de la surface des eaux, comme s'ils trouvaient plaisir à respirer l'air. Pourquoi ces jeux ne seraient-ils pas plus fréquents et plus prolongés chez les Exocets, qui, par la forme de leurs nageoires pectorales et par leur petite pesanteur spécifique, ont une extrême facilité à se soutenir dans l'air. Cela tient à une cause plus générale, et est une des conditions d'existence des êtres. Dans tous les ordres, on voit des Poissons ramper sur le sable, se glisser à travers les prairies, et respirer pendant longtemps l'air atmosphérique avec leurs organes branchiaux, destinés à séparer l'oxygène dissous dans l'eau. »

Bennet est du même avis. On s'imagine habituellement, dit-il, que les pauvres Exocets, s'ils ne sont pas happés par les voraces Poissons, sont presque fatalement capturés par les essaims innombrables de Fous, de Frégates et d'autres voraces Oiseaux des tropiques; s'ils fuient leurs ennemis emplumés, ils rencontrent aussitôt, dans la mer, les Dauphins, les Thons, les Bonites qui attendent, la gueule largement ouverte, leurs victimes, de telle sorte qu'on doit s'étonner que les Exocets ne soient pas tous exterminés. « Pour ma part, écrit Bennet, je suis disposé à fortement douter de ce que l'on raconte à ce sujet; bien que certainement les Exocets puissent être chassés, j'ai vu souvent de grandes troupes de ces Poissons sauter hors de l'eau sans qu'ils aient été poursuivis; bien plus, loin d'être des victimes, les Exocets chassaient et cherchaient à s'emparer des proies qui leur convenaient. En examinant le contenu de l'estomac d'Exocets récemment capturés, j'y ai trouvé de petits Poissons, des Crustacés, des Mollusques. Plus d'une fois, dans le cours de mes voyages, j'ai vu des Poissons volants et des Thons s'ébattre en nombreuses troupes autour du navire; lorsque nous capturions des Thons, nous n'avons jamais trouvé dans l'estomac de ceux-ci des Exocets, mais seulement des Céphalopodes, de telle sorte qu'il nous semble que l'Exocet sait parfaitement, par son adresse, échapper à ses ennemis. Il peut se faire qu'on ait cru que le Thon poursuit l'Exocet, tandis qu'il chasse surtout le Calmar. Il peut arriver parfois, et nous ne le nions pas, que l'Exocet soit attaqué

dans l'eau par le Thon, le Dauphin, ou dans l'air par divers oiseaux vorases. »

Möbius a récemment publié ses observations sur les Exocets et nous croyons devoir transcrire ici, d'après A. Günther, le résumé des recherches faites par le savant naturaliste. « Les Poissons volants s'observent plus fréquemment lorsque la mer est agitée, violente même, que lorsqu'elle est calme; ils sortent de l'eau lorsqu'ils sont pourchassés par leurs ennemis, dérangés par l'approche d'un navire, souvent aussi sans aucune cause apparente, ainsi qu'on l'a observé pour beaucoup d'autres Poissons; ils se lèvent quelle que soit la direction du vent et celle des vagues. Les ailes sont absolument tendues et ne font aucun mouvement, excepté parfois une vibration causée par l'air lorsque la surface de l'aile est parallèle à la direction du vent. La progression est rapide, mais diminue graduellement de rapidité, surpassant celle d'un navire dont la marche est de 10 milles à l'heure. La distance parcourue est souvent de 500 pieds; elle est généralement plus grande lorsque le Poisson vole contre la direction du vent qu'en faisant un angle avec cette direction. Tout changement, soit dans le sens vertical, soit dans le sens horizontal, n'est pas occasionné par le fait de l'animal, mais causé par les courants aériens; le Poisson se dirige tout à fait horizontalement lorsqu'il vole avec le vent ou contre le vent, mais il est porté à droite ou à gauche lorsqu'il fait un angle avec la direction du vent: néanmoins, il arrive parfois que le Poisson, pendant le vol, immerge sa caudale dans l'eau et par un coup de cette nageoire se dirige à droite ou à gauche. Par un temps calme la direction du vol est une ligne presque parabolique, semblable à celle de la course d'un projectile, mais par une mer agitée, les Exocets ont un vol ondulé; ils touchent fréquemment la crête des vagues et sont chassés en avant par la pression de l'air. Les Poissons volants tombent souvent à bord des bateaux en marche, mais cela n'arrive jamais pendant un temps calme ou du côté de dessous le vent, mais seulement avec une bonne brise et dans la direction du vent. Pendant la journée, les Exocets évitent les navires, volant loin d'eux, mais pendant la nuit ils volent fréquemment contre les bordages contre lesquels ils sont portés par le vent, soulevés à une hauteur de parfois 20 pieds au-dessus de la surface de la mer. De toutes les observations sérieuses, il résulte que lorsque l'Exocet est dérangé, dans son vol, de la ligne droite, ce n'est pas par le fait de sa volonté, mais par suite de circonstances indépendantes de lui. »

Pêche, usages. — Chaque fois que les Exocets tombent à bord d'un navire, ils servent à l'alimentation de l'équipage, car leur chair est généralement délicate et de bon goût; ce sont surtout les Exocets capturés dans les parages de l'Amérique centrale et de l'Amérique méridionale qui passent pour être une bonne nourriture. Humboldt rapporte que, dans certaines régions, les mousses coupent un morceau des nageoires pectorales aux Exocets capturés et les rejettent à la mer, persuadés sont-ils que ces nageoires repoussent. Au Brésil, on accroche un Exocet vivant à l'hameçon et on pêche ainsi la Bonite ou la Coryphène; nous avons déjà dit que ces deux Poissons sont si friands d'Exocets qu'ils se laissent tromper par une grossière imitation du Poisson-volant.

L'EXOCET VOLANT. — *EXOCOETUS VOLITANS.*

Schwalbenfisch.

Caractères. — L'espèce la plus commune dans nos mers d'Europe est l'Exocet volant, désigné aussi sous le nom d'Hirondelle de mer. Le corps de ce Poisson est tantôt arrondi dans la région supérieure, tantôt large et aplati jusqu'à l'origine de la dorsale. La tête est forte, aplatie en dessus, le museau est court, la bouche petite. La peau est couverte d'écailles grandes et minces. La dorsale se compose de 11 à 13 rayons; l'anale, qui est plus courte, n'a que 9 rayons; la caudale est très profondément divisée en deux lobes fort inégaux. Les pectorales, très développées, atteignent, ou peu s'en manque, à la racine de la caudale; leur second rayon est bifide. La longueur atteint de 0m,25 à 0m,45 (fig. 480).

Le corps est gris bleuâtre, le ventre étant argenté; l'œil est doré; la dorsale est d'un gris blanchâtre, l'anale bleuâtre, la caudale jaune brunâtre; d'après Moreau, la pectorale est d'un gris plombé, plus ou moins violacé sur la face interne, avec une bordure blanche à la pointe des rayons; la ventrale est d'une teinte bleuâtre très pâle, presque blanche.

Distribution géographique. — Cet Exocet se trouve dans la Méditerranée et dans les parties de l'Atlantique voisines; Moreau dit que, sur les côtes de France, il est excessivement rare dans la Manche et dans l'Océan.

LES OSTÉOGLOSSIDÉES — *OSTEOGLOSSIDÆ*

Die Arapaima.

Caractères. — Les Ostéoglossidées forment une petite famille, ne comprenant qu'un très petit nombre d'espèces et dont la place dans la série est difficile à bien établir. Le corps est revêtu de grandes écailles, composées de pièces formant une sorte de mosaïque. La tête est dépourvue d'écailles, mais couverte d'un casque osseux. Le bord de la mâchoire supérieure est formé par l'intermaxillaire au milieu et par les maxillaires latéralement. La dorsale, très reculée, est opposée à l'anale, dont elle a la forme, et se trouve sur la partie postérieure du corps, près de la caudale. L'ouverture des branchies est large; il n'existe pas de preudobranchies; la vessie natatoire est simple ou celluleuse.

Distribution géographique. — Les trois genres qui composent la famille des Ostéoglossidées comprennent des Poissons des eaux douces dont la répartition est des plus intéressantes; elle correspond à celle des singuliers Poissons que nous avons fait connaître sous le nom de Dipnés (voy. p. 91).

Dans l'Amérique tropicale on trouve le Lépidosiren paradoxal qui est un Dipné et deux Ostéoglossés, l'Arapaima géant et l'Ostéoglosse à deux barbillons; l'Ostéoglosse de Leichard vit dans la partie tropicale de l'Australie, où nous avons un Dipné, le Cératodus; en Afrique, avec l'Hétérotis, qui est un Dipné, on constate la présence d'un Dipné, le Protoptère. Il est vrai que dans l'archipel indien existe un Ostéoglossidé, l'Ostéoglosse remarquable, tandis qu'on ne connaît pas encore de Dipné de cette partie du monde; mais il est à remarquer que la faune des grands lacs du centre de Bornéo nous étant absolument inconnue, il serait possible que des recherches suivies nous fissent découvrir un Dipné dans cette région.

Fig. 481. — L'Arapaïma commun.

LES ARAPAIMA — *ARAPAIMA*

Arapaïnae.

Caractères. — Les Arapaïma ou Vastrès ont la bouche très largement fendue, avec la mâchoire inférieure proéminente; il n'y a pas de barbillons; des dents en râpes, plus ou moins fines, couvrent les os palatins, les ptérygoïdiens, le vomer, le sphénoïde, l'os lingual, tout le corps de l'hyoïde et une plaque plus ou moins large sur le bord interne de la mandibule; la mâchoire supérieure est armée de dents plus grandes.

D'après les recherches récentes, il n'existe qu'une seule espèce d'Arapaïma : l'Arapaïma géant (*Arapaïma gigas*), le plus grand de tous les Téléostéens d'eau douce, puisqu'il peut atteindre 15 pieds et peser plus de 400 livres. Chez cette espèce, le dos est large et aplati, les flancs et le ventre étant arrondis. La dorsale et l'anale sont tout à fait reculées sur l'arrière du tronc, n'étant séparées de la caudale que par un très faible intervalle; on compte de 34 à 36 rayons à la dorsale, de 26 à 33 à l'anale. La caudale est courte, arrondie (fig. 481).

D'après Schomburgk les écailles et les nageoires reflètent les couleurs les plus chatoyantes, variant du gris sombre au rouge et au rouge nuancé de bleu : suivant Keller-Leuzinger chacune des écailles est bordée de rouge écarlate.

Distribution géographique, mœurs, usages. — L'Arapaïma habite les grands cours d'eau des Guyanes et du nord du Brésil; on le pêche en abondance, car sa chair est fort estimée; on le sale et on en exporte de grandes quantités dans tous les points du pays.

C'est à Schomburgk que l'on doit les meilleurs renseignements sur l'Arapaïma. « Les Indiens, raconte ce voyageur, nous apportèrent, parmi une quantité d'autres Poissons, le géant des eaux douces des Guyanes, l'Arapaïma; nous regardions avec étonnement l'animal qui remplissait à peu près toute l'embarcation, mesurant près de 3 mètres et pesant certainement 100 kilogrammes. Le Rupunini seul de toutes les rivières de la Guyane anglaise nourrit ce Poisson ; mais cette rivière le renferme en quantité considérable. L'Arapaima serait également assez commun dans le Rio Bianco, le Rio Negro et le fleuve des Amazones.

« L'Arapaima se prend à l'hameçon, aussi bien qu'on le tue avec l'arc et la flèche. Sa chasse est sans conteste une des plus attrayantes et des plus animées, car elle rassemble le plus souvent plusieurs corials qui se distribuent sur la rivière. Dès qu'un poisson est aperçu, on fait un signe ; sans faire de bruit, le corial (l'embarcation) s'approche armé du meilleur tireur jusqu'à portée de l'arme ; la flèche s'élance de sa corde et disparaît avec le poisson. C'est alors que commence la chasse générale. A peine les barbes de la flèche se montrent-elles au-dessus de l'eau que tous les bras sont prêts à tendre l'arc ; le poisson remonte, et piqué par une quantité de nouveaux traits, il disparaît pour se faire voir encore une fois après un court intervalle et recevoir une nouvelle décharge de flèches jusqu'à ce qu'il finisse par devenir la proie des chasseurs. Ceux-ci le tirent sur un endroit plat, poussent le corial sous lui, retirent l'eau qui s'est introduite dans la barque et regagnent leurs demeures au milieu des cris de joie.

« Parmi nos matelots de couleur, se trouvait un muet, pêcheur passionné. A peine avions-nous établi notre camp, qu'il saisit sa ligne et se dirigea dans un des bateaux vers un petit banc de sable situé sur la rive opposée. Le camp dormait d'un profond sommeil quand tout à coup il fut mis sur pied par un bruit singulier et effrayant. Tout d'abord personne ne savait quelle conduite tenir en face de cris terribles jusqu'à ce qu'un des gens s'écria : « ce doit être le muet ». Armés de couteaux de chasse et de carabines, nous sautâmes dans le bateau pour voler à son secours ; ses cris effrayants n'indiquaient que trop clairement qu'il en avait besoin. Lorsque nous abordâmes sur le banc de sable, nous remarquâmes, autant que nous le permit l'obscurité, que le pêcheur était tiraillé à droite et à gauche par une puissance invisible contre laquelle il cherchait à résister de toutes ses forces et en même temps il poussait des cris terribles. Nous fûmes bientôt auprès de lui ; mais nous ne pouvions encore découvrir cette force qui

le jetait et le secouait par saccades, jusqu'à ce qu'enfin nous remarquâmes qu'il avait enroulé la corde de sa ligne cinq à six fois autour du poignet.

« Un monstre puissant devait donc être suspendu à l'hameçon. Un Arapaima énorme s'était laissé prendre à l'appât, mais immédiatement après, il avait tendu la ligne avec une telle rigidité que les forces du muet étaient bien loin de suffire pour dérouler sa ligne enlacée autour de sa main ou à tirer le géant à terre.

« Quelques minutes encore et l'homme épuisé n'aurait pu résister davantage à la force prodigieuse du Poisson. Ce fut au milieu de bruyants éclats de rire que tous se jetèrent sur la ligne et bientôt après le monstre, pesant plus de 100 kilogrammes, gisait sur le sable. Notre muet, dont la ligne avait pénétré dans la chair du poignet, chercha par une mimique des plus expressives à nous faire comprendre ce qui était arrivé, sa détresse et son extrême anxiété.

« Bien que la nuit fût déjà profonde, on dépeça la proie aussitôt après le retour au camp. Maint feu sur le point de s'éteindre fut rallumé et ravivé ; on fit la cuisine pendant toute la nuit, car la certitude de posséder dans le camp un Poisson qui aurait déjà été gâté le lendemain matin ne laissa pas aux indiens et aux nègres le temps de songer au sommeil.

« A l'état frais, la chair de l'Arapaima est savoureuse, bien qu'elle ne soit pas mangée par quelques peuplades. »

Keller-Leuzinger, qui a fait connaître le même poisson sous le nom de *Pirarucu* comme habitant le fleuve des Amazones et ses puissants affluents, le juge avec moins de faveur. Là tout le monde lui fait partout la chasse ; déjà l'enfant de couleur accompagne son père et, la main armée d'un pesant javelot, guette l'apparition du poisson géant. Mais sa chair qui, fraîche, n'est déjà pas très savoureuse, est transportée par milliers de quintaux et consommée par tous les Indiens et les métis depuis Para jusqu'aux frontières du Pérou ; séchée et salée elle forme une nourriture repoussante. Le poisson est découpé sur le dos suivant sa longueur ; on en retire la colonne vertébrale, puis on coupe la chair en tranches de l'épaisseur d'un doigt on la sale et on la sèche. C'est dans les vallons humides du bassin du fleuve qu'a lieu cette dernière opération, mais rarement d'une manière suffisante ou bien la chair salée attire de nouveau l'humidité et prend une odeur infecte si elle ne l'avait pas déjà, aussi on doit la sécher de nouveau de temps en temps. Mais comme les marchands des petites villes ne peuvent pas trouver de meilleure place pour dessécher leurs provisions que les pierres grillées par le soleil, ou les murs, on sent partout l'odeur de ce Poisson.

Schomburgk nous apprend que les jeunes sont protégés par la mère quelque temps après leur naissance, les petits nageant toujours au devant d'elle.

Tous les voyageurs rapportent que l'os lingual de l'Arapaima est employé par les habitants des bords de l'Amazone comme une râpe pour réduire certains fruits pulpeux et en extraire le jus.

LES CLUPÉIDÉES — *CLUPEIDÆ*

Die Häringe.

Caractères. — La famille des Clupéidées, qui renferme le Hareng, l'Alose, l'Anchois, la Sardine, est constituée par des Poissons au corps allongé, couvert d'écailles, tandis que la tête est nue; le ventre est souvent comprimé et porte une carène dentelée. Le bord de la mâchoire supérieure est formé, au milieu par les intermaxillaires, latéralement par les maxillaires, ces derniers composés ordinairement de trois pièces. La fente des ouïes est large; les appendices lamelliformes des premiers arcs branchiaux sont fort développés, principalement sur le premier arc branchial; il existe presque toujours des pseudobranchies. La dorsale est courte; il n'existe pas de nageoire adipeuse (fig. 482). La vessie natatoire est allongée et communique avec le tube digestif; l'estomac est en forme de cul-de-sac conique; les appendices pyloriques sont nombreux.

La nageoire anale est généralement courte; elle peut être cependant très longue, ainsi qu'on le voit chez la plupart des Anchois et chez les Chatoesses; chez ces derniers, l'anale se réunit à la caudale. La position de la dorsale et des ventrales varie suivant les genres; c'est ainsi que chez les Coïlia les ventrales sont reportées très en avant, très peu derrière les pectorales, de telle sorte que la dorsale, qui se trouve toujours ou presque toujours opposée aux ventrales, est elle-même avancée. Parfois les rayons supérieurs de la pectorale sont allongés, en filaments, ainsi que nous le voyons chez le Coïlia, poisson de mer de l'Inde et de la Chine.

Le museau est parfois avancé, plus long que la mâchoire inférieure, chez les Anchois, les Coïlia, certains Chatoesses, ou plus court, chez les Elops, par exemple. L'intermaxillaire est caché chez les Coïlia, les Anchois, tandis que le maxillaire est très long. Les dents peuvent manquer (Chatoesses), être très petits et rudimentaires (Anchois, Harengs, Aloses), ou être assez développées (Elops). Dans ce dernier genre, de même que chez les Mégalopes, on voit des dents aux deux mâchoires, au vomer, aux palatins, aux ptérygoïdiens, à la langue et à la base du crâne. Les membranes des branchies sont entièrement séparées; elles sont cependant réunies chez les Chanos. Les pseudobranchies manquent chez les Mégalopes; chez les Chanos, on trouve un organe branchial accessoire dans la cavité, en arrière de la chambre branchiale proprement dite.

Distribution géologique. — Lorsque l'on n'a pas l'animal dans son intégrité, et cela ne se présente presque jamais à l'état fossile, il est parfois très difficile de distinguer un Poisson faisant partie de la famille des Salmonidées de celle des Clupéidées, et c'est pourquoi Agassiz réunissait ces deux familles sous le nom d'Halécoïdes.

Ainsi que le font remarquer Pictet et Humbert, l'histoire paléontologique de ce groupe des Halécoïdes (Clupes et Salmones) présente un intérêt spécial, non seulement par le grand nombre et la variété des types crétacés et tertiaires qu'elle comprend, mais surtout par ses relations avec les formes antérieures.

« On sait que, jusqu'à ces dernières années, et à la suite des travaux d'Agassiz, les Poissons téléostéens étaient considérés comme n'ayant pas existé avant la période crétacée et que tous les types des Poissons les plus anciens de Poissons osseux étaient attribués à la sous-classe des Ganoïdes. Parmi ces soi-disant Ganoïdes se trouvaient quelques genres jurassiques à écailles minces et arrondies au sujet desquels se sont élevés des doutes sérieux. Pour deux de ces

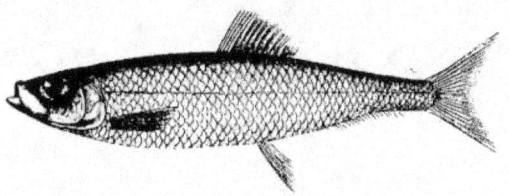

Fig. 482. — Le Hareng.

genres, les *Leptolepis* et les *Tharsis*, la question n'est pas encore tout à fait résolue parce qu'on n'est pas complètement d'accord sur l'existence d'une mince couche d'émail recouvrant les écailles, caractère qu'Agassiz jugeait suffisant pour justifier leur association avec les Ganoïdes. Celui des *Thrissops*, en revanche, appartient certainement au même groupe que les *Chirocentres*, comme l'a démontré Heckel et il faut, par conséquent, admettre aujourd'hui que les Téléostéens ont des représentants dans la période jurassique.

« Les Téléostéens jurassiques, soit qu'on les restreigne aux Thrissops, soit qu'on y joigne les genres sus-indiqués, ont toutes leurs analogies avec les Halécoïdes. Ces analogies se manifestent par une composition tout à fait semblable de la mâchoire supérieure, par un mode de terminaison identique de la colonne épinière à la base de la queue, par une même disposition des nageoires, par la forme et le faciès. La famille des Halécoïdes est la seule, parmi les Téléostéens, qui représente bien ces formes antérieures; elle semble en être, en quelque sorte, la suite et le développement. »

Ces *Thrissops*, apparus à l'époque des schistes de Solenhofen (kimméridgien inférieur), se continuent jusque dans la craie et rattachent ainsi les Halécoïdes jurassiques aux Clupes et aux Salmones de la grande formation crétacée. De vraies Clupes apparaissent dans le néocomien, c'est-à-dire vers le commencement de l'époque crétacée. Les *Thrissopater*, du gault de Folkestone, les *Leptosomus*, les *Opisthopteryx*, de l'époque crétacée, peuvent être difficilement assimilés à des formes actuellement vivantes, tandis que les *Halec*, de la craie de Bohême, les *Rhinellus*, du mont Liban, les *Platinx* et les *Cœlogaster*, de Monte Bolca, ont des analogues dans nos mers. Des Anchois, des Albula se trouvent dans les formations tertiaires.

En résumé, la famille des Clupéidées paraît avoir été une des premières à apparaître parmi les Téléostéens et semble, avec celle des Bérycidées, avoir peu à peu supplanté les Ganoïdes.

Mœurs, distribution géographique. — Les Clupéidées sont surtout des animaux côtiers, en tous cas ne s'éloignant jamais beaucoup des côtes; beaucoup d'entre eux remontent les fleuves à l'époque du frai. Presque toujours les Clupéidées vivent en troupes immenses et se tiennent près de la surface pendant l'époque du frai, après quoi ils s'enfoncent dans les profondeurs, de telle sorte qu'on les pêche alors très rarement. Tous les Clupéides sont des animaux carnassiers.

Les Clupéidées habitent toutes les mers, mais ils sont plus particulièrement représentés dans la zone tropicale et subtropicale; c'est dans les parties les plus chaudes de la mer des Indes que se trouvent les Coïlies, les Chatoesses, les Elops, les Mégalops, les Chanos. Plusieurs genres sont particuliers à l'Amérique du Nord.

LES CLUPES — *CLUPEA*

Häringen.

Caractères. — Les Clupes ont le corps allongé, comprimé, le ventre à carène dentelée

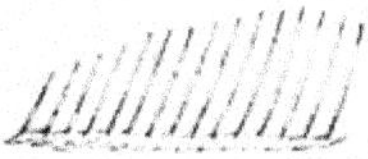

Fig. 483. — Carène du ventre de l'Alose

(fig. 483); on voit de petites dents aux mâchoires, dents qui sont si fines aux maxillaires qu'elles sont peu sensibles en tant que visibles à l'œil nu; il existe des dents un peu plus fortes sur le vomer et sur la langue; l'opercule est lisse. La dorsale, qui est petite, est insérée

Fig. 481 à 483. — Le Hareng commun, l'Esprot, l'Alose fiute.

vers la moitié de la longueur du corps. Le canal intestinal est peu replié; les appendices pyloriques sont nombreux; la vessie natatoire, qui est grande, communique par un canal long et étroit avec la pointe de l'estomac.

Valenciennes, prenant en considération la disposition des dents sur les différents points de la cavité buccale, partage le genre Clupe en sept genres ou sous-genres, tels que les Sardines, les Aloses, les Melettes, les Rogala.

Nous avons cinq de ces genres sur les côtes de France; d'après E. Moreau, on peut facilement les reconnaître aux caractères suivants : Chez les Aloses seulement, l'opercule est strié. La nageoire dorsale commence plus loin du museau que de la base de la caudale, mais en avant des ventrales, chez les Harengs, au-dessus ou en arrière de l'insertion des ventrales chez les Melettes. Dans les deux autres genres la dorsale s'insère plus près du museau que de la base de la caudale; le bord antérieur de la ceinture scapulaire est couché chez les Harengules, vertical chez les Sardinelles.

Distribution géographique. — Pris dans son ensemble, le genre Clupe comprend plus de soixante espèces, dont la répartition est celle de la famille.

LE HARENG COMMUN. — CLUPEA HARENGUS.

Hareng.

Caractères. — Le Hareng est si connu qu'il n'est pas nécessaire de le décrire longuement. On sait que ce Poisson a le corps comprimé, couvert d'écailles muceux, assez grandes, très caduques, le dos arrondi, le ventre tranchant et dentelé. La tête est petite, le museau court, la bouche assez grande; la mâchoire supérieure est moins avancée que l'inférieure, légèrement échancrée; la fente des ouïes est large. Les mâchoires, le vomer, les palatins et la langue portent de très petites dents; celles-ci peuvent manquer, en tout ou en partie, chez les individus âgés.

Toutes les nageoires sont faibles. La dorsale, insérée un peu en avant de la base des ventrales, se compose de 4 rayons simples et de 14 ou 15 rayons divisés. L'anale est assez longue, mais basse; on y compte 3 rayons simples et de 14 à 16 rayons branchus. La caudale est fourchue. On voit une petite écaille pointue à l'aisselle de la ventrale (fig. 484).

La colonne vertébrale se compose de 35 vertèbres abdominales et de 21 vertèbres caudales; ces vertèbres sont allongées, latéralement marquées de deux fortes dépressions. Ces côtes sont grêles, longues, un peu arquées et viennent rejoindre les côtes sternales. On trouve de nombreuses arêtes musculaires, minces et déliées.

Les diverses proportions du corps varient selon la saison et suivant les individus. La coloration est elle-même sujette à quelques variations; chez un Hareng vivant, elle est vert glauque sur le dos, blanchâtre sur le ventre, les flancs étant argentés; aussitôt mort, le Poisson prend une teinte bleuâtre qui devient d'autant plus foncée que l'animal est mort depuis plus longtemps. On trouve parfois des individus dont la couleur est d'un jaune cuivré ou qui présentent des stries, des barres figurant, par leur ensemble, des sortes de caractères. Valenciennes rapporte à ce sujet une curieuse anecdote : « Les historiens, écrit-il, nous ont conservé la date précise de la capture de deux Harengs singuliers qui donnèrent lieu à un événement lié à l'histoire de ce Poisson. Le 21 novembre 1587, sous le règne de Frédéric II, on pêcha, dans la mer de Norwège, deux Harengs sur le corps desquels étaient imprimés profondément, et jusqu'à l'arête, des caractères gothiques. Ces Poissons furent portés à Copenhague, et sept jours après leur capture, ils furent présentés à Frédéric II. Ce monarque superstitieux, effrayé à la vue de ce prodige, pâlit, crut que ces signes devaient prédire un événement qui se rapportait directement à lui en annonçant sa mort ou celle de la reine. Les savants du pays furent consultés et ils traduisirent ainsi les inscriptions gravées sur les Poissons : *Vous ne pêcherez pas de Harengs dans la suite, aussi bien que les autres nations.* Le roi ne se contenta pas de cette explication; il fit consulter les savants de Rostock. On a écrit sur ce sujet plusieurs mémoires plus ou moins remplis de croyances superstitieuses et absurdes. Frédéric mourut en 1588 et l'on ne manqua pas d'attribuer sa mort à l'apparition des Harengs venus pour l'annoncer à son peuple. »

Distribution géographique. — Le Hareng se trouve dans la partie septentrionale de l'Océan Atlantique comprenant la mer du Nord et la Baltique, ainsi que l'Océan Glacial. C'est ainsi qu'il habite les baies du Groenland, de l'Islande, qu'on le trouve près des côtes de la Laponie, autour des îles Féroë, le long de la Norwège, de la Suède, du Danemark, de la Hollande, dans les parages de la Grande-Bretagne; il descend dans la Manche et ne dépasse guère l'embouchure de la Loire; on le prend de temps en temps sur les côtes de France, dans l'Océan, à Noirmoutiers, à l'île de Ré et même parfois, d'après Moreau, vers le mois de septembre, dans le golfe de Gascogne, à Arcachon; on le retrouve dans la Baltique et au nord-est, dans la mer Blanche et les parties voisines.

Le Hareng n'existe ni dans la Méditerranée ni sur les côtes atlantiques d'Espagne et de Portugal. On trouve le Hareng en abondance sur les côtes atlantiques d'une partie du Canada et des États-Unis; on pêche sur les côtes de l'océan Pacifique, en Californie, une espèce, le *Clupea mirabilis*, qui ressemble beaucoup à notre Hareng commun.

Mœurs, habitudes, régime. — Bien qu'habitant la mer, le Hareng remonte parfois, dit-on, dans les eaux saumâtres. D'après Valenciennes, « on trouve quelques observations qui semblent établir que quelquefois des radeaux de Harengs s'avancent assez loin dans nos fleuves. Ainsi, Bock a conservé le souvenir qu'en 1733 des Harengs entrèrent dans l'Oder jusqu'à la distance de 30 lieues de l'embouchure au-dessus du fleuve. Depuis 1752 jusqu'en 1760 on vit affluer une telle quantité de Harengs dans la rivière qui passe entre les murs de Gothembourg, qu'on les pêchait avec des filets à la main dans les canaux de la ville. Noël de la Marinière rapporte que cette Clupée remonte dans les rivières d'Écosse ou d'Angleterre, que les Harengs ont été vus dans le Tay, aussi haut que Balmerinock près Cupar; ou dans le Clyde, jusqu'à Broomlane près de Glascow; et Bewerel dit qu'au mois d'octobre de 1695 des bandes si nombreuses de Harengs fourmillaient dans la Tamise qu'on les prenait à plusieurs milles au-dessus de Londres avec des seaux. Noël a aussi appris d'un pêcheur éclairé d'Écosse, Duncun de Rothsay, qu'on ne pêchait jamais plus de Harengs dans le Loch-Broom qu'à l'endroit où les eaux douces se mêlaient aux eaux salées. En Hollande, les pêcheurs de Mark, de Horn, reconnaissent tous que, dans la saison du frai, la rivière de Vollenhoven, en Over-Yssel, est abondamment pourvue de Harengs. Ils ont plusieurs fois observé qu'à la fin de l'automne ils pêchaient plus de Harengs dans le *Zwart-vaart* ou *Canal noir*, à son embouchure dans le Zuyderzée, que sur aucun fond de pêche de cette mer. Ils en concluent que les Harengs sont attirés par les eaux douces et qu'ils s'y rassemblent en plus grandes troupes que partout ailleurs.

« Nous trouvons aussi des exemples de Harengs remontant dans la Seine, aidés sans doute par les eaux de la Barre, près Quillebœuf; mais il paraît qu'ils n'entrent jamais dans la rivière qu'après avoir frayé. Il faut cependant faire bien attention que l'on a donné quelquefois le nom de Harengs à des Poissons brillants et argentés de genres tout différents, et que les auteurs, trompés par la similitude de nom, ont dit, d'après cela, que l'on était même parvenu à acclimater des Harengs dans des pièces d'eau intérieures. Ainsi, le *Fresh water Herring* de Loch-Lond, sur la côte occidentale d'Écosse, est une espèce de Salmone du genre Corégone. »

Les jeunes Harengs se tiennent parfois en bandes innombrables à l'embouchure des fleuves dans lesquels la marée se fait sentir à une grande distance; le *Whitebait*, que les habitants de Londres vont manger en friture à Greenwich ou à Blackwal, est du fretin de Hareng.

Malgré de nombreuses et importantes recherches, nous ignorons encore beaucoup de choses sur l'histoire du Hareng.

Les Harengs, chaque année, paraissent se diriger du nord au sud. En combinant les données fournies par les pêcheurs relativement aux époques d'arrivée et de départ de ces Poissons, plusieurs naturalistes émirent l'opinion de voyages périodiques et réguliers accomplis par les Harengs qui, partant du cercle polaire, se dirigeraient vers le sud, pour arriver pondre dans la Manche vers le milieu de l'hiver, puis retourneraient à leur point de départ.

C'est à un naturaliste de Hambourg, Anderson, que l'on doit le tracé de la route que le Hareng accomplirait dans ses migrations.

« Tout à coup, vers janvier, suivant Anderson, il part de la mer Glaciale arctique une immense troupe de Poissons voyageurs, qui bientôt se divise en deux corps d'armée, dont l'un se porte vers l'est, et l'autre vers l'ouest, s'avançant vers des contrées plus tempérées, vers des mers plus chaudes dans lesquelles doit avoir lieu a ponte. Le corps d'armée occidental ou de droite se jette sur la côte d'Amérique, tandis que le corps d'armée oriental ou de gauche est surtout destiné à l'Europe.

« A peine en marche, le corps de gauche se divise en deux colonnes : celle de droite se porte au mois de mars sur l'Islande, de telle sorte qu'à cette époque toutes les baies, tous les golfes de cette île sont peuplés de Poissons. L'on ne sait pas bien ce que devient le reste de cette colonne qui défile le long de la côte occidentale de l'Islande.

« La colonne de gauche se dirige vers l'orient, arrive au cap Nord et s'engage sur les côtes de Norwège. Vers la hauteur des îles Shetland, une aile se détache, gagne les Shetland, se rend aux Hébrides et là se divise encore en deux ailes de moins d'importance. Celle de droite gagne les Hébrides, se rend sur la côte occidentale de l'Écosse, à l'île de Man, s'engage dans le canal Saint-Georges et dans les eaux qui baignent à l'ouest le littoral de l'Irlande, qui est ainsi entouré de tous côtés par des bandes de Harengs. La sous-division de gauche passe le long des Orcades, et, défilant le long de la partie nord-est de l'Écosse, se rend vers le milieu de la mer du Nord, qui semble être le rendez-vous commun des diverses divisions.

« A la pointe sud de la Norwège, vers le cap Lindesness, de la colonne de gauche une autre aile se détache; parvenue à l'entrée de la Baltique, elle se sépare en plusieurs divisions. L'une, par le Sund, pénètre dans la Baltique. L'autre, arrivée à la pointe nord du Jutland, se fractionne encore en deux ; tandis qu'une bande se réunit par les Belts avec les divisions de la Baltique, l'autre, côtoyant le Sleswig, le Holstein, la Frise, se jette dans le Zuiderzée, et, l'ayant parcouru, s'en retourne dans la mer du Nord.

« Cependant le gros de l'armée, continuant sa marche vers le sud, visite successivement la côte est de l'Écosse, la côte de Berwick, la baie de Yarmouth, les côtes de la Hollande et de la Flandre, enfin les eaux de la Manche, où elle se réunit à la fraction de l'aile droite qui, après s'être engagée dans le canal Saint-Georges, a visité le canal de Bristol et a doublé le cap Lizard. Les dernières divisions vont frayer, les unes près de la côte anglaise, depuis Douvres jusqu'à Torbay, les autres vers le littoral de la France, depuis un peu plus haut que Boulogne jusqu'au cap La Hève et même un peu plus bas vers l'ouest. Enfin l'on perd ce Poisson de vue, sans qu'on puisse exactement savoir ce qu'il devient. Toutefois, à la fin du siècle dernier, Gilpien ayant observé que, sur les côtes des Etats-Unis, une espèce de Hareng se dirige du sud au nord, en conclut que nos Harengs d'Europe, en sortant de la Manche, traversent l'Atlantique, gagnent les Florides et remontent jusqu'à Terre-Neuve (1). »

Ainsi que le fait fort justement remarquer Milne Edwards, « il y a dans cette histoire de migration du Hareng un singulier mélange de vérités et d'erreurs. Il est vrai que toutes les côtes dont nous avons parlé sont visitées chaque année, à une certaine saison, par des bandes innombrables de Harengs qui, serrés les uns contre les autres, constituent ce que les pêcheurs appellent des *bancs* ou des *radeaux;* que ces Poissons frayent dans ces localités et qu'ensuite ils disparaissent, ainsi que les jeunes nés de leurs œufs; enfin que presque toujours, l'année suivante, de nouvelles bandes de même espèce arrivent de loin et succèdent aux premières. Mais tous ces animaux viennent-ils réellement de la mer polaire? Est-ce sous les glaces arctiques qu'ils passent l'hiver? et est-ce une même troupe voyageuse qui, en descendant du nord au sud, envoie successivement des détachements sur les divers points où on les voit apparaître? »

Déjà, à la fin du siècle dernier, Bloch était arrivé à une autre conclusion qu'Anderson et doutait fort que les Harengs fussent capables d'exécuter un aussi gigantesque voyage; il fit d'ailleurs remarquer que le Hareng est beaucoup plus rare dans l'extrême nord que dans la mer du Nord et la Baltique, qu'on le pêche pendant toute l'année dans cette dernière mer et il admet que le Poisson, à certains moments de l'année, remonte des grandes profondeurs vers la surface de l'eau.

Tous les faits observés sont en contradiction formelle avec les grandes migrations du Hareng. S'il est vrai que ce Poisson sort de dessous les glaces polaires, les golfes de l'Islande, ouverts au nord, devraient fourmiller de Harengs au moment de l'émigration; or, c'est le contraire qui a lieu, de l'avis de tous les observateurs. D'après Othon Fabricius, le Hareng est un des Poissons les moins communs du Groenland. Sur les côtes du nord de la Norwège, les parties les plus septentrionales devraient être visitées les premières par les bandes de Harengs; or, cela n'a rien de régulier. On a observé les mêmes faits sur les côtes de France et d'Angleterre.

Nous avons déjà dit que le Hareng présentait d'assez grandes variations dans la forme et les

(1) H.-E. Sauvage, *La grande pêche; les Poissons,* p. 178.

proportions du corps, dans la taille. Ces variations ne sont pas seulement individuelles; elles sont souvent tellement constantes et si particulières qu'elles indiquent de véritables races locales, parfaitement reconnaissables.

Les recherches de Nilson lui ont montré que les Harengs qui arrivent sur les côtes de Norwège, les uns au printemps, les autres à l'automne, appartiennent à plusieurs races, au lieu d'être les détachements d'une seule et même troupe homogène. Hermann Bars nous apprend que sur les côtes scandinaves se pêche, vers le commencement de janvier, un Hareng particulièrement abondant entre le cap Lindesnoess et le cap Stat ou plutôt jusqu'à l'embouchure de Moldefjord, du 58° degré au 62° 10′ de latitude. Une autre espèce de Hareng, qu'on nomme *Straalsild* et *Salhovedeild,* et qui, à ce que l'on croit, habite ordinairement les bassins les plus proches de la terre, se lève en même temps que lui. A peine le Hareng d'hiver a-t-il disparu que l'on commence à pêcher, dans les environs de Bergen, une espèce de Hareng plus petite, qui, à cette époque, est fort maigre, mais qui devient plus grasse à mesure que la saison avance. Ce Hareng d'été se montre dans les parages plus septentrionaux vers le mois de juin, à Sœndfjord, à Nordfjord, à Ronsdalen, quelquefois aussi sur la côte entre Stavanger et le Korsfjord; plus tard, on le rencontre à Nordmœur, sur les côtes de la province du Trondhjen méridional, dans le Trondhjemsfjord, le Namsenfjord, sur les côtes de Nordland et même jusqu'en Finmarken. On voit enfin de temps en temps apparaître sur les côtes de Norwège un Hareng beaucoup plus gros que les autres et dont la marche est des plus irrégulières.

On doit faire remarquer que si le Hareng accomplissait les migrations indiquées plus haut on ne comprendrait pas que la petite espèce de la Baltique traversât le Cattegat pour entrer exclusivement dans cette mer, tandis que la grande espèce resterait sur les côtes de Suède qui regardent le Cattegat. Les Harengs qu'on pêche dans le Zuiderzée ne sont pas les mêmes que ceux qui fréquentent les côtes océaniques de la Hollande. En un point particulier de la mer du Nord, sur le Doggerbank, on capture, et ce pendant un temps très court seulement, une race particulière de Harengs véritablement géants qu'on ne prend que là.

Enfin, dans les lieux de pêche du Hareng, on prend en toute saison des Harengs qui, quoique vides, sont souvent très gras et d'une couleur généralement plus brune que le Hareng ordinaire ; on les nomme souvent *Halbourgs, Harengs francs* ou *Harengs fonciers.*

Tous les faits que nous venons de rapporter prouvent que les prétendus voyages des Harengs se bornent à des déplacements dans leur province réciproque, que leur disparition à certaines époques n'a lieu que vers les profondeurs de la mer dans cette même province, et qu'ils apparaissent vers la surface à l'époque du frai.

« Si l'on examine une carte des profondeurs de la mer du Nord, écrit Carl Vogt, on se convainc facilement que la Grande-Bretage repose sur un haut plateau d'une vaste étendue qui n'a nulle part plus de 200 mètres de profondeur et qui s'étend à une distance telle que la France, la Hollande, l'Allemagne du Nord et le Danemark seraient réunis en un seul continent avec l'Angleterre si le niveau de la mer était rehaussé de 200 mètres. Ce continent se prolongerait sur le côté oriental de l'Angleterre jusqu'au voisinage de la Norwège, mais serait séparé de ce pays par un bras de mer étroit et profond, enveloppant à quelque distance l'extrémité méridionale de la Norwège. Du côté occidental de l'Angleterre au contraire le haut plateau s'étendait seulement à dix milles environ des côtes de l'Angleterre et de Bretagne pour plonger par une pente escarpée dans la profondeur de l'océan. Ces profondeurs sont le domicile du Hareng, c'est de là qu'il se met en route, notamment pour frayer.

« Il est facile de donner la preuve irréfutable contre l'opinion admise des grandes migrations des Harengs venus de la mer polaire. Parmi les Harengs on distingue aussi de nombreuses races, bien qu'on ne puisse pas reconnaître une distinction d'espèces. Le Hareng de la mer Baltique est le plus petit et le plus faible, celui de Hollande comme celui d'Angleterre sont déjà plus gros, tandis que le Hareng des îles Shetland et des côtes de Norwège est le plus gros et le plus gras. Sur les côtes mêmes, les pêcheurs distinguent, tout comme les pêcheurs de Saumon, le Hareng côtier à l'embouchure des rivières, qui séjourne au voisinage du rivage et qui est habituellement plus gras mais d'un goût moins fin, du Hareng de mer qui arrive de distances fort éloignées vers les côtes. Si l'hypothèse de la migration de troupes, partie d'un point central commun placé dans l'Océan Glacial, était exacte, comment pourrait-

il se faire que les différents bancs se séparent exactement suivant la grosseur, la forme et leurs caractères intimes, qu'ils parviennent en un temps déterminé à leurs lieux de rendez-vous comme les régiments et les bataillons d'une armée ?

« Mais ce qui renverse complètement l'édifice par sa base, c'est d'un côté la rareté relative de ces poissons dans les contrées septentrionales, de l'autre la différence qui existe entre les temps d'apparition du poisson aux divers endroits. Autour du Groenland où cependant passerait un courant principal pour se diriger vers l'Amérique, le Hareng est si rare que beaucoup de naturalistes ne le citent même pas parmi les poissons du pays. On connaît, à la vérité, le Hareng sur les côtes d'Islande, près desquelles toute la bande se diviserait, mais il n'y est jamais assez fréquent pour qu'on en fasse l'objet d'une pêche spéciale; il en est de même dans le Finnmark en Norwège, où l'on prend si peu de Harengs qu'on ne se donne même pas la peine de le saler, tandis que dans la moitié méridionale entre Trondjem et le cap Lindesnas, notamment dans les environs de Stavanger et du Molde-Fiord, la pêche du Hareng constitue presque le seul moyen d'existence des riverains. Comment une telle distribution serait-elle possible, si le Hareng venait du Nord, comme on l'a soutenu ? Comment pourrait-il se faire qu'il apparût plus tôt sur les côtes méridionales en Hollande et à Stavanger que sur les côtes de l'Écosse et de l'Irlande, ainsi que cela a souvent été observé, si le Hareng venait réellement du Nord ? Comment enfin serait-il possible de prendre en tout temps de l'année sur les côtes des Harengs de toute grosseur, si le voisinage de ces côtes n'était pas le lieu de leur naissance, de leur accroissement et de leur mort ?

« On a également cité comme preuve de la migration des Harengs cette circonstance qu'autrefois dans la mer Baltique, notamment sur les côtes de Suède à Gothenbourg, on faisait une pêche très animée de ces poissons, tandis qu'aujourd'hui la chose a changé au point que les pêcheurs sont tombés dans la plus extrême pauvreté. Mais justement cette circonstance paraît être une preuve de plus pour notre opinion.

« On ne comprendrait pas pourquoi les bancs ne visitent plus la mer Baltique; on devrait alors regarder les navires à vapeur qui parcourent le Cattegat comme étant la cause de leur effarouchement. La mer Baltique est un bassin très limité et peu profond vers sa partie supérieure, aussi a-t-elle été dépouillée à un tel point de ses poissons que le Hareng, pour le ménagement duquel on n'a pas eu le moindre égard, a presque été anéanti ou du moins très amoindri dans les eaux resserrées de Gothenbourg. Mais le Hareng de Norwège ne s'est pas avisé de pénétrer dans le bassin de la Baltique en contournant le cap de Lindenees, ni de combler la brèche produite ; aussi, si les Suédois voulaient avoir de nouveau une pêche au Hareng, ce qu'ils auraient de mieux à faire, ce serait de prohiber complètement pendant quelque temps la pêche de ce Poisson pour lui donner le temps de se reproduire plutôt que, suivant une confiance crédule, d'espérer en la bienveillance d'un roi quelconque du banc de Harengs, qui doit envoyer ses sujets de nouveau sur les côtes. »

Les Harengs qui remontent des profondeurs ne le font pas exclusivement pour frayer. On voit en juin apparaître le Hareng vierge ou *Maatjes* des pêcheurs hollandais, surtout vers le soixantième degré, au niveau de la partie méridionale des Shetland. On a remarqué en Norwège que les Harengs d'été arrivent de la haute mer, le plus souvent en très grand nombre et que beaucoup d'entre eux ne sont pas encore parvenus à l'âge où ils peuvent se multiplier.

Nous ne savons à peu près rien sur la vie du Hareng à de grandes profondeurs et ce n'est que depuis peu qu'on a pu établir que ce Poisson se nourrit de petits crustacés inférieurs, les Copépodes, qui, semblables à une poussière vivante, existent en quantités incommensurables tantôt à la surface des eaux, tantôt vers les fonds. Les naturalistes norwégiens ont constaté que, sur des surfaces immenses, la mer est couverte des animaux qui composent la principale nourriture du Hareng ; le déplacement de ces espaces couverts d'animalcules doit être connexe avec les variations de direction du Gulf-Stream.

D'après les recherches de Sars, une des stations pour la ponte du Hareng est la haute mer située entre la Norwège et l'Écosse. Les individus jeunes, nés sur les côtes scandinaves, s'y rendraient et y grandiraient jusqu'à ce qu'au moment de la ponte ils retourneraient vers leur lieu de naissance. Plusieurs observateurs pensent, en effet, que l'instinct pousse les Harengs à reprendre en sens inverse la route suivie dans le jeune âge, ce que fait

le Saumon. Le nombre des œufs pondus par une seule femelle étant très considérable, il est fort probable que les jeunes sortis d'une même frayère ne s'éloignent que peu les uns des autres, et que chacun des bancs est surtout formé d'individus nés à la même époque et dans le même lieu.

Tous les Harengs ne frayent pas à la même époque. Les pêcheurs hollandais ont remarqué que, dans la mer du Nord, entre 58° 30′ et 55° 30′, depuis le troisième degré ouest jusqu'aux environs du sixième degré est, le Hareng plein, *Volle*, apparaît au mois de juillet ; on trouve encore au commencement d'août quelques *Maatjes* ou Harengs vierges, chez lesquels la laitance et le rogue ne sont pas encore formés, tandis que se trouvent en même temps les premiers Harengs vides, *Yles*, ou Harengs ayant pondu ; beaucoup de Harengs sont prêts à pondre, *Kentzish*. Les Harengs que l'on pêche sur les côtes de France, en décembre ou janvier, sont tous vides, ou *guais*, comme disent les pêcheurs.

Au moment de la ponte, les ovaires et les laitances, énormément distendus, remplissent presque toute la cavité abdominale. Les laitances sont plus épaisses du côté du dos que vers le ventre. Les ovaires sont remplis d'une immense quantité d'œufs très peu adhérents à toute la surface du sac. Les œufs du Hareng sont adhérents et s'attachent, soit aux algues, soit aux rochers ; ils se collent si fortement qu'il est absolument impossible de les détacher sans les déchirer ou sans les blesser.

Au moment de la ponte, les Harengs entrent en si grande quantité dans la Manche qu'ils ressemblent aux flots d'une mer agitée ; c'est ce que les pêcheurs appellent des *lits* ou des *bouillons de Harengs* et c'est, dit-on, un spectacle étonnant que de voir par une nuit calme des troupes de ce Poisson s'avancer en une colonne serrée de 5 à 6 kilomètres de long sur 3 ou 4 de large. « Des pêcheurs instruits me montrèrent, dit Schilling, des bandes si serrées que les bateaux qui voguaient au milieu d'elles étaient en péril ; une rame que l'on enfonçait dans la masse se tenait verticalement. » Ces bandes, bien que composées de Harengs qui vont frayer, contiennent cependant des animaux qui sont déchargés de leurs œufs. On aperçoit à la surface de la mer une sorte d'écume que les pêcheurs appellent *grassin*, surtout formée de la laitance.

D'après Baudrillart « on a remarqué que les

Harengs frayaient à trois reprises différentes ; ces époques sont plus ou moins reculées, suivant la chaleur de la saison et l'âge des Poissons. Les plus vieux frayent les premiers, ensuite ceux d'un âge moyen, enfin les plus jeunes, et ceux qui frayent pour la première fois; car leurs laites et leurs œufs ont bien moins de consistance que ceux des premiers. Ainsi, le commencement de la ponte a lieu en automne et continue avec des interruptions variables, sous tous les rapports, pendant presque toute l'année.

« Plusieurs jours avant que les Harengs arrivent en troupe, il y a quelques mâles dispersés, et lorsque toute la troupe est arrivée, on y trouve plus de mâles que de femelles. A l'instant où ces dernières veulent déposer leurs œufs, ce qui a toujours lieu dans les endroits abondamment garnis de pierres et de plantes marines, elles se frottent le ventre contre des pierres, se mettent tantôt sur un côté, tantôt sur un autre, aspirent vivement l'eau et agitent rapidement leurs nageoires.

« Le *Hareng du printemps* fraye dans la Baltique quand la glace commence à fondre et continue jusqu'à la fin de juin; ensuite vient celui d'*été*; puis celui d'*automne*, qui n'a terminé que vers le mois de septembre. Ces différentes bandes suivent un certain ordre dans leurs opérations, comme on l'observe pour plusieurs Poissons de rivière, entre autres ceux des genres *Salmone* et *Cyprin*.

« Il paraît que les œufs éclosent peu de temps après qu'ils ont été jetés par les femelles; les pêcheurs disent que, dans les beaux temps d'hiver, on aperçoit sur la côte et le long du rivage une multitude de Poissons presque imperceptibles. Ces Poissons grossissent, et dès le mois de mars on en prend beaucoup qui n'ont que 3 à 4 pouces de longueur, et qu'on appelle *fretin de Hareng*.

« La multiplication des Harengs est prodigieuse ; on a compté 63 656 œufs dans une femelle de moyenne grosseur. Aussi, comme on l'a dit, ils couvrent, dans le temps de leur migration, des espaces de mer très considérables et ils ne semblent pas diminuer, malgré la chasse perpétuelle que leur font les Cétacés, un grand nombre de Poissons voraces, d'Oiseaux de mer, et enfin l'Homme. »

Suivant la température de l'eau, les petits éclosent plus tôt ou plus tard, en mai au bout de quatorze à dix-huit jours, et août après six à huit jours. A leur sortie de l'œuf, les petits,

transparents et à peine reconnaissables, ont une longueur moyenne de 7 millimètres; au bout de huit à dix jours, la vésicule ombilicale est résorbée et les jeunes qui, jusque-là, s'étaient tenus couchés sur le fond, commencent à se mouvoir, en quête de nourriture.

D'après Schilling on trouve souvent les petits dans les eaux saumâtres, non loin de l'embouchure des rivières. Suivant Widegren, les Harengs atteignent une longueur de 15 millimètres dans le premier mois de leur vie, de 25 dans le second, de 29 dans le troisième; ils ont environ 9 centimètres à la fin de la première année, de 13 à 18 centimètres un an plus tard ; à la longueur de 20 centimètres, qu'ils atteignent vers la troisième année, ils sont aptes à se reproduire.

« Que conclure de tout ce que nous venons de dire, écrivait Valenciennes en 1847? C'est que le Hareng vit par légions innombrables dans toutes les eaux où on le pêche, qu'il se tient dans une profondeur déterminée, considérable, et qu'il sait échapper pendant longtemps aux moyens de poursuite des pêcheurs; mais que lorsque vient le moment du frai, le même besoin de placer convenablement le produit de sa génération le force à quitter ces retraites de la même manière que cela a lieu pour les Sardines qui font, à la manière des Harengs, des apparitions nombreuses sur les côtes, où elles remplacent le Hareng qui n'y existe pas. C'est par un instinct semblable que les Aloses et les Saumons sortent aussi de leurs retraites sous-marines pour remonter dans les eaux douces qui viennent verser leurs eaux dans l'Océan. Un acte qui doit satisfaire au même besoin, mais qui est tout à fait inverse, est celui des Anguilles nous rendent témoin; un certain nombre d'entre elles quittent les eaux douces pour se rendre à la mer. Les Harengs se déplacent pour apparaître près des côtes et y déposer leur frai. Les mouvements que nous observons dans ces grands bancs ne sont que des déplacements accidentels, fortuits, qui tiennent à des causes qui n'ont pas encore été bien déterminées. Mais comme ces bancs sont considérables, qu'ils frappent l'imagination de l'Homme par leur masse, les Hommes peu instruits qui bravent avec courage les dangers incessants de la pêche de ces Poissons ont cherché à donner une explication poétique comme celles qu'enfante toujours l'imagination de ces Hommes vivant isolés au milieu de ces grandes scènes de l'Océan. On y a ajouté peu à peu, et l'échafaudage du système entier a fini par s'y établir. Il faut bien remarquer cependant qu'il se passe là plusieurs phénomènes dont nous ne nous rendons pas encore bien compte. Les Harengs frayent sur les côtes, les petits s'y développent; au mois de mars on trouve devant les rochers du Calvados des légions de petits Harengs longs de 3 à 4 pouces, qui bientôt disparaîtront de la côte pour faire place aux Harengs adultes qui se présenteront en bancs serrés pour peupler ces plages de nouveau frai. Le Hareng grandit-il assez vite pour atteindre à la fin de l'année la taille que nous lui connaissons et être en état de revenir multiplier son espèce? ou bien passe-t-il une ou plusieurs années au fond des gouffres de l'Océan jusqu'à ce qu'il soit en état de reparaître sur les plages? Si j'appliquais à ces Clupées les observations que nous faisons sur les Aloses, je serais assez tenté de croire à cette dernière supposition (1). »

Pêche, son histoire. — La pêche du Hareng est la plus importante de toutes les pêches, celle que l'on peut, à proprement parler, appeler la *grande pêche*, et c'est pourquoi elle est une de celles qui ont été le plus anciennement pratiquées par les peuples du nord de l'Europe. Ainsi que le fait remarquer Baudrillart, « elle était la seule que les peuples du nord de l'Europe fissent en grand à une époque où la pêche de la Baleine était limitée à quelques rivages, où le banc de Terre-Neuve n'était pas encore découvert, où les pêches des autres Poissons n'étaient que des pêches côtières, qui, par leur peu d'extension, n'avaient aucune influence sur la marine des nations qui s'en occupaient. Noël a établi que sur la fin du neuvième siècle (888) la pêche du Hareng florissait sur les côtes de Norwège et que les produits de cette pêche excédaient les besoins de la consommation des habitants. En 960, elle sauva la Norwège d'une grande famine; mais elle prit une nouvelle extension vers la fin du dixième siècle par suite de la conversion des peuples du nord au christianisme et de l'observance des carêmes. »

Noël de la Marinière a publié de très intéressantes recherches sur l'historique de la pêche du Hareng; cet ouvrage étant rare, nous croyons devoir donner quelques extraits de ce que ce savant historien a laissé, d'après Baudrillart et Valenciennes.

1) Cuvier et Valenciennes, *Histoire naturelle des Poissons*, t. XX, p. 149.

Les premiers documents que l'on possède sur la pêche du Hareng en France remontent à l'an 1030. D'après la charte de fondation de l'abbaye Sainte-Catherine de Rouen on voit qu'il existait dans la vallée de Dieppe cinq mesures et cinq salines dont la redevance annuelle était de cinq milliers de Harengs. En 1070, une donation de ce Poisson fut faite à l'abbaye de Saint-Amand de Rouen, et l'on connaît une charte datée de 1088 par laquelle Robert, duc de Normandie, accorda à l'abbaye de Fécamp une foire qui devait être ouverte tout le temps de la harengaison. Nous voyons également la pêche du Hareng être florissante à Boulogne dès le commencement du douzième siècle; Eustache III, comte de Boulogne, mort vers 1125, donne à l'abbaye de Cluny une rente de 20,000 Harengs et accorde l'église de Coquelles, avec les dîmes des grains et des Harengs, à l'abbaye de Saint-Augustin-en-Thérouane.

Sa fille, la comtesse Mahaut, qui monta plus tard sur le trône d'Angleterre, donna, en 1130, une rente de cinq mille Harengs à l'abbaye du mont Saint-Éloy. En 1162, le comte Mathieu d'Alsace fit construire le château d'Étaples sur un terrain appartenant à l'abbaye de Saint-Josse, et pour dédommager cette abbaye, lui donna en échange cinquante mille Harengs à prendre sur la pêche de ce Poisson dans les ports de Boulogne et de Calais.

Dès le douzième siècle, les avantages que les ports du nord de la France retiraient de la pêche du Hareng ne se bornent plus à la consommation locale de ce Poisson et le commerce s'en étend, surtout celui du Hareng salé. C'est ce que nous voyons d'après les chartes de Louis VII (1179) et de Philippe-Auguste (1181, 1187). A partir de Louis IX et à la faveur des ordonnances de 1250, 1254, 1258, le commerce du Poisson de mer acquit réellement l'importance qu'il méritait. L'ordonnance de 1254 surtout fut un des premiers encouragements efficaces que reçurent la pêche et le commerce du Hareng; elle établit la police de la vente qui s'en faisait à Paris; il y est fait mention de marchands forains et de voituriers de poissons de mer; les Harengs y sont distingués en frais, salés ou secs.

C'est une légende accréditée que l'art de saler le Hareng a été inventé au quinzième siècle par un nommé Guillaume Bewkals ou Buckaly, qui mourut à Biervliet, dans la Flandre hollandaise, l'an 1447, suivant les uns, l'an 1449 suivant les autres. Or, nous voyons, par une ordonnance

Fig. 487. — La Melette vénéneuse (page 527).

rendue en 1380 par Philippe le Long, c'est-à-dire plusieurs années avant la naissance de Buckaly, que l'on connaissait à Paris des *Harengs saurs, blancs et frais*. Bien plus, on lit dans un diplôme de Louis VII, donné en 1179 à la ville d'Étampes, qu'il est défendu d'acheter aucune denrée dans cette ville pour l'y revendre après, excepté le *Hareng* et le *Maquereau salés*. Un acte, daté de 1170, octroie à l'abbaye de la ville d'Eu le droit d'acheter tous les ans vingt mille Harengs frais ou salés exempts de tous droits. Le jour anniversaire de la mort de la comtesse Mahaut, comtesse de Boulogne, en 1259, on distribuait à chaque pauvre qui assistait à l'office un pain de douze onces et un *Hareng saur*. Sous Charles V, la ville de Dieppe, voulant conserver tous les avantages du produit de la pêche qu'elle faisait en grand, obtint que nul bourgeois de Rouen ne pourrait acheter du Hareng frais pour l'y faire saler pour son compte sous peine de confiscation.

Au commencement du quinzième siècle, presque tout le nord de la France étant tombé au pouvoir des Anglais, la pêche et le commerce du Hareng tombèrent presque entièrement entre leurs mains. Orléans était assiégé en 1429; l'on sait que le duc de Bourbon fut défait en voulant s'emparer d'un convoi composé en grande partie de Harengs salés destinés à l'armée anglaise; cette bataille est connue dans l'histoire sous le nom de *Journée des Harengs*.

Les guerres fréquentes qui armèrent l'une contre l'autre la France et l'Angleterre, puis la France et l'Espagne, rendirent notre pêche lointaine fort difficile, les corsaires poursuivant les pêcheurs dans la mer du Nord. Aussi, ne voyons-nous la pêche du Hareng reprendre toute sa prospérité que pendant une partie du règne de Louis XIV.

De nos jours, tous les ports du nord de la France se livrent à la pêche du Hareng, mais c'est surtout par les ports de Boulogne, de Dieppe et de Fécamp que se fait cette pêche. En 1883, on a recueilli en France pour près de 108 millions de francs de Poissons, sur lesquels pour plus de 13 millions de francs de Harengs.

Par sa situation géographique, la Hollande est admirablement située pour se livrer à la pêche du Hareng et l'on peut dire sans crainte d'exagération que c'est à la pêche de ce Poisson que la Hollande doit l'origine de son commerce, comme elle le fut de leur navigation. « L'agriculture, écrit Raynal, n'a jamais pu être en Hollande un objet considérable, quoique la terre y soit cultivée aussi parfaitement qu'elle puisse l'être; mais la pêche du Hareng lui tient lieu d'agriculture; c'est un nouveau moyen de subsistance, une école de matelot. »

Dès une date très ancienne, les ports situés à l'embouchure de la Meuse pêchaient jusque sur les côtes d'Écosse et de Norwège. Un assez grand commerce de Harengs se faisait par les bâtiments de la Prusse et des villes hanséatiques. La Hollande vit constamment prospérer sa pêche. Duhamel, dans son *Traité des pêches* imprimé en 1772, dit que les Hollandais employaient à cette époque mille bâtiments et vingt mille marins pour la pêche du Hareng; qu'ils pêchaient et vendaient plus de trois cent mille tonnes de Harengs, qui, à raison de 200 florins la tonne, produisaient 60 millions de florins et un bénéfice annuel de 37 millions de florins, déduction faite de 23 millions de florins pour les frais de pêche et de l'apprêt.

Actuellement le commerce du Hareng est des plus florissants en Hollande. En 1881, la quantité de Harengs salés préparés dans ce pays s'est élevée à plus de 9500 lats de mer, correspondant chacun à un poids net de 1414 kilogrammes; pendant la même année, l'exportation s'est élevée à 134,620 barils; la même année, les ports hollandais ont préparé plus de 61 millions de Harengs saurs.

Au moyen âge, les bateaux des ports de la Flandre, de Dunkerque, Ostende et Nieuport se rendaient sur les côtes d'Écosse ou d'Angleterre ou à l'ouverture de la Manche pour faire la pêche du Hareng. La pêche de Nieuport surtout fut des plus prospères ; le Poisson qui provenait de ce port était plus particulièrement connu dans le commerce sous le nom de *Hareng de Flandre*. Mais au dix-septième siècle, les Hollandais et les Anglais voulurent empêcher les Flamands de venir pêcher dans leurs mers, de telle sorte que la pêche du Hareng tomba de plus en plus.

Si l'on en croit les plus anciens documents, il est possible de faire remonter la pêche du Hareng en Angleterre au commencement du huitième siècle ; ce sont les pêcheurs de la côte de Suffolk qui semblent avoir pêché les premiers. L'emplacement vis-à-vis duquel est aujourd'hui établie la ville de Yarmouth était le rendez-vous des pêcheurs de Harengs dès Guillaume et même dès le règne de Canut. D'après Anderson, vers l'an 836, sous le règne d'Alfred, le commerce du Hareng salé était déjà important en Écosse ; il existait également des pêcheries de Harengs en Irlande dès le xiie siècle. Vers le xive siècle, plusieurs conventions pour la police de la pêche furent conclues entre les rois d'Angleterre et de Danemark, avec les comtes de Flandre et de Hollande ; la pêche était si importante sur les côtes de Suffolk et de Norfolk que, lors du grand armement de Richard II, en 1386, ce roi exempta du service tous les pêcheurs de Harengs de Blackeney, de Cley et de toute cette côte. Les Anglais pêchèrent plus tard, non seulement sur leurs côtes, mais encore sur celles de Norwège ; les Hollandais, en vertu d'anciens traités, venaient à leur tour prendre le Hareng dans les eaux anglaises et y commettaient de nombreuses déprédations. Les pêcheurs anglais s'étant plaints des vexations auxquelles les soumettaient les Hollandais, Cromwell déclara la guerre à la Hollande. On vit alors les deux plus grands hommes de mer des deux pays, Blake et Tromp, se disputant la possession des pêcheries. Depuis cette époque, la pêche du Hareng ne fit que prospérer dans le Royaume-Uni. La pêche du Hareng a aujourd'hui une grande importance en Écosse ; d'après des documents officiels, en 1881, soixante-sept mille quatre cent vingt-trois hommes étaient employés à cette pêche ou à la préparation du poisson ; il a été préparé 1,111,155 barils de Harengs représentant un poids de près de 166,673 tonnes, d'une valeur d'environ 45 millions de francs.

On sait que c'est en 1241 que se forma la confédération de plusieurs villes de commerce dans la basse Allemagne sous le nom de ligue anséatique. Le commerce du Hareng salé prit de suite une grande importance à Lubeck et à Hambourg, dont les pêcheurs allaient prendre le poisson sur les côtes de Scanie.

Dès le xe siècle, la pêche du Hareng était une des principales richesses du Danemark et de la Scandinavie. Nous voyons, au xiiie siècle, cette pêche être le prétexte de guerre avec les villes anséatiques. Ce n'est que vers le xviie siècle que la pêche norwégienne fut dans toute sa prospérité. Actuellement, on peut estimer à 723,200 hectolitres le nombre de Harengs exportés en saumure par la Norwège ; la pêche du Hareng, à elle seule, emploie environ trente mille matelots et l'on peut estimer à cinquante mille le nombre de personnes à qui cette pêche procure du travail.

Ce n'est que vers la fin du xiiie siècle que les Suédois se livrèrent activement à la pêche du Hareng. De nos jours, on pêche environ annuellement 70,000 barils de poisson autour de l'île d'Aland ; les provinces du sud préparent de 30 à 40,000 barils.

Nous avons dit plus haut que le Hareng se trouve sur les côtes atlantiques de l'Amérique du nord. Au Canada, ce poisson donne lieu à un important mouvement commercial ; d'après des documents officiels, il a été exporté, en 1882, 423,042 barils de poisson en saumure, d'une valeur de 1,739.944 dollars, soit 9,412,097 francs et 1,247,231 caisses de Harengs fumés estimées à 311,800 dollars ou 1,686,881 francs.

Pêche, usages, préparations. — Après avoir rapidement tracé l'histoire de la pêche du Hareng dans le nord de l'Europe, il nous reste à faire connaître la manière dont se pratique actuellement cette pêche et quelle est la préparation que subit le poisson.

Ainsi que nous l'avons dit, la pêche du Hareng est tout particulièrement active sur les côtes de Norwège. Cette pêche se faisait au siècle dernier au moyen de grands filets avec lesquels on barrait les fiords. « Les étrangers, écrit Pontoppidam, peuvent à peine le croire, mais j'ai pour témoin toute la ville de Bergen, que d'un seul coup de filet on a pris dans le Sundfiord une telle quantité de Harengs qu'ils ont rempli cent bateaux, d'autres disent cent cinquante, chaque bateau contenant une centaine de tonnes. Les Harengs que l'on a pu enfermer dans une baie y restent jusqu'à ce qu'on puisse les pêcher pour les préparer ; parfois ils demeurent ainsi captifs pendant deux et même trois semaines, mais alors ils s'épuisent et périssent; la baie se remplit alors d'une odeur infecte qui fait que le poisson s'en éloigne parfois pendant plusieurs années. En 1748, il est arrivé dans la paroisse de Svanoë que des paysans avaient barré l'entrée d'un fiord ainsi qu'il a été dit plus haut; un habitant de Bergen acheta la pêche d'avance pour cent écus d'Allemagne et un tonneau d'eau-de-vie; il retira, dit-on, des filets de quoi charger cent bateaux et laissa périr plus encore de poissons. »

Aujourd'hui, pendant que la Norwège septentrionale arme pour la pêche de la Morue, la Norwège méridionale se dispose à commencer la pêche du Hareng d'hiver qui se fait entre le cap Lindesnœs et l'embouchure de Moldefjord. La pêche se fait soit avec des filets, soit avec des sennes.

Les filets ont 20 à 25 mètres de longueur et l'on emploie de vingt à vingt-cinq filets par bateau monté de quatre ou cinq hommes. Ces filets sont jetés à l'eau dans la soirée, soit près de la côte, soit au large et relevés le matin. Ils donnent une récolte très variable; on a vu parfois prendre dans une seule mise jusqu'à 20 hectolitres de Harengs. Suivant Hermann Baars, « c'est à cette époque qu'il faut voir la pêche du Hareng en Norwège ! Une demi-heure après le coucher du soleil, qui pour la dernière moitié de février est quelquefois très beau dans ces contrées, vous avez devant vous un remarquable spectacle. Sur un espace de 10 à 15 kilomètres, la mer est couverte de milliers de bateaux tirant leurs filets ou retournant à terre chargés de poissons. Au milieu de ce mouvement, des centaines de bateaux pontés de vingt à trente tonneaux louvoient ou marchent au vent, transportant le poisson frais. Plus loin, les jets d'eau des Cétacés font bouillonner la surface de la mer, pendant que, pour compléter cette image grandiose, des millions de mouettes s'élèvent dans l'air et cachent quelquefois le soleil comme des nuages.

« Malheureusement elles sont rares, ces aubes lumineuses, ces brillantes journées! Souvent la mer devient furieuse, et non seulement elle empêche le travail du pêcheur, mais elle emporte dans ses flots des milliers de filets qui, pour la plupart, ne se retrouvent jamais. »

On pêche également le Hareng d'hiver au filet de barrage dans les fiords. D'après Baars, « l'armement des bateaux qui pratiquent cette industrie se compose d'un grand filet de 120 à 150 brasses de longueur et de 20 à 30 brasses de hauteur, d'un filet moyen de 80 à 100 brasses de longueur et de 15 à 20 brasses de hauteur et d'un petit filet de 35 à 40 brasses de longueur sur 8 à 10 brasses de hauteur. On doit avoir un bateau pour chacun de ces filets et pour les cordages, les prélarts, les bouées, les grappins, etc.; plus deux ou trois bateaux de moindre dimension. Le coût d'un armement de cette nature s'élève de 10 à 12,000 francs. L'équipage est formé de 20 à 25 hommes placés sous un chef, *notebas*, et il habite un bateau-auberge qui accompagne toujours les filets.

« La pêche du barrage se fait de la manière suivante. Quand les bandes de Harengs, chassées par les Cétacés ou par les Gades charbonniers, ou pressentant ces voraces, entrent dans une baie, ordinairement escortées d'essaims d'oiseaux, on étend le grand filet, hors de la portée du poisson et après qu'il est passé, entre les points extrêmes de la baie pour en fermer l'embouchure. Quelquefois on barre aussi le Hareng dans des endroits où il n'y a pas de baies. On met dans ce cas les filets dans un demi-cercle, et on chasse le poisson vers le milieu jusqu'à ce qu'on ait tiré à terre les deux bouts du filet à l'aide de tables blanches, qu'on fait couler et qu'on lève sans interruption. Le Hareng étant barré, on jette le petit filet comme une senne, au milieu de l'espace liquide entouré et fermé par le grand filet. On le tire à terre et on enlève le Hareng avec de larges épuisettes.

« Cette pêche est souvent fort avantageuse, mais elle est très incertaine. Il y a de nombreuses années pendant lesquelles le Hareng ne s'approche pas assez de la terre pour qu'on puisse l'envelopper et le rendre captif. D'un autre côté, le fond n'est pas souvent plat; il est sillonné de bosses et d'autres accidents; et le poisson s'échappe quand on croit le tenir. Enfin, le courant et le vent sont si violents à certains jours qu'on doit lever le filet pour ne pas le perdre.

« Une fois arrivé à terre avec son chargement, le pêcheur le cède soit aux ateliers de salaisons existant sur les côtes le long desquelles la pêche s'effectue régulièrement, soit aux bateaux de transport, petits yachts ou sloops de 10 à 40 tonneaux, qui, au nombre d'environ 800, suivent la pêche, pour en acheter les produits et les revendre aux ateliers plus éloignés ou dans les villes voisines. Le Hareng pris au filet se livre par lots de 480 poissons ; pour celui péché au barrage, on se base sur le nombre de barils délivrés aux ateliers de salaisons.

« Dès que l'on procède au déchargement du Hareng frais dans les ateliers, on en commence aussi la préparation. On en extrait d'abord les ouïes et les breuilles et on le met ensuite dans des barils, en répandant sur chaque couche de poisson une couche de sel, et le baril rempli, on le ferme soit immédiatement, soit le lendemain au plus tard, après avoir comblé le vide avec de la saumure. C'est dans cet état que le Hareng demeure jusqu'au moment de l'exportation.

« Beaucoup des saleurs des villes et de la côte exportent les Harengs pour leur propre compte dans la mer Baltique, après les avoir repaqués et y avoir mis plus ou moins de sel. Mais de grandes quantités de poissons sont aussi achetés pour le compte de l'étranger. »

A peine le Hareng d'hiver a-t-il disparu que l'on commence à pêcher dans les parages de Bergen une espèce de Hareng plus petite, dite Hareng d'été, *Sommersild*. Les pêcheries se répartissent sur une ligne très étendue, depuis Bergen jusqu'au Finmark méridional ; la pêche dure depuis la fin de juin jusqu'au commencement de décembre. On pêche soit avec la senne, soit avec le filet ; vers le sud, on emploie exclusivement le premier engin ; dans le Drontheim, et plus au nord, on se sert de filet. On laisse ordinairement le Hareng trois jours consécutifs dans la senne pour le faire dégorger, car il est souvent rempli d'aliments non digérés. La salaison se fait toujours à terre.

La pêche du Hareng n'est pas moins active sur les côtes de la Grande-Bretagne. « La pêche aux Harengs, aux Pilchards, aux Sprotts, rapporte Bertram au commencement de ce siècle, dure presque toute l'année avec seulement de courtes interruptions. Pendant la saison du Hareng, la mer est couverte de bateaux sur les côtes d'Écosse, d'Irlande et d'Angleterre et chaque baie, chaque golfe possède sa petite flottille, tandis que des pêches plus importantes ont lieu dans certains points principaux. Les sauniers possèdent dans les villes voisines de ces points de vastes entrepôts remplis de tonnes de sel et d'autres accessoires. D'autres sauniers moins fortunés dressent leurs chantiers sur la côte même, et bientôt on voit se rassembler une flotte plus ou moins nombreuse dans la mer et une multitude des plus mêlées sur la terre : marchands de sel, vendeurs de douves, tonneliers, villageoises, montagnards et autres qui viennent offrir leurs bras. Des prédicateurs nomades, des ressusciteurs et d'autres pasteurs des âmes s'y rencontrent également pour mettre à l'épreuve la puissance de leurs paroles ; rarement il leur manque quelques centaines d'auditeurs plus ou moins croyants.

« Lorsque commence le vrai temps de la pêche, une espèce de délire s'empare de tous ces gens rassemblés : tout le monde parle de Hareng, y songe et s'en occupe exclusivement. Les vieillards apparaissent sur les lieux pour visiter les préparatifs, et racontent avec une verve animée comment on s'y prenait vingt ans auparavant et plus ; les jeunes examinent les bateaux, les voiles et les filets ; les jeunes filles et les femmes remettent à neuf les vieux filets ; les préparateurs de cachou offrent à tout le monde leur sirop brun qui doit conserver les filets et les voiles, etc. Partout le long de la côte on voit les mêmes scènes ; tout le monde se réunit pour le même but, et dans la même espérance d'une heureuse pêche.

« De jeunes cœurs prient pour le succès de leurs bien-aimés, parce que ce succès doit leur apporter l'accomplissement de leurs plus chers désirs, l'anneau nuptial et le mariage ; la joie et une grande espérance brillent dans les yeux du saunier ; les propriétaires des bateaux non encore utilisés paraissent être heureux ; les petits enfants mêmes prennent part à l'animation : eux aussi ne parlent plus que Hareng. On compare, on présage, on parie, on jure et on prie, on doute et on espère. « Des poissons, ce matin ! » tel est le salut que donne le voisin à son voisin, « peu ou beaucoup ! » telle est la réponse.

« La population indigène des villes côtières s'accroît bientôt de milliers. Les vagabonds arrivent avec les pasteurs surveillants des âmes ;

les marchands installent leurs boutiques sur le marché.

« Le nasillement des prédicateurs en plein air est dignement accompagné par les sons discordants des orgues de Barbarie.

« Une faible partie de ceux qui se dirigent en mer pour pêcher appartient à la caste des pêcheurs proprement dits; la plupart se composent de « gens loués », mélange de paysans, d'ouvriers, de matelots et de vagabonds : de là les nombreux accidents qui arrivent pendant la pêche. Pour pêcher on emploie aujourd'hui des filets de 40 mètres de long et de 10 mètres de profondeur. Les grands bateaux de pêche portent parfois une telle quantité de ces filets qu'ils peuvent couvrir l'eau sur un mille anglais. Vers le soir on plonge les filets, qui sont attirés dans la profondeur par des poids et retenus en haut par des morceaux de liège, des outres pleines d'air et des tonneaux vides, de sorte qu'ils peuvent être placés plus ou moins haut suivant la profondeur de la mer. Les mailles sont juste assez grandes pour qu'un jeune Hareng puisse se glisser à travers, tandis que les adultes se pressent à travers au milieu de leurs efforts, restent suspendus par les opercules et sont ainsi faits prisonniers. A la pointe du jour on commence à retirer les filets et on amène sur le rivage les poissons aussi vite que possible; on les apporte dans la chambre de travail du saunier, car le Hareng est d'autant meilleur qu'il est plus tôt mis dans le sel. »

La grande pêche en Hollande est celle du Hareng. La pêche dans la mer du Nord dure près de six mois, de juin au milieu de novembre ; elle se fait avec deux sortes de bateaux. Des ports situés sur la Meuse partent des lougres ; les côtes sablonneuses étant dépourvues de ports, les bateaux de Schweningen, de Kawtick, de Noordwijk sont à fond plat, disposés pour un échouage facile, et, pour éviter qu'ils ne dérivent, ils sont pourvus, à chaque bord, d'un appareil tout particulier nommé *zwaard*, en forme d'aileron, que l'on abaisse alternativement lorsqu'on louvoie et qui oppose une résistance efficace au courant.

La grandeur des filets embarqués varie, ainsi que leur nombre, suivant les bateaux. Pour les lougres, la tessure se compose de 70 à 75 filets ; chaque filet ayant 18 brasses, la tessure a donc environ 2 kilomètres de long, sa superficie étant de 22 à 24,000 mètres carrés.

Dans le Zuiderzée la pêche se fait au moyen de nasses ou de filets, soit fixes, soit mobiles ; dans ce dernier cas, deux bateaux marchant de concert traînent le filet qui ramène tout le poisson qui se trouve devant lui.

En France, la pêche du Hareng, avons-nous dit, se fait surtout par les ports de Boulogne, de Dieppe et de Fécamp.

Les bateaux de Boulogne, qui jaugent généralement de 60 à 80 tonneaux, font la pêche de fin juin au mois de janvier. Vers le 15 juin partent les premiers bateaux qui se rendent dans le parage des Orcades ; la pêche se fait en descendant sur les côtes d'Écosse et d'Angleterre, de telle sorte que le Poisson se prend en juillet et août entre la pointe de Peterhead et Newcastle, en septembre jusqu'un peu au-dessous de Hull ; à la fin d'octobre le Hareng se pêche par le travers de Dunkerque, puis s'engage dans le détroit où on le prend abondamment en novembre ; la pêche est beaucoup moins active en décembre et cesse à peu près complètement au commencement de janvier ; ce n'est qu'accidentellement alors que l'on prend du Hareng ; la grande pêche proprement dite est terminée.

Les filets au Hareng se composent d'une série de pièces dites *alèzes*, de 27 mètres de long sur près de 8 mètres de chute ; la tessure est formée parfois de 100 alèzes, ajoutées tour à tour, de telle sorte qu'elle peut avoir plus de 5 kilomètres de long. Pour lester le filet on y ajoute par le bas un bourrelet fait de débris de vieux cordages ; pour le soutenir à hauteur voulue, on le fait flotter avec de petits tonneaux en bois, dits *quart-à-poche*, tous reliés les uns aux autres par un câble ou *fincelle;* sur ce câble sont amarrées, à l'extrémité de chaque alèze composant la tessure, des cordes appelées *ralingues* qui s'attachent d'un côté aux filets et de l'autre aux *quart-à-poche ;* un cordage dit *bassoin* rattache le filet à l'*haussière* qui relie l'extrémité de la tessure au cabestan.

Arrivé sur le lieu de pêche, le bateau se met en panne ; on abat le grand mât et la nuit étant venue on jette la tessure à la mer.

« Toute la bande de Harengs, écrit Dorez-Sauret, qui a rencontré dans son passage ce barrage mobile, a voulu le franchir, et sans se rendre compte de l'obstacle, elle est entrée dans les mailles tendues devant elle. Tant qu'elles se sont trouvées assez larges, le fil a d'abord glissé le long de la tête amincie du Poisson et a refermé doucement les ouïes ;

mais arrivé aux premières nageoires, il a cessé de céder et le reste du corps n'a pu passer outre. Quand le Poisson, sentant l'obstacle, a voulu se retirer, il était déjà trop tard, les ouïes, qui s'étaient rouvertes après le passage de la maille, l'ont de nouveau rencontré à rebours. La victime s'est trouvée ainsi arrêtée dans son mouvement de retraite ; elle était *maillée*. »

Lorsque le Hareng est pris loin des côtes, il est salé, soit en grenier, c'est-à-dire à la cale et en tas, soit en barils ; on doit enlever, à l'aide d'une incision faite à la gorge, les ouïes et une partie de l'intestin ; c'est ce que l'on appelle *caquer*. A Boulogne presque tout le Hareng de la pêche côtière est conservé avec du sel dans de vastes bacs en maçonnerie qui peuvent contenir jusqu'à 60,000 poissons. On caque et on sale au fur et à mesure des arrivages, en plaçant alternativement une couche de sel et une couche de poisson. Lorsqu'on veut expédier le Hareng, on le tire des cuves, on le lave dans des cuves remplies de saumure ou en certains endroits d'eau douce ; on laisse égoutter le poisson et on le paque dans des tonnes de diverses grandeurs ; le poisson ainsi préparé porte le nom de *Hareng blanc*.

On prépare le Hareng, non seulement au moyen du sel, mais encore par la fumée. Belon nous apprend, en 1538, qu' « on sale les Harengs ; les autres estant un peu salés, on les prend pour les y sécher à la fumée, laquelle on nomme en français Harengs sorets ou Harengs de la nuit, ou parce qu'ils sont noirs, ou parce qu'on fait la plus grande prise de nuit, é meilieure pour les garder ; les autres on nomme Harengs blancs. »

Les Harengs salés et braillés sont largement lavés à l'eau douce pour enlever l'excès de sel, puis enfilés par la bouche et les ouïes sur des baguettes de bois nommées *henès* et suspendues dans de grandes cheminées ou *coresses* dans lesquelles se produit une abondante fumée obtenue avec du bois et de la sciure de hêtre, de chêne ou d'aulne mouillés. On a ainsi le *Hareng saur*. Le *Craquelot* s'obtient par l'action de la flamme plutôt que par celle de la fumée. A Boulogne, on allume des feux dans la coresse, au fond, au milieu et sur le devant, et on les entretient pendant trois à cinq jours ; on boucane en ayant soin de mettre de temps en temps un peu de sciure mouillée sur les feux. A Dieppe, à Fécamp, on fume

plutôt dans des cheminées que dans des coresses.

Le *Hareng bouffi ou Bloater* est du Hareng légèrement salé ; on commence par faire un feu un peu vif au moyen de bois donnant une flamme claire : lorsque le poisson est séché, on met sur le feu des copeaux de hêtre mouillés qui donnent une épaisse fumée ; au bout de quelques heures, on dépend et on obtient ainsi un poisson d'une belle couleur dorée et d'une odeur des plus appétissantes, qui a cependant l'inconvénient de ne se conserver que peu de temps.

LES MELETTES — *MELETTA*

Caractères. — Les Melettes se reconnaissent à l'absence de dents au vomer et sur les maxillaires ; la dentition est réduite à une bande d'aspérités sur la langue seulement. Dans les espèces de nos côtes, la dorsale, plus reculée que chez les Harengs, s'insère en dessus ou en arrière des ventrales.

Distribution géologique et géographique. — Le genre Melette est connu dans les formations tertiaires moyennes d'Alsace et de Gallicie.

Les Melettes, très peu nombreuses en espèces, ont cependant une large répartition ; on en trouve deux espèces sur les côtes atlantiques des États-Unis ; une espèce vit dans le nord de l'Europe, une dans la Méditerranée ; on connaît des Melettes des côtes du Sénégal, de la mer des Indes et de la Nouvelle-Hollande.

L'ESPROT. — *MELETTA SPRATTUS.*

Sprotte.

Caractères. — L'Esprot, qui ressemble à un jeune Hareng, ne dépasse pas 0^m,15 de longueur. Le dos, de couleur bleue, est nuancé de vert clair ; les flancs sont argentés, ornés, au moment du frai, d'une bande aux reflets dorés. La dorsale, qui commence sur la seconde moitié de la longueur du corps, se compose de 16 à 18 rayons ; la caudale est fourchue ; on compte de 18 à 20 rayons à l'anale. Le corps est allongé, couvert d'écailles minces, caduques ; la longueur de la tête mesure le cinquième environ de la longueur totale (fig. 485, p. 513).

Distribution géographique. — Cette espèce se trouve dans la Baltique, la mer du

Nord, la Manche ; assez commune dans l'Océan jusqu'à l'embouchure de la Loire, elle est très rare au sud de la Gironde.

Pêche, mœurs, habitudes. — L'Esprot se tient habituellement dans les profondeurs et n'apparaît qu'à certains moments au voisinage des côtes et dans les bas fonds ; son apparition ne concorde pas toujours avec l'époque de la ponte, car on pêche souvent des individus chez lesquels le frai n'est pas complètement développé.

On prend souvent une grande quantité d'Esprots dans la Baltique et sur les côtes de Norwège ; on les fume et on les expédie par toute l'Europe. Sur les côtes de Norwège les Esprots sont marinés et vendus sous le nom d'Anchois de Bergen.

D'après Hermann Bars, « la pêche se fait souvent avec succès dans les provinces de Bergen méridional et Stavarger, que l'Esprot visite régulièrement, et elle apporte un contingent de quelque importance dans l'alimentation des autres provinces entre la frontière suédoise et le cap Stat. On prend ce Poisson pendant tout l'été exclusivement avec des filets de Hareng, aux mailles très petites. Au printemps, il est sec et peu estimé ; mais dans l'automne il ne laisse rien à désirer, et beaucoup de consommateurs le préfèrent même, à cause de sa délicatesse, à la meilleure qualité de Hareng. Les procédés pour le saler sont les mêmes que ceux appliqués au Hareng, à cette différence près qu'on ne le met pas en couche dans le baril, avec un cinquième, un quart de sel blanc. On le prépare aussi pour Anchois, en l'assaisonnant avec du sel, du poivre, du piment, des clous de girofle, des feuilles de laurier, et il est, sous cette forme, très goûté et recherché.

« Le produit annuel de cette pêche est estimé de 40 à 50,000 barils, qui ne sortent pas du pays, à l'exception de quelques milliers d'Esprot salé, qui se vendent en Russie, en Prusse, en Hollande et à Hambourg, et d'environ 30,000 boîtes (ou petits barils) d'une contenance de deux à quatre litres, qui s'expédient en Danemarck et à Hambourg. »

LA MELETTE VÉNÉNEUSE. — *MELETTA VENENOSA.*

Caractères. — Chez cette espèce le corps est trapu, le museau gros et oblus, la mandibule un peu relevée. On compte 18 rayons à la dorsale et à l'anale. La couleur est un bleu verdâtre sur le dos, avec quelques traces de lignes plus ou moins marquées ; l'extrémité du museau est noire ; les flancs sont argentés ; on voit une petite tache noire à l'extrémité antérieure de la dorsale (fig. 487, p. 521).

Distribution géographique. — La Melette vénéneuse se trouve aux Seychelles et dans une grande partie de la mer des Indes.

Dangers. — Dussumier nous apprend que cette Melette a la chair vénéneuse et que les personnes qui en mangent sont prises de vomissements qui atteignent quelquefois une telle gravité qu'on a vu des cas de mort. Depuis d'autres voyageurs ont rapporté des faits semblables.

Un des cas d'empoisonnement le plus caractéristique est celui dont furent victimes les équipages du *Catinat* et du *Prony ;* voici l'observation du médecin du bord.

« Ceux qui ont pu rendre compte du goût de ce poisson l'ont trouvé, en général, plus fade que notre Sardine. Ceux qui ont éprouvé des symptômes d'empoisonnement ont trouvé à quelques-uns de ces poissons une saveur tellement âcre et piquante qu'ils n'ont pu les avaler, et cependant, quelques instants après, ils ont eu des vomissements, des crampes dans tous les membres, la pupille excessivement dilatée et une céphalalgie intense.

« Le seul cas d'autopsie dont on ait recueilli l'observation à bord du *Catinat* n'a offert que quelques plaques rougeâtres sur la membrane de l'estomac.

« Chez tous les malades, le pouls devenait très lent et concentré. Il y avait du délire chez plusieurs. Chez quelques hommes du *Prony* il y a eu paralysie partielle des membres, et la paralysie a même persisté pendant plusieurs jours pour l'un de ces derniers. Elle n'a cédé qu'à l'emploi de la strychnine. Comme il y avait quelque analogie dans les symptômes avec ceux produits par la belladone, que j'ignorais complètement la nature de l'agent toxique, je prescrivis les excitants, l'alcool, et surtout l'infusion du café, et chez la plupart, ce traitement réussit à faire disparaître dans quelques heures les vomissements et les autres symptômes, et procura chez tous un prompt soulagement. Quelques naturels (de la Nouvelle-Calédonie), qui mangèrent à bord de ces poissons bouillis, furent malades, et deux d'entre eux moururent dans la journée ; mais j'ignore s'ils n'en avaient point mangé de grillés, parce qu'ayant aidé à tirer le filet (la seine), ils pouvaient en avoir emporté de crus.

« D'après les renseignements que j'ai pu me procurer auprès des naturels sur ce poisson, il ne leur ferait généralement éprouver que des indispositions légères, parce qu'ils le mangent ordinairement préparé à leur manière, c'est-à-dire enveloppé dans des feuilles de bananier, placées elles-mêmes dans une marmite remplie d'eau qu'ils font bouillir pendant assez longtemps, et ils jettent toujours l'eau qui a servi à cuire le poisson. Il paraîtrait que le poisson ainsi préparé perd la plus grande partie de sa substance vénéneuse, celle-ci se dissolvant dans l'eau.

« Les hommes morts à bord du *Catinat* avaient tous mangé de ce poisson grillé seulement. Les matelots qui l'ont mangé bouilli n'ont éprouvé que de légers accidents. »

D'après Gervais, « d'autres espèces de Sardines appartenant aux mers intertropicales ont aussi donné lieu à des accidents. C'est ce que M. Payen, médecin de la marine, a constaté, pendant son séjour à Mahé (Seychelles), pour la Sardine des tropiques (*Clupea tropica*). Il eut à traiter à bord de l'*Isère* une foule d'indigestions si violentes qu'elles ressemblaient presque à des empoisonnements. Ces accidents étaient dus à des Sardines dont l'espèce est très abondante dans ces parages.

D'après les médecins de ce pays, la Sardine des tropiques devient très dangereuse à l'époque de la floraison des coraux (sans doute le frai de ces espèces de polypes).

« Poupée-Desportes, dans son *Histoire des maladies de Saint-Domingue*, 1770, cite parmi les Poissons toxiques une petite espèce de Sardine. L'empoisonnement qu'elle détermine est caractérisé par des vomissements, de la pesanteur d'estomac, des tranchées, du froid glacial, un affaissement du pouls, de l'agitation et de la dyspnée.

« Dans les cas suivis de mort, l'autopsie montra une dureté très grande du foie, une accumulation de sang coagulé dans les oreillettes, ainsi que des plaques gangréneuses à l'estomac, au pylore et dans diverses parties de l'intestin.

« Des propriétés malfaisantes ont, en outre, été constatées chez le Cailleu Tassart (*Clupea thrissa*), qui vit aux Antilles et dont on signale aussi la présence dans les mers de la Chine (fig. 488).

LES HARENGULES — *HARENGULA*

Caractères. — Ressemblant beaucoup aux Harengs, les Harengules en diffèrent par la dorsale plus avancée, commençant en avant des ventrales, les écailles adhérentes; on voit des dents sur les mâchoires, les palatins, la langue, mais non sur le vomer.

Distribution géographique. — On connaît une espèce d'Harengule dans les mers d'Europe et une sur les côtes atlantiques de la partie sud des États-Unis; plusieurs espèces se trouvent dans la partie chaude de l'Océan Atlantique et de la mer des Indes.

LA BLANQUETTE. — *HARENGULA LATULUS*.

Caractères. — Cette espèce, qui ne dépasse guère 0^m,07 à 0^m,10 de long, a le corps plus trapu, plus comprimé, plus haut vers la région pectorale que le Hareng; la carène du ventre est munie de denticules très prononcées; la bouche est petite. La dorsale, qui commence en avant de l'insertion des ventrales, se compose de 17 à 19 rayons; on compte 19 à 22 rayons à l'anale, qui est basse, reculée. La caudale est fourchue. Une teinte verdâtre très faible s'étend sur la région dorsale; les flancs sont argentés; toutes les nageoires sont blanches.

Mœurs, distribution géographique. — La Blanquette, appelée aussi *Menise* ou *Menuise* en Normandie, se trouve sur les côtes de l'ouest de la France, étant surtout commune dans la Manche; on la pêche aussi dans le nord de l'Europe.

Cette espèce vit par bandes, à la manière des jeunes Harengs, avec lesquels elle est souvent pêchée; les œufs sont déposés au milieu des varechs; au moment de la ponte les animaux s'approchent des côtes.

LA HARENGULE CLUPÉOLÉE. — *HARENGULA CLUPEOLA*.

Caractères. — Cuvier et Valenciennes ont décrit sous ce nom une espèce de petite taille dont la couleur est bleu d'acier sur le dos, argentée sur le ventre; des taches orangées se voient sur l'opercule. Les proportions du corps sont les mêmes que dans la Blanquette de nos côtes; la tête est courte. On compte 18 rayons à la dorsale, dont les derniers rayons sont très courts; l'anale se compose de 18 rayons.

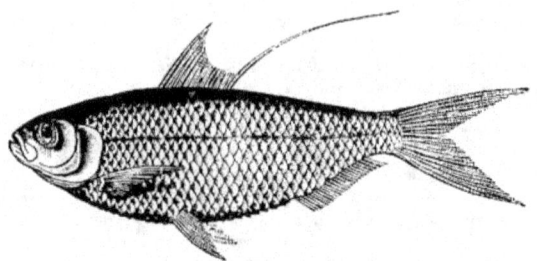

Fig. 488. — Le Caillen Tassard.

Mœurs, usages, distribution géographique.
— Cette espèce, connue des colons de la Martinique sous le nom de Sardine, est abondante
aux Antilles, où on la pêche activement ; sa
chair blanche et délicate rappelle le goût de
notre Sardine de France.

D'après Valenciennes, « le temps le plus propre à la pêche est depuis juin jusqu'à la fin de
novembre. Le poisson s'approche alors de la
côte pour entrer dans les torrents, les ruisseaux
et les rivières qui se jettent à la mer ; il dépose
ses œufs au milieu du varech, des algues maritimes, où les petits trouvent, dès qu'ils sont
éclos, une nourriture abondante. Adulte, il se
tient le long des côtes ; il s'en éloigne au moment des tempêtes ; il se réunit en grandes
troupes sur les fonds de sable ou de gravier,
mais il évite les côtes rocheuses. Ce Caillou
des Antilles est une vraie manne pour les habitants ; aussitôt qu'il en paraît un lit, les nègres bordent par centaines le rivage et se livrent
à la pêche de ce poisson avec l'épervier. Ils
en conservent pour eux et leur famille, et ils
vendent le reste avec avantage. »

LA HARENGULE A ÉPAULETTE. — *HARENGULA*
HUMERALIS.

Caractères. — Cette espèce a le corps plus
haut et plus comprimé que la précédente ; la
courbure du ventre est beaucoup plus prononcée ; le museau est court. On compte 18
rayons à l'anale et à la dorsale ; la caudale
est petite et fourchue. La couleur est bleu
d'acier sur le dos, argentée sur le reste du
corps ; les flancs sont rayés longitudinalement ; sur le haut de l'épaule et derrière l'œil
il y a une tache orangée à reflets dorés ; à certains moments de l'année une bande dorée

BREHM. — VI.

sépare le bleu du dos de l'argenté brillant du
ventre.

Distribution géographique. — La Harengule à épaulette se trouve en grande abondance
sur la côte de l'Amérique du sud, depuis Rio-
de-Janeiro jusqu'aux Antilles.

Usages, dangers. — Plusieurs voyageurs
rapportent que la chair de ce petit poisson est
souvent sujette à incommoder les personnes
qui en mangent ; on cite même des cas d'empoisonnements, surtout lorsque le poisson
s'est nourri d'un animal voisin des Méduses
connu sous le nom de Physale. L'Herminier,
qui a longtemps exploré les Antilles, écrit même
que la Harengule est vénéneuse pendant toute
l'année et qu'elle occasionne rapidement des
accidents mortels. Ricord dit, au contraire,
que ce poisson est très estimé à Saint-Domingue, ce qui pourrait faire croire que le changement de nourriture enlève à sa chair ses
qualités malfaisantes.

Il faut faire remarquer que dans certaines
circonstances la chair de plusieurs Clupées
peut donner lieu à des accidents ; c'est ce qui
arrive, par exemple, pour une espèce de la
mer des Indes, la Dussumiérie à dents aiguës
(fig. 489, p. 532).

Les Poissons conservés dans la saumure
donnent quelquefois lieu à des empoisonnements, lorsqu'on s'en sert plus tard.

« Nous tenons de M. Berchon, rapporte Gervais, des détails sur des accidents de cette
nature, observés à bord de la corvette *la Mo-*
selle, pendant une campagne faite de 1827 à
1833 dans les mers du Sud, et qui furent dus
à l'ingestion d'une espèce de Sardine, pêchée
dans la rade d'Arica au Pérou. On en avait
conservé une grande quantité dans de la saumure pour en faire ensuite la distribution à

'équipage. On en donna une ou deux à chaque homme; deux heures après une éruption d'un rouge éclatant, accompagnée d'une brûlante chaleur et d'une enflure sensible, se manifesta, et il y eut en même temps des troubles digestifs. Cette éruption disparut trois heures après son début sans avoir déterminé rien de plus grave. »

Une espèce de la mer des Indes, la Spratelle frangée est de passage sur la côte de Malabar pendant la mousson du nord-est; elle y est très abondante. On prétend que c'est à l'usage de ce poisson qu'il faut en grande partie attribuer la fréquence des maladies cutanées qui tourmentent les habitants pauvres et malheureux de cette côte.

LES ALOSES — *ALOSA*

Caractères. — Les Aloses ont l'opercule strié, la mâchoire supérieure échancrée ; il n'existe de dents ni sur la langue ni sur les palatins. Le corps est plus ou moins allongé, couvert d'écailles caduques.

Distribution géologique et géographique. — Le genre Alose paraît avoir apparu à l'époque tertiaire supérieure ; on en connaît plusieurs espèces des marnes d'Oran en Algérie.

A l'époque actuelle on trouve surtout des Aloses dans l'océan Atlantique et dans les mers qui s'y rattachent, telles que la Méditerranée ; on en connaît des côtes d'Europe, de l'Amérique du Nord, de la mer des Antilles, des côtes du Brésil ; on en trouve plusieurs espèces dans la mer des Indes.

Un genre voisin de celui des Aloses, le genre *Brevoortia*, est représenté par deux espèces sur les côtes atlantiques des États-Unis.

L'ALOSE COMMUNE. — *ALOSA VULGARIS.*

Maïfish.

Caractères. — Cette Alose a le corps comprimé, assez élevé; la carène du ventre est fortement dentelée ; le museau est court; la bouche est oblique, largement ouverte ; les yeux sont couverts en avant et en arrière d'un voile cartilagineux en forme de demi-cercle. Les arcs branchiaux sont garnis de nombreuses épines ou lamelles, 99 à 118 sur le premier arc branchial, 96 à 112 sur le second, 77 à 88 sur le troisième, 56 à 65 sur le quatrième. La dorsale, à laquelle on compte 15 à 17 rayons mous, commence au-dessus, ou à

peine en avant des ventrales; elle s'insère dans une sorte de gouttière, dont les bords sont garnis d'écailles ; les quatre premiers rayons ne sont pas branchus. La caudale est fourchue écailleuse à sa base. Les pectorales sont peu développées, les ventrales fort petites ; on en compte 3 rayons simples et de 17 à 21 rayons divisés à l'anale (fig. 490).

La teinte est d'un vert bleuâtre sur le dos ; le ventre et les flancs sont d'un vert clair argenté, les écailles étant piquetées de noir ; une tache noire, de forme irrégulière, se voit vers l'épaule.

Les mâles sont plus petits que les femelles, qui peuvent arriver à la taille de 0^m,60 et au poids de 3 kilogrammes.

Mœurs, distribution géographique. — L'Alose commune se trouve sur presque toutes les côtes d'Europe.

Au commencement du printemps, l'Alose quitte la mer pour aller frayer dans les eaux douces; elle remonte parfois les fleuves ou les affluents à une très grande distance de leur embouchure ; le Poisson visite alors presque tout le bassin du fleuve, remontant les petites rivières aussi loin qu'il le peut. D'après E. Moreau « il est de ces Poissons qui sont pêchés en France jusque dans les départements suivants : Yonne, Côte-d'Or, Haute-Saône, Jura, Savoie, Isère, Haute-Loire ; pour arriver dans le département de la Haute-Loire, il leur faut parcourir un trajet de plus de 800 kilomètres. » E. Blanchard rapporte également que l'Alose pénètre « dans tous les affluents du Rhône, remontant l'Isère jusqu'au-dessus de Grenoble, arrivant dans la Saône jusqu'à Gray. Dans les fleuves qui touchent à l'Océan, la Gironde, la Loire, les Aloses se montrent aussi en grande abondance, et elles s'engagent de même dans tous leurs affluents. »

Lorsqu'elles remontent, les Aloses forment des troupes dont le nombre varie beaucoup. Suivant Baudrillart, en effet, « il y a des années où l'on en prend 13 ou 14,000 dans la Seine-Inférieure, et d'autres où l'on n'en prend que de 1,500 à 2,000. La Loire est la rivière, en France, la plus abondante en Aloses ; on en trouve dans le Rhône, le Rhin, la Moselle, et près de l'embouchure de la Seine. Elles retournent à la mer en automne. Les Aloses déposent leur frai dans les fleuves dès qu'elles y sont arrivées, c'est-à-dire en mars et avril. Lorsqu'elles frayent, elles font un bruit qui s'entend de fort loin. »

L'Alose se nourrit de vers, d'insectes, de petits poissons.

Pêche, usages. — Les anciens faisaient peu de cas de l'Alose, qui est cependant assez recherchée aujourd'hui, bien qu'elle soit remplie d'arêtes.

« Les Aloses, écrit Baudrillart, plus particulièrement que d'autres Poissons, sont de bonne ou de mauvaise qualité, suivant la pureté des eaux où elles ont séjourné, et les aliments dont elles ont pu se nourrir. Elles sont ordinairement maigres et de mauvais goût en sortant de la mer : mais le séjour dans l'eau douce les engraisse, et elles deviennent délicates et de bon goût en se nourrissant de Poissons. Il faut aussi qu'elles aient eu le temps de se rétablir de la maladie que leur occasionne le frai, ce qui arrive ordinairement dans les mois de mai et de juin.

« On doit préférer les Aloses dont la tête paraît petite et le dos épais, parce que ce sont les signes qu'elles sont charnues et grasses ; des écailles claires et brillantes indiquent qu'elles ont séjourné longtemps dans l'eau douce, où elles se sont engraissées. Quand les ouïes sont vermeilles et les yeux clairs, on peut compter qu'elles sont fraîches ; et, en outre, qu'elles ont été pêchées en bonne eau, en bonne saison, et qu'elles soient d'une bonne grosseur : ce sera partant un Poisson excellent.

« La pêche des Aloses dans les rivières de France commence dans le mois de mars et finit vers la fin de juin. Celles que l'on pêche à cette époque sont meilleures que les autres. On les trouve en abondance dans les anses et les baies, et généralement dans les eaux tranquilles. Les temps les plus convenables sont les nuits obscures et ceux pendant lesquels les eaux sont troubles. Si le temps est chaud, l'Alose se retire au fond de l'eau ; lorsque le temps est à l'orage, elle s'enfonce encore davantage, et c'est dans les grands fonds d'eau qu'il faut alors la chercher.

« On pêche les Aloses avec la seine, les nasses, les troubles et le tramail. On pêche assez ordinairement en descendant, attendu que l'Alose remonte, et l'on tend, suivant les circonstances, le filet à fleur d'eau et dans les fonds quand on s'aperçoit que les Aloses y sont retirées.

« Comme ces Poissons se rassemblent à l'embouchure des rivières pour passer dans l'eau douce, il est sensible qu'on doit en prendre davantage dans les parcs et les étangs qu'on y établit, et pour cette même raison, les pêcheurs les chassent avec de grandes seines qu'on traîne avec de petits bateaux.

« On n'établit pas ordinairement dans le lit des rivières des pêcheries expressément destinées à prendre des Aloses ; mais on en prend beaucoup dans quelques-unes des pêcheries établies pour les Saumons.

« On se sert, pour cette pêche, de nappes simples et de seines, dont la tête est garnie de flottes de liège, et le pied de tête de plomb ; ordinairement les mailles de ces filets ont 2 pouces d'ouverture en carré ; mais plus ordinairement on se sert de tramaux dont la flue ou nappe a les mailles assez ouvertes pour ne pas retenir les petits Poissons.

« Il faut, comme on vient de le dire, que le filet soit tendu, tantôt à fleur d'eau et tantôt à une profondeur plus ou moins grande, suivant le lieu que les Poissons occupent dans l'eau ; car lorsqu'il fait très froid ou très chaud et que les eaux sont claires, ils se tiennent éloignés de la superficie ; au contraire, ils s'en rapprochent quand l'air est doux, ou lorsque les eaux sont troubles. Pour établir le filet relativement au lieu que le Poisson occupe dans l'eau, les pêcheurs mettent plus ou moins de flottes de liège à la ralingue qui borde la tête du filet, et pour mettre ou ôter plus facilement et plus promptement ces flottes, ils taillent les lièges comme de petites roulettes.

« Les Aloses entrent dans la Moselle à la fin du mois d'avril, et la pêche de ce poisson cesse à la fin de juin ; on les pêche avec un grand filet qu'on nomme *raie*.

« La pêche des Aloses se fait à Quillebœuf, petite ville à 7 lieues du Havre, à l'embouchure de la Seine, depuis le commencement de mars jusqu'à la fin d'avril ; on se sert quelquefois de guideaux, qu'on tend au bord des bancs, ou bien de morte eau ; et lorsque la mer est belle, on fait la pêche avec des seines.

« Les Aloses de l'embouchure de la Seine sont ordinairement grasses et de bon goût, parce qu'elles y trouvent quantité de petits poissons, particulièrement des Éperlans, qui leur fournissent une bonne et abondante nourriture ; mais on estime plus celle qu'on prend en remontant la Seine, que celle qu'on prend vers la mer. Cette pêche commence en février ou mars, et finit en mai.

« Outre les Aloses qu'on trouve dans les parcs qu'on construit au bord de l'eau, on en prend avec des seines qui ont 60 à 80 brasses

Fig. 480. — La Dussumiéria à dents aiguës.

de longueur; les pêcheurs nomment *alosiers* celles qui servent à prendre des Aloses.

« Les tramaux dont on se sert sont faits de fil très fin, à mailles de 8 pouces d'ouverture en carré ; ces filets sont mis à l'eau, conduits et quelquefois relevés au moyen de petits bateaux. Il y a ordinairement dans chaque bateau quatre hommes : deux nagent, un gouverne, et le quatrième met le filet à l'eau.

« Les bateaux qu'on emploie pour la pêche des Aloses, et que l'on nomme *barges* à l'embouchure de la Loire, et *toues* vers Tours et Orléans, se terminent en pointe par les deux bouts, comme une navette ; ils sont ordinairement armés de deux hommes ; leur port est d'un ou deux tonneaux ; ils ont un petit mât et une voile dont les pêcheurs se servent rarement, et qu'ils amènent toujours quand ils sont en pêche.

« Les pêcheurs mettent leurs filets à l'eau le soir ; ils dérivent toute la nuit au gré de la marée, et ils les relèvent le jour pour revenir, si le temps le leur permet, sinon ils amarrent leur barque à terre, et étendent leurs filets sur des arbres pour les faire sécher, jusqu'à ce que la marée leur permette de gagner la ville pour y vendre leur poisson.

« On prend encore beaucoup d'Aloses depuis le mois de février jusqu'à juin, dans les grandes rivières de la Guienne.

« Cette pêche se fait avec des seines de 80 brasses de longueur sur 3 de chute qui traversent quelquefois presque toute la largeur de l'Adour ; les mailles, ayant 2 pouces d'ouverture en carré, sont assez ouvertes pour laisser les petits poissons s'échapper. En quelques endroits de la Loire, les pêcheurs finissent leur pêche en tirant leur filet sur le rivage ; cela ne se peut faire sur les rivières de Bordeaux et de Bayonne, parce que les bords n'en sont pas praticables ; ainsi ils sont obligés de pêcher avec deux bateaux, et d'y relever leurs filets.

« On sait que la ville d'Agde est située sur la rivière d'Hérault, à une demi-lieue de la mer ; or, dans la saison où les Aloses remontent cette rivière, les pêcheurs en prennent beaucoup à la seine, et en ce cas les pêcheurs s'arrangent entre eux pour pêcher chacun à leur tour, comme cela se pratique dans la Loire. Il y a des pêcheurs qui tendent, par le travers de la rivière, des tramaux qu'ils nomment *alosats ;* et quand les Aloses, effrayées par ces filets, veulent descendre le courant, elles tombent dans les nasses qu'on y a établies, et qui présentent leur ouverture au fil de l'eau.

« On sert les Aloses sur les tables, ou comme rôt, ou comme entrée. Dans le premier cas, on les fait cuire entières au court-bouillon, sans les écailler, et on les place sur une serviette pliée et garnie de persil. Dans le second cas, on les écaille, on les fend longitudinalement en deux ; on les fait cuire dans l'eau, et on les sert avec différentes sauces, comme sauce blanche aux câpres, à l'huile, à la moutarde, on bien on les fend un peu sur le dos ; on les fait cuire sur le gril ; on les arrose avec une marinade et on les sert sur une farce assaisonnée de bon goût (1).

LA FINTE. — *ALOSA FINTA.*

Finte.

Caractères. — La Finte ressemble tellement à l'Alose commune qu'elle a été confondue avec cette dernière par la plupart des naturalistes ; le corps est cependant un peu plus allongé ; chez certains individus on voit des dents très fines aux mâchoires. Le dos est d'un gris bleuâtre plus ou moins foncé ; les flancs et le ventre sont piquetés de noir, argentés ; on voit sur l'épaule une grande tache noire suivie de quatre à six taches plus petites ; la dorsale est d'un gris pâle teinté de brun, la

(1) *Dictionnaire des pêches*, 1827.

Fig. 490. — Alose commune.

caudale est grisâtre, bordée de brun foncé; l'anale et les nageoires paires sont pâles (fig. 486, p. 513).

Muller a reconnu que le nombre des lamelles aux arcs branchiaux est différent chez les deux espèces d'Aloses; il est beaucoup moins considérable chez la Finte que chez l'Alose; on compte seulement, en effet, 39 à 43 lamelles sur les deux premiers arcs, 33 ou 34 sur le troisième, 23 à 27 sur le quatrième.

La longueur peut atteindre 0^m,50.

Mœurs, distribution géographique. — La Finte habite les mêmes eaux que l'Alose; sa montée se fait plus tard.

L'ALOSE D'AMÉRIQUE. — *ALOSA SAPIDISSIMA.*

Caractères. — Cette espèce a le corps bleuâtre en dessus, les côtes et le ventre argentés; on voit une tache noire derrière la tête; le corps est relativement épais; la bouche est largement fendue, les mâchoires étant égales. Toutes les nageoires sont relativement petites. La dorsale, qui se compose de 15 rayons, s'attache beaucoup plus près du museau que de la base de la caudale; on compte 21 rayons à l'anale.

Mœurs, distribution géographique. — De même que les autres Aloses, cette espèce remonte les cours d'eau pour frayer; elle fréquente les côtes atlantiques des États-Unis.

Usages, propagation. — On prend de grandes quantités de ce poisson au moyen de seines et de filets dérivants; en 1880, le produit de la pêche de ce poisson et d'une espèce voisine, le *Clupea vernalis*, a été estimée à 1,502,706 dollars, soit environ sept millions et demi de francs; la quantité de poisson prise a été de 61,262,767 livres.

« L'Alose américaine, écrit H. E. Sauvage, par sa grande rusticité, par sa prodigieuse fécondité, par la facilité avec laquelle elle se prête aux pratiques de la fécondation artifi-

cielle, par son rapide développement, paraît être d'une immense ressource pour l'alimentation publique. Ce poisson, autrefois d'une abondance extrême aux États-Unis, par suite des pêches abusives, par suite de l'établissement de nombreux barrages sur les cours d'eau, menaçait de disparaître des rivières dans lesquelles il était jadis si commun que la pêche en était à peine rémunératrice. Il n'est dès lors pas surprenant que la commission des pêches des États-Unis ait fait porter tous ses efforts sur la propagation de cette utile espèce que l'on a pu à bon droit appeler le poisson du pauvre.

« L'Alose ou *Shad* est le premier poisson marin qui ait été pisciculturé aux États-Unis. Dès l'année 1867, Seth Green est parvenu à féconder artificiellement les œufs du *Shad* et, après les avoir fait développer, a pu en verser des quantités énormes dans le Merrimac, le lac Vinnipegosis, le Pemigewasset, d'où la descente s'est faite à la mer. C. Daniel et C. Hardy ont également réussi à la même époque.

« Depuis ces essais préliminaires, l'Alose a été introduite dans un grand nombre de points, dans le Potomac, la Delaware, le Mississipi, le Wabash, dans d'autres cours d'eau de l'Indiana, de l'Illinois, du Wisconsin, de l'Ohio, du Maine, du Connecticut, du Maryland, de la Caroline du Nord, etc. L'Alose manquait complètement dans les cours d'eau qui se déversent dans l'océan Pacifique; Seth Green est arrivé, dès l'année 1871, à acclimater l'Alose dans le Sacramento, bien que la distance entre les rives du Sacramento et Albany sur l'Hudson, point où les alevins avaient été pêchés, représentât 4,800 kilomètres. L'Alose s'est à ce point aujourd'hui multipliée en Californie, qu'elle se vend couramment sur le marché de San-Francisco. On a pu également l'introduire dans le grand lac salé de l'Utah, sorte de petite mer intérieure d'où l'Alose, obéissant à ses habitudes anadromes, remonte dans les cours d'eau qui se déversent dans ce lac.

« Trois stations sont aujourd'hui chargées de la fécondation et de la distribution de l'Alose ; ce sont : Havre de Grâce, sur la rivière Susquehanna, dans le Maryland ; Washington, district de Colombie ; Albemarle Sound, à la jonction des rivières Roanake et Chowan, Caroline du Nord.

« Les premiers appareils dont se servait M. Seth Green consistaient en boîtes flottantes horizontalement comme celles de Jacobi ; la force du courant accumulait tous les œufs vers l'une des extrémités de la boîte, ce qui gênait leur évolution.

« L'habile pisciculteur américain eut alors l'idée de fixer obliquement les deux flotteurs en bois qui soutiennent la boîte, de telle sorte que le renouvellement de l'eau dans l'appareil est singulièrement favorisé et empêche les œufs de se réunir en masse. L'inclinaison de la boîte doit être d'autant plus prononcée que le courant de l'eau est moins rapide ; cette inclinaison est de 60 degrés avec un courant de 2 milles, un peu plus de 3 kilomètres, à l'heure. La boîte est en bois ; le fond est en toile métallique à mailles très serrées, peinte avec un vernis à la naphtaline. Les boîtes sont ordinairement réunies en séries au moyen de cordes et ancrées vers le milieu du courant.

« L'appareil de Brackett, inventé en 1873, diffère de celui de Green en ce qu'il est disposé horizontalement sur l'eau. Stilwell et Atkins ont construit pour l'éclosion de l'Alose en rivière une boîte de forme parallélépipédique dont le fond et une partie de la face exposée au courant sont en toile métallique, et le fond est incliné sous un angle assez prononcé, de manière à favoriser l'entrée de l'eau. L'appareil flotte dans une position telle que le fond forme un angle avec la direction du courant et que l'angle déterminé avec la surface de l'eau par le fond est précisément inverse de celui que forme la boîte de Seth Green.

« L'appareil de Wright est une caisse cubique en tôle galvanisée, le couvercle étant en toile métallique. Le fond est percé d'ouvertures d'un pouce de diamètre fermées par des clapets qui, sous l'action de l'eau, peuvent s'ouvrir de bas en haut. Dans l'intérieur de la caisse, à un pouce environ au-dessus des clapets, est fixé un cadre en toile métallique sur lequel les œufs sont disposés. L'un des côtés de la boîte est prolongé de manière à faire arrêt au cou-

rant et à forcer l'eau à pénétrer dans l'appareil, qui est suspendu au moyen d'une bouée ; cet appareil ne peut être utilisé que dans les endroits où le courant est peu rapide.

« On doit à MM. Frederik Mather et Charles Bell un appareil très simple qui permet d'obtenir l'éclosion des œufs de l'Alose en laboratoire. Cet appareil consiste en un entonnoir en métal auquel est soudée une bordure métallique ; un large rebord forme, à l'extérieur, une rigole circulaire qui porte un ajutage latéral pour la sortie de l'eau. Vers le fond de l'entonnoir se trouve une cloison horizontalement placée, en toile métallique à mailles fines, sur laquelle on dispose les œufs. L'appareil étant suspendu à une potence, l'eau arrive au moyen d'un tube en caoutchouc fixé au bas de l'entonnoir ; le courant, pénétrant avec une certaine pression, entraîne les œufs de bas en haut et dans une direction excentrique ; ce courant, perdant peu à peu de sa force en devenant plus large, ne peut plus soutenir les œufs, qui tombent sur la paroi inclinée de l'entonnoir, roulent vers le fond et sont de nouveau repris ; cette agitation continuelle est des plus favorables à l'éclosion.

« Cet appareil, modifié par le major Thomas B. Fergusson, commissaire des pêcheries, est aujourd'hui généralement adopté aux États-Unis. Les cônes Fergusson sont en cuivre étamé et peuvent se fermer par le bas, de manière à servir à la fois d'appareils d'éclosion pour les œufs et de transport pour les alevins ; ces cônes ont 68 centimètres de haut sur 30 centimètres de diamètre. L'entrée et la sortie de l'eau sont réglées de telle sorte qu'en donnant par instants un courant plus fort, tous les œufs gâtés, qui viennent se rassembler à la surface de l'eau, sont expulsés et immédiatement entraînés.

« M. Fergusson avait installé ses appareils à bord d'un petit steamer, le *Look-Oout ;* il avait aussi un établissement de pisciculture mobile pouvant se rendre sur les lieux de pêche pour recueillir les œufs devant être mis en incubation. Une petite pompe à vapeur puisait l'eau un peu au-dessous de la ligne de flottaison du navire et l'envoyait dans un réservoir, d'où elle se rendait, par des tuyaux de distribution, dans une série d'entonnoirs suspendus à la Cardan pour éviter tout mouvement de tangage ou de roulis. D'après les renseignements qui sont donnés par Raveret-Wattel, dès la première année de sa mise en service, en 1878, le *Look-Oout* recueillit et mit en incubation 21,502,000 œufs d'Alose, qui ont donné 15,546,500 alevins.

« Des résultats aussi satisfaisants ont engagé la Commission des pêcheries à adopter le système Fergusson et à l'appliquer sur une vaste échelle. Un navire à vapeur, le *Fish-Hawk*, a été construit tout exprès pour servir d'établissement mobile de pisciculture : c'est un bateau à hélice, de 45 mètres de longueur sur 9 de largeur ; le tirant d'eau est de 2ᵐ,20, le jaugeage de 485 tonneaux. La dépense d'installation s'est élevée à 50,000 dollars (260,000 fr.). L'outillage permet de mettre en incubation à la fois près de 1 milliard d'œufs d'Alose, de Morue, de Hareng ou de Maquereau.

« Les appareils, installés dans l'entre-pont du *Fish-Hawk*, sont de deux sortes : les cônes ou entonnoirs du système Fergusson, dont nous avons déjà parlé précédemment, et les tonnes immergées, dues au même inventeur.

« Avec les appareils flottants, tels que boîtes de Green, de Stilwell, d'Atkins, les œufs sont mis en mouvement lorsque le courant est un peu rapide ; mais lorsque le temps devient calme, il arrive fréquemment que les masses d'œufs restent au fond des boîtes et se pressent les uns sur les autres ; il se développe alors des byssus qui les font rapidement périr, surtout si la température est tant soit peu élevée. Pour éviter tous ces inconvénients, Fergusson a inventé, en 1877, le *plunging bucket* (*baquet plongeant*), qui donne des résultats de beaucoup supérieurs aux boîtes flottantes, surtout dans les endroits où le courant est faible ou presque nul ; cet appareil permet, en outre, de faire éclore les œufs dans une couche d'eau moins chaude que la surface, lorsque la température est trop élevée.

« Le *plunging bucket* consiste en une série de tonnes en fer battu étamé ou galvanisé, de 50 centimètres de diamètre sur 60 centimètres de hauteur ; ces tonnes, que l'on peut porter par une anse comme des seaux, sont fermées à leur partie inférieure par un disque en toile métallique bordé d'un cercle de cuivre qui se fixe au moyen d'écrous ; la partie supérieure est fermée par un disque semblable. Un fond métallique fixé par les écrous permet de transformer l'appareil d'éclosion en bac de transport pour les alevins.

« Les tonnes garnies des œufs à éclore (20,000 environ par tonne) sont suspendues sur chaque flanc du navire à un mât horizontal actionné par une machine à vapeur. L'arbre de couche porte des cames ayant un côté long et un côté court ; ce résultat est obtenu en faisant décrire aux côtés de la came deux courbes cycloïdes d'intersection qui produisent sur le levier qui suit leur circonférence un abaissement rapide et une montée lente. Par le jeu des cames il se produit un mouvement alternatif de haut en bas et de bas en haut qui renouvelle incessamment l'eau dans les appareils d'éclosion. Dans le mouvement de descente, les deux tiers environ de la hauteur du seau sont immergés, l'amplitude du mouvement étant d'environ 5 pouces. Le système fonctionne même lorsque le navire est en marche : le steamer ayant un faible tirant d'eau peut remonter au loin les rivières, mettant les alevins en liberté au fur et à mesure de leur éclosion. Les avantages d'un semblable système n'ont pas besoin d'être démontrés. C'est par millions que les alevins d'Alose sont distribués aux endroits les plus favorables, le navire gagnant successivement les divers cours d'eau du sud au nord où le frai a lieu plus tardivement. Grâce à l'appareil Fergusson, le repeuplement marche rapidement.

« Divers appareils ont été inventés aux États-Unis pour transporter soit les œufs d'alose, soit les alevins. Nous avons dit plus haut que l'appareil plongeant de Fergusson pouvait être transformé en bac de transport. La caisse de Mac Donald consiste en une boîte en bois contenant dix-huit plateaux en toile métallique, recouverts de toile de coton, et fixés au moyen de courroies ; chaque plateau peut recevoir de 10,000 à 15,000 œufs. La boîte est recouverte d'une grosse toile. Cet appareil, fort simple, est le premier qui ait été employé pour le transport à sec ; il donne de bons résultats lorsque la distance à parcourir n'est pas supérieure à 100 milles. Pour le transport des alevins, Fergusson emploie des vases en fer-blanc entourés d'un manchon en laiton. Ce récipient est pourvu d'un couvercle mobile, dont le centre est percé d'une ouverture tubulaire permettant l'entrée ou la sortie de l'eau, et muni, à sa partie interne, d'un grillage recouvert d'étoffe de coton pour empêcher le poisson de s'échapper ; un tube entrant à frottement dans le couvercle amène l'eau dans le récipient. On dispose dans le wagon de transport plusieurs de ces récipients, de telle sorte que l'eau passe facilement de l'un à l'autre. Un semblable récipient, de la capacité de 12 gallons (54 li-

tres), peut recevoir de 15,000 à 20,000 alevins. »

LA MENHADEN. — *ALOSA MENHADEN.*

Caractères. — Chez cette Alose, la tête est
grande, l'opercule fortement strié, la bouche
grande, dépourvue de dents. La dorsale, composée de 19 rayons, s'insère un peu en arrière
des ventrales, à peu près à égale distance de
l'extrémité du museau et de la base de la caudale. Les pectorales n'arrivent pas aux ventrales. On compte 20 rayons à l'anale. Le dessus du corps est bleu, les flancs sont argentés
avec des reflets cuivrés ; on voit une tache
noire derrière l'épaule, ordinairement suivie
de quelques petites taches ; les nageoires sont
jaunâtres.

Distribution géographique. — La Menhaden se trouve depuis la partie sud du Canada
jusque vers les côtes du Brésil.

Pêche, usages. — La pêche de l'Alose menhaden a pris depuis quelques années une importance considérable aux États-Unis. Ce poisson est fort abondant depuis la Nouvelle-Angleterre jusqu'aux côtes de Virginie ; le passage commence dès les premiers jours de juin
et finit jusqu'à fin octobre. La pêche emploie
456 bateaux et 648 barques, montés par
2,540 hommes. On emploie un grand filet
connu sous le nom de *purse seine.*

La Menhaden a la chair très grasse, aussi
n'est-elle guère utilisée comme aliment; on la
pêche presque exclusivement pour la fabrication de l'huile. D'après Howard Clark, on peut
estimer, en moyenne, la pêche à 570,420, 400 livres ayant donné 2,066,396 gallons, soit 9,388
hectolitres d'huile, d'une valeur de 733,424 dollars ; le résidu de la fabrication est utilisé
comme guano d'une haute valeur fertilisante,
estimé annuellement à 1,920,000 dollars.

LA SARDINE. — *ALOSA SARDINA.*

Sardine.

Caractères. — Ce poisson a le corps assez
allongé, épais et arrondi vers le dos, comprimé
vers le ventre, couvert de grandes écailles,
minces et caduques. Le profil du dos est presque en ligne droite, celui du ventre forme une
ligne courbe régulière. L'œil est assez grand,
l'extrémité du museau est en pointe ; la fente
des ouïes s'avance jusque vers le bord antérieur
de l'orbite. La dorsale commence un peu avant

le milieu de la longueur dorsale, caudale non
comprise ; elle s'insère dans une espèce de
gouttière bordée d'écailles ; on y compte
8 rayons simples et 14 ou 15 rayons branchus.
L'anale est basse, composée de 17 à 21 rayons.
La caudale est très fourchue (fig. 491).

La longueur est ordinairement de 0^m,12 à
0^m,18 ; elle peut s'élever jusqu'à 0^m,25.

Distribution géographique. — La Sardine
est un Poisson de l'ouest de l'Europe ; elle se
trouve dans le nord de l'Angleterre, le long
des côtes de France, d'Espagne et de Portugal ;
elle se rencontre également dans la Méditerranée.

Sur les côtes de Picardie et de Normandie,
la Sardine est connue sous le nom de *Célan,*
Célerin, Hareng de Bergues, sous celui de
Royan dans la Charente-Inférieure ; les Anglais
la désignent sous le nom de *Pilchard.*

Mœurs, habitudes, régime. — Comme pour
le Hareng, on a cru pendant longtemps que la
Sardine était un Poisson migrateur se dirigeant
du nord au sud. D'autres prétendent que ce
Poisson passe de la Méditerranée dans l'Océan
et remonte du sud vers le nord, les bancs
composés des plus jeunes Sardines abordant
les côtes de France par le sud, tandis que les
plus âgées se rallient par le nord.

Les observations récentes tendent, au contraire, à démontrer qu'il en est de la Sardine
comme du Hareng, que ce Poisson vit d'habitude dans de grandes profondeurs, ne se rapprochant des côtes que pour frayer. Déjà au
siècle dernier, Duhamel de Monceau rapporte
que les pêcheurs espagnols prétendaient que,
vers le milieu de janvier, les Sardines se retirent dans les baies et dans les anses où il y a
une grande profondeur d'eau, qu'elles y restent jusqu'au moment de la ponte, qu'à ce moment elles viennent dans les endroits couverts
d'herbes, où elles restent plus ou moins longtemps, et que vers le mois de juin elles se rapprochent des côtes lorsque la mer est calme,
regagnant les grands fonds lorsque le vent
souffle en tempête.

D'après Couch, sur les côtes du sud de
l'Angleterre, les Sardines vivent dans le fond
de la mer pendant les deux premiers mois de
l'année, mais en mars elles se réunissent en
troupes qui souvent se dispersent pour se
former de nouveau. L'abondance de la nourriture dans un point donné détermine les
voyages de ces animaux.

La Sardine, bien que de petite taille, est un

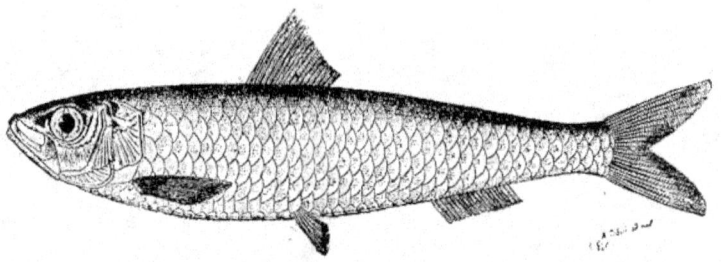

Fig. 491. — La Sardine.

Poisson extrêmement vorace ; elle broute les polypes des Hydraires et se nourrit de petits Mollusques, de petits Crustacés, mais sa nourriture de prédilection c'est le frai des autres Poissons. Des pêcheurs dignes de foi rapportent que l'on voit souvent la Sardine se tenir au fond de l'eau, explorant le sable à la manière des Carpes, et furetant dans toutes les anfractuosités des rochers.

C'est au commencement de l'automne que la Sardine fraye sur nos côtes ; on trouve cependant dès les premiers jours de mai des individus chez lesquels la rogue et la laitance sont développées.

Pêche, usages. — C'est au moment où la Sardine se rapproche des côtes pour frayer qu'on la pêche, car ce Poisson forme alors des bancs considérables.

La pêche se fait en grand sur les côtes d'Italie, sur les côtes méditerranéennes de France, sur les côtes d'Espagne et de Portugal et surtout sur les côtes océaniques de France, de la frontière espagnole jusqu'en Normandie ; la pêche est tout particulièrement active depuis l'embouchure de la Loire jusqu'à la baie du Morbihan.

Les pêcheurs d'Anchois et de Sardines de la côte de Biscaye se servent depuis longtemps d'un filet établi sur le même principe que le *purse net* (filet à bourse ou à poche des Américains).

D'après les renseignements fournis par la confrérie des pêcheurs de Lequeitio, ce filet porte les noms de *traina*, de *copo* et de *cerco*. Lorsque le filet doit servir pour la pêche de la Sardine, la largeur des mailles est d'environ 1/2 ; cette largeur est de 3/8 pour la pêche de l'Anchois. La tête du filet, côté des lièges (*lado de los corchos*) a de 32 à 40 brasses ; elle

porte une corde à laquelle sont attachés les flotteurs. Le pied du filet, qui a une forme arquée, est garni de plombs destinés à le faire enfoncer. La hauteur maxima est de 10 brasses, les côtés ayant 7 brasses ; à l'une des extrémités supérieures du filet est fixée une corde de 10 à 14 brasses de longueur, tandis qu'une corde de 30 à 32 brasses se trouve à l'autre extrémité. La partie inférieure du filet porte des anneaux dans lesquels passe une corde. En voyant ce filet, il est facile de comprendre comment s'en fait la manœuvre et de quelle manière il peut se fermer pour retenir le Poisson prisonnier.

Outre les filets que nous venons de décrire, on se sert en Espagne, pour la pêche de la Sardine, de divers autres appareils connus sous les noms de *tribuquete*, *boquera*, *sardango* ; sur les côtes de la Galice, on emploie un filet particulier qui porte le nom de *cerco real* ou de *cedazos*.

Le *cerco real* est formé de 300 pièces de filets formant deux bandes de 400 brasses chacune, à mailles ayant 1 pouce et demi ; la pièce appelée *cope* est formée de mailles plus serrées, d'un pouce seulement. Le développement total du filet peut être évalué à 1,000 brasses, équivalant à 1,672 mètres ; la hauteur est de 18 brasses. Le filet est tanné au moyen d'un mélange de brai et d'écorce de pin maritime. Cet immense filet n'est pas garni de plomb à son extrémité inférieure, les ralingues suffisant à le faire plonger. Un large bateau appelé *galeones* et 16 plus petits bateaux jaugeant chacun 12 tonnes sont employés au transport en mer de cet immense appareil, qui, arrivé au point voulu, est remorqué par deux bateaux fixés chacun à une extrémité. Ainsi qu'il arrive avec le filet nommé *alma-*

BREHM. — VI.

draba employé pour la pêche du thon, le filet pousse la Sardine vers le rivage jusqu'à ce qu'on arrive par environ 5 brasses d'eau ; le filet est alors ramené sur lui-même et fixé au moyen de nombreuses ancres ; un autre filet à mailles plus étroites, nommé *cartel*, ferme le grand filet, qui a la forme d'un vaste réservoir ovalaire, dans lequel le Poisson se conserve vivant et dans lequel on le prend pour l'envoyer dans les ateliers de la salaison au fur et à mesure des besoins.

On capture aussi la Sardine au moyen de filets semblables à ceux que l'on emploie sur les côtes de Bretagne ; ces filets se composent de pièces ayant 400 mailles de largeur et 4 mailles par 5 centimètres carrés.

Le nombre de bateaux qui sur les côtes de Bretagne et de Vendée se livrent à la pêche de la Sardine est réellement considérable ; on peut les estimer à environ 2,000 montés par 25 à 30,000 marins ; la préparation du Poisson donne du travail à un nombre égal d'ouvriers, de telle sorte que, dans les bonnes années, on peut estimer à environ 50,000 le nombre de personnes à qui la Sardine procure du travail.

A Concarneau, les bateaux, qui ont 20 pieds de long, sont plats à l'arrière, effilés à l'avant, non pontés munis de deux mâts, que l'on peut abattre au moment de la pêche.

Les filets employés consistent en nappes non plombées, de 20 à 30 mètres de long sur 6 à 8 de chute, faits d'un fil très fin ; la partie supérieure est formée de petits morceaux de liège qui lui permettent de flotter ; chaque bateau possède un assortiment de filets dont les mailles sont disposées pour la pêche des poissons de différentes grosseurs ; en effet, si les mailles sont trop grandes, le poisson passe au travers, si elles sont assez étroites pour que le poisson n'y puisse pas introduire la tête, il s'en va et n'est pas pris. Il faut dès lors que l'ouverture de la maille soit tellement proportionnée à la grosseur du poisson, qu'il puisse introduire la tête et que le corps, qui est plus gros, ne puisse la traverser. Ordinairement à la fin de la saison on emploie des manets dont les mailles sont plus ouvertes que celles dont on se sert au début de la pêche.

« Les bateaux de pêche étant gréés, nous apprend Baudrillart, pourvus de rames, de résure (*rogue*), de filets et de quatre ou cinq hommes, les pêcheurs partent de grand matin, lorsque le temps le permet, pour se rendre, à l'aube du jour, à l'endroit où ils présu-

ment trouver du poisson. Quelquefois ce sera près de terre, d'autres fois jusqu'à 2 et 3 lieues au large, et souvent dans ces parages ils s'établissent entre Belle-Isle et les terres de Quiberon, où les fonds n'ont que 8 à 12 brasses d'eau au plus. On remarque en général, que les Sardines se plaisent dans le remous des courants, à des endroits où l'eau paraît peu agitée, et que les pêcheurs appellent des *limes ;* cependant il arrive quelquefois qu'il n'y a pas plus de poissons dans ces endroits qu'ailleurs ; en tous cas ils essayent de croiser la marée. Autrefois les pêcheurs de Camarets prétendaient qu'ils ne fallait mettre les filets à la mer que de basse eau, ou lorsque la mer était dans son plein et étale, jamais à mi-marée ; mais on a reconnu que c'était une erreur, et on jette les filets indistinctement à toutes les heures du jour.

« Lorsqu'un bateau est rendu au lieu où il veut pêcher, il amène ses voiles et quelquefois les mâts ; deux ou quatre matelots se mettent aux rames, moins pour faire avancer le bateau que pour tenir le bout au vent ; on ôte le gouvernail, et le maître ou un matelot met le filet à l'eau par l'arrière, et l'attache au bateau par le bout de la ralingue qui porte les lièges. Pendant ce temps, l'équipage rame pour que le filet s'étende dans l'eau.

« Lorsque la pièce de filet est ainsi mise a l'eau, on rame mollement, seulement ce qu'il faut pour entretenir le bateau dans l'aire du vent ; on le laisse *dériver* au gré de la marée, de conserve avec le filet.

« Pendant que l'équipage est occupé à ses opérations, un mousse délaye dans de l'eau de la résure, de sorte qu'il en forme comme une bouillie claire ; le maître placé à l'arrière et ayant auprès de lui un seilleau rempli de cette bouillie, en prend dans une gamelle, et avec une cuillère de bois il en jette de temps en temps des deux côtés du bateau, le plus loin qu'il peut. Quelques-uns ne se servent pas de cuiller ; il les jettent à la main et suivant la direction que prend le filet. On répand quelquefois la résure par l'avant ; mais ce n'est pas l'ordinaire ; l'attention que doit avoir celui qui jette la résure est de la répandre à bâbord s'il aperçoit le poisson à tribord, et le contraire, afin que le poisson soit déterminé à traverser le filet pour attraper l'appât ; car les Sardines apercevant cet appât, dont elles sont avides, s'élèvent près de la surface de l'eau ; elles nagent de côté et d'autre pour en attraper, et elles se maillent. Quand on voit des écailles qui flottent sur l'eau, on juge que les Sardines ont donné dans le filet; on en juge aussi quand on voit que les lièges sont agités à la surface de l'eau, ou mieux encore, quand les filets étant chargés de poissons, les lièges entrent dans l'eau; alors on répand abondamment de la résure, et les pêcheurs qui préfèrent celle du Maquereau en jettent, pour les engager encore mieux à donner dans le filet.

« Quand le patron soupçonne que son filet est bien chargé de poissons, il le relève; ou bien, s'il s'aperçoit qu'il y a beaucoup de Sardines, il ajoute une seconde pièce de filet qu'il attache à la première, en épissant ou liant ensemble les cordes de liège des deux pièces de filets, et ordinairement il met une bouée à l'extrémité foraine de la première pièce de filet, et il attache au bateau la seconde pièce de filet par la corde de liège, de sorte que la pièce qu'on a mise à l'eau la première est reculée du bateau de toute la longueur de la seconde pièce. Lorsque le patron trouve que les Sardines sont en grande quantité, il met quelquefois jusqu'à cinq pièces de filet les unes au bout des autres, en ajoutant toujours de la résure à mesure qu'il ajoute de nouveaux filets. On conçoit combien il est important que le bateau se tienne toujours debout au vent, pour que les filets soient en ligne droite, et qu'ils ne s'embarrassent point les uns dans les autres; mais par l'addition de ces pièces de filet, on forme une tessure de 70 ou 80 basses de longueur, qui se trouve quelquefois garnie de poissons dans toute son étendue, comme était la première pièce.

« Lorsque le filet est bien garni de Sardines, ou lorsqu'on est pressé de gagner la terre pour livrer le poisson, ou encore lorsqu'un gros poisson vorace qui s'est jeté dans les filets les brise et fait fuir les Sardines, quand le jour manque, il faut retirer les filets, et voici comment on fait cette manœuvre.

« Quand, pour quelque cause que ce soit, on veut relever les filets, on détache du bateau la pièce de filet qu'on a mise la dernière à l'eau, et on attache une bouée à la ralingue qui porte les lièges; puis le bateau va à la rame chercher les bouées qu'on a mises au bout de la pièce de filet qu'on a jetée la première à l'eau ou au bout forain de la tessure, car c'est ce bout qu'on tire le premier à bord; et à mesure qu'on amène le filet, un mousse avec un novice fait sortir le poisson des mailles en se-

couant le filet, et suivant de même les unes après les autres toutes les pièces, le poisson se trouve rassemblé dans le fond de la chaloupe. Le filet qu'on a mis le dernier à l'eau étant aussi le dernier qu'on tire à bord, il continue à s'y mailler des poissons pendant qu'on lève les premières pièces, et c'est une raison pour le haler le dernier.

« Il y en a qui suivent une autre méthode : ils retirent une couple de pièces de filets du bord forain de la tessure; et quant ils en on secoué le poisson, ils mettent à l'eau ces filets du côté que le bateau était, et ils continuent cette manœuvre jusqu'à ce qu'ils aient chargé leur bateau; ou quand ils ont vendu leur poisson à des chasse-marées, qui les distribuent le long de la côte, ils continuent leur pêche jusqu'à la nuit sans interruption. On a quelquefois vu la pêche donner si abondamment, qu'un bateau étant revenu chargé de 50 milliers de Sardines, a retourné faire une seconde pêche; mais elle n'est pas toujours aussi heureuse. Il arrive que les bateaux sont dehors des journées entières infructueusement, et après avoir consommé beaucoup de résure, ils rentrent sans avoir rien ou presque rien pris; et le malheur est encore plus grand quand des Marsouins ou de gros Poissons se sont jetés dans les filets et les ont déchirés. »

La *rogue* ou *résure* la plus estimée est la rogue de la Morue que l'on fait venir de Norvège à grands frais; on emploie parfois aussi de la rogue de Maquereau, mais avec moins de succès.

La pêche du Pilchard ou Sardine est active sur les côtes de Cornouailles. Elle se fait avec des seines qui ont de 160 à 200 brasses de long, sur 15 de chute, qui sont munies de flotteurs en liège à leur partie supérieure, de plombs à l'inférieure. Pendant la saison des guetteurs, *huers*, se tiennent sur les hauteurs pour annoncer l'arrivée des bancs de Poissons; celui-ci est parfois si abondant qu'avec un bon coup de seine on peut en prendre jusqu'à 2,000 *hogshead*, chacun de 238 litres environ, soit 6,000,000 d'individus. Les seines sont manœuvrés par trois bateaux. Sur les côtes du Devon, on pêche le Pilchard aux filets dérivants pendant la nuit, avec des seines pendant le jour. La plus grande partie du Poisson est salée en masse et expédiée sur les marchés d'Italie.

D'après Couch, la pêche de la Sardine est parfois très active sur les côtes du sud de l'Angleterre. En 1827, on équipa seulement dans le

Cornouailles près de 400 bateaux, et plus de 10,000 hommes furent occupés à cette pêche. On retire parfois de l'eau des quantités incroyables de poissons. Un pêcheur raconta à Couch qu'un seul banc avait fourni 2,200 tonnes de Sardines; un autre lui parla d'une pêche ayant donné 10,000 tonnes ou environ 25 millions de Sardines.

Les Provençaux nomment *Sardinaux* les filets destinés à la pêche de la Sardine; ils consistent en nappes dont les mailles sont proportionnées à la grosseur du poisson qu'on doit prendre; ce sont, en un mot, des manets que l'on établit ordinairement près de la côte; lorsque l'on pêche sur une plus grande profondeur d'eau on joint ordinairement deux filets l'un au-dessus de l'autre; la pêche se fait aux filets dérivants et ressemble beaucoup à celle que nous avons vu pratiquée sur les côtes de Bretagne.

On consomme la Sardine à l'état frais, salée et conservée à l'huile.

La Sardine était bien connue des anciens; on en trouve la mention expresse dans les écrits de Pline, de Galien. Apicius nous apprend qu'on faisait cuire ce poisson en l'assaisonnant de poivre, de thym, d'oignon, de dattes, de miel, et qu'on le servait avec des œufs durs coupés en petits morceaux; une autre recette culinaire consistait à enlever la tête et l'arête du poisson et à le farcir avec un mélange de pouliot, de cumin, de poivre, de menthe, de noix, de miel, après quoi on fait cuire et on assaisonne avec du vin cuit et de la sauce d'anchois.

En 1558, Rondelet nous apprend que la Sardine « n'ha point de fiel, pourquoi, sans l'éventrer, on la cuit sur le grill ou on la bouillit. On sale la Sardine é se garde bien deux ans, é s'en fait de liqueur come les anchois, mais elle n'est pas si bonne, pour les écailles é arestes, desquelles la chair ne se peut assez séparer, é ne se peut toute fondre. »

Au siècle dernier on saurissait beaucoup la Sardine; mais Duhamel du Monceau nous apprend en 1772 que ce procédé avait l'inconvénient de donner un produit sec et coriace, de telle sorte qu'on préparait aussi le poisson en salaison, par un procédé nommé *maelstram* du nom de la ville de Maelstram, en Norvège.

D'après l'ouvrage si intéressant à tous égards publié par Baudrillart en 1827, quand les pêcheurs de Bretagne « veulent donner aux Sardines la préparation nommée *malestram*, ils les mettent dans des paniers à claire-voie qui peuvent contenir 200 poissons; et après les avoir plongés plusieurs fois dans l'eau de la mer pour laver les Sardines, ils les portent au magasin, où, étant vendues, on les met dans des barils bien foncés en répandant du sel sur chaque lit; quoiqu'on n'y ajoute point d'eau, au bout de deux ou trois jours les Sardines sont à flot dans leur saumure, et quinze jours après elles sont assez saumurées pour être mises en presse.

« A cet effet, on commence par en embrocher en nombre par les ouïes et par la bouche dans de petites baguettes; des femmes prennent ces petites baguettes chargées de Sardines trois à la fois; elles les plongent plusieurs fois dans la saumure pour les laver, puis elles les tirent de la broche et les rangent et les paquent avec soin dans une nouvelle barrique défoncée d'en haut et percée de plusieurs trous au fond d'en bas, pour que l'huile puisse s'écouler. On place cette barrique sur deux chantiers avec une presse établie auprès d'un des murs du magasin... Au bas de la barrique sont, comme on l'a dit, plusieurs trous par lesquels coulent l'huile et la saumure que la pression fait sortir du poisson; le plancher étant incliné forme entre les chantiers un ruisseau ou une espèce de gouttière par laquelle l'huile se rend dans une futaille ou citerne, où s'amasse aussi la saumure, sur laquelle l'huile émerge, et où on la ramasse pour l'entonner dans des barils. Les Sardines grasses perdent plus d'huile que les maigres; mais on estime ordinairement que quarante barils de Sardines en fournissent un d'huile... Il est bon que cette huile s'écoule peu à peu; c'est pourquoi une barrique est ordinairement dix à douze jours en presse; néanmoins on pourrait, sans beaucoup d'inconvénient, précipiter la pression en augmentant les poids ou en allongeant le levier.

« Pour la préparation des Sardines en pile, on les porte dans les magasins sans les laver. Sitôt qu'elles y sont rendues, les femmes les saupoudrent d'un peu de sel; ensuite elles les arrangent en piles, et quelquefois elles n'en font qu'une pour tout le poisson d'une pêche; alors ces piles ont 4 ou 5 pieds de hauteur, et la base est plus ou moins grande suivant la quantité de poissons que la pêche a fournie. D'autres fois, les femmes font les piles peu épaisses, pour que le sel pénètre mieux, et parce que quand les piles sont très grosses, les Sardines de dessous sont écrasées par le poids

Fig. 192. — Une sardinerie (1).

de celles qui sont dessus. On appuie ordinairement ces piles le long d'un mur, et en les formant, on met alternativement une couche de sel et une de Sardines, qu'on arrange de manière que les têtes d'une couche répondent aux queues de celles de dessous; par cette attention, les couches de Sardines sont moins sujettes à s'écouler et plus unies. Pour cette raison, on peut distribuer le sel plus également; on laisse les piles en cet état jusqu'à ce qu'on juge que le poisson est bien pénétré de sel, ce qu'on reconnaît à la souplesse qu'il acquiert. Il faut plus de temps pour les grosses que pour les petites Sardines, et, suivant la qualité du sel, il faut les laisser plus ou moins de temps en pile.

« Quand on juge que les Sardines ont pris assez de sel, on les embroche dans des baguettes comme le *maiestram*, et on en charge les civières dont le fond est couvert d'une natte de paille; on met toutes les têtes en dehors. Les femmes portent les Sardines au bord de la mer, où elles les lavent; pour cela, elles saisissent par les deux bouts trois de ces baguettes, les plongent et les agitent dans l'eau. Les Sardines ainsi lavées doivent être blanches comme de l'argent; on les reporte au magasin sur

les civières, et quand elles sont égouttées, on les passe et arrange dans les barils, et on les presse comme le maiestram.

« Il faut ordinairement, pour faire une barrique de Sardines pressées, la charge de quatre civières, plus ou moins, suivant la grosseur du poisson.

« L'huile que l'on retire est employée pour l'éclairage des pauvres, le radoub des chaloupes, et pour la préparation des cuirs.

« Les Sardines pressées doivent, pour être réputées bonnes, être saines, blanches et claires, d'une grosseur médiocre; les petites, qui sont excellentes à manger fraîches, ne sont pas estimées lorsqu'elles sont pressées; quand elles sont d'une bonne grosseur, il en entre environ 6,000 dans chaque baril. »

Aujourd'hui encore on opère de la même manière. Le poisson est lavé à la mer, pour enlever le sang et les écailles, puis on le sale en vert, c'est-à-dire qu'on le saupoudre d'un premier sel. Porté aux ateliers, on sale dans les barriques, dans lesquelles les Sardines restent une quinzaine de jours; elles sont ensuite pressées, ainsi que nous l'avons dit plus haut. Faisons remarquer qu'avant d'être salées, les Sardines sont étêtées et en partie vidées.

La fabrication de la Sardine à l'huile est de date récente et ne remonte qu'à l'année 1825.

(1) Nous empruntons cette figure à la *Grande pêche* (les Poissons) par E. Sauvage, publiée par MM. Jouvet et Cie.

« Cette invention, dit Kunckel d'Herculais (1), est attribuée à un honorable magistrat, juge ulors au tribunal civil de Lorient, qui portant intérêt à une vieille demoiselle, mademoiselle Le Guillou, l'engagea à cuire et à conserver dans l'huile quelques centaines de Sardines pour les envoyer à des épiciers de Paris. La réussite fut complète et notre magistrat fournit à sa protégée le moyen de fabriquer en grand ; encouragé par le succès, il donna sa démission, installa une importante usine à Lorient, et devint le premier fabricant de Sardines à l'huile. Qui donc aujourd'hui oserait médire de la magistrature qui nous a donné Brillat-Savarin et les Sardines à l'huile. »

On préparait bien autrefois les Sardines en daube, mais cet article de luxe ne donnait pas lieu à un commerce bien important. Voici, du reste, comment Baudrillart nous apprend en 1827 que l'on préparait ces Sardines ; faisons d'ailleurs remarquer que dans l'ouvrage si rempli de renseignements précis il n'est nullement question de Sardines à l'huile, telles que nous les préparons.

« On peut conserver pendant un mois, dit Baudrillart, des Sardines dans le beurre, de sorte qu'elles sont presque aussi bonnes à manger que si elles étaient fraîches, et voici comment on y réussit. Pour 50 Sardines, on emploie une livre de beurre frais qu'on fait fondre, 4 onces de sel, une once et demie de poivre fin, et un peu de muscade ; quand le beurre est fondu, mais sans être roussi, on le laisse refroidir pour qu'en trempant les Sardines dedans elles en sortent couvertes ; en cet état, on les arrange dans un pot de grès ; on fait un peu réchauffer le beurre qui reste, qu'on verse sur les Sardines, de façon qu'elles en soient entièrement couvertes, et on bouche le vase le plus exactement qu'on le peut avec du liège. Quand on veut les apprêter, on les tire du beurre.

« Voici une autre manière de conserver les Sardines, et qui se pratique en divers endroits de la Bretagne de même que dans le pays d'Aunis. Après qu'elles ont pris un peu de sel, on les fait frire dans la poêle ou rôtir sur le gril, puis on les met dans de petits barils faits exprès avec du vinaigre, du poivre, du laurier, et du girofle, qui forment une espèce de sauce ; c'est ce qu'on appelle confire des Sardines. On

(1) J. Kunckel d'Herculais, la Grande Pêche (Science et Nature, 1884, t. I, p. 516).

en apporte à Paris qui ont été ainsi préparées. »

Aujourd'hui la préparation de la Sardine à l'huile donne lieu, principalement sur les côtes de Bretagne, à un très important commerce. Arrivé à l'atelier (fig. 492), le poisson est immédiatement préparé ; on coupe la tête, on enlève les intestins, puis la Sardine est placée sur des dalles, où on la recouvre d'une légère couche de sel. Les Sardines placées par couches dans des paniers en fer sont plongées dans de vastes chaudières contenant de l'huile d'olive à la température voisine de l'ébullition. Puis, la cuisson rapidement faite, le poisson est égoutté, séché sur des claies en osier, trié suivant sa grosseur et sa qualité ; on place alors les Sardines dans des boîtes en fer-blanc que l'on achève de remplir avec de l'huile d'olive de première qualité, puis l'on soude le couvercle. Après qu'on a placé l'étiquette, collé la marque du fabricant, la Sardine est prête pour être livrée au commerce.

La Sardine française, préparée avec les soins les plus minutieux, est de qualité tout à fait supérieure ; elle laisse loin derrière elle les produits similaires fabriqués dans les autres pays.

Ce que les Américains exportent sous le nom de Sardines ne sont que de petits Harengs préparés à l'huile de coton.

LES ANCHOIS — *ENGRAULIS*

Anchovis.

Caractères. — Ce qui distingue essentiellement les Anchois, c'est la forte saillie que fait le museau au-dessus de la mâchoire inférieure ; la bouche est très largement fendue ; les dents sont petites ou rudimentaires ; les os intermaxillaires sont petits, cachés par les maxillaires, qui sont très longs.

La longueur de maxillaire varie suivant les espèces ; tantôt cet os n'arrive que jusqu'au niveau de l'ouverture branchiale, tantôt il le dépasse largement ; la longueur de l'anale varie beaucoup, le nombre des rayons étant de 20 à 80 suivant les espèces ; parfois les rayons supérieurs de la pectorale sont allongés en filaments.

Distribution géographique. — On connaît environ 45 espèces d'Anchois ; elles se trouvent dans les mers de la zone tempérée et dans celles de la zone torride, surtout dans ces dernières.

Usages, dangers. — Lorsque nous décrirons l'Anchois vulgaire nous dirons la pêche à laquelle donne lieu ce poisson. Mais nos mers d'Europe ne sont pas les seules dans lesquelles on trouve des Anchois servant à l'alimentation et plusieurs espèces sont activement pêchées en plusieurs points.

De l'embouchure de la Plata à Bahia, on prend en abondance l'Anchois à fortes dents qui voyage en petites troupes et que l'on prend à la seine; on mange le poisson frais ou salé. Sur les côtes des États-Unis se pêchent plusieurs espèces d'Anchois qui se consomment dans le pays. La *Pisquette* ou Anchois de Margrave, qui se reconnaît à ses reflets nacrés, d'un blanc vert tournant au bleu, se pêche en abondance aux embouchures des rivières, aux Antilles et dans le golfe du Mexique. On prépare au Japon le *Jataneiwassi* dont la forme générale est celle de notre Anchois d'Europe, mais dont les couleurs sont autres; la tête est brune, le dos mêlé de verdâtre et de bleuâtre.

Quelques espèces d'Anchois passent, et à bon droit, pour être vénéneuses. C'est ainsi que l'*Anchois bollama*, que l'on trouve dans la mer Rouge et dans la mer des Indes, est vénéneux. D'après Dussumier, si on la prépare sans arracher la tête et les intestins, la chair d'un seul de ces poissons peut faire mourir un homme; les chiens et les volailles périssent rapidement s'ils en mangent. D'après Dussumier, le poisson frais a le dos plombé; les flancs et le ventre sont argentés, les opercules noirs; une tache rouge brique se voit sur l'épaule; la dorsale et la caudale sont de même couleur, mais plus claire; les autres nageoires sont blanches.

L'ANCHOIS VULGAIRE. — *ENGRAULIS ENCRASICHOLUS.*

Anchovis.

Caractères. — Allongé, le corps de l'Anchois est légèrement conique, revêtu de grandes écailles, minces et très caduques; le ventre n'est pas caréné; en dessus la tête est un peu aplatie; le museau est très proéminent et pointu; la bouche est largement fendue, ouverte en arrière du niveau de l'œil; la mâchoire supérieure est beaucoup plus avancée que l'inférieure; les deux mâchoires portent des dents extrêmement fines; on sent aussi, plus qu'on ne les voit, des dents sur les palatins et souvent sur le vomer. La fente des ouïes est très longue. La dorsale, qui commence vers le milieu de la longueur du corps, caudale non comprise, se compose de 15 à 18 rayons; on compte de 16 à 18 rayons à l'anale, qui est très basse; la caudale est fourchue; les ventrales s'insèrent un peu en avant de la dorsale (fig. 493).

Lorsqu'il est en vie, l'Anchois a le dos verdâtre, le ventre argenté, la tête jaune d'or, mais, aussitôt après la mort, l'animal prend une teinte bleue, parfois très foncée ou même noire. L'œil est argenté. La taille ne dépasse guère 0ᵐ,20.

Distribution géographique. — L'Anchois se trouve dans la Baltique, dans la mer du Nord, sur les côtes de France, d'Espagne et de Portugal, ainsi que dans la Méditerranée; il est plus commun dans cette dernière mer que dans l'Océan; on le trouve parfois cependant en grande abondance à l'embouchure de la Seine, qu'il remonte jusqu'à Quillebœuf.

Mœurs, habitudes, régime. — « Élien écrit, dit Gessner au seizième siècle, que les Anchois nagent ensemble par troupes si serrées qu'une barque qui arrive dans leurs bancs ne les sépare pas, mais qu'il faut les écarter de la rame pour pouvoir passer. Lorsqu'on les prend ils adhèrent si fortement entre eux que rarement on les prend dans leur intégrité; l'un y laisse la tête, l'autre la queue. On peut souvent remplir des barques ou de petits bateaux avec les poissons. »

Il y a du vrai dans ce passage de Gessner; les Anchois vivent en bandes pressées, quittant la haute mer pour venir frayer auprès du rivage.

Pêche, usages. — La pêche de l'Anchois remonte à une époque très reculée; les Grecs et les Romains faisaient grand usage de ce poisson sous toutes ses formes et toutes sortes de dictons, de proverbes avaient lieu sur l'Anchois, ainsi qu'on peut en juger par la lecture des auteurs anciens et surtout des comédies d'Aristophane.

On faisait avec l'Anchois, fondu et liquéfié dans la saumure, une sauce que les Grecs et les Romains désignèrent sous le nom de *garum*, et à laquelle on donnait le nom de très précieuse; plusieurs poissons entraient dans la préparation du garum; c'est ainsi qu'on y mêlait la saumure du Maquereau et de deux ou trois autres espèces dont le nom n'est pas sûrement parvenu jusqu'à nous. Le garum était obtenu le plus ordinairement en exposant au soleil le vaisseau qui contenait les Anchois en saumure, après qu'on leur avait ôté la tête, la queue, les nageoires et les arêtes. On obtenait aussi une sauce nommée *acetogarum*, en mettant dans un vase des Anchois avec du vinaigre et divers condiments, en exposant le tout sur de la braise bien allumée jusqu'à ce que les Anchois fussent fondus. Ces sauces servaient d'assaisonnement aux autres poissons, parfois même à la viande; elles passaient pour exciter l'appétit et aider à la digestion.

A l'époque de la Renaissance, l'Anchois était également recherché.

Nous devons à des recherches érudites de J.-E. Planchon la constatation de ce fait intéressant que le garum des anciens a été retrouvé par Rondelet. « Un souvenir moitié grave, moitié sérieux, dit J.-E. Planchon (1), rattache au nom du joyeux auteur du Pantagruel les noms de Rondelet et de l'évêque Guillaume Pellicier. C'est la découverte ou plutôt la réédition du garum, sauce classique, qu'avaient chantée et gourmets Horace, Ausone et Martial, et que ne dédaignèrent pas de célébrer à leur tour les poètes Etienne Dolet et Clément Marot; Rondelet, en futur historien de Poissons, sut retrouver cette sauce dans la saumure et la chair du *Picarel* (2) des Sardines et des Anchois. L'érudition de ses amis ne fut pas étrangère à la découverte; c'était encore une manière de ressusciter l'antiquité et de faire à table un commentaire pratique de Pline, dans le sens épicuréique de l'abbaye de Thélème. »

En 1558, Rondelet nous apprend que ce poisson « est un bon remède pour faire revenir l'appétit perdu, pour attenuer et decouper gros phlegme; on en apreste ainsi promptement, faisant fondre les Anchois sur le feu avec huille, vinaigre e feuilles de persil, qui est aussi bonne sauce pour manger autres poissons. On mange aussi les Anchois crues avec huille è feuilles du persil. » Les Anchois étaient préparés à cette époque, suivant Beaujean, en étendant alternativement des couches de sel et de poisson.

Aujourd'hui on pêche surtout l'Anchois dans la Méditerranée, au moyen de filets dits *rissoles*. « Ces filets, écrit Beaudrillard, ont au moins 40 brasses de longeur, et 25 à 30 pieds de chute; les mailles en sont assez serrées pour que les Anchois ne puissent les traverser. Pour faire cette pêche, les pêcheurs rassemblent quatre bateaux : un, qui porte les filets, est monté par quatre ou cinq hommes, et il n'y en a sur les autres que deux à trois. Ces derniers bateaux ont à une de leurs extrémités un farillon ou un réchaud; on fait dans ce réchaud un feu clair de pin gras et fort sec.

« On pratique ordinairement cette pêche depuis le mois d'avril jusqu'à celui de juillet, et seulement lorsqu'il n'y a point de lune et que les nuits sont obscures. Les bateaux qui portent le feu sortent au commencement de la nuit, et vont se placer sur les fonds, où l'on croit trouver plus de poissons, à une ou deux lieues de la côte, et se tiennent à deux portées de fusil les uns des autres.

« Les Anchois s'approchent des bateaux qui portent le feu, et quand les pêcheurs s'aperçoivent qu'il s'en est rassemblé en nombre, ils en avertissent par un signal le bateau qui porte le filet, qui est resté à une petite distance des autres; il s'en approche, et en mettant le filet à l'eau, il entoure le mieux qu'il lui est possible le bateau qui lui a fait le signal et qui porte le feu, afin d'envelopper les poissons qui sont assemblés auprès de lui. Ainsi, le bateau qui porte le feu se trouve entouré par le filet. Quand l'enceinte du filet est fermée, le bateau qui porte le feu plonge son réchaud dans l'eau pour éteindre le feu; alors les poissons, Sardines ou Anchois, étant effarouchés, se jettent dans le filet et se maillent.

« Pour les effaroucher encore plus et les engager à donner dans le filet, les pêcheurs qui sont dans le bateau du fastier battent l'eau, et après un certain temps, ceux qui sont dans le bateau de la rissole ou du filet le retirent dans leur bateau avec le poisson qui s'y est maillé, et aussitôt qu'ils ont pris le poisson, ils se rendent à un autre bateau-fastier pour faire une pareille manœuvre, qu'ils continuent tant que l'obscurité de la nuit dure; mais comme les Sardines et les Anchois, ainsi que les Harengs, se portent tantôt d'un côté et tantôt d'un autre, il arrive que certains bateaux font une bonne pêche, tandis que d'autres ne prennent presque rien.

---

(1) J.-E. Planchon. *Rondelet et ses disciples.* Montpellier, 1866, p. 11.

(2) Ce poisson qui, d'après Rondelet, s'appelait de son temps *picarel* sur les côtes du Languedoc et en Espagne *giroli* et *geruli* à Venise (par corruption de son nom latin *gerres* au pluriel, mot qui doit se retrouver exactement dans le nom vulgaire du même poisson à Marseille) ce poisson, disons-nous, est le *smaris* des Grecs et des Latins, le *garon* des pêcheurs d'Antibes et le *Smaris vulgaris* de Cuvier. M. N. Doumet, dans son catalogue des poissons de Cette, sans citer le nom de *picarel*, dit que le nom vulgaire de tous les *smaris* est en languedocien *Vernieira*.

Fig. 493. — L'Anchois.

« On fait encore la pêche des Anchois avec la rissole qu'on tient sédentaire ; pour cela, les pêcheurs qui portent la rissole ne viennent point chercher le poisson qui a été rassemblé par le fastier ; mais les bateaux qui portent les fastiers conduisent le poisson au filet qu'on a tendu. »

L'Anchois donne lieu a une pêche importante sur les côtes d'Italie et d'Espagne ; elle se pratique de la même manière que sur les côtes de Provence.

Si on ne pêche plus beaucoup d'Anchois sur les côtes de Bretagne et de Normandie, par contre, on y prépare en quantité assez considérable des Sardines que l'on *anchoite*, c'est-à-dire que l'on sale au rouge. Il en est de même sur les côtes de Norwège, où l'on vend, sous le nom d'*Anchois de Bergen*, le *Brisling*, petite espèce qui ressemble beaucoup au Hareng.

La pêche de l'Anchois se fait activement en Hollande, dans le Zuiderzée et dans l'Escaut oriental.

Dans cette dernière région, à Bergen-op-Zoom, la pêche a lieu du milieu de mai au commencement de juillet, au moyen de barrages, composés de bordigues accouplés par trois ou par quatre ; on relève les filets à marée basse. Porté de suite aux ateliers, le poisson est remis à des femmes qui, à l'aide de l'ongle du pouce, et cela avec la plus grande habileté, brisent le crâne au-dessus de l'œil et enlèvent du même coup les ouïes et les viscères ; cette opération se pratique avec une extrême rapidité. Le poisson est ensuite salé en baril.

Le rendement de cette pêche est extrêmement variable ; on a fait parfois des pêches vraiment merveilleuses, capturant jusqu'à 40,000 Anchois dans un seul filet.

Avec le Hareng, l'Anchois est un des principaux produits de la pêche dans le Zuiderzée. La pêche dure du 15 mai au 15 juillet. On emploie de grands filets coniques en forme de sacs maintenus ouverts par deux bâtons ; la pêche se fait avec deux bateaux, de telle sorte que le filet balaye le fond de la mer, en enlevant tout ce qui se trouve devant lui. On emploie également un filet à poche, qui se place sur un des côtés du bateau.

Sur les côtes méditerranéennes de France et en Italie, la tête de l'Anchois étant enlevée, le poisson est lavé, puis placé dans la saumure additionnée d'un peu de terre rouge.

Après avoir été coupés en filets, les Anchois sont également conservés dans l'huile d'olive, dans de petits flacons de forme haute que tout le monde connaît.

Les Anchois de bonne qualité doivent être de petite taille, gras et fermes, blancs en dehors, rougeâtres en dedans ; on peut presque à coup sûr dire que ceux qui sont plats en dessus et trop gros en comparaison de leur taille ne sont pas des Anchois, mais des Sardines.

LES GYMNOTIDÉES — *GYMNOTIDÆ*

Die Nacktaale.

Caractères. — Cuvier désigne sous le terme d'*Apodes* tous les poissons qui sont privés de nageoires ventrales et de rayons épineux à la dorsale ; le corps a une forme allongée. Il n'existe qu'une seule famille, celle des Anguilliformes.

Ainsi compris, l'ordre des Apodes est artificiel et renferme des Poissons qui, bien que manquant de ventrales, doivent prendre place près des Gades ; tels sont les Lançons, les Donzelles.

Parmi les Apodes proprement dits il se trouve

des différences telles qu'il est possible de les grouper sous trois familles distinctes.

Parmi ces familles, celle des Gymnotidées comprend des animaux qui ont le corps allongé, anguilliforme, la tête non écailleuse. Le bord de la mâchoire supérieure est formé, au milieu par les intermaxillaires, latéralement par les maxillaires. La nageoire dorsale manque et est réduite à un pli cutané; la caudale fait généralement défaut, la queue se terminant en pointe; l'anale est très longue; il n'existe pas de ventrales. L'anus se trouve à une petite distance de la gorge ou immédiatement derrière celle-ci, par suite du développement de la nageoire anale. L'arc huméral est attaché au crâne. La fente branchiale est étroite. La vessie natatoire existe; elle est double; l'estomac est pourvu d'un sac cœcal et d'appendices pyloriques; il existe des oviductes.

Distribution géographique. — La famille des Gymnotidées ne comprend que cinq genres : les Gymnotes, les Carapes, les Sternopyges, les Rhymphichthys, les Sternarques, avec un petit nombre d'espèces; elle est cantonnée dans les eaux douces de l'Amérique tropicale.

LES GYMNOTES — *GYMNOTUS*
Drillfische.

Caractères. — Les Gymnotes n'ont ni caudale ni nageoire dorsale; l'anale s'étend jusqu'à l'extrémité de la queue; la peau est nue; les yeux sont très petits; les dents sont coniques, implantées suivant une seule rangée. Le genre ne comprend qu'une espèce, le Gymnote électrique (fig. 496, page 553) qui peut atteindre la taille de 2 mètres.

Organe électrique. — Le Gymnote possède un appareil électrique de la plus grande puissance. Cet appareil consiste en deux paires de corps placés longitudinalement, situés immédiatement sous la peau, sous les muscles; une paire se trouve sur le haut du corps, l'autre le long de la nageoire anale; cet appareil pèse près d'un tiers du poids total de l'animal et forme une masse d'un rouge jaunâtre clair, molle, translucide, gélatineuse. D'après Pacini (1), Faraday (2), Matteucci (3) et De la Rive (4),

(1) Pacini, *Organes des Poissons électriques (Archives des Sciences physiques, Bibl. univ.*, t. XXIV.
(2) Faraday, *Bibl. univ. de Genève*, t. XXIV, 1839.
(3) Matteucci, *Traité des phénomènes électro-physiologiques des animaux*, Paris, 1844.
(4) De la Rive, *Traité d'électricité*, Paris, 1854, t. I.

ces corps sont formés par des faisceaux longitudinaux qui sont eux-mêmes constitués par un grand nombre de petites plaques membraneuses placées les unes près des autres et situées horizontalement; elles sont divisées par des membranes longitudinales (fig. 494).

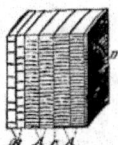

Fig. 494. — Organe électrique du Gymnote. — C, cloisons minces et d'une nature fibreuse, qui sont dirigées de la tête à la queue, et qui font l'office des parois des prismes dont se compose l'organe; ces prismes sont séparés en un très grand nombre de compartiments par des diaphragmes AA, qui ont la forme de petites membranes longues et étroites, et qui sont situés perpendiculairement à la longueur de l'animal, de sorte qu'une de leurs faces est du côté de la tête et l'autre du côté de la queue. On a observé, dans un angle de l'organe, des série de diaphragmes irréguliers B; ils sont comme atrophiés, plus étroits et plus éloignés les uns des autres que les diaphragmes normaux.

Le bord externe des septum est presque parallèle à la direction de l'axe longitudinal du corps et consiste en minces membranes qui cloisonnent l'organe et le subdivisent en une infinité de cellules. Les petites cellules de forme prismatique renferment une matière gélatineuse. Les cloisons se trouvent à environ un douzième ou un treizième de pouce les unes des autres; d'un autre côté on compte 240 cellules dans la longueur de 1 pouce; il en résulte une énorme surface pour l'organe électrique. L'appareil est, du reste, innervé par plus de 200 nerfs qui viennent des rameaux antérieurs des nerfs spinaux, nerfs qui se distribuent également aux muscles du dos et à la peau de la région. Chez le Gymnote, comme chez la Torpille, les nerfs qui se rendent à l'appareil électrique sont beaucoup plus volumineux que ceux qui, dans d'autres parties du corps, servent au mouvement ou à la sensation.

De même que chez les autres Poissons électriques, le Gymnote donne la commotion à sa volonté, ainsi que le prouvent de nombreuses expériences, maintes fois répétées. Bajon rapporte qu'il toucha un Gymnote sans rien ressentir, mais qu'il reçut une violente secousse lorsqu'il plaça le doigt sur le dos. Lorsque le même Poisson, au moment où on le changeait de récipient, tomba sur le sol, Bajon le saisit par la queue ; au même instant il reçut un choc si violent qu'il tomba presque à la renverse et qu'il fut étourdi pendant un certain temps. Un chat qui voulut mordre un Gymnote presque mort reçut un choc tel qu'il sauta en l'air. Walsh ayant mis une plaque métallique sur un disque de verre put, en excitant le Gymnote, obtenir des étincelles. L'action électrique du Gymnote est telle qu'elle se fait sentir à travers l'eau. Van der Lott rapporte qu'un homme ayant mis la main dans un vase dans lequel se trouvait un Poisson électrique ressentit un choc violent, au moment où il excita l'animal. Vancrogt assure que cette action peut se transmettre à plusieurs mètres de distance. D'autres expérimentateurs, au contraire, affirment que l'action électrique ne se fait sentir qu'au contact.

C'est à Alexandre de Humboldt que l'on doit les observations et les expériences les plus précises sur le pouvoir électrique du Gymnote et nous ne pouvons mieux faire que de rapporter ici ce qu'en dit le célèbre physicien (1).

« On ne s'expose pas témérairement, écrit-il, aux premières commotions d'un Gymnote très grand et fortement irrité. Si, par hasard, on reçoit un coup avant que le poisson soit blessé, ou fatigué par une longue poursuite, la douleur et l'engourdissement sont si violents, qu'il est impossible de se prononcer sur la nature du sentiment qu'on éprouve. Je ne me souviens pas d'avoir reçu, par la décharge d'une grande bouteille de Leyde, une commotion plus effrayante que celle que j'ai ressentie en plaçant imprudemment les deux pieds sur un Gymnote que l'on venait de retirer de l'eau. Je fus affecté le reste du jour d'une vive douleur dans les genoux et presque dans toutes les jointures. Pour s'assurer de la différence assez marquante qui existe entre la sensation produite par la pile de Volta et les Poissons électriques, il faut toucher ces derniers lorsqu'ils sont dans un état de faiblesse extrême. Les Gymnotes et les Torpilles causent alors un tressaillement qui se propage depuis la partie appuyée sur les organes électriques jusqu'au coude. On croit sentir à chaque coup une vibratio interne qui dure deux à trois secondes, et qui est suivie d'un engourdissement douloureux. Aussi les Indiens

(1) Alex. de Humboldt, *Voyage aux régions équinoxiales du nouveau continent.* Paris, 1820, t. VI.

tamanaques, dans leur langue expressive, l'appellent le *Temblador, Arimna,* c'est-à-dire *qui prive de mouvement.*

« La sensation que causent les faibles commotions d'un Gymnote m'a paru très analogue au tressaillement douloureux dont j'ai été saisi à chaque contact de deux métaux hétérogènes appliqués sur des plaies que je m'étais faites au dos par le moyen des cantharides. Cette différence de sensation entre les effets des Poissons électriques et ceux de la pile ou d'une bouteille de Leyde faiblement chargée, a frappé tous les observateurs ; elle n'est cependant aucunement contraire à la supposition de l'identité de l'électricité et de l'action galvanique des poissons. L'électricité peut être la même ; mais ses effets seront diversement modifiés par la disposition des appareils électriques, par l'intensité du fluide, par la rapidité du courant, par un mode particulier d'action.

« Dans la Guyane hollandaise, par exemple, à Démérary, on a jadis employé les Gymnotes pour guérir les paralytiques. Dans un temps où les médecins d'Europe avaient une grande confiance dans les effets de l'électricité, un chirurgien d'Essequibo, Van der Lott, publia en Hollande un mémoire sur les propriétés médicales des Gymnotes. Ces *cures* électriques se retrouvent parmi les sauvages de l'Amérique comme parmi les Grecs. Scribonius Largus, Galien et Dioscoride nous apprennent que les Torpilles guérissent les maux de tête, les migraines et la goutte. Je n'ai jamais entendu parler de ce genre de traitement dans les colonies espagnoles que j'ai parcourues ; mais je puis assurer que, après avoir fait des expériences pendant quatre heures consécutives avec des Gymnotes, nous éprouvâmes, M. Bonpland et moi, jusqu'au lendemain, une débilité dans les muscles, une douleur dans les jointures, un malaise général qui était l'effet d'une forte irritation du système nerveux.

« Les Gymnotes ne sont ni des conducteurs chargés, ni des batteries, ni des appareils électro-moteurs dont on reçoit la commotion chaque fois qu'on les touche d'une main, ou en appliquant les deux mains pour fermer l'arc conducteur entre les pôles hétérogènes. L'action électrique du poisson dépend uniquement de sa volonté, soit qu'il ne tienne pas toujours chargés ses organes électriques, soit qu'il puisse, par la sécrétion de quelque fluide, ou par un autre moyen également mystérieux pour nous, diriger en dehors l'action de ses organes. On tente souvent, isolé ou non isolé, de toucher le poisson pour sentir la moindre commotion. Lorsque M. Bonpland le tenait par la tête ou le milieu du corps, tandis que je le tenais par la queue, et que, placés sur le sol humide, nous ne nous donnions pas la main, l'un de nous recevait des secousses que l'autre ne sentait pas. Il dépend du Gymnote de n'agir que vers le point dans lequel il se croit le plus fortement irrité. La décharge se fait alors par un seul point, et non par le point voisin. De deux personnes qui touchent de leurs doigts le ventre du poisson à un pouce de distance, et qui appuient simultanément, c'est tantôt l'une, tantôt l'autre qui reçoit le coup. De même, lorsqu'une personne isolée tient la queue d'un Gymnote vigoureux et qu'un autre le pince aux ouïes et à la nageoire pectorale; c'est souvent la première seule qui éprouve la commotion. Il ne nous a guère paru qu'on pût attribuer ces différences à la sécheresse ou à l'humidité de nos mains, à leur inégale conductibilité. Le Gymnote semblait diriger ses coups, tantôt par toute la surface de son corps, tantôt par une seule partie.

« Cet effet indique moins une décharge partielle de l'organe composé d'un innombrable quantité de feuillets, que de la faculté qu'a l'animal (peut-être par la sécrétion instantanée d'un fluide qui se répand dans le tissu cellulaire) de n'établir la communication de ses organes avec la peau que dans un espace très limité.

« Rien ne prouve plus la faculté qu'a le Gymnote (par l'influence du cerveau et des nerfs) de lancer et de diriger son coup à volonté, que les observations faites à Philadelphie, récemment à Stockholm (1), sur des

Gymnotes extrêmement apprivoisés. Lorsqu'on les avait fait jeûner longtemps, ils tuaient de loin de petits poissons qu'on plaçait dans le baquet. Ils agissaient à distance, c'est-à-dire que leur coup électrique traversait une couche d'eau très épaisse. Il ne faut pas être surpris qu'on ait pu observer, en Suède, sur un seul Gymnote, ce que nous n'avons pu voir sur un grand nombre d'individus dans leur pays natal. Comme l'action électrique des animaux est une *action vitale*, et soumise à la volonté, elle ne dépend pas uniquement de leur état de santé et de vigueur. Un Gymnote, qui fit le trajet de Surinam à Philadelphie et à Stockholm, s'accoutuma à la prison à laquelle il fut réduit : il reprit peu à peu, dans le baquet, les mêmes habitudes qu'il avait dans les rivières et les mares. On nous porta à Calabozo une Anguille électrique prise dans un filet, et n'ayant par conséquent aucune blessure. Elle mangea de la viande, et effraya cruellement de petites tortues et des grenouilles qui, ne connaissant pas le danger, voulurent se placer avec confiance sur le dos du poisson. Les grenouilles ne reçurent le coup qu'au moment où elles touchèrent le corps du Gymnote. Revenues à elles-mêmes elles se sauvèrent hors du baquet; et lorsqu'on les replaça près du poisson, sa seule vue les effraya. Nous n'observâmes alors rien qui indiquât *une action à distance;* mais aussi notre Gymnote, nouvellement pris, n'était guère assez apprivoisé pour vouloir attaquer et dévorer des grenouilles. En approchant le doigt, ou des pointes métalliques, à une demi-ligne de distance des organes électriques, aucune commotion ne se fit sentir. L'animal ne s'apercevait peut-être pas du voisinage d'un corps étranger, ou, s'il s'en apercevait, il faut croire que la timidité qu'il conserve dans le premier temps de sa captivité le porte à ne lancer des coups énergiques que lorsqu'il se sent fortement irrité par un contact immédiat. Le Gymnote étant plongé dans l'eau, j'ai approché la main, armée ou non de métal, à peu de lignes de distance des

(1) Par MM. Williamson et Fahlberg. Voici ce que rapporte ce dernier dans une note intéressante publiée dans les *Vetensk. Acad., ny. Handl., Quart.* 2 (1801); p. 122-156. « Le Gymnote qui a été envoyé de Surinam à Stockholm à M. Norderling a vécu plus de quatre mois dans un état de parfaite santé. Il avait 27 pouces de long, et les commotions qu'il donnait étaient si violentes, surtout dans l'air, que je ne trouvais presque aucun moyen de m'en préserver par des corps non conducteurs, en transportant le poisson d'un endroit à l'autre. Son estomac étant très petit, il mangeait peu à la fois, mais souvent. Il approchait des poissons vivants en leur lançant (de loin) un coup dont l'énergie était proportionnée à la grandeur de la proie. Rarement le Gymnote se trompait *dans son jugement;* un seul coup était presque toujours suffisant pour vaincre la résistance (les obstacles que les couches d'eau plus ou

moins épaisses, selon la distance, opposaient au courant électrique). Lorsqu'il était très pressé par la faim, il laissait aussi quelquefois des coups à celui qui journellement lui donnait à manger de la viande cuite ou non assaisonnée. Les personnes affectées de maux rhumatiques venaient le toucher dans l'espoir de guérir. On le prenait à la fois par le col et la queue; les commotions étaient, dans ce cas, plus fortes que lorsqu'on le touchait d'une seule main. Il perdit presque entièrement sa force électrique peu de temps avant sa mort ».

organes électriques ; les couches d'eau ne m'ont transmis aucune secousse, tandis que M. Bonpland irritait fortement l'animal par un contact immédiat, et en recevait des coups très violents. Si j'avais plongé les électroscopes les plus sensibles que nous connaissons, des grenouilles préparées, dans les couches d'eau voisines, elles auraient sans doute éprouvé des contractions au moment où le Gymnote semblait diriger son coup autre part. Placées immédiatement sur le corps d'une Torpille, les grenouilles préparées ressentent, selon Galvani, de fortes contractions chaque fois que le poisson se décharge.

« L'organe électrique des Gymnotes n'agit que sous l'influence immédiate du cerveau et du cœur. En coupant un poisson très vigoureux par le milieu du corps, la partie antérieure seule m'a donné des commotions. Les coups sont également faits dans quelque partie du corps que l'on touche le poisson ; cependant il est plus disposé à les lancer, lorsqu'on lui pince la nageoire pectorale l'organe électrique, les lèvres, les yeux et les ouïes. Quelquefois l'animal se débat fortement contre celui qui le tient par la queue, sans communiquer la moindre commotion. Je n'en éprouvai pas non plus, lorsque je fis une légère incision près de la nageoire pectorale du poisson, et que je *galvanisai* la plaie par le simple contact de deux armatures de zinc et d'argent. Le Gymnote se recourba convulsivement ; il leva la tête hors de l'eau, effrayé par une sensation toute nouvelle ; mais je ne sentis aucun frémissement dans les mains qui tenaient les armatures. Les mouvements musculaires les plus violents ne sont pas toujours accompagnés de décharges électriques.

« L'action du poisson sur les organes de l'homme est transmise et interceptée par les mêmes corps qui transmettent et interceptent le courant électrique d'un conducteur chargé d'une bouteille de Leyde ou d'une pile de Volta. Quelques anomalies que nous avons cru observer s'expliquent aisément, lorsqu'on se rappelle que même les métaux (comme le prouve leur incandescence par la pile) opposent un léger obstacle au passage de l'électricité, et qu'un mauvais conducteur anéantit pour nos organes l'effet d'une électricité faible, tandis qu'il nous transmet l'effet d'une électricité très forte. La force répulsive qu'exercent entre eux le zinc et l'argent étant de beaucoup supérieure à celle de l'or et de l'argent, j'ai reconnu que, lorsqu'on *galvanise* sous l'eau une grenouille, préparée et armée d'argent, l'arc conducteur de zinc produit des commotions, dès qu'une de ses extrémités approche des muscles à trois lignes de distance, tandis qu'un arc d'or n'excite pas les organes, dès que la couche d'eau entre l'or et le muscle a plus d'une demi-ligne d'épaisseur. De même, en employant un arc conducteur, composé de deux morceaux de zinc et d'argent soudés l'un au bout de l'autre, et en appuyant, comme auparavant, une des extrémités de l'arc métallique sur le nerf ischiatique, il faut, pour produire des contractions, approcher l'autre extrémité de l'arc conducteur de plus en plus près des muscles, à mesure que l'irritabilité des organes diminue. Vers la fin de l'expérience la plus mince couche d'eau empêche le passage du courant électrique, et ce n'est qu'au contact immédiat de l'arc avec le muscle que les contractions ont lieu. J'insiste sur ces circonstances dépendantes de trois *variables* : de l'énergie de l'appareil électro-moteur, de la conductibilité des milieux, et de l'irritabilité des organes qui reçoivent les impressions. C'est pour n'avoir pas suffisamment multiplié les expériences, selon ces trois éléments variables, qu'on a pris, dans l'action des Gymnotes électriques et des Torpilles, des conditions accidentelles pour des conditions sans lesquelles des commotions électriques ne se font pas sentir.

« Dans des Gymnotes blessées qui donnent des commotions faibles, mais bien égales, ces commotions nous ont paru constamment plus fortes en touchant le corps du poisson d'une main armée de métal, que de la main nue. Elles sont plus fortes aussi, lorsque, au lieu de toucher par une main nue ou non armée d'un métal, on appuie à la fois des deux mains nues ou armées. Ces différences, je le répète, ne deviennent sensibles que lorsqu'on a assez de Gymnotes à sa disposition pour pouvoir choisir les plus faibles, et que l'égalité extrême des décharges électriques permet de distinguer entre les sensations qu'on éprouve alternativement par la main nue ou armée d'un métal, par une ou deux mains armées de métal. C'est aussi seulement dans le cas des petites commotions faibles et uniformes, que les coups sont plus sensibles en touchant le Gymnote d'une main (sans former de chaîne) avec du zinc qu'avec du cuivre ou du fer.

« Les substances résineuses, le verre, le

bois sec, la corne, et même les os, que l'on croit généralement bons conducteurs, empêchent l'action des Gymnotes d'être transmise à l'homme. J'ai été surpris de ne pas sentir la moindre commotion en pressant contre les organes du poisson des bâtons de cire d'Espagne mouillés, tandis que le même individu me porta les coups les plus violents en l'excitant au moyen d'une tige métallique. M. Bonpland reçut des commotions en portant un Gymnote sur deux cordes de fibres de palmier qui nous parurent très sèches. Une forte décharge se fraye un chemin à travers des conducteurs très imparfaits. Peut-être aussi l'obstacle qu'oppose l'arc conducteur rend-il l'explosion plus douloureuse. J'ai touché sans effet le Gymnote avec un pot d'argile brune humectée, et j'ai reçu de violentes commotions lorsque je portais le Gymnote dans ce même pot, parce que le contact était plus grand.

« Lorsque deux personnes isolées, ou non isolées, se tiennent par la main, et que seulement une d'elles touche le poisson de la main nue ou armée de métal, les commotions se font le plus souvent sentir aux deux personnes à la fois. Il arrive cependant aussi que, dans les corps les plus douloureux, la personne seule qui entre en contact immédiat avec le poisson éprouve le choc. Quand le Gymnote, épuisé, ou dans un état d'excitabilité très faible, ne veut absolument plus lancer de coups en l'irritant d'une seule main, les commotions se sentent très vivement en formant la chaîne et en employant les deux mains. Cependant, même dans ce cas, le choc électrique n'a lieu que par la volonté de l'animal. Deux personnes, dont l'une tient la queue et l'autre la tête, ne peuvent pas forcer le Gymnote à lancer le coup, lorsqu'elles se donnent la main, et qu'elles forment une chaîne.

« En employant de mille manières des électromètres très sensibles, en les isolant sur une plaque de verre, et en recevant des commotions très fortes qui passaient par l'électromètre, je n'ai jamais pu découvrir aucun phénomène d'attraction et de répulsion. La même observation a été faite à Stockholm par M. Fahlberg. Ce physicien cependant a vu une étincelle électrique, comme avant lui Walsh et Ingenhouss à Londres, en plaçant le Gymnote dans l'air, et en interrompant la chaîne conductrice par deux feuilles d'or collées sur du verre et éloignées d'une ligne. Personne au contraire n'a jamais aperçu une étincelle sortant du corps même du poisson. Nous l'avons irrité longtemps de nuit, à Calabozo, dans une parfaite obscurité; mais nous n'avons observé aucun phénomène lumineux. En disposant quatre Gymnotes d'une force inégale, de manière que je reçusse les commotions du poisson le plus vigoureux par *communication*, c'est-à-dire en ne touchant qu'un des autres poissons, je n'ai pas vu ceux-ci s'agiter au moment où le courant passait par leur corps. Peut-être le courant ne s'établit-il que par la surface humide de la peau. Nous n'en conclurons pas cependant que les Gymnotes sont insensibles à l'électricité, et qu'ils ne peuvent combattre les uns contre les autres au fond des mares. Leur système nerveux doit être soumis aux mêmes agents que les nerfs des autres animaux. J'ai vu, en effet, qu'en mettant les nerfs à nu, ils éprouvent des contractions musculaires au simple contact de deux métaux hétérogènes; M. Fahlberg, à Stockholm, a trouvé que son Gymnote s'agitait convulsivement, lorsqu'il était placé dans un baquet de cuivre, et que de faibles décharges d'une bouteille de Leyde traversaient sa peau.

« Après les expériences que j'avais faites sur les Gymnotes, il était d'un grand intérêt pour moi, à mon retour en Europe, de connaître avec précision les diverses circonstances dans lesquelles un autre poisson électrique, la Torpille de nos mers, donne ou ne donne pas de commotion. Quoique ce poisson ait été examiné par un grand nombre de physiciens, je trouvai extrêmement vague tout ce qui a été publié sur les effets électriques. On a supposé très arbitrairement qu'elle agit, comme une bouteille de Leyde, qu'on décharge à volonté, en la touchant des deux mains; et cette supposition paraît avoir enduit en erreur les observateurs qui se sont livrés à ce genre de recherches. Pendant notre voyage en Italie, nous avons, M. Gay-Lussac et moi, fait un grand nombre d'expériences sur des Torpilles prises dans le golfe de Naples. Ces expériences offrent plusieurs résultats assez différents de ceux que j'ai recueillis sur les Gymnotes. Il est probable que la cause de ces anomalies tient plutôt à l'inégalité du pouvoir électrique dans les deux poissons qu'à la disposition différente de leurs organes.

« Quoique la force de la Torpille ne soit pas à comparer à celle des Gymnotes, elle est suffisante pour causer des sensations très douloureuses. Une personne, accoutumée aux commotions électriques, ne tient qu'avec peine entre les mains une Torpille de 12 à 14 pouces de long, et qui jouit de toute sa vigueur. Lorsque l'animal ne donne plus que des coups très faibles sous l'eau, les commotions deviennent plus sensibles si on l'élève au-dessus de la surface de l'eau. J'ai souvent observé ce même phénomène en *galvanisant* des grenouilles.

« La Torpille remue convulsivement les nageoires pectorales chaque fois qu'elle lance le coup ; et ce coup est plus ou moins douloureux selon que le contact immédiat se fait par une surface plus ou moins large. Nous avons observé plus haut que le Gymnote donne les commotions les plus fortes sans faire aucun mouvement des yeux, de la tête ou des nageoires (1). Cette différence est-elle causée par la position de l'organe électrique, qui n'est pas double dans les Gymnotes? ou le mouvement des nageoires pectorales de la Torpille prouve-t-il directement que le poisson rétablit l'équilibre électrique par sa propre peau, qu'il se décharge par son propre corps, et que nous n'éprouvons généralement que l'effet d'un choc latéral?

« On ne peut décharger à volonté ni une Torpille ni un Gymnote, comme on décharge à volonté une bouteille de Leyde ou une pile de Volta. On ne sent pas toujours de commotions, même lorsqu'on touche des deux mains un Poisson électrique ; il faut l'irriter pour qu'il donne la commotion. Cette action, dans les Torpilles comme dans les Gymnotes, est une action vitale ; elle ne dépend que de la volonté de l'animal, qui peut-être ne tient pas toujours chargés ses organes électriques, ou qui n'emploie pas toujours l'action de ses nerfs pour établir la chaîne entre les pôles positif et négatif. Ce qui est certain, c'est que la Torpille peut donner, avec une célérité étonnante, une longue suite de commotions, soit que les lames ou feuillets de ses organes ne soient pas toujours épuisés en entier, soit que le Poisson les recharge instantanément.

« Le coup électrique se fait sentir, quand l'animal est disposé à le lancer, que l'on touche d'un seul doigt une seule surface des organes, ou que l'on applique les deux mains aux deux surfaces, à la supérieure et à l'inférieure à la fois. Dans l'un et l'autre cas, il est

(1) Il n'y a que la nageoire anale des Gymnotes qui remue sensiblement lorsqu'on excite ces poissons sous le ventre, là ou se trouve placé l'organe électrique.

tout à fait indifférent que la personne qui touche le poisson, d'un doigt ou des deux mains, soit isolée ou qu'elle ne le soit pas. Tout ce qu'on a dit de la nécessité d'une communication par le sol humide, pour établir une chaîne, est fondé sur des observations inexactes.

« M. Gay-Lussac a fait l'observation importante que, lorsqu'une personne isolée touche une Torpille d'un seul doigt, il est indispensable que le contact soit immédiat. On touche impunément le Poisson avec une clef, ou avec tout autre instrument métallique, aucune commotion ne se faisant sentir, dès qu'un corps conducteur ou non conducteur est interposé entre le doigt et l'organe électrique de la Torpille. Cette circonstance offre une grande différence entre la Torpille et le Gymnote, le dernier lançant ses coups à travers une barre de fer de plusieurs pieds de longueur.

« Lorsqu'on place la Torpille sur un plateau métallique de très peu d'épaisseur (1), de manière que le plateau touche la surface inférieure des organes, la main qui soutient ce plateau ne sent jamais de commotion, quoiqu'une autre personne isolée excite l'animal,

(1) M. Matteuci a décrit la manière la plus simple et la plus élégante d'obtenir l'étincelle électrique ; elle consiste à placer une Torpille au moment où on la sort de l'eau sur un disque métallique isolé (fig. 495), en la

Fig. 495. — Appareil de M. Matteucci pour obtenir l'étincelle dans la décharge de la torpille. — La Torpille est légèrement comprimée entre deux disques métalliques isolés. Lorsqu'on irrite l'animal, des étincelles partant entre les feuilles d'or suspendues aux boules A et B.

recouvrant d'un autre disque semblable tenu par un manche isolant ; deux tiges en laiton, communiquant chacune respectivement avec un des disques, sont terminées par des boules A et B, auxquelles on applique des feuilles d'or suspendues à une distance d'un demi-millimètre l'une de l'autre, et en agitant légèrement le disque supérieur, on irrite l'animal ; dans le même moment les feuilles d'or se meuvent, et on voit éclater entre elles des étincelles très brillantes.

et que le mouvement convulsif des nageoires pectorales annonce les décharges les plus fortes et les plus réitérées.

« Si, au contraire, une personne soutient la Torpille, placée sur un plateau métallique, de la main gauche, comme dans l'expérience précédente, et si cette même personne touche la surface supérieure de l'organe électrique de la main droite, alors une forte commotion se fait sentir dans les deux bras. La sensation qu'on éprouve est la même lorsque le Poisson est placé entre deux plateaux métalliques dont les bords ne se touchent pas, et lorsqu'on appuie les deux mains à la fois sur ces plateaux. L'interposition d'une lame métallique empêche la communication, si on touche cette lame d'une seule main, tandis que l'interposition de deux lames métalliques cesse d'empêcher la commotion, dès qu'on y applique les deux mains. Dans ce dernier cas, on ne saurait douter que la circulation du fluide s'établit par les deux bras.

« Si, dans la même position du Poisson entre deux plateaux, il existe quelque communication immédiate entre les bords des deux plateaux, toute communication cesse. La chaîne entre les deux surfaces de l'organe électrique est formée alors par les plateaux, et la nouvelle communication que l'on établit par le contact des deux mains avec les deux plateaux reste sans effet. Nous avons porté impunément la Torpille entre deux plats de métal, et nous n'avons senti les coups qu'elle lançait qu'au moment où les plats ne se touchaient pas par leurs bords.

« Dans la Torpille, comme dans le Gymnote, rien n'annonce que l'animal modifie la tension électrique des corps qui l'entourent. L'électromètre le plus sensible n'est aucunement affecté, de quelque manière qu'on l'emploie, soit en le couvrant d'un plateau métallique, et en faisant communiquer ce plateau par un fil conducteur, avec le condensateur de Volta. Nous avons mis beaucoup de soin à varier ces expériences, par lesquelles on cherche à rendre sensible la tension électrique dans les organes de la Torpille. Elles ont toujours été sans effet, et confirment parfaitement ce que nous avions observé, M. Bonpland et moi, sur les Gymnotes, pendant notre séjour dans l'Amérique méridionale.

« Les Poissons électriques, lorsqu'ils sont très vigoureux, agissent avec la même énergie sous l'eau et dans l'air. Cette observation nous a mis à même d'examiner la propriété conductrice de l'eau ; et nous avons trouvé que, lorsque plusieurs personnes font la chaîne entre la surface supérieure et la surface inférieure des organes de la Torpille, la commotion ne se fait sentir que dans le cas où ces personnes se sont mouillé les mains. L'action n'est point interceptée, si deux personnes, qui de leurs mains droites soutiennent la Torpille, au lieu de se donner la main gauche, enfoncent chacune un stylet métallique dans une goutte d'eau placée sur un corps isolant. En substituant la flamme à la goutte d'eau, la communication est interceptée, et ne se rétablit, comme dans les Gymnotes, que lorsque les deux stylets se touchent immédiatement dans l'intérieur de la flamme.

« Nous sommes bien loin, sans doute, d'avoir dévoilé tous les secrets de l'action électrique des Poissons, qui est modifiée par l'influence du cerveau et des nerfs ; mais les expériences que nous venons de rapporter suffisent pour prouver que ces Poissons agissent par une électricité *dissimulée*, et par des appareils électro-moteurs d'une composition particulière, qui se rechargent avec une extrême rapidité. M. Volta admet que dans les Torpilles et les Gymnotes, la décharge des électricités opposées se fait par leur propre peau, et que, dans le cas où nous ne les touchons que d'une main ou au moyen d'une pointe métallique, nous sentons l'effet d'un *choc latéral*, le courant électrique ne se dirigeant pas uniquement par le chemin le plus court. Lorsqu'on place une bouteille de Leyde sur un drap mouillé, qui est mauvais conducteur, et qu'on décharge la bouteille, de manière que le drap fasse partie de l'arc, des grenouilles préparées, placées à différentes distances, annoncent par leurs contractions que le courant se répand dans le drap entier par mille routes diverses. D'après cette analogie, le coup le plus fort que le Gymnote lance au loin, ne serait qu'une faible partie du coup qui rétablit l'équilibre dans l'intérieur du Poisson (1). Comme le Gymnote dirige son

(1) Les pôles hétérogènes des organes électriques doubles doivent se trouver dans *chaque* organe. M. Todd a constaté récemment, par des expériences faites sur des Torpilles du Cap de Bonne-Espérance, que l'animal continue à donner de fortes commotions lorsqu'on extirpe un des organes. Au contraire, on arrête toute action électrique, et ce point déjà éclairci par Galvani est de la plus haute importance, soit en faisant une forte lésion au cerveau, soit en coupant les nerfs qui se répandent dans les feuillets des organes électriques. Dans

Fig. 496. — Le Gymnote électrique.

fluide où il veut, il faut admettre aussi que la décharge ne se fait pas par toute la peau à la fois, mais que l'animal excité peut-être, au moyen de la sécrétion d'un fluide versé dans une partie du tissu cellulaire, établit à volonté la communication entre ses organes et tel ou tel point de sa peau. On conçoit qu'un coup latéral hors de la chaîne doit devenir insensible dans les deux conditions d'une décharge très faible ou d'un obstacle très grand qu'apportent la nature et la longueur du conducteur. Malgré ces considérations, il me paraît bien surprenant que, dans la Torpille, des commotions très fortes, en apparence, ne se soient pas propagées à la main, lorsqu'un plateau très mince de métal est interposé entre la main et le Poisson.

ce dernier cas, les nerfs étant coupés sans léser le cerveau, la Torpille continue de vivre et d'exercer tous les mouvements musculaires. Un Poisson, fatigué par de trop nombreuses décharges électriques, était beaucoup plus souffrant qu'un Poisson dans lequel on avait intercepté, par la section des nerfs, la communication entre le cerveau et les organes électro-moteurs. (*Phil. Trans.*, 1816, planche I, p. 120.)

BREHM. — VI.

« Le docteur Schilling avait annoncé que le Gymnote s'approchait involontairement de l'aimant. Nous fûmes étonnés de voir cette même idée adoptée par M. Pozo. Nous avons essayé de mille manières cette prétendue influence de l'aimant sur les organes électriques et nous n'avons jamais observé aucun effet sensible. Le Poisson ne s'approchait pas plus d'un aimant que d'un barreau non aimanté. La limaille de fer jetée sur son dos resta immobile.

« Les Gymnotes, sujets de la prédilection et du plus vif intérêt des physiciens d'Europe, sont à la fois redoutés et détestés par les Indigènes. Ils offrent, il est vrai, dans leur chair musculaire un aliment assez bon; mais l'organe électrique occupe la plus grande partie du corps, et cet organe est baveux et désagréable au goût; aussi le sépare-t-on avec soin du reste du corps. On regarde d'ailleurs la présence des Gymnotes comme la cause principale du manque de Poissons dans les étangs et les mers des *Llanos*. Ils en tuent beaucoup plus qu'ils n'en mangent, et les Indiens nous ont dit que, lorsque, dans les filets très forts, on prend à la fois de jeunes Crocodiles et des Gymnotes, ceux-ci n'offrent jamais de traces de blessures, parce qu'ils mettent hors de combat les jeunes Crocodiles avant d'être attaqués par eux. Tous les habitants des eaux redoutent la société des Gymnotes. Les lézards, les tortues et les grenouilles cherchent des mares où ils soient à l'abri de leur action. Près d'Uritueu, il a fallu changer la direction d'une route, parce que les anguilles électriques s'étaient tellement accumulées dans une rivière, qu'elles tuaient tous les ans un grand nombre de mulets de charge qui passaient la rivière à gué.

« Quoique, dans l'état actuel de nos connaissances, nous puissions nous flatter d'avoir répandu quelque jour sur les effets extraordinaires des Poissons électriques, il reste à faire un grand nombre de recherches physiques et physiologiques. Les résultats brillants que la chimie a obtenus par le moyen de la pile ont occupé tous les observateurs, et les ont détournés pour quelque temps de l'examen des phénomènes de la vitalité. Espérons que ces phénomènes, les plus imposants et les plus mystérieux de tous, occuperont à leur tour la sagacité des physiciens. Cet espoir sera réalisé facilement, si, dans une des grandes capitales de l'Europe, on parvient à se procurer de nouveau des Gymnotes vivants. Les découvertes que l'on fera sur les appareils électro-moteurs de ces poissons, beaucoup plus énergiques et plus faciles à conserver que les Torpilles (1),

(1) Pour connaître les phénomènes des appareils électro-moteurs vivants dans toute leur simplicité, et pour ne pas prendre des circonstances qui dépendent du degré d'énergie des organes pour des conditions générales, il faut soumettre aux expériences les Poissons électriques les plus faciles à apprivoiser. Si l'on ne connaissait pas les Gymnotes, on pourrait croire, d'après les observations faites sur les Torpilles, que les Poissons ne lancent pas leurs coups de loin, à travers des couches d'eau très épaisses ou *sans chaîne*, le long d'une barre de fer. M. Williamson a senti de vives commotions lorsqu'il tenait une seule main dans l'eau, et que cette main, sans toucher le Gymnote, était placée entre celui-ci et le petit Poisson, vers lequel se dirigeait le coup à 10 ou 15 pouces de distance (*Phil. Trans.*, t. LXV, p. 99 et 108). Quand le Gymnote était affaibli (en mauvais état de santé), le *coup latéral* était insensible; et, pour avoir une commotion, il fallait former une chaîne et toucher le Poisson des deux mains à la fois. Cavendish, dans ses expériences ingénieuses sur une *Torpille artificielle*, a très bien observé ces différences, selon que la charge était plus ou moins énergique. (*Phil. Trans.*, 1776, p. 212.)

s'étendront sur tous les phénomènes du mouvement musculaire soumis à la volonté. On trouvera peut-être que, dans la plupart des animaux, chaque contraction de la fibre musculaire est précédée par une décharge du nerf dans le muscle, et que le simple contact de substances hétérogènes est une source de mouvement et de vie dans tous les êtres organisés. Un peuple vif et ingénieux, les Arabes avaient-ils deviné, depuis une haute antiquité, que la même force qui, dans les orages, enflamme la voûte du ciel, est l'arme vivante et invisible des habitants des eaux? On assure que le Poisson électrique du Nil (1) porte en Égypte un nom qui signifie le tonnerre. »

Mœurs, distribution géographique. — Le Gymnote est répandu sur une grande partie de l'Amérique du Sud, notamment sur tout le nord du Brésil, la Guyane et le Vénézuela. On ne le rencontre que dans les eaux dont la température est de 26 à 27 degrés, aussi ne se trouve-t-il presque jamais dans les montagnes.

D'après Sachs, les petits cours d'eau et les mares vaseuses placées à l'ombre sont les lieux de prédilection du Gymnote. Pendant le jour l'animal se tient au fond de l'eau, mais toutes les demi-minutes à peu près il remonte à la surface, émerge la partie antérieure de sa tête, engloutit de l'air en faisant entendre un bruit perceptible à distance et replonge aussitôt en rejetant de nombreuses bulles d'air par les ouïes. Suivant Sachs, tel est le mode habituel de respiration du Gymnote, et ce voyageur rapporte que les Indiens reconnaissent la présence du Gymnote dans une mare aux bulles d'air qui viennent crever à la surface de l'eau, à intervalles réguliers.

Le Gymnote se met en chasse à l'approche de la nuit; nous avons vu quelle arme puissante le Poisson possède dans son appareil électrique, qui en fait un animal plus redoutable que le plus vorace des Poissons. Le Gymnote se nourrit de Poissons, de crustacés et même d'insectes tombés à l'eau. C'est par des mouvements ondulatoires de sa nageoire anale et par des mouvements du corps que le Gymnote progresse, soit en ligne droite, soit en décrivant des arcs; la progression peut se faire également bien et également vite en

(1) *Ann. du Mus.*, t. I, p. 398. Il paraît cependant qu'il faut distinguer entre *rahd*, tonnerre, et *rahadd*, le Poisson électrique : et que ce dernier mot signifie simplement : *qui fait trembler*. (Silv. de Sacy, dans *Abd Allatif*, p. 167.)

avant ou en arrière. Parvenu à proximité d'une proie qu'il convoite, le Gymnote décharge son appareil électrique, avec une puissance telle que tous les animaux qui se trouvent dans la zone d'action de cette décharge sont renversés et viennent flotter inanimés à la surface de l'eau ; le Gymnote choisit la proie qui lui convient le mieux et la déglutit par un violent mouvement d'aspiration.

Au commencement de la saison sèche, le Gymnote se creuse dans la vase, ainsi que l'a observé Bates, des trous profonds en se tournant en cercle sur lui-même. L'animal se retire dans ces trous lorsque l'eau de la mare dans laquelle il se trouve menace de tarir et qu'il ne peut plus émigrer en temps utile, ce qu'il fait d'ailleurs chaque fois qu'il le peut.

On ne connaît rien encore ou presque rien sur le mode de reproduction du Gymnote. Sachs a souvent trouvé des Gymnotes associés suivant leur sexe, rien que des mâles dans une mare, rien que des femelles dans une autre mare. Au mois de février les femelles portent des œufs mous de 1 à 2 millimètres de diamètre.

Captivité. — On a plusieurs fois eu des Gymnotes en captivité dans les jardins zoologiques d'Europe, de telle sorte qu'on connaît assez les mœurs de ces animaux.

Aussitôt capturé, le Gymnote se débat sur le sol ; il se roule en rampant et cherche à s'échapper vers l'eau. Porté dans un récipient étroit, l'animal nage en cercle avec agitation et essaie de sauter par dessus le bord, à quoi il n'est pas rare qu'il réussisse ; mais dès qu'il est placé dans un bassin spacieux, le Poisson ne tarde pas à se résigner ; il recherche le coin le plus obscur, s'allonge sur le fond et ne se dérange que pour respirer. Le Gymnote semble tout particulièrement fuir la lumière, car l'éclairement subit du bassin dans lequel il se trouve semble l'irriter au plus haut point. Bien qu'il soit capable de jeûner pendant plusieurs semaines, le Gymnote se montre cependant extrêmement vorace si on lui donne de la nourriture à volonté. Lorsque Sachs jetait à ses Gymnotes de petits Poissons ou des grenouilles la chasse commençait aussitôt. Une seule décharge suffisait, le plus souvent, pour paralyser la victime ; parfois cependant l'animal poursuivi s'élançait hors de l'eau ; alors le Gymnote lançait la partie antérieure de son corps hors du liquide et réussissait à saisir sa proie, qu'il avalait d'un seul coup.

Sachs a établi, par des observations minutieuses, que les décharges d'un Gymnote laissent complètement indifférents les animaux de même espèce qui vivent avec lui.

Pêche, usages. — Pour prendre des Gymnotes, les Indiens emploient des filets avec lesquels ils barrent une partie du cours d'eau et qu'ils ramènent en amont, après avoir jeté de petites pierres dans le but d'attirer le Poisson. « C'est en vain, écrit Sachs, que le Gymnote irrité lance alors ses foudres ; cependant les Poissons et les grenouilles mortes qui viennent tout à coup flotter à la surface, ainsi que les cris de douleur que poussent les pêcheurs témoignent assez de la puissance des décharges électriques du Gymnote. L'animal est cerné, on l'enlève de l'eau entre deux filets et il se débat sur le sol. »

La chair du Gymnote, bien que n'étant pas précisément savoureuse, n'est cependant pas mauvaise, mais l'organe électrique, gras et visqueux, possède un goût désagréable, c'est pourquoi on le sépare avec précaution et on le jette. Les Indiens conservent avec grand soin la colonne vertébrale du Poisson, car réduite en poudre elle passe parmi eux pour posséder des vertus particulières.

À l'époque à laquelle Alex. de Humbolt et Bompland voyageaient dans les régions équinoxiales du Nouveau Continent, dans les premières années de ce siècle, les Indiens chassaient le Gymnote d'une singulière manière. Nous ne pouvons mieux faire que de transcrire ici le récit de cette chasse telle qu'elle a été vue par les savants voyageurs :

« Les Espagnols confondent sous le nom de *Trembladores (qui font trembler*, proprement *trembleurs)* tous les Poissons électriques. Il y en a dans la mer des Antilles, sur les côtes de Cumana. Les Indiens Guayqueries, qui sont les pêcheurs les plus habiles et les plus industrieux de ces parages, nous apportèrent un Poisson qui, à ce qu'ils disaient, leur engourdissait les doigts. Ce Poisson remonte la petite rivière du Manzanarès. C'était une nouvelle espèce de Raie, dont les taches latérales sont peu visibles, et qui ressemble assez à la Torpille de Galvani. Les Torpilles, pourvues d'un organe électrique qui est visible au dehors à cause de la transparence de la peau, forment un genre ou sous-genre différent des Raies proprement dites.

« La Méditerranée a, d'après M. Risso, quatre espèces de Torpilles électriques, qui jadis étaient toutes confondues sous le nom de *Raia Torpedo*, savoir : *Torpedo narke*, *T. unimaculata*, *T. Galvanei*, et *T. marmorata*. La Torpille du cap de Bonne-Espérance, sur laquelle M. Todd a fait récemment des expériences, est sans doute une espèce non décrite.

« La Torpille de Cumana était vive, très énergique dans ses mouvements musculaires, et cependant les commotions électriques qu'elle nous donnait étaient infiniment faibles. Elles devinrent plus fortes en *galvanisant* l'animal par le contact du zinc et de l'or. D'autres *trembladores*, de véritables Gymnotes, ou Anguilles électriques, habitent le Rio Colorado, le Guarapiche, et plusieurs petits ruisseaux qui traversent les Missions des Indiens Chaymas. Ils abondent de même dans les grands fleuves de l'Amérique, de l'Orénoque, de l'Amazone, et le Mèta, mais la force du courant et la profondeur des eaux empêchent les Indiens de les prendre. Ils voient ces poissons moins souvent qu'ils n'en sentent les commotions électriques en nageant ou en se baignant dans la rivière. C'est dans les *Lianos*, surtout dans les environs de Calabozo, entre les métairies du Mouchal et les Missions de *Arriba* et de *Abaxo*, que les bassins d'eau stagnante et les affluents de l'Orénoque (le Rio Guarico, les *Caños* du Rasho, de Berito et de la Paloma) sont remplis de Gymnotes. Nous désirions d'abord faire nos expériences dans la maison même que nous habitions à Calalozo; mais la crainte des commotions électriques du Gymnote est si grande et si exagérée parmi le peuple, que pendant trois jours nous ne pûmes nous en procurer, quoique la pêche en soit très facile, et que nous eussions promis aux Indiens deux piastres pour chaque Poisson bien grand et bien vigoureux. Cette crainte des Indiens est d'autant plus extraordinaire, qu'ils ne tentent pas d'employer un moyen dans lequel ils assurent avoir beaucoup de confiance. Ils ne manquent jamais de dire aux blancs, lorsqu'on les interroge sur l'effet des *Trembladores*, qu'on peut les toucher impunément lorsqu'on mâche du tabac. Cette fable de l'influence du tabac sur l'électricité animale est aussi répandue sur le continent de l'Amérique méridionale, que l'est parmi les matelots la croyance de l'effet de l'ail et du suif sur l'aiguille aimantée.

« Impatientés par une longue attente, et n'obtenant que des résultats très incertains sur un Gymnote vivant, mais très affaibli, qu'on nous avait apporté, nous nous rendîmes au Caño de Bera pour faire nos expériences en plein air et au bord de l'eau même. Nous partîmes, le 19 mars, de grand matin, pour le petit village de *Rastro de abaxo;* de là les Indiens nous conduisirent à un ruisseau qui, dans le temps des sécheresses, forme un bassin d'eau bourbeuse entouré de beaux arbres, de Clusia, d'Amyris et de Mimoses à fleurs odoriférantes. La pêche des Gymnotes avec des filets est très difficile, à cause de l'extrême agilité de ces Poissons qui s'enfoncent dans la vase comme des serpents. On ne voulut point employer le *Barbosco*, c'est-à-dire les racines du *Piscidia erythrina*, du *Jacquinia armirallaris*, et quelques espèces de *Ithyllanthus*, qui, jetées dans une mare, enivrent ou engourdissent les animaux. Ce moyen aurait affaibli les Gymnotes. Les Indiens nous disaient qu'ils *péchaient avec des chevaux, embasbascar con cavallos* (1). Nous eûmes de la peine à nous faire une idée de cette pêche extraordinaire; mais bientôt nous vîmes nos guides revenir de la Savane, où ils avaient fait une battue de chevaux et de mulets non domptés. Ils en amenèrent une trentaine qu'on força d'entrer dans la mare.

« Le bruit extraordinaire, causé par le piétinement des chevaux, fait sortir les Poissons de la vase, et les excite au combat. Ces Anguilles jaunâtres et livides, semblables à de grands serpents aquatiques, nagent à la surface de l'eau, et se pressent sous le ventre des chevaux et des mulets. Une lutte entre les animaux d'une organisation si différente offre le spectacle le plus pittoresque. Les Indiens, munis de harpons et de roseaux longs et minces, ceignent étroitement la mare; quelques-uns d'entre eux montent sur les arbres, dont les branches s'étendent horizontalement au-dessus de la surface de l'eau. Par leurs cris sauvages et la longueur de leurs joncs, ils empêchent les chevaux de se sauver en atteignant la rive du bassin. Les Anguilles, étourdies du bruit, se défendent par la décharge réitérée de leur batterie électrique. Pendant longtemps elles ont l'air de remporter la victoire. Plusieurs chevaux succombent à la violence des coups invisibles qu'ils reçoivent de toutes parts dans les organes les plus essentiels de la vie; étourdis par la force et la fréquence des commotions, ils disparaissent sous l'eau. D'autres, haletants, la crinière hérissée, les yeux hagards, exprimant l'angoisse, se relèvent et cherchent à fuir l'orage qui les

(1) Proprement *endormir*, ou *enivrer* les poissons par le moyen des chevaux.

surprend. Ils sont repoussés par les Indiens au milieu de l'eau, cependant un petit nombre parvient à tromper l'active vigilance des pêcheurs. On les voit gagner la rive, broncher à chaque pas, s'étendre dans le sable, excédés de fatigue et les membres engourdis par les commotions électriques des Gymnotes.

« En moins de cinq minutes deux chevaux étaient noyés. L'Anguille ayant 5 pieds de long, et se pressant contre le ventre des chevaux, fait une décharge de toute l'étendue de son organe électrique. Elle attaque à la fois le cœur, les viscères et le *plexus cœliacus* des nerfs abdominaux. Il est naturel que l'effet qu'éprouvent les chevaux soit plus pressant que celui que ce même Poisson produit sur l'homme, lorsqu'il ne le touche que par une des extrémités. Les chevaux ne sont probablement pas tués, mais simplement étourdis. Ils se noient, étant dans l'impossibilité de se relever, par la lutte prolongée entre les autres chevaux et les Gymnotes.

« Nous ne doutions pas que la pêche ne se terminât par la mort successive des animaux qu'on y emploie. Mais peu à peu l'impétuosité de ce combat inégal diminue; les Gymnotes fatigués se dispersent. Ils ont besoin d'un long repos (1) et d'une nourriture abondante pour réparer ce qu'ils ont perdu de forces galvaniques. Les mulets et les chevaux parurent moins effrayés; ils ne hérissaient plus leur crinière, leurs yeux exprimaient moins l'épouvante. Les Gymnotes s'approchaient timidement du bord du marais, où on les prit au moyen de petits harpons attachés à de longues cordes. Lorsque les cordes

sont bien sèches, les Indiens, en soulevant le poisson dans l'air, ne ressentent pas de commotions. En peu de minutes nous eûmes cinq grandes Anguilles, dont la plupart n'étaient que légèrement blessées; d'autres furent prises le soir par les mêmes moyens.

« La température des eaux dans lesquelles vivent habituellement les Gymnotes est de 26 à 27 degrés. On assure que leur force électrique diminue dans les eaux plus froides; et il est assez remarquable en général, comme l'a déjà observé un physicien célèbre, que les animaux doués d'organes électro-moteurs, dont les effets deviennent sensibles à l'homme, ne se rencontrent pas dans l'air, mais dans un fluide conducteur de l'électricité. Le Gymnote est le plus grand des Poissons électriques; j'en ai mesuré qui avaient de 5 pieds à 5 pieds 3 pouces de long. Les Indiens assuraient en avoir vu de plus grands encore. Nous avons trouvé qu'un Poisson qui avait 3 pieds 10 pouces de long pesait 12 livres. Le diamètre transversal du corps était, sans compter la nageoire anale, qui est prolongée en forme de carène, de 3 pouces 5 lignes. Les Gymnotes du *Caño de Bera* sont d'un beau vert olive; le dessous de la tête est jaune, mêlé de rouge; deux rangées de petites taches jaunes sont placées symétriquement le long du dos, depuis la tête jusqu'au bout de la queue; chaque tache renferme une ouverture excrétoire, aussi la peau de l'animal est-elle constamment couverte d'une matière muqueuse qui, comme Volta l'a prouvé, conduit l'électricité vingt à trente fois mieux que l'eau pure. »

LES MURÉNIDÉES — *MURENIDÆ*

Die Aalfische.

Caractères. — Les Apodes qui constituent cette famille ont la peau nue ou revêtue d'écailles rudimentaires. L'anus est situé à une grande distance de la gorge. Les nageoires verticales font souvent défaut et ne consistent qu'en un repli de la peau soutenu par des rayons simples et peu développés; la caudale, tantôt manque, tantôt se continue avec les autres nageoires impaires; les pectorales font assez souvent défaut. Les bords de la mâchoire su-

périeure sont formés latéralement par les maxillaires qui portent des dents, au milieu par les intermaxillaires qui sont soudés et plus ou moins complètement unis à l'ethmoïde et au vomer; l'arcade palatine n'est constituée que par un seul os, qui semble représenter le palatin et le ptérygoïdien, parfois le ptérygoïdien seulement. L'arc huméral n'est pas uni au crâne. La fente des ouïes est petite; les pièces operculaires et les rayons branchiostèges ne sont pas distincts, mais enveloppés dans la peau. Les appendices pyloriques font défaut. Il n'existe pas de canal pour recevoir les œufs.

(1) Les Indiens assurent que si l'on fait courir les chevaux deux jours de suite dans une mare de Gymnotes, aucun cheval n'est tué le second jour.

Dans la majorité des espèces l'ouverture des branchies dans le pharynx est large ; dans d'autres elle ne consiste qu'en une fente étroite.

A ces caractères généraux nous pouvons ajouter quelques particularités qui se rencontrent dans quelques types particuliers.

Chez les *Nemichthys*, par exemple, anguilliformes des grandes profondeurs, le corps est très allongé, se terminant en pointe ; l'ouverture anale, contrairement à ce qui se voit dans les autres genres, s'ouvre par des pectorales, mais la cavité abdominale se continue derrière cette ouverture, ce qui ; parmi les Apodes, ne se voit que chez les Murénidées. Les mâchoires se prolongent en un long tube dont la partie supérieure est formée par le vomer et par les intermaxillaires. Les pectorales et les nageoires verticales sont bien développées.

Les *Saccopharynx* sont de singuliers animaux des grandes profondeurs. Chez eux le système musculaire est très peu développé ; les os, très minces, sont flexibles et manquent presque entièrement de matière organique. La bouche est énorme, tandis que le museau, court, pointu, flexible, forme un petit appendice. Les mâchoires sont armées de dents longues, pointues, recourbées. L'estomac, qui peut se développer d'une manière extraordinaire, indique bien les habitudes voraces de ce Poisson. La queue est très longue et se termine en un filament délié.

A l'inverse des *Saccopharynx*, les *Synaphobranchus*, également des grandes profondeurs, ont le système musculaire très développé. Leur estomac est également très dilatable.

Les autres types de Murénidées se rapprochent tous plus ou moins du type de l'Anguille, du Congre, de la Murène que nous ferons connaître dans les pages qui vont suivre.

Développement. — « Certains Poissons, écrit A. Günther, sont connus pour croître rapidement (dans le cours de une à trois années) et parvenus à une certaine taille leur croissance est arrêtée. Ces Poissons peuvent être alors regardés comme adultes, en prenant ce mot dans le sens qu'on lui applique chez les animaux à sang chaud ; les Épinoches, la plupart des Cyprinodontes, et beaucoup des Clupées, tels que le Hareng, l'Esprot, la Sardine, sont des exemples de cette croissance régulière. Mais chez la plupart des Poissons la loi de croissance est extrêmement irrégulière, de telle sorte qu'il est extrêmement difficile de savoir lorsque la croissance est définitivement arrêtée

et à quel point de leur développement se trouvent les animaux qu'on examine. La croissance de ces Poissons semble dépendre de la quantité plus ou moins considérable de nourriture et des diverses circonstances au milieu desquelles se trouve l'animal. Les Poissons qui croissent avec rapidité et arrivent à une taille définie sont des animaux de petite taille, tandis que ceux qui croissent d'une manière continue et lentement arrivent à un grand âge, aussi bien parmi les Téléostéens que parmi les Chondroptérygiens. On a prétendu que la Carpe et le Brochet pouvaient vivre plus de cent ans.

« Il est évident que tant de diversité et tant d'irrégularité dans la croissance dans une même espèce s'accompagnent de différences considérables dans l'apparence et le développement général du Poisson. Nul exemple n'est plus remarquable que celui des *Leptocéphales*, qui pendant très longtemps ont été regardés comme constituant un groupe distinct parmi les Poissons ou comme la forme larvaire de divers genres de Poissons.

« Les Leptocéphales proprement dits sont des Poissons de petite taille, au corps étroit, allongé, plus ou moins rubané, transparents à l'état de vie mais devenant blancs et opaques par leur séjour dans l'alcool. Le squelette est entièrement cartilagineux, ou lorsqu'il existe des parties osseuses elles consistent en points qui sont visibles çà et là, par exemple à l'extrémité de la colonne vertébrale. Cette dernière est remplacée par une corde dorsale qui, dans beaucoup d'individus, est divisée en de nombreux segments. Parfois les arcs hémaux existent, mais toujours très rudimentaires. L'extrémité antérieure de la corde dorsale s'engage dans la base cartilagineuse du crâne, la réunion de ces deux parties n'ayant pas lieu au moyen de ligaments ou d'articulations. Ces arcs hémaux se trouvent dans la partie caudale de la colonne vertébrale. Les côtes n'existent pas. Le crâne, ainsi que la colonne vertébrale, est presque entièrement cartilagineux ; on trouve le plus ordinairement des ossifications à la mandibule.

« Les muscles ne sont généralement pas attachés à la corde dorsale qui est surmontée par une épaisse masse gélatineuse qui sépare les masses latérales de muscles l'une de l'autre. Ces muscles s'attachent aux téguments externes, chacun d'eux formant une bande anguleuse à angle dirigé en avant. On trouve des animaux chez lesquels les muscles sont plus développés, évidemment aux dépens de la matière gélatineuse dont la masse est alors diminuée ; dans ce cas les muscles s'insèrent à la corde dorsale et le Poisson a une forme plus ou moins cylindrique (*Helmichthys*).

« Les systèmes nerveux, circulatoire et respiratoire sont bien développés. Chez ceux qui ont le corps sub-cylindrique le sang est rouge, chez ceux qui ont le corps rubané les globules ont fort rarement une faible coloration. Il y a quatre arcs branchiaux ; il existe des pseudo-branchies chez les *Tilurus*. L'ouverture des ouïes est plus ou moins étroite. Il y a de chaque côté deux ouvertures des narines, l'ouverture postérieure étant placée près de l'œil.

« L'estomac consiste en un grand cul-de-sac ; chez les Leptocéphales proprement dits, on voit deux cœcums latéraux. L'intestin est droit, avec un petit appendice dirigé en avant et un appendice beaucoup plus grand tourné en arrière. L'anus est toujours très petit, le plus souvent non visible ; sa position varie chez des individus qui se ressemblent entièrement en tous points. Il n'existe pas de vessie natatoire. On ne trouve aucune trace d'organes internes mâles ou femelles.

« Les nageoires verticales, lorsqu'elles existent, sont confluentes ; on y voit des traces plus ou moins nettes de rayons ; parfois elles consistent en un simple repli de la peau, sans aucun rayon. Les pectorales peuvent exister, être rudimentaires, ou faire entièrement défaut ; il n'existe pas de ventrales.

« Chez plusieurs types on voit des taches noires le long de la ligne du ventre, le long de la ligne latérale et parfois le long de la nageoire dorsale ; ces taches rappellent les organes électriques que nous avons vu exister chez beaucoup de Scopélidées, de Stomiatidées et chez d'autres Poissons pélagiques, mais elles sont entièrement composées de cellules de pigment.

« Les Leptocéphales flottent à la surface de la mer, parfois à une grande distance de la terre ; leurs mouvements sont lents et faibles. Les plus grands Leptocéphales observés avaient 10 pouces de long, mais des animaux de cette taille sont très rares.

« Eu égard aux divers faits que nous venons de mentionner, on arrive à cette conclusion, que les Leptocéphales représentent, non un état normal ou larvaire de Poissons, mais un arrêt de développement d'une période très jeune de leur existence ; ces animaux continuent à croître jusqu'à une certaine taille sans

que les organes internes s'accroissent d'une manière correspondante ; ils meurent avant d'avoir acquis les caractères de l'animal parfait. On ne connaît pas la cause qui occasionne cet arrêt de développement ; mais il est dans les limites du possible que des Poissons qui pondent généralement dans le voisinage de la côte pondent accidentellement au milieu de l'océan, ou que les œufs flottants soient entraînés à une grande distance des côtes ; les embryons éclos dans ces conditions, qui pour se développer normalement ont besoin de toutes les conditions qui résultent du voisinage de la côte, venant à se développer au milieu de l'océan ne donnent que des animaux mal développés, ainsi que semblent l'être les Leptocéphales. »

Mœurs, distribution géologique et géographique. — Les Murénidées semblent avoir apparu à l'époque tertiaire ; on trouve des Anguilles dans les couches d'Œningen et d'Aix en Provence ; à Monte-Bolca ont été recueillis des animaux appartenant aux genres actuels Anguille, Sphagébranche et Ophichthys.

À l'époque actuelle les Murénidées habitent les zones chaudes et tempérées ; quelques rares espèces remontent vers le nord.

Ces Poissons sont, pour la plupart, marins et il n'en est pas qui vivent exclusivement dans l'eau douce, car ils passent une partie de leur existence à la mer, émigrant, comme nos Anguilles, des rivières à la mer et de la mer dans les rivières. Quelques types spéciaux ne se trouvent que dans les grandes profondeurs ; nous avons vu qu'ils constituent des formes étranges et aberrantes.

Les Murénidées choisissent habituellement les fonds vaseux dans lesquels ils s'enterrent ; tous ces animaux sont essentiellement voraces.

LES ANGUILLES — *ANGUILLA*

Aal.

Caractères. — Les Anguilles ont le corps allongé, serpentiforme, avec de petites écailles cachées dans la peau. La tête est allongée ; la mâchoire supérieure ne dépasse pas l'inférieure ; les mâchoires sont dentées ; l'ouverture des branchies est petite, placée vers la base de la pectorale. Les nageoires impaires sont réunies, la dorsale commençant à une grande distance de la tête.

Distribution géographique. — On connaît
une quarantaine d'espèces d'Anguilles ; elles
se trouvent dans les eaux douces et saumâtres,
ainsi que près des côtes dans les zones tempérée et tropicale. Les Anguilles n'ont pas encore été trouvées dans l'Amérique du Sud ni
sur la côte ouest de l'Amérique du Nord.

L'ANGUILLE COMMUNE. — *ANGUILLA VULGARIS.*

Aal.

Caractères. — L'Anguille est un Poisson si
connu qu'il est à peine utile d'en faire une longue
description. On sait que le corps est arrondi en
avant, comprimé vers la queue, revêtu d'une
peau épaisse couverte d'une abondante mucosité. La tête est comprimée, arrondie en
dessus ; les mâchoires sont garnies, ainsi que
le vomer, de dents en cardes (fig. 497).

Le système de coloration est excessivement
variable ; les animaux que l'on prend dans les
eaux limpides sont ordinairement d'un beau
vert foncé à reflets métalliques, souvent bleuâtres avec le ventre de couleur blanchâtre ; les
Anguilles pêchées dans les eaux stagnantes sont,
au contraire, brunes jaunâtres. En règle générale, le dos est souvent brun olivâtre ou
brun jaunâtre, le ventre étant blanchâtre ; les
nageoires sont brunes, excepté l'anale qui est
assez ordinairement blanche et bordée de rose.

Les écailles, cachées sous l'épiderme, sont
minces, transparentes, très délicates, de forme
ovalaire ; elles sont disposées suivant deux
directions de façon à faire un angle droit par
leur inclinaison réciproque et à laisser des espaces libres qui sont remplis par la peau plissée en zig zag.

La longueur dépasse rarement 0^m,30, et le
poids arrive tout à fait exceptionnellement à
6 kilogrammes ; cependant Yarrell mentionne
deux individus pesant ensemble 25 kilogrammes.

Variétés. — L'Anguille présente non seulement des variations dans la coloration, mais
encore de grandes variations dans la forme et
les proportions relatives de la tête, ce qui fait
que ces variétés ont été regardées comme des
espèces distinctes et ont reçu des noms particuliers ; ces variétés sont, du reste, bien connues des pêcheurs. Aristote et Pline parlent
déjà, du reste, d'Anguilles à tête pointue et
d'Anguilles à tête large.

Les pêcheurs français désignent sous le nom

de *Pinperneaux* les Anguilles à tête large, au
museau fort arrondi, aux mâchoires bien développées, aux yeux grands (fig. 497). Cette variété a été décrite par Risso et par Yarrell sous
le nom d'Anguille à large bec (*Anguilla latirostris*). La coloration est souvent d'un brun jaunâtre plus ou moins foncé sur le dos.

L'Anguille à bec moyen (*Anguilla mediorostris*) a la tête conique, assez large à la hauteur
des yeux, diminuant d'une manière insensible
jusqu'à l'extrémité du museau, qui est fort
étroit (fig. 498).

E. Blanchard a observé des Anguilles qui
sont intermédiaires, sous le rapport de la
tête, entre les Anguilles à bec moyen et les
Anguilles à long bec ; leur tête est moins large
à la base que chez les premières, moins grêle
que chez les dernières, avec le museau plus
court et plus obtus. Cette variété peut être désignée sous le nom d'Anguille à bec oblong
(*Anguilla oblongirostris*).

Chez l'Anguille à long bec (*Anguilla acuti-
rostris*) le corps est presque toujours proportionnellement plus effilé que dans les autres
variétés ; la tête est grêle, étroite même à la
hauteur des yeux, qui paraissent se trouver
plus rejetés sur les côtés que chez les autres Anguilles ; les mâchoires sont étroites
(fig. 499).

La variété la plus commune est celle qui a
été désignée sous le nom d'Anguille à bec
moyen (*Anguilla mediorostris*) ; on peut la regarder comme le type de l'espèce dans nos
pays (fig. 500).

Développement. — S'il est une question qui,
malgré de fort nombreuses recherches, est
encore loin d'être élucidée, c'est à coup sûr
celle de la génération de l'Anguille.

« Les savants, écrivait Gesner au seizième
siècle, qui ont écrit sur l'origine de l'Anguille,
rapportent trois opinions. Les uns prétendent
que ce Poisson prend son origine dans l'humidité du sol ; pour d'autres les Anguilles se portant contre le sol détachent de leur corps une
matière muqueuse qui se change en Poisson,
aucune différence sexuelle n'existant entre les
divers animaux ; pour d'autres encore la multiplication se ferait au moyen d'œufs ou de
petits sortant vivants, car on trouverait dans
le corps de nombreux petits animaux de la
grosseur d'un fil, et lorsque l'on tue des Anguilles âgées on trouve parfois dans elles des
petits qui sortent en rampant. Les pêcheurs
allemands disent d'ailleurs que les Anguilles

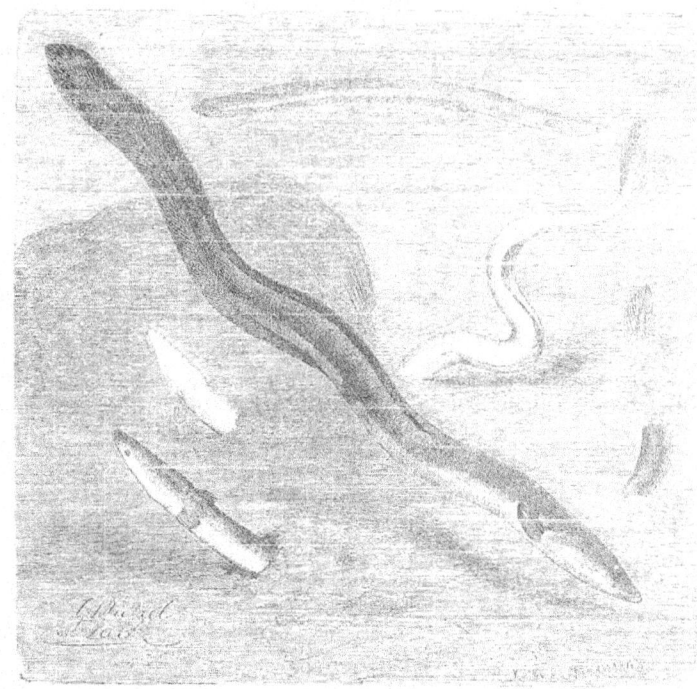

Fig. 491. — L'Anguille commune.

sont vivipares à toutes les époques de l'année. »

Des idées tout aussi invraisemblables eurent cours pendant longtemps. On a écrit que les crins des chevaux séjournant pendant un certain temps dans l'eau se changeaient en Anguilles et bien d'autres choses semblables. « Si l'on excise, écrit Helmont, deux morceaux de gazon imprégnés de la rosée de mai, qu'on les place l'un contre l'autre, gazon contre gazon, qu'on expose le tout à l'ardeur du soleil, il se produit en quelques heures un grand nombre de petites Anguilles. »

Les naturalistes de la Renaissance n'ont fait que copier ce qu'avaient dit les anciens de la génération de l'Anguille. Voici ce qu'écrit Rondelet en 1558 : « Les Anguilles naissent dans la pourriture, comme les vers de terre, ce que l'on trouve par expérience. Car autre-

fois un cheval mort estant jesté dans lestang de Magnelone, un peu après on i vit immunerables Anguilles, ce qui ne faut entendre, qu'elles naissent seulement en la pourriture d'un cheval mort, mais aussi des autres bestes, é es autres pourritures. Aucuns dient que les Anguilles s'engendrent de celles qui meurent de sorte de vieillesse, ô pourries. Aristote escrit que les Anguilles ne s'engendrent point par fraier, qu'elles n'ont point d'oeufs, é qu'on n'en trouva jamais une qui eut en oeufs ou semence. Porquoi ceste sorte de poisson ajant sang, estre engendrée sans oeufs, é sans fraier, ce que l'on a coneu de ce que aucuns estangs limoneux tout le limon jetté hors, de roches si engendrent des Anguilles, s'il i tombe de la pluie, car en temps sec elles ne peuvent estre engendrées, parce qu'elles vivent de pluies, » s'en nourrissent. Il n'i a point donc entre les Anguilles de différence de masle é de femelle. Pour cete différence susdite prise de la teste d'icelles, sera différence d'espece, non pas de sexe. Pline a esté d'autre opinion touchant la génération des Anguilles. Les Anguilles, dit-il, se frottent contre les rochiers, ceste crasse qui se racle prend vie, é n'i a autre génération d'icelles. Athénée en escrit ainsi. Les Anguilles fraient en s'entrebrassant, d'où sort quelque crasse, ou humeur gluante, de la quelle tombée au limon l'Anguille s'engendre. Oppian en escrit ne plus ne moins. Je pense qu'il i a des Anguilles qui naissent par le fraier du masle avec la femelle, d'autres qui naissent dans la pourriture. ».

Pour quelques naturalistes modernes les Anguilles sont des larves d'autres Poissons, par conséquent incapables de se reproduire; cette opinion n'est plus adoptée; car il est certain que les Anguilles peuvent se reproduire sans subir de métamorphoses. On a enseigné que les Anguilles sont hermaphrodites et que les produits mâle et femelle se rencontrent sur un même individu, mais il est bien démontré aujourd'hui qu'il y a des mâles et des femelles chez les Anguilles.

D'après Émile Moreau les ovules mâles sont formés d'une enveloppe mince et d'un contenu granuleux; les ovules femelles, plus gros et mesurant environ 2 dixièmes de millimètre, ont une membrane vitelline épaisse, transparente, un vitellus d'aspect granuleux, une vésicule germinative et une tache germinative plus ou moins distincte; autour de la vésicule germinative sont réunies les granulations vitellines plus ou moins nombreuses.

Il est aujourd'hui bien démontré qu'il y a des Anguilles mâles et des Anguilles femelles. D'après Jacoby, Syrski et d'autres observateurs encore, les mâles sont toujours de plus grande taille que les femelles; d'après d'autres naturalistes, au contraire, les Anguilles de grande taille que l'on trouve à Trieste et à Commachio seraient des femelles; celles-ci se reconnaîtraient, en outre, par la plus grande largeur de museau, tandis que chez les mâles le museau serait plus pointu, plus effilé; à Commachio les femelles seraient de couleur plus claire, généralement d'une teinte verdâtre sur le dos, d'une teinte jaunâtre sur les flancs, les mâles étant d'un vert foncé tournant au noir avec des reflets métalliques; chez les femelles la nageoire dorsale est plus haute que chez les animaux de même taille que l'on suppose être

des mâles; presque toujours l'œil est proportionnellement plus grand chez ceux-ci que chez les femelles.

Benecke, Syrski, Packard, Hermes et d'autres naturalistes encore ont étudié, dans ces derniers temps, l'anatomie de l'Anguille. Les organes femelles, ou ovaires, se présentent avec l'aspect de deux cordons de couleur jaunâtre ou rosée, fortement plissés, situés à droite et à gauche du canal alimentaire, renfermés dans un repli du péritoine et venant s'ouvrir à l'extérieur par un petit pertuis. Les organes se développent peu à peu, de telle sorte que chez les animaux jeunes on ne trouve à leur place que deux masses graisseuses; pareil fait se remarque, du reste, chez beaucoup d'autres Poissons, chez le Hareng par exemple. Chez l'animal adulte on trouve des ovules bien développés; le nombre des œufs contenus dans les deux ovaires a été estimé à environ cinq millions.

Chez l'Anguille mâle on voit à certains moments de l'année deux organes très allongés et minces également situés de chaque côté du tube digestif et présentant une série de lobules; ces organes se distinguent de ceux de la femelle, non seulement par son aspect lobé, mais encore par leur apparence luisante, vitreuse et lisse; en plus, le tissu de l'organe est plus ferme, plus résistant. Les lobules de l'organe déversent leur produit dans un canal qui va aboutir à un pore externe semblable à celui que nous avons signalé chez la femelle. Les lobules eux-mêmes se composent d'une série de glandules renfermant des globules granuleux.

La disposition des organes connue, on peut se demander si l'Anguille est ovipare ou bien vivipare.

Nous avons vu que Gesner rapporte que l'on trouve souvent de jeunes Anguilles dans le corps de la femelle; nous n'avons pas à nous arrêter à ce fait, car il est hors de doute que ce que les anciens prenaient pour de jeunes Anguilles ne sont que des vers intestinaux, des Ascarides (*Ascaris libeata*) qui vivent souvent par centaines dans le tube digestif. En fait, la viviparité de l'Anguille ne peut être démontrée. Il est aujourd'hui à peu près prouvé, surtout depuis les recherches de Benecke, que l'Anguille pond des œufs, comme la plupart des autres Poissons. La ponte n'a lieu qu'à la mer, et depuis Aristote on sait que les jeunes remontent de la mer vers les rivières.

Dès la première partie de ce siècle on avait constaté, nous devons le faire remarquer, que

Fig. 498. — L'Anguille à large bec; tête vue en dessus (d'après Blanchard).

Fig. 499. — L'Anguille à bec moyen; tête vue en dessus (d'après Blanchard).

Fig. 500. — L'Anguille à long bec; tête vue en dessus (d'après Blanchard).

l'Anguille a des œufs, mais on croyait cet animal vivipare, si on s'en rapporte à ce que dit Baudrillart. « Les œufs des Anguilles, écrit-il, croissant dans leur corps, ne peuvent être aussi nombreux que ceux de la plupart des autres Poissons; mais comme elles en peuvent faire dès leur douzième année, et peut être jusqu'à leur centième, leur multiplication est très considérable ; aussi sont-elles extrêmement nombreuses dans quelques eaux.

« Des expériences constatent que les Anguilles n'augmentent que d'environ 8 pouces de longueur pendant dix ans; mais si leur croissance est lente, elle a lieu pendant longtemps; car elles peuvent vivre un siècle, quoique quelques auteurs aient voulu limiter leur existence, d'après des observations isolées, à moins de vingt ans. »

Distribution géographique. — L'Anguille commune a une très large répartition : on la trouve en Europe jusque près du 65° degré de latitude nord; elle manque cependant dans le Danube, la mer Noire et la Caspienne; on la rencontre sur le pourtour de la Méditerranée ; on la prend enfin dans tout le bassin atlantique des Etats-Unis où elle vit en compagnie de deux espèces, l'*Anguilla bostonensis* et l'*Anguilla texana*.

La variété à large bec (*Anguilla latirostris*), qui est peut-être une espèce distincte, a une distribution plus étendue encore ; on la signale en effet, d'Europe, de Chine, de la Nouvelle-Zélande, des Indes occidentales.

D'après E. Blanchard, les différentes variétés d'Anguilles paraissent avoir en France une distribution un peu spéciale. L'Anguille à large bec se trouve partout; l'Anguille à bec oblong se rencontre surtout dans le lac du Bourget, dans les cours d'eau du Lot et des environs de Marseille.

Mœurs, habitudes, régime. — L'Anguille préfère les eaux un peu profondes dont le fond est vaseux ; cependant, très robuste, elle s'accommode à peu près de toutes les eaux. Pendant le jour elle se tient le plus souvent cachée dans la vase ou dans des trous creusés dans la berge; ces trous ont presque toujours deux ouvertures par lesquelles l'animal peut entrer ou sortir indifféremment au moment du danger, car l'Anguille nage à reculons presque aussi bien que dans l'autre sens.

Pendant l'hiver, l'Anguille s'enfouit dans la vase et s'engourdit, ne se réveillant que vers le printemps; d'après Baudrillart on a vu des Anguilles vivre des mois, même des années entières renfermées dans la vase des étangs desséchés ou dans les trous des rivières dont on a détourné le cours, privées d'eau et peut-être de nourriture. Cette faculté fait qu'il n'est presque jamais nécessaire de repeupler les étangs qu'on a pêchés; il se conserve toujours assez d'Anguilles cachées pour travailler à leur multiplication, lorsqu'on leur rend de l'eau.

Lorsqu'il fait très chaud et que l'eau commence à se corrompre, les Anguilles quittent le fond et viennent respirer à la surface; elles se cachent alors entre les plantes qui bordent le rivage. Souvent aussi les Anguilles vont à la recherche d'eaux plus pures, en parcourant sur terre, pendant la nuit, des espaces parfois considérables. Avec ses mouvements de reptation, l'Anguille se glisse, en effet, partout, de telle sorte qu'on peut en trouver jusque dans les conduites d'eau des grandes villes. Dans les courses que font les Anguilles sur terre, elles prennent dans les prés des vers et des insectes, et certaines personnes racontent même qu'elles vont manger les petits pois nouvellement semés, qu'elles aiment beaucoup!

Cette dernière croyance est fort ancienne, car nous la voyons relatée par Albert le Grand qui dans son *Livre des Animaux* rapporte que « l'Anguille s'échappe parfois de l'eau et se dirige vers les champs, pour y manger des lentilles, des pois ou des haricots. » Cette croyance s'est perpétuée jusqu'à nos jours parmi les habitants des campagnes et voici ce que rapporte Brehm à ce sujet : « Un cabaretier de Lubeck, homme intelligent, racontait ce qui suit : c'était pendant l'été de 1844 ; j'étais alors au service d'un cultivateur de Wilmsdorf, lorsque j'allais en compagnie d'un autre domestique pour traire, vers trois heures, les vaches qui paissaient dans un champ. Nous passions auprès d'un champ de pois appartenant à notre maître, lorsque nous fûmes attirés par un bruit tout particulier. Nous vîmes alors plusieurs Anguilles dans le champ de pois. Je courus en toute hâte à la demeure et revins avec un domestique amenant avec lui une charrue attelée de trois chevaux. En traçant trois sillons dans l'étroite bande de terre qui séparait le champ de pois d'un étang nous trouvâmes une quantité d'Anguilles que nous mîmes dans un sac pour aller les vendre au marché de Lubeck. »

Les migrations des Anguilles par terre doivent être rares. Spallanzani a remarqué qu'à Commacchio où se fait depuis des siècles la pêche de l'Anguille, les pêcheurs n'ont jamais trouvé de ces animaux sur le sol ; bien plus, lorsque dans cette localité, par suite de la trop grande chaleur, l'eau se corrompt, les Anguilles périssent par milliers plutôt que de se sauver vers la mer ou vers les cours d'eau qui sont tout proches ; si les Anguilles avaient l'habitude d'émigrer par terre, il est certain qu'en présence du danger qui les menace, elles auraient fait ce que font dans de semblables circonstances certains Silures et les Anabas, elles auraient été à la recherche d'eau plus limpide.

Il est cependant certain que les migrations des Anguilles sont possibles, ces animaux pouvant rester pendant assez longtemps hors de l'eau sans périr ; à cause de la faible dimension de l'ouverture de la chambre branchiale, elles peuvent conserver de l'eau en quantité suffisante pour subvenir aux besoins de la respiration.

L'Anguille est extrêmement vorace ; elle mange des vers, des mollusques et fait une guerre acharnée aux Poissons plus faibles qu'elle ; elle détruit en quantité le frai et les Alevins, de telle sorte qu'elle est à redouter lorsqu'elle se trouve être par trop abondante dans les eaux poissonneuses.

Nous avons dit que l'Anguille doit pondre à la mer. Au printemps, pendant les mois de mars et d'avril, des myriades de jeunes Anguilles, à peine plus grosses que des fils, remontent les fleuves, se tenant en masses compactes près des rives et se dispersant bientôt dans tous les cours d'eau secondaires ; c'est ce qu'on appelle les *montées* d'Anguilles. Ces Anguillettes sont appelées *Montinettes* en Picardie, *Civelles* sur les bords de la Seine et de la Loire, *Buirons* et *Bouyeiroůns* en Provence.

Nous savons que les Anguilles adultes abandonnent les rivières et se dirigent en grand nombre vers la mer ; ce voyage s'accomplit, ainsi qu'on le sait depuis longtemps, en automne, d'octobre à décembre et de préférence pendant les nuits sombres. L'époque du frai doit tomber en décembre, janvier, car il est plus que probable que ce sont les jeunes nouvellement nés qui remontent les fleuves au printemps. Une question qui n'a pas été élucidée est de savoir si dans certaines circonstances les Anguilles fraient en eau douce, comme beaucoup l'admettent, ou si réellement toutes les Anguilles descendent à la mer pour se reproduire, si enfin, après avoir pondu, les Anguilles meurent dans la mer, de telle sorte que l'on n'aurait jamais dans les cours d'eau que les Anguilles ayant remonté une fois.

Il y a longtemps que l'on a observé la montée de l'Anguille, puisque nous avons vu qu'il en est fait mention dans Aristote. Plus près de nous, Redi fait remarquer que les Anguilles remontent chaque année l'Arno depuis le commencement de février jusqu'à la fin d'avril ; il rapporte avoir vu prendre à Pise dans l'espace de cinq heures environ trois milions de livres d'Anguillettes longues de 3 à 4 centimètres. De petites Anguilles grosses tout au plus comme une ficelle se rendent pendant les temps orageux du mois de mars, d'avril et de mai dans le lac d'Orbitello.

« Pendant les mois de mars et d'avril, dit

Fig. 501. — L'Anguille à bec moyen.

Carl Vogt, des myriades de petits Poissons de 5 centimètres de long environ, transparents, remontent par les embouchures des rivières. En maints endroits, comme par exemple dans les rivières de la France, où l'on appelle ce phénomène « montée », les Anguilles forment des masses compactes que l'on puise avec des cribles et avec des seaux et que l'on mange avec les œufs sous forme de tourtes cuites. Ce sont de jeunes Anguilles qui remontent les rivières de leurs frayères naturelles, et qui ont atteint environ 60 centimètres de long deux ans après. » Crespon parle également de ces migrations. Les petites Anguilles se rassemblent à l'embouchure du Rhône et remontent de là contre le courant, formant une masse ininterrompue dont le diamètre égale celui d'un fort tonneau. En général, on remarque sur chaque rive une armée en marche.

Couch a observé que les jeunes Anguilles remontent les cascades et un certain Arderon rapporte que les Anguilles montent sur les pilotis des bâtiments élevés dans l'eau de Norwich et par dessus les écluses situées dans des eaux hautes. Lorsqu'elles sortirent de l'eau, elles attendirent quelque temps que leur mucus eut acquis la viscosité qui leur paraissait nécessaire, puis elles rampèrent sur une surface verticale avec la même facilité que sur une surface horizontale.

Jesse remarque que la migration a lieu chaque année à la même époque, qu'elle dure à peu près deux ou trois jours et se poursuit en une marche ininterrompue qui parcourt environ 2 milles et demi anglais par heure. Les Anguilles nagent parfois transversalement d'un bord de la rivière vers l'autre sans qu'on puisse en découvrir la raison ; la troupe se divise à l'embouchure d'une rivière : une partie s'échappe dans les rivières tributaires, l'autre lutte contre le courant principal et marche le long d'une rive du fleuve. De cette manière la troupe se dissémine peu à peu jusqu'à ce qu'elle s'établisse en différents endroits. Tous les obstacles sont surmontés et les quelques centaines de mille qui trouvent alors la mort ne portent aucun préjudice sensible aux millions qui voyagent.

« Je me trouvai, raconte Davy, vers la fin de juillet, à Ballyshannon en Irlande à l'embouchure de la rivière qui avait eu de hautes eaux pendant les mois précédents. Au voisinage d'une chute, elle était troublée par des millions de petites Anguilles qui cherchaient à grimper continuellement sur les rochers humides des bords de la cascade, et des milliers périssaient dans cette tentative ; mais leurs corps humides, lubrifiés, servaient de guide aux autres pour continuer leur chemin. Je les vis même grimper sur les rochers verticaux ; elles passaient à travers la mousse humide ou se maintenaient sur les corps de celles qui avaient trouvé la mort dans leurs tentatives. Leur opiniâtreté était si grande qu'elles continuèrent encore leur route en quantités innombrables jusqu'au lac Arno. »

La chute du Rhin à Schaffouse ne peut pas empêcher les Anguilles de continuer leur route jusqu'au lac de Constance; la chute du Rhône ne les arrête pas davantage. D'après Nilson elles ne pouvaient pas autrefois remonter la chute du Trollhætta; mais lorsqu'on eut construit les écluses qui permettent la navigation, on les trouva dans le lac de Wener et depuis ce moment dans tous ses affluents. « Lorsqu'un matin vers la fin de juin ou au commencement de juillet, rapporte Thiers, nous allâmes vers la digue du village de Dreenhausen, qui touche immédiatement à l'Elbe, nous vîmes se mouvoir en avant tout le long de la rive une rayure sombre. Comme pour les habitants du marais de l'Elbe tout ce qui se passe sur l'Elbe et dans l'Elbe est digne d'intérêt, ce phénomène attira aussitôt l'attention et on vit que cette bande sombre était formée par une quantité innombrable de petites Anguilles qui remontaient tout près de la surface le courant de la rivière et qui se tenaient si près de la rive qu'elles en décrivaient toutes les courbures et sinuosités. La largeur de cette bande formée de Poissons pouvait bien atteindre environ 30 centimètres, là où on l'observa; mais l'expérience ne put apprendre jusqu'à quelle profondeur elle descendait. Les petites Anguilles nageaient en troupes si serrées qu'on obtenait une quantité considérable de Poissons chaque fois qu'on plongeait un récipient dans l'eau, et ces Poissons furent si incommodes pour les habitants de l'Elbe que ceux-ci ne purent puiser dans l'Elbe que de l'eau remplie de petits Poissons tant que la marche des Poissons dura. La grandeur de quelques jeunes Anguilles atteignait bien en moyenne 8 à 10 centimètres; l'épaisseur de leur corps était à peu près celle d'une plume d'oie. Des Anguilles d'une grandeur plus considérable nageaient isolées entre les petites; cependant aucune ne pouvait avoir plus de 20 centimètres de long. Cette marche étonnante des Poissons dura sans discontinuer avec la même force pendant tout un jour et continua encore le suivant; mais le matin du troisième jour on n'aperçut plus aucune petite Anguille. »

Captivité. — L'Anguille supporte la captivité pendant longtemps et l'on a d'assez nombreuses observations sur le genre de vie des animaux tenus séquestrés.

Jung enleva d'une rivière, le 28 avril 1842,

un certain nombre de petites Anguilles et les mit dans un étang bien gardé. Elles prirent un accroissement extrêmement rapide, disparurent toutes à l'approche de l'hiver, mais reparurent au printemps suivant et continuèrent leur accroissement dans le second été à un point tel que, le 21 octobre 1843, celles qui furent examinées avaient déjà atteint 65 centimètres de longueur.

Trevelyan garda neuf à dix ans des Anguilles dans un petit vivier de jardin. Pendant la saison froide elles s'endormaient du sommeil hivernal, ne sortant du moins que lorsque le soleil parut très chaud. Elles prirent d'abord quelques vers à la fin d'avril; mais pendant l'été, elles semblèrent être insatiables et l'une d'entre elles mangea vingt à trente longs vers les uns après les autres. Au commencement on avait négligé de les nourrir; aussi la plus grosse dévorait la plus petite. Habituellement elles reposaient tranquillement au fond de l'étang; cependant si quelqu'un connu de la famille s'approchait, elles apparaissaient aussitôt à la surface pour voir ce qui se passait et recevaient la nourriture qu'on leur présentait. Vers la fin de juillet, elles devinrent inquiètes et cherchèrent à s'échapper; vers la fin du mois d'août ou au commencement de septembre elles se retirèrent dans leurs quartiers d'hiver.

Une des observations les plus intéressantes sur les mœurs de l'Anguille en captivité est celle qui a été rapportée par le professeur Emile Blanchard et nous ne pouvons résister au plaisir de la transcrire en son entier.

« Les Anguilles ont la vie fort longue. Un exemple en fournira la preuve. J'avais vu, il y a très longtemps, chez M. Desmarest, professeur à l'école vétérinaire d'Alfort, une Anguille qui avait été achetée pour être mise à la *tartare*. On ne se pressa point de la livrer au fourneau; le naturaliste se plut à observer l'animal. Dès ce moment, l'Anguille fut considérée comme une amie de la maison. Je savais que ce Poisson existait encore chez le fils du professeur d'Alfort; je l'ai prié de me dire à quelles observations il avait donné lieu. On ne lira pas sans intérêt la note suivante que m'a transmise M. Eugène Desmarest, l'un des aide-naturalistes du Muséum d'histoire naturelle.

« C'est depuis le 13 décembre 1828 que ma famille possède l'*Anguille* sur laquelle vous me demandez une note. Il y a donc trente-sept ans que nous l'avons en domesticité.

« De 1838 à 1853, pendant vingt-cinq ans, elle

a été conservée dans une grande terrine placée dans l'intérieur d'une chambre. Cette terrine, dont l'eau était changée tous les sept ou huit jours, quoique grande, ne pouvait cependant pas lui permettre de se tenir étendue, et elle devait rester constamment repliée sur elle-même. Depuis 1853, elle a été placée, d'abord à Batignolles, chez ma sœur, et depuis 1863, chez moi, à Montrouge, dans un réservoir en zinc qui peut contenir une vingtaine de seaux d'eau, que l'on renouvelle tous les quinze ou vingt jours. C'est là son logement d'été; car, dès les premières gelées et jusqu'au printemps, elle vient reprendre son logement primitif, sa terrine.

« La longueur totale actuelle de mon Anguille est de 1^m,30 à 1^m,40, sa grosseur est de 0^m,08 à 0^m,10. Depuis que nous la conservons, on peut dire, sans rien exagérer, qu'elle a grandi d'environ un tiers. Son alimentation consiste en de petits filets de bœuf, coupés en forme de vers, qu'il faut lui présenter flottants dans l'eau; elle les saisit avec une grande vitesse et une grande dextérité lorsqu'elle a faim, mais elle ne les mange jamais lorsqu'ils tombent au fond de son réservoir. Elle ne semble pas vouloir une autre nourriture, et encore faut-il que le bœuf soit très frais. Elle refuse les vers de terre et même les petits Poissons, qu'elle n'aime toutefois pas voir auprès d'elle; car elle a constamment poursuivi et attaqué ceux que l'on a mis quelquefois dans son réservoir. Elle ne mange guère que pendant l'été, depuis le mois d'avril jusqu'au mois d'octobre; en hiver, et j'ai souvent tenté l'expérience, elle refuse toute nourriture. Jamais elle n'a voulu manger de pain, ou une alimentation végétale quelconque. Pendant la saison chaude, ce n'est que tous les six à huit jours qu'elle veut bien manger; alors elle le montre d'une manière manifeste : elle s'agite dans son bassin, sort légèrement la tête hors de l'eau quand on approche de sa demeure, ou lorsqu'on l'appelle. Les personnes qui lui donnent le plus habituellement sa nourriture semblent en quelque sorte être connues par elle; c'est ainsi que jadis elle venait à la voix de ma sœur, et qu'aujourd'hui elle paraît le faire également lorsque ma fille vient l'appeler au bord de son bassin. Jamais, quoiqu'on l'ait souvent maniée, elle n'a mordu personne, et si cela est arrivé une seule fois, c'est qu'on avait mis le doigt dans sa gueule.

« Comme il faut la retirer de son bassin

toutes les fois qu'on veut le nettoyer, elle s'est en partie habituée à être touchée, à être maniée et, tout en essayant de rester dans l'eau, elle ne fait pas de trop grands mouvements pour s'échapper de la main qui la tient. De même, quand on cherche à la saisir dans l'eau, elle ne se retire pas trop brusquement, mais elle vous glisse des mains. Elle est souvent stationnaire dans son réservoir, cherchant constamment à se cacher derrière les pots de plantes aquatiques placés dans son bassin. Souvent, elle reste sans mouvement, étendue au fond de son réservoir; parfois elle se contourne autour des pots, et ce n'est guère que le matin ou le soir qu'elle nage lentement.

« Quand la température est plus élevée qu'à l'habitude, ses mouvements sont plus vifs, brusques parfois. De temps en temps, elle vient à la surface de l'eau. Bien lui en prend d'aimer à se trouver au fond du liquide qu'elle habite; car une fois, un chat affamé la guettait et n'était arrêté que par l'eau interposée entre lui et le Poisson; un coup de griffe cependant vint blesser l'Anguille auprès de l'œil, qui se recouvrit d'une peau blanchâtre, et que pendant plus d'un mois je crus perdu; mais heureusement il n'en fut rien, et aujourd'hui l'organe oculaire, près duquel devait être la blessure, est semblable à celui qui est resté intact.

« Vers le mois de mai, notre Anguille devint encore moins active qu'en hiver même; deux ou trois fois alors elle rendit des corps mous, blanchâtres, que l'on regardait comme étant des œufs. Un peu après cette époque, elle sembla très agitée, à ce point même qu'elle se jeta plusieurs fois hors de sa terrine et que, deux fois à Batignolles et une fois à Montrouge, nous la trouvâmes, ma sœur et moi, hors de son réservoir, sur le sable des allées du jardin. Là, elle était sans mouvement, molle, et n'aurait probablement pas tardé à mourir par le dessèchement, si nous ne l'avions pas replacée dans l'eau. Un autre accident lui est une fois arrivé : l'ayant laissée dans une cuisine trop froide, au milieu de l'hiver, je la trouvai le lendemain matin toute gelée et prise même dans les glaçons qui couvraient sa terrine; je réchauffai le liquide glacé en y mettant de l'eau tiède, bientôt la glace fondit, et petit à petit le Poisson reprit ses mouvements (1). »

(1) E. Blanchard, *Les Poissons des eaux douces de la France*, p. 498.

Pêche, usages. — Bien que sa chair soit grasse et de digestion souvent difficile, l'Anguille a une saveur fort agréable qui la fait rechercher sur les tables les plus délicates; aussi, partout où ce poisson se trouve avec quelque abondance, est-il l'objet de pêches suivies. Cette pêche se fait en un grand nombre d'endroits, à la *main*, à la *fouène*, à la *ligne*, à la *nasse*, aux *filets* ou avec des appareils spéciaux connus sous le nom de *bordigues*.

Pour faire fructueusement la pêche de l'Anguille, il faut se rappeler que ce poisson est nocturne, très vorace en même temps qu'extrêmement méfiant, qu'il est très vigoureux et qu'il se défend énergiquement; on doit se souvenir également, dans la pêche en rivière, que l'Anguille habite près des berges dans des trous creusés dans la glaise ou dans l'argile un peu molle ou qu'elle se cache sous les pierres contre lesquelles elle prend un solide point d'appui; on trouve dès lors l'Anguille avec plus d'abondance près des murs démolis et tombés à l'eau, dans les digues, non loin des roches dégradées.

D'après de la Blanchère, « c'est dans ces retraites que demeure l'Anguille tout le jour; tant que les eaux sont claires, il est rare d'en prendre une après 8 heures du matin et avant 4 à 5 heures du soir pendant la saison. Mais si l'orage monte à l'horizon, un curieux instinct se développe chez cet animal et lui dit que la pluie suivra, que l'eau deviendra trouble et charriera la manne abondante des insectes et des débris animaux; aussi, par l'eau trouble, l'Anguille s'agite, monte à la surface, chasse, et par conséquent se fait prendre par le pêcheur.

« L'Anguille est un poisson extrêmement vorace, mais à gueule petite; elle saisit sa proie, l'avale entièrement. Si l'hameçon est gros, il happe dans la gueule, qui est petite, d'autant plus que l'intérieur de la bouche est dur et garni de dents sur lesquelles il peut glisser. Enfin, quelque vorace que soit l'Anguille, quand elle sent une résistance dans sa proie, elle l'abandonne; c'est une occasion manquée et un poisson laissé pour un autre. Si, au lieu de cela, le pêcheur a fait choix d'un hameçon très petit, et qu'il ait su le dissimuler entièrement dans l'esche, l'Anguille avale à peu près sans défiance l'hameçon, qui ne se prend que dans les téguments de l'estomac, d'où il est impossible de l'arracher, car il ne mord pas seulement par sa pointe, ce qui est la position

la plus favorable pour casser, mais par toute la courbure de son crochet; car souvent, dans les petites Anguilles, la pointe ressort à l'extrémité du corps. Comme dernière considération, il est bon de remarquer combien il importe que ce Poisson soit très solidement piqué; il a une telle horreur du jour que, quand on le sort de l'eau, il brise souvent la ligne par ses mouvements convulsifs; sa force est telle qu'il s'entortille et *remonte verticalement* son corps, la queue en l'air, autour de la ligne, en prenant un point d'appui sur sa blessure (1). »

On prend ordinairement l'Anguille depuis le commencement du printemps jusqu'à la fin de l'automne; en hiver, le Poisson se cache dans des trous ou dans des terriers qu'il se creuse; au moment des froids les Anguilles se réunissent parfois en assez grand nombre et s'engourdissent; Baudrillart rapporte que l'on en a trouvé jusqu'à 180 dans un trou de 40 décimètres cubes (environ 12 pieds), et qu'à Aisiery, près de Quillebœuf, on en prend souvent pendant l'hiver de très grandes quantités en fouillant dans le sable entre les pierres du rivage.

Dans les petits cours d'eau ou dans les lacs qui assèchent on peut prendre l'Anguille à la main, en se rappelant toutefois que lorsque le Poisson atteint une certaine taille, il mord avec fureur et ne lâche que difficilement.

La fouène est un instrument consistant en un fer à quatre ou huit branches emmanché d'un bâton plus ou moins long; à l'aide de cet instrument on embroche l'Anguille, qui se trouve arrêtée par les crochets dont la fouène est pourvue. Cette pêche se fait, soit à pied, soit en bateau; suivant Baudrillart, dans quelques endroits on la pratique aussi pendant l'hiver, en faisant des trous dans la glace au-dessus de l'endroit où l'on sait qu'il doit y avoir des Anguilles et en harponnant au hasard. Les Anguilles, pendant le froid, étant souvent réunies en grand nombre, enlacées les unes dans les autres, on en pique parfois plusieurs d'un même coup.

Les Anguilles cherchant tous les moyens de se mettre à l'abri et de se cacher, on en prend parfois soit à la main, soit à l'aide d'une fourchette en fer avec laquelle on les embroche; cette pêche singulière se fait assez souvent dans les trains de bois.

Les Anguilles, de même que beaucoup d'au-

(1) *La pêche et les poissons*, p. 36.

Fig. 502. — Grand zangolo (d'après Coste).

Fig. 503. — Petit zangolo (d'après Coste).

tres Poissons, quittent pendant les chaleurs leurs retraites pour venir la nuit chercher leur nourriture à la surface de l'eau ; on peut les pêcher en les attirant avec le feu ; on les prend alors, soit avec la fouène, soit avec un filet, trouble ou échiquier.

Le plus souvent l'Anguille se pêche à la ligne de fond, aux *cordées* ou aux *jeux*. Les cordées se tendent le soir ; les hameçons, pas trop gros, doivent être amorcés avec des vers de terre, des sangsues, de petits poissons, tels que le Vairon, ou, à défaut de ces proies vivantes, avec des débris d'animaux, tels que des boyaux de volaille. Les jeux, composés de quatre à cinq hameçons, tels que le *Pater-noster*, doivent être également placés le soir dans les endroits où l'eau est profonde, peu courante.

Lorsqu'il fait chaud et que le temps se met à l'orage, la pêche est souvent très fructueuse lorsqu'on emploie la nasse ; on met comme appât des morceaux de grenouille, des vers de terre, des débris d'animaux. L'Anguille tourne autour de la nasse pour dévorer l'appât qui y est suspendu, entre dans les goulots et se trouve prise. Lorsque cette pêche a lieu dans des rivières peu profondes, on les barre avec des claies disposées en triangle.

La pêche de l'Anguille se fait en Hollande à l'aide d'engins différents suivant les provinces. On se sert dans le Zuiderzée de filets et de paniers ou de nasses. Dans la Frise orientale et le long de l'Yssel inférieure, on pêche avec le *aalfuik* ou *palingfuik*, filet en forme de sac, avec deux ailes à l'ouverture tendues sur des cerceaux. Le *peurdeur* des Hollandais, *pödder* ou *aalburde* des riverains du bas Weser, consiste en un long bâton ayant souvent 10 à 12 pieds, à l'extrémité duquel on fixe un paquet de vers de terre enlacés les uns dans les autres

et fixés à l'aide d'un long fil de lin ou de chanvre ; quand on pêche dans des endroits profonds, le bâton, plus court, se termine par une ligne de 8 à 10 pieds de long, à laquelle est attaché un plomb près duquel se fixe le paquet de vers ; on promène lentement l'appât sur le fond vaseux en le soulevant et en l'abaissant alternativement ; le *peurdeur* s'emploie surtout de mai à novembre ; on ne prend ainsi que des Anguilles de petite taille. Pendant l'été, alors que le poisson est envasé, on pêche avec l'*aalfuike*, espèce de fouène à cinq branches dont la pointe est en forme de lancette, garnie de dents régressives. Le *dobber* consiste en une planchette de 0^m,30 à 0^m,35 de long et de moitié moins large, à l'une des extrémités de laquelle est attachée une corde armée d'hameçons, l'autre extrémité portant une corde à laquelle est fixé un plomb ; on dispose sur la corde qui porte les hameçons une fourche de bois ou un petit roseau autour duquel une partie de la corde est enroulée, de telle sorte que, lorsque le poisson vient à se débattre, la corde peut se dérouler sur une certaine longueur ; cet instrument correspond à ce que les Allemands nomment *aal puppen*, les Danois *dukke*, les Anglais *trimmering* et *limjering*. Les Anguilles se pêchent principalement dans le Zuiderzée.

Nous avons dit qu'au printemps un merveilleux instinct porte certaines espèces de Poissons à remonter les cours d'eau. Dans certaines contrées on a su tirer parti de cet instinct pour cultiver, si l'on peut dire, ces Poissons ; on a forcé ces Poissons, après les avoir attirés, à se rendre, lorsqu'ils sont adultes, vers des réservoirs où l'on n'a plus qu'à les prendre au fur et à mesure des besoins de la consommation.

Sur les côtes de l'Adriatique, à Comacchio,

se trouve un immense appareil, le plus compliqué qui existe, fondé sur la connaissance très approfondie des mœurs et des habitudes de l'Anguille, et permettant de faire la pêche de ce Poisson dans des proportions considérables. Au siècle dernier, Spallanzani et, il y a quelque vingt ans, Coste, ont fait connaître cette merveilleuse installation.

La lagune de Comacchio est située sur les bords de l'Adriatique, entre l'embouchure du Pô et le territoire de Ravenne, à 44 kilomètres de Ferrare ; elle forme un immense marécage, qui n'a pas moins de 140 milles de circonférence ; bornée à l'est par une étroite langue de terre qui la sépare de la mer, elle est bordée par deux cours d'eau qui viennent se jeter dans l'Adriatique, le Reno ou Pô primario et le Volano ou Pô di Volero ; un canal, canal Palotta, met les lagunes en communication directe avec la mer ; des îles nombreuses, mais de peu d'étendue, s'élèvent de la surface des eaux ; parmi ces îles, il en est une, longue, étroite, plus spacieuse que les autres, sur laquelle s'élève une ville de 6,000 habitants, vivant tous de la lagune.

Nous avons dit que le procédé de culture se décompose en deux opérations. Dans la première, profitant de la *montée* du Poisson, on le fait pénétrer dans la lagune, où on le tient prisonnier ; puis, mettant à profit l'instinct qui le porte à regagner la mer à certaines époques, on emmagasine la récolte.

Pour atteindre le premier but, c'est-à-dire pour donner au fretin un libre accès dans les lagunes, on a ouvert en plusieurs endroits de larges tranchées à travers les digues naturelles qui séparent ces bassins des deux cours d'eau qui en bordent les côtés ; ces tranchées sont fermées par de fortes écluses, que l'on ouvre au moment de la montée. Un immense canal de 10,000 mètres de long, creusé par les ordres du cardinal Palotta, de l'an 1631 à l'an 1634, donne à droite et à gauche des canaux latéraux et forme une série d'îles. « Chacune de ces îles, fait remarquer Coste, devient une sorte de métairie, ayant son chef d'exploitation, ses valets de ferme, ses instruments de travail, sa maison d'habitation, ses magasins pour la récolte. Cette comparaison se présente si naturellement à l'esprit que les habitants de Comacchio, frappés eux-mêmes de l'analogie de leur industrie avec l'art agricole, ont désigné de tout temps les bassins dont ces îles reçoivent les produits sous le nom de champs (*campi*), comme s'il s'agissait de la culture de la terre ; et, pour eux, la montée devient la semence de ces champs. »

On a divisé la lagune en un grand nombre de compartiments, s'arrangeant de manière à ce que chacun de ces compartiments soit en communication, d'une part avec l'Adriatique, d'autre part avec l'eau douce. « Pour atteindre ce but, dit Coste, on a fait des levées de vase que l'on a encaissées dans de doubles haies de roseaux soutenus, de distance en distance, par de forts piquets ; cette vase, se desséchant au bout de peu de temps, finit par former des cloisons solides de 1 ou 2 mètres d'épaisseur, qui s'élèvent de 0^m,50 au-dessus du plus haut niveau des eaux. »

D'après le Dr P. Brocchi, qui a visité récemment Comacchio, « ces digues artificielles ont été combinées de manière à relier entre elles les diverses îles à travers lesquelles s'ouvrent dans la lagune les rameaux du canal de l'Adriatique. Ces îles, à leur tour, ont été reliées ainsi aux langues de terre qui se détachent du rivage ou au rivage lui-même. Ceux des bassins ainsi formés, qui sont rattachés aux rivages baignés par les cours d'eau qui longent les lagunes, reçoivent directement les eaux douces, dont ils ne sont séparés que par les écluses. Les bassins du centre reçoivent ces mêmes eaux par l'intermédiaire de ceux de la circonférence. Les causes qui permettent aux eaux des canaux marins de pénétrer dans les lagunes et d'établir ainsi un courant sont multiples : 1° les eaux marines remontent dans le canal Palotta au moment de la marée ; 2° la densité de l'eau de mer étant supérieure à celle de l'eau des *campi*, cette eau marine tend naturellement à pénétrer dans les lagunes ; 3° l'eau des lagunes, qui se trouvait d'abord au même niveau que celle de la mer, diminue par suite de l'évaporation, et se trouve, au moment de l'ouverture des écluses, à un niveau moins élevé que celui du canal Palotta ; 4° enfin les vents, surtout ceux du sud, viennent aussi exercer une action dans le mouvement des eaux. »

Les divers bassins portent le nom de *campi*, le labyrinthe celui de *lavoriero*.

Dans la tranchée qui fait communiquer le canal Palotta avec la lagune, se place un appareil de pêche des plus ingénieux (pl. XV).

On fabrique avec des roseaux des claies que l'on garnit de traverses parallèles en bois et munies de forts piquets permettant de les

Ptolémée. Ptolémée.

LAGUNE DE COMMACCHIO.

Par : J. B. Baillière et Fils, édit. Grand, Cécile, sculp.

fixer dans le sol. A l'entrée du canal dans la lagune, on plante deux palissades disposées de telle sorte qu'elles se réunissent en formant un V, de manière à former une première chambre qui communique avec un second compartiment se terminant par une enceinte close en forme de cœur de carte à jouer; le troisième et dernier compartiment a des parois plus épaisses, plus résistantes que les autres et s'ouvre dans une chambre de forme triangulaire appelée *otela*.

A l'époque où l'instinct porte les poissons qui s'étaient autrefois introduits dans la lagune (*e*) à se diriger vers la mer, on ouvre l'écluse (*h*) qui permet à l'eau salée de se précipiter vers la lagune. Le poisson, attiré par son instinct qui le porte à remonter le courant, se dirige vers le canal marin (*a*); il est forcé de suivre les canaux (*c, f, h*) qui font communiquer la lagune avec le canal Palotta et de traverser tous les détours du labyrinthe interposé. Le poisson, ne pouvant plus retourner en arrière, vient forcément s'accumuler dans les derniers compartiments (*l, i*).

Les poissons ordinaires, tels que Muges, Soles, Athérines, Gobies, s'arrêtent dans la seconde chambre (*i*), mais les Anguilles, grâce à leur forme, parviennent à se glisser à travers la palissade qui clôt cette chambre, et à s'introduire dans la troisième chambre, d'où elles ne peuvent s'échapper.

« Ces ingénieux rouages, écrit Coste, que les courants de l'Adriatique doivent mettre seuls en action, ne se bornent donc plus à attirer le poisson de la lagune dans les défilés, ils opèrent encore le triage des espèces, comme les mécanismes de certaines manufactures opèrent la séparation des matières qui sont l'objet de leur exploitation. L'art de la pêche s'élève donc ici jusqu'à la hauteur d'une industrie qui repose sur des principes dont l'application conduit à des résultats prévus d'avance et toujours identiques. Cette industrie marque les places où la récolte doit se rendre, et chaque espèce arrive au compartiment du magasin qu'on lui assigne. Elle n'a qu'à ouvrir une écluse pour opérer cette merveille, qui, trois mois durant, apporte chaque année tous les fruits mûrs de la lagune. »

D'après Spallanzani qui, vers la fin du siècle dernier, a si bien étudié l'établissement de Comacchio, « le même instinct qui détermine les Anguilles à se transporter dans la lagune aussitôt après leur naissance, et à y séjourner tant qu'elles sont jeunes, les sollicite à en sortir quand elles deviennent adultes. Et, quoique pour cette raison il n'y ait aucun mois de l'année où quelques-unes d'entre elles ne tentent leur évasion, et où les pêcheurs qui les guettent ne tâchent de les surprendre, cependant c'est en octobre, novembre et décembre qu'elles entrent pour l'ordinaire dans l'âge adulte, et que la grande pêche a lieu. Alors arrive l'époque des grandes émigrations qui ne s'effectuent que la nuit; encore faut-il que la lune ne soit pas levée sur l'horizon. Si la lune les surprend pendant qu'elles cheminent, elles s'arrêtent aussitôt et attendent la nuit suivante pour continuer leur marche. Mais quand les nuits sont entièrement obscures, orageuses, que le vent du nord souffle avec violence et qu'il y a reflux de la mer, alors le nombre des Anguilles voyageuses s'augmente considérablement. »

Coste a également noté l'influence de la lumière sur l'émigration des Anguilles. « Les pêcheurs assurent, dit-il, que le feu ordinaire retient les Anguilles, et ils en ont fait l'expérience. C'est leur usage de pratiquer au fond des bassins de petits chemins bordés de roseaux par où passent les Anguilles voyageuses, chemins qui les conduisent dans une chambre étroite également formée de roseaux, dont elles ne peuvent plus sortir. Si les pêcheurs se font accompagner d'une lumière pour les prendre dans cette enceinte, celles qui ne sont pas encore entrées s'arrêtent subitement; mais elles continuent leur chemin, et vont s'emprisonner à leur tour, si les pêcheurs font leur opération dans l'obscurité. Quand un certain nombre d'Anguilles s'est engagé dans ces défilés, il peut arriver que les pêcheurs n'en veulent pas davantage pour le moment; alors ils se contentent d'allumer des feux à l'entrée, et les Anguilles ne passent pas outre. Ce moyen d'arrêter les animaux pendant l'obscurité de la nuit, de les aveugler et d'aller sur eux sans qu'ils songent à fuir, était bien connu, et l'on savait surtout s'en prévaloir pour prendre les oiseaux et les poissons; mais on n'aurait pas imaginé peut-être que la lumière lunaire fût capable de produire les mêmes effets sur les Anguilles. »

Aujourd'hui l'établissement de Comacchio comprend quelques bassins ou *campi* d'une superficie d'un peu plus de 39,000 hectares. D'après Paul Brocchi 448 employés sont attachés à l'établissement; de plus, du mois d'août au mois de septembre, l'administration emploie plus de 900 hommes de journée qui sont employés au curage des canaux et à la réparation des digues.

Vers la fin du siècle dernier, Spallanzani nous apprend que la quantité de poisson pêché dans les lagunes de Comacchio s'élevait en moyenne, chaque année, à une quantité équivalente à 714,000 kilogrammes. En 1854, époque à laquelle Coste visita Comacchio, cette quantité était tombée à 483,780 kilogrammes, diminution due surtout à une énorme mortalité de poissons pendant plusieurs années successives. D'après des documents recueillis par Paul Brocchi (1), la moyenne des années 1872 à 1877 a été de 895,193 kilogrammes; cette quantité peut se décomposer comme il suit : Anguilles, 728,991 kil.; Muges, 70,569; Athérines, 92,817; Gobies, 2,816. A ce chiffre, il faut ajouter une certaine quantité de Crustacés et de Mollusques pêchés et vendus dans l'établissement.

D'après P. Brocchi, le prix moyen du poisson était, en 1870, de 62 francs les 100 kilogrammes pour l'Anguille, de 65 francs pour le Muge frais; pendant une période allant de 1875 à 1878, le prix moyen de l'Anguille s'est élevé à 77 fr. 90 centimes, celui du Muge à 63 fr. 99 centimes, celui de l'Acquadelle à 20 fr. 93 centimes.

La recette brute de 1872 à 1877 a été de 842,984 francs.

« Tous les ans on sale et l'on fait mariner environ 600,000 kil. d'Anguilles et 60,000 kil. d'Acquadelle; cette quantité donne de 19 à 20,000 barils de poisson. Sur cette quantité de barils, 4,500 sont envoyés à l'étranger (Allemagne, Autriche, Istrie, Dalmatie, Tyrol, Suisse) ; 3,000 se consomment en Lombardie, 3,000 dans l'Ombrie et les Marches, 2,000 en Romagne et en Toscane, 3,000 en Vénétie, 4,000 en Piémont. Les autres Anguilles pêchées sont expédiées et consommées dans les États napolitains. Les Muges sont expédiés à l'état frais, dans l'Italie centrale et septentrionale et aussi dans quelques parties du Midi de la France. »

On fait, en effet, à Comacchio deux sortes de commerce de poissons : le commerce du poisson frais, le commerce du poisson préparé.

Les Muges sont toujours expédiées à l'état

(1) P. Brocchi, *Traité de zoologie agricole*. Paris, 1886.

frais ; les autres espèces sont le plus souvent préparées.

Après que la tête et la queue ont été retranchées, les Anguilles sont enfilées, par tronçons, dans des broches et grillées avec le plus grand soin. Les petites Anguilles, les Acquadelles, en général toutes les petites espèces qui ne peuvent être mises à la broche, sont frites dans un mélange formé d'huile d'olive et de la graisse qui s'écoule lors du rôtissage des grosses Anguilles.

Après avoir retiré les Anguilles des broches et au moyen d'une écumoire les petits Poissons frits dans la poêle, on les entasse dans des barils de forme particulière désignés sous le nom de *zangoli* (fig. 502 et 503) et on les arrose d'un mélange de fort vinaigre et de sel gris. Le poisson frais est expédié dans des sortes de corbeilles appelées *borgazzo* (fig. 504);

Fig. 504. — Borgazzo (d'après Coste).

d'après Coste on fait également parvenir à destination, sur un point quelconque du littoral de l'Adriatique, les Anguilles vivantes; ces poissons sont placés dans des viviers flottants désignés sous le nom de *burchi;* les viviers qui doivent faire un long trajet par mer sont enveloppés d'un filet de corde (fig. 505).

La préparation du poisson se fait dans deux grands ateliers contenant dix-sept énormes foyers et huit petits fours (pl. XVI).

Dès le douzième siècle des établissements de pêche existaient aux environs de Venise ; ils ont aujourd'hui peu d'importance. Les appareils de pêche ressemblent à ceux de Comacchio, bien que moins perfectionnés.

Le lac de Lésino est séparé de l'Adriatique par une langue de terre sablonneuse et boisée de 2 kilomètres maximum de largeur, se réduisant, vers la pointe, à 1 kilomètre.

Cette langue de terre est traversée par deux canaux qui ne sont ouverts que pendant le mois d'avril ; l'eau du lac tend alors à s'é-

ATELIER POUR LA PRÉPARATION DU POISSON A CONFIACCORO.

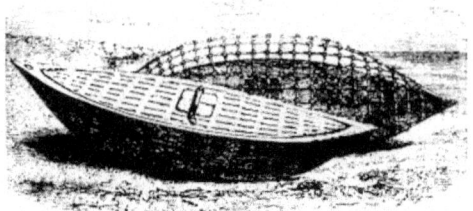

Fig. 505. — Viviers ou *burchi* (d'après Coste).

chapper et l'eau de mer arrive pour la remplacer, entraînant alors les alevins de Muges, d'Anguilles et d'autres Poissons.

« La pêche, écrit Paul Brocchi, se fait dans le lac à l'aide d'appareils assez nombreux (*paranze*, *piedi*, etc.), dont la forme varie beaucoup, mais qui sont tous basés sur le même principe que ceux que nous avons précédemment décrits. La plus grande partie du poisson pêché dans le lac est envoyée à Naples ; le reste est consommé dans les provinces de Avellino, Bari, Molise et Capitanata. La quantité de poisson pêché annuellement peut être évaluée à 1,000 quintaux par an pour le poisson noir (Anguilles, Gobii, Capomazzi, etc.), et à 800 quintaux pour le poisson blanc (Muges, Avriettes, Spinole, etc.). Les prix varient suivant les saisons. Tout le poisson est vendu frais ; on ne lui fait subir aucune préparation. Le lac de Lésina est une propriété particulière. »

Ainsi que le fait remarquer très justement P. Brocchi, la configuration du delta formé par les bouches du Rhône rappelle celle du delta formé par le Pô. « En jetant, en effet, les yeux d'une part sur une carte représentant les côtes de la Provence, sur cette partie surtout comprise entre le grand et le petit Rhône, et, d'autre part, sur les cartes représentant les embouchures du Pô, on est frappé de la ressemblance existant entre les lagunes de ces deux régions.

« En effet, se portant de l'embouchure du grand Rhône, en se dirigeant vers le grau d'Orgon, on rencontre successivement : 1° l'étang de Giraud et l'étang de Faraman, séparés de la Méditerranée par la digue de Faraman et la digue de Palatet ; 2° les étangs de la Galère, de Sainte-Anne, du Vaisseau, de

Beauduc, tous reliés entre eux et formant autant de *campi* séparés seulement de la mer par des bancs de sable ; enfin 3° tous les étangs séparés de la Méditerranée par la grande *digue de la mer* et dont le plus important, l'étang de Valcarès, se relie aux lagunes plus petites de Malagaray, Mouro, Fournelès, du Lion, etc.

« Si l'on suppose maintenant, d'une part, quelques tranchées ouvertes dans les digues, des écluses étant adaptées à ces digues ; d'autre part, l'eau du grand et du petit Rhône amenée à volonté dans ces lagunes, on aura une copie exacte des champs d'exploitation de Comacchio.

« Je dois ajouter que dès le quinzième siècle des essais dans ce sens ont été tentés sur nos côtes provençales. A l'heure actuelle il en subsiste quelques traces. En effet, sur les bords de l'étang de Berre, aux Martigues, au Jaï de Bolmon et surtout dans l'étang de Caronte, vers Port de Bouc, on peut voir fonctionner quelques appareils de pêche rappelant ceux que nous avons vus mis en pratique sur les côtes d'Italie. Ces appareils sont désignés sous le nom de *bordigues*.

« Une *bordigue* se compose essentiellement de deux grandes palissades fabriquées à l'aide de roseaux. Ces palissades sont disposées de manière à former un angle et sont solidement fixées au fond de l'étang. D'autres palissades plus petites, appuyées par une de leurs extrémités sur les grandes claies, sont disposées suivant une ligne courbe, et parallèlement les unes aux autres. L'angle supérieur de l'appareil s'ouvre dans une loge semi-circulaire qui ne présente qu'une ouverture ; à cette ouverture est adapté un filet. »

LES CONGRES — *CONGER*

Seeaal.

Caractères. — Les Congres ont la peau entièrement nue, sans trace d'écailles ; ils se
distinguent à première vue des Anguilles par
la position très avancée de la dorsale, qui
commence au-dessus des pectorales. La bouche est largement fendue ; les mâchoires sont
armées de dents placées en séries ; il n'existe
pas de dents canines ; les dents vomériennes
sont placées en une bande de peu de longueur.

Distribution géographique. — Les Congres, souvent désignés sous le nom d'*Anguilles de mer*, sont tous marins ; on n'en
connaît que quatre espèces dont plusieurs
ont une très large distribution.

LE CONGRE COMMUN — *CONGER VULGARIS.*

Caractères. — Le Congre, qui peut dépasser 2 mètres de long, a le corps arrondi,
cylindrique dans la plus grande partie de sa
longueur, la partie postérieure étant comprimée en dessus ; la tête est légèrement déprimée ; le museau est allongé, arrondi ; la
bouche est largement fendue, la mâchoire
supérieure étant plus avancée que l'inférieure ;
les lèvres sont développées. Nous avons dit
que la dorsale s'insère en dessus des pectorales ; elle est très basse en avant ; l'anale
commence sous la première moitié de la longueur totale. Le plus souvent le dos est gris-
jaunâtre ou brunâtre plus ou moins foncé ; le
ventre est blanchâtre ; les nageoires impaires,
d'un blanc grisâtre, sont bordées de noir ; les
pectorales sont grisâtres ; certains individus
sont noirâtres, le ventre étant grisâtre (fig. 503).

Distribution géographique. —Cette espèce
a une très large répartition et l'on peut dire
qu'elle est presque cosmopolite ; elle a été
trouvée, en effet, sur toutes les côtes d'Europe, à Sainte-Hélène, au Cap, au Japon, en
Tasmanie et dans de nombreux points encore.

Mœurs, habitudes, régime. — Le Congre
se tient principalement à l'embouchure des
rivières, non loin de la côte. Dans la mer du
Nord et la mer Baltique, il préfère les rives
rocheuses et se cache dans les crevasses des
rochers ; sur les fonds sablonneux il se tient
dans une fosse qu'il se creuse ; il en est de
même pour les fonds vaseux.

C'est un animal extrêmement vorace que le
Congre ; il fait la chasse aux Poissons, aux
Mollusques, aux Crustacés et n'épargne
même pas les individus plus faibles de sa
propre espèce. Yarrel retira trois Soles et un
jeune Congre de l'estomac d'un Congre pesant
12 kilogrammes. La force des mâchoires du
Congre est si considérable que cet animal
brise facilement les coquillages. Le Congre
recherche non seulement les animaux vivants,
mais dévore encore les cadavres. On dit qu'il
s'empare de gros Poissons en les entourant et les comprimant avec son corps, à la
manière des Serpents, d'où, dit-on, lui est
venu le nom de *Filat*, sous lequel on désigne
le Congre sur plusieurs points de la Méditerranée.

Métamorphoses. —Les naturalistes connaissent sous le nom de Leptocéphale de Morris
(*Leptocephalus Morrisii*) un petit Poisson complètement transparent comme du verre, au
corps très aplati, atténué à l'avant et à l'arrière ; les nageoires pectorales sont petites ;
les nageoires dorsale et anale, qui se réunissent à la caudale, commencent loin en arrière. La longueur atteint près de 0ᵐ,10. Les
viscères ne forment qu'une poche étroite, rectiligne, qui s'étend de la tête à l'abdomen
sans s'élargir. Si l'on place l'animal sur une
plaque de verre et qu'on le regarde à contre-
jour, la transparence de son corps est telle
qu'on peut voir nettement tout le trajet du
tube digestif.

Jusque dans ces derniers temps, les Leptocéphales ont été regardés comme formant une
famille distincte, dont la place dans la série
était, du reste, fort incertaine.

C'est en 1860, que V. Carus émit l'opinion
que les Leptocéphales ne sont que des larves
d'autres animaux ; en 1866, R. Owen écrivait
également que les Leptocéphales ne sont probablement que l'état larvaire de quelques
grands Poissons. En 1864, Th. Gill considéra
le Leptocéphale de Morris comme étant très
probablement la larve du Congre commun ;
les récentes recherches d'Émile Moreau ont
absolument confirmé cette opinion.

Pêche, usages. — Le Congre était parfaitement connu des anciens, qui en faisaient la
pêche ; il en est question dans Aristote, qui
distingue deux espèces : le *Congre blanc*, qui
vit en haute mer ; le *Congre noir*, qui se trouve
plus près du rivage ; il existait de ces Poissons
atteignant 15 coudées. D'après Athénée, on

trouvait près de Sicyone des Congres si gros qu'un homme ne pouvait les porter.

Le Congre salé jouissait d'une grande réputation chez les Grecs, si nous nous en rapportons à un passage d'une comédie de Philémon, cité par Athénée. Un cuisinier qui, sur la scène, parle avec enthousiasme des merveilles de son art, s'écrit : « Oh ! si l'on m'avait donné un Scarre tout frais, ou un Glaucisque de l'Attique, ô Jupiter sauveur ! ou bien un porc d'Argos, ou un Congre de l'aimable Sicyone, un Congre de l'espèce que Neptune porte lui-même dans le ciel aux dieux ; oui ! tous ceux qui en auraient mangé seraient devenus autant de dieux ; car j'ai trouvé le moyen de rendre immortel, je ressuscite les morts à la seule odeur de mes plats ! »

Les Romains ne paraissent pas avoir partagé l'enthousiasme des Grecs pour le Congre.

Au moyen âge nous voyons que le Congre était l'objet d'une pêche importante sur les côtes de l'ouest de l'Europe ; les Basques salaient le Congre et l'exportaient au loin, de même qu'on prépare aujourd'hui la Morue.

La pêche du Congre se fait avec des hameçons ; il faut se rappeler que ce Poisson se défend vigoureusement, et que lorsqu'il trouve quelque rocher il y prend un point d'appui avec sa queue, de telle sorte qu'il est extrêmement difficile de lui faire lâcher prise.

D'après Baudrillart, voici comment se fait sur les côtes de Bretagne la pêche du Congre ; cette pêche commence ordinairement vers la Saint-Jean et dure jusqu'à la Saint-Michel. « Pendant les trois premiers mois de l'été, les vents d'ouest y sont fort contraires, parce qu'ils empêchent les pêcheurs de sortir des ports et des petites baies qui sont le long de la côte. On se sert de grands bateaux qui ne sont alors montés que par quatre hommes. Les Congres se prennent entre les rochers ; chaque matelot a trois lignes ; elles sont longues de 150 brasses chacune, et de la grosseur des lignes des pêcheurs de Terre-Neuve ; elles sont chargées par le bout d'un plomb du poids de 10 livres pour les faire caler, depuis le plomb jusqu'à 50 brasses, il y a 25 à 30 piles d'une brasse de long, éloignées chacune d'une brasse et demie, garnies d'un claveau, amorcées d'un morceau de la chair du premier poisson que les pêcheurs prennent, soit Sèche, Orphie, Maquereau, etc. Il faut, pour opérer avec succès, une mer basse et sans agitation, et que le bateau soit à l'ancre...

Quand ils font leur pêche, les marins relèvent leurs lignes de deux heures en deux heures, pour en ôter le poisson qui s'y trouve arrêté. »

Sur les côtes de Cornouailles on se sert de longues lignes et de lignes à mains qu'on amorce surtout avec des Sardines ; sur les côtes du nord de la France on préfère l'Ammodite. Plus la nuit est sombre, plus la pêche est fructueuse. Couch assure que trois hommes peuvent recueillir parfois jusqu'à 2,000 livres de Congres dans une seule nuit.

Captivité. — Le Congre s'habitue vite à la captivité pourvu qu'on lui donne une nourriture abondante ; pendant le jour il est le plus ordinairement caché dans l'endroit le plus obscur de son bassin, tandis que pendant la nuit il est sans cesse en mouvement. Bien nourri, le Congre croît rapidement, même dans un étroit bassin.

LES MURÈNES — *MURÆNA*

Murène.

Caractères. — Les Murènes ont le corps allongé, la peau nue, enduite d'une épaisse mucosité. Les nageoires pectorales font défaut ; la dorsale et l'anale, bien développées, se réunissent, entourant la queue d'une nageoire. Il existe des narines de chaque côté de la partie supérieure du museau ; la narine antérieure se prolonge en un tube, l'ouverture antérieure est une fente étroite, s'ouvrant parfois à l'extrémité d'un tube.

La dentition, qui varie beaucoup chez les Murènes, a fait partager ce genre en un assez grand nombre de sous-genres ; en tous cas, cette dentition est toujours très puissante et la plupart des espèces sont armées d'une manière formidable ; les dents des mâchoires sont longues, crochues, recourbées, disposées en une ou en plusieurs rangées ; le vomer est souvent armé de dents semblables ou porte une plaque de dents obtuses, admirablement disposées pour broyer les coquillages que les dents antérieures viennent d'arracher.

La plupart des espèces sont ornées de dessins du plus bel effet, qui font qu'elles ressemblent à des Serpents, que les Murènes rappellent du reste par la forme de leur corps et par leur voracité. La coloration, qui est assez constante et donne de bons caractères pour la distinction des espèces, consiste en taches, en lignes et surtout en réticulations du plus brillant effet.

Fig. 506. — Le Congre commun.

Beaucoup de Murènes arrivent à une grande taille et peuvent dépasser 8 pieds de long.

Distribution géographique. — On connaît près de 100 espèces de Murènes; elles se trouvent presque toutes dans les zones tropicales et sub-tropicales.

Les *Ophichthys*, qui ne diffèrent des Murènes proprement dites que par la position des narines, qui s'ouvrent dans la lèvre supérieure et parce que l'extrémité de la queue n'est pas entourée par une nageoire, comprennent environ 80 espèces dont la distribution est celle des Murènes.

Les *Gymnomurènes* se distinguent des Murènes en ce que les nageoires sont réduites à un rudiment qui se trouve près de l'extrémité de la queue; on en connaît 6 espèces des mers les plus chaudes.

Mœurs, habitudes. — La dentition des Murènes, des Gymnomurènes, des Ophichthys, indique bien leur genre de vie; ce sont des animaux essentiellement voraces et carnassiers qui s'attaquent à des Poissons parfois d'assez grande taille; ceux dont les mâchoires sont moins puissamment armées se nourrissent surtout de Crustacés, que leurs dents obtuses et en forme de molaires sont parfaitement aptes à broyer.

Légendes. — Certaines Murènes arrivent à une grande taille et, avec leur dentition formidable, ce sont réellement des animaux dangereux qui s'attaquent parfois aux nageurs, pouvant leur infliger de cruelles blessures et mettre leur vie en danger. Dans toutes les îles de l'océan Pacifique, les Murènes, qui sont nombreuses et souvent de grandes dimensions, sont extrêmement redoutées; on les craint à l'égal des Serpents, et cela avec d'autant plus de raison que certaines espèces, par les annulations colorées dont elles sont armées, rappellent beaucoup les Serpents de mer, si abondants dans les mêmes parages, et qui sont tous dangereux. Les Murènes sont l'objet de nombreuses légendes chez les peuples du Pacifique, surtout chez les Maoris et chez les habitants des îles Sandwich. Fait étrange, la croyance à des animaux marins fabuleux se retrouve dans les légendes des Norwégiens, des Suédois, des Danois et des Finnois.

Il est rare qu'il se passe un certain temps

Fig. 597. — La Murène jaune.

sans qu'on entende parler, par la voie des journaux, d'un Serpent gigantesque; il est probable que l'imagination grossissant singulièrement les objets, il s'agit en ce cas d'une Murénidée de grande taille.

La croyance à des monstres marins ayant la forme d'un Serpent ou d'une Anguille date de la plus haute antiquité et se retrouve chez la plupart des peuples. Nous la rencontrons, par exemple, chez les Romains, aussi bien chez les païens que chez les chrétiens.

C'est ainsi que l'on a découvert il y a quelques années dans les catacombes de Rome une sculpture paraissant dater du milieu du troisième siècle; elle représente Jonas avalé par un monstre marin, l'ayant ensuite à une bête véritablement fantastique, s'emmanchant, à l'aide d'un long cou, sur un corps de cheval; le monstre se termine par un gigantesque Serpent aux nombreux replis.

Olaüs Magnus écrit en 1555 que, sur les côtes de Norvège, on raconte l'étrange histoire d'un Serpent de mer de taille gigantesque, dont la longueur peut être de 200 pieds et qui vit dans les cavernes creusées sur la côte de Bergen; il rapporte qu'il existe un autre Serpent d'une grandeur inconcevable près d'une île appelée Moos, dans le diocèse de Hammer. Olaüs Magnus représente ce Serpent saisissant par la gueule un homme à bord d'un bateau. Pontoppidan, évêque de Bergen, confirme la croyance, en certains points des côtes de Norvège, en un Serpent de mer géant.

Au milieu du siècle dernier, le capitaine Laurence de Ferry, de la marine norvégienne, affirma avoir vu le fameux animal fantastique et voici comment il le décrit, d'après le curieux ouvrage que vient de publier Henri Lee sur les monstres marins [1].

A la fin du mois d'août de l'année 1746, en

[1] Henry Lee, *Sea serpents monsters*, London, 1883.

partant de Trundhiem, en un point appelé Jule-Nœss, on aperçut un Serpent de mer sur lequel on tira plusieurs coups de feu, sans pouvoir le tuer. La tête du monstre, qui ressemblait à celle d'un cheval, s'élevait à plus de 2 pieds au-dessus de la surface de la mer; elle était de couleur grisâtre; la bouche était très grande, de couleur presque noire; les yeux étaient noirs; une longue crinière blanche flottait sur le cou. Outre la tête et le cou du monstre on vit sept ou huit anneaux de Serpent, anneaux très épais. Le monstre ayant plongé de suite à l'approche du navire, on ne put l'examiner davantage.

Si cette narration n'est pas apocryphe en tous points, il est probable, fait remarquer Henry Lee, qu'il n'y aurait pas de connexion entre la tête et le corps du soi-disant monstre; le corps pouvait être un Anguilliforme de grande taille nageant rapidement de manière à faire croire à un animal beaucoup plus grand qu'il ne l'était réellement. En tous cas, on aurait eu affaire ici, non à un Serpent, mais à un animal plus ou moins voisin du Congre ou des Murènes; les Serpents, en effet, ne peuvent nager par une série de mouvements verticaux; la conformation de leurs vertèbres rend ce mode de progression absolument impossible.

Plus près de nous, en 1817, un monstre marin aurait été vu dans le voisinage de Glowcester, aux États-Unis; ce monstre aurait eu l'apparence générale d'un Serpent; sa taille aurait été de 50 à 100 pieds de long suivant les divers observateurs. L'animal progressait par une suite d'ondulations dans le sens vertical.

D'après Lee, le 15 mai 1833, plusieurs officiers anglais, se trouvant à bord d'un petit yacht dans la baie de Margaret, allant d'Halifax à Mahone Bay, virent, « à la distance de 150 à 200 yards, la tête et le cou d'un habitant de la mer, ressemblant à une Couleuvre ordinaire en train de nager; la tête était si élevée et renversée en avant par la courbure du cou que l'on voyait l'eau en dessous et au delà de lui. Cette créature passa rapidement, laissant un sillage régulier, depuis le commencement du moment où on l'aperçut, jusqu'au moment où il plongea, d'où l'on peut juger qu'il devait avoir 80 pieds de long. La tête, beaucoup plus grande que celle d'un cheval, était élevée à environ 6 pieds. Nous fûmes tous convaincus que nous venions de rencontrer un Serpent marin. »

Un animal semblable vu en 1845 sur la côte de Molde était très probablement, suivant Lee, quelque Calmar gigantesque dont on n'apercevait que la partie supérieure.

En 1848, un Serpent de mer a été rencontré par l'équipage de la frégate *Dœdalus* à son retour d'un voyage aux Indes occidentales. L'animal avait la tête longue, pointue; il se tenait à fleur d'eau et avait environ 60 pieds de long; la nageoire paraissait commencer à environ 20 pieds de la tête; ce que l'on voyait de l'animal était d'une couleur brune foncée, le dessous de la tête étant jaune blanchâtre. Le monstre nageait très rapidement, de telle sorte qu'il ne fut que très peu de temps en vue; il portait la tête horizontalement au-dessus de l'eau. Le croquis de l'animal joint à la relation semble assez bien indiquer un Murénide de taille gigantesque.

En 1877, l'équipage de la barque *Pauline* déclara avoir rencontré deux fois dans cette même année un Serpent de mer. L'animal vu la première fois enveloppait de deux replis un Cachalot. D'après le croquis donné par Lee, ce Serpent marin devait être un Congre de taille énorme.

Parfois on a pris des algues gigantesques, couvertes de barnacles, pour des Serpents marins, c'est ce qui était arrivé, par exemple, en 1848 à l'équipage du navire *Pékin*, qui reconnut de suite son erreur.

Parmi les observations les plus intéressantes citées par Lee, mentionnons encore celle faite en janvier 1877 dans le golfe d'Aden par le navire *City of Baltimore*. On vit « un corps long, de couleur noire, glissant rapidement dans l'eau et se dirigeant vers le vaisseau. La forme de la tête pouvait avoir de la ressemblance avec certaines représentations de Dragons; le front et l'arcade sourcilière, par leur bombement, avaient une expression de Bull-dog. Lorsque le monstre eut suffisamment élevé sa tête hors de l'eau il la laissa tomber, comme si c'était une pièce de bois. » D'après le croquis donné par Lee, le bombement de la tête au-dessus des yeux rappelle beaucoup ce que l'on voit chez les Murènes.

Il est beaucoup plus difficile de savoir, même très approximativement, quel était l'animal observé en juin 1877 par l'équipage du yacht royal *Osborne* dans les parages du cap Vito, en Sicile. La mer étant absolument calme, on vit apparaître à sa surface une nageoire profondément dentelée s'étendant à la surface de l'eau sur une longueur d'environ 30 pieds et ayant de 5 à

6 pieds de hauteur, suivant les points. En examinant à l'aide d'un télescope on voyait distinctement une tête d'environ 6 pieds d'épaisseur, un cou étroit de 4 à 5 pieds de longueur et deux nageoires en forme d'aile de chaque côté de l'épaule ; ces nageoires pouvaient avoir 15 pieds de longueur. Les mouvements de ces nageoires ressemblaient à ceux des Tortues marines. On ne put savoir la longueur de la tête, mais depuis son sommet jusqu'à l'attache de la nageoire on pouvait penser qu'il y avait 50 pieds. La tête n'était pas toujours hors de l'eau ; elle ne restait émergée que pendant quelques secondes, puis disparaissait. On nota que l'animal ne soufflait pas et ne lançait pas d'eau. Les deux croquis joints à la description du commandant de l'*Osborne* ne permettent pas de rapporter le monstre entrevu sur les côtes de Sicile à aucun animal connu ; il y a là une énigme zoologique qui n'a pas encore été résolue.

LA MURÈNE HÉLÈNE. — *MUROENA HELENA.*

Murane.

Caractères. — En avant, le corps est arrondi, en arrière il est un peu comprimé ; la peau, très épaisse, est complètement nue ; la tête est petite, le museau pointu, la bouche largement fendue, la mâchoire supérieure étant un peu plus avancée que l'inférieure ; les yeux sont petits ; la bouche est armée de dents fortes et crochues, comprimées, à pointe tournée en arrière ; des dents semblables se voient au vomer ; l'orifice de la narine est tubuleux ; la nageoire dorsale commence un peu en arrière de l'ouverture branchiale (fig. 507). La longueur peut arriver à 1m,50.

La couleur est ordinairement un brun noirâtre, avec des parties jaunes semées de petites taches noires ; parfois le fond est jaunâtre avec des raies noires dans la partie antérieure du corps, de larges taches jaunes avec des points brunâtres dans la partie postérieure de l'animal ; la couleur peut encore être fauve ou la teinte être noirâtre avec des parties jaunes et blanches. La coloration, en un mot, peut beaucoup varier.

Mœurs, distribution géographique. — La Murène habite la Méditerranée et se trouve assez communément dans les parages de Nice et de Toulon ; elle est moins abondante dans l'océan Atlantique ; Moreau rapporte qu'en 1875 une bande de Murènes a été prise à Biarritz ;

au-dessus de la Gironde la Murène est extrêmement rare et ce sont des individus égarés qui ont été capturés accidentellement dans les eaux de la Grande-Bretagne.

La Murène vit dans les eaux profondes et se tient sur le fond ; on la trouve parfois dans les eaux douces des contrées chaudes du pourtour de la Méditerranée ; elle se rapproche au printemps des côtes pour frayer ; sa nourriture se compose de poissons, de crustacés, de coquillages et surtout de Sèches.

Les anciens connaissaient bien la Murène. Pline rapporte que la blessure de ce poisson est dangereuse, mais qu'on peut la guérir avec de la cendre de cheveux ; que la Murène va assez souvent à terre ; il rapporte également que le principe vital de l'animal se trouve dans la queue, ce qui fait que la Murène meurt rapidement si on lui brise cette partie. Licinius Macer raconte qu'on peut se servir de Murènes, à la place de Serpents, pour les évocations, les Murènes s'accouplant avec les Serpents ; Pline dit aussi qu'on voit rarement des Murènes pendant l'hiver.

Gesner, qui a recueilli ce que les anciens écrit de la Murène, nous apprend que «ce Poisson se cache dans les trous, sous les pierres, qu'il mange les mollusques, est très carnassier et semble avoir un goût tout particulier pour la Sèche ; la Murène aime aussi bien les eaux douces que les eaux salées, bien qu'on ne la trouve pas dans les rivières ; elle peut vivre longtemps hors de l'eau, à la façon de l'Anguille, car elle n'a que de petites ouïes. La Murène fraye pendant toute l'année, et non pas à une époque déterminée, comme la plupart des autres Poissons ; elle pond des œufs qui prennnt un fort rapide accroissement. Pendant l'hiver la Murène se cache dans des trous, aussi la prend-on rarement à cette époque. Il est à remarquer que le principe vital doit se trouver dans la queue, car si on frappe en cet endroit une Murène, elle périt en moins d'une heure, tandis que si on la frappe à la tête, elle ne meurt que difficilement. La Murène hait l'Anguille de mer et lui mord la queue. Les grandes Sèches et les Locustes haïssent mortellement la Murène, car bien que la Sèche puisse prendre la couleur de la pierre contre laquelle elle se colle, cela ne lui sert à rien, ce que sait la Murène, aussi lorsque celle-ci voit rôder une Sèche elle se précipite sur elle, l'oblige à lutter jusqu'à ce qu'elle soit fatiguée, lui coupe alors les bras avec les dents, puis lui dévore le reste du corps par morceaux. Par contre la Locuste excite la Murène au combat avec une certaine ruse, car elle étend ses cornes dans les trous des rochers habités par la Murène, ce qui met celle-ci en courroux, et bien que la Murène tombe sur elle, elle peut ne pas lui faire de mal, par ce fait que la Locuste est recouverte d'une coquille dure toute hérissée de pointes aiguës ; mais le Crabe saisit alors la Murène avec ses pinces, ne lâche plus son ennemi qui se tord autour de ses aiguillons, se blessant lui-même, de telle sorte qu'il meurt. »

Il n'est point besoin de dire combien d'erreurs se trouvent dans ce récit de Gesner.

Pêche, usages. — La chair de la Murène, bien que grasse, est de fort bon goût, aussi ce poisson est-il généralement très estimé.

Les Romains faisaient un grand cas de la Murène ; pour la nourrir et l'engraisser, ils formaient, à grands frais, des parcs dans la mer. D'après Pline, ce fut Hirius qui, le premier, construisit ces étangs dans lesquels il nourrissait une telle quantité de Murènes, qu'au triomphe de César, son ami, il put faire servir 6 000 Murènes sur les tables.

La passion des Romains pour la Murène prit à un certain moment des proportions inouïes. On sait que Cassius avait de ces animaux apprivoisés à ce point qu'ils venaient à la voix ; Cassius, dit Pline, a possédé dans son vivier une très belle et très grosse Murène qu'il aimait beaucoup ; il l'avait parée de bijoux en or ; la Murène reconnaissait la voix de son maître et venait prendre la nourriture de sa main ; lorsque ce poisson mourut, Cassius en éprouva le plus vif chagrin ; il la pleura et lui fit faire des obsèques magnifiques.

Dedius Pollio, ayant remarqué que la Murène avait un goût prononcé pour la chair humaine, eut la cruauté de sacrifier plusieurs de ses esclaves pour nourrir ses poissons.

D'après Baudrillart, « la Murène se tient cachée pendant le froid dans les rochers, ce qui fait qu'on ne la pêche que dans certains temps. On prend ce poisson sur les bords cailouteux de ces rochers, et pour cet effet on tire plusieurs cailloux pour faire une fosse jusqu'à l'eau, ou bien on y jette un peu de sang, et à l'instant on voit venir la Murène, qui avance sa tête entre deux rochers. Aussitôt qu'on lui présente un hameçon amorcé de Crabes ou de quelque Poisson, elle se jette dessus et l'entraîne dans son trou. Il faut alors avoir l'adresse de la tirer tout d'un coup ; car si on lui donnait le temps de s'attacher par la queue, on lui arracherait plutôt la mâchoire que de la prendre. Quoique la Murène soit hors de l'eau, on ne la fait pas mourir sans beaucoup de peine, à moins qu'on ne lui coupe ou écrase le bout de la queue. »

LES PÉGASIDÉES — *PEGASIDÆ*

Caractères. — Sous le nom de *Lophobranches*, Cuvier désigne des Poissons osseux qui, « au lieu d'avoir, comme à l'ordinaire, des branchies en forme de peigne, se divisent en petites houppes rondes disposées par paires le long des arcs branchiaux, structure dont aucun autre Poisson n'a encore offert d'exemple. Ces Poissons se reconnaissent, en outre, à leur corps cuirassé d'une extrémité à l'autre par des écussons qui le rendent presque toujours anguleux. »

En étudiant de plus près les Poissons placés par Cuvier dans l'ordre des Lophobranches, on a vu que certains animaux, tout en ayant l'aspect général des Lophobranches typiques et, en particulier, le cuirassement du corps, manquent cependant du caractère essentiel de l'ordre, celui d'avoir les branchies en houppes. Tels sont d'étranges Poissons connus sous le nom de *Pégases* et chez lesquels les branchies sont en lamelles. C'est donc à juste titre que les Pégases ont été séparés des Lophobranches et qu'on en a formé une famille distincte, celle des Pégasidées, famille dont la place n'est pas encore bien fixée, mais qui doit probablement se mettre non loin de celle des Joues Cuirassées.

Quoi qu'il en soit, les Pégasidées ont le corps entièrement recouvert de plaques osseuses, soudées au tronc, mobiles à la queue. Le bord de la mâchoire supérieure est constitué par les intermaxillaires et par leur prolongement cutané ; le battant operculaire est formé par une large plaque qui répond à l'opercule, au préopercule, ou sous-opercule soudés ; l'interopercule est représenté par un stylet osseux, caché sous le battant operculaire qui est réuni à l'isthme par une étroite membrane ; la fente operculaire est étroite, située devant l'attache de la pectorale; les arcs branchiaux sont au nombre de quatre. On trouve une vessie natatoire; les sacs ovariens sont clos. L'anale et la dorsale sont petites.

La famille des Pégasidées ne comprend qu'un seul genre, celui des Pégases (*Pegasus*), animaux de petite taille et de forme étrange. Ainsi que nous l'avons dit, le corps est entièrement cuirassé, relativement large en avant, très rétréci en arrière; la queue est tantôt sensiblement égale en longueur au tronc, tantôt beaucoup plus longue; sur le corps se voient des arêtes, des crêtes plus ou moins saillantes, des tubercules, des épines. Le museau est large à sa base, qui se confond avec la tête; il s'étend plus ou moins en forme de spatule; la bouche est inférieure, dépourvue de dents. Les nageoires pectorales sont larges, étendues horizontalement, composées de rayons simples dont quelques-uns sont parfois épineux. Les ventrales ne consistent qu'en un ou deux rayons. L'anale et la dorsale, placées en arrière, sont opposées. La caudale est petite.

Mœurs, distribution géographique. — Les Pégases sont des poissons de très faible taille qui vivent dans les endroits sablonneux, non loin des côtes.

On ne connaît que quatre espèces de Pégases. Le Pégase dragon (*Pegasus draco*), qui a la queue presque égale en longueur au tronc et sur le corps des tubercules droits, coniques et mousses, n'est pas rare dans la mer des Indes (fig. 508). C'est dans les mers de Chine que se trouve principalement le Pégase volant (*Pegasus volans*) qui nous arrive assez fréquemment de Chine piqué dans des boîtes avec des insectes; cette espèce a sur le corps des épines pointues, dirigées en arrière.

Les deux autres espèces, dont on a fait le genre ou plutôt le sous-genre Parapégase, ont des formes plus élancées, la queue étant beaucoup plus longue que le tronc. Chez le Pégase

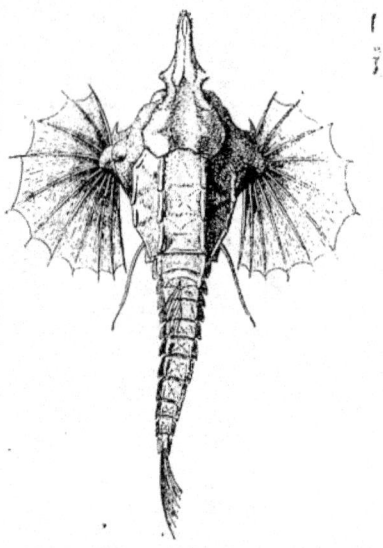

Fig. 508. — Le Pégase dragon.

nageur (*Pegasus natans*) le museau est en forme d'épée droite et allongée, tandis qu'il est en forme de poignard court et très acéré chez le Pégase lancifer (*Pegasus lancifer*); ces deux espèces sont surtout des côtes de Chine et d'Australie; on les trouve aussi dans l'archipel Indien.

LES LOPHOBRANCHES — *LOPHOBRANCHII*

Die Büscheltiemer.

Caractères. — Les Lophobranches, abstraction faite des Pégasidées, sont des Poissons qui ont les branchies disposées, non en feuillets, mais en houppes et formées de lobes supportés par des pédoncules courts et arrondis, disposés en double série sur les arcs (fig. 509). Les opercules, réduits à une seule plaque, sont fixés à la ceinture scapulaire par une membrane que soutiennent, de chaque côté, 2 ou 3 rayons branchiostèges; la chambre branchiale est grande, mais à l'extérieur elle n'a le plus souvent qu'un orifice très étroit pour la sortie de l'eau. La vessie natatoire n'a pas de canal pneumatophore. Le corps est revêtu, au lieu d'écailles, de petits écussons minces, disposés autour de la queue et du tronc en anneaux plus ou moins nombreux, d'où résulte une forme généralement polygonale.

Ces caractères généraux donnés, nous allons faire connaître un peu plus en détail l'organisation des Lophobranches.

Le squelette des animaux est osseux. Parfois, comme chez les Solénostomes, les vertèbres caudales sont fort courtes ; le plus souvent les arcs nerveux et hémaux sont bien développés ; chez les Syngnathes et les Hippocampes de longues pièces osseuses supportent les rayons de la dorsale. En général, les os intermaxillaires, très grêles, très courts, sont débordés en dehors par les maxillaires qui se terminent par une sorte de palette élargie.

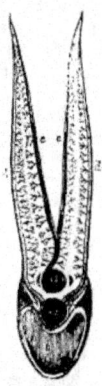

Fig. 509. — Branchies de Lophobranches.

Nous avons dit que le corps, de forme variable, est entouré de pièces dures unies entre elles et formant une sorte de cuirasse articulée.

Chez le type si curieux des Solénostomes le squelette dermique est formé par des ossifications étoilées qui se réunissent entre elles sur les flancs ; en avant et en arrière des nageoires du dos et du ventre se trouvent des ossifications semblables. Les Solénostomes, on le voit, sont imparfaitement cuirassés.

Chez les Lophobranches normaux, tels que les Syngnathes, les Hippocampes, les Nérophis, le corps est entièrement protégé par le squelette dermique. Ces pièces sont tantôt, comme chez les Hippocampes, ainsi que le fait remarquer Moreau, « grêles, terminées par des angles aigus ; elles circonscrivent des espaces libres assez larges, elles figurent une sorte de treillage, n'étant attachées les unes aux autres que par l'extrémité de leurs pointes ; tantôt, comme chez les Syngnathes, elles s'élargissent en plaques articulées par des surfaces étendues et ne laissant entre elles que des lacunes très étroites. »

Les anneaux sont composés, sur le tronc, de segments au nombre de sept, de quatre seulement sur la queue. Les anneaux du tronc sont les deux latéraux supérieurs qui, se réunissant sur le dos, revêtent les parties latérales supérieures du tronc ; deux pièces latérales proprement dites, longeant le milieu du tronc ; deux pièces latérales inférieures placées le long du bas de la région latérale, coudées pour se prolonger sous le ventre ; une pièce impaire, médiane, ventrale.

Chez les Syngnathes, toutes ces pièces limitent des espaces losangiques, plus ou moins clos par un écusson de forme ovale ; chez les Hippocampes, les espaces sont fermés par une aponévrose.

Les quatre anneaux de la queue sont coudés à angle droit ; on a deux pièces latérales supérieures, deux pièces latérales inférieures.

Les anneaux, aussi bien ceux du tronc que ceux de la queue, sont, non seulement unis entre eux, mais ils sont également en rapport avec la colonne vertébrale.

Les côtes manquent complètement.

Les Solénostomes ont deux dorsales et des ventrales bien développées ; tous les autres Lophobranches n'ont qu'une seule dorsale et manquent de ventrales. L'anale, peu développée, fait défaut chez les Nérophiniens, de même que les pectorales. La caudale n'est bien développée que chez les Syngnathiniens ; cette nageoire manque chez les Hippocampiens et chez les Nérophiniens, qui ont la queue prenante, de telle sorte qu'ils peuvent enrouler cette partie de leur corps autour des divers corps marins.

Les couleurs ne sont jamais très vives chez les Lophobranches ; le plus souvent, l'animal est vert foncé, brunâtre ou noirâtre, avec des points, des marbrures, parfois des lignes jaunâtres ou brunâtres.

Les yeux sont latéraux ; ils peuvent se mouvoir d'une manière indépendante chez les Hippocampes.

La vessie natatoire est vasculaire, pourvue, d'après les recherches de Moreau, d'un corps rouge à son extrémité antérieure.

La bouche est très petite, située à l'extrémité du museau, qui est plus ou moins allongé, suivant les espèces. La mâchoire inférieure peut s'abaisser, de manière à permettre l'agrandissement de la bouche ; ce fait résulte du jeu de la pièce antérieure de l'appareil hyoïdien.

Le canal intestinal est généralement droit, légèrement coudé cependant chez les Hippocampes ; il n'existe pas d'appendices au pylore.

Distribution géologique et géographique. — Les Lophobranches, qui sont tous marins, se trouvent dans les mers chaudes et tempérées ; ils manquent dans les zones les plus froides. Le type si singulier des Solénostomes est cantonné dans les parties tropicales de l'océan Indien.

C'est à l'époque tertiaire que semblent apparaître les Lophobranches ; on en a trouvé à Monte-Bolca, dans le Vicentin, et à Licata, en Sicile ; on connaît à l'époque tertiaire le genre vivant Siphonostome et un genre étroitement allié aux Syngnathes ; les Calamostomes diffèrent des Hippocampes par la présence d'une nageoire caudale.

Mœurs, habitudes, régime. — Toujours de petite taille, les Lophobranches ne se nourrissent que d'aliments peu volumineux ; ils paraissent prendre des animaux invertébrés, des œufs de poissons et des détritus de matière animale.

Nous avons dit que les Hippocampes peuvent enrouler l'extrémité de leur corps autour de divers corps marins ; on voit souvent plusieurs individus groupés autour d'un même appui, restant ainsi pendant un temps assez long, conservant une immobilité presque complète et ayant, suivant l'expression de Lyonnet, un « air sérieux, pensif et réfléchi ».

Le mode de progression est curieux. Duméril fait remarquer que « les Syngnathes, contrairement à ce qui a lieu chez les autres Poissons dont la progression se fait au moyen des mouvements de latéralité de la queue, avancent sans imprimer aucune inflexion au corps. En raison de sa gracilité et du peu de développement de l'uroptère (la nageoire caudale), la queue ne peut jouer le rôle d'un aviron. La nageoire dorsale détermine une ondulation très manifeste de l'eau et, de la sorte, se trouve produire le déplacement.

« Évidemment, dit Weinland, les vibrations ondulatoires de la dorsale agissent comme l'hélice d'un bateau à vapeur, les déplacements successifs des différentes parties de la nageoire dans le sens de sa longueur pouvant être comparés à une portion des mouvements en spirale de cet appareil de locomotion. »

On a remarqué que lorsque l'eau qui a servi à la respiration sort de la bouche, elle est lancée à une certaine distance.

Une des questions les plus curieuses de l'histoire des Lophobranches est celle de la protection des œufs depuis le moment de la ponte jusqu'à l'éclosion. Dans beaucoup de types, le mâle conserve les œufs dans une poche sous-caudale ou sous-ventrale, ou les porte simplement fixés à la région abdominale sans que nulle enveloppe les protège.

Ce fait était connu du grand naturaliste de l'antiquité ; il en est question, en effet, dans Aristote ; l'observation fut faite maintes fois depuis, mais l'on supposait toujours que c'étaient les femelles qui portaient les œufs ; ce n'est qu'en 1831 qu'Ekstron démontra que chez les Lophobranches de nos côtes ce sont les mâles qui sont chargés de l'incubation des œufs.

Chez les Syngnathiniens (Syngnathe, Siphonostome), la poche, qui est très longue, occupe la plus grande partie de la région sous-caudale ; elle est fermée par deux lèvres qui, pendant l'incubation, sont pourvues de papilles, de telle sorte qu'alors la cavité est complètement close. Au moment de l'incubation, la cavité est divisée en un grand nombre de compartiments alternant les uns avec les autres comme les cellules dans un gâteau d'abeilles. D'après les observations d'Émile Moreau, « ces cellules ne se forment que par suite du dépôt des œufs ; elles persistent quelque temps encore après l'éclosion, puis s'effacent peu à peu et finissent par disparaître complètement. La muqueuse de la poche semble s'exfolier après l'incubation ; elle présente un épithélium pavimenteux à grandes cellules. Le nombre des rangées d'œufs varie non seulement dans les différentes espèces de Syngnathiniens, mais encore dans les individus d'une même espèce, suivant leur taille. Dans la poche du Syngnathe aiguille de grande dimension, il y a généralement huit rangées d'œufs, quatre à la région dorsale, deux sur chacune des lèvres ; il y en a deux seulement, parfois quatre dans celle du Siphonostome de Rondelet, ou du moins chez les individus que j'ai examinés ; chez un Siphonostome typhle de petite taille, je trouve deux séries d'œufs et trois séries chez un individu plus développé. Quant au nombre des cellules, il est égal à celui des œufs déposés. Comment la femelle introduit-elle les œufs dans la poche du mâle? Je ne veux pas entrer dans de longs détails à ce sujet et je me contente de rapporter une observation faite par mon ami Lafont à l'aquarium d'Arcachon.

« Le 11 février 1859 (température de l'eau + 12°), je vis deux Syngnathes aiguilles étroitement embrassées, dans un bac de l'aquarium ; en les séparant, je constatai que la poche du mâle était vide, mais que les deux replis qui la forment étaient fortement gonflés et vascularisés et qu'ils étaient soudés par une humeur gélatineuse sur presque toute leur longueur ; vers la partie supérieure de la poche, ces replis s'écartaient et laissaient voir une ouverture en cœur. Au bas de l'abdomen de la

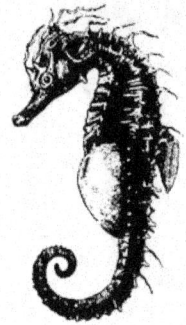

Fig. 510. — Hippocampe mâle portant les œufs.

femelle s'avançait une sorte d'oviducte, long de 6 à 8 millimètres, qui était introduit dans la poche du mâle par l'ouverture que j'ai signalée à la partie supérieure de cet organe. En lançant dans le bac les deux individus dont je parle, je les vis se rejoindre et la femelle introduisit chaque fois l'oviducte dans la poche du mâle. »

W. Andrews a été témoin du passage des œufs au moment de la ponte du Syngnathe typhle dans la poche sous-caudale du mâle. D'après ce que transcrit Duméril, « dans une eau peu profonde ou à la marée basse, on voit quelquefois, dit-il, les Syngnathes par paires, côte à côte, dans une apparente immobilité, sur une pierre ou sur un rocher. A ce moment, les œufs, non encore arrivés à maturité, sont abandonnés par la femelle ; le mâle les reçoit dans la poche dont il a le pouvoir d'écarter les

parois, et les fixe à l'intérieur de la cavité à l'aide d'une sécrétion albumino-gélatineuse. A mesure que le développement se fait, les capsules où les œufs sont reçus s'agrandissent et forment des dépressions hémisphériques. Quand il est achevé, le sac est fortement ouvert pour laisser passer les jeunes animaux. »

Cavolini a montré que la vascularisation de la poche est très abondante ; elle sert à la nutrition du fœtus qui est complètement enfermé et ne reçoit pas le contact de l'eau. Au moment de l'éclosion, on remarque la résorption d'une grande partie des membranes intercellulaires de la poche ; d'après certains naturalistes, elle est le résultat de la pression exercée par l'augmentation de volume des embryons, tandis que d'autres observateurs croient que ces membranes ont servi à la nourriture des animaux jeunes.

Assez longtemps après l'éclosion, on trouve encore sous le ventre du mâle des traces d'alvéoles ; elles finissent par disparaître et les parois du sac se rapprochent.

Chez certains Lophobranches, tels que les *Dorichthys*, les mâles ont les bords inférieurs du ventre dilatés pour la réception des œufs.

Les Hippocampes portent les œufs dans un sac situé à la base de la queue, l'ouverture de ce sac se trouvant près de l'anus (fig. 510).

Il n'existe pas de poche distincte chez les *Gastrotekus* ; le mâle porte les œufs dans les téguments du ventre, il en est de même chez les *Doryichthys*.

D'après les observations d'Andrews citées par Auguste Duméril, « chez les Nerophis, les œufs sont fixés sous le ventre à l'aide d'une sécrétion de même nature que celle de la poche des autres espèces. Pendant un temps de calme et au moment favorable de la marée, on les voit réunis par paires, l'un contre l'autre et attachés aux zoostères par l'enroulement de leur queue. A ce moment la ponte a lieu et elle est immédiatement suivie de l'agglutination des œufs. Leur adhérence et leur arrangement sont déterminés par la forme de l'abdomen qui est plus déprimé et aplati chez le mâle que chez la femelle, où il présente une carène. »

Duméril note également que la forme du corps est différente dans les deux sexes, qu'il est plus cylindrique chez celui qui porte les œufs et que l'ouverture anale, remarquable par ses nombreuses papilles, y est plus rapprochée de la tête.

Fig. 510 et 511. — L'Hippocampe moucheté et le Syngnathe aiguille.

D'après les observations d'Émile Moreau « les Nérophiniens n'ont pas de poche incubatrice. Les œufs sont fixés sous le ventre du mâle, en avant de l'ouverture de l'anus; ils sont rangés avec symétrie, sur plusieurs rangées longitudinales, variant de huit à dix, de deux à quatre parfois dans une même espèce; ainsi Kaup indique quatre rangées d'œufs chez le Nérophis loumbricoïde; chez un individu de cette espèce, j'en ai trouvé seulement deux séries composées chacune de dix œufs et il n'y avait que vingt-sixcellules. L'abdomen est plus aplati dans le mâle que chez les femelles et la peau qui le recouvre est, surtout au moment de l'incubation, plus vasculaire que dans les autres régions. Les œufs ne sont pas de prime abord, ainsi que le suppose Canestrini, placés dans des niches particulières; c'est par suite de leur dépôt à la région abdominale qu'ils déterminent la formation des cellules dans lesquelles ils sont ensuite légèrement enchatonnés.

« Les cas de métamorphose ne sont pas rares dans la famille des Syngnathidés; Canestrini a trouvé chez les embryons de l'Hippo-campe brevirostre une caudale rudimentaire; d'un autre côté, Fries, de Quatrefages, ont signalé, chez de jeunes Nérophiniens, la présence des pectorales qui manquent chez les adultes (1). »

Dans le type si curieux des Solénostomes et par une exception presque unique chez les Poissons, si l'on en excepte toutefois les *Aspredo* qui sont des Siluroïdes, ce sont les femelles qui sont chargées de l'incubation des œufs. D'après Gunther, les ventrales, qui sont grandes, se soudent à un moment donné, de manière à former une sorte de poche marsupiale dans laquelle sont reçus les œufs; les parois internes du sac sont revêtues de longs filaments disposés en séries le long des rayons de la nageoire, plus nombreux à la base de ces rayons et disparaissant entièrement vers leur extrémité; c'est le long de ces filaments que se déposent les œufs.

(1) *Histoire naturelle des Poissons de la France*, t. II, p. 32.

LES HIPPOCAMPES — *HIPPO-CAMPUS*

Seepferdchen.

Caractères. — Les Hippocampes, ou Chevaux-Marins, ont une apparence des plus singulières, qui les fait de suite reconnaître. Leur corps est raccourci, comprimé, entouré d'anneaux osseux, plus ou moins hérissés d'épines ou de tubercules. La tête n'est pas située dans le même plan que le corps, mais s'incline en avant et en bas; l'occiput est comprimé en une crête. La queue, privée de nageoire caudale, est très préhensible; la dorsale est insérée sur des anneaux plus hauts que les autres; les pectorales sont assez développées.

Distribution géographique. — On connaît environ 30 espèces d'Hippocampes, dont plusieurs ont une large distribution géographique; plusieurs espèces, en effet, s'attachent fréquemment aux corps flottants et sont ainsi transportés à de grandes distances. Les espèces sont surtout abondantes entre les tropiques; elles manquent dans la zone froide.

Nous avons deux espèces d'Hippocampe sur les côtes de France, l'Hippocampe brevirostre ou à museau court (*Hippocampus brevirostris*) et l'Hippocampe moucheté (*Hippocampus guttulatus*). Cette dernière espèce, connue des anciens, est commune dans la Méditerranée; d'après Moreau, on la trouve également dans le golfe de Gascogne; suivant le même naturaliste, l'Hippocampe à museau court habite toutes nos côtes; rare dans la Manche, dans l'Océan jusqu'à l'embouchure de la Gironde, elle est commune à Arcachon et dans la Méditerranée; cette espèce a été accidentellement signalée dans les eaux de la Grande-Bretagne.

L'HIPPOCAMPE MOUCHETÉ. — *HIPPOCAMPUS GUTTULATUS.*

Caractères. — Cuvier a désigné sous ce nom l'espèce que les naturalistes de la Renaissance connaissaient sous le nom de *Cheval-Marin*. La coloration du corps est le plus souvent gris brunâtre, ou rougeâtre, avec des points ou des lignes d'un blanc jaunâtre; il existe parfois des taches blanches; l'œil est argenté ou d'un blanc jaunâtre. La taille dépasse rarement 0m.14. Les épines des boucliers sont pointues; les appendices cutanés, qui font rarement défaut, sont plus ou moins allongés. La tête est relativement longue, le museau régulier. Trois anneaux, plus développés que les autres, soutiennent la nageoire dorsale, qui a, le plus souvent, 18 rayons; la couleur est généralement grisâtre, avec une bordure jaunâtre et noirâtre. L'anale, peu développée, ne compte que 4 rayons; elle est brune et parfois noirâtre. Les pectorales sont de couleur brune (fig. 510).

Mœurs, habitudes, régime. — Les Hippocampes se trouvent dans les endroits où une végétation abondante recouvre le fond de la mer; c'est entre les plantes que ces Poissons habitent le plus volontiers. D'après Lukis, « en nageant, l'Hippocampe se tient dans une position verticale; cet animal peut rapidement enrouler sa queue autour des herbes marines; il guette alors sa proie, se précipitant sur elle avec beaucoup d'adresse. Lorsque deux Hippocampes se trouvent à côté l'un de l'autre, il leur arrive souvent de s'enrouler avec leur queue. Il arrive souvent à l'Hippocampe de s'attacher avec ses mâchoires aux herbes marines pour prendre un point d'appui. »

La nourriture des Hippocampes paraît se composer surtout de très petits crustacés, qu'ils happent sur les herbes marines.

Usages. — De nos jours, les Hippocampes ne sont d'aucun usage; on les recueille parfois comme objet de curiosité.

A l'époque de la Renaissance, Gesner nous apprend que ces animaux « ont une vertu merveilleuse pour guérir de la morsure des chiens enragés. Le Poisson, réduit en cendres, est employé, mélangé avec de la graisse et du salpêtre, pour faire repousser les cheveux. » Dioscoride, Galien, Œlien, accordent également à l'Hippocampe des propriétés merveilleuses.

LES SYNGNATHES — *SYNGNATHUS*

Seenadeln.

Caractères. — Autant le corps des Hippocampes est court, trapu, ramassé, autant celui les Syngnathes est allongé, grêle, effilé; il est plus ou moins anguleux, aplati ou légèrement concave à la région dorsale; les bords supérieurs du dos ne se continuent pas en une seule ligne sans interruption avec ceux de la queue. Le museau, à peu près arrondi, est moins élevé que la tête. L'anneau scapulaire est complet, fermé en dessous par une pièce impaire; les os huméraux sont fermement unis à la crête thoracique. La dorsale est longue;

celle nageoire peut être comprise tout entière sur la queue ou commencer sur le dernier ou l'avant-dernier anneau du tronc; les pectorales sont bien développées; il existe une caudale distincte.

Mœurs, distribution géographique. — On connaît environ 60 espèces de Syngnathes, qui se trouvent dans toutes les mers chaudes et tempérées; ces espèces sont plus particulièrement abondantes dans la zone tropicale et subtropicale.

D'après E. Moreau, nous avons 7 espèces de Syngnathes sur les côtes de France. Dans la Méditerranée exclusivement se trouvent les *Syngnathes rougeâtre, ténuirostre, phlegon;* le *Syngnathe éthon,* très rare dans l'Océan, est rare sur les côtes de Nice; c'est dans la Manche et dans le golfe de Gascogne que paraît être cantonné le *Syngnathe de Duméril;* le *Syngnathe abaster* se trouve accidentellement dans l'Océan; on connaît le *Syngnathe aiguille* sur toutes nos côtes.

Mœurs, habitudes, régime. — Les Syngnathes se trouvent surtout dans les prairies sous-marines, dans lesquelles ils sont souvent réunis en masse, dans les attitudes les plus variées, les uns la tête dirigée en haut, d'autres la tête tournée en bas, ceux-ci se tenant horizontalement, ceux-là verticalement, tous nageant lentement. En raison de la longueur du corps et de la petitesse des nageoires pectorales et caudales, la dorsale est réellement la seule nageoire qui serve d'appareil locomoteur; la locomotion a lieu par une série de mouvements ondulatoires de cette nageoire; les pectorales et la caudale ne servent que pour régler l'entrée en marche. Bien qu'ils semblent être insuffisants, les organes locomoteurs permettent cependant à ces Poissons de parcourir un chemin assez long.

La nourriture se compose d'animaux de faible taille, crustacés inférieurs, petits mollusques, vers de faible dimension.

C'est sur le Syngnathe aiguille qu'Eckstrom découvrit le mode de reproduction des Lophobranches. Dans cette espèce, la poche des œufs est très longue et fait à peu près le tiers de la longueur dorsale du corps, occupant de 24 à 25 anneaux. Cette poche est pourvue de rebords un peu évasés qui sont fermés par deux minces valvules placées l'une à côté de l'autre suivant leur longueur, les bandes pouvant exactement s'accoler. Pendant l'automne et pendant l'hiver, les valvules s'amincissent, mais dès avril,

lorsque l'époque de la ponte approche, elles se gonflent et le sillon se remplit de mucus. Vers la fin de mai, la femelle pond ses œufs dans la poche, sous forme de chapelets, les uns à côté des autres; les bords de la poche se rapprochent, celle-ci se ferme et les embryons restent ainsi jusque vers la fin de juillet. Il est extrêmement curieux qu'il y ait beaucoup moins de mâles que de femelles, tandis que chez les autres Poissons c'est généralement le contraire.

D'après les observations de Walcotts, l'Aiguille de mer devient apte à se reproduire lorsqu'elle atteint une longueur de 0m,10 à 0m,12.

L'AIGUILLE DE MER. — SYNGNATHUS ACUS.

Seenadel.

Caractères. — Ce Syngnathe peut atteindre plus de 0m,40 de long. La coloration, des plus variables, est généralement gris jaunâtre avec des bandes transversales plus foncées, d'un gris noirâtre ou rougeâtre; parfois le dos et les flancs sont traversés par de larges bandes alternativement brunes et d'un gris jaunâtre.

Chez cette espèce (fig. 511) le dos est légèrement concave; les anneaux sont au nombre de 60 à 62, dont 19 ou 20 pour le tronc. La tête, un peu plus longue que la dorsale; est contenue sept fois et demie environ dans la longueur totale du corps; la nuque est relevée en carène plus haute que le profil du dos; le museau, qui est allongé, fait chez l'adulte plus de la moitié de la longueur de la tête et porte une crête dentelée. Les yeux sont assez grands. La dorsale, bien développée, composée de 38 à 41 rayons, est portée par 9 ou 10 anneaux; elle commence sur le dernier ou l'avant-dernier anneau du tronc. L'anale est composée de 4 rayons; la caudale, en éventail, a une dizaine de rayons; les pectorales sont peu développées.

Distribution géographique. — Ainsi que nous l'avons déjà dit, le Syngnathe aiguille se trouve sur toutes les côtes de France, étant toutefois plus commun dans la Manche et dans l'Océan que dans la Méditerranée. Cette espèce est, en effet, celle qui s'avance de plus au nord; on la trouve dans les eaux de la Grande-Bretagne et sur les côtes de la Norvège. D'après Günther, elle vivrait également sur les côtes atlantiques des États-Unis et au cap de Bonne-Espérance

LES SIPHONOSTOMES — *SIPHO-NOSTOMA*

Caractères. — Les Siphonostomes diffèrent des Syngnathes par leur museau très allongé, comprimé, très haut, continuant à peu près le profil de la tête. Il n'existe pas de crêtes distinctes sur le corps; l'anneau scapulaire n'est pas complètement fermé; on ne trouve pas de pièce médiane à la carapace, un espace losangique étant ouvert entre les pièces latérales inférieures; les os huméraux sont mobiles, non soudés avec la crête pectorale.

Distribution géographique. — Le genre Siphonostome ne comprend que 3 espèces, qui se trouvent sur les côtes de France. La dorsale est plus longue que le museau chez le *Siphonostome typhle* de la Manche, de l'Océan, de la Méditerranée; cette nageoire est plus courte que le museau qui a le bord antérieur courbe chez le *Siphonostome argenté*, de la Méditerranée, anguleux chez le *Siphonostome de Rondelet* de la même mer.

LE SIPHONOSTOME DE RONDELET. — *SIPHONOSTOMA RONDELETII.*

Caractères. — Cette espèce, qui peut arriver à la taille de 0m,35, a le corps d'un gris brunâtre, parfois olivâtre, quelquefois d'un

Fig. 512. — Le Siphonostome de Rondelet.

gris légèrement nuancé de brun jaunâtre; sur la tête et sur le museau se voient des lignes et des points d'un brun tournant au noir. Le dos est aplati; on compte 53 à 58 anneaux, dont 19 à 20 pour le tronc; les angles que forment les anneaux du tronc sont plus saillants. La tête, qui est plate en dessus, se trouve comprise 5 fois et demie à 6 fois dans la longueur totale du corps; le museau est très allongé, très comprimé latéralement; le menton, qui est anguleux, est fort saillant. La dorsale, qui est portée sur 8 à 10 anneaux, commence sur le dernier anneau du tronc; on y compte de 33 à 35 rayons. L'anale, qui comprend 4 rayons, est petite, souvent peu visible. La caudale est de teinte noirâtre (fig. 512).

LES NÉROPHIS — *NEROPHIS*

Caractères. — Les Nérophis se distinguent par l'absence de nageoire caudale et de pectorales; le corps est lisse, arrondi, sans carènes saillantes.

Distribution géographique. — On ne connaît que quatre espèces de Nérophis. Le *Nerophis teres* paraît être spécial à la mer Noire; le *Nerophis annelé* est particulier à la Méditerranée; les autres espèces, le *Nerophis lombricoïde* et le *Nerophis ophidion*, se trouvent aussi bien dans la Méditerranée que dans l'Atlantique.

LE NÉROPHIS LOMBRICOÏDE. — *NEROPHIS LOMBRICOÏDES.*

Caractères. — Ce Nérophis, qui est le plus petit du genre, sa taille dépassant rarement 0m,12, a le corps à peu près arrondi chez les femelles, aplati sous le ventre chez les mâles; la queue, très longue, effilée, légèrement comprimée vers son extrémité, fait environ les deux tiers de la longueur du corps. Les anneaux sont au nombre de 68 à 72; on en compte 18 ou 19 au tronc. La tête est de même longueur que le tronc; le museau est très court, ramassé; suivant Moreau la forme du museau donne au Poisson une apparence des plus singulières. La dorsale, composée de 25 à 26 rayons, est portée sur deux anneaux du tronc et cinq de la queue.

Distribution géographique. — Cette espèce semble être spéciale aux côtes atlantiques de France, de Suède, d'Angleterre; E. Moreau indique qu'elle est très rare dans la Manche, très rare sur la côte de Bretagne « mais très commune aux Sables-d'Olonne, assez rare sur les côtes des Charentes et dans les environs d'Arcachon. »

LES PHYLLOPTERYX — *PHYLLOPTERYX*

Fekenfisch.

Caractères. — Les Phyllopteryx sont des Lophobranches des plus bizarres qui ont le corps fort comprimé, très haut et très arqué dans la partie moyenne; il existe une sorte de cou; la partie ventrale est étroite; la queue est longue, très rétrécie; sur presque tout le

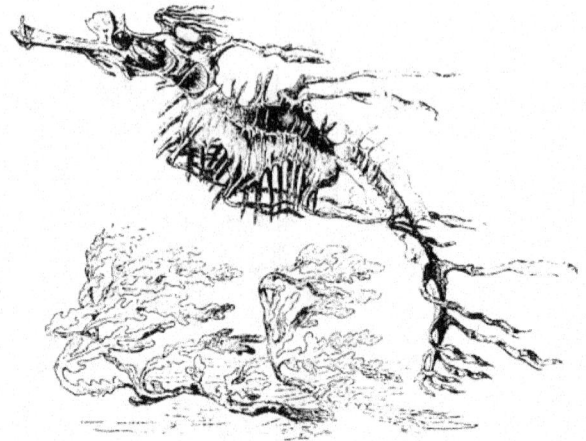

Fig. 513. — Le Phyllopteryx chevalier.

corps se voient des épines osseuses plates, dentelées, les unes pointues, les autres portant des appendices cutanés en forme, soit de feuilles, soit de lanières étroites et allongées; le museau est allongé.

Une des espèces les mieux connues est le Phyllopteryx chevalier (fig. 513) qui a le tronc comprimé, la région dorsale fortement convexe, très échancrée dans certaines de ses parties. On voit sur le corps des épines aplaties et à pointes fourchues, portant de longues lanières étroites et effilées, en certains points déchiquetées à leur extrémité; ces lanières sont surtout longues à la région caudale. La dorsale, à laquelle on compte 37 rayons, est entièrement insérée sur la queue.

Mœurs, distribution géographique. — Les trois espèces de Phyllopteryx connues habitent les mers d'Australie. Suivant la remarque de Günther, ces animaux sont ceux des Lophobranches qui arrivent au plus haut degré de mimétisme; non seulement leur coloration s'harmonise parfaitement avec celle du milieu dans lequel ils vivent, mais encore les longs appendices cutanés du corps rappellent absolument les fucus sur lesquels ils se fixent; ces animaux n'ont, en effet, aucun moyen de défense.

Les œufs sont enchâssés dans une membrane molle à la partie inférieure de la queue; il n'y a point de poche incubatrice à proprement parler.

LES PLECTOGNATHES — *PLECTOGNATHI*

Die Haftkiemer.

Caractères. — Les Poissons Téléostéens qu'il nous reste à examiner présentent tous un aspect si singulier, joint à d'importantes particularités anatomiques, que Cuvier en a formé un ordre spécial sous le nom de *Plectognathes*. «Le principal caractère distinctif, en effet, tient à ce que l'os maxillaire est soudé ou attaché fixement sur le côté de l'inter-maxillaire qui forme seul la mâchoire, et à ce que l'arcade palatine s'engrène par suture avec le crâne, et n'a par conséquent aucune mobilité. Les opercules et les rayons sont en outre cachés sous une peau épaisse, qui ne laisse voir à l'extérieur qu'une petite fente branchiale. On ne trouve que de petits vestiges de côtes. Les vraies ventrales manquent. Le canal intestinal est ample, mais sans cœcum, et presque tous ces Poissons ont une vessie natatoire considérable. »

Ces généralités posées, d'après la diagnose même de Cuvier, nous allons faire connaître un peu plus en détail les singulières particularités que présentent les Plectognathes.

Le corps présente des formes variables; il peut être globuleux ou fortement comprimé latéralement, parfois trigone. Il n'existe jamais d'écailles; la peau peut être nue; elle est recouverte, tantôt de grosses plaques osseuses et d'écussons, ou d'écailles dures rhomboïdales, qui peuvent se souder de manière à constituer une carapace, tantôt de lamelles minces, surmontées d'épines triangulaires; elle peut aussi présenter un aspect chagriné, produit, comme chez les Sélaciens, par des corpuscules osseux incrustés en grand nombre dans la peau, qui est toujours fort épaisse. Les Poissons qui constituent la famille des Sclérodermes ont tous la peau recouverte de plaques ou d'aspérités osseuses; chez les Triacanthiniens ce sont des plaques petites, chagrinées, ressemblant un peu à des écailles; chez les Balistiniens la peau est couverte de scutelles mobiles, tandis que chez les Ostraciontinés les plaques, de forme hexagonale, se soudent entre elles, de manière à renfermer l'animal dans une carapace dure et continue. Les Poissons de la famille des Gymnodontidées ont tantôt le corps armé de piquants plus ou moins longs, plus ou moins acérés (Diodon), tantôt de petits piquants occupant différents points du corps (Tetrodon, Triodon), tantôt de petites granulations osseuses, qui rendent la peau très rugueuse (Orthagorisques).

Le squelette des Plectognathes présente une organisation relativement inférieure; en général, les os sont légers, peu consistants, spongieux. La colonne vertébrale est toujours composée de peu de vertèbres; chez les Balistes, par exemple; on ne compte que 7 vertèbres appartenant à la région viscérale, 11 à la caudale; on remarque également dans ce type l'absence de véritables apophyses transverses et leur remplacement par des hémapophyses auxquelles se suspendent les côtes. Chez les Coffres il existe un nombre de vertèbres plus petit encore que chez les Balistes, 15 au maximum; ces os sont soudés entre eux dans toute la longueur du tronc et la première vertèbre

s'unit intimement au crâne; on aperçoit des vestiges d'apophyses transverses; les côtes font absolument défaut; en un mot, selon la remarque de Hollard, « le squelette du tronc se met en harmonie avec les conditions d'immobilité et de protection qui lui sont faites par la solidité et la presque immobilité de l'écaillure, en même temps que par la réduction considérable des nageoires dorsale et anale. » Une particularité de la colonne vertébrale des Plectognathes, c'est la parfaite symétrie de la dernière vertèbre, qui présente aux rayons de la nageoire caudale deux lames apophysaires égales, en sorte que ces Poissons sont au nombre de ceux qui sont le plus complètement homocerques. Nous noterons aussi que dans le type des Diodons ou Orbes épineux le canal vertébral est ouvert en dessus dans toute sa longueur.

Par suite de la soudure de la mâchoire supérieure au crâne, le vomer se renfle à son extrémité antérieure, de manière à présenter une large surface articulaire. On remarque aussi, qu'à peu d'exceptions près, les mâchoires, suivant l'expression de Hollard, « attirent en quelque sorte vers elles et déplacent plus ou moins la plupart des autres pièces faciales, les éloignant de celle à laquelle elles sont ordinairement suspendues en arrière, le temporal. A la médiocre ampleur de la bouche s'ajoute une médiocre mobilité de l'arcade palatine qui forme la paroi osseuse des joues. Cette disposition est en relation harmonique avec les caractères du système operculaire. Le préopercule est solidement attaché au temporal et ne jouit par conséquent que de la faible mobilité de ce dernier os. Ainsi toute la cavité qui renferme les os ou quatre arcs branchiaux des Plectognathes se trouve limitée par des pièces qui ne se prêtent qu'à des mouvements très bornés. Ajoutons à cet ensemble de caractères la petitesse de l'opercule proprement dit, dont le développement semble arrêté en étendue comme en solidité par le pli cutané dans lequel il est engagé. Signalons aussi la tige longue et étroite qui prolonge l'interopercule, et au moyen de laquelle celui-ci franchit la distance considérable que met entre lui et la mâchoire inférieure (autre trait caractéristique) la concentration ou l'annulation des pièces angulaire et articulaire de celle-ci. Enfin n'oublions pas que les Plectognathes ont 6 rayons branchiostèges, que le premier est le plus large, ce qui l'amène, dans les *Orbes épi-*

neux, à former une palette gutturale, et que ces rayons sont toujours distribués de la même manière que la branche de l'hyoïde, savoir quatre sur la pièce qui succède au styloïde de Cuvier et deux sur la suivante.

« Quant aux appendices, ils nous fournissent un seul trait caractéristique, mais important par sa spécialité ; c'est la présence intermittente, il est vrai, d'un os pelvien qui, après avoir porté des rayons chez les Triacanthes, s'en dépouille chez les Balistes et les Monacantes, pour s'allonger et contenir un pli cutané ou fanon abdominal plus ou moins développé, et reparaît dans un pli semblable et plus grand chez les Gymnodontes Triodoniens.»

Nous ajouterons qu'une partie des vertèbres manquent d'apophyses épineuses et que les lames sont très éloignées l'une de l'autre ; ce dédoublement des apophyses épineuses antérieures ne porte que sur les apophyses elles-mêmes et laisse subsister l'anneau osseux, car on voit, au fond du sillon plus ou moins prononcé causé par l'écartement des lames, un plancher osseux qui sert de protection au canal rachidien.

L'ossification des os du crâne est très complète chez tous les Plectognathes, à part chez les Moles. Le crâne est rendu très large par le développement des mastoïdiens et des voûtes orbitaires. Les os maxillaires s'attachent fixement sur le côté de l'intermaxillaire ; l'arcade palatine s'engrène par suture avec le crâne, et n'a, par conséquent, aucune mobilité.

Le bord de la mâchoire inférieure est presque entièrement formé par les intermaxillaires, les maxillaires étant fort petits. L'appareil operculaire présente des particularités intéressantes. L'opercule et le sous-opercule entrent seuls dans la composition de cet appareil ; l'inter-opercule, très réduit, ne fait pas partie du battant operculaire et n'est représenté que par une tige très grêle.

Chez certains Plectognathes la moelle épinière est fort courte ; c'est ainsi que chez les Moles ou Orthagorisques elle se divise presque de suite en nombreux nerfs, pour former ce que l'on appelle la *queue de cheval*.

Dans les Diodons et les Tetraodons, chez les Plectognathes, en un mot, qui composent la famille des Gymnodontidées, au lieu de dents, les bords des mâchoires sont revêtus de lames d'une matière semblable à l'ivoire et si dure qu'elle fait feu au briquet ; le bord libre de cette lame est tranchant, parfois plus ou moins dentelé ; la voûte palatine est garnie d'une plaque divisée d'avant en arrière par une rainure profonde et transversalement par d'autres rainures ; les éminences sont formées par l'agglomération de lamelles dentaires, qui s'usent continuellement et sont remplacées par d'autres qui croissent au-dessous des premières.

La mâchoire supérieure est divisée en deux, les mandibules étant d'une seule pièce chez les Triodons ; les deux mâchoires sont divisées chez les Tetraodons ; chez les Diodons les mâchoires sont entières, de telle sorte qu'il n'y a qu'une plaque dentaire en haut et en bas.

Les Plectognathes qui constituent la famille des Sclérodermes ont des dents plus ou moins distinctes, toujours en petit nombre ; ces dents sont en forme d'incisives ou coupées obliquement.

La vessie natatoire existe presque toujours ; elle manque de canal aérien.

Les nageoires sont généralement peu développées ; les nageoires pectorales sont attachées derrière les étroites ouvertures branchiales ; les ventrales manquent presque toujours, ou, quand elles existent, sont représentées par une épine, tantôt mobile, tantôt soudée aux os pelviens ; les nageoires dorsale et anale sont formées de rayons mous, segmentés ; chez les Balistes cependant et chez les Monacanthes, on voit de fortes épines en avant de la dorsale.

Distribution géologique. — Les Plectognathes sont encore peu connus des formations géologiques et paraissent dater du commencement de l'époque tertiaire, si, comme cela est probable, le singulier Poisson de Monte Bolca décrit sous le nom de *Blochius longirostris* est bien un Plectognathe.

Sur quatre genres de Sclérodermes connus à l'état fossile, un seul, celui de Coffres, vit encore actuellement ; on connaît un *Coffre* ou *Ostracion* des formations de Monte Bolca. Les *Acantodermes* des schistes de Glaris sont du type des Balistes. Le genre *Acanthopleurus*, de la même époque, est voisin des Monacanthes. Quant aux *Glyptocephalus* du terrain éocène de Sheppy, en Angleterre, ils ont le crâne des Balistes, mais la peau est recouverte de tubercules distincts disposés en séries régulières.

Parmi les Gymnodontes on ne connaît encore à l'état fossile que le genre actuellement vivant *Diodon*; quatre espèces des terrains tertiaires ont été décrites.

Distribution géographique. — Les Plecto-gnathes se trouvent presque exclusivement dans les parties les plus chaudes des mers, surtout dans l'océan Indien.

Un genre est beaucoup plus septentrional ; on pêche le Poisson lune ou Orthagonisque dans la mer du Nord, sur la côte d'Angleterre et d'Irlande. La famille des Tetradontidées est représentée sur nos côtes par une seule espèce, le Promécocéphale lagocéphale (*Promecocephalus lagocephalus*).

Mœurs, habitudes, régime. — Tous les Plectognathes qui ont le bord de la mâchoire tranchant et des plaques palatines dures, sem-blables à une meule, se nourrissent essentielle-ment de crustacés et de mollusques, qu'ils arrachent, puis peuvent broyer avec une grande facilité. Les Balistes, avec leurs dents puis-santes et coupantes, sont capables de briser les tiges des coraux dont ils mangent les polypes ; ils détruisent également beaucoup de mollus-ques et exercent les plus grands ravages dans les pêcheries d'huîtres perlières. Les Coffres, beaucoup moins puissamment armés, doivent être bien moins redoutables.

Quelques Plectognathes, de forme globu-leuse, tels que les Diodons, peuvent se gon-fler, en remplissant d'air une vaste poche qui dépend de l'œsophage ; il leur est possible de flotter ainsi, le ventre tourné en dessus, à la surface de la mer, au gré des vents et des vagues.

LES GYMNODONTIDÉES — *GYMNOTIDÆ*

Die Nachtzähner.

Caractères. — Les Plectognathes qui com-posent cette famille ont les os de la mâchoire supérieure et de la mandibule soudés, formant un bec tranchant, de telle sorte qu'il n'existe pas à proprement parler de dents ; on voit une dorsale molle et une anale, ces deux na-geoires s'insérant non loin de la caudale ; on ne trouve jamais de dorsale épineuse ; les ven-trales font constamment défaut.

On peut avec Günther séparer les Gymno-dontidées en trois groupes.

Chez les *Triodontiniens* « la queue est allon-gée, la nageoire caudale étant bien distincte. L'abdomen peut se dilater en un sac grand, comprimé ; la partie inférieure de ce sac est un repli de la peau, dans lequel l'air ne doit pas pouvoir pénétrer, le sac pouvant s'étendre grâce à un fort long os pelvique. La mâchoire supérieure est divisée en deux par une su-ture médiane, la mâchoire supérieure étant simple. »

Le groupe des *Tetrodontiniens* se caractérise par l'absence d'os pelvique ; la nageoire cau-dale est distincte, la queue étant toujours plus ou moins longue. Une partie de l'œsophage est dilatable et susceptible de se remplir d'air.

Chez les *Moliniens* le corps est comprimé, très raccourci ; la queue est très courte, comme tronquée ; les nageoires verticales se réunis-sent ; il n'existe pas d'os pelvique.

Distribution géographique. — Le groupe des Triodontiniens ne comprend qu'une seule espèce, le *Triodon bursarius*, de l'océan Indien. Les Tetrodontiniens sont également cantonnés dans les parties les plus chaudes du globe. Quant aux Moliniens, qui ne comprennent du reste que deux espèces, ils se trouvent aussi bien dans les mers froides et tempérées que dans la zone subtropicale.

LES DIODONS — *DIODON*

Igelfisch.

Caractères. — Les Diodons ou Orbes épi-neux n'ont pas les mâchoires divisées, de telle sorte que l'on n'a qu'une seule plaque dentaire en haut et en bas. Au lieu de dents, les bords des mâchoires sont revêtues de lames d'une matière semblable à l'ivoire, et si dure, qu'elle fait feu au briquet ; le bord libre de cette lame est tranchant. La voûte palatine est formée d'une plaque divisée d'avant en arrière par une rainure et transversalement par d'autres rainures ; il en résulte des éminences qui sont formées par l'agglomération de lamelles den-taires, dont les superficielles s'usent conti-nuellement et sont remplacées par d'autres qui croissent au-dessous des premières.

La peau des Diodons est revêtue de piquants, d'épines qui sont érectiles chez les Diodons proprement dits, tandis qu'elles sont immo-biles chez les Chlilomyctères. Dans les épines la couche d'émail domine. Les piquants, grêles,

Fig. 514. — Le Hérisson de mer (page 595).

acérés, s'implantent par une base à deux ou trois racines, auxquelles s'attachent les muscles destinés à les mouvoir. D'après Agassiz, une dentine compacte et transparente forme à elle seule la pointe de l'aiguillon, tandis que vers la base cette substance n'en constitue que la couche superficielle ; le reste est composé de matière presque homogène, de nature cornée ; la dentine est disposée en couches concentriques très régulières et traversée par un grand nombre de tubes calcifères très fins, droits, très serrés, rayonnant vers la périphérie.

Distribution géographique. — Les Diodons se trouvent dans les parties tropicales de la mer des Indes et de l'océan Atlantique. On en connaît une vingtaine d'espèces.

Mœurs, habitudes, régime. — Les Diodons sont de curieux animaux qui ont la faculté de pouvoir s'enfler en introduisant de l'air dans leur œsophage, qui est extensible, de telle sorte qu'ils prennent alors une forme plus ou moins globuleuse, d'où le nom d'*Orbres épineux*, sous lequel ils sont généralement connus. Au moment où le Poisson se gonfle, les épines dont il est revêtu se redressent de telle sorte que l'animal est alors de toute part hérissé de pointes. On a remarqué, du reste, que beaucoup de Diodons ont la faculté de redresser leurs épines par le jeu des muscles qui

BREHM. — VI.

s'insèrent à la base de celles-ci ; certains naturalistes pensent aussi que les Diodons, dans certains cas, sont capables d'avaler de l'eau dans le but de se gonfler et d'opposer alors une armure formidable à l'ennemi.

Lorsqu'à la surface de l'eau les Diodons avalent de l'air dans le but de se gonfler, ils se renversent et flottent alors au gré du vent et des vagues.

On a cru pendant longtemps que les Diodons avaient l'appareil respiratoire disposé d'une manière particulière pour leur permettre de se gonfler ; cet appareil n'est cependant pas autrement constitué que chez les autres Poissons ; lorsque les Diodons se gonflent, ils doivent avaler et refouler l'air qui entre dans l'immense jabot qui remplit la cavité abdominale ; une épaisse courbe musculaire entoure le pharynx et empêche l'air respiré de sortir contre le gré de l'animal.

D'après Lacépède, le Diodon ponctué ou Hérisson de mer « se nourrit de petits Poissons, de Cancres, et d'animaux à coquille, dont il brise aisément l'enveloppe dure par le moyen de ses fortes mâchoires. Il ne s'éloigne guère des côtes, et quoiqu'il ne parvienne qu'à la longueur de 15 pouces ou d'un pied et demi, il sait si bien, lorsqu'on l'attrape, se retourner en différents sens, exécuter des mouvements

POISSONS. — 75

rapides, s'agiter, se couvrir de ses armes, en présenter la pointe, qu'il est très difficile et même dangereux de le prendre. C'est principalement dans les moments où l'on veut le saisir qu'il gonfle sa partie inférieure. Il a la faculté de l'enfler...; il augmente ainsi son volume pour donner plus de force à sa résistance, et pour s'élever et nager avec plus de rapidité; il se gonfle et se tuméfie particulièrement, lorsqu'après l'avoir saisi, on cherche à le tenir un instant suspendu par sa nageoire dorsale; mais quelque cause qui le contraigne à se boursoufler, il détend souvent tout d'un coup sa partie inférieure, et, faisant alors sortir avec rapidité par l'ouverture de sa bouche, par celle de ses branchies ou par son anus, le fluide contenu dans son intérieur, il produit un bruissement semblable à celui que font entendre les Balistes, les Ostraciens et les Tetrodons. »

Cuvier note également que les Tetrodons et les Diodons, « vulgairement les *Boursouflus* ou les *Orbes*, peuvent se gonfler comme des ballons, en avalant de l'air, et en remplissant de ce fluide leur estomac, ou plutôt une sorte de jabot très mince et très extensible qui occupe toute la longueur de l'abdomen en adhérant intimement au péritoine, ce qui l'a fait prendre, tantôt pour le péritoine même, tantôt pour une espèce d'épiploon. Lorsqu'ils sont ainsi gonflés, ils culbutent; leur ventre prend le dessus, et ils flottent à la surface sans pouvoir se diriger; mais c'est pour eux un moyen de défense, parce que les épines qui garnissent leur peau se relèvent ainsi de toute part. »

Darwin, qui a observé les Diodons en vie, nous a laissé d'intéressantes observations sur ces animaux.

« Un jour, raconte le savant naturaliste, je pris plaisir à examiner un des Diodons que nous venions de capturer nageant près de la rive. Lorsque nous le replongeâmes dans l'eau, il engloutit une quantité considérable d'air et d'eau par la bouche et peut-être aussi par les ouvertures branchiales. La chose a lieu de deux façons : l'air est dégluti, puis refoulé dans la cavité abdominale, tandis qu'une contraction musculaire visible extérieurement empêche son retour; pendant ce temps l'eau pénètre par un courant qui passe par la bouche ouverte et immobile ; la faculté que possède la bouche d'introduire de l'air doit donc dépendre d'une aspiration. La peau de l'abdomen est beaucoup plus lâche que celle

du dos; aussi, pendant le gonflement, la face inférieure se distend beaucoup plus loin que la supérieure, et le poisson nage sur le dos. Cuvier doutait, à tort, de ce dernier fait. Le Diodon se meut non seulement en ligne droite en avant, mais il peut se tourner sur les deux côtés. Le dernier mouvement est exécuté seulement à l'aide des nageoires pectorales, et la queue, qui est affaissée, n'est pas mise à contribution. Lorsque le corps était ainsi gonflé d'air, les ouïes s'élevaient au-dessus de l'eau ; mais si un courant d'eau était avalé par la bouche, il ressortait continuellement par les ouïes.

« Lorsque le poisson s'était gonflé pendant un moment, il chassait habituellement de l'air et de l'eau par les ouïes ou par la bouche avec une force considérable. Il pouvait à volonté rejeter une partie de l'eau, mais on peut croire que le liquide était avalé en partie pour régler son poids relatif.

« Notre Diodon possédait plusieurs moyens de défense. Il pouvait faire de fortes morsures et lancer de l'eau par la bouche à quelque distance, en même temps qu'il produisait un bruit particulier par le mouvement de ses mâchoires. Pendant et immédiatement après le gonflement, les épines dont était couverte sa peau étaient raides et pointues; mais le plus curieux était que, tenu dans la main, il excrétait un liquide filant d'une très belle couleur rouge carmin, qui colorait d'une manière tout à fait persistante l'ivoire et le papier. La nature et l'utilité de cette sécrétion me sont restées complètement inconnues. »

Du Tertre raconte qu'on prend pour s'amuser des Diodons aux Antilles, bien qu'on ne mange pas leur chair; on amorce les hameçons avec une queue d'écrevisse. Par crainte de la ligne, le poisson rôde un certain temps autour de l'hameçon et cherche enfin avec prudence à goûter à la queue d'écrevisse; si la canne à pêche ne bouge pas, il s'enhardit, se précipite et avale l'appât. Sitôt alors qu'il se sent pris, il se gonfle, devient épais et arrondi, se retourne sens dessus dessous, dresse ses aiguillons, se démène comme un dindon en colère et cherche à blesser tout ce qui se trouve à sa portée. S'il voit l'inutilité de ses efforts, il se sert d'une autre ruse, il rejette loin de lui l'air et l'eau, referme ses aiguillons et se détend, incontestablement dans l'espoir de s'enfoncer dans le fond; si cela ne lui sert de rien, il recommence encore à se gonfler et à menacer de ses aiguillons. En raison de la vie dure de l'animal, ce jeu continue longtemps au grand plaisir des spectateurs qui finissent enfin par le tirer à terre après s'être suffisamment repus de son supplice. Là il se défend encore plus courageusement, se hérisse et ne se laisse pas toucher, mais quelque temps après il s'épuise et meurt.

La dentition des Diodons indique leur manière de se nourrir : à l'aide du bec de perroquet dont leurs mâchoires sont armées, ils arrachent les coquillages ou coupent les tiges des coraux, qu'ils broient ensuite avec leur plaque palatale; ils recherchent également les crustacés.

Pêche, dangers. — La chair des Diodons est généralement mucilagineuse et peu estimée, aussi ces animaux ne sont-ils que très rarement pêchés. Leur usage, au moins dans certaines saisons, peut du reste donner lieu à des empoisonnements (1).

« Lorsqu'on a mangé de l'*Atinga* (le Diodon ponctué), écrit Lacépède, non seulement on peut éprouver des accidents graves, si on a laissé dans l'intérieur de cet animal quelques restes des aliments qu'il préfère, et qui peuvent être très malsains pour l'homme, mais encore, écrivait Pison, la vésicule du fiel de ce cartilagineux contient un poison si actif, que si elle crève quand on vide l'animal, ou qu'on l'oublie dans le corps du poisson, elle produit sur ceux qui mangent de l'Atinga les effets les plus funestes : les sens s'émoussent, la langue devient immobile, les membres se raidissent, et, à moins qu'on ne soit promptement secouru, une sueur froide ne précède la mort que de quelques instants. »

LE HÉRISSON DE MER. — *DIODON HYSTRIX*

Igelfisch.

Caractères. — Cette espèce, qui peut atteindre 0ᵐ,30 de long, a le corps brun rougeâtre avec des taches plus foncées. On compte 14 rayons à la nageoire dorsale, 21 aux pectorales, 37 à l'anale, 10 à la caudale. Les épines sont supportées par trois racines (fig. 514).

LES TÉTRODONS — *TETRODONS*

Kröpfer.

Caractères. — Les Tétrodons diffèrent des Diodons en ce que les deux mâchoires sont di-

(1) Voyez Fonssagrives, *Traité d'hygiène navale*, 2ᵉ édition. Paris, 1877, p. 632.

visées par une suture médiane, de telle sorte qu'il existe quatre dents, d'où le nom de ces animaux.

Les épines se trouvent sur tout le corps ou sur une partie du corps seulement; elles manquent chez certaines espèces ou sont très petites sur d'autres.

La forme et la disposition des narines donnent d'assez bons caractères pour la séparation des espèces, qui sont au nombre de près de 70.

La coloration est souvent des plus agréables et consiste en bandes ou en taches se détachant en vif sur un fond plus sombre.

Lorsqu'il n'est pas gonflé, le corps a une forme allongée (fig. 515).

Mœurs, distribution géographique. — Les Tétrodons ont les mêmes mœurs que les Diodons et peuvent comme ceux-ci se gonfler d'air et flotter à la surface de la mer.

Presque toutes les espèces sont marines, peu habitent les eaux douces. Parmi celles-ci le *Tetrodon psittaceus* se trouve dans les grands cours d'eau du Brésil; le *Tetrodon fahak* ou *fakalka* abonde dans le Nil et dans certains fleuves de l'ouest de l'Afrique; le *Tetrodon fluviatile* habite les eaux saumâtres et les rivières des Indes occidentales.

Les espèces marines se trouvent dans la zone tropicale et dans la zone subtropicale de la mer des Indes et de l'océan Atlantique. Une espèce est cependant européenne.

LE TÉTRODON LAGOCÉPHALE. — *TETRODON LAGOCEPHALUM.*

Caractères. — Cette espèce, qui atteint la longueur de 0ᵐ,60, a le profil supérieur du corps presque droit, à peine concave, tandis que le profil inférieur est convexe. La peau du ventre est plissée et porte des aiguillons supportés par une base étroite. Les mâchoires sont avancées. Les yeux, qui sont grands, ont, d'après E. Moreau, une couleur grisâtre avec des taches blanches ou d'un blanc teinté de roux. La dorsale, située un peu en avant de l'anale, se compose de 11 à 14 rayons; la caudale est échancrée. Bibron note que le corps est de couleur ardoisée ou bleuâtre sur le dos, blanchâtre sur les flancs et le ventre; le plus souvent, on voit sur le ventre des taches arrondies d'un brun plus ou moins foncé et ordinairement de larges bandes foncées en travers du dos.

Distribution géographique. — Le Tétrodon

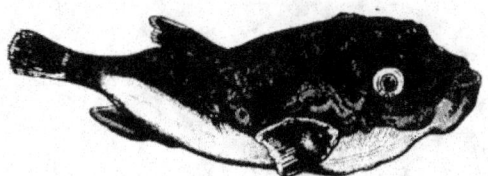

Fig. 515. — Le Tétrodon du cap de Bonne-Espérance.

est extrêmement rare dans les mers d'Europe; E. Moreau le signale comme ayant été accidentellement capturé à Arcachon en 1870, à Noirmoutiers en 1876; Moreau cite également un individu pris dans le golfe de Gênes; Yarrell et Couch mentionnent la capture de cette espèce sur les côtes d'Angleterre.

LE FAHAK OU FAKALKA. — TÉTRODON FAHAK OU FAKALKA.

Fahak.

Caractères. — Cette espèce a le dos bleu noirâtre; les flancs sont rayés de jaune clair; e ventre est jaunâtre, la gorge d'un blanc de neige; la nageoire caudale est colorée en jaune clair. On compte 11 rayons à la dorsale, 9 ou 10 à l'anale, 7 à la caudale. On ne trouve d'épines que sous le ventre (fig. 516).

Mœurs, distribution géographique. — Le Fahak remonte parfois de la Méditerranée dans le Nil où on l'observe alors avec assez d'abondance, bien qu'il soit toujours assez rare et cantonné. Hasselquist est le premier naturaliste qui ait signalé cette espèce en Égypte; plus tard, Geoffroy Saint-Hilaire l'a bien observée pendant l'inondation du Nil et a émis l'opinion qu'elle descend du bassin supérieur du fleuve et se propage de là dans les divers canaux.

On voit souvent le Fahak en masse, pendant l'époque de la sécheresse, couché sur la vase. « Vieux et jeunes, écrit Geoffroy, se réjouissent de l'arrivée de ce poisson; les enfants jouent avec lui; ils chassent de tous côtés ces sphères gonflées et renversées sur l'eau; ils s'en servent comme de ballons lorsqu'elles sont sèches. »

Le Fahak nage dans la profondeur du fleuve assez maladroitement, mais à la manière des autres poissons; à l'aspect du danger, il se rend rapidement à la surface de l'eau, avale de l'air, se gonfle au point de ressembler à une boule, se retourne sur le dos et présente alors les pointes dont le ventre est hérissé. Peu de poissons peuvent avaler le Tétrodon; le plus souvent, ils le chassent sur l'eau et finissent par l'abandonner, parce qu'ils se blessent à ses épines.

Lorsqu'on cherche à s'emparer du Fahak, il s'efforce d'avaler encore plus d'air; sitôt qu'il croit que le danger est passé, il laisse peu à peu échapper l'air en produisant une sorte de sifflement; le corps redevient alors allongé et l'animal peut se servir de ses nageoires pour se diriger. Non seulement le Fahak sait se défendre en se gonflant et en présentant ses aiguillons à l'ennemi, mais encore il mord avec rage. L'animal peut vivre assez longtemps hors de l'eau.

Usages, dangers. — La chair du Fahak, de mauvais goût, n'est guère mangée que par les habitants les plus pauvres des bords du Nil; elle paraît être dangereuse dans certaines circonstances; les œufs passent pour être très vénéneux.

La plupart des Tétrodons jouissent, du reste, de la plus mauvaise réputation, et à juste titre, car dans beaucoup de circonstances, non encore bien déterminées, l'ingurgitation de leur chair peut donner lieu à de graves symptômes d'empoisonnement; on cite même d'assez nombreux cas de mort (1). Chose singulière, notée par tous les voyageurs, les propriétés vénéneuses du Tétrodon n'existeraient pas chez tous, ni à toutes les époques de l'année; certaines espèces sont dangereuses dans certaines circonstances, d'autres ne le sont pas. D'après la plupart des observateurs, il est probable que la chair du Tétrodon, comme celle du Diodon, acquiert des propriétés vénéneuses lors-

(1) Voyez Fonssagrives, *Traité d'hygiène navale*, 2ᵉ édition. Paris, 1877, p. 632.

Fig. 516. — Le Tétrodon fahak ou fakalka.

que ces poissons se nourrissent de certains Polypes et de Médusaires.

LES POISSONS-LUNES — *ORTHA-GORISCUS*

Mondfisch.

Caractères. — Les Poissons-Lunes sont de très curieux animaux au corps haut, comprimé, tronqué en arrière ; la queue n'existe pas ; les nageoires dorsale et anale se réunissent à la caudale ; il n'existe pas de ventrales, et dès lors pas d'os pelviens. La peau, qui est fort épaisse, semblable à du cuir, est rugueuse, par suite de la présence de nombreuses scutelles ; chez le jeune, la peau porte des aiguillons, des épines en plus ou moins grand nombre. Les mâchoires n'ont pas de séparation médiane. Il existe quatre paires de branchies, ainsi qu'une branchie accessoire ou pseudobranchie.

LE POISSON-LUNE. — *ORTHAGORISCUS MOLA*.

Meermond.

Caractères. — D'après E. Moreau, « ce singulier animal présente des formes variables suivant l'âge ; le corps est raccourci ; dans les adultes il est long, et la longueur fait environ une fois et demie la hauteur ; dans les jeunes, la longueur est à peine plus grande que la hauteur ; dans les très jeunes, les deux diamètres ont la même longueur, et le corps présente l'aspect d'un disque régulier. Ces différences de configuration ont été regardées comme des caractères spécifiques par divers naturalistes. »

La tête est à peine distincte du tronc. La bouche, qui est petite, s'ouvre à l'extrémité du museau. Les yeux, de couleur argentée, sont petits, assez rapprochés du profil supérieur de la tête. D'après Cuvier, la paupière serait pourvue d'un sphincter, au moyen duquel l'animal pourrait recouvrir l'œil. L'ouverture des ouïes est fort petite. La dorsale et l'anale sont pointues, très hautes, presque triangulaires ; on compte de 16 à 18 rayons à la dorsale, de 15 à 17 à l'anale. La caudale est courte, arrondie, composée de 12 à 17 rayons. Les pectorales, qui sont arrondies et peu développées, se composent de 12 rayons (fig. 517).

Le dos a une teinte grisâtre ; les nageoires sont de couleur sombre ; les flancs brillent d'un éclat argenté des plus vifs.

La Mole peut arriver à 2 mètres de long et peser plusieurs centaines de kilogrammes.

Distribution géographique. — Cette es-

pèce se prend sur toutes les côtes de France, mais elle est toujours rare; c'est un poisson essentiellement pélagique; on en capture de temps en temps des individus égarés sur les côtes d'Irlande et d'Angleterre. C'est dans la Méditerranée que la Mole paraît être plus particulièrement abondante.

Mœurs, habitudes, régime. — Le Poisson-Lune, si singulier et si facile à distinguer de tous les autres Poissons, ne paraît cependant pas avoir été connu des anciens, du moins n'en trouvons-nous aucune mention dans leurs écrits. Au milieu du seizième siècle, Salviani est le premier naturaliste qui en ait fait mention.

Gesner le décrit avec assez d'exactitude et rapporte de la Mole une particularité qui, malgré son invraisemblance, n'a pas été sérieusement contredite. « Pendant la nuit, dit Gesner, certaines parties de ce Poisson brillent à tel point qu'on croirait voir une flamme ou une lumière; souvent les marins sont frappés de crainte à la vue de cette lueur étrange. » D'autres observateurs ont cité un fait semblable, tandis que beaucoup d'autres n'en parlent pas.

Le peu que nous savons des habitudes de la Mole est dû aux naturalistes anglais. « Par un beau temps, écrit Yarrell, les matelots observent ce Poisson dans la Manche; il semble alors dormir à la surface de l'eau, couché sur un côté et poussé par les vagues, de telle sorte qu'au premier abord on pourrait croire avoir affaire à un animal mort. »

Couch pense que la Mole se tient dans les profondeurs, entre les plantes marines qui doivent constituer le fond de sa nourriture et qu'elle ne remonte à la surface que par les temps calmes, pour dormir. Si l'on s'approche du Poisson lorsqu'il est endormi et que l'on ne fasse pas de bruit on peut, le plus souvent, le capturer avec une grande facilité, car il ne cherche que rarement à s'enfuir.

Usages. — « Les pêcheurs, rapporte E. Moreau, apportent parfois à terre les Moles comme un objet de curiosité, les montrent moyennant une légère rétribution, puis les rejettent sans essayer d'en tirer aucun autre profit. En effet, la chair de ces Poissons, d'une odeur désagréable, ne peut guère tenter l'es-

tomac même le plus affamé. Cependant sur les bords de la Méditerranée quelques parties de l'animal servent à l'alimentation; à Nice, le foie, bien que très peu estimé, est mangé, d'après ce que rapporte Risso; à Cette, les pêcheurs vendent même l'intestin, ainsi que celui des Raies, comme un mets assez délicat.

Déjà au seizième siècle Gesner note la détestable réputation gastronomique qu'avait la Mole. « Lorsqu'on fait bouillir la chair de ce Poisson, écrit le naturaliste de la Renaissance, elle prend une odeur infecte qui rappelle celle de la préparation de la colle forte à l'aide de substances sèches, salées; aussi personne n'en mange-t-il. La graisse de la Mole, très abondante, pourrait servir à obtenir l'huile d'éclairage, qui a cependant le grave inconvénient d'exhaler une forte odeur. »

L'ORTHAGORISQUE OBLONG. — *ORTHAGORISCUS OBLONGUS.*

Caractères. — Cette espèce, qui a été reconnue vers le milieu du siècle dernier, se distingue de la Mole par son corps beaucoup moins élevé, plus allongé, brusquement tronqué dans sa partie postérieure; la tête est moins haute et plus longue que chez la Mole; le museau est plus étroit. La peau, épaisse, présente l'aspect d'une mosaïque formée de petits grains; elle est beaucoup moins rugueuse que chez l'autre espèce. L'œil, d'un gris argenté, est arrondi, rapproché du profil supérieur de la tête. La dorsale et l'anale sont moins développées que chez la Mole, tandis que les pectorales sont plus longues. Le dos est de couleur brunâtre, avec des reflets argentés; le reste du corps est argenté.

Distribution géographique. — L'Orthagorisque oblong paraît être extrêmement rare sur les côtes d'Europe; on en connaît quelques individus capturés dans les eaux de la Grande-Bretagne et de la France, aussi bien de l'Atlantique que de la Méditerranée. L'espèce paraît avoir une très large extension, bien qu'elle soit toujours fort rare cependant; on la connaît de divers points des parties chaudes de l'Atlantique, du Pacifique et de l'océan Indien.

LES SCLÉRODERMIDÉES — *SCLERODERMIDÆ*

Die Hornfische.

Caractères. — Ces Plectognathes ont les mâchoires armées de dents distinctes, toujours en petit nombre. La peau est rugueuse, garnie d'aspérités ou de plaques dures. Le plus ordinairement il existe une dorsale épineuse et au moins un rudiment des nageoires ventrales.

Avec A. Günther, nous pouvons diviser ces Plectognathes en trois groupes distincts.

Chez les *Triacanthiniens* la peau est revêtue d'aspérités petites, rugueuses, semblables à des écailles. Il n'existe qu'une seule nageoire dorsale avec 4 à 6 épines et une paire de fortes épines ventrales mobiles unies aux os du bassin.

Les *Balistiniens* ont le corps comprimé, recouvert de plaques, chez les Balistes et les Anacanthes; les Monacanthes ont sur le corps des écailles rugueuses si petites que la peau semble avoir un aspect velouté; parfois on trouve, de chaque côté de la queue, une série d'épines qui, chez les Monacanthes, ont l'aspect d'une sorte de brosse. La dorsale est réduite à une, deux ou trois épines. Les ventrales font entièrement défaut ou consistent en une simple proéminence des os du bassin. Chez les mâles adultes des Monacanthes, on voit de chaque côté de la tête une armature spéciale, qui est beaucoup moins développée chez les femelles.

Ce qui caractérise essentiellement les *Ostraciodontiniens*, c'est que les plaques dermiques se fusionnent de manière à constituer une carapace continue enfermant l'animal dans une sorte de boîte immobile et inextensible.

Distribution géologique et géographique. — Les Sclérodermidées sont tout particulièrement abondants à l'époque actuelle dans les mers de la zone tropicale; ils sont beaucoup plus rares sous des latitudes plus élevées.

Ces Plectognathes sont connus, à l'état fossile, de trois localités appartenant à l'époque tertiaire. De vrais *Ostracions* ou *Coffres* ont été trouvés à Monte-Bolca, dans le Vicentin; des schistes de Glaris, en Suisse, deux genres ont été décrits, les *Acanthodermes* et les *Acanthopleures*, étroitement apparentés aux *Balistes* et aux *Triacanthes*; les *Gyptocéphales*, de l'île de Sheppy, en Angleterre, tout en ayant le squelette des *Balistes*, ont le corps recouvert de tubercules arrangés en séries régulières.

LES COFFRES — *OSTRACION*

Kopperfische.

Caractères. — Ainsi que nous l'avons noté, les Coffres ont le corps enfermé dans une carapace osseuse et immobile, à trois ou à quatre pans; ces pièces osseuses s'imbriquent les unes avec les autres à la manière des pièces d'une mosaïque. La face abdominale est aplatie, déprimée. Le museau seulement, ainsi que la base des nageoires et la partie postérieure de la queue, sont entourés d'une peau molle qui permet les mouvements des muscles qui meuvent ces parties. Le profil de la tête est déclive; la bouche est petite; les os maxillaires et intermaxillaires sont soudés; chaque branche de la mâchoire est armée d'une seule série de petites dents grêles; le maxillaire est, du reste, très réduit. Les narines se trouvent placées en avant des yeux, dans une petite fossette. L'ouverture des ouïes est étroite, verticale. Sur divers points du corps on voit, le plus souvent, des épines parfois longues. La dorsale, qui est courte, est opposée à l'anale fort reculée; la caudale est bien développée; il existe de petites pectorales; les ventrales, qui font toujours défaut, sont parfois représentées par une éminence plus ou moins prononcée.

La langue est courte, immobile; l'estomac est grand, membraneux. La colonne vertébrale ne consiste qu'en 14 vertèbres, dont les 5 dernières sont très courtes, tandis que les antérieures sont allongées. Il n'existe pas de côtes.

Distribution géographique. — On connaît près de 35 espèces de Coffres, qui sont particulièrement abondantes dans les mers tropicales et subtropicales; deux espèces se trouvent accidentellement dans la Méditerranée.

Mœurs, habitudes, régime. — On ne sait à peu près rien sur le genre de vie des Coffres. Ce sont des animaux se tenant vers les bas-fonds de roche; ils sont très mauvais nageurs et arrivent rarement à la surface de l'eau. La nourriture paraît se composer de crustacés et de petits mollusques.

LE COFFRE A QUATRE CORNES. — *OSTRACION QUADRICORNIS.*

Vierkorn.

Caractères. — Cette espèce a quatre cornes ou aiguillons osseux et acérés, deux en avant des yeux, deux en arrière de l'abdomen. La longueur est de 0m,30 à 0m,40. Le corps est triangulaire (fig. 518). La couleur fondamentale est d'un beau brun tirant sur le rougeâtre avec des taches sombres, allongées, de forme irrégulière; la queue est d'un brun verdâtre avec des taches arrondies; les autres nageoires

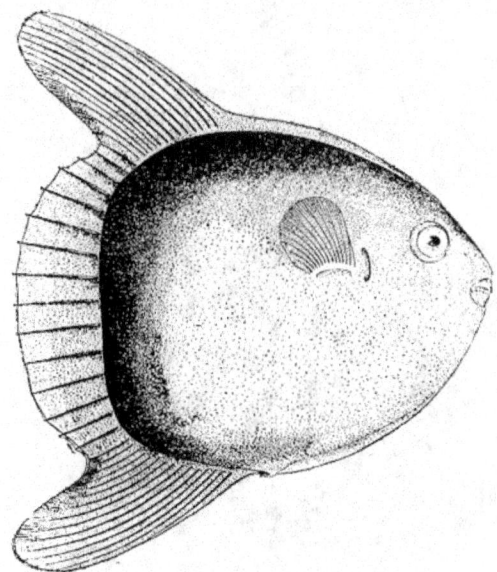

Fig. 517. — Le Poisson-Lune (page 597).

ont une coloration jaunâtre. On compte 7 à 8 rayons à la nageoire dorsale, 10 à 12 à l'anale.

Distribution géographique. — Cette espèce est abondante dans les parties les plus chaudes de l'océan Indien.

LE COFFRE A BEC. — *OSTRACION NASUS.*

Caractères. — Chez cette espèce la carapace a les faces latérales et la face inférieure planes; la face supérieure se relève en une crête médiane, de telle sorte que le corps présente cinq arêtes distinctes. La carapace, qui entoure la base de la dorsale, forme une sorte de large bouclier sur le tronçon de la queue. Il n'existe pas d'épines sur l'arête abdominale.

La carapace et le tronçon de la queue portent des taches noirâtres, arrondies, assez larges.

Distribution géographique. — D'après E. Moreau, cet Ostracion a été trouvé accidentellement dans la Méditerranée; sa véritable patrie, ce sont les parties chaudes de l'océan Atlantique.

LES BALISTES — *BALISTES*

Caractères. — Chez les Balistes la peau est ovale, comprimée, couverte de pièces rugueuses, de scutelles parfois épineuses; on voit, dans beaucoup d'espèces, des épines plus ou moins nombreuses, disposées en séries sur le tronçon de la queue. Le museau est avancé, la bouche petite, armée de dents généralement au nombre de huit, fortes et en forme d'incisives, obliquement tronquées. La dorsale molle, qui est reculée, est opposée à l'anale; la caudale est distincte; la première dorsale consiste en trois épines très robustes, dont la première, la plus forte, est granuleuse en avant comme une sorte de râpe, disposée à sa partie postérieure pour recevoir la seconde épine; les épines peuvent se redresser ou s'abaisser à la volonté de l'animal, mais par suite d'une disposition anatomique spéciale, la première épine ne peut être rabattue si la seconde n'a été elle-même préalablement abaissée. Les nageoires pectorales sont peu développées; les

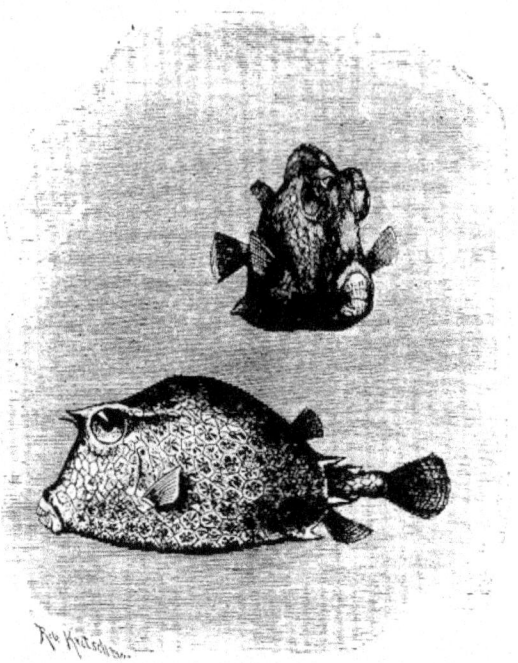

Fig. 518. — Le Coffre à quatre cornes

ventrales sont représentées par une pièce épineuse suivie d'un repli de la peau soutenu par de petits aiguillons, pièce qui dépend de l'os pelvien.

Distribution géographique. — Les Balistes, dont on connaît une trentaine d'espèces, habitent les mers tropicales et subtropicales; deux espèces se trouvent accidentellement sur les côtes d'Europe.

Dangers. — Tous les Balistes jouissent d'une détestable réputation, parfaitement justifiée, du reste, auprès des voyageurs et des indigènes des mers du Sud, car l'usage de leur chair détermine trop souvent des accidents extrêmement graves. La propriété vénéneuse de ces Poissons vient de leur nourriture, qui consiste le plus ordinairement en Mollusques, que les Balistes peuvent broyer avec leurs dents, de manière à en extraire la substance alimentaire. Souvent aussi les Balistes coupent des Coralliaires, et ce serait alors qu'ils

deviendraient vénéneux, surtout, comme disent les marins, lorsque les coraux sont en fleur. Beaucoup d'animaux semblables aux Coralliaires causent, on le sait, une violente brûlure sur la peau et une sensation de brûlure plus sensible encore sur les muqueuses; il semble donc que la chair des Balistes reçoive de la nourriture une propriété analogue tout aussi dangereuse.

On a de nombreux cas d'empoisonnement par l'usage de la chair des Balistes. D'après les observations rapportées, les premiers symptômes éprouvés, ce sont d'atroces douleurs stomacales et intestinales, puis du tremblement consulsif des membres, du gonflement de la langue; la respiration est anxieuse, difficile; les muscles de la face sont atteints de convulsions; il y a de la tendance aux syncopes. La plupart des observateurs rapportent que si des soins ne sont pas promptement donnés, la mort peut arriver dans un court délai, bien que la dose de chair vénéneuse ingurgitée ait été peu considérable. Les vomitifs, les purgatifs huileux, sont considérés comme les meilleurs moyens de médication. En général, lorsque les empoisonnés ont été bien soignés, ils guérissent au bout de huit jours, mais il arrive trop souvent que, malgré tous les soins, ils ressentent encore pendant longtemps de violentes douleurs dans les jointures.

LE BALISTE CAPRISQUE. — *BALISTES CAPRISCUS*.

Caractères. — Cette espèce, qui peut arriver à 0^m,40 de long, a le corps revêtu d'une sorte de cuirasse formée de pièces losangiques étroites; la tête est haute et mesure le quart de la longueur totale du corps; le profil est oblique, régulier; le museau est arrondi; la bouche, très petite, garnie de grosses lèvres, est terminale. Les yeux, de couleur blanc jaunâtre, sont petits, placés vers le profil antérieur de la tête et loin du museau. Les narines sont placées très près de l'œil. L'ouverture des ouïes est réduite à une petite fente presque verticale. La seconde dorsale, qui est longue, se compose de 27 à 28 rayons; on compte 25 à 27 rayons à l'anale, qui lui est opposée. La caudale est tantôt arrondie, tronquée, coupée plus ou moins carrément, tantôt, au contraire, échancrée plus ou moins profondément; suivant E. Moreau, ces différences paraîtraient être dues à l'âge des animaux observés. Les pectorales sont peu développées. L'os du bassin porte à son extrémité postérieure une pièce courte, mobile, fort rugueuse à sa face antérieure, terminée par des pointes aiguës.

La coloration est tantôt d'un brun violacé, tantôt d'un gris brunâtre, teinté de bleu et de jaune; on voit parfois sur le corps des taches bleues, jaunes, noirâtres.

Distribution géographique. — Le Baliste caprisque habite les parties chaudes de l'Atlantique, mais peut accidentellement se pêcher dans la Méditerranée et jusque sur les côtes de la Grande-Bretagne. Cette espèce était probablement connue des anciens, car il semble qu'Appien et Athénée en parlent; quant au Poisson du Nil, que mentionne Strabon, ce n'est pas un Baliste, mais le Tetrodon fahak. En 1558, Rondelet a décrit et figuré parfaitement le Caprisque, auquel il donne le nom de *Porc*.

LES CYCLOSTOMES — *CYCLOSTOMATA*

Die Rundmaüler.

Historique. — Pour Cuvier, on peut diviser les Poissons en deux grandes séries, les *Poissons chondroptérygiens* ou *Cartilagineux* et les *Poissons proprement dits*. Les Cartilagineux sont eux-mêmes groupés en trois ordres, les *Sturioniens*, dont les branchies sont ouvertes comme à l'ordinaire, par une fente garnie d'un opercule; les *Sélaciens*, qui ont les branchies ouvertes par des trous nombreux, et les *Cyclostomes*, dont les mâchoires sont soudées en un anneau immobile et les branchies sont également ouvertes par des trous nombreux.

Le groupement de ces trois ordres en une série unique, celle des Chondroptérygiens, est absolument artificiel et ne repose que sur un seul caractère, la non ossification du squelette, qui reste plus ou moins à l'état cartilagineux. Nous avons vu, en effet, que les Squales, les Raies, les Chimères, sont seuls des Chondroptérygiens et que l'Esturgeon, qui forme, pour Cuvier, l'ordre des Sturioniens, est un Ganoïde. Les Chondroptérygiens proprement dits et les Ganoïdes sont parmi les plus élevés de la classe des Poissons; les Cyclostomes, tout au contraire, doivent prendre place vers la fin de la série; les Lamproies sont bien des Poissons cartilagineux, mais leur organisation est si inférieure, qu'il faut les regarder comme des Vertébrés très dégradés.

Dès 1812, Constant Duméril, indiquait chez les Lamproies plusieurs particularités des plus singulières, et le titre même du mémoire que publiait le savant zoologiste indique à lui seul que, pour lui, les Cyclostomes ou Lamproies sont des animaux très inférieurs; ce mémoire porte, en effet, pour titre : *Dissertation sur les Poissons qui se rapprochent le plus des animaux sans vertèbres.*

J. Muller, Charles Bonaparte, ont confirmé les vues de Duméril; depuis leurs travaux, il n'est point douteux qu'il ne faille regarder les Lamproies comme le type d'une, sous-classe distincte; cette sous-classe a été désignée par Bonaparte sous le nom de Marsipobranches; mais il semble que le nom de Cyclostomes, dû à C. Duméril, doive prévaloir.

Caractères généraux. — Le corps est toujours allongé, anguilliforme, recouvert d'une peau nue, lisse et visqueuse, présentant des rangées de pores et de sacs muqueux (fig. 519). Le squelette est cartilagineux ou fibro-cartilagineux, dépourvu de côtes; les mâchoires proprement dites font défaut; il n'existe pas de membres; le crâne n'est pas séparé de la colonne vertébrale. Les branchies sont renfermées dans des poches en forme de bourses ou de sacs, d'où le nom de Marsipobranches, donné à ces animaux, par Charles Bonaparte; ces poches sont au nombre de 6 à 7 de chaque côté; il n'existe pas d'arcs branchiaux (fig. 520). On ne trouve qu'une seule ouverture nasale. Il n'existe pas de bulbe artériel au cœur. La bouche est antérieure, entourée d'une lèvre circulaire, et disposée en forme de suçoir. Le canal digestif est droit, simple, sans appendices cœcaux; le pancréas et la rate font défaut.

Ces caractères généraux donnés, il est utile de faire connaître plus en détail l'organisation de ces curieux Poissons.

Anatomie. — Le squelette est réduit à ses parties fondamentales les plus essentielles, et n'est formé que par les rudients cartila-

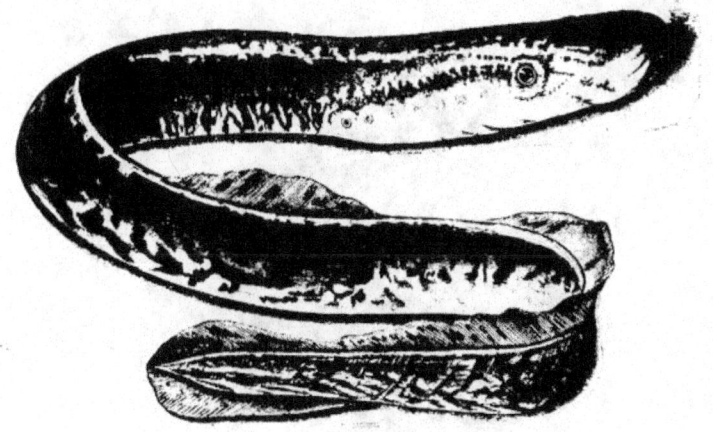

Fig. 519. — La Lamproie marine.

gineux de la colonne vertébrale et du crâne. Le rachis est représenté par une corde dor-

Fig. 520. — Appareil respiratoire de la Lamproie, d'après Owen.

sale permanente qui offre des traces de segmentation par l'apparition de pièces car-tilagineuses; du moins, chez les Lamproies proprement dites, trouve-t-on des pièces cartilagineuses, disposées en nombre pair, qui représentent les arcs supérieurs des vertèbres; les côtes sont également représentées par de petites pièces cartilagineuses placées sur la notocorde; en un mot, on a ici ce que l'on voit chez l'embryon des Vertébrés plus haut placés dans la série. Les rudiments des arcs inférieurs des vertèbres sont également représentés par deux petites pièces qui, dans la région caudale, forment un canal dans lequel s'engagent les vaisseaux.

En avant la corde dorsale, ou notocorde, se termine en pointe à la base des pièces cartilagineuses qui constituent le crâne, lequel n'est pas mobile sur le rachis.

Un disque, qui ne paraît pas avoir d'analogue chez les autres Poissons, soutient la buccale.

La partie postérieure du cerveau est protégée par une capsule peu développée, dont les appendices montants se réunissent plus ou moins en voûte. Sur la base du crâne s'ajoutent deux capsules cartilagineuses, une de chaque côté, renfermant les organes de l'ouïe; ce sont les *capsules auditives*. En avant et en bas on voit une pièce qui descend de la base du crâne et qui va rejoindre une autre pièce temporale, de manière à former, chez les Lamproies, une espèce d'*arcade sous-orbitaire*.

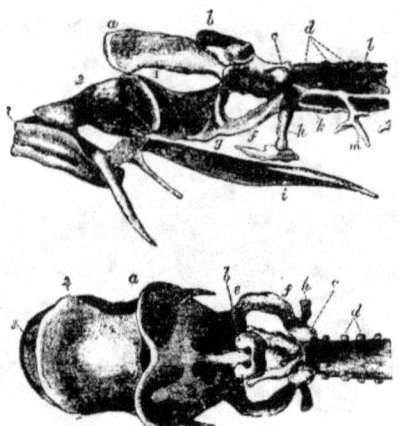

Fig. 521 et 522. — Crâne de Lamproie, vu de côté et en dessous (*).

En avant du crâne se trouve une capsule membraneuse ou cartilagineuse qui renferme les organes de l'olfaction; on voit également chez la Lamproie une pièce cordiforme, désignée par Duméril sous le nom de *cuilleron*, par Huxley, sous le nom de plaque ethmovomérienne; le *cuilleron moyen*, de Duméril, situé plus en bas et plus en avant, est un cartilage labial accessoire. On voit également en bas une série de pièces en nombre pair qui peuvent être regardées comme des pièces labiales (fig. 521 et 522).

Les Marsipobranches n'ayant pas de nageoires paires, l'épaule et le bassin font complètement défaut.

Le cerveau, bien que petit, se différencie cependant nettement de la moelle et présente bien tous les caractères du cerveau des Poissons. Le cerveau antérieur est constitué par deux lobes; les pédoncules olfactifs sont très développés. Le mésencéphale, ou cerveau moyen, forme un lobe impair, à face supérieure convexe; les lobes optiques sont hémi-

(*) *a*, plaque ethmoïdienne; *b*, capsule olfactive; *c*, capsule auditive; *d*, arcs neuraux de la colonne vertébrale; *e*, portion palato-ptérygoïdienne; *g*, portion inférieure quadrate de l'arc sous oculaire; *h*, apophyse stylohyale; *i*, cartilage lingual; *k*, prolongement inférieur; *l*, latéral du cartilage crânien; 1, 2, 3, cartilages accessoires labiaux; *m*, squelette branchial. Les espaces de chaque côté de 1 sont fermés par une membrane (d'après Huxley).

sphériques. Le cervelet est très peu développé, réduit à une simple bandelette. La moelle allongée, volumineuse en avant, ne montre ni lobules ni renflements (fig. 52, 524).

La moelle épinière est aplatie, rubanée, élastique et extensible chez la Lamproie marine.

Les nerfs cérébraux sont au nombre de 9 ou 10 paires. Les yeux sont petits; il n'existe pas de paupières; à l'état larvaire, et chez certains genres, tels que les Myxines, ces organes sont cachés sous la peau.

Les Cyclostomes diffèrent de tous les autres Vertébrés par la disposition de l'organe de l'olfaction, qui consiste en un sac placé dans une capsule spéciale; chez tous les autres Vertébrés, il existe deux sacs nasaux. Sur le milieu de la tête, en avant des yeux, se trouve un orifice arrondi, qui est l'évent qui traverse la base du crâne, chez la Lamproie, et se termine en sinus. Chez les Lamproies le sac nasal se termine en cul-de-sac, mais chez les Myxines il communique avec le pharynx (fig. 525); chez tous les autres Poissons, nous ne trouvons une semblable communication que chez le Lépidosiren.

L'organe de l'ouïe est placé sur les côtés du crâne dans une capsule cartilagineuse; chez les Lamproies, l'organe ne consiste qu'en deux canaux semi-circulaires et en un vestibule en forme de sac (fig. 526); chez les Myxines l'organe est encore plus imparfait et ne se compose que d'un tube membraneux, non séparé en vestibule et en canaux.

L'ouverture buccale, avons-nous dit, est en ventouse, circulaire; les lèvres peuvent se réunir de manière à former une fente longitudinale et médiane. Les lèvres sont charnues et portent souvent des barbillons. Chez les Myxines les lèvres font défaut cependant. Les dents sont cornées, souvent en grand nombre; chez les Myxines elles se réunissent de manière à former des sortes de plaques.

Au fond de l'entonnoir buccal se trouve la langue, qui sert d'organe de succion.

Le canal digestif est droit. Chez les Lamproies l'œsophage communique directement ou par l'intermédiaire d'un canal médian et commun avec les sacs des branchies. Les Lamproies ont une valvule spirale dans l'intestin, valvule qui manque chez les Myxines.

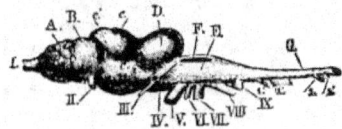

Fig. 523. — Cerveau de la Lamproie fluviatile, vue supérieure et de côté (*).

Le cœur est placé au-dessous et en arrière des organes opérateurs. Quelques trous veineux sont animés de contractions rythmiques, par exemple la veine porte chez les Myxines; l'aorte cardiaque, qui se continue directement avec le bulbe, distribue des branches dans les organes respiratoires.

Ces organes sont chez les Cyclostomes d'un type tout à fait particulier, qui ne se retrouve pas chez les autres Poissons.

Les branchies sont placées sur les côtés de l'œsophage, fixées dans six ou sept poches, qui, chez les Lamproies, communiquent avec l'extérieur par des canaux qui débouchent par autant d'organes séparés; ces orifices sont

(*) I, nerfs olfactifs, étroits prolongements antérieurs du rhinencéphale (A); B, protencéphale; c, thalamencéphale; D, mésencéphale; E, moelle allongée; F, quatrième ventricule; c, bande étroite qui est tout ce que représente le cérébellum; G, moelle épinière; II, nerfs optiques; III, oculo-moteurs; IV, pathétiques, trijumeaux; VI, moteur oculaire externe; VII, facial et auditif; VIII, glosso-pharyngien et pneumo-gastrique; IX, nerf hypoglosse; 1, 1, 2, 2, racines motrices et sensorielles des deux premiers nerfs spinaux.

situés derrière la tête. Chez les Myxines, au contraire, il n'existe de chaque côté qu'un seul orifice débouchant loin de la tête, près du ventre, et auquel aboutissent les canaux branchiaux externes (fig. 527). Ainsi que le fait remarquer Clauss, « les sacs branchiaux communiquent aussi avec l'œsophage, et jamais (excepté chez l'*Ammocœtus*) directement par de simples orifices, mais par des canaux branchiaux internes, ou, chez le *Petromyzon*, se réu-

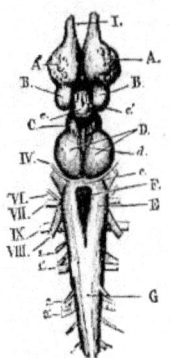

Fig. 524. — Cerveau de la Lamproie fluviatile (*).

nissent en un canal commun placé devant l'œsophage. Cette disposition des branchies et l'existence de muscles spéciaux (constricteurs) revêtant les sacs branchiaux, détermine le mode tout particulier suivant lequel le courant d'eau baigne les branchies. L'eau, en effet, pénètre par les orifices branchiaux externes ou chez les Myxines, par le canal nasal, et lorsque les constricteurs agissent, tantôt s'écoule par le même chemin (*Petromyzon*), tantôt passe dans l'œsophage, et de là au dehors par l'intermédiaire d'un canal particulier situé à gauche. »

L'appareil respiratoire est soutenu par une série de tigelles qui forment autour des sacs branchiaux une sorte de cage, et se rattachent en partie à la colonne vertébrale.

Ainsi que l'a très bien montré E. Moreau, les arcs cartilagineux s'unissent sur la ligne médiane à une bande également cartilagineuse

(*) A, lobes olfactifs; I, nerfs olfactifs; B, hémisphères cérébraux; C, cerveau intermédiaire de Baer (couches optiques); D, mésencéphales, ou lobes optiques; E, moelle allongée; F, quatrième ventricule; c, bandelette qui représente le cervelet; G, moelle épinière.

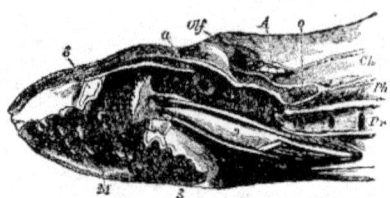

Fig. 525. — Section longitudinale et verticale du crâne de la Lamproie marine (*).

et médiane. Les arcs, latéralement reliés entre eux par une double série de tiges horizontales, figurent ainsi, vis-à-vis de chaque poche respiratoire, une sorte de cadre dans lequel se trouve l'orifice branchial externe. « Un cartilage cylindrique entoure l'extrémité du canal externe de chacune des poches respiratoires; il est entouré d'une espèce de sphincter, qui peut le comprimer plus ou moins fortement.

Dans la Lamproie marine, l'orifice du conduit branchial est muni de trois valvules, qui servent à le fermer plus ou moins complètement, et sont placées l'une en avant, et les deux autres en arrière. Chacune des poches qui renferment les lames respiratoires est, au moyen d'un tube assez court, en communication avec un sinus aquifère, un canal aqueux, écrit C. Duméril, sorte de cul-de-sac qui se termine au-dessus du péricarde en bas, et qui s'ouvre dans le gosier; ce canal a été comparé à une *trachée-artère*. Il est placé au-dessous de l'œsophage. Les sacs branchiaux enveloppent deux séries de lamelles respiratoires appartenant à des arcs différents. Chez les Ammocètes, ou larves de Lamproies, les branchies ne sont pas placées dans des poches; elles paraissent, surtout chez les très jeunes individus, appliquées sur des parois verticales; elles s'ouvrent dans un canal par de grandes fentes. Ce canal n'est pas seulement destiné à fournir l'eau nécessaire à l'alimentation; à son extrémité postérieure, se trouve une petite ouverture qui est le commencement de l'œsophage. Chez les Lamproies l'eau peut arriver de deux façons

(*) A, le crâne et le cerveau; *a*, section de la plaque ethmo-vomérienne; *Olf*, entrée dans la chambre olfactive qui se prolonge dans la poche cœcale *o*; *Ph*, pharynx; *Pr*, canal branchial avec les ouvertures internes des sacs branchiaux; *M*, cavité buccale avec ses dents cornées; 2, cartilage qui supporte la langue; 3, anneau oral.

dans les poches branchiales, soit par le sinus aqueux, soit par les canaux externes, qui toujours servent à l'inspiration et l'expiration, quand les animaux sont fixés par la ventouse buccale. »

Les reins présentent une structure très simple, les éléments qui les constituent restant isolés, chaque tube urinifère formant un lobule qui débouche directement dans l'uretère; celui-ci est très long, entouré, dans la région du cœur, par de nombreux canaux glandulaires.

Les glandes mâle ou femelle sont toujours impaires, placées chez les Myxines à droite, chez les Lamproies sur la ligne médiane. Les canaux excréteurs font défaut; les produits arrivés à maturité rompent les parois de la glande, tombent dans la cavité ventrale et sont expulsés en dehors par un pore spécial. Les œufs des Lamproies sont petits, ceux des Myxines sont grands, pourvus, à chacune de leurs extrémités, de petits filaments qui permettent l'adhérence.

Distribution géologique et géographique. — Il est probable que les Cyclostomes constituent un type très ancien, mais par suite même de la nature de leur squelette, qui est imparfait et presque membraneux, les débris de ces animaux n'ont pu parvenir jusqu'à nous. On trouve cependant, dans certaines assises siluriennes et dévoniennes, très anciennes puisqu'elles font partie de la série primaire, des plaques dentaires qui ressemblent beaucoup à celles qui arment la bouche des Myxines; il est vrai de dire que certaines Annélides ont des plaques à peu près semblables, de telle sorte que, dans l'état actuel de nos connaissances, il est fort difficile de dire si les débris trouvés dans les terrains anciens appartiennent à des Vers ou à des Poissons.

Les Cyclostomes ne comprennent qu'un fort petit nombre de genres et d'espèces. Les Lamproies proprement dites se trouvent aux États-

Unis, dans le nord du Japon ; les *Geotria* et les *Mordacia* les représentent dans l'hémisphère sud, au Chili, à l'extrémité sud de l'Amérique, en Tasmanie.

Le groupe des Myxines ne comprend que deux genres avec cinq espèces ; les Myxines proprement dites se trouvent dans le nord de l'Atlantique, au Japon, dans le détroit de Magellan ; on les pêche sur les côtes de Norvège vers 70 brasses de profondeur. Les *Bdellostoma* sont des parties sud de l'océan Pacifique. Suivant la remarque de Günther, les Myxinidées sont des Poissons marins qui ont

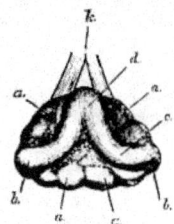

Fig. 526. — Labyrinthe membraneux de la Lamproie marine (*).

la même distribution que les Squales ; ils sont beaucoup plus abondants dans les hautes latitudes de la zone tempérée de l'hémisphère nord et de l'hémisphère sud.

Mœurs, habitudes, régime. — Les Myxindées sont essentiellement marines. On les trouve assez souvent dans la cavité abdominale d'autres Poissons, surtout des Gades, aux dépens desquels ils se nourrissent. D'après Günther, ces animaux excrètent une très grande quantité de matière muqueuse ; les pêcheurs croient qu'ils nuisent beaucoup aux pêcheries partout où ils sont en abondance.

Les Lamproies habitent alternativement les eaux douces et les eaux marines ; certaines espèces sont exclusivement marines, tandis que les autres sont fluviatiles ; les mœurs de ces animaux sont encore pas connues.

Malgré le faible développement de leurs nageoires, les Lamproies se meuvent avec rapidité ; là où le courant n'est pas trop fort, elles progressent par des mouvements latéraux de reptation ; mais dans un courant rapide elles s'avancent par bonds, s'attachent après chaque saut à un corps solide, se reposent alors

(*) *a*, vestibule ; *b*, ampoules ; *c*, les deux canaux semi-circulaires ; *d*, leur union et leur commune ouverture dans le vestibule ; *k*, nerf auditif.

pendant quelque temps, puis se précipitent de nouveau en avant ; elles peuvent ainsi remonter des fleuves au cours impétueux.

La force avec laquelle la Lamproie peut s'attacher aux corps au moyen de sa bouche qui forme ventouse est vraiment prodigieuse. Jardine dit qu'au moment de la ponte, on voit des Lamproies déplacer de grosses pierres avant de creuser le sillon long et profond dans lequel seront déposés les œufs ; ce naturaliste rapporte qu'une Lamproie pesant 3 livres peut enlever une pierre pesant au moins 12 livres.

La Lamproie marine remonte les cours d'eau jusqu'à une très grande distance de leur embouchure ; certains naturalistes rapportent qu'il est probable que la Lamproie s'attache alors au corps de certains poissons qui remontent en même temps qu'elle, pour se faire transporter ; c'est ainsi que Günther écrit qu'on a pris dans le cours moyen du Rhin des Saumons auxquels une Lamproie était fixée.

« A peu près chaque année, dit le même naturaliste, on capture au printemps la Lamproie à Heilbron et même dans l'Enns, et on affirme généralement qu'elle remonte à cette époque dans les rivières pour frayer. L'animal nage cependant trop mal pour qu'on

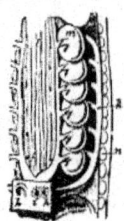

Fig. 527. — Appareil respiratoire de la Myxine (*).

puisse comprendre comment il peut parcourir en si peu de temps une distance aussi considérable ; aussi je pense qu'il n'est pas invraisemblable de croire que les Lamproies prises si loin dans les cours d'eau se sont accolées à d'autres Poissons de mer et ont remonté avec ceux-ci. Ce qui milite en faveur de cette opinion, c'est que la Lamproie arrive toujours en même temps que le Saumon et que l'Alose, et qu'on n'a pas encore rencontré, à ma connaissance, son alevin dans le Neckar. »

(*) *m*, sacs branchiaux ; *k*, canal afférent commun ; *h*, son orifice ; *i*, orifice communiquant avec l'œsophage ; *l, l*, trou de communication de l'œsophage avec les sacs (d'après R. Owen).

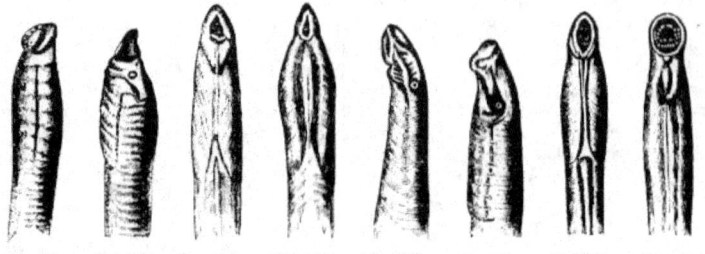

Fig. 528.   Fig. 529.   Fig. 530.   Fig. 531.   Fig. 532.   Fig. 533.   Fig. 534.   Fig. 535.

Fig. 528. — Portion externe de la Larve (*Ammocœtes branchialis*) vue de profil.
Fig. 529. — La même partie vue en dessous.
Fig. 530. — Portion antérieure d'une Larve plus âgée où les yeux commencent à apparaître.
Fig. 531. — La même vue en dessous.
Fig. 532. — Portion antérieure, vue de profil, d'une jeune Lamproie dont l'appareil dentaire est encore imcomplètement développé.
Fig. 533. — La même vue en dessous.
Fig. 534. — Portion antérieure, vue de profil, d'une Lamproie adulte (*Petromyzon Planeri*).
Fig. 535. — La même vue en dessous (d'après Blanchard).

Fig. 528 à 535. — Métamorphoses de la Lamproie de Planer.

Les Lamproies se nourrissent de vers, de mollusques et s'attachent aux cadavres d'autres animaux, bien qu'elles s'attaquent trop souvent aux Poissons. Après que la Lamproie, à l'aide de sa ventouse buccale, s'est fixée sur le corps de sa victime, elle fait agir ses dents qui dans sa bouche forment une couronne, entame la peau et dévore peu à peu sa proie, en l'entamant par une série de trous, qu'elle soit morte ou vivante. Il suffit, en effet, de regarder la redoutable ventouse si puissamment armée dont est pourvue la Lamproie, pour comprendre de suite qu'elle peut s'attacher à des proies volumineuses et les dévorer.

La petite Lamproie fraye au printemps; Baldner rapporte que les animaux se tiennent alors l'un près de l'autre sur les pierres, là où l'eau coule le plus rapidement, et n'est pas très profonde; les œufs sont déposés dans une fosse.

Auguste Müller, qui eut l'occasion d'observer la reproduction des Lamproies dans la Panke à Berlin, vit que souvent une dizaine de petites Lamproies étaient serrées les unes contre les autres; il remarqua que plusieurs mâles s'attachaient par leur bouche à la nuque des femelles et se recourbaient en demi-cercle sous le corps de celle-ci.

Métamorphoses. — Il y a longtemps que les pêcheurs avaient observé dans les cours d'eau un petit Poisson dont la bouche, en forme de fer à cheval, manque de dents; ce poisson est souvent désigné par les pêcheurs sous le nom de *Lamprillon*; tout en constatant ses rapports avec les Lamproies proprement dites, les naturalistes regardaient ces animaux comme un type particulier sous le nom d'Ammocète (*Ammocœtes branchialis*).

Il y a cependant plus de deux cents ans qu'un pêcheur de Strasbourg, L. Baldner, avait affirmé que la Lamproie subit des métamorphoses et que le Lamprillon n'en est que la larve. Le fait resta absolument inconnu jusqu'en 1856, époque à laquelle Auguste Müller et Max Schultze le découvrirent à nouveau. Les changements que subit l'Ammocète dans ses métamorphoses ont depuis été figurés par Émile Blanchard.

« Lorsque la Lamproie, écrit ce savant naturaliste, n'a pas encore subi ses métamorphoses, lorsqu'elle est à l'état d'*Ammocète*, elle diffère complètement de l'adulte. Son corps, au moment où il a pris sa croissance entière, n'est pas moins long, mais il est moins cylindrique: sa bouche n'est pas arrondie, elle affecte la forme d'un fer à cheval, la lèvre inférieure formant une saillie en avant, et cette bouche est complètement dépourvue de dents. Lorsque cette larve commence à subir les changements qui vont l'amener à l'état de Lamproie, on voit la bouche qui commence à devenir circulaire; les lèvres prennent davantage la forme de bourrelets ; l'œil, peu distinct chez la larve et comme voilé, devient plus apparent. La bouche s'arrondit enfin d'une manière à peu près complète ; les dents paraissent, d'abord fort petites, mais elles acquièrent rapidement la forme et le volume qui les caractérisent chez l'adulte ; la peau devient

Fig. 536 à 538. — La larve de la Lamproie de Planer.

plus argentée ; les orifices branchiaux se garnissent d'un rebord en saillie comme celui d'une boutonnière. Rien de plus facile que de suivre jour pour jour ces changements, si l'on est en situation d'observer des Ammocètes ou larves de Lamproies arrivées au temps de leurs métamorphoses (fig. 528 à 535).

« La Lamproie de Planer passe au moins deux années à l'état de larve ou d'*Ammocète* ; ce n'est qu'à sa troisième année, quelquefois peut-être au début de sa quatrième année d'existence, que sa métamorphose s'ac-

complit. Les Lamproies parvenues à l'état adulte ne tardent guère à effectuer leur ponte, ce qui a lieu pendant les mois de mars et d'avril. Elles périssent sans doute bientôt après cet acte accompli, car elles ne tardent pas à disparaître des eaux où l'on continue à trouver des Ammocètes (1). »

L'Ammocète a, en moyenne, une longueur de 0^m,20 et l'épaisseur seulement d'une plume d'oie ; la tête est très petite ; les orifices branchiaux sont placés dans un profond sillon longitudinal ; le corps est entouré d'anneaux très nets et leur éclat est argenté mat, passant au jaunâtre vers le dos ; l'animal ressemble en un mot, à un premier examen, plutôt à un ver qu'à un Poisson (fig. 536 à 538).

On constate que l'Ammocète habite les fonds sableux ou vaseux et que, comme les vers, il s'enfouit, il se cache dans les endroits obscurs, sous les pierres, dans la vase et redoute avant tout le grand jour ; il ne doit se nourrir que des particules organiques que lui apporte le courant, car la bouche n'est pas conformée pour opérer une véritable succion.

Les anciens naturalistes savaient que les Lamproies perdent beaucoup de leur activité et meurent peu de temps après la ponte, quelques-unes même avant de pondre. On savait également que, pendant l'été, on ne trouve plus ou du moins que l'on trouve très rarement l'animal, et que par contre on voit souvent des Lamproies mortes à la surface de l'eau ; un naturaliste italien, Panizza, affirma que la Lamproie marine meurt après l'époque du frai. Ce fait paraît avoir été confirmé par les recherches de Müller.

Pêche, usages. — Bien que la chair de la Lamproie soit un peu grasse, et dès lors d'assez difficile digestion, elle est cependant fort délicate ; on prétend qu'au point de vue culinaire les mâles valent mieux que les femelles, et que lorsque l'animal sort de la mer, sa chair est plus savoureuse que lorsque le poisson a, pendant un certain temps, séjourné en rivière. On mange la Lamproie fraîche ou, dans certaines parties de l'Allemagne, conservée à la saumure.

La Lamproie ne mordant pas aux appâts, on la pêche au moyen de filets, de guideaux et de verveux de diverses formes et dimensions. On peut pêcher aussi ce poisson à la fouane, la

(1) E. Blanchard, *Les Poissons des eaux douces de la France*, p. 520.

Fig. 539. — La pêche de la Lamproie.

nuit, à l'aide de feux ou, pendant le jour, avec des sortes de grandes pinces (fig. 539).

Le plus ordinairement cette pêche se fait avec des nasses, qui ont la forme d'une grande olive, et que l'on place le goulot dans la direction du courant le plus rapide. A l'embouchure de quelques cours d'eau, tels que la Loire, ces nasses sont établies dans des sortes de chaussées, appelées *duits*.

D'après Baudrillart, « on construit alors des chaussées, sur lesquelles on établit les nasses; des pieux enfoncés en travers de la rivière, dans les endroits où le flot se fait sentir à chaque marée, maintiennent des pierres sèches, que l'on jette entre eux, et qui en surmontent la tête d'un pied au moins. On profite, pour se livrer à ce travail, des eaux basses de l'été; mais à l'époque de la pêche des Lamproies, qui commence à Noël, si le temps est convenable et s'il n'y a point de glace, il y a sur ces chaussées jusqu'à 10, 12, 15 et même 20 pieds d'eau. Dans ces pêcheries on place des nasses d'environ 6 pieds de long, à ventre fort gros et à large ouverture. Les baguettes ou tiges dont elles sont formées doivent être assez serrées pour qu'on ne puisse placer les doigts entre deux sans les forcer un peu. Le dessous doit être plat, et le goulot, qui commence dès l'entrée, va presque jusqu'au bout, où la nasse forme une petite gorge. Il y a donc à faire au fond une ouverture, bouchée dans les unes avec un tampon de paille ou de foin, dans les autres avec une petite porte d'osier arrêtée par une cheville; c'est par là que les pêcheurs tirent hors des nasses les Lamproies qui s'y sont prises... Un *duit* porte 40 à 60 nasses, se touchant l'une l'autre par leurs côtés. »

Fig. 540 à 542. — La Lamproie marine, la Lamproie fluviatile et la Lamproie de Planer.

LES PÉTROMYZONTIDÉES — *PETROMYZONTIDÆ*

Caractères. — Les animaux du groupe des Lamproies ont l'ouverture de la narine située au milieu de la partie supérieure de la tête ; le tube nasal ne perfore pas le palais. La bouche est en forme de ventouse ; on a tantôt de nombreuses dents, comme chez les Lamproies proprement dites, tantôt, comme les *Mordacia*, seulement deux groupes de dents maxillaires et deux paires de dents linguales dentelées ; les *Geotria* ont une paire de longues dents sur la langue. On trouve de chaque côté du cou sept trous qui correspondent aux sacs branchiaux ; le conduit branchial interne débouche dans un conduit commun. Il existe une valvule spirale à l'intestin. On constate des métamorphoses.

LES LAMPROIES — *PETROMYZON*

Caractères. — Les Lamproies ont le corps allongé ; il existe deux dorsales plus ou moins séparées l'une de l'autre ; l'anale, qui est courte, est unie à la caudale, ainsi que la dorsale postérieure.

LA LAMPROIE MARINE. — *PETROMYZON MARINUS.*

Mesopriche.

Caractères. — La Lamproie marine, qui peut arriver à la taille de 1 mètre, a le corps arrondi en avant, comprimé en arrière ; la peau est épaisse, enduite d'une abondante mucosité. La tête, qui est longue, continue directement le corps ; les yeux sont peu apparents ; l'orifice de l'évent, qui se trouve entre les deux yeux, est petit. Les nageoires sont soutenues par des rayons cartilagineux.

Les dorsales sont séparées l'une de l'autre, plus grandes chez les adultes que chez les individus jeunes (fig. 540).

Le dos et les flancs sont de couleur blanc grisâtre ou jaunâtre, avec des taches irrégulières, des marbrures d'un noir plus ou moins foncé ; le ventre est blanchâtre.

Ainsi que le fait justement remarquer E. Blanchard, « ce qu'il y a de plus remarquable chez la Lamproie marine, c'est la bouche complètement circulaire, vaste suçoir, énorme ventouse, entourée d'une lèvre charnue garnie de cirrhes, ayant pour support une lame cartilagineuse. Cette bouche est pourvue sur toute sa surface intérieure de rangées circulaires de fortes dents, les unes simples, les autres doubles ; les plus grosses occupent la portion centrale, les plus petites formant les rangées extérieures. Une grosse double dent, située au-dessus de l'orifice buccal, marque la place de la mâchoire supérieure. Une large lame formant sept ou huit grosses dents, re-

Fig. 543. — Bouche de la grande Lamproie marine, de grandeur naturelle (d'après Blanchard).

présente la mâchoire inférieure. La langue porte aussi trois larges dents, profondément dentelées sur leur bord (fig. 543). »

Mœurs, distribution géographique. — La Lamproie marine, au printemps, remonte dans les fleuves souvent assez loin de leur embouchure. Elle se trouve dans toute l'Europe, à l'exception de la mer Noire ; elle a été, en outre, signalée sur les côtes occidentales d'Afrique et dans l'Amérique du nord.

LA LAMPROIE FLUVIATILE. — *PETROMYZON FLUVIATILIS.*

Flückpricke.

Caractères. — Par sa forme générale, cette espèce ressemble beaucoup à la Lamproie marine ; elle n'arrive jamais cependant à une aussi grande taille, ne dépassant pas 0m,50. Elle diffère d'ailleurs de cette dernière par sa dentition ; il n'y a qu'une seule rangée circulaire de dents ; une lame portant deux dents se trouve au devant de l'orifice qu'occupe la mâchoire supérieure ; la mandibule est représentée par une lame transversale armée de sept petites dents aiguës ; le cartilage lingual porte une dent médiane grosse et large, et à droite comme à gauche, cinq ou six petites dents, chez les adultes. Les deux dorsales sont séparées l'une de l'autre par un intervalle assez large, tandis que chez les jeunes ces deux nageoires sont rapprochées l'une de l'autre ; la dorsale antérieure est la moins élevée (fig. 541).

Le dos est un gris plombé ou un brun verdâtre, qui passe au blanc grisâtre ou au jaunâtre sur les flancs ; le ventre est blanc argenté, parfois jaunâtre ; Moreau a observé que chez certains individus le corps est marqué de bandes noirâtres transversalement placées et que parfois la teinte générale est argentée, d'autres fois rougeâtre. Les nageoires ont une teinte violacée.

Mœurs, distribution géographique. — Cette Lamproie se trouve dans les rivières et dans la mer ; elle remonte les cours d'eau pour frayer.

La Lamproie fluviatile a été signalée dans tous les cours d'eau d'Europe ; elle se trouve également au Japon et dans l'Amérique du nord.

LA LAMPROIE DE PLANER. — *PETROMYZON PLANERI.*

Sandpricke.

Caractères. — La Lamproie de Planer, *petite Lamproie, Sucet,* ne dépasse guère 0m,25 de long ; elle n'a qu'une seule rangée de dents, qui, au lieu d'être pointues comme on le remarque chez les deux autres espèces, sont obtuses à leur extrémité ; en plus les deux dorsales sont contiguës. La couleur du dos est un vert olivâtre (fig. 542).

Mœurs, distribution géographique. — Cette espèce, qui habite aussi bien l'Europe que l'Amérique du nord, habite les eaux douces, parfois les plus petits ruisseaux, surtout ceux dont le fond est formé de vase ou de sable mou.

LES MYXINIDÉES — *MYXINIDÆ*

Die Blindfische.

Caractères. — Bien qu'ayant la forme générale des Lamproies, les Cyclostomes qu'il nous reste à étudier leur sont cependant encore inférieurs sous le rapport de l'organisation. L'unique ouverture nasale est située presque à l'extrémité de la tête, près de la bouche, qui est entourée de quatre paires de barbillons; il n'existe point de lèvres; le tube nasal perforce la voûte palatine. Chez les Myxines proprement dites, on ne voit qu'une seule ouverture branchiale de chaque côté de l'abdomen, située loin de la tête, conduisant par six canaux dans six sacs branchiaux; chez les Bdellostomes, on remarque six ouvertures branchiales ou plus de chaque côté du corps, chacune communiquant par un canal distinct avec un sac branchial. Les conduits branchiaux internes s'ouvrent dans l'œsophage. Il existe une série de sacs muqueux de chaque côté de l'abdomen. Il n'y a point de valvule spirale à l'intestin. Ainsi que nous l'avons déjà indiqué, les dents sont grandes.

LES MYXINES — *MYXINÆ*

Inger.

Caractères. — Ces animaux si dégradés furent d'abord décrits comme des vers par Linné; au premier abord, en effet, les Myxines ressemblent beaucoup plus à des Invertébrés qu'à des Poissons.

La Myxine d'Europe atteint environ 0ᵐ,20;

la couleur est un blanc bleuâtre. On trouve une dent médiane au palais et deux plaques pectiniformes partant des dents sur la langue.

Mœurs, distribution géographique. — La Myxine commune appartient aux mers septentrionales; on la trouve notamment sur les côtes du Groenland, de la Norwège; on la rencontre aussi sur les côtes de Suède, de la Grande-Bretagne et sur plusieurs autres points de la mer du Nord, par exemple dans les parages d'Oltenbourg et de la baie de Jahde.

Cette espèce choisit de préférence les grandes profondeurs et surtout les fonds vaseux; elle confirme cette loi, que la forme de l'animal détermine souvent son genre de vie; ver parmi les Poissons, elle vit en parasite sur et dans le corps des autres Poissons.

On ignore totalement encore comment la Myxine peut pénétrer dans le corps des Poissons, mais ce que l'on sait, c'est qu'elle s'enfouit dans les muscles et dans les viscères de la Morue, du Turbot, de l'Esturgeon, et de certains Squales, tels que la Lamie; elle ronge peu à peu sa victime et la fait périr. La Myxine cause de grands dégâts sur les Poissons qui sont pris dans les filets de profondeur, mais elle attaque également des animaux sains et vigoureux; elle reconnaît très certainement sa proie à l'aide de ses filaments labiaux; elle s'accole alors à elle à l'aide de sa ventouse et finit par pénétrer, soit par la bouche, soit par l'anus, soit par un trou qu'elle a creusé dans le corps de sa victime.

LES LEPTOCARDIENS — *LEPTOCARDII*

Die Rohrenhenzen.

Caractères. — Nous voici arrivés à des Poissons si inférieurs en organisation qu'ils forment réellement le passage entre les Vertébrés et les Invertébrés ; l'*Amphioxus* ou *Branchiostome* est, en effet, un animal si dégradé que Pallas qui l'a découvert l'a décrit comme une Limace sous le nom de *Limax lanceolatus ;* ce n'est que plus tard qu'on a reconnu qu'il devait être rangé parmi les Poissons ; les caractères de l'Amphioxus sont tels que cet animal doit à lui seul former une sous-classe distincte.

Pour A. Günther, les caractères de cette sous-classe sont les suivants : « Squelette membrano-cartilagineux ; pas de côtes, pas de cerveau ; un sinus contractile remplaçant le cœur ; sang incolore ; cavité respiratoire se confondant avec la cavité abdominale ; cils branchiaux nombreux, l'eau ayant servi à la respiration sortant par une ouverture située près de l'anus. Pas de mâchoires. »

Ces caractères généraux indiqués, il est intéressant, croyons-nous, de faire connaître plus en détail les particularités anatomiques que présente le singulier animal, pour lequel Heckel a même proposé l'établissement d'une classe spéciale, celle des *Acrania.*

La colonne vertébrale est représentée par une corde dorsale gélatino-cartilagineuse dont le tissu a été comparé à celui que l'on trouve chez les larves d'Ascidies ou Vers marins. Ainsi que l'a montré E. Moreau, cette corde dorsale est entourée d'une gaine et donne naissance, en bas à deux lames ventrales, qui sont écartées dans la région abdominale, qui, dans la région caudale, s'allongent, se soudent sur la ligne médiane, et forment la gouttière dans laquelle sont logés les vaisseaux. En haut, la corde dorsale est en rapport avec les lames vertébrales supérieures, qui forment en grande partie les lames du canal rachidien (fig. 544).

La tête n'est pas distincte du tronc. Ainsi que l'indique Émile Moreau, « la corde dorsale dépasse, en avant, les parois de l'enveloppe du système nerveux central, elle se prolonge dans les tissus, au milieu desquels elle finit en pointe mousse. Ce mode de terminaison indique évidemment un arrêt de développement des parties qui concourent à la composition du crâne et de la face ; mais conclure de cette disposition qu'il n'y a point de crâne, et par suite pas de cerveau, est une erreur, ainsi que je l'ai démontré en 1870. Les pièces qui constituent les parois du crâne sont de tissu semblable à celui de la gaine de la notocorde ; elles s'appuient sur la corde dorsale ; elles s'élèvent en décrivant une courbe à convexité externe, puis se réunissent en formant une véritable voûte (fig. 547 et 348).

« En définitive, le squelette céphalo-rachidien du Branchiostome, comme celui des autres Poissons, présente trois régions distinctes, céphalique, abdominale, caudale ; dans la région céphalique, il n'y a pas d'hémapophyses ; dans la région abdominale, les hémapophyses d'un côté sont écartées de celles du côté opposé ; dans la région caudale, les hémapophyses d'un côté se soudent à celles de l'autre côté pour compléter le canal hémal. »

La partie antérieure de la moelle épinière se renfle légèrement, de manière à constituer un cerveau rudimentaire ; en effet, les hémisphères cérébraux et les lobes olfactifs n'existent pas, de telle sorte qu'il n'y a point de cerveau proprement dit. La moelle épinière, dont le canal central est des plus nets, a des renflements ganglionnaires correspondant aux racines des nerfs ; ainsi que l'a montré Owsjannikow, les nerfs rachidiens ne sont pas disposés symétriquement de chaque côté de la moelle épinière, mais ceux d'un côté sont situés un peu plus en arrière que ceux de l'autre côté, de manière à alterner entre eux; seules les deux premières paires nerveuses antérieures, qui sont des paires crâniennes, sont symétriques.

D'après Claus, « il existe également en arrière de la première paire nerveuse un bulbe olfactif, qui se termine dans la fossette olfactive. Si nous considérons cette fossette comme l'équivalent de l'organe de l'odorat des Cyclostomes, la partie antérieure élargie du tube médullaire non seulement correspondra à l'arrière-cerveau et au cerveau postérieur, mais encore renfermera les éléments du cerveau antérieur, et par suite, du cerveau intermédiaire et du cerveau moyen. »

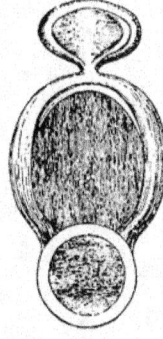

Fig. 514. — Coupe verticale du crâne de l'Amphioxus (grossie 100 fois), d'après E. Mereau.

L'œil ressemble à une petite tache noirâtre; suivant la plupart des auteurs, il existe deux yeux. D'après les recherches de Marensen, on constate, tantôt deux yeux, tantôt un seul œil placé sur la ligne médiane du corps. D'après de Quatrefages, on trouve dans l'œil un véritable cristallin qui peut réfracter la lumière, tandis que d'après d'autres anatomistes cet organe ne peut être comparé à l'œil des autres Vertébrés; de récentes recherches ont démontré que l'œil reçoit un court filet nerveux, il doit donc donner à l'animal des impressions sensorielles (fig. 547 et 548).

La fossette olfactive consiste en une grande capsule qui est garnie de cils vibratils exécu-tant des mouvements rapides. Les organes de l'audition font absolument défaut.

Les muscles du tronc consistent en lames striées, placées les unes à la suite des autres, et rappellent ce que l'on voit chez les Vers.

La bouche est placée en dessous, près de l'extrémité antérieure du corps; elle est en forme de fente allongée, entourée par des cartilages et dépourvue de mâchoires; autour de la bouche sont des cirres (fig. 547 et 548).

La bouche conduit dans un sac pharyngien allongé, qui sert, en même temps, de chambre respiratoire. Faisant suite à ce sac on trouve un œsophage court et étroit, puis le continuant directement une sorte de poche stomacale; l'intestin ne fait aucun repli; à sa portion antérieure se trouve un appendice dont le sommet est dirigé en avant et que l'on considère comme un organe hépatique. L'anus est rejeté sur le côté (fig. 546).

L'appareil circulatoire de l'Amphioxus ressemble à celui de certaines Annélides. Il n'existe pas d'organe central de la circulation. Le cœur est remplacé par un vaisseau longitudinal, d'un calibre uniforme, placé à la partie inférieure de la chambre branchiale; ce vaisseau bat régulièrement et très lentement; il se contracte d'arrière en avant. Certains gros troncs veineux, la veine cave, la veine porte, sont contractiles. De récentes recherches ont montré que l'appareil circulatoire de l'Amphioxus est plus compliqué qu'on ne le croyait autrefois, qu'il existe un riche système de vaisseaux et de cavités lymphatiques, que le sang est contenu dans les vaisseaux clos, et non dans des lacunes. Les globules de sang ne sont pas colorés.

D'après Claus, « l'entrée de la chambre, à la fois pharyngienne et respiratoire, comparable au sac branchial des Ascidies, est limitée par deux replis et munie de chaque côté de trois bourrelets ciliés. La surface interne est également couverte de cils vibratiles, qui, en battant l'eau avec rapidité, y déterminent un courant dirigé d'avant en arrière; les particules élémentaires qui se trouvent en suspension sont dirigées de la sorte vers l'estomac. Les parois sont soutenues par une charpente composée d'un nombre considérable de petits arcs cartilagineux disposés obliquement de chaque côté, et sur lesquels rampent des vaisseaux sanguins. Entre ces arcs existent des fentes, à travers lesquelles l'eau passe pour pénétrer dans une cavité périphérique, produite secondaire-

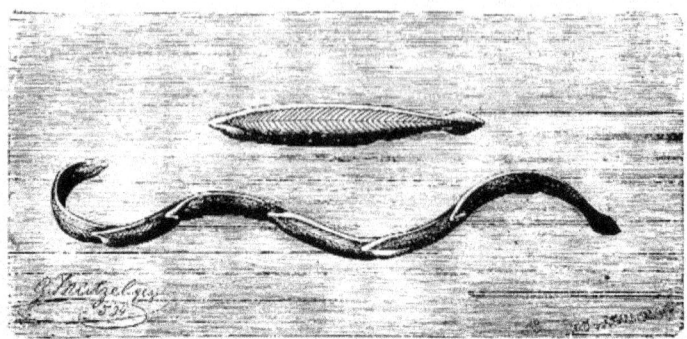

Fig. 545. — L'Amphioxus lancéolé.

ment par un repli cutané et débouchant au dehors par le pore abdominal. Cette cavité correspond, ainsi que l'a démontré Kowalesky, à la chambre branchiale des Téléostéens, située au-dessous de l'opercule, et le pore à l'ouverture des ouïes » (Claus).

Les organes destinés à la conservation de l'espèce sont représentés par des poches fermées, séparées les unes des autres, s'étendant à droite et à gauche dans toute la longueur de la cavité péri-branchiale. Arrivés à maturité, les produits sont, d'après la plupart des observateurs, rejetés par le pore anal, tandis que d'après Kowalesky ils sont expulsés par la bouche, ce qui établirait un nouveau lien de parenté entre l'Amphioxus et les Ascidies. Suivant le même auteur, les œufs subissent un fractionnement total.

LES AMPHIOXUS — *AMPHIOXUS*

Caractères. — L'*Amphioxus* ou *Branchiostome* (*Branchiostoma lanceolatum*), le seul représentant, avec le genre *Epigionichthys*, de la sous-classe des Leptocardes, est un animal de très petite taille (fig. 545), dépassant rarement 5 à 6 centimètres et tellement transparent pendant la vie qu'il est possible d'étudier à la loupe les principaux points de son organisation. Le corps est allongé, comprimé, lancéolé, plus ou moins effilé aux deux extrémités; le dos est un peu élevé; le ventre est bordé par un repli très bas (fig. 546). La peau est nue, lisse, résistante; les faisceaux musculaires dessinent

sur les flancs des stries bien marquées et anguleuses. La tête continue le tronc (fig. 547). La nageoire dorsale, qui commence sur la tête, s'unit, ainsi que l'anale, à la caudale, qui est très petite et pointue (fig. 548). La couleur générale est un gris très clair.

Distribution géographique. — Jusqu'à présent on n'a décrit qu'une seule espèce d'Amphioxus, qui a été signalée dans la Méditerranée, sur divers points des côtes de France et

Fig. 546. — Anatomie de l'Amphioxus.

d'Angleterre, aux États-Unis, aux Antilles, au Brésil, au Pérou, en Tasmanie, en Australie, dans les îles de la Sonde; les *Amphioxus Blechers* et *Amphioxus elongatus* appartiennent très probablement, en effet, à la même espèce.

Un genre voisin décrit par Peters, l'*Épigionichthys* (*E. pulchellus*), est jusqu'à présent spécial à Moreton-Bay, en Australie; chez cette espèce le repli dorsal est nettement strié et la nageoire caudale fait défaut.

Mœurs, habitudes, régime. — Actuellement l'histoire naturelle de l'Amphioxus se réduit à peu près à sa connaissance anatomique. On ne sait que peu de chose sur ce Vertébré, le plus dégradé de tous; il habite les bancs de sable qui ne découvrent qu'aux très basses marées; grâce à sa couleur qui rappelle celle du mi-

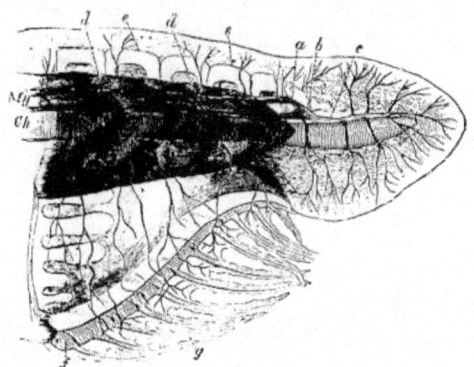

Fig. 547. — Coupe de la tête de l'Amphioxus (*).

lieu dans lequel il se trouve, il peut échapper à ses ennemis, car il n'a aucun moyen de défense, pas même la fuite. L'Amphioxus ne se voit que lorsqu'on lave le sable dans lequel il se trouve à travers un tamis aux mailles serrées.

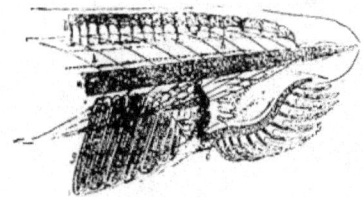

Fig. 548. — Partie antérieure du corps de l'Amphioxus (*).

Il est probable que l'Amphioxus est beaucoup plus commun qu'on ne le croit dans tous les lieux qu'il habite, car dans certains endroits on en recueille un assez grand nombre.

Forcé de quitter sa retraite habituelle, l'Amphioxus nage en glissant dans l'eau avec de légers mouvements ondulatoires, puis s'enfouit dans le sable. Wilde, qui a observé des Am-

(*) a, bouche; c, anneau buccal; d, appendices filamenteux de la bouche; f, g, partie du sac branchial; h, corde notocorde (d'après Huxley).

phioxus tenus captifs dans un verre, rapporte qu'ils nagent à la manière des Anguilles en décrivant des cercles rapides, et que malgré l'imperfection de leur organe visuel, ils savent éviter le doigt qu'on leur oppose ou d'autres obstacles. « Ces petits animaux, ajoute Wilde, ont la singulière faculté de s'accoler les uns aux autres (fig. 545); ils forment alors une masse, d'autres fois une file qui peut avoir $0^m,15$ à $0^m,20$ de long. L'ensemble se meut d'un commun accord avec des mouvements de reptation. Ils s'accolent sur le côté et nagent en série, de manière que l'extrémité de la tête de l'un se trouve à peu près au niveau du dernier tiers de la longueur totale de celui qui précède. »

Il serait à désirer que l'on pût recueillir de nouvelles et plus précises observations sur la biologie d'un animal si curieux et si intéressant à tous égards, qui semble, en partie tout au moins, venir combler l'énorme hiatus qui existait, il y a quelques années encore, entre les Vertébrés et les Invertébrés.

(*) Ch, notocorde; my, myélon ou corde spinale; a, position du sac olfactif?; b, nerf optique; c, cinquième paire?; d, nerfs spinaux; e, épines crurales; f, g, squelette de la bouche. Les parties plus claires et plus foncées représentent les segments musculaires et leurs intervalles (d'après Huxley).

FIN DES POISSONS.

LES CRUSTACÉS

ÉDITION FRANÇAISE

PAR

J. KÜNCKEL D'HERCULAIS

Fig. 540. — Type de Crustacé. — Le Palémon scie. — Système tégumentaire et appendiculaire.

INTRODUCTION

CONSIDÉRATIONS GÉNÉRALES SUR LES CRUSTACÉS. — ORGANISATION.

Le monde des eaux a inspiré aux anciens des légendes charmantes, aux poètes des pages admirables, aux penseurs des méditations infinies, et c'est à peine si nous avons surpris quelques-uns des secrets qu'il dérobe à nos yeux. La mer dans son immensité cache des surprises qui sont destinées non seulement à nous émerveiller, mais encore à agrandir et à transformer le domaine de nos connaissances; les quelques observations dont nous sommes en possession nous laissent à penser que nous nous ferons une idée juste de l'évolution passée et future de notre globe, que nous pourrons concevoir les origines et les enchaînements des êtres, alors seulement que les abîmes de la mer nous auront révélé tous leurs mystères, que nous aurons sous les yeux toutes les formes animales qu'ils recèlent, que nous connaîtrons les mœurs, les transformations, les rapports des innombrables êtres marins, que nous aurons surpris les conditions biologiques auxquelles ils sont soumis. On reste confondu quand on réfléchit aux admirables découvertes que l'avenir réserve aux naturalistes et aux philosophes.

Mais pour pressentir l'inconnu, il faut savoir le connu et le méditer profondément.

M. Gerbe vous a promenés, lecteurs, sur les grands fleuves et sur toutes les mers pour vous montrer les Mammifères marins dont les formes et les dimensions étonnent; mon collègue et ami, le Dr Sauvage, vous a entraînés au fond des eaux et vous avez vu défiler devant vous l'innombrable population fluviatile et marine des Poissons; c'est à moi maintenant de vous prier de vouloir bien me prendre pour guide pour faire une nouvelle excursion sous-marine afin de vous familiariser avec d'autres habitants des eaux, les Crustacés; mais à peine m'aurez-vous quitté que M. de Rochebrune vous invitera encore à vous plonger dans l'élément liquide pour examiner une multitude d'êtres amis des eaux, Mollusques, Échinodermes, Zoophytes, Protozoaires.

C'est alors, lecteurs, que le Monde des eaux vous apparaîtra dans toute sa splendeur et que vous serez confondus d'admiration. Quant à moi je ne souhaite qu'une chose, c'est, en retraçant l'histoire des Crustacés, d'éveiller votre curiosité et de satisfaire par le réel votre goût pour le merveilleux; votre curiosité rassasiée, peut-être serez-vous portés à méditer sur les grands problèmes que soulève l'étude des êtres marins; je m'en féliciterai, car vous serez amenés peu à peu à comprendre que la véritable philosophie est celle qui repose sur l'observation de la nature.

Êtres aux formes variées, aux mœurs singulières et peu connues, les Crustacés, pour la plupart, échappent à nos regards ; s'ils se montrent à nous, ils n'interviennent presque jamais dans les intérêts humains, c'est à peine si quelques-uns d'entre eux ont un rôle utile ou nuisible. Il faut un effort de volonté pour les observer ou les étudier. Quel contraste avec leurs congénères aériens ! Êtres élégants ou industrieux, compagnons aimables ou funestes, les Insectes, les Arachnides, les Myriopodes attirent notre attention, parce qu'ils s'agitent autour de nous ; ils nous contraignent à les regarder, à les admirer, à les détester, parce qu'ils sont intimement associés à notre existence.

Les Crustacés sont intéressants à plus d'un titre.

La plupart sont des habitants des mers ; ils se tiennent auprès des rivages comme en plein Océan, aux profondeurs les plus variées, même dans les abîmes, là où la vie semble impossible ; les grandes explorations sous-marines entreprises depuis ces dernières années ont révélé l'existence d'une foule de formes inconnues et étranges à des milliers de mètres au-dessous de la surface. Si la mer est leur domaine le plus habituel, il en est qui s'accommodent de l'existence en eau douce, et s'installent dans les eaux courantes les plus limpides, dans les eaux stagnantes remplies de matières en décomposition, dans les nappes liquides souterraines. Lorsqu'ils sortent de leur élément habituel, ils vivent sous les pierres, dans la mousse, sous les écorces et les feuilles mortes ; quelques-uns entreprennent des expéditions lointaines à l'intérieur des terres ; certains d'entre eux grimpent même sur les Palmiers pour en cueillir les fruits. Ceux-ci, ce sont les plus nombreux, poursuivent leur proie en liberté et s'en emparent au moyen de leurs membres robustes, souvent armés de fortes pinces, — des appareils sensoriels très délicats les secondent dans leurs chasses ; — ceux-là, auxquels nombre de segments et d'appendices font défaut et dont le développement sera accompagné d'étranges métamorphoses, vivent en Parasites sur des Mammifères marins, sur des Poissons, sur des Crustacés ou même sur des Vers et des Polypes ; ils ont souvent alors l'apparence de sacs inertes dénués de vie. Cette variété infinie dans les habitudes ne doit-elle pas solliciter notre curiosité et nous promettre mille surprises ?

Dans l'embranchement immense des *Annelés* ou *Entozoaires*, dans le sous-embranchement des Articulés ou Arthropodes, les Crustacés occupent une place parfaitement déterminée à côté des Insectes, des Myriopodes et des Arachnides. Comme chez tous les représentants de ces quatre classes, le corps est formé d'anneaux ou segments distincts, les membres sont constitués par une série d'articles (fig. 549) ; la disposition et la conformation des diverses pièces qui constituent le squelette externe rappellent celles des représentants des trois classes

que nous venons de citer. La substance fondamentale qui constitue le tégument est également, comme chez les autres Arthropodes, cette substance presque inaltérable, la *chitine*, mais elle est le plus souvent imprégnée de carbonate et de phosphate de chaux, de telle sorte que l'on peut dire que les Crustacés, du moins les Crustacés supérieurs, sont revêtus d'une carapace dure et résistante, d'où leur nom caractéristique qui a été donné par extension à la classe entière.

Les Crustacés ont une organisation admirablement appropriée à une existence aquatique ; de nombreuses larves d'Insectes vivent pendant un assez long temps dans l'eau ; quelques Insectes adultes, quelques Aranéides ou quelques Acariens peuvent exister dans les rivières, les étangs et les mares, les uns respirant à l'aide de trachées jouant le rôle de branchies, les autres venant respirer à la surface des nappes liquides ; certains d'entre eux, lorsqu'ils quittent l'élément gazeux, entraînent même sous l'eau une certaine provision d'air retenue aux poils qui les revêtent afin de subvenir aux besoins de leur respiration ; mais aucun de ces Arthropodes ne perd son caractère d'animal destiné à vivre dans l'atmosphère, les appareils respiratoires demeurant toujours conformes au schéma des organes de respiration aérienne. Rien de semblable chez les Crustacés ; si leur respiration est aquatique, ils sont pourvus de *branchies* que nous pouvons, en passant, comparer à celles des Poissons, mais que nous étudierons plus tard d'une façon spéciale. Plusieurs Crustacés, appartenant notamment aux groupes des Crabes et des Cloportes, vivant d'une existence terrestre, semblent avoir une respiration aérienne ; il n'en est rien, leurs organes respiratoires sont des branchies.

Trois paires de pattes caractérisent les Insectes et quatre les Arachnides ; tous les Crustacés parfaits, qu'une existence parasitaire n'a pas atrophiés, ont plus de quatre paires de pattes ; rien n'est donc plus aisé que de constater, au moins superficiellement, si un Articulé qu'on a en main doit être rangé parmi les Crustacés : il pourrait y avoir quelque hésitation si l'on mettait en présence certains Myriopodes, *Glomeris*, et certains Crustacés, *Armadilles ;* mais les différences que présentent les organes respiratoires, sans parler des autres caractères, notamment la présence chez les derniers de deux paires d'antennes, suffiraient pour faire une détermination rigoureuse.

Tels sont les caractères essentiels qui permettent à première vue de distinguer les Crustacés entre tous les êtres ; seules les formes parasitaires dégradées peuvent présenter quelques difficultés au point de vue de la classification ; mais l'étude du développement vient lever tous les doutes ; car, ainsi que nous le verrons plus loin, les Crustacés offrent un mode d'évolution accompagné de transformations caractéristiques des plus curieuses.

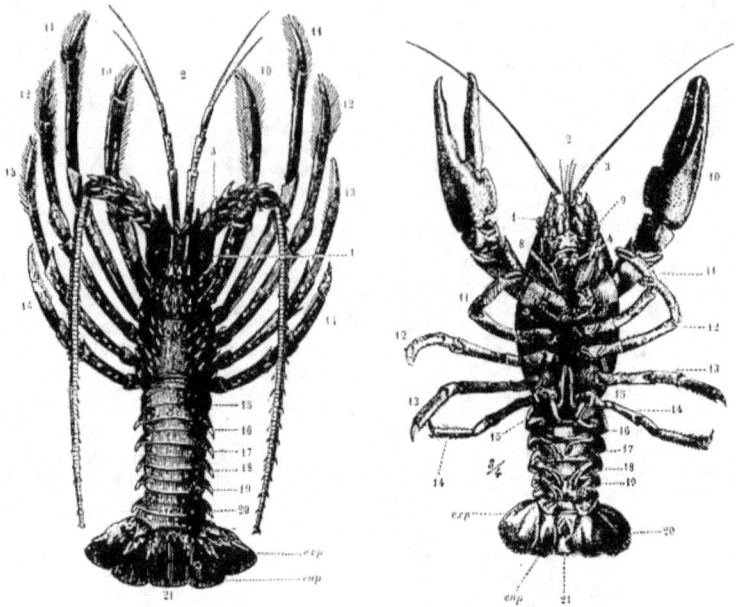

Fig. 550. — Langouste, face dorsale.   Fig. 551. — Ecrevisse, face ventrale.

Fig. 550 et 551. — Système tégumentaire et appendiculaire. — Composition segmentaire et mode de répartition des appendices chez les Crustacés Décapodes.

L'Écrevisse pourrait servir de type pour exposer les notions anatomiques qui permettent de comprendre l'organisation des Crustacés supérieurs; mais elle ne saurait nous donner toutes les connaissances qui sont indispensables pour se faire une idée exacte de l'organisation générale de la Classe entière des Crustacés, ni nous fournir tous les renseignements qui sont nécessaires pour établir les bases de la Classification, en Ordres et en Familles, de ces Arthropodes; nous serons donc contraint, afin d'avoir les éléments de comparaison indispensables, d'appuyer nos considérations anatomiques sur l'examen d'un plus grand nombre de types appartenant aux différents groupes; notre exposé sera ainsi plus conforme aux données de la Science.

SYSTÈME TÉGUMENTAIRE ET APPENDICULAIRE.

Appartenant à la grande division des Annelés, les Crustacés ont leur squelette tégumentaire constitué par une série d'anneaux ou de segments annulaires homologues, mais qui sont susceptibles de se modifier suivant les types; souvent chacun de ces segments, appelés *zonites* ou *somatomes*, demeure indépendant, mais parfois quelques-uns d'entre eux se soudent et perdent leur autonomie (fig. 550). Les Crustacés, d'autre part, venant se ranger parmi les Articulés ou Arthropodes portent, par conséquent,

Fig. 550. — Langouste, face dorsale. — 1, pédoncule oculaire, appendice du 1ᵉʳ anneau; 2, antennules, appendices du 2ᵉ anneau; 3, antennes, appendices du 3ᵉ anneau; 10, première paire de pattes, crochet simple correspondant à la pince de l'Écrevisse, appendice du 10ᵉ anneau; 11 à 14, pattes, appendices du 11ᵉ au 14ᵉ anneau; 15 à 20, les six premiers anneaux de l'abdomen; le seizième porte une paire d'appendices lamelliformes qui ne sont autres que des pattes transformées; ils sont constitués en effet par un coxopodite portant un exopodite (*exp*) et un endopodite (*enp*) très élargis; 21, Telson représentant d'après H. Milne Edwards le 21ᵉ anneau.

Fig. 551. — Écrevisse, face ventrale. — 1, pédoncule oculaire, appendice du 1ᵉʳ anneau; 2, antennules, appendices du 2ᵉ anneau; 3, antennes, appendices du 3ᵉ anneau; 4, mandibules, appendices du 4ᵉ anneau. Les premières (5), les secondes mâchoires (6), et la première patte-mâchoire (7), appendices des 5ᵉ, 6ᵉ et 7ᵉ anneaux, sont recouvertes par les appendices 8 et 9; 8, deuxième patte-mâchoire, appendice du 8ᵉ anneau; 9, troisième patte-mâchoire, appendice du 9ᵉ anneau; 10, première paire de pattes, appendice du 20ᵉ anneau, transformée en pince; 11 à 14, pattes, appendices des 11ᵉ à 14ᵉ anneaux; 15 à 19, fausses pattes abdominales, ou pattes-natatoires, appendices des 15ᵉ à 19ᵉ anneaux; 20, nageoire caudale, appendice du 20ᵉ anneau exopodite *exp* et endopodite *enp*; 21, Telson portant l'ouverture anale à sa partie antérieure représentant d'après Milne Edwards le 21ᵉ anneau.

des appendices articulés; chaque anneau, comme chez les Myriapodes, est muni d'une paire de membres (fig. 549 et 551), toujours dépendant de l'arceau ventral, l'arceau dorsal ne portant jamais, comme chez les Insectes, d'organes locomoteurs. D'après cela, il sera toujours facile, au nombre des appendices, de reconnaître s'il y a eu coalescence d'un ou de plusieurs segments. La Crevette de nos ruisseaux (*Gammarus*) est un type chez lequel l'indépendance de la plupart des anneaux s'est conservée; le Crabe, un type chez lequel la fusion des segments antérieurs s'est le plus accentuée.

Si à l'exemple de H. Milne-Edwards, dont les beaux travaux sur les Crustacés sont devenus classiques, nous examinons successivement la Crevette de nos ruisseaux (fig. 552) et la Squille maculée (fig. 553), qui habite la Méditerranée, ou telle autre Squille, nous reconnaîtrons que la première compte quatorze et la seconde quinze segments apparents, mais si nous appliquons la loi qui veut qu'un même anneau n'en porte, chez les Crustacés, les Arachnides et les Myriopodes, qu'une paire d'appendices, on constatera que le corps de la Squille se compose en réalité de vingt et un segments (1). Ce nombre paraît être le plus général, mais il y a des cas, comme chez les Apus et les Limnadies, où indépendamment de la tête on peut compter de vingt à quarante anneaux; d'autres cas, comme chez certains types parasites, où il y a atrophie d'un certain nombre d'anneaux. D'ailleurs la fusion d'un certain nombre d'anneaux entre eux est un des phénomènes les plus fréquents chez les Crustacés; la réunion des premiers anneaux est très générale; sept d'entre eux peuvent se confondre chez la Crevette de ruisseau et ses congénères (Amphipodes), quatorze segments se confondent chez la plupart des Décapodes (Crabe, Langouste, Homard, Écrevisse, etc.); souvent aussi il y a réunion de quelques segments abdominaux, chez certains Crabes et chez les Idothées, par exemple.

Le nombre des appendices étant en rapport avec le nombre des anneaux, on peut chez les Branchiopodes, les Apus notamment, en compter jusqu'à quarante paires; chez les Crustacés types de la Classe, il y a vingt-six paires de membres, mais en général, plusieurs d'entre eux dépendant des anneaux antérieurs ou postérieurs s'atrophient; c'est ainsi que chez les Décapodes et les Stomapodes on compte généralement vingt paires d'appendices, mais chez les Décapodes brachyures (Crabe), les derniers segments abdominaux étant apodes, il n'y a plus que dix-neuf paires de membres; chez les Entomostracés (Cypris, Daphnie, etc.), il ne subsiste que les appendices situés au voisinage de la bouche.

De la tête. — Dans la plupart des Crustacés, les anneaux céphaliques sont soudés entre eux et forment avec la carapace un tout homogène, un céphalothorax, mais chez les Squilles certains anneaux constituants ont conservé leur indépendance et nous fournissent les éléments nécessaires pour acquérir une notion très exacte de la constitution primitive de la tête (fig. 552). On y distingue un premier anneau, petit, mobile, qui porte les pédoncules oculaires, c'est l'*anneau ophtalmique* (*d*); un second anneau petit, mobile, sur lequel est implantée la première paire d'antennes ou antennules, c'est l'*anneau antennulaire* (*a*); un troisième anneau très développé, servant de support aux antennes de la seconde paire, c'est l'*anneau antennaire*. Chose remarquable, la région tergale de cet anneau se prolonge en arrière, au-dessus des quatre anneaux suivants, de manière à les recouvrir plus ou moins complètement et à constituer une *carapace C*; d'après cela et en examinant comparativement la carapace chez les Apus, par exemple, carapace qui recouvre toute la région antérieure et moyenne du corps, en laissant les anneaux thoraciques parfaitement distincts, on est en droit de conclure que chez tous les Crustacés et en particulier chez les Décapodes (Crabe, Écrevisse, Langouste, etc.), la carapace est un prolongement d'un ou de plusieurs arceaux supérieurs céphaliques ou, plus simplement, une dépendance de la tête.

H. Milne-Edwards admit à l'origine que cette carapace était le prolongement de l'arceau dorsal, soit du troisième, soit du quatrième anneau de la tête et qu'il était présumable que les deux anneaux à la fois ne concouraient pas à sa formation. Plus tard, après avoir étudié d'une manière très approfondie le squelette tégumentaire des Crustacés décapodes (1), Milne-Edwards revint sur sa première opinion. L'examen de la carapace dans les différents groupes des Décapodes lui permit de reconnaître qu'on pouvait y distinguer deux régions distinctes, l'une antérieure, constituant l'*arceau céphalique*, l'autre postérieure, formant l'*arceau scapulaire*, séparées par un sillon, le sillon cervical, presque toujours bien marqué. Si chez la plupart des Décapodes les deux arceaux sont soudés, chez les Pagures et les Birgus ils sont reliés par une suture membraneuse et jouissent même de quelque motilité. Ces considérations et d'autres basées sur l'origine des nerfs se distribuant au zonite céphalique et au zonite suivant, le conduisirent à admettre que la carapace des Crustacés supérieurs est en réalité formée d'un arceau céphalique dépendant du troisième segment ou anneau antennaire et d'un arceau scapulaire dépendant du quatrième segment ou anneau mandibulaire.

---

(1) Huxley ne compte que vingt segments; pour lui le Telson (fig. 2 et 3) ne constitue pas un vingt et unième segment.

(1) H. Milne-Edwards, *Observations sur le squelette tégumentaire des Crustacés décapodes* (Ann. Sc. nat., 3e série, t. XVI, XVIII).

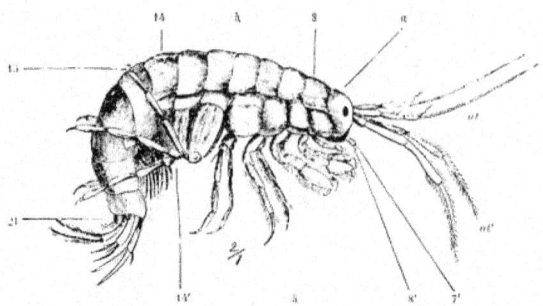

Fig. 552. — Crevette des ruisseaux (*Gammarus pulex*).

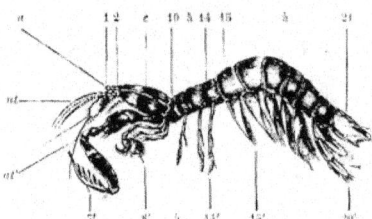

Fig. 553. — Squille maculée (*Squilla maculata*).

Fig. 552 et 553. — Système tégumentaire et appendiculaire.

Des yeux. — Dans un grand nombre de Crustacés, la Crevette de ruisseau (fig. 552, 553 et 560) et ses congénères (Amphipodes), les Idotées et leurs parents (Isopodes), les Apus, les Branchipes (fig. 555) et leurs alliés (Phyllopodes), les yeux sont sessiles; chez les Crustacés considérés comme supérieurs, les yeux sont portés sur des pédoncules, on dit alors qu'ils sont *podophtalmes*; il en est ainsi dans tout l'ordre des Thoracostracés, appelé aussi, à cause de cette particularité, l'ordre des Podophtalmaires (fig. 549, 550, 564, 565, 566 et 567), c'est-à-dire, chez tous les Décapodes Brachyures (Crabes en général), Macroures (Écrevisse, Langouste, Bernard-l'Ermite, etc.), chez les Schizopodes (Mysis), chez les Stomapodes (Squille) (fig. 553).

Les pédoncules, généralement courts, peuvent atteindre chez certains Crabes une longueur extraordinaire et, pour cette raison, portent les noms génériques de Macrophtalme et de Podophtalme. Ces pédoncules se composent, le plus souvent, de deux articles, le *basophtalmite* et le *podophtalmite*, ce dernier portant la cornée; mais quelquefois, chez les Ranines, par exemple, ces deux articles s'insèrent sur un article basilaire, le *coxophtalmite*.

Les yeux sont tantôt à cornée lisse (Nébalies, Branchipes, Daphnies), tantôt à cornée divisée en facettes hexagonales, ainsi que chez les Insectes (Crabes, Pagures, Squilles, etc.); tantôt à cornée partagée en facettes carrées (Écrevisses, Pénées, etc.). Quelquefois ces yeux peuvent se rapprocher suivant la ligne médiane pour former un œil paraissant unique (Cypris).

Qu'ils aient une cornée lisse ou à facettes, ces yeux sont composés, c'est-à-dire constitués, ainsi que nous le verrons plus loin, par une agglomération d'yeux indépendants les uns des autres; il n'en est pas de même de certains yeux nommés stemmates, qui sont des yeux simples, c'est-à-dire autonomes; ces derniers se rencontrent seule-

Fig. 553. — Figure montrant la segmentation du corps et en particulier la séparation des anneaux céphaliques ; *a*, la tête dont 2 anneaux sont distincts : 1, premier anneau céphalique ou anneau ophtalmi-pa; 2, second anneau antennulaire ; *e*, carapace représentant le segment dorsal du troisième segment ou anneau antennaire ainsi que le segment dorsal du quatrième segment ou anneau mandibulaire 4 et recouvrant en arrière les cinq anneaux suivants 5 à 9 ; 10, deuxième anneau dont une portion est seule visible ; *at*, antennules ou antennes internes ; *at'*, antennes externes ; 7, première patte-mâchoire palpiforme ; 8 à 14', les 7 paires de pattes thoraciques ; 8', la patte préhensile ; 9', 10', 11', pattes-mâchoires ; 12', 13', 14', pattes proprement dites ; 15' à 20', pattes abdominales.

Fig. 552. — Figure montrant la segmentation du corps; *a*, la tête dont les 7 anneaux constituants 1 à 7 sont confondus; 8 à 14, les 7 anneaux du thorax ; 15 à 21, les 7 anneaux de l'abdomen; le 21e anneau est représenté par une petite pièce ; *at*, première paire d'antennes ; *at'*, seconde paire d'antennes ; 7, appendice palpiforme représentant une patte-mâchoire ; 8 à 14', les sept paires de membres thoraciques ; 15' à 20', les six paires de pattes abdominales ; le dernier 21e anneau ne porte pas d'appendice.

ment chez quelques Crustacés (Apus, Cyame, etc.), et sont toujours en petit nombre. Les yeux simples et les yeux composés peuvent exister simultanément (Apus, Cyame, etc.).

Il est une particularité des plus intéressantes, observée pour la première fois en 1864 par M. A. Milne-Edwards, qui nous éclaire sur la morphologie générale des Crustacés et qui vient confirmer les vues de Savigny sur l'unité de composition des appendices chez ces animaux ; c'est la transformation chez une Langouste, conservée dans les collections du Muséum de Paris, du pédoncule oculaire et de l'œil terminal en une petite antenne. Or, les dragages exécutés pendant ces dernières années ont révélé dans les profondeurs des mers l'existence de Crustacés décapodes, brachyures et macroures, chez lesquels les organes de la vision ont subi les modifications les plus extraordinaires ; le fait accidentel observé par M. A. Edwards a donc une généralité inattendue.

Le Révérend Merle Norman a observé chez un Brachyure, voisin des Dorippes, l'*Ethusa granulata* découvert pendant la croisière du *Porcupine*, un fait bien intéressant ; les exemplaires trouvés entre 200 et 700 mètres de profondeur, dans les parages méridionaux de l'Irlande (Valentia), paraissent être aveugles, mais ils ont deux remarquables tiges oculaires, lisses et arrondies à l'extrémité où l'œil est ordinairement placé ; chez les spécimens pêchés de 1,000 à 1,300 mètres, dans les régions septentrionales, les pédoncules oculaires ont perdu leur mobilité, ont augmenté de dimensions et sont terminés par une pointe aiguë ; ils remplacent alors le véritable rostre qui a disparu. Un Macroure, de la famille des Galathéides, décrit par M. Alph. Milne-Edwards sous le nom de *Galathodes Antonii*, et que la drague du *Talisman* a rapporté de plus de 4,000 mètres de profondeur, présente une disposition analogue, les pédoncules oculaires étant remplacés par deux épines aiguës sur les côtés externes desquels sont placés les yeux. Chez les Pétalophtalmes, Schizopodes mysidiformes, qui habitent également les abîmes de la mer, l'appareil dioptrique fait absolument défaut, tandis que les parties chitineuses sont restées sous la forme d'un organe concave semblable à une assiette supportée par un pédoncule.

De même qu'il existe des Insectes, hôtes des cavernes, chez lesquels les yeux se sont atrophiés, il existe des Crustacés, habitant des lacs souterrains, qui sont privés des appareils de la vision ; tel est cet Astacide, voisin de notre Écrevisse, le *Cambarus pellucidus*, de la célèbre caverne du Mammouth dans le Kentucky, chez lequel les pédoncules oculaires portent bien des cornées, mais derrière elles, les organes essentiels de la perception visuelle ne se sont pas développés ; les dragages ont ramené à la surface des Crustacés des grands fonds, des Galathéides (*Galacantha*, *Elasmonotus*, *Galathodes*) chez lesquels on constate une atrophie de même

nature. L'étude de la vie abyssale a révélé l'existence de formes que l'on croyait éteintes et ensevelies depuis des siècles dans les terrains jurassiques, des Eryonides (*Polycheles*, *Pentacheles*, *Willemœsia*), et on s'est assuré qu'ils étaient non seulement aveugles, mais qu'ils ne possédaient aucun vestige de pédoncules oculaires.

Nous reviendrons sur ce sujet au chapitre de la Vision.

Des antennes. — On compte chez les Crustacés deux paires d'antennes ; la première paire ou *antennules* ou *antennes internes* sont des appendices du deuxième anneau (fig. 549, 550, 551, 552 et 553, *at*), la seconde paire ou *antennes proprement dites* ou *antennes externes* dépendent du troisième anneau céphalique (fig. 549, 550, 551, 552 et 553, *at'*) ainsi que nous l'avons vu précédemment. Comme chez les Insectes, ces organes varient beaucoup de forme, bien plus, ils sont capables de se transformer en organes locomoteurs préhensiles ou fixatifs : c'est ainsi que les antennes modifiées servent de rames aux larves d'Apus, aux Cladocères (*Daphnia*), aux Ostracodes (*Cypris*, *Cypridina*), d'appareil de préhension aux mâles des Branchiopodes (*Branchipes*, *Artémies*), d'appareil de fixation aux Eucopépodes (*Ergasilus*, *Caligus*, *Lernœa*, *Lernanthropus*, *Lernœopoda*) ainsi qu'aux Cirripèdes.

Lorsque les antennes conservent leurs attributions normales, elles affectent la forme de tiges grêles, courtes ou démesurément longues, composées d'un nombre considérable d'articles, portés, en général, par quelques articles basilaires robustes constituant une sorte de pédoncule, de la base ou de l'extrémité duquel se détache soit une pièce lamellaire, soit un ou deux appendices filiformes qui représentent, ainsi que nous le verrons plus loin, des pièces homologues dépendant des pattes, ce qui tend à démontrer l'unité de plan de composition du système appendiculaire des Crustacés.

De la bouche et des pièces buccales. — En suivant la face inférieure du corps à partir des antennes internes, on rencontre l'orifice buccal entouré de nombreuses pièces mobiles ; indépendamment de la lèvre supérieure, étendue transversalement au-dessus et en avant de la bouche, l'appareil buccal comprend plusieurs paires d'organes. Nous représentons séparément les pièces buccales de l'Écrevisse.

Les trois premières paires d'appendices (fig. 554, *a*, *b*, *c*) correspondent à celles qu'on décrit chez les Insectes et qu'on retrouve chez les autres Articulés ; la première (*a*) dépendant du quatrième anneau représente les *mandibules* puissantes et pourvues, contrairement à ce qui a lieu chez les Insectes, d'un palpe mobile articulé ; la seconde (*b*), dépendant du cinquième anneau, représente les *premières mâchoires* ou *mâchoires proprement dites* ; la troisième (*c*), dépendant du sixième anneau, constitue les *secondes mâchoires*, qui, bien que tout à fait divisées, correspondent à la *lèvre inférieure* des Insectes. Telles sont les pièces qui primordialement sont les parties essentielles de l'armature buccale, notamment chez les Edriophtalmes, c'est-à-dire les Amphipodes (*Gammarus*, fig. 552), les Isopodes (*Oniscus* ou Cloporte); mais chez les Cumacés (*Diastylis*, par exemple), les appendices des deux premiers zonites thoraciques, c'est-à-dire dépendant des septième

Fig. 554. — Pièces buccales de l'Écrevisse
vues en dessus (côté gauche) (*).

et huitième anneaux sont détournés de leur fonction normale et entrent dans la constitution de la bouche, ce sont les *mâchoires auxiliaires* ou *pattes-mâchoires*; chez les Décapodes (Crabe, Écrevisse, Langouste) trois paires de pattes se transforment en pattes-mâchoires (fig. 554, *d*, *e*, *f*), et même chez les Stomapodes (Squille) cinq paires de pattes thoraciques deviennent des pattes-mâchoires (fig. 553, 8′, 9′, 10′, 11′); par leur situation et leur insertion, ces appendices transformés sont de véritables pattes, ainsi que l'ont démontré les beaux travaux de Savigny, mais au lieu de servir à la locomotion, elles

(*) *a*, mandibule, 4ᵉ anneau; *b*, première mâchoire, 5ᵉ anneau; *c*, seconde mâchoire, 6ᵉ anneau; *d*, première patte-mâchoire, 7ᵉ anneau; *e*, deuxième patte-mâchoire, 8ᵉ anneau; *f*, troisième patte-mâchoire, 9ᵉ anneau.

servent concurremment avec les deux paires de mâchoires à saisir, à tâter et à rejeter les matières alimentaires, tandis que les mandibules sont chargées de la division préliminaire des aliments. Les vues si remarquables de Savigny sur l'unité du plan de composition des appendices chez les Crustacés ont été confirmées plus tard par les recherches sur le développement; en effet, lorsqu'on a pu suivre le développement des Crabes on a pu observer que, dans les premiers stades de la vie active, les pattes-mâchoires remplissent le rôle de pattes ambulatoires et qu'après des mues successives, perdant leur forme et leur fonction, elles se transformaient et devenaient pièces buccales auxiliaires.

La transformation des pattes en appendices buccaux a permis à M. Henri Milne-Edwards d'établir les homologies de toutes les pièces constitutives de ces organes et de proposer une nomenclature qui exprime ces homologies; c'est ainsi que (le mot γνάθος signifiant mâchoire) le premier article d'une pièce buccale a reçu le nom de *coxognathite*, le second celui de *basignathite*, etc., correspondant (le mot πούς, ποδός, signifiant pied) aux appellations de *coxopodite*, de *basipodite*, etc., correspondant (le mot κέρας signifiant corne, antenne) aux termes de *coxocérite*, *basicérite*, etc. Nous reviendrons plus loin sur cette nomenclature.

Chez les Crustacés parasites comme certains Copépodes (Calige, Nicothoé) la lèvre supérieure et la lèvre inférieure s'allongent pour constituer une trompe qui loge dans son intérieur les mandibules transformées en stylets acérés.

Du thorax et de ses appendices. — Chez les Crustacés le thorax se compose fondamentalement de sept zonites ou anneaux; chez ceux dont la segmentation est nettement tranchée, comme les Edriophtalmes, Amphipodes (Crevette de ruisseau) et Isopodes (Idotée), on aperçoit nettement les sept anneaux, quelquefois cependant on ne distingue que six ou même cinq anneaux; chez les Stomapodes (Squille), la carapace n'englobe que les quatre ou cinq premiers anneaux, septième à dixième ou onzième anneau du corps, de manière à laisser libres les trois ou quatre derniers anneaux, douzième à quatorzième ou onzième à quatorzième anneau du corps (fig. 553); chez les Schizopodes (Mysis), le thorax est plus ou moins recouvert par la carapace; chez certains Décapodes, les Pagures, les Écrevisses, les Lithodes, les Galathées, par exemple, le dernier anneau seul est indépendant; chez la grande majorité des Décapodes les anneaux thoraciques ont perdu complètement leur autonomie et la carapace recouvre aussi bien les segments de la tête que ceux du thorax (fig. 550).

Mais l'examen de la région sternale et le nombre des pièces appendiculaires permettent de reconnaître que sept anneaux entrent dans la constitution du thorax.

La coalescence des anneaux à la région tergale détermine la constitution d'un céphalo-thorax qui est caractérisé, généralement, chez les Décapodes macroures, par la présence, à la région antérieure, d'un *rostre* plus ou moins développé et de forme variable suivant les types (fig. 549) ; ce rostre qui prend souvent dans les formes larvaires, dites formes de Zoé, un accroissement des plus extraordinaires, demeure là comme témoin d'une particularité ancestrale.

L'existence d'un céphalothorax dur et crustacé entraîne de grands perfectionnements dans le squelette chitineux ; il donne non seulement de solides points d'appui aux muscles, mais il assure la protection du système nerveux. En effet, à la jonction des anneaux primitifs du thorax, des replis cutanés, accolement des deux membranes constitutives, font former à l'intérieur de la cage thoracique une série d'apodèmes lamellaires (1), qui partent à la fois de la région sternale (*apodèmes endosternaux ou endosternites*) et des flancs (*apodèmes endopleuraux ou endopleurites*) se rejoignent et constituent un cloisonnement intermusculaire des plus compliqués. Les cloisons ou *endophragmes* sont disposées de telle façon qu'elles forment, par exemple chez la Langouste, l'Écrevisse, le Homard, dans la région médiane une série de voûtes qui ménagent ainsi un *canal sternal* dans lequel se trouve abrité le système nerveux. Chez les Vertébrés la moelle épinière est renfermée dans le canal vertébral, de même chez les Crustacés la chaîne ganglionnaire est logée dans le canal sternal ; mais il ne faudrait pas, à l'imitation d'Et. Geoffroy Saint-Hilaire, de Carus, de Robineau-Desvoidy, chercher des homologies là où il n'y a que des coïncidences fortuites, et comparer le système endophragmal des Crustacés au squelette des Vertébrés pour y retrouver une série de vertèbres ; la brillante école philosophique du commencement de ce siècle, pour soutenir la séduisante théorie vertébrale des Articulés, s'était appuyée sur des arguments que les progrès des sciences naturelles ont permis de réfuter : le Crustacé pas plus que l'Insecte ne possède de vertèbre et *a fortiori* ne saurait être logé à l'intérieur de ses vertèbres.

Le squelette endophragmal, qui correspond homologiquement à l'entothorax des Insectes, atteint son plus haut degré de complication chez les Macroures (Langouste, Homard, Écrevisse), et se simplifie chez les Brachyures (Tourteau) ; nous ne pouvons décrire ici toutes les variations de forme qu'il subit, notons toutefois les principales. Chez la Langouste le canal sternal existe dans tous les anneaux thoraciques ; chez les Homards ce canal est incomplet dans les deux derniers anneaux ; chez le Tourteau et la plupart des Brachyures il n'y a pas

de canal sternal voûté, mais il se retrouve chez les Dromies et les Ranines. Dans les Lithodes la simplification du système endophragmal est grande, beaucoup d'apodèmes ne se développant pas, la région médiane du thorax reste libre ; chez les Palémons et leurs congénères cette simplification est plus grande encore, car les apodèmes thoraciques solides font absolument défaut.

L'extension du dermo-squelette par duplicature du tégument est très fréquente chez les Crustacés ; la plus répandue est celle qui consiste en une expansion constituant une enveloppe protectrice ; c'est ainsi que l'élargissement du céphalothorax

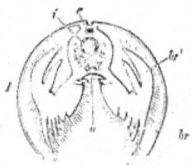

Fig. 555. — Coupe transversale d'un Phyllopode (Limnetis) montrant la disposition de la carapace (d'après Grube) (*).

détermine chez les Apus la formation d'un large bouclier, et produit chez les Limnadia, par sa division en deux moitiés, la constitution d'une carapace à deux valves (fig. 555), carapace qui prend chez les

Fig. 556. — Anatife.   Fig. 557. — Balane.

Fig. 556 et 557. — Figures montrant les plaques calcaires situées dans le manteau des Cirripèdes.

Ostracodes, tels que les Cypris, absolument l'aspect d'une coquille de Mollusque bivalve, et renferme l'animal tout entier.

Chez les Cirripèdes, au moment où l'animal perd

---

(1) Ce mot, créé par MM. Audouin et Milne-Edwards pour désigner les lames internes du squelette tégumentaire des animaux articulés, vient du grec ἀπόδημα, je lie, j'attache.

(*) Cette coupe transversale de Limnetis, Lov, Phyllopode branchiopode de la famille des Esthérides, voisin des Limnadia, passe par le segment qui porte la première paire de pattes. — d, duplicature du tégument dorsal, constituant une carapace bivalve, rappelant par sa forme la coquille d'un Mollusque lamellibranche, et enveloppant le corps entier ; c, cœur ; i, tube intestinal ; n, chaîne ganglionnaire ; br, br', branchies.

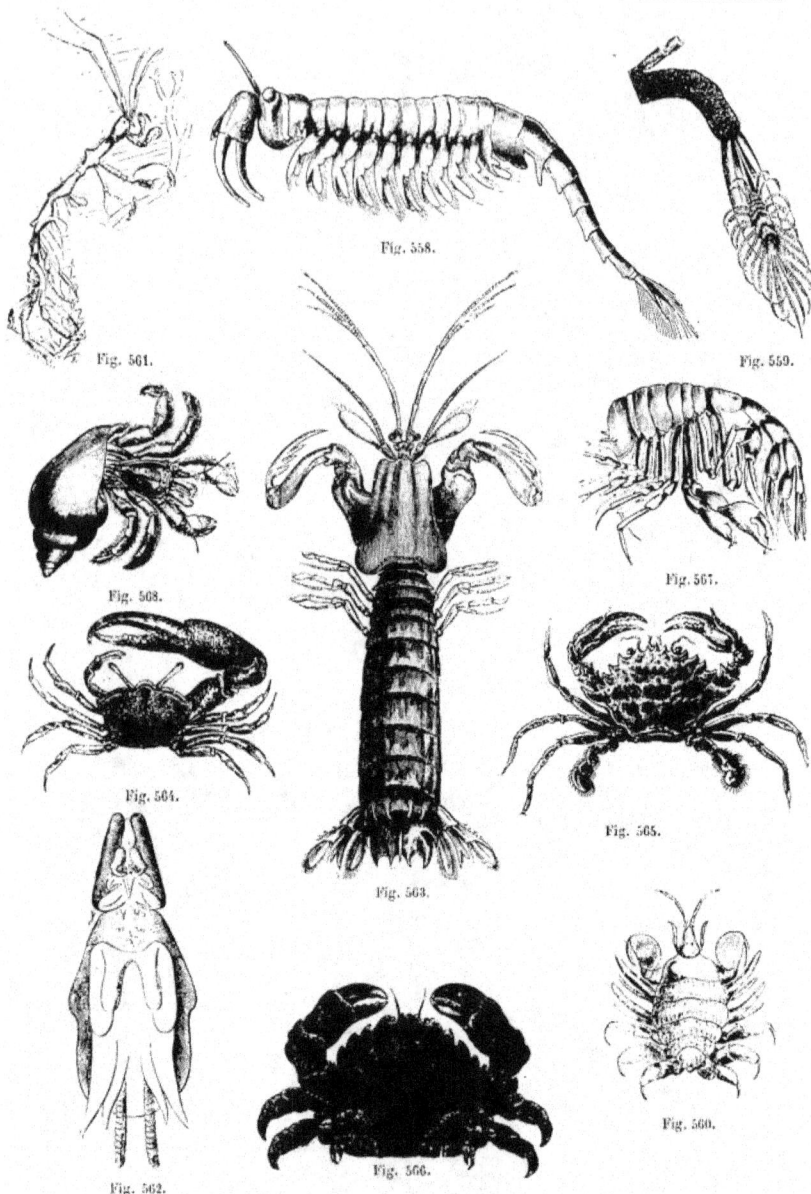

Fig. 558.

Fig. 561.

Fig. 559.

Fig. 568.

Fig. 567.

Fig. 564.

Fig. 565.

Fig. 563.

Fig. 562.

Fig. 566.

Fig. 560.

Fig. 558 à 568. — Exemples de la diversité de formes des appendices chez les Crustacés.

sa mobilité larvaire et se fixe, la région dorsale du tégument se développe pour former un large sac qui vient entourer le corps tout entier ; ce sac ou manteau peut quelquefois conserver une consistance molle (*Alepas*) ; mais le plus souvent son feuillet externe se couvre de plaques calcaires (*Lepas*, *matifera*, fig. 556) dont le nombre et la disposition sont caractéristiques des différents groupes ; chez les Balanides, la plupart des pièces se soudent pour constituer autour de l'animal une espèce de couronne (fig. 557) tandis que les autres forment un couvercle ou opercule fermant l'ouverture de la cavité du manteau.

Le thorax, chez quelques Crustacés, subit des modifications des plus singulières ; c'est ainsi que chez certains Copépodes parasites (Siphonostomes de la famille des Caligides), les Pandarus, les anneaux thoraciques qui sont libres portent chacun des plaques dorsales ; ce ne sont morphologiquement que des épimères développées d'une manière exagérée ; mais, chose singulière, les deux postérieures se réunissent sur la ligne médiane et rappellent ainsi les élytres des Coléoptères ; chez d'autres Copépodes parasites (Siphonostomes de la famille des Dichélestides), les Anthosomes, de la face dorsale comme de la face ventrale des deux ou trois anneaux du thorax partent des expansions lamelliformes qui s'enroulent en cornet et s'imbriquent autour de la région postérieure du corps en simulant les pétales d'une fleur entr'ouverte.

Chez les Lernéides femelles, toute trace d'annulation disparaissant, — ce qui, par parenthèse, leur donne la physionomie des Vers, — il n'y a, cela va sans dire, aucune région thoracique distincte.

Les appendices thoraciques qui prennent souvent les formes et les attributions les plus diverses fournissent la démonstration la plus éclatante de la malléabilité merveilleuse de la matière vivante et de l'étonnante facilité d'adaptation des organes aux fonctions les plus diverses. Tantôt sous la forme d'organes foliacés, comme chez les Phyllopodes (Branchipe, fig. 555) ou de rames bifurquées comme chez les Copépodes (Cypris), ces appendices constituent de puissants appareils natatoires ; tantôt se transforment en cirres à plusieurs branches (Cirripèdes, fig. 556, 557), ils concourent à la préhension des parcelles alimentaires ; quelquefois les appendices se terminent par de robustes crochets qui leur permettent de se cramponner aux Mammifères marins (Cyames, fig. 558) ou aux plantes marines (Caprelle, fig. 559) ; quelquefois ils sont transformés en longs appendices tubiformes dépourvus de crochets (Cyame, fig. 558 ; les Xanthropes, fig. 560). Souvent la première paire (Édriophthalmes), quelquefois les deux (Cumacés) ou les trois premières paires (Décapodes) de membres thoraciques, ainsi que nous l'avons vu précédemment (fig. 554, *d*,*e*,*f*), deviennent des pièces buccales auxiliaires et concourent à la préhension et à la division des aliments : ce sont des

pattes-mâchoires ou *maxillipèdes*, suivant les appellations consacrées. Chez les Décapodes brachyures les pattes-mâchoires ont entre elles de grands rapports de forme, chez les Macroures celles de la troisième paire tendent à s'allonger et à perdre leur caractère de mâchoires. Chez les Stomapodes (Squille, fig. 558), la première paire de maxillipèdes affecte la forme d'un palpe grêle (fig. 553, 7') ; la seconde paire est transformée en de remarquables pattes ravisseuses qui rappellent à s'y méprendre les pattes antérieures des Mantes, ces singuliers Insectes Orthoptères si répandus dans le Midi (fig. 561). Les autres paires

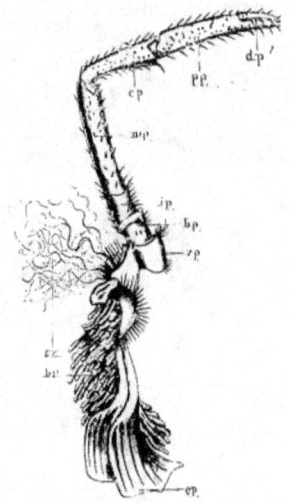

Fig. 569. — Seconde patte ambulatoire de l'Écrevisse (côté gauche) (*).

d'appendices constituent seules les pattes proprement dites servant généralement à l'ambulation, car elles aussi sont susceptibles de se transformer pour s'approprier aux nécessités biologiques. C'est ainsi par exemple que nous voyons, chez les Crabes et tous les Brachyures (fig. 562, 563 et 564), chez les Homards, les Écrevisses et tous les Astacides, la première paire d'appendices se transformer en de robustes pinces ; que nous observons chez les Pagures, les Calianasses, les Gélasimes (fig. 562), les Ocypodes, dans cette première paire de pattes une dissymétrie des plus singulières : une des pattes, ordinairement celle du côté gauche, se développant d'une façon extraordinaire comparativement à l'autre qui garde

(*) *exp*, coxopodite ou hanche ; *bp*, basipodite ou trochanter supérieur ; *ip*, ischiopodite ou second trochanter ; *mp*, méropodite ou cuisse ; *cp*, carpopodite ou genou ; *pp*, propodite ou jambe ; *dp*, dactylopodite ou tarse ; *e*, épipodite ou lame branchiale ; *br*, branchies ; *sz*, soies du coxopodite.

A. L. Clément   GORDIER

Phot. J. B. Baillière et Fils, édit.

CRUSTACÉS DRAGUÉS PAR L'EXPÉDITION DU « TALISMAN ».

1. *Mirocla forceps* (pêché à 160 mètres de profondeur). — 2 et 3. *Nephropsis Agassizi*, Alph. M.-E., (2,218 m). — 4. *Acanthephyra purpurea* (4,100 à 2,400 m). — 5. *Gnathophausia Zoé* (4,000 à 4,255 m). — 6. *Hapalopodia eumedioïdes* (Benthesicymus) Bouvier (1,300 m. — 7. *Pagurus alcocki* sur *Ept.* (3,655 m).

toujours.de moindres dimensions; la seconde et la troisième paire de pattes peuvent aussi se terminer par une petite pince, par exemple chez les Écrevisses (fig. 550) et tous les Astacides, chez les Palémons et tous les Caridides; il arrive même (Palémon) que la pince de la seconde paire de pattes est infiniment plus développée que celles de la première paire; dans certains cas, c'est la troisième, la quatrième et la cinquième paire de pattes qui se terminent par une pince préhensile (Anchylomera), d'autres fois, c'est la cinquième paire qui porte la pince (Phronime, (fig. 565). Les pattes ne servent pas toujours à la marche sur le sable ou les rochers : les quatre paires d'appendices thoraciques postérieurs des Matutes et des Ranines sont élargies en rames; la dernière paire seule chez les Portunides sert à la natation (fig. 563). Une bien étrange transformation des appendices est celle qui s'observe chez les Porcellanes, les Lithodes, les Dromies (fig. 564), les Dorippes et tous les Notopodes, chez lesquels la dernière ou les deux dernières paires de pattes sont insérées à la région dorsale, et peuvent devenir préhensiles : c'est ainsi que chez les Dromies elles servent à retenir les corps étrangers, soit une Éponge, soit un Alcyon, qui doivent les dissimuler; chez les Pagures, les deux dernières paires d'appendices, qui gêneraient les mouvements dans les coquilles où ils s'abritent, s'atrophient presque complètement (fig. 568 et pl. XVII).

Les grandes campagnes de dragages sont venues nous révéler l'existence de formes singulières et imprévues chez lesquelles les membres se transforment de la façon la plus étrange. Non contents de ramener à la lumière des Macroures aveugles (Willemœsia) aux pattes antérieures démesurément longues, certains Astacides (Astacus zaleucus) dont la patte droite se termine par une longue pince dentelée de forme antédiluvienne, les explorateurs du fond des mers ont tiré des profondeurs des Crevettes (Benthecisymus, pl. XVII, fig. 6) dont les dernières paires de pattes ont perdu leur forme normale et leurs attributions naturelles; ces pattes se sont extraordinairement allongées et ont acquis une gracilité infinie; ce ne sont plus des pattes, mais des antennes délicates, organes de tact très perfectionnés. Ainsi se trouve encore une fois démontrée l'unité de composition du système appendiculaire des Crustacés et des Articulés en général.

Pour rendre plus manifeste cette unité de composition, M. H. Milne-Edwards a eu l'heureuse idée de substituer aux noms qui désignent ordinairement les pièces constituantes des pattes, des appellations méthodiques (fig. 569), la branche principale d'une patte ou tige a reçu le nom d'endopodite (πούς, ποδύς, pied), la branche accessoire ou palpe, ou fouet, ou flagellum, celui d'exopodite, la branche complémentaire ou appendice flabelliforme, celui d'épipodite. Les différents articles de l'endopodite ont reçu les désignations suivantes : la hanche est le coxopodite; le

trochanter supérieur, le basipodite; le second trochanter, l'ischiopodite; la cuisse, le méropodite; le genou, le carpopodite; la jambe, le propodite; le tarse, le dactylopodite. Une nomenclature toute semblable appliquée aux antennes, où les différentes parties ont reçu les noms de coxocérite (κέρας, corne, antennes), basicérite, etc., puis ensuite aux mâchoires, où les parties constituantes ont été désignées par les termes d'endognathe (γνάθος, mâchoire), d'exognathite, coxognathite, basignathite, etc., permet d'établir avec netteté les homologies, de donner une base solide pour comparer les appendices entre eux, d'interpréter leurs transformations et par suite d'exposer clairement un chapitre de philosophie anatomique. Mais s'il est démontré que tous les appendices, quels qu'ils soient, sont en réalité des pattes, ne pourrait-on pas, à l'exemple de Huxley, simplifier la nomenclature en se servant exclusivement des termes d'endopodite, exopodite, etc., pour désigner les différentes pièces qui entrent dans la constitution des appendices? On aurait ainsi un double avantage, celui de la simplification et celui du rappel constant des homologies.

Les pattes sont constituées normalement par les pièces dont nous venons de faire l'énumération; mais lorsque ces appendices perdent leurs aptitudes locomotrices pour se transformer en organes tactiles, comme chez le Nika comestible et surtout le Benthesicymus Bartleti, ils prennent l'apparence d'antennes et le nombre de leurs articles devient alors très considérable.

Chez la plupart des Crustacés décapodes les pattes thoraciques sont constituées uniquement par la branche principale ou endopodite, mais chez certains d'entre eux (Penée, Mysis, Phyllosome), de la pièce basilaire ou coxopodite se détache une branche accessoire, homologue du palpe des pattes-mâchoires, c'est l'exopodite. Les exopodites existent également chez les femelles des Amphipodes et des Isopodes, où ils servent à porter les œufs; chez les Stomapodes où ils se détachent seulement des méropodites; chez les Copépodes, où ils sont un des avirons; chez les Cirripèdes, où ils forment un des cirres préhensiles.

Quant à l'épipodite, c'est-à-dire au fouet ou flagellum, il acquiert, chez les Brachyures, aux trois pattes-mâchoires des attributions spéciales en rapport avec la respiration.

Nous ferons remarquer que la pince terminale des pattes est toujours formée par un prolongement du propodite et par le dactylopodite; le prolongement du propodite constitue une branche fixe sur laquelle vient se rabattre le dactylopodite que des muscles puissants mettent en jeu. Chacun connaît la puissance des pinces de l'Écrevisse et du Homard; pour prévenir la rude étreinte de ce dernier, les marchands ont la précaution de glisser dans l'articulation une petite cheville qui empêche les mouvements du dactylopodite.

De l'abdomen. — Chez les Crustacés Décapodes, l'abdomen qu'on appelle improprement la *queue* peut se replier plus ou moins sous le plastron et constitue chez les Macroures, comme le Homard, l'Écrevisse, la Langouste, le Palémon, un puissant organe propulseur. Chez les Décapodes, dits anomoures, tels que les Pagoures, les Cénobites, l'abdomen destiné à s'abriter dans les coquilles des Mollusques, et obligé d'en épouser la forme, ne sert en aucune façon à la progression ; aussi est-il revêtu d'un tégument mou et est-il dépourvu de symétrie. Chez les Brachyures, c'est-à-dire chez tous les Crabes en général, l'abdomen ne joue plus aucun rôle dans la locomotion ; considérablement réduit et en quelque sorte lamelliforme, étroit dans le mâle, élargi dans la femelle, il vient s'appliquer sous le thorax et recouvrir complètement le plastron.

Chez tous les Décapodes les segments abdominaux sont au nombre de sept, mais le dernier est rudimentaire et constitue ce qu'on appelle le *telson* ; une particularité se présente souvent chez les Brachyures : deux, trois ou quatre anneaux se soudent à la région dorsale, qui est toujours cuirassée, tandis que les arceaux sternaux demeurent mous.

Chez les Edriophtalmes, Amphipodes et Isopodes, a similitude des segments est telle que ceux qui appartiennent à la région abdominale ne se différencient pas ; toutefois on distingue à la suite de sept anneaux thoraciques sept autres anneaux constituant l'abdomen. Le septième anneau, distinct chez l'embryon, rudimentaire chez l'adulte, disparaît très fréquemment ; le sixième anneau, au contraire, se développe considérablement et les anneaux antérieurs tendent à se confondre, c'est ce qu'on observe chez les Idotées, les Cymothoés. La coalescence s'exagérant de plus en plus, l'abdomen perd en importance : c'est ainsi que chez les Aselles il se trouve réduit à une seule pièce. La simplification allant beaucoup plus loin, l'abdomen peut devenir rudimentaire ; tel est le cas chez les Chevrolles où il n'est plus représenté que par deux petits tubercules, chez les Cyames où il n'a pour témoin qu'un minuscule mamelon.

Les différents anneaux de l'abdomen, à l'exception du dernier ou vingt et unième anneau du corps, portent une paire d'appendices, mais ces appendices subissent des modifications en rapport avec les transformations des anneaux et s'adaptent, comme les pattes thoraciques, aux usages les plus variés ; ce sont tantôt des pattes natatoires ou fausses pattes (Squille), des crampons (Pagures), des ovophores, c'est-à-dire des organes servant à retenir les œufs pendant l'incubation (Écrevisse, Langouste, etc.), des appareils copulateurs (Astacides en général). Dans la grande majorité des Thoracostracés la sixième paire d'appendices s'élargit considérablement, devient lamelliforme et constitue avec le telson la nageoire caudale. Chez les mâles de certains Macroures, les Sergestes, la première paire

d'appendices prend une forme singulière et devient préhensile ; chez les Pagures, les Birgues, les fausses pattes ne se développent pas sur les anneaux antérieurs, ni sur le côté droit des anneaux suivants. Chez les Isopodes, les pattes deviennent membraneuses et servent à la respiration. Ce sont de *fausses pattes branchiales*.

Les pattes abdominales sont composées des mêmes éléments que les pattes thoraciques : on y reconnaît très bien, chez l'Écrevisse par exemple, le coxopodite, le basipodite ; et deux branches dont l'une est l'endopodite et l'autre l'exopodite ; ces pièces se retrouvent même dans les appendices lamelliformes du vingtième anneau qui concourent à former la nageoire, tant est invariable le plan sur lequel est établi le système appendiculaire des Arthropodes.

Structure des téguments. — Poils et Soies. — Coloration. — Les auteurs ont émis différentes opinions sur la structure intime des téguments des Crustacés ; cela se conçoit, les progrès des méthodes histologiques ayant permis d'apporter de plus en plus de précision dans l'examen des tissus ; nous renverrons au travail publié récemment par M. Vitzou [1] où l'on trouvera un excellent résumé des travaux de Hasse, Lavalle, Carpenter, Huxley, Williamson, Leydig, Max Braun et l'exposé de ses recherches personnelles.

L'enveloppe des Crustacés, d'après M. Vitzou, se compose en réalité de deux couches principales : l'épiderme et le derme ou chorion, qui représentent morphologiquement les parties de même nom des animaux supérieurs. L'épiderme est formé de deux couches : une couche externe formée de chitine durcie ou non par des sels calcaires ; un épithélium chitinogène. La couche externe peut se subdiviser, au point de vue descriptif, mais non pas sous le rapport morphologique, en plusieurs assises en couches secondaires : une assise tout à fait externe très mince, sans structure apparente, est la *cuticule ;* une assise beaucoup plus épaisse, formée de lamelles superposées parallèles à la surface, traversée par des canalicules poreux, imprégnée de carbonates et d'un pigment qui lui donne une coloration caractéristique, est la *couche pigmentaire ;* une troisième assise, la plus importante, formée également de lamelles superposées, traversées aussi par des canalicules poreux en continuité avec les précédents, de couleur blanche et fortement imprégnée de sels calcaires, est la *couche calcifiée ;* enfin, une quatrième assise peu épaisse, formée de petites lamelles délicates, ne renfermant presque aucun canalicule et étant dépourvue de sels calcaires, n'a point de nom spécial. L'épithélium chitinogène est constitué par de grandes cellules plus ou moins cylindriques. Le derme, composé de tissu conjonctif, renferme du pigment, des vaisseaux et des nerfs :

(1) Vitzou, *Recherches sur la structure et la formation des téguments chez les Crustacés décapodes* (Archiv. de zoolog. exp., t. X. 1882.)

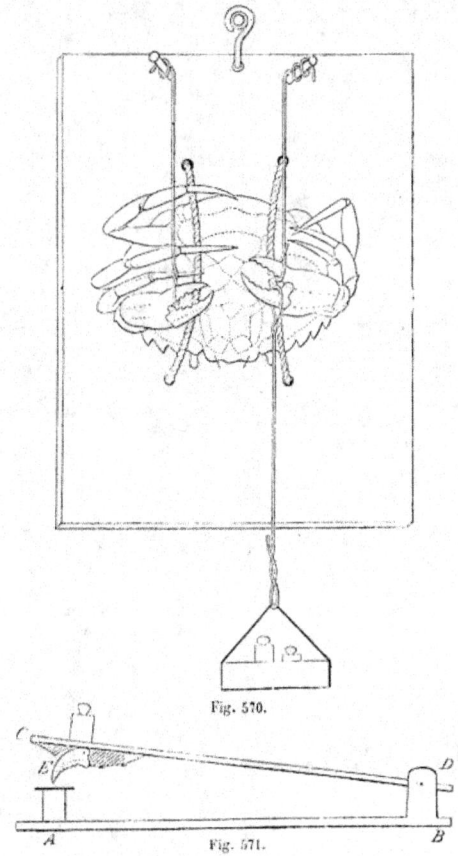

Fig. 570.

Fig. 571.

Fig. 570 et 571. — Dispositif des expériences de F. Plateau pour démontrer la puissance musculaire des Crustacés.

vaisseaux et nerfs caractérisent cette couche, puisqu'ils manquent complètement dans l'épiderme.

La cuticule émet souvent à la surface de la carapace des prolongements pleins, dits *prolongements cuticulaires* et des soies creuses simples ou barbelées qui recouvrent un canal en entonnoir qui traverse l'épiderme.

Si à l'exemple de Mac-Intosch on examine méthodiquement le squelette d'un Crustacé, d'un Crabe notamment, on sera surpris de la diversité de forme des poils suivant qu'on examine ceux de telle ou telle région ; tantôt ce sont des poils souples constituant une sorte de pubescence, tantôt ce sont des soies rigides droites ou recourbées, simples ou barbelées, tantôt des soies multi-articulées.

La coloration du tégument des Crustacés peut varier beaucoup, elle est due, ainsi que Focillon l'a démontré, à la présence de deux substances pigmentaires, l'une granuleuse, rouge écarlate, l'autre cristallisée bleue (Homard, Écrevisse, Crabe commun) ou jaune citron (Langouste). M. Pouchet, qui a repris l'étude du pigment bleu, a démontré qu'il se trouvait tantôt à l'état de dissolution dans les éléments (test du Homard), tantôt sous l'apparence de corps solides (Écrevisse) qu'il nomme *cœrulins*; ces corps ont une étroite relation avec les chromoblastes rouges, car ils apparaissent et se développent autour d'eux ; et ce qui laisse supposer que le pig-

BREHM. — VI.

ment bleu n'est qu'un dérivé du pigment rouge, c'est son extrême instabilité ; tous les réactifs en effet qui ne le détruisent pas le font virer au rouge (le bichlorure de carbone excepté) ; voilà pourquoi tous les Crustacés plongés dans l'eau chaude deviennent d'une belle couleur rouge.

C'est au mélange de ces deux pigments que ces Arthropodes doivent leurs teintes variées, souvent si agréables aux yeux ; quoi de plus éclatant en effet que la carapace du Homard aux reflets bleus azurés ; quoi de plus singulier que ces Écrevisses qui font de temps à autre leur apparition sur nos marchés, les unes d'un beau bleu opalin, les autres d'un rouge vif, aussi vif que celles qui font l'ornement de nos tables.

Les Crustacés qui vivent dans les eaux souterraines ont le test décoloré, par exemple le *Niphargus puteanus* qui vit au fond des puits et au fond des lacs, le *Cambarus pellucidus*, sorte d'Écrevisse de la grotte du Mammouth, et bien d'autres ; il était à présumer que les Crustacés, habitants des grands fonds de la mer, seraient également dépourvus de toute coloration ; il n'en est rien ; s'il en est d'un blanc grisâtre (*Elasmonotus*), d'un blanc rosé au tégument délicat laissant voir tous les organes par transparence (*Polycheles*), la plupart revêtent de belles teintes rouges, passant parfois au violet, rappelant les tons des plus belles laques carminées ; lors de l'exposition des draguages du *Travailleur* et du *Talisman* faite au Muséum en 1884, les visiteurs ne pouvaient retenir leurs exclamations de surprise en voyant les Arités, les Acanthéphyres (pl. XVII, fig. 4), les Gnathophausies (pl. XVII, fig. 5), les Hapalopodes (Benthecisyme) (pl. XVII, fig. 6), et une foule d'autres Crustacés macroures des abîmes de la mer, parés des plus magnifiques vêtements de pourpre. Mais si la coloration rouge est celle qu'affectionnent ces êtres marins, ce n'est pas à dire que certains d'entre eux ne prennent d'autres couleurs ; le *Nephropsis Agassizii*, par exemple (pl. XVII, fig. 2 et 3), a le dos d'une belle teinte orangée tranchant sur celle de son corps qui est uniformément rouge ; l'*Acanthephyra pellucida*, sorte de crevette congénère de l'*Acanthephyra* que nous avons représenté pl. XVII, fig. 4, a le corps rosé, constellé de points d'un rouge vif, tandis que la région antéro-supérieure de sa carapace porte une plaque rouge ; les naturalistes du *Talisman* ont capturé une petite crevettine remarquable par la diversité des teintes dont elle est décorée ; sa carapace est jaune et bleu, son abdomen est blanc coupé de bandes longitudinales rouges.

De toutes les observations recueillies par les naturalistes qui ont fait les grandes campagnes de draguages anglaises, américaines et françaises, il en est une fort importante, c'est que la coloration des animaux n'a aucune relation avec la profondeur, à 5,000 mètres on pêche aussi bien des Crustacés rouges que grisâtres.

Si la coloration des Crustacés n'a nul rapport avec celle des grands fonds, elle se met quelquefois à la surface en harmonie avec le ton général des objets qui les avoisinent ; M. Filhol rappelle (1) que les naturalistes du *Talisman* ont observé dans la mer des Sargasses une élégante petite Crevette qui adoptait à son gré la teinte de ces algues ou la coloration bleutée des eaux de l'Océan, sachant aussi bien se rendre invisible lorsqu'elle cherchait un abri, ou lorsqu'elle s'aventurait dans les flots.

SYSTÈME MUSCULAIRE.

Puissance musculaire. — Il n'est personne qui ne se soit trouvé à même de constater la puissance musculaire des Crustacés. Quel est celui de nous qui a perdu le souvenir des cris d'angoisse que l'on a poussé étant enfant, lorsqu'en jouant avec des Écrevisses, on a senti un de ses doigts saisi et serré vigoureusement dans leurs robustes pinces. Il en est peut-être qui ont des souvenirs plus cuisants, ne se sont-ils pas parfois laissé étreindre la main dans les redoutables tenailles d'un Homard, ou pour le moins n'ont-ils pas reçu quelque vigoureux coup de queue d'une Langouste appétissante.

M. Félix Plateau, l'expérimentateur ingénieux auquel nous sommes redevables d'excellentes recherches sur l'évaluation de la force musculaire des Insectes et des Mollusques, s'est occupé de mesurer la puissance des muscles des Crustacés (2) ; les renseignements qu'il nous donne sont remplis d'intérêt.

Si ces Articulés n'ont pas la force prodigieuse des Insectes (3), ils ont encore une vigueur très respectable ; un Hanneton traîne une charge quatorze fois plus pesante que lui, un Crabe commun met en mouvement un chariot cinq fois plus lourd que lui, alors qu'un Cheval ne peut exercer un effort de traction supérieur à la moitié ou aux quatre cinquièmes de son poids ; un Crabe vulgaire est donc de sept à onze fois plus fort qu'un Cheval, — il s'agit de traction bien entendu. Lorsqu'on mesure, toujours par rapport au poids du corps, l'effort que peut exercer un Crabe lorsqu'il ferme les pinces, comparativement à un Homme qui étreint un objet dans sa main, on constate encore que la supériorité est du côté des Crustacés ; ainsi, par exemple, un Homme de trente ans, serrant un objet dans sa main droite, exerce un effort qui n'est que les sept dixièmes de son poids, alors qu'un Crabe tourteau fermant la pince droite déploie une force équivalant à seize fois son poids, et un Crabe commun une force représentant vingt-huit fois son poids ; ce qui revient à dire que la force de la pince du Tourteau est vingt-trois fois plus grande que celle de la main humaine, celle de la pince du Crabe commun quarante fois plus considérable.

(1) H. Filhol, *La Vie au fond des mers*, Paris, 1886, p. 156.
(2) Félix Plateau, *Recherches sur la force absolue des muscles des Invertébrés*, 2e partie. Bruxelles, 1884.
(3) Voy. Brehm, *Les Insectes*, édit. franç., t. VII, p. 15 et suiv.

Mais avant d'aller plus loin, il est nécessaire de faire connaître le dispositif des expériences que M. Plateau a instituées pour mesurer la force des muscles fléchisseurs de la pince de ces Crustacés.

Une planchette rectangulaire en bois percée de plusieurs rangées de trous est suspendue verticalement à un fort crampon enfoncé dans la muraille; quelques clous, dont on comprendra immédiatement l'utilité, sont implantés près de son bord supérieur (fig. 570). Le Crabe est fixé sur la planchette, la bouche en bas, à l'aide d'une ficelle solide croisant les articles basilaires des pattes ainsi que les régions latérales de la face sternale de la carapace et passant par des trous de la planchette convenablement choisis... Les articles fixes des deux pinces sont passés chacun dans une boucle terminant l'une des extrémités d'un fil de laiton; l'autre extrémité du fil est enroulée autour d'un des clous du bord supérieur de la planchette. Grâce à ce dispositif les tractions effectuées sur l'article mobile des pinces peuvent agir sur cet article sans qu'on ait à craindre le déplacement de la pince ou du corps du Crustacé.

Un plateau de balance est suspendu par un fil de laiton alternativement à chacun des articles et on le charge graduellement avec de la grenaille de plomb jusqu'à ce qu'on atteigne le poids limite que l'animal peut soutenir seulement pendant quelques instants. Dans ses expériences, pour obtenir le maximum d'effort, M. Plateau avait le raffinement de faire entrer le Crabe en furie en lui passant un petit stylet entre l'abdomen reployé et le thorax. Pauvre Crabe! et dire que ce n'est pas le physiologiste qui lui a donné le qualificatif d'enragé.

Dans ces conditions, notre expérimentateur a trouvé que les Crabes parviennent à soutenir ou à soulever des poids compris entre 1 kilogramme et 2 kilogrammes et demi (1); il a été ainsi conduit à constater ce fait très intéressant, c'est que les pinces droites les plus volumineuses sont les plus faibles, que les pinces gauches les plus petites sont les plus puissantes.

Cette force de 1 à 2 kilogr. et demi, qui exprime la puissance de pression des pinces, est-elle suffisante pour déterminer les effets dont nous avons parlé et qui font de ces tenailles de redoutables instruments défensifs? M. Plateau a imaginé un appareil fort simple (fig. 571) qui, par la substitution de la pression à la traction, permet d'établir qu'une faible action peut amener les pinces à produire de violents effets. Cet appareil qui a pour but de constater les résultats que l'on peut obtenir en appuyant l'extrémité plus ou moins aiguë d'un article mobile de pince, sur des corps divers, avec une

(1) Poids moyens en grammes auxquels la contraction des muscles fléchisseurs de la pince des Crabes fait équilibre :

	Pince droite.	Pince gauche.	Moyenne.
Crabe commun de Roscoff..	1950,00	2121,9 }	1564,56
— — d'Ostende..	858,25	1079,1 }	
— tourteau ordinaire...	1632,9	2544,2	2088,5
— énorme pesant 2 kilog. 607			2848,4

pression représentée par l'un des poids observés dans les expériences ci-dessus mentionnées, est construit de la manière suivante :

Une planche horizontale AB de 35 centimètres de longueur servant de support est munie près de son extrémité B de deux montants; CD est une planchette mobile de même dimension tournant en D autour d'un axe horizontal entre les montants verticaux; en E, on fixe solidement un article de pince de Crabe, la pointe tournée en bas. En posant sur la planchette mobile au-dessus de l'article de la pince un poids équivalent à l'une des valeurs moyennes obtenues précédemment, on constate immédiatement que si on met le doigt entre la planche et la pince on ressent une douleur « tellement vive et tellement intolérable qu'on s'empresse de soulever la planchette pour se soulager. » Chargée peu à peu d'un poids moyen de 1,564 gr. une pince de Crabe commun perce immédiatement une forte carte de visite et fait une profonde impression dans une plaque de liège ou dans un morceau de bois; chargée graduellement d'un poids moyen de 2,088 grammes, une pince de Tourteau détermine les mêmes effets; sous l'action d'un poids de 3,848 grammes la plaque de liège de 3 millimètres et demi est percée de part en part.

Ces faits suffisent pour démontrer que les Crustacés décapodes sont admirablement organisés pour produire avec leurs pinces de grands effets susceptibles de causer de graves accidents sans qu'il leur soit nécessaire de déployer la force extraordinaire qu'on leur supposait jusqu'ici.

M. Plateau a mesuré non pas seulement la force relative des muscles des Crustacés, mais encore leur force absolue. Il opérait avec l'appareil que nous avons représenté (fig. 570) de la même façon que s'il eût dû mesurer la force relative des muscles fléchisseurs de la pince des Crabes; mais les expériences exécutées, il pesait en bloc le fil suspenseur, le plateau de balance, et les grenailles de plomb qu'il contenait; puis il mesurait le bras du levier de la puissance et de la résistance; cela fait, il détachait le Crabe pour le peser à son tour après l'avoir endormi à l'aide du chloroforme, lui enlevait les pinces pour les plonger dans l'alcool afin de pouvoir aisément pratiquer à travers les masses musculaires des coupes permettant de mesurer les surfaces de section.

Observations et calculs faits, M. Plateau est arrivé aux conclusions suivantes : c'est que le poids moyen en grammes, soutenu par centimètre carré du muscle fléchisseur chez le *Carcinus mœnas*, notre Crabe commun, varie entre 858 grammes et 961gr,6 pour les pinces droites et entre 1,181gr,2 et 1,336gr,7 pour les pinces gauches; ce poids moyen chez le *Platycarcinus pagurus* est de 688gr,0 à droite et de 1,026 grammes à gauche. Ceci non seulement nous démontre encore que les pinces droites les plus volumineuses sont moins fortes que les pinces gauches les plus petites, mais indique que la force absolue ou statique des muscles des Crustacés est assez faible; qu'elle est infiniment moindre que celle de l'Homme et que celle des Mollusques lamellibranches (muscles adducteurs des valves des coquilles); en effet, si la moyenne générale de la force statique des muscles chez l'homme est de 7902, chez les Mollusques de 4545,79, chez la Grenouille de 2000, elle ne s'élève chez les Crabes qu'à 1008,75.

De la locomotion. — Les Crustacés habitant pour la plupart au sein des eaux, leur mode de locomotion le plus ordinaire est la natation. Tantôt ce sont les pattes thoraciques qui s'élargissent et se transforment en rames pour permettre à certains Crabes d'être d'excellents nageurs (fig. 567), ou qui deviennent flabelliformes pour donner aux Mysis et autres Schizopodes la faculté de se déplacer avec agilité; tantôt ce sont les appendices abdominaux qui se modifient et deviennent lamelliformes pour servir d'appareils locomoteurs (fig. 558); les appendices de l'extrémité postérieure du corps et le telson constituent la large nageoire qui sert aux Décapodes macroures pélagiques, les Palémons, les Crangons, etc., à nager, mais à nager à reculons. Chez beaucoup de Macroures, les Homards, les Écrevisses, les Langoustes, etc., la brusque contraction de l'abdomen vient s'ajouter à l'action de la nageoire caudale et leur donne le moyen de se lancer brusquement en arrière et de fuir ainsi l'ennemi qui les menace.

Chez ces Crustacés, le postabdomen, la queue, pour nous servir de l'expression vulgaire, joue le rôle d'un moteur puissant, mais lorsqu'il s'agit de courir, cet appendice devient fort gênant; aussi les Décapodes macroures, une fois hors de l'eau, se trouvent-ils dans une situation pénible. Les Crustacés qui marchent avec le plus de souplesse sont donc ceux qui ne sont pas incommodés par cet appendice destiné à une fin tout autre. Les Décapodes sont d'autant plus souples et d'autant plus agiles pour courir et grimper, qu'ils possèdent un abdomen plus court et plus léger. Par conséquent l'atrophie ou le développement moindre du postabdomen commandent le mode d'existence. C'est ainsi que les Crabes dont l'abdomen est absolument rudimentaire, d'où leur nom de Décapodes brachyures, sont admirablement conformés pour la natation, comme pour la course.

Ce qu'ils perdent en force, ils le gagnent en vitesse; chacun sait au bord de la mer quelle agilité déploient les Crabes et s'est amusé à leur voir prendre leur course à la moindre alerte; course bizarre, leurs longues pattes effleurant à peine le sol, ils arpentent le terrain à grandes enjambées, mais ils ne marchent pas droit devant eux, dame Nature les a condamnés à se déplacer toujours obliquement ou à reculons. Cette singulière démarche ne provoque pas seulement notre hilarité; elle est devenue, en

ces derniers temps, pour les désœuvrés qui promènent leur oisiveté sur les plages à la mode, une source de plaisir : n'ayant pas de courses de chevaux, ils ont imaginé les courses de Crabes (1). Rien n'égale la vélocité de certains Crabes terrestres, les Gécarcins; certains voyageurs racontent, — n'y a-t-il pas là une exagération quelque peu gasconne? — qu'ils sont plus rapides à la course qu'un Cheval.

S'il est des Crustacés rameurs, il est des Crustacés grimpeurs, ce qui paraîtra bien extraordinaire pour des animaux marins; mais ce qui paraîtra plus étonnant encore, c'est que ces grimpeurs ne se contentent pas de se cramponer aux saillies des rochers pour sortir de l'eau, ni même de se hisser sur les Palétuviers qui bordent les plages, ils font hardiment l'ascension des Cocotiers : les Birgues sont de véritables Écureuils, des Écureuils marins.

Des articulations. — Étudions maintenant les moyens que la nature a donnés aux Crustacés pour exécuter tous leurs mouvements. Nous connaissons toutes les pièces qui entrent dans la constitution de leur squelette tégumentaire, mais si nous cherchons à nous rendre compte du jeu des pièces les unes par rapport aux autres, nous constatons qu'elles sont reliées entre elles par une partie membraneuse qui possède la même structure que le tégument avec cette différence qu'elle n'est pas pénétrée de sels calcaires; elle joue le rôle de charnière, tandis que les deux parties dures qu'elle relie fonctionnent comme deux bras de levier. Ce sont les directions de ces charnières qui déterminent le sens des mouvements; ce sont les formes des bords résistants des pièces solides auxquelles s'attachent les charnières qui limitent les amplitudes des mouvements et assurent leur fixité, en constituant des cavités et des saillies articulaires. Les mouvements se réduisent simplement à la flexion et par conséquent à l'extension d'un segment sur l'autre s'il s'agit du corps, d'un article sur l'autre si l'on considère un appendice, mais dans ce dernier cas ces mouvements simples sont souvent accompagnés de légers mouvements de rotation. Pour donner au Crustacé la facilité de mouvoir ses appendices dans tous les sens, la nature a employé un procédé fort simple; au lieu de disposer les axes des articulations parallèlement, elle les a dirigés à angle presque droit les uns sur les autres; il suffit d'examiner la manière dont une Écrevisse cherche à pincer les doigts de celui qui lui a saisi le corps par derrière pour se rendre compte de la grande variété des mouvements qu'elle possède et qui lui assure une véritable dextérité.

Chez les Edriophtalmes (Isopodes et Stomapodes) nous avons la facilité d'observer les mouvements de la tête et ceux de tous les anneaux thoraciques et abdominaux, tandis que chez les Crustacés déca-

(1) Voy. Crabe.

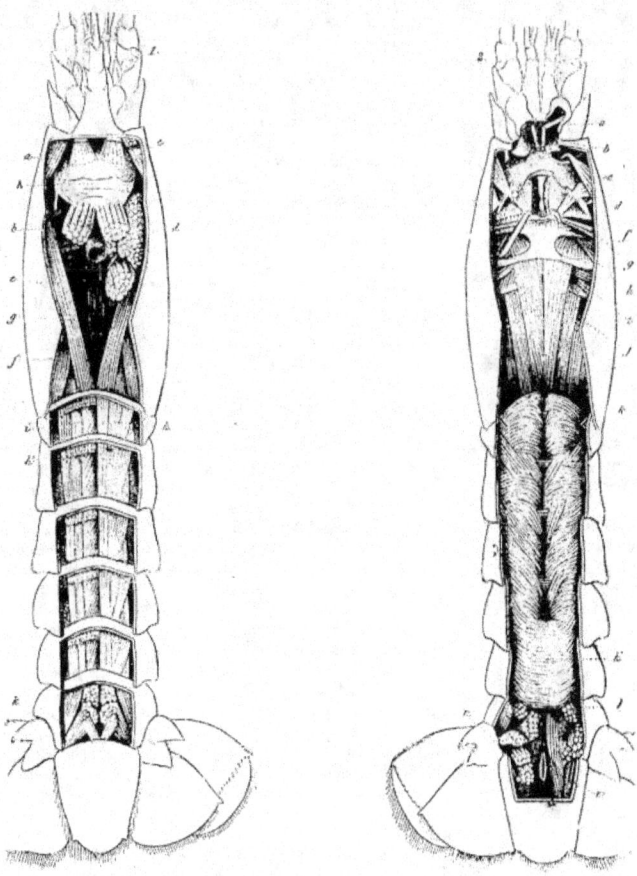

Fig. 572. — Couche superficielle des muscles (l'animal
étant vu par sa face dorsale) (*).

Fig. 573. — Couche profonde des muscles (l'animal
étant vu par sa face dorsale) (*).

Fig. 572 et 573. — Système musculaire du Homard.

(*) A, l'estomac ; a, muscles antérieurs de l'estomac ; b, les muscles postérieurs ; c, muscles de l'article basilaire des antennes externes ; d, muscles des mandibules ; e, premier muscle extenseur de
l'abdomen, se fixant antérieurement à la carapace et à la face interne
des flancs, et postérieurement au bord antérieur du segment dorsal
du premier anneau abdominal ; f, muscle extenseur latéral de l'abdomen naissant du sommet des flancs et se fixant en arrière à la
partie latérale de l'anneau dorsal du premier anneau abdominal ;
g, muscles fléchisseurs du premier anneau de l'abdomen ; ex, muscles
extenseurs superficiels du second anneau abdominal ; du côté gauche
ces muscles (h) ont été coupés pour mettre à découvert la couche
profonde ; ep, muscles extenseurs profonds ; k, muscles releveurs de
l'article basilaire des fausses pattes caudales. — (D'après H. Milne-
Edwards, Histoire naturelle des Crustacés.)

(*) a, muscles releveurs des yeux se fixant à la pièce basilaire du
pédoncule et à la face inférieure de ce pédoncule près de la cornée ;
b, muscles fléchisseurs des yeux se fixant à la carapace et à la pièce
basilaire ; c, l'un des muscles fléchisseurs des antennes externes ;
d, muscles antérieurs des mandibules ; e, tendon du muscle mandibulaire supérieur ; f, mandibules ; g, muscles des mâchoires, etc. ;
h, muscles des pattes-mâchoires externes ; i, muscles des pattes de
la première paire ; j, muscles fléchisseurs profonds de l'abdomen ;
k, masse charnue formée par la réunion des divers muscles fléchisseurs profonds de l'abdomen ; k', cspèce d'anse terminale de cette
masse musculaire ; la, muscles fléchisseurs profonds du dernier
anneau de l'abdomen ; n, muscles des fausses pattes caudales. —
(D'après H. Milne-Edwards, Histoire naturelle des Crustacés.)

podes, la tête et le thorax étant soudés l'un à l'autre, nous ne pouvons examiner que les mouvements de l'abdomen. Chez les premiers la tête s'emboîte dans le premier anneau et demeure fixe ; à partir du deuxième anneau thoracique chacun des anneaux s'emboîte dans celui qui le précède immédiatement ; chez les seconds le quinzième anneau s'emboîte dans le céphalothorax et chacun des anneaux suivants dans celui qui le précède. Dans tous les groupes, chaque article des appendices s'articule en s'emboîtant dans celui qui le précède ; c'est ainsi, par exemple, que le dactylopodite s'unit au propodite, et le propodite au carpopodite et ainsi de suite.

Disposition des muscles. — D'après le dispositif des articulations, il est aisé de comprendre que le système musculaire se compose uniquement de muscles *fléchisseurs* et *extenseurs*, que les muscles moteurs d'un segment du corps ou d'un article d'un appendice sont toujours contenus dans le segment ou dans l'article qui le précède immédiatement ; il peut même arriver, comme nous le verrons, que les muscles soient situés dans un article plus antérieur.

Les muscles fléchisseurs sont toujours plus puissants que les extenseurs.

Chez les Edriophtalmes, la Crevette de ruisseau par exemple, et les Décapodes brachyures ou Crabes, dont l'abdomen est rudimentaire, les muscles moteurs des anneaux consistent seulement en extenseurs dont les faisceaux s'insèrent au bord antérieur d'un anneau, puis au bord antérieur de l'anneau suivant, et en fléchisseurs dont les faisceaux s'insèrent au bord postérieur d'un anneau pris au bord postérieur de l'anneau suivant. Le nombre des faisceaux qui composent ces muscles varie suivant l'importance que doit avoir la mobilité de chaque anneau ; ces faisceaux peuvent, d'après cela, occuper soit toute la largeur d'un anneau, soit seulement une faible partie.

Cette simplicité de la musculature ne se retrouve plus chez les Décapodes macroures ; l'abdomen, prenant un grand développement pour devenir un puissant appareil de natation, a besoin d'être mis en mouvement par un système musculaire capable de développer une grande force. Prenons pour exemple le Homard et l'Écrevisse qui ont été le mieux étudiés, l'une surtout par H. Milne-Edwards, l'autre surtout par M. Huxley (fig. 572 et 573).

Il existe une première couche de muscles extenseurs allant d'un anneau à l'autre et composée de part et d'autre de la ligne médiane d'un faisceau interne à fibres droites et d'un faisceau externe à fibres obliques, puis une seconde couche de muscles externes plus profonde et beaucoup plus épaisse composée également de chaque côté de la ligne médiane de deux faisceaux disposés en sens inverse des précédents, l'un interne à fibres obliques, ayant, sui-

vant l'expression de Cuvier, l'aspect d'une corde tordue, l'autre externe à fibres droites. Le mode d'insertion de fibres de cette seconde couche est tout particulier ; certaines fibres, comme celles des faisceaux de la première couche, s'insèrent au bord antérieur de chacun des anneaux, mais les autres fibres se joignent aux fibres musculaires pour aller se fixer seulement à l'anneau suivant. Les muscles extenseurs du premier anneau (fig. 572, *e*, *f*), les plus volumineux d'entre tous, ont leur point d'insertion sur les côtés du céphalothorax ; les extenseurs du sixième anneau sont réduits à deux faisceaux obliques dépendant de la couche profonde. A la partie antérieure du céphalothorax, des fibres verticales allant de la région céphalique aux flancs, en limitant les cavités respiratoires et la cavité viscérale, semblent représenter les muscles extenseurs abdominaux.

Les muscles fléchisseurs sont aussi disposés en deux couches, l'une superficielle et l'autre profonde. La première, très mince, ne comprend qu'un petit nombre de fibres longitudinales allant du bord postérieur d'un anneau au bord postérieur de l'anneau suivant (fig. 573, *j*) ; ces muscles homologues des fléchisseurs des Edriophtalmes occupent dans les premiers segments abdominaux toute la largeur de l'anneau, dans le cinquième segment la région médiane seulement, et disparaissent dans le sixième segment. Chose singulière, ainsi que l'ont constaté Audouin et Milne Edwards, on retrouve dans le céphalothorax du Homard, le long du canal sternal, des vestiges de ces fléchisseurs ; ainsi se trouve encore démontrée la composition segmentaire de cette région du corps. La seconde couche est des plus puissantes et envahit à elle seule presque tous les espaces interannulaires (fig. 573, *k*, *k'*) ; dans son ensemble elle a l'aspect d'une tresse, c'est dire que la disposition des faisceaux constituants est très compliquée ; on y distingue une série de muscles auxquels Milne-Edwards a donné, d'après leur situation, les noms de *muscle droit*, de *muscle oblique*, de *muscle central*, de *muscle transversal*. Les faisceaux de ces différents muscles qui agissent sur le premier anneau de l'abdomen prennent leur point d'appui dans le thorax ; le muscle fléchisseur principal du deuxième anneau ne prend point son point d'appui dans le premier anneau et affecte alors une disposition toute spéciale : en effet le muscle transversal s'incurve en anse autour du muscle central pour constituer les muscles droits et obliques, et ses deux extrémités s'insèrent dans le deuxième anneau, de telle sorte que lorsque se produit la contraction, c'est le muscle central qui fournit le point d'appui.

Dans les troisième et quatrième anneau, on observe la même disposition singulière des muscles avec quelques modifications de détail.

Dans les membres, l'insertion des muscles se fait en général au bord supérieur, mais elle n'est pas directe, les faisceaux musculaires venant, suivant leur nombre et leur volume, s'insérer sur des apodèmes plus ou moins larges jouant le rôle de tendons, et prennent leurs points d'appui dans l'article qui précède immédiatement; quelquefois les apodèmes s'allongent considérablement, prennent la forme de tiges grêles, traversent un ou plusieurs articles de telle sorte que les muscles moteurs s'insèrent, non plus dans l'article précédent, mais dans un article beaucoup plus antérieur; un exemple d'une telle disposition nous est offert par ces singuliers aveugles ramenés des grandes profondeurs, les Polycholes; à travers leur tégument transparent on aperçoit les apodèmes de la pince qui sous l'apparence de longues tiges traversent le carpopodite.

SYSTÈME NERVEUX.

Le système nerveux des Crustacés est construit sur le même plan que chez tous les Annelés; il est situé à la région ventrale au-dessous de l'appareil digestif, les centres nerveux logés dans la tête se trouvant seuls placés au-dessus du canal alimentaire. Théoriquement chaque segment du corps ou zoonite devrait posséder une paire de ganglions, de telle sorte que l'ensemble du système nerveux se présenterait sous la forme d'une double série de ganglions reliés entre eux, longitudinalement, par des cordons nerveux nommés *connectifs*, transversalement par d'autres cordons nerveux nommés *commissures*, et constituerait ainsi une double *chaîne ganglionnaire* disposée avec une symétrie absolue.

Cette simplicité primordiale ne se rencontre guère que chez les Apus où l'on trouve en effet une double chaîne bien distincte, située de part et d'autre de la ligne médiane, chaque ganglion étant relié à celui qui se trouve du côté opposé par une double commissure. En général, il se manifeste une tendance au rapprochement des centres nerveux, d'abord dans le sens transversal, ensuite dans le sens longitudinal; c'est ainsi que chez les Talitres (Edriophtalmes) il existe bien une paire de ganglions par segment, mais ils ne sont reliés que par une simple commissure extrêmement courte; chez d'autres Edriophtalmes, tels que les Cimothoés, les commissures ont complètement disparu et les connectifs se sont complètement rapprochés; chez les Phyllosomes, qui ne sont que les larves des Langoustes, on trouve une disposition spéciale qui ne se rencontrera plus chez l'adulte; les ganglions céphaliques sont reliés aux deux premiers ganglions thoraciques par des connectifs d'une longueur démesurée, tandis que les ganglions du thorax sont groupés longitudinalement l'un contre l'autre; il existe bien une double chaîne ganglionnaire, mais les connectifs ont disparu, tandis que, par contre, les commissures se sont très développées; dans l'abdomen, c'est l'opposé, les ganglions se rapprochent transversalement, aussi les commissures font

elles défaut alors que les connectifs existent; chez les Erichtes, formes larvaires des Squillides et des Stomapodes en général, les ganglions céphaliques situés en avant de l'anneau antennaire (fig. 23, *gc*) sont également reliés au premier centre de la chaîne ventrale par des connectifs démesurément allongés *c*, mais ce dispositif au lieu d'être transitoire se conserve chez les adultes; les ganglions thoraciques antérieurs *gth*, séparés dans les larves, se confondent chez les adultes en une seule masse œsophagienne, tandis que les trois ganglions thoraciques postérieurs *g'th'* demeurent toujours disjoints; les ganglions abdominaux *ga* à *ga*6 sont au nombre de six. Chez les Macroures en général la coalescence se manifeste bien davantage et les ganglions s'accolent l'un à l'autre : chez les Homards, les Écrevisses, dans la région thoracique on trouve encore trace des deux chaînes ganglionnaires primitives, car les deux connectifs sont séparés, tandis qu'ils sont réunis sous une enveloppe commune dans la région abdominale; chez les Palémon (fig. 24) on ne trouve plus qu'un système nerveux impair occupant l'axe du corps; l'ouverture laissée dans la masse thoracique *gth* pour le passage de l'artère sternale indique seule la dualité primitive de la chaîne nerveuse.

C'est chez les Décapodes brachyures, les Crabes pour le vulgaire, que le système nerveux atteint son plus haut degré de coalescence; concentré, en effet, dans la région thoracique il se présente sous l'aspect d'une masse nerveuse d'où rayonnent dans tous les sens les nerfs des membres et des différentes régions du corps; il offre en général une particularité curieuse, celle d'être perforée en son centre d'une ouverture qui donne passage à l'artère sternale; le système nerveux a donc une forme annulaire (fig. 576). Mais chez quelques Brachyures, le Maia, par exemple, la centralisation est encore plus accusée; l'ouverture centrale n'existe plus et la masse nerveuse, au lieu d'affecter une forme annulaire, a pris celle d'un disque biconvexe. Si chez les larves des Brachyures et chez les Homoles on trouve dans l'abdomen une chaîne ganglionnaire, chez les adultes on n'y rencontre plus qu'un nerf médian des plus grêles; la diminution de volume de l'abdomen, poussée presque jusqu'à l'atrophie, a entraîné la disparition des ganglions.

Si l'on examine ces anneaux nerveux, ou ces disques thoraciques, par les procédés que l'histologie met à notre disposition, on reconnaît qu'ils sont constitués par un certain nombre de ganglions primitifs intimement rapprochés.

Ce n'est pas seulement chez les Décapodes brachyures que la coalescence des ganglions est poussée à ses dernières limites; elle est particulièrement accusée chez certains Copépodes, tels que les Sapphirinides du genre *Sapphirinella*, chez les Branchyures, les Balanes, etc. L'examen histologique y fait reconnaître un certain nombre de ganglions ; c'est ainsi que chez ces derniers, les Argules, par exemple, on distingue six renflements ganglionnaires dans la chaîne ventrale.

Le cerveau, qui ne constitue qu'une seule masse sus-œsophagienne d'où se détachent les nerfs des yeux, des antennes et de la région frontale, peut aussi à bon droit être considéré comme un aggrégat de ganglions. M. H. Milne-Edwards admet qu'il est formé de trois paires de ganglions primordiaux : une paire dépendant de l'anneau ophtalmique et donnant naissance aux nerfs optiques ainsi qu'aux nerfs moteurs des tiges oculaires ; une paire dépendant de l'anneau antennulaire et une paire dépendant de l'anneau antennaire.

Indépendamment de ce système nerveux de la vie animale, il existe chez les Crustacés un système nerveux de la vie végétative dont les différentes parties ont été successivement découvertes par divers anatomistes et qui a été surtout étudié chez les Décapodes et en particulier chez l'Écrevisse.

Il est une particularité qui caractérise les Crustacés, du moins les Crustacés supérieurs, c'est l'existence sur le trajet des connectifs reliant le cerveau à la masse nerveuse sous-œsophagienne d'une commissure (fig. 575 et 576, *cm*) (1).

Pour la première fois en 1818 Succow (2) reconnut la portion stomato-gastrique ainsi que le nerf du cœur (*Herznerven*), Milne-Edwards et Krohn, en 1834, constatent que chacun des connectifs qui relient le cerveau au premier ganglion thoracique porte un petit renflement d'où partent des nerfs dont les rameaux s'anastomosant sur les parois de l'estomac vont s'unir sur la ligne médiane pour constituer un tronc unique ; ce tronc, après être passé entre les deux muscles antérieurs de l'estomac, se dirige en arrière et se ramifie sur l'estomac, sur ses muscles et sur l'intestin. Krohn (1834) et Brandt (1836) signalèrent en outre un nerf impair partant de la région inférieure du cerveau et se rendant à l'estomac. M. Lemoine crut découvrir (1868) une origine cérébrale-supérieure, mais M. F. Mocquart (1883) a contesté l'existence de cette racine antérieure qui pour lui serait simplement un nerf impair se rendant aux muscles moteurs de l'anneau ophtalmique. En outre de ce système antérieur en rapport avec le cerveau, il existe un système postérieur qui a été décrit et représenté pour la première fois par Krohn en 1834, et retrouvé par M. Lemoine (1868) qui ignorait le travail de son devancier. — Le premier de ces deux anatomistes avait pris l'Écrevisse seule pour objet de ses recherches, le second avait choisi le Homard et l'Écrevisse ; — ce système postérieur dépend du dernier ganglion abdominal et a l'intestin sous sa dépendance.

On voit d'après cela que le système nerveux de la vie végétative offre chez les Crustacés supérieurs un haut degré de complication ; c'est M. F. Mocquard qui a le mieux étudié ce système chez les Crustacés décapodes (1).

Sa préparation exige tout d'abord une connaissance complète de la topographie viscérale, et une possession approfondie de la distribution des vaisseaux artériels, un certain nombre de filets nerveux fort déliés s'accolant aux artères fort délicates elles-mêmes. Pour faire une préparation convenable, il faut commencer par enlever avec soin la carapace en pratiquant à l'aide de ciseaux deux incisions latérales et avoir la précaution de détacher adroitement à l'aide de pinces mousses la peau accolée au test crustacé afin de ménager l'artère ophtalmique à laquelle se trouve juxtaposé le *nerf cardiaque*, qui lui-même est situé au-dessus du filet supérieur du stomato-gastrique.

Ces parties du système nerveux de la vie végétative découvertes, on peut de proche en proche en découvrir toutes les autres dépendances en suivant méthodiquement les filets nerveux. Mais si cette méthode de recherche offre un avantage au point de vue anatomique, elle présente relativement à la description de graves inconvénients, notamment en ne permettant pas d'établir de prime abord les relations avec les centres nerveux cérébroïdes ; nous préférons faire la description de ce système nerveux en partant de ces centres mêmes.

De la partie inférieure du cerveau, entre les pédoncules cérébraux ou connectifs cérébraux ganglionnaires, part un nerf des plus grêles qui descend entre eux et se rend à la partie antérieure et inférieure de l'estomac à son point de jonction avec l'œsophage ; là, il s'unit à deux branches nerveuses qui vont de part et d'autre au sommet d'un renflement ganglionnaire situé au bord inférieur de chacun des connectifs cérébraux ganglionnaires, reliant le cerveau au ganglion thoracique et constituant le collier œsophagien. Ces ganglions envoient des rameaux qui en remontant se répandent sur les parois latérales de l'estomac et en descendant se distribuent les uns à l'œsophage (nerfs œsophagiens), les autres aux muscles des mandibules (nerfs mandibulaires). Du bord antérieur de chacun de ces ganglions pédonculaires se détache, au-dessus des branches précédentes ou branches inférieures, une branche moins profonde qui en se recourbant va en avant ; l'une et l'autre de ces branches, ou branches supérieures vont, se réunir sur la ligne médiane, un peu en avant du point où le nerf cérébral et les branches inférieures s'unissent, et constituent alors un tronc unique, *nerf pneumogastrique proprement dit*, qui remonte en épousant la courbure de la face antérieure de l'estomac ; auquel

(1) Cette commissure se retrouve chez beaucoup d'Insectes ; d'après les observations de M. V. Liénard, elle existerait probablement chez tous les Arthropodes.

(2) *Der Flusskrebs*, p. 62 ; pl. XI, fig. 7 *g*.

(1) F. Mocquard, *Recherches anatomiques sur l'estomac des Crustacés podophtalmaires*. — Chap. III. *Système nerveux stomato-gastrique*. Ann. sc. nat., 6ᵉ sér., t. XVI, p. 276 et suiv., pl. 10 et 11.

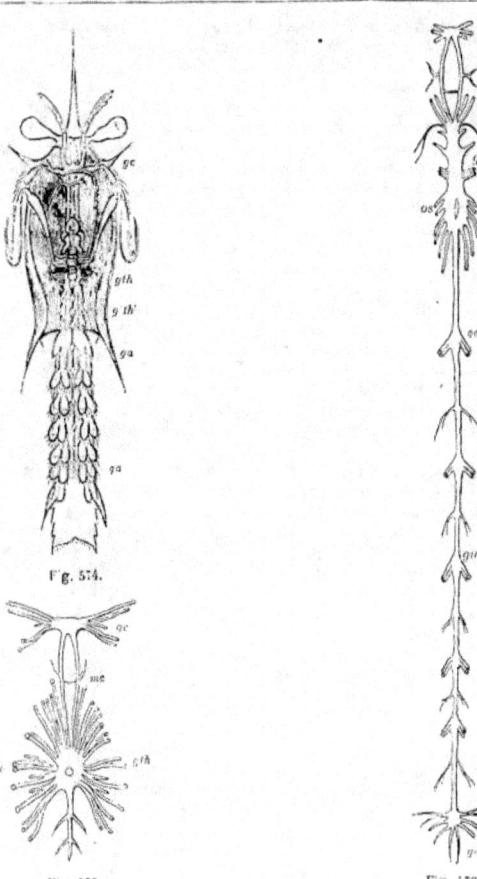

Fig. 575.

Fig. 576.

Fig. 574. — Chaîne ganglionnaire d'une larve de Squille arrivé à la forme Erichte, d'après Claus.

Fig. 575. — Chaîne ganglionnaire centralisée d'un Crabe, d'après H. Milne-Edwards.

Fig. 576. — Chaîne ganglionnaire d'un Palémon, d'après H. Milne-Edwards.

Fig. 574, 575 et 576. — Système nerveux des Crustacés (*).

il envoie quelques rameaux; parvenu au niveau du bord antéro-supérieur de cet organe, ce nerf se recourbe en arrière et se renfle en un ganglion, *ganglion stomato-gastrique*, qui distribue quelques

grêles rameaux aux muscles dilatateurs antéro-supérieurs de l'estomac; il s'engage ensuite entre les muscles gastriques antérieurs, rampe sur la paroi dorsale de l'estomac en émettant de part et d'autre quelques rameaux, notamment les branches latérales qui innervent les muscles gastriques antérieurs et les muscles de la paroi latérale de l'estomac et ne tarde pas à se bifurquer. Les deux

(*) *gc*, ganglions cérébroïdes ou cerveau ; *c*, connectifs constituant le collier œsophagien ; *cm*, commissure caractéristique des Crustacés; *gth*, *th'*, ganglions thoraciques ; *ga*, *g'*, ganglions abdominaux ; *os*, ouverture livrant passage à l'artère sternale.

branches terminales ou nerfs gastro-hépatiques descendent en se recourbant sur les côtes de la région postérieure de l'estomac, en émettant successivement des filets se distribuant aux muscles postérieurs de l'estomac, exceptionnellement au muscle adducteur de la mandibule et se terminant chacun par des branches qui se diramen sur le foie, la région gastro-pylorique et l'intestin et dont quelques rameaux s'anastomosent avec des rameaux venant des branches latérales.

En résumé le nerf stomato-gastrique est relié d'une part au cerveau par un nerf médian impair et mis en rapport, d'autre part, avec les deux ganglions pédonculaires par deux paires de nerfs.

Dans la partie moyenne de la face postérieure du cerveau, entre les origines des nerfs optiques, se détachent deux racines qui s'unissent en un filet qui suit le trajet de l'artère ophtalmique et va innerver le cœur ; il constitue le *nerf cardiaque*.

Indépendamment de ce système nerveux de la vie végétative antérieur, il existe encore un deuxième système postérieur. De la région postérieure du dernier ganglion abdominal part un nerf impair qui se rend directement à la face inférieure de l'intestin en se bifurquant pour envoyer en arrière une branche anale et en avant une branche intestinale proprement dite qui distribue de part et d'autre des rameaux dans toute sa longueur, l'un d'eux allant innerver la face supérieure.

Chez les Crustacés, comme d'ailleurs chez tous les Articulés, la substance nerveuse se compose d'éléments celluleux, les cellules ganglionnaires et d'éléments fibrillaires, les fibrilles nerveuses; ces cellules ganglionnaires sont de dimensions variables : les unes sont grandes, les autres petites ou moyennes ; elles sont pourvues d'un ou plusieurs prolongements, on dit alors, suivant les cas, qu'elles sont *unipolaires*, *bipolaires* ou *multipolaires;* ces prolongements paraissent en général se continuer en fibrilles nerveuses. Chaque cellule présente dans son intérieur, dans son protoplasma, un *noyau* clair, lequel renferme à son tour un petit corps arrondi, la *nucléole;* chaque cellule est entourée d'une enveloppe pourvue de petites cellules nucléées, qui n'est autre qu'un *névrilème*. Les fibrilles nerveuses peuvent se réunir en faisceau pour constituer de gros tubes, se grouper en petit nombre, ou deux à deux, ou demeurer isolées. De toute façon la fibrille isolée comme les fibrilles réunies sont entourées d'une enveloppe ou gaine élastique, pourvue de noyaux disposés régulièrement de place en place, c'est le névrilème; mais, point essentiel, les tubes nerveux ne sont pas entourés comme ceux des vertébrés de cette substance de nature graisseuse, la *myéline;* ce caractère présente une très grande importance, car l'absence de myéline, ainsi que Remak l'a démontré dès 1843, est une caractéristique des animaux invertébrés. Chez les Crustacés, elle est remplacée par une substance limpide, peu visqueuse,

homogène, ne devenant granuleuse que par l'action de l'eau, dont elle est avide, se rapprochant plus des substances protoplasmatiques que de la myéline (Vignal).

Il n'a pas été possible jusqu'à ce jour de distinguer comme chez les Vertébrés des nerfs moteurs et des nerfs sensitifs ayant des origines distinctes, les fibres motrices comme les fibres sensibles sont associées dans un même faisceau ; ce n'est qu'à la périphérie qu'une différenciation se fait et qu'on peut voir les fibres se séparer pour se rendre les unes à des muscles moteurs, les autres à des appareils de sensibilité spéciaux qu'on peut nettement définir, à des poils tactiles par exemple.

Ce que l'on sait au sujet du trajet des fibres nerveuses, c'est qu'elles affectent trois modes de distribution ; les unes relient simplement les ganglions entre eux, les autres traversent un ou plusieurs ganglions pour se rendre aux ganglions suivants, d'autres se rendent directement des centres nerveux aux organes qu'ils doivent innerver. Dans ces conditions on conçoit *à priori*, sans qu'il soit nécessaire de pratiquer des expériences physiologiques, que chaque ganglion est un foyer d'innervation individuel, un petit cerveau, mais qu'il est solidaire de ses voisins immédiats, aussi bien que du cerveau proprement dit. La méthode expérimentale confirme de point en point les observations histologiques et les conséquences qu'on en tire par le simple raisonnement ; Huxley a fait sur l'Écrevisse l'expérience suivante : il lui enlève le cerveau et lui met entre les pinces un objet quelconque : immédiatement saisi, cet objet est transmis aux pattes ambulatoires armées de pinces qui le poussent sans hésiter entre les pattes-mâchoires qui se mettent à le broyer ; il supprime alors les ganglions thoraciques et tous ces mouvements parfaitement coordonnés s'arrêtent immédiatement. Le simple contact d'un corps avec une des pinces dont l'impression a été soumise à ces ganglions a donc suffi pour déterminer toute une série d'actes complexes et reliés les uns aux autres ; chaque ganglion a donc agi pour son propre compte, puis s'est associé à ses voisins pour concourir à l'exécution d'actes multiples. Huxley a constaté que l'objet mis entre une pince pouvait parfois être avalé ou dans d'autres cas rejeté entre les mâchoires, comme si la déglutition était difficile ; mais il n'a pas donné d'explication ; elle nous paraît tenir à la nature de la lésion cérébrale ; dans le premier cas le système nerveux stomato-gastrique avait été ménagé, dans le second cas il avait été mutilé ou tiraillé et par conséquent privé de ses fonctions.

Lemoine a découvert que le nerf cardiaque, dépendant du système nerveux de la vie végétative, était le nerf accélérateur du cœur des Crustacés ; et que les ganglions cérébroïdes étaient sans influence sur les mouvements du cœur. Plateau a vérifié l'exactitude des observations du professeur de Reims ; il a constaté de plus que la destruction de la chaîne nerveuse thoracique supprimait un centre modérateur des battements du cœur.

ORGANES DES SENS.

Du toucher. — Les Crustacés, et principalement les Crustacés supérieurs, sembleraient au premier abord déshérités sous le rapport de la sensibilité générale, leur épaisse carapace devant atténuer considérablement les contacts et par conséquent amoindrir les sensations du toucher ; mais l'expérience vient contredire le raisonnement ; quiconque voudra observer attentivement les manœuvres des Crabes pourra se convaincre que le plus léger attouchement de leur carapace est transmis immédiatement aux centres nerveux, et détermine immédiatement le retrait de tous les membres qui viennent se replier le long du corps ou s'abriter dans des fossettes, les yeux notamment. Les soubresauts que les moindres chocs déterminent chez les Homards, les Écrevisses, les Langoustes sont une preuve évidente de leur sensibilité tactile générale.

Les Crustacés ne sont pas moins bien partagés relativement à la sensibilité tactile spéciale, des soies ou poils rigides situés sur différentes régions du corps ou sur les appendices assurent la perception des contacts ; bien plus, certains appendices sont des organes de tact admirablement appropriés. Les antennes en particulier, qui jouissent d'une mobilité des plus grandes et d'une sensibilité très délicate, sont spécialement chargées de reconnaître par le toucher la nature des objets ; d'une longueur souvent démesurée, d'une gracilité parfois infinie, elles ont toute facilité pour percevoir les sensations. Les pattes peuvent aussi concourir au toucher ; il suffit d'avoir vu une Écrevisse chercher au fond de l'eau, au milieu des débris de toute sorte, les Vers de vase (Larves de Diptères du genre *Chironomus*) pour remarquer que ce sont les pattes qui servent exclusivement à l'exploration, et pour constater qu'une proie découverte est saisie d'abord par la petite pince qui termine la deuxième paire de pattes, saisie ensuite par la pince de la première paire, et conduite ainsi jusqu'à la bouche ; tous ces actes s'exécutent sous le sternum et par conséquent à l'abri de tout rayon visuel. Il est certains Crustacés chez lesquels les pattes sont encore mieux adaptées au toucher ; c'est ainsi que chez l'*Hopalopoda investigator*, A. Milne-Edwards (*Benthecysimus Bartleti*, S. I. Smith. Pl. I, fig. 6), sorte de Crevette qui a été draguée dans les profondeurs de l'Atlantique, les deux dernières paires de pattes sont transformées en appendices démesurément allongés qui ont tout à fait l'apparence d'antennes.

Ces soies, ainsi que Leydig l'a constaté le premier, sont en rapport avec une cellule nerveuse (*Branchipus*, *Polyphemus*) ; la relation entre la soie et la cellule nerveuse est souvent établie, ainsi

qu'Hensen l'a reconnu chez les Palémons et autres Crustacés supérieurs, par un long filament (*chorda*) qui, suivant lui, serait de nature nerveuse quoique se renouvelant à chaque mue. Suivant ce dernier auteur, ces poils sont susceptibles d'entrer en vibration, lorsqu'on produit telles ou telles notes dans leur voisinage ; mais en réalité, si on compare ces poils à ceux de même nature dont la structure a été étudiée chez d'autres Arthropodes, les Insectes par exemple, on doit plutôt les considérer comme des organes de tact.

De la vue. — Nous avons parlé précédemment, à propos du système tégumentaire et appendiculaire, de la diversité de forme et de position des yeux, nous n'y reviendrons pas ; nous nous occuperons maintenant de décrire les appareils dioptriques chargés de percevoir les impressions lumineuses (fig. 577).

On distingue chez les Crustacés deux sortes d'yeux, des *yeux à facettes* et des *yeux simples*, c'est-à-dire des yeux dont la cornée est divisée en un grand nombre de cornéules et des yeux dont la cornée n'offre point de trace de division ; quelquefois un certain nombre d'yeux lisses peuvent se rapprocher pour former ce qu'on appelle des *yeux simples conglomérés*. Les cornéules sont tantôt, comme chez les Insectes, de forme hexagonale (Crabes, Pagures, Callianasse, Gebies, Squilles), tantôt de forme carrée (Écrevisses, Pénées, Galathées, Scyllares).

En arrière de chaque cornéule légèrement incurvée à sa face interne se trouve le cône, ou cône cristallinien dont l'extrémité postérieure se rétrécit pour se mettre en rapport avec un corps fusiforme strié transversalement *Rm*, le bâtonnet proprement dit ou rhabdom de Grenacher [1] qui lui est en rapport avec un filet du nerf optique *N.op*. Tels sont les éléments essentiels de chaque appareil visuel pris isolément, mais si on fait un examen plus attentif, on reconnaît l'existence d'autres parties qu'il est nécessaire de signaler. Au-dessous de la cornéule *lf* sur des préparations faites avec soin et se servant des procédés les plus perfectionnés de l'histologie, on distingue : 1° quatre noyaux, dits noyaux de Semper *n*, qu'on doit considérer comme les noyaux des cellules chitinogènes chargées de sécréter la cornéule ; 2° derrière elles, au sommet du cône cristallinien, une grosse masse *Kk'* réfractant fortement la lumière ; 3° au milieu du cône, un tronc de cône réfringent *Kk*, qui est le cristallin proprement dit ; 4° au point où le cône cristallinien se met en rapport avec le rhabdom *Rm*, un certain nombre de cellules *Rl*, les cellules de la rétinule (Grenacher). Derrière chaque cornéule se trouve donc un appareil visuel complet, un véritable œil qui est séparé d'ailleurs de ses voisins par une couche de pigment *Pg* et

<hr>

[1] Rhabdom de ἰσᾶδω, rayer, canneler, pour rappeler les stries caractéristiques de ce corps fusiforme.

Pg' qui jouele rôle de choroïde. Chacun de ces petits yeux fonctionne isolément et l'on peut se convaincre par l'observation que chacun d'eux donne une image des objets extérieurs. Nos connaissances actuelles ne permettent pas de donner une explication absolument satisfaisante de la vision chez les

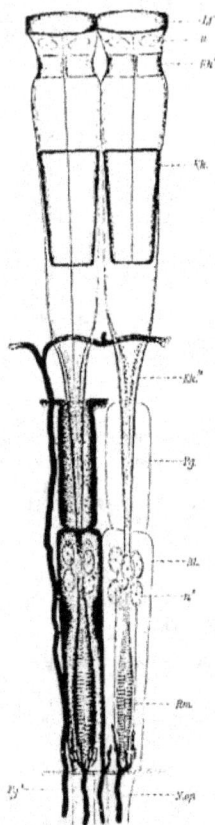

Fig. 577. — Deux yeux élémentaires du Palémon squille (d'après Grenacher) (*).

Arthropodes ; et nous ne pouvons ici exposer les théories émises par les physiologistes et les physiciens.

Les yeux simples ou lisses présentent la constitution suivante : en arrière de la cornée complète-

(*) *lf*, facette ou cornéule ; *n*, noyaux de Semper ; *Kh'*, masse réfractant fortement la lumière ; *Kk*, cristallin proprement dit ; *Kk"*, extrémité du cône cristallinien ; *Py* et *Pg'*, pigment ; *Rt*, réticule ; *n'*, noyaux de la rétinule ; *Rm*, rhabdom ; *N.op*, nerf optique.

ment lisse se trouve un corps lentilliforme, le cristallin au-dessous duquel se rencontrent un grand nombre de bâtonnets isolés les uns des autres par un pigment. Mais on peut constater l'existence d'yeux qui établissent le passage entre les yeux à facettes et les yeux simples ; c'est ainsi que chez les Branchipes et les Artémies, Crustacés branchiopodes, les yeux ont une cornée lisse, recouvrant non plus un corps lenticulaire unique, mais une foule de cônes réfringents. On a reconnu d'ailleurs chez les Crustacés suivant les groupes une assez grande variation de structure dans les yeux, variation qui est très probablement en rapport avec les conditions biologiques.

Jusqu'à ces temps derniers on a admis que les yeux chez ces animaux peuvent ne pas conserver leur position généralement immuable et ne plus se trouver situés sur la tête ; les savants anglais du *Challenger* ont prétendu d'abord que chez les *Gnathophausia*, Crustacés schizopodes, dragués entre 1800 et 4000 mètres, indépendamment des yeux pédonculés normaux, un œil accessoire venait se placer sur chacune des maxilles de la seconde paire ; les Naturalistes du *Talisman* ont constaté depuis que ces prétendus yeux étaient des appareils phosphorescents. Chez les Euphausides, ce qui est bien plus extraordinaire, c'est la présence des huit yeux accessoires simples placés de part et d'autre sur l'article basilaire des deuxième et septième paire de pattes, ainsi qu'entre les pattes natatoires des six premiers anneaux abdominaux ; de même que chez les *Gnathophausia*, ces organes ne seraient-ils pas des appareils phosphorescents ?

Il est encore une particularité très intéressante qui mérite d'être signalée ; dans la campagne de dragage du *Talisman* on a découvert un Crustacé (Larve mysidiforme) dont l'œil est entouré d'une couronne phosphorescente qui lui permet d'éclairer son champ visuel. (Voyez *Phosphorescence*.)

Chez beaucoup de Crustacés, les appareils de la vision disparaissent lorsqu'ils sont condamnés à passer leur existence dans l'obscurité ; c'est ainsi que certains d'entre eux qui habitent les eaux souterraines des puits, des grottes, des cavernes, les profondeurs des lacs (lac Léman, lac de Neuchâtel) sont complètement aveugles. Tels sont par exemple les *Niphargus*, Crustacés amphipodes apparentés à notre Chevrette des ruisseaux (Gammarides) qui sont répandus dans les eaux privées de lumière d'une grande partie de l'Europe : *Niphargus stygius* découvert par Schiödte dans les grottes d'Adelsberg en Carniole ; *N. aquilex* ou *puteanus*, qui se trouve dans les eaux des puits, et la profondeur des lacs de la Suisse et de toute l'Europe ; *N. ponticus*, pêché dans la mer Noire ; tels sont également certains Crustacés isopodes, voisins de nos Cloportes : *Titanethes albus* des grottes de la Carniole, *Titanethes Fenericnsis* de la grotte du mont Fenera, les *Typhloniscus* qui vivent dans les Fourmilières, l'*Apseudes cœca*, Anisopode de la famille des Tanaïdes, dragué à 3000

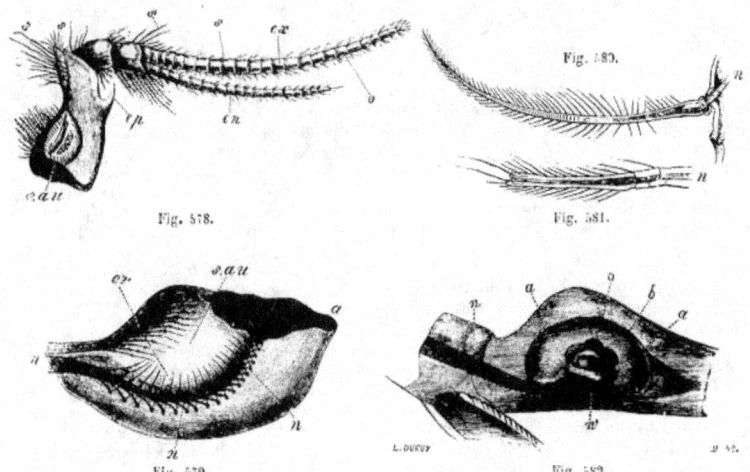

Fig. 578. — Antennule vue par son côté interne (*).
Fig. 579. — Le sac auditif extrait de la cavité creusée dans l'article basilaire très grossi (**).
Fig. 580. — Une soie auditive très grossie avec la fibre nerveuse n qui y pénètre.

Fig. 581. — Extrémité de cette soie grossie davantage pour montrer le bâtonnet nerveux terminal n.
Fig. 582. — Appendice caudal du *Mysis spinulosus*, vu de côté de manière à montrer l'appareil auditif d'après V. Hensen (*).

Fig. 578 à 582. — Appareil auditif de l'Écrevisse d'après Huxley.

mètres sur les côtes de l'Amérique du Nord, les *Munnopsis* pêchés à des profondeurs modérées, *Munnopsis typica* des côtes de la Norwège).

Tels sont encore un grand nombre de Crustacés : décapodes les *Cambarus pellucidus*, sorte d'Écrevisse de la grotte du Mammouth aux États-Unis ; les *Nephropsis Agassizii* (Pl. XVII, fig. 2 et 3), les *Astacus zaleucus*, les *Pentacheles* et le *Polycheles*, figuré ci-après, dragués dans les abîmes de la mer. Mais ce que nous ignorons encore, et ce que nous ignorerons peut-être longtemps encore, ce sont les causes qui président à cette disparition des organes de la vision, car dans les mêmes milieux, au sein des lacs comme au sein des mers, aux mêmes profondeurs se rencontrent des animaux pourvus d'yeux et des animaux aveugles.

Il était important de savoir si les animaux plongés au sein des eaux percevaient les rayons lumineux et les sensations colorées à la façon des animaux terrestres, et surtout de savoir si les

Crustacés, dont les yeux affectent une structure particulière, avaient une visibilité spéciale des couleurs. Paul Bert, mettant à profit la sensibilité à la lumière des Daphnies, petits Crustacés Phyllopodes Cladocères fort abondants dans les eaux douces, les a soumis successivement à l'influence des différentes régions du spectre ; il a constaté qu'ils se groupaient sur le point éclairé aussi bien par les rayons rouges, les rayons violets que par les rayons intermédiaires ; soumis à la région ultraviolette du spectre, comme à la région ultrarouge, les Daphnies montrent une indifférence absolue, par conséquent ils perçoivent à l'état lumineux tous les rayons que nous voyons, et ne perçoivent à l'état lumineux aucun des rayons que nous ne voyons pas nous-mêmes. De plus, examinant l'action simultanée des régions diversement colorées du spectre, Paul Bert s'est assuré que la majorité se groupait dans les rayons de la région moyenne de l'orangé, au vert ; qu'un certain nombre se tenaient dans le rouge et quelques-uns seulement dans le bleu ; il n'y en avait presque pas au delà du rouge et dans l'ultraviolet ;

(*) s, an, sac auditif situé dans l'article basilaire ; ex, branche externe de l'antennule ou exopodite ; en, branche interne ou endopodite ; s, soies ; ep, épine située sur l'article basilaire ; o, cônes olfactifs.

(**) cr, crête garnie de soies délicates ; n, nerf auditif dont les fibres se rendent aux soies.

(*) b, vésicule auditive ; o, otolithe ; poils de l'otolithe ou soies auditives ; n, nerf venant du dernier ganglion abdominal et dont les filets vont se terminer dans les soies auditives.

ainsi donc l'énergie relative des sensations visuelles dans les régions diverses du spectre est la même chez ces animaux et chez nous. Il y a donc toute probabilité, pour ne pas dire certitude, que les Crustacés voient les objets colorés comme nous les voyons, et s'ils les voient avec leurs couleurs propres, il n'y a aucune raison pour qu'ils ne les voient pas avec leurs formes; ils n'ont certes pas, étant donné les milieux, une vue à longue portée, mais à petite distance ils doivent voir avec une netteté absolue.

De l'audition. — Production des sons. — Les Crustacés ne sont pas déshérités sous le rapport de la faculté de percevoir les sons, comme le vulgaire serait tenté de le croire; il est facile de démontrer que les types supérieurs entendent les moindres bruits. Les pêcheurs, qui sont, à vrai dire, les premiers observateurs du monde marin et dont les remarques ne sont certes pas à dédaigner, savent très bien que le silence est favorable à la pêche des Crustacés. Au siècle dernier (1775) un naturaliste italien, Minasi, voulant vérifier si l'assertion des pêcheurs avait quelque chose de fondé, enferma des Crabes dans un vase: les malheureux prisonniers, s'efforçant de grimper le long des parois pour recouvrer leur liberté, s'agitaient en désespérés et fort bruyamment; venait-il à agiter dans leur voisinage une petite sonnette comme pour leur imposer silence, ils rentraient immédiatement dans l'immobilité absolue. Plus de doute, ils entendaient. Les expériences qu'Hensen a instituées pour s'assurer de la réalité des facultés auditives des Crustacés sont aussi fort intéressantes et très démonstratives. Il s'est servi surtout, dans ce but, des Squilles qu'on trouve auprès de Kiel (*Palæmon antennarius*). Quand on place dans un aquarium de jeunes Palémons fraîchement capturés, le moindre son qu'on fait rendre au plancher et aux parois du vase provoque chez ces animaux des contractions instantanées qui les font sauter au-dessus de l'eau, mais un simple *ébranlement* des parois sans production d'aucun son les laisse parfaitement immobiles. Quand on les plonge pendant plusieurs heures dans de l'eau salée additionnée de strychnine, pour exciter le pouvoir réflexe des centres nerveux, leur acuité auditive devient encore bien plus évidente: dès lors, les sons les plus légers qu'on produit sur le vase, sur la table, ou dans la maison, provoquent chez eux des mouvements involontaires qu'ils traduisent par des bonds violents.

Chez les Crustacés supérieurs, le siège de l'audition a été parfaitement reconnu; il est localisé dans l'article basilaire des antennules ou antennes de la première paire (fig. 578). L'appareil auditif consiste tantôt en un sinus creusé dans cet article basilaire, et communiquant avec l'extérieur (1), tantôt en une vésicule, ou otocyste occupant la même situation, mais qui est close et renferme en général un corpuscule comparable aux otolithes.

Très développé chez les Crabes et en général chez les Crustacés supérieurs, le sinus antennulaire affecte chez l'Écrevisse, d'après Huxley, la disposition suivante. Sur la face supérieure de l'article, qui a la forme d'un trièdre, on aperçoit une ouverture ovale, étroite, allongée, dont le bord externe porte une frange, de longues soies qui masquent complètement l'orifice du sinus; l'ouverture donne accès dans un petit sac *s.au* (fig. 578) tapissé d'une membrane chitineuse, refoulement de la cuticule qui revêt le corps entier. La paroi inférieure et postérieure de ce sac *s.au* (fig. 579) est soulevée dans l'intérieur en une crête incurvée *cr* qui est garnie de chaque côté de soies délicates, dont la plus longue mesure un demi-millimètre. Ces soies auditives baignent dans le contenu fluide du sac au sein d'une masse gélatineuse qui renferme des parcelles de sable ou d'autres corps étrangers. Le professeur Hensen, qui a étudié minutieusement l'appareil auditif des Crustacés, a vu un Homard remplir ses oreilles de graviers fins pour remplacer les otolithes qu'il avait perdus. Un nerf *n* (fig. 579) se rend au sac et ses fibres, pénétrant dans les soies (fig. 580 et 581), atteignent leur sommet d'où elles se terminent en corps allongés, particuliers, en forme de bâtonnets (fig. 581).

Les otocystes ont été vus chez les Palémons, les Leucifers, les Sergestes; ce sont des vésicules qui contiennent un otolithe comparable à celui des Mollusques.

Chez d'autres Crustacés, par une singularité unique en son genre, l'appareil auditif, au lieu d'être situé dans les antennules, est placé dans la nageoire caudale; c'est ainsi que chez les Mysis on trouve des otocystes (fig. 582) dans la lamelle latérale interne de cette nageoire; ces otocystes reçoivent leurs nerfs du dernier ganglion abdominal. Le nerf se renfle avant de pénétrer dans la vésicule auditive et ses fibres nerveuses vont se terminer dans des poils recourbés placés au-dessus d'un gros otolithe (fig. 582).

M. Yves Delage (nov. 1886) a fait une série d'expériences sur différents Crustacés, Mysis, Palémon, Gebies, Crabes (*Polybius*) dans le but de déterminer le rôle des otocystes. Enlevant simultanément soit les lamelles externes de la nageoire caudale des Mysis et les yeux, soit les antennes internes et les yeux des Décapodes précités, de manière à supprimer les otocystes et à abolir en même temps la vision, il a constaté que la natation régulière devenait impossible; pratiquant au contraire l'ablation soit des lamelles internes de la nageoire caudale

---

(1) C'est Rosenthal (1811) qui a découvert le premier ce sinus, qu'il regardait comme servant à l'olfaction; c'est Arthur Farre (1843) qui lui a attribué ses véritables fonctions auditives et qui a le mieux décrit sa structure chez différents Crustacés (Homard, Langouste, Écrevisse, l'azure); Kröyer (1859) est venu appuyer par ses recherches les vi●s de Farre.

des Mysis et des yeux, soit des antennes externes et des yeux, ces organes ne portant aucun otocyste, la locomotion régulière était conservée. Se basant sur ces faits, M. Delage admet « que la présence des otocystes, jusqu'ici considérée comme ne jouant un rôle que dans l'audition, est nécessaire pour assurer une locomotion correcte. »

De l'odorat. — Des faits nombreux viennent démontrer la sensibilité olfactive est très développée chez les Crustacés. Les pêcheurs savent mettre à profit la faculté qu'ils possèdent de percevoir les odeurs à grande distance pour leur tendre des pièges et s'en emparer. Quel est l'amateur de pêche qui n'a pas récolté dans ses balances amorcées avec des Poissons ou des Grenouilles éventrées, des Moules de rivière, Anodontes ou Unios, détachées de leurs coquilles, des intestins de volaille, du foie frais, etc., des multitudes d'Écrevisses? C'est en appâtant les pièges en osier appelés *casiers*, avec des débris de Poissons ou de Crabes, que les habitants des côtes capturent les Homards. Quel est celui qui n'a pas rencontré, en arpentant les grèves, un cadavre de Poisson autour duquel était attablée tout une famille de Crabes et des myriades de petites Puces de mer (Talitres). Il ne peut donc y avoir de doute, les Crustacés ont l'odorat très subtil.

Mais lorsqu'il s'agit de déterminer le siège exact de ce sens, on se trouve fort embarrassé, les auteurs ayant émis diverses opinions contradictoires. Pour Rosenthal (1811), la cavité antennulaire décrite précédemment, cavité qui est regardée par tous les auteurs modernes comme représentant l'appareil auditif, servirait à l'olfaction. Pour Leydig (1864), certains poils transformés situés sur la face inférieure de la branche externe de l'antennule serviraient à la perception des odeurs. H. Milne Edwards (1874) pense « qu'on ne peut former que des conjectures relativement au siège de l'odorat chez les Crustacés. » Cependant les naturalistes allemands et Huxley lui-même s'étant ralliés à l'opinion émise par Leydig, nous devons admettre que l'autorité de ces savants n'est pas sans valeur.

C'est chez les Écrevisses, les Pagures, les Aselles, les Cloportes, que Leydig a signalé la présence sur l'antennule d'organites particuliers qu'il nomme des *cônes olfactifs* (fig. 583, 584 et 585); ces cônes se distinguent nettement par leur forme et leur structure des poils tactiles qui les avoisinent, ainsi que le montrent nettement les figures 583 et 585; nous allons décrire ceux qui se trouvent sur la branche externe ou exopodite de l'antennule de l'Écrevisse; à la face supérieure on ne trouve que des soies délicates appropriées au tact (fig. 585, *s*), mais à la face inférieure, au voisinage des articulations on observe sur chaque article deux faisceaux de poils modifiés d'une façon très singulière (fig. 585, *o*). Chaque poil long de 0ᵐᵐ,15 semble formé de deux

articles; l'un basilaire est arrondi, l'autre terminal est spatulé à extrémité tronquée ou papilliforme; l'âme du poil serait remplie d'un tissu non granuleux et en rapport avec un filet nerveux (fig. 586, *f* et *c*). Tels sont les organites auxquels Leydig, Huxley et d'autres anatomistes attribuent la faculté de percevoir les odeurs.

Du goût. — On ne saurait révoquer en doute que les Crustacés ne soient en possession de moyens d'apprécier les saveurs des aliments qu'ils consomment; il suffit de les observer lorsqu'ils se livrent à leurs recherches pour en être convaincu, car on les voit, notamment les Écrevisses, tour à tour prendre et rejeter les débris qu'ils rencontrent et donner la préférence à ceux qui leur plaisent; mais il est évident qu'étant donné le milieu liquide et presque toujours salé dans lequel ils vivent, leurs sensations ne sauraient être comparées aux nôtres. Nos connaissances sur la gustation des Crustacés sont absolument nulles, et nous ne pouvons que répéter avec Huxley : « Il est probable que l'Écrevisse, » et tous les Crustacés, ajouterons-nous, « possèdent quelque chose d'analogue au goût, et un siège très probable pour l'organe de cette fonction se trouve dans la lèvre supérieure et le métastome; mais si l'organe existe, il ne possède pas de particularité de structure qui permette de le reconnaître (1). »

APPAREIL DIGESTIF.

Nous avons décrit et figuré dans le chapitre consacré à la description du système tégumentaire et appendiculaire les pièces qui constituent l'armature buccale des Crustacés supérieurs dont l'organisation doit nous servir de type; c'est entre la première paire d'appendices, les mandibules, que s'ouvre en avant et recouverte d'une pièce nommée la *lèvre supérieure* ou *labre,* en arrière par deux lobes, appelés *lèvre inférieure* ou *métastome;* ces parties se distinguent nettement chez les Décapodes, notamment chez l'Écrevisse. Un œsophage court, large, plissé dans sa longueur, relie verticalement la bouche à l'estomac; des fibres musculaires transversales puissantes, des replis tégumentaires faisant office de valvules, lui permettent de se fermer complètement; les aliments introduits dans l'estomac ont ainsi devant eux une barrière infranchissable.

L'estomac situé dans la région céphalique juste au-dessus de la bouche est une large poche arrondie dont la partie antérieure, la plus vaste, a reçu le nom de *portion cardiaque,* la partie postérieure, la plus étroite, celui de *portion pylorique;* ces désignations, empruntées à l'anatomie des Animaux vertébrés, se comprennent d'elles-mêmes, l'ouverture de l'œsophage dans l'estomac s'appelant le

(1) Huxley, *l'Écrevisse*, trad. franc., 1880, p. 86.

cardia, l'ouverture de l'estomac dans l'intestin étant désignée par le nom de *pylore*. La région antérieure de la portion cardiaque affecte une structure membraneuse, sa région postérieure et la portion pylorique présente un assemblage de pièces solides qui constituent un appareil fort curieux et des plus compliqués servant à la trituration des aliments que les pièces buccales ont incomplètement divisés ; Huxley a donné à cet appareil le nom pittoresque et expressif de *moulin gastrique* (*gastric mill*).

Les auteurs se sont attachés à décrire les pièces qui entrent dans la constitution de l'appareil, et ont insisté sur les modifications de forme et de disposition qu'ils présentent dans les différents groupes ; dans leur ensemble, elles présentent généralement, d'après H. Milne Edwards, l'aspect suivant (1) : « Les principales dents stomacales ont la forme de gros tubercules jaunâtres, d'une grande dureté et sont toujours au nombre de trois : l'une est supérieure et occupe la ligne médiane ; les deux autres paires hérissées de pointes ou de poils raides et placées sur les côtés de façon à se rencontrer et à s'opposer également à la précédente. Il en résulte une sorte de pince à trois branches, que les aliments sont obligés de traverser pour arriver au pylore ; et en général d'autres pièces accessoires, latérales ou inférieures, sont disposées de manière à exercer aussi une action triturante et à compléter cet appareil de mastication stomacale. » Aucune description, aucune figure ne sauraient donner une idée exacte du moulin gastrique des Crustacés, nous conseillerons à tous de manger des Écrevisses non seulement en gourmands, mais encore en curieux ; qu'ils ouvrent l'estomac de leurs victimes, ils seront surpris d'y trouver une armature qui leur fera certainement envie : n'avoir qu'un râtelier et souvent un râtelier brèche-dent, quand l'Écrevisse en a deux, n'est-ce pas le comble de la disgrâce ?

Chez les Décapodes brachyures, c'est-à-dire les Crabes et leurs congénères, l'armature stomacale acquiert un haut degré de complication et possède son maximum de puissance, tout en conservant une grande uniformité de composition ; elle comprend en effet dix pièces qu'on retrouve chez les différents types, les formes seules se modifiant. Chez les Décapodes macroures, c'est-à-dire les Astacides et leurs congénères, cette armature est aussi compliquée dans les formes de passage que celle des Brachyures ; mais elle se simplifie, se dégrade peu à peu et disparaît même dans une foule de Macroures normaux, quelques pièces restant seules comme témoins (Palémons et Crangons) ; elle affecte, à la vérité, des caractères variés et particuliers dans les différents groupes naturels, caractères qui dans certains cas permettent de reconnaître les affinités (Lithodes avec Pagures ; Cénobites avec Birgues ; Langoustes avec Scyllares, etc.) et

(1) H. Milne-Edwards, *Leçons sur la physiologie et l'anatomie*. t. V, p. 553.

qui souvent fournissent des moyens de contrôler les classifications basées sur les modifications que présentent les formes extérieures.

Chez les Schizopodes (Mysis) et les Stomopodes (Squille) l'armature gastrique très simplifiée est composée à peu près des mêmes pièces que chez les Palémons et les Crangons. Chez les Édriophtalmes, si elle perd en puissance, elle est loin de gagner en simplicité, notamment chez les Cloportes, les Idotées ; elle commence à perdre de son importance chez les Parasites, comme les Cyames, pour disparaître complètement chez les Hypéries et les Nélocires.

Il nous est impossible d'analyser avec plus de détail les travaux intéressants, mais par trop techniques, qui ont été faits sur la charpente chitineuse de l'estomac des Crustacés, nous renverrons les lecteurs français qui voudraient approfondir cette étude aux travaux de H. Milne-Edwards (1), de Huxley (2), de Nauck (3), d'Albert (4) et de M. F. Mocquard (5).

L'armature stomacale constituée par des épaississements chitineux plus ou moins calcifiés est en réalité une invagination de la peau et constitue un véritable *squelette gastrique*, qui est soumis à des mues périodiques absolument comme le squelette tégumentaire, au fur et à mesure de l'accroissement des animaux. C'est à l'époque des mues que commencent à se former, de part et d'autre, dans l'épaisseur des parois de la région cardiaque de l'estomac, des concrétions particulières dont la formation a été particulièrement étudiée chez l'Écrevisse, notamment par Chantran. Chez ce Crustacé ces concrétions au nombre de deux, sont connues depuis un temps immémorial sous le nom d'*yeux d'écrevisses* ; à cette appellation impropre il est plus scientifique de substituer le terme de *gastrolithes* ; en effet ces concrétions blanches, orbiculaires, aplaties et concaves d'un côté, convexes de l'autre, d'une assez grande dureté, ont donné à l'analyse la composition suivante :

Carbonate de chaux.....................	63,16
Phosphate de chaux....................	17,30
Phosphate de magnésie................	1,30
Soude dosée comme carbonate.........	1,41
Matières extractives solubles dans l'eau..	11,43
Substance insoluble analogue à la chitine.	4,33
	96,93

(Bulk. 1835.)

Au moment de la mue, les gastrolithes tombent en même temps que l'armature stomacale dans la

(1) H. Milne-Edwards, *Histoire naturelle des Crustacés*, t. I, 1834, p. 67.

(2) Huxley, *L'Écrevisse*, trad. franç., 1880, p. 40 et suiv., fig. 9, 10 et 11.

(3) E. Nauck, *Das kaugerüst der Brachyuren*, Zeitsch. für wiss. Zool., 1880.

(4) Fried. Albert, *Das kaugerüst der Dekapoden*, Zeitsch. für wiss. Zool. 1883.

(5) F. Mocquard, *Recherches anatomiques sur l'estomac des Crustacés podophtalmaires*, Ann. sc. nat., t. XVI, 1883.

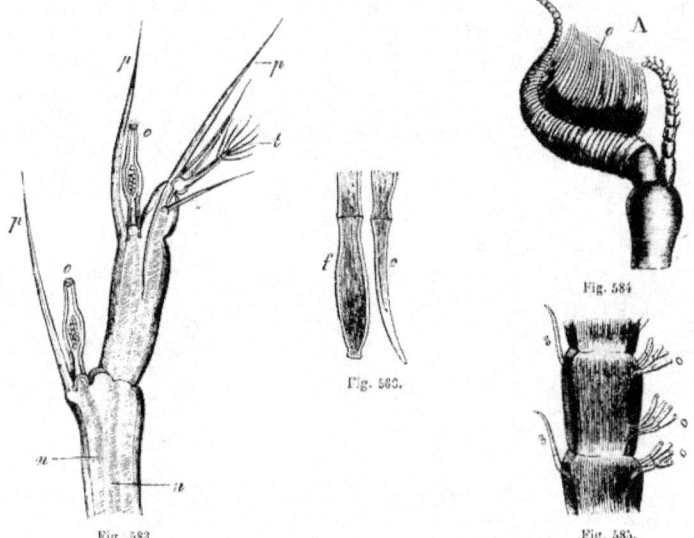

Fig. 583.   Fig. 585.

Fig. 583. — Extrémité de l'antennule de l'*Asellus aqua-
ticus*, d'après Leydig (*).
Fig. 584. — Antenne interne d'un Pagure, d'après
Leydig (**).

Fig. 585. — Portion de la branche externe de l'antennule
de l'Écrevisse ou exopodite grossie, d'après Huxley (*).
Fig. 586. — Extrémité d'un de ces poils modifiés, dits
poils olfactifs, grossie 300 fois, d'après Huxley (**).

Fig. 583 à 586. — Organes olfactifs des Crustacés (p. 646).

cavité de l'estomac, où elles sont résorbées chez les
jeunes dans l'espace de vingt-quatre à trente heures, et chez les individus qui ont atteint leur taille
normale dans l'espace de soixante-dix à quatre-
vingts heures ; d'après les observations de Chantran,
les contractions de l'estomac amènent les deux concrétions à frotter l'une contre l'autre par leurs faces
planes, de manière à en amener d'heure en heure
l'usure et à en favoriser la dissolution par les sucs
digestifs, afin de fournir les matériaux nécessaires
à la constitution du squelette chitino-calcaire.

D'après l'excellent observateur que nous venons de
citer, les concrétions (fig. 187 v', p. 650 ; fig. 588 à 590,
p. 652) ne se forment qu'à partir du troisième ou
quatrième jour après la sortie de l'œuf, atteignent
leur volume le dixième jour au moment de la mue.
Chaque changement de carapace nécessite la formation des gastrolithes, l'Écrevisse les reconstitue donc
huit fois la première année, cinq à six fois la seconde,
trois fois la troisième, deux fois ou une seule, se-

lon le sexe, les années suivantes ; l'apparition des
pierres commence dix jours avant chaque mue la
première année, quinze jours la seconde, vingt-cinq
la troisième, quarante jours les années suivantes.

Les gastrolithes, sous leur nom antique de *yeux
d'Écrevisse*, ont eu leur heure de célébrité.

C'est dans les grands fleuves du côté d'Astrakan,
qu'on trouvait, au siècle dernier, les Écrevisses
ayant les pierres les plus grosses. « Les pêcheurs
n'y prennent ces Crustacés qu'à cause de leurs
pierres. Pour les tirer de leur estomac, on les écrase
avec un pilon de bois ; on met ensuite le tout dans
l'eau, et l'on trouve les pierres au fond du baquet (1). »

Le Dr Godefroy David Mayer (2) nous apprend
quelle était la vraie méthode employée pour recueillir les pierres d'Écrevisses ; il dit le tenir des
marchands revenus des confins de la Tartarie et
de la Moscovie. « La récolte se fait, dit-il, surtout dans la Bessarabie et dans l'Ukraine, qui

(*) o, cônes olfactifs ; t, poils tactiles ; p, soie servant à protéger
les organes des sens ; n, filets nerveux allant se terminer dans les
organites t et o chargés de percevoir les sensations tactiles ou
olfactives.
(**) o, cônes olfactifs.

(*) o, faisceaux de poils modifiés servant à l'olfaction ; s, soies tactiles.
(**) f, vu de face ; c, vu de côté.
(1) *Nouveau dictionnaire de médecine*, par une Société de médecins. Paris, 1772, in-12, t. VI, p. 500.
(2) *Éphémérides d'Allemagne*, centuries VII et VIII, année 1719,
page 447.

sont des pays arrosés de plusieurs grandes rivières riches et abondantes en Écrevisses ; car les
habitants veillent à la conservation de ces animaux
qu'ils s'abstiennent de manger, pour pouvoir subvenir à leurs besoins, soit publics, soit particuliers,
pour la récolte de ces pierres. Ils observent les mois
où les Écrevisses sont dans leur ponte ; alors, choisissant un lieu solitaire et vaste, ils font des fosses
profondes d'environ 60 ou 70 pieds, et larges
de 6, de 15 ou de 20. Ils y jettent le plus d'É-
crevisses qu'ils peuvent, en les foulant aux
pieds comme l'on fait le raisin dans la ven-
dange ; quelquefois même, pour les écraser plus
sûrement, ils se servent d'espèces de mailloches ;
puis ils s'en retournent chez eux, laissant leurs
Écrevisses pourrir dans les fosses, exposées à toutes
les injures de l'air et aux rigueurs de l'hiver. Quand
le printemps est venu, ils reprennent leur travail ;
et au moyen d'un crible pour passer les ordures,
ces pauvres gens recueillent une prodigieuse quantité de pierres d'Écrevisses ; ce qui fait toute leur
richesse, vu le débit de cette marchandise dans les
royaumes voisins et dans les étrangers : les pierres
se vendent cinq à six sols la livre. »

Les véritables pierres d'Écrevisses étaient regardées en médecine comme absorbantes, astringentes, dessiccatives, dépuratives, diurétiques, propres
pour adoucir les tumeurs âcres, ou acides, pour arrêter les cours de ventre, les hémorrhagies, les vomissements, et pour purifier le sang. La dose en
variait de douze grains jusqu'à deux scrupules ; on
en formait des tablettes avec le sucre, qui se donnaient depuis un jusqu'à deux gros. Ce qu'on appelait *yeux d'Écrevisses préparés* n'était autre chose que
des pierres d'Écrevisses pulvérisées et lavées sur un
porphyre avec de l'eau commune, ou de l'eau rose,
et réduites en forme de trochisques. Elles entraient
dans une foule de préparations pharmaceutiques,
heureusement tombées en désuétude, telles que la
poudre tempérante de Stahl, de Wedel, la poudre
agglutinative de Cucofle, la poudre bézoardique anglaise, la poudre de pattes d'Écrevisses, la poudre
absorbante, la poudre d'arum composé, les tablettes
astringentes et fortifiantes de la pharmacopée de Paris, les opiats tempérants ou absorbants, la confection d'Hyacinthe, etc. ; elles servaient à préparer
un sel et un magistère d'yeux d'Écrevisses fait avec
le vinaigre distillé ; le premier se donnait à la dose
de cinq à quinze grains, et le second de dix à trente
dans les maladies où il faut résoudre puissamment
les humeurs coagulées, exciter la transpiration,
comme dans les fièvres, dans la peste, dans la pleu-
résie, dans la pneumonie et dans toutes sortes d'inflammations. Le célèbre Frédéric Hoffman assure
que la poudre d'yeux d'Écrevisses seule, ou mêlée
avec celle de coque d'œufs, y ajoutant une quatrième partie de nitre, est un remède d'une telle
efficacité, qu'il n'en faut qu'un drachme pour produire de très bons effets dans presque toutes les

maladies aiguës ou chroniques, surtout lorsqu'elles
sont accompagnées d'une chaleur excessive, telles
que certaines affections hypocondriaques et scor-
butiques (1). Van Swieten préconisait la solution
vineuse d'yeux d'Écrevisses comme un remède propre à dissiper les tumeurs.

Tout porte à croire cependant que la poudre
d'yeux d'Écrevisses n'agissait que comme tout autre
absorbant. L'exemple du chimiste Meyer, qui en
prit plus de 1200 livres, suffirait pour témoigner de
leur peu d'activité (2).

Aujourd'hui, personne ne croit à leur vertu ; les
éloges aussi fastueux que peu mérités que des
hommes célèbres leur ont prodigués sont oubliés.

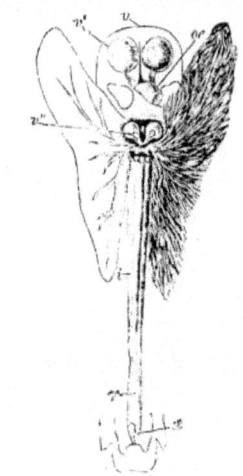

Fig. 587. — Appareil digestif de l'Écrevisse,
d'après Carus (*).

Les pièces qui constituent le squelette gastrique
sont mises en jeu par un appareil musculaire comprenant : des muscles ayant leurs deux points d'insertion sur les pièces elles-mêmes : ce sont les
muscles intrinsèques ; des muscles s'insérant d'une
part aux pièces gastriques et de l'autre à des pièces
dépendant de la carapace : ce sont des *muscles ex-
trinsèques* (Mocquard). Cet appareil musculaire subit naturellement des modifications en rapport avec
la constitution de l'armature stomacale : très complexe chez les Brachyures, il se simplifie chez certains Macroures (Caridides), chez les Schizopodes
et les Stomapodes.

(*) œ, œsophage ; v, contour de l'estomac ; v′, les gastrolithes ou
yeux d'Écrevisse ; h, foie ; i, intestin ; r, rectum ; a, ouverture
anale.
(1) Arnault de Nobleville, *Suite de la matière médicale de
M. Geoffroy* (Règne animal). Paris, 1759, t. I, p. 370.
(2) Bordeu, *Œuvres complètes*, 1819.

La partie postérieure de l'estomac est en continuité directe avec l'intestin, mais un système complexe d'invaginations valvulaires pyloriques s'oppose au passage rapide des aliments; en général, cet intestin traverse le corps entier directement, sans présenter la moindre circonvolution, la plus légère inflexion, pour s'ouvrir au dehors à la face inférieure du dernier segment abdominal par son orifice médian, l'anus (fig. 587, *a*). Chez les Macroures comme chez les Brachyures, cette portion du canal digestif affecte la forme d'un tube d'un calibre faible, mais régulier; on y distingue deux régions, tantôt séparées par un étranglement déterminé par un des replis valvulaires (Crabe), tantôt caractérisées par une structure différente, l'antérieure a reçu le nom d'*intestin moyen* ou de *duodénum*, la postérieure celui d'*intestin postérieur* ou de *rectum*; le rapport entre les longueurs de ces deux régions est variable suivant les types.

Le tube digestif est souvent chez les Crustacés inférieurs, certains Lernéens, par exemple, d'une grande simplicité; il consiste en un tube d'une structure uniforme dans toute sa longueur; mais, chez d'autres Lernéens, le canal alimentaire présente des expansions latérales caractéristiques en forme de poches ou de tubes dans lesquels pénètrent les aliments; chez un Copépode singulier, le Pou des Carpes ou Argule, le canal digestif se compose d'un court œsophage suivi d'un large estomac à expansions ramifiées et d'un intestin qui débouche sur la face dorsale du dernier segment de l'abdomen dans la fourche de la nageoire caudale. Nous ne saurions décrire ici toutes les modifications de forme que présente l'appareil alimentaire des Crustacés sans empiéter sur le domaine d'un traité d'Anatomie comparée.

Un certain nombre d'organes glandulaires viennent verser les produits de leurs sécrétions dans le tube digestif. Il n'y a chez les Crustacés, en général, et notamment chez les types supérieurs, aucun système de glandes qu'on puisse regarder comme constituant un appareil salivaire; cependant Braun a trouvé chez l'Écrevisse dans les parois de l'œsophage, dans le métastome et la première paire de mâchoires, des glandes qu'il prend être des glandes salivaires. Il existe au contraire chez les Décapodes de part et d'autre de l'estomac, une masse glandulaire considérable qui occupe une partie importante de la cavité viscérale; c'est cette masse jaune bien connue des gourmets et des anatomistes que l'on désigne habituellement sous le nom de *foie*.

Dans son ensemble, le foie se compose d'un certain nombre de lobes divisés en une foule de lobulins, composés de milliers de cæcums dont les conduits excréteurs s'unissent de proche en proche pour former finalement de chaque côté un tronc unique; ces deux troncs s'ouvrent dans la région pylorique de l'estomac. Une membrane transparente enveloppe le foie en épousant les contours des lobes.

Le foie varie de forme à l'infini suivant les types; mais il peut se simplifier beaucoup et ne consister qu'en deux paires d'appendices tubuliformes grêles et allongés (Cloportides) qui, d'après Milne Edwards, ont beaucoup d'analogie avec les tubes de Malpighi des Insectes, mais qui pourraient bien être comparés aux cæcums gastriques qu'on rencontre chez un très grand nombre d'entre eux (Künckel).

Pour Swammerdamm, cet appareil glandulaire était une sorte de pancréas; dans ces derniers temps, l'opinion de l'illustre anatomiste a repris faveur, les travaux des physiologistes semblant confirmer ses vues; d'après Hoppe-Seyler (1877), la sécrétion du prétendu foie présente toutes les réactions qui permettent de la comparer au suc pancréatique des Vertébrés; Max Weber (1880) admet que ses fonctions et sa structure doivent le faire considérer comme un *hépatopancréas;* Frenzel (1883) repousse toute idée d'assimilation avec un foie, sans se prononcer nettement sur sa fonction, la présence d'un ferment dans ses cellules n'étant pas définitivement prouvée.

Il existe chez les Crustacés supérieurs un autre appareil glandulaire; chez les Crabes, où il est extrêmement développé, il consiste en une paire de longs tubes grêles, terminés en cæcums, pelotonnés sur eux-mêmes, accolés de chaque côté de la région pylorique de l'estomac, qui débouchent à la partie antérieure de l'intestin moyen et ont reçu le nom, vu leur situation, d'*appendices pyloriques,* ainsi qu'un long et grêle cæcum qui s'ouvre à la région postérieure de cet intestin moyen. Chez les Macroures, cet appareil est extrêmement simplifié, les appendices pyloriques sont réduits à une paire de petites vésicules ovoïdes; le cæcum pylorique fait totalement défaut, sauf chez le Bernard-l'Ermite; on peut constater aisément chez l'Écrevisse ces particularités anatomiques.

SÉCRÉTIONS.

Glande verte. — Dans la portion du céphalothorax de l'Écrevisse correspondant à la région céphalique, on aperçoit, lorsqu'on enlève la carapace, de chaque côté de l'œsophage, en avant et au-dessous de la partie cardiaque de l'estomac, une poche assez vaste, à parois minces, qui masque un corps en forme de disque, d'une coloration verte plus ou moins intense qui lui a fait attribuer le nom de *glande verte.* Cette glande s'ouvre dans le sac et y accumule sa sécrétion; la partie antérieure du sac se rétrécit en un canal court qui s'ouvre au dehors au sommet d'une éminence en forme de petit cône située sur l'article basilaire de chacune des antennes.

Will et Gorup-Besanez ont constaté la présence de la guanine, corps apparenté à l'acide urique dans le liquide produit par la glande verte; les anatomistes Claus et Huxley notamment en ont déduit que cet appareil remplissait les fonctions d'un organe urinaire, c'est-à-dire du rein. Si l'on s'en rapporte aux observations qui ont été faites par Chantran (1), on arrive à cette conclusion que, sans exclure la fonction urinaire, la glande verte aurait une relation avec l'évolution des gastrolithes. Cet observateur consciencieux a constaté, en effet, que pendant la formation des concrétions calcaires, ou yeux d'Écrevisses dont nous avons parlé précédemment, la glande verte était plus turgescente et avait toujours des teintes plus vives qu'à toute autre époque de la vie de l'animal; qu'elle était plus étroitement appliquée sur l'estomac dans les points qu'occupe chacune des concrétions et qu'elle en conservait l'empreinte comme si elle avait servi de moule; il a remarqué également que le réservoir s'emplissait alors d'un liquide qui le distendait et que ce liquide disparaissait à la suite de la mue, laissant les parois du réservoir affaissées sur la glande; il a observé enfin que la couleur des glandes variant d'un individu à l'autre, il y avait un certain rapport entre leur coloration et celles des concrétions; quand elles sont très vertes, les

Fig. 588.   Fig. 589.   Fig. 590.

Fig. 588 et 589.—Deux Gas- | Fig. 590. — Gastrolithe,
trolithes, face interne. | face externe.

Fig. 588 à 590. — Gastrolithes ou yeux d'Écrevisse de
l'*Astacus fluviatilis*.

yeux d'Écrevisses sont bleus; quand elles sont vert opaque, ils sont blancs. D'après cela, il paraît donc y avoir une relation très étroite entre l'activité sécrétoire de la glande verte et les phénomènes chimico-organiques qui accompagnent la mue; dans ces conditions, la présence de la guanine s'expliquerait tout naturellement, puisque cette substance est un produit de désassimilation des éléments organiques qui entrent dans la constitution des squelettes tégumentaires (Kunckel).

PHOSPHORESCENCE.

La phosphorescence a été observée chez les Crustacés à une époque déjà ancienne; au siècle dernier (1760), Godchen de Riville, dans son mémoire sur la mer lumineuse, représente de petits Crustacés phosphorescents, très probablement des Cypridides qu'il a recueillis en haute mer; les observations se multiplient dans notre siècle et la liste des Crustacés lumineux s'accroît; ce sont des Sapphirines *Sapphirina fulgens*), des Cyclopides parmi les Copépodes, des Crevettines et des Hypérines parmi les Amphipodes, des Caridides (*Symphyrepus hirtus*,

(1) Chantran, *Observations sur la formation des pierres chez les Écrevisses* (*Compt. rend. Acad. sc.*, 2 mars 1874).

Palæmon noctilucus) et une foule d'autres appartenant parmi les Décapodes macroures à divers groupes qui viennent grossir cette liste.

D'après des observations faites par les naturalistes Eydoux et Souleyet, dans leur voyage autour du monde sur la corvette la *Bonite* (1836 et 1837), certains petits Crustacés phosphorescents qu'ils examinèrent étaient susceptibles de lancer de véritables fusées de matière phosphorescente formant autour d'eux une atmosphère lumineuse dans laquelle ils disparaissent; ce n'est là qu'un cas spécial et particulier, car d'autres Crustacés ne développaient leur faculté lumineuse que dans certaines circonstances, dans la collision par exemple, dans les mouvements qu'ils exécutaient ou quand des causes irritantes agissaient sur eux (1).

Tous les Naturalistes qui ont recueilli des Crustacés dans les grandes campagnes de draguages ont remarqué que beaucoup d'entre eux, s'ils n'avaient pas la faculté d'émettre au dehors une substance lumineuse, étaient porteurs d'appareils phosphorescents situés dans diverses régions du corps. Ossian Sars a observé un Euphanside, le *Thysanopoda norvegica*,] dont Thomson avait fait le type du genre *Noctiluca*, qui porte huit organes lumineux, un sur chacune des hanches des secondes pattes, un sur chacune des hanches des septièmes pattes et les quatre autres sur la ligne médio-sternale du corps entre les pattes natatoires des dix premiers anneaux de l'abdomen. Les naturalistes du *Challenger* ont découvert les *Gnathophausia* (Schizopodes) qui sont pourvus d'un organe lumineux sur chacune des secondes mâchoires, ils ont dragué des *Euphausia* (Schizopodes) phosphorescentes, notamment l'*E. pellucida*, qui porte des plaques lumineuses derrière les yeux (une paire), sur le céphalothorax (deux paires), et sur le postabdomen (quatre plaques). Les zoologistes du *Talisman* ont capturé une grande Crevette apparentée à nos Palémons, l'*Acanthephyra pellucida*, A. M. Edw., voisine de celle que nous avons figurée pl. XVII, fig. 4, qui portait sur les côtés de la carapace, sur les antennes internes, sur les pattes-mâchoires et sur les pattes de nombreuses bandes phosphorescentes (2).

Un des résultats les plus remarquables des explorations sous-marines est certainement la découverte de Crustacés pourvus d'yeux lumineux : tels seraient, par exemple, une sorte de Crabe, le *Geryon tridens*, certaines espèces de grandes Salicoques du genre *Aristeus*, etc. « Mais laissons la parole au professeur Perrier, un de ceux qui ont été assez favorisés pour observer ces merveilleux animaux (3). « La mer étant un soir toute-

(1) De Blainville, *Rapport sur les résultats scientifiques du voyage de la Bonite autour du monde*, Comptes rend. Acad. Sc., t. VI, 1838, p. 459.
(2) H. Filhol, *La vie au fond des mers*. Paris, 1886, p. 162.
(3) Edmond Perrier, *Les explorations sous-marines*. Paris, 1886, p. 332.

parsemée de points lumineux semblables à des étoiles, de l'eau fut recueillie à bord du *Talisman* et nous reconnûmes bientôt que les étoiles qui l'illuminaient n'étaient autre chose que les yeux d'innombrables petits Crustacés, probablement de jeunes Mysis. Ces animaux examinés le soir, au microscope, en l'absence de lumière, éclairaient le champ de l'instrument. Mais ce qui frappait aussitôt — et ce que nous avons pu constater grâce à notre jeune collaborateur M. Georges Poirault — c'est que l'œil lui-même demeurait obscur; il était simplement enchâssé dans une calotte lumineuse et dès lors pouvait répandre de la lumière autour de lui sans recevoir d'autre lumière que la lumière réfléchie. Un œil peut donc cumuler les fonctions d'organe de vision et d'appareil d'éclairage. »

Tous ces organes, découverts chez quelques types, depuis assez longtemps avaient toujours été considérés comme des yeux accessoires; Claus, dans son *Traité de zoologie*, partage cette manière de voir; l'examen de leur structure semblait justifier les vues des anatomistes. Ceux-ci avaient en effet reconnu que ces organes étaient des sphères mobiles pourvues d'une lentille entourée d'un pigment rougeâtre et mises en rapport avec le système nerveux central par un gros filet nerveux. Nous avons fait pressentir en parlant des yeux que ces prétendus yeux accessoires n'étaient très probablement que des organes lumineux; il faut en effet s'incliner devant l'observation. Sars comme les Naturalistes du *Challenger* ayant constaté que ces appareils projetaient de la lumière et par conséquent qu'ils n'étaient pas des yeux, mais de petites lanternes, la lentille n'était plus un cristallin, mais une véritable lentille destinée à concentrer les rayons lumineux, le pigment ne jouait plus le rôle d'une choroïde, il servait de réflecteur. Si les Naturalistes qui ont observé les habitants des mers, nous ont mis en possession de très intéressantes découvertes, ils ne nous ont malheureusement rien appris sur le fonctionnement des appareils lumineux, sur l'origine de la phosphorescence, sur l'essence même du phénomène. Quel admirable champ de recherches?

La nature, inépuisable dans ses ressources, a donc su pourvoir les animaux condamnés à vivre dans les abîmes où la lumière ne pénètre plus, des appareils d'éclairage les plus diversifiés qui leur permettent de se conduire dans l'obscurité avec une grande sûreté; s'il ne nous est pas permis d'observer leurs manœuvres, nous pouvons nous imaginer qu'ils accomplissent à la façon des animaux qui évoluent dans les milieux éclairés tous les actes qui assurent leur existence : recherche des aliments et des retraites, fuite devant l'ennemi, actes assurant la perpétuité de l'espèce. Le fond des mers recèle des merveilles d'adaptation dont la découverte, si elle est destinée à faire la joie des savants de l'avenir, nous laisse pensif en nous permettant de comprendre notre ignorance; mais pourquoi ces regrets, notre devoir n'est-il pas de pressentir les découvertes et de montrer aux jeunes la moisson de l'avenir?

SYSTÈME CIRCULATOIRE.

C'est au grand Harvey (1628) que revient l'honneur d'avoir le premier constaté, chez les Crustacés, non seulement l'existence d'un cœur, mais d'avoir observé les pulsations de cet organe; il suffit de relire le texte même de ses œuvres pour se convaincre qu'il avait sur la circulation du sang chez les Animaux invertébrés des connaissances plus étendues que nous ne le supposons (1); quoi qu'il en soit, c'est un observateur non moins illustre, Leeuwenhoek, qui a reconnu le premier (1691-1695) le cours du sang dans les veines et les artères chez les Crabes (2).

Les études anatomiques faites par Willis (1672) sur l'Écrevisse, par Swammerdamm (1737) sur le Bernard-l'Ermite, ont fait connaître les principaux vaisseaux qui partent du cœur chez les Décapodes; les recherches de Cuvier sur la circulation chez différents Crustacés (Crabes, Homards, Écrevisses, Bernard-l'Ermite, Squille, etc.), résumées dans ses *Leçons d'anatomie comparée* (1805), malgré les lacunes et les imperfections, marquent un progrès notable et permettent déjà de se faire une idée beaucoup plus juste de la circulation chez les Crustacés; mais c'est à Audouin et H. Milne Edwards que nous sommes redevables des connaissances les plus complètes et les plus exactes sur l'anatomie et la physiologie du système circulatoire des Crustacés.

Cœur et système artériel. — Si l'on ouvre une Écrevisse, au sortir de l'eau, ou tout autre Crustacé décapode vivant, en fendant, à l'aide de ciseaux et avec précaution, la carapace de chaque côté et d'arrière en avant, on aperçoit, après avoir enlevé

---

(1) G. Harvey s'exprime ainsi dans son ouvrage célèbre, *Exercitatio anatomica de motu cordis et sanguinis in animalibus* : « Observavi quoque in omnibus pene animalibus cor vere inesse, et non solum (ut Aristot. dicit) in majoribus, et sanguineis, sed in minoribus, exsanguineis, crustatis, et testaceis quibusdam, ut limacibus, cochleis, conchis, astacis, gammaris, squillis, multisque aliis; imo vespis, et crabronibus museis (ope perspicilli ad res minimas discernendas) in summitate illius particulæ quæ cauda dicitur, et vidi pulsans cor et aliis videndum exhibui. » Un peu plus loin il ajoute cette phrase caractéristique : « Est hic apud nos minima Squilla (quæ anglice dicitur a Shrimp, belgice een Garneel) in mari, et in Thamesi capi solita, cujus corpus omnino pellucidum est : Eam aquæ impositam sæpius præbui spectandam amicissimis quibusdam meis, ut cordis illius animal culi motus liquidissime perspiceremus, dum exteriores illius corporis partes visui nihil officierunt, quo minus cordis palpitationem quasi per fenestram intueremur. » Harvey, *loc. cit.* Lugd. Bat., 1737, p. 35 et 36.

(2) Ant. Leeuwenhoek, *Arcana Naturæ detecta*. Lugd. Bat., t. II, 1722, p. 440. *Epistola* 84, oct. 1694. *De multiplicibus particulis sanguineis in pede cancri* (Krabbe) *et celerrimo sanguinis cursu tam in arteriis quam venis*.... *Epistola* 86, april 1695. *De sanguinis circuitu in pede minuti cancri* (Krabbe) *et plurimis exiguis in eo vasis sanguiniferis*.... *Quomodo sanguis, ubi membrum aliquod amputatur circuitum suum servet globuli in hoc sanguine æque coagulantur ac in aliorum animalium sanguine....*

délicatement la portion de tégument ainsi détachée, dans la région thoracique du céphalothorax, sur la ligne médiane et sur la face dorsale, un organe qui, vu en dessus, offre un contour polygonal ou, pour mieux dire, la forme d'un hexagone irrégulier, mais est en réalité une poche de consistance charnue, dont on distingue nettement les mouvements pulsatiles : cet organe est le cœur (fig. 591, c).

En enlevant la carapace, même avec soin, on a déchiré la paroi supérieure du péricarde ou sinus péricardique qui constitue une chambre remplie de sang, au milieu de laquelle se trouve placé le cœur ; il y est maintenu par des bandelettes de tissu fibreux, nommées ailes du cœur, qui partent des sommets de l'hexagone et s'insèrent aux parois du sinus péricardique. Les mouvements pulsatiles ou mouvements de *systole* et de *diastole*, dont on peut observer la régularité, sont déterminés par la contraction des fibres musculaires que renferment les parois de l'organe. Chez les Décapodes, six orifices percés dans les parois du cœur permettent au sang de passer du sinus péricardique dans la cavité cardiaque ; chez l'Écrevisse deux orifices sont situés dans la paroi dorsale, deux orifices s'ouvrent de part et d'autre dans les parois latérales, deux orifices sont perforés dans la paroi ventrale ; les bords de ces orifices en se rapprochant hors de la systole font office de valvules et s'opposent au retour du sang dans la chambre péricardique.

Du cœur part tout un système d'artères qui se dirigent vers toutes les régions du corps. Un premier vaisseau antérieur médian est l'*artère céphalique* (fig. 591 et 592, *ac*), nommée ordinairement *artère ophtalmique ;* deux autres vaisseaux antérieurs latéraux sont les *artères antennaires* (fig. 591 et 592, *aa*); antérieurement, mais de la face inférieure, se détachent les *artères hépatiques ;* postérieurement et inférieurement par un gros tronc qui se divise immédiatement en une *artère abdominale supérieure* (fig. 591 et 592, *ap*) et en une *artère sternale* (fig. 592, *as*).

L'artère céphalique passe au-dessus de l'estomac en lui envoyant quelques branches, pénètre dans la tête pour donner les *artères ophtalmiques proprement dites* (fig. 591 et 592, *ao*), puis plonge et revient en arrière pour fournir des branches au cerveau et se terminer en avant de l'œsophage à la lèvre supérieure. Les artères antennaires, malgré leur nom, sont chargées d'irriguer les muscles placés sur les côtés de la carapace, l'estomac, les régions sous-cutanées branchiales, les muscles des mandibules, les muscles gastriques antérieurs, les antennales, les antennes, etc. Les artères hépatiques vont se ramifier dans l'intérieur du foie. L'artère abdominale supérieure (fig. 591 et 592, *ap*) rampe sur l'intestin, envoie dans chaque anneau une paire de fortes branches dont les ramifications vont se perdre au milieu des muscles et se bifurque en entrant dans

le sixième segment abdominal pour se distribuer dans les appendices de ce segment qui constituent la nageoire caudale (fig. 591, *at*). L'artère sternale (fig. 592, *as*) descend en contournant à droite l'intestin passant entre les connectifs réunissant les quatrième et cinquième ganglions thoraciques pour se rendre à la face inférieure du corps, au niveau de la troisième paire de pattes thoraciques ; là elle se divise et donne en avant l'*artère sternale antérieure* (fig. 592, *av*) et en arrière l'*artère abdominale inférieure* (fig. 592, *ai*), toutes deux situées immédiatement au-dessous de la chaîne nerveuse. L'artère sternale antérieure pénètre dans le canal sternal formé par les prolongements des apodèmes sternaux, fournit les artères des trois premières paires de pattes et des appendices buccaux, et se termine dans la partie inférieure de la tête ; l'artère abdominale inférieure *ai* fournit les artères des deux dernières paires de pattes, et une paire d'artères à chacun des anneaux de l'abdomen, artères qui vivifient leurs muscles, et se termine dans le telson *t*.

Telle est la distribution des vaisseaux chez les Décapodes Macroures, distribution qu'il est aisé de reconnaître dans le Homard ou l'Écrevisse ; chez les Brachyures le faible développement de la queue, la centralisation du système nerveux entraînent des modifications notables. C'est ainsi que l'artère abdominale supérieure se divise aussitôt son entrée dans l'abdomen en deux grosses branches qui s'accolent de chaque côté à l'intestin en distribuant régulièrement et symétriquement leurs rameaux aux différents segments de l'abdomen ; que l'artère sternale, après avoir traversé dans son centre la masse nerveuse (Crabe commun), se recourbe en avant, sans se loger dans un canal sternal puisqu'il n'existe pas chez les Brachyures, fournit huit paires d'artères aux pattes et aux pattes-mâchoires et se termine par deux branches qui entourent l'œsophage, branches dont les ramifications se rendent aux mandibules, aux mâchoires, à l'œsophage et au cerveau. Si ce mode de distribution est général chez les Brachyures, H. Milne Edwards a constaté que chez le Tourteau les vaisseaux (artère sternale et abdominale) répartissaient leurs branches principales à la face inférieure du corps à peu près comme chez les Macroures.

Chez les Stomapodes, le système circulatoire est construit sur un tout autre plan que chez les Décapodes. Tout d'abord le cœur affecte la forme d'un long vaisseau dorsal et s'étend de l'extrémité de l'abdomen à l'estomac au-dessus du foie et de l'intestin ; il est entouré d'un vaste sinus péricardique et présente 5 paires d'orifices situés dans la portion abdominale à la partie antérieure des 15e, 16e, 17e, 18e et 19e anneaux.

De l'extrémité antérieure de ce cœur part une artère unique qui donne les artères antennaires, puis les artères ophtalmiques ; de la portion thoracique du cœur se détachent 9 paires d'artères qui se

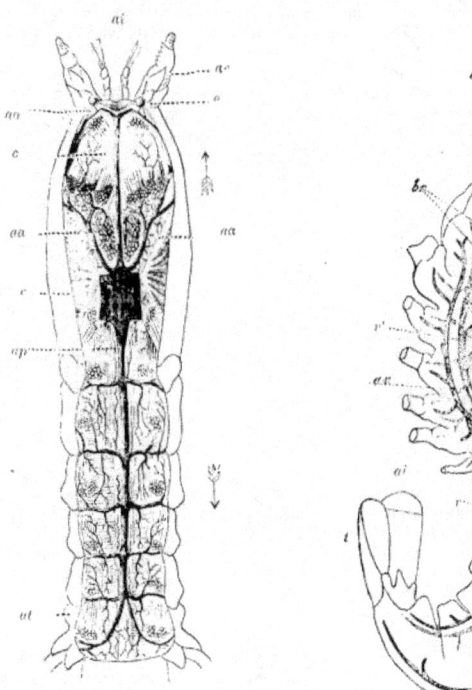

Fig. 591. — Homard dont la carapace a été enlevée en dessus et dont le système artériel a été injecté par le cœur, d'après H. Milne-Edwards.

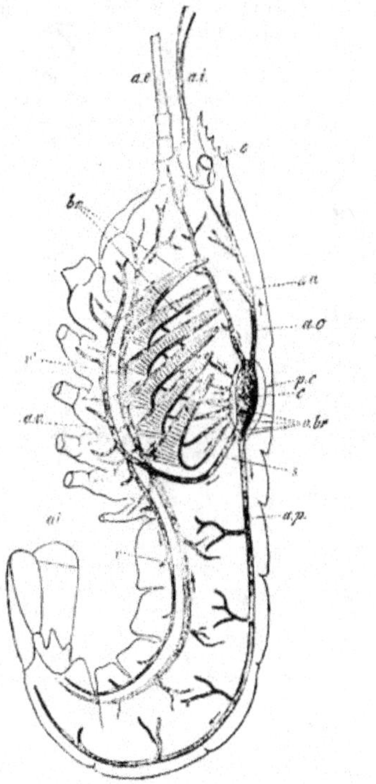

Fig. 592. — Homard dont la carapace a été enlevée sur le côté de façon à pouvoir représenter schématiquement le système circulatoire, d'après Gegenbaur.

Fig. 591 et 592. — Système circulatoire des Crustacés Décapodes (*).

rendent aux appendices buccaux, aux pattes-mâchoires et ambulatoires; de la portion abdominale partent, au niveau des articulations, 7 paires d'artères qui distribuent leurs branches au foie, à l'intestin, aux muscles, à la peau et aux appendices; le cœur se termine en pointe par une petite artère médiane, grêle, qui se rend au dernier anneau.

L'appareil circulatoire des Crustacés Edriophtalmes a été très bien étudié par M. Yves Delage (1).

Chez les Isopodes, le cœur, comme chez les Stomapodes, est dorsal et se trouve situé dans l'abdomen en remontant toujours plus ou moins jusque dans le thorax; quatre orifices mettent sa cavité en rapport avec le sinus péricardique qui

l'entoure en entier; ces orifices sont alternes ou opposés suivant que le corps est long ou court. Ce cœur envoie onze artères dans les différentes régions du corps : une artère médiane correspondant à l'artère unique des Stomapodes et qui fournit les artères ophtalmiques et antennaires, puis forme un collier œsophagien derrière le collier nerveux d'où se détache une artère ventrale dite prénervienne (Y. Delage) située au-dessous de

(1) Yves Delage, Contribution à l'étude de l'appareil circulatoire des Crustacés Edriophtalmes marins. Archiv. de zool. exp. et génér., t. IX, 1881.

(*) ar, antennes internes ou antennules; ae, antennes externes; o, œil; t, telson. — c, cœur; pc, péricarde; ac, artère céphalique; ao, artères ophtalmiques proprement dites; aa, artères antennaires; ap, artère postérieure ou artère abdominale supérieure; af, bifurcation de l'artère abdominale se rendant au telson et aux appendices de la nageoire caudale; as, artère sternale; av, artère sternale antérieure; ai, artère abdominale inférieure; br, branchies; v, sinus médian abdominal; v', sinus médian thoracique, logé dans le canal sternal; v, br, canaux branchio-cardiaques. Les flèches indiquent la direction du cours du sang.

la chaîne nerveuse qu'elle suit dans toute sa longueur; deux artères latérales parallèles à celle-ci qui distribuent leurs branches aux viscères et aux 4 premiers anneaux; 3 paires d'artères thoraciques qui se rendent aux pattes de leurs anneaux respectifs; presque toujours, deux artères abdominales naissant de la face inférieure du cœur et envoyant un rameau à chacun des anneaux branchifères de l'abdomen.

Chez les Amphipodes le cœur est logé dans le thorax, dont il occupe la région dorsale des 5 premiers anneaux et d'une partie du 6e; généralement 3 paires d'orifices (Talitre), quelquefois une paire (Corophie) mettent en communication sa cavité avec le sinus péricardique qui règne dans toute la longueur du corps (Talitre) ou seulement dans le thorax (Corophie). Du cœur part en avant une artère thoracique médiane supérieure qui, en pénétrant dans la tête, se divise en deux branches placées dans un même plan vertical, lesquelles, après avoir formé un anneau péricérébral, puis un anneau périglandulaire, dit périrénal (Y. Delage), — l'anneau vasculaire péricérébral est considéré par M. Delage comme caractéristique des Amphipodes, — se réunissent en une artère simple qui se subdivise bientôt pour constituer un collier œsophagien correspondant à celui des Isopodes, mais de laquelle ne se détache pas d'artère ventrale prénervienne, et qui s'ouvre enfin dans un sinus ventral. Le cœur émet encore une artère postérieure ou abdominale qui dans le 3e anneau se partage en deux courtes branches; artères et branches se déversent dans le sinus ventral.

Le système circulatoire des Lœmodipodes est construit sur le même plan que celui des Amphipodes.

Au fur et à mesure que l'on descend dans la série naturelle des Crustacés, on peut observer une dégradation de l'appareil circulatoire. On ne rencontre plus chez les Phyllopodes de vaisseaux proprement dits; le sang mis en mouvement, tantôt par un cœur ovoïde, à trois orifices, un de sortie et deux d'entrée, placé à la partie antérieure du thorax (Cladocères), tantôt par un cœur en forme de long vaisseau dorsal muni d'un grand nombre d'orifices correspondant à une série de chambres (Branchiopodes), circule toujours dans le même sens et avec une parfaite régularité à travers les espaces interorganiques. Chez les Ostracodes on a constaté la présence d'un cœur dorsal situé au-dessous du pont d'attache de la carapace bivalve dans certaines familles (Cyprinides, Halocyprides) et son absence dans d'autres familles (Cythérides, Cyprides).

Les Copépodes présentent chez les Branchiures un cœur robuste à deux orifices suivi d'une longue aorte qui s'étend dans toute la longueur du corps, de la nageoire caudale au cerveau; chez certains Eucopépodes nageurs, les Calanides, le cœur ramassé, qui se prolonge en une artère céphalique,

est situé à la région antérieure du thorax, au-dessous de l'intestin; mais chez un très grand nombre de ces Crustacés, les Cyclopides, les Harpactides par exemple, le cœur fait complètement défaut.

Les connaissances que nous possédons sur l'organisation des Cirripèdes, quels qu'aient été les efforts de Martin Saint-Ange et de Darwin pour le pénétrer, ne permettent pas de se faire une idée de ce que peut être chez ces Crustacés la circulation d u fluide nourricier.

Système veineux. — Nous avons suivi dans toute la série des Crustacés les voies que le cœur emploie pour distribuer le sang à tous les organes, il nous reste à décrire les voies que prend le liquide nourricier pour revenir au cœur en se revivifiant sur son trajet.

Chez les Décapodes, au système artériel compliqué terminé par de fines artérioles que nous avons décrit et figuré ne correspond pas un système de vaisseaux nettement délimités, en d'autres termes les capillaires artériels ne se continuent pas des capillaires veineux et ne se déversent pas dans des veines; le sang au sortir des tissus s'écoule dans les espaces que les organes laissent entre eux, espaces que l'on nomme des lacunes ou des sinus, de telle sorte que tous les appareils baignent dans le liquide sanguin. Il suffit de percer un trou dans le tégument d'un Crustacé vivant, là où sont situées les lacunes, pour permettre au sang de s'écouler au dehors; on peut simplement examiner un Homard ou une Langouste servis sur la table pour voir dans les espaces interorganiques des amas de matière albumineuse qui ne sont autres que des dépôts de sang coagulé par la cuisson.

Ces sinus veineux n'en occupent pas moins des positions régulières qui varient avec les différents types. Chez les Brachyures ils sont situés symétriquement sur les côtés du thorax, au-dessus des insertions des pattes, et ont l'aspect d'une série de dilatations dont la forme et le volume sont déterminés par les pièces du squelette et les muscles avoisinants; dans chacune de ces dilatations vient se déverser par trois sinus, que Milne Edwards nomme des veines pour simplifier la description, le sang d'une patte, le sang des muscles des flancs, et le sang descendant des viscères; la dilatation antérieure reçoit en outre une veine venant des lobes antérieurs du foie et les veines des pattes-mâchoires. De ces sinus latéraux partent de part et d'autre, en remontant et en se dirigeant vers le côté externe des pyramides branchiales, cinq *vaisseaux afférents* qui conduisent le sang aux branchies et qui s'y ramifient de manière à y constituer un réseau capillaire. Au sortir de ce réseau le sang artérialisé est repris par des *vaisseaux efférents* situés sur le côté interne des branchies qui se continuent par les *canaux branchio-cardiaques* au nombre de cinq de chaque côté. Ces cinq canaux se réunissent en un tronc commun qui va s'ouvrir dans la paroi latérale du péricarde par un orifice pourvu d'une valvule qui empêche le sang lors de la systole de rétrograder du cœur aux branchies.

Les Décapodes macroures présentent une disposition des sinus semblable, mais avec quelques particularités. Ces sinus latéraux du thorax, ne communiquent pas entre eux, mais ils débouchent dans un sinus médian ventral (fig. 592, v) logé dans le thorax qui reçoit le sang provenant de l'abdomen et des principaux viscères ; chez le Homard et l'Écrevisse, on compte six canaux branchio-cardiaques au lieu de cinq dans le canal sternal (fig. 592, v br).

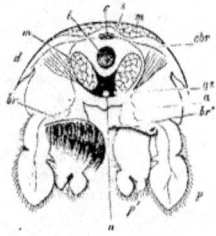

Fig. 593. — Coupe transversale de l'abdomen de la Squille mante montrant les rapports des systèmes circulatoire et respiratoire, d'après Milne-Edwards (*).

Chez les Stomapodes dans toute l'étendue du corps règne un long sinus veineux qui présente une disposition toute particulière ; il recouvre complètement la chaîne ganglionnaire (fig. 593, gs), et reçoit le sang veineux venant de toutes les régions du corps qu'il envoie, par une paire de vaisseaux afférents situés dans chacun des anneaux de l'abdomen, aux branchies des pattes abdominales correspondantes. Des branchies le sang revient par des vaisseaux efférents se continuant par des vaisseaux branchio-cardiaques (fig. 593, c.br) qui vont s'ouvrir dans le péricarde (fig. 593, s).

Chez les Isopodes l'espace que les viscères laissent libre forme dans le thorax une vaste lacune, au-dessus des pattes de deux grands sinus thoraciques recouvrent à la fois le sang venant des pattes et celui de la grande lacune ; ces sinus se réunissent pour former un important sinus abdominal qui envoie le sang aux branchies par cinq paires de vaisseaux principaux, et, par d'autres vaisseaux accessoires, s'il existe des branchies auxiliaires sur le thorax ou sur les anneaux branchifères ; cinq paires de vaisseaux branchio-cardiaques ramènent

(*) d, tégument de l'arceau dorsal de l'anneau ; m, muscles ; c, cœur ; i, tube intestinal ; n, chaîne ganglionnaire ; br, branchie ; br', tige portant l'autre branchie ; p, exopodite ; p', endopodite ; s, sinus péricardique ; gs, grand sinus veineux baignant la chaîne ganglionnaire ; cbr, canaux branchio-cardiaques ; a, artères latérales se distribuant aux fausses pattes et aux muscles.

le sang revivifié dans le péricarde, mais de petites lacunes y débouchent à la région antérieure, ainsi que M. Yves Delage l'a constaté, de telle sorte qu'il y a mélange de sang artériel et d'une petite quantité de sang veineux : la circulation chez les Crustacés Isopodes est donc incomplète.

Chez les Amphipodes les systèmes artériel et veineux n'ont plus la même indépendance que dans les groupes précédents, aussi y a-t-il partout mélange des sang artériel et veineux ; un vaste sinus ventral reçoit en effet à la fois le sang de l'aorte, le sang veineux venant de la tête et de ses appendices, envoie des vaisseaux afférents à paroi propre à tous les appendices du thorax et de l'abdomen ainsi qu'aux lames épimériennes thoraciques et abdominales qui jouent le rôle des branchies (Talitre) ; sept paires de vaisseaux efférents ramènent des pattes et des branchies le sang au péricarde, ce sont les *vaisseaux péricardiques*. La direction du courant circulatoire est inverse de celle des Isopodes. La différence fondamentale qui existe entre l'appareil circulatoire des Amphipodes et des Isopodes, comme l'a très bien vu M. Delage, repose sur les particularités anatomiques suivantes : consiste dans ces deux faits que, chez les premiers les vaisseaux afférents des membres viennent du sinus ventral, chez les seconds du cœur ; chez les premiers les vaisseaux efférents de ces appendices se rendent au péricarde, chez les seconds au sinus ventral.

La circulation et l'appareil circulatoire chez les Lœmodipodes ne diffère pas sensiblement de celui des Crevettines et surtout de celui des Corophies, dont ils ne se différencient que par quelques points de détail.

Du sang. — Le sang des Crustacés est un liquide clair, incolore ou légèrement coloré en rose grisâtre chez les Écrevisses et les Crabes, en orangé prenant à l'air une teinte bleuâtre chez la Langouste, en vert, chez le Crabe étrille ; en rouge chez l'Apus. Le liquide sanguin des Décapodes se coagule à l'air en formant un caillot absolument comme le sang des Vertébrés. Examiné au microscope, on y reconnaît, lorsqu'il est fraîchement extrait, une foule de corpuscules réfringents de dimensions variables, — 0mm,038 à 0mm,027 de diamètre chez l'Écrevisse, — et de formes irrégulières renfermant un noyau — mesurant 0mm,013 de diamètre chez l'Écrevisse, — que l'acide acétique faible rend très apparent. La variété des dimensions, l'irrégularité des formes s'expliquent aisément, car l'examen prolongé permet de constater que ces corpuscules sont doués de mouvements amiboïdes dus à la contractilité du protoplasma entourant le noyau, mouvements qui consistent dans l'émission et le retrait alternatif de prolongements. L'étude attentive de ces organites permet de reconnaître en outre qu'ils ne sont pas colorés et d'établir que la teinte générale du sang est due à une coloration propre de la masse liquide.

MM. Karl Heider (1879) et Ed. van Beneden (1871-1880), ont constaté chacun de leur côté l'existence sur des Copépodes parasites, les *Lernanthropus*, l'existence d'un appareil vasculaire à sang rouge. Dans les organes foliacés si particuliers que portent ces Crustacés (fig. 593) se trouvent des vaisseaux à parois propres remplis d'un liquide jaune rougeâtre, si on l'observe en couches minces, rouge vif si on le voit en masse, dépourvu de globules, mais contenant de rares granulations très petites et peu réfringentes. Au moment de la contraction des organes, le liquide contenu dans les espaces lacunaires comme dans les vaisseaux clos sont très rapidement expulsés ; lors de leur expansion, le liquide lacunaire afflue d'abord, tandis que le liquide vasculaire ne se montre que lorsqu'elles ont repris leur volume primitif ; ce système vasculaire se prolonge dans toute l'étendue du corps jusqu'à la tête. Il existe donc chez ces Crustacés, comme chez la plupart des Annélides, un système lacunaire à sang incolore pourvu de cellules amœboïdes (leucocytes), et un système vasculaire à sang rouge ; ce sang donnant à l'analyse spectrale les deux bandes d'absorption caractéristique de l'oxyhémoglobine.

Ces faits venaient confirmer les observations faites antérieurement par plusieurs physiologistes qui avaient constaté la présence de l'hémoglobine dans le sang de différents invertébrés ; Rollett (1861) en effet avait reconnu cette substance dans le liquide sanguin des Lombrics et dans celui de certaines larves de Diptères colorées en rouge, les larves de *Chironomus plumosus* ; depuis on avait signalé son existence chez beaucoup d'Annélides (Sangsue, Arénicole, Eunice, Nereis, etc.), chez des Géphyriens (Sipuncle), des Némertiens (*Polia*). MM. Regnard et R. Blanchard (1) établirent par une série d'expériences aussi bien que par l'examen spectroscopique que le sang rouge des Apus, qui ne coagule ni sous l'influence de l'air, ni sous l'action de la chaleur, est coloré en rouge par l'oxyhémoglobine.

SYSTÈME RESPIRATOIRE.

Les Crustacés, conformés pour la vie aquatique, empruntent toujours l'oxygène nécessaire à la revivification de leur sang aux milieux liquides dans lesquels ils sont plongés, aux eaux douces des fleuves, des lacs ou des mares, aux eaux salées des mers ou des lacs salés ; si par exception quelques Crustacés qui ont une existence terrestre, comme les Cloportes par exemple, semblent avoir une respiration aérienne, ce n'est là qu'une apparence, car ils ne peuvent respirer qu'autant

(1) P. Regnard et R. Blanchard. *Note sur la présence de l'hémoglobine dans le sang des Crustacés branchiopodes*, Bull. soc. zol. de France, t. VIII, 1883, p. 139.

que leurs organes appropriés à la fonction respiratoire sont plongés dans une atmosphère chargée d'humidité.

Chez un grand nombre de Crustacés dégradés ou à l'état de larves la respiration s'effectue directement par la peau qui dans ce cas est toujours molle et peu épaisse ainsi que l'indique sa transparence, c'est ainsi que les Phyllosomes, que nous verrons n'être que des larves de Langouste, les Zoés qui ne sont que des formes larvaires des Crabes, et d'autres Crustacés ont une respiration diffuse. Quelquefois la respiration s'effectue également par la peau invaginée : chez les jeunes Écrevisses, les Limnadies, les Daphnies, Lereboullet a constaté expérimentalement une respiration intestinale ; en effet, Hortog a constaté chez les Calépodes (Cyclopsides, Harfactides, Calanides), ainsi que chez les *larves* de Crustacés à l'état de Zoés une respiration anale. Mais au fur et à mesure que les téguments prennent de la consistance, que l'organisation se perfectionne, que l'appareil circulatoire devient plus parfait et que la circulation s'effectue dans des canaux mieux endigués, la fonction respiratoire tend à se localiser, ce sont tout d'abord les pattes dont les téguments conservent une certaine minceur, qui s'adaptent et jouent le rôle de branchies.

Ces pattes branchiales, à la fois organes locomoteurs et organes respiratoires, sont admirablement appropriées à leur nouvelle attribution ; dans une perpétuelle agitation, elles sont toujours baignées par de nouvelles couches liquides, il ne saurait y avoir de conditions plus favorables à l'échange des gaz.

Tout un groupe de Crustacés est pourvu de nombreuses pattes branchiales, aussi a-t-il reçu le nom caractéristique de Branchiopodes (Branchipe, Apus, etc.) ; dans un autre groupe, les Isopodes, toutes les pattes ne sont pas adaptées à la respiration, une localisation de fonction commence à se manifester, les appendices thoraciques servent seulement à la locomotion, tandis que les appendices abdominaux jouent le rôle de branchies ; chez ces derniers la hanche, très courte, porte deux branches en forme de larges rames. Dans le groupe des Amphipodes, ce sont encore les pattes qui sont employées à la respiration, mais la disposition est tout autre que dans les groupes précédents ; les branches accessoires des six dernières paires de pattes sont transformées en grandes poches foliacées sur lesquelles les fausses pattes abdominales projettent continuellement un courant d'eau qui active les phénomènes d'osmose et d'exosmose des gaz.

Chez les Crustacés supérieurs, c'est-à-dire les Crustacés thoracostracés ou podophtalmaires, la fonction respiratoire a son autonomie ; et son perfectionnement correspond à celui de l'appareil circulatoire ; les branchies ne sont plus des organes

d'emprunt, mais des organes surajoutés admirablement appropriés à leur rôle des plus actifs.

Tantôt les branchies sont abdominales, extérieures et libres, comme chez les Stomapodes (Squille),
tantôt elles sont thoraciques et emprisonnées dans
deux chambres disposées de part et d'autre sous la
carapace, comme chez tous les Crustacés décapodes (Crabes, Langouste, Écrevisse, etc.).

Les branchies libres des Squilles sont implantées
sur l'article basilaire des cinq premières paires
d'appendices abdominaux ; elles ont chacun la
forme d'un panache rameux soutenu par une tige
cornée (fig. 594).

Fig. 594. — Branchie de Squille, d'après
Milne-Edwards (*).

Les branchies des Décapodes, logées dans les
chambres limitées intérieurement par les épimères qui se dressent verticalement, extérieurement et en bas par la paroi latérale de la carapace,
sont fixées à la base des pattes, dans des positions
très différentes ; elles ont chacune la forme d'une
pyramide d'expansions foliacées (Crabes) ou celle
d'une plume dont les barbes seraient des filaments
délicats (Écrevisse) ; expansions ou barbes sont
supportées par une tige creusée de deux canaux,
l'un interne, l'autre externe et flottent librement
dans les chambres branchiales (fig. 595).

Les implantations des branchies, c'est-à-dire de
leurs tiges, varient beaucoup, c'est ainsi que chez
l'Écrevisse six d'entre elles sont fixées aux articles
basilaires des membres thoraciques de la seconde
patte mâchoire à l'avant-dernière patte, que onze
autres sont attachées aux membranes interarticu-
laires qui relient les articles basilaires, que la dernière est fichée au côté du thorax au-dessus de
l'articulation de la dernière patte ambulatoire ;
Huxley nomme les premières des *podobranchies*,
les secondes des *arthrobranchies*, la dernière une
pleurobranchie.

Les branchies sont en nombre très variable chez
les Décapodes, on en compte dix-huit paires chez
l'Écrevisse, la Langouste, les Scyllares, les Pénées,
vingt paires chez le Homard, quinze chez les Gé-
bies, quatorze chez les Dromies, douze chez les

Pandales, neuf paires chez les Crabes, huit paires
chez les Palémons, sept paires chez les Crangons.

La chambre branchiale est munie de deux ouvertures, l'une servant à l'entrée de l'eau chargée
d'oxygène, l'autre permettant à cette eau privée
d'air respirable et emportant l'acide carbonique de
s'échapper au dehors ; la première ouverture est
cet espace libre ménagé postérieurement au-dessus
de la base des pattes entre le bord de la carapace
et les flancs, la seconde est l'orifice d'un canal qui
débouche en avant de la bouche ; l'ouverture qui
donne accès à l'eau est en réalité une longue fente
plus ou moins large suivant les types (fig. 596, A
et B), mais qui ne peut se réduire et n'offrir de
béant que l'espace correspondant à la partie lom-
baire antérieure des pattes de la première paire ;
cette disposition se rencontre chez tous les Crabes (fig. 596, C) ; mais ces Brachyures présentent
en outre une particularité caractéristique : l'article
basilaire de la patte mâchoire externe porte un gros
prolongement porteur d'un appendice flabelliforme
qui dans les mouvements des mâchoires est entraîné de façon à balayer les branchies ou au repos
vient obturer l'orifice inspirateur.

Le renouvellement de l'eau dans les chambres branchiales est assuré chez les Crustacés
décapodes par un mécanisme spécial ; la branche externe des mâchoires de la seconde paire
(fig. 595, *jj*), grande lame ovalaire flexible, s'engage dans le canal expirateur (fig. 595, *k*) et par
un mouvement de bascule imprimé par des muscles spéciaux, rejette l'eau de la chambre branchiale dans le canal. Il est très aisé de voir le fonctionnement de ce mécanisme chez l'Écrevisse, il
suffit de prendre une Écrevisse et de la plonger
verticalement dans une éprouvette pleine d'eau,
la partie supérieure du céphalothorax en dehors,
pour voir l'eau s'écouler régulièrement par les orifices situés de chaque côté de la bouche. Le mouvement et la progression de l'eau dans les chambres est en outre assuré chez un très grand nombre
de Décapodes (Crabe, Homard, Écrevisse, Langouste, etc.) par l'action de quelques rameaux rigides ciliés ou appendices flabelliformes qui partent
de la base des pattes mâchoires et des pattes (Homard, Écrevisse, Langouste, etc.), soit de la base
des pattes mâchoires seulement (Crabe). M. Milne-
Edwards a fort bien exposé, dans un mémoire
spécial, le mécanisme de la respiration chez les
Crustacés.

Il suffit d'avoir examiné les Crustacés qui arrivent sur nos marchés pour se convaincre qu'ils
conservent une vitalité étonnante, tant qu'on s'oppose en les maintenant enveloppés de varech humide
à la dessiccation de leurs branchies ; il n'est
pas de promeneur qui ne se soit amusé à voir nos
Crabes courir sur nos plages, les effluves des bri-
ses marines venant toujours imprégner leurs branchies.

(*) 1, branchie de squille : *a*, base de la fausse patte ; *b*, branchie ;
cd, les deux branches terminales de la fausse patte ; 2, l'une des
branches de cette branchie rameuse : *a*, section transversale de la
tige principale de la branchie ; *b*, appendices lamelleux.

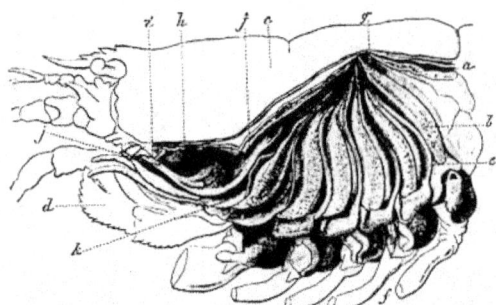

Fig. 595. — Appareil respiratoire d'un Homard ; la partie latérale de la carapace, formant la paroi externe de la cavité branchiale, a été enlevée, d'après Milne-Edwards (*).

Les Crustacés terrestres, bien qu'ils empruntent l'air directement à l'atmosphère, n'en ont pas moins une respiration branchiale ; une sorte de réservoir formé par un repli basilaire de la membrane tégumentaire qui recouvre la paroi interne de la chambre branchiale permet aux Crabes terrestres, les Gécarcins, de mettre en réserve une certaine quantité d'eau qui sert à maintenir les branchies dans la vapeur d'eau et assure ainsi leur fonctionnement.

Fritz Muller a étudié fort en détail les moyens qui permettent à ces animaux, sortis de leur élément normal, d'entretenir leur existence dans l'air. Quelques-uns peuvent emporter sur terre une provision d'eau dans leur cavité branchiale. Cette eau, au lieu de s'échapper hors de cette cavité, se répand dans un réseau capillaire très fin du tégument et se trouve ramenée dans la chambre banchiale par un appendice des pattes-mâchoires externes qui se meut continuellement dans l'orifice d'entrée configuré en forme d'hiatus. L'eau, en glissant en couche mince sur la paroi, s'est de nouveau saturée d'oxygène et est redevenue propre à la respiration. « Dans une atmosphère très humide, dit notre correspondant, la provision contenue dans la cavité branchiale peut y demeurer pendant plus d'une heure ; ce n'est que quand elle touche à sa fin, que l'animal soulève sa carapace pour laisser entrer l'air dans ses branchies. » A ce moment, sa respiration devient véritablement aérienne comme chez certains Crabes, les Ocypodes.

Le docteur Jobert, lors de son séjour au Brésil, a également poursuivi des recherches sur l'appareil respiratoire et le mode de respiration des Crustacés terrestres. D'après lui, il existerait dans les parois de la chambre respiratoire, un double système de vaisseaux en connexion entre eux par l'intermédiaire d'un réseau capillaire mettant en communication directe le cœur avec la cavité générale ;

l'air qui est contenu dans la chambre respiratoire serait renouvelé régulièrement par de véritables mouvements d'inspiration et d'expiration. L'air pénétrerait dans la chambre par quatre orifices marqués par des poils, un situé à la partie antérieure de la base des pattes de la première paire, la seconde entre la troisième et la quatrième pattes, les deux autres plus en arrière et sortirait par son orifice expirateur qui ne présente rien de particulier, cet orifice étant celui qui sert normalement à la sortie de l'eau. L'inspiration et l'expiration seraient assurées par les mouvements alternatifs de la cloison verticale qui sépare la cavité générale de la chambre respiratoire. L'appareil branchial des Crustacés terrestres pourrait donc jouer le rôle d'un véritable poumon, le sang retournant au cœur sans passer par les branchies. Le docteur Jobert a proposé de donner à ces Crustacés le nom de branchio-pulmonés.

Une couche aqueuse est retenue par une disposition spéciale des lames des fausses pattes abdominales, qui sont adaptées à la respiration des Isopodes, donne aux Cloportes la faculté de se promener à l'air libre ; dans certains cas les lames se creusent de poches membraneuses aériennes ramifiées baignant dans le sang, ce qui permet à d'autres Cloportides (Porcellion, Armadille) de humer l'air, mais un air humide seulement.

Chaleur animale. — Pour la plupart immergés dans l'eau douce ou salée, dont quelques-uns ne sortent qu'accidentellement, les Crustacés sont toujours à la température des milieux ambiants ; les courants d'eau qui viennent baigner leurs

(*) *a*, base de l'abdomen ; *b*, cavité branchiale ; *c*, carapace ; *d*, pattes mâchoires externes ; *e*, fouets des pattes ; *f*, base des pattes ; *g*, branchies ; *h*, canal efférent de la respiration ; *i*, orifice externe de ce canal ; *j*, grande valvule motrice appartenant à la mâchoire de la deuxième paire ; *k*, appendice flabelliforme de la première patte mâchoire contenant le plancher du canal efférent.

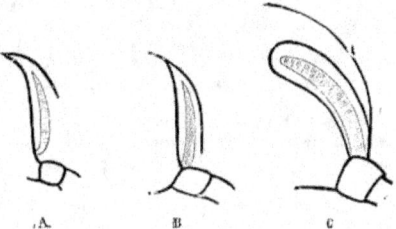

Fig. 596. — Coupe transversale du céphalo-thorax chez plusieurs Décapodes montrant la chambre branchiale (figure schématique) (*).

branchies, rafraichissent naturellement leur sang, et si par suite de mouvement musculaires violents leur température tendait à s'élever, l'activité circulatoire et respiratoire qui en seraient la conséquence, détermineraient promptement un refroidissement de tous les tissus. Toutes les expériences qui ont été faites pour constater la production de chaleur chez les Crustacés, même actifs, ont abouti à cette conclusion qu'ils n'étaient susceptibles d'élever leur température que d'une fraction de degré.

DÉVELOPPEMENT ET MÉTAMORPHOSES.

Les observations poursuivies sur le développement des Crustacés font honneur aux naturalistes modernes, car elles les ont amenés à faire une multitude de découvertes qui sont venues transformer nos connaissances sur l'évolution des êtres ; des genres, des espèces ont dû disparaître, les types les représentant n'étant que des formes transitoires d'animaux parfaitement connus. Il ne faut pas remonter plus haut que 1830 pour voir la science se modifier profondément ; jusque-là tous les Zoologistes admettaient que les Crustacés naissaient semblables à eux-mêmes et ne subissaient pas de métamorphoses, on citait à bon droit l'Écrevisse comme exemple, aussi ce fut une grande surprise lorsque John Vaughan Thompson découvrit que les Crabes les plus vulgaires subissent des changements de formes aussi curieux que ceux des Insectes. Depuis les observations se sont multipliées à l'infini : la mer a daigné nous révéler quelques-uns de ses mystères en nous obligeant à croire au merveilleux. Mais n'empiétons pas, voyons comment le Crustacé prend naissance et fait son apparition au milieu du monde des eaux (1).

Différences sexuelles. — Dans la grande majorité des Crustacés les deux sexes sont séparés — les Cirripèdes et les Cymothoïdes seuls sont en général hermaphrodites — et l'on peut souvent les distinguer par les caractères extérieurs. La forme de l'abdomen, qui est étroit chez le mâle, très large chez la femelle, est un excellent trait distinctif chez les Décapodes Brachyures ; la position variable des orifices sexuels, ceux des mâles ordinairement

placés dans l'article basilaire des pattes de la dernière paire, ou quelquefois dans le plastron sternal correspondant au dernier anneau thoracique (certains Brachyures), ceux des femelles situés dans le plastron sternal entre les pattes de la troisième paire (Brachyures) ou bien sur l'article basilaire de ces pattes elles-mêmes (Macroures et Anomoures) fournit de bons renseignements pour séparer les sexes chez les Décapodes, Écrevisses, Langoustes.

Il est d'autres Crustacés dont les formes extérieures sont tellement dissemblables dans les deux sexes qu'on a cru longtemps être en présence d'espèces absolument distinctes ; c'est ainsi que, chez certains Isopodes de la famille des Pranyzides, les Ancées, on constate un dimorphisme des plus remarquables ; les mâles à large tête, aux fortes mandibules, n'ont l'air d'avoir aucune parenté avec les femelles à petite tête, aux faibles pièces buccales.

Il n'est personne qui en mangeant des Crevettes n'ait aperçu sous la carapace de beaucoup d'entre elles, appliqué sur les branchies, un corps discoïde, dissymétrique ; ce corps bizarre n'est autre que la femelle aveugle d'un Crustacé isopode, le *Bopyrus squillarum*, dont le mâle très petit, au corps allongé, divisé en anneaux bien distincts, pourvu d'yeux, se promène librement. D'ailleurs les Bopyrides, dont toutes les femelles sont parasites, sont caractérisés par leur dimorphisme ; voici entre autres l'*Entoniscus Porcellanæ* qui habite la cavité viscérale de certains Crabes ; la femelle avec son abdomen allongé à six anneaux rappelle par sa forme

(1) Compt. rend. Acad. sc., t. LXXXI, 1875, p. 1198 à 1209.

*) A, cavité branchiale d'un Pagure, montrant la large fente par laquelle pénètre l'eau ; B, cavité branchiale de l'Écrevisse avec ouverture de pénétration demi-fermée ; C, celle du Crabe presque complètement close, l'orifice de pénétration étant très réduit.

les Lernées ; le mâle, pourvu seulement de six pattes et privé d'appendices abdominaux, a une physionomie toute différente.

Chez certains Copépodes parasites des Poissons on observe une dissemblance entre les deux sexes non moins remarquable ; alors que chez les Lernéopodides, par exemple, les femelles relativement grosses ont une apparence de sac à extrémité digitée sans trace d'annulation, sont pourvues d'une trompe et restent aveugles, les mâles, véritables nains suspendus après elles, ont le corps annelé, étroit, armé de robustes pattes mâchoires libres et portent un œil ; les Chondracanthides, autres Copépodes parasites, présentent un dimorphisme non moins singulier, les mâles sont également de tous petits êtres fixés sur les femelles.

Certains Cirripèdes parasites de Mollusques, par exemple les Alcippes et les Cryptophiales, ou parasites de Sertulariens, par exemple le Scapellum orné, quoique hermaphrodites, ont des mâles complémentaires minuscules, qui se trouvent même deux ou plusieurs réunis sur une seule femelle (Darwin).

Les sexes peuvent donc aussi se reconnaître à la taille et comme le dit spirituellement Moquin Tandon, « chez certains Crustacés parasites, le mâle est cinquante fois, cent fois, même mille fois plus petit que la femelle ! Évidemment, dans ce ménage, c'est l'époux qui doit être dirigé et maîtrisé par l'épouse ! Cette dernière loge presque toujours son mari... dans une ride de son dos. »

Les pattes jouent un rôle important dans le rapprochement des sexes. Le mâle du Crabe commun enlace sa femelle avec la patte droite de la seconde paire, la porte avec lui, soit qu'il marche, soit qu'il nage, la reprend si on la sépare (Coste et Gerbe). Il n'est donc pas étonnant que les pattes aient parfois dans les deux sexes des formes différentes. C'est ainsi que chez les Séroles, sorte de Crustacés Isopodes, la femelle n'a que la première paire de patte préhensile, alors que les mâles ont les deux premières paires construites pour saisir les objets ; chez les Schizopodes la femelle est ordinairement pourvue de pattes abdominales très petites alors que les mâles les ont très grandes et quelquefois de forme particulière. Chez les Sergestides les pattes abdominales des mâles portent des appareils de préhension ; les mâles des Cumacés (Diastylis et autres) se reconnaissent à la présence d'un certain nombre de pattes natatoires entre les appendices de la queue.

Chez un grand nombre de Macroures, les deux premières paires de fausses pattes abdominales des mâles affectent une forme particulière afin de pouvoir intervenir dans le rapprochement sexuel (fig. 557, *p*). Chez les Brachyures les femelles ont quatre paires de fausses pattes abdominales chargées de porter les œufs, les mâles une et généralement deux transformées en appendices générateurs (Lithodes).

La forme des antennes est souvent caractéristique de l'un ou l'autre sexe. Parmi les Amphipodes, par exemple, les Phronimides, chez les femelles, les antennes antérieures sont courtes, les antennes postérieures font défaut, tandis que chez les mâles, elles sont très longues, à deux ou trois articles avec un long fouet multiarticulé ; chez quelques Thoracostracés, les Cumacés notamment, les sexes se distinguent par la forme différente des antennes postérieures.

Chez les Ostracodes, les antennes comme les pattes peuvent fournir les caractères distinctifs des sexes ; les mâles ont en effet la deuxième paire d'antennes (*Cypridina*), les pattes-mâchoires (*Cypris*), ou une paire de membres transformés en appareils servant à retenir les femelles ; c'est ainsi que chez les Holocyprides la branche accessoire des antennes externes des mâles est transformée en organe préhensile. Les Ostracodes mâles ont de plus une paire de membres modifiés pour constituer un appareil très complexe destiné à jouer un rôle important dans les relations des deux sexes.

Des transformations de même nature s'observent dans les antennes ou les pattes chez les mâles des Branchiopodes : les antennes des Branchipes deviennent préhensiles ; les pattes des une ou deux premières paires de pattes des Esthéries s'arment de crochets.

Appareils de la reproduction. — C'est dans le céphalothorax, sur les côtés de l'estomac et appuyés sur le foie, que sont situés les ovaires chez les Crustacés décapodes Brachyures. Ils sont placés chez l'Écrevisse dans la même région, entre le sinus péricardique et le tube digestif. Ils sont constitués chez les premiers par deux cæcums antérieurs en forme de cornes unis par une commissure et par deux cæcums postérieurs accolés sur la ligne médiane ; le cæcum antérieur droit et le cæcum postérieur droit vont s'ouvrir dans un oviducte commun qui débouche dans une poche qui s'abouche à l'orifice sexuel situé dans le plastron sternal au voisinage de la patte droite de la troisième paire ; les cæcums du côté gauche ont exactement les mêmes relations et les mêmes rapports. Ils sont formés chez les seconds, chez l'Écrevisse, que nous prenons pour exemple, par un corps trilobé, *o* (fig. 598), à deux lobes antérieurs et à un lobe postérieur, de la face inférieure duquel partent une paire d'oviductes *od* qui vont s'ouvrir de part et d'autre dans l'article basilaire des pattes de la troisième paire *og*.

Les organes reproducteurs mâles des Décapodes occupent les mêmes situations relatives que les organes femelles et ont à peu près les mêmes formes ; c'est ainsi que chez l'Écrevisse ils sont également trilobés *t* (fig. 599), mais les lobes sont plus allongés ; d'autre part les canaux déférents *vd* qui partent du point de réunion de ces lobes, au lieu

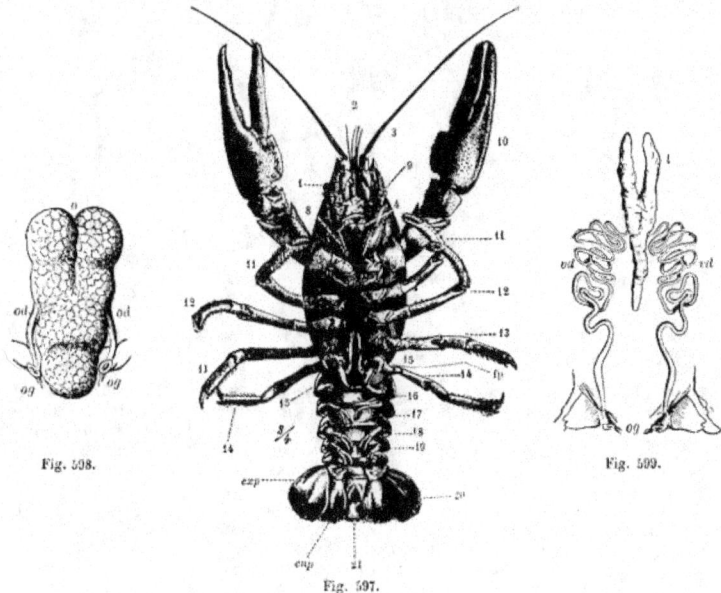

Fig. 598.

Fig. 599.

Fig. 597.

Fig. 597. — Écrevisse mâle vue par la face
ventrale pour montrer l'adaptation sexuelle
des fausses pattes abdominales (*).

Fig. 598. — Appareil femelle de l'Écrevisse (*).
Fig. 599. — Appareil mâle de l'Écrevisse (**).

Fig. 597 à 599. — Appareils de la reproduction des Crustacès.

d'être courts et à peine incurvés comme les oviductes, sont au contraire extrêmement longs et
pelotonnés sur eux-mêmes ; ils aboutissent d'ailleurs à un tout autre point du corps, ils s'ouvrent
dans l'article basilaire de la dernière paire de pattes thoraciques *og* en se prolongeant chacun en un
petit appendice tubulaire.

Tous les Décapodes macroures émettent des
spermatophores qui sont déposés irrégulièrement
sur les sternites thoraciques, la face inférieure de
la nageoire caudale et la base des pattes ; la fécondation se fait en dehors de l'ovaire après la ponte
ainsi que nous allons le décrire chez l'Écrevisse.

Des œufs. — Une membrane anhyste tapisse la
cavité de l'ovaire et recouvre une couche de cellules à noyau dont l'accroissement détermine la formation d'élévations de plus en plus volumineuses
qui deviennent enfin des corps sphériques, suspendus par un pédicule, nommés *ovisacs ;* au centre

de chacun de ces ovisacs, au milieu des autres cellules, se trouve une cellule qui se développe rapidement, — c'est *l'œuf proprement dit* — dont le
noyau est la *vésicule germinative ;* dans l'intérieur
de cette vésicule ne tardent pas à apparaître de
petits corpuscules, les *taches germinatives,* tandis
que le protoplasma de la cellule se transforme en
granulations opaques qui se colorent en jaune
brun pour constituer le *vitellus* qui s'entoure de sa
membrane vitelline. L'œuf arrivé à sa maturité rompt
la paroi de l'ovisac, devient libre dans la cavité
ovarique et s'engage ensuite dans l'oviducte pour
être expulsé par les orifices.

Le nombre des œufs est en général fort considérable chez les Crustacés ; il est en rapport avec les
moyens de protection que la mère peut mettre en
œuvre pour assurer leur conservation, ainsi qu'avec

(*) *fp,* fausses pattes abdominales de la 1re et de la 2e paire
transformées en appendices générateurs.

(*) *o,* ovaires ; *od,* oviductes ; *og,* orifices des oviductes situés dans
l'article basilaire des pattes de la 3e paire.

(**) *t,* organes mâles ; *vd,* canaux déférents ; *og,* orifices des canaux déférents situés dans l'article basilaire de la dernière paire de
pattes thoraciques (cinquième paire).

Fig. 600.   Fig. 601.   Fig. 602.

Fig. 600. — Daphnie puce montrant sa chambre incubatrice ci remplie d'œufs d'été.
Fig. 601. — Chambre incubatrice ou éphippium d'un Daphnide (*Acanthocercus*) contenant quatre œufs d'hiver.

Fig. 602. — Coupe faite à travers un Cloporte. —
pp', appendices foliacés des pattes thoraciques constituant la chambre incubatrice.

Fig. 600 à 602. — Cladocères et Isopodes femelles ; leurs chambres incubatrices.

les causes de destruction qui creusent des vides
considérables dans les phalanges des jeunes ; des
milliers de Carnassiers marins ne sont-ils pas là
pour en faire leur proie ? L'Écrevisse qui a la faculté de protéger ses jeunes, ainsi que nous allons
le voir, peut pondre de 130 à 320 œufs, tandis que
les Salicoques, les Crabes, les Homards, les Langoustes, dont les jeunes dès leur naissance, laissés
au hasard de la vie, sont soumis à mille causes
de destruction, pondent les premières jusqu'à
6,807 œufs, les deuxièmes jusqu'à 21,699, les troisièmes 20 à 25,000, les dernières 100 à 120,000.

Parthénogenèse. — Il est certains Crustacés
qui peuvent se reproduire sans le secours des deux
sexes, les femelles ayant la faculté de pondre des
œufs en état de se développer sans l'intervention
des mâles ; ce phénomène singulier a reçu de Siebold le nom de *Parthénogenèse*. Chez les Phyllopodes
cladocères, les *Lepto-dora*, les *Daphnia* et leurs congénères, par exemple, à l'automne ou même durant
l'été, les femelles déposent successivement et deux
par deux dans leur chambre incubatrice (fig. 601) de
gros œufs à coque dure qui passent l'hiver pour
n'éclore qu'au printemps en donnant le jour à des
mâles et à des femelles ; après l'accouplement les femelles pondent pendant toute la belle saison des
œufs qui évoluent rapidement et donnent naissance
à des femelles qui, sans aucune approche de mâle,
procréent de nombreuses générations composées exclusivement de femelles ; la rareté des mâles dans
toutes les espèces de Phyllopodes branchiopodes
laisse présumer que les phénomènes de parthénogenèse sont assez généraux ; ainsi on ne connaît que
depuis quelques années le mâle des Apus, qui ne se
rencontre qu'accidentellement ; il est donc plus que
probable, étant donné la multitude de femelles
qu'on capture, à de longs intervalles, dans les
flaques d'eau qui restent dans les terres à la suite
de grandes inondations, que les Apusides se déve-

loppent par parthénogenèse pendant de longues
générations. Chez les Branchipodes, notamment
chez l'*Artemia salina*, la reproduction sans le con-
cours du mâle a été établie par les observations de
nombreux observateurs (Joly, Siebold, etc.).

Dépôt des œufs. — Prévoyance des femelles.
— Nous ne possédons de notion bien exacte, sur
la manière dont les Crustacés déposent leurs œufs
que chez un petit nombre de types ; c'est une
grande lacune, car il n'est point douteux qu'ils
doivent offrir, comme les Insectes, mille particularités dans la façon dont ils assurent le développement de leur progéniture. Les biologistes ont un
vaste champ d'observation.

Nous savons que chez les Crustacés supérieurs,
les fausses pattes abdominales sont utilisées pour
le port des œufs ; il n'est personne qui n'ait fait
couramment cette observation en mangeant une
Écrevisse, un Homard, une Langouste, une Crevette à une certaine époque de l'année, qui n'ait vu
dans ses promenades au bord de la mer des Crabes
dont l'abdomen était soulevé par la masse des œufs
suspendus à ses appendices.

Les Copépodes portent généralement leurs œufs
dans de longs sacs tubiformes ou dans des poches
ovoïdes suspendues de part et d'autre de l'extrémité
de l'abdomen (fig. 603 à 605, p. 665). Beaucoup
d'Ostracodes, par exemple les Cyprinides, les
Cythérellides et beaucoup de Cythérides conservent
leurs œufs jusqu'à l'époque de l'éclosion entre les
valves de leur carapace. Parmi les Phyllopodes, les
Branchipes sont pourvus d'une poche incubatrice
sur les deux premiers segments de l'abdomen, les
Cladocères ont une chambre incubatrice placée sur
la face dorsale au-dessous du test (fig. 600), les Limnadia sont munis, sur le neuvième, dixième et
onzième paires de pattes, d'appendices filiformes sur
lesquels se fixent les œufs, les Apus ont l'appendice
branchial et la rame de la onzième paire de pattes

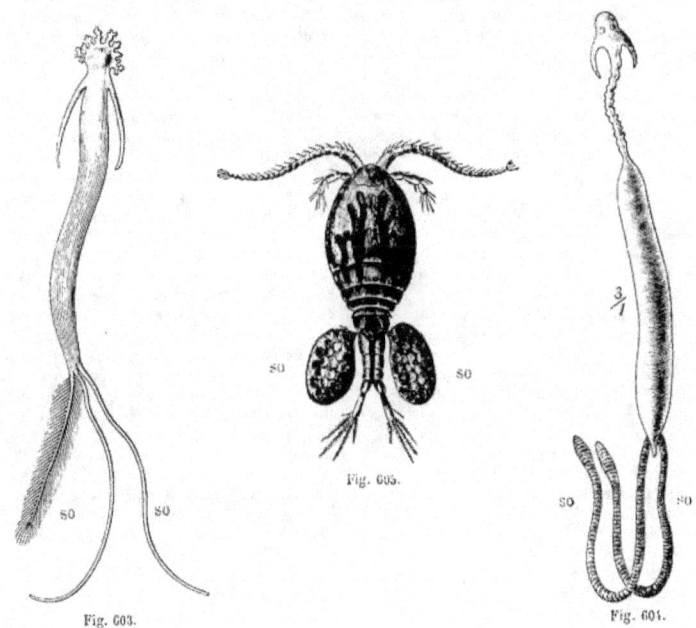

Fig. 603 et 604. — Lernéides (*Penella* et *Lernæonema*) avec leurs sacs ovifères tubiformes.

Fig. 605. — Cyclopide (*Cyclops*) avec ses sacs ovifères ovoïdes.

Fig. 603 à 605. — Copépodes femelles munies de leurs sacs ovifères.

transformés en une capsule ovifère. Chez les Edriophtalmes, Amphipodes et Isopodes, des lamelles, appendices des pattes thoraciques, concourent à la formation d'une poche incubatrice (fig. 602).

Il est des Crustacés qui ne transportent pas leurs œufs dans leurs pérégrinations. Parmi les Ostracodes, les Cypris pondent simplement sur les plantes aquatiques; les Branchiures, notamment les Argules, déposent leurs œufs sur des corps quelconques.

Voyons maintenant comment les Crustacés assurent le développement de leur progéniture; les faits que nous connaissons sont pleins d'intérêt, il est à regretter qu'ils ne soient pas plus nombreux.

Lorsqu'ils ont promené deci delà leurs œufs suspendus sous l'abdomen, les Crabes, par un instinct qui nous échappe, reconnaissent qu'ils sont à maturité; ils choisissent alors une plage favorable pour les déposer dans le sable; rien n'est plus curieux, raconte Couch, de les voir lorsqu'ils

ont mis en lieu sûr leur précieux dépôt, se dresser sur la pointe de leurs pattes et caresser avec deux d'entre elles les appendices abdominaux auxquels étaient suspendus leurs œufs.

Les Squilles déposent leurs œufs dans les trous qu'elles habitent.

Les Crustacés, en général, le dépôt des œufs accompli, ne paraissent guère s'inquiéter de leur sort, cependant l'Écrevisse en prend un soin extrême; observons-la et nous verrons qu'on peut dire qu'elle les couve comme une excellente mère.

Aussitôt la pariade accomplie, c'est-à-dire à la fin d'octobre, l'Écrevisse femelle se retire à l'écart pour aller se creuser un terrier où elle puisse s'abriter, elle et sa progéniture, pendant la mauvaise saison, de novembre au milieu de mars; elle imite en cela les femelles de nos lapins de garenne qui établissent, chacun le sait, des terriers indépendants, des rabouillères, où elles mettent au monde leurs petits et où elles les allaitent tout à l'aise à l'abri des indiscrets.

Du vingt au vingt-cinquième jour après l'approche du mâle, elle sort de son trou, sans s'en écarter beaucoup, et commence sa ponte.

Suivant Chantran, la ponte a lieu du dixième au quarante-cinquième jour après l'accouplement. La femelle, couchée sur le dos, la queue en éventail, replie en avant l'extrémité de son abdomen sur le plastron (derniers sternums thoraciques), de manière à former une chambre dans laquelle s'ouvrent les oviductes et dont la paroi sécrète une humeur visqueuse dans laquelle les spermatophores, fixés sur la face interne de la nageoire caudale ainsi que sur les sternites du thorax, mettent leur contenu en liberté; la ponte s'effectue alors en une seule fois pendant la nuit, rarement pendant le jour. C'est alors que s'effectue la véritable fécondation. L'incubation dure six mois, l'éclosion a lieu en mai, juin ou juillet. C'est à Lereboullet (1852) qu'est due la découverte du siège et du mode de formation de la sécrétion visqueuse (1); c'est à Chantran (2) que nous sommes redevables de la connaissance de ces véritables attributions physiologiques.

M. Pierre Carbonnier (3) a décrit avec de grands détails l'opération délicate de la ponte. Nous lui empruntons son récit :

« Appuyant ses fortes pinces sur le sol, elle soulève toute la partie supérieure de son corps, qui alors a une tendance à prendre la position verticale, la tête de l'Écrevisse en bas, repliant en forme de cercle tous les anneaux de sa queue, elle en rapproche l'extrémité vers sa tête et recouvre, par conséquent, les orifices des oviductes, qui se trouvent en contact immédiat avec ses filaments. Saisissant alors d'une de ses pattes de la deuxième ou de la troisième paire l'œuf qui vient de sortir tout enduit de matière visqueuse du petit mamelon, elle le pince doucement et le transporte à l'extrémité d'un de ses filets. Cet œuf tout englué s'y colle immédiatement. De la même manière, elle y transporte un deuxième œuf, puis un troisième, jusqu'à ce qu'une interruption dans leur sortie vienne faire suspendre ce travail.

D'après ce que nous avons pu observer de jour, il ne sortirait de chaque mamelon que trois ou quatre œufs en huit ou dix minutes, temps après lequel le deuxième mamelon, à son tour, commencerait l'expulsion des œufs; puis, le premier recommence, ce qui porterait à supposer que la ponte est sous l'action directe de la volonté de l'animal, et que ce dernier est libre de la suspendre ou de l'arrêter complètement, ce qui a lieu, si on la tourmente avec une baguette. Quand elle a ainsi

fixé huit ou dix œufs, l'Écrevisse prend un repos d'un quart d'heure environ et quelquefois de plusieurs heures, elle y travaille un peu dans la journée; mais c'est le soir et la nuit que la ponte est la plus active.

Nous avons vu des Écrevisses ne posséder le soir aucun œuf et le lendemain matin en avoir une centaine sous la queue. Jamais de jour ce travail n'est aussi actif.

La durée de la ponte est de trois jours, quelquefois de quatre. Les œufs forment alors une belle grappe noire vineuse, non transparente; tous ces œufs sont fixés avec symétrie; ils ne sont point collés entre eux ni après la carapace de l'Écrevisse. Ils sont isolément liés par un fil, partant de la membrane de l'œuf et aboutissant aux appendices mouvants situés sous l'abdomen; à l'état de repos, l'Écrevisse ne cesse pas de les agiter, et les brandit constamment, afin d'établir des courants d'eau dans les intervalles qui les séparent. Ils y sont si bien agglutinés que pas un ne s'en détache, si ce n'est ceux non fécondés qui, entrant en décomposition au bout de peu de jours, tombent en lambeaux, et comme leur contact pourrait altérer les œufs sains, notre prévoyant Écrevisse a la précaution de passer de temps en temps l'extrémité de ses petites pattes parmi ses nombreux filaments; elle les nettoie, les peigne, pour ainsi dire, plusieurs fois par jour.

Les œufs restent dans cet état embryonnaire pendant six mois et demi environ. Les éclosions ne commencent que vers le 15 mai.

Durant ce long intervalle il ne laisse pas que d'en périr, et quels soins assidus de chaque jour, de chaque moment ne faut-il pas à notre Écrevisse femelle pour conserver en vie toute sa progéniture pendant si longtemps! S'il survient des orages, de grandes pluies, qui troublent la transparence des eaux et les rendent jaunâtres, terreuses, tous les sédiments emportés par les courants viennent se fixer, se déposer parmi les œufs et en empêchent les oscillations. Alors commence pour l'Écrevisse un travail incessant; ne pouvant, par suite de la présence du corps étranger, secouer ses œufs, il faut qu'avec ses pattes postérieures elle les désagrège, les dégage, et expulse à l'extérieur tous ces petits morceaux de bois ou des végétaux flottants.

Pour éviter ces graves inconvénients, l'Écrevisse femelle quitte rarement son trou, et non sans raison; cela la dispense d'un travail long, fatigant, et funeste pour les embryons, puisqu'ils sont forcément à l'état de repos, tandis que dans son trou l'Écrevisse les abrite plus facilement; les courants d'eau qu'elle produit par la contraction de sa queue prennent d'ailleurs une direction favorable à l'expulsion de tous les corps étrangers.

Quand l'altération des eaux persiste pendant plusieurs mois, comme cela arrive souvent pour la Marne et la Seine, les Écrevisses perdent leurs

(1) Lereboullet, *Recherches sur le mode de fixation des œufs aux fausses pattes abdominales dans les Écrevisses* (Ann. Sc. nat., 4ᵉ sér., t. XIV, 1859, pl. 7).

(2) Chantran, *Observations sur l'histoire naturelle des Écrevisses* (Compt. rend. Acad. Sc., t. LXXI, 1870, p. 430).

(3) Carbonnier, l'*Écrevisse, mœurs, reproduction, éducation.* Paris, 1869, p. 38.

œufs et ils n'arrivent pas à l'éclosion ; aussi est-il rare, surtout dans la Seine, de pêcher, dans les mois de mars ou d'avril, des Écrevisses ayant leur grappe d'œufs intacte. Leur nombre est dans bien des cas réduit à vingt ou quarante ; et il arrive, si les eaux troubles persistent, qu'au mois de mai, époque des éclosions, les femelles ne possèdent plus un seul œuf.

Une grappe composée de deux cent cinquante œufs après la ponte est réduite à cent cinquante environ un mois après, et quand, sur ce nombre, il en éclot au mois de mai un cent, le résultat peut être considéré comme satisfaisant, car, durant l'incubation, ils sont soumis à beaucoup de causes de destruction.

Les œufs, noirâtres lors de la ponte, fin novembre, conservent cette couleur primitive, jusque vers les premiers jours d'avril, époque à laquelle leur opacité disparaît, une couleur rougeâtre demi-transparente lui succède ; à l'examen à l'œil nu, on peut déjà distingner l'embryon. Plus tard, un mois après, ils deviennent couleur groseille, et tous les mouvements du petit être sont perceptibles. Si l'on prend à la main une Écrevisse en cet état, on aperçoit les œufs semblant se mouvoir en tous sens ; ce sont les petits embryons qui, exécutant des évolutions dans leur mince enveloppe, en rendent la transparence plus ou moins complète en raison de leurs différentes positions. L'effet produit sur l'œil est fort intéressant » (1).

Développement de l'embryon. — Ratke est le premier anatomiste qui se soit attaché à suivre le développement embryonnaire des Crustacés (1829) ; depuis les travaux se sont multipliés, Lereboullet, de La Valette Saint-Georges, Claus, Dohrn, Ed. Van Beneden, Bobretsky, Weismann, P. Mayer, Reichenbach, Huxley, etc., ont fait des recherches sur l'embryogénie d'un certain nombre de Crustacés appartenant aux différents groupes.

L'Écrevisse se prête particulièrement à l'observation, ses œufs volumineux pouvant être maniés et préparés avec facilité ; nous résumerons brièvement son processus évolutif.

Le vitellus subit aussitôt après la fécondation une segmentation partielle, c'est-à-dire se partage en un vitellus de formation et en un vitellus de nutrition, le premier entourant complètement l'autre sous la forme d'une couche unique de cellules nucléées constituant le *blastoderme*. Du côté du pédoncule qui attache l'œuf aux pattes abdominales, la couche blastodermique s'épaissit ; une tache ovale d'un millimètre de diamètre apparaît, c'est l'*aire germinative ;* cette tache ne tarde pas à présenter une invagination qui est l'*archentère* ou

appareil alimentaire primitif ; sa paroi est l'*hypoblaste ;* le reste de l'hypoderme l'entourant est l'*épiblaste*, ou épiderme primitif ; cette période du développement correspond à la phase *gastrula*. Un groupe de cellules situé entre l'hypoblaste et l'épiblaste qui s'étend peu à peu vers la région sternale, puis vers la région dorsale, forme le *mésoblaste*. Hypo-, épi-, mésoblaste sont constitués simplement par des cellules nucléées qui ne se différencient que plus tard pour constituer des tissus définis. L'orifice de l'invagination ou *blastopore*, ne tarde pas à se fermer, l'épiblaste s'épaissit ; en son milieu apparaît une élévation qui s'allonge petit à petit pour donner naissance à l'*abdomen rudimentaire ;* en avant de part et d'autre de la ligne médiane se trouvent deux élévations larges, allongées et aplaties qui forment les *lobes procéphaliques*. Entre eux et l'élévation abdominale se creuse un sillon prenant peu à peu l'aspect d'un sac, rudiment de l'intestin antérieur qui par la suite s'unit à l'hypoblaste, les deux parois des extrémités cœcales s'ouvrant pour faire communiquer les cavités ; l'œsophage et l'estomac se trouvent ainsi ébauchés. En dessous de l'élévation abdominale, l'épiblaste s'invagine également en un tube qui deviendra l'intestin postérieur ; son extrémité cœcale s'ouvre bientôt après, tandis que ses parois s'unissent à celles de l'archentère ; ainsi se trouve constitué le tube alimentaire complet.

En arrière des lobes procéphaliques, de chaque côté du sillon médian, apparaissent bientôt après six mamelons, rudiments des antennules, des antennes et des mandibules ; plus tard les lobes procéphaliques se prolongeront pour former les pédoncules oculaires. L'épiblaste un peu en arrière de l'abdomen se soulève en une crête transversale qui sera plus tard la carapace.

Arrivé à cette phase du développement, le jeune embryon se caractérise par ce fait que son épiblaste sécrète une mince cuticule dont il se débarrassera plus tard et qui est la manifestation d'un arrêt de développement ; c'est en effet à cette période de la vie embryonnaire qu'une foule d'autres Crustacés quittent l'œuf sous la forme d'une larve active dont la forme étrange caractérise le type Crustacé ; cette larve qui a reçu le nom de *Nauplius* est en effet fort singulière, elle présente un œil médian et ses antennules, ses antennes et ses mandibules se sont constitués en appareils locomoteurs et, ainsi que nous allons l'exposer, subit une série de métamorphoses des plus curieuses avant d'arriver à ressembler à ses parents.

L'Écrevisse, le Homard et les Astacides en général, sautent cette phase du développement et continuent leur évolution dans l'œuf.

En effet, la région sternale recouvre de plus en plus le vitellus ; en même temps une série de bourgeons disposés par paires se montrent à sa surface, tandis que l'abdomen prend une forme aplatie et

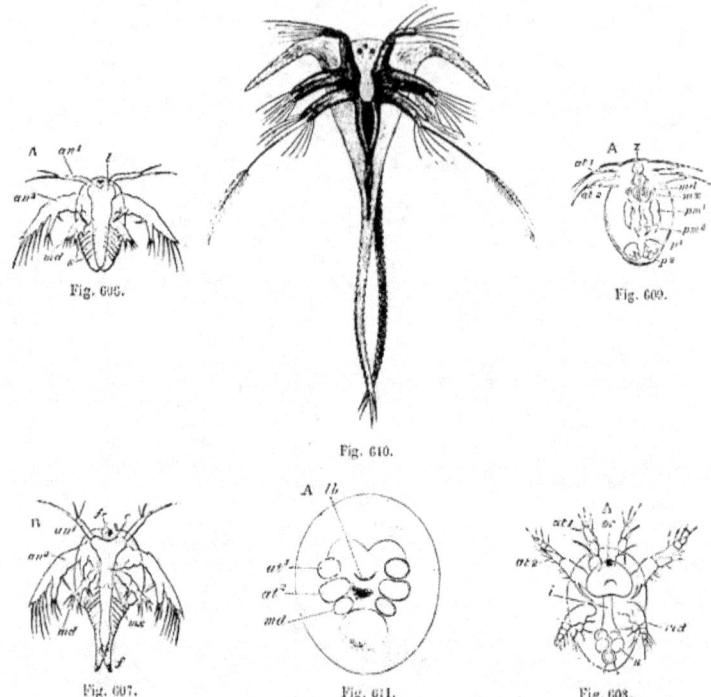

Fig. 606.

Fig. 609.

Fig. 610.

Fig. 607.   Fig. 611.   Fig. 608.

Fig. 606. — Nauplius d'un Phyllopode Branchiopode (*Apus cancriformis*) sortant de l'œuf.
Fig. 607. — Le même après une première mue.
Fig. 608. — Nauplius d'un Copépode nageur (*Cyclops tenuicornis*).

Fig. 609. — Nauplius d'un Copépode parasite (*Achteres percarum*).
Fig. 610. — Nauplius d'un Cirripède (*Lepas*).
Fig. 611. — Nauplius d'un Macroure (Palémon), dans l'œuf; ce Nauplius est une forme de l'embryon.

Fig. 606 à 611. — Nauplius chez différents types de Crustacés. Le Nauplius est la forme primitive des Crustacés.

émet d'abord quatre paires de bourgeons, rudiments de fausses pattes abdominales. A ce moment apparaît entre les lobes procéphaliques le rostre qui restera fort court jusqu'à la naissance, et la carapace va constituer les chambres branchiales.

C'est alors que le développement s'activant, les bourgeons qui donnent naissance aux appendices, pédoncules oculaires, antennules, antennes et tous les autres membres, s'allongent rapidement, leurs articulations se dessinent, et le corps tout entier prend une teinte rosée.

Éclosion. — Soins maternels. — Du 15 au 30 mai, suivant la température et les circonstances locales, les jeunes Écrevisses commencent

à éclore, en laissant la coque de l'œuf sous la forme de deux valves suspendues au pédoncule suspenseur, mais pour faciliter leur sortie, la mère qui avait toujours maintenu son abdomen replié pour protéger sa postérité en voie de développement, le déploie, le relève et agite ses pattes abdominales pour secouer ses œufs; elle ne s'arrête de temps en temps que pour les caresser avec l'une de ses dernières pattes.

Les jeunes Écrevisses, tout en ressemblant à leurs parents, en diffèrent par plusieurs particularités; leur céphalo-thorax est plus convexe, plus grand par rapport à leur abdomen, et le rostre très court se recourbe entre les yeux; le sternite étant plus large, les pattes sont plus écartées à la base, les pinces sont plus grêles, à pointes recourbées en crochet, comme d'ailleurs les extrémités des pattes de la dernière paire; les appendices du premier et du dernier segment de l'abdomen font défaut, le telson, c'est-à-dire la nageoire caudale est ovale sans aucune trace de division.

Aussitôt écloses, ainsi que l'a très bien observé M. Chantran (1872), les jeunes Écrevisses saisissent avec leurs pinces le filament suspenseur de l'œuf et restent ainsi attachées à leur mère pendant dix jours, c'est-à-dire jusqu'à leur première mue qui s'effectue sous la queue même de la mère; détachées avant elles meurent misérablement; après cette première mue, elles abandonnent parfois leur mère, pour s'emparer des petites proies qui passent à leur portée, mais à la moindre alerte, à la moindre agitation de la mère, elles viennent chercher sous son ventre un abri protecteur qu'elles ne délaissent guère qu'au bout de vingt-huit jours.

On ne saurait révoquer en doute que les Écrevisses ont pour leur progéniture une sollicitude non moins grande que les animaux dits supérieurs. Rœsel, au siècle dernier, Lereboullet, Carbonnier, Chantran, de nos jours, nous ont fait part de leurs observations qui nous laissent dans l'étonnement.

La protection que les mères accordent à leurs jeunes après la naissance paraît plus générale qu'on ne serait tenté de le croire. H. Milne-Edwards (1) a constaté que la femelle d'un Crabe, apparenté à notre Maïa, le *Naxia serpulifera*, rencontré sur les côtes de la Nouvelle-Hollande, abritait dans la cavité formée par le reploiement de l'abdomen sur le plastron sternal, un grand nombre de jeunes qui, à en juger par leur volume, étaient déjà sortis depuis quelque temps, mais qui cependant, sous plusieurs rapports, différaient encore de leur mère. Cette observation méritait d'être relevée simplement, curieuse à l'époque où elle fut faite (1835), elle est devenue des plus intéressantes, car elle fournit la preuve que le développement embryonnaire aussi bien que le développement post-embryonnaire peuvent s'accomplir sous l'égide de la mère.

Les Homards, d'après le témoignage des pêcheurs, paraissent avoir un attachement non moins grand pour leurs jeunes; voici ce que rapporte Bell (2) d'après le récit de M. Peach : « J'ai entendu les pêcheurs du port de Goran dire qu'ils avaient vu souvent en été les vieux Homards avec leurs jeunes autour d'eux, quelques-uns mesuraient six pouces de longueur; l'un avait remarqué une vieille Homard dont la tête paraissait sous un rocher, les petits jouaient autour d'elle; elle sembla faire du bruit avec ses pinces à l'approche du pêcheur, et sans doute pour donner l'alarme, la mère et ses petits cherchèrent un abri sous le rocher. Plusieurs pêcheurs, quelques-uns de très vieux, sans se concerter, m'ont parlé de ce trait de mœurs comme d'un fait indiscutable, et ce sont des hommes dignes d'être crus. » Nous n'avons aucune raison pour récuser le dire des pêcheurs de la Grande-Bretagne, la langue anglaise n'est-elle pas là pour nous prouver qu'ils ont raison? Ce n'est pas sans motif que dans cette langue les mots *Lobster* et *Hen* sont associés pour distinguer la femelle du Homard, *Lobster* signifiant Homard, *Hen*, poule. Cette association d'idées repose, à n'en point douter, sur une observation des mœurs qui a permis de comparer notre Crustacé femelle à la Poule, la mère par excellence. A la science de se prononcer.

Développement post-embryonnaire. — Métamorphoses. — Lorsqu'en 1830 John Vaughan Thomson (1) annonça que les Crustacés subissaient des métamorphoses aussi curieuses et aussi extraordinaires que les Batraciens et les Insectes, les savants se montrèrent fort incrédules; Leach, auteur des plus autorisés, professait qu'un des principaux caractères des Crustacés les plus parfaits (Malacostracés) était de n'avoir jamais de métamorphoses; on avait sous les yeux les travaux de Ratke sur le développement de l'Écrevisse et l'on objectait avec quelque apparence de raison que celle-ci naissant semblable à ses parents, il paraissait étonnant que le Crabe appartenant au même groupe naturel puisse venir au jour sous une autre forme; cela paraissait d'autant plus plausible que sous cette forme, il ressemblait à certains Crustacés minuscules (un demi-millimètre de long), caractérisés par le prolongement extrême de leur rostre frontal, par la présence de trois pointes situées sur la carapace, l'une longue et aiguë, recourbée en arrière et implantée sur la région médio-dorsale, les deux autres de chaque côté, et par l'existence d'un long et grêle abdomen à dernier segment fourchu, Crustacés que Slabber (2) avait capturés pour la première fois à la mer en juillet 1768 et auxquels Bosc (3), qui en avait pris de tout semblables dans l'Océan Atlantique à cinq ou six cents lieues des côtes de France, donna le nom de *Zoés* (fig. 612).

Il n'est donc pas surprenant que Latreille (4) ait émis les plus grands doutes sur la véracité du naturaliste anglais : « L'opinion de M. Thomson, dit-il, a besoin d'être étayée par des expériences positives, si toutefois elle n'est pas erronée; que H. Milne-Edwards (1831), s'il reconnaît que les Zoés sont des Crustacés de l'ordre des Décapodes, susceptibles

---

(1) Henri Milne-Edwards, *Observations sur les changements de formes que divers Crustacés éprouvent dans le jeune âge*. Ann. sc. nat., 2e sér., t. III, 1835, p. 331.

(2) Thomas Bell, *A history of the British stalk-eyed Crustacea*, 1853, p. 248.

(1) J. V. Thomson, *Zoological Researches and Illustrations of Natural History*, t. I, part. 1, Cork, 1830. Mém. I. *On the Metamorphosis of the Crustacea*..... — Mém. IV. *On the Cirripèdes; their extraordinary Metamorphosis*.

(2) Martin Slabber, *Natuurkundige verlustigen, behelzende microscopie waarneemingen van in-en uitlandsche water-en land-dieren*. Haarlem (1769-1778).

(3) Bosc, *Description des objets nouveaux d'histoire naturelle trouvés dans une traversée de Bordeaux à Charlestown* (Bull. soc. Philom., 1797).

(4) Latreille, *Cours d'Entomologie* publié en 1831, p. 385.

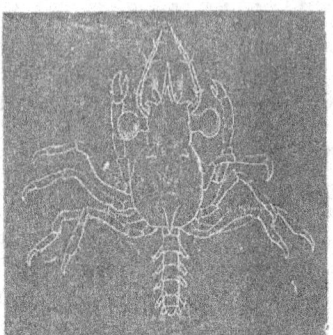

Fig. 614. — La Zoé, forme larvaire d'un Crabe.   Fig. 615. — La Mégalope, forme larvaire plus âgée d'un Crabe.

Fig. 614 et 615. — Formes larvaires de Crustacés brachyures.

peut-être par les progrès de l'âge de devenir des êtres assez semblables aux *Mégalopis* [1], a combattu les assertions de l'auteur des *Zoological Researches* : « M. Thomson assure que la Zoé n'est autre chose que le Crabe commun; cette opinion ne me paraît pas soutenable. »

On aurait dû se rendre à l'évidence et reconnaître que les Crustacés pouvaient subir de remarquables transformations, lorsque A. von Nordmann (1842) décrivit les changements de forme des Lernées [2]; on se montra surpris parce qu'il avait constaté que ces animaux parasites vermiformes, — Cuvier les avait classés parmi les Vers, — avaient à leur naissance la plus étroite ressemblance avec les Cyclopes qui pullulent dans nos eaux douces (fig. 609); mais il s'agissait de Crustacés inférieurs, on n'en vit pas et l'on demeura persuadé que les Crustacés supérieurs venaient au monde avec la physionomie de leurs parents. Malgré les affirmations de John Vaughan Thomson, qui, dans deux nouveaux mémoires [3], affirmait, figures en main, que les Crabes tout aussi bien que les Cirripèdes subissaient des métamorphoses, les premiers passant par une première forme, celle de Zoé, puis par une seconde celle de Mégalope (fig. 615), Westwood [4] s'efforça de démontrer qu'on avait été dupe d'illusions et qu'on se trouvait en face d'observations inexactes : « Les transformations des Crustacés, dit-il, consistent

simplement dans des dépouillements périodiques de leur enveloppe extérieure, sans que l'animal subisse aucune métamorphose ou acquière aucun nouvel organe. » D'après lui les Zoés pourraient être des parasites, qui, par un procédé inexpliqué, s'introduiraient à l'état d'embryon sous l'abdomen des Crabes. H. Milne-Edwards [1] ne repousse pas en principe l'idée de métamorphoses, car il admet que beaucoup de Crustacés inférieurs subissent des transformations caractéristiques; cependant il ne peut reconnaître que la Zoé est le jeune du Crabe commun; il trouve que l'opinion soutenue par Thomson « n'est pas étayée d'observations assez précises pour entraîner la conviction » Rathke [2] se prononce contre le naturaliste anglais en termes vifs et catégoriques : « Il n'est pas vrai que, comme l'a prétendu Thomson, les Décapodes sortent de l'œuf dans un état fort imparfait, et les changements qui se passent encore pendant l'accroissement ne méritent point le nom de métamorphoses. »

Mais peu à peu les opinions des auteurs se modifient et cèdent devant l'observation; H. Milne-Edwards [3] revient le premier sur ces déclarations primitives. « Je me suis assuré que sous le rapport de la persistance des formes, les divers animaux compris dans cette grande division de la classe des Crustacés diffèrent considérablement entre eux. Il en est qui, au moment de la naissance, ressemblent déjà en tout point, sauf le volume, à ce qu'ils deviendront par les progrès de l'âge; il en est d'autres

[1] H. Milne-Edwards, *Mémoire sur une dépression périodique de l'appareil respiratoire chez quelques crustacés* (Ann. sc. nat., XXX, avril 1830, p. 411, et tir. à part, p. 11).

[2] A. von Nordmann, *Mikrographische Beiträge zur Naturgeschichte der wirbellosen Tiere*, Berlin, 1832, H. II, fig. 1, 2, 3, 4, 5, 6, 7.

[3] J. V. Thomson, *Discovery of the Metamorphosis in the second type of the Cirripedes, — On the double Metamorphosis in the Decapodous Crustacea exemplified in Cancer Maenas* (Philos. trans., 1835, p. 355 et p. 359).

[4] Westwood, *On the supposed existence of Metamorphosis in the Crustacea* (Philos. trans., 1835, part. II, p. 311).

[1] H. Milne-Edwards, *Hist. nat. des Crustacés*, t. I, 1834, p. 196 et suiv.

[2] H. Rathke, *Ueber die Entwickelung der Decapoden* (Müller's Archiv fur anat., 1838, p. 161-302).

[3] H. Milne-Edwards, *Observations sur les changements de forme que divers Crustacés éprouvent dans leur jeune âge* (Ann. sc. nat., 2e sér., t. III, p. 322 et 339).

qui, dans les premiers temps de la vie, diffèrent tellement des adultes, qu'on pourrait les croire appartenir à une autre race. » Il formule même sa pensée avec une grande précision : « Les changements de forme qui surviennent après la naissance, de même que l'apparition de nouveaux membres, ne seraient que la suite et le complément des espèces de métamorphoses que tous ces animaux doivent éprouver avant que d'arriver à un état stationnaire, métamorphoses qui ont lieu, en majeure partie, ou même entièrement, dans l'intérieur de l'œuf. » Cela étant, nous ne devons plus nous étonner de voir certains Crustacés subir après la naissance des modifications quelquefois assez considérables, tandis que d'autres naissent avec la conformation

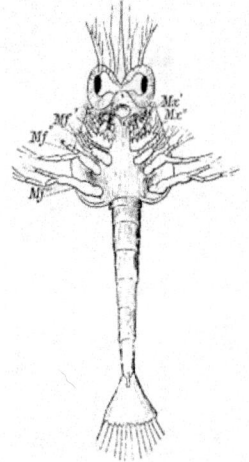

Fig. 614. — La Zoé. Larve d'un Macroure de la famille des Caridides.

qu'ils conservent toujours, car cette différence ne dépendrait que de la marche plus ou moins rapide de leur développement et de l'époque à laquelle ils quittent les membranes de l'œuf. »

Les observations vont d'ailleurs se multipliant à l'infini. Du Cane (1839) (1) découvre et figure des larves de Palémon et de Crangon (Macroures de la famille des Caridides (fig. 614) tout en constatant les métamorphoses du Crabe enragé (*Cancer mænas*). Joly de Toulouse (1842) (2) mit le déve-

loppement d'une petite Salicoque d'eau douce (1), la Caridine de Desmarest (Macroure de la famille des Caridines, et de la tribu des Atyines) et reconnaît « que les changements de forme qu'elle subit avec l'âge constituent de vraies métamorphoses, des métamorphoses beaucoup plus complètes que celles qu'éprouvent, parmi les Insectes, les Orthoptères, les Hémiptères et certains Névroptères ». Il tire enfin cette déduction, en s'appuyant sur les observations de Thomson et de Du Cane, « que presque tous et peut-être tous les Crustacés Décapodes sont sujets à de pareilles transformations. » Mais, comme le fait très bien remarquer H. Milne-Edwards dans le rapport qu'il fit à l'Académie des sciences, ce n'est pas seulement la découverte de ces métamorphoses qui pouvaient intéresser vivement les naturalistes ; c'est la constatation de ce fait important que « les métamorphoses de la Caridine nous fournissent aussi un nouvel exemple de la tendance de la nature à faire passer les animaux les plus élevés de chaque groupe, par des états transitoires, analogues aux modes permanents d'organisations pour les espèces inférieures appartenant au même type général ». En effet, Joly soutient que la jeune Caridie, au sortir de l'œuf, avait non seulement la forme antérieure d'un crustacé d'un tout autre groupe, la forme d'un Mysis de l'ordre de Schizopodes, mais qu'elle en avait l'organisation. C'est ainsi que, dès 1843, nous voyons les naturalistes français poser les premiers jalons qui permettront d'établir la phylogénie des Crustacés.

L'étude des textes a un grand mérite, elle permet de rétablir la vérité historique et d'attribuer à chacune la part qui lui revient dans les grandes découvertes scientifiques ; la science française peut donc, à juste titre, revendiquer l'honneur d'avoir fourni des précurseurs ; la science étrangère, par l'organe de ses naturalistes, nous pourrions citer leurs noms, ne lui pas a toujours rendu justice. Malheureusement, depuis cette époque, on ne voit plus, dans la longue liste des auteurs qui se sont attachés à suivre le développement des Crustacés, apparaître que de loin en loin un nom français ; les savants de toutes les nations se sont attachés à pénétrer le mystère des singulières métamorphoses de ces êtres et sont arrivés à de remarquables découvertes ; il nous est impossible d'énumérer leurs noms, mais nous devons cependant en citer quelques-uns. Couch (1843) (2) observe la transformation de la Zoé du *Cancer mænas* en Mégalope et de la Mégalope en Crabe, figure les Zoés de quelques autres Brachyures (*Portunus plicatus*, *Maïa verrucosa*,

(1) Du Cane, *On the Metamorphose of Crustacea* (Ann. of nat. hist., t. II, p. 178).

(2) Joly, *Sur les métamorphoses d'un Crustacé de la tribu des Salicoques trouvé dans le canal du Midi.* (Compt. rend., t. XV, 1842, p. 36.) — Joly, *Études sur les mœurs, le développement et les métamorphoses d'une petite Salicoque d'eau douce (Caridina Desmarestii) suivies de réflexions sur les métamorphoses des Crustacés Décapodes en général* (Compt. rend., t. XV, 1842, p. 395 et 396. — Ann. sc. nat., 2ᵉ sér., t. XIX, p. 34 et suiv., pl. III et IV).

(1) A. Milne-Edwards, *Rapport sur un mémoire de M. Joly intitulé : « Études sur les mœurs, le développement et les métamorphoses de la Caridina Desmarestii. »* (Compt. rend. acad. sc., t. XVI, 1843, p. 175.)

(2) R. Q. Couch, *On the Metamorphosis of the Decapod Crustacea*, 11ᵉ Report R. cornwall. Polytech. Soc. 1844, p. 28 et suiv., pl. I.

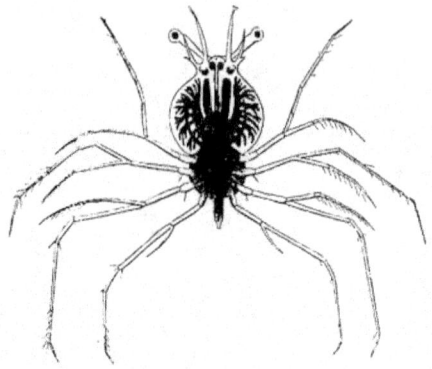

Fig. 615. — Le Phyllosome. Larve de Langouste.

Platycarcinus pagurus); Dujardin (1843) (1) décrit la Zoé d'une Porcellane ; Spence Bate (1857-1868) (2) suit, avec un soin extrême, les changements multiples de notre Crabe enragé et donne d'excellentes représentations de toutes ses formes. Z. Gerbe (1858-1866) (3) fait faire à nos connaissances sur les Crustacés un pas considérable en découvrant que les Phyllosomes, ces singuliers Crustacés transparents aplatis comme une feuille de papier, rangés jusque-là parmi les Stomapodes, étaient des larves de Langouste (fig. 615) ; ce fut un cri de surprise, lorsqu'on apprit que la Langouste de nos côtes naissait sous une forme aussi étrange et surtout sous une forme que personne n'aurait supposée apparentée avec les Crustacés Décapodes. Il assiste à la naissance sous la forme de larves d'une vingtaine de Crustacés Podophtalmaires ; d'après ces observations, ce n'est qu'après une première mue qui suit immédiatement l'éclosion qu'ils apparaissent sous la forme de Zoés et qu'après une seconde ou une troisième mue, que se montrent les fausses pattes abdominales, ainsi que les feuillets latéraux de la mâchoire caudale ; il donne aussi d'excellentes notions sur l'organisation interne (appareil digestif, système nerveux, système vasculaire, système nerveux des Phyllosomes et des Zoés). Claus (1861-1876) se consacre à l'étude du développement d'une foule de Crustacés et nous fait connaître entre autres les métamorphoses du Stomapodes Squillides qui ont

pour conséquence de démontrer (1) que les Erichtes (fig. 616), les Squillérichtes, les Alimes,

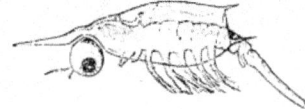

Fig. 616. — L'Erichte. Larve de Squillide.

types de trois genres de Stomapodes créés par Leach, ne sont que des formes larvaires des Squillides.

Par une série de rapprochements entre différentes formes larvaires, Fritz Müller (2) a tiré une déduction fort intéressante, c'est que certains Crustacés Macroures, les Penées, sorte de Crevettes de la famille des Caridides, au lieu de naître sous la forme de Zoés, naissaient sous une forme plus embryonnaire, sous celle de Nauplie (fig. 617) ; malheureusement l'habile naturaliste qui a fourni en faveur de la théorie de Darwin les meilleurs arguments, n'a pas suivi depuis la naissance les transformations de ces différentes larves de manière à établir leur relation mutuelle. Heureusement un observateur russe, Elias Metschnikoff (3), ayant pu suivre le développement complet à partir de l'œuf d'un Schizopodes du genre *Euphausia* (fig. 620, 621 et 622), il demeure acquis que l'opinion de Müller est exacte et par conséquent les Crustacés, même les plus élevés

(1) F. Dujardin, *Observations sur les métamorphoses de la Porcellana hexicornia et description de la Zoé, qui est la larve de ce Crustacé* (Compt. rend. acad. sc., t. XVI, 1843, p. 1201).
(2) Spence Bate, *On the Development of Carcinus Mœnas*, Proceed. Roy. Soc. Lond., t. VIII, 1857, p. 541. — *On the Development of Decapod Crustacea*, Philos. Trans., t. CXLVIII, 1858. — *On the Development of the Pagurus* (Ann. and Mag., nat. hist., 3e sér., t. II, 1868).
(3) Gerbe, *Note sur la larve des Langoustes* (Compt. rend., t. XLVI, 1858, p. 557). — *Métamorphoses des Crustacés macias* (Compt. rend., t. XI, 1865, p. 1001 ; t. IX, 1865, p. 74 ; t. LXII, 1866, p. 932 et 1024).

(1) Fritz Müller, *Brustück zur Entwicklungsgeschichte der Maulfüsser* (Squilla). (Archiv f. Naturg., t. XXVII, 1862, p. 352, taf. XIII ; t. XXIX, 1863, p. 1, Tof. I).
(2) Fritz Müller, *Die Verwandlung der Garneelen* (Archiv f. Naturg., t. XXIX, 1863, p. 8, taf. II). — *Für Darwin*, Leipzig, 1864.
(3) Elias Metschnikoff, *Ueber ein Larven stadien van Euphausia* (Zeitsch. f. Wiss. Zool., t. XIX, 1869, p. 479, taf. XXXVI). — *Ueber den Nauplius zustand von Euphausia* (Zeitsch. f. Wiss. Zool., t. XXI, 1871, p. 397, taf. XXXIV).

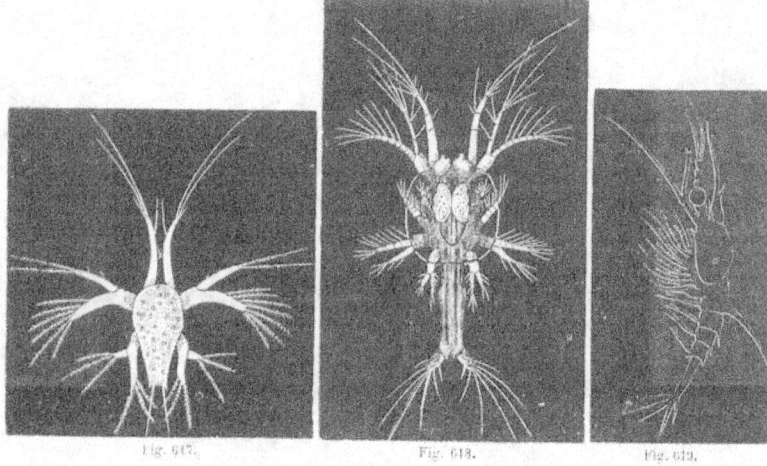

Fig. 617.   Fig. 618.   Fig. 619.

Fig. 617. — Stade *Nauplius*, d'après Fritz Müller.   Fig. 619. — Stade *Mysis*, d'après Claus.
Fig. 618. — Stade *Protozoea*, d'après Fritz Müller.

Fig. 617 à 619. — Phylogénie des Crustacés. Développement d'un Macroure du genre Penéus (Caridée).

en organisation, les Thoracostracés ou Podophthalmaires, passent par une forme larvaire ancestrale, la forme de Nauplie.

Les travaux qui ont eu pour objet l'étude du développement et des métamorphoses des Crustacés se sont multipliés à l'infini depuis ces dernières années, et grâce à eux nous connaissons une foule de larves aussi étranges sous les différentes formes qu'elles revêtent, que singulières par leur organisation et leur mode d'accroissement ; mais ces travaux ont eu un résultat plus intéressant et plus philosophique : confirmant l'existence d'un type primitif unique et établissant la filiation de ces formes larvaires, ils nous ont permis de comprendre la phylogénie de ces Articulés.

Nous allons à grands traits exposer la phylogénie des Crustacés.

La forme type, la forme primitive, commune à tous les Crustacés, est celle qui a reçu le nom de *Nauplius* fig. 606 à 611 ; fig. 617 ; fig. 620 ; son corps ovale ou pyriforme, sans apparence d'annulations, porte à la région dorsale inférieure un œil médian simple, et à la face inférieure trois paires d'appendices ; la première paire, à un ou deux articles, fait fonction d'antennes et joue le rôle d'un organe tactile ; la seconde et la troisième paires, bifurquées, sont essentiellement des organes locomoteurs, de véritables rames, mais leurs mouvements contribuent à diriger les courants chargés de parcelles nutritives vers la bouche ; la seconde, grâce aux appendices crochus que porte sa portion

basilaire, est chargée spécialement de faire pénétrer les aliments dans l'orifice buccal. Tel est l'aspect général sous lequel se présente à nous le *Nauplius*. Quant à son organisation, le microscope nous décèle un cerveau, au-dessous duquel se situe un tube digestif qu'on peut déjà partager en trois régions : région œsophagienne, intestinale moyenne ou stomacale, intestinale terminale ou intestinale vraie ; l'anus s'ouvrant à l'extrémité du corps ; il permet aussi de constater dans la seconde paire d'appendices l'existence des glandes dites glandes antennales. La première paire d'appendices se transformera avec les progrès de l'âge et deviendra, par la suite, la première paire d'antennes ou antennes internes ; la seconde subira de grands changements et perdra ses attributions pour devenir la seconde paire d'antennes ou antennes externes ; la troisième se modifiera dans ses formes et dans ses fonctions pour constituer la mandibule. Chose importante à noter, un léger repli de la peau qui épouse les bords de la partie postérieure du corps du Nauplius est le premier indice de la carapace ou du bouclier céphalothoracique caractéristique d'une foule de Crustacés.

Lors de la première mue, le *Nauplius* acquiert une lèvre supérieure fort grande et en forme de casque, semblable à celle des Phyllopodes, mais qui n'est que transitoire, laisse apercevoir, en arrière des trois paires d'appendices primitifs, les rudiments d'appendices nouveaux, et montre également le rudiment d'une queue bifide ; cette forme

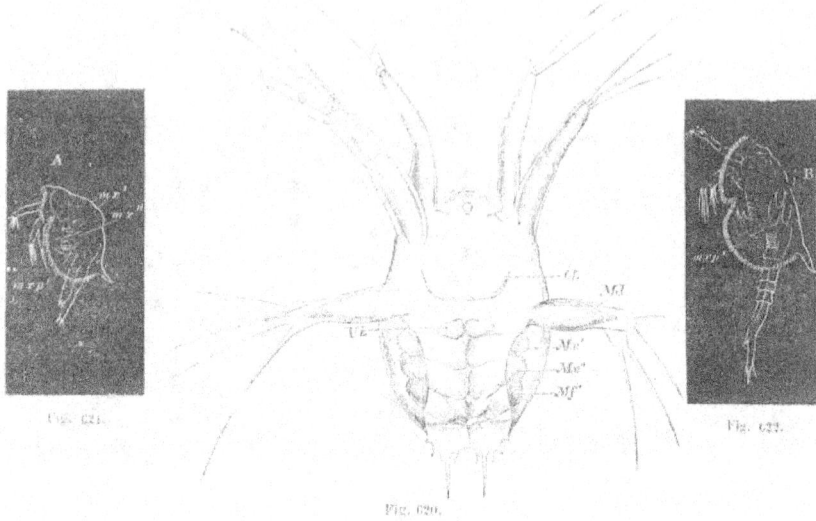

Fig. 620.

Fig. 620. — Stade *Nauplius*, d'après Metschnikoff.

Fig. 621. — Stade *Protozoea*, d'après Claus.
Fig. 622. — Stade Zoé, d'après Claus.

Fig. 620 à 622. — Phylogénie des Crustacés. Développement d'un Schizopode du genre Euphausie.

de *Nauplius* a reçu le nom de *Métanauplius*.

À la phase Nauplius succède une seconde phase, une des plus intéressantes à coup sûr, car elle nous permet de comprendre l'apparition de la forme Zoé; c'est la forme *Protozoea* (fig. 618 et 621) qui est caractérisée par la formation du bouclier céphalo-thoracique, l'apparition de la région thoracique, la formation d'une région abdominale ou région caudale; on commence à apercevoir l'indication de six segments thoraciques; plus tard on distingue les cinq premiers segments abdominaux. La première paire d'antennes très longue sert toujours d'organes de tact, la seconde paire conserve sa forme bifurquée et ses attributions d'organes locomoteurs, mais sa branche externe est devenue inarticulée; les mâchoires et les deux premières paires de pattes-mâchoires ont fait leur apparition et sont également articulées; les pattes-mâchoires sont biramées et jouent le rôle d'organes de progression. L'abdomen se termine par une paire d'appendices. L'œil médian unique existe encore, mais de part et d'autre les yeux pédonculés commencent à se montrer.

Le *Protozoea* se transforme en véritable Zoé. La Zoé est caractérisée à première vue par son rostre frontal arqué, par sa longue pointe dorso-thoracique, ses deux pointes latéro-thoraciques, par son long abdomen replié sous la région céphalo-thoracique; mais elle offre des particularités très inté-

ressantes : ses deux paires d'antennes sont très courtes, très longues chez le *Penæus*, la seconde paire conservant toujours, comme chez le *Nauplius*, sa fonction locomotrice; les appendices des six premiers anneaux du thorax se montrent sous l'aspect de pattes biramées; les appendices abdominaux n'existent que sur le sixième anneau; les mandibules sont encore dépourvues de palpes, les mâchoires ont leurs lobes et leurs attributions fonctionnelles. Le cœur existe, mais les branchies manquent, la respiration s'effectue par l'intermédiaire des parties latérales membraneuses de la carapace. Si les yeux à facettes volumineuses et à court pédoncule sont déjà très développés, l'œil simple impair et médian, caractéristique du *Nauplius* et du *Protozoea*, existe toujours entre eux.

Au stade Zoé succède le stade *Mysis* (fig. 619), ainsi nommé à cause de la ressemblance des larves parvenues à l'âge, avec les Crustacés Schizopodes qui portent ce nom; en effet, elles ont les pattes-mâchoires et les pattes thoraciques conformées de la même façon et pourvues à leur base de poches branchiales; les antennes internes et externes acquièrent leur fouet; sur chaque mandibule se développe un palpe; l'œil médian s'atrophie et disparaît.

À la suite de quelques mues, les Crustacés arrivent à l'état adulte.

Telle est la série de phases par lesquelles les Crustacés Malacostracés doivent passer normalement,

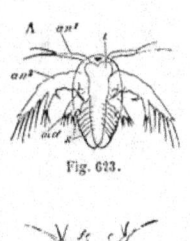

Fig. 623.

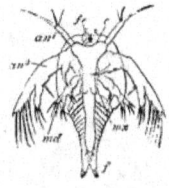

Fig. 624.

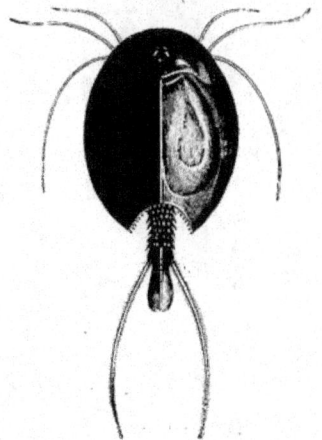

Fig. 625.

Fig. 623. — Nauplius sortant de l'œuf.
Fig. 624. — Nauplius après la première mue.

Fig. 625. — Apus adulte.

Fig. 623 à 625. — Développement des Phyllopodes Branchiopodes (*Apus cancriformis*).

d'après Fritz Müller, Heckel, Claus, Balfour, pour accomplir le cycle évolutif qui permet de les rattacher les uns aux autres et d'établir ainsi leur phylogénie.

Si l'on passe de la théorie à l'examen méthodique des faits, on constate que tous ne subissent pas la série complète de métamorphoses que nous venons de décrire. Les uns naissent sous la forme *Nauplius* et arrivent graduellement à la forme adulte à la suite d'une série de mues sans subir de métamorphoses proprement dites, par exemple les Phyllopodes Branchiopodes (*Apus*, *Branchipus*, etc.)

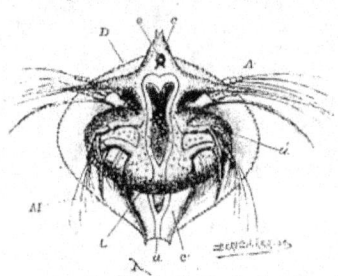

Fig. 626. — Nauplius de Phyllopode Branchiopode, fam. des Esthérides (*Limnetis brachyurus*), avec ses deux prolongements céphaliques en forme de cornes[*].

(fig. 623, 624 et 625); d'autres éclosent sous la forme *Nauplius*, mais enveloppés comme leurs parents d'une coquille bivalve, et arrivent après

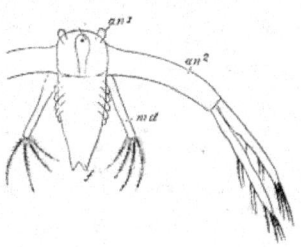

Fig. 627. — Nauplius de Phyllopode Cladocère (*Leptodora hyalina*), d'après Sars [*].

neuf mues qui entraînent quelques modifications dans la forme du test, dans le nombre et la structure des appendices, ainsi que dans l'organisation interne à l'âge adulte; ce sont, parmi les Branchiopodes, les *Limnetis* (fig. 626), les Ostracodes, les *Cypris*; certains Ostracodes, comme les *Cypridina*, sortent même de l'œuf entièrement semblables à leurs parents. Il en est de même de tous les Phyllopodes Cladocères, les Daphnides par exemple, à l'exception des *Leptodora* (fig. 627). Les Copé-

[*] *a*, anus; D, test, *o*, œil; A', appendices antérieurs à la base desquels sont articulés deux autres appendices *a*; M, appendices postérieurs; *e*, portion du corps non encore pourvue de membres articulés; *v*, tête.

[*] *an*¹, première paire d'antennes; *an*², seconde paire d'antennes; *md*, mandibules, ces deux derniers appendices étant des organes locomoteurs; *f*, segment caudal bifurqué.

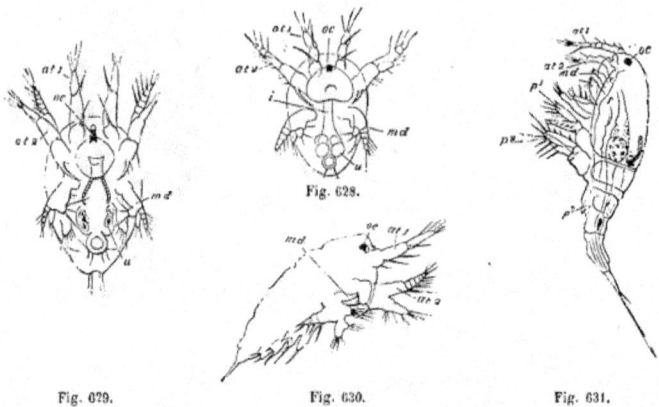

Fig. 629. Fig. 630. Fig. 631.

Fig. 628 à 630. — Stades *Nauplius*. | Fig. 631. — Stade *Copépode*, le plus jeune.

Fig. 628 à 631. — Phases évolutives d'un Copépode nageur (*Cyclops tenuicornis*), d'après Claus (*).

podes nageurs sont de tous les Crustacés ceux qui pendant toute leur existence conservent le mieux les caractères du Nauplius; en effet ils ont toujours l'œil impair médian et il faut se rappeler que c'est en faveur de quelques-uns d'entre eux que O.-F. Müller a créé le genre *Nauplius*, qui est devenu le type par excellence du Crustacé primitif (fig. 628 à 630). Après une série de mues qui n'entraînent que l'adjonction de nouveaux appendices et l'allongement du corps (fig. 630), de nouvelles mues déterminent le passage de la forme Nauplius à la forme Copépode (fig. 631): un bouclier céphalothoracique s'est développé, le céphalothorax est bien délimité et suivi de quatre anneaux indépendants. Les Copépodes arrivent graduellement à l'état adulte à la suite de quelques mues, après lesquelles apparaissent successivement de nouveaux segments et de nouveaux appendices.

Chez les Copépodes parasites, les uns quittent l'œuf en Nauplius (fig. 632), se développent sous cette forme, se transforment en Cyclops (fig. 633) au corps allongé, muni de huit paires d'appendices, au céphalothorax recouvert d'un large bouclier, et suivi de quatre segments libres terminés par une queue fourchue. Surviennent une ou plusieurs mues, l'animal se fixe, prend une apparence vermiforme et son corps se montre divisé en deux régions, l'une antérieure non segmentée, l'autre postérieure partagée en cinq segments; l'œil unique et les pattes natatoires n'existent plus, les pattes-mâchoires (*pm'*) se sont transformées en organes de fixation. Une mue survient, l'état adulte est atteint et les sexes si dissemblables apparaissent (fig. 635 et 636). Tel est le cycle évolutif que l'on peut observer chez certains Lernæopodides,

l'*Achteres percarum* par exemple, qui se trouve sous les branchies de la Perche. Il est d'autres Copépodes parasites qui, sautant le stade *Nauplius*, naissent *Cyclops*, puis subissent une métamorphose régressive qui entraîne la disparition plus ou moins complète de la segmentation, l'atrophie des pattes natatoires et de l'œil impair, et l'apparition des sexes si différents : femelles parasites, mâles nains fixés sur les femelles; ce cas se présente chez quelques Lernéides et Lernæopodides.

Les Cirripèdes passent par de remarquables métamorphoses, dont nous devons la connaissance surtout à Darwin, dont les mémoires sont classiques. Ils sortent de l'œuf *Nauplius* qui, indépendamment des trois paires d'appendices, est recouvert d'un bouclier dorsal très délicat portant deux cornes coniques ou appendices frontaux par l'extrémité desquels s'échappe la sécrétion de cellules glandulaires spéciales; l'extrémité du corps est tantôt bifurquée, tantôt terminée par une seule pointe ou une longue épine (fig. 637) et même quelquefois surmontée d'une autre très longue épine; l'œil impair médian se trouve placé du côté ventral de la tête. Quelques mues peuvent amener l'adjonction d'une paire de mâchoires, d'une paire de membres, l'apparition des yeux composés et de deux appendices frontaux médians, comparables à ceux des Phyllopodes, appendices qui ont des attributions sensorielles, sans doute tactiles. Survient une nouvelle mue et ils apparaissent sous une forme qu'on a appelée forme de *nymphe* ou de *Cypris*; le bouclier s'est transformé

(*) *oc*, œil; *at¹*, première paire d'antennes; *at²*, deuxième paire d'antennes; *md*, mandibules; *p¹* à *p³*, première à troisième paires de pattes.

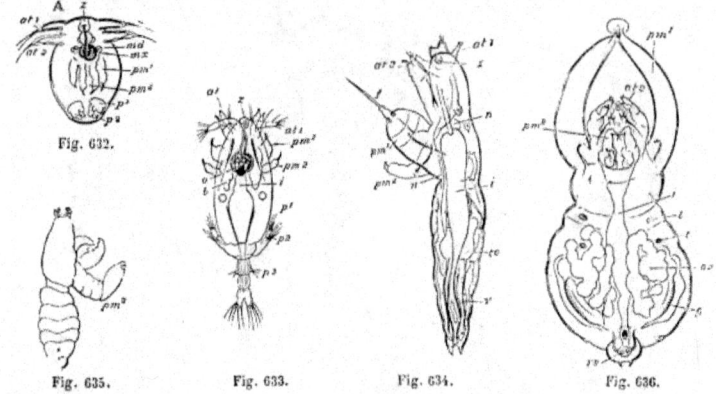

Fig. 632.

Fig. 635.   Fig. 633.   Fig. 634.   Fig. 636.

Fig. 632. — Stade *Nauplius*.
Fig. 633. — Stade *Cyclope*.
Fig. 634. — Forme embryonnaire mâle très avancée.

Fig. 635. — Mâle à maturité.
Fig. 636. — Femelle à maturité.

Fig. 632 à 636. — Phases évolutives d'un Copépode parasite, d'après Clauss (*).

en une sorte de coquille bivalve par l'entrebâillement duquel passent les membres, mais dont les valves unies par leurs bords dorsaux postérieurs sont maintenues par un muscle adducteur inséré au-dessous de la bouche. Les appendices antérieurs se sont changés en antennes quadriarticulées, l'avant-dernier article élargi et discoïde disposé pour servir à la fixation de la glande antennaire ou cémentaire s'ouvrant en son milieu, les appendices frontaux ne sont plus représentés que par des mamelons, la deuxième paire a disparu, ainsi que les mandibules, les six paires d'appendices postérieurs sont devenus des pattes natatoires que Clauss assimile aux cinq paires d'appendices locomoteurs des Copépodes et à la paire d'appendices du segment génital. C'est entre ces pattes natatoires que se développeront les pattes en forme de cirres de l'adulte. Sous cette apparence de Cypris, le Cirripède se meut avec agilité, marchant ou nageant, sans paraître prendre d'aliments; mais il ne conserve cette agilité que peu de temps, il se fixe à l'aide de sa ventouse antennaire et de la sécrétion qu'elle émet pour devenir une sorte de nymphe et accomplir sa métamorphose. Les yeux composés, l'œil impair persistant, les articles terminaux des antennes, la coquille bivalve sont rejetés, et lorsque les cirres se sont développées, les pattes natatoires

sont également rejetées; la peau que recouvrait la coquille devient le manteau, et chez les Lépadides la partie antérieure de la tête située entre les antennes s'accroît pour former un pédoncule allongé logeant les ovaires; entre le manteau et la coquille ont apparu chez ces Cirripèdes les valves chitineuses provisoires du test. La nymphe se débarrasse de son tégument et l'animal change en même temps de position; la face ventrale du corps étant parallèle et presque tangente au plan de fixation, l'axe du corps qui lui était par conséquent parallèle lui devient perpendiculaire.

M. Yves Delage nous a fait connaître certaines particularités très intéressantes du développement des Cirripèdes rhizocéphales, et particulièrement sur la Sacculine qui se fixe en parasite sous l'abdomen de notre Crabe commun (1).

Sauf l'absence complète de bouche, et de tube digestif, le *Nauplius* de la Sacculine est construit sur le modèle habituel des Larves de Cirripèdes; le Cypris qui dérive de ce Nauplius se rattache aussi sans difficulté à celle qui provient de la larve nauplienne des Cirripèdes normaux. Ils diffèrent par l'absence de ventouses et d'appareil digestif, par le développement énorme de l'ovaire, mais ils sont construits sur le même plan. A partir de ce stade, les différences s'accentuent, les développements divergent au lieu de rester parallèles; le Cirripède adulte normal, Anatife ou Balane, dérive de sa larve par des métamorphoses graduelles, le corps entier de l'adulte provient du corps entier de la larve, les

(*) at^1, at^2, première et deuxième paires d'antennes; md, mandibules; mx, mâchoires; pm^1, pm^2, première et seconde paires de pattes-mâchoires; p^1 et p^2, première et seconde paires de pattes; z, organe frontal; o, œil larvaire; f, tige portée par les pattes-mâchoires coalescentes; t, organe de tact; i, intestin; b, corps glandulaire; ov, ovaire; vs, réceptacle séminal; g, glande cémentaire; te, testicule; v, canal déférent; n, système nerveux.

(1) Yves Delage, *Evolution de la Sacculine*, Archiv. Zool. exp. et gén., 2e série, t. II, 1884, p. 688 et suiv.

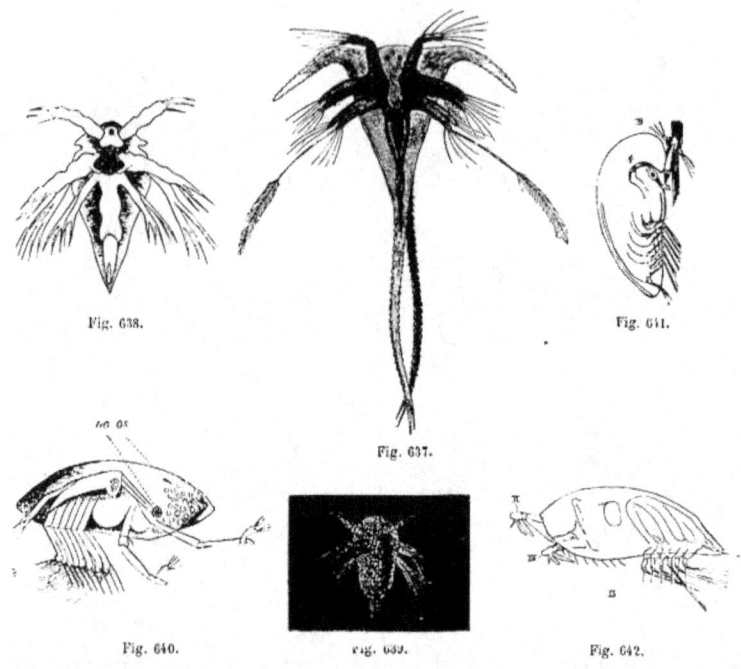

Fig. 638.

Fig. 641.

Fig. 637.

Fig. 640.

Fig. 639.

Fig. 642.

Fig. 637. — Nauplius de Lepas.
Fig. 638. — Nauplius de Balane (*Balanus balanoïdes*).
Fig. 639. — Nauplius de Peltogastride (*Parthenopea subterranea*).

Fig. 640. — Cypris libre de Balane (*).
Fig. 641. — Cypris fixé de Balane (**).
Fig. 642. — Cypris de Peltogastride (*Lernæodiscus porcellanæ*) (***).

Fig. 637 à 642. — Phase évolutive des Cirripèdes.

organes, les systèmes et les tissus de celle-ci se transforment respectivement en organes, systèmes et tissus similaires de celui-là ; la Sacculine dérive uniquement d'une région du corps de la Cypris, et sauf l'ovaire, aucune partie de l'organisme ne provient des parties homologues du Cypris. Tous les tissus se fondent à un certain moment et le développement recommence pour former un édifice entièrement nouveau dont le Cypris a fourni seulement les matériaux. La Sacculine adulte représente une tête de Crustacé privée de ses appendices, dans laquelle s'est réfugié l'ovaire, et à part cet ovaire il n'y a plus d'organes. Après la pénétration du parasite dans le corps du Crabe, le développement doit recommencer au moyen d'éléments cellulaires à peine plus différenciés que ne sont ceux qui constituent le blastoderme de l'œuf immédiatement après la segmentation. Nous reviendrons, en retraçant l'histoire de la Sacculine, sur les curieux

phénomènes qui accompagnent son développement parasitaire et endoparasitaire.

Les Crustacés Amphipodes accomplissent pour la plupart leur évolution sans subir de métamorphoses ; ils naissent souvent ayant un aspect autre que celui de leurs pères et mères ; tout examiné, les différences sont secondaires, elles consistent simplement dans de légères modifications de forme du corps, des antennes et des pattes ; quelquefois cependant chez certains Amphipodes, comme les Hypérines, chez certains Isopodes, comme les Pranizides, les Bopyrides, les différences sont assez accentuées ; on peut admettre dans ces divers cas qu'il y a métamorphose.

C'est parmi les Thoracostracés, les Cumacés

(*) *os*, bouche : *oo*, œil.
(**) *n*, apodèmes antennaires ; *t*, glande antennaire avec conduit débouchant dans l'antenne.
(***) II, III, IV. Les deux paires d'antennes et les mandibules.

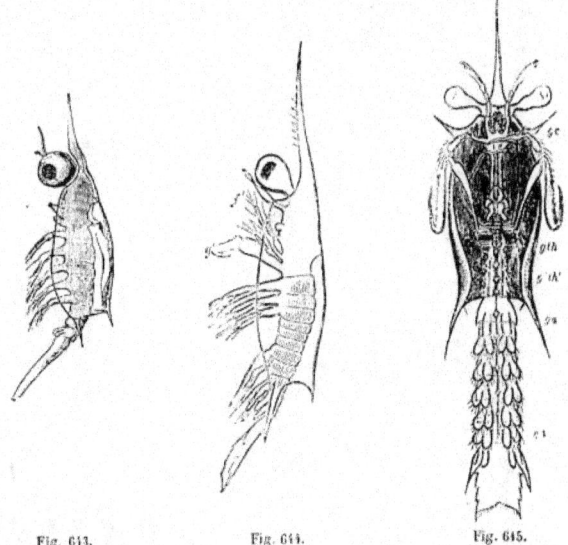

Fig. 643.   Fig. 644.   Fig. 645.

Fig. 643. — Larve Erichte de Squillide ayant déjà | Fig. 644. — Larve Erichte plus avancée en âge.
mué. | Fig. 645. — Larve arrivée à la forme Squilloïde.

Fig. 643 à 645. — Métamorphoses des Stomapodes. — Développement des Squillides d'après Claus.

exceptés, que nous trouverons les plus remarquables métamorphoses.

L'évolution complète des Stomapodes n'a malheureusement pas été suivie ; mais les travaux de Fritz Müller et de Claus nous ont mis en possession d'observations du plus haut intérêt. Les plus jeunes larves de certains Squillides qu'ils ont étudiées mesuraient deux millimètres de longueur et affectaient déjà cette forme d'*Erichtus*, autrefois type générique qui représente, la forme Zoé des Décapodes (fig. 643 et 644) ; si, comme les Zoés, les Erichtes sont pourvues d'un rostre frontal, de gros yeux pédonculés, d'une carapace munie de trois épines, une médiane et deux latérales, elles en diffèrent par la forme extérieure de leur carapace, comme par l'organisation ; elles ont en effet tous leurs anneaux thoraciques des organes locomoteurs biramés, mais sont privées d'abdomen ; elles ont deux paires d'antennes petites et simples, des mandibules et des mâchoires sans palpes, cinq paires de pattes natatoires qui deviendront les cinq paires de pattes-mâchoires ; ces cinq anneaux porteurs d'appendices sont suivis des trois derniers anneaux thoraciques dépourvus de membres dont le dernier porte une nageoire caudale longue, large et non

divisée. C'est seulement sur les larves un peu plus âgées, ayant atteint trois millimètres, qu'apparaît en avant de cette nageoire le premier anneau abdominal avec sa paire de fausses pattes biramées ; la seconde paire d'appendices locomoteurs ne tarde pas à changer d'aspect, sa branche interne s'allonge pour prendre son caractère d'organe préhensible. Après une ou deux mues (fig. 644), les larves mesurant environ six millimètres, l'abdomen a acquis six segments avec leurs appendices, alors que les trois derniers anneaux thoraciques n'ont point encore les leurs ; les antennes ont leur second fouet, les pattes-mâchoires ont leur épipodite développée en plaque branchiale. De nouvelles mues surviennent, les trois pattes-mâchoires postérieures se sont atrophiées complètement ou réduites à de simples sacs inarticulés (fig. 645). Lorsque nos larves sont parvenues au stade Erichte le plus parfait, ces trois appendices se montrent à nouveau, prennent leur forme définitive, en même temps que se développent les pattes ambulatoires des trois derniers segments du thorax. De nouvelles mues amènent l'apparition de la forme plus allongée dite *Squillerichte*, et enfin celle des Squillides du genre Gonodactyle

D'autres Squillides, ainsi que Claus l'a reconnu

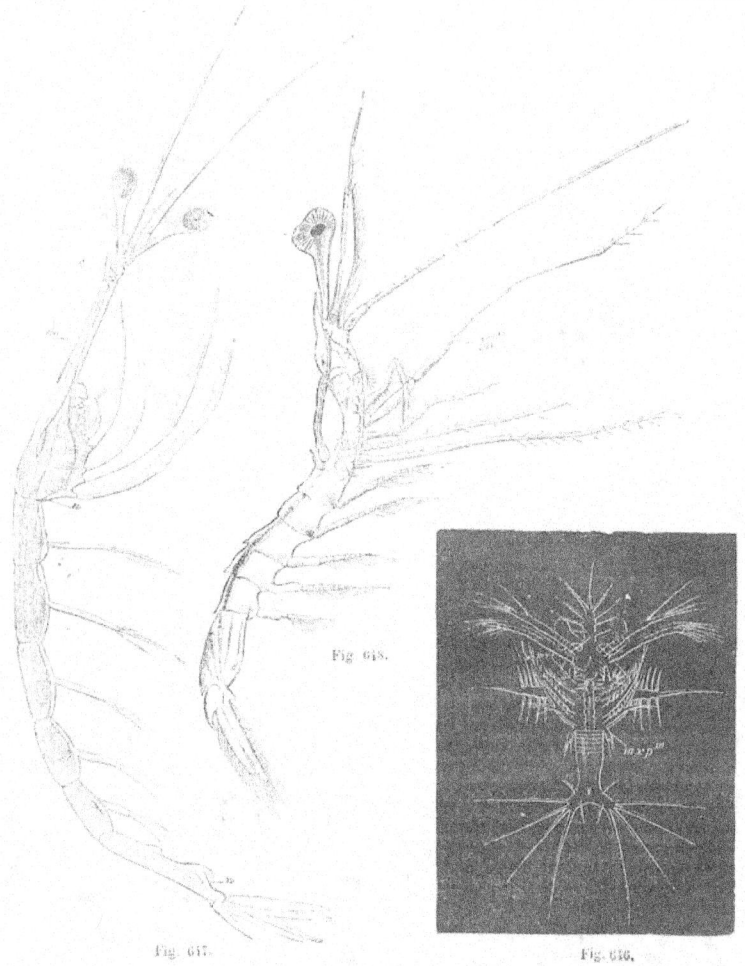

Fig. 618.

Fig. 617.   Fig. 646.

Fig. 616. — Larve de Sergestes au stade *Protozoea*.   Fig. 618. — Sergestide du genre *Leucifer* à forme lar-
Fig. 617. — Larve de Sergestes au stade *Mastigopus*.   vaire de Décapodes, d'après Claus.

Fig. 616 à 618. — Métamorphoses des Décapodes macroures. Développement des Sergestides d'après Claus.

par l'observation d'une série de formes larvaires recueillies à tous les âges et que Brooks l'a observé en suivant le développement, naissent à un stade plus avancé, sous la forme *Alima*, autrefois type d'une coupe générique ; forme caractérisée par la présence des grandes pattes ravisseuses, des six anneaux thoraciques dépourvus de membres, les trois paires de pattes postérieures natatoires ayant subi leur métamorphose régressive, de l'abdomen avec ses fausses pattes biramées et sa nageoire

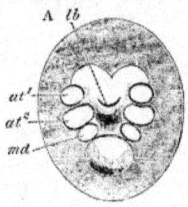

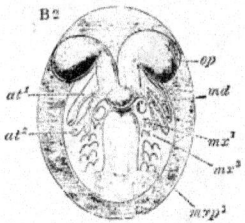

Fig. 649. — Embryon au stade Nauplius.

Fig. 650. — Embryon plus avancé en âge dont les appendices commencent à se développer.

Fig. 649 et 650. — Développement embryonnaire d'un Macroure du genre Palémon.

caudale large et simple. Par les progrès de l'âge les trois petites pattes ravisseuses se montrent d'abord sous la forme de bourgeon, puis d'appendices articulés porteurs d'une lamelle branchiale, les trois

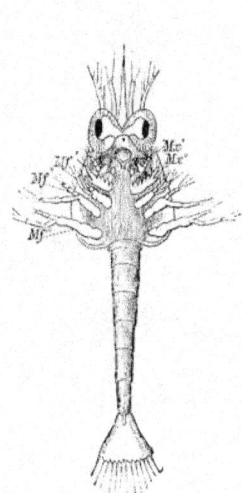

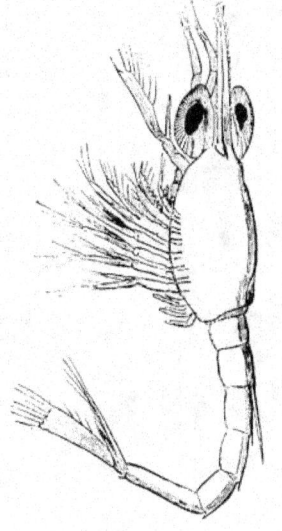

Fig. 651. — Larve d'Hippolyte au stade de Zoé.

Fig. 652. — Larve d'Hippolyte au stade Mysis.

Fig. 651 et 652. — Développement d'un Macroure du genre d'Hippolyte, d'après Claus.

paires de membres suivants ont l'aspect d'une double utricule, les fausses pattes abdominales commencent à avoir leurs branchies. Ces Crustacés arrivent ainsi à la forme typique, décrite et figurée jadis sous le nom d'Alime, et prennent enfin en s'allongeant la forme définitive de Squille.

Chez les Schizopodes on observe deux modes

d'évolution; chez les uns, les Mysis par exemple, l'embryon sort de l'œuf sous une forme Nauplienne et effectue son développement postembryonnaire jusqu'à ce qu'il ait acquis la forme adulte dans la poche embryonnaire de la mère ; chez les autres, les Euphausia notamment, la jeune larve abandonne son œuf sous l'aspect d'un véritable Nauplius (fig. 620

et accomplit ses métamorphoses librement; une série de mues accompagnées du développement d'une carapace denticulée caractéristique, de modification dans les appendices, des formations de rudiments d'yeux composés, terminées par l'apparition d'une épine médiane à la région postérieure de la carapace et l'allongement de la queue, amène graduellement le Nauplius à une forme *Protozoé* (fig. 621); la segmentation du thorax et de l'abdomen accomplie, l'animal devient un véritable *Zoé* (fig. 622). Quelques mues effectuées, le Zoé passe à l'état adulte.

La grande majorité des Décapodes quittent l'œuf sous la forme de Zoé, à l'exception des Pénées et des Sergestes qui naissent à une période moins avancée du développement. Les Pénées, ainsi que Fritz Müller l'a reconnu, viennent au jour sous la forme *Nauplius* (fig. 617), ainsi que nous l'avons vu précédemment, passent à la forme *Protozoé* (fig. 618), puis à la forme *Mysis* (fig. 619) et enfin deviennent adultes. Les Sergestes, ainsi que Claus l'a démontré, éclosent Protozoés, décrits sous le nom d'*Elaphocaris* par Dorhn, se transforment en Zoé, puis en *Acanthosoma*, autre forme originairement décrite sous ce nom par Claus, ensuite en *Mastigopus* (fig. 647) et enfin en adulte (fig. 648). Le plus grand nombre des Caridides, Palémon, Crangon, Hippolyte, etc., *Nauplius* à l'état embryonnaire (fig. 649 et 650)

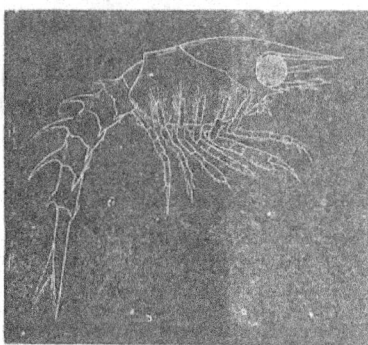

Fig. 651. — Larve de Homard (Homard américain) peu après son éclosion, d'après Smith.

abandonnent l'œuf sous les apparences d'un Zoé, pourvus déjà d'un plus grand nombre d'appendices que le Zoé type (fig. 651), puis se transforment en une larve Mysidienne portant fréquemment une épine aiguë sur le dos du second segment abdominal (fig. 652). Très souvent le développement s'abrège et l'on n'observe aucune trace du stade Mysis. Tel est le cas qui se présente chez les Thalassinides et les Pagurides. Parmi les Astacides, le

Homard peu de temps après sa sortie de l'œuf ne tarde pas à passer à l'état de Mysis, mais à un état très développé (fig. 653), caractérisé surtout par l'absence d'appendices abdominaux, et la présence d'épines sur les segments de l'abdomen; tandis que l'Écrevisse, ainsi que nous l'avons vu précédemment, prend naissance sous une forme qui ne diffère que par quelques minimes particularités de ses pères et mères.

De tous les Décapodes macroures, ce sont certainement les Palinurides, c'est-à-dire les Langoustes et les Scyllazes, qui offrent les métamorphoses les plus curieuses. Lorsque Coste annonça (22 mars 1858) que les *Phyllosomes* (fig. 654), considérés comme les représentants d'un groupe de Stomapodes, n'étaient autres, d'après les observations de Gerbe, que des larves de Langouste, on fut surpris, l'on demeura quelque peu incrédule jusqu'à ce que Dorhn eut vérifié et contrôlé cette assertion. Malheureusement si nous savons, par l'étude du développement embryonnaire, que les Palinurides passent dans l'œuf par le stade Nauplius, si nous connaissons le mode d'accroissement des Phyllosomes, qui peuvent quelquefois acquérir des dimensions assez respectables, nous ignorons quelles sont les phases évolutives que traversent ces larves plates et transparentes pour devenir ces Crustacés arrondis, au test rugueux et coriace, qui certes ne leur ressemblent guère.

Les Brachyures sortent tous de l'œuf sous cette forme si caractéristique de Zoé (fig. 655 et 656) que nous avons décrite; mais, suivant les différents genres de Crabes, les Zoés revêtent des aspects tout différents. Celles des Porcellanes sont extrêmement curieuses; le rostre atteint une longueur tellement démesurée qu'il mesure trois, quatre et même six fois la dimension du corps entier, tandis que l'épine postérieure dorsale et médiane fait défaut; deux longues épines terminent la carapace qui est ovalaire. Celles des Galathées n'ont également qu'un rostre moins allongé et deux épines postérieures. Il en est d'autres appartenant à des espèces jusqu'ici inconnues, les uns qui ont le rostre et les trois pointes caractéristiques toutes de très grandes dimensions (*Plutocaris* de Claus); les autres qui ont le rostre et la pointe dorsale de longueur normale, mais qui ont les pointes latérales portées par d'énormes expansions de la carapace (*Prosocaris* de Claus). Les Zoés des Homoles ont un trident à la place du rostre et quatre épines sur chaque côté de la carapace. Il est des Zoés, au contraire, qui n'ont qu'un très petit rostre ou même qui n'en ont point, comme des *Inachus* et des *Achaus*; quelques-unes sont remarquables par l'absence complète d'épines latérales, telles sont celles des *Maïa*, des *Eurynomes*, des *Hippa*.

C'est sous la forme de Zoés et après un certain nombre de mues que les Brachyures acquièrent tous leurs appendices.

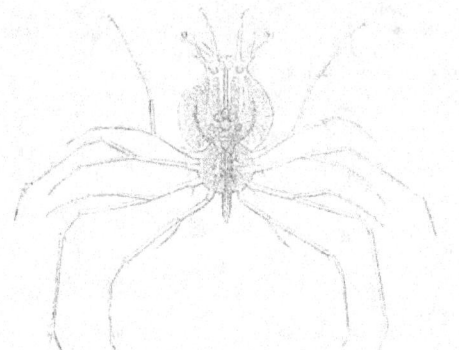

Fig. 654. — Larve de Langouste au stade Phyllosome.

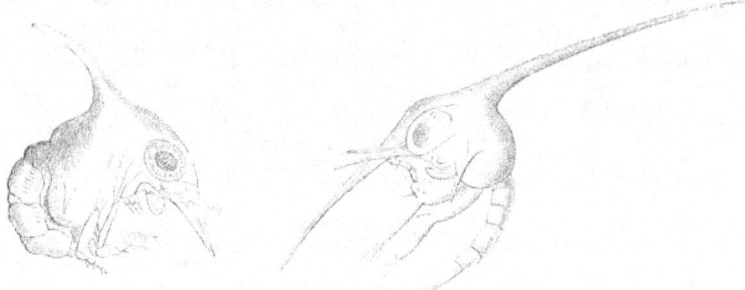

Fig. 655 et 656. — Zoés.

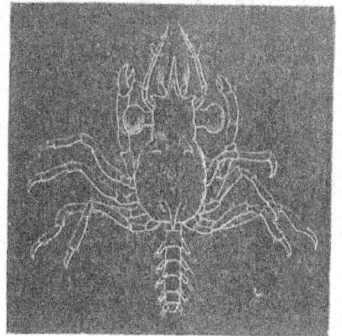

Fig. 657. — Mégalope.

Fig. 654 à 657. — Métamorphoses des Décapodes brachyures.

Une nouvelle mue les transforme en *Mégalopes* (fig. 657). Les Mégalopes, qui ont déjà beaucoup de ressemblance avec les Crabes adultes, se distinguent des Zoés par ce fait que leurs appendices ont acquis à peu près leur forme et leurs attributions définitives; c'est ainsi que les deux pattes-mâchoires ne jouent plus le rôle d'organes locomoteurs, que les cinq paires de pattes sont devenues des organes appropriés à la marche, que les fausses pattes abdominales ont pris l'aspect de larges pattes natatoires. Dans les différents types de Brachyures, les Mégalopes ont plus ou moins la physionomie des Zoés, suivant que la carapace conserve de longues épines, qu'elle en porte de courtes ou qu'elle n'en a point.

On voit d'après cet exposé que rien n'est curieux comme la diversité d'aspect que revêtent les formes larvaires des Crustacés; il est fâcheux que leurs portraits soient disséminés dans une foule de Mémoires; le jour où l'on pourra les réunir tous à côté des portraits des adultes, on aura sous les yeux un étonnant spectacle.

Accroissement et mues. — L'accroissement des Crustacés, s'il n'est pas indéfini, n'est pas rigoureusement limité comme celui des Insectes; ces derniers sont arrivés au terme de leur développement lorsqu'ils sont en état de perpétuer leur espèce [1]; ils ne subissent par conséquent sous cette forme aucune mue, manifestation de leur accroissement de taille; ceux-là au contraire, comme les Araignées, s'accroissent lorsqu'ils sont parvenus à l'âge adulte et continuent à muer à des époques plus ou moins régulières suivant que leur alimentation a été plus ou moins abondante.

L'Écrevisse se prêtant plus facilement à l'observation, c'est elle qui a fourni les données qui permettent de se rendre compte de l'accroissement des Crustacés.

La croissance, rapide pendant la jeunesse, devient de plus en plus lente avec le progrès de l'âge; il est à remarquer que la taille des mâles est plus grande que celle des femelles. D'après Carbonnier, celle qui porte le nom d'Écrevisse à pied rouge (*Astacus fluviatilis*) mesure au sortir de l'œuf environ 1 centimètre et demi, une semaine après environ 2 centimètres (20 à 22 millimètres), un mois après environ 2 centimètres et demi (25 à 28 millimètres), quatre mois après, avant l'hivernage, 3 centimètres et plus (30 à 35 millimètres).

Au dire de cet observateur, leur poids, au lieu d'augmenter dans les années suivantes régulièrement d'un tiers par an, ne s'accroît plus que d'un sixième à un septième et va même s'amoindrissant lorsqu'elles pèsent 80 à 100 grammes. Selon lui, les Écrevisses marchandes pesant 45 à 55 grammes seraient âgées de dix à douze ans; celles qui sont envoyées de Berlin pesant près de 100 grammes au-

raient une vingtaine d'années; celles qui atteignent le poids exceptionnel de 180 à 200 grammes auraient quarante à cinquante ans.

M. Émile Blanchard a exposé quelques considérations intéressantes sur l'accroissement de la taille chez les animaux à sang froid et en particulier sur les Crustacés [1].

« Parmi les Crustacés, dit-il, nous avons plusieurs exemples d'un accroissement exceptionnel acquis par quelques individus.

« On trouve sur les côtes des États-Unis une espèce de Homard (*Homarus americanus*), très voisine de l'espèce de nos côtes. Depuis de longues années, deux individus du Homard d'Amérique sont exposés dans les galeries du Muséum d'Histoire naturelle, où ils attirent l'attention des visiteurs par leurs dimensions prodigieuses. Pendant longtemps, trompé par la taille gigantesque de ces deux individus, nous avons pu croire que le Homard d'Amérique avait d'ordinaire un volume bien plus considérable que notre Homard commun. Il n'en est rien. A une époque ancienne, les animaux des côtes des États-Unis n'étaient guère pourchassés par les hommes. Quelques-uns pouvaient vieillir et grossir presque indéfiniment. Aujourd'hui, dans les mêmes parages, les Homards ne semblent pas dépasser la taille de leurs congénères d'Europe.

« Une belle Langouste, le *Palinurus ornatus*, habite les rivages de l'île Maurice et l'île de la Réunion. Naguère on en a pêché de superbes individus comme on en voit deux ou trois au Muséum. Nous recevons assez souvent des exemplaires de cette même Langouste; tous, aujourd'hui, sont relativement fort petits. Les habitants des deux îles Mascareignes ne les laissent plus vieillir.

« Peut-être en sera-t-il de même pour le Crustacé que vient d'acquérir le Muséum. L'espèce a été découverte au Japon sur la côte orientale de Nippon entre le 34e et le 35e degré de latitude nord, par le célèbre voyageur de Siebold. Elle a été décrite en 1850 par de Haan [2], sous le nom de *Macrocheira Kœmpferi*. Ce Crabe appartient à un type, celui des *Inachus* ou Araignées de mer, qui n'est représenté d'ailleurs que par de fort petites espèces. Plusieurs exemplaires du grand Crustacé du Japon ont été rapportés en Europe, tous d'une taille fort considérable. Cependant, le plus grand de ces exemplaires, croyons-nous, avait été conservé par M. de Siebold. C'est cet exemplaire qui vient d'être cédé au Muséum d'Histoire naturelle. Suivant toute apparence, c'est un individu fort âgé, de sorte qu'il est très possible que maintenant nous ayons peu l'occasion d'en voir d'une aussi belle dimension. Chacune des pattes antérieures de ce Crabe mesure 1m,20. Les deux pattes étant parfaitement étendues, l'animal, dont le corps est fort gros, offre une envergure

---

(1) Excepté, bien entendu, chez ceux qui se reproduisent par parthénogénèse. Voy. Brehm, *Insectes*, t. VII, p. 45.

(1) Em. Blanchard, *De l'Accroissement de la taille chez les Animaux à sang froid*. (*Compt. rend. Acad. Sc.*, t. LXIV, 1867, p. 558.

(2) *Fauna japonica*, *Krust.*, p. 100, tab. XXV.

de plus de 2ᵐ,60. Il a été affirmé qu'on en avait vu des individus mesurant 11 pieds de l'extrémité d'une patte à l'extrémité de l'autre patte, mais aucun individu de cette taille n'a été apporté en Europe.

..... « Nous n'avons pas d'idée précise sur la durée possible de la vie chez les Poissons, les Crustacés, les Mollusques. Les moyens de la déterminer nous manquent à peu près absolument. Nous avons tout lieu de croire cependant que l'existence de ces animaux peut se prolonger extrêmement. Ce qui l'indique, c'est précisément leur faculté de croître toujours en vieillissant, loin de manifester l'affaiblissement qui se produit toujours avec l'âge dans les Mammifères et les Oiseaux. »

L'accroissement des Crustacés est toujours accompagné des mues; rien n'est plus extraordinaire que le spectacle qu'offrent ces animaux lorsqu'ils se débarrassent de leur carapace au sein même de l'élément liquide qu'ils habitent, abandonnant à la dérive leur dépouille qui est le moulage le plus fidèle de tout leur être que jamais sculpteur ait pu rêver.

Le phénomène de la mue des Homards et des Crabes n'avait point échappé aux anciens, les écrits d'Aristote sont là pour le témoigner; mais ce n'est réellement qu'au siècle dernier qu'il a été observé dans tous ses détails; deux mémoires de Réaumur nous exposent avec une précision remarquable la manière dont s'effectue le changement des téguments chez l'Écrevisse, mais à l'époque où écrivait l'illustre Naturaliste, la nomenclature des pièces du squelette n'étant point créée, les termes dont il se sert n'ayant plus cours aujourd'hui, nous ne pouvons citer son texte même. Depuis, les observations de Réaumur ont été reconnues exactes et nombre de Zoologistes, J. Couch, Th. Rymer Jones, Carbonnier, Chantran, Hyatt, Vitzou, etc., les ont vérifiées et perfectionnées. D'après ce dernier auteur, qui a suivi avec une conscience remarquable les phases de l'accroissement des Écrevisses, ces Crustacés muent une première fois dix jours après l'éclosion, une deuxième, une troisième, une quatrième et une cinquième fois à des intervalles à peu près réguliers de vingt à vingt-cinq jours, pendant les mois de juillet, août et septembre; ils subissent une sixième mue au mois de mai de l'année suivante, une septième en juin, une huitième en juillet; à l'âge d'un an ils ont donc mué *huit* fois; pendant la seconde année ils se débarrassent cinq fois de leur carapace, durant la troisième année deux fois seulement; à l'âge adulte les mâles effectuent deux mues, les femelles une seule mue par an.

Le mécanisme de la mue chez les Décapodes macroures et brachyures a été très bien observé à Roscoff, dans le Laboratoire maritime de M. de Lacaze-Duthiers, par M. Vitzou (1), sur les Homards, les Langoustes et les Crabes.

Chez tous les Macroures, le phénomène de la mue débute par la déchirure du tégument membraneux non calcifié qui unit en dessus le bord postérieur du céphalothorax et le premier anneau de l'abdomen; et c'est par l'espace demeuré libre entre ces deux régions du corps que les animaux abandonnent leur ancienne carapace; pour effectuer leur dépouillement ils se couchent sur le flanc, et non pas sur le dos, comme certains auteurs l'ont rapporté à propos de l'Écrevisse. Dans cette attitude nos Crustacés impriment à leurs antennes, à leurs pattes ambulatoires, à leurs fausses pattes, à leur abdomen, de légers mouvements qui ont pour objet de détacher peu à peu toutes les parties du corps de la carapace; l'élasticité du revêtement membraneux du troisième et du quatrième article, la rétraction des masses musculaires du dernier article permet aux pinces de s'échapper de leur étui. Les pattes à moitié dégagées, la carapace se trouve soulevée à angle droit; les pattes, les branchies, les antennes et les pinces complètement dégagées, un saut brusque en avant suffit pour dégainer l'abdomen, et l'on voit à côté du Homard vivant son moulage fidèle, qui a repris sa forme normale grâce à l'élasticité des tissus; on croirait avoir sous les yeux deux Homards. Le dégainement est facilité, ainsi que l'a très bien vu M. Vitzou, par l'interposition, entre l'ancienne carapace et la nouvelle en voie de formation, d'une substance amorphe, homogène, gluante, présentant les caractères physiques de la gélatine qui traverse les téguments par endosmose.

Chez les Décapodes Brachyures le phénomène de la mue débute d'une tout autre façon que chez les Macroures, la carapace se sépare des épimères; et un espace circulaire libre se dessine tout autour de cette carapace. Ce Crustacé prélude par des mouvements des appendices, comme chez les Macroures, afin de les détacher de leur enveloppe et fait alors saillir les premiers segments de l'abdomen par l'espace libre; puis portant tout à fait en bas la partie antérieure de son corps, il dégage ses pattes ambulatoires et son abdomen; enfin, se redressant pour prendre une position horizontale, il retire peu à peu ses pinces de leurs fourreaux.

Ainsi chez les Brachyures l'abdomen est dégagé avant le céphalothorax et les pinces et les animaux conservent pendant la mue leur position d'équilibre, tandis que chez les Macroures le céphalothorax est dégainé en premier lieu et leurs représentants sont toujours couchés sur le côté lorsqu'ils abandonnent leur carapace.

L'armature stomacale des Crustacés est soumise, comme la carapace, à des mues périodiques; les plus anciens observateurs, Van Helmont, Geoffroy, Réaumur et d'autres plus modernes, Von Baer, OEsterlen, Quekett, Lereboullet, etc., ont constaté le phénomène. M. Vitzou a observé comment s'effectuait le rejet du squelette gastrique, ce que ses devanciers n'avaient point vu.

(1) A. N. Vitzou, *Recherches sur la structure et la formation des téguments chez les Crustacés décapodes.* Archiv. de Zool. exp. et gén., t. X, 1882, chap. IV, p. 83.

Il a reconnu chez le Homard que c'est au moment même où l'animal s'est dégagé de ses anciennes enveloppes qu'il rejette la couche de chitine qui tapisse intérieurement le tube digestif ; il a constaté, contrairement à l'opinion des auteurs, qui admettaient que les parties muées servaient de nourriture aux animaux, que les Crustacés Décapodes vomissent pendant la mue les anciennes tuniques chitineuses de l'estomac et de l'œsophage et rejettent par l'anus le revêtement chitineux qui tapisse l'intérieur de l'intestin.

M. Vitzou a établi par des recherches fort bien conduites que l'accroissement des Crustacés a lieu dans la période préparatoire de la mue et non après cette opération ; il a démontré également que la production abondante de la matière glycogène, pendant la mue, autorisait à considérer cette matière comme une réserve organique, tandis que les gastrolithes constituaient pour les Décapodes Macroures une réserve inorganique, les Décapodes Brachyures possédaient une réserve de même nature dans leur lymphe pour assurer la formation rapide de la nouvelle carapace.

Reproduction des membres. — Amputation spontanée. — Il ne faut pas toujours mettre au rang des fables les légendes populaires, car souvent ceux que les conditions de la vie mettent continuellement en contact avec la nature ont souvent l'occasion d'observer des particularités que les savants révoquent en doute souvent pendant de longues années, jusqu'à ce qu'ils soient contraints de s'incliner devant l'évidence. Il y a des siècles que les habitants des rives des fleuves ou des côtes des mers racontent que lorsque les Ecrevisses, les Homards, les Crabes, etc., ont perdu une de leurs pinces, il en renaît une autre à la place ; mais comme le membre nouveau était plus petit que son homologue, les savants prétendaient qu'il y avait simplement défaut de conformation, mais que rien ne prouvait qu'il y ait eu régénération.

Réaumur [1], qui était un maître en Zoologie expérimentale, prit des Ecrevisses et leur amputa à chacune une jambe ; puis il les mit dans ces bateaux couverts nommés *boutiques* où les pêcheurs conservent le poisson en vie, en leur donnant une abondante nourriture ; au bout de quelques mois il vit, ce ne fut pas sans surprise, de nouvelles jambes occuper la place des anciennes ; à la grandeur près elles étaient parfaitement semblables ; elles avaient même figure dans toutes leurs parties, mêmes articulations, mêmes mouvements. « Une pareille source de reproduction, fait-il observer avec esprit, n'excite peut-être guère moins notre envie que notre admiration ; si en la place d'une jambe ou d'un bras perdu, il nous en renaissait un

autre, on embrasserait plus volontiers la profession des armes. »

Réaumur a parfaitement observé que c'est lorsqu'on coupe la jambe près de sa base, au voisinage de l'article qui suit la hanche (*basipodite* de Milne Edwards) qu'elles se reproduisent le plus facilement, et que c'est là qu'elles se cassent naturellement. Le Crustacé voulant s'échapper laisse souvent sa patte entre les doigts de celui qui l'a saisie, et cela sans le moindre effort ; c'est ce qui a fait dire plaisamment au Père du Tertre qu'il serait bien commode aux coupeurs de bourse, de pouvoir de même se défaire de leurs bras lorsqu'on les saisit.

Notre éminent observateur a suivi avec soin et avec toutes les ressources que lui fournissait la science de son époque le développement des nouveaux membres ; cette étude a été reprise par plusieurs naturalistes au siècle dernier, comme au siècle actuel, notamment par Harry D. S. Goodsir (1845) [1], qui s'est attaché à suivre le développement des différents tissus constituants.

Carbonnier [2] a fait quelques remarques intéressantes ; il a constaté notamment que toutes les époques de l'année n'étaient pas favorables à la reproduction des parties. « Si l'Ecrevisse, dit-il, subit une fracture en quelque partie de son corps, la plaie reste ouverte jusqu'à la prochaine mue ; elle ne peut pour boucher l'ouverture sécréter une nouvelle matière calcaire et il faut forcément qu'elle attende sa prochaine métamorphose.

« La connaissance de ce fait nous a beaucoup aidé à vérifier le nombre de mues et nous a mis à même de certifier qu'il ne s'en faisait qu'une chaque année et que les grosses Ecrevisses restaient plusieurs années sans changer d'enveloppe. » Ceci nous permet d'expliquer les différences qu'on observe dans les dimensions des membres reproduits par rapport aux membres demeurés intacts ; quand la perte d'une pince a été subie à un âge avancé, par exemple, à l'âge de trois ans, la disproportion est alors très grande.

Carbonnier a constaté un fait singulier, c'est que quand une Ecrevisse se trouve soit par accident, soit par toute autre cause, dans l'impossibilité de se servir d'une de ses grosses mains, la droite par exemple, elle contracte l'habitude de saisir les objets avec la gauche, et après la mue qui a donné lieu à la formation d'un nouveau membre, elle conserve cette tendance. Il y aurait donc dans les Crustacés des individus gauchers et d'autres droitiers ; hélas ! oui, comme dans l'espèce humaine, avec cette différence pourtant que parmi les hommes, il en est beaucoup qui sont gauchers des deux mains.

Dans ces dernières années la rupture des membres a été étudiée expérimentalement par M. De-

(1) De Réaumur, *Sur les diverses reproductions qui se font dans les Ecrevisses, les Homards, les Crabes, etc., et entre autres sur celles de leurs jambes et de leurs écailles.* (*Mém. Acad. sc.*, 16 novembre 1712, p. 223).

(1) John and Harry D. S. Goodsir, *Anatomical and Pathological Observations*, 1845, p. 77, pl. VI and IX.

(2) Carbonnier, *L'Ecrevisse*, 1869, p. 77 et suiv.

witz (1) en Allemagne, par MM. de Varigny (2) et Parize (3) en France, par M. Léon Frédéricq en France et en Belgique. Les vues nouvelles émises récemment par ce dernier nous engagent à reproduire les passages les plus importants de son mémoire (4).

M. Léon Frédéricq (5) a proposé, en 1882, d'appeler *Autotomie* (action de s'amputer soi-même, de αὐτός et τέμνω) l'acte au moyen duquel beaucoup d'Animaux (Orvet, Lézards, beaucoup de Crustacés, d'Arachnides et d'Insectes) échappent à l'ennemi qui les a saisis par un membre ou par la queue, en provoquant activement, mais d'une façon inconsciente, *par voie réflexe*, la rupture de l'extrémité captive. Le sacrifice d'une partie du corps assure, dans ce cas, le salut du tout.

Tous ceux qui ont manié des Crabes savent avec quelle facilité ces animaux perdent leurs pattes. Il suffit de saisir brusquement un Crabe (*Carcinus mænas*, par exemple) par une des extrémités, en la pinçant fortement, pour que celle-ci casse à la base et vous reste entre les doigts ; l'animal, délivré par ce singulier moyen de défense, s'enfuit aussi vite que le lui permettent les pattes qui lui restent. De cette façon, on peut, sur un même Crabe, provoquer successivement la rupture des dix pattes. Les formidables pinces des gros Crabes tourteaux (*Platycarcinus pagurus*) tomberont avec la même facilité que les membres grêles des Araignées de mer (*Maia Squinado*).

La cassure est circulaire et des plus nettes ; elle siège, non au niveau d'une articulation, mais dans la continuité du deuxième article à partir du corps. Cet article se trouve brisé en deux parties, l'une qui tombe avec la patte, l'autre qui reste adhérente au moignon. La portion conservée est plus petite et ne forme qu'un anneau solide de peu d'importance.

Le deuxième article des pattes du Crabe représente, en réalité, deux articles des pattes du Homard ou de l'Écrevisse (le deuxième ou *Basipodite* et le troisième ou *Ischiopodite*) soudés en une seule pièce (fig. 658). C'est au niveau du sillon *ab* qui correspond à cette soudure que se fait invariablement la rupture de la patte chez tous les Crabes et la Langouste, ainsi que chez le Homard et l'Écrevisse, du moins quant à la patte qui porte la pince ; chez ces deux derniers Crustacés, le basipodite et l'ischiopodite étant des pièces distinctes dans les quatre autres pattes, la

rupture se fait au niveau de l'articulation des deux pièces (fig. 657, *ab*).

La figure 658 représente la première et la deuxième paire de pattes d'un Crabe tourteau vues par la face ventrale. A droite, la ligne *ab* indique sur chaque patte le niveau du deuxième article auquel se fait la rupture. A gauche, le premier article et la portion du second article qui restent adhérents sont représentés par des traits pleins. La portion caduque de la patte est figurée par des traits interrompus.

L'Écrevisse paraît casser assez facilement la pince ; la rupture des autres pattes ne m'a pas réussi, quoique j'aie cherché à la provoquer sur une demi-douzaine d'individus assez vigoureux.

La rupture des pattes n'est due en aucune façon à leur fragilité exagérée, comme on pourrait être tenté de le croire. L'expérience directe prouve chez un Crabe mort, ou dont le système nerveux est paralysé, les pattes sont fort résistantes et supportent, avant de se rompre, un effort de traction représentant parfois jusqu'à cent fois le poids du corps entier de l'animal.

Lorsqu'on arrache une patte par traction sur l'animal mort, elle se rompt d'ordinaire entre le céphalothorax et le premier article, parfois à l'articulation suivante. La surface de rupture porte souvent une houppe de muscles qui se sont détachés en même temps. On produit beaucoup moins souvent par traction la cassure décrite précédemment et siégeant dans la continuité du second article.

L'amputation de la patte chez l'animal vivant n'est donc pas le résultat d'un accident dû au manque de résistance de cet appendice. Comme nous allons le voir, elle est provoquée par un mouvement actif. Le Crabe rompt lui-même sa patte à l'endroit d'élection par une contraction musculaire énergique.

Quelle est la signification du phénomène de rupture des pattes ? Faut-il y voir un acte intelligent ou instinctif dans lequel la volonté, l'émotion de l'animal peuvent intervenir comme le croit M. Parize et comme l'affirme Huxley ? Je ne le pense pas.

Les expériences suivantes me paraissent contredire formellement cette interprétation.

On enfonce à moitié une demi-douzaine de clous dans le fond d'un grand tiroir de bois, dont l'atmosphère est maintenue humide au moyen de plusieurs éponges mouillées. A chacun des clous est attaché, par une patte, un gros *Carcinus mænas* possédant toute sa vigueur. Les uns ont la patte fixée directement contre le clou ; aux autres on laisse un peu plus de liberté, en allongeant le bout de ficelle qui les retient. De temps à autre on imprime à leur prison une série de chocs brusques pour les exciter à fuir. Aussi les prisonniers font-ils des efforts violents, mais infructueux, pour se détacher ; aucun d'eux n'a l'idée de se sauver en brisant le membre qui le retenait captif.

Au bout de six heures, on met fin à l'expérience.

(1) Dewitz, *Biologische Centralblatt*, 1er juin 1884.

(2) De Varigny, *L'amputation réflexe des pattes chez les Crustacés* (*Revue scientifique* de sept. 1886).

(3) Parize, *L'amputation réflexe des pattes des Crustacés* (*Revue scient.*, 18 sept. 1884).

(4) Nous prions M. Charles Richet, directeur de la *Revue scientifique*, de vouloir bien agréer tous nos remerciements pour l'extrême obligeance qu'il a mise à nous autoriser à reproduire l'article de M. L. Frédéricq et à nous communiquer les figures qui permettent de se rendre un compte exact des phénomènes d'*autotomie*.

(5) L. Frédéricq, *Les Mutilations spontanées ou l'Autotomie* (*Revue scientifique*, 13 nov. 1886), et *La lutte pour l'existence chez les animaux marins*. Paris, 1877 (*Bibliothèque scientifique contemporaine*).

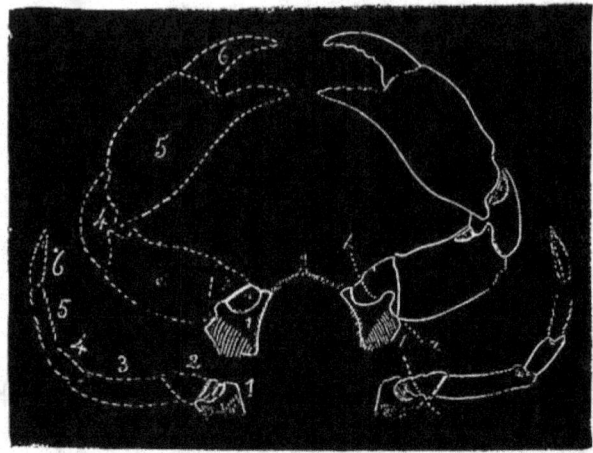

Fig. 658. — Les deux premières paires de pattes du Crabe Tourteau vues par la face ventrale
(1/3 de grandeur naturelle) (*).

La patte qui a été retenue si longtemps n'a pas perdu la faculté de se briser : il suffit de la pincer vivement en son milieu pour provoquer immédiatement la rupture à la base.

De même, un Crabe qu'on retient à la main par une patte, sans écraser celle-ci, n'aura jamais recours à l'autotomie pour se délivrer.

Il y a plus : si l'on coupe brusquement, au moyen de ciseaux, l'extrémité d'une autre patte que celle qui retient l'animal, le Crabe brisera non cette dernière patte, ce qui le rendrait à la liberté, mais la patte mutilée, celle dont la perte ne lui est d'aucune utilité. L'absence d'intention intelligente est manifeste ici : nous avons affaire à un mécanisme nerveux préétabli, qui fonctionne en aveugle, à la façon des centres réflexes des Animaux vertébrés.

Il m'est donc difficile de croire au fait signalé par M. P. Parize, du Crabe qui abandonne sa patte au Poulpe, afin d'éviter d'être dévoré en entier par lui.

Voici d'autres expériences qui parlent en faveur de mon interprétation.

On pratique sur plusieurs Crabes la destruction des masses nerveuses sus-œsophagiennes, ou l'ablation de toute la région dorsale et céphalique du corps. On sait, d'après les expériences d'Émile Yung, que la masse nerveuse sus-œsophagienne

est, chez les Crustacés, le siège de la volonté et de la coordination des mouvements : elle peut donc être comparée fonctionnellement au cerveau des Vertébrés. Or la rupture des pattes s'obtient encore avec la plus grande facilité sur les Crustacés décapités (sit venia verbo) ou privés de cerveau.

Plaçons un Crabe vivant dans un bocal avec une éponge imbibée d'éther ou de chloroforme. Les vapeurs anesthésiques provoquent d'abord une grande agitation chez l'animal, puis les mouvements deviennent de moins en moins actifs. Si on soustrait le Crabe à l'action des vapeurs anesthésiques avant qu'il soit tout à fait paralysé, on pourra constater l'engourdissement des fonctions intellectuelles et la suspension des mouvements intentionnels : à ce stade, on obtient encore la rupture des pattes à l'endroit d'élection. Cette rupture paraît donc bien être ici un acte inconscient, dans la production duquel la volonté de l'animal n'a aucune part.

C'est un acte purement réflexe auquel président la masse nerveuse ventrale et les nerfs sensibles et moteurs de la patte. La rupture de la patte s'obtient chaque fois que le nerf sensible de la patte est vivement excité.

Pour obtenir à coup sûr la rupture spontanée de la patte, par excitation mécanique, il convient d'opérer de la façon suivante : on soulève un Crabe vivant en le saisissant par le milieu d'une patte (au niveau du troisième article, par exemple), entre le pouce et l'index. Sur l'animal ainsi suspendu, le corps en bas, on coupe brusquement l'extrémité de la patte (au niveau du qua-

(*) A droite de la figure, la ligne pointillée ab indique le niveau auquel se fait la rupture. A gauche, le premier article et la portion du deuxième, qui reste adhérente au corps, sont seuls représentés en traits pleins. La portion caduque de la patte est indiquée en traits interrompus. — 1, *coxopodite* ou premier article; 22, deuxième article résultant de la soudure du *basipodite* et de l'*ischiopodite*.

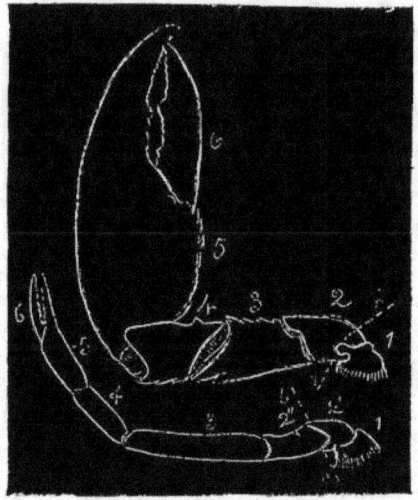

Fig. 659. — Première et deuxième paire de pattes du Homard (côté droit) vues par la face ventrale (*).

trième ou cinquième article, par exemple) qui dépasse. L'excitation du nerf sensible, causée par la section, provoque immédiatement une violente contraction des muscles de la patte, qui se porte vivement dans l'extension forcée et casse aussitôt près de sa base au niveau du deuxième article. Le bout de patte reste entre les doigts de l'opérateur, le Crabe tombe à terre et s'enfuit. On peut répéter la section sur chacune des dix pattes, et l'animal les rompra successivement lui-même.

L'expérience est plus étonnante encore si on place le Crabe sur le dos, sans le suspendre et sans le fixer. L'animal cherche à se retourner; pendant qu'il agite les pattes, en signe de détresse, on coupe brusquement l'extrémité de l'une d'elles. Aussitôt la patte se porte dans l'extension forcée, vient butter contre la carapace et casse à l'endroit d'élection.

Le nerf sensible de la patte paraît ne pas s'étendre jusqu'à l'extrémité de l'avant-dernier article et manquer totalement dans le dernier article (doigt mobile de la pince, griffe qui termine les autres pattes). Ces parties sont insensibles à la section : on peut impunément couper le doigt mobile de la pince ou la griffe et l'extrémité de l'avant-dernier article des autres pattes. La patte ne se détache que si l'on coupe à partir des trois quarts internes du cinquième article, ou plus près du corps. Il est bon de tenir compte de ce fait lorsqu'on veut saigner des Crabes par la section des pattes. Ils laisseront tom-

ber toutes leurs pattes si l'on coupe celles-ci autre part qu'à leur extrémité. Les moignons résultant de l'amputation spontanée ne saignent presque pas.

Pour être efficace, l'excitation du nerf par la section de la patte doit être brusque : il faut employer des ciseaux bien tranchants.

On peut de même expérimenter avec des excitants chimiques, thermiques et électriques.

Il nous reste à étudier l'action musculaire et à déterminer par quel mécanisme s'opère la rupture.

Voici comment je me rends compte de son mode d'action. (Voir fig. 660, qui représente schématiquement l'action du muscle extenseur a et du fléchisseur b.) Dès qu'on irrite le nerf sensible d'une patte, on provoque par voie réflexe une contraction énergique de l'extenseur (a) du deuxième article et probablement d'autres muscles, ce qui amène une extension forcée de la patte. La patte vient alors butter contre le bord de la carapace en c, où son mouvement d'extension se trouve arrêté. L'extrémité distale 2' du deuxième article participe forcément à ce mouvement et se trouve fixée immédiatement de cette façon. Le muscle extenseur a, continuant à se contracter, exerce une traction

(*) La première est constituée comme les pattes du Crabe. L'article n° 2 est formé par la soudure du basipodite et de l'ischiopodite, réunis au niveau de la ligne pointillée ab. Sur la deuxième patte et sur les suivantes, le basipodite 2' est séparé de l'ischiopodite 2' par l'articulation ab, au niveau de laquelle se produit la rupture de la patte.

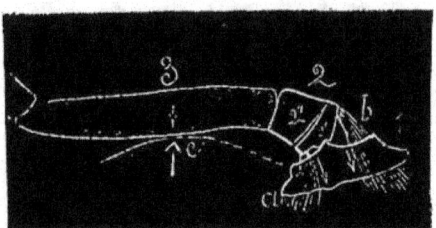

Fig. 660. — Demi-schématique destinée à expliquer le mécanisme de la cassure du deuxième article de la patte du Crabe ou de la Langouste. L'animal est placé sur le dos; la figure représente une patte de droite, vue par sa face postérieure (*).

sur la partie proximale 2' (en forme d'anneau) du deuxième article et finit par la séparer de la portion distale 2" qui se trouve retenue. Il existe là un sillon circulaire, entaillant plus ou moins profondément la paroi du deuxième article surtout à sa face interne, et constituant un *locus minoris resistentiæ* au niveau duquel s'effectue la rupture.

La condition *sine qua non* de la rupture est l'intégrité du muscle extenseur (*a*) du deuxième article. Il faut également que la patte et la partie distale du deuxième article trouvent un point d'appui résistant soit contre la carapace de l'animal, soit entre les doigts de l'expérimentateur qui a saisi la patte.

L'utilité du réflexe d'autotomie saute aux yeux. D'ailleurs, le profit que le Crabe retire du sacrifice de sa patte est double : d'abord il échappe à un ennemi sérieux, puisque ce dernier avait entamé la coque dure de la patte et atteint le nerf sensible. En outre, il n'est pas exposé à périr d'hémorrhagie. La plaie formée par la cassure ne saigne presque pas ; je crois qu'il faut attribuer cette absence d'hémorrhagie à la contraction persistante du muscle extenseur ; ce muscle, gonflé par la contraction tonique, bouche l'orifice qui correspond à la cavité de la patte, et ne permet pas au sang de s'écouler.

La coque du deuxième article, les nerfs et les vaisseaux sont déchirés ; mais les muscles paraissent intacts : ceux qui meuvent le deuxième article sur le premier restent en entier dans le moignon qu'ils fixent solidement et dont ils empêchent l'hémorrhagie. Ceux qui meuvent le troisième article sur le second paraissent entièrement contenus dans la partie caduque.

Nous avons vu avec quelle facilité les pattes des Crustacés repoussent quand elles ont été arrachées. On trouve fréquemment des Crabes présentant une ou plusieurs pattes de formation récente, plus petites que les autres. Chez eux, la patte nouvelle est greffée sur le moignon de l'ancienne, au niveau du milieu du deuxième article. C'est donc également là que se fait la rupture chez l'animal vivant à l'état de nature.

Outre le Homard, l'Écrevisse, la Langouste et les différents Crabes que j'ai cités, j'ai observé la rupture des pattes chez le Bernard l'Hermite (Pagure) et chez les Palémon et les Crangon.

La rupture ne présente pas le même caractère étrange chez tous ces Crustacés. Ainsi c'est par des contractions musculaires, généralisées par de violentes secousses imprimées à tout le corps, que le Homard, dont on pince une des quatre dernières pattes, se délivre en arrachant la patte au niveau de l'articulation entre la basipodite et l'ischiopodite. L'animal me paraît incapable de provoquer cette rupture à la façon du Crabe, par la contraction d'un seul ou d'un petit nombre de muscles.

DISTRIBUTION GÉOGRAPHIQUE DES CRUSTACÉS. — RÉPARTITION DANS LES PROFONDEURS DES OCÉANS.

Les mers renferment le plus grand nombre de ces Arthropodes, mais les lacs et les fleuves en

(*) 1, premier article logeant le fléchisseur *b* et l'extenseur *a* du deuxième article; 2, deuxième article; la fente entre 2' et 2" indique le niveau de la rupture du deuxième article; 3, troisième article; *c*, carapace contre laquelle vient butter la patte par les contractions de l'extenseur *a*. La patte étant fixée, le muscle continue à la contracter et sépare 2" de 2".

recèlent aussi dans leurs eaux; tels sont, parmi les Crabes, les Telphuses, qui se rencontrent même dans les eaux souterraines de l'Algérie et sont lancés au dehors lors du forage des puits artésiens; certains Palémons, même de grande taille; un grand nombre d'Isopodes, d'Amphipodes, de Copépodes, d'Ostracodes.

Il est tout un groupe d'Isopodes terrestres, les Oniscides, qui sont répandus sur toute la surface du globe.

Certains Astacides du genre *Cambarus* notamment habitent les eaux des cavernes de l'Amérique du nord (grottes du Mammouth); des Gammarides, les *Niphargus*, abondent dans les eaux des puits et les profondeurs des lacs.

L'exposé de la répartition des Crustacés dans toutes les régions du globe offrirait certainement beaucoup d'intérêt, mais dans l'état actuel de la science il serait prématuré de formuler des lois générales.

En 1838, H. Milne Edwards (1), en 1854, Dana (2), se sont efforcés de résumer les connaissances que l'on possédait alors pour dresser un tableau de la Distribution géographique de ces Arthropodes et leurs mémoires offrent certainement un grand intérêt historique. Mais à l'époque où ces Carcinologistes poursuivaient leurs travaux, les collections ne renfermaient que les animaux capturés sur les rivages ou à de petites profondeurs, et ils n'ont pu baser leurs considérations que sur l'examen de certaines formes. Leur attention s'est portée principalement sur le mode de distribution suivant les latitudes et ils ont pu déjà constater des faits qui appellent l'attention.

Admettant des centres de création, où parmi les espèces produites les unes sont restées cantonnées dans leur patrie primitive, les autres se sont disséminées au loin et ont été se mêler aux habitants des centres voisins, H. Milne-Edwards a été conduit à admettre l'existence de *régions carcinologiques;* région Scandinave, région Celtique, région Méditerranéenne, région des côtes du Sénégal et du Congo, région Madécasse, région de l'Inde, région des mers du Japon, région Australasienne, région des îles Gallapagos, région des côtes du Chili et de la Patagonie, région Caraïbe, région Pensylvanienne, région Polaire. Comparant entre eux les Crustacés de ces différentes régions, il a remarqué que les individus d'une même espèce sont presque toujours rassemblés dans des mers voisines ; qu'ils n'émigrent pas à des distances considérables des eaux où ils semblent primitivement placés et qu'une grande étendue de haute mer est un obstacle qui arrête leur dissémination ; chaque espèce a dû avoir son origine dans une région déterminée et c'est en s'irradiant de ces divers centres de création que les divers types se sont étendus plus ou moins loin sur la surface de la terre et qu'ils se sont mêlés entre eux dans des régions intermédiaires. Cependant Milne-Edwards a constaté l'existence de formes cosmopolites, et il explique l'exten-

(1) H. Milne Edwards, *Mémoire sur la Distribution géographique des Crustacés.* Ann. sc. nat., 2ᵉ série, t. X, 1838. — *De la Distribution géographique des Crustacés.* Histoire naturelle des Crustacés, t. III, 1840, p. 545.
(2) James Dana, *On the geographical Distribution of Crustacea.* Amer. Journ. of sc. and arts, 2ⁿᵈ series, t. XVIII, nov. 1854.

sion de leur habitat par leur aptitude locomotrice. Le Nautilograpse minime, qui ne paraît pas des mieux doués, a été rencontré un peu partout dans la Méditerranée, sur les côtes de la Jamaïque, aussi bien que sur celles de l'Ile-de-France, de l'Australie et du Chili ; mais cela n'a rien de surprenant, car il a l'habitude de se cramponner aux Tortues marines, aux corps flottants, aux Sargasses. « Suivant toute probabilité, dit Milne-Edwards, c'est ce même Nautilograpse qui fut signalé par Colomb en pleine mer dix-huit jours avant la découverte du Nouveau-Monde et qui, dans un moment bien critique, fournit à ce grand navigateur un argument de plus à l'appui de ses prédictions. » L'éminent Carcinologiste signale l'extension de l'aire de distribution géographique d'un certain nombre d'espèces, notamment des Nephrops, qui habitent les côtes de la Norwège et l'Adriatique, du Grapse messager et du Thalamite admète qui se rencontrent dans la mer Rouge, sur la côte nord de l'Afrique et aux Canaries ; il soupçonne que la dispersion actuelle de ces espèces s'est effectuée à une époque où la Méditerranée communiquait librement avec l'Océan Indien lorsque la terre avait une configuration différente de celle que nous lui connaissons. Si l'influence de la puissance locomotrice et la configuration des mers ont une influence manifeste sur le mode de distribution des Crustacés à la surface du globe, il est certain que la température joue un rôle plus important encore, car c'est elle certainement qui a maintenu les faunes distinctes. Les Crustacés, en tant qu'individus, abondent dans les mers froides aussi bien que dans les mers chaudes, mais les formes spécifiques sont d'autant plus variées qu'on se rapproche de l'équateur ; la taille est en général plus élevée dans les espèces des régions chaudes que dans celles des régions froides ; il y a une coïncidence remarquable entre la température de diverses régions carcinologiques et l'existence ou la prédominance de certaines faunes.

A l'exemple de Milne-Edwards, Dana admet que la répartition des espèces tient à deux grandes causes, les créations primitives locales et les migrations. Il distingue cinq grandes divisions carcinologiques (*Kingdoms*) : l'*occidentale*, embrassant les côtes de l'Amérique, baignées par l'Atlantique et le Pacifique appartenant à la région froide et quelque peu à la région tempérée ; l'*européenne*, s'étendant du cap Horn aux îles Shetland ; l'*orientale* comprenant les côtes orientales de l'Afrique, le sud et l'est de l'Asie et des îles de l'Océan Indien et du Pacifique ; l'*arctique*, englobant la Norwège, l'Islande, le Groënland, l'Archipel de l'Alaska ainsi qu'une partie des côtes de l'Amérique et du Kamtschatka avec les terres arctiques ; l'*antarctique*, groupant la terre de Feu, les îles Falklands, le sud de la Nouvelle-Zélande et les terres ou îles de l'Océan Antarctique. Les trois premières divisions se subdivisent chacune en trois subdivisions : une septentrionale, une médiane et une méridionale, correspondant à trois zones en rapport avec la température de la mer, les zones nord tempérée, torride et sud tempérée. Dana, prenant en considération la température, établit trois zones, la *zone torride*, la *zone tempérée* et la *zone froide*. Toutes ces divisions géographiques, toutes ces zones ont des espèces spéciales et d'autres appartenant à deux ou à plusieurs d'entre elles, ou communes à toutes, c'est-à-dire cosmopolites.

Dana a donné une expression très nette de la distribution des Crustacés suivant la température des mers dans le tableau suivant qui indique également les espèces communes à plusieurs zones :

	a. Zone torride.	b. Zone tempérée.	c. Zone froide.
Brachyurcs................	535	257 (34 a)	2 (5 b)
Anomoures (Bernard l'Hermite, etc.)..............	125	110 (15 a)	4 (1 b)
Macroures................	148	125 (16 a)	29 (2 b)
Anomobranchics (Mysides, Pœnéides, Squillides, etc.)...	82	32 (9 a)	2
Isopodes.................	56	205 (1 a)	21 (3 b)
Anisopodes......	8	34	15
Amphipodes..............	82	157	83 (4 b)
	1036	924 (75 a)	159 (14 b)

Les différents tableaux et les cartes que donne le Naturaliste américain sont des documents instructifs ; nous conseillons de les consulter, car nous ne saurions exposer ici tout au long les considérations et les déductions auxquelles l'ont conduit ses études.

Lorsque les grandes campagnes de dragages sont venues démontrer l'existence d'une faune nombreuse à toutes les profondeurs, on a été fort surpris de trouver parmi les espèces inconnues nombre de types que l'on croyait cantonnés dans certaines mers et condamnés à vivre sous des latitudes déterminées. Citons quelques exemples : les Lithodes sont des espèces de Crabes de grande taille, appartenant à une famille voisine de celle dont fait partie notre Dromie vulgaire de la Méditerranée, qu'on croyait confinée dans les mers polaires (*Lithodes arctica* Lin., *Lithodes antarctica* Hombr) ; les Naturalistes du *Talisman* ont pêché sous les tropiques à une profondeur de 900 à 1000 mètres une Lithode nouvelle (*Lithodes tropicalis*, Alph. Edw.); l'Homole de Cuvier, apparentée également aux Dromies, qu'on considérait comme une espèce exclusivement méditerranéenne, fut retrouvée dans les parages des îles Canaries et des Açores ; on constata d'ailleurs que dans les eaux de ces dernières îles vivaient une foule de Crustacés, considérés comme des hôtes de la Méditerranée et particulièrement de notre golfe de Nice ; c'étaient l'Herbstie noueuse, sorte de petit Maia, l'Amathie de Risso, petit Oxyrhynque, la Calappe granuleuse, espèce de Crabe au corps ramassé, à la carapace tachetée de rouge, le Sténope épineux, voisin des Crevettes du groupe des Pénées, le Pagure strié des mers de Provence ;

on reconnut même un certain nombre des habitants de nos côtes océaniennes, parmi les Crabes des Xanthos, des Eriphies, des Pilumnes et notre Langouste(1). Les Naturalistes du *Porcupine* avaient capturé au nord de l'Écosse des Crabes, le *Scyramathia Carpenteri*, A. M. Edw., reconnaissable par les deux longues et robustes épines qui se dressent entre ses yeux, et aux tubercules spinuleux qui couvrent sa carapace, le *Lispognathus Thomsoni*, appartenant tous deux au groupe des Oxyrhynques ; les Zoologistes du *Talisman* les ont retrouvés à la même profondeur sur les côtes du Maroc ; bien plus, les dragues du *Challenger* les ont recueillis au voisinage du cap de Bonne-Espérance et au sud de l'Australie. L'expédition du *Travailleur* a rapporté de sa campagne dans la Méditerranée un autre Oxyrhynque (*Ergasticus Clouei*, A. M. Edw.), l'expédition du *Challenger* l'a recueilli près des îles de l'Amirauté (*Ergasticus Naresii*, Miers).

L'*Arcturus Baffini*, Isopode voisin des Idotées, et la *Lyssianassa magellanica* (Amphipode apparenté à nos *Gammarus*, ont été capturés dans les mers antarctiques aussi bien que dans les mers arctiques. Parmi les Crabes pélasgiques, le Portune ridé de l'océan Atlantique et de la Méditerranée a été dragué par 25 brasses à Port-Philip, au sud de l'Australie ; le Lispognathe de Thomson du nord de l'Atlantique a été retrouvé au sud de l'Australie ; le Pagure strié de la Méditerranée, de l'Océan (Açores) a été rencontré aux Philippines ; le Pagure granulé a été recueilli aux Antilles et au cap de Bonne-Espérance. Parmi les Isopodes, certaines Séroles ont été retirées des profondeurs à l'est du détroit de Magellan, aux îles Auklands et sur les côtes de Californie, la Sérole antarctique a été draguée à 1,600 brasses à l'île Crozet à 400 mètres sous l'Equateur.

Certains Crabes effectuent des migrations, surtout à l'époque de la ponte.

Quant aux Crustacés parasites, il est bien clair que leur répartition dans les mers est celle des animaux qui les portent.

Nous pourrions multiplier les exemples qui montrent combien dans certains cas l'aire de distribution géographique des Crustacés peut devenir immense, mais de ces faits il se dégage une conclusion très intéressante : « Là où les fonds de l'Océan conservent sensiblement une température déterminée, la dissémination d'une espèce de Crustacé n'a pas de limites ; une même forme peut s'étendre par conséquent d'un pôle à l'autre » (2). M. le professeur Ed. Perrier a formulé ce principe sous une forme plus pittoresque : « Les formes arctiques et antarctiques peuvent se donner la main par dessous les mers, malgré l'immense étendue qui les

(1) Alph. Milne Edwards, *L'expédition du Talisman dans l'Océan Atlantique*, 1884, p. 25. Bull. heb. Ass. sc. de Fr., n° 194, déc. 1883. p. 177.

(2) H. Filhol, *La Vie au fond des mers*, 1885, p. 123.

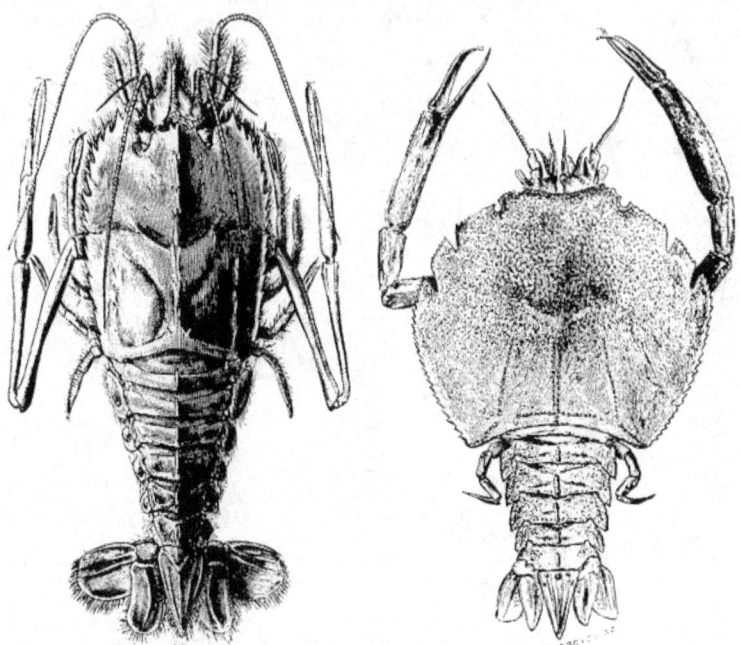

Fig. 661. — *Polycheles sculptus*, Sydney Smith, dragué vers 500 mètres dans l'Atlantique.

Fig. 662. — *Eryon propinquus*, Schloth., des terrains jurassiques (schistes lithographiques de la Bavière).

Fig. 661 et 662. — Les Éryonides vivants et fossiles.

sépare (1) ». Mais à toute règle il est des exceptions, car les Isopodes, les Séroles notamment, ne paraissent pas être impressionnés de la même façon, c'est ainsi que M. Filhol a pu poser ce corollaire ; « c'est qu'il est certains organismes dont la répartition en profondeur ne saurait dépendre de la température du milieu dans lequel ils se trouvent être placés, ni de la pression qu'ils ont à supporter. »

L'exposé qui précède nous montre combien les grandes campagnes de dragages sont venues modifier les idées reçues sur la distribution géographique des Crustacés ; mais elles ont eu un résultat d'une portée infiniment plus considérable : elles ont permis de recueillir une foule de documents qui sont venus changer du tout au tout les opinions consacrées sur les conditions de la vie dans les profondeurs des Océans ; et elles sont venues

non seulement dévoiler l'existence d'une foule d'êtres inconnus, mais révéler aux savants stupéfaits la présence dans les abîmes de formes que l'on croyait à jamais disparues et enfouies dans les couches les plus anciennes de la terre.

Un savant, le professeur Edward Forbes, a résumé dans son *Histoire naturelle des mers d'Europe*, terminé par Godwin Austen (1859), ses opinions sur la distribution des espèces marines (1). Il distingue autour de toutes les terres baignées par la mer quatre zones de profondeur nettement délimitées, caractérisées chacune par la présence d'êtres distincts. La première zone ou zone du littoral est comprise entre deux limites bien déterminés, celle des plus hautes marées et celle des plus basses eaux ; c'est la faune de cette zone qui nous est la plus familière ; elle abonde en plantes marines, notamment en Fucus et en animaux que nous con-

(1) Ed. Perrier, *Les Fonds des mers et leurs habitants*. Science et Nature, t. I, n° 95, avril 1884, p. 204. — *Les explorations sous-marines*, 1886, p. 206.

(1) Edw. Forbes, *Natural History of the European Seas*, 1859.

naissons presque tous, car beaucoup sont victimes de notre appétit. La deuxième zone ou zone des Laminaires commence au niveau des plus basses marées et descend jusqu'à environ 15 brasses (25 à 27 mètres) : c'est la zone des Varechs et de ces belles algues aux teintes carminées, les Floridées, dans laquelle pullulent les Mollusques, notamment les Troches. La troisième zone qui s'étend jusqu'à 50 brasses (92 mètres) est la zone des Coralliaires ; c'est la zone des grandes pêches où l'on capture en abondance Morues, Turbots, Soles et Plies, qui est également riche en Crustacés, en Mollusques, en Échinodermes, en Zoophytes de toute sorte qui caractérisent nettement l'étage sous-marin. La quatrième zone qui descend jusqu'à 100 brasses (183 mètres) est la zone des Coraux de mer profonde. Au-dessous se rencontrent quelques espèces typiques, d'autres espèces appartenant aux zones supérieures ; « à mesure que l'on s'enfonce plus bas, les habitants, se modifiant toujours davantage, deviennent de plus en plus rares, faisant pressentir l'abîme, où la vie est éteinte, où du moins elle ne manifeste plus sa présence que par quelques étincelles. »

Cette affirmation ne fut pas acceptée sans conteste ; quelques sondages exécutés par John Ross, James Clarke Ross, Goddsir, Brooke, Wallich, permirent de révoquer en doute les idées de Forbes, car ces sondages avaient amené à la surface quelques formes animales inconnues : une Astérie magnifique fut retirée de plus de 1000 brasses de profondeur (John Ross), puis treize autres, de 1260 brasses.

Le Dr Wallich (1862) en tira cette conséquence : que le fond de la mer n'est pas tel qu'il entraine l'impossibilité de l'existence, même pour les formes supérieures de la vie animale, et il réfuta avec détail et avec une grande habileté les arguments mis en avant pour soutenir la thèse opposée (1). Il formule sa pensée dans deux propositions qui ont une importance de premier ordre :

1° Les conditions qui dominent dans les grandes profondeurs, bien qu'elles diffèrent beaucoup de celles qui existent à la surface de l'Océan, ne sont pas incompatibles avec l'existence de la vie animale...

2° La découverte d'une seule espèce, vivant d'une manière normale à une grande profondeur, motive suffisamment l'opinion que les abîmes ont leur faune spéciale, qu'elles l'ont toujours eue dans les siècles passés et que les couches fossilifères qu'on supposait avoir été déposées à des profondeurs relativement faibles l'ont été au contraire à de grandes profondeurs.

On peut dire que Wallich a pressenti les grandes découvertes que l'avenir réservait aux explorateurs du fond des mers.

Les nécessités politiques et commerciales con-traignant les gouvernements à établir des relations rapides entre les diverses régions du globe, des câbles sous-marins furent immergés. Qui se serait douté qu'ils contribueraient à amener dans les esprits de grandes modifications sur la notion de la vie au fond des mers ? La rupture d'un de ses câbles permit à l'ingénieur Fleming Jenkin de retirer des profondeurs de la Méditerranée 40 milles de câble chargés d'êtres vivants. M. Alph. Milne Edwards (1861) examina un tronçon portant encore des animaux ; le professeur Allman dressa une liste de ces êtres (1872) ; ces savants furent conduits à admettre avec certitude que des organismes, notamment des Coralliaires, vivaient à 1200 brasses (2195 mètres) ; mais les observations, du Naturaliste français eurent un résultat d'une haute portée, en révélant l'existence, au fond des mers, d'espèces trouvées jusque-là à l'état fossile.

L'attention du monde savant étant éveillée, Wyville Thomson et Carpenter, appuyés par la Société royale de Londres, décidèrent aisément l'Amirauté à mettre à leur disposition, d'abord la canonnière le Lightning, puis le garde-côtes le Porcupine, et enfin la corvette le Challenger pour explorer les fonds des mers. C'est ainsi que les Naturalistes anglais, de 1869 à 1876, draguèrent d'abord au voisinage des côtes de l'Angleterre (nord de l'Écosse et îles Faröer), étendirent successivement leur champ d'exploration au large des côtes d'Irlande, du Portugal, du Maroc, de l'Algérie et de la Tunisie, et enfin se lancèrent avec le dernier vaisseau à travers l'Atlantique, la mer des Indes et le Pacifique, recueillant partout de précieux matériaux, qui sont mis au jour dans une magnifique publication.

Les Américains n'étaient pas en retard sur leurs concurrents et, dès 1863, ils commencèrent des recherches méthodiques sur la faune sous-marine ; interrompues par la guerre de la sécession, elles furent reprises en 1869 (campagne du Corwin), et en 1868 (campagne du Bibb) sous la direction de M. de Pourtalès sur les côtes de la Floride, en 1871 et 1872 sous la direction de L. Agassiz (campagne du Hassler), sur les côtes de l'Amérique du sud, en 1873, dans la mer des Antilles (campagne du Blake).

Ce ne fut qu'en 1880 que la France put entrer en ligne, sur les instances de H. Milne Edwards ; une commission présidée par M. A. Edwards prit la mer sur l'aviso le Travailleur et pendant les années 1880, 1881 et 1882 fit effectuer de nombreux dragages dans le golfe de Gascogne, sur les côtes du Portugal, dans la Méditerranée et dans les parages des îles Canaries. En 1883, la commission passa à bord de l'éclaireur d'escadre le Talisman, et reprit sa campagne d'exploration sur les côtes du Portugal, du Maroc, des îles Canaries, des îles du Cap-Vert, à travers la mer des Sargasses, autour de l'archipel des Açores (1). La moisson fut d'une

<hr>

(1) Wyville Thomson, Les Abîmes de la mer. trad. Lortet, 1875, p. 29 et p. 230.

(1) Marquis de Folin, sous les mers, campagnes d'exploration du Travailleur et du Talisman (bibliothèque scientifique contemporaine), Paris, 1887.

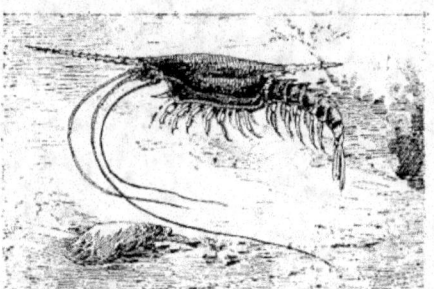

Fig. 663. — La Gnathophausie Zoé, draguée à 1200 mètres de profondeur.

richesse inouïe et chacun a pu voir exposé au Muséum d'Histoire naturelle en 1884 les trésors rapportés du sein des mers par les Naturalistes français (1).

Grâce à l'obligeance extrême de M. A. Milne Edwards, nous avons pu représenter, d'après nature, quelques-unes des formes de Crustacés les plus intéressantes recueillies dans les abîmes; nous les avons groupées suivant les profondeurs (pl. XVII).

Voici d'abord le *Munida forceps*, A. Edw. (fig. 1) qui se trouve répandu partout à une petite profondeur (100 mètres); apparenté à nos Galathées, il se reconnaît à ses pinces démesurément longues et extrêmement grêles, à sa carapace terminée en avant par trois pointes. Le *Nephropsis Agassizii* A. Edw. (fig. 2 et 3) est une sorte d'Écrevisse aveugle, d'un beau rouge corail, recueillie entre 1000 et 1500 mètres, dont l'aire de distribution géographique paraît fort étendue, car il a été capturé dans l'Atlantique, sur les côtes du Maroc, dans la mer des Antilles et peut-être même dans les parages des îles Andaman. L'*Acanthephyra purpurea* (fig. 4) est une élégante Crevette au rostre barbelé, dont le nom nous indique que dans les profondeurs des eaux (2000 à 2500 mètres) les animaux peuvent revêtir les plus magnifiques colorations. Les *Gnathophausia* sont certainement, parmi les Crustacés des grands fonds, au nombre des plus intéressants. Jusqu'aux campagnes du *Challenger* on ne connaissait que des Schizopodes de très petites dimensions, la drague de ce vaisseau a récolté, à l'ouest de Madère, par des fonds de 1700 à 1800 mètres, et au large dans l'Atlantique, par des fonds de 3850 mètres, le *Gnathophausia gigas*, long de 142 millimètres; la drague du *Talisman* a ramené de 2795 mètres un de ces Schizopodes plus grand encore, *G. Goliath*, Alph. Edw. Nous avons représenté pl. XVII, fig. 5 et fig. 671, le *G. Zoe* W. S. dont l'extension géographique est immense, car il a été

(1) Perrier, *L'exposition du Talisman* (*Science et Nature*, 1884, tome I, p. 231).

pêché dans l'Atlantique comme dans le Pacifique. Ces Crustacés sont remarquables à plus d'un titre, leur carapace se prolonge en avant par un rostre dentelé à la façon d'une scie, en arrière par une longue pointe également dentelée, et, chose singulière, chacune des deuxièmes paires de mâchoires porte un organe phosphorescent considéré primitivement comme étant un œil (voy. *Introduction*). Une Crevette des plus curieuses est certainement l'*Hapalopoda investigator*, A. Edw. (fig. 6) qui frappe tout d'abord par sa belle teinte carminée, quoique pêché vers 1900 mètres, mais nous surprend par la forme de ses deux dernières paires de pattes thoraciques qui se sont transformées en longs appendices antenniformes, alors que les pattes antérieures ont conservé leurs caractères de pinces didactyles. Il n'est personne de nous qui n'ait rencontré au bord de la mer, ou n'ait vu dans les aquariums, ces singuliers Crustacés, les Bernard-l'Hermite qui abritent leur abdomen dans des coquilles qu'ils transportent avec eux. Ces singuliers Crustacés se rencontrent dans les abîmes, nous représentons (fig. 7) le *Pagurus abyssorum* A. Edw., ramené de 3560 et même de 4000 mètres. Si ces Pagures ne rencontrent plus de coquilles, rares dans les profondeurs, ils s'adaptent, se logent dans des fragments de bois en devenant rectilignes (*Xylopagurus*); ou se logent dans des colonies de Polypes (*Epizoanthus*), qui les entourent de tous côtés et prennent ainsi une physionomie des plus étranges (*Pagurus pilimanus*, A. Edw.).

Nous ne saurions énumérer toutes les formes nouvelles que la drague a retirées des abîmes; il en est cependant que nous devons mentionner, car leur découverte a été un étonnement. Les Paléontologistes ont recueilli dans les terrains jurassiques les empreintes des *Décapodes* macroures qu'ils ont nommés les *Eryon* (fig. 662); on les croyait à jamais enfouis dans les vieilles assises du globe, quelle n'a pas été la surprise des Naturalistes lorsqu'ils

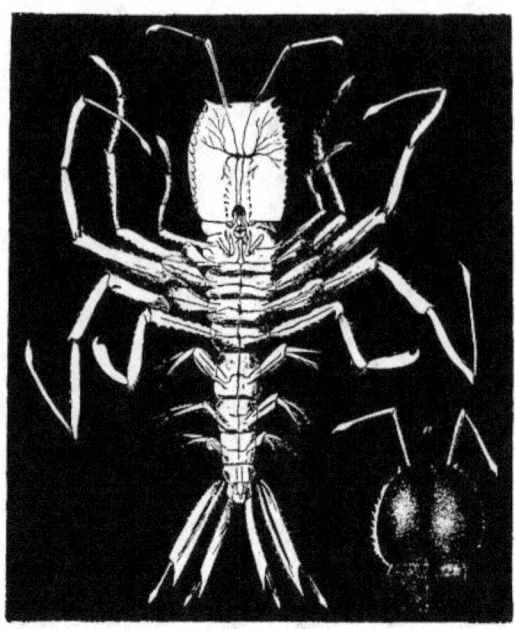

Fig. 664. — Le Cystisome de Neptune, Amphipode (sous-ordre des Hypérines) dragué par le *Challenger* à
2180 mètres et vu par transparence ; *a*, tête avec les yeux énormes.

ont retiré des profondeurs une série d'êtres qui leur étaient étroitement apparentés : les *Polychélides*. Ce sont de bien étranges Crustacés, ces Polychélides, à la carapace aplatie, aux pinces grêles, au corps grisâtre, presque transparent, les uns (*Willemœsia*, Grote) aux pattes effilées, démesurément longues, capturés à 3500 mètres dans l'Atlantique et le Pacifique; les autres (*Polycheles et Pentacheles*) hôtes de grands fonds (3000 mètres), mais cependant capables de remonter jusqu'à 300 mètres. Tel est le *Polycheles typlops* (Heller), le premier de ces Eryonides, découvert et trouvé sur les côtes de la Sicile (1), où il vit certainement à une très faible profondeur, car on a signalé récemment un exemplaire apporté sur le marché par un pêcheur; nous représentons une espèce draguée par les Américains, le *Polycheles sculptus* (Sydney Smith) (fig. 664).

Dans l'expédition du *Challenger* on a découvert à 2,180 mètres de profondeur, au sud-ouest de Gibraltar, dans l'océan Atlantique, un animal extraordinaire qu'on doit rattacher aux Hypérines

(1) Heller, *Beiträge zur näheren Kenntniss der Macrouren*. Zits d. k. Akad. d. Wiss, t. XLV, 1862.

et qui a reçu le nom de Cystisome de Neptune. Ce géant des Amphipodes mesure 84 à 103 millimètres de long, et ses yeux qui occupent toute la face supérieure de la tête n'ont pas moins de 20 millimètres de long sur 26 millimètres de large. Comme l'indique Willamoes-Suhm, l'un des Zoologistes de l'expédition, l'animal est complètement transparent, on lui avait donné tout d'abord le nom caractéristique de *Thaumops pellucida* (fig. 664).

Les grandes campagnes de dragages ont transformé nos connaissances sur les conditions physiques de la vie. Elles nous ont appris que d'énormes pressions, grâce à l'incompressibilité presque complète de l'eau de mer, ne sont pas incompatibles avec le développement des organismes même fort élevés, que les basses températures (même — 3°,5) ne mettaient nullement obstacle au développement d'une foule d'animaux ; que l'absence de lumière ne s'opposait en rien à toutes les manifestations de la vie des populations sous-marines. Elles ont permis de constater que les animaux trouvaient dans les abysses l'oxygène nécessaire à leur respiration, que la température allant en diminuant graduellement, suivant les profondeurs, les êtres des mers froides et peu profondes se retrouvaient à des profondeurs plus grandes là où la température était la même. Elles ont établi que la phosphorescence suppléait au manque de lumière, tous les organismes, ou presque tous, ayant la propriété de produire de la lumière soit à l'aide d'appareils spéciaux, soit par toute la surface de leurs corps. Elles ont modifié complètement nos connaissances sur la Géologie et la Paléontologie, en nous faisant assister à la formation continue des terrains secondaires (Huxley, Prestwich, Wyville Thomson) et en nous montrant vivantes une foule de formes considérées comme à jamais disparues.

Ce sont là de grandes découvertes qui ont fait faire à la science un immense progrès, et cependant, c'est à peine si on a donné quelques centaines de coups de dragues dans l'immensité des Océans. Que de révélations nous réservent les explorations de l'avenir!

Aussi est-ce avec une satisfaction des plus grandes que nous voyons le prince Albert de Monaco, accompagné d'un Zoologiste expérimenté, M. Jules de Guerne, continuer sur l'*Hirondelle* les explorations sous-marines, commencées si brillamment en France par le *Travailleur* et le *Talisman*. Il est à souhaiter que les campagnes de dragages soient poursuivies méthodiquement, étendues à toutes les mers; les esprits éveillés sont dans l'attente de nouvelles découvertes destinées à rénover les sciences naturelles, à transformer nos idées sur les origines de la vie.

LES CRUSTACÉS AUX DIFFÉRENTES ÉPOQUES GÉOLOGIQUES.

Des Crustacés, même des espèces fort élevées en organisation, ont vécu aux époques géologiques les plus reculées.

On a signalé des Décapodes macroures dans les

Fig. 665. — Décapode macroure de la famille des Glyphæides. (*Pemphix Sueurii*, Desm), du Trias (Muschelkalk).

terrains dévoniens (*Palæopalemon*), carbonifères (*Crangopsis, Arthropalæmon*, etc.), triasique (*Penæus, Æger, Eryonides, Glyphæides*) (fig. 665), jurassique, où toutes les familles ont leurs représentants, le Crétacé inférieur (*Pæneus, Eryon, Glyphæa, Pali-*

nurus, Scyllarus, Homarus, Nephrops, Callianassa); ils sont rares dans le Tertiaire, le Miocène et le Pliocène; les Crabes les plus anciens ont été rencontrés dans l'Oolithe. Une des découvertes les plus belles qui aient été faites par les Naturalistes des grandes expéditions de dragages, c'est la découverte de tout un groupe de Crustacés, les *Polycheles*, les *Pentacheles*, les *Willmœsia*, qui sont les représentants actuels d'un groupe de Crustacés (fig. 661 et 662), les Eryon, qui abondaient dans les mers tertiaires, et dont les restes ont été emprisonnés en abondance dans les couches de calcaire oolithique, notamment à Solenhofen en Bavière. Parmi les Crabes, les Oxystomes éteints abondent dans le Crétacé ainsi que les précurseurs des Cyclométopes; les Brachyures sont fort nombreux dans l'Eocène et plus rare dans l'Oligocène et le Miocène; les espèces du Pliocène sont des espèces actuelles.

Des Crustacés Edriophtalmes ont été trouvés dans les terrains anciens, les *Necrogammarus Salweyi*, Amphipodes du Silurien supérieur, les *Præarcturus* du vieux grès rouge, les *Arthropleura* des couches houillères; les *Ægites*, les *Archæoniscus* du jurassique sont des Isopodes disparus; mais certaines Armadilles, des Porcellions, des *Oniscus* du Miocène, sont des Cloportes de nos genres actuels.

La Craie est riche en Cirripèdes (*Scalpellum*), le terrain tertiaire également (Balanides).

Les Ostracodes ont laissé dans presque tous les terrains les vestiges de leurs carapaces; les Branchiopodes ont eu de nombreux représentants, même à l'époque paléozoïque, dans les terrains siluriens et carbonifères.

CHASSE ET RÉCOLTE DES CRUSTACÉS. — PRÉPARATION. — CONSERVATION DES COLLECTIONS.

Les Crustacés terrestres ou côtiers se recueillent à la main.

Les Crustacés marins ne peuvent être capturés qu'au filet (fig. 666). Les filets fins en soie sont in-

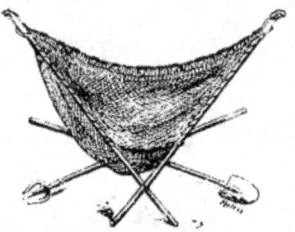

Fig. 666. — Filet pour la pêche des Crustacés.

dispensables pour la récolte des petits Crustacés et des larves pélagiques.

En promenant la drague (fig. 667) dans les prairies sous-marines, dans les fonds vaseux, on amènera une foule d'êtres cachés.

Les Crustacés des grandes profondeurs sont récoltés seulement avec l'outillage perfectionné des navires aménagés pour les dragages (1) tels qu'ils ont été établis sur le *Travailleur* (fig. 667 *bis*, p. 701) et le *Talisman.*

L'inspection des Échinodermes, de certains Zoophytes, des Mollusques, des Poissons, des Tortues de mer, des grands Cétacés et en général de tous les Animaux marins procurera une multitude d'espèces commensales et parasites ; l'examen des branchies donnera beaucoup de Lernéens.

L'autopsie des estomacs des Cétacés et des Poissons permettra de collectionner nombre de Crustacés servant à l'alimentation.

Les Crustacés peuvent se conserver de deux façons qui ont chacune leur mérite suivant l'objet qu'on se propose.

La carapace détachée, on les débarrasse de leurs viscères et de la plus grande partie de leurs muscles, et on les fait sécher ; puis on rapproche les parties en remplissant les vides d'étoupe imprégnée de savon arsenical, et on couvre la carapace et le membre de vernis à tableau.

Ce procédé employé dans tous les Musées pour offrir aux yeux le spectacle si intéressant d'une forme dont on ne soupçonnerait pas la variété, a l'inconvénient, par l'exposition prolongée à la lu-

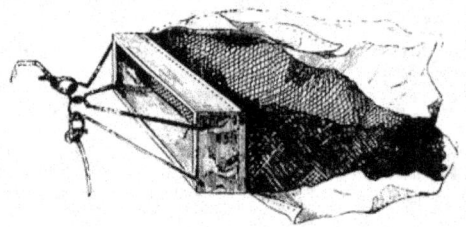

Fig. 667. — Drague pour la pêche des Crustacés.

mière, de ne plus offrir que des squelettes décolorés, souvent d'une grande friabilité.

Il est préférable de conserver les Crustacés dans l'alcool ; on a ainsi des collections moins séduisantes pour les yeux, mais en vérité plus scientifiques, les échantillons pouvant demeurer indemnes et offrir toutes les ressources pour l'examen des pièces extérieures et l'étude de l'organisation.

CLASSIFICATION DES CRUSTACÉS.

H. Milne Edwards a exposé magistralement les divers systèmes et méthodes employés jusqu'en 1834 pour le groupement des Crustacés ; il a perfectionné la classification, celle qu'il a créée sert encore de base aujourd'hui ; l'ouvrage dans lequel il a exposé sa méthode est toujours demeuré classique.

Nous suivrons celle que M. Claus, connu par ses beaux travaux sur l'évolution et l'organisation des Crustacés, a adoptée, parce qu'elle est au courant de tous les progrès de la science.

(1) Voyez de Folin, *Sous les mers, campagnes d'exploration du Talisman et du Travailleur.* Paris, 1887, 1 vol. in-16 (*Bibliothèque scientifique contemporaine*).

Classification des Crustacés (d'après Claus).

	Ordres.	Sous-ordres.

I. — MALACOSTRACÉS.

I. — THORACOSTRACÉS. — Yeux le plus souvent pédonculés; carapace réunissant tous les anneaux thoraciques ou au moins les antérieurs avec la tête.

PODOPHTALMAIRES. — Yeux pédonculés; carapace grande recouvrant le thorax; 3 paires de pattes-mâchoires; 5 paires de pattes-thoraciques bifides ou simples. Cœur thoracique.

DÉCAPODES. — Carapace recouvrant complètement la tête et le thorax; 3 paires de pattes-mâchoires; 5 paires de pattes ambulatoires terminées fréquemment par une pince.

BRACHYURES. (Fig. 668.) — Corps ramassé; le plus souvent à carapace large triangulaire, arrondie ou quadrangulaire; à plastron sternal excavé logeant l'abdomen replié en avant; abdomen court chez les mâles, large chez les femelles, à 1 ou 2 paires de fausses pattes chez les premiers, à 4 paires chez les secondes, ne portant jamais de nageoire caudale.

MACROURES. (Fig. 669.) — Corps allongé; pas de plastron sternal, les Palinurides excepté; abdomen très développé, plus long que la carapace, portant 5 paires de fausses pattes et terminé par une grande nageoire caudale.

SCHIZOPODES. (Fig. 670.) — Carapace grande, généralement membraneuse; 8 paires de pattes semblables et divisées en deux branches portant fréquemment des branchies libres et saillantes.

STOMAPODES. (Fig. 671.) — Yeux pédonculés; corps allongé à carapace courte ne recouvrant pas les anneaux thoraciques; 5 paires de pattes buccales; 3 paires de pattes fourchues; branchies en panaches sur les pattes abdominales. Cœur thoracique et abdominal.

CUMACÉS. (Fig. 672.) — Yeux non pédonculés; carapace petite laissant libre 4 ou 5 anneaux thoraciques; 2 pattes-mâchoires; 6 paires de pattes: les deux antérieures au moins fourchues; abdomen portant, outre les appendices de la queue, 2, 3 ou 5 paires de pattes natatoires. Cœur thoracique.

II. — ARTHROSTRACÉS ou ÉDRIOPHTALMES. — Yeux latéraux sessiles; d'ordinaire sept anneaux thoraciques séparés, rarement six ou moins encore; nombre de pattes correspondant.

ISOPODES. — Corps large plus ou moins bombé, à 7 anneaux thoraciques libres; abdomen souvent réduit à anneaux courts et à pattes lamelleuses fonctionnant généralement comme branchies.

EUISOPODES. (Fig. 673.) — Corps à 7 anneaux thoraciques libres portant un même nombre de pattes; abdomen relativement court et large; pattes abdominales avec lamelles branchiales.

ANISOPODES. (Fig. 674.) — Corps plus ou moins semblable à celui des Amphipodes; abdomen à pattes biramées ne fonctionnent pas comme branchies.

AMPHIPODES. — Corps comprimé latéralement, à 7, rarement 6 anneaux thoraciques libres; branchies sur les pattes thoraciques; abdomen allongé, exceptionnellement rudimentaire, à 3 anneaux antérieurs portant 3 paires de pattes natatoires, à 3 anneaux postérieurs portant 3 paires de pattes dirigées en arrière.

HYPÉRINES. (Fig. 675.) — Tête grande, renflée, avec yeux très volumineux; ordinairement un œil sur le sommet et des yeux latéraux ainsi qu'une paire de pattes-mâchoires formant lèvre inférieure.

CREVETTINES. (Fig. 676.) — Tête petite à yeux peu volumineux; pattes-mâchoires multi-articulées ayant la forme de pattes locomotrices.

LÉMODIPODES. (Fig. 677.) — Paire de pattes antérieures situées sous la gorge; abdomen rudimentaire.

Classification des Crustacés (suite).

	Ordres.	Sous-ordres.

— MALACOSTRACÉS (suite). / III. — LEPTOSTRACÉS

Test mince bivalve sous lequel tous les anneaux thoraciques restent libres; 8 paires de pattes semblables à celles des Phyllopodes, abdomen à 8 anneaux terminés par 2 appendices.

Mêmes caractères.   *Mêmes caractères.*   NÉBALIDES. (Fam. des) (Fig. 678.)

II. — ENTOMOSTRACÉS

CIRRIPÈDES. — Crustacés sessiles, en général hermaphrodites, à corps indistinctement articulé, entouré par un repli cutané ou manteau renfermant en général des plaques calcaires; munis dans la règle de 6 paires de pattes en forme de cirres.

- THORACIQUES. (Fig. 679.) — Corps plus ou moins segmenté, entouré d'un manteau à plaques calcaires; 6 paires de pattes thoraciques en forme de cirres. Bouche avec une lèvre supérieure et des palpes ainsi qu'avec 3 paires de mâchoires.
- ABDOMINAUX. — Corps inégalement segmenté, entouré d'un manteau en forme de bouteille; 3 paires de pattes en forme de cirres.
- APODES. — Corps segmenté de 11 anneaux ressemblant à celui d'une larve d'insecte; bouche disposée pour la succion, à mandibules et mâchoires. Tube digestif rudimentaire. Pas de pattes en forme de cirres.
- RHIZOCÉPHALES. (Fig. 680 et 681.) — Corps non segmenté, dépourvu de membres, ayant la forme d'un sac où d'un disque lobé avec pédicule court et étroit d'où partent des filaments radiciformes ramifiés. Manteau sans pièces calcaires. Pas de bouche ni d'appareil digestif.

COPÉPODES. — Corps allongé, en général nettement articulé sans duplicature cutanée testacée; 2 paires d'antennes, 1 paire de mandibules, 1 paire de mâchoires, 2 paires de pattes-mâchoires, 4 ou 5 paires de pattes biramées; abdomen de 5 articles dépourvu de membres.

- BRANCHIURES. (Fig. 682.) — Céphalothorax en forme de bouclier; abdomen bilobé, yeux grands et composés; stylet protractile en avant de la trompe; 4 paires de rames allongées bifides à l'extrémité.
- EUCOPÉPODES. — Rames à branches courtes, simples ou formées de 2 ou 3 articles; pièces buccales disposées pour mâcher, ou pour piquer et sucer.
  - GNATHOSTOMES ou NAGEURS. (Fig. 683.) — Copépodes libres à anneaux du corps bien développés, à pièces buccales disposées pour mâcher.
  - SIPHONOSTOMES ou PARASITES. (Fig. 684.) — Copépodes à segmentation du corps plus ou moins effacée, à pièces buccales disposées pour piquer et pour sucer. Les uns libres et accidentellement parasites; les autres exclusivement parasites.

OSTRACODES. (Fig. 685.) — Petits Entomostracés ordinairement comprimés latéralement; corps complètement entouré d'une carapace bivalve; 7 paires d'appendices seulement servant d'antennes, de mâchoires, de pattes pour nager et ramper; palpes mandibulaires en forme de pattes; abdomen court.

Classification des Crustacés (*suite*).

Ordres.		Sous-ordres.
II. — ENTOMOSTRACÉS (*suite*).	Entomostracés à corps allongé, souvent nettement segmenté, présentant ordinairement un repli cutané constituant un test, ou carapace, aplati en forme de bouclier, ou bivalve et comprimé latéralement et muni d'au moins 4 paires de rames lamelleuses, lobées. **PHYLLOPODES.** De grande taille, à corps nettement segmenté, entourés en général par une carapace, tantôt aplatie et en forme de bouclier, tantôt bivalve et comprimée latéralement ; munis de 10 à 40 paires de rames foliacées et d'appendices branchiaux bien développés.	**BRANCHIOPODES.** (Fig. 686.)
	De petite taille, à corps comprimé latéralement, entouré le plus souvent, à l'exception de la tête, par une carapace bivalve ; munis de grandes antennes natatoires et de 4 à 6 paires de rames.	**CLADOCÈRES.** (Fig. 687 et 688.)

Fig. 667 *bis*. — L'aviso *le Travailleur* ayant fait la première campagne française de dragage.

Types des principaux Ordres de la Classe des Crustacés.

I. — MALACOSTRACÉS.

I. THORACOSTRACÉS.

Ordres des PODOPHTALMAIRES.

Sous-ordre des DÉCAPODES.

Division des Brachyures.

Fig. 668. — Ocypode des sables : tribu des CATOMÉTOPES. Famille des Ocypodides.

Division des Macroures.

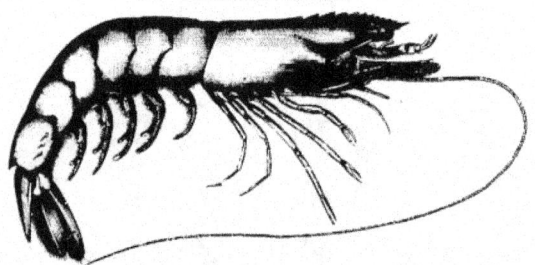

Fig. 669. — Pénée Caramote.
(Famille des Carididés. — Sous-famille des *Pénéines*).

Sous-ordre des SCHIZOPODES.

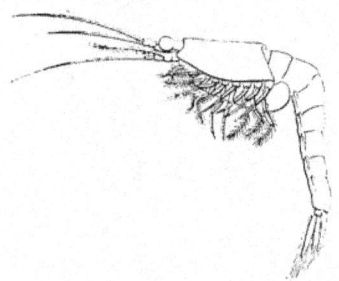

Fig. 670. — Mysis spinuleux. — Famille des Mysidés).

Ordre des STOMAPODES.

Fig. 671. — Squille maculée (Famille des Squillides).

Ordre des CUMACÉS.

Fig. 672. — Diastylis sculpté (Famille des Diastylides).

II. ARTHROSTRACÉS OU ÉDRIOPHTALMES.

Ordre des ISOPODES.

Sous-ordre des EUISOPODES.   Sous-ordre des ANISOPODES.

Fig. 673. — Sphérome denté (Famille des Sphéromides).   Fig. 674. — Ancée maxillaire femelle (Pranize) (Famille des Pranizides ou des Ancéides).

ORDRE DES AMPHIPODES.

Sous-ordre des HYPÉRINES.   Sous-ordre des CREVETTINES.   Sous-ordre des LÉMODIPODES.

   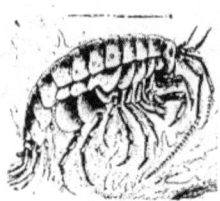   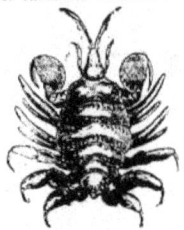

Fig. 675. — Phronime sédentaire   Fig. 676. — Talitre sauteuse ou locuste   Fig. 677. — Cyame ovale
(Famille des Phronimides).   (Famille des Crevettines).   (Famille des Cyamides).

III. LEPTOSTRACÉS.

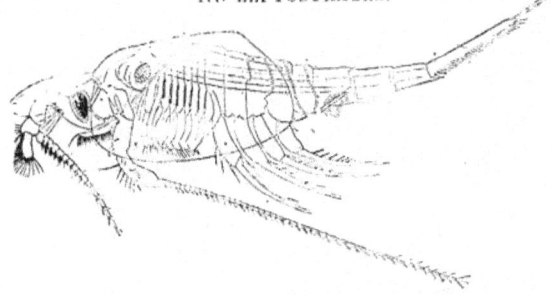

Fig. 678. — Nébalie de Geoffroy mâle (Famille des Nébalides).

II. — ENTOMOSTRACÉS.

ORDRE DES CIRRIPÈDES.

Sous-ordre des   Sous-ordre des
CIRRIPÈDES THORACIQUES.   CIRRIPÈDES RHIZOCÉPHALES OU SUCEURS.

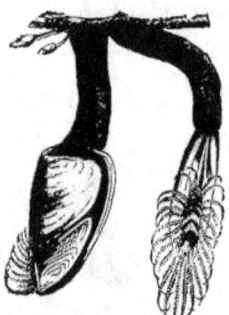   

Fig. 680. — Sacculine du
Crabe (Famille des Pel-
togastrides).

Fig. 679. — Lepas anatifère   Fig. 681. — Peltogaster
(Famille des Lépadides).   courbé (Famille des
Peltogastrides).

ORDRE DES COPÉPODES.

SOUS-ORDRE		SOUS-ORDRE
DES BRANCHIURES		DES EUCOPÉPODES.

I. — *Gnathostomes ou nageurs.*

II. — *Siphonostomes ou Parasites.*

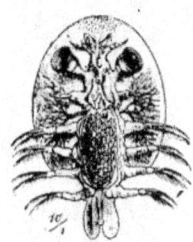

Fig. 682. — Argule foliacé
(Famille des Argulides).

Fig. 683. — Cyclops à quatre cornes
(Famille des Cyclopides).

Fig. 684. — Lernéocère
(Famille des Lernéides).

ORDRE DES OSTRACODES.

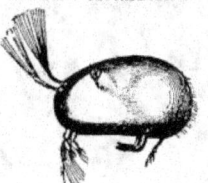

Fig. 685. — Cypris brune.

ORDRE DES PHYLLOPODES.

SOUS-ORDRE DES BRANCHIOPODES.

SOUS-ORDRE DES CLADOCÈRES.

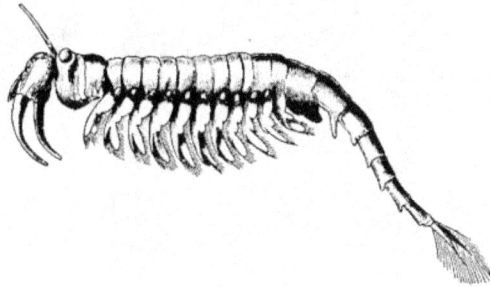

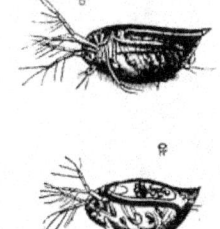

Fig. 686. — Branchipe épineux (Famille des Branchipodes).

Fig. 687 et 688. — Daphnie puce,
mâle et femelle (Famille des Daphnides).

FIN DE L'INTRODUCTION.

Fig. 689. — Médaille frappée en commémoration des campagnes de dragage du *Talisman*, sous les auspices de l'Institut de France (Académie des Sciences), et due au burin de M. Daniel Dupuis.

LES CRUSTACÉS

LES PODOPHTALMAIRES — *PODOPHTALMATA*

Caractères. — Les Thoracostracés sont caractérisés par leurs yeux situés sur des pédoncules mobiles, par leur grande carapace qui, recouvre tous les anneaux thoraciques; leur corps est ramassé ou allongé; les branchies sont, à quelques exceptions près, toujours portées par les pattes thoraciques, le cœur est situé dans le thorax; ils naissent généralement sous la forme de Zoés et subissent des métamorphoses.

LES DÉCAPODES — *DECAPODA*

Zehnfüszer.

Caractères. — Ce sous-ordre, comprenant les Crustacés qui atteignent la plus grande dimension et dont l'organisation est la plus développée, est caractérisé par des *yeux pédonculés et mobiles*; par un *céphalothorax* formé par la coalescence des anneaux de la tête du thorax et qui est recouvert d'une vaste carapace; par *cinq paires de pattes*. En outre, les pièces buccales sont constituées par *une lèvre supérieure, une paire de mandibules, deux paires de mâchoires et trois paires de pattes-mâchoires;* les branchies, disposées en houppes ou en feuillets, sont contenues dans des cavités spéciales au-dessous de la carapace de chaque côté du thorax.

En comparant les Décapodes aux autres Crustacés on constatera combien leur organisation est supérieure. La perfection de leur système nerveux et celle de leurs organes des sens sont en rapport avec la ferme consistance du squelette tégumentaire et avec le puissant développement du système musculaire.

Distribution géographique. — Les Crustacés décapodes sont répandus dans toutes les mers et se rencontrent sous toutes les latitudes, dans les mers polaires comme sous l'équateur; ils ont été capturés, lors des campagnes de dragages, à toutes les profondeurs, même dans les abysses à 5,000 mètres; ils y vivent même quelquefois en troupes si nombreuses, qu'un chalut ramena à bord du *Talisman*, de 450 à 600 mètres sur les côtes de Saint-Vincent du cap Vert, un millier (978) de Pandales (grande Crevette rouge), cinq cents Nematocarcinus (Crevettes à longues pattes), cent cinquante Pasiphaés (Crevettes tachetées de rouge), une foule d'Aristés (Crevettes du plus beau carmin); qu'une drague remonta une si grande quantité de Crabes que le pont du yacht *l'Hirondelle* en fut couvert.

Mœurs, habitudes, régime. — Aucun autre ordre ne nous offrira de pareils exemples d'intelligence, d'agilité dans la poursuite d'une proie ou de souplesse dans la fuite; aucun ne nous montrera autant d'acuité dans la perception des phénomènes ambiants; aucun ne nous étalera un tel déploiement d'artifices. Néanmoins, nombre de Décapodes paraissent extrêmement malhabiles, une fois hors de l'eau; ils peuvent à peine soulever leurs énormes pinces. Mais, au lieu de les juger ainsi, il faut les apprécier dans leur élément, où ils deviennent d'autant plus légers, que leur corps déplace un poids d'eau plus considérable. Beaucoup de Décapodes à long abdomen, comme notre Ecrevisse, ont alors des mouvements d'une souplesse et d'une rapidité extrême; cette portion joue alors le rôle d'un aviron puissant, et les grands Homards ainsi que les Langoustes, fortement musclés, peuvent donner à l'aide de leur queue des coups violents qui leur permettent de se lancer en arrière et d'éviter ainsi leurs ennemis. Mais lorsqu'il s'agit de courir, cet appendice devient fort gênant; aussi les Décapodes à long abdomen, une fois hors de l'eau, se trouvent-ils dans une situation pénible. Les Décapodes sont donc d'autant plus souples et d'autant plus agiles pour courir et pour grimper, qu'ils possèdent un abdomen plus court et plus léger. Les Crustacés qui marchent avec le plus de souplesse sont ceux qui ne sont pas incommodés par cet appendice destiné à une fin tout autre. Par conséquent l'atrophie ou le développement moindre du post-abdomen est la condition qui commande un changement dans le mode d'existence. Le rang le plus élevé revient à ceux qui possèdent les pattes les plus agiles et qui, infidèles à l'élément humide, séjour habituel de cette classe d'animaux, peuvent vivre sur terre en dépit de leur respiration branchiale.

Classification. — Les Décapodes se divisent en deux groupes, les Brachyures et les Macroures, suivant qu'ils ont l'abdomen court et rudimentaire ou l'abdomen long et très développé

LES BRACHYURES ou CRABES — *BRACHYURA*

Krabben.

Caractères. — Ainsi que nous venons de l'indiquer, les Brachyures ou *Crabes* constituent un sous-ordre des Décapodes, qui a pour caractère de présenter un corps ramassé, plus large que long, à carapace triangulaire, arrondie ou quadrangulaire, un abdomen court, lamelliforme, rabattu au-dessous du céphalothorax et logé dans une excavation du sternum. La Femelle se distingue des Mâles par une largeur plus grande de cet abdomen, qui ne porte de nageoire ni dans un sexe ni dans l'autre; il est muni chez les Femelles de quatre paires de fausses-pattes, appendices filiformes servant à porter les œufs jusqu'à leur éclosion; chez les Mâles de une à deux paires transformés en organe d'accouplement. Le céphalothorax est court, denticulé ou hérissé d'excroissances et d'épines de toutes sortes qui donnent souvent à l'animal un aspect très particulier.

Mœurs, habitudes, régime. — Les Crabes, qui sont en mesure de vivre plus ou moins longtemps sur terre, ont un degré supérieur d'activité sensorielle et d'instinct, en un mot, le développement le plus parfait que puisse atteindre l'être crustacé. Parmi les Crabes, les uns sont des animaux conformés pour la marche et courent sur les fonds des mers ou grimpent sur les rochers sous-marins, quelquefois même sortent de l'eau pour errer sur les plages et pénétrer même dans l'intérieur des terres; les autres sont construits pour la natation et sont des animaux pélagiques par excellence. La plupart des Crabes progressent latéralement et présentent, surtout lorsqu'ils courent avec rapidité, une allure comique: M. de Quatrefages a dit spirituellement qu'en fuyant sur les plages, devant le promeneur, ils ont l'air de lui faire le geste bien connu des gamins de Paris. Les soldats leur appliquent en Dalmatie le terme militaire de : « Par-file-à-droite! »

Si les Crabes adultes présentent une queue très atrophiée, celle-ci est bien développée chez les jeunes; c'est là la cause d'une erreur qui avait fait classer tout à fait à part, sous le nom spécial de *Zoëa*, ce type de jeunes animaux. Leur aspect du reste est assez étrange. Le prolongement en forme de rostre allongé, l'épine puissante qui s'élève sur le dos et la queue, sont destinés en partie à disparaître, en partie à s'atrophier; enfin le céphalothorax doit prendre une conformation tout autre avant qu'on puisse y voir un corps de

Crabe(1). On peut donc dire que le Crabe brachyure est dans sa jeunesse un Crustacé macroure ; et c'est là le caractère dominant de l'état jeune dans l'ordre entier.

Tandis que la plupart des Crabes vivent sur le littoral ou sur des rivages, les larves ou *Zoëa* sont essentiellement des animaux nageurs. Ils nagent soit au voisinage des côtes, soit à la surface des mers, soit à quelques pieds au-dessous ; on ne les trouve pas isolément, comme on pourrait le croire, mais en compagnie d'innombrables créatures pour la plupart microscopiques, dont beaucoup s'offriront à notre étude dans la suite. Avec la plupart de ces créatures, les Larves des Crustacés partagent la propriété d'être si parfaitement transparents que leur présence peut rester inaperçue ou n'être décelée que par l'éclat souvent intense de leurs yeux dont les dimensions sont extraordinairement grandes relativement à celles du corps.

Classification. — Les Brachyures ont été divisés en un certain nombre de tribus : les *Catométopes*, les *Cyclométopes*, les *Oxyrhynques*, les *Oxystomes* et les *Notopodes*.

LES CATOMÉTOPES OU CRABES QUADRANGULAIRES — *CATOMETOPA*

Viereckkrabben.

Caractères. — Cette famille est caractérisée par un céphalo-thorax plus ou moins quadrangulaire, tronqué transversalement à la partie antérieure, à bords latéraux droits ou légèrement courbes ; à région stomacale grande, à région hépatique très petite, à région branchiale très développée.

Classification. — Les Catométopes ont été répartis dans cinq familles, celles des Gécarcinides, des Grapsides, des Ocypodides, des Gonoplacides et des Pinnothérides.

LES GÉCARCINIDES OU CRABES TERRESTRES — *GECARCINIDÆ*

Landkrabben.

Caractères. — Carapace ovalaire, notablement plus large que longue, fortement bombée sur les côtés, à bords très arrondis, à peine dentée ; front assez large ; pédoncules oculaires courts.

Mœurs, habitudes, régime. — Les historiens et les voyageurs de Rochefort (2), Labat (3), Feuillée (4), Browne (5), Pöppig (6), etc., qui ont visité les Antilles, nous ont rapporté une foule de détails intéressants sur les mœurs de ces Crustacés. Les Crabes terrestres (*Gecarcinus*), désignés aussi dans les colonies par le nom de Tourlouroux, habitent de préférence les bois humides et ombragés ; ils se cachent sous les racines des arbres, ou creusent des trous assez profonds. Quelques-uns n'abandonnent pas les bas-fonds à demi marécageux du voisinage

des mers ; d'autres s'en éloignent davantage et vivent dans les montagnes abruptes et rocailleuses. Sur les rochers calcaires de Cuba, absolument dépourvus d'eau et de terre végétale, mais recouverts de broussailles, on trouve pendant huit mois de l'année de grands Crabes terrestres qui courent parmi les feuilles desséchées ; ils surprennent parfois les promeneurs isolés, et lorsqu'ils sont découverts, ils se mettent sur la défensive courageusement.

On les rencontre assez fréquemment et toujours isolés, car ils n'ont d'instincts sociables qu'au moment de la procréation. C'est au moment des pluies qu'ils abandonnent leurs retraites pour errer au crépuscule ou pendant la nuit ; ils se préparent à se rendre à la mer pour y perpétuer leur espèce. Ils sont alors gras à point.

Le R. P. Feuillée eut un jour le plaisir de les observer descendant à la mer pour y déposer leurs œufs ; se trouvant dans les bois, il en rencontrait de temps en temps des troupes si nombreuses, qu'il lui était presque impossible de marcher sans mettre le pied sur quelqu'un de ces animaux ; heureusement il avait de

(1) Voyez Introduction, *Développement et Métamorphoses*, p. 683, fig. 663, 664 et 665.

(2) De Rochefort, *Histoire naturelle des Antilles*, 1667.

(3) Labat, *Voyage aux Indes d'Amérique*, 1724.

(4) R. P. L. Feuillée, *Journal des observations physiques*, etc., 1725.

(5) Patrick Browne, *The civil and natural History of Jamaica*, 1856.

(6) Pöppig, *Notices zoologiques.*

bonnes bottines pour se parer de leurs morsures.

Certains d'entre eux nichent dans les endroits malpropres, principalement dans les cloaques qui avoisinent les fermes et les métairies.

Leur nourriture est principalement végétale; cependant on affirme, avec raison, qu'ils se frayent un chemin jusqu'aux cadavres enterrés trop superficiellement et qu'ils les rongent.

LES GÉCARCINS — *GECARCINUS*

Caractères. — Chez ces Crabes le quatrième article et la tige terminale des pattes-mâchoires externes sont entièrement cachés sous le troisième article; l'insertion se faisant à la face interne et près du sommet de ce troisième article.

Distribution géographique. — Ils habitent les pays chauds, les Antilles, les îles Bahamas.

Mœurs, habitudes, régime. — Les mœurs sont celles de l'espèce que nous avons prise pour type.

Usages. — Tous les voyageurs affirment que ces Crabes, capturés et préparés à point nommé, constituent à juste titre pour les gourmets le plus savoureux des Crustacés.

D'après de Rochefort, « la manière la plus ordinaire de les apprêter est toute la même que celle des Écrevisses de France ; mais ceux qui sont les plus délicats et qui veulent employer le temps requis pour les rendre de meilleur goût prennent la peine, après les avoir fait bouillir, d'éplucher tout ce qu'il y a de bon dans les pattes, et de tirer certaine substance huileuse qui est dans le corps, laquelle on nomme *Taumaly*, et de fricasser tout cela avec les œufs des femelles, y mêlant un peu de poyvre du païs et du suc d'oranges. Il faut avouer que le ragoût est l'un des plus excellents que l'on serve aux Antilles.

« Aux terres où il y a plusieurs arbres de Mancenilles, les Crabes qui repaissent dessous ou qui usent de ce fruit ont une qualité venimeuse. De sorte que ceux qui en mangent en sont dangereusement malades. Mais aux autres endroits, elles sont fort saines et tiennent lieu de délices, comme les Écrevisses en Europe. »

Le R. P. Labat a donné différentes recettes culinaires pour apprêter les Crabes terrestres, recettes qui certes ne sont pas sans mériter d'être introduites dans notre cuisine européenne. « Les mâles, dit-il, ont, au lieu d'œufs, une matière verdâtre qu'on appelle Taumalin. C'est la sauce avec laquelle on les mange. Pour cet effet on enlève l'écaille du dos (la carapace) en la séparant de celle du ventre où les pieds et les mordants sont attachés : on amasse dans une écuelle tout le taumalin des mâles avec la graisse, on y mêle un peu d'eau et de jus de citron pour les délayer, et on y met du sel et du piment écrasé. Pendant que les corps des Crabes cuisent dans l'eau, on fait bouillir le taumalin en le remuant bien, et quand tout est cuit, on mange la chair des Crabes en la saulçant dans le taumalin comme on mange la viande avec la moutarde.

« Souvent on se contente de faire cuire les Tourlouroux et les Crabes tout entières dans l'eau ou sur les charbons, et après qu'on les a ouvertes on tire la graisse, les œufs, le taumalin, on jette le fiel qui est très reconnaissable parce qu'il est noir et on mange tout le reste avec du sel.

« Une autre manière de les accommoder est, après qu'ils sont cuits dans l'eau avec le sel, de les ouvrir, en tirer toute la chair, les œufs, la graisse et le taumalin, et de leur donner un tour de poêle dans du beurre roux, avec de l'oignon haché bien mince et du persil ; après quoi on les met dans une casserole avec un bouquet de fines herbes, du poivre, des écorces d'oranges et des jaunes d'œufs, délayez dans le jus d'oranges et de citrons, et quand on est prêt de les servir, on y râpe un peu de muscade, c'est un très bon manger. »

Le R. P. Feuillée rapporte que la chair de ces Crabes est fort blanche, assez tendre et d'un bon goût ; mais qu'elle donne peu de nourriture ; il avait grand appétit sans doute, car dans plusieurs occasions n'ayant à manger que des Crabes, il avait une faim dévorante une heure après le repas et se sentait plus faible que s'il n'eût rien mangé de tout le jour.

Aujourd'hui comme au siècle dernier les Crabes terrestres ont conservé leur réputation auprès des Gourmets, à Panama, à la Jamaïque, aux Bahamas ; on les sert, même sur les tables les plus somptueuses.

LE CRABE TERRESTRE COMMUN. — *GECARCINUS RUHICOLA L.*

Gemeine Landkrabbe.

Caractères. — Ce Crabe qui mesure 8 centimètres est d'une couleur rouge violacé ou jaune lavé de rouge, a une très large carapace ; ses tarses sont armés de six rangées de dents en forme d'épines.

Distribution géographique. — Le Crabe terrestre commun (*Gecarcinus ruricola*) se rencontre à la Guadeloupe et dans toutes les Antilles.

Mœurs, habitudes, régime. — Une fois par an il quitte sa résidence, située généralement à une ou deux heures de distance des côtes, pour se diriger vers la mer. En février on observe les premiers de ces émigrants dont le nombre augmente rapidement; toutefois ils ne forment jamais de convois serrés, comme en décrivent les voyageurs anciens; les récits fantastiques qui représentent des convois inaccessibles à toute crainte, marchant sans cesse droit devant eux, sans contourner aucun obstacle, poursuivant leur route par-dessus ou à travers les habitations rurales et chassant de là tous les Rats et tous les Reptiles qui s'y trouvent nichés, ne reposent que sur des exagérations qu'il n'y a pas même lieu de réfuter ici. L'émigration dure jusqu'en avril. Lorsqu'ils ont atteint le rivage ces Crabes terrestres s'abandonnent aux vagues, en évitant les endroits où la mer falaise trop violemment; du reste ils ne demeurent jamais longtemps dans l'eau. Ils en sortent sitôt que les œufs, agglutinés en grand nombre à la face inférieure de l'abdomen des Femelles, s'en décollent. En mai et en juin ils rebroussent chemin; à ce moment on ne pourrait les utiliser, car les muscles se sont considérablement amaigris, et le foie, qui constitue la seule partie comestible du thorax des Crustacés, a échangé sa saveur spéciale contre une amertume excessive, tout en augmentant de volume d'une façon extraordinaire. Quelques mois suffisent à leur réparation. Vers le milieu d'août, le Crabe terrestre se cache dans un creux garni de feuilles mortes, en obstrue l'entrée avec beaucoup de soin, et y effectue sa mue qui paraît exiger près d'un mois. Jusqu'au commencement de septembre, on trouve le Crabe, dans sa retraite, recouvert d'un tégument veiné de rouge, très mince et extrêmement sensible; c'est alors qu'il peut constituer un mets délicat. Il se recouvre de nouveau d'une carapace solide, et sort plutôt pendant la nuit que pendant le jour.

Le *Gecarcinus lateralis* est une autre espèce plus petite, violette, entourée de jaune lavé de rouge, habitant des Antilles. C'est elle qui est le véritable *Tourlourou* très recherché pour la bonté et la finesse de son goût.

LES CARDISOMES — *CARDISOMA*

Caractères. — Ces Brachyures sont ceux qui ont la carapace la plus élevée et la plus carrée parmi les Gécarcinides; ils ont la tige terminale des pattes-mâchoires externes complètement à découvert et insérée à l'extrémité du troisième article.

Distribution géographique. — Hôtes des régions les plus chaudes du globe, ils se rencontrent sur les côtes du golfe du Bengale (Pondichéry) et sur celles que baigne la mer des Indes ainsi qu'aux Antilles.

Mœurs, habitudes, régime. — Les mœurs sont celles de l'espèce typique.

LE CARDISOME BOURREAU. — *CARDISOMA CARNIFEX.*

Caractères. — Très reconnaissable à sa coloration d'un blanc jaunâtre, à la forme générale de sa carapace, il se distingue plus particulièrement par l'existence d'une ligne saillante et élevée sur ses bords latéraux, la présence d'une petite dent derrière l'angle orbitaire, par ses pinces très grandes d'un côté à doigts se touchant dans toute leur longueur. Il mesure 50 à 55 millimètres de largeur.

Distribution géographique. — Habite les côtes que baigne la mer des Indes.

Mœurs, habitudes, régime. — Nous n'avons qu'à fouiller les vieux auteurs pour trouver une foule de renseignements intéressants sur ces Crabes terrestres. François Leguat, gentilhomme bressan, qui, en compagnie de huit protestants, victimes de la révocation de l'édit de Nantes, resta plus de deux ans abandonné à l'île Rodrigues, a laissé un récit (1691 à 1693) de ses *Voyages et Aventures* (1), où se trouvent des observations zoologiques fort curieuses et souvent citées à cause de leur intérêt scientifique; parmi ces observations, il en est sur les Cardisomes bourreaux qui méritent d'être reproduites. « Les Crabes de terre furent nos troisièmes ennemis : il est presque impossible de les détruire à cause de leur prodigieuse quantité dans la plupart des lieux bas, et de la grande difficulté qu'il y a à les déterrer de leurs trous. Elles (*sic*) se logent en terre, et creusent jusqu'à ce qu'elles aient trouvé de l'eau : leur tanière est large, et à plusieurs

(1) *Voyages et aventures de François Leguat et de ses compagnons en deux îles désertes des Indes Orientales,* Amsterdam, 1788.

issues, et ne s'en éloignent que fort peu se tenant toujours sur leurs gardes.

« Elles arrachaient nos plantes dans nos jardins jour et nuit; et si nous renfermions ces plantes dans des espèces de cages, dans l'espérance de les garantir, si elles n'étaient pas fort loin elles approfondissaient leurs tanières, et ce faisant une nouvelle route, venaient par dessous la cage arracher la plante. Le dos ou la coque ou coquille de cette Crabe est d'un roussâtre salé, à peu près rond et d'environ, quatre pouces de diamètre. Elle marche en tout sens sur ses huit pattes qui s'élèvent à quatre doigts de terre, et elle a deux serres dentelées de grandeur inégale, comme on sait qu'en ont toutes les espèces d'écrevisses : la serre ou patte droite étant plus grosse et plus forte que la gauche.

On ne voit pas sa bouche, quand elle marche, parce qu'elle l'a par dessous, mais ses yeux, à peu près comme ceux des Crabes que nous avons en France et en Angleterre, s'élèvent à un bon pouce l'un de l'autre, sur le bord et au devant de la coque.

« Quand on approche, elle est extrêmement prompte à se retirer, et comme elle court toujours après les pierres qu'on lui jette, on a tout le loisir de lui en jeter jusqu'à ce qu'on la frappe. Il est dangereux de s'exposer à être pincé. Cet animal nettoie fréquemment son trou; et après qu'il a fait un petit tas des ordures qu'il y rencontre, il les emporte dehors, en les pressant avec les serres contre son ventre : il fait cela si souvent, et avec tant de diligence qu'il a bientôt ôté ce qui l'incommode. La chair en est assez bonne et approche du goût des écrevisses de nos rivières.

« Un peu avant, et après les pleines lunes de juillet et d'août, ces Crabes vont par milliers, de tous les endroits de l'isle à la mer; nous n'y avons vu aucune qui ne fût chargée d'œufs. On en peut alors détruire beaucoup, parce qu'elles marchent en troupes prodigieuses, et qu'étant éloignées de leurs trous, elles n'ont aucune retraite. Nous en avons quelquefois tué à coups de bâton plus de trois mille en un soir, sans nous apercevoir le lendemain que le nombre en fût diminué.

« La seconde année de notre séjour dans l'isle, nous nous avisâmes pour nous en débarrasser de semer beaucoup de graines dans les lieux qu'elles habitaient le plus, afin de les amuser dans ces endroits-là : comme elles y trouvaient assez d'occupation et même trop, nos plantes se trouvaient épargnées et pourvu qu'elles eussent le temps de grossir, elles étaient hors de danger; aussi la précaution de semer les graines de plantes que nous voulions cultiver, dans les endroits qu'elles ne fréquentaient pas, outre celles que nous semions dans nos jardins : comme dans les lieux élevez et éloignez des ruisseaux, et dans ceux dont le fond est de roche.

« L'un de nos gens, qui à tout hasard avait apporté deux grands coffres pleins de marchandises propres pour les Indes, et une assez bonne quantité de louis d'or, mais qui pour le moins était aussi défiant que riche, fut plaisamment attrapé par une de ces petites bêtes. Il avait ses pistoles en plusieurs bourses, et pour peu qu'il s'éloignât de sa cabane, nous remarquions qu'il les prenait avec lui. Avant que de se coucher il ne manquait jamais non plus de les cacher en divers endroits le plus adroitement qu'il pouvait; mais quelque fin qu'il fût, il trouva plus fin que lui encore, et fut la dupe d'un voleur dont il ne s'était pas défié : je veux dire de quelque Crabe ou de quelque rat qui lui enleva un de ses sachets dont le cuir étant un peu gras, se trouva sans doute au goût du voleur. Le lendemain comme on s'aperçut qu'il était chagrin, et qu'on le vit chercher quelque chose avec beaucoup d'explication, on le pressa tant, que soit par importunité, soit parce qu'il était bien aise qu'on lui aidât, il raconta naïvement l'aventure. Quoiqu'il fût difficile de n'en pas rire un peu, on se mit pourtant en quête avec lui, mais quelque perquisition que l'on fît, on ne trouva rien, et il fallut que le volé se consolât de sa perte. Il est vrai qu'il eut une profonde rancune contre toute la nation des Crabes; et que dans la guerre que nous leur faisions souvent, il n'en tua jamais aucune sans lui donner encore quelques coups après sa mort. »

LE CARDISOME GUANHUMI. — *CARDISOMA GUANHUMI.*

Caractères. — Certains auteurs le considèrent comme la forme âgée du *C. carnifex;* il en est d'ailleurs fort voisin; le mâle a des mains énormes, et la gauche est plus grande que le corps; les deux branches de la pince très courtes ne se touchent que par l'extrémité. Il est jaunâtre, parfois bleuâtre, rougeâtre ou violacé.

Distribution géographique. — Il est fort commun aux Antilles.

Mœurs, habitudes, régime. — Ce *Crabe de terre* ou *Crabe blanc* est de tous les Crabes terrestres celui qui a été le mieux observé par les voyageurs anciens et modernes. Le docteur P. Duchassaing (1) a donné sur lui des renseignements biologiques très complets. « Les Cardisomes sont polyphages ; ils dévorent tout ce qu'il leur arrive de rencontrer ; généralement ils vivent dans les terrains fangeux couverts de Palétuviers, et leur nourriture consiste presque exclusivement dans les fruits sucrés des Mammins (*Mammea americana*),

Fig. 630 . — Les Mammins ou Abricots de Saint-Domingue, fruits du *Mammea americana* que mangent les Cardisomes.

qui croissent en quantité dans ces endroits. Ils se creusent des trous dans la fange, et s'y retirent au moindre bruit. Ceux qui vivent à la proximité des cimetières creusent des terriers qui vont jusqu'aux cadavres, et en font leur

nourriture. Les champs de sépulture sont donc, aux Antilles, percés en tous sens par les nombreux terriers de ces animaux. Cependant le Cardisome constitue une nourriture fort recherchée ; sa chair est plus délicate que celle des Tourlouroux. Quand on désire en manger, on a soin de ne prendre que ceux qui vivent dans les Palétuviers, loin des lieux de sépulture ; on les met dans des endroits clos, où on les engraisse avec des débris de table. Leur chasse se fait avec les mêmes pièges que celui dont on se sert pour prendre les Rats : c'est une boîte ayant une porte à coulisse ; on y place un morceau de Mammin pour appât ; lorsque l'animal y touche, la porte tombe, et il se trouve pris dans la boîte. Mais l'époque de la chasse la plus productive a lieu pendant les fortes pluies de l'hivernage ; les terrains couverts de Palétuviers étant inondés, ces animaux ne peuvent ni séjourner dans leurs trous, ni même en retrouver la place : alors ils se retirent par milliers dans les endroits secs voisins ; on les prend en grande quantité.

« Ce Crustacé est sans aucun doute celui dont la chair est la plus estimée. »

Le D. Isis Desbonne (2) nous dit aussi que ce Crabe très recherché comme aliment est à la Guadeloupe l'objet d'un commerce local relativement étendu dans la saison des pluies ; on les conserve alors vivants dans des cages ou barils, en les nourrissant de maïs, de patates, de fruits ou autres substances végétales.

Ils font des dégâts considérables lorsqu'ils sortent la nuit pour chercher leur nourriture dans les plantations qui avoisinent les marais où ils vivent.

Il y a quelques années (1879) on a pu observer ces Crabes vivants au Muséum de Paris.

LES GRAPSIDES — *GRAPSIDÆ*

Caractères. — Ces Crustacés se distinguent : à leur carapace aplatie, moins régulièrement quadrilatère que celle des Ocypodides, les bords latéraux étant presque toujours faiblement courbés ; à leur front très large occupant environ la moitié du bord antérieur de la carapace, et presque toujours fortement reployé ; à leurs pédoncules oculaires gros et courts ; à leur quatrième article des pattes-mâchoires

inséré au milieu du bord antérieur ou à l'angle externe du troisième article, jamais à l'angle interne.

Distribution géographique. — On trouve des Grapsides sur les côtes de toutes les parties du monde.

Mœurs, habitudes, régime. — Les espèces dont nous connaissons les mœurs habitent de préférence les côtes rocailleuses et sont extrêmement rapides à la course ; parmi eux, le

(1) P. Duchassaing, *Note sur les mœurs des Crustacés des Antilles*, Rev. et Mag. de zool., 2ᵉ série, t. 3, 1851, p. 77.

(2) *Crustacés de la Guadeloupe d'après un manuscrit du Dʳ Isis Desbonne.* Basse-Terre, 1876.

Grapse ensanglanté (*Grapsus cruentatus*) court sur les racines et les branches de Palétuviers avec une grande agilité, le Sésarme de Pison (*Sesarma Pisoni*) vit sur les arbres, dans les Mangliers et les Palétuviers ; il lui répugne d'entrer à l'eau, cependant, lorsqu'il est poursuivi, il finit par s'y laisser tomber et nage avec assez de facilité (Dʳ Isis Desbonne) (1) ; certains d'entre eux, comme le Nautilograpse minime, se rencontrent partout flottant sur les Sargasses ou cramponnés aux Tortues marines (Voy. *Introduction*, p. 691).

LES GRAPSES — *GRAPSUS*

Caractères. — La carapace notablement plus large que longue est presque rectangulaire et horizontale ; les pattes de la première paire sont courtes ; la cuisse ou méropodite est élargie et épineuse en dedans ; les pinces sont courtes, sensiblement égales dans les deux membres ; le troisième article des pattes-mâchoires est aussi large que long.

LE GRAPSE MARBRÉ OU VARIÉ. — *GRAPSUS MARMORATUS SEU VARIUS.*

Caractères. — Ce Crabe, d'un rouge violacé agrémenté de petites taches jaunâtres disposées irrégulièrement, se reconnaît à sa carapace lisse et presque carrée ayant les bords latéraux armés de trois fortes dents, à son front saillant presque horizontal et égal à la moitié de la largeur de la carapace.

Distribution géographique. — Ce Bra-

chyure abonde sur les côtes rocheuses de la Bretagne, du golfe de Nice, de l'Italie et de la Dalmatie, de la Grèce, de l'île de Chypre, de la Russie et de l'Algérie.

Mœurs, habitudes, régime. — C'est un Crabe fort rusé qui chasse sur les rivages et qui sait, à la moindre alerte, mettre à profit les crevasses des rochers avec autant d'agilité qu'une Souris pour se dissimuler.

« Faibles et timides, les Grapses, rapporte Risso (1), cessent leurs courses, leurs jeux ou leurs combats aussitôt qu'ils ont à redouter le moindre danger ; ils s'arrêtent en fixant l'objet de leur crainte, et ils ne tardent pas à se rassurer et à reprendre leurs exercices si on ne les trouble pas, ou bien dans ce cas ils fuient avec vitesse au moindre mouvement que l'on fait pour les saisir. Il est vraiment digne de la curiosité d'un Naturaliste d'étudier les combinaisons que cet animal emploie pour se soustraire à son ennemi, quand il est poursuivi, surtout dans un réservoir d'eau séparé de la mer et peu étendu, tel qu'il s'en trouve sur nos rochers. Il semble calculer ses démarches, et s'il rencontre quelque fissure pour s'appuyer, il menace de ses pinces et ne finit que quand il est assuré d'échapper au danger. Le Grapse mélangé (*G. varius*) abandonne plusieurs fois le jour sa demeure aquatique pour se promener au soleil. Il rôde pendant la nuit pour rechercher les corps morts rejetés par les flots. Les femelles pondent chaque fois de quatre à cinq cents petits œufs ; alors elles se tiennent sous les pierres jusqu'à ce qu'ils soient éclos. »

LES OCYPODIDES — *OCYPODIDÆ*

Caractères. — Les Ocypodides ont la carapace rhomboïdale ou trapézoïdale très large et très élevée en avant, avec deux angles antérieurs très nets et aplatis en arrière ; leur front est très étroit ; les pédoncules oculaires sont fort longs ; les antennes externes sont rudimentaires, le quatrième article des pattes-mâchoires externes s'insère sur l'angle externe du troisième.

Distribution géographique. — Ces Crustacés se rencontrent dans les régions chaudes des deux hémisphères.

Mœurs, habitudes, régime. — Ces Crabes

sont des animaux exclusivement terrestres qui peuvent à peine vivre un jour entier dans l'eau parce qu'avant ce temps un engourdissement absolu vient suspendre chez eux tout mouvement volontaire : ils sont asphyxiés ; organisés pour respirer l'oxygène en nature, ils ont la faculté de faire pénétrer l'air dans leur cavité respiratoire par un orifice obturable situé en arrière et très dissimulé ; cet air est maintenu toujours humide, nos Crabes emportant avec eux une provision d'eau. Nous avons donné dans l'Introduction, p. 660, l'expli-

(1) *Loc. cit.*, p. 48 et 49

(1) Risso, *Histoire naturelle des Crustacés des environ de Nice*, 1816, p. 22.

cation physiologique du phénomène de la respiration de ces Crustacés.

LES GÉLASIMES — *GELASIMUS*

Winkerkrabben.

Caractères. — Les pédoncules oculaires sont extrêmement grêles, et portent un très petit œil dont la cornée très petite, arrondie, n'occupe que le quart de la longueur du pédoncule. Les pattes antérieures sont petites et faibles chez les femelles; l'une d'entre elles, tantôt la droite, tantôt la gauche, peut devenir énorme chez les mâles.

Fig. 691. — Le Gélasime à pattes annelées.

Mœurs, habitudes, régime. — Les Gélasimes habitent dans des trous qu'ils savent se creuser au bord de la mer; les mâles se servent de leur pince énorme pour maintenir absolument close l'entrée de leurs cachettes. Les uns se contentent d'errer et de chasser sur le rivage; d'autres témoignent d'une plus grande agilité; ainsi Fr. Müller, l'éminent Naturaliste qui a résidé longtemps au Brésil, cite des Crabes extrêmement intéressants et vivaces, appartenant à ce genre qui grimpent habilement sur les buissons de Mangliers pour en ronger les feuilles. A l'aide de leurs griffes extrêmement pointues, qu'ils enfoncent comme des aiguilles dans la main sur laquelle on les laisse courir, ils escaladent avec une grande souplesse les rameaux les plus déliés.

Nous figurons d'après H. Milne-Edwards le Gélasime à pattes annelées (*Gelasimus annulipes*) qui habite la mer des Indes (fig. 691).

LES OCYPODES — *OCYPODA*

Sand Krabben.

Caractères. — Les pédoncules se prolongent au delà des yeux en une sorte de corne; les yeux ont une cornée ovalaire très grande, s'étendant en dessous du pédoncule jusqu'auprès de sa base.

Mœurs, habitudes, régime. — Les Ocypodes sont ces Crabes singuliers que les voyageurs ne peuvent suivre à la course, — c'est eux qui le disent — tant ils sont agiles; ils se plaisent sur les rivages; ils y creusent des terriers qu'ils habitent toute l'année et dans lesquels ils s'enferment pour hiverner; ils ne quittent leurs retraites que pour aller pondre à la mer, ce qui ne les éloigne de la terre que fort peu de temps.

L'OCYPODE DES SABLES. — *OCYPODA ARENARIA.*

Caractères. — Ce Crabe que nous figurons (fig. 692) est reconnaissable à sa carapace.

Distribution géographique. — Cette espèce est répandue sur les côtes de l'Amérique septentrionale et des Antilles.

Mœurs, habitudes, régime. — Ce Crabe se creuse dans le sable au-dessus du niveau de la mer des terriers qui atteignent 1 mètre à 1^m,30 de profondeur; il s'y blottit tout le jour et en sort la nuit pour se mettre en quête de sa nourriture; c'est alors qu'il court rapidement et d'autant plus vite qu'on le poursuit; menacé il prend une attitude belliqueuse en dressant en l'air ses pattes aux pinces inégales, mais robustes. Quand vient l'approche de la mauvaise saison, il émigre vers l'intérieur et se met en quête d'un endroit favorable pour élire domicile; l'endroit trouvé, il se creuse un terrier profond et, après s'y être installé, il en bouche l'ouverture avec le plus grand soin afin de dissimuler sa retraite et attend tranquillement le retour des beaux jours.

Un Ocypode, l'O. chevalier (*Ocypoda cursor*) est méditerranéen et a été trouvé sur les côtes de Grèce; il a été capturé également dans la mer Rouge et aux îles Canaries.

LES GONOPLACIDES — *GONOPLACIDÆ*

Caractères. — Ces Crabes se reconnaissent à leur carapace quadrangulaire, à leur grand front, à leur quatrième article des pattes-mâchoires inséré en général dans une échancrure de l'angle antérieur et interne du troisième article, leurs pédoncules oculaires sont allongés et grêles, à petite cornée.

Distribution géographique. — Cette famille

Fig. 692. — L'Ocypode des sables (p. 715).

a des représentants sur nos côtes et dans l'océan Indien.

Mœurs, habitudes, régime. — Les mœurs de nos espèces indigènes sont seules connues.

LE GONOPLAX RHOMBOIDES OU LONGIMANE. — *GONOPLAX RHOMBOIDES SEU LONGIMANA.*

Caractères. — Ce Crabe se reconnaît aisément à sa carapace presque quadrangulaire, à bords légèrement sinués et munie d'une pointe aux angles antérieurs, à ses longues pattes terminées par des pinces allongées, à petites dents, dont les troisième et deuxième articles sont armés d'une forte épine, à ses pattes ambulatoires pourvues d'une épine sur le troisième article ; il est d'une belle couleur jaune doré à reflets roses.

Distribution géographique. — Il se rencontre sur les côtes baignées par la Méditerranée, à Marseille, Nice, Gênes, Naples, en Sicile, dans la mer Adriatique et en Algérie.

Mœurs, habitudes, régime. — Ce Crabe, au dire de Risso, se tient ordinairement dans les rochers submergés à une profondeur de 20 à 30 mètres ; il marche sur ce fond avec dextérité et s'approche de la surface de l'eau, mais sans jamais en sortir ; il se nourrit de petits Poissons et de Radiaires qu'il poursuit même dans les filets des pêcheurs. Lorsqu'il a atteint sa proie, il ne l'abandonne que quand il se sent tiré hors de l'eau. Vivant solitaire, on n'en prend jamais qu'un ou deux dans le même lieu.

LES PINNOTÉRIDES — *PINNOTERIDÆ*

Caractères. — Ces Crabes, les plus petits entre tous, se reconnaissent à leur carapace circulaire au moins aussi longue que large et de contexture molle, à leur front étroit, à leurs pédoncules oculaires très courts, à leur quatrième article des pattes-mâchoires externes inséré au sommet ou à l'angle externe du troisième article.

Distribution géographique. — On les rencontre dans les deux hémisphères, dans l'Atlantique, l'océan Indien et le Pacifique.

Mœurs, habitudes, régime. — Ces petits Crabes vivent généralement entre les valves des Mollusques lamellibranches et se réfugient dans les lobes du manteau. On les rencontre dans les Moules communes, dans les Modioles,

sorte de grandes Mytilides, notamment dans la *Modiola papuana* qui, malgré son nom, se trouve dans les eaux profondes et peu accessibles de l'océan Atlantique boréal, où Van Beneden l'a toujours trouvée par couple, dans les Jambonneaux (*Pinna squamosa*), ces immenses Mytilides qui abondent dans la Méditerranée, si connus par leur byssus que l'on tisse habilement, dans les Avicules ou Huîtres perlières (*Meleagrina margaritifera*) où ils contribuent, dit-on, à la formation des perles, en détournant par leurs blessures involontaires les sécrétions naturelles de la coquille de leur but habituel, dans les Huîtres, où à défauts de Moules ils viennent chercher le vivre et le couvert ; dans les Mactres, ces Bivalves trigones qui vivent dans le sable de nos côtes, dans les Peignes des côtes des États-Unis, dans les Tridacnes, ces immenses coquilles, si connues sous le nom de Bénitiers. C'est depuis des temps immémoriaux que les Pinnotères trempent leurs pinces dans les bénitiers, car ils étaient connus des anciens bien avant Jésus-Christ. M. Léon Vaillant qui a étudié les mœurs de ces Pinnotères, découverts et nommés par Ruppel *Ostracotheres Tridacnæ*, a constaté qu'ils vivent dans la chambre branchiale cramponnés aux organes respiratoires et a remarqué que leur régime était absolument carnivore; les matières alimentaires rencontrées dans les Tridacnes étant de nature végétale, ce Naturaliste a été conduit à admettre que les Crabes étant carnassiers arrêtaient au passage les particules animales et les en débarrassaient, payant ainsi par leurs services l'hospitalité dont ils usent.

Le professeur Semper a vu des Holothuries aux îles Philippines qui, suivant l'expression pittoresque de Van Beneden, ne ressemblaient pas mal à un hôtel avec table d'hôte : car il se trouve dans l'intérieur de l'*Holothuria scabra*, en compagnie de Poissons du genre *Fierasfer* (famille des Ophidiides, de l'ordre des Anacanthines), un couple, rarement plusieurs Pinnotères se rapportant à deux espèces distinctes. Ces petits Crabes, d'après cet habile observateur, élisent domicile de bonne heure et se plaisent beaucoup dans ce séjour obscur, puisqu'on ne les voit plus, une fois entrés, quitter cette caverne vivante. Ils trouvent ainsi au sein de l'amitié la protection qu'ils ne peuvent espérer de leur tégument toujours trop faible.

Les anciens voyaient en effet des relations d'amitié entre les Crustacés et les coquillages, ces derniers se chargeant de fournir un abri aux premiers dont le tégument n'est pas résistant, les premiers mettant leurs yeux au service des seconds pour les avertir à temps des dangers qui les menacent.

« Sont-ils parasites, pseudo-parasites ou commensaux ? Ce n'est pas le goût du voyage qui les pousse, mais le désir d'avoir une retraite assurée en tout temps et en tout lieu. C'est le brigand qui se fait suivre par la caverne qu'il habite et qui ne s'ouvre que sur un mot d'ordre connu. L'association tourne à l'avantage de tous les deux : les restes que le Pinnotère abandonne sont repris par le Mollusque. C'est le riche qui s'est installé dans la demeure de l'aveugle et le fait participer à tous les avantages de sa position. Les Pinnotères sont, à notre avis, de vrais commensaux. Ils prennent leur repas dans les mêmes eaux que leur colocataire, et les miettes des Crabes rapaces ne sont sans doute pas perdues pour la bouche des paisibles Mollusques. Ce qui n'est pas douteux, c'est que ces petits larrons sont bons locataires, et si les Mollusques leur fournissent un gîte commode et un logement sûr, ils profitent largement, de leur côté, des reliefs du festin qui tombent de leurs pinces. Tout petits qu'ils sont, ces Crabes sont bien outillés et avantageusement placés pour faire bonne pêche en toute saison. Blottis au fond de leur demeure vivante, vrai repaire que la Moule transporte à volonté, ils choisissent à merveille le moment et le lieu pour la sortie comme pour l'attaque, et toujours ils tombent à l'improviste sur leur ennemi (1). »

Usages. — Les Pinnotères, qui sont commensaux des Huîtres américaines (*Pinnoteres ostreum*), sont très prisés comme aliment et sont mangés soit avec les Huîtres, soit cuites et assaisonnées à part. Dans les restaurants de Fulton Market à New-York, où d'immenses quantités d'Huîtres sont ouvertes annuellement, on a parfois l'habitude de les mettre à part pour les préparer.

LES PINNOTÈRES ou SENTINELLES DES COQUILLAGES — *PINNOTERES*

Muschelwächter.

Caractères. — Leur carapace presque circulaire est bombée et lisse, leur front recouvre les antennes internes qui sont disposées transversalement, leur cadre buccal est en forme de croissant.

Distribution géographique. — Leur répartition est celle des Mollusques qu'ils habitent.

Mœurs, habitudes, régime. — Les anciens connaissaient les Crabes hôtes des coquillages; ils sont représentés dans les hiéroglyphes égyptiens; Aristote a signalé celui qui se loge dans ces grands Mollusques acéphales de la famille des Moules connus sous le nom de Jambonneau (*Pinna squamosa*), et c'est lui qui a créé le nom caractéristique de Pinnotères (2). Pline a observé ceux qui s'abritent entre les

_____
(1) Van Beneden, *Les Commensaux et les Parasites dans le Règne animal*, 1875, p. 27.
(2) Πιννοτήρης, de πίννα, jambonneau (*Pinna squamosa*) et de τηρέω, garder, ce qui signifie gardien de la *Pinna*;

valves des Chames ; voici ce qu'il en rapporte : « La Chama est une lourde bête sans yeux, ouvrant ses valves et attirant les petits Poissons qui entrent sans défiance et se mettent à prendre leurs ébats dans leur nouveau gîte. La Pinnotère voyant la demeure envahie par des étrangers pince son hôte : celui-ci ferme les valves et tue les uns après les autres ses confiants visiteurs pour s'en repaître à loisir. » Plutarque, par la plume de Montaigne (1), fait mention de petits Crabes qui hantent les coquilles : « Cette coquille, qu'on nomme nacre, vit avec le Pinnotère, qui est un petit animal de la sorte d'un Cancre, lui servant d'huissier et de portier, assis à l'ouverture de cette coquille, qu'il tient continuellement entrebâillée et ouverte, jusques à ce qu'il voeye entrer quelque petit poisson propre à leur prinse ; car alors il entre dans la Nacre, et luy va pinceant la chair vifve, et la contrainct de fermer sa coquille : lors eulx deux ensemble mangent la proye enfermée dans leur fort. »

Rondelet, le vieux Naturaliste français (2), avait dès le seizième siècle fait la part de la légende : « Ces choses ne sont véritables, pour une raison nécessaire, dit-il, qui est que ne les nacres, ne les Moules, ne les Huistres ne vivent de la chair des autres Poissons, ains de l'eau é de la fange seulement..... Pourquoi donc les petits Cancres se logent-ilz dans les Moules, les Huistres, é les Nacres ? Parce qu'il ni a beste qui n'ait ce don de nature de pourchasser ce qui lui est nécessaire pour se nourrir, pour se retirer é béberger. Donc les petits Crabes couverts de coque mollete, é par conséquent plus aisés à estre offensés, entrent dans le test durs des autres, pour i estre plus seurs comme dedans des cavernes. Aussi non seulement ilz se logent en cette sorte, mais aussi dans les trous des Esponges é fentes des rochiers, aucunesfois au-dessus des test des Huistres s'ilz trouvent quelque trou. »

LE PINNOTÈRE DES ANCIENS. — *PINNOTERES VETERUM.*

Caractères. — Ce petit Crabe, dont les fe-

femelles mesurent 14 à 16 millimètres de longueur et 16 à 18 millimètres de largeur, et les mâles seulement 7 millimètres de longueur sur 9 de largeur, est d'une couleur uniformément brune ; il se reconnaît à la petite épine que la femelle porte au bord inférieur de la main droite.

Distribution géographique. — Le *Pinnoteres veterum* se trouve aussi bien dans la mer du Nord (côtes d'Islande) que dans la Méditerranée, Nice, Gênes, Naples, Alger, etc., l'Adriatique.

Mœurs, habitudes, régime. — Dans la Méditerranée il se tient de préférence dans les grands Jambonneaux ; dans l'Atlantique il s'abrite dans les Jambonneaux, les Modioles et même quelquefois les Huîtres.

LE PINNOTÈRE POIS. — *PINNOTERES PISUM.*

Caractères. — Ce Crabe lilliputien, dont les femelles mesurent à peine en tous sens 10 à 11 millimètres, et les mâles 5 à 6 millimètres, diffère suivant les sexes ; chez le mâle le front est saillant, alors que chez la femelle sa ligne de courbure frontale se continue avec celle de la carapace ; celui-là est gris-jaunâtre pâle, avec des marques dorsales symétriques, celle-ci est brune avec une tache jaune sur le front et une tache irrégulière de même couleur sur la région branchiale.

Distribution géographique. — Il abonde sur les côtes d'Angleterre, de France, et en général sur les côtes de l'océan Atlantique ; il n'est pas moins commun sur les côtes que baigne la Méditerranée.

Mœurs, habitudes, régime. — Cette espèce est universellement connue : tous nous avons éprouvé un sentiment des plus désagréables, en savourant des Moules marinières, lorsque par malheur la dent rencontrait un de ces malheureux Crabes, qui, caché dans les replis du manteau des Mollusques, avait été fricassé avec son hôte. Le *Pinnoteres pisum*, en effet, s'installe volontiers dans les Moules, souvent dans les Huîtres et les Modioles, et incidemment dans les Bucardes. Il change d'ailleurs de résidence quand l'espace devient trop étroit pour lui ; cependant le Naturaliste anglais Hyndemann a trouvé une fois dans une Bucarde, qui ne mesurait pas encore 3 lignes de long, un hôte dont la longueur atteignait 3 lignes lorsqu'il tenait ses pattes étendues. Ce Pinnotère habite souvent par couples,

---

L'orthographe *Pinnotheres* employée par beaucoup d'auteurs est absolument incorrecte.

(1) Montaigne, *Essais*, liv. II, chap. XII.

(2) Guillaume Rondelet, l'HISTOIRE ENTIÈRE DES POISSONS. — *Le dix-huitième livre des Poissons.* — *Des Poissons couverts de croustes ou coque en général, en après de la Langouste*, 1558, p. 385.

quelquefois en société dans les grandes coquilles.

Vaughan Thompson a fait connaître les Zoés
de ce petit Crabe ; leur forme est très singulière ; leur céphalothorax est extraordinairement bombé, le rostre et les deux pointes

latérales sont rejetés en bas, de telle sorte
qu'ils ont l'air d'être posés sur un trépied ; leurs
yeux énormes placés de chaque côté du rostre,
leur postabdomen terminé par une large nageoire tridentée, contribuent à compléter leur
physionomie originale.

LES CYCLOMÉTOPES OU CRABES ARQUÉS — *CYCLOMETOPA*

Bogen Krabben.

Caractères. — On range dans cette famille
les genres caractérisés par une carapace large
et rétrécie en arrière, à région stomacale
arrondie en avant et de grandeur médiocre, à région hépatique très développée, à

région branchiale médiocrement grande.

Classification. — Les Cyclométopes ont été
divisés en cinq familles, celles des Telphusides,
des Corystides, des Portunides, des Ériphides
et des Cancrides.

LES THELPHUSIDES — *THELPHUSIDÆ*

Caractères. — Ces Brachyures servent de
trait d'union entre les Cyclométopes et les
Catométopes, car ils ont des affinités assez
étroites avec les Gécarcinides ; H. Milne Edwards
les rangeait même parmi les Catométopes.
Leur carapace est de forme ovale dans le sens
transversal et peu arrondie ; les antennes externes et les pédoncules oculaires sont courts.

Mœurs, habitudes, régime. — Les Telphusides sont des Crabes d'eau douce qui se
plaisent au bord des rivières et dans les forêts
marécageuses.

LES THELPHUSES — *THELPHUSA*

Caractères. — Le genre Telphuse se distingue par les caractères de la famille : par
sa carapace beaucoup plus large que longue,
légèrement bombée, par son front presque
droit, plus large que le cadre buccal, et par
quelques autres particularités.

Distribution géographique. — On rencontre
des Telphuses dans le midi de l'Europe, le
nord et le sud de l'Afrique, et dans les Indes
orientales.

LA THELPHUSE FLUVIATILE. — *THELPHUSA FLUVIATILIS.*

Caractères. — Ce Crabe, de couleur jaunâtre, se reconnaît à la forte dent suivie de
fines dentelures que porte la carapace près
de l'angle orbitaire externe, à ses mains et à

son carpe couverts de granulations, ce dernier
armé en dedans de quelques épines.

Distribution géographique. — C'est une
espèce fort répandue dans le sud de l'Italie, en
Grèce, en Turquie, en Crimée, en Syrie, en
Égypte, dans l'île de Chypre, en Algérie.

Mœurs, habitudes, régime. — Ce Crabe mérite d'attirer notre attention par quelques-unes
des particularités de ses mœurs. Vivant sur
le bord des cours d'eau et fort répandu en
Grèce et dans le sud de l'Italie, les anciens
avaient eu maintes fois l'occasion d'observer
le *Carcinos potamios ;* aussi l'ont-ils représenté
avec beaucoup de fidélité sur une foule de médailles ou de monuments, notamment sur les
médailles d'Agrigente en Sicile. Belon, le vieil
auteur, nous a donné une bonne figure de ce
Crabe fluviatile et de curieux renseignements,
dans son ouvrage très estimé, *La nature et la
diversité des poissons* (1553 et 1555) (1) ; il nous
rapporte que de son temps on en prenait une
grande quantité sur le territoire de Rome, où
ils étaient communément vendus une baioque
la pièce...... Pour éviter qu'ils se coupent les
pattes, on les pendait par les pattes à des cordes, et, selon son dire, on pouvait les garder un,
deux et même trois mois dans une urne, sans
les mettre dans l'eau. Le Naturaliste manceau
nous transmet en son langage pittoresque

(1) Pierre Belon, du Mans, *La nature et diversité des
Poissons, avec leurs pourtraicts representez au plus près
du naturel*, Paris, MDLV, p. 371. L'édition latine est
de MDLIII.

une curieuse citation de Dioscoride : « Les Castors se saoulent de Cancres ; de quoi je serai d'opinion, voyant que les Bièvres se tiennent communément ès rivières, qu'il n'a entendu des marins. »

Vers le même temps Rondelet (1) nous a transmis sur le Thelphuse quelques traditions intéressantes ; ils ont la « chair douce » au temps où ils se dépouillent de leur carapace, « lors ilz sont plus mols, dit-il, é fort désirés à Rome pour les tables des Papes é Cardinaux ; aucuns les font mourir dans le lait pour les rendre plus doux. Ces Cancres nourrissent assez et humectent le corps. » Ils jouaient dans la médecine ancienne un rôle important ; Hippocrate, Avicenne, Dioscoride, Nicandre, Pline, leur font jouer un rôle. Æschrion, « home fort expérimenté », recommande l'usage des cendres des « Cancres brûlés vifs dans un plat d'érain jusqu'à ce qu'ils fussent réduits en cendre. » Galien prétend que « par les propriétés de toute leur substance, ces Cancres aident fort à ceux qui sont blessés d'un chien enragé ou toutes seules, ou avec une partie d'encens, cinq de gentiane, dix de ces Cancres. »

Mais l'emploi le plus singulier des Crabes est celui que les vieux médecins en faisaient pour le traitement des phtisiques. Voici la préparation que nous donne Rondelet : on prenait des Crabes d'eau douce, ou à leur défaut des Crabes communs, on les lavait dans une décoction d'orge mondé, on les faisait cuire au brouet de chapon, et on en nourrissait les phtisiques ; d'autres fois on mêlait les cendres au lait d'ânesse ou à une décoction d'orge.

Si la vieille pharmacopée n'a plus d'adeptes, les antiques recettes culinaires sont toujours en honneur ; comme au temps de Belon et de Rondelet, les Romains sont toujours friands de Thelphuses et ils les préparent de la même façon : ils les font périr dans le lait, où ils se ramollissent d'une manière singulière et ils les font frire ensuite avec de la farine.

Ces Crabes sont susceptibles de s'acclimater avec la plus grande facilité. Risso rapporte que M. d'Audiberti, avant la Révolution, les avait importés à Nice et qu'ils s'étaient tellement multipliés en peu d'années qu'on en rencontrait dans tous les environs de son jardin ; ils étaient assez abondants pour constituer un excellent comestible.

La facilité d'adaptation de ces Thelphuses est d'ailleurs extrême : dans toute l'Algérie ils se sont habitués à vivre dans les eaux souterraines, si bien que lors des forages des puits artésiens, on a été tout étonné de les voir sortir en troupes par les orifices des trous de sondage. « Le 8 février 1876, rapporte M. Rolland (1), dont la notoriété fait foi, un sondage ayant été pratiqué à la profondeur de 80 mètres, au milieu d'un terrain nu, inculte, où il n'y avait ni rigole, ni fossé, ni source, ni étang, on obtint un jet abondant ; peu de temps après on vit sortir du tube artésien, dont l'orifice était à 0^m,80 au-dessus du sol, des Crabes vivants ainsi que des Poissons et des Mollusques dont M. Jus s'empara en coiffant d'un filet l'extrémité du tuyau. » Quand et comment ont-ils gagné les nappes d'eau souterraine ? dans quelle condition s'y multiplient-ils ? ce sont là autant de questions auxquelles on ne saurait répondre.

Tout ce que nous pouvons dire, c'est que, Crabes terrestres, ils peuvent vivre submergés dans l'eau douce ; enfermés dans des cages en fil de fer, où ils pouvaient se mouvoir librement, alimentés tous les quatre ou cinq jours, immergés dans l'eau à 1^m,50, le trente-cinquième jour, ils étaient aussi vigoureux qu'au commencement de l'expérience.

Nous mentionnerons simplement la famille des CORYSTIDES, parce qu'elle renferme deux espèces indigènes très connues, le *Thia polita*, joli Crabe vert feuille-morte, des côtes de la Méditerranée, et le *Corystes dentatus* ou *Crabe masqué* des Anglais, ainsi nommé parce que sur sa carapace, de forme très allongée, se trouve souvent dessinée une figure humaine, des côtes de l'Océan et de la Méditerranée.

LES PORTUNIDES — *PORTUNIDÆ*

Caractères. — Ces Brachyures, qui ont la carapace très peu élevée, se distinguent entre tous par la conformation de leurs pattes postérieures, dont l'article terminal aplati et

---

(1) G. Rondelet, l'Histoire entière des Poissons. — Des Cancres de rivière, p. 153. Des Poissons couverts de coque ou crouste vivans aux estangs marins, p. 100.

(1) G. Rolland, Sur les Poissons, Crabes et Mollusques vivants, rejetés par les puits artésiens de l'Oued Rir', Compt. rend., t. XCIII, déc. 1881.

Fig. 693. — Le Thalamite nageur.

élargi est transformé en organe de natation.

Mœurs, habitudes, régime. — Pourvus de rames merveilleusement adaptées, les Portunides sont en général d'habiles nageurs qui ne craignent pas de s'éloigner des côtes et de vivre en pleine mer.

LES THALAMITES — *THALAMITA*

Caractères. — Ces Crabes se reconnaissent facilement; leur carapace est armée sur les bords latéraux de quatre à sept dents; la tige mobile des antennes externes est insérée sur la face inférieure de l'article basilaire et non sur le bord de l'orbite.

Distribution géographique. — Les Thalamites vivent dans les mers tropicales et chaudes des deux Océans; elles peuvent avoir une aire de distribution très étendue, témoin la T. admète, qui se rencontre dans l'océan Indien, la Méditerranée et dans les parages des Canaries.

Mœurs, habitudes, régime. — Les auteurs ne donnent aucun renseignement sur leurs mœurs.

LA THALAMITE NAGEUSE. — *THALAMITA NATATOR.*

Caractères. — Nous choisissons pour type du genre le *Thalamita natator*, que nous figurons ici (fig. 693). Les pattes antérieures, et notamment les pinces, sont très allongées; le bras qui supporte les pinces se prolonge bien au delà de la paroi latérale du céphalo-

BREHM. — VI.

thorax et se trouve armé d'épines aiguës sur son bord antérieur. Le carpe, qui repose sur le précédent, est également allongé et muni d'épines. Les paires de pattes suivantes sont beaucoup plus courtes; le dernier article de la deuxième, de la troisième et de la quatrième paire est aigu et styliforme, tandis que le dernier article de la cinquième paire prend la forme d'une lame ovalaire et large. Ce Crabe se reconnaît à première vue à sa carapace couverte de lignes transversales saillantes et granuleuses.

Distribution géographique. — C'est une espèce de l'océan Indien.

LES PORTUNES — *PORTUNUS*

Caractères. — Les *Portunus* ont la carapace plus large que longue, le diamètre longitudinal étant égal aux deux tiers au moins du diamètre transversal; elle est armée de cinq dents latérales. La tige mobile des antennes externes, de deux articles, est insérée sur la même ligne que les yeux, et les antennes internes. Ils possèdent des pattes natatoires pareilles aux précédents.

Distribution géographique. — Ils sont représentés par neuf espèces dans la Méditerranée, et par six dans la mer du Nord.

Mœurs, habitudes, régime. — Ces Crabes qui nagent avec une grande aisance, se tiennent cependant au voisinage des côtes; les grandes marées seules les portent au rivage, car, à l'encontre des Crabes enragés, ils courent rarement sur les plages; en général,

CRUSTACÉS. — 91

hors de leur élément, ils meurent rapidement. Ces animaux vivaces, agiles et courageux au besoin, sont des carnivores émérites qui dépècent rapidement les cadavres au sein des mers; ils se nourrissent aussi de Mollusques et de petits Crustacés. Au dire de Risso, la plupart des espèces méditerranéennes vivent réunies en société et chacune paraît choisir une résidence conforme à son organisation et à ses habitudes. Les uns se plaisent dans la région des Polypiers, les autres préfèrent les rochers à 400 ou 500 mètres de profondeur; ceux-ci se promènent dans les champs de galets; ceux-là se cachent dans la vase; il en est qui s'abritent dans les Algues ou se blottissent dans des trous.

Usages. — Les Portunes constituent un excellent manger ou tout au moins servent d'amorces pour la pêche.

LE PORTUNE MARBRÉ. — *PORTUNUS MARMOREUS.*

Caractères. — La carapace, légèrement granuleuse, couverte de poils, porte trois petites dents sur le front; le dernier article des pattes postérieures se termine en pointe. Très élégamment marqué de dessins symétriques brun clair, brun foncé, rouge-brun.

Distribution géographique. — Ce Crabe habite les côtes d'Angleterre, celles de France (Bretagne, Gironde), le golfe de Gênes, celui de Naples, l'Adriatique et les côtes d'Algérie.

Mœurs, habitudes, régime. — Ce Portune se trouve à Venise; on le voit fréquemment sur la chaussée du Lido, à Murazzo, où il grimpe sur les murs, à la base des divers édifices de Venise et dans le port de Trieste.

Martens l'aîné (1) raconte que ces Crabes s'enfuient avec une rapidité extrême et se précipitent dans la mer aussitôt qu'on les approche, et qu'il a passé des heures entières sans en saisir un seul sur une centaine qu'il poursuivait. Lorsqu'on leur coupait la retraite du côté de la mer, ils s'enfonçaient entre les joints des dalles où la forme toute plate de leur corps leur permettait de se glisser très habilement; puis ils agitaient leurs pinces d'une façon menaçante, et se les faisaient plutôt arracher que de se laisser extraire de leur cachette.

(1) G. M. von Martens, *Reise nach Venedig*, 1824.

LE PORTUNE ÉTRILLE — *PORTUNUS PUBER*

Caractères. — Ce Crabe se reconnaît à sa carapace extrêmement velue, dont le front est armé de dix dents, les deux médianes étant assez fortes, à ses pattes couvertes d'un duvet serré, interrompu par des lignes longitudinales élevées. Vivant, il offre un assemblage de couleurs magnifiques et sur un fond brun rougeâtre se détachent des lignes dénudées du bleu le plus brillant. C'est le plus grand de nos Portunes, sa carapace peut mesurer 6 à 7 centimètres de longueur.

Distribution géographique. — Ce Portune se trouve en abondance sur les côtes sud-ouest de l'Angleterre, les côtes océaniques de la France.

Mœurs, habitudes, régime. — L'Étrille ou Crabe à laine, Crabe velours (*Velvet Crab* des Anglais), Crabe espagnol, est un être belliqueux et féroce : s'il prend la fuite à la moindre apparence de danger, lorsqu'il est poursuivi de près il s'arrête et se met en défense.

Usages. — Très abondant sur nos côtes, il entre dans la consommation.

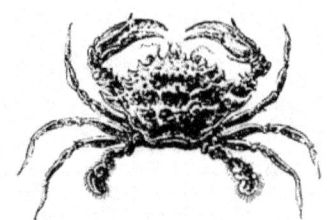

Fig. 694. — Le Portune tuberculé.

Nous donnons la figure (fig. 694) du Portune tuberculé (*Portunus tuberculatus*), espèce méditerranéenne dont nous ignorons les mœurs.

Les Portune ridé (*P. corrugatus*), arqué ou de Rondelet (*P. arcuatus seu Rondeletii*), épurateur ou plissé (*P. depurator* ou *plicatus*), holsatien (*P. holsatus*), nain (*P. pusillus*), à longues pattes (*P. longipes*), sont des espèces de nos côtes océaniques et méditerranéennes.

LES CARCINS — *CARCINUS*

Caractères. — Chez les *Carcinus*, dont le front trilobé fait saillie au-dessus des yeux et décrit par son bord antérieur un arc à cinq dentelures étroites, le dernier article de la dernière paire de pattes est fortement aplati et rétréci en même temps, c'est-à-dire de forme lancéolée.

Distribution géographique. — Ce genre ne comprend qu'une seule espèce, le *Carcinus mænas*, le Crabe le plus commun des mers européennes.

LE CRABE COMMUN OU CRABE ENRAGÉ.
— *CARCINUS MOENAS.*

Caractères. — Les caractères génériques, la coloration verdâtre, l'existence d'une épine sur le bord interne du carpe, d'un rebord longitudinal arrondi sur les mains, l'aspect des trois paires de pieds suivants qui sont styliformes, gros et longs, permettent de le reconnaître entre tous.

Distribution géographique. — Ce Crabe abonde sur toutes les côtes qui baignent l'océan Atlantique nord et la Méditerranée et se retrouve sur les côtes des États-Unis.

Mœurs, habitudes, régime. — Quel est celui d'entre nous qui se promenant sur nos plages n'a pas rencontré ce Crabe à la démarche singulière et ne s'est pas arrêté souriant en le voyant d'étaler courant de côté d'une façon grotesque? Peu à peu les baigneurs qui promènent leur oisiveté sur nos plages ne se sont plus contentés de plaisanter d'une façon gouailleuse les pauvres Crabes, ils en ont fait des instruments de plaisir.

« Quand on n'a pas de courses de chevaux, on invente la course de Crabe, raconte Claretie dans une de ses spirituelles chroniques du *Temps*.

« La course de Crabe ! elle est née l'an passé 1884, d'un caprice de désœuvrés, et elle sévit maintenant à peu près partout sur le littoral normand. La Bretagne, plus timide, n'a pas encore de courses de Crabes. Ce sport tout particulier consiste à mettre sur le sable, rangés en lignes, un certain nombre de ces Crustacés et à les maintenir jusqu'au moment où, les paris étant terminés, *le jeu étant fait* sur ce tapis gris ou jaune, il ne s'agit plus que de lancer les Crabes vers une ligne quelconque tracée ou un but planté dans le sable. Rapides, marchant de côté, dressant leurs pinces, les Crabes se précipitent dès que le starter a donné le signal et chaque joueur parie sur l'un d'eux comme il parierait sur un cheval. Si l'un des Crabes, en chemin, rencontre une pierre et se tapit dessous ou s'enfonce dans le sable, on dit qu'il *se dérobe*.

« Sur la carapace granuleuse de ces Animaux parfois le parieur met une fortune. Tel Crabe a fait gagner « à son propriétaire » deux cent mille francs, en manière de plaisanterie. Je prévois le moment où les amateurs auront des viviers comme on a des écuries. On inventera je ne sais quel moyen pour « entraîner » les Crabes. On ira en chercher de stupéfiants, décapodes fantastiques, dans les mers inconnues. Quelle singulière récréation, voir courir, grouiller, se battre en chemin, ces hideuses bêtes ! Quelle passion étonnante que le jeu poussant à parier sur un animal comme sur une carte ! Et quels jolis personnages de vaudeville que le bookmaker de la « course de Crabes », le monsieur qui aura trouvé la fortune en faisant courir ces Crustacés ! »

Mais reprenons notre sérieux.

Bell fournit, sur le mode d'existence du Crabe commun le long du littoral anglais, les renseignements suivants : « Ce Crabe est certainement le plus répandu sur nos rivages ; on en trouve partout un grand nombre. Il reste régulièrement sur le sable pendant le jusant ; il se cache alors sous les pierres et, lorsqu'on le dérange, il cherche à regagner au plus vite son abri naturel dans les flots qui se retirent ou à s'enfouir dans le sable du rivage. On peut les prendre également au filet à d'assez grandes profondeurs, mais ils recherchent plus volontiers les endroits que nous venons d'indiquer. Ce genre de vie implique la faculté de vivre longtemps hors de l'eau ; tel est, en réalité, le cas de nos Crabes communs, bien qu'ils ne puissent s'éloigner des côtes autant que le font les Crabes terrestres.

Ils ont quelquefois des lieux de prédilection, nous en avons compté des centaines dans le petit port de Saint-Valery en Caux. D'après Martens, que nous avons cité plus haut, les lagunes et les canaux mêmes de Venise sont remplis, depuis le début du printemps jusqu'à la fin de l'automne, de ces Crabes qui y grouillent par millions. Lorsqu'on les approche, ils se sauvent avec une grande agilité en courant de côté, et se cachent brusquement dans la vase. Si on les empêche de fuir, ils écartent leurs pinces et les agitent bruyamment, prêts à défendre chèrement leur vie. L'auteur qui en a laissé errer dans une chambre fraîche, comme des Animaux domestiques, déclare qu'ils meurent lorsqu'on les prive de soleil et que c'est le meilleur moyen de tuer, sans les léser, ceux qu'on destine à des collections. Bien qu'ils se montrent assez sociables à l'état libre, ils s'arrachent réciproquement presque toutes les pattes lorsqu'ils sont en captivité.

Un auteur anglais, Dalyell (1), nous édifie à ce sujet : « Quatre petits Crabes communs se trouvaient dans un même réservoir ; l'un d'eux devint aussitôt la proie d'un de ses frères affamés. Peu d'instants après, un second fut saisi par les pinces du plus gros. On l'en arracha très difficilement : l'infortuné y laissa plusieurs de ses membres. On le transporta par pitié dans un autre aquarium. A peine en sûreté, il se mit à manger quelque morceau de Moule avec autant de plaisir et de sang-froid que s'il ne lui était rien arrivé, et cependant il avait subi une effroyable mutilation, puisque de ses dix pattes il en avait perdu sept ! Il ne lui restait que les deux pinces et la patte droite de derrière. Eh bien ! quatre-vingt-quatorze jours après ce désagrément, le Crabe changea de carapace, et alors les dix pattes se trouvèrent au complet. Toutefois nous devons avouer que les sept nouvelles se trouvèrent plus petites que les précédentes, quoique d'ailleurs aussi complètes (2). »

On voit quelquefois deux Crabes, d'égales dimensions, s'approcher à plusieurs reprises l'un de l'autre, étirer leurs griffes comme deux lutteurs qui étendent le poing, et combattre un certain temps. D'habitude l'un d'eux se retire comme satisfait d'avoir pu déployer sa force. Lorsqu'un Crabe se croit menacé par un bâton dirigé vers lui, toute son humeur belliqueuse se réveille. Posé sur ses pattes postérieures, il étend ses pinces vers l'ennemi, et les ferme avec une telle force qu'on peut entendre leur claquement. Lorsqu'il a saisi le bâton, on peut l'enlever au-dessus du sol et le tenir suspendu dans l'air.

Les Crabes enragés sont essentiellement carnivores ; ils se nourrissent de Crevettes et d'autres Crustacés ; ils ne font pas fi des œufs de Poissons et, en général, mangent aussi les Poissons morts et toutes les substances animales.

Rien n'égale leur voracité lorsqu'ils ont trouvé sur une grève quelques Poissons jetés par le flot ; ils s'établissent en troupe, se poussant, se cul-

(1) Dalyell, d'après Alfred Frédol (Moquin-Tandon), Le Monde de la mer, 1865, p. 393.
(2) Voy. Introduction : Reproduction des membres. — Amputation spontanée, p. 686.

butant pour arracher un débris ; arrive une lame furieuse qui les culbute et les disperse : la mer retirée, ils reviennent au plus vite s'attabler et faire chère lie (Pl. XVIII). « Charles Lespès a surpris sur la plage de Royan une troupe de Crabes au moment de leur repas. Ce jour-là ils dînaient en commun et Dieu sait la joie, comme dit le bon La Fontaine. Ils étaient en rang, tous tournés du même côté, et presque debout sur leurs huit pattes. Ils saisissaient à terre de petits objets et les portaient à la bouche prestement et régulièrement. Chaque main avait son tour. Quand la droite arrivait à l'orifice buccal la gauche prenait à terre ; quand celle-ci à son tour donnait l'aliment, la première ramassait. Il n'y avait pas de temps perdu. Figurez-vous une troupe de zouaves disciplinés, mangeant avec ordre à la gamelle. Ce Crustacé, vous le voyez, a le bonheur d'être ambidextre (1). »

Rien n'est curieux comme d'observer la façon dont les Crabes capturent les proies grosses ou petites dont ils font leur nourriture, lorsque le flot ne leur apporte pas quelque plantureuse épave.

Rymer Jones nous fait assister au repas du Crabe savourant une Moule : il est drôle de voir l'adresse qu'il déploie pour s'emparer de l'infortuné coquillage, d'une pince il maintient une des valves soulevée ; de l'autre il détache l'animal petit morceau par petit morceau, rapidement et proprement, portant chaque bribe à la bouche, comme on le fait avec la main, jusqu'à ce que la coquille soit entièrement vidée.

Des Naturalistes anglais ont observé, en même temps, sur la côte les allées et venues des Crabes et des Talitres ou Puces-de-Mer qui sont également des Crustacés, mais des Crustacés Amphipodes : « Absorbés presque entièrement par la contemplation de ces merveilleuses petites créatures, nous n'avions point remarqué des ombres diverses qui apparaissaient dans les points mêmes où venaient mourir les vagues. Un de nos amis attira notre attention de ce côté. « Vous pouvez, dit-il, « maintenant causer tout à votre aise, à con- « dition de ne pas bouger de place ; un simple « mouvement de bras ou de jambe nous pri- « verait d'un spectacle fort intéressant. » Tandis qu'il parlait, nous vîmes un de ces Crabes verdâtres, qu'on observe rarement de

(1) Alfred Frédol (Moquin-Tandon), le Monde de la mer 1865, p. 390.

COUP DE LAME.

Les crabes effrayés... s'étaient montrés.

près et que nous avions pourtant aperçus une vingtaine de fois, apparaître plus que jamais à portée de nos regards. Ce Crabe, qui ne mesurait guère plus de 3 centimètres de long, nous paraissait un animal peu conséquent, dont l'aspect extérieur n'offrait d'ailleurs rien d'attrayant. Il s'avança lentement sur le sable que les flots léchaient à peine par endroits, et parut examiner avec soin les alentours. Un Mollusque assez gros se trouvait de temps à autre frisé par la vague ; le Crabe se précipita sur lui. Ses griffes, dont il se sert comme de béquilles pendant la marche, remplirent alors un autre office : elles arrachèrent successivement plusieurs fragments du Mollusque et les portèrent très adroitement jusqu'à la bouche. Après plusieurs bouchées, le Crabe parut trouver cette nourriture trop peu substantielle, et se dirigea lentement vers le sable séché. A la limite du sable mouillé, un joli *Talitrus locusta* cherchait à se frayer une route à travers un bouquet d'herbes marines ; il avança lentement sans se douter qu'un ennemi le guettait, et entama bientôt son repas sur l'herbe. La manœuvre du Crabe devint alors extrêmement curieuse. Sans cesser d'observer la Puce-de-Mer, il s'en rapprocha lentement. Une touffe le séparait de sa victime ; il s'en fit avec beaucoup d'adresse un abri parfait. Huit pouces environ le séparaient encore de sa proie ; son but était de diminuer encore la distance. Mais la Puce-de-Mer se tenait sur ses gardes ; instruite sans doute par des expériences antérieures, elle paraissait songer à la possibilité d'un voisinage hostile. En un clin d'œil le Crabe s'échappa de sa cachette, s'aplatit, et rampa astucieusement vers sa proie : lorsqu'il n'en fut plus qu'à 10 centimètres environ, celle-ci cessa de manger et se retourna du côté du Crabe. Une circonstance étrangère détourna un moment notre attention, et quand nous reportâmes nos regards sur les deux adversaires, le Crabe avait disparu. Il est impossible de dire ce qu'il en était advenu. Le sable, à cette place, était absolument plat, et rien ne le recouvrait que quelques très petites herbes marines. En y regardant de plus près, nous vîmes, dans le sable, auprès du *Talitrus*, une petite masse qui se soulevait lentement, comme sous l'effort d'une poussée souterraine ; bientôt le Crabe émergea de ce sable dans lequel il s'était enfoui pour se dérober à l'observation de la Puce-de-Mer, avança sournoisement d'un ou deux pas, puis se précipita soudain sur sa proie absorbée à ce moment dans

une occupation paisible, comme un Chat sur une Souris. Il lui passa ses griffes merveilleuses sous le corps, la saisit ainsi, et la déchira en deux pour l'introduire ensuite dans sa bouche.

« Tandis que toute notre attention était fixée sur ce seul Crabe, nous n'en avions pas vu une douzaine d'autres, occupés de même à poursuivre une chasse analogue, à quelques pas de nous seulement. Grands et petits, remuants ou indolents, lestes ou lents, tous ces Crabes étaient actifs. L'un d'entre eux captiva spécialement notre intérêt ; c'était un des plus gros, qui sortaient de la mer avec une circonspection extrême. Comme j'avais remué le bras incidemment, au moment où il s'approchait de nous, l'animal, qui s'était aperçu de ce mouvement, conçut quelques soupçons. Après être resté quelques instants en observation, il s'enfonça dans le sable et disparut à nos regards. Presque aussitôt après, deux points noirs émergèrent du sable et y demeurèrent fixés : c'étaient les yeux, pédiculés et mobiles, du Crabe qui observait ce qui se passait autour de lui sans démasquer son corps.

« Nous restâmes immobiles pendant plusieurs minutes, et nous vîmes enfin le Crabe se soulever hors du sable pour continuer sa chasse. Il y déploya une tactique qui semble prouver qu'il avait mis ce temps à profit pour réfléchir au moyen le plus propre à atteindre son but. Voici comment il s'y prit pour capturer les Puces-de-Mer : il courut d'abord rapidement au milieu d'un groupe de *Talitrus* qu'il dispersa en tous sens. N'ayant pas réussi à en saisir un seul dans cette première tentative, il s'enfonça soudain dans le sable où il se tint, sans bouger, à l'affût. Au bout de peu de temps, les Puces-de-Mer, qui n'apercevaient plus aucune cause de trouble, se rassemblèrent à l'endroit même où elles avaient été dispersées et se mirent à sautiller assidûment par dessus le Crabe qui soulevait le sable peu à peu pour se préparer à l'action. Les Puces-de-Mer à ce moment, dans leurs sauts fantaisistes, retombaient incertaines sur le dos, sur les pattes, sur le flanc, et éprouvaient quelque peine à se mettre sur pattes. Le Crabe guettait attentivement l'occasion pour saisir la proie qui se trouvait dans cette situation défavorable ; apercevait-il une Puce-de-Mer dans un embarras semblable, il émergeait subitement et se jetait dessus pour la saisir. »

On doit à F. de Lafresnaye (1848) d'intéressantes observations sur les mœurs du Crabe commun. Il a constaté que les mâles courtisaient les femelles, lorsque celles-ci venant de muer avaient leur tégument dans un état complet de mollesse ; rien n'était plus singulier que de rencontrer les mâles à la carapace dure et résistante étreignant dans leurs longues pattes les pauvres femelles flasques et sans vigueur. Ils sont là tous deux immobiles, face à face, étroitement embrassés ; les mâles, au lieu d'avoir, comme de coutume, l'abdomen recourbé en dessous sur la poitrine, l'ont au contraire déployé et accolé sur le sternum des femelles dont l'abdomen également relevé recouvre antérieurement celui du mâle.

Pour les Crabes, comme d'ailleurs pour tous les Crustacés, l'époque de la mue est une époque de crise redoutée ; ils semblent avoir conscience qu'ils vont se trouver, eux, si belliqueux, si courageux, absolument sans défense ; aussi recherchent-ils les retraites les mieux dissimulées pour éviter leurs ennemis et même leurs semblables qui ne manqueraient pas de profiter de l'occasion pour les dévorer à belles pinces. Mais lorsque les femelles de nos Crabes enragés vont changer de carapace, les mâles sont là pour les protéger. Bardés de leurs épaisses cuirasses comme les chevaliers du temps jadis, ils vont vaillamment donner leur vie pour la dame de leur pensée. A vrai dire, notre imagination ne leur prête-t-elle pas de bien grandes qualités? Ne sont-ils pas plutôt d'affreux égoïstes, faisant tourner à leur profit la faiblesse de leurs amantes?

Complètement mous lorsqu'ils ont abandonné leur carapace, les Crabes ne sont revêtus de leur armure solide qu'au bout de soixante-douze ou de quatre-vingts heures ; ils sont alors prêts à la lutte et disposés à manger leurs ennemis et leurs camarades.

La fécondité de ces animaux est extraordinaire et leur permet de lutter contre les causes de destruction très avantageusement; on a calculé en effet qu'une seule femelle portait de 184,000 à 185,000 œufs.

Pour s'emparer des Crabes enragés on met souvent à profit leurs instincts gourmands; les enfants des pêcheurs et les savants qui veulent, à l'exemple de M. Vitzou, se procurer des matériaux de travail, ont coutume de les

prendre à l'aide d'un cordeau portant pour amorce un fragment d'intestin d'Oiseau ou de Poisson. Attirés par les Moules écrasées qu'on jette du haut des jetées au-dessus des filets qui servent à la pêche des Eperlans, ils se font prendre en quantité tout aussi bien que les Poissons. C'est à marée basse qu'on capture la plus grande quantité de Crabes; les pêcheurs, hommes, femmes et enfants, parcourent les grèves et les rochers que la mer découvre, un baquet ou un seau à la main et visitent toutes les anfractuosités, toutes les flaques d'eau, retournant toutes les pierres, pour s'emparer à la main des malheureux Crustacés : souvent, à l'aide d'un crochet de fer, ils les obligent à déloger de leurs cachettes.

Usages. — Ces animaux servent beaucoup à l'alimentation des classes populaires du littoral, et leur saveur agréable et fine les fait rechercher fréquemment sur les marchés.

Il est impossible de donner un chiffre approximatif de la quantité de ces Crabes qui entrent dans la consommation journalière ; il est encore plus difficile de savoir combien on en emploie pour servir d'appât pour la pêche; tout ce qu'on peut dire c'est qu'on en détruit des multitudes. Des données anciennes établissent cependant que la Vénétie en fournissait annuellement aux provinces istriennes seules 139,000 tonneaux de 80 livres chacun, qu'on employait comme amorces pour les sardines; à Venise même on achetait pour l'alimentation chaque année 38,000 tonneaux de 70 livres chacun, remplis de Femelles et d'Œufs, et 86,000 livres de Crabes à carapace molle, qui, préparés à l'huile, constituent un mets très recherché des habitants des côtes et de la terre ferme. Le chiffre de l'exportation s'élevait jusqu'à un demi-million. Nous n'avons pas de renseignements récents.

La famille des ERIPHIDES ne nous offre aucune espèce intéressante pour ses mœurs.

Les *Pilumnus* ont des représentants sur nos côtes : *P. hirtellus*, de l'Océan Atlantique et de la Méditerranée; *P. villosus*, de la Méditerranée. Les *Eriphia* ont pour type l'*Eriphia spinifrons* de la Méditerranée, de la mer Noire, etc.

LES CANCRIDES — *CANCRIDÆ*

Caractères. — Les Cancrides se distinguent nettement des Portunides par la forme de leurs pattes postérieures qui sont semblables aux autres pattes et se terminent par un article grêle, styliforme, acuminé, et par conséquent impropre à la natation. La carapace très large, arquée en avant, est tronquée de chaque côté dans sa région postérieure.

LES CANCRINES — *CANCRINÆ*

Caractères. — Les antennes internes sont logées dans des fossettes situées au-dessous du front qui est très étroit.

Distribution géographique. — Ces Brachyures ont des représentants sur nos côtes, sur celles de l'Amérique du Nord, dans l'Atlantique et le Pacifique, sur celles que baigne l'océan Indien.

Mœurs, habitudes, régime. — On ne possède de renseignements biologiques que sur l'espèce commune dont nous allons parler.

LES CRABES PROPREMENT DITS — *CANCER*

Caractères. — Ces Brachyures se reconnaissent à leur très large carapace, un peu bombée, à régions peu distinctes, à bords uniformément armés de dix dents, à leur front étroit, tridenté, à leurs antennes dont le deuxième article mobile est inséré en dedans de l'orbite, à leurs pattes antérieures, grosses, courtes, disposées pour s'appliquer contre le corps, à pinces cannelées et armées de dents comprimées, tranchantes et pointues, à leurs autres pattes courtes, très comprimées, à crête tranchante ou à rangée d'épines, pourvues d'un tarse court, renflé, armé d'un ongle corné.

Distribution géographique. — Les Crabes proprement dits habitent les mers européennes et américaines.

Mœurs, habitudes, régime. — Les mœurs sont celles de l'espèce typique.

LE TOURTEAU OU CRABE PAGURE. — *CANCER PAGURUS.*

Histoire. — Avec les Crabes enragés, les Tourteaux sont certainement les plus connus de tous les Crabes chez les peuples du Nord; leur notoriété remonte au moyen âge. Les Crustacés sont souvent représentés, en effet, dans les blasons anglais, à ce que rapporte Bell d'après Moule (1); surnom des seigneurs ou jeu de mots sur leur nom, ils ne sont peut-être que

l'expression de la fantaisie des armoiristes des temps anciens; le Tourteau paraît être, très probablement, le Crabe qu'on trouve figuré. « Ce Crabe, dit Moule(1), emblème de l'inconstance, se voit sur le bouclier de François Ier, un des plus délicats spécimens artistiques de la collection d'armes de Goodrich Court; et selon Sir Samuel Merrick, le Crabe faisait allusion aux mouvements en avant et en arrière de l'armée anglaise à Boulogne, sous le célèbre Charles Brandon, duc de Suffolk, en 1523. Un Crabe d'or est un signe particulier de la famille Scrope, et il se trouve dans le tableau représentant Henry, lord Scrope. Le Crabe figure aussi sur les sceaux de quelques membres de cette noble famille. » Les familles Bridger de Sussex, Crab d'Écosse, Bythesea de Kent et quelques autres portent aussi cet animal dans leur blason.

Caractères. — Le front, qui dépasse peu les yeux, porte trois dentelures mousses, la carapace plus d'une fois et demie aussi large que longue, un peu bombée, finement granulée, est ornée de chaque côté de neuf lobules larges, mousses et égaux qui suivent les bords latéraux. La coloration est rouge brunâtre à la face supérieure; elle est blanchâtre en dessous. Les branches des pinces sont noires; les pattes des quatre dernières paires sont ornées de faisceaux de poils bruns raides et courts (fig. 695).

Ce Crabe, qui peut atteindre plus de 30 centimètres de largeur, pèse quelquefois 2 kilogrammes à 2^k,500, 3 kilogrammes et même 5 et 6 kilogrammes; il est le géant des Crabes de nos côtes, où il est connu sous les divers noms de Tourteau, de Poupart, de Houvet, de Poing-clos, etc.

Distribution géographique. — Peu fréquent dans l'Adriatique et dans la Méditerranée, il est très commun, au contraire, sur les côtes de la mer du Nord, de la Manche et de l'Atlantique.

Mœurs, habitudes, régime. — Les Tourteaux préfèrent les fonds rocailleux aux grèves sablonneuses, ils se blottissent dans des trous de rochers qu'ils ne quittent que pour chercher leur nourriture; lorsque la mer découvre, on peut souvent les surprendre dans leur retraite, mais ce sont en général de petits individus, ceux de grande taille restent dans les roches toujours submergées; ils sont quelquefois enfouis dans le sable, mais au voisinage immédiat des rochers. Leur nourriture consiste, comme pour la plupart des Crabes, principale-

---

(1) Thomas Bell, *A History of the British Stalk-Eyed Crustacea*, 1853, p. 65 et suiv.

(2) Moule, *Heraldry of Fish*, p. 231.

ment en matière animale, Poissons morts et autres cadavres qu'ils savent parfaitement découvrir, qu'ils soient guidés par l'odorat ou par la vue. D'après Couch, ils sont attirés de préférence par des appâts frais, alors que les Homards le sont par des animaux en décomposition ; cependant les uns et les autres se prennent aux mêmes pièges.

S'ils se contentent de proies mortes, il est plus que probable qu'ils ne dédaignent pas la chair fraîche, car dans certains cas ils font montre de véritables instincts de cannibales. « Un jour, M. Rymer Jones avait introduit dans un aquarium six *Crabes tourteaux* de différentes tailles. Un d'eux s'aventura vers le milieu du réservoir, et fut bientôt accosté par un autre un peu plus gros, qui le prenant entre ses pinces comme il aurait pris un biscuit, se mit à briser sa carapace et à se frayer un chemin jusqu'à sa chair. Il y enfonça ses doigts crochus avec aisance et volupté, paraissant s'inquiéter fort peu des yeux affamés et jaloux d'un autre compagnon, plus fort et tout aussi cruel, qui s'avançait vers lui, contemplant avec délices ce spectacle abominable. Mais comme l'a dit Horace, — et il n'a pas été le premier à le dire, — personne n'est heureux de tout point dans ce bas monde. Notre féroce Tourteau continuait paisiblement son repas, lorsque le voisin le saisit exactement comme il avait saisi son frère, le brise et le déchire avec le même sans façon, pénétrant jusqu'au milieu de ses entrailles avec la même sauvagerie..... Et pendant ce temps, la victime, chose singulière ! ne se dérangea pas un seul instant ; elle continua de dépecer et de manger le premier Crabe, jusqu'à ce qu'elle fût elle-même entièrement déchirée par son bourreau, présentant un exemple remarquable d'insensibilité, pendant qu'on lui infligeait cruellement la loi du talion !

« Manger les autres ou être mangé soi-même est une des grandes lois de la nature.

« Le lendemain matin de ce tragique spectacle, il ne restait en vie que deux des six Tourteaux du jour précédent, les plus gros et les plus robustes ; chacun, blotti dans un angle de l'aquarium, regardant son rival avec une mine concentrée, malicieuse et défiante. M. Rymer Jones ne voulut pas troubler cette féroce méditation (1). »

Les mâles recherchent les femelles, aussitôt qu'elles ont mué, comme ceux des Crabes communs. Le mâle est le fidèle compagnon de son épouse dont il éloigne les compétiteurs ; si on le sépare de son amie, à la marée suivante un nouveau galant a pris sa place ; si on s'empare de lui, à la prochaine mer basse, il est rare qu'un troisième galant ne soit pas survenu.

Pêche et usages. — Ce Crabe, un des plus communs, est des plus recherchés en raison de sa taille et de sa saveur sur les côtes de la mer du Nord et sur les rivages de la France et de l'Angleterre. Les mâles, qui pèsent davantage, sont plus pris que les femelles, en raison de leur saveur plus fine.

On capture les Tourteaux principalement en Angleterre et en Norvège.

Le meilleur moment pour la vente est de mai à août ; la demande diminue en octobre et n'est pas reprise en mars parce que dans l'hiver ils n'ont pas de saveur. Les Crabes sont apportés au marché tantôt crus, tantôt cuits. Cru, un bon Crabe se reconnaît à la rudesse de sa carapace, surtout de ses pinces ; bouilli, la qualité est indiquée par la fermeté des pinces et leur résistance à l'arrachement ; si, agitant le corps, on entend un bruit ou un clapotement d'eau dans l'intérieur, le Tourteau n'est pas en bon état de conservation.

Les pêcheries de ces Crabes, ainsi que le rapporte Th. Bell, constituent une industrie importante sur quelques points des côtes d'Angleterre. Le nombre d'individus pris annuellement est immense ; et comme leur recherche occupe principalement les personnes qui ont passé l'âge des pêches laborieuses et dangereuses, elle procure des moyens d'existence à de pauvres gens, que leur âge ou leurs infirmités rendent incapables de se suffire à eux-mêmes et de soutenir leur famille On capture les Tourteaux dans ce qu'on appelle des *Crabs-pots*, sorte de pièges d'osier, fabriqués, de préférence, avec des branches d'osier jaune (*Salix vitellina*), du moins sur quelques points, à cause de sa durée et de sa ténacité (1). Ces pièges sont établis sur le principe des souricières en fil de fer, mais avec l'ouverture au sommet ; ils sont amorcés avec des morceaux de poissons, généralement de quelques espèces sans utilité, fixés au moyen d'une brochette ; ils sont coulés par des pierres attachées au fond ; et leur situation est indiquée et leur relèvement est assuré, par une longue ligne fixée au piège et ayant une pièce de liège atta-

---

(1) A. Frédol, *loc. cit.*, p. 392.

(1) Nos pêcheurs de Homards les nomment des *casiers*.

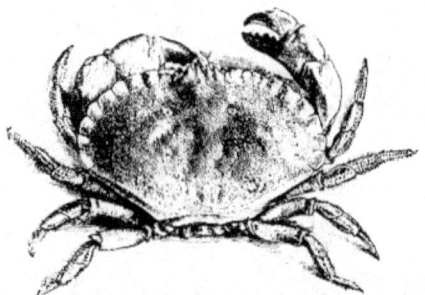

Fig. 695. — Le Tourteau ou Crabe Pagure.

chée à l'extrémité libre ; le nombre et la disposition de ces flotteurs désignent les propriétaires des différents pièges. C'est naturellement pour leur garantie mutuelle que les pêcheurs s'abstiennent de braconner sur la propriété de leur voisin ; et le vol des pièges est absolument inconnu. C'est à Bognor et à Hastings, ainsi que dans les baies de Hudlands et de Swanage dans le Dorsetshire, que Th. Bell a fait ses observations.

D'après Richard Couch, sur les côtes de Cornouailles beaucoup de ces Crabes sont vendus aux pêcheurs de Homards ; mais lorsqu'ils sont apportés sur la côte, on les vend, si la carapace mesure 6 pouces, 2 pences ; 8 ou 9 pouces, 3 pences ; au-dessus, de 6 à 8 pences. Si les Crabes ne sont pas immédiatement utilisés au sortir des pièges, ils sont emmagasinés dans des casiers beaucoup plus grands, car ils pénètrent souvent au nombre de vingt ou trente à la fois dans les paniers.

Ils abondent sur les côtes de Norvège. On les transporte à de grandes distances, commodément installés dans de solides boîtes de bois percées de trous de tous côtés pour permettre un continuel changement d'eau ; ces boîtes plongées dans la mer et attachées aux bateaux sont ainsi remorquées jusqu'au port de vente des ports de la Norvège ils arrivent ainsi jusqu'aux ports anglais ; du marché de Billingsgate, notamment, ils sont expédiés à Londres.

Quoique grands et beaux, ils y sont peu estimés en Norvège ; n'étant jamais mangés sur les côtes, ils se vendent, mais à bas prix, dans les villes de l'intérieur ; produits de minime valeur, ils ne se vendent pas plus de 4 à 5 centimes au marché de Bergen et de Stavanger (1867). Ils sont ordinairement utilisés comme appâts. Récemment les Norvégiens ont

commencé à conserver ces Crabes dans des boîtes d'étain hermétiquement scellées. Des spécimens de ce nouveau produit ont figuré à l'Exposition de Paris de 1878, et on est fondé à croire que, grâce à cette préparation, les Crabes se trouveront en tout temps sur les marchés étrangers. Deux à trois millions de ces Crabes sont envoyés annuellement de la Finlande en Russie et en Suède.

Sur le marché de Londres, les Crabes cuits sont vendus de 1.7d à 4 shillings pièce suivant la taille.

Le peu de valeur des Tourteaux a engagé les fabricants de conserves à commettre une fraude fort lucrative ; ils substituent la chair de ces Crabes à celle des Homards. Avis aux consommateurs.

Les Crabes comestibles européens ont des rivaux en Amérique.

D'après Richard Rathbun (1), sur vingt espèces de Crabes se rencontrant sur les côtes des États-Unis, il en est qui ont une importance plus ou moins pratique. Les plus estimés sont : le *Blue Crabe (Callinectes hastatus)*, le *Lady Crab (Platyonichus ocellatus)*, le *Stone Crab (Menippe mercenarius)*, les *Rocks Crabs (Cancer irroratus* et *borealis)* de la côte orientale et les *Common Crab, Rock Crab and Red Crab (Cancer magister, antennarius, productus)* de la côte du Pacifique. Les autres espèces sont utilisées simplement comme appât ou quelque peu comme aliment.

Le Blue Crab est le Crabe comestible ordinaire de la côte de l'Atlantique de la baie de Massachusetts au golfe de Mexico. La saison de la pêche est de durée variable dans les différentes parties de la côte. A New-York, elle se fait

(1) *Collection of Economics Crustaceans...*, Washington, 1883.

de mai à octobre, tandis que dans la Floride elle commence de bonne heure en mars et se continue encore en décembre, ou si la température est douce elle dure tout l'hiver. Ce Crabe est mangé aussi bien lorsque sa carapace est dure que lorsqu'elle est molle, mais on le préfère beaucoup et il atteint un prix beaucoup plus élevé, lorsqu'il se trouve dans ce dernier état. C'est le contraire pour toutes les autres espèces de Crabes et pour le Homard, qu'on mange seulement quand la carapace est résistante. Cependant des Crabes mous sont rarement pris en quantités marchandes, excepté sur la côte de New-Jersey, d'où New-York tire la majeure partie de ses approvisionnements. La pêche des Crabes du New-Jersey à elle seule a rapporté plus de 4 millions en 1880.

Plusieurs procédés différents sont employés pour la capture des Blue Crab ; le plus usité est le filet nommé Crab-net. Pour retirer les Crabes des profondeurs avec le filet cela n'est pas aisé, les pêcheurs ont recours à des lignes simples amorcées, sans hameçons,'ou du Crab-trawl (sorte d'Appelet ou de Palangre). D'un petit bateau, chaque pêcheur peut manœuvrer quelques lignes simples, qui sont retirées à de courts intervalles, les Crabes étant recueillis à l'aide d'une épuisette lorsqu'ils arrivent à la surface. Le Crab-trawl ou Trot-line mesure 250 à 700 pieds de longueur et porte de petites lignes latérales disposées séparément à de courts intervalles. Il y a quelques méthodes de pose. L'une consiste à assurer chaque extrémité à l'aide de poids, et l'autre à attacher les extrémités à de longues perches qui sont implantées dans le fond. Un homme dans un canot rame continuellement d'une extrémité à l'autre, tirant les lignes latérales et prenant les Crabes comme dans le premier cas. Sur les côtes de la Louisiane, les Trot-lines sont tendus sur les bords, les lignes latérales étant jetées dans l'eau et retirées à des intervalles réguliers. Seines, carrelets, amorcés avec de la viande et des coquillages, sont aussi à l'occasion employés pour prendre les Crabes. Comme les Crabes à carapace molle restent engourdis et ne sauraient être pris avec les appâts, on se les procure toujours en parfait état au moyen d'écopes ou à la main sur les plages. Des chariots flottants sont fort employés dans quelques localités pour la conservation des Crabes jusqu'à ce qu'ils changent de carapace et soient devenus mous. Les Crabes sont généralement conduits au marché dans des boîtes, des ba-

quets ou des barils avec ou sans emballage. Les petites boîtes sont préférées surtout pour les Crabes mous, qui sont emballés très confortablement de façon à ce qu'ils puissent sans accident supporter le transport, et à ce que l'humidité ne puisse pas disparaître trop facilement des branchies. Ce sont principalement les femmes et les enfants qui font la récolte des Crabes, notamment dans les États du Sud.

En 1880, il existait aux États-Unis trois usines pour la préparation des Crabes ; deux étaient situées à Hampton (Virginie) et une à Oxford (Maryland). Les Crabes à carapace dure sont seuls préparés et les approvisionnements viennent seulement du voisinage des usines. Le mode de préparation des Crabes est à peu près semblable à celui des Homards, tel qu'on l'emploie sur la côte de la Nouvelle-Angleterre. Les Crabes sont bouillis ou cuits à la vapeur, après quoi les chairs sont détachées des parties dures et disposées dans une ou deux boîtes de fer-blanc, les carapaces étant nettoyées et vendues avec la chair, pour servir d'instrument pour la préparation culinaire des Crabes. Les déchets sont utilisés comme engrais.

En 1880, le produit des pêcheries de Crabe de la côte orientale des États-Unis (New-York, New-Jersey, Delaware, Maryland et Virginie) s'est élevé à huit millions deux cent mille francs (prix des pêcheurs) ; au sud de la Virginie les pêcheries ont une moins grande importance ; sur la côte du golfe les pêcheries de la Louisiane ne rapportent que deux cent cinquante mille francs.

Les Rock and Jonah Crabs (*Cancer irroratus* et *borealis*) entrent pour une faible partie dans la consommation, probablement pour ce motif qu'ils ont la même réputation que les Homards, qui sont préférés comme aliments. Le *Cancer irroratus* est capturé à l'embouchure de Boston Harbor, en petites quantités, pour approvisionner les marchés de Boston, et les deux espèces sont prises pour le marché de Newport, à Narragansett Bay. Ils sont aussi employés comme appâts de quelques espèces de Poissons.

The Stone Crab (*Menippe mercenarius*) est fort estimé comme aliment, mais il ne se rencontre nulle part en assez grande abondance pour satisfaire une demande qui ne serait pas limitée. La carapace de ce Crabe est résistante et épaisse et les pinces proportionnellement larges, fournissant une généreuse portion de chair. Le Stone Crab vit dans des trous qu'il se creuse dans la vase et dans les crevasses des roches, dans ce cas il est difficile à capturer. En les tirant de leurs retraites qui sont quelquefois profondes de deux pieds, le chercheur de Crabes avance le bras et, saisissant l'occupant par l'articulation de la pince la plus rapprochée, il le tire vivement dehors, lui permettant de tomber à terre, où il lui est plus facile de le mettre en lieu sûr sans préjudice pour lui-même. Les Crabes offrent une vigoureuse résistance et ils sont quelquefois arrachés par morceaux. Les chercheurs de Crabes recourent occasionnellement à la pioche pour extraire leur victime de leurs trous. Cette espèce est rarement expédiée hors des villes des ports du littoral, où elle est capturée, aussi la voit-on rarement sur les grands marchés, excepté à Charlestown, dans la Caroline du Sud, dans le voisinage de laquelle elle abonde. Dans quelques points des côtes de la Floride, elle fournit aux habitants une portion considérable de leur nourriture dans certaines saisons.

Le Lady Crab (*Platyonichus ocellatus*) sert à l'occasion d'aliment sur la côte de l'Atlantique, de la même façon que le Blue Crab, mais il se montre rarement sur les marchés. Dans le golfe de Mexico et spécialement sur la côte de la Louisiane, il constitue un important article de pêche et une grande quantité en est apportée chaque saison à la Nouvelle-Orléans. Dans la Nouvelle-Angleterre, il sert d'appât.

Les Crabes de moindre importance sur les côtes des États-Unis sont les suivants.

Les Fiddler Crabs (*Gelasimus*) sont utilisés comme amorce dans plusieurs localités et sont à l'occasion, dit-on, employés comme aliment. A la Nouvelle-Orléans une espèce détruit les levées du Mississipi, dans lesquelles elle se tasse en compagnie d'une Écrevisse (*Cambarus*).

Le Crabe vert (*Carcinus mœnas*), qui joue un rôle important dans les pêcheries européennes, est seulement utilisé comme appât aux États-Unis ; il est prisé pour cet usage à la Nouvelle-Angleterre.

Six espèces de Crabes sont, aux États-Unis, regardés comme comestibles sur la côte du Pacifique : le Crabe commun des marchés (*Cancer magister*), le Rock Crab (*Cancer antenna-rius*), le Red Crab (*Cancer productus*), le Kelp Crab (*Epialtus productus*), le Yellow Shore Crab (*Heterograpsus oregonensis*) et le Purple Shore Crab (*H. nudus*). Le *Cancer magister* est seul usuellement employé comme aliment, quoique les autres espèces du même genre soient réputées également dignes de faveur. Le *magister* est, toutefois, le plus répandu dans les localités et dans les fonds fréquentés par les pêcheurs ; il est aussi en quelque sorte le plus grand. Il est capturé seulement sur les plages sablonneuses de la baie de San Francisco, au moyen de seines et de pièges amorcés avec des Poissons et des reliefs de viande. Le principal marché est celui de San Francisco, où il se vend 1 fr. 25 pièce environ. La saison se prolonge plus ou moins, mais la pêche d'été est beaucoup plus abondante que celle d'hiver. Les Red et Rock Crabs sont plus abondants sur les côtes rocheuses au nord de Galden Gate, où on ne pratique peu la pêche. Les Crabes ne sont pas apparemment attrapés pour la consommation sur d'autres points de la côte du Pacifique.

Les Crabes des bords de la mer Jaune et de la mer Vermeille sont mangés par les Chinois, qui les passent dans un fil de métal et les cuisent sur le feu à découvert.

Les Kelp Crabs sont consommés par les habitants de la côte nord-ouest. De larges Red Rock Crab (*Echidnoceros setimanus*) vivant autour des îles Farallone, près de San Francisco, sont à l'occasion apportés sur les marchés de la ville comme curiosité et quelquefois atteignent le haut prix de 12 fr. 50 la pièce. Des espèces de *Chionecetes* et de *Lithodes* sont mangées par les habitants de l'Alaska.

Au Japon, parmi les Crustacés employés comme aliment, figurent en première ligne les Crabes qui sont appelés *Kagni*. Ils sont abondants et de différentes espèces, quelques-uns de grande taille.

Parmi les *Xanthines* nous signalerons le genre Xantho, parmi eux le *Xantho floridus* et le *X. rivulosus* se prennent sur nos côtes de l'Océan et de la Méditerranée ; le premier surtout est fort commun.

LES OXYRHYNQUES ou CRABES TRIANGULAIRES — *OXYRHYNCA*

Dreieckkrabben.

Caractères. — Ces Crabes ont la carapace de forme à peu près triangulaire, le front prolongé par un rostre terminé en pointe ou fourchu, d'où leur nom ; cette carapace est généralement inégale, hérissée d'épines ou de poils, à régions assez distinctes, les hépatiques petites, les branchiales très développées cachant neuf branchies ; l'orifice d'entrée de la chambre branchiale est situé en avant de la première paire de pattes, celui de sortie en avant de l'angle de la bouche.

Classification. — Ces Oxyrhynques sont répartis dans deux familles, celle des Parthenopides et celle des Maiides.

LES MAIIDES — *MAIIDÆ*

Caractères. — Les pattes sont de grandeur médiocre, les antérieures souvent plus longues et plus grosses ; l'article basilaire des antennes s'insère au-dessous de l'œil.

Distribution géographique. — On trouve des représentants de cette famille dans toutes les mers.

Mœurs, habitudes, régime. — Ils ne nagent point, mais ils grimpent à l'aide de leurs pattes souvent allongées, qui rappellent celles des Araignées et qui leur donnent un aspect très singulier. Telles sont notamment les espèces des genres *Stenorhynchus* et *Inachus*. Comme ces Crustacés sont d'une nature très indolente et que leurs mouvements sont très lents, des Varechs, des Algues de toutes sortes, et même des Éponges s'installent et prospèrent sur leur carapace au point de les cacher entièrement. S'il en résulte pour ces animaux quelque incommodité, il est certain aussi que ce revêtement dont ils se recouvrent involontairement leur constitue une protection en les dissimulant aux regards de leurs nombreux ennemis. Beaucoup de Poissons leur font la chasse, entre autres notamment les Raies.

LES LEPTOPODINES — *LEPTOPODINÆ*

Caractères. — Cette tribu se distingue à ses yeux non reployés.

LES STENORHYNQUES — *STENO-RHYNCHUS*

Caractères. — Le genre *Stenorhynchus* est caractérisé par sa carapace triangulaire dont le rostre bifide a des pointes frontales extrêmement allongées. Ce sont des êtres de petite taille.

Distribution géographique. — Les représentants de ce genre se trouvent près des côtes européennes et américaines de l'océan Atlantique et près de celles que baigne la Méditerranée.

Mœurs, habitudes, régime. — Perchés sur leurs longues pattes, les pinces pendant verticalement, les Sténorhynques oscillent toujours. Généralement leur corps ne touche pas le sol, même au repos (fig. 696).

Ils se plaisent dans les prairies de Zostères, ou errent sur les fonds de sable vaseux.

LE STÉNORHYNQUE LONGIROSTRE. — *STÉNO-RHYNCHUS LONGIROSTRIS.*

Caractères. — Cet Oxyrhynque se reconnaît aisément à la grande dimension de son rostre, qui atteint presque la longueur des antennes externes ; à son épistome armé de chaque côté de deux épines ; sa carapace tuberculée, pubescente, est de couleur très variable : généralement verte, elle devient souvent rouge, jaune, grise ou blanchâtre (fig. 696).

Distribution géographique. — C'est un habitant des côtes océaniennes de l'Angleterre et de la France et de toutes les côtes méditerranéennes.

LE STÉNORHYNQUE FAUCHEUR. — *STENORHYN-CHUS PHALANGIUM.*

Caractères. — Reconnaissable à son rostre court qui n'atteint pas l'extrémité du pédoncule des antennes externes, à son épistome armé de chaque côté d'une seule épine.

Distribution géographique. — Il abonde sur les côtes de la Manche en Angleterre comme en France et se retrouve dans la Méditerranée.

Mœurs, habitudes, régime. — Lents dans leurs mouvements, paresseux et timides, ces petits Crustacés sont souvent couverts de végétations, quelquefois enveloppés de Spongiaires. Ils se rencontrent quelquefois en si grande quantité qu'ils deviennent la proie des Poissons. W. Thomson a trouvé l'estomac d'une Raie (*Raia clavata*) entièrement rempli de ces Crabes.

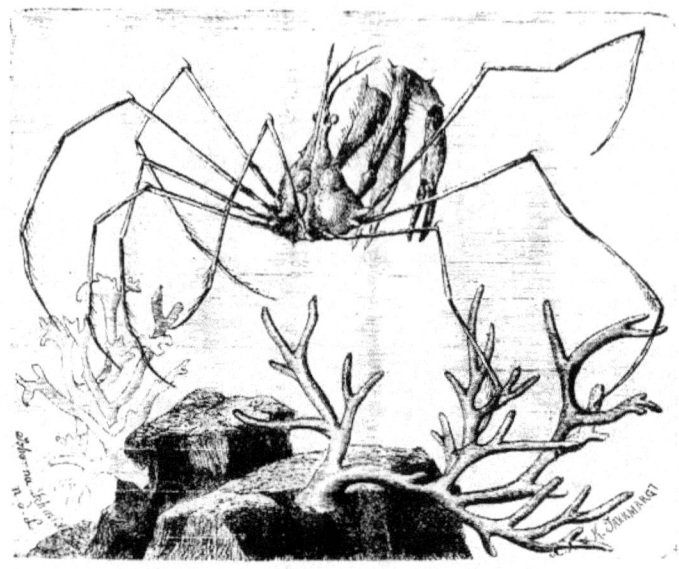

Fig. 606. — Le Sténorhynque longirostre.

LES MAIINES — *MAIINÆ*

Caractères. — Cette tribu se reconnaît à ses yeux qui peuvent se reployer en arrière et se cacher dans des fossettes orbitaires.

LES INACHUS — *INACHUS*

Caractères. — Les espèces du genre *Inachus* sont caractérisées par leur carapace triangulaire fortement bosselée en dessus, par leur rostre très court et par leur première paire de pattes, très petites chez les femelles, assez grosses chez les mâles, beaucoup plus courte que la seconde paire qui est très longue. Ils sont de petite taille.

Distribution géographique. — Ce sont des habitants des côtes européennes de l'Atlantique et des côtes méditerranéennes.

Mœurs, habitudes, régime. — Ils sont couverts de toutes sortes d'Algues et d'Animaux; des Diatomées pédicellées, des Polypes hydraires, des Infusoires, des Ascidies composées, et d'autres êtres s'attachent aux poils qui revêtent le corps et les membres de ces Crabes comme d'un duvet fin ou d'un gazon dont le Crustacé tire parti et profit. La végétation qu'il porte sur lui est pour lui une sorte de jardin potager dont il coupe les plantes à l'aide de ses pinces pour pourvoir à ses propres besoins. Le docteur Eisig a vu plusieurs fois un Inachus arracher du sol des Hydroïdes, les piquer sur ses épines et sur ses soies, et les planter, pour ainsi dire, sur le jardin qu'il transporte avec lui. L'adaptation aux milieux et l'hérédité, jointe à la nécessité pour la plupart de ces animaux de se mettre à couvert, rendent ces Crabes extraordinairement rusés et permettent d'admettre sans hésitation l'exactitude de cette intéressante observation. Ils se tiennent à une certaine profondeur et se rencontrent souvent sur les bancs d'Huîtres ou se prennent dans les pièges à Tourteaux.

L'Inachus scorpion est l'espèce la plus anciennement connue, elle habite nos côtes océaniennes.

LES PISES ET LES LISSES — *PISA ET LISSA*

Caractères. — Parmi les Oxyrhynques se range le genre *Pisa*, caractérisé par sa carapace bombée, tuberculeuse, à front armé de quatre pointes, les deux médianes formant le rostre, par des pattes plus courtes et par un corps plus rabougri que dans le genre précédent.

Le genre *Lissa*, qui ressemble beaucoup au précédent, ne se distingue que par la forme du rostre, qui est formé de deux cornes lamelleuses tronquées en avant et plus larges à l'extrémité qu'à la base.

Distribution géographique. — Comme les précédents, ils sont représentés par quelques espèces dans l'Océan et la Méditerranée.

Mœurs, habitudes, régime. — Ils sont recouverts souvent par des Éponges (*Esperia* et autres), par des Polypes hydraires et par des Bryozoaires, au point d'être à peine visibles au milieu de leurs parasites. Si c'est l'indolence extrême de l'hôte qui favorise l'accroissement extraordinaire des larves d'Éponge sur ce sol vivant, cela établit une des relations les plus curieuses. Malgré l'aspect sale de ces Crabes, leurs pinces et leurs organes buccaux demeurent très propres, en raison de leur fréquent usage. En observant une *Pisa* sur un polypier (*Astroides calycularis*), O. Schmidt a vu qu'elle s'appliquait à introduire ses pinces aussi profondément que possible dans les creux pour y saisir ses aliments qu'elle amenait avec beaucoup d'agilité et d'adresse jusqu'à sa bouche, et que de temps à autre elle fourrageait dans l'approvisionnement qui prospérait sur son corps.

Parmi les Pises, le *Pisa tetraodon* est une espèce fort commune sur les côtes de l'Océan en France et en Angleterre et qui se retrouve dans la Méditerranée.

LES MAIAS — *MAIA*

Caractères. — La carapace d'un quart plus large que longue, ovale et rétrécie en avant, à régions peu distinctes, est hérissée de tubercules ou d'épines et porte sur le bord de très fortes épines ; le rostre est constitué par deux pointes divergentes ; les antennes externes ont sur leur premier article très grand deux longues épines et sont insérées sur le bord de l'orbite ; les tarses sont styliformes, sans épines ni dentelures.

Distribution géographique. — Les Maias sont répandus dans les mers d'Europe.

Mœurs, habitudes, régime. — Les mœurs sont celles de l'espèce typique.

LE MAIA SQUINADE OU GRANDE ARAIGNÉE DE MER. — *MAIA SQUINADO.*

Caractères. — Cette espèce, la plus importante du genre *Maia*, est longue de 10 à 15 centimètres et même 20 centimètres ; elle se reconnaît à sa carapace assez bombée, couverte d'épines aiguës ; elle est d'un bleu pâle, passant avec l'âge au rouge incarnat et au jaune pâle ; ses pinces sont variées de bleu, de rouge, de blanc (fig. 697).

Distribution géographique. — Elle se rencontre en abondance sur les côtes méridionales et occidentales de l'Angleterre, sur les côtes de France ; elle est commune dans la Méditerranée et remonte jusqu'à Trieste.

Mœurs, habitudes, régime. — Les anciens ont raconté des merveilles sur les Maias. Ils leur attribuaient une raison extraordinaire et les disaient sensibles à la musique ! Ils les ont du reste immortalisés en les représentant suspendus au cou de la Diane d'Éphèse, comme emblèmes de la sagesse et en les figurant sur une foule de monnaies et de médailles. « Sa sagesse, nous dit finement Rondelet, est que, au printemps, se dépouillant de sa coque, comme un Serpent de sa peau, et se sentant affaibli et désarmé, il se tient caché sans assaillir aucun, jusqu'à ce qu'il ait recouvré sa coque dure. »

Si un danger les menace, les Maias s'arrêtent immobiles, attendant que le danger soit passé ; lors de leur changement de carapace, ils se cachent sous les algues et demeurent plusieurs jours dans un état de torpeur ; c'est lorsque la femelle a mué que le mâle fait sa cour. C'est à ce moment que les mâles errent de tous côtés et se jettent fréquemment dans les filets. Les femelles choisissent pour pondre les endroits tapissés de plantes marines et déposent leurs œufs parmi les végétaux.

Hermann Fol (1) a observé dans un des aquariums de Villefranche-sur-Mer un Maia si hérissé d'algues qu'il se confondait absolument avec les pierres couvertes de végétation avec lesquelles il vivait. Sa toison végétale ayant grandi au point de devenir encombrante, il l'arrachait brin à brin avec une de ses paires de pattes, se nettoyait bien à fond, et puis se mettait à se coller sur la carapace de petits bouts d'algues fraîches qui poussaient ensuite comme des

(1) H. Fol, *L'Instinct et l'Intelligence*, Revue scientifique, 1886, 1ᵉʳ sem., p. 194.

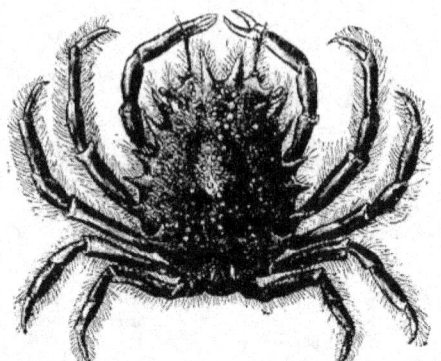

Fig. 697. — Le Maia squinade ou grande Araignée de mer.

boutures. L'utilité de ces actes est évidente. Ce Crabe ainsi déguisé se dissimule aisément sur les fonds herbeux et il échappe aux regards de ses ennemis et à ceux du gibier qu'il poursuit. Il agit exactement de même dans un aquarium où il n'y a pas d'entourage végétal ; M. Fol lui ayant enlevé toutes les herbes qu'il aurait pu prendre pour boutures, et lui ayant donné, à la place, des bouts de paille et de papier blanc, il se colla consciencieusement sur le dos ces objets qui ne pouvaient que le rendre encore plus visible. Suivant lui, il trouvait son bonheur à accomplir un acte dont le but lui échappait et faisait ainsi preuve d'inintelligence. Trai-

teriez-vous d'imbécile l'homme qui couvrirait sa nudité avec les seuls lambeaux d'étoffes bigarrées que vous laisseriez à sa disposition. Pauvre Crabe! Pauvre homme!

Usages. — On en vend chaque année plusieurs milliers sur les marchés des villes de la côte méditerranéenne ; on les apporte le plus souvent dans des paniers d'osier assez lâches, dans lesquels ces animaux rougeâtres s'enchevêtrent par leurs pattes et par leurs soies touffues en une sorte d'agrégat inextricable. Ils constituent dans les gargotes populaires un mets assez recherché ; on les cuit et on les sert dans leurs carapaces, et on les arrose de vin blanc.

LES OXYSTOMES ou CRABES CIRCULAIRES — *OXYSTOMATA*

Rund Krabben.

Caractères. — Ces Crabes constituent une tribu qu'on reconnaît à la forme plus ou moins circulaire du céphalothorax, à l'absence de saillie frontale ou rostre et à l'ouverture triangulaire de la bouche acuminée en avant et prolongée dans la région frontale jusqu'au niveau des yeux.

Classification. — Les Oxystomes sont répartis dans trois familles, celles des Calappides, des Leucosiades et des Raninides.

LES CALAPPIDES — *CALAPPIDÆ*

Caractères. — La carapace est large, très bombée, à bords latéraux minces et dentelés ; les antennes externes sont petites ; les pattes antérieures ont un carpe très large, s'appliquant contre le corps et en recouvrant presque toute la surface inférieure.

LES CALAPPES — *CALAPPA*

Caractères. — Les *Caloppa*, appelés aussi *Crabes pudibonds* parce qu'ils se cachent la face à l'aide de leurs grandes pinces comprimées, surmontées d'une crête très élevée, ont un aspect très singulier; leur carapace, fortement bombée, arrondie en avant et très élargie en arrière, se prolonge de chaque côté en deux expansions aliformes, sous lesquelles peuvent se cacher les quatre dernières paires de pattes.

Distribution géographique. — Ces espèces, qui appartiennent aux mers des climats chauds, ont un représentant dans la Méditerranée.

LA CALAPPE GRANULÉE OU MIGRANE. — *CALAPPA GRANULATA.*

Caractères. — La belle couleur de chair de l'animal est souvent relevée par des taches d'un rouge carmin qui constituent un moyen de protection pour cet animal fort difficile à découvrir sur un fond de sable ou de gravier. Le test est tuberculeux, traversé par quatre sutures longitudinales; le front a deux petites protubérances.

Distribution géographique. — La *Calappa granulata* est l'espèce la plus septentrionale; on la rencontre, assez rarement d'ailleurs, dans la Méditerranée.

Mœurs, habitudes, régime. — C'est un animal très indolent, qui reste pendant toute la journée enfoui dans le sol dont il ne laisse émerger que la partie supérieure de la carapace, le front, les antennes courtes, les yeux et le bord supérieur des pinces. Le développement extraordinaire de ses pinces et l'attitude que leur imprime habituellement ce Crustacé ont un but spécial : ces pinces ferment ainsi, au devant des organes buccaux et de l'entrée des branchies, une cavité où l'appareil respiratoire peut s'approvisionner d'une eau qui n'est mélangée d'aucune impureté.

Les Migranes, au dire de Risso, établissent souvent leur gîte dans les fentes des rochers. Lorsqu'ils sont obligés d'abandonner ces réduits, ils retirent leurs pattes sous le test, rapprochent leurs pinces et, semblables à des boules, se laissent tomber au fond des eaux : c'est alors que, ballottés par les vagues, ils sont jetés sur le rivage, où ils ne tardent pas à périr. Les Migranes sont voraces ; lorsqu'ils ont une proie en vue, ils ne se laissent pas facilement intimider.

Leur chair est assez bonne, quoiqu'on n'en fasse aucun usage.

La famille des LEUCOSIADES a des représentants dans nos mers : *Ilia nucleus* de la Méditerranée, les *Ebalia Pennantii, Cranchii, Breyerii* de nos côtes océaniques et des côtes d'Angleterre.

La famille des RANINIDES ne renferme aucune espèce indigène.

LES NOTOPODES ou CRABES A PATTES DORSALES — *NOTOPODA*

Caractères. — Ce groupe se rapproche des groupes plus nombreux qui composent la division suivante des Décapodes, celle des Macroures, en raison de l'insertion plus élevée de la cinquième paire de pattes ou bien de la quatrième et de la cinquième paire, qui s'attachent sur la face dorsale.

Classification. — Cette tribu se divise en quatre familles : les Dorippides, les Dromiades, les Lithodides et les Porcellanides.

LES DROMIADES — *DROMIADÆ*

Caractères. — Ces Brachyures au corps globuleux, au front recourbé en bas, aux antennes internes logées dans des fossettes, se reconnaissent aisément à leurs deux dernières paires de pattes très raccourcies, à ongle crochu, insérées sur le dos.

Distribution géographique. — On trouve des Dromiades dans presque toutes les mers.

Mœurs, habitudes, régime. — Leurs mœurs sont connues par celles de l'espèce de nos mers.

LES DROMIES — *DROMIA*
Rückenfüszer.

Caractères. — Les deux dernières paires de pattes petites et grêles, relevées complètement sur le dos.

LA DROMIE COMMUNE. — *DROMIA VULGARIS.*

Caractères. — A l'exception des extrémités rougeâtres des pinces, son corps très velu est

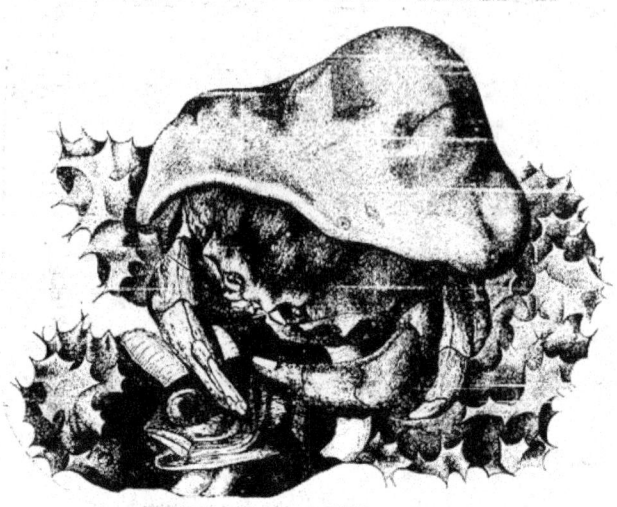

Fig. 698. — Dromie commune dévorant une tête de Poisson. Elle est cachée par une éponge et cramponnée à une autre éponge.

revêtu de poils d'un fauve ferrugineux ; aussi se couvre-t-il ordinairement d'une telle quantité de saletés, de plantes et d'animaux de toutes sortes, qu'on doit toujours le soumettre à un lavage soigné avant de l'introduire dans une collection ; on voit alors que le test est pointillé de rouge, de blanc et de brun ; le front est découpé en trois pointes obtuses, et les bords latéraux portent cinq ou six tubercules ; les pinces sont grosses (fig. 698 et 699).

Distribution géographique. — Ce Crabe habite l'Océan, mais est répandu surtout dans la Méditerranée. On le prend sur les côtes d'Angleterre et de Bretagne (Concarneau), mais peu fréquemment.

Mœurs, habitudes, régime. — Ces Crabes ont une habitude toute particulière qui consiste à entraîner à l'aide de leurs pattes dorsales un corps étranger sous lequel ils s'abritent. Ils emploient pour cela presque exclusivement des Éponges, le plus souvent le *Sarcotragus spinosulus* ou le *Suberites domuncula*. C'est cette dernière que porte sur lui le Crabe que nous avons représenté fig. 698, en train de déchiqueter avec ses pinces une tête de Poisson et

reposant sur une autre Éponge qui représente un spécimen très grand de *Spongelia pallescens*. L'Éponge supérieure s'applique étroitement par sa face inférieure au dos du Crabe et atteint

Fig. 699. — La Dromie commune, débarrassée des corps étrangers qui la recouvrent habituellement.

parfois de telles dimensions qu'elle cache entièrement le Crustacé, sans gêner néanmoins ses mouvements d'ailleurs peu vifs. On ne sait pas encore d'une manière certaine si l'Éponge s'installe incidemment sur le dos de la Dromie, comme font les Éponges de l'espèce *Suberites domuncula* sur les coquilles habitées par les *Pagurus*, ou si le Crabe s'approprie un fragment d'Éponge déjà assez grand pour le fixer sur son dos. La seconde hypothèse n'a rien d'invraisemblable, car l'Éponge n'est retenue que par les griffes des pattes dorsales, et je l'ai vue parfois se séparer du Crabe sous l'influence du flot ou d'un choc un peu brusque. Du reste le besoin qu'éprouvent ces Crabes de se couvrir ou de se vêtir est tellement vif que dans les aquariums, lorsqu'on leur enlève leur Éponge, ils accrochent sur leur dos un fragment de varech, qui leur donne un aspect comique. Au laboratoire de Concarneau, ces années passées, il existait une Dromie qui était la joie de tous ; on lui avait fabriqué un petit manteau blanc aux armes de Bretagne, et rien n'était plus amusant que de la voir endosser son paletot « quand elle n'avait rien à se mettre sur le dos. »

Les Dromies sont des animaux fort indolents, qui ne sortent de leur état de torpeur qu'aux approches du solstice d'été, alors que les femelles chargées d'œufs d'un rouge carminé se préparent à les déposer dans les bas fonds remplis de débris de coquillages.

A ce genre se rattachent quelques autres genres qu'on observe dans les mers européennes, comme les *Homola* par exemple, parmi lesquels se trouve une espèce géante, l'*Homola Cuvieri*, assez rare dans la Méditerranée. O. Schmidt dit en avoir acheté, sur le marché de Nice, qui mesuraient près de 3 pieds de long, les pattes étendues.

Dans la famille des *Lithodides*, le genre *Lithodes* renferme des espèces des mers polaires, ou des profondeurs à température froide ; le *Lithodes arctica* du nord se rencontre aussi dans nos mers.

LES PORCELLANIDES — PORCELLANIDÆ

Caractères. — Céphalothorax ovale arrondi, quelquefois allongé ; pédoncules oculaires courts logés dans de petits orbites s'ouvrant en dessous ; dernière paire de pattes grêle, dorsale terminée par de petites pinces. Abdomen replié à large nageoire caudale.

LES PORCELLANES — PORCELLANA

Caractères. — Les *Porcellana* ont un céphalothorax court et plat. Les antennes internes petites cachées au-dessous du front triangulaire ; la première paire de pattes aplaties beaucoup plus longues que le corps et à grosses pinces ; les trois paires suivantes plus courtes terminées par des griffes.

Distribution géographique. — Ces Crustacés sont des habitants de nos côtes, comme de la plupart des mers.

LA PORCELLANE A LARGES PINCES. — PORCELLANA PLATYCHELES.

Caractères. — La carapace un peu bombée a le front muni de trois dents aplaties ; les antennes sont renflées à la base ; les pinces sont grandes, larges, à trois premiers articles dentés en dedans ; les mains sont larges, aplaties, poilues ; les autres pattes grêles. Le test est d'un rouge lavé, nuancé de verdâtre, mais revêtu toujours d'une couche de saletés, à cause des poils serrés qui recouvrent le corps.

Distribution géographique. — Cette espèce abonde sur les côtes d'Allemagne, d'Angleterre, de France et surtout dans la Méditerranée.

Mœurs, habitudes, régime. — Cette Porcellane, nous apprend Risso, fuyant la lumière, vit retirée sous les pierres des rivages ; faible et

Fig. 700. — La Porcellane à larges pinces.

timide, elle reste pendant le jour dans une immobilité parfaite, et si on la poursuit elle glisse prestement de côté plutôt qu'elle ne marche et se réfugie sous les cailloux. Elle ne sort de sa retraite que la nuit pour chercher sa nourriture. Les pattes fragiles se détachent avec facilité, mais cela ne l'embarrasse guère, la nature se hâtant de réparer les membres du pauvre manchot. La femelle dépose ses œufs dans le sable baigné par les flots.

LES MACROURES — *MACRURA*

Langschwänze.

Caractères. — Ils sont caractérisés par un post-abdomen très développé, aussi long ou même plus long que le céphalothorax; sur les sept anneaux qui le constituent, six sont en général pourvus chacun d'une paire de membres ou fausses pattes; celle de l'avant-dernier segment forme, avec le dernier article du corps, ou telson, une large nageoire caudale.

La carapace, presque toujours plus longue que large, porte généralement un rostre à sa région frontale; les antennes sont très développées, les internes à deux ou trois fouets grêles, très longs et sétacés, les externes à un seul fouet ayant à leur base un appendice représentant le palpe des mâchoires, constituant généralement une large lame bordée de soies; les pattes-mâchoires externes, ayant les trois derniers articles très développés, ressemblent à de petites pattes qui seraient reployées contre la bouche.

Mœurs, habitudes, régime. — Merveilleusement adaptés pour la vie aquatique, les Macroures vivent tous dans l'eau et, à une seule exception près (*Birgus*), ne quittent jamais leur élément comme beaucoup de Crabes. La plupart ont l'abdomen puissant, terminé par une large nageoire qui leur permet de se mouvoir dans l'eau avec la plus grande aisance; quelques-uns l'ont mou, sans vigueur et asymétrique, porteur de fausses pattes, transformées, par adaptation, en appareils de fixation dans l'intérieur des Coquilles qui les abritent. En nombre immense, les uns, et c'est la grande majorité, habitent la mer, d'autres se plaisent dans les eaux douces; parmi ceux qui ont les Océans pour séjour, les uns se tiennent dans le voisinage des côtes, d'autres passent leur existence dans les profondeurs et même dans les abîmes (1); ils fréquentent aussi bien les mers chaudes que les mers polaires.

Ils sortent de l'œuf tantôt sous une forme qui est à peu près celle de leurs parents, tantôt ils naissent sous des formes larvaires, le plus souvent sous la forme de *Zoés*, quelquefois sous celles de *Mysis*, et plus rarement sous celle de *Nauplius*, d'autres fois sous celle de *Phyllosomes* et subissent alors des métamorphoses des plus curieuses pour arriver à la forme adulte. Nous ne reviendrons pas sur ce sujet, que nous avons traité avec tout le développement que son intérêt nécessitait (2) en donnant de nombreuses figures.

Classification. — Les Macroures sont répartis dans huit familles : les Hippides, les Pagurides, les Thalassinides, les Galathéides, les Palinurides, les Astacides, les Caridides, les Sergestides.

LES PAGURIDES ou ANOMOURES — *PAGURIDÆ* seu *ANOMOURA*

Suivant Milne-Edwards, ces Crustacés prenaient place entre les Crabes et les Décapodes macroures dans un groupe intermédiaire, auquel il a donné la dénomination technique d'*Anomura*, de α, privatif; νόμος, loi; ουρα, queue : ce qui peut se traduire par queue contre les règles.

Aujourd'hui les formes typiques de ce groupe constituent une simple famille parmi les Macroures.

Caractères. — Le céphalothorax est allongé; le dernier anneau thoracique est libre; les pédoncules oculaires sont longs et dirigés en avant; cette disposition permet aux animaux d'observer ce qui se passe en dehors de leur habitation. Les pinces aussi sont longues, puissantes, et d'habitude inégalement développées. Cette asymétrie, qu'on retrouve chez beaucoup de Crustacés, s'observe ici sur un plus grand nombre de régions du corps que chez les autres groupes, et se trouve en relation avec le mode d'existence. Les fausses pattes sont parfois, en effet, développées seulement sur un seul côté de l'abdomen. Les deux dernières paires de pattes sont atrophiées; ce sont de courtes griffes à l'aide desquelles ces animaux s'accrochent dans les

(1) Voy. Introduction, *Distribution géographique.* — *Répartition dans les profondeurs des Océans*, p. 690 et suiv.

(2) Voy. Introduction, *Développement post-embryonnaire.* — *Métamorphoses*, p. 669 et suiv.

coquilles où ils se logent, de la même manière qu'ils s'y fixent au moyen des rudiments de pattes de leur post-abdomen. On ne doit pas, toutefois, considérer ces pattes comme des organes véritablement atrophiés ; leur forme ne fait que s'adapter au mode d'existence de ces animaux qui s'en servent, comme nous l'avons observé déjà chez les Dromies, pour porter des corps étrangers ou pour s'accrocher eux-mêmes. Le post-abdomen des *Pagures* est allongé et sacciforme ; il ne porte qu'à la partie supérieure des cinq premiers anneaux des plaques cornées isolées ; le reste du tégument est tellement mou que l'animal a besoin d'un abri étranger pour se soustraire à tous les heurts, se protéger contre ses ennemis.

Distribution géographique. — Les *Paguridæ* sont connus sur les rivages de toutes les mers et sont même des hôtes des grandes profondeurs. Beaucoup d'espèces vivent dans les climats chauds.

Mœurs, habitudes, régime. — Les Paguridés s'introduisent, pour se mettre en sûreté, dans les coquilles des Mollusques. Ils ne tuent pas les propriétaires, comme on l'a dit, pour s'emparer ensuite de leurs demeures, mais s'approprient seulement les coquilles délaissées. La plupart s'approprient des coquilles marines appartenant aux genres les plus divers, Columbelles (*Columbella*), Toupies (*Trochus*), Sabots (*Turbo*), Cérithes (*Cerithium*), Nasses (*Nassa*) (*Murex*), Buccins (*Buccinum*), etc., et même de coquilles terrestres, Bulimes (*Bulimus*), ou d'eau douce entraînées à la mer, Lymnées et Cyclostomes.

Le Pagure se choisit une coquille de dimensions telles qu'il puisse non seulement y loger à l'aise son post-abdomen, mais encore y trouver un espace suffisant pour se retirer tout entier, en cas de danger, en arrière du bord de l'orifice. En s'accrochant au labyrinthe au moyen de ses pattes rudimentaires (auxquelles viennent encore en aide, chez certaines espèces, quelques ventouses), il se fixe si solidement qu'on ne parvient jamais à extraire de là l'animal vivant et entier : il se laisse plutôt déchirer en pièces, soit que les pinces, qui sont le plus facilement saisies, soient brisées, soit que le céphalothorax se sépare du post-abdomen. Lorsque sa gaine se trouve devenue trop étroite, il est obligé d'en sortir pour s'en choisir une nouvelle.

Il en est qui s'établissent dans des Alcyons, dans les cavités des Éponges. Au plus profond des mers, là où les coquilles sont rares, certaines espèces s'installent dans des fragments de bois, tels sont les *Xylopagurus ;* d'autres sont abrités par une colonie de Polypes, les Epizoanthes, tel est le *Pagurus pilimanus.*

Les espèces qui vivent sur nos rivages et surtout dans la Méditerranée se trouvent parfois dans la plus fâcheuse position : une Eponge (*Suberites domuncula*) se fixe souvent sur les Coquilles habitées par ces Ermites. Plus le Pagure s'agite et plus l'Eponge prospère ; bientôt elle recouvre la coquille d'une masse d'un jaune rougeâtre et d'une consistance de liège, qui expose l'habitant à un péril sérieux. Si ce dernier ne sort pas à temps de sa retraite, l'Éponge foisonne au devant de l'entrée au point d'empêcher la sortie du locataire. On en trouve assez souvent dans cette situation si misérable, qu'il leur reste à peine un pertuis par lequel ils passent leurs pédoncules oculaires pour s'orienter et les extrémités de leurs pinces pour quêter péniblement leur nourriture, jusqu'au jour où ils sont condamnés à mourir de faim.

Bien qu'habitantes des mers, beaucoup d'espèces vivent sur les plages à marée basse.

LES PAGURES ou BERNARD L'HERMITES — *PAGURUS*

Eremitenkrebse.

Caractères. — Chez ces Animaux l'abdomen mou, asymétrique, porte une nageoire caudale asymétrique ; pas de pattes sur les anneaux antérieurs, et des pattes développées surtout du côté gauche.

Les *Eupagurus* se reconnaissent à l'écartement des pattes-mâchoires inférieures.

Distribution géographique. — Les Pagures et les Eupagures ont des représentants dans toutes les mers. De nombreuses espèces se rencontrent sur nos côtes océaniques et méditerranéennes.

Mœurs, habitudes, régime. — La plupart vivent sur le bord même de la mer, qui en est tellement couvert par endroits que la rive semble grouiller. D'autres se tiennent à une profondeur plus grande, comme le *Pagurus Prideauxii*, Bernard-l'Hermite sur la coquille duquel on trouve presque immanquablement un Polype de la famille des Anémones de Mer ou Actinides, l'Actinie mantelée (*Actinia seu Adamsia palliata*) (Pl. XIX). J'ai recueilli sou-

CHANGEMENT DE DOMICILE.
Les PAGURES (Bernard l'Hermite). Paguros Bernhardus.

vent, rapporte O. Schmidt, ce Pagurus avec son pseudo-locataire, à l'aide du filet, notamment dans les régions profondes du large canal de Zara. Il est extrêmement commun auprès de Naples. C'est un exemple très curieux des relations qui peuvent unir des êtres d'une organisation toute différente.

Le naturaliste anglais Gosse, qui a rendu de grands services pour l'installation des aquariums et qui a recueilli une série d'observations des plus intéressantes au sujet des animaux qu'on y entretient, publie les notes suivantes sur la communauté d'existence des créatures que nous venons de citer :

« Le compagnon de l'Anémone de Mer, auquel M. Prideaux de Glymouth, qui l'a découvert, a attaché son nom, vit exclusivement dans la profondeur des eaux. Dans les différents points de nos côtes où on l'a rencontré, on l'a trouvé invariablement dans cette compagnie. Je crois qu'en toutes circonstances le Crustacé ne vit qu'avec cette Anémone seule, et réciproquement. Forbes a toutefois signalé des cas où l'on a remonté dans le filet l'un de ces deux animaux sans l'autre ; mais cela tenait, je pense, à ce que les brusques mouvements du filet, en effrayant le Crustacé, lui ont fait abandonner la coquille et délaisser sa compagne ainsi. Relativement à l'Anémone, nous croyons utile de dire qu'elle appartient au genre *Sagartia* (*S. parasitica*) et qu'elle offre une forme remarquable et une coloration splendide : sa teinte est ordinairement d'un brun rougeâtre à la partie inférieure et d'un blanc de neige à la partie supérieure. L'animal entier est moucheté de taches purpurines et bordé d'une lisière d'un ton écarlate un peu pâle. Les antennes sont d'un blanc très pur, ainsi que les lobes pédiformes. Cette Anémone, assez grande, au lieu d'être circulaire ainsi que les autres Anémones de Mer, est allongée, parce que sa base est prolongée par deux lobes latéraux. Elle choisit toujours, pour se fixer, la lèvre interne des coquilles ; ses deux lobes pédiformes s'appliquent graduellement sur le pourtour de l'orifice de la coquille et finissent par se rejoindre sur son bord externe ; l'animal ainsi fixé forme un anneau complet.

« Je me suis souvent demandé comment les dimensions relatives de l'Actinie et du Mollusque conservaient un rapport constant, alors que la première continuait à s'accroître. Évidemment cet équilibre tient à ce que l'Anémone se fixe, à l'état jeune, sur de petits coquillages, et à l'état adulte sur des coquillages plus grands. Le Crustacé, d'ailleurs, peut déménager d'un coquillage petit dans une habitation plus vaste lorsqu'il éprouve le besoin d'une retraite plus spacieuse. Comme nous savons, d'ailleurs, que son collègue, le Bernard-l'Hermite (*Pagurus Bernhardus*), opère habituellement ainsi, nous admettons la même coutume chez le *Pagurus Prideauxii*. Ceci posé, qu'advient-il de l'Actinie ? Quand les Crustacés changent de résidence et abandonnent les *Adamsia*, leur association semble rompue et nous devrions trouver l'un sans l'autre régulièrement ; il n'en est rien pourtant.

« En admettant, d'autre part, que les *Adamsia* puissent changer de domicile, de son côté comment s'y prendrait-elle pour chercher une nouvelle coquille ? Si elle quitte son ancienne demeure en même temps que le Crustacé et si elle en adopte une nouvelle à la même époque que lui, d'où vient l'unité qui commande leurs volontés et leurs actions ? Comment se communiquent-ils leurs résolutions ? Lequel des deux prend l'initiative, du Crustacé ou de l'Adamsie qui, fixée sur la coquille et non sur le Crustacé, a ses mouvements absolument indépendants ? Lequel entreprend la recherche d'une résidence nouvelle, et à quel moment de ce déménagement l'autre songe-t-il à suivre l'exemple du locataire ? Je me suis intéressé à toutes ces questions et j'ai réussi enfin à en résoudre une partie.

« Le 16 janvier 1859, j'ai pris dans mon filet un spécimen d'*Adamsia palliata* arrivée environ à moitié de sa croissance, et reposant sur une petite coquille de *Natica monilifera* habitée par un *Pagurus Prideauxii* qui paraissait déjà un peu à l'étroit dans son logis. J'installai cette capture dans un vaste aquarium bien disposé dont le contenu était en parfait état, et j'eus la satisfaction de voir, pour la première fois, le Crustacé et l'Adamsie s'acclimater tous deux dans l'aquarium. Ils jouissaient tous deux d'une santé parfaite et se trouvaient à l'aise comme chez eux. Au bout de trois mois, cependant, j'observai que l'Adamsie avait moins bonne apparence. Peu de temps après, le Crustacé donna des signes de malaise ; il paraissait trop à l'étroit dans sa coquille, car la moitié antérieure du corps en émergeait. Je ne pus cependant me décider encore à lui octroyer une coquille plus vaste, car je craignais que pour s'en emparer il délaissât sa compagne, et j'avais peur de voir celle-ci périr à la suite de cet abandon.

« Enfin j'obtins une donnée scientifique que je pus substituer aux simples probabilités du sentiment. Un fait constaté vaut toujours mieux qu'une hypothèse. Je pris dans ma collection une coquille de *Natica* complètement développée, et je la posai dans l'aquarium au voisinage du trio, encore intimement uni, composé du Pagurus, de l'Anémone et du Coquillage primitif. Le Bernard l'Hermite découvrit immédiatement la nouvelle demeure et se mit en devoir de l'inspecter. Mais il s'y prit autrement que n'eût fait son frère Bernard, c'est-à-dire le *Pagurus Bernhardus*. Ce dernier eût, en effet, accaparé l'habitation purement et simplement. Celui-là, au contraire, en tourna l'orifice en haut, en saisit à l'aide d'une griffe la lèvre extérieure et la lèvre interne, et se mit ensuite à la traîner sur le fond de l'aquarium. Une de ses griffes ayant lâché prise incidemment, il tâta l'intérieur, puis continua sa marche. Une occupation m'appela à ce moment au dehors, et quand je rentrai, au bout d'une heure environ, je trouvai le Bernard-l'Hermite installé tout à son aise dans sa nouvelle résidence, l'ancienne gisait abandonnée, à quelque distance. Je la retournai bien vite pour voir ce qu'était devenue l'Adamsie. Mais elle n'était plus là. Seulement lorsque le Bernard-l'Hermite vint s'élever le long de la paroi, j'eus le plaisir de constater que l'ancienne association n'avait point été rompue. L'Adamsie tenait par l'un de ses lobes pédiformes à la nouvelle coquille et probablement aussi par l'autre. Mais la situation qu'occupait alors ce groupe ne permettait pas d'en distinguer les détails avec certitude. La position du Zoophyte était absolument normale. En examinant le groupe avec une loupe, je constatai que l'Adamsie était fixée, par une surface peu étendue de la partie moyenne de son lobe pédiforme, à la face inférieure du céphalothorax du Crustacé, entre les bases de ses pattes.

« Ce mode de fixation de l'Anémone sur le Crustacé est une circonstance qu'on n'observe pas, que je sache, dans les conditions habituelles. Aussi l'ai-je considéré comme un moyen artificiel que l'Adamsie met en usage exceptionnellement et temporairement pour passer d'une résidence à l'autre et pour atteindre sa situation normale sur la dernière. Nous sommes donc forcés de conclure que dès que le Crustacé a trouvé une demeure nouvelle

à sa convenance, l'Adamsie en est avertie, que dans les deux heures qui suivent elle vient se fixer à la coquille nouvelle et que pour s'y faire transporter elle s'applique au thorax de son protecteur avant de s'assurer d'un point d'appui sur cette coquille comme elle avait fait sur celle qu'elle vient d'abandonner.

« Onze jours après ces observations je recueillis encore des données fort intéressantes sur cette association merveilleuse. L'Adamsie, depuis ce déménagement, n'offrait point une apparence prospère. Elle adhérait bien à la coquille partiellement, par une surface dont l'étendue variait d'un jour à l'autre; mais généralement une portion considérable du Zoophyte pendait inerte le long de la coquille. Le Crustacé, en revanche, se sentait à l'aise visiblement dans sa retraite et ne montrait aucune tendance à retourner dans l'ancien logis. Le 2 mai, l'Adamsie avait lâché prise et gisait inerte sur le fond de l'aquarium au-dessous du Crustacé qui s'enfuyait en abandonnant sa compagne chaque fois qu'on venait le troubler. Je crus alors que c'en était fait de ma protégée. Quelle ne fut pas ma surprise de la voir, peu d'heures après, installée à son ancienne place, largement appliquée contre la coquille, et brillant d'un éclat plus frais que pendant les jours précédents! Seulement elle se trouvait fixée sur le coquillage dans une position inverse de celle qu'elle présentait auparavant. Ce fait témoignait d'un instinct dont j'entrepris de découvrir la signification.

« En soulevant avec précaution la coquille à l'aide de la pince à aquarium jusqu'au niveau de l'eau, je fis lâcher prise à l'Adamsie qui retomba au fond. Je replaçai ensuite la coquille, avec son habitant, auprès de l'Anémone. A peine le Crustacé eut-il touché l'Adamsie qu'il la saisit d'abord avec une de ses pinces, puis avec les deux, et je compris immédiatement le but qu'il se proposait. Avec beaucoup d'adresse il se mit en devoir de reporter l'Anémone sur la coquille. Il la trouva gisant, les disques pédiformes tournés en haut : son premier soin fut de la retourner entièrement. En la saisissant avec ses deux pinces à tour de rôle et en la pinçant assez fortement dans les chairs, il la souleva de façon à appliquer son pied contre la portion convenable de la coquille, c'est-à-dire contre la lèvre interne. Il demeura alors absolument immobile pendant une dizaine de minutes en la pressant avec force. Ensuite il retira avec précaution l'une de

ses pinces, puis l'autre ; et tandis qu'il se re-
mettait en mouvement j'eus la satisfaction de
voir que l'Adamsie adhérait à sa véritable place
et plus ferme qu'auparavant. Deux jours plus
tard, l'Anémone gisait de nouveau sur le sol.
Je l'aperçus dans un interstice et je la replaçai
sur le fond du vase. Le Crustacé la retrouva là,
et après l'avoir maniée comme précédemment,
il l'appliqua de nouveau sur sa demeure. Mais
je constatai qu'elle était malade, car elle pouvait à peine se maintenir à sa place. L'instinct
de ces deux créatures ressort, néanmoins,
aussi nettement que possible de ces expériences. Certainement le Crustacé est le
membre le plus actif de l'association ; il apprécie évidemment la société de sa jolie compagne, dont la prospérité, d'ailleurs, est très
variable. Nos dernières observations nous
obligent à conclure que c'est toujours à l'aide
des pinces du Crustacé que l'Actinie mantelée
est transportée d'une coquille à l'autre. »

« Je ne puis que confirmer, rapporte M. O.
Schmidt, ces observations extrêmement intéressantes en les complétant par celles que
j'ai recueillies moi-même dans l'aquarium de
Naples. Quand on observe le Crustacé sur
le fond qui lui est habituel, c'est-à-dire sur
un gravier fin, on s'explique immédiatement
pourquoi l'Actinie saisit la coquille de telle
sorte que sa bouche soit tournée en bas. Le
Pagurus Prideauxii, en effet, agite le sable à
l'aide de ses pattes-mâchoires de façon à produire un courant qui passe au devant de
son orifice buccal et qui lui permet de profiter de toutes sortes d'aliments. Cette nourriture s'élève aussi, dans le tourbillon pro-
voqué par le Crustacé, jusqu'à l'Actinie qui
ouvre sa bouche et étend ses tentacules d'autant plus que son compagnon de table agite le
sable plus vivement. Nos Pagures, d'ailleurs,
négligent de soulever ces tourbillons quand ils
trouvent dans leur entourage une nourriture
animale plus compacte et meilleure, comme
des Poissons morts ou d'autres matières analogues.

« Extrêmement voraces, ils s'installent en
troupe sur les corps morts, s'entassant les uns
sur les autres pour se disputer les lambeaux de
chair.

« Je n'ai jamais observé que dans ce cas
ils en donnent une part à l'Actinie ; mais j'ai
constaté parfaitement qu'ils paraissaient grin-
cheux et querelleurs entre eux. Souvent un
gros en poursuit un plus petit pour lui enlever

le morceau de la bouche. Ce dernier est souvent saisi par les pinces de son adversaire,
mais il sait généralement maintenir sa proie
assez fortement ou assez loin au bout de la
seule pince qui lui reste libre parfois, pour
forcer l'agresseur à s'en retourner le ventre vide.
Je n'ai jamais pu découvrir l'avantage que l'Hermite de Prideaux peut retirer de l'Adamsie qui
sans lui giserait absolument inerte. Il va de
soi pourtant que la cohabitation du Crustacé
et de l'Actinie, ainsi que la sollicitude que le
premier témoigne à son compagnon, ne peuvent reposer que sur les services que doit lui
rendre son protégé. »

D'après Risso les espèces de nos rivages font
plusieurs pontes dans l'année ; l'asymétrie de
l'abdomen les oblige à porter leurs œufs sur
un des côtés où ils sont retenus par les filaments des fausses pattes.

Absolument dédaignés comme aliments, les
Pagures servent tout au plus, faute de mieux,
comme appâts.

LE BERNARD L'HERMITE PROPREMENT DIT. — *PAGURUS BERNHARDUS.*

Caractères. — Ce Pagure, le plus connu de
tous, est allongé, lisse, varié de rouge, de violet et de grisâtre ; sa carapace, presque carrée,
est comme ciselée et un peu pubescente ; les
yeux bleuâtres sont placés sur des pédoncules
longs et grêles ; le premier article des antennes externes porte à sa base un long appendice
uni, ses pinces sont subcordiformes, aplaties ;
leurs articles chargés de tubercules épineux ;
la droite plus longue et plus grosse que la gauche ; les pattes comprimées sont un peu sca-
breuses et couvertes de poils roussâtres (Pl. XIX).

Distribution géographique. — C'est un
habitant de toutes les côtes européennes baignées par l'océan Atlantique (Angleterre,
France, etc.) et de toutes les côtes circamédi-
terranéennes.

Mœurs, habitudes, régime. — Rien n'est
plus original que de voir sur les roches qui découvrent à la basse mer les Bernard-l'Hermites
se traînant gauchement, mais avec une certaine vivacité, s'arrêtant brusquement au plus
léger attouchement et disparaissant dans leurs
maisons, comme des Colimaçons dans leurs
coquilles. Pour les uns ce sont des ermites
rentrant dans leurs cellules, pour les autres ce
sont des sentinelles s'abritant dans leurs guérites.

Lorsqu'un Bernard-l'Hermite se trouve à l'étroit dans son logement il déménage (Pl. XX). Suivons la plume spirituelle de Moquin-Tandron (1) : « Il faut le voir alors, à marée basse, chercher, tourner, retourner les coquilles vides abandonnées et surtout essayer son nouveau domicile. Il fait glisser lestement son abdomen, qui est gros et contourné, tantôt dans une coquille, tantôt dans une autre, regardant avec méfiance autour de lui, et revenant bien vite à son ancien logis, si le nouveau ne lui paraît pas confortable. Il en essaye souvent un grand nombre, comme on essaye des vêtements neufs, avant d'en avoir rencontré un qui convienne.

« Dans ses déménagements successifs, le petit sybarite, tout en se donnant un ermitage de plus en plus spacieux, ne manque pas de suivre son goût et son caprice, dans la couleur et dans l'architecture de sa nouvelle habitation.

L'ennui naquit un jour de l'uniformité!

« Le rusé compère choisit une maisonnette tantôt grise ou jaune, tantôt rouge ou brune, globuleuse ou cylindrique, en forme de tourelle ou de tonneau, souvent armée de dentelures, de créneaux, de lames tranchantes ou de prolongements pointus.

« Cependant notre Diogène Crustacé préfère les coquilles en spirale un peu allongées : par exemple les Cérites, les Buccins et les Rochers.

« Le Bernard est timide. Au moindre bruit, il se retire dans son gîte et s'y tapit sans mouvement. Il rentre la plus petite de ses pinces et ferme la porte avec la plus grosse...

« Ce Crustacé est robuste et vorace... Quand on l'introduit dans un aquarium, il l'a bientôt bouleversé et dévasté, avec ses courses désordonnées et avec sa rapacité insatiable.

« On réussit quelquefois à conserver en bonne harmonie plusieurs individus dans le même réservoir, mais cela tient plutôt à l'impossibilité où ils se trouvent de s'attaquer entre eux, étant bien barricadés et bien rusés, qu'à la douceur de leur caractère ou à l'amour de leur prochain.

« En effet, ces animaux sont très querelleurs. Deux Bernards ne peuvent guère se rencontrer sans manifester des sentiments hostiles. Chacun étend ses longues pinces et semble tâter l'autre, comme font les Araignées quand elles cherchent à saisir une Mouche du côté le plus vulnérable. En général, ils se

contentent de ces preuves de hardiesse mutuelle, et chaque agresseur, trouvant l'ennemi parfaitement fortifié, s'empresse de battre prudemment en retraite. Souvent il y a une véritable passe d'armes, les bras s'écartent, les pinces s'ouvrent et s'agitent d'une manière menaçante ; les deux adversaires se culbutent et roulent l'un sur l'autre, mais plus effrayés que meurtris. M. Gosse a vu une fois la lutte se terminer par un dénouement tragique. Un Bernard s'approcha d'un confrère agréablement logé dans une coquille plus grande que la sienne, le saisit par la tête avec ses puissantes tenailles, l'arracha de son asile avec la rapidité de l'éclair, et s'y logea non moins promptement, laissant le malheureux dépossédé se débattre sur le sable, dans les convulsions de l'agonie. »

LE PAGURE DE PRIDEAUX. — *PAGURUS PRIDEAUXII.*

Caractères. — Ce Pagure qui atteint une taille plus grande que le précédent, à peine 7 ou 8 centimètres, lui ressemble beaucoup d'ailleurs ; il en diffère cependant par quelques caractères très accusés. Les portions latérales de la carapace sont plus membraneuses, les pinces, au lieu d'être fortement tuberculées, sont simplement granulées, et le carpopodite, au lieu de porter sur le bord des tubercules épineux, n'est pourvu que de petits tubercules ; pince et carpopodite ont une ligne élevée médiane sur leur face supérieure. Il est de couleur rouge brun brillant.

Distribution géographique. — Cette espèce se trouve sur les côtes de la Manche en Angleterre comme en France, sur les côtes de l'Atlantique et sur celles de la Méditerranée.

Mœurs, habitudes, régime. — Le trait le plus singulier qu'offre dans ses mœurs ce Pagure est celui de son association avec les Actinies, dont nous avons parlé (1). Ses habitudes sont celles de l'espèce précédente.

La sous-famille des BIRGIDES apparentée à la précédente renferme un curieux Crustacé, le Birgue larron (*Birgus latro*), qui habite toutes les îles de la mer des Indes et de l'Océanie et se retrouve à la Martinique. Reconnaissable à sa carapace à rostre saillant, à région branchiale très développée, formant bouclier au dessus des

(1) *Loc. cit.*, p. 411.

(1) Voy. p. 740 et suiv.

pattes, à son abdomen recouvert d'un tégument solide comme chez les Homards, il attire l'attention par sa taille, — sa carapace seule mesure 15 à 16 centimètres de long, — par sa coloration de laque rouge agrémentée de jaune.

Ce Birgue, *Datto* ou *roi des Crabes*, ainsi que l'appellent les naturels des Philippines, est un Écureuil parmi les Crustacés ; il a la singulière habitude de grimper sur les Cocotiers dont il dévore les bourgeons et les jeunes fruits. C'est un animal qui devient rare, les naturels et les cochons en étant très friands.

Les familles des Thalassinides et des Galathéides, bien qu'elles renferment des genres intéressants par leurs formes et des espèces indigènes, ne nous occuperont pas, leurs mœurs étant peu connues.

LES PALINURIDES — *PALINURIDÆ* seu *LORICATA*

Panzerkrebse.

Caractères. — Cette famille des Crustacés à revêtement tégumentaire très épais et très dur, à postabdomen très grand, a le corps cylindrique ou aplati ; les antennes internes ont deux fouets ordinairement petits ; les antennes externes n'ont pas d'écailles basilaires. Les cinq paires de pattes se terminent par un article unique en forme de griffe et ne portent jamais de pinces, sauf chez les Éryonides.

Leurs larves sont les *Phyllosomes* (1).

LES PALINURINES — *PALINURINÆ*

Caractères. — Cette sous-famille est caractérisée par un corps cylindrique, par des antennes externes dont la longueur dépasse celle du corps, dont les articles pédonculaires sont épais et épineux, et dont le fouet est allongé.

Distribution géographique. — Elle a des représentants dans toutes les mers.

Mœurs, habitudes, régime. — Elles fréquentent les côtes rocheuses.

LES LANGOUSTES — *PALINURUS*

Caractères. — La carapace porte un petit rostre ; les antennes externes se touchent à la base, de façon à recouvrir les antennes internes, qui ont de très courts fouets.

LA LANGOUSTE COMMUNE. — *PALINURUS VULGARIS.*

Caractères. — Ce Crustacé est trop connu pour que nous le décrivions longuement ; la figure de la planche XX en donne d'ailleurs une fidèle représentation.

Le bord antérieur de son céphalothorax est orné de deux fortes épines et la face supérieure de cette région est fort épineuse, tandis que le postabdomen est lisse. Elle a 30 à 40 centimètres de long. Sa teinte est d'un violet rougeâtre assez vif ; cette couleur passe rapidement au bleu intense lorsqu'on expose l'animal fraîchement capturé à l'action directe du soleil ; la teinte naturelle persiste au contraire assez longtemps lorsqu'on la fait sécher à l'ombre. Les spécimens gigantesques qui pèsent de 12 à 15 livres sont beaucoup plus fréquents que les Homards dans la Méditerranée ; aussi les remplacent-ils ordinairement sur les tables.

Distribution géographique. — La Langouste commune se trouve abondamment dans la Méditerranée ; on la prend sur les côtes occidentales et méridionales de France, d'Irlande et d'Angleterre en quantités assez considérables pour constituer un des articles courants des marchés de Paris et de Londres.

Mœurs, habitudes, régime. — La Langouste recherche les sols rocailleux et rudes sur lesquels poussent des plantes marines à des profondeurs diverses. En Dalmatie, où elle abonde, notamment aux environs de Lésina et de Lissa, O. Schmidt en a observé à des profondeurs qui variaient de deux à vingt brasses.

Appareil sonore. — On peut conserver maintenant dans des aquariums des Langoustes, des Homards et une foule d'autres Crustacés, ce qui permet de faire beaucoup d'observations intéressantes. Ainsi le gardien de l'aquarium de Hambourg a remarqué que les Langoustes produisent des sons lorsqu'elles impriment à leurs grandes antennes des mouvements violents, par exemple pour écarter un de leurs compagnons qui les attaque au moment où elles mangent. Le professeur Möbius, alors à Hambourg, perçut ces bruits dont le gardien l'avait averti ; il les compare aux craquements que produit une tige de botte pressée contre

(1) Voy. Introduction, p. 672, fig 615.

un pied de table ou contre un barreau de chaise. Les Langoustes font encore entendre ce bruit lorsqu'on les retire de l'eau et ces craquements sont alors plus bruyants que lorsqu'ils se produisent dans l'eau. L'instrument sonore consiste en une plaque ronde située en haut de la face interne de l'article inférieur mobile des antennes externes. Le bruit est produit par le frottement d'une aire tomenteuse de la plaque contre la surface lisse de l'anneau fixe auquel se trouve relié le premier article antennaire mobile. Cet appareil rappelle celui d'un poisson de mer, le *Dactylopterus*, qu'on nomme en Allemagne « Cri-du-Coq » et qui produit également un craquement sonore par le frottement des surfaces articulaires de l'opercule de ses branchies.

Pêche. — On capture les Langoustes de plusieurs manières.

On les prend au piège, comme les Homards, au moyen de paniers circulaires, nommés *casiers*, tressés dans le nord, avec des branches d'Osier, fabriqués dans le midi (côtes de Biarritz par exemple) avec des tiges de Tamarix qui sont presque indestructibles. On appâte avec du Poisson frais, et on place les pièges contre les accores, c'est-à-dire à la limite des rochers et des sables. Sur les côtes de Biscaye, aux bons endroits où se trouvent en abondance les Mollusques dont les Langoustes font leur nourriture, on en prend 5 ou 6 par panier à chaque marée.

Une pêche plus prosaïque est celle du filet. On descend au fond de la mer un réseau en forme de paroi de plus de 31 mètres de long et de plus de 1 mètre de haut. Ce filet à mailles très larges demeure en place pendant la nuit. Les Poissons qui viennent s'y heurter dans l'obscurité, ainsi que les grands Crustacés, cherchent à passer au travers des mailles; les Langoustes essayent de grimper par-dessus à l'aide de leurs pattes malhabiles; tentatives vaines, elles ne réussissent qu'à s'empêtrer davantage. Le filet doit être levé le matin de bonne heure, sans quoi toute la capture serait mangée par les Dauphins et les Poissons carnassiers. L'extraction du filet, lorsqu'il contient un ample butin, est un spectacle attachant et intéressant.

Mais cette pêche est loin de présenter l'attrait qu'offre la pêche des poissons et des Langoustes à l'aide des falots. M. O. Schmidt s'est trouvé avec un Naturaliste, dans l'île Lésina, chez le professeur Böglich, qui possède la propriété Milna, située dans une baie admirable.

« La soirée étant magnifique et le vent nul (bonazza), on résolut d'aller harponner les Poissons dès que l'obscurité serait complète. On disposa d'abord le bateau, on prépara la lance quadrifurquée et on approvisionna les gobelets en fer, placés en avant de la proue, de résine sèche provenant des Pins maritimes qui disparaissent malheureusement du rivage chaque année. Un seul rameur poussait le canot le plus silencieusement possible le long de la côte, obéissant avec sûreté aux moindres regards et aux moindres gestes de notre hôte qui lançait le harpon et qui commandait les mouvements de la barque de manière à diriger son arme d'aplomb sur la proie. La flamme qui pétillait éclairait d'une lueur féerique non seulement la surface de l'eau et les déchiquetures sauvages de la côte, mais encore le fond de la mer, sur lequel on distinguait, à 20 et 30 pieds de profondeur, les moindres inégalités du sol et les objets d'un pouce de haut. Les animaux, surpris pour la plupart en plein sommeil, paraissent étourdis par cette lumière inaccoutumée; beaucoup de Poissons, notamment, demeurent immobiles; la Sépia et la Langouste, ordinairement si circonspectes, se laissent ainsi surprendre. C'est une merveille de contempler, en se penchant sur le bord du canot, ce monde mystérieux avec ses jeux variés de lumières et d'ombres. Nombre de Poissons et un spécimen gigantesque de Sépia gisaient déjà dans la barque, lorsque le professeur Böglich nous fit signe d'observer une touffe épaisse de plantes marines poussées au fond de la mer. Presque entièrement recouverte par ces herbes et l'abdomen caché dans une crevasse, une magnifique Langouste agitait ses antennes en tâtonnant. En un moment, la lance s'abattit sur elle de toute la vitesse du bras, et l'animal, dans les convulsions de l'agonie, agita sa queue violemment. Nous ne rentrâmes qu'à minuit; le lendemain matin je préparai une Langouste pour ma collection, tandis que des mains plus raffinées transformaient notre butin nocturne en véritable festin de Lucullus qu'arrosèrent les vins généreux de Dalmatie. Nous attachâmes dans la mer pendant quelques jours, à l'aide d'une corde fixée à une pierre, une troisième Langouste capturée au filet. Bien qu'elle eût un espace suffisant, elle demeura patiemment immobile; mais on ne pourrait dire si elle agissait ainsi par pure inertie ou si elle avait conscience de sa situation désespérée. »

Conservation. — L'appauvrissement graduel de nos côtes a nécessité l'extension des territoires de pêches ; nos marins vont aujourd'hui s'approvisionner sur les côtes d'Espagne et de Portugal ; mais pour ne pas couvrir le marché lors des arrivages, ils ont compris la nécessité de créer des viviers pour les installer. Dès 1873, le capitaine Silhouette avait établi à Biarritz un vivier d'un millier de mètres de superficie, où il conservait alors les Langoustes pêchées sur un banc de rochers s'étendant jusqu'à Fontarabie ; depuis, nos pêcheurs bretons ont créé des viviers sur différents points.

« La conservation des Langoustes en captivité est des plus faciles, si l'on prend la précaution de n'en introduire dans le parc qu'un petit nombre à la fois, si on en dépose une certaine quantité d'un seul coup, les anciennes se coalisent et ont bientôt mis les étrangères en pièces. En stabulation la Langouste n'exige aucune nourriture que les animalcules contenus dans l'eau de mer. Dans ces conditions, elle acquiert en 15 jours une augmentation de poids d'un tiers ; si on lui donne du Poisson son poids diminue rapidement. Ces faits sont des plus curieux (1). »

Simple réflexion, ne se mangent-elles pas entre elles parce qu'elles sont affamées ? Les tiraillements d'estomac sont mauvais conseillers.

Développement. — Dans les essais entrepris en vue d'un élevage régulier des animaux comestibles, dont on a cherché à multiplier la production, on a songé naturellement aux Langoustes.

En France, le professeur Coste assisté de M. Z. Gerbe, et à Trieste, Von Erco, ont travaillé spécialement cette question. On ne peut donner jusqu'à présent aucune espérance relative à un élevage assuré et complet. Si les travaux de Coste et les découvertes de Gerbe ont fixé l'attention en démontrant que les jeunes Langoustes qui viennent d'éclore ne sont autres que ces étranges Crustacés foliiformes au corps mince et transparent, aux pédoncules oculaires longs surmontés de gros yeux, aux pattes allongées et minces, dont le corps mesure 1 à 4 centimètres (fig. 615, p. 672), pour lesquels on avait créé le genre Phyllosome (*Phyllosoma*) ; on n'a pu suivre encore tous les stades de leur développement et observer le passage à l'état parfait.

Richter, qui s'est occupé en dernier de le

(1) Martial Bertrand, *Bull. Soc. zool. d'acclimatation,* 1873, p. 209.

question, s'exprime ainsi : « La seule voie à suivre pour résoudre ce problème, ainsi que ceux qui se rapportent à chaque espèce de Phyllosome en particulier, consisterait naturellement à observer dans un aquarium le développement de chaque genre et de chaque espèce de Crustacé. Mais ces tentatives échoueront certainement toujours, car nous ne serons guère en état de fournir jamais à chacun de ces stades les conditions d'existence qui leur conviennent. Les Langoustes adultes sont des habitants des côtes ; leurs larves, c'est-à-dire les *Phyllosoma,* au contraire, peuplent la haute mer, notamment pendant les soirées, et loin de rechercher les endroits calmes, comme le ferait supposer la délicatesse de leur organisation, elles se trouvent là où le courant est le plus fort. Quant aux formes transitoires, elles se maintiennent sûrement au fond de la mer à des profondeurs considérables, car on n'en a jamais trouvé ni en pleine mer ni sur les côtes. »

L'élevage de la Langouste dans des viviers, depuis sa naissance jusqu'au moment où elle devient comestible, n'est pas possible. Cela est regrettable, nous décernerions volontiers des palmes gastronomiques au nouvel inspecteur des pêches, successeur de Coste, s'il résolvait ce difficile problème ; mais, hélas ! si petit poisson, comme petit homme, peut devenir grand, grâce aux faveurs administratives, petite Langouste restera Phyllosome, sous l'Empire, comme sous la République. Laissez mesdames les Langoustes assurer elles-mêmes le sort de leur postérité ; elles seront plus habiles que Messieurs des bureaux. Épargnez, épargnez les petites Langoustes, et vous économiserez les fonctionnaires inutiles. MM. les inspecteurs des marchés sont là pour s'opposer à la vente des Langoustes chargées d'œufs ; les Pêcheurs, ne trouvant plus la vente, rendraient aux Océans les mères de famille.

LES SCYLLARINES — *SCYLLARINÆ*

Caractères. — Cette sous-famille est caractérisée par un corps aplati, par des antennes externes transformées en larges lamelles.

Distribution géographique. — Elle a des représentants dans les mers tropicales, ou tout au moins dans les mers tempérées.

LES SCYLLARES — *SCYLLARUS*

Caractères. — Ces Crustacés sont caractérisés par des yeux à courts pédoncules émergeant au-dessus du dos, par des antennes externes filiformes privées de leur fouet, et par un céphalothorax large, plat, quadrangulaire, à rostre très saillant.

Distribution géographique. — Ils vivent dans les mers chaudes et se plaisent dans la Méditerranée également.

Mœurs, habitudes, régime. — D'après Risso, les Scyllarus se plaisent le plus souvent sur les terrains argileux, où ils creusent des tanières un peu obliques, de la grandeur de leur corps, pour y établir leur demeure.

Quand ils sortent pour aller à la recherche de leur nourriture, ils se tiennent dans les eaux calmes, où ils demeurent même pendant le jour en se cachant sous les pierres. Leur natation s'exécute par bonds et est aussi bruyante que celle des Langoustes. Lors de la saison des amours, ils se tiennent dans les endroits tapissés d'Ulves et de Fucus. La femelle n'abandonnerait ses œufs qu'après l'éclosion.

Le *Scyllarus latus*, qui se rencontre assez fréquemment dans la Méditerranée, mesure plus de 30 centimètres de long et constitue un excellent manger.

LES ASTACIDES — *ASTACIDÆ*

Krebse im engeren Sinne.

Caractères. — Cette famille se reconnaît au céphalothorax un peu comprimé latéralement et recouvert, comme le postabdomen, par un squelette tégumentaire ordinairement très résistant. Les deux paires d'antennes ont leur insertion rapprochée, la paire externe porte un long fouet et une écaille petite. La première paire de pattes porte toujours de grandes pinces; chez quelques genres, la seconde et la troisième paires sont également pourvues de pinces. La première paire de pattes abdominales chez le mâle est transformée en organes sexuels.

LES ÉCREVISSES — *ASTACUS*

Caractères. — La carapace porte un rostre triangulaire ; le dernier anneau thoracique est mobile.

Distribution géographique. — Les Écrevisses se rencontrent dans les deux hémisphères (*Astacus* et genres voisins: *Cambarus*, *Astacoïdes*, etc.), sur l'ancien comme sur le nouveau continent ; sur l'ancien continent, elles occupent une zone limitée, au sud, par la Méditerranée, la mer Noire, la chaîne du Caucase, les grands plateaux asiatiques, jusqu'à la Corée; au nord, elles sont exclues des rivières sibériennes; à l'est et à l'ouest, elles s'étendent du Japon aux Iles britanniques. Sur le nouveau continent, elles ont des représentants dans la Colombie anglaise, l'Orégon, la Californie, depuis les grands lacs et les Montagnes-Rocheuses jusqu'au Guatémala ; le Brésil, le Chili, n'en sont pas privés. On trouve des formes d'Écrevisse en Australie, en Tasmanie, en Nouvelle-Zélande, aux Fidji, à Madagascar.

L'Afrique ne posséderait aucun *Astacus*.

Mœurs, habitudes, régime. — Les Écrevisses habitent exclusivement les eaux douces et leur voisinage, c'est-à-dire les terres inondées.

L'ÉCREVISSE A PIEDS ROUGES. - *ASTACUS FLUVIATILIS.*

L'ÉCREVISSE A PIEDS BLANCS. - *ASTACUS PALLIPES.*

L'ÉCREVISSE DES TORRENTS. - *ASTACUS TORRENTIUM.*

L'ÉCREVISSE A PIEDS GRÊLES. - *ASTACUS LEPTODACTYLUS.*

Caractères. — Il existe dans les eaux européennes plusieurs espèces d'Écrevisses, que les savants comme les auteurs et le vulgaire ont confondues entre elles ; ces différentes espèces ont cependant des mœurs particulières que les pêcheurs connaissent bien ; il est donc essentiel d'établir une rigoureuse spécification dans l'intérêt des études biologiques. Nous emprunterons à M. W. Faxon [1], qui a publié sur les Écrevisses un récent et excellent travail, le tableau suivant que nous avons accompagné de figures ; de cette façon on pourra distinguer nos espèces avec certitude.

A. Un tubercule de chaque côté de la base du rostre.
  a. Pointe du rostre ne dépassant pas l'extrémité de l'avant-dernier article de l'antennule. Rostre non caréné à la pointe. Aucunes épines sur les côtés de la carapace derrière la fossette cervicale..................... *A. torrentium.*
                                          Schrank.

[1] Walter Faxon, *A Revision of the Astacidæ.* Cambridge, 1885.

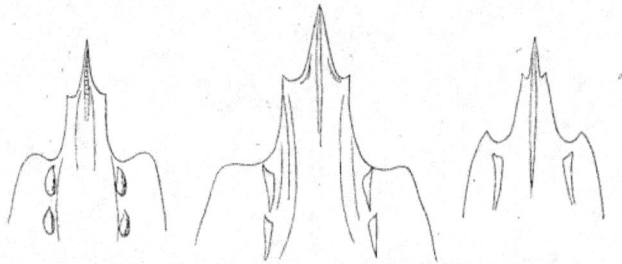

Fig. 701. — E. à pieds rouges.   Fig. 702. — E. à pieds grêles.   Fig. 703. — E. des torrents.

Fig. 701 à 703. — Les Écrevisses d'Europe. — Caractères distinctifs.

b. Pointe du rostre atteignant à peu près l'extrémité de l'article terminal de l'antennule. Une carène, ou crête médiane, près de la pointe du rostre. Une ou plusieurs épines sur les côtés de la carapace, derrière la fossette cervicale.................. *A. pallipes.*
Lereboullet.

B. Deux tubercules, l'un derrière l'autre, de chaque côté de la base du rostre.

a. Bord du rostre non denticulé. *A. fluviatilis.*
Rondelet.

b. Bord du rostre denticulé..... *A. leptodactylus.*
Escholtz.

Telles sont les quatre espèces principales de la faune européenne ; on y rattache deux autres espèces, les *A. colchicus* et *pachypus.*

Distribution géographique. — La confusion que les auteurs ont faite entre les *A. fluviatilis, pallipes* et *torrentium,* l'ouverture des canaux reliant les fleuves entre eux, les importations dans certains cours d'eau, de telle ou telle espèce, rendent extrêmement difficile l'établissement de leur répartition géographique. Cependant on peut être certain que l'Écrevisse à pieds rouges habite spécialement les cours d'eau qui se jettent dans la mer Baltique ; les pêcheurs livoniens la capturent dans la mer à une grande distance des côtes et la ramènent dans leurs filets avec les Poissons ; elle se rencontre avec les deux autres espèces en Autriche, en Allemagne, en France, en Danemark, en Scandinavie.

Sa limite méridionale, d'après Heller, descend jusqu'à la Cerca et au lac Zirknitz dans la Carniole, jusqu'à Nice, jusqu'à la région du Pô, et jusqu'à Naples. Dans le sud de la Russie on en trouve à Nikolajew dans la région du Bug.

L'Écrevisse à pieds blancs se trouve surtout dans l'Europe méridionale et australe ; elle est commune dans la vallée du Rhône, d'où elle a passé probablement dans celle du Rhin par l'intermédiaire du canal du Rhône au Rhin ; Lereboullet l'a en effet trouvée à Strasbourg. C'est cette espèce qu'on rencontre en Angleterre et en Irlande et qui a servi à Huxley à faire sa belle Monographie (1).

L'Écrevisse des torrents habite de préférence les régions montagneuses et les plateaux de l'Europe centrale, les ruisseaux et les rivières qui se jettent dans le Danube, et le Necker, les lacs de la Bavière, l'Ill et la Bruche, affluents du Rhin, au voisinage de Strasbourg. Elle ne se trouverait pas en France.

Grube de Breslau a confirmé la présence de cette Écrevisse dans le lac de Brana qui se trouve isolé et enfermé dans l'île istrienne de Cherso. Ce lac, très élevé au-dessus de la mer, entouré de montagnes, est extrêmement peu peuplé : outre une variété de Gardons et quelques Brochets, on n'y trouve qu'un grand nombre d'Écrevisses des torrents ; on y a cependant trouvé plus récemment un petit Annélide à 57 mèt. de profondeur. On peut se demander comment cette Écrevisse et ses compagnons sont parvenus primitivement dans cette eau déserte et dépourvue de tout affluent. Cette question se reproduit à propos de chaque région et paraît ne pouvoir être résolue que par l'ensemble des lois qui président à la distribution géographique des êtres vivants et leurs relations avec les phénomènes naturels. Dans le cas actuel, cependant, nous savons que les îles de l'Istrie et de la Dalmatie ont été détachées

(1) Huxley, *L'Écrevisse (Introduction à l'étude de la zoologie.* Paris, 1880). — Avis à ceux qui consulteront cet excellent ouvrage : l'Écrevisse représentée au frontispice sous le nom d'*A. fluviatilis* est l'*A. pallipes.* Huxley appelle *A. nobilis* le véritable *A. fluviatilis.*

du continent, à une époque qui n'est pas trop éloignée, par un violent tremblement de terre; de là leurs formes et leurs niveaux actuels; et c'est ainsi que se sont trouvés isolés une série d'animaux qui vivaient jadis sur le continent. Cette remarque s'applique à presque toutes les créatures dépourvues d'ailes qui vivent sur terre ou dans l'eau douce et qu'on rencontre dans toutes les îles.

L'Écrevisse à pieds grêles est, de toutes les espèces européennes, celle qui a la répartition géographique la plus étendue. Elle se plaît dans toutes les rivières qui déversent leurs eaux dans la mer Noire et la mer d'Azov, du Danube (la Theiss, lac Balaton) au Caucase dans celles qui se jettent dans la mer Caspienne, de l'Oural à la Sibérie occidentale, car elle a été introduite de main d'homme dans un affluent de l'Obi, l'Isset, d'où elle s'est propagée.

Des deux autres espèces, l'*A. pachypus* est un habitant des tributaires de la mer Caspienne et de la mer Noire, l'*A. colchicus* est une espèce transcaucasienne qu'on apporte sur les marchés de Tiflis.

Mœurs, habitudes, régime. — Les Écrevisses se tiennent de préférence dans les eaux courantes, surtout auprès des bords abruptes où elles peuvent trouver pendant le jour une cachette parmi les racines saillantes des arbres riverains. Cependant on la trouve aussi sous les pierres des berges plates, comme le savent tous ceux qui se sont amusés à retirer leurs chaussures pour se livrer à cette pêche pendant les belles années de leur enfance.

Il n'y a pas d'Écrevisses dans les eaux qui coulent au milieu des terrains primitifs, comme dans certaines parties hautes des rivières du Limousin, de l'Auvergne, elles ne se montrent que là où les eaux traversent des terrains riches en calcaires.

Chaque espèce d'Écrevises a d'ailleurs des mœurs spéciales.

« Au dire de Carbonnier, l'Écrevisse à pieds rouges affectionne les grandes profondeurs à courant modéré, l'Écrevisse à pieds blancs habite et séjourne toujours dans les remous, dans les eaux froides et rapides, roulant sur un fond graveleux peu profond; elle est aussi plus vagabonde et voyage presque aussi souvent le jour que la nuit. La première peut acquérir une taille double de la seconde; quant au poids, une Écrevisse à pieds blancs de 65 à 70 grammes est une exception, tandis

qu'il n'est pas rare de voir des Écrevisses à pieds rouges pesant de 120 à 140 grammes; nous en possédions une qui après un séjour de six mois à l'Exposition universelle de 1867, c'est-à-dire après six mois de jeûne forcé, pesait encore 163 grammes.

« Là où la Truite, le Saumon, les Ombres et les Vérons vivent et prospèrent, c'est-à-dire dans des eaux dont la température est inférieure à 13°, les Écrevisses à pieds blancs peuvent vivre et multiplier, à la condition toutefois qu'elles rencontrent des abris ou des courants appropriés à leur genre de vie. Dans les eaux dont la température s'élève durant l'été jusqu'à 20°, c'est-à-dire dans celles où vivent et se développent le Barbillon, la Vandoise, l'Ablette, l'Écrevisse à pieds rouges se trouve bien, mais il lui faut de plus grandes profondeurs, variant de 1^m,50 à 2 mètres; c'est sur les bords de ces eaux et dans les anfractuosités des racines que l'Écrevisse à pieds rouges creuse ses logements; l'Écrevisse à pieds blancs recherche de préférence les pierres et les fonds graveleux.

L'Écrevisse préfère, dit-on, la charogne aux viandes fraîches, aussi recommande-t-on à ceux qui veulent se régaler d'un plat d'Écrevisses bouillies de ne pas toucher à l'estomac; c'est un préjugé, car, si on leur donne le choix, elles se jettent sur la chair fraîche. Comme tous les Articulés qui cherchent les proies mortes, les Écrevisses paraissent douées d'un odorat très fin; du moins on les attire dans les nasses et dans les filets en y plaçant de la viande comme amorce. Leur nourriture habituelle, néanmoins, consiste en Coquillages, en Limaces, en petits Crustacés (Daphnies, Chevrettes, etc.), en larves d'Insectes (Friganes, Chironomes, Libellules, etc.), et incidemment en petits Poissons (Tanches, Loches, rarement d'autres). Là où il n'y a pas de Mollusques, il n'y a pas d'Écrevisses, car tous deux ont besoin de calcaire pour construire leur enveloppe.

A défaut de matières animales, elles mangent aussi des végétaux. En effet, si on leur jette des morceaux de Potirons, de Betteraves, elles les rongent et les perforent de tous côtés; les marchandes des Halles ne leur donnent pour toute nourriture que des tranches de Carottes; elles dévorent très bien le Cresson, la Berle et surtout les tiges d'Orties.

Les Écrevisses ont des moyens fort curieux d'assurer la perpétuité de leur race et prennent un soin extrême de leur progéniture;

nous en avons longuement parlé dans l'Introduction (1).

Pêche. Conservation. Transport. — Du
15 décembre au 15 mars, les Écrevisses sont
à l'abri dans leur trou pour passer la saison
froide ; il ne faut donc pas songer à les pêcher
à cette époque ; il faut attendre que le printemps soit venu pour les engager à quitter leurs
retraites.

Le plus ancien mode de pêche est certainement celui qui se pratique à la main : le pêcheur entrant dans l'eau visite toutes les anfractuosités des berges et saisit à la main, s'il
n'est pas saisi lui-même, les Écrevisses dont il
constate la présence ; peu lui importe, d'ailleurs,
d'être pincé, ses mains calleuses sont à
l'épreuve, et il ramène fièrement hors de l'eau
le Crustacé suspendu à ses doigts. Certains
riverains, attirés par l'appât du gain, pratiquent cette pêche en toute saison ; elle devient
alors désastreuse et ne tarde pas à amener une
dépopulation rapide.

Un autre genre de pêche fort simple est
celui qui consiste à prendre des fagots de bois
très branchus, au centre desquels on place un
appât et qu'on leste avec des pierres pour les
maintenir au fond. En retirant brusquement les
fagots de l'eau, on peut encore faire de bonnes
captures ; tout dépend de l'habileté du pêcheur.

Mais le procédé le plus simple est celui qui
repose sur l'emploi des *balances*. La balance
est un filet maintenu par deux cercles de fer
galvanisé, l'un supérieur de 35 centimètres de
diamètre, l'autre inférieur de 20 à 25 centimètres de diamètre ; trois cordelettes relient le
cercle supérieur à une corde d'un mètre de
long environ munie d'un flotteur en son milieu.
Pour pratiquer la pêche, on prend un certain
nombre de balances, une douzaine, par
exemple, au centre de chacune desquelles on
attache une Grenouille éventrée ; on les suspend chacune à une baguette et on les dispose
au fond de l'eau, près des berges non éclairées,
à un mètre environ ou davantage les unes des
autres. On les relève tous les quarts d'heure.
On peut substituer aux Grenouilles du poisson,
des intestins de volaille, du foie, de grosses
Moules de rivières.

On se sert également, pour capturer les
Écrevisses, de verveux ou de nasses ; ces pièges
faits en osier sont préférables à ceux fabriqués

avec du fil ; ils leur offrent toute facilité pour
grimper et chercher l'ouverture qui leur permettra d'atteindre l'appât. L'ouverture doit
toujours être dirigée en aval et le sommet en
amont pour empêcher, d'une part, l'obstruc-
tion de l'entrée par les débris que charrient
les rivières et permettre aux particules de
l'amorce d'être entraînées par le courant afin
d'attirer les Écrevisses. On les visite tous les
deux jours.

On a imaginé des pièges particuliers (piège
Moriceau), mais ils ne sont pas d'un usage
courant.

Cela peut paraître singulier, mais la conservation des Écrevisses est d'autant plus parfaite,
qu'on les a fait mieux sécher après la pêche ; il
n'est rien de plus nuisible, pour elles, que le
manque d'air, et lorsqu'on les parque en grand
nombre dans l'eau qui ne se renouvelle pas ou
se renouvelle mal, elles ne tardent pas à périr.
Une fois bien séchées, c'est-à-dire essuyées
avec un linge sec et même exposées au soleil
pendant quelques instants, on les met dans un
panier ou dans un filet et on les suspend au
plafond d'une cave ou dans tout autre endroit
frais. Elles peuvent ainsi s'y conserver de dix à
quinze jours lorsqu'elles sont dans de bonnes
conditions d'aération.

Lorsqu'on est à proximité d'un cours d'eau,
on peut les séquestrer dans une boutique à
Poissons ou dans tout autre récipient qui permette le renouvellement de l'eau. Si les eaux
sont limoneuses, suivant le conseil de Carbonnier, on mettra dans le vivier une Anguille ou
quelques Tanches dont les mouvements conti-
nuels empêcheront le dépôt de la boue dans le
fond et empêcheront ainsi l'envasement et, par
suite, la mort des Écrevisses.

Si l'on doit transporter des Écrevisses à de
grandes distances, il faut éviter avec le plus
grand soin de les mettre entre deux couches de
paille humide ou d'herbes vertes et de les ar-
roser en route ; dans ces conditions, la température ne tarde pas à s'élever, la mortalité devient extrême et, si le voyage est long, pas
une seule ne survit. On doit se contenter, après
les avoir fait sécher au grand air, comme nous
l'indiquions précédemment, de les placer en
les superposant dans des paniers cylindriques
pouvant en renfermer cent cinquante à deux
cents. Ce n'est que dans les cas de fortes gelées, pour éviter la congélation de l'eau qui im-
bibe les branchies et, par suite, la mort des
Crustacés, qu'on rembourrera les paniers

(1) *Dépôt des œufs, prévoyance des femelles*, p. 665 à
667 ; *Éclosion, soins maternels*, p. 668 à 680 ; *Accroissement et mues*, p. 684.

d'étoupe ou de paille; dans ce cas, il est préférable de se servir de caisses en bois capitonnées de paille et hermétiquement closes.

Usages. Consommation. — Les Écrevisses jouissent d'une trop grande célébrité pour que nous apprenions quoi que ce soit à nos lecteurs; ils sont, certes, aussi experts, si ce n'est plus experts, que nous dans l'art de manger ces savoureux Crustacés; il est cependant une recommandation sur laquelle on ne saurait trop insister, c'est d'avoir soin de les laisser jeûner cinq ou six jours avant de les préparer, afin qu'elles aient eu le temps de débarrasser leur estomac et leur intestin des matières non encore digérées qui les remplissent; ces matières provenant de proies mortes ou de débris vaseux donnent aux Crustacés un goût détestable.

Un peu de statistique vous montrera, lecteurs, les conséquences de votre, je pourrais dire de notre, gourmandise; dans un temps qui n'est peut-être pas bien éloigné, ces excellentes bêtes seront servies seulement sur la table des rois de la finance.

La consommation des Écrevisses a toujours été importante, mais le développement des grands centres, la création de voies de communications rapides, ont facilité l'accès des marchés et favorisé les ventes. En 1853, l'apport sur les Halles de Paris était d'environ 92,170 kilogrammes, ce qui, en donnant à chaque Écrevisse le poids moyen de 50 grammes, porte leur nombre à 1,843,400; en 1868, l'apport s'était élevé au chiffre énorme de 38,556 paniers renfermant environ 5,500,000 Écrevisses environ.

En 1873, 1874, 1875, 1876, les apports sont d'environ : 5,400,000; 4,972,000; 3,900,000; 4,700,000. En 1884, 1885, 1886, ils sont de 7,781,000; 5,532,000; 4,233,000. Ces chiffres donnent une haute idée de la gourmandise parisienne.

Les Écrevisses à pattes rouges étant plus grosses et beaucoup plus estimées atteignent un prix plus élevé; ainsi, elles se vendaient le cent, prix moyen :

	1846	1851	1853
Pattes rouges...	19 fr. 05	18 fr. 06	25 fr. 07
Pattes blanches.	3 62	2 72	3 43

Leur valeur va toujours croissant; cette valeur varie durant l'année; les plus hauts prix sont atteints en février, époque des grands diners et de petit approvisionnement, où ils montent jusqu'à 100 francs le cent; les plus bas sont atteints en août. Aujourd'hui (1887) les prix

moyens de la vente en gros sont de 8, 10 et 15 francs le cent et davantage pour les exemplaires de choix.

Depuis de longues années, l'apport de nos cours d'eau devant la consommation à outrance est devenu insuffisant et, aujourd'hui, est devenu absolument nul. En 1868, le produit de la vente des Écrevisses françaises était évalué à peine à 1,200 francs; depuis 1853, notre marché parisien reçoit des envois de l'Allemagne; car, malheureusement, la demande exagérée a épuisé successivement, non seulement la France, mais la Hollande, les rives du Rhin, le duché de Bade, le Wurtemberg, le Hanovre et une partie de l'Autriche; aujourd'hui, c'est le marché de Berlin qui, centralisant les envois de la Silésie, du duché de Posen et de toute la Prusse orientale, alimente les Halles de Paris.

Depuis quelque temps, on a vu apparaître, chez les marchands de comestibles, quelques beaux exemplaires de l'*A. leptodactylus* venant des provinces danubiennes.

Causes de destruction. Maladies. — Les Écrevisses sont soumises à une foule de causes de destruction qui ont contribué pour une large part à amener la dépopulation des cours d'eau.

Elles ont des ennemis redoutables : les Crevettes d'eau douce (*Gammarus*) s'établissent sous la queue des mères et détachent les œufs; des Mollusques, les *Dreissena polymorpha*, se fixent quelquefois en si grand nombre sur l'abdomen qu'elles rendent tout mouvement impossible; les Nèpes, les Notonectes, les Dytiques, s'attaquent aussi aux œufs et aux jeunes; les Rats en sont friands.

Leur plus grand ennemi, c'est l'Homme, qui a dépeuplé tous les cours d'eau, malgré toutes les lois et tous les arrêtés, non seulement en s'emparant des Écrevisses marchandes, mais en capturant les plus petits sujets : il est des localités, dans le Cher, où on les prend si petites et si molles, qu'on se contente de les faire frire dans la poêle pour les manger sans les éplucher. L'infection des rivières déterminée par l'écoulement des eaux de rouissage du chanvre et des résidus de fabrique est aussi une grande cause de destruction de la gent fluviatile.

Vers 1878, en Alsace, on a signalé une mortalité effrayante parmi les Écrevisses; en 1881, cette mortalité avait été constatée dans toute la France, dans toute l'Allemagne et l'Autriche.

D'après M. Harz, de Munich, qui s'est attaché à déterminer les causes de cette mortalité,

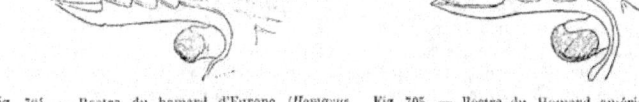

Fig. 704. — Rostre du homard d'Europe (*Homarus vulgaris*.

Fig. 705. — Rostre du Homard américain (*Homarus americanus*.

Fig. 704 et 705. — Les Homards. — Caractères distinctifs.

l'Écrevisse malade a des allures caractéristiques : elle ne prend aucune nourriture et sa carapace se couvre bientôt de taches; sa marche est raide, embarrassée et elle se traîne sur la pointe des pattes; loin de chercher à se cacher dans les recoins les plus sombres, comme à l'état normal, elle se tient de préférence en pleine lumière, au milieu du ruisseau ou du bassin qu'elle habite. Lorsque la maladie est plus avancée, l'abdomen se tuméfie et prend une coloration rougeâtre spéciale; les yeux perdent tout à la fois la sensibilité et le mouvement; les pattes et les pinces sont le siège de contractions spasmodiques, intermittentes, irrégulières et parfois unilatérales. A ces sortes de crises tétaniques succède une résolution musculaire complète et invincible, puis l'animal tombe sur le dos et la mort ne tarde pas à survenir, précédée, du reste, d'un cortège varié de phénomènes.

Suivant M. Harz, cette maladie mortelle est due à la présence, dans les muscles de l'Écrevisse, d'un Ver parasite de l'ordre des Trématodes, le *Distoma cirrigerum*, Baer. On peut en rencontrer jusqu'à deux cents individus dans une seule Écrevisse, renfermés chacun, à la manière des Trichines, dans un kyste situé au milieu du tissu musculaire. Ces Distomes élisent domicile dans les muscles de l'abdomen, des pinces, des pattes, mais ils se trouvent aussi dans l'estomac, l'intestin, les organes de la reproduction. Ce Distome ne pouvant se reproduire qu'après avoir transmigré dans le corps d'un autre animal, Oiseau ou très probablement Poisson, il est presque certain que ce sont les Poissons habités par les Distomes qui sont les véhicules servant à propager les parasites, quoiqu'on ignore les voies et moyens de transmission.

D'après les observations de M. Kuffer, éleveur d'Écrevisses, on a acquis la certitude que des Écrevisses bien portantes tombaient malades lorsqu'on les mettait dans des viviers avec des Poissons; qu'elles revenaient à la santé lorsque les Poissons étaient supprimés; qu'elles retombaient malades lorsqu'on les alimentait avec des intestins de Poissons. M. Harz conseille donc d'éviter avec soin la cohabitation avec les Poissons et d'éviter de les nourrir avec la chair crue de ces animaux; il recommande une alimentation végétale quotidienne consistant en blé, orge, seigle, maïs, et surtout en avoine, trempés au préalable pendant douze heures; on ne leur donne une ration de viande fraîche que tous les huit jours.

Suivant M. Leuckart, la mortalité ne devrait pas être attribuée au Distome; on devrait l'attribuer à un développement extraordinaire d'une production végétale de la famille des Saprolégniées dont le mycélium gagne peu à peu toutes les cellules et tous les tissus pour envahir, en fin de compte, tous les organes (1).

M. Harz a reconnu le bien fondé des observations de M. Leuckart et a admis finalement que la mortalité des Écrevisses avait pour cause tout à la fois la multiplication exagérée des Distomes et le développement rapide des Saprolégniées.

De petites Sangsues errent sur les branchies des Écrevisses pour sucer leur substance; le développement en nombre, dans les cavités branchiales de ces Sangsues qui, à cause de leurs habitudes, ont reçu le nom de Branchiobdelles (*Branchiobdella Astaci et parasitica*), s'il cause un affaiblissement, ne paraît pas être une cause de mortalité.

(1) Nos observations nous permettent d'assurer que dans les aquariums, même ceux où le renouvellement de l'eau est assez actif, les Coléoptères, tels que les Hydrophiles, sont complètement envahis et tués par les Saprolégniées (Künckel).

Repeuplement des cours d'eau et élevage des Écrevisses. — On s'est préoccupé de remédier à la dépopulation croissante des cours d'eau, en France comme en Allemagne, en introduisant dans les eaux de nouvelles Écrevisses. On choisit, à cet effet, des sujets de cinq à sept ans, plus de femelles que de mâles, quarante mâles contre soixante femelles, et on les installe dans leurs nouvelles demeures au printemps, du 15 mars au 15 avril, en les disposant sur des claies flottantes, afin d'éviter l'immersion immédiate qui leur serait très préjudiciable; à cette époque, les femelles sont chargées d'œufs et n'ont qu'un souci, celui de mettre leur progéniture en sûreté; elles cherchent des abris sûrs et, par conséquent, ne cherchent pas à voyager. On aura soin de les nourrir jusqu'à ce qu'elles soient familiarisées avec le milieu et puissent trouver facilement à s'alimenter naturellement. On a ainsi de jeunes Écrevisses dès la première année.

On peut suivre le procédé que l'on pratique en Allemagne, et que recommande Klotz : il consiste à parquer les Écrevisses mères dans des cuves de bois, où l'eau peut se renouveler sans cesse, dont l'ouverture supérieure est plus étroite que le fond et dont la périphérie est tapissée de tuyaux de drainage ayant la longueur des Écrevisses qui ont ainsi à leur portée des abris artificiels. Aussitôt que les mères ont abandonné leurs jeunes, on les retire et on conserve les jeunes dans les cuves qui les ont vus naître ; on ne les nourrit que jusqu'à la fin de l'automne, époque où on les met dans les cours d'eau.

Il serait aussi possible d'installer de véritables établissements d'élevage, à l'instar de celui que M. de Selve avait créé, sur les conseils de feu Carbonnier, pisciculteur distingué, près de la Ferté-Alais, dans sa propriété de Villiers, arrosée par l'Essonne ; cet établissement que les Prussiens ont détruit méthodiquement pendant la guerre de 1870 n'existe plus; le propriétaire, dégoûté et effrayé des dépenses, ne l'a pas relevé de ses ruines (1). On l'avait peuplé successivement de 320,000 Écrevisses à pattes rouges en 1861, et en 1863, c'est-à-dire au bout de quatre ans, la reproduction s'étant effectuée dans de bonnes conditions, M. de Selve pouvait, en 1869, compter sur le

(1) Nous renverrons à l'excellent petit livre de Carbonnier intitulé *L'Écrevisse*, où l'on trouvera une description détaillée, avec plan, de l'établissement de Villiers.

succès de son entreprise, lorsque la guerre détruisit toutes ces espérances.

Aujourd'hui la grande mortalité qui a achevé de dévaster les cours d'eau que la main de l'homme n'avait pas décimés s'est arrêtée et le repeuplement naturel commence à s'effectuer ; ce n'est pas une raison pour renoncer aux tentatives de repeuplement artificiel, la vente des Écrevisses étant certainement fort lucrative.

LES HOMARDS — *HOMARUS*

Caractères. — Le rostre grêle est armé de chaque côté de trois ou quatre épines ; les écailles des antennes sont petites, les pinces sont excessivement développées ; le dernier anneau thoracique n'est pas mobile comme chez les Astacus.

Distribution géographique. — Les Homards sont des habitants de l'Atlantique, soit des côtes d'Europe, soit des côtes d'Amérique ; ils se rencontrent, mais plus rarement, dans la Méditerranée.

LE HOMARD COMMUN. — *HOMARUS VULGARIS.*

LE HOMARD AMÉRICAIN. — *HOMARUS AMERICANUS.*

Caractères. — Chez le Homard commun (Pl. XX) le rostre dépassant le pédoncule des antennes externes est recourbé vers le bout, armé de chaque côté de trois grosses dents coniques, très rapprochées, et dépourvu de dents à sa face inférieure. Chez le Homard américain le rostre est long, droit, granuleux ou épineux, armé de chaque côté de deux ou trois grosses dents coniques, espacées, et porteur en dessous de deux dents coniques situées près de sa pointe. Il est à remarquer que les larves de ces deux espèces présentent entre elles plus de dissemblance que les animaux adultes, ainsi que Sars l'a montré par une étude comparative du développement des deux espèces.

Les Homards sont les plus beaux habitants des mers ; au sortir de l'eau, ils ont de magnifiques teintes bleues.

Distribution géographique. — Le Homard commun des mers européennes s'observe depuis les côtes de la Norvège jusque dans la Méditerranée, où il n'est pas particulièrement fréquent ; ce sont les eaux britanniques, et surtout les eaux norvégiennes, qui constituent sa véritable patrie ; il se trouve sur toute la côte,

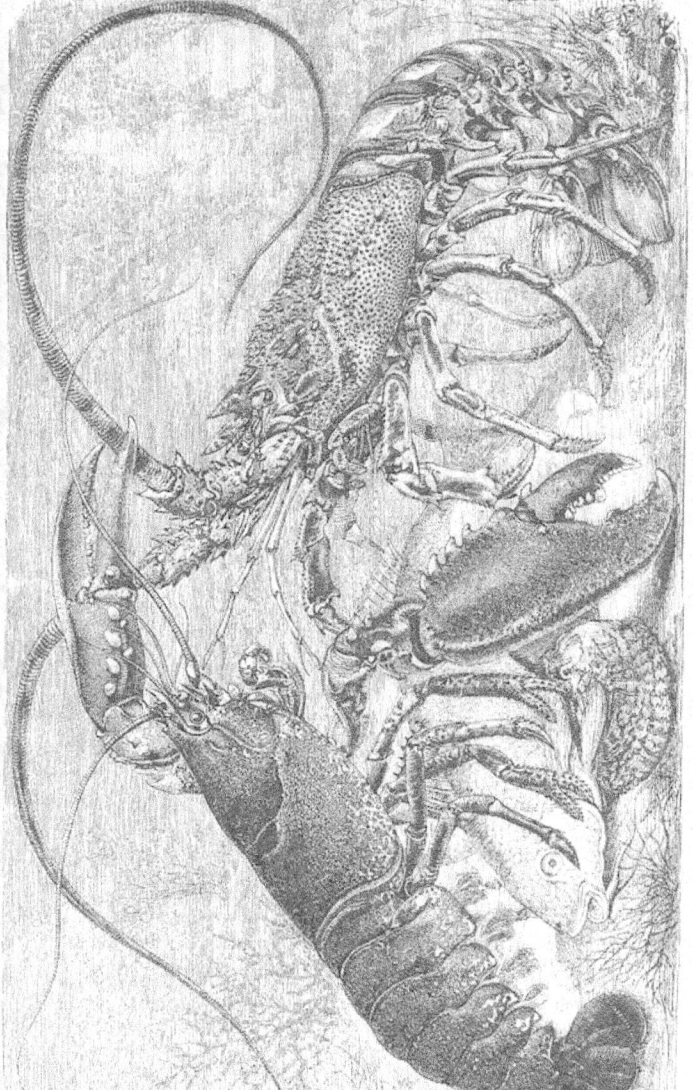

depuis la frontière suédoise jusqu'à Lofoten.

Le Homard américain habite les côtes des Etats-Unis baignées par l'Atlantique, mais il est confiné entre le Delaware au Sud et le Labrador au Nord.

Mœurs, habitudes, régime. — On trouve les Homards en compagnie d'une foule d'animaux marins, spécialement sur les bancs qui s'étendent le long du continent et sur les terrasses immenses dont la paroi abrupte se précipite dans l'Océan.

D'après les observations du négociant Saunders, que Bell nous a communiquées, le Homard ne s'écarterait guère de son lieu de naissance, et l'habile commerçant assure qu'il peut estimer la provenance d'un Homard d'après sa couleur et d'après son aspect.

Dans l'hiver il se tient dans les profondeurs, il s'approche de la côte vers le printemps; ses préférences le conduisent sur les fonds pierreux, où les algues croissent en abondance.

Les Homards ont des instincts fort belliqueux; lorsqu'on les réunit dans des viviers, ils se livrent des combats furieux, où beaucoup d'entre eux perdent la vie ou laissent quelques membres.

La fécondité de ces Crustacés est extraordinaire. La femelle pond plus de 12,000 œufs qu'elle porte fixés aux fausses pattes de son abdomen jusqu'au moment de leur éclosion. L'évolution embryonnaire dure environ six mois. Pöppig raconte, d'après les récits de Pennant, qu'en toute saison, et notamment en hiver, on trouve des femelles chargées d'œufs qui n'achèvent pas leur évolution pendant les mois de froidure; cette reproduction irrégulière ferait du Homard une exception curieuse parmi les Crustacés et même parmi tous les Articulés. Cet observateur anglais ajoute que la mue n'a pas lieu dans la même année et ne suit pas la ponte, comme il est de règle chez les Crustacés.

Une faible partie seulement de la couvée échappe à la voracité des nombreux ennemis qui la guettent, et, en première ligne, à celle des Poissons de proie, bien que la mère fasse bonne garde. Ces petits nagent sous le ventre de leur mère, qui, au dire des pêcheurs dignes de foi, en conduit au moins une partie (voy. Introduction). Ils viennent bientôt nager à la surface en tourbillonnant; mais, au trentième au quarantième jour, ils subissent une quatrième mue qui leur fait perdre leurs organes de natation, c'est-à-dire les appendices flabellés des membres, et les force à redescendre au fond des eaux : de nageurs ils deviennent marcheurs jusqu'à la fin de leur vie. La présence de Coquillages, de Cirripèdes et d'Algues, disposés en touffes épaisses, fixés parfois au thorax de très grands Homards, a fait admettre qu'à un âge avancé l'animal ne se débarrasse plus de sa carapace ou ne s'en dépouille qu'à de longs intervalles.

D'après les observations minutieuses des Naturalistes modernes sur l'apparition et sur la reproduction du Homard américain, la multiplication a lieu, suivant la latitude de la côte, entre le mois d'avril et le mois de septembre. Les Femelles semblent rechercher, dans ce but, les bas fonds. Ce n'est pas seulement aussitôt après l'éclosion, dans le stade où leurs pattes fourchues leur donnent une certaine analogie avec les Schizopodes, que les petits nagent librement, mais encore à l'époque où ils présentent déjà le même aspect que leurs parents, alors qu'ils ont atteint une longueur de 3/4 de pouce.

Les Homards peuvent atteindre des dimensions considérables et devenir fort pesants ; si notre Homard peut mesurer 32 centimètres et peser jusqu'à 5 kilogrammes et même plus, le Homard américain peut acquérir une taille plus grande et un poids plus considérable ; deux échantillons conservés dans les collections du Muséum ont 1 mètre de long (de l'extrémité des pinces à celle de l'abdomen et on en a pêché pesant 9 et 10 kilogrammes.

Pêches et consommation. — Sur nos côtes les Homards sont capturés à l'aide de pièges nommés *casiers*, sortes de paniers en osier de forme tronquée, construits de façon à ce qu'une fois entrés ils ne puissent plus s'échapper.

La statistique des Pêches maritimes confond sous la même rubrique les résultats fournis par la pêche des Homards et des Langoustes ; mais, connaissant la distribution géographique de ces Crustacés, il est facile de lire entre les lignes et de savoir quels sont les quartiers qui fournissent les contingents soit en celles-ci, soit en celles-là. On prend encore sur nos côtes un nombre assez respectable de ces grands Macroures : en 1883, 1,712,885 ; en 1884, 1,927,229, dont la vente en gros a rapporté 2,248,752 fr. et 2,736,705 fr. Ce sont les côtes de la presqu'île du Cotentin (70,000 en 1884) et surtout celles de la Bretagne et des îles de l'Atlantique (1 million et plus en 1884) qui donnent le plus ; celles des Basses-Pyrénées fournissent aussi leur appoint

(27,000 environ en 1884). Les pêcheurs de nos côtes méditerranéennes recueillent principalement des Langoustes (126,000 et 118,000 en 1883 et 1884) ; mais les pêcheurs corses leur font une rude concurrence, car ils en capturent un grand nombre sur les côtes de leur île (152,000 en 1883 et 326,325 en 1884) ; sur les côtes d'Algérie les prises ne s'élèvent pas au-dessus de 20,000 (17,500 en 1882, 23,700 en 1884).

On consomme à Paris en moyenne de 14 à 15,000 Homards et Langoustes par jour, ces dernières étant en majorité, c'est-à-dire 500 à 550,000 par an.

En Angleterre, où on capture beaucoup plus de Homards que sur nos côtes, on emploie des paniers analogues à ceux dont on se sert pour prendre les Crabes, ou des filets allongés dont l'ouverture est en forme d'entonnoir. C'est pendant la nuit qu'ils pénètrent dans ces pièges.

En aucune contrée de l'Europe on n'en fait une aussi grande consommation qu'en Angleterre. Il y a déjà vingt ans, l'Écosse et les Iles Britanniques en expédiaient environ 150,000 pièces par an à Londres. Mais il y a longtemps que les pêcheries installées sur les côtes anglaises ne suffisent plus à approvisionner les grands centres comme Londres, Liverpool, Manchester, Édimbourg, Dublin, qui absorbent plus de 500,000 individus ; la Norvège est là pour alimenter l'Angleterre.

Sur les côtes de la Norvège (1) on prend le Homard avec des casiers en bois affectant la forme d'un baril et recouverts de filets de chanvre. Dans les deux fonds du baril on pratique un trou assez spacieux pour que le Homard puisse entrer, mais une combinaison intérieure rend la sortie impossible. Le casier est amorcé avec de petits Poissons ou des morceaux de grands Poissons ; on le fait couler à une profondeur de 2 à 4 brasses à l'aide d'une pierre plate, après y avoir attaché une ligne garnie d'une bouée-flotteur en bois, pour reconnaître l'endroit où on l'a placé. Avec cette ligne on enlève l'engin le matin et le soir. Quand les Homards sont retirés du panier, le pêcheur lie les griffes de chacun d'eux avec une ficelle que lui fournit l'acheteur, afin d'empêcher qu'ils ne se détruisent les uns les autres ; puis il les dépose dans une caisse ou vivier, percée de trous, qu'il fait couler au fond de la mer et qui y reste jusqu'à ce que l'acheteur vienne les prendre.

(1) Hermann Baars, *Les pêches de la Norvège*, 1867.

Chaque bateau porte une trentaine de ces casiers. Si l'on trouve dans chacun d'eux un Homard par jour, la pêche est considérée comme satisfaisante ; mais on en prend jusqu'à deux ou trois. Au total, on capture annuellement environ 3 millions de Homards. La pêche est défendue depuis le 15 juillet jusqu'au 30 septembre.

Le commerce de ce Crustacé pour l'extérieur est presque exclusivement concentré dans les mains de compagnies anglaises qui ont des commissionnaires le long des côtes. Les agents reçoivent les Homards des pêcheurs et les mettent dans des parcs jusqu'à ce que les bateaux-viviers, à voile ou à vapeur, se présentent pour en prendre chargement et les transporter dans les pays de consommation. Ordinairement et avant que la saison ne soit ouverte, on convient avec les pêcheurs d'un prix, qui, pendant les dernières années, a varié entre 25 et 30 centimes pour chaque Homard de 21 centimètres et ayant les deux pinces. Ceux qui n'atteignent pas cette dimension ou qui ont perdu une de leurs pinces ne valent que la moitié de ce prix.

La plupart des Homards sont emportés vivants ; mais dans plusieurs villes on les expédie à l'étranger à l'état de conserves dans des boîtes hermétiquement fermées.

Sur 3 millions de Homards capturés annuellement sur les côtes de la Norvège, 1 million à 1 million et demi sont envoyés en Angleterre ; on en expédiait, dans la première moitié du siècle, de 6 à 800,000 ; vers 1870, 1,500,000 ; depuis, les chiffres se sont maintenus entre 1,081,000 (1878) et 991,000 (1880). L'Angleterre en reçoit encore de 50 à 60,000 des côtes de Suède.

20 à 30,000 Homards, très estimés, sont capturés annuellement sur les rochers d'Héligoland et expédiés sur le continent dans des caisses qui en renferment environ 200.

Afin de permettre une vente régulière et éviter la dépréciation que des arrivages irréguliers et trop considérables entraîneraient sur nos côtes, une centaine de viviers ont été installés pour la conservation des Homards et des Langoustes. En Bretagne, à Roscoff, à Concarneau, aux îles Glenans notamment, sont installés des viviers bien aménagés où l'on conserve de grandes quantités de Homards, venant pour la majeure partie de Norvège, un nombre considérable de Langoustes provenant de l'Espagne et du Portugal et que l'on expédie régulière, ment sur les halles de Paris. En Angleterre, à Hamble près de Southampton, il existe un vaste réservoir dans lequel 50,000 Homards peuvent être gardés vivants au moins six semaines. Les navires qui sont employés à la visite des terri-toires de pêches et des cargaisons sont amé-nagés de façon à amener aux viviers de 5 à 10,000 Homards.

Ces Crustacés supportent très bien la capti-vité; dans le vivier des Glenans qui mesure 800 mètres carrés sur 6 mètres de profondeur et est divisé en 18 compartiments disposés de façon à ce que l'eau de mer se renouvelle à chaque marée, la mortalité est insignifiante; en l'espace de sept mois on n'a eu à constater que 645 décès sur 23,879 habitants.

Les Homards aussitôt qu'ils sont réunis plusieurs ensemble, font montre de leurs instincts belliqueux et se livrent de sanglantes batailles; luttant corps à corps avec férocité, ils s'arrachent mutuellement antennes et pat-tes. Pour prévenir ces mutilations et ces com-bats souvent meurtriers, qui finiraient par être très préjudiciables aux propriétaires de viviers, les pêcheurs ont la précaution de rendre inof-fensives les pinces redoutables; à cet effet, ils introduisent une cheville de bois dans l'arti-culation de la pièce mobile (*dactylopodite*) sur la pièce fixe (*propodite*); cela suffit pour les empêcher de se refermer l'une sur l'autre; nos Crustacés sont ainsi mis dans l'impossi-bilité de se saisir aux antennes et aux pattes.

Si le Homard commun (*Homarus vulgaris*) est en Europe un article de consommation des plus importants, donnant lieu à des tran-sactions commerciales s'élevant à des sommes élevées, le Homard américain (*Homarus ame-ricanus*) est dans l'Amérique du Nord et dans le monde entier un objet d'alimentation de premier ordre, déterminant des affaires qui se chiffrent par millions.

Le Homard est sur les côtes des États-Unis l'objet de pêches d'une grande impor-tance. Les Homards sont en médiocre abon-dance dans la baie de New-York, et on les prend pour le marché, mais la pollution des eaux de la Baie, causée par de nombreuses usines et d'autres causes, ont contribué à l'ex-termination presque complète de l'espèce. A de nombreux endroits des deux côtés de Long Island Sound, les Homards sont suffisam-ment abondants pour permettre l'établisse-ment d'un nombre restreint de pêcheries qui sont maintenant réduites à satisfaire les de-mandes locales. Plus loin à l'est, sur la côte sud de la Nouvelle-Angleterre, ils deviennent beau-coup plus abondants et procurent des pêches plus profitables, pendant le printemps et l'été, car elles cessent de bonne heure. La côte en-tière du Massachusetts abonde en Homards, partout où le fond leur convient, mais la sur-pêche a presque fait le vide dans quelques dis-tricts à eaux peu profondes, qui étaient autre-fois très peuplés, comme à Provincetown. Les plages sablonneuses de New-Hampshire four-nissent seulement une récolte modérée. Les Homards sont beaucoup plus abondants sur la côte du Maine, et les pêches annuelles dépas-sent en quantité et en valeur celles de tous les autres États réunis. Cet État est, en fait, la principale source d'approvisionnement des principaux marchés des États-Unis. La pêche dure toute l'année dans certaines localités, mais elle est plus active du printemps à l'été (1er avril à 1er août), époque où elle cesse lorsque les Homarderies, c'est-à-dire les usines où l'on prépare les conserves, sont ouvertes.

La pêche des Homards comme industrie spé-ciale a commencé sur la côte du Massachu-setts au commencement du siècle, et sur la côte du Maine depuis 1840. Elle s'est rapide-ment développée au temps actuel. D'abord, les Homards étaient fréquemment trouvés, pendant l'été, dans quelques localités favora-bles, sur les points et au voisinage des points découverts à marée basse, particulièrement sur la côte du Maine où ils pouvaient être ti-rés, avec des gaffes, des rochers et des varechs qui les abritaient. Ils se trouvent rarement maintenant dans ces conditions, et la pêche est seulement pratiquée dans des profondeurs de 40 à 60 brasses. Sur la côte de la Nouvelle-Écosse, les Homards sont çà et là aussi com-muns que sur les côtes du Maine, mais plus au nord ils deviennent moins abondants. Ils ont été pris sur quelques points en dehors de ces limites (George's Bank).

La pêche du Homard se fait méthodique-ment au moyen de trappes construites en bois ou de boites généralement confectionnées avec des lattes communes. Elles sont ordinairement de forme semi-cylindrique, plates en bas, ar-rondies sur les côtés et en haut, ayant à cha-que extrémité ou à une seule une entrée gar-nie d'une nasse ou pourvue d'un entonnoir de bois. La dimension ordinaire est de quatre pieds de long sur environ dix-huit pouces de large et de haut, avec deux entonnoirs; de plus petites boîtes avec une seule entrée et de plus grandes avec quatre entonnoirs sont occasionnellement employées, de même que des boîtes de forme carrée. Le vieux modèle de boîte employé, lorsque les Homards étaient beaucoup plus abondants et la pêche moins importante, consistait en un cercle de bois ou de fer, de dimension variable, mesurant jusqu'à quatre pieds ou davantage de diamètre, portant un filet, un peu lesté et muni en outre de cercles et de cordes disposés en croix auxquels étaient attachés l'appât et la ligne destinée à descendre ou à remonter le filet. Ce système de piège a maintenant entièrement disparu de la côte; quelques pêcheurs seulement l'emploient encore. Les trappes ou les boîtes sont amorcées au centre avec des Poissons de peu de valeur ou de rebut, qui sont mis à une tige en forme de lance. Elles sont chargées de pierres et descendues ou retirées au moyen d'une corde attachée à l'extrémité du piège. Le nombre de pièges employés par chaque pêcheur varie suivant les localités; il en aligne de 8 ou 10 à 100, en moyenne 50 ou 60. Les pièges sont posés isolément ou attachés plusieurs ensemble suivant la nature du fond, l'abondance des Homards et les usages. Lorsqu'ils sont réunis, le maniement est beaucoup plus facile, aussi cette méthode est-elle préférée sur la côte du Maine où les Homards abondent et où le fond n'est pas raboteux. Les pièges sont fixés ensemble en file depuis 10 à 12 jusqu'à 50 ou 60, distancés de 15 à 20 brasses. Le pêcheur file son câble en ligne droite et marque les extrémités avec des barricauts ou de petites bouées de bois. Généralement au bout de 24 heures il procède à l'examen des pièges d'un bout à l'autre du câble. L'arrangement général des pièges n'est pas troublé pour cela, mais les pièges après qu'ils ont été examinés sont descendus près des emplacements qu'ils occupaient précédemment. Il inspecte de la même façon es pièges disposés isolément. Lorsque les Homards sont très dispersés, il est préférable de placer les pièges à des endroits différents chaque fois qu'ils sont tirés; on suppose que par ce moyen on rend la pêche beaucoup plus avantageuse. La dernière méthode est probablement la plus universellement employée sur toute la côte. On a coutume de visiter les pièges de bonne heure chaque matin, ou lorsque la marée le permet.

Les bateaux employés pour la pêche des Homards varient de forme sur les différents points de la côte et généralement correspondent à ceux qu'on emploie pour les autres pêches de la même région. Les bateaux de pêche sont ordinairement de petits bateaux à voiles, sloops ou chats gréés, mesurant de 12 à 30 pieds de longs; mais les bateaux à rames sont communément employés sur les plages. Les plus grands bateaux ont des compartiments sur les côtés pour l'emmagasinage des Homards. Les pêcheurs acquièrent une grande habileté dans la conduite de leurs bateaux à voiles, car ils sont capables de remonter un piège et de le haler, sans diminuer leur voilure. D'autres bateaux de plus fort tonnage sont employés pour transporter les Homards des territoires de pêche aux grands marchés, à Portland, à Boston, à New-York. Ce sont les restes de la flotte de bateaux-réservoirs qui était anciennement d'un usage général avant que l'on ait pris l'habitude de conserver le poisson dans la glace. En 1880, il y avait 36 de ces bateaux-viviers de 15 à 45 tonnes, auxquels venaient se joindre 66 bateaux de 5 tonneaux servant à la fois à la pêche et au transport, employés au commerce des Homards. Les homarderies sont généralement alimentées par des bateaux ordinaires, les marchés par des bateaux-viviers ou les chemins de fer. Une grande quantité de ces Crustacés sont maintenant transportés au loin dans l'intérieur, emballés dans des barils. Les pêcheurs sont pour la plupart pourvus de petits réservoirs flottants, consistant en des boîtes de bois rectangulaires ou en vieux bateaux, où l'eau peut entrer et sortir librement, dans lesquels les Homards sont mis en réserve jusqu'au passage des bateaux-viviers ou jusqu'au moment du transport aux lieux de vente.

Les principaux marchés sont Portland, Boston et New-York. Les trois quarts de tous les Homards destinés à être mangés frais sont amenés, par bateau ou chemin de fer, à l'un ou à l'autre de ces trois centres, où ils sont vendus sur place ou répartis dans la région environnante, plutôt vivants que cuits. Les marchands ont de vastes réservoirs dans lesquels ils emmagasinent un stock considérable, en prévision des demandes. Les Homards se rencontrent sur ces marchés pendant toute l'année, mais sont beaucoup plus abondants à la fin du printemps, pendant l'été et le commencement de l'automne. Pour la plupart des pêcheurs la saison est de courte durée, elle ne se prolonge pas au delà de deux, de trois ou de quatre mois par campagne; ils s'occupent d'autres pêches, ou entrent dans les fermes, les usines, etc. La campagne leur rapporte rarement plus de cent dollars.

La préparation des Homards aux États-Unis est entièrement localisée sur la côte du Maine, et la plupart des principales Homarderies sont entre les mains de capitalistes américains. Sans les avantages qu'offrent ces ateliers de préparation, les pêcheries du Maine perdraient beaucoup de leurs bénéfices, parce que la majeure partie des Homards qu'on prépare sont de taille inférieure à ceux que l'on a coutume de porter vivants sur les marchés; tous ceux dont la taille est inférieure à 27 ou 28 centimètres sont vendus aux homarderies. Le premier de ces établissements a été fondé en 1840; en 1880, on en comptait 23 dans le Maine seulement, représentant un capital de 3,945,000 francs, et travaillant du 1er avril au 1er août, employant 650 ouvriers et 2,000 pêcheurs. Les Américains ont établi 17 Homarderies à Terre-Neuve, aux îles Madeleines, à l'île du Prince-Edward, au Nouveau-Brunswick et en Nouvelle-Écosse.

Le produit des Homarderies américaines en 1880 peut être évalué à environ 2 millions de kilogrammes, valant environ 2,420,000 fr.

On estime que sur l'étendue entière des côtes des États-Unis on a capturé, en 1880, 9 millions de kilogrammes de Homards payés aux pêcheurs près de 2 millions et demi de francs.

Voyons en quoi consistent les préparations qu'on fait subir à ces Crustacés dans les Homarderies, qui ne sont pas, en général, des lieux de délices. Elle est fort simple. Aussitôt leur arrivée, les Crustacés sont mis en tas sur l'appontement et jetés, pêle-mêle, dans de grandes chaudières de cuivre remplies d'eau bouillante, dont ils sont bientôt après retirés à l'aide d'épuisettes; on les laisse égoutter, puis on les porte à dos d'homme dans des ateliers où on les range sur des tables qui entourent chaque pièce; on les y laisse se refroidir complètement. Ils passent alors entre les mains du fendeur de Homards (Cracker); celui-ci, de deux coups de couperet dextrement appliqués, ouvre la carapace et brise les pinces; le contenu est enlevé avec des fourchettes par une troupe de jeunes filles, les assistantes. D'autres ouvrières placent un assortiment de chair dans les boîtes de fer-blanc et font les opérations complémentaires du pesage. Le couvercle est mis en place et le soudeur, qui reçoit une

haute paie pour son emploi, commence ses opérations. Il soude chaque boîte en y ménageant un très petit trou, pour laisser échapper l'air durant la cuisson qui se fait au bain-marie dans de vastes chaudières. Les boîtes sont ensuite complètement scellées et soumises à une seconde ébullition pendant quelques heures.

On conçoit qu'une préparation aussi sommaire ne puisse fournir de produits délicats; il est fâcheux de voir gâcher de si précieuses ressources alimentaires; car, entre des mains plus soigneuses, nul doute que les conserves de Homard ne puissent devenir plus savoureuses; mais il faudrait que nos cuisiniers français enseignent aux industriels américains l'art de faire un court-bouillon.

Les Homards, préparés dans des boîtes de fer-blanc, sont exportés de la Nouvelle-Écosse dans tous les États-Unis et dans toute l'Amérique. Un vaste établissement de préparation est installé à Halifax (Sambro-Settlement); les propriétaires emploient des côtiers pour visiter les stations de pêche sur le littoral. Ils recueillent les Homards en immenses quantités pour alimenter leur grande usine d'où ils exportaient 150,000 boîtes de conserves par an.

La Nouvelle-Écosse a exporté, en 1869, 52,400 boîtes d'une livre chaque; en 1870, la production a été dix fois plus considérable et s'est élevée à 553,000 boîtes, ayant produit, à raison de 7 dollars et demi la boîte, 82,950 dollars (414,750 fr.); en 1871 elle est montée à 905,500 boîtes, en 1872 à 2,422,508, en 1873 à 3,462,298, estimées à la grosse somme de 865,577 dollars (4,327,870 fr.). Les provinces anglaises de l'Amérique du Nord ensemble ont, en 1873, expédié sur les marchés du monde 4,864,998 boîtes de Homard, et encore il n'est pas tenu compte de la quantité considérable qui est consommée à l'état frais. Depuis cette époque la pêche a pris une grande activité et l'on n'évalue pas à moins de 17 millions le nombre de Homards capturés sur la seule côte de la Nouvelle-Écosse et à environ 5 millions celui des boîtes préparées.

Plus de 30,000 tonnes de Homards sont, dit-on, prises chaque saison dans les provinces méridionales des possessions anglaises du Nord-Amérique, et plus de 14 millions de boîtes de conserves sont expédiées de la Nouvelle-Bretagne sur les marchés du monde, sans compter celles qui sont envoyées aux États-Unis. La seule île du Prince-Edward, dans la baie du Saint-Laurent, fournit plus de 2 millions de boîtes; la baie de la Chaleur et les Iles Madeleines sont les lieux de pêche les plus importants.

Une maison de commerce de Portland, sur la côte du Maine (États-Unis), a eu l'idée de profiter des paquebots faisant le service entre ce port et Liverpool, pour transporter en Angleterre des Homards vivants de préférence à ceux qui sont conservés et qui ne sont pas agréables au goût. Récemment un premier envoi fut fait sur le steamer *Sardinian*. Un grand réservoir de vingt pieds de long, de huit pieds de large et de trois pieds de hauteur, muni d'un couvercle à charnière, fut construit sur le pont; une pompe puisant l'eau directement dans l'Océan et la déversant par six tuyaux permettait de faire circuler constamment un courant d'eau dans le réservoir. Deux cents Homards vivants y avaient été placés, vingt-cinq seulement arrivèrent en santé à Liverpool. C'était un simple essai, il est à souhaiter que les tentatives futures réussissent mieux, les Homards pouvant être achetés à Portland pour la modeste somme de 4 pences.

Les Yankees ne se bornent pas à manger les Homards en nature, ils poussent la gourmandise beaucoup plus loin; leurs cuisiniers savent employer les œufs à une foule d'usages, soit pour colorer les sauces qui accompagnent les Poissons, soit pour décorer les plats; en l'espace de deux mois, avril et mai, un marchand chargé d'approvisionner les chefs a recueilli à lui seul 14 à 18 livres de semence, qui pouvaient renfermer environ 1,720,320 œufs de Homards. Frank Buckland qui, dans son *Rapport sur les pêcheries du Norfolk* (1875), a appelé l'attention sur cette destruction à outrance, estime qu'aux États-Unis on consomme au moins un milliard d'œufs de ces Crustacés.

Culture artificielle ou asticiculture. — La pêche intensive des Homards sur les côtes d'Europe et d'Amérique commence à soulever des inquiétudes et l'on prévoit que la dépopulation va devenir telle, que le législateur sera obligé d'intervenir pour tenter d'arrêter le gaspillage.

Ceux qui, s'occupant des produits maritimes, ont souci de l'intérêt général, sont tombés d'accord sur un certain nombre de règlements dont il serait nécessaire de prescrire l'application. En premier lieu, il serait nécessaire d'interdire la pêche et la vente des Homards dont la taille serait au-dessous de 21 centimètres, ainsi qu'on le fait déjà en Norvège, et de condamner à de fortes amendes ceux qui transgresseraient la loi; en second lieu il serait nécessaire de protéger les Homards à l'époque de la reproduction, en interdisant la pêche à certaines époques, de la mi-juin à la fin d'août, et en prohibant la pêche et la vente des femelles chargées d'œufs.

D'autre part, certaines personnes préconisent l'asticiculture, qui consiste à recueillir au contraire les femelles lorsqu'elles portent leurs œufs, à les enfermer dans des caisses de 2 mètres de long sur 1 mètre de large et de hauteur, à toit et fond plein, mais à côtés formés de lattes espacées de 3 centimètres, et munies d'une porte sur le toit; lestées de pierres et équilibrées avec des flotteurs, bouteilles vides, barricauts, etc., ces caisses sont amarrées dans des anses bien choisies où la mer ne brise pas et de façon à ce que le niveau de l'eau ne puisse dépasser le toit. Pendant la saison chaude, du 15 juin au 30 août, sur les côtes de Norvège, on dispose six Homards femelles, à œufs développés, par caisse, en ayant soin de les nourrir en introduisant chaque jour dans les caisses, de préférence, de la chair fraiche de Crabes hachée menue. Aussitôt qu'une femelle a fait éclore ses jeunes on la retire et on la remplace par une autre. Les jeunes ainsi abrités restent dans la caisse jusqu'au moment où, ayant mué, ils peuvent gagner les fonds. Ce procédé offre l'avantage de mettre les jeunes, au sortir de l'œuf, à l'abri des Poissons qui en sont extrêmement friands et déciment les portées.

LES NEPHROPS — *LES NEPHROPS*

Caractères. — Ce sont des Astacides au corps beaucoup plus allongé que celui des Écrevisses, au rostre grêle, long, armé de dents latérales comme celui des Homards, aux antennes externes dont l'appendice lamelleux, large, est un peu plus long que le pédoncule, aux pattes de la première paire très longues et prismatiques.

LE NEPHROPS DE NORVÈGE. — *NEPHROPS NORVEGICUS.*

Caractères. — Ce beau Crustacé est caractérisé par les particularités précédentes, ainsi que par sa carapace pubescente, portant quelques pointes à la région antérieure et trois lignes granuleuses sur la région postérieure par ses mains garnies de quatre crêtes grosses

Fig. 706. — Palémon.   Fig. 707. — Crangon.   Fig. 708. — Nika.

Fig. 706 à 708. — Les Crevettes comestibles. — Caractères distinctifs.

hérissées chacune de une ou deux rangées de tubercules dentiformes. L'abdomen paraît orné de sculpture par suite de l'existence de sillons longitudinaux et transversaux, remplis d'un duvet serré. La taille est assez grande, car il mesure de 16 à 20 centimètres. O. Schmidt a eu entre les mains un spécimen dont le corps mesurait plus de 30 centimètres de long. Il est d'une couleur rouge jaunâtre pâle.

Distribution géographique. — Sa patrie, d'après son nom, serait la côte norvégienne, il paraît y être assez rare. M. O. Schmidt ne se souvient pas d'en avoir trouvé sur les marchés, soit dans les montagnes, soit dans une ville du littoral norvégien autre que Waare. Il se rencontre d'ailleurs dans toute la mer du Nord et l'Atlantique, sur les côtes d'Angleterre et de France, il est même commun au Pouliguen (Prié), et habite également la Méditerranée; on en prend des quantités énormes dans le grand sinus qui s'étend jusqu'à Fiume, dans la mer Adriatique.

Mœurs, habitudes, régime. — Ses mœurs sont peu connues; cependant on a pu l'observer dans les aquariums, et M. F. Mocquard nous apprend qu'à l'encontre des Homards il prend de son corps un soin tout particulier (1). « J'ai souvent, dit-il, assisté à la toilette de l'un des Nephrops de l'aquarium de Concarneau. Seul dans sa case, au fond de laquelle il se tenait, il y consacrait chaque jour une partie de son temps. Les pattes des deux dernières paires étaient employées de préférence dans cette opération. Avec une aisance et une souplesse étonnante il en ramenait, par des mouvements en arrière, l'extrémité libre sur la face dorsale de la carapace et de l'abdomen, et se servait de la griffe qui la termine pour gratter toutes les parties de ces régions.

Pas un point, fût-il au fond d'un sillon, n'était oublié. La face ventrale du corps, les pinces et les autres membres étaient l'objet de soins semblables. L'extrémité postérieure de l'abdomen qui, dans l'extension, n'aurait pu être atteinte, était reployée en avant lorsque son tour était venu. Cette opération durait longtemps, et il m'est arrivé de la suivre pendant trois quarts d'heure sans en avoir vu ni le commencement ni la fin. Elle avait manifestement pour but d'enlever les Parasites ou même les corps inertes qui auraient pu se fixer ou se déposer sur le corps de l'animal; aussi sa surface était-elle d'une netteté parfaite, et le Nephrops affichait un air de coquetterie qui contrastait heureusement avec l'aspect misérable d'un Homard, son voisin, dont la carapace était chargée d'une forêt d'algues. »

Pêche et usages. — Les Nephrops qui se prennent souvent dans les casiers à Homards constituent un excellent manger; nos marins les capturent parfois sur le littoral en assez grand nombre pour les porter au marché, c'est une aubaine pour un gourmet éclairé; Maurice Girard a eu plusieurs fois au Havre la bonne fortune de s'en régaler. Les pêcheurs de l'Adriatique, particulièrement de cette région qu'on appelle le Quarnero, en envoient par centaines sur le marché de Trieste sous le nom de *Scampo*. Dans le reste de l'Adriatique et dans la Méditerranée, cette espèce est plus rare; aussi n'est-elle pas régulièrement apportée sur les marchés.

Nous avons représenté pl. XVII, fig. 2 et 3, une forme apparentée au Nephrops, le *Nephropsis Agassizii*, recueilli dans les campagnes de dragages à des profondeurs de 12 à 1300 mètres.

LES CARIDIDES, CREVETTES ou SALICOQUES — *CARIDIDÆ*

Garneelen.

Caractères. — On les reconnaît aisément à leur tégument simplement corné, dont la coloration, tendre en certains points, contraste avec d'autres régions parfaitement transparentes;

(1) F. Mocquard, *Traits de mœurs de quelques Crustacés. Science et Nature*, t. I, p. 65.

à leur corps comprimé latéralement; à leur carapace en général prolongée en un rostre très développé et dépourvue de suture transversale; à la grande écaille qui recouvre entièrement et dépasse le pédicule de l'antenne externe; à leurs pattes en général grêles et très longues, dont les deux paires antérieures se terminent ordinairement par une petite pince; aux fausses pattes natatoires encaissées par des prolongements, des tergites, des anneaux correspondants de l'abdomen.

Distribution géographique. — Les mers européennes fournissent à elles seules environ 90 espèces.

Classification. — Ces nombreuses espèces ont été réparties par Claus dans sept sous-familles : les Gnathophyllines, les Crangonines, les Pasiphæines, les Atyines, les Alphéines, les Palémonines, les Penéines.

LES CRANGONINES — *CRANGONINÆ*

Caractères. — Ces Crustacés se reconnaissent entre tous les Caridides à leurs antennes dont les deux paires sont insérées sur une même ligne. Leurs mandibules grêles, simples, recourbées, à bord tranchant, étroit, et dépourvues de palpes, leurs mâchoires sans lames cornées, leurs deux premières paires de pattes inégales, l'antérieure étant toujours plus forte, achèvent de les particulariser.

LES CRANGONS — *CRANGON*

Caractères. — Ils se distinguent aisément à leur rostre court (fig. 707), à leur carapace très déprimée, à leurs pattes de la première paire fortes, terminées par une main aplatie, en pince didactyle, à leurs pattes de la seconde paire grêles portant une très petite pince; à leurs pattes des troisième, quatrième et cinquième paires monodactyles, la première grêle, les autres fortes.

Distribution géographique. — Les Crangons ont des représentants dans nos mers européennes, Atlantique et Méditerranée, aussi bien que dans les mers qui baignent l'Amérique, Atlantique et Pacifique.

LE CRANGON COMMUN. — *CRANGON VULGARIS*.

Caractères. — Il suffira de dire que sous ce nom se cache notre vulgaire Crevette grise, celle qui ne rougit pas à la cuisson, pour que chacun la reconnaisse à première vue; mais vivante, elle est presque transparente, d'un gris verdâtre ponctué de brun; son corps entièrement lisse n'est armé en dessus que de trois épines situées sur le céphalothorax, une médiane et une latérale, mais le sternum porte une forte épine qui se dirige en avant entre les pattes de la seconde paire; la lame médiane de la nageoire est pointue et sans sillon.

Les Crangons capturés sur nos côtes sont souvent fort beaux, et peuvent mesurer 6 à 8 centimètres de long; mais ces grands individus sont, pour la plupart, des femelles qui portent leurs œufs suspendus aux fausses pattes de leur abdomen.

Distribution géographique. — Ce Caridide abonde sur toutes les côtes de l'Atlantique en Europe (Grande-Bretagne, Hollande, Belgique, France, etc.), comme aux États-Unis et se retrouve dans le Pacifique (San-Francisco); il se rencontre aussi dans la Méditerranée.

Mœurs, habitudes, régime. — Les côtes sablonneuses et plates, qu'on trouve surtout dans la mer du Nord, la Manche, et dans l'Atlantique, sont peuplées d'une foule innombrable de *Crangon vulgaris* que les Anglais désignent sous les noms de *Garnate*, *Granate*, *Schrimp*; les Français sous le nom de *Crevette*.

A l'époque de la reproduction, elles s'approchent des estuaires et même remontent les rivières à une distance assez considérable.

« Il est amusant, nous raconte Gosse, de voir avec quelle agilité et avec quelle rapidité ces Crevettes s'insinuent dans le sable. Quand l'eau n'a qu'un ou deux pouces d'épaisseur, l'animal se laisse tomber paisiblement sur le sol. En un clin d'œil on voit se soulever un petit nuage de poussière de chaque côté de lui, puis son corps s'enfonce profondément jusqu'à ce que le dos soit à peu près au même niveau que le sable ambiant. C'est alors que l'on comprend l'utilité des colorations propres à ce Crustacé. Ses nombreuses taches de nuances variées, brunes, grises, rouges, offrent un aspect analogue à celui du sable, en sorte que la Crevette, qu'on vient de voir s'enterrer en un moment, ne peut plus se distinguer de la grève. Seuls les yeux brillent à l'extrémité de la tête, comme les lucarnes d'une toiture hollandaise; ils font le guet aux alentours comme deux sentinelles pendant que l'animal repose immobile, en sûreté contre la plupart de ses ennemis. Mais le bord en acier du filet peut gratter le sable et troubler la pauvre Crevette, qui saute alors dans l'ouverture du piège. »

Un autre Crangon, le *C. fasciatus*, se pêche dans la Méditerranée où l'autre espèce n'habite pas ; il constitue un bon manger, malheureusement on ne le prend pas en assez grand nombre pour en faire un article de commerce.

Le Crangon boréal est une espèce des mers du Nord (Norvège, Irlande, Groenland) où elle pullule.

Une des plus belles Crevettes méditerranéennes, qui se rattachent aux *Crangoninæ*, est la *Lysmata seticaudata ;* elle se reconnaît aux stries longitudinales blanchâtres qui zèbrent son corps rouge corail. Elle a un excellent goût ; malheureusement on n'en prend qu'un petit nombre à la fois.

Le *Nika edulis* est une Crangonine d'un rouge incarnat, tacheté et pointillé de jaunâtre, à carapace munie en avant de trois pointes (fig. 708), et reconnaissable surtout à l'asymétrie des pattes de la première paire. Cette espèce méditerranéenne se trouve en abondance sur les marchés du littoral, en France, en Algérie comme partout.

LES ATYINES — *ATYINÆ*

Caractères. — Leurs mandibules fortes à large bord tranchant, sans palpes, leurs deux paires de mâchoires à lames cornées très développées, leurs pattes de la première et de la seconde paire pourvues de pinces, leur donnent une physionomie très reconnaissable.

LES CARIDINES — *CARIDINA*

Caractères. — Les pattes des deux premières paires portent des pinces ; les antérieures à carpe triangulaire terminé par un bord concave, recevant la base de la main qui est courte à doigts lamelleux creusés en cuiller ; les suivantes plus longues, plus grêles, ont des mains semblables aux précédentes ; les pattes des trois dernières paires sont grêles et à peu près de la même longueur.

Distribution géographique. — Elles habitent la France méridionale et certaines régions du midi de l'Europe.

Mœurs, habitudes, régime. — Les Atyines du genre *Caridina* vivent dans les cours d'eau.

Le représentant le plus intéressant du genre, la Caridine de Desmarest, a été découvert en France pour la première fois par Millet, dans le Loir, la Mayenne, la Sarthe ; elle a été retrouvée depuis dans l'Adour par Léon Dufour et dans le canal du Midi par Joly, qui en a fait l'objet d'une très intéressante étude, l'une des premières appelant l'attention sur les changements de forme que subissent les Crustacés. Ce joli Crustacé au corps parsemé de taches tantôt vertes, tantôt grises ou brunes, tantôt vertes et bleues entremêlées, vit en société nombreuse au milieu des plantes aquatiques, cramponné aux feuilles des *Potamogeton*, des *Myriophyllum*, des *Vallisneria* ; il se nourrit de Cyclops, de Daphnies tout aussi bien que de Conferves et même des cadavres de ses propres parents. On peut les conserver très bien en captivité, à la condition de les mettre dans des vases plats ne contenant qu'une faible couche d'eau que l'air puisse balayer facilement.

Dans les eaux des grottes du Karst, par exemple, dans la grotte de l'Adelsberg, vit une espèce modifiée par adaptation, le *Troglocaris Schmidtii*, dont les organes visuels sont généralement atrophiés ou disparaissent complètement comme chez presque tous les animaux souterrains.

La tribu des ALPHÉINES renferme des genres intéressants au point de vue zoologique (*Hippolyte*, *Alpheus*, etc.), dont beaucoup de représentants habitent nos mers, mais qui n'offrent qu'un intérêt de curiosité scientifique.

LES PALÉMONINES — *PALÆMONINÆ*

Caractères. — La sous-famille des *Palæmoninæ* est formée par des Crustacés au corps comprimé, non tranchant en dessus, aux mandibules divisées en deux branches, quelquefois sans palpes, aux pattes grêles, les deux premières paires portant une pince, mais différant de grosseur, la deuxième étant la plus forte.

LES PALÉMONS — *PALÆMON*

Caractères. — Faciles à reconnaître à leur rostre très long, très courbé, fortement dentelé en dessus et en dessous (fig. 708), à leurs mandibules à palpes de trois articles ; leurs antennes insérées les unes au-dessus des autres, les internes en dessus ; celles-ci ont leur pédoncule excavé pour loger les yeux et armé d'une forte épine, et se terminent par trois filets,

Fig. 709. — Le Palémon porte-scie.

deux démesurément longs, un très court ; les antennes externes ont leur lamelle basilaire très grande, ovalaire, arrondie, ciliée à l'extrémité qui est armée d'une épine.

Distribution géographique. — Ce genre, nombreux en espèces, a des représentants dans toutes les mers et plusieurs sur nos côtes.

Mœurs, habitudes, régime. — On peut à peine distinguer certaines espèces dans la mer en raison de leur transparence ; d'ailleurs elles s'enfuient trop aisément. Cependant, en se plaçant dans des conditions favorables, on a pu suivre leurs évolutions ; vivant en société, elles quittent rarement certains lieux d'élection ; on a pu suivre les manœuvres des Poissons qui cherchaient à les avaler, et se convaincre que ceux-ci savaient très bien éviter le rostre redoutable, qui leur aurait impitoyablement déchiré la gorge, en les happant par derrière et les engageant ainsi à reculons dans leur estomac. En captivité, dans l'aquarium, sans cesser d'être farouches, elles sont visiblement plus confiantes. Elles ont des allures extrêmement éveillées, soit qu'elles se nettoient, soit qu'elles déchirent leur nourriture à l'aide de leurs pinces ou de leurs mâchoires accessoires. Lorsqu'elles grouillent de compagnie, elles se mordent quelquefois, mais leurs combats ne s'enveniment jamais comme ceux des Bernard-l'Hermite ou d'autres Crustacés ;

on n'a jamais vu l'un d'eux se servir de cette dague, dont l'aspect semble si formidable, pour l'attaque ou pour la défense, et l'on peut se demander si l'aspect seul de cette arme menaçante ne suffit pas à décourager plus d'un ennemi.

Les Palémons se plaisent dans les fonds sablonneux, et certains d'entre eux se tiennent à l'embouchure des rivières, dans les marais salants, les eaux saumâtres et même dans les eaux douces.

LE PALÉMON PORTE-SCIE. — *PALÆMON SERRATUS.*

Caractères. — Cette Crevette (fig. 709), qui atteint 8 à 10 centimètres, d'un gris luisant marqué de taches et de lignes d'un rouge brun, est caractérisée par son rostre ; celui-ci beaucoup plus long que l'appendice lamelleux des antennes externes, très relevé au bout et à extrémité bifide, a la moitié du bord supérieur lisse, l'autre moitié armée de sept ou huit dents, et le bord inférieur armé de cinq ou six dents.

Distribution géographique. — Ce Palémon est répandu sur les côtes qui baignent l'Atlantique (Angleterre, France, etc.), et ne se rencontre pas dans la Méditerranée.

Mœurs, habitudes, régime. — Les jeunes individus s'approchent des plages et se mêlent aux Crangons ; les adultes se tiennent au coutraire dans les régions rocheuses des côtes, affectionnant les eaux tranquilles et transparentes, où ils vivent en troupes nombreuses se jouant au milieu des Fucus qu'agitent le flux et le reflux.

Usages. — Ces Palémons, connus sous le nom de *Bouquet*, sont très prisés pour la table.

LE PALÉMON SQUILLE. — *PALÆMON SQUILLA.*

Caractères. — Cette espèce ressemble à la précédente, mais elle est plus petite, elle mesure seulement 5 centimètres au maximum, et son rostre ne dépasse pas l'appendice lamelleux des antennes externes; il est d'ailleurs presque droit, denté jusqu'au sommet, avec sept ou huit dents en dessus et trois ou quatre en dessous.

Distribution géographique. — Ce Palémon abonde sur toutes nos côtes européennes de l'Atlantique et se retrouve dans la Méditerranée, l'Atlantique et la mer Noire.

Mœurs, habitudes, régime. — Cette espèce se prend avec la précédente.

LES PONTONIES — *PONTONIA*

Caractères. — Leur corps n'est pas comprimé et leur carapace est courte et renflée; leurs antennes externes, très courtes, analogues à celles des Palémons, ont deux filets terminaux courts dont l'un est bifide; leurs quatre premières paires de pattes sont didactyles, la première est grêle, la seconde a de fortes pinces de grosseur inégale; c'est tantôt celle de droite, tantôt celle de gauche qui est la plus volumineuse.

LA PONTONIE TYRRHÉNIENNE. — *PONTONIA TYRRHENA.*

Caractères. — Ce joli Crustacé, d'un rouge aurore sillonné de petites lignes blanchâtres,

Fig. 710. — La Pontonie tyrrhénienne.

porte un rostre recourbé vers le bas; étant donné ses caractères génériques, il est facile à reconnaître (fig. 710). Sa taille n'excède pas 4 centimètres.

Distribution géographique. — Ce Crustacé vit dans la Méditerranée et l'Adriatique; il n'est pas très commun.

Mœurs, habitudes, régime. — Son mode d'existence spécial a de tout temps appelé l'attention, car il était connu d'Aristote. Cette Crevette vit habituellement dans le grand coquillage nommé le Jambonneau, en compagnie des *Pinnothères.* Parfois aussi ce Pontonia se cache dans des Éponges.

LES TYPTON — *TYPTON*

Caractères. — Les antennes externes n'ont pas d'écailles, et les pinces de sa seconde paire de pattes sont très développées; l'une d'elles (plus grande que l'autre) atteint toujours à peu près les 2/3 de la longueur du corps.

LE TYPTON SPONGICOLE. — *TYPTON SPONGICOLE.*

Caractères. — Les mâles sont d'un brun clair ou jaunâtre; les femelles adultes se distinguent à la teinte rouge vermillon ou rouge corail de leur grand abdomen. Leur taille est

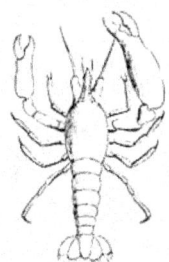

Fig. 711. — Le Typton spongicole.

comprise entre 20 et 25 millimètres (fig. 711).

Mœurs, habitudes, régime. — Cette Caridide se tient presque exclusivement dans les Éponges. Lorsqu'on éveille l'effroi ou la colère de ces petits êtres, le choc des articles de leurs pinces produit un bruit de claquement analogue à celui qu'on provoque en faisant glisser vivement l'index le long du pouce jusqu'à la paume de la main. Mais on n'a rien à redouter des menaces de cette créature comique qu'on peut comparer à un Polichinelle armé d'une batte énorme.

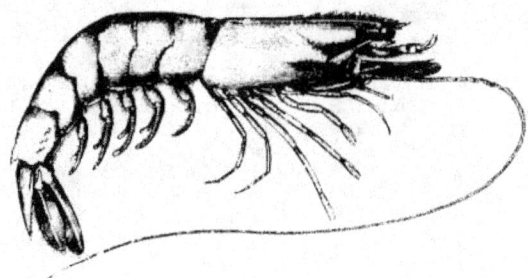

Fig. 712. — Le Penée Caramote.

LES PÉNÉINES — *PENÆINÆ*

Caractères. — Ces Caridides, au corps allongé et déprimé, au rostre généralement petit, se reconnaissent surtout à leurs pattes qui portent le plus souvent à leur base un appendice palpiforme rudimentaire, et dont les trois premières paires ont des pinces, à leurs pattes-mâchoires de la troisième paire qui ressemblent à des pattes par leur longueur. Les métamorphoses sont caractéristiques, ils naissent sous la forme de *Nauplius* (Voy. *Introduction*, p. 672, fig. 617 à 619).

LE PÉNÉE CARAMOTE. — *PENÆUS CARAMOTA.*

Caractères. — Cette jolie Crevette, d'un blanc de chair mêlé de rose tendre, se distingue de ses congénères par les filets terminaux de ses antennes supérieures, qui sont plus courts que les deux derniers articles du pédoncule; elle mesure de 15 à 20 centimètres (fig. 712).

Distribution géographique. — Cette espèce, essentiellement méditerranéenne, a été prise quelquefois sur les côtes d'Angleterre.

Mœurs, habitudes, régime. — Elle habite les fonds rocheux.

Usages. — C'est une espèce recherchée pour sa chair.

Nous avons représenté pl. XVII, comme types de Crustacés de la famille des Caridides pêchés à de grandes profondeurs, l'*Acantephyra purpurea* (fig. 4), voisine des Palémons, belle espèce d'un magnifique rouge carminé, au rostre recourbé en l'air et couvert d'épines, draguée à 2,000 et 2,500 mètres, et l'*Hoplophoda Bartleti* (fig. 6), aux deux dernières paires de pattes transformées en appendices antenniformes, remarquables organes de toucher.

Pêche et consommation des Crevettes. — Quoique à première vue les Crevettes puissent être considérées comme ayant peu de valeur par elles-mêmes, le rôle qu'elles jouent dans l'alimentation donne dans quelques pays une grande importance à l'industrie de la pêche.

Il n'est pas d'ami des plages qui n'ait assisté à la pêche aux Crevettes, et qui même n'ait eu la tentation d'imiter les pêcheurs de profession, qui, hommes, femmes, enfants, poussant devant eux le *truble* ou *havenau*, filet tendu sur un cadre de bois ou de fer, se livrent toute l'année à la pêche à pied pour gagner péniblement leur misérable existence. N'y a-t-il pas là un de ces contrastes qui font réfléchir malgré soi? ceux-ci se font plaisir et joie, ceux-là se font labeur et peine de la pêche des petites Crevettes. Là où les étendues de plages sablonneuses sont immenses, on pratique un autre genre de pêche. Nous emprunterons à Gosse une description prise sur le vif: « Suivons, dit-il, ce cheval qui s'enfonce dans la mer jusqu'au poitrail, et qui va et vient d'un bout de la plage à l'autre, en dirigeant ses pas comme pour tirer du sable du rivage. Un pêcheur observe avec attention les mouvements du quadrupède. Il appelle le gamin monté sur le cheval, et lui-même se précipite vers le bord en toute hâte, dès que l'enfant et sa monture sortent de l'eau. Approchons-nous et observons.

« Le pêcheur, poli et communicatif, nous donne toutes les explications nécessaires; le procédé qu'il emploie se comprend aisément d'ailleurs, sitôt qu'on se trouve rendu sur place. Le cheval traîne à sa suite un filet dont l'ouverture est maintenue béante par un cadre allongé en fer. En arrière le filet se termine en pointe, mais il n'est fermé qu'à l'aide d'un cordeau. Le cadre en fer, qui maintient ouverte l'entrée du filet, gratte le sable de la mer au fur et à mesure que le cheval, aux harnais duquel se trouve relié l'appareil, marche en avant.

« Le cheval qui doit traîner cet appareil assez lourd sur le sable mobile, et qui s'enfonce dans l'eau jusqu'à 1 mètre de profondeur, accomplit un travail pénible, aussi revient-il avec une satisfaction visible sur le sol sec; dès que le filet sort de l'eau, on l'arrête; on dénoue le cordeau et on vide dans un linge tout son contenu. »

Dans le vaste estuaire de la Tamise, entre North Fareland au sud et Harwich au nord, sont des milliers d'arpents de côtes sablonneuses, favorables aux Crevettes. Sur ce grand territoire, à toute heure du jour, d'avril à octobre, sont promenés les filets qui emprisonnent des milliers et des milliers de Crevettes, sans que leur nombre paraisse sensiblement diminué.

L'art de prendre les Crevettes a été découvert il y a un demi-siècle pour la première fois à Margate par M. J. Shrubsall, marchand pêcheur de cette ville. Lorsque le premier il commença, il pouvait capturer de 135 à 450 litres de ces Crustacés d'un seul coup de filet. D'après les rapports officiels, la seule pêcherie de Morecambe Bay rapporte 100,000 francs par an; les produits sont vendus ordinairement à la nombreuse population ouvrière des districts métallurgistes.

Un très grand nombre de Crevettes sont consommées à Londres. Les Palémons sont parfois mêlés aux Crangons, mais le plus souvent ils sont vendus séparément; le plus abondant est ce dernier.

Les fruitiers de Londres vendent annuellement environ 440,000 litres de Crevettes, et si l'on tient compte des quantités vendues dans les boutiques de Birmingham, de Manchester, de Liverpool et dans toute l'Angleterre, on voit que la consommation est énorme.

Des quantités considérables de Crevettes sont recueillies sur les côtes de Belgique et de Hollande. En 1867 l'Angleterre en recevait de la Belgique 154,000 kilogrammes, de la Hollande 350,000 kilogrammes, en 1882 elle en importait dans ce dernier pays 1,178,000 kilogrammes. On peut estimer que la pêche sur les côtes de ces deux pays emploie 2 à 3,000 personnes.

Ce sont les Crevettes belges et hollandaises qui approvisionnent les Halles de Paris : 1881, 390,832 kil.; 1885, 347,196; 1886, 383,604; les Crevettes françaises n'entreraient que pour 1/40 dans la consommation parisienne.

En France, la pêche des Crevettes est cependant importante et la statistique officielle nous apprend qu'on a vendu sur les marchés en 1879 1,647,588 kilos pour une somme de 125,000 fr., que les produits ont été plus faibles pendant les années 1880 à 1882, se maintenant aux environs d'un million de kilogrammes, qu'ils ont commencé à se relever en 1883 (1,316,381 k.), pour atteindre 1,572,430 kilogrammes en 1884; mais le prix a toujours tendu à augmenter, d'inférieur à 0 fr. 70 il est passé à plus 1 fr. 20 le kilog. Ce sont surtout les arrondissements de Dunkerque, de Saint-Valery-sur-Somme, de Honfleur, de Trouville, de Bordeaux, qui contribuent le plus à alimenter les marchés, leurs plages sablonneuses étant un lieu d'élection des Crevettes grises. Les Palémons sont moins abondants, sont plus recherchés pour figurer avec honneur sur les tables des restaurants et se vendent toujours un prix élevé. Il est certain que ces chiffres sont loin de donner une idée exacte de la consommation réelle de ces Crustacés, les populations du littoral en faisant un aliment journalier.

Sur les côtes des États-Unis, les pêcheurs prennent au moins sept espèces de Crevettes : ce sont la Crevette grise (*Crangon vulgaris*), la Crevette de Californie (*Crangon franciscorum*), les Penées sétifère et brésilien (*Penæus setiferus et brasiliensis*), l'Hippolyte à court rostre, le Pandale de Danaé (*Hippolytus brevirostre*) et une autre espèce, le Palémon de l'Ohio (*Palæmon Ohionis*). La Crevette grise est commune aussi bien sur les côtes de l'Atlantique que sur celles du Pacifique; les Penées sont confinés sur les côtes des États du sud, les Pandales et l'Hippolyte se trouvent sur la côte occidentale, le Palémon habite les rivières de la vallée du Mississipi et de la région sud des États-Unis. On pêche encore sur les côtes de la Nouvelle-Écosse quatre espèces de Pandales (*P. borealis, leptoceras, Montagni* et *propinquus*), mais on ne les apporte pas sur les marchés. Les *Palæmon jamaicensis* et *forceps* des rivières du Texas pourraient constituer une nourriture profitable.

On pêche le Crangon sur les côtes de la Nouvelle-Angleterre et des États du centre, mais la pêche la plus importante se fait à l'ouest de Long Island, de mars au milieu de mai, pour approvisionner le marché de New-York; on y apporta de ce seul point en 1880 plus de 20,000 litres de Crevettes, et depuis il y a eu une augmentation considérable. Les côtes des États du sud envoient aux marchés de New-York, en mars, avril et mai, de superbes Penées, notamment le P. sétifère qui mesure 16 centimètres et plus de long sur 2 centimètres de large. C'est au voisinage de Charleston, dans la Caroline du sud, que sont situées les pêcheries les plus importantes, mais il en existe en divers points ; les prises se font à l'aide de filets à mains, d'éperviers ou de seines qui ont de 25 à 40 mètres de longueur, de 1ᵐ,80 à 2ᵐ,50 de hauteur et des mailles de 1 centimètre et demi à peine. On capture pendant la saison plus de 18,000 litres de Crevettes par mois; de mars à juin on pêche des Palémons, puis ensuite des Crangons; les premiers sont vendus par les pêcheurs par assiettées qui contiennent 1 litre à 1 litre et demi au prix moyen de 50 cents (2 fr. 50), s'élevant parfois jusqu'au dollar (5 fr.) ou à 10 centimes la pièce; à l'origine cette pêche était la plus lucrative de toutes; les seconds se vendent également à l'assiettée, mais à un prix inférieur variant entre 1 fr. 25, 75 centimes et même 10 centimes. Les Crevettes sont non seulement mangées, mais encore utilisées comme appâts, les Palémons constituent la meilleure amorce pour la pêche du Merlan.

Les pêcheries des côtes de la Louisiane et du Texas alimentent le marché de la Nouvelle-Orléans qui est fort bien approvisionné; on y a installé ainsi qu'à Galveston des ateliers de préparation de conserves de Crevettes, qui ont pris déjà une certaine importance, car en 1880 on a expédié pour les États-Unis et l'Europe 310,000 boîtes d'une livre ou d'une demi-livre.

La pêche des Crevettes sur le Pacifique est confinée autour des Bancs de San Francisco et de Tomales et tout entière entre les mains des Chinois qui exportent une grande partie de leur récolte dans leur pays. C'est le *Crangon franciscorum* qui est l'espèce la plus abondante et la plus grande, mais le *C. vulgaris* forme un appoint considérable; deux espèces de Pandales sont très souvent capturés avec les précédents. Les pêcheurs chinois se servent d'un filet conique en forme de bourse de 6 m. à 7 mètres et demi de longueur et de 3 mètres d'ouverture; ils vendent les produits de leurs récoltes soit frais, soit après leur avoir fait subir la préparation singulière que nous allons décrire.

En résumé, on estime que l'on a capturé sur les côtes des États-Unis environ 2 millions de kilos (1,912,428,260) de Crevettes rapportant aux pêcheurs plus de 5 millions (5,232,375) de francs.

Préparation et conservation. — Les Crevettes sont ordinairement purement et simplement jetées dans l'eau de mer ou dans l'eau salée bouillante, aussitôt qu'elles sont pêchées, car elles s'altèrent rapidement et doivent être consommées immédiatement; cependant en Angleterre on en vend de conservées sous le nom de *Potted-Shrimps* (Rillettes de Crevettes); dans l'Amérique du Nord, on les marine et on les épice; les Chinois de Californie les vendent soit en nature, soit épluchées, soit aussi enfilées à des brins de jonc. Celles qui n'ont pas été vendues au marché voisin sont rapportées le soir dans leurs magasins, et jetées dans l'eau salée bouillante. Une fois cuites, elles sont retirées des chaudrons et étendues sur la terre préalablement dépouillée d'herbe, aplanie et battue. Lorsqu'elles sont bien séchées, c'est-à-dire au bout de quatre ou cinq jours, elles sont écrasées sous de grands pilons de bois ou foulées aux pieds par nos Chinois chaussés de sabots, afin de détacher les chairs de leur revêtement chitineux. Cela fait, on introduit le mélange dans une tarare afin de séparer la chair de la carapace. Cette sorte de farine animale est consommée en partie à la maison, la majeure partie est exportée en Chine par voie de Hong-Kong; elle se vend à San Francisco 25 centimes environ la livre anglaise (453 gr.). Les débris de carapace (vendus 1 fr. 30 les 100 livres, 50 kilos) sont utilisés comme engrais dans les environs de la ville et même exportés pour fertiliser le riz et le thé. Les Chinois sont vraiment de bien habiles négociants.

Les grands Palémons du Brésil, si délicieux quand ils sont frais, lorsqu'ils sont desséchés peuvent plaire aux amateurs de mets fortement relevés; salés, séchés et réduits en poudre en compagnie de Poissons, ils sont consommés sur les bords de l'Amazone par les voyageurs et les Indiens.

Nous pourrions conseiller à nos lecteurs de manger les Crevettes à la façon de ce souverain des Sandwich qui offrait à ses convives une salade sur laquelle, en guise de Cerfeuil et de Ciboule, la maîtresse de séant avait jeté avant de l'assaisonner une poignée de Crustacés vivants et sautants qui bondissaient de plus belle sous l'action du vinaigre. L'excellent monarque, la figure épanouie saisissait prestement une feuille de salade et une demi-douzaine de Crevettes et les engloutissait avec une douce satisfaction, invitant ses convives à savourer ce mets d'épicurien. L'histoire rapporte que, le Rev. Stewart en voulant imiter son amphitryon, une Crevette se glissa malicieusement dans sa gorge et faillit l'étouffer.

La famille des Sergestides, au corps élancé,

aux pattes grêles, sans appendice flabellé, dont les deuxième et troisième paire de pattes-mâchoires et les deux dernières paires de pattes sont rudimentaires ou absentes, au long abdomen dont la première paire d'appendices est préhensile, renferme des Crustacés de petite taille fort intéressants par leurs Métamorphoses que nous avons décrites (Voy. Introduction. Développement et Métamorphoses, p. 680, fig. 616, 647 et 648).

LES SCHIZOPODES — *SCHIZOPODA*

Spaltfüszer.

Caractères. — Ce sous-ordre renferme une série de petits Crustacés à grande carapace, à tégument peu résistant, qui, à un examen superficiel, rappellent les Crevettes, mais qui se reconnaissent aisément à leurs pattes-mâchoires et à leurs pattes marcheuses ayant la même conformation ; ces huit membres portent, en dehors, un appendice long et articulé, et paraissent ainsi bifurqués, d'où le nom donné au groupe.

Classification. — Ce sous-ordre compte quatre familles : les Mysides, les Euphausides, les Lophogastrides et les Chalaraspides.

LES MYSIDES — *MYSIDÆ*

Caractères. — La situation des organes auditifs dans les lamelles latérales externes de la nageoire caudale (fig. 582, p. 645) suffirait à les caractériser ; de plus les pattes caudales sont atrophiées chez les femelles, et les pattes thoraciques ne portent pas de branchies ; les anneaux thoraciques sont soudés à la carapace. Ils ne subissent pas de métamorphoses.

Distribution géographique. — Cette famille a des représentants dans les mers du nord, dans l'Atlantique, dans le Pacifique et dans les grands fonds.

LES MYSIS — *MYSIS*

Caractères. — Ces Schizopodes ont le corps allongé, étroit, à carapace enveloppant le thorax, recouvrant la base des pattes et portant un petit rostre aplati ; leurs mandibules sont dentelées ; les six paires de pattes thoraciques ont les tarses multiarticulés.

Distribution géographique. — Le genre *Mysis*, dont les espèces se montrent surtout dans l'Océan Atlantique et dans la mer du Nord, et dont quelques-unes habitent la Méditerranée, est le plus répandu.

Brehm. — VI.

Mœurs, habitudes, régime. — Ces Crustacés se trouvent souvent en bandes innombrables et deviennent la proie d'une foule d'animaux voraces. Déjà, en 1780, Otto-Fabricius, en parlant des *Mysis*, déclare qu'elles constituent, avec quelques autres petits animalcules, la principale nourriture de la grande Baleine du Groenland (*Balœna mysticetus*). On s'étonne de voir les animaux les plus petits, tels que les *Mysis*, qui n'ont pas même un pouce de long, suffire à l'alimentation des plus grands Cétacés et fournir à l'entretien de ces énormes masses graisseuses. Mais ces Mysis sont si nombreuses dans les eaux du Groenland que la Baleine n'a qu'à ouvrir la bouche pour y faire pénétrer par milliers ces molécules vivantes ; les petits Crustacés semblent même se précipiter spontanément dans la gueule du Cétacé. Grâce à la disposition de ses fanons, qui retiennent les corps étrangers comme les grilles d'une vanne la Baleine s'empare de sa proie.

LA MYSIS SPINULEUSE. — *MYSIS SPINULOSA*.

Caractères. — Cette espèce se reconnaît à la lame médiane de sa nageoire caudale qui

Crustacés. — 97

est bifurquée, à son rostre déprimé et triangulaire, dont la longueur n'a que le tiers de celle des pédoncules oculaires. Elle mesure en-

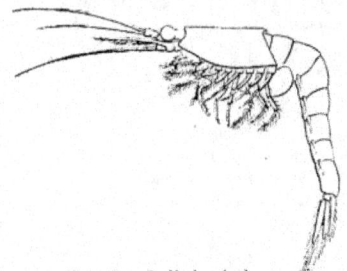

Fig. 713. — La Mysis spinuleuse.

viron 2 centimètres; sa coloration est brunâtre, relevée par une petite étoile située au milieu de chacun des anneaux de l'abdomen (fig. 713).

Distribution géographique. — Elle se prend, ainsi que quelques autres espèces, sur les côtes d'Angleterre et de France.

Parmi les Lophogastrides, nous signalerons les *Gnathophausia* découverts dans les profondeurs des mers par les Naturalistes du *Challinger*. Ces remarquables Crustacés ont la carapace carénée, prolongée en avant par un grand rostre armé de dents de scie, en arrière soit par une longue pointe dentée, soit par deux pointes latérales simples; chacune des mâchoires de la seconde paire porte un organe phosphorescent, pris tout d'abord pour un œil (Voy. Introduction, p. 644).

Le *G. gigao* qui mesure 14 centimètres est un géant parmi les Ichizopodes; nous avons représenté (fig. 663, p. 695 et pl. XVII, fig. 12) le *G. zoea*, espèce répandue dans l'Atlantique et le Pacifique à partir de 1100 mètres.

LES STOMATOPODES — *STOMATOPODA*

Caractères. — Parmi les Crustacés dont les yeux sont pédiculés, ce sont ceux dont les anneaux offrent le plus d'indépendance; le développement varié des membres, notamment, donne lieu à des considérations spéciales du plus haut intérêt (Voy. Introduction, p. 624 et 630, fig. 553 et 563). La partie antérieure du corps contient les organes destinés à découvrir, à saisir et à déchirer la proie; la partie moyenne porte les pattes locomotrices et la partie postérieure, allongée et munie de larges franges, permet les mouvements rapides de natation.

La carapace, si étendue chez les Décapodes, se réduit ici à une sorte de plateau horizontal presque quadrangulaire. Les anneaux antérieurs et postérieurs demeurent indépendants et possèdent des mouvements propres. Les yeux, courts et grands, sont implantés sur un anneau antérieur mobile, l'anneau ophthalmique, auquel succède un anneau également mobile, l'anneau antennulaire, qui porte les antennes internes. Leur pédicule mince, formé de trois articles, porte trois fouets multiarticulés. A la base des antennes externes qui sont insérées sous l'écusson dorsal est implantée une lame allongée ciliée. Les pièces buccales comprennent des mandibules, des mâchoires supérieures et inférieures. Cinq paires de pattes entrent dans la constitution de la bouche: la première paire est grêle, palpiforme; la seconde,

très développée, forme des organes ravisseurs des mieux organisés, le dernier article se rabattant sur le précédent comme une lame de canif sur le manche; c'est une véritable arme offensive et défensive en raison de sa longueur et de sa puissance et en raison des dents longues et pointues qui hérissent son tranchant.

Ces pattes armées s'observent également chez les Insectes de proie, tels que les Mantes et d'autres encore; mais aucun articulé n'en présente une telle série au voisinage de son orifice buccal. A l'anneau indépendant, qui n'est plus recouvert par la carapace et qui porte la dernière paire de mâchoires accessoires, succèdent trois anneaux puissants dont les appendices, autrement conformés, constituent les pattes locomotrices. L'abdomen, très grand, est à proprement parler un appareil puissant qui permet les mouvements de natation et qui se termine par une large rame. Les appendices pédiformes des cinq anneaux antérieurs de cet abdomen portent des branchies fasciculées. Leur étendue répond à l'activité de la circulation et de la respiration de ces animaux fortement musclés et vifs. Les deux derniers portent des pattes natatoires.

Le développement de ces Crustacés est très remarquable et caractéristique; ils revêtent successivement diverses formes: Erichte, Squillerichte, Alime, etc., dont nous avons déjà parlé (Voy. Introduction. Développement et Métamorphoses, p. 679, fig. 643 à 615).

Distribution géographique. — Ces Crustacés se rencontrent sur tous les points du globe, dans les mers tempérées, mais préfèrent les mers chaudes.

Mœurs, habitudes, régime. — Ils vivent loin des côtes, à d'assez grandes profondeurs; ils nagent avec une très grande rapidité, à l'aide de leur puissante nageoire caudale.

Classification. — Les Stomapodes sont répartis dans l'unique famille, des Squillides.

LES SQUILLIDES — *SQUILLIDÆ*

Caractères. — **Distribution géographique.** — **Mœurs, habitudes, régime.** — Comme pour l'ordre entier.

LES SQUILLES — *SQUILLA*

Caractères. — Elles se distinguent entre tous les Stomapodes par la conformation de la griffe des pattes ravisseuses, qui est lamelleuse et fortement dentée sur le bord externe.

Distribution géographique. — Quoiqu'elles puissent se rencontrer jusque dans la Manche, elles habitent de préférence les mers chaudes du monde entier.

Mœurs, habitudes, régime. — Les Squilles, au dire de Risso, que les habitants du littoral nomment à cause de leur attitude le *Pregodieu* (Prie-Dieu), se tiennent ordinairement dans les endroits sablonneux et fangeux à une profondeur variant entre 30 et 60 mètres; elles sont fort craintives et fuient au fond de l'eau quand on les poursuit; les sexes se recherchent au printemps; les femelles se cachent sous les rochers pour se débarrasser de leurs œufs qu'elles portent, comme les Langoustes, suspendus à leurs fausses pattes abdominales.

LA SQUILLE MANTE. — *SQUILLA MANTIS.*

Caractères. — Ce Crustacé, qui mesure de 18 à 25 centimètres de long, est revêtu du plus riche costume; d'un superbe blanc nacré, il est nuancé de bleu, de violet et d'outremer, que font encore ressortir les yeux d'un vert doré, des pattes d'un vert de mer, et deux taches d'un bleu violet irisé situées sur le dernier anneau de l'abdomen (fig. 714).

Distribution géographique. — Cette espèce, qui se prend accidentellement dans la Manche, se trouve dans l'Atlantique (Canaries), mais a son lieu d'élection privilégié dans la Méditerranée.

Mœurs, habitudes, régime. — La *Squilla mantis* n'est pas une des espèces les plus vives de cette classe, du moins en captivité; car en pareil cas elle ne nage presque pas, mais elle marche à l'aide de trois paires de pattes que nous avons représentées dans la figure. Elle emploie souvent ses mâchoires accessoires, dont les articulations sont extrêmement mo-

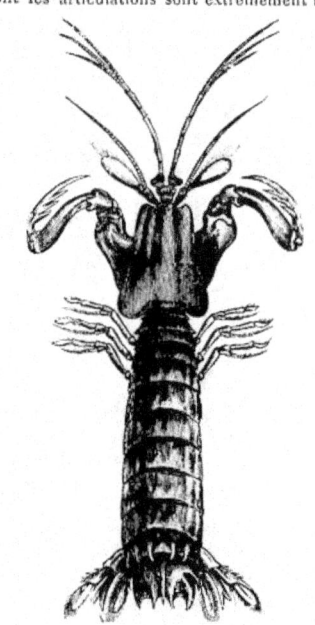

Fig. 714. — La Squille mante.

biles, pour épousseter et nettoyer les diverses parties de son corps, et elle arrive à peigner ainsi même la face supérieure de son abdomen.

Usages. — Elle se trouve sur les marchés des villes du littoral de la Méditerranée et constitue une nourriture abondante et agréable.

LA SQUILLE DE DESMAREST. — *SQUILLA DESMARESTII.*

Caractères. — Plus petite que la précédente (9 à 10 centimètres), elle est aussi moins agréa-

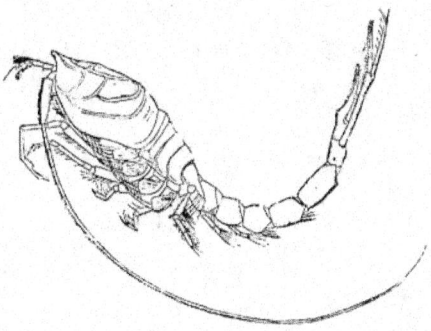

Fig. 715. — Le Diastylis sculpté, mâle, d'après Sars.

blement parée, en général d'un jaune fauve, quelquefois d'un jaune foncé ; elle est quelquefois d'un rouge nuancé de rose tendre.

Distribution géographique. — Cette Squille habite la Méditerranée et l'Adriatique.

Mœurs, habitudes, régime. — Ces Crustacés se cachent d'habitude complètement entre les pierres et les plantes marines ; on peut observer commodément dans les aquariums avec quelle adresse et avec quelle diversité ils utilisent les membres insérés autour de leur bouche. Sans cesse ils se nettoient ; ils passent leurs antennes dans les plis de leurs tarses rabattus, et allongent l'une ou l'autre de leurs pattes jusque sur leur dos pour aller gratter quelque région qui paraissait inaccessible.

Les Gonodactyles sont des Squillides aux pattes ravisseuses à griffes renflées peu ou point dentelées sur le bord préhensile dont le *Gonodactylus chiragra*, de la Méditerranée et de toutes les mers chaudes, est le type.

LES CUMACÉS — *CUMACEA*

Caractères. — Ces Crustacés rappellent par leur aspect général les larves de Décapodes ; ils ont une petite carapace rostrée qui laissent libre 4 à 5 anneaux thoraciques, de petites antennes antérieures de trois articles à deux fouets très courts, des antennes inférieures démesurément longues chez les mâles (fig. 715), à fouet pluriarticulé, rudimentaires chez les femelles. Ils ont deux paires de pattes-mâchoires de cinq articles portant des branchies et un appendice basilaire lamelleux caractéristique et six paires de pattes, dont les deux premières sont fourchues. Quand il y a des yeux, ils sont juxtaposés ou confondus en un organe impair, et situés à la base du rostre. Leur développement embryonnaire rappelle celui des Isopodes.

Distribution géographique. — Ce sont des animaux des mers du Nord ou des grandes profondeurs.

Mœurs, habitudes, régime. — D'après Goo-

dsir, ces animaux sociables nagent avec une très grande rapidité et, lorsqu'ils s'arrêtent, se laissent tomber au fond sur le sable ou le gravier ; ce n'est pas qu'ils essaient de saisir quelque objet, car ils se servent rarement de leurs pattes pour prendre leur nourriture. Lorsqu'on laisse tomber sur eux un poids pour s'en emparer, ou qu'on veut le percer d'une aiguille, ils savent très bien se délivrer d'un coup de queue.

Ces animaux, ordinairement nocturnes, se plaisent dans les fonds vaseux ou sableux, quelquefois dans les grands fonds.

Classification. — Les Cumacés ont été groupés dans une seule famille, celle des *Diastylides*, particulièrement étudiée par le Naturaliste danois Sars.

Nous représentons comme type de l'ordre des Cumacés et de la famille des DIASTYLIDES, le *Diastylis sculptus* (fig. 715).

LES ARTHROSTRACÉS ou ÉDRIOPHTALMES — ARTHROSTRACA seu EDRIOPHTALMA

Caractères. — Ces Crustacés forment parmi les Malacostracés une seconde division des plus considérables caractérisés par des yeux sessiles, par un thorax constitué par des anneaux séparés, ordinairement 7, quelquefois 6 ou moins, portant un nombre corrrespondant de paires de pattes. Ces animaux respirent les uns par des branchies situées sur les pattes thoraciques, les autres par des branchies placées sur les pattes abdominales, les premiers ont un cœur thoracique, les seconds ont un cœur abdominal. Ils ne subissent pas de métamorphoses, souvent cependant la forme du corps et le nombre des pattes peuvent différer chez le jeune et chez l'adulte; quelquefois le nombre des anneaux et des membres va croissant depuis la naissance.

Classification. — Les Edriophtalmes ont été réparties dans deux grands ordres : les Isopodes et les Amphipodes.

LES ISOPODES — ISOPODA

Asseln.

Caractères. — Ces Crustacés, aux yeux sessiles, ont un corps large, plus ou moins aplati, composé de sept anneaux thoraciques libres portant des pattes généralement semblables, terminées rarement par des pinces, de six anneaux abdominaux courts au maximum. Le caractère principal de presque tous les Isopodes consiste en général dans la transformation des pattes abdominales dont l'article basilaire porte deux lames ovalaires superposées, les externes protégeant les internes, qui servent à la respiration. Les pattes thoraciques des femelles portent des appendices foliiformes qui constituent une poche d'incubation destinée à recevoir les œufs et les petits pendant les premiers jours qui suivent leur éclosion. Les petits ressemblent aux parents, bien que le nombre de leurs segments abdominaux et des articles de leurs membres soit incomplet. Dans leur ensemble, les Isopodes comptent parmi les petits Crustacés; ils ont, en moyenne, 13 à 26 millimètres de long.

Distribution géographique. — Les Isopodes ont des représentants terrestres ou aquatiques dans toutes les régions du globe.

Mœurs, habitudes, régime. — Ils se nourrissent de matières en décomposition, et ont la faculté de s'accommoder des modes d'existence les plus variés : on les trouve dans l'eau douce et dans l'eau salée, sur la terre humide et sur la terre sèche; enfin la plupart vivent en liberté; quelques-uns vivent en parasites sur d'autres Crustacés et sur des Poissons.

Classification. — On a réparti les Isopodes dans deux sous-ordres : les Euisopodes et les Anisopodes.

LES EUISOPODES — EUISOPODA

Caractères. — Thorax à sept anneaux indépendants; une paire de pattes à chacun de ces sept anneaux thoraciques; abdomen court et élargi; pattes abdominales à lamelles jouant le rôle de branchies.

Classification. — Huit familles renferment les Euisopodes : les Oniscides, les Entoniscides, les Bopyrides, les Asellides, les Munnopsides, les Idotéides, les Sphœromides, les Cymothoïdes.

LES CLOPORTES ou ONISCIDES — *ONISCIDÆ*

Landasseln.

Caractères. — La première paire d'antennes est toujours rudimentaire, aussi semblent-ils ne posséder que la seconde paire ; les mandibules sont dépourvues de palpes ; l'abdomen a six segments distincts, dont le dernier de petite taille est rudimentaire ; les pattes sont conformées pour la marche. Seul le feuillet interne des fausses pattes est membraneux et sert à la respiration ; le feuillet externe, plus consistant, est un organe de protection destiné à empêcher le dessèchement de l'interne. Chez les espèces des genres *Oniscus, Armadillido,* et autres qui vivent dans les lieux très secs ou ensoleillés, on trouve une nouvelle sorte de respiration aérienne indépendante de la respiration branchiale qui existe toujours : l'opercule antérieur des branchies présente, en effet, des espaces trachéens ramifiés qui paraissent s'ouvrir à l'extérieur par des hiatus.

Mœurs, habitudes, régime. — A l'exception des Lygies qui vivent sur les rochers au bord de la mer, tous sont terrestres ; quelques-uns sont souterrains et aveugles.

LES ONISCINES — *ONISCINÆ*

Caractères. — Cette sous-famille se reconnaît à la dernière paire de fausses pattes qui est styliforme.

LES CLOPORTES PROPREMENT DITS — *ONISCUS ET PORCELLIO*

Caractères. — La tête porte deux larges dépressions au-dessous des yeux, les antennes de la deuxième paire ont 8 articles chez les *Oniscus,* 7 seulement chez les *Porcellio ;* les appendices du dernier anneau sont dirigés en dehors.

Mœurs, habitudes, régime. — Ces Crustacés se trouvent surtout dans les endroits humides, à l'ombre des murs, sous les grosses pierres, dans les caves, et dans les lieux analogues ; car ces êtres photophobes se trouvent bien d'une atmosphère renfermée ou saturée de vapeurs.

Tout le monde connaît le Cloporte des murs (*Oniscus asellus seu murarius*) et le Cloporte des caves (*Porcellio scaber*) (fig. 716).

Le premier est gris noirâtre orné de deux rangées de taches jaunes sur le dos et de deux rangées de taches blanchâtres sur les côtés,

Fig. 716. — Le Cloporte des caves.

avec le dessous du corps blanchâtre ; le second est brun grisâtre tirant sur le roux.

Le *Platyarthus Hofmanseggi* est un curieux petit Cloporte aveugle et décoloré qui vit dans les fourmilières.

LES LYGIES — *LYGIA*

Caractères. — Les antennes externes longues ont un fouet multiarticulé, et l'appendice caudal très long a deux branches.

Mœurs, habitudes, régime. — Tous ceux qui ont erré au bord de la mer connaissent ce grand Cloporte marin, la Lygie océanique (*Lygia oceanica*) qui erre sur les roches à marée basse et se promène sur les jetées ; il ne s'éloigne pas du bord, mais une atmosphère très humide est nécessaire au bon fonctionnement de leurs branchies. On peut, à l'exemple du Dr Huet, les conserver en captivité plus de deux mois, en mettant à leur portée de l'eau de mer ou même de l'eau douce, où elles puissent se plonger de temps à autre, et en leur donnant à manger du Zoster desséché convenablement humecté.

LES ARMADILLINES — *ARMADILLINÆ*

Caractères. — Ces Cloportes au corps très bombé, aux appendices caudaux non saillants et lamelleux, possèdent la faculté de se ramasser en boule.

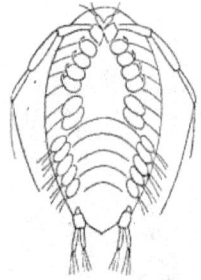 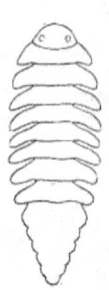 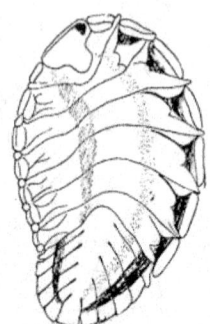

Fig. 717. — Le jeune venant de quitter la poche incubatrice de sa mère; très grossi.

Fig. 718. — Le mâle mesurant 1 millimètre et demi.

Fig. 719. — Femelle vue de dos telle qu'elle est fixée sur la branchie d'une Crevette; mesurant 8 à 10 millimètres.

Fig. 717 à 719. — Le Bopyre des Crevettes (d'après Bate et Westwood).

ARMADILLE — *ARMADILLO*

Caractères. — Leur corps elliptique très convexe porte des antennes de 7 articles.

Mœurs, habitudes, régime. — Les animaux qui vivent sous les pierres et dans la mousse se roulent en boule à la moindre alerte, à la façon des Tatous ou Armadillos, d'où leur nom caractéristique.

L'Armadille commune (*A. vulgare*) est une espèce répandue dans toute l'Europe.

L'*Armadillo officinarum*, du Midi de la France et de l'Italie, a été souvent prescrit jadis comme médicament sous le nom peu exact de « Mille-pieds »; inutile de dire qu'il constituait un produit pharmaceutique fort peu actif.

LES BOPYRIDES — *BOPYRIDÆ*

Garneelasseln.

Caractères. — Ces Isopodes offrent un exemple remarquable d'atrophie et de différence sexuelle; la femelle privée d'yeux a le corps en forme de disque asymétrique à l'annulation invisible; le mâle, fort petit, a des yeux et le corps allongé à l'annulation très visible; les pièces buccales rudimentaires constituent une trompe. Les pattes recourbées et courtes, à crochets terminaux, portent chez les femelles de grands appendices lamelleux formant la cavité incubatrice; l'abdomen a des fausses pattes en forme de lame triangulaire.

Mœurs, habitudes, régime. — Les Bopyrides vivent principalement dans les cavités branchiales des Crevettes, et plus rarement dans celles d'autres Crustacés. On est averti de leur présence par la tuméfaction gibbeuse qui apparaît sur le céphalothorax de leur hôte. Cette excroissance est produite seulement par les femelles; une fois fixées, elles croissent en s'élargissant et se boursouflent en dépit de toute symétrie jusqu'à devenir méconnaissables. Les petits mâles s'installent à la face inférieure des femelles. Ils sortent de l'œuf sous la forme de larves, très différentes des adultes. Le Bopyre des Crevettes (*Bopyrus squillarum*) a été rencontré par tout le monde sous la carapace des Palémons (fig. 717, 718 et 719).

LES ENTONISCIDES — *ENTONISCIDÆ*

Caractères. — Ces Isopodes dont les affinités ont été méconnues sont en effet étrangement défigurés par leur mode d'existence; ils n'ont plus de membres et sont réduits à l'état d'adulte, à des sacs asymétriques.

Mœurs, habitudes, régime. — Ces singuliers Crustacés mènent une existence parasitaire; tantôt leur région céphalique et thoracique, tantôt leur corps entier sont engagés dans la cavité viscérale de certains Crustacés : les *Cryptoniscus* vivent aux dépens des Cirripèdes, Balane, Sacculine et Peltogaster; les *Entoniscus*, des Pagures et des Crabes. Ils naissent sous une forme larvaire semblable à celle des Bopyres, avec des anneaux et des membres bien développés.

M. A. Giard a particulièrement bien étudié ces étranges parasites et suivi leur évolution (1886-1887); nous regrettons que la nature de cet ouvrage ne nous permette pas d'exposer les curieuses observations du savant Naturaliste.

LES CLOPORTES AQUATIQUES ou ASELLIDES — *ASELLIDÆ*

Wasserasseln.

Caractères. — Ces Isopodes au corps aplati, aux membres conformés pour une existence indépendante, non parasitaire, ont la dernière paire de fausses pattes abdominales en forme de stylets et n'ont pas d'opercules couvrant les branchies; les mandibules ont un palpe de trois articles.

Mœurs, habitudes, régime. — Ces Crustacés sont exclusivement aquatiques et vivent soit dans les eaux douces, soit dans la mer.

LES ASELLES — *ASELLUS*

Caractères. — Leurs antennes supérieures et inférieures ont un fouet multiarticulé, celui des secondes très long, plus long que la moitié

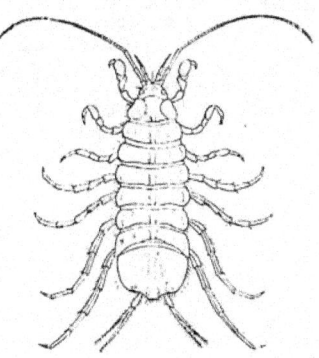

Fig. 720. — Le Cloporte d'eau douce ou Aselle aquatique.

du corps; les pattes antérieures ont une main préhensile; la dernière paire de pattes abdominales constitue des appendices bifides assez longs.

L'ASELLE AQUATIQUE — *ASELLUS AQUATICUS*.

Caractères. — Cet animal mesure 13 millimètres; il est grisâtre bigarré de marques plus pâles (fig. 720).

Distribution géographique. — Il habite toute l'Europe.

Mœurs, habitudes, régime. — L'Aselle se rencontre partout, dans les étangs et dans les fossés. Il ne nage ordinairement pas, mais court rapidement sur les feuilles mortes tombées au fond des eaux : il se nourrit de ces feuilles et de détritus végétaux. Pendant la saison des amours le mâle porte sa femelle sous son corps à l'aide de sa quatrième paire de pattes pendant plus de huit jours.

LES LIMNORIES — *LIMNORIA*

Caractères. — Ces Isopodes au corps oblong, déprimé, ont les antennes égales, courtes, pas plus longues que la tête; le dernier segment abdominal a la forme d'une large lame semi-circulaire carénée au milieu et portant de chaque côté une paire de petits et courts stylets.

LA LIMNORIE PERFORANTE OU PERCE-BOIS. — *LIMNORIA LIGNORUM SEU TEREBRANS*.

Caractères. — Espèce unique mesurant de 2 millimètres à 4 millimètres et demi de long, elle se reconnaît à sa forme générale et aux petits poils soyeux qui la recouvrent entièrement (fig. 721).

Mœurs, habitudes, régime. — Ce petit Crustacé est un des plus grands ennemis des constructions maritimes; observé pour la première fois en 1841 en Angleterre par l'ingé-

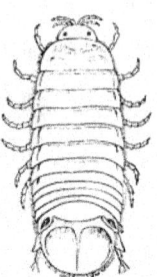

Fig. 721. — La Limnorie perce-bois, destructrice des pilotis et des bois submergés, très grossie.

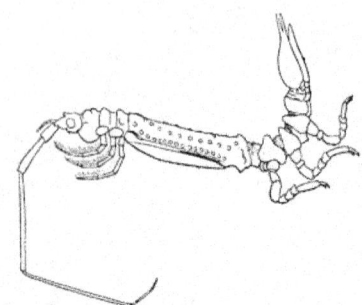

Fig. 722. — L'Arcture longicorne, d'après Spence Bate et Westwood.

nieur Stevenson, il a été observé bien des fois depuis sur le littoral anglais, où il cause des dommages irrémédiables aux pilotis et aux boisages qu'il ronge sous l'eau. Il s'attaque à différentes sortes de bois, même aux vieux Chênes, mais de préférence aux Conifères, — le bois de Teck est le seul qu'il ait épargné jusqu'ici — à la façon des Vrillettes (Coléoptères du genre *Anobium*); seulement, comme il pénètre peu à peu et successivement dans les différentes couches, il en résulte que les pièces battues par les vagues perdent peu à peu de leurs dimensions; un tronc de Pin perd un quart à la moitié d'un pouce par an, et davantage avec les années; les pièces de charpente en Pin qui supportaient en 1859 la carcasse de la frégate *The Robust* et qui étaient submergées à chaque marée furent rongées par places à une profondeur de 2 à 3 pouces. Les bois imprégnés de Créosote paraissent seuls résister aux atteintes des Limnories.

D'après J.-D. Macdonald (1875), un petit Crustacé anisopode, le *Tanais vittatus* (voir page 779) s'établirait dans les galeries creusées par les Limnories; admirablement pourvu d'outils pour émietter et perforer le bois, puissamment armé pour l'attaque, il se livrerait à leur poursuite pour satisfaire ses habitudes carnassières. S'il détruit les Limnories, en pourchassant sa proie, il contribue pour sa part à achever la destruction des bois submergés.

Les Munnopsides dont le type aveugle (*Munnopsis typica*) habite les côtes de Norvège; les Idotéides (*Idotea, Arcturus*) dont les nombreux représentants sont répandus partout, sont intéressants par la variété de leurs formes, mais ils attirent seulement l'attention des Naturalistes de profession. Nous représentons (fig. 722) l'*arcturus longicornis*, espèce des profondeurs trouvée près des côtes d'Écosse, pour donner une idée de l'étrangeté de leur physionomie.

LES SPHÉROMIDES — *SPHÆROMIDÆ*

Caractères. — Ces Isopodes au corps court, large et très convexe, ont souvent la faculté de se rouler en boule à la façon des Armadilles; ils sont dans la mer les représentants des Cloportes. Leur tête est large, courte, à mandibules robustes, à palpe de trois articles; les pattes sont conformées pour la marche, seule la première paire peut devenir préhensile; l'abdomen, dont les anneaux antérieurs sont plus ou moins rudimentaires ou soudés, porte une paire d'appendices composés de deux lames horizontales, dont l'externe est seule mobile.

Distribution géographique. — Ces Sphéromides sont répandus dans le monde entier.

Mœurs, habitudes, régime. — Ils apparaissent en masses innombrables surtout sur les côtes maritimes des régions chaudes.

LES SPHÉROMES — *SPHEROMA*

Caractères. — Ils ont plus que tous autres la faculté de se rouler en boule; leurs quatre anneaux abdominaux antérieurs sont soudés.

LE SPHÉROME DENTÉ. — *SPHOEROMA SERRITUM.*

Caractères. — Cet Isopode, long de 13 à

Fig. 723. — Le Sphérome denté.

14 millimètres, au corps lisse, a le dernier seg- ment de l'abdomen très bombé, et terminé par un bord légèrement excavé; la lame externe des fausses pattes est dentelée au bord (fig. 723).

Mœurs, habitudes, régime. — Il se rencontre sur toutes les côtes rocailleuses, au bord même de l'eau. Ces Crustacés vivent en colonies sous les pierres, s'enroulant dès qu'on les touche. Ils s'habituent aussi à l'eau saumâtre ; au point où la Cerca se jette en Dalmatie dans la baie de Sebenico qui se confond graduellement avec la mer, O. Schmidt a trouvé des Sphéromes dans une eau dont le goût était à peine salé.

Dans les eaux des cavernes de la Carniole se trouve un Sphéromide, le *Monilistra cœca*.

LES CYMOTHOIDES — *CYMOTHOIDÆ*

Fischasseln.

Caractères. — Cette famille se distingue par les pièces buccales conformées pour la succion, par leur abdomen élargi, à anneaux courts, dont la lame caudale est très développée et dont les appendices caudaux constituent deux larges nageoires.

Mœurs, habitudes, régime. — Les uns vivent parasites sur les téguments ou dans la cavité buccale des Poissons (*Cymothoa, Anilocra*), les autres, à pattes disposées pour la marche (*Æga, Cirolana* parmi les Ægines, *Serolis* parmi les Sérolines), nagent librement dans la mer.

A cette famille appartient le plus grand des Isopodes, le *Bathynomus giganteus*, décrit et figuré par M. A. Edwards, qui mesure 23 centimètres sur 10 centimètres de large, et a été dragué par A. Agassiz sur les côtes du Yucatan, à 1,656 mètres de profondeur.

LES ANISOPODES ou ISOPODES ABERRANTS — *ANISOPODÆ*

Caractères. — Chez les Isopodes, qui ont quelque ressemblance avec les Amphipodes, les pattes abdominales biramées ne jouent pas le rôle de branchies.

Classification. — Ce sous-ordre comprend trois familles : les Pranizides, les Anthurides et les Tanaides.

LES PRANIZIDES ou ANCÉIDES — *PRANIZIDÆ* seu *ANCEIDÆ*

Caractères. — Les Pranizides rappellent les Décapodes en raison de leur aspect général et de la fusion de la tête avec le premier anneau thoracique; mais ils présentent des yeux sessiles. Nous voyons ici, une fois de plus, combien peuvent se multiplier les types des Crustacés.

La région céphalique est large, plate, concave dans les mâles, carrée ou ovale et de grandeur moyenne chez les femelles; les antennes simples à plusieurs articles sont plus petites dans le sexe femelle ; pendant leur jeunesse, ces animaux ont une tête petite, de grands yeux et une trompe. La femelle conserve cet état, tandis que le mâle se modifie : sa tête devient énorme et quadrangulaire et porte des mandibules puissantes. Mandibules et mâchoires n'ont pas de palpes; cinq anneaux thoraciques sont libres, le dernier ne s'étant pas développé, mais les trois derniers sont soudés chez les femelles ; ils portent 5 paires de pattes simples armées de crochets. Les deux sexes sont semblables à la naissance, mais des métamorphoses successives déterminent un dimorphisme sexuel des plus singuliers, le mâle arrivé au terme de son évolution diffère tellement de sa femelle, qu'on en a fait jusqu'à ces derniers temps un genre à part, auquel on attribuait le nom d'*Anceus*.

Mœurs, habitudes, régime. — Dans leur jeune âge, ils vivent en parasites sur divers Poissons de mer. Adultes, les femelles restent fixées à leur hôte tandis que les mâles nagent librement. C'est à M. Hesse, de Brest, que l'on est redevable de la découverte des métamorphoses de ces Crustacés et du dimorphisme qui existe entre les mâles ou Ancées (fig. 724) et les femelles ou Pranizes (fig. 725).

L'Ancée maxillaire, dont la femelle était la Pranize bleuâtre, est l'espèce typique qu'on rencontre sur toutes nos côtes océaniennes et méditerranéennes ; les jeunes se fixant sur les corps, dans la bouche, sur les branchies, des

Plies, des Grondins, des Trigles, etc., il est facile de les recueillir et de renouveler les ob-

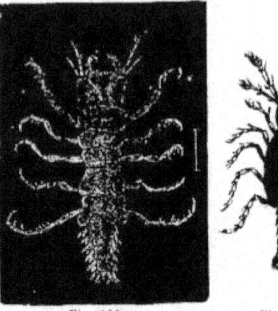

Fig. 724.   Fig. 725.
Mâle ou Ancée.   Femelle ou Pranize.

Fig. 724 et 725. — L'Ancée maxillaire.

servations de Hesse ; leurs métamorphoses offrent, certes, un spectacle des plus curieux.

LES TANAIDES — *TANAIDÆ*

Caractères. — Ce sont des Anisopodes au corps long et étroit, à la tête unie au premier segment du thorax, aux yeux plus ou moins distincts placés sur un pédoncule, aux pattes de la première paire larges et pourvues de pinces, à l'abdomen terminé par deux appendices sétacés articulés.

Mœurs, habitudes, régime. — Fritz Muller publie des remarques intéressantes, dans son livre, plein d'esprit, intitulé : « *Pour Darwin.* » On admet deux types de mâles pour une sorte unique de femelles dans le type de la famille, les jeunes mâles ressemblent aux femelles jusqu'au moment de la dernière mue qui précède la maturité sexuelle ; c'est alors qu'ils subissent une importante modification. Mais ce qu'il y a de plus remarquable c'est qu'ils se présentent maintenant sous deux formes différentes. Les uns acquièrent des pinces puissantes, très mobiles, armées de branches allongées, et, à la place de l'unique filament olfactif de la femelle, ils en possèdent de 12 à 17 implantés au nombre de deux à trois sur chaque article du fouet antennaire ; les autres conservent des pinces trapues comme celles des femelles, mais les filaments olfactifs de leurs antennes sont plus nombreux et

s'insèrent sur le fouet par groupes de 5 à 7.

« On s'est demandé naturellement, rapporte F. Muller, s'il ne s'agissait pas là de deux espèces distinctes dont les femelles seraient très analogues et les mâles plus dissemblables, ou bien s'il n'y avait là qu'une seule espèce de mâles qui, sans présenter deux types bien tranchés, n'offriraient que des modifications comprises entre des limites assez étendues. Je ne puis adopter ni l'une ni l'autre de ces deux hypothèses. Les Isopodes en question vivent au milieu de filaments divers qui forment dans l'eau une sorte de feutrage recouvrant les pierres, voisines du bord, d'un revêtement d'un pouce environ d'épaisseur. Si l'on place dans un grand verre rempli d'eau de mer pure une poignée de ce feutre verdâtre, on voit bientôt les parois se couvrir de milliers de ces petits êtres trapus et blanchâtres. J'en ai examiné plusieurs milliers à la loupe et plusieurs centaines au microscope sans observer la moindre différence entre les femelles et sans jamais constater aucune forme intermédiaire entre les deux sortes de mâles. »

Le type de la famille et du genre Tanais est le *T. vittatus* de la mer du nord dont nous avons parlé page 777.

LES AMPHIPODES — *AMPHIPODA*

Flohkrebse.

Caractères. — Le corps, comprimé latéralement, est constitué par une tête suivie de sept, quelquefois de six anneaux thoraciques libres ; la tête porte deux yeux à facettes, non pédiculés, deux paires d'antennes, dont les antérieures ont les conformations les plus diverses, une paire de mandibules puissantes, trois paires de mâchoires, la première bilobée à courts palpes, la seconde en forme de lames insérées sur une base commune, et *une paire de pattes-mâchoires* soudée de façon à constituer une sorte de lèvre inférieure, tantôt trilobée et sans palpes, tantôt à deux paires de lames, dont l'une est pourvue d'un long palpe. Aux sept segments correspondent sept paires de pattes locomotrices dont l'article basilaire (hanche ou coxa) s'élargit pour constituer la lamelle épimérienne, porte (excepté sur la première paire) une branchie et donne insertion sur les pattes médianes des femelles, à une lamelle frangée, destinée à former la chambre incubatrice. Sept autres segments composent l'abdomen, généralement assez peu distinct ; ces sept anneaux portent également chacun, à l'exception du dernier, une paire de pattes, mais les trois premières diffèrent des trois dernières par leur conformation et par leur destination ; toutes trois servent à la locomotion, mais elles sont chargées en outre de renouveler l'eau qui baigne les organes respiratoires ; on observe aisément, sur un animal au repos, les mouvements de ces organes (fig. 727).

Les plus grands Amphipodes ont plus de 2 centimètres de long ; la plupart n'atteignent guère que 1 centimètre, et beaucoup n'arrivent même pas jusque-là. Cependant les grandes campagnes de dragages nous ont révélé l'existence de types ayant plus de 10 centimètres.

Distribution géographique. — On trouve des Amphipodes dans toutes les eaux douces et dans toutes les mers. Ils ont de nombreux représentants dans les mers polaires et nos côtes de France en sont fort peuplées ; M. Chevreux qui se consacre à leur étude a compté déjà 174 espèces sur les côtes sud-ouest de la Bretagne.

Mœurs, habitudes, régime. — Un très petit nombre d'Amphipodes vivent dans l'eau douce, comparativement aux espèces extrêmement nombreuses qui habitent l'eau salée, soit sur les côtes, soit en pleine mer. On les trouve sous les pierres, sous les bois et dans les détritus végétaux qui gisent au fond des eaux courantes ou au bord de la mer et des grands étangs. Quelques-uns se construisent des habitations à l'aide de débris végétaux ou se creusent des galeries dans la vase ou dans le sable. Rassemblés généralement en masses innombrables, ils témoignent d'une agilité extraordinaire, dans leurs brusques mouvements de natation, comme dans leurs bonds fantastiques qui les soulèvent sur les grèves jusqu'à plus de cent fois leur hauteur.

Leur consommation aérienne est très considérable, car ces Crustacés meurent dans les récipients où l'eau n'est pas entretenue dans des conditions favorables grâce à une végétation suffisante. Dans les vases plats ou dans les aquariums à bords lisses, ils se rassemblent dans les couches d'eau superficielles dont ils absorbent l'air grâce aux mouvements de leurs pattes abdominales.

Les recherches du zoologiste danois Kroyer ont établi que, contrairement à ce qu'on observe dans la plupart des autres animaux, la mer du Nord renferme un très grand nombre d'espèces dont les individus se réunissent généralement en masses surprenantes. Comme ils se nourrissent principalement de matières animales, ils jouent un rôle extrêmement utile au point de vue de la destruction des cadavres. Les cadavres des grands Dauphins et des Baleines qui, abandonnés à une pourriture graduelle, pourraient infecter les eaux dans un rayon étendu et anéantir une quantité de couvées, sont réduits en peu de temps à l'état de squelettes par les millions d'Amphipodes qui s'y installent. Ils font la police sanitaire de la mer et rendent des services considérables en anéantissant les matières nuisibles.

Classification. — Les Amphipodes ont été subdivisés en trois sous-ordres : les Hypérines, les Crevettines et les Lœmodipodes.

LES HYPÉRINES — *HYPERINÆ*

Parasitische Flohkrebse.

Caractères. — Ces Edriophtalmes à corps trapu sont remarquables par leur tête grosse, par leurs yeux volumineux, par leurs antennes, tantôt courtes et rudimentaires, tantôt volumineuses et allongées, par leurs pattes-mâchoires trilobées constituant une lèvre inférieure, par leurs pattes que termine une main préhensile de forme bizarre, ou par une tige simple.

Distribution géographique. — Leur répartition géographique est des plus étendues à cause de leur genre de vie.

Mœurs, habitudes, régime. — Inhabiles à la marche, mais habiles à la natation, elles préfèrent cependant se fixer sur les êtres marins qui les transportent çà et là.

Classification. — On a réparti les Hypérines dans quatre familles : les Vibilides, les Hypérides, les Phronimides, les Platyscélides

LES HYPÉRIDES — *HYPERIDÆ*

Caractères. — Ces Amphipodes se distinguent par le développement des yeux qui occupent presque toute leur tête sphérique, par leurs deux paires d'antennes à tige multi-articulée ayant chez le mâle un long fouet, par leurs pattes des cinquième, sixième et septième paires armées d'une forte griffe.

LES HYPÉRIES — *HYPERIA*

Caractères. — Les deux paires d'antennes, insérées dans une fossette, sont courtes chez les femelles et portent un long fouet chez les mâles; les pattes antérieures grêles ont une petite main préhensile; les trois paires de pattes postérieures sont identiques.

Mœurs, habitudes, régime. — Les *Hyperia* vivent dans les cavités bursiformes de la face inférieure des Méduses, et se laissent transporter passivement par leur hôte. Parasites et semblant avoir peu besoin de la vue, on pourrait s'étonner de ce qu'ils possèdent des yeux énormes, s'ils n'étaient obligés de changer fréquemment d'habitation et de découvrir un nouvel hôte.

L'*Hyperia Latreillei* ou *Galba*, de couleur fauve aux yeux verts, est le type du genre. Il se rencontre sur nos côtes où il s'abrite sous l'ombrelle des Méduses (*Rhizostoma Cuvieri*) qui le promènent sur les flots.

A cette famille des Hypérides appartient ce singulier animal aux yeux immenses, le *Cystisoma Neptuni* ou *Thaumops pellucida*, capturé dans les grands fonds (1).

LES PHRONIMIDES — *PHRONIMIDÆ*

Caractères. — La tête grosse, pourvue d'un rostre, porte des antennes antérieures courtes, de deux ou trois articles chez les femelles, à long fouet multiarticulé chez les mâles, des antennes postérieures d'un seul article chez les femelles, des pièces buccales rudimentaires; presque toutes les pattes thoraciques se terminent par de fortes griffes.

LES PHRONIMES — *PHRONIMA*

Caractères. — Le corps grêle, allongé, porte des pattes thoraciques conformées diversement; la cinquième pairé de pattes, dirigée en arrière, est armée de fortes pinces.

LA PHRONIME SÉDENTAIRE. — *PHRONIMA SEDENTARIA.*

Caractères. — Vivant, c'est un être mou, transparent, nacré, ponctué de rouge, aux yeux noirs, aux pattes tachetées de rouge de laque. La figure 726 donne mieux que toute description une idée très exacte de l'animal.

Distribution géographique. — Elle est répandue dans les mers européennes. Assez rare sur les côtes de la mer du Nord, elle est plus fréquente dans la Méditerranée, où elle fait de brusques apparitions. O. Schmidt a pu en cap-

(1) Voy. *Introduction.* Répartition dans les profondeurs des Océans, p. 696, fig. 664.

turer tous les jours, au printemps, dans le port

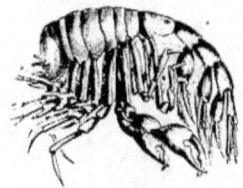

Fig. 726. — La Phronime sédentaire.

de Messine et s'en procurer pendant tout l'hiver à Naples.

Mœurs, habitudes, régime. — Ses mœurs sont très particulières. Elle choisit des animaux transparents, des Tuniciers, tels que des Salpes, du genre *Doliolum*, et des Ascidies, du genre *Pyrosoma*, des Cœlentérés, tels que les Beroés, qu'elle dévore de façon à se ménager une retraite ou une galerie dans leur enveloppe et se trouve logée dans un véritable palais de cristal. Aussi est-elle obligée de pourvoir elle-même à sa locomotion. Elle saisit avec ses pinces l'être qui lui sert à la fois de logement et de nourriture, puis elle nage à l'aide de son abdomen allongé, muni de trois paires de pattes natatoires.

LES CREVETTINES — *CREVETTINA*

Caractères. — Leur corps svelte a une petite tête arrondie, munie de petits yeux, de quatre antennes longues composées de beaucoup d'articles ; la bouche est recouverte par les pattes-mâchoires soudées à la base pour former une lèvre à quatre lobes et à deux longs palpes articulés ressemblant à des pattes ; les trois derniers anneaux de l'abdomen ont des pattes bien développées.

Distribution géographique. — Les mers froides sont les lieux privilégiés où habitent la plupart des Crevettines ; certaines d'entre elles se tiennent dans les eaux douces sous toutes les latitudes ; dans l'Afrique équatoriale, la rivière de Cameroons (*Chevrette* en portugais) en charrie parfois des masses énormes.

Mœurs, habitudes, régime. — Vivant en nombreuses sociétés, les unes nagent de côté d'une façon caractéristique, d'autres sautent sur les plages avec une agilité sans pareille, d'autres encore marchent sur la vase avec une grande aisance.

Classification. — Elles sont réparties dans cinq familles : les Gammarides, les Orchestides, les Corophides, les Chélurides et les Dulichides.

LES GAMMARIDES — *GAMMARIDÆ*

Flohkrebse im engeren sinne.

Caractères. — Les antennes antérieures, toujours plus longues que les inférieures, sont presque toujours pourvues d'une branche accessoire ; les mandibules et les mâchoires antérieures sont en général palpigères ; les quatre paires de pattes antérieures ont de larges lamelles coxales ; les pattes abdominales de la dernière paire, aussi longues ou plus longues que les deux autres, sont en général bifides.

LES GAMMARES ou CREVETTES D'EAU DOUCE — *GAMMARUS*

Caractères. — Les antennes sont grêles et allongées, les antérieures ont une branche accessoire, les deux paires antérieures de pattes thoraciques sont armées d'une griffe qui peut se rabattre et qui en fait ainsi des organes de préhension ; les trois derniers anneaux de l'abdomen ont le bord postérieur garni de petites épines.

Mœurs, habitudes, régime. — Crustacés aquatiques par excellence, ils se plaisent dans les eaux douces ou dans la mer au voisinage des côtes ; ils se tiennent à marée basse dans les flaques et les fucus, ou courent sur les fonds rocheux qui ne découvrent pas. Les Algues et les Hydraires qui recouvrent la carapace des Maia abritent de nombreuses espèces, 24 au moins (M. Chevreux).

LA CREVETTE PUCE OU DES RUISSEAUX. — *GAMMARUS PULEX SEU FLUVIATILIS.*

Caractères. — Sur la face dorsale des quatrième et cinquième segments de l'abdomen

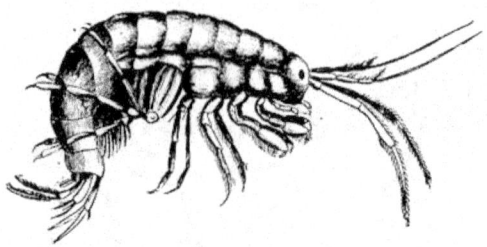

Fig. 727. — La Crevette des ruisseaux.

se trouvent quelques poils mêlés d'épines ; l'appendice secondaire des antennes supérieures est court et ses troisième et quatrième articles sont soudés ; la dernière paire d'appendices abdominaux est plus longue que la précédente ; toutes deux ont des rames égales, foliacées et à bords ciliés ; les antennes supérieures sont plus longues que les inférieures ; le pédoncule des inférieures est plus long que celui des supérieures (fig. 727).

Mœurs, habitudes, régime. — Les Crevettes d'eau douce se tiennent ordinairement au fond des eaux peu profondes, mais non stagnantes ; elles se placent volontiers sous les grosses pierres ou sous les morceaux de bois, et se nourrissent principalement de débris végétaux ; en automne, par exemple, elles réduisent souvent à l'état de squelettes les feuilles qui tombent dans l'eau. En soulevant une des pierres qui leur servent d'abri, on trouve généralement une foule de ces *Gammarus* grands et petits, grouillant et gisant pêle-mêle. Mais sitôt qu'on les trouble, elles s'éparpillent en toute hâte dans toutes les directions pour chercher une cachette derrière le premier objet venu. Ceux qui demeurent pris sous la pierre déplacée essayent de se dégager par des contractions énergiques de leur abdomen et de se glisser sur le flanc, sans pouvoir bondir jusque dans l'élément liquide qui représente pour eux le salut. S'ils n'y parviennent bientôt, leurs branchies se dessèchent et la mort s'ensuit, surtout en plein soleil. Le motif de leur fuite précipitée n'est pas uniquement la peur qu'on leur inspire en s'approchant d'eux ; c'est avant tout l'horreur de la lumière. Lorsqu'on les enferme dans un vase, leur premier soin est de chercher quelque place aussi sombre que possible au-dessous d'une feuille ou d'un gravier. Ils passent l'hiver

enfouis dans la boue ou dans le sable, et reparaissent aux premiers jours de chaleur pour s'occuper de la reproduction. Souvent alors on les trouve accouplés : le Mâle maintient, à l'aide des griffes de ses deux pattes antérieures, la Femelle qui est plus petite que lui, pendant toute une journée. Les petits se développent dans la poche incubatrice de la mère, poche formée par les lamelles de ses pattes médianes, et dont ils ne sortent qu'alors qu'ils commencent à grandir. Au moindre danger, ils se réfugient entre les pattes de leur mère ; c'est là une coutume qu'on a observée également chez les Amphipodes marins, tels que le *Gammarus locusta*.

O. Schmidt a constaté que les Amphipodes constituent une nourriture excellente pour les *Proteus*, qu'on ne peut pas décider à adopter une nourriture inanimée. S'ils avalent quelques petits Vers de terre, ils ne paraissent pas le faire volontiers ; ils dévorent au contraire avec avidité les Gammares. Habituellement ce sont ces Amphipodes eux-mêmes qui, en nageant au devant de la bouche du Protée, y déterminent un chatouillement qui indique à cet animal, aveugle, mais prompt, le moment de les happer.

Il y a une grande ressemblance entre ce Gammare et quelques espèces marines ; d'autre part, les Naturalistes suédois, dont les observations ont été exposées par Löven, ont constaté que certaines espèces marines prospéraient dans les eaux saumâtres et même les lacs ; il est certain que ces Crustacés ont la faculté de s'adapter à des conditions nouvelles d'existence.

Nos mers recèlent le *Gammarus locusta*, espèce voisine de la précédente, le *Gammarus marinus*, etc.

Les *Niphargus* sont de petits Gammarides aveugles ou aux yeux rudimentaires, vivant dans les eaux souterraines des cavernes, au fond des puits, dans les profondeurs des lacs et des mers, qui jouissent d'une merveilleuse facilité d'assimilation aux conditions d'existence les plus diverses et se prêtent aux dissertations les plus savantes sur l'évolution des êtres dans le passé et le présent (*Niphargus puteanus*).

LES ORCHESTIDES — *ORCHESTIDÆ*

Caractères. — Les antennes supérieures courtes ne sont jamais plus longues que les inférieures, et n'ont jamais de branche accessoire ; ces dernières se terminent par un long fouet pluriarticulé ; les mandibules n'ont pas de palpes ; les articles squammiformes des pattes sont très largement développés ; les appendices caudaux (uropodes) sont très courts et robustes ; la dernière paire n'a qu'une seule branche.

LES TALITRES — *TALITRUS*

Caractères. — Les antennes supérieures sont courtes et rudimentaires ; les pattes-mâchoires n'ont pas de crochet terminal ; la première paire de gnathopodes est simple, la seconde est petite et faible ; la cinquième paire de pattes a son article coxal divisé en deux lobes égaux ; le telson est rudimentaire.

Distribution géographique. — Les Talitres abondent sur les plages sablonneuses européennes.

Mœurs, habitudes, régime. — Toutes les espèces sont aptes au saut, leurs fausses pattes postérieures styliformes leur permettant de bondir à de grandes hauteurs.

LA PUCE DE MER. — *TALITRUS LOCUSTA SEU SALTATOR.*

Caractères. — Ce Crustacé, de 12 à 20 millimètres, se reconnaît à ses longues antennes inférieures qui, chez la femelle, atteignent le quatrième anneau de l'abdomen, à ses yeux circulaires, à ses pattes de la première paire grandes et épineuses, à ses pattes de la seconde paire petites et faibles, reployées d'ordinaire sous le corps ; dernière paire d'appendices abdominaux très courte. D'une couleur fauve clair, marqué de noir au milieu du dos.

Distribution géographique. — Cette espèce est répandue sur toutes les plages.

Mœurs, habitudes, régime. — Il n'est personne qui, s'étant promené au bord de la mer, n'ait remarqué les Puces de mer ; sans entrer jamais dans l'eau, elles suivent la mer descendante ou montante, et parfois pendant le jusant demeurent sous les tas de Varechs que la vague abandonne sur la plage. Si l'on soulève ces plantes, on voit ces animaux sauter en masses tellement innombrables que l'on aperçoit de fort loin cette couche mouvante. Ce phénomène toutefois ne s'observe que pendant la chaleur. En hiver, ils se cachent, sur les côtes septentrionales, dans les amas de Varechs en décomposition que le flot rejette au delà des limites de la marée actuelle.

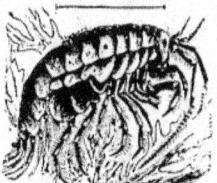

Fig 728. — La Puce de mer.

Ils ne sont pas très délicats sur le choix de leur nourriture, on les a vus se repaître d'un Ver de terre, se délecter de cadavres de petits Chiens ou d'autres Mammifères, qu'ils couvraient d'une population grouillante, et se contenter du moindre débris, ne pouvant faire chère lie. Les Pluviers et les autres Oiseaux des plages, des Coléoptères comme certains Carabiques (*Cillenum, Broscus*), les dévorent à plaisir.

LES ORCHESTIES — *ORCHESTIA*

Caractères. — Ils ressemblent aux Talitres, mais ils ont les deux paires de pattes-mâchoires terminées par une main préhensile ; la seconde paire large et puissante chez le mâle, petite et faible chez la femelle ; le telson est simple et très développé.

Distribution géographique. —Ce sont peut-être les plus cosmopolites des Crustacés ; on

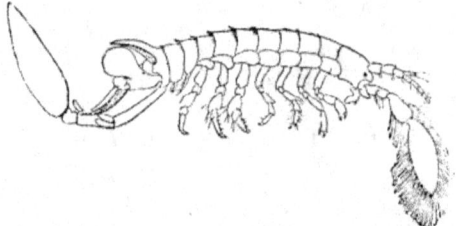

Fig. 729. — La Chélure térébiante, destructrice des pilotis et de tous les bois submergés

les a pris du nord de l'Europe au cap Horn ; de la Nouvelle-Zélande aux côtes de l'Amérique du Nord, excepté dans les régions tropicales.

Mœurs, habitudes, régime. — Les Orchesties sont de tous les Amphipodes les plus terrestres et les plus grands nettoyeurs des plages, car ils dévorent tous les débris que laisse le flot.

L'ORCHESTIE LITTORALE — *ORCHESTIA LITTOREA.*

Caractères. — La main de la seconde paire de pattes-mâchoires a la paume convexe et une pointe à l'angle inférieur ; la septième paire de pattes a le corps et la jambe très élargis chez le mâle. Son corps, de couleur verte, mesure 15 à 20 millimètres.

Distribution géographique. — Ils habitent nos plages européennes (France, Angleterre, etc.).

Mœurs, habitudes, régime. — L'*Orchestia littorea* accompagne ordinairement les *Talitrus* ; mais il est moins abondant et préfère généralement les côtes rocailleuses où les Talitres ne le suivent pas. « Très commune au Croisic, elle ne descend jamais au-dessous du niveau des pleines mers, rapporte M. Chevreux, mais au-dessus de cette limite on la trouve dans tous les endroits un peu humides : dans les jardins, à plusieurs centaines de mètres de la mer, dans les caves et les cuisines des maisons, sous le fumier des écuries, au bord des mares d'eau douce et des réservoirs des marais salants, enfin sur des falaises à pic, dominant de 15 mètres le niveau de la mer. »

LES AMPHIPODES FOREURS ou CHÉLURIDES — *CHELURIDÆ*

Röhren und nesterbauende Amphipoden.

Caractères. — Corps à peu près cylindrique, tête large, les trois derniers anneaux du corps soudés (ce qui les distingue des Corophides), extrémité du corps munie d'appendices (uropodes) dissemblables.

LES CHÉLURES — *CHELURA*

Caractères. — Les antennes supérieures courtes, avec branche accessoire, les inférieures très développées, à fouet converti en large lamelle, les deux premières paires de pattes égales, à pinces préhensiles, les appendices caudaux d'une forme toute spéciale, sont caractéristiques.

Distribution géographique. — On les a observés jusqu'à présent sur les côtes méridio-

nales et occidentales de l'Europe, dans l'Inde occidentale et dans l'Amérique du Nord.

Mœurs, habitudes, régime. — Le *Chelura terebrans* (fig. 729), type de la famille et du genre, est un des Crustacés les plus nuisibles : en compagnie d'un Isopode (*Limnoria lignorum seu terebrans*) que nous avons étudié p. 776, il perfore les pilotis et les boisages des docks et des quais ; une pièce de charpente de plus de 30 centimètres d'équarrissage est détruite en moins de dix ans. Le bois, imprégné de créosote, paraît être seul épargné ; vingt ans d'essai l'ont prouvé.

Les mœurs de ce Crustacé ont été étudiées en 1879, à Cherbourg, par M. Clavenad, ingénieur de la marine (1), auquel nous

(1) Clavenad, *Restauration des fondations du bâtiment des subsistances de la Marine à Cherbourg.*

emprunterons d'intéressantes observations.

C'est par une erreur bien excusable de la part d'un ingénieur, que M. Clavenad attribue les dégâts qu'il observe au *Limnoria terebrans;* les figures qu'il donne, quoique grossières, se rapportent sans aucun doute au *Chelura terebrans;* mais c'est par une inadvertance moins excusable de la part d'un Naturaliste, que Moquin-Tandon (1) a figuré la Chélure térébrante sous le nom de Limnorie perforante. Il est possible que l'appellation commune de *terebrans* ait amené cette confusion regrettable, car ces Crustacés appartiennent à deux ordres différents, les Limnories étant des Isopodes, et les Chélures des Amphipodes.

Les Chélures attaquent les bois, surtout pendant les mois chauds de l'année, mais elles n'y pénètrent que pour se créer un logement, un nid, dans lequel elles puissent se reproduire, et à cet effet elles s'établissent au plus profond du bois. Les mâles et les femelles travaillent de concert : s'arcboutant sur leurs pattes de derrière et s'appuyant sur leur dernier anneau, elles pénètrent d'abord entre deux des anneaux qui limitent les couches d'accroissement et détruisent la partie la plus tendre, en ménageant de distance en distance des piliers empêchant la désagrégation immédiate. Le moment de la reproduction venu, le conduit est élargi et devient une sorte de petite grotte, résidence de toute la famille. Les jeunes devenus forts, nos Chélures se trouvant à l'étroit creusent alors de petits conduits pour aller s'établir dans une seconde couche d'accroissement annuel, où ils se reproduiront à leur tour et leurs jeunes pénétreront dans la troisième couche d'accroissement, et ainsi de suite. Pendant ce temps les ancêtres meurent, les premières couches, attaquées en tout sens, pourrissent et sont dissociées par l'eau, de proche en proche le pilotis le plus sain est anéanti.

Les Chélures ne vivent pas au-dessous du niveau moyen des basses mers de vive-eau; mais que les eaux soient pures ou vaseuses, elles s'attaquent aussi bien aux bois fixes qu'aux bois flottants, et même s'en prennent aux bois enfoncés dans des remblais noyés. Une pièce de Sapin immergée en juillet 1878 était déjà attaquée en septembre.

Le bâtiment des subsistances de la Marine à Cherbourg, mesurant 292 mètres de long, sur 25 de large, fut construit vers 1859 sur pilotis de Hêtres enfoncés dans un sol formé de tourbe et de sable vaseux et relié par des traverses de Hêtres supportant un double plancher de Sapin. En 1876, ce vaste bâtiment menaçant ruine et certaines parties étant descendues de plus de 30 centimètres, on chercha les causes et l'on reconnut que le plancher avait disparu, que les traverses étaient en partie détruites, que les têtes des pieux n'existaient plus en beaucoup d'endroits : telle était l'œuvre des Chélures. Il fallut, pour mettre définitivement les fondations à l'abri des attaques des Crustacés rongeurs, couper tous les pieux attaqués au-dessous du niveau des basses mers et faire reposer la maçonnerie sur les pieux, sans traverses ni planchers; qu'on juge des sommes qu'a exigées la reprise en sous-œuvre des fondations du bâtiment des subsistances, et l'on aura une idée des déprédations que peuvent causer les Chélures.

LES LŒMODIPODES — *LOEMODIPODA*

Kehlfüszer.

Caractères. — Les Lœmodipodes ont, comme les familles précédentes, la tête confondue avec le premier anneau thoracique, mais il semble que la première paire de pattes s'insère sous la gorge, d'où leur nom; ils ont l'abdomen complètement atrophié. Ordinairement deux anneaux du corps portent des branchies foliiformes au lieu de pattes.

Classification. — On distingue deux familles fort différentes, les Caprellides et les Cyamides.

LES CYAMIDES ou POUX DE BALEINE — *CYAMIDÆ*

Caractères. — Ils ont un corps ovalaire, plat, une tête étroite et petite, ayant les yeux en dessus, derrière les antennes; le thorax a six anneaux apparents; celui qui est soudé à la tête porte une paire de pattes grêles, le second, libre, une paire de robustes pattes, les troi-

(1) Moquin-Tandon, *Le Monde de la mer,* p. 395.

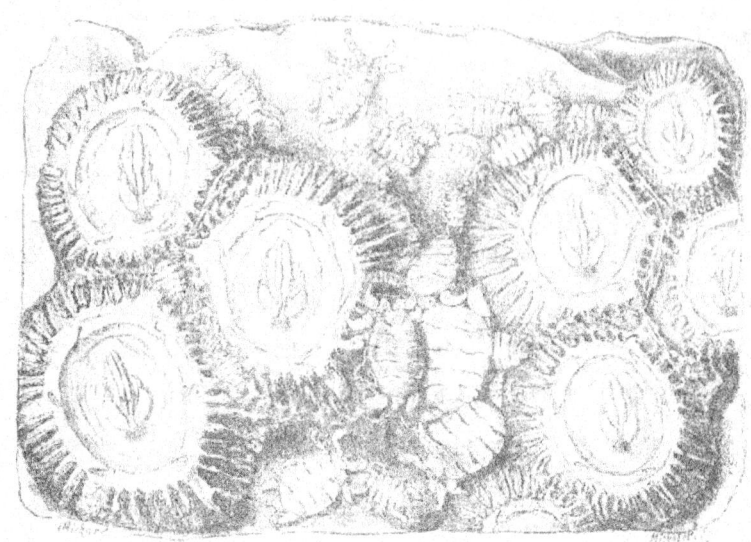

Fig. 730. — Une famille de Cyames (*Cyamus mysticeti*) sur une peau de Cétacé.

sième et quatrième chacun une paire de longs appendices branchiaux; leurs trois paires de

Fig. 731. — Le Cyame ovale.

pattes postérieures sont courtes et puissantes.

Mœurs, habitudes, régime. — Ils vivent en nombreuses sociétés sur les Dauphins, les grandes Baleines et autres Cétacés, aux téguments desquels ils s'accrochent.

Si leur mode d'existence offre de l'intérêt, leur forme extraordinaire attire les regards; on ignore s'ils sont parasites ou commensaux.

Nous avons représenté (fig. 731) le Cyame ovale qui vit sur la Baleine australe et (fig. 730) une famille de Cyames ou Poux de baleines (*Cyamus mysticeti*) en compagnie de Cirripèdes et de Coronulides (*Cryptolepas Rachianecti*), sur un morceau de peau de Cétacé (*Rachianectes glaucus*), d'après un échantillon rapporté des îles Sandwich par M. Bailleu, consul de France, et conservé dans les collections du Muséum d'histoire naturelle de Paris.

LES CAPRELLIDES — *CAPRELLIDÆ*

Caractères. — Les *Caprellidæ* ont un corps mince, allongé, filiforme. L'avant-dernier article des pattes (le dernier est un fort crochet) est épaissi sur les deux premières paires, allongé sur les trois dernières.

Mœurs, habitudes, régime. — Les nombreuses espèces, qui mesurent de 3 à 13 millimètres de long, se tiennent sur les Varechs et sur les Algues, et passent inaperçues de la plupart des gens, en raison de leur exiguité; mais les mœurs de ces êtres bizarres, véritables Spec-

Fig. 732. — La Caprelle linéaire.

tres ou Phasmes aquatiques, offrent un specta-cle attrayant pour ceux qui aiment à observer. Sans cesse en mouvement, ils captivent malgré vous l'attention. Ce sont les véritables gym-nasiarques de cette classe d'animaux : ils progressent d'une façon grotesque à la manière des chenilles de Géomètres et exécutent, avec la dextérité des Singes, une multitude de cul-butes et de contorsions au milieu des frêles rameaux de ces forêts sous-marines en minia-ture. Ils nagent souvent le corps contourné en S, la tête en bas, les jambes en l'air.

Les jeunes couvrent parfois le corps entier de leur mère; rien n'est singulier comme de les voir suspendus par leurs pattes posté-rieures, le corps droit et leurs longues antennes dans une agitation perpétuelle.

La Caprelle linéaire (fig. 732) est une espèce de nos côtes. Les *Caprella acutifrons*, *acanthi-fera*, *tuberculata*, *œquilibra*, etc., sont des es-pèces qu'on capture dans nos mers euro-péennes.

LES LEPTOSTRACÉES — *LEPTOSTRACA*

Caractères. — Cette division fondée sur le seul genre vivant *Nebalia*, établit le passage entre les Malacostracés et les Entomostracés, car certains Naturalistes, à l'exemple de Leach et de Latreille, la placent dans le premier groupe, et d'autres, avec H. Milne Edwards, la rangent dans le second.

Ce sont en réalité des Malacostracés à tête munie d'une plaque rostrale cachant les yeux pédonculés, à carapace délicate, bivalve, expansion de la tête, laissant libres tous les anneaux thoraciques qui portent huit paires de pattes lamelliformes, analogues à celles des Phyllopodes; l'abdomen composé de huit

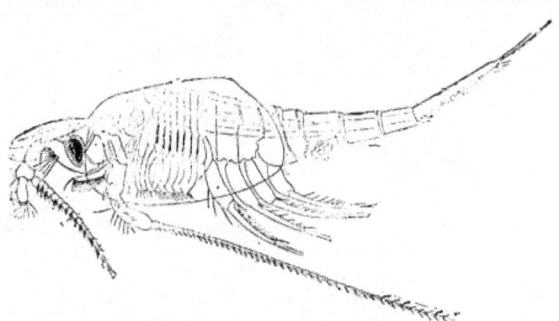

Fig. 733. — La Nébalie de Geoffroy, mâle.

anneaux porte, sur les quatre premiers, quatre paires de rames, et sur le dernier une paire d'appendices poilus.

La Nébalie de Geoffroy, type du groupe et du genre, est une espèce méditerranéenne (fig. 733).

LES ENTOMOSTRACÉS — *ENTOMOSTRACA*

Spaltfüsser.

Caractères. — Ce grand groupe qui s'oppose aux Malacostracés est très varié, il se compose en général de Crustacés très petits, parfois même microscopiques, qui ne mesurent pas plus de quelques centimètres de long au maximum, renferme des espèces vivant en liberté, bien articulées et pourvues d'organes buccaux, et des espèces parasites dont la segmentation externe disparaît et dont l'appareil buccal se transforme en trompe. Vers la fin du siècle dernier et dans les dix premières années de ce siècle, alors qu'on commençait à les connaître, on ne les classait nullement parmi les Animaux articulés, on les confondait avec les Vers, les Mollusques et les Échinodermes, mais c'est en ayant constaté qu'ils subissent dans les phases avancées de leur existence des modifications si accentuées que ce n'est qu'en observant l'analogie de leurs formes à l'état jeune avec celles des autres Crustacés inférieurs, que les Zoologistes ont été conduits à une interprétation plus juste. Une série ininterrompue d'espèces intermédiaires est venue démontrer les relations qui rattachaient ces larves aux types des *Cyclops* et de plusieurs autres tribus qui vivent en liberté. C'est lorsqu'on a eu constaté que tous ces Crustacés passaient par une forme primitive, celle de *Nauplius* (1), qu'on a pu établir avec certitude les affinités zoologiques de ces êtres aberrants. La variété des formes rend impossible un exposé sommaire de caractères propres à l'ordre entier.

LES PHYLLOPODES — *PHYLLOPODA*

Blattfuszer.

Caractères. — La plupart des Crustacés de cet ordre ont un corps allongé, souvent nettement segmenté et possèdent une carapace en forme d'écusson ou de coquille, expansion du tégument dorsal qui enveloppe généralement le corps entier jusqu'à l'extrémité des membres.

Ces animaux ont le corps, soit cylindrique, allongé, bien segmenté et sans carapace, soit revêtu d'une carapace élargie ou bivalve; en général les régions ne sont pas indiquées, la tête seule peut se séparer, les membres sont au nombre de quatre paires et transformées en rames lamelleuses divisées en lobes.

Mœurs, habitudes, régime. — Ces Crustacés nagent sur le dos, et leur apparition en masses, en des lieux où on ne les a pas remarqués depuis des années, surprend les personnes qui ne savent pas que leurs œufs conservent la faculté de se développer même après plusieurs années de dessiccation. Ce fait s'observe surtout chez les *Branchipus* et les *Apus* qui s'installent volontiers sur les terres alternativement submergées et desséchées.

On trouve souvent les femelles rassemblées en masses; les mâles sont plus rares. Chez certaines tribus des plus communes, telles que les *Apus* par exemple, on n'a découvert les mâles que depuis fort peu de temps. Chez d'autres espèces, les mâles n'apparaissent que pendant une courte période de l'année, et pendant les mois suivants plusieurs générations se succèdent en dehors de toute participation des mâles (2).

(1) Voir Introduction, p. 673 et suiv.
(2) Voy. A.-S. Packard, *Monograph of the Phyllopod Crustacea of North America*, 1883. — Eug. Simon, *Étude sur les Crustacés du sous-ordre des Phyllopodes*, 1886.

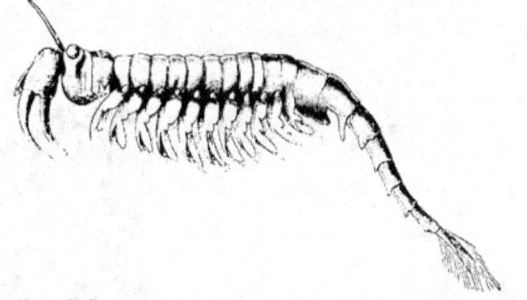

Fig. 734. — Le Branchipe épineux (*Branchinecta spinosa*), d'après Milne-Edwards.

LES BRANCHIOPODES — *BRANCHIOPODA*

Keemenfüszer.

Caractères. — Ce sous-ordre comprend les plus grands Branchiopodes vivants. Leur corps, limité par une membrane mince, est revêtu généralement d'une carapace en forme d'écusson ou bivalve, ou bien en est complètement dépourvue; les nombreux anneaux du post-abdomen portent de 10 à 40 paires de pattes-nageoires foliiformes pourvues d'appendices branchiaux. Chez les jeunes, ou *Nauplius*, le corps n'est pas protégé par une carapace et se compose de segments moins nombreux qui n'ont que trois paires de membres, les grandes antennes qui leur servent de rames et qui s'atrophient plus ou moins chez les adultes leur donnent une apparence un peu étrange.

Classification. — Ces Phyllopodes sont répartis dans trois familles: les Phyllopodes pisciformes ou Branchipodides, les Phyllopodes cancriformes ou Apusides et les Phyllopodes conchiformes ou Esthérides.

LES PHYLLOPODES PISCIFORMES ou BRANCHIPODIDES
— *BRANCHIPODIDÆ*

Caractères. — Ce petit groupe est caractérisé : par l'absence de carapace, par des yeux pédiculés et mobiles; par un corps divisé en trois régions distinctes, tête, thorax et abdomen ; par des antennes antérieures sétiformes, et des antennes postérieures robustes, très développées et en forme de crochets chez le mâle, plus petites chez les femelles, par leur thorax de 11 segments portant chacun une paire de pattes foliacées; par leur abdomen de 8 à 9 segments en général apodes, le premier segment portant le sac ovigère, le dernier segment terminé par deux appendices étroits et ciliés.

Mœurs, habitudes, régime. — La plupart des espèces connues vivent en eau douce, quelques-unes dans les eaux salées, mais jamais dans la mer. Ces animaux vivent dans les petites flaques d'eau stagnante dont le dessèchement les fait périr, tandis que leurs œufs, qui se conservent dans la vase solidifiée, assurent leur perpétuation.

LES BRANCHIPES — *BRANCHIPUS*

Caractères. — Les mâles ont de très longs appendices frontaux antenniformes.

LE BRANCHIPE PISCIFORME. — *BRANCHIPUS PISCIFORMIS.*

Caractères. — Cet élégant Phyllopode est d'un blanc verdâtre, légèrement rougeâtre, avec une ligne médiane olivâtre; les mâles ont les pattes et les appendices frontaux teintés de rougeâtre et les appendices caudaux d'un beau rouge orangé ; les femelles ont pattes et appendices incolores, les segments ovigères jaune orangé sur les côtes et le sac ovigère d'un beau vert émeraude passant au bleu clair. Il présente deux races, une petite et une grande.

Distribution géographique. — Très répandu en France dans la région maritime et dans le midi, il habite aussi l'Allemagne, la Bohême, et a été rencontré en Tunisie.

Mœurs, habitudes, régime. — Ce Branchipe, le plus anciennement connu de tous, a été observé et étudié en 1752 par Schäffer, de Ratisbonne. On le rencontre à la fin de l'été et en automne, dans les mares et les flaques formées par les pluies d'orage, même dans les ornières des routes, en compagnie de l'*Apus cancriformis*.

LES CHIROCÉPHALES. — *CHIROCEPHALUS*

Caractères. — Les mâles ont des appendices frontaux toujours plissés et denticulés, souvent lobés et digités.

LE CHIROCÉPHALE DIAPHANE. — *CHIROCEPHALUS DIAPHANUS.*

Caractères. — Ce Branchipodide est d'un testacé verdâtre ou rougeâtre très transparent, à extrémité du corps et des pattes, aux appendices caudaux teintés de rouge, de violet ou de brun ; le tube digestif trace une bande noire verdâtre ou verte ; le sac ovigère est brun violacé.

Distribution géographique. — De France, d'Angleterre, d'Espagne ; il est très commun aux environs de Paris.

Mœurs, habitudes, régime. — Il se rencontre en nombre immense dès le mois de mars, alors même que le temps est encore froid, dans les flaques laissées par les inondations ; parfois dans les mares des plateaux.

Nous représentons : une espèce voisine qui habite l'Allemagne, la Bohême, le Danemark, le *Chirocephalus Grubei*, Dybowski (fig. 735), type du sous-genre *Siphonophanes* ; le Branchipe des marais (fig. 736), type du genre *Branchinecta* (*B. paludosa*, Muller), espèce des régions polaires rencontrée en Norvège septentrionale, en Laponie, à la Nouvelle-Zemble, en Groënland, en Sibérie ; le Branchipe épineux (fig. 734), ap-

partenant également au genre *Branchinecta* (*B. spinosa*, M. Edw.), trouvé à Odessa. Un petit Branchipe, le *Tanymastix stagnalis* est très

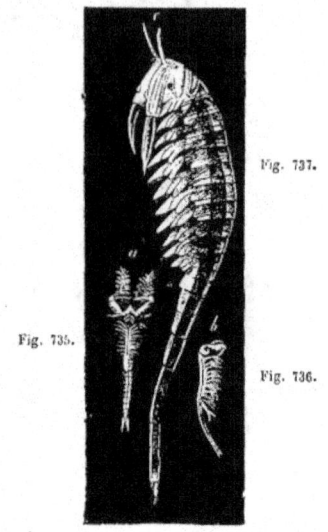

Fig. 737.

Fig. 735.

Fig. 736.

Fig. 735 à 737. — Différents types de Branchipodides.

Fig. 735. — Le Chirocé- | necte des marais.
phale de Grube, mâle. | Fig. 737. — L'Artémie sa-
Fig. 736. — Le Branchi- | line.

commun dans la forêt de Fontainebleau dans les trous de rochers et les creux d'arbres après les pluies d'orages.

LES ARTÉMIES — *ARTEMIA*

Caractères. — Les mâles n'ont pas d'appendices frontaux, l'abdomen n'a que de courts appendices caudaux dont les extrémités sont seules poilues.

Mœurs, habitudes, régime. — Les Artémies habitent les eaux salées.

L'ARTÉMIE SALINE. — *ARTEMIA SALINA.*

Caractères. — Ce Crustacé ne mesure que 8 à 11 millimètres de long. Le mâle a le corps grêle, le thorax un peu plus court que l'abdomen, la tête courte plus large que longue, les antennes supérieures cylindriques, plus de deux fois plus longues que les yeux, les antennes inférieures très développées à article basilaire très épais portant une courte apophyse, à deuxième article plus long que le basilaire, terminé par une pointe aiguë. La femelle semblable au mâle a la tête beaucoup plus petite et les antennes inférieures deux fois plus courtes; ses sacs ovigères sont colorés en jaune orangé.

Distribution géographique. — On en a trouvé dans les salines de l'est et du midi de la France, de Trieste et d'Odessa, dans les salines naturelles d'Adana, près de Tarsus, où le célèbre voyageur Kotschy les a observées, dans les lacs salés d'Égypte où Schmarda les a vues, et dans d'autres endroits encore, même dans l'intérieur de l'Afrique, au dire de Vogel.

Mœurs, habitudes, régime. — Elle apparaît non seulement dans les marais salants au bord de la mer, mais encore dans les salines artificielles et dans les étangs ou lacs salés intérieurs qui se trouvent très éloignés de la mer mais qu'on doit considérer comme les restes d'une mer qui s'est retirée.

Pendant son voyage dans l'intérieur de l'Afrique, Vogel a trouvé ces animaux, qu'il désigne sous le nom d'*Artemia Oudneyi*, dans les lacs salés de Fezzan; dans cette région on les mange, sous le nom de « vers de Fezzan, » après les avoir broyés avec des dattes. Elles se tiennent dans les fossés qui retiennent les eaux d'écoulement des mines de sel.

O. Schmidt l'a observée dans les cuves contenant une dissolution de sel assez concentrée déjà des salines de Greifswald; on dit que le moment où les Artémia périssent indique aux ouvriers que l'évaporation solaire a opéré une concentration suffisante de la solution, qui devient dès lors apte à l'ébullition.

L'*Artemia salina* est une des espèces chez lesquelles on a pu constater avec certitude la reproduction ovipare sans participation des mâles, c'est-à-dire la *parthénogenèse*. Les communications que Karl Vogt adresse à ce sujet à K. de Siebold nous renseignent sur le mode d'existence de ces animaux.

Vogt reçut à Genève un vase clos expédié de Cette dans lequel ces Crustacés avaient été enfermés pendant les soixante-trois heures qu'avait duré le trajet. Ils prospérèrent néanmoins dans un aquarium rempli d'une eau de la même provenance, dans laquelle ils pondirent des œufs qui éclorent.

« Jusqu'à présent, écrit Vogt, je n'ai pu trouver aucun mâle dans toute la collection qui m'a été expédiée à Genève; tandis que parmi les *Branchipus* (*Chirocephalus*) *diaphanus*, que j'ai recueillis dans une mare du Reculet située à 4000 pieds de hauteur environ dans le Jura et dont les œufs ont éclos cette année dans mon aquarium, les mâles et les femelles se trouvaient en nombre égal à peu près. » Convaincu que les *Artemia*, expédiées en vase clos, arriveraient vivantes à Munich, il proposa de les expédier à de Siebold.

Laissons à présent la parole au célèbre Zoologiste de Munich.

« On peut se figurer avec quel empressement j'acceptai cette offre qui me permettait enfin d'observer les *Artemia* vivantes. Je n'eus rien de plus pressé que de confirmer, par le retour du courrier, le désir que j'avais de posséder quelques spécimens de ces intéressantes créatures. Le professeur Vogt m'expédia, avec une extrême obligeance, à Berchtesgaden, quelques-uns de ces Phyllopodes vivants. Ces *Artemia* m'arrivèrent par la poste, à bon port, dans un vase parfaitement clos où elles étaient restées vivantes. J'eus la satisfaction de compter 70 Artemia adultes, plus quelques spécimens qui n'étaient pas encore arrivés à maturité parmi lesquels grouillaient beaucoup d'embryons qui venaient d'éclore; cinq cadavres seulement gisaient au fond. Le vase était rempli d'eau de mer aux trois quarts; l'autre quart contenait de l'air. Les marais salants de Cette, comme ceux de Villeneuve près de Marseille, paraissent être des endroits dans lesquels on trouve des *Artemia salina* qui se perpétuent seulement par génération unisexuée. »

Dans cette génération unisexuée, à laquelle les femelles seules prennent part, tantôt il s'était formé des œufs, qui toutefois n'ont point été pondus parce que ces animaux moururent auparavant, tantôt il naquit des petits vivants. Parmi les nombreuses Artemia que Siebold a vues naître vivantes, jamais il ne s'est formé de mâles. De ce fait étrange que dans un même élevage ces animaux produisent tantôt des œufs et tantôt des petits vivants, ce Naturaliste croit pouvoir conclure que dans le dernier cas les glandes chargées de sécréter la coque de l'œuf sont moins complètement développées. « La ponte, dit-il, n'a lieu chez l'*Artemia salina* que quand les glandes chargées de sécréter les coques ont un développement assez complet pour pouvoir fournir une quantité de matière coagulable en rapport avec la masse des œufs, car c'est par là seulement que ceux-

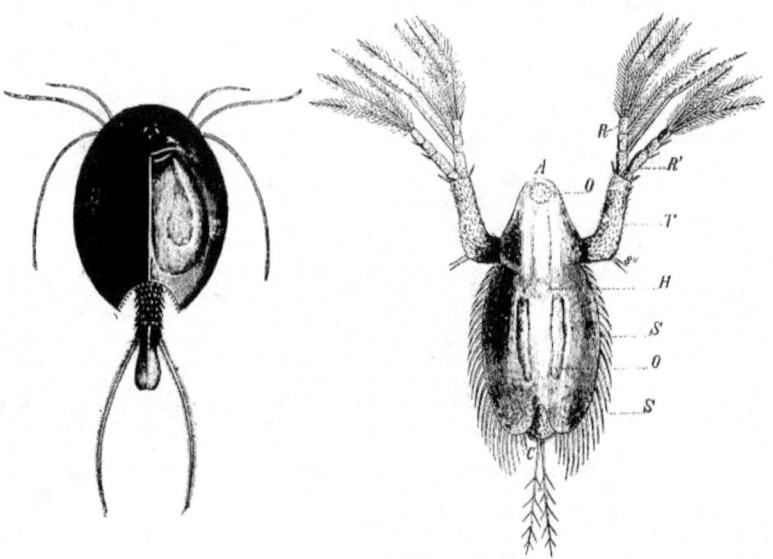

Fig. 738. — L Apus cancriforme (p. 796).   Fig. 739. -- Un Daphnide, l'*Acantnocercus curvirostris* (*).

ci peuvent acquérir une coque résistante et durable. Enveloppés d'une coque résistante, les œufs acquièrent la propriété de se conserver dans la vase, où ils peuvent être enfouis et même desséchés, en dépit des circonstances extérieures les plus défavorables, et de rester encore au bout d'un temps assez long aptes à évoluer.

« Lorsqu'au contraire les glandes en question ne sont pas développées à point chez une Artémie, les conditions nécessaires à la production d'une coque solide et durable font défaut. Les œufs n'acquièrent dans ce cas qu'une membrane très mince, en sorte que les conditions extérieures qui favorisent l'évolution de l'embryon agissent aisément sur le contenu de l'œuf et hâtent la formation du fœtus. »

Le professeur de Siebold se fit expédier aussi, par les soins du Dr Syrski, des Artémies avec leurs œufs provenant des salines de Trieste, et pendant des mois entiers les couvées lui fournirent exclusivement des femelles. Il compléta alors ses observations sur le mode d'existence de ces créatures; nous les transcrivons d'autant

plus volontiers qu'elles jettent en même temps une vive lumière sur les autres Phyllopodes. « La principale précaution que je prenais à l'égard des Artémies que j'élevais consistait à verser dans les cuves, dont l'eau de mer se concentrait par l'effet de la chaleur du laboratoire, une certaine quantité d'eau de mer dont j'atténuais d'ailleurs la concentration jusqu'à un degré déterminé en y ajoutant de l'eau distillée; je ne négligeais jamais, en outre, de secouer plusieurs fois fortement cette solution saline atténuée, avant de la verser, afin d'imprégner cette eau d'air atmosphérique.

« Je ne crus pas avoir à me préoccuper de l'alimentation de mes colonies d'Artémies, car j'avais remarqué que leur tube digestif était toujours rempli de particules vaseuses formant une masse ininterrompue depuis la bouche jusqu'à l'anus. On voit très souvent ces Artémies occupées activement à avaler sans cesse cette vase meuble contre laquelle

(*) A, tête; O, œil; T, antennes externes; R et R', leurs deux branches transformées en rames; H, cœur; S, carapace bordée de soies; S', O, ovaires; C, soies caudales.

leur dos se trouve appliqué tout au fond de l'eau et qu'ils soulèvent, en nageant çà et là, par les mouvements réguliers de leurs pattes rameuses continuellement agitées. La vase soulevée glisse dans la bouche et s'étend d'avant en arrière tout le long de la ligne médiane du ventre. En tous cas les Artémies et les autres Phyllopodes retiennent ainsi à leur gré certains éléments de cette vase à l'aide de leurs organes buccaux et les déglutissent. Très souvent j'ai remarqué que pendant cette opération ces animaux restent longtemps en un même endroit du fond et qu'ensuite ils dirigent tout leur corps verticalement en haut. Dans cette situation ils reposent sur leur tête sans interrompre les mouvements de leurs pattes rameuses qui amènent toujours à leur bouche la vase fouillée et qui creusent peu à peu une véritable fossette dans laquelle la tête s'enfonce de plus en plus. Divers individus en nageant sur le fond vaseux se tournent brusquement autour de leur axe longitudinal, de telle sorte qu'ils touchent le fond par leur face ventrale. Dans cette attitude, les Artémies demeurent alors plus longtemps à la même place ou bien elles glissent lentement en traçant des sillons dans la vase. Certainement dans cette occupation, pendant laquelle le mouvements de rame ne cessent pas, les Artémies recueillent des substances nutritives et les avalent.

« D'ailleurs, ces Crustacés vivaces, lorsqu'ils se sentent rassasiés sans doute, nagent en tous sens avec agilité dans l'eau propre de leur récipient; ils se culbutent entre eux avec des allures arrogantes, se heurtent comme pour se narguer, et s'éloignent ensuite avec la rapidité de l'éclair. Pendant qu'ils nagent ainsi sans relâche à travers le liquide, ils ne laissent probablement passer aucune occasion de saisir et d'avaler les substances alimentaires qui viennent flotter au devant de leur bouche; cette déglutition continuelle de particules vaseuses est en tous cas un besoin pour ces Crustacés, car leurs organes digestifs ne peuvent certainement assimiler qu'une très faible portion des matières englouties en guise de nourriture. Rien que la masse extraordinaire de fèces que les Artémies laissent choir sans cesse au fond de leur récipient prouve l'énorme voracité de ces animalcules.

« Grâce aux précautions indiquées précédemment, l'élevage des embryons d'Artémies qu'on m'a expédiés de Trieste en grand nom-

bre m'a réussi on ne peut mieux, et j'ai pu en suivre le développement jusqu'à la maturité sexuelle. Ce n'est jamais que par individus isolés que la mort est venue éclaircir les rangs de mes Artémies dans les différentes cuves soumises à mon observation. »

Les observations du jeune Naturaliste russe Schmankewitsch sur les *Artemia salina* des salines d'Odessa présentent un très grand intérêt au point de vue de la variabilité des espèces. Par suite de la rupture d'une digue, de nombreuses Artémies furent entraînées dans une partie du limon du Konelnick rempli de sel déposé. Lorsqu'on rétablit la digue, l'eau salée se concentra par évaporation, et, de génération en génération, l'*Artemia salina* se transforma en *Artemia Milhauseni*; cette dernière espèce, qu'on trouve dans les eaux salées très concentrées, peut être considérée, en raison de l'absence des lobes et des soies caudales ainsi qu'en raison de ses dimensions moindres, comme une forme dégradée de l'espèce précédente sous l'influence de conditions d'existence favorables. Schmankewitsch provoqua artificiellement la même transformation par l'élevage, en concentrant lentement l'eau salée des cuves; et par un traitement inverse, c'est-à-dire en atténuant graduellement la concentration, il parvint à transformer au contraire l'*Artemia Milhauseni* en *Artemia salina* (1). En poursuivant l'élevage de cette dernière dans des dissolutions de plus en plus diluées, il obtint une variété présentant les caractères des *Branchinecta*, qu'on pourrait considérer, d'après lui, comme une nouvelle espèce de Branchipe.

« Ainsi, dit-il, les espèces du genre *Artemia* sont très aptes à des transformations successives sous l'influence d'une dilution graduelle de l'eau salée; la nature leur fournit les conditions nécessaires à ces changements dans les marais salés qui peuvent, au bout d'un certain nombre d'années, se transformer en marais d'eau douce par suite d'un lavage continu de leur fond primitivement salé. En réalité, les *Artemia salina* vivent dans des mares de ce genre qui se trouvent au voisinage du limon et dans lesquels vivent, lorsque l'eau en est moins salée, les *Branchipus spinosus*; quand la concentration est plus atténuée encore, on y voit vivre le *Branchipus ferox* et une autre espèce fort sin-

(1) D'après M. Eug. Simon l'*Artemia salina* serait une espèce très variable et subissant profondément l'influence des milieux; les *A. arietina, Milhauseni, Köppeniana* ne seraient que des formes de cette espèce.

gulière, le *Branchipus medius* dont les lobules caudaux sont courbés en forme de crochets. »

Il faut être aveugle ou fermement entiché de l'idée de stabilité pour ne pas voir dans ces exemples une preuve absolue de la variabilité de l'espèce, principe qui constitue la pierre angulaire de la doctrine darwinienne. Le polymorphisme de certaines espèces de Lepidoptères de la Malaisie n'a-t-il pas servi de base à Wallace pour établir sa doctrine de la formation des espèces nouvelles (1)?

Fr. Unger dans son voyage à Chypre fixa son attention sur la production réelle de l'écume.

« Dès mon premier séjour à Larnaka j'ai étudié avec attention l'écume qui se presse en grandes masses au mois de mars et au commencement d'avril, sur le bord du marais salant. Cette écume forme sur une partie du rivage une bande blanche mobile ; vue de près, elle paraît constituée par un amas de petites vésicules d'un blanc éblouissant, serrées les unes contre les autres et assez persistantes.

« En la recueillant à l'aide d'un filet à Insectes et en la roulant dans ses mains, on peut constater déjà que cette écume fine contient une foule de petits granules qui donnent la sensation de grains de sable. En examinant l'écume que j'avais rapportée chez moi, je fus émerveillé d'y voir, au lieu du sable que je pensais trouver, des myriades d'œufs qui occupaient un espace beaucoup plus grand que la substance blanchâtre interposée entre eux. Ce n'est pas sans de grandes difficultés que j'y reconnus les œufs, parfaitement aptes à la vie, du *Pilumnus hirtellus*, petit Crabe assez fréquent dans le pays. L'énorme quantité de ces œufs porte à croire que les Crabes en question se transportent, à l'époque de la ponte, de la mer au marais salant pour y déposer leurs œufs. Comme un cube d'un pouce de côté en renferme plus d'un million et que le bord plat du marais est recouvert uniquement de ces œufs

(1) Wallace, *On the Phenomena of variation and Geographical Distribution as illustrated by the Papilionidæ of the Malayan Region* 1864. — J. Künckel d'Herculais, *Les Lépidoptères de la Nouvelle-Guinée et de la Malaisie. Le Polymorphisme et l'apparition des espèces nouvelles.* La Nature, 1880.

sur un pouce d'épaisseur dans une étendue d'un 1/2 mille environ, on peut en déduire l'infinie fécondité de ces animaux.

« Outre ces œufs de *Pilumnus* l'écume est formée d'une substance membraneuse blanche et d'une matière glaireuse amorphe ; cette masse muqueuse doit être considérée comme le substratum spécial sans lequel l'écume ne peut se former. Elle est constituée en majeure partie par deux animaux qui appartiennent également aux Crustacés et qui se trouvent toujours répandus en masses énormes dans les endroits où ils apparaissent ; ce sont l'*Artemia salina* et une *Cypridina*. J'ai pu retirer de là des spécimens intacts de ces deux espèces, bien que généralement on ne trouve que des fragments de thorax que l'on peut reconnaître aisément lorsqu'on s'est procuré des termes de comparaison. Or, on sait que les *Artemia* se présentent parfois dans les salines artificielles ou naturelles en telles proportions que les corpuscules animaux sont plus nombreux que les gouttelettes d'eau ; on sait, en outre, que ces animalcules presque microscopiques se montrent en masses si considérables dans l'intérieur de l'Afrique qu'on peut les utiliser pour l'alimentation ; on en conclut donc aisément que leur décomposition, après leur arrivée dans le marais salant de Larnaka, peut y fournir une quantité énorme de matière muqueuse. On peut en dire autant des *Cypridina*, qui toutefois sont spécialement des animaux marins et qui ne se rencontrent dans ce marais salant qu'incidemment. »

Nous ne suivrons pas Unger à la recherche de la tradition qui fait « naître Aphrodite de l'écume des flots » sur les rivages de Paphos auprès du tertre où se dressait jadis le temple de Vénus. Il termine en disant :

« Il ressort de là que cet amoncellement d'écumes sur ce rivage est un spectacle qui a dû frapper le regard de tout temps, et qui a dû servir de point de départ à la légende de la naissance d'Aphrodite, d'autant plus qu'en réalité ce phénomène témoigne d'une fécondité extraordinaire et qu'il a pu, avant tout autre, captiver l'intelligence enfantine d'un peuple épris de la religion de la nature. »

LES PHYLLOPODES CANCRIFORMES ou APUSIDES — *APUSIDÆ*

Caractères. — Ils sont caractérisés : par leur corps recouvert d'une large carapace en forme d'écusson sur laquelle se trouvent trois yeux sessiles, les deux plus gros, réniformes composés, se confondant presque et étant suivis en avant d'un œil simple ; par leurs antennes antérieures courtes à deux articles, les antennes postérieures, si développées chez les larves où elles constituaient de puissantes rames, ayant disparu. Ils n'ont pas moins de 30 à 40 paires de pattes branchiales, dont la onzième se transforme, chez les femelles, en deux poches d'incubation qui reçoivent les œufs. L'abdomen dépourvu de membres se termine par deux longs filets caudaux.

Mœurs, habitudes, régime. — Toutes les espèces connues habitent les eaux douces et vivent dans les petites flaques d'eau stagnante dont le dessèchement les fait périr, tandis que leurs œufs, qui se conservent nombre d'années dans la vase solidifiée, assurent leur perpétuation.

Jusqu'en ces derniers temps on n'en connaissait pas les mâles. Kozubowski les a trouvés en 1856 et, chose curieuse, sa découverte a coïncidé avec le centenaire de l'apparition de la première monographie de l' « Apus cancriforme » (*Apus cancriformis*), publiée en 1756, par le « prédicateur évangélique de Regensbürg », Schäffer, qui fut à son époque un Naturaliste renommé.

L'APUS CANCRIFORME. — *APUS CANCRIFORME.*

Caractères. — Le Phyllopode, que Schäffer a ainsi nommé parce qu'il a une fausse apparence de Crabe des Mollusques ou Limule, a la carapace d'un gris fauve plus ou moins marbré en dessus de brun olivâtre, le dessous du corps, les pattes et les appendices caudaux d'un rouge vineux (vert dans l'alcool).

Distribution géographique. — Rencontré dans le nord de l'Europe (Suède, Angleterre, Danemark, Prusse, Autriche), il est plus commun dans le midi (Italie, Turquie, Espagne). Il est commun dans la région maritime et méridionale de la France, et se rencontre à Mâcon, à Fontainebleau, etc. Il abonde dans les Hauts Plateaux et dans le Sahara (Algérie et Tunisie).

Mœurs, habitudes, régime. — Il se plaît dans les eaux boueuses, mares, fossés ou ornières où il apparaît après les pluies d'orages dans les derniers jours du printemps, en été et en automne ; il a pour compagnon habituel dans nos eaux le Branchipe pisciforme. Les mâles sont toujours fort rares. Kozubowski n'en a trouvé que 16 sur 160, 154 sur 549, Brühl en a compté 11 sur 192, Siebold 114 sur 1026. Siebold, puis Crivelli ont observé un grand nombre de générations, toutes composées de femelles.

L'APUS ALLONGÉ. — *APUS PRODUCTUS.*

Caractères. — Type du genre Lepidurus, il diffère par la brièveté des flagellums des pattes, par l'existence entre les appendices caudaux d'un prolongement en forme de lame carénée à bords dentés. Sa carapace d'un jaune ocreux est marbrée de taches irrégulières d'un brun olivâtre ; l'abdomen est d'un brun olivâtre avec les appendices caudaux fauves-rougeâtres, le dessous du corps et les pattes abdominales d'un rouge vineux.

Distribution géographique. — Il remonte haut vers le nord (Suède, Danemark, Allemagne, Russie, etc.). Très commun dans toute la France, il se rencontre haut vers le nord et abonde aux environs de Paris, Ivry, Argenteuil, etc., et à Paris même.

Mœurs, habitudes, régime. — Il pullule dans les flaques d'eau que laissent après elles les inondations et se montre en compagnie du Chirocéphale diaphane ; mais son apparition étant subordonnée aux crues des rivières, il apparaît très irrégulièrement, mais en plus grande abondance, les années où les cours d'eau sortant de leur lit couvrent une plus grande surface. Audouin rapporte qu'en 1818 il se montra en si grand nombre dans les plaines d'Ivry qu'on l'employa à fumer les terres ; les années 1836, 1858, 1872, 1875, méritent d'être signalées pour la multiplicité des Apus. Les femelles se rencontrent toujours en plus grand nombre que les mâles, 7 sur 999, 2 sur 393, 6 sur 651, en Allemagne, d'après Siebold ; 33 sur 72, 22 sur 64 ; 10 sur 100 en France, d'après Lubbock et E. Simon.

LES PHYLLOPODÉS CONCHIFORMES ou ESTHÉRIDES — *ESTHERIDÆ*

Caractères. — Le corps est entièrement enveloppé d'une carapace chitineuse bivalve et les yeux sont sessiles.

LES LIMNADIES — *LIMNADIA*

Caractères. — La carapace est ovale, à bord dorsal fortement recourbé. Les larves naupliennes n'ont pas de bouclier.

L'espèce type est la Limnadie lenticulaire ou de Hermann qu'on a rencontrée à de longs intervalles à Fontainebleau, aux environs de Strasbourg, etc.

LES LIMNETIS — *LIMNETIS*

Caractères. — La carapace est ovale et plus ou moins sphérique. Les larves ont un large bouclier.

Le Limnetis brachyure type se trouve en Allemagne.

LES CLADOCÈRES — *CLADOCERA*

Caractères. — Ces petits Phyllopodes ont un aspect très particulier (fig. 739) : en avant du corps comprimé, recouvert par une carapace bivalve S, prolongement du tégument de la région correspondant au thorax, s'avance une *tête* (A) convexe, rostrée. Sous l'extrémité du rostre se cachent les antennes internes où se terminent des filaments nerveux très délicats qui sont des organes du tact. Immédiatement au-dessous de la convexité supérieure se trouve l'œil (O), qui est assez grand et dont la rotation est commandée par des muscles nombreux. Les antennes externes (T) prennent la forme de rames puissantes et bifurquées R, R', portant de longues soies ciliées, dont les battements déterminent des allures sautillantes qui les ont fait comparer à des Puces. Les mandibules et les mâchoires supérieures et inférieures, ces dernières disparaissant chez l'adulte, qui constituent les pièces buccales, sont très dissimulées au-dessous de la tête. A leur suite s'insèrent de quatre à six paires de membres qui sont tantôt des rames lamelleuses, tantôt des organes cylindriques propres à la marche ou à la préhension ; elles portent ordinairement les appendices branchiaux.

Distribution géographique. — On trouve des Cladocères dans les eaux douces ou salées de toutes les régions du globe.

On n'en connaît jusqu'ici qu'un très petit nombre qui habitent la mer.

Mœurs, habitudes, régime. — Le professeur Leydig, de Bonn, a donné une description des plus intéressantes des modes d'existence des *Daphnides* ou *Cladocères*, appelées aussi *Puces d'eau*. « Le matin, de bonne heure, dit-il, et pendant les soirées chaudes et calmes, alors même que le ciel est couvert, ces animalcules, dont les plus grands mesurent rarement plus de 6 millimètres de long, nagent d'abord au voisinage du niveau de l'eau, puis s'enfoncent dans la profondeur sitôt que le soleil éclaire un peu fortement la surface. Quelques espèces ont plus de tendance à se tenir au voisinage du fond vaseux qu'à s'élever vers la surface. L'habitude qu'ils ont de se rassembler en groupes dans les eaux stagnantes ou à faible courant, et la coloration spéciale (1) qu'ils donnent à l'eau, lorsqu'ils s'y trouvent en masses énormes, ainsi que prétendent l'avoir constaté certains observateurs, ont dû attirer sur ces animaux depuis longtemps l'attention des Naturalistes ; l'exiguïté de leur corps ne permet qu'aux observateurs armés du microscope d'en prendre une connaissance approfondie. Les Zoologistes qui n'étudient pas seulement les caractères extérieurs des animaux, mais qui s'intéressent encore à leur conformation interne ainsi qu'à leur mode d'existence, peuvent trouver dans ces créatures un sujet d'observation des plus attrayants. Grâce à la transparence du revêtement tégumentaire d'un grand nombre de ces Crustacés, on peut discerner les organes com-

(1) O. Schmidt confirme ce fait. La surface de petits étangs, notamment dans les pacages du bétail et des oies, peut prendre une teinte jaune rougeâtre par la masse de Puces-d'eau qui s'y trouvent.

plexes de l'animal vivant et intact, de même qu'on peut constater sur un modèle de machine, dont l'enveloppe est transparente, la composition et le jeu des diverses pièces qui la constituent. Même les personnes étrangères aux sciences zoologiques éprouvent une surprise agréable lorsqu'on leur montre sur un de ces Cladocères installé sous un microscope les mouvements des yeux et du tube digestif, les battements du cœur, la progression des globules sanguins qui cheminent semblables à de petites perles, enfin tant d'autres organes qui agissent et qui vivent.

Tout le monde, il est vrai, ne se sent pas entraîné vers ces travaux, et tout le monde n'a pas l'occasion d'étudier à fond les corps organisés et, suivant l'expression du poète, « de s'abandonner aux pensées élevées qui s'imposent à celui qui étudie la nature. » L'intérêt que la plupart des gens accordent au monde des animaux repose bien plutôt sur les services réels que ces bêtes peuvent rendre à l'humanité. J'éprouve d'autant plus de satisfaction à pouvoir fournir à ceux qui aiment la nature à ce point de vue quelques communications relatives aux Daphnides, qu'elles feront ressortir l'utilité de ces petits êtres, peut-être trop méconnus jusqu'à présent.

Pendant un séjour assez prolongé auprès des lacs des montagnes bavaroises et du lac de Constance, j'ai constaté en effet que les Cladocères et les Cyclopides constituent presque exclusivement la nourriture des Poissons les plus estimés de ces lacs. En ouvrant un grand nombre de ces Poissons, j'ai trouvé constamment que le contenu de leur estomac était formé de ces Crustacés microscopiques sans mélange d'aucun autre aliment. Ainsi ces animalcules, comme l'indique d'ailleurs le nombre d'individus observés, doivent être considérés comme représentant la majeure partie de la population de ces eaux. Si l'on songe, dès lors, à l'importance qu'a l'existence des *Coregonus Wartmanni* pour les habitants des bords du lac de Constance, qui prennent plus de cent mille de ces Poissons chaque année, on conviendra nécessairement que ces petits Crustacés, trop dédaignés, en nourrissant une telle masse de Poissons, rendent de très grands services, bien que d'une manière indirecte, à l'humanité. »

Les Cladocères mâles sont communément plus petits que les femelles, et chez la plupart des espèces ils se distinguent par leurs antennes d'une conformation différente et par leur première paire de pattes disposées pour la fixation. Les femelles, comme on le sait depuis longtemps, déposent deux sortes d'œufs : des *œufs d'été* et des *œufs d'hiver*. Ces derniers se distinguent parmi les autres par leur enveloppe protectrice plus ferme. L'apparition des « œufs d'été » ou des « œufs d'hiver » dépend d'ailleurs bien moins de la saison que de l'apparition des mâles. Les œufs dits d'*été* se produisent et se développent sans être fécondés ; ils rappellent par conséquent certains œufs des Abeilles-Reines d'où émanent les Faux Bourdons, ou certains « germes » des Pucerons qui donnent lieu à l'évolution des générations estivales. Aussitôt qu'à une époque déterminée les Daphnides mâles se sont montrés, il se produit des « œufs d'hiver ». La manière dont ils sont empaquetés dans le corps, appelée *ephippium*, c'est-à-dire selle, à cause de

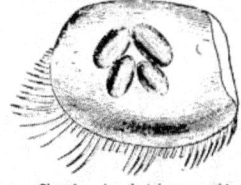

Fig. 740. — Chambre incubatrice ou *ephippium* d'un Daphnide (*Acanthocercus*), contenant quatre œufs d'hiver.

sa forme, est fort curieuse. La carapace entière, ou une partie seulement, se détache et recouvre d'une enveloppe protectrice deux ou quatre œufs, même tout un paquet d'œufs. On leur a attribué la désignation significative « d'œufs d'hiver » parce qu'ils se conservent, ainsi empaquetés, pendant l'hiver malgré le dessèchement et le froid (fig. 740).

Classification. — Les Cladocères sont répartis dans quatre familles, les Sidides, les Daphnides, les Lyncéides et les Polyphémides.

LES SIDIDES — *SIDIDÆ*

Caractères. — Ces Cladocères, à carapace bivalve, à tête séparée du corps par un étrangle- ment, possèdent six paires de pattes lamelleuses à longues soies ainsi qu'une queue allongée.

Mœurs, habitudes, régime. — Les Sidides méritent d'être signalés, parce qu'ils ont à leur disposition un appareil particulier qui leur permet de se fixer sur les corps étrangers : une grande glande située dans la tête, glande cervicale, et une paire de petites glandes postérieures sécrètent un liquide visqueux fort adhésif.

LES DAPHNIDES — *DAPHNIDÆ*

Caractères. — Ces Cladocères à carapace bivalve, à tête saillante comme un toit, ont cinq paires de pattes en partie lamelleuses, les antérieures plus ou moins préhensiles et une queue rabattue en avant.

Mœurs, habitudes, régime. — C'est la Daphnie puce (*Daphnia pulex*) qui abonde dans les eaux tranquilles de toute l'Europe, qui s'est prêtée particulièrement à l'observation des mœurs que nous avons exposée en parlant des Cladocères en général (fig. 741 et 742).

Le genre *Acanthocercus*, dont nous avons figuré un spécimen (fig. 739), a été créé pour un

Fig. 741 et 742. — Daphnie puce, mâle et femelle.

Daphnide, habitant des tourbières (*Acanthocercus curvirostris*).

LES POLYPHÉMIDES — *POLYPHEMIDÆ*

Caractères. — Ces Cladocères ont un aspect particulier qui tient à ce que la carapace n'enveloppe pas le corps et se réduit à une simple poche d'incubation ; leur tête arrondie porte de gros yeux ; leurs pattes articulées, dont les appendices branchiaux sont rudimentaires ou absents, se terminent par des griffes.

LES POLYPHÉMINES — *POLYPHEMINÆ*

Caractères. — Cette sous-famille se reconnaît à ses quatre paires de membres, à ses antennes dont une branche compte trois articles et l'autre quatre, à son abdomen généralement petit ayant des soies caudales.

Mœurs, habitudes, régime. — Le Polyphème pou (*Polyphemus pediculus*) est un habitant des lacs (Suisse, Autriche, Suède).

Le genre *Bithotrephes* a été découvert par Leydig dans l'estomac d'un *Coregonus Wartmanni* pris dans le lac de Constance. Ces *Bitrotrephes* paraissent rechercher les régions profondes, comme le Poisson que nous venons de citer, car on n'est pas parvenu à en retirer de vivants des couches supérieures de l'eau.

Les *Podon* jouent un rôle très important dans l'alimentation des Poissons migrateurs, en compagnie de quelques autres Entomostracées et de Protozoaires tels que les Péridimens ; c'est ainsi que M. Möbius a trouvé le

P. intermedius dans l'estomac des Harengs de la Baltique, et que M. de Guerne a rencontré le *P. minutus* dans l'estomac des Sardines et des Spratts (1).

LES LEPTODORINES — *LEPTODORINA*

Caractères. — Cette sous-famille se distingue à ses six paires de membres, à ses antennes dont les deux branches sont à quatre articles, à son abdomen long.

LES LEPTODORES — *LEPTODORA*

Caractères. — Ce sont ceux de l'espèce typique.

LA LEPTODORE HYALINE. — *LEPTODORA HYALINA.*

La *Leptodora hyalina* (fig. 743) est une des plus belles Daphnides, que l'on connaissait superficiellement depuis longtemps déjà et que Weismann a pour ainsi dire découverte une seconde fois, il y a peu de temps, dans le lac de Constance et dans les lacs italiens.

Cet animalcule, long de quelques millimètres,

(1) George Pouchet et de Guerne, *Sur la nourriture de la Sardine*. Compt. Rend. Acad. sc. 1887. — Jules de Guerne, *Sur les genres* ECTINOSOMA *et* PODON *à propos de deux Entomostracés trouvés dans l'estomac des Sardines*. Soc. zool. de France, 1887.

est, à l'opposé des autres Daphnides, élancé et grêle; sa tête, son thorax et son abdomen sont distincts. La carapace, qui cache plus ou moins complètement la région postérieure du corps, est disposée en forme d'écusson dans sa partie postérieure qui laisse libres les derniers segments de l'abdomen. Les antennes externes, étendues latéralement, se caractérisent par leur musculature et par leurs soies empennées comme des organes de défense; les pattes, étendues en avant, constituent un appareil de préhension.

Distribution géographique. — Les Leptodores ont été trouvés jusqu'à présent, dans les lacs de Constance et de Genève, dans les lacs de la Suède, près de Cahne, et, pour ne rien omettre, dans les fossés de la ville de Brême. En Amérique, on en a vu dans le lac Supérieur.

Mœurs, habitudes, régime. — «Bien qu'elles n'aient été vues encore que par un petit nombre d'observateurs, rapporte Weismann, les *Leptodora hyalina* paraissent habiter un domaine assez étendu, et dans les endroits où on les trouve, elles semblent vivre en masses nombreuses. Toutefois, en qualité d'animaux de proie, ces Crustacés ne peuvent jamais apparaître en foules aussi nombreuses que les animaux dont ils se nourrissent, tels que les Cyclopides principalement; pourtant G.-E. Müller les signale déjà assez fréquents, et moi-même, en dépit de quelques pêches infructueuses, j'en ai pu recueillir plus d'une centaine, en une ou deux heures de temps, dans des conditions plus favorables. Je pêchais la plupart du temps tout près de la surface de l'eau; Müller affirme qu'ils ne descendent jamais à de grandes profondeurs, et je crois son opinion très exacte, car la puissance avec laquelle ils peuvent ramer est très faible; il ne semble pas qu'ils puissent effectuer aisément de tels trajets et surtout qu'ils puissent les répéter journellement. C'est pourtant la direction qu'ils suivent sans doute dans le cas où ils disparaissent de la surface, car j'ai remarqué que pendant le jour ils ne s'y maintiennent qu'exceptionnellement et que pendant la nuit, au contraire, c'est toujours là qu'on peut les saisir. Ils fuient la lumière vive évidemment, et par un beau soleil on peut être certain de n'en pas trouver un seul à la surface. Au clair de lune, aussi, je n'obtenais qu'un médiocre butin; les plus riches captures avaient lieu par les nuits sombres ou par les temps troubles.

« Au reste, leur photophobie pourrait bien n'être qu'apparente; les Cyclopides, qui font partie de l'ordre des Entomostracées et dont le *Leptodora* se nourrit, offrent les mêmes particularités relativement à leurs habitudes de montée et de descente; il y a donc lieu de penser que cette susceptibilité aux impressions lumineuses appartient aux Cyclopides et que les *Leptodora* ne font que poursuivre leurs proies. L'influence très grande que la lumière exerce sur les Cyclopides se constate aisément dans les aquariums; ces Entomostracés se rassemblent toujours dans les points où tombe la lumière directe ou dans les points où elle se réfracte fortement; mais elles paraissent fuir la lumière directe du soleil ainsi que la lumière diffuse trop vive. — Chez les *Leptodora* je n'ai observé ni une telle attraction ni une telle répulsion pour la lumière dans ces diverses conditions.

« D'après leurs résidences, P. E. Müller a divisé les Cladocères en deux groupes : les *pélagiques* et les *riverains*. Le *Leptodora* rentre dans le premier groupe; toute la conformation de son corps indique un animal destiné à nager dans une eau pure et dépourvue de végétation; aussi la trouve-t-on du moins dans le lac de Constance, non pas au voisinage du bord, mais seulement dans les points où le lac devient assez profond. Elle rame seulement avec ses antennes, et à reculons, comme font tous les Daphnides; elle ne sort que lentement de sa cachette, et sa grande transparence, qui la rend presque invisible, doit être pour elle une condition d'existence indispensable, car elle est beaucoup trop pesante pour saisir une proie à la chasse. Elle guette son butin et présente à ce point de vue beaucoup d'analogie avec la larve de *Corethra plumicornis* renommée pour sa transparence; elle surpasse de beaucoup au point de vue de « l'invisibilité » la larve de ce Diptère.

«Exactement comme cette larve, le *Leptodora* demeure immobile dans l'eau, étendu horizontalement, et attendant la proie qui doit passer entre ses pattes préhensiles toutes grandes ouvertes. Tandis que chez le *Corethra* un appareil hydrostatique spécial constitué par les grandes vésicules trachéennes assure au corps la situation horizontale, chez le *Leptodora* l'estomac est situé tellement en arrière qu'il fait équilibre au poids du thorax et de la tête.

« C'est sur les sujets captifs qu'on peut constater le plus clairement que ces Cladocères sont

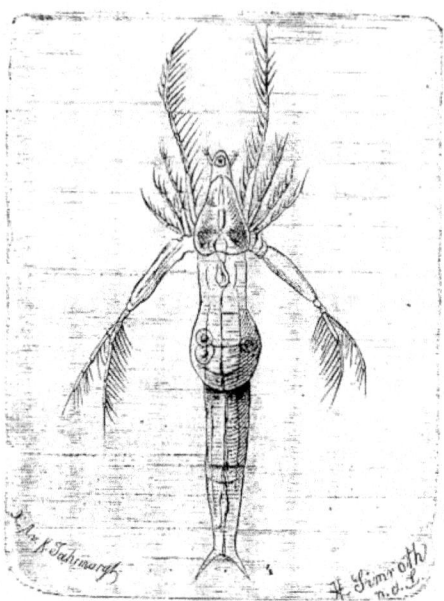

Fig. 743. — La Leptodore hyaline.

organisés pour la natation seulement. Dès que l'eau contient quelques Algues ou quelques impuretés, celles-ci se fixent aux rames des *Leptodora* qui tirent souvent après eux, dans ces cas, une véritable traine, et dont la natation se trouve ainsi fort empêchée. Malgré cela, ces animalcules n'essayent jamais de se servir de leurs pattes pour courir ou pour grimper, et ce n'est qu'en cas de besoin absolu, lorsqu'ils demeurent accrochés quelque part, qu'ils cherchent à s'aider de leur abdomen pour se dégager : ils en ramènent l'extrémité jusqu'au-dessous de la tête, la fixent à ce niveau, et puis s'étendent en ligne droite.

« Ces animalcules ne subsistent que dans l'eau très pure ; aussi ne réussit-on pas à les garder plus de quatorze jours dans un aquarium : des masses de Vorticelles (Infusoires) s'installent sur eux pendant ce temps et les rendent impropres aux recherches en altérant leur transparence. Souvent aussi ils sont envahis par des Champignons du genre *Saprolegnia* qui végètent vers l'intérieur à travers les téguments et qui les font périr peu à peu. »

G. O. Sars a constaté que l'évolution des œufs d'été, ainsi que P. S. Muller l'a démontré, s'accomplissait sans métamorphoses, les jeunes étant semblables à leurs parents, tandis que l'évolution des œufs d'hiver était accompagnée de métamorphoses curieuses, les jeunes possèdent des organes provisoires qui manquent aux adultes.

LES OSTRACODES — *OSTRACODA*

Muschelkrebse.

Caractères. — Ces Entomostracés, du moins ceux qui vivent encore de nos jours, atteignent tout au plus quelques millimètres de long, la plupart, mesurant à peine 1/2 millimètre,

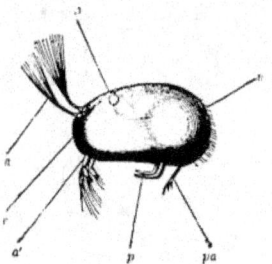
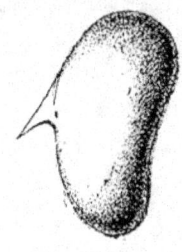

Fig. 744. — La Cypris brune (*).   Fig. 745. — Le Paracypris à casque (Marquis de Folin)

Fig. 744 et 745. — Types d'Ostracodes.

offrent une certaine ressemblance avec les Mollusques bivalves en raison de la forme de la carapace dont leur corps comprimé est enveloppé entièrement. Ils ont 7 paires d'appendices, antennes, mâchoires, pattes qui servent à la natation ou à la reptation ; ils ont entre les antennes un appendice frontal court ou allongé ; leurs palpes des mandibules ressemblent à des pattes ; leur abdomen est court.

Distribution géographique. — Habitants des eaux douces, habitants des mers, ils abondent partout, mais de préférence dans les régions froides ou tempérées.

Mœurs, habitudes, régime. — Ils se plaisent dans les eaux tranquilles, tantôt marchant ou reposant sur les plantes ou sur les pierres, tantôt nageant à l'aide de leurs antennes, qui leur servent de rames, et de leurs appendices postérieurs qui exécutent des battements successifs rapides. Ils consomment une nourriture animale. En général, ils déposent leurs œufs sur les plantes aquatiques, parfois ils les portent entre les valves jusqu'à l'éclosion. Les œufs peuvent résister à une dessiccation prolongée, et se conserver ainsi dans la vase brûlée du soleil. C'est ce qui explique le repeuplement rapide des mares, aussitôt qu'elles se couvrent d'eau. Il en est qui subissent des métamorphoses complexes comptant 9 stades distincts (Cypris).

Nos espèces actuelles sont petites, quelques espèces des époques reculées ont eu une taille un peu plus grande, et leurs carapaces, qui se sont conservées à cause de leur solidité plus considérable, se sont accumulées en telles masses que certaines couches calcaires ont reçu le nom de « calcaires cypridiens ».

Classification. — Les Ostracodes ont été groupées dans quatre familles principales, les Cypridines, les Halocyprides, les Cythérides, les Cyprides.

LES CYPRIDINES — *CYPRIDINÆ*

Caractères. — Ils ont un petit œil impair et deux gros yeux latéraux composés et mobiles, un appendice frontal allongé, une carapace profondément échancrée en avant, des antennes postérieures biramées.

Mœurs, habitudes, régime. — Ils sont marins.

Le genre *Cypridina* a pour représentants dans nos mers le *C. mediterranea*.

LES CYPRIDES — *CYPRIDES*

Caractères. — Ils ont un œil médian composé formé de deux moitiés généralement soudées ; appendice frontal court ; carapace sans échancrure ; antennes postérieures en forme de pattes armées à l'extrémité de soies terminales à crochets.

Mœurs, habitudes, régime. — Ils vivent dans les eaux douces ou dans la mer.

Le genre *Cypris*, qui comprend un grand

(*) *a*, antennes antérieures ; *a'*, antennes postérieures ; *p*, pattes ; *pa*, portion terminale et caudiforme de l'abdomen ; *vo*, valves de la carapace.

nombre d'espèces européennes, compte parmi ses représentants des animaux vivant dans les eaux douces et calmes; le *C. fusca* (fig. 744) est un des plus communs. Le genre *Paracy-* *pris* renferme des espèces marines; nous représentons (fig. 745), le *P. galeata* dragué à 2,200 mètres en vue des côtes du Maroc par les Naturalistes du *Talisman.*

LES COPÉPODES — *COPEPODA*

Caractères. — Cet ordre renferme des animaux aux formes les plus variées; ceux qui sont libres ont une physionomie reconnaissable, ceux qui sont parasites subissent de telles modifications qu'il serait impossible de les rattacher à leur groupe naturel sans la connaissance du développement. Leur corps allongé est en général articulé, à tête réunie au premier anneau thoracique, pourvue de deux paires d'antennes, d'une paire de mandibules, d'une paire de mâchoires, de deux paires de pattes-mâchoires; les quatre ou cinq anneaux du thorax portent une paire de membres en rames; la dernière et ses appendices, souvent atrophiés, sont suivis d'un abdomen de cinq anneaux, dont le dernier seul porte des appendices constituant une nageoire caudale bifurquée.

Classification. — Les Copépodes se divisent en deux sous-ordres : les Eucopépodes et les Branchiures.

LES EUCOPÉPODES — *EUCOPEPODA*

Caractères. — Ces Copépodes proprement dits portent des rames à branches courtes, simples ou de deux ou trois articles ; leurs pièces buccales sont conformées pour mâcher ou bien pour piquer et sucer.

Classification. — Les Eucopépodes se subdivisent en Nageurs ou Gnathostomes et en Parasites ou Siphonostomes.

LES GNATHOSTOMES — *GNATHOSTOMATA*

Caractères. — Ces Copépodes libres ont les anneaux du corps normalement développés, les pièces buccales conformées pour la mastication.

Mœurs, habitudes, régime. — Le mode d'existence des *Copepoda*, dont les organes buccaux sont disposés pour le broiement, a été décrit de la manière suivante par Claus, qui les a spécialement étudiés :

« Ils habitent aussi bien les eaux douces où abondent des végétaux que les mers dont la faune luxuriante et inépuisable leur offre des résidences sans nombre. Non seulement on y observe les formes les plus variées et toutes les modifications de structure nécessitées par l'accommodation, mais souvent on les trouve en masses innombrables qui suffisent à l'entretien des Poissons et même des plus gros animaux aquatiques. Dans les lacs terrestres, comme les lacs des montagnes bavaroises ou le lac de Constance, ce sont, d'après Leydig, les *Cyclopides* et les *Daphnides* qui constituent presque exclusivement la nourriture des Poissons les plus estimés. D'après Roussel de Vauzème, les *Cetochilus australis* se rassemblent dans la mer australe en formant des bancs qui donnent à l'eau une coloration rougeâtre sur des bandes longues de plus d'une lieue. Cette assertion a été confirmée par Goodsir, et il n'y a pas lieu de s'étonner, dès lors, de voir les plus petits Crustacés fournir à l'alimentation des plus grands animaux que nous connaissions, tels que les Baleines. D'après Goodsir, les pêcheurs de Firth of Forth désignent sous le nom de *maidre* des masses extrêmement étendues, constituées par une agglomération de Cirripèdes, de Cœlentérides, d'Amphipodes, et surtout d'Entomostracées.

Les Copépodes comme les Cladocères (1) jouent un rôle des plus importants dans l'alimentation des Harengs et des Sardines; le déplacement des bancs de ces Poissons est

(1) Voir p. 799.

même solidaire du déplacement des bancs de ces Entomostracés.

« Les Copépodes, dit Claus, se nourrissent de matières animales, tantôt des débris de grands animaux morts, tantôt des créatures plus petites dont ils font leur proie. Ils n'épargnent pas leurs propres descendants et leurs propres larves ; on en trouve les preuves journellement dans l'intestin des *Cyclopides*.

« Les procédés de locomotion et de fixation varient avec chaque famille et avec le mode de nutrition.

« Les *Calanides* et les *Pontellides*, grêles et élancés, sont les meilleurs nageurs, et presque tous habitent la mer ; tantôt ils traversent les flots dans leurs bonds agiles, avec la rapidité de la flèche, en repliant leurs nageoires ; tantôt ils demeurent immobiles, en équilibre dans l'eau, et déterminant, par de rapides vibrations des lamelles de leurs maxillaires supérieurs, un tourbillonnement qui leur apporte de petites proies. »

« Les *Cyclopides*, continue Claus, se com- portent autrement. Ils se meuvent aussi en bonds rapides, mais au lieu de déterminer un tourbillonnement au moyen de leurs mâchoires, ils s'installent, à l'aide des soies de leurs petites antennes, contre les plantes aquatiques.

« Les *Harpactides* et les *Peltidiens* vivent plus encore au milieu des plantes aquatiques, des Algues et des Varechs ; aussi les Crustacés d'eau douce de ces familles se trouvent-ils le plus fréquemment dans les mares et les fossés peu profonds et encombrés de végétation ; les espèces marines se rencontrent moins en pleine mer qu'au voisinage des bords, parmi les plantes de toutes sortes, sur les planches, sur les bois pourris, enfin au milieu d'animaux inférieurs, tels que les Sertulaires et les Turbellariées. »

Les *Notodelphyides* sont commensales des Ascidées.

Classification. — Les Gnathostomes se répartissent dans cinq familles : les Cyclopides, les Harpactides, les Calanides, les Pontellides et les Notodelphyides

LES CYCLOPIDES — *CYCLOPIDÆ*

Caractères. — Les antennes de la première

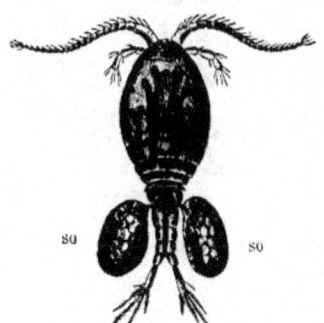

Fig. 746. — Le Cyclope à quatre cornes, femelle très grossie.

paire constituent chez les mâles des bras

préhensiles ; celles de la seconde paire comptent quatre articles ; les pattes de la cinquième paire sont rudimentaires ; ils portent deux sacs ovifères (SO).

Mœurs, habitudes, régime. — Ce sont des habitants des eaux douces bien connus de tous ceux qui ont contemplé la vie au fond des eaux. Ils muent avant chaque ponte, ils subissent depuis la naissance quelques modifications de formes. Leur nauplius, d'abord sphérique, s'allonge ensuite et acquiert un prolongement abdominal ; il mue, devient elliptique, l'extrémité de son abdomen apparaît fourchue et son corps a acquis une paire de pattes de plus.

Nous représentons (fig. 746) le *Cyclops quadricornis* qui pullule dans les mares et les fossés de toute l'Europe. Ce petit Crustacé, à peine long d'un millimètre et demi, revêt les couleurs les plus diverses, il est blanc, rougeâtre, vert ou brunâtre.

LES HARPACTIDES — *HARPACTIDÆ*

Caractères. — Leur corps linéaire cuirassé a les antennes de la première paire préhensiles, celles de la seconde à branche accessoire ; pattes de la cinquième paire souvent foliacées; ils n'ont qu'un sac ovigère en général.

Mœurs, habitudes, régime. — Le genre a pour type l'*Harpacticus chelifer* qui vit presque exclusivement dans la mer. Pourtant, le Zoologiste norvégien Sars le jeune a retiré de la partie la plus profonde d'un lac intérieur un peu de vase qu'à sa grande surprise il trouva remplie de petits Copépodes rouges dans lesquels il reconnut tout de suite l'*Harpacticus*. L'apparition de ces Crustacés fut pour lui si inattendue que, malgré les animaux d'eau douce qu'il venait d'en retirer, il goûta cette eau pour s'assurer qu'elle n'était pas au moins saumâtre. Le rapprochement de ce fait de la découverte de Lovén, qui avait trouvé dans les lacs intérieurs de la Suède des Crustacés correspondant aux espèces les plus septentrionales vivant dans l'eau salée, prouve une fois de plus *que des animaux marins proprement dits peuvent dans certaines circonstances s'habituer à vivre dans des eaux absolument douces.* Le lac dans lequel Sars pêchait était si près de la côte, qu'une marée très élevée ou une tempête soufflant de l'ouest pouvait le remplir. D'autres espèces marines ont dû être entraînées probablement dans le lac en même temps; mais elles ont sans doute disparu peu à peu à mesure que l'eau perdait de sa richesse en sel, tandis que les petits Copépodes en question se sont accommodés à leur milieu nouveau.

Citons parmi les CALANIDES le *Diaptomus castor*, blanc, bleu, rouge ou vert, commun, même aux environs de Paris, dans les mares.

Nous signalerons parmi les NOTODELPHYIDES le genre *Notodelphys* dont les espèces, sans être à proprement parler parasites, se tiennent dans le manteau et dans la cavité branchiale des Ascidies; tel est par exemple le *N. agilis*, hôte de l'*Ascidia canina*.

LES SIPHONOSTOMES — *SIPHONOSTOMATA*

Caractères. — Chez ces Copépodes, en général parasites, la segmentation du corps n'est plus visible, les pièces buccales sont conformées pour piquer et pour sucer.

Mœurs, habitudes, régime. — Tous ces Crustacés se nourrissent aux dépens d'autres animaux et notamment aux dépens des Poissons. Leur parasitisme s'exerce à tous les degrés; tantôt la mobilité la plus indépendante permet au parasite de quitter son hôte à son gré, tantôt la fixité la plus immuable le rive à son hôte, l'extrémité antérieure du corps se trouve implantée dans la chair au point qu'on ne peut le détacher sans opérer de rupture. A cette fixation se rattache toujours, au moins chez les femelles, une métamorphose régressive qui fait disparaître la structure articulée de la forme primitive; le corps, alors mou et vermiforme, prend les aspects les plus fantastiques et se décore ou s'enlaidit par toutes sortes d'excroissances mamelonnées, rameuses ou lobulées (fig. 747 à 754). Dans beaucoup de cas, les mâles ne subissent pas cette déformation, mais ils conservent relativement à leurs épouses défigurées une taille de pygmées; accrochés à leurs amies, ils se laissent traîner pendant toute leur vie, les paresseux!

Classification. — Les Siphonostomes sont subdivisés en deux groupes, d'après la structure de la bouche, et répartis dans une dizaine de familles: Corycéides, Sapphirinides, Ergasilides, Bomolochides, Chondracanthides, Ascomyzontides, Caligides, Dichélestides, Lernéides, Lernéopodides.

LES CORYCÉIDES — *CORYCÆIDÆ*

Caractères. — Leurs antennes antérieures sont courtes, leurs antennes postérieures sont terminées par des crochets et par là transformées en organes de fixation; les mâchoires, sans palpes, se terminent par une pointe acérée; ils ont un œil impair médian et une paire de gros yeux.

Mœurs, habitudes, régime. — Les *Corycéides* nagent en liberté dans la mer, mais séjournent occasionnellement dans les Salpides, et sont ainsi temporairement parasites.

Le type du genre *Corycæus*, le *C. germanus* Lutk., est un Copépode que singularise la présence d'un appareil de vision colossal.

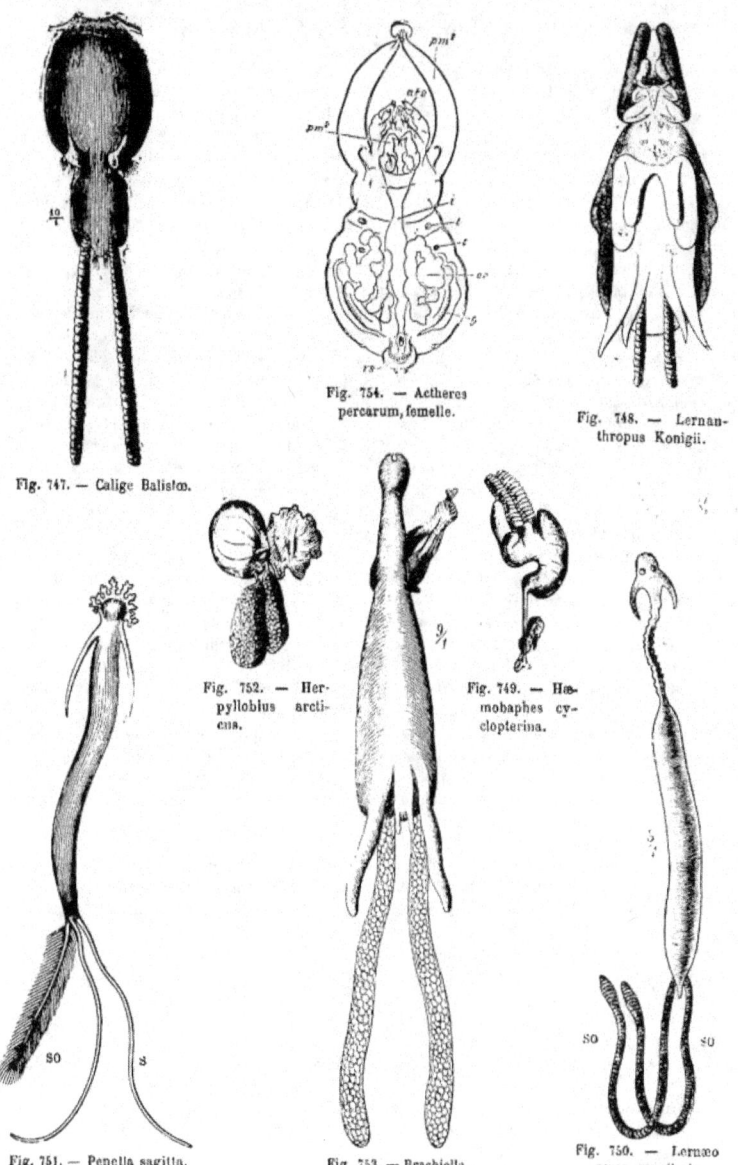

Fig. 747. — Calige Balistœ.

Fig. 754. — Actheres percarum, femelle.

Fig. 748. — Lernan-thropus Konigii.

Fig. 752. — Her-pylloblus arcti-cus.

Fig. 749. — Hæ-mobaphes cy-clopterina.

Fig. 751. — Penella sagitta.

Fig. 753. — Brachiella.

Fig. 750. — Lernæo-nema monilaris.

Fig. 747 à 754. — Les Copépodes (Eucopépodes) parasites ou Siphonostomes, très grossis.

LES SAPPHIRINIDES — *SAPPHIRINIDÆ*

Caractères. — Ces Siphonostomes au corps en forme de bouclier ont les mâles indépendants et des femelles parasites.

LA SAPPHIRINE BRILLANTE. — *SAPPHIRINA FULGENS*.

Caractères. — Être trop remarquable par lui-même pour ne pas être signalé; son corps, aplati et ovalaire, mesurant environ 3 millimètres un quart de long, semble constellé d'étoiles.

Mœurs, habitudes, régime. — Les mâles sont libres et errants, les femelles cherchent un abri dans les Salpes. Seuls les mâles des *Sapphirina* sont lumineux et émettent la plus vive lumière phosphorescente.

« Lorsque, dit Gegenbaur, penché sur le bord du canot, on regarde dans la profondeur de l'eau, les yeux sont émerveillés souvent par un spectacle que beaucoup des phénomènes du monde marin peuvent surpasser au point de vue de la grandeur, mais que peu doivent égaler au point de vue du charme et de la séduction. Des étincelles sans nombre surgissent de tous côtés; on croit pouvoir les atteindre, mais elles sont en réalité à plus d'une brasse au-dessous de la surface. Çà et là, ces étincelles courent, à toutes profondeurs, en bonds courts mais rapides; leur teinte est tantôt bleu saphyr, tantôt vert doré, tantôt pourpré; ce jeu de lumières est encore varié par des modifications d'intensité. C'est une mer lumineuse, en plein jour! Chaque mouvement produit un spectacle nouveau et chaque coup de rame conduit la barque sur une nouvelle foule d'étincelles, jusqu'à ce qu'un vent quelconque vienne rider la surface, et qu'avec le soulèvement des vagues l'éblouissant spectacle disparaisse au fond de la mer. »

Gegenbaur, qui observait à Messine, ajoute qu'il n'a constaté un éclat aussi vif que pendant un petit nombre de jours en janvier, et qu'en dehors de cette époque il ne l'a vu que rarement et de loin en loin. O. Schmidt a eu cependant ce spectacle complet sous les yeux pendant toutes les belles journées de mars.

Comme l'indique Gegenbaur, le siège du phénomène lumineux se trouve dans la couche des cellules qui sécrètent la carapace. Le jeu de lumière peut être observé parfaitement à l'aide du microscope qui permet de constater que chaque cellule émet des rayons colorés propres, indépendamment des cellules voisines.

« On en distingue de jaunes au milieu des rouges, et de rouges au milieu des bleues. Une de ces teintes peut empiéter sur les cellules voisines; la teinte bleue, par exemple, peut s'étendre du bord d'une cellule bleue jusque sur une cellule voisine qui paraissait rouge à l'instant même; c'est ainsi qu'une couleur peut se prolonger parfois sur une bande assez étendue. De temps à autre apparaît soudain dans une cellule quelconque une tache incolore qui varie d'étendue et de siège, et qui occupe tantôt le centre et tantôt un bord, pendant que le reste de la cellule conserve sa couleur dans tout son éclat. Si l'on substitue alors à l'éclairage par transparence un éclairage direct, la tache se met à briller d'un éclat tout à fait métallique, tandis que les autres parties, précédemment colorées, deviennent sombres, pour reprendre de nouveau leur éclat dès qu'on revient au mode d'éclairage primitif.

« La durée de ces phénomènes est variable; souvent la couleur change trois fois dans l'espace d'une seconde; souvent aussi une teinte persiste plusieurs secondes. A la mort de l'animal, les granulations fines contenues dans les cellules lumineuses se rassemblent vers le centre, et les phénomènes de lumière cessent complètement. » Il va de soi qu'il s'agit là d'une réflexion des rayons lumineux sur les couches granuleuses des cellules, et nullement d'une lueur spontanée. Néanmoins l'auteur n'entend pas affirmer par là que la *Sapphirina* ne compte point parmi les bêtes lumineuses nocturnes au nombre desquelles la rangent Thompson et Ehrenberg.

Les ERGASILIDES, dont le type est le genre *Ergasilus*, ont pour représentant l'*E. Sieboldii* qui vit sur les branchies des Poissons du groupe des Cyprins.

Les CHONDRACHANTIDES ont pour type le genre *Chondrachantus* dont les représentants sont parasites des Poissons.

Il est un genre curieux, type de la famille des NICOTHOÏDES, le genre *Nicothoe* dont le type, *N. Astaci*, a été découvert par Audouin et Milne Edwards, sur les branchies des Homards.

La famille des CALIGIDES qui présente, à la partie antérieure de son corps aplati, un grand céphalothorax en forme d'écusson, comprend les Crustacés parasites appelés *Poux-des-Pois-*

sons qui se meuvent en liberté et qui se distinguent par le développement considérable de leurs griffes et de leurs organes de fixation et de succion. Ils s'accrochent sur la peau, sur les nageoires, et surtout sur les branchies des Poissons de mer les plus divers. Les femelles, qu'on trouve habituellement chargées de deux sacs ovulaires, existent en nombre bien plus considérable que les mâles. Nous donnons ici la figure du *Caligus Balistæ* (fig. 747) qui doit son nom au Poisson qui le porte.

Les *Lernanthropus*, qui se rattachent à la famille des Dichélestidés, portent sur leur petit céphalothorax trois paires d'organes de fixation. Les pattes antérieures de l'abdomen sont atrophiées et les dernières sont transformées en lames assez grandes. Dans toute cette famille, qui est assez considérable, les mâles ont jusqu'à présent échappé à l'observation aussi bien sur les Poissons de mer que sur ceux d'eau douce. Le *Lernanthropus Kœnigii* que nous représentons (fig. 748) se fixe sur les branchies de certains Poissons de la mer des Indes.

Les quatre types suivants appartiennent à la famille des Lernéides, caractérisés par des prolongements spéciaux et des excroissances particulières à la région antérieure du céphalothorax. L'*Hæmobaphes cyclopterina* (fig. 749) porte à l'extrémité de son corps, muni de prolongements sacciformes, une paire de sacs ovulaires tortillés comme des tresses. Une partie grêle, en forme de cou, se distingue nettement du corps. La partie supérieure s'infléchit en arrière; à partir de cet angle, toute l'extrémité antérieure pénètre dans le vaisseau chargé de conduire aux branchies du poisson infesté le sang provenant du cœur; tout le reste du corps trapu de ces parasites repose au milieu des branchies. Ce Lernéide est parasite de différents Poissons des mers groenlandaises. La *Lernæonema monilaris* (fig. 750) choisit pour résidence l'œil du Hareng; elle y introduit sa tête, et son corps forme au dehors un horrible appendice.

Les espèces du genre *Penella* donnent tort, également, au poète qui disait : « Si tu savais

comme il est à l'aise le Poisson qui repose au fond de l'eau ! » Le Parasite, en enfonçant dans le corps du Poisson son extrémité antérieure hérissée d'excroissances ramifiées à la manière d'une végétation luxuriante, doit lui causer une sensation tout autre que celle dont il est parlé. Le corps élancé des *Penella* rappelle vaguement la silhouette du corps humain. Nous représentons (fig. 751) le *Penella sagitta* qui vit sur certains Poissons, les *Chironectes* par exemple.

Un petit nombre seulement de ces parasites vivent sur d'autres animaux que les Poissons. Nous citerons ici l'*Herpyllobius arcticus* qui s'installe sur des Vers Chétopodes des mers septentrionales (fig. 752). La partie antérieure de son corps s'hypertrophie en forme de plaque irrégulière qui pénètre en entier dans les chairs de sa victime. Un cou, en forme de pédicule, réunit cette partie antérieure au corps renflée sphéroïdal, muni des sacs ovigères, que remplissent les germes de la nombreuse postérité de ce parasite.

Les *Brachiella* font partie du groupe des Lernéopodides; l'une d'elles est représentée (fig. 753). A la base du céphalothorax allongé et vermiforme s'insèrent deux pattes-mâchoires, étirées en forme de bras et confondues à leur extrémité qui porte une sorte de mamelon destiné à pénétrer dans le tégument de l'hôte. Sauf sur les petits appareils buccaux, on ne trouve pas trace de segmentation.

Fig. 755. — L'Achtère des Perches, mâle.

Les *Achtères* du même groupe méritent attention par leur forme singulière; nous donnons les portraits de l'*A. percarum* mâle et femelle (fig. 754 et 755) qui vit dans la gorge et sur les arcs branchiaux de la Perche.

LES BRANCHIURES — *BRANCHIURA*
LES ARGULIDES — *ARGULIDÆ*

Caractères. — Ce sous-ordre, qui ne comprend que l'unique famille des Argulides, a un céphalothorax discoïde et un abdomen atrophié et bilobé. Deux grands yeux composés gisent sur les côtés de la tête; un long stylet se trouve en avant de la trompe. Au-dessous des pièces buccales et des pattes-mâchoires, se succèdent quatre paires de pattes-nageoires longues, étirées et fourchues.

L'ARGULE FOLIACÉ. — *ARGULUS FOLIACEUS.*

Caractères. — L'*Argulus foliaceus*, qui est assez commun, est d'une couleur vert jaunâtre, long de 4 millimètres; le mâle, plus petit, se reconnaît à deux points noirs placés à la base de l'abdomen (fig. 756).

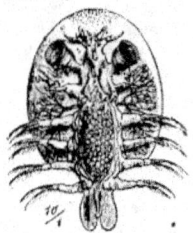

Fig. 756. — L'Argule foliacé très grossi.

Mœurs, habitudes, régime. — Ce Crustacé parasite de nos Poissons d'eau douce, ou *Poux-des-Carpes*, se distingue par son agilité et par la fréquence de ses changements de résidence.

Comme l'indique son nom, cet animal se tient d'ordinaire sur les Carpes; mais, comme l'a remarqué Claus, il se tient souvent aussi sur les Larves de Crapauds et de Grenouilles, et notamment sur l'Axolotl.

« Les Argulus, dit-il, se nourrissent principalement du plasma sanguin, c'est-à-dire du liquide propre du sang; ils se frayent une voie jusqu'à lui à l'aide de leur stylet, de leurs mandibules et de leurs maxillaires pointues. Déjà le développement remarquable des organes des sens et des pattes-nageoires nous indique qu'il s'agit là de parasites « stationnaires », c'est-à-dire susceptibles de quitter leur hôte, à l'occasion de l'accouplement et de la ponte, et d'errer quelque temps en liberté. En outre, l'organisation du tube digestif, muni de nombreux cæcums ramifiés, nous permet de prévoir qu'après une alimentation copieuse le jeûne peut se prolonger assez longtemps sans diminuer l'énergie vitale de l'animal. J'ai constaté, en réalité, que l'*Argulus*, après une alimentation abondante, peut rester séparé de son hôte et privé de toute nour-

riture pendant des jours et même pendant plus d'une semaine, et qu'il mue pendant cette période; puis, fixé de nouveau sur le corps d'un Poisson, il remplit de nourriture les nombreux appendices de son intestin.

Comme nous sommes peu fixés encore en général sur l'époque de la reproduction chez ces animaux inférieurs, nous emprunterons volontiers à Claus ses observations. « Relativement au temps de l'accouplement et de la reproduction, dit-il, je puis avancer que cette époque n'est pas limitée au printemps; plusieurs générations se succèdent pendant l'été et pendant l'automne. A la fin d'avril ou au commencement de mai, on observe le premier frai; je ne veux point affirmer cependant qu'à l'occasion une ponte n'ait pu avoir lieu une ou plusieurs semaines plus tôt. La couvée éclot à peu près quatre à cinq semaines après le dépôt du frai et ne fournit sa première ponte qu'au bout de six ou sept semaines environ.

« Ainsi c'est vers le milieu ou la fin de juillet que cette nouvelle génération produit les œufs d'été, et ses descendants pondent à leur tour vers la fin de septembre. Mais ces intervalles périodiques sont certainement altérés par ce fait que l'*Argulus* femelle n'est pas délivrée par une ponte unique, mais qu'après un laps indéterminé, qui dépend de l'alimentation, elle pond une seconde fois et probablement plusieurs fois. Très souvent j'ai vu des femelles d'Argule se réinstaller sur le tégument d'un Poisson immédiatement après avoir pondu ses œufs (qui sont agglutinés contre une pierre ou tout autre objet résistant), puis au bout de quelque temps remplir de nouveau l'ovisac vidé, c'est-à-dire amener à maturité une foule de petits ovules. C'est ainsi que se produisent les pontes observées depuis le mois de juillet jusqu'à la fin d'octobre. Les mâles possèdent une puissance de vitalité en rapport avec celle de leurs épouses et peuvent féconder toute une série de femelles pendant les mois qu'ils ont à vivre; le nombre relativement très limité des mâles est, d'ailleurs, en harmonie avec cette aptitude génératrice. »

Beaucoup de lecteurs, sans doute, éprouvent un sentiment de répulsion en quittant ce coin sombre du monde animal. Cette foule d'êtres grimaçants et grotesques, qui mènent une triste existence et qui constituent pour les autres créatures une charge et une plaie constantes, ne sont pas faits pour inspirer un sentiment de satisfaction et de plaisir, lorsqu'on les considère en eux-mêmes. Mais ils ne sauraient être omis parmi les combattants de la « lutte pour l'existence » dont nous venons d'esquisser le tableau ; ils y occupent, en effet, une place qu'ils ont conquise.

Une vue d'ensemble permettait seule de les expliquer, de les comprendre, et de les rendre intéressants.

LES CIRRIPÈDES — *CIRRIPEDIA*

Rankenfüssler.

Caractères. — Les *Cirripèdes*, ainsi nommés en raison des appendices en forme de vrilles, ou mieux de cirres, que présentent leurs pattes, nous offrent l'exemple d'une modification toute spéciale. La sécrétion calcaire dont ils se recouvrent les avait fait classer dans les collections anciennes parmi les Mollusques ; Cuvier lui-même n'avait pas encore reconnu

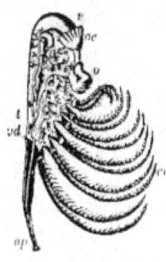

Fig. 757 et 758.—Le Lepas anatifère, vue de côté et de face. | Fig. 759. — Organisation, d'après Martin St-Ange (*).

Fig. 757 à 759. — Le Lepas anatifère, caractères extérieurs et organisation.

leur nature véritable, qui n'a été découverte qu'à l'époque où l'on a pu saisir les indices fournis par l'histoire de leur développement. Nous avons figuré (fig. 637 et 638, p. 678) la larve qui succède immédiatement à l'éclosion de l'œuf. Nous reconnaissons tout de suite l'analogie que présente, avec les Entomostracées à l'état jeune, cette Larve pyriforme, munie d'un œil frontal et de trois paires de membres qui s'agitent dans l'eau comme des rames. Les expériences nombreuses que nous connaissons relativement à la vie parasitaire d'une foule de Crustacés nous familiarisent avec l'idée de voir cette créature jeune et frétillante se transformer en un Parasite vieux et morose. Après avoir effectué quelques mues, cet être se décide à se fixer pour le reste de sa vie. Sa carapace apparaît avec la mue qui précède son installation, comme chez les Ostra-

codes. Avec les antennes qui en émergent, il prend ses premiers points d'appui ; des glandes spéciales, qui sécrètent une sorte de ciment, l'assujettissent ensuite plus fortement et plus étroitement au plan sur lequel il se fixe.

La carapace, en se soulevant alors davantage, se revêt, à l'intérieur, de nouvelles plaques calcaires et constitue bientôt une coquille qui ne rappelle en rien l'aspect des autres Crustacés. Dans cette coquille gît l'animal, qui pendant ce temps a subi diverses modifications. Avec les connaissances que nous possédons maintenant, nous reconnaissons aisément, malgré l'aspect extérieur conchylioïde de ces bêtes, leur nature de Crustacés que décèle infailliblement, entre autres caractères, l'existence de

(*) v, bouche ; œ, œsophage ; i, intestin ; f, organes mâles formés par des vésicules ; vc, canaux déférents ; ap, appendice caudiforme ; c, cirres.

six paires de pattes fourchues et munies de de cirres terminales composées de nombreux articles. Un autre caractère important de cet ordre tout entier consiste dans l'hermaphrodisme. Cependant Darwin a constaté l'existence de mâles nains ou mâles complémentaires qui sont parasites des individus hermaphrodites.

Mœurs, habitudes, régime. — Ces êtres qui n'habitent que la mer peuvent ouvrir et fermer spontanément leur demeure; tant qu'ils sont recouverts par l'eau, ils étendent et rétractent continuellement leurs cirres pour renouveler l'eau dans les branchies flagelliformes dépendances de ces pattes transfor-

mées et pour amener dans leur bouche leur nourriture. Ils se trouvent réunis parfois en groupes innombrables, notamment les *Balanides* qui vivent sur les côtes rocailleuses dans l'espace compris entre les niveaux de la basse mer et de la haute mer.

Distribution géographique. — Exclusivement marins, ces Crustacés ont une distribution géographique fort étendue, d'autant mieux que beaucoup d'entre eux se fixent aux corps flottants.

Distribution paléontologique. — Ils existaient à toutes les périodes géologiques à partir de l'époque des mers jurassiques.

LES THORACIQUES — *THORACICA*

Caractères. — Le corps, entouré d'un manteau d'ordinaire à plaques calcaires, est segmenté dans le thorax qui porte six paires de

pattes en forme de cirres; la bouche a une lèvre supérieure palpigère et trois paires de mâchoires.

LES PÉDONCULÉS — *PEDONCULATA*

Caractères. — Ils sont fixés par un long pédoncule et ont six appendices en forme de cirres.

LES LÉPADIDES — *LEPADIDÆ*

Entenmuscheln.

Caractères. — Ces Lépadides se fixent par un pédicule musculeux et flexible, et leur manteau membraneux présente cinq pièces calcaires.

D'après le nombre et l'étendue des plaques calcaires, on distingue toute une série de genres divers. Les genres *Lepas* et *Conchoderma* comptent parmi les plus communs.

Mœurs, habitudes, régime. — Le nom « d'Anatifes », appliqué aux représentants de la famille des Lépadides, repose sur une croyance universellement abandonnée aujourd'hui : on se figurait jadis que ces espèces de coquilles étaient des œufs pédiculés devant donner naissance à des Canards. Les étymologistes pourraient trouver là matière à dissertation.

La moitié environ des espèces de cette famille se fixe sur les objets qui se meuvent dans l'eau, tels que des quilles de navires, des morceaux de bois, des bouteilles et autres corps flottants, ou sur des animaux qui changent souvent de résidence. Ainsi l'*Anelasma squali-*

cola, par exemple, qui vit sur des Squales, des régions septentrionales, implante son pédicule dans leur tégument.

La *Lepas anserifera* et quelques autres espèces sont les ornements habituels des navires qui reviennent de presque toutes les mers méridionales et tropicales.

La *Lepas pectinata* se fixe aux objets qui flottent dans toute la région de l'Atlantique, depuis le nord de l'Irlande jusqu'au cap Horn.

Sur les côtes des Calabres et dans le golfe de Naples on rencontre souvent des pierres ponces recouvertes de *Lepas anatifera* qui font ainsi de lointains voyages au gré des vents et des courants (fig. 760).

Puisque nous avons parlé des Lépadides parasites, arrêtons-nous un instant sur deux espèces de cette famille; tout en étudiant leurs modes d'existence particuliers, nous verrons qu'ils peuvent servir de transition pour aborder la famille des Rhizocéphales qui s'écarte le plus du type général des Crustacés.

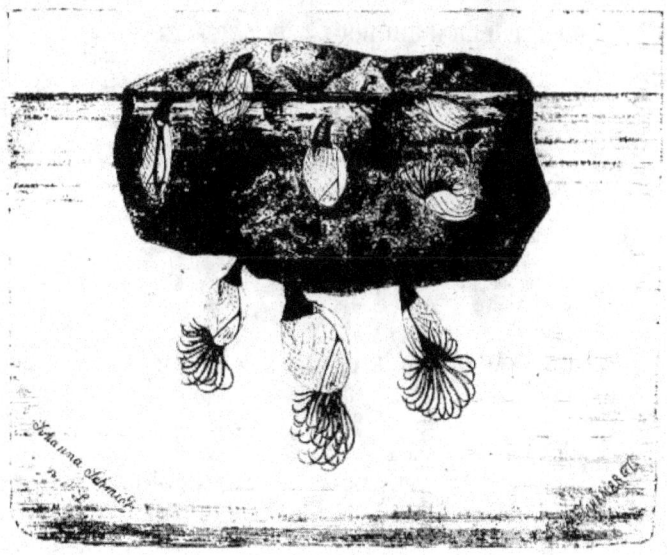

Fig. 760. — Groupe de Lepas anatifères fixés à une pierre ponce.

L'*Anelasma squalicola*, qui vit en parasite sur certains Squales, se comporte tout autrement que la Kochlorine. Cet animal, décrit en premier lieu par Darwin, appartient indubitablement aux Lépadides; cependant, non seulement les plaques calcaires du manteau extérieur lui manquent, mais, en outre, ses membres, qui correspondent aux cirres des autres espèces, sont dégénérés en moignons courts et dépourvus de soies; enfin les organes buccaux, pénétrant comme chez les Lépadides véritables dans les profondeurs du manteau, sont peu développés.

Darwin prétend que l'*Anelasma* hume sa nourriture dans le tégument de son hôte. Il est beaucoup plus probable qu'elle s'alimente principalement par une voie moins directe. Chez les *Anelasma*, le pédicule à l'aide duquel les Lépadides se fixent d'habitude superficiellement pénètre profondément dans le tégument du Squale et émet de nombreux bourgeonnements radiculaires qui, en s'allongeant et en se ramifiant, s'implantent dans la chair même de l'hôte. En contact immédiat avec les sucs nutritifs, ces radicelles à parois minces doivent absorber les liquides et les amener jusque dans le corps du Parasite. Ainsi s'explique l'atrophie des organes chargés primitivement de saisir et d'absorber les aliments. Mais pendant cette transformation, la conformation et les aptitudes physiologiques de la forme originelle du Lépadide n'ont pu persister.

Des *Dichelaspis* se fixent aux Serpents de mer (Pelamis).

Filippi et Gilioli ont découvert que les oiseaux marins les Puffins (*Profinus cinereus*) portaient sur les barbes des plumes abdominales des Lépadides (*Ornitholepas australis*).

Des *Alépas* s'attachent aux Méduses, des *Pœcilasma* aux Crustacés (*Homola* et *Inachus*).

Certains Lépadides s'implantent sur d'autres Cirripèdes, les *Conchoderma virgata* sur les Coronules.

Sur les côtes basques, on mange le pédicules des Anatises.

LES POLLICIPÉDIDES — *POLLICIPEDIDÆ*

Caractères. — Le pédoncule fixateur est peu distinct, avec poils ou écailles; le manteau a de nombreuses pièces calcaires.

Mœurs, habitudes, régime. — Les espèces du genre *Scalpellum* vivent à de grandes profondeurs, et celles du *Pollicipe* habitent les rivages.

Parmi les genres qui ne changent pas de résidence citons les *Lithothrya* qui s'implantent dans les roches calcaires, dans les Coquilles des Mollusques lamellibranches et dans les fragments de Corail.

LES OPERCULÉS — *OPERCULATA*

Caractères. — Ils ont un pédoncule fixateur ou en sont dépourvus; les pièces calcaires sont disposées en couronne dont la cavité est fermée par un opercule.

LES BALANIDES — *BALANIDÆ*

Scepohken.

Caractères. — Les Balanides, qui sont sans pédoncule, ont une coquille cylindrique ou conique fermée par un opercule membraneux muni de deux paires de pièces calcaires articulées entre elles.

Mœurs, habitudes, régime. — Elles se fixent à divers objets sur lesquels elles reposent directement par la base de leur coquille.

LA BALANE BALANOIDE. — *BALANUS BALANOIDES*

Le *Balanus balanoides* ferme sa demeure aussitôt que la marée descend sur la plage où il s'est installé. C'est ainsi qu'il se préserve du dessèchement; l'obturation est tellement étanche que le soleil le plus ardent demeure sans effet. Cette espèce meurt dans l'eau saumâtre où peuvent prospérer d'autres espèces. Darwin a trouvé une espèce vivant à l'embouchure d'un fleuve, sur des rochers mouillés d'eau douce à marée basse et d'eau salée à marée haute.

LA BALANE CLOCHETTE. — *BALANUS TINTINNABULUM*.

Caractères. — Le *Balanus tintinnabulum* (fig. 761) est une espèce des plus communes, remarquable par la variété extraordinaire de ses formes et par sa couleur rouge passant de

la nuance pâle à la teinte pourpre foncée

Distribution géographique. — Sa véritable patrie s'étend de Madère au Cap, et de la Californie au Pérou.

Mœurs, habitudes, régime. — Elle apparaît souvent en masses prodigieuses fixées sous les

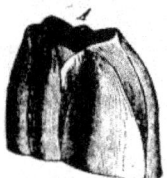

Fig. 761. — La Balane Clochette ou Tulipe fermée (*Balanus tintinnabulum*).

bateaux qui reviennent de l'Afrique occidentale, des Indes occidentales et orientales ou de la Chine, et qui rentrent dans les ports européens. Un navire qui avait visité d'abord l'Afrique, puis la Patagonie, portait à sa quille des spécimens d'une espèce patagonienne (*Balanus psittacus*) installés sur des *Balanus tintinnabulum*.

Les *Chenolobia* (*C. testudinaria caretta*) s'attachent aux téguments des Tortues marines.

LES CORONULIDES — *CORONULIDÆ*

Caractères. — Les pièces calcaires de l'opercule ne sont pas articulées entre elles.

Mœurs, habitudes, régime. — Quelques Cétacés jouissent d'un attrait tout spécial pour certaines *Corolunides*, et plus rarement pour quelques *Lépadides*.

Sur les Rorquals ou Keporkak des Groenlandais, même toutes jeunes, on trouve si régulièrement des *Coronula* que les Groenlandais sont absolument convaincus de la présence de ces Crustacés sur les Baleines dans le corps même de la mère.

Les *Coronula bolænaris* et les *Tubicinella trachealis* paraissent habiter exclusivement sur la Baleine lisse de la mer du Sud (*Leiobalæna australis*). .

En revanche, la Baleine du Groenland (*Balæna mysticetus*), tout à fait septentrionale, ne porte jamais de Cirripèdes; d'après Eschricht, on ne trouve de Coronulides sur aucun Rorqual boops(*Balænoptera boops*). Ce Naturaliste dano¹s montre comment la connaissance de ce parasitisme peut être utile aux baleiniers. « De même, dit-il, que sur chaque espèce de Baleine on trouve des espèces de Cirripèdes bien déterminées, de même aussi ces parasites occupent des places diverses et suffisamment constantes sur le corps de leur hôte. C'est au moins le cas des Coronulides. Sur les Baleines lisses de la mer australe, ces parasites se fixent de préférence à la partie supérieure de la tête et notamment à la région appelée « couronne » : or, les *Tubi-*

cinella ne s'installent que dans la couronne, tandis que les *Coronula* s'établissent en outre sur les nageoires caudales et thoraciques. Sur la Keporkak, les *Diadema* ne se fixent peut-être jamais à la partie supérieure de la tête; on les voit plutôt sur la face ventrale et sur les nageoires caudales et thoraciques. Pour la Baleine lisse antarctique, les pêcheurs trouvent un caractère spécifique dans la couleur blanche produite par la présence des *Tubicinella* et des *Cyamus* entremêlés en grand nombre sur la tête, que ce Cétacé soulève au-dessus de l'eau lorsqu'il respire. »

La *Coronula diadema* se trouve sur les Mégaptères de toutes les mers, la *Xenobalanus globicipetis* sur les Globicéphales, le *Platylepas bissextlobata* sur les Siréniens, les Lamantins, les Dugongs.

Nous représentons (fig. 730 et 731, p. 787) le *Cryptolepas Rachianecti*, qui vit en compagnie de Cyames sur la peau d'un étrange Cétacé, le *Rachianectes glaucus* du Pacifique.

M. P. Fischer a découvert (1887) une petite Coronulide fort curieuse, ayant 6 mill. en tous sens, le *Stephanolepas muricata* qui pénètre profondément dans les téguments des Tortues marines, en s'insinuant à l'intersection des deux plaques épidermiques des membres.

LES ABDOMINAUX — *ABDOMINALIA*

Caractères. — Leur manteau en forme de bouteille, leurs trois paires de cirres les distinguent.

Mœurs, habitudes, régime. — Ces Cirripèdes à sexe séparé se creusent une retraite dans la Coquille des Mollusques et le test d'autres Cirripèdes. L'*Alcippe lampas* s'établit dans la columelle des Fuseaux et des Buccins des côtes d'Europe. Le *Cryptophialus minutus* découvert par Darwin installe sa demeure dans le test d'un autre Cirripède, le *Concholepas peruviana*.

Le singulier cirripède que F. C. Noll a découvert et nommé *Kochlorine hamata* se trouve dans la coquille de la petite Oreille-de-Mer ou Haliotide (*Haliotis tuberculata*).

Cet animal, long de quelques millimètres seulement, s'installe dans une excavation, en forme de bouteille, s'ouvrant par un hiatus. Son manteau est armé d'épines chitineuses

à l'aide desquelles il se creuse par le raclage une habitation dans l'épaisseur du test fort dur de la coquille. Des épines spéciales, plus longues, situées à l'entrée du manteau, peuvent servir à maintenir béante l'ouverture de l'excavation et à la débarrasser de toutes les bêtes qui pourraient s'y installer et l'obstruer.

Bien que par la configuration des diverses parties de leur corps il diffère du genre précédent, l'ensemble de sa conformation reste pourtant fidèle au type des Lépadides; on observe seulement les modifications qu'imposent une résidence spéciale et l'installation d'une demeure dans une substance très dure.

L'abri est le seul profit que la *Kochlorine* tire de l'Oreille-de-Mer. Elle est privée des plaques calcaires qui forment la carapace des Cirripèdes dont l'installation est libre; elle doit subvenir elle-même à l'entretien de sa vie.

LES APODES — *APODES*

Caractères. — Ils rappellent par leur forme et leur segmentation une larve d'Insecte; ils sont privés de cirres.

Mœurs, habitudes, régime. — Ces Cirripèdes hermaphrodites, trouvés par Darwin, s'installent dans l'intérieur du manteau d'autres Cirripèdes. L'espèce unique, le type du genre *Proteolepas*, le *P. bivincta* vit dans le sac de l'*Alepas parasita*.

LES RHIZOCÉPHALES — *RHIZOCEPHALA*

Wurzelkrebse.

Caractères. — Chez ces Cirripèdes la transformation et la métamorphose régressive sont tellement accentuées qu'il serait impossible de découvrir les affinités zoologiques de ces animaux, si la configuration à l'état jeune ne justifiait pas parfaitement sa qualité de Crustacé; en effet, son corps privé de membres prend un aspect trapu et sacciforme une fois qu'il s'est installé sur l'hôte qu'il choisit; l'appareil digestif disparaît même chez l'adulte sans laisser de trace.

Mœurs, habitudes, régime. — L'histoire de leur développement est des plus intéressante. Les petits qui viennent d'éclore ont la forme de *Nauplius*. Le premier, Fr. Müller a montré, sur des espèces brésiliennes, que leur point d'implantation (qu'on avait pris jadis pour la bouche et qui correspond en réalité au pédicule des Lépadides) émet des tubes clos et ramifiés qui s'enfoncent, comme des racines dans l'intérieur de l'hôte. Ces radicelles, enveloppant son intestin dans leurs mailles ou s'étendant entre les canalicules hépatiques, s'en approprient les sucs, comme ferait une plante parasite luxuriante. Dès lors le parasite n'a plus besoin de son propre appareil digestif; l'hôte auquel il s'est annexé jusqu'à la mort effectue pour lui tout le travail des préparatifs de la nutrition. M. Giard et M. Yves Delage, chacun de leur côté, se sont attachés à éclaircir tout ce que l'évolution de ces êtres avait de singulier. Nous sommes au regret de ne pouvoir exposer leurs recherches.

L'espèce la plus anciennement connue et la plus commune sur les côtes de l'Europe est celle qui porte le nom de Sacculine et se trouve fixée sous l'abdomen du Crabe commun (*Carcinus mœnas*). Nous représentons le *Sacculina*

Carcini, grandeur naturelle (fig. 762), avec son pédicule d'implantation *a*, mais sans les radi-

Fig. 762. — La Sacculine du Crabe enragé (*Sacculina Carcini*).

celles, qui se détachent facilement. C'est par l'orifice *b* que s'échappent les œufs.

Les Rhizocéphales du genre *Peltogaster* qui

Fig. 763.

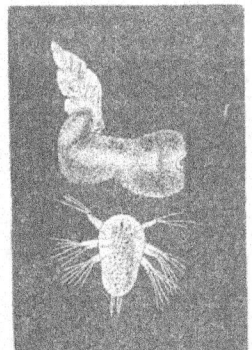

Fig. 764.

Fig. 763. — Le Peltogaster des Bernard-l'Hermite.

Fig. 764. — Nauplius de Parthenope.

ont la forme de sacs allongés, vivent en parasites sur les Bernards-l'Hermite (*Pagurides*), et leurs racines s'enchevêtrent en une masse

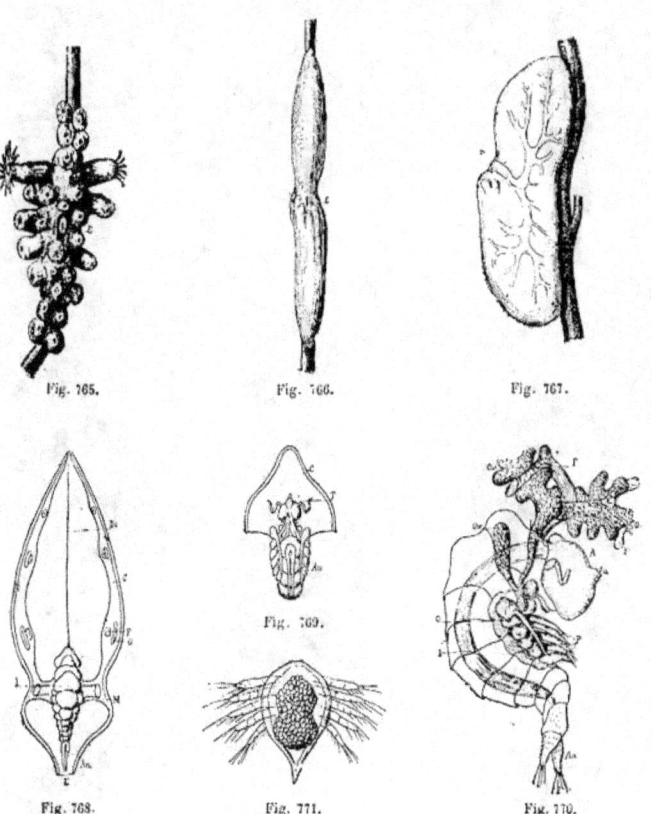

Fig. 765.   Fig. 766.   Fig. 767.

Fig. 769.

Fig. 768.   Fig. 771.   Fig. 770.

Fig. 765. — Polypes de la *Gerardia* recouvrant la Laura.
Fig. 766 et 767. — Les Polypes enlevés, aspect de la Laura de face et de profil.
Fig. 768. — Coupe de la carapace non loin de l'ouverture d'entrée F où est placée l'ouverture anale A*n* de la Laura C au-dessus du dos de laquelle la carapace forme une demi-pointe. La Laura est suspendue à l'aide des muscles adducteurs des valves M.

Fig. 769. — Autre coupe. La carapace C est conservée seulement autour de la tête; T, la Laura se trouve ainsi vue de face; A*n*, l'anus remontant.
Fig. 770. — Laura vue de profil. — T, tête; A, antennes; A*n*, anus; *a*, orifice du sommet de la tête avec son aiguillon; O*v*, ovaires; P, pattes; I, intestin.
Fig. 771. — Son Nauplius en forme de toupie.

Fig. 765 à 771. — Le *Laura Gerardiæ*, Cirripède parasite d'un Polypier (Zoanthaire de l'ordre des Antipathaires), le *Gerardia Lamarcki* découvert par M. H. de Lacaze-Duthiers sur les côtes de Barbarie.

spongioïde qui pénètre dans l'hôte et en absorbe les sucs. Le *Peltogaster curvatus* (fig. 763) exerce son parasitisme sur le *Pagurus Prideauxiis*, fréquent dans la Méditerranée.

L'origine de la touffe radiculaire est en *a*, et l'orifice du manteau en *b*.

Le *Nauplius* que nous figurons au-dessous, avec un fort grossissement, n'est autre qu'une

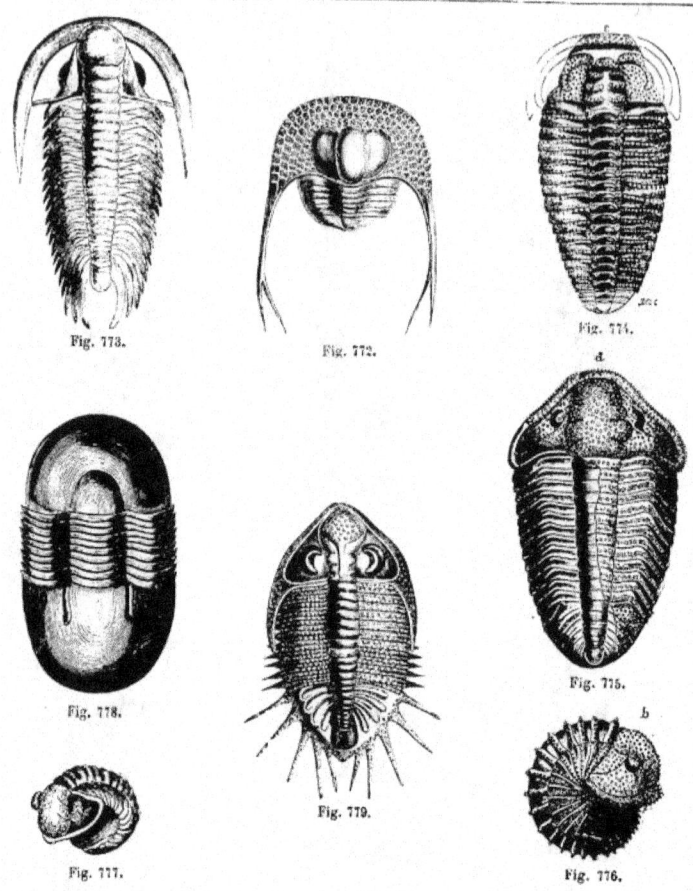

Fig. 773.

Fig. 772.

Fig. 774.

d.

Fig. 778.

Fig. 775.

b

Fig. 777.

Fig. 779.

Fig. 776.

Fig. 772. — *Trinucleus Pougerardi* (Trinucléides).
Fig. 773. — *Paradoxides Tessini* (Olénides).
Fig. 774. — *Sao hirsuta* (Conocéphélides).
Fig. 775 et 776. — *Calymene Blumenbachii* (Calyménides).

Fig. 777. — *Calymene.*
Fig. 778. — *Illœnus Davisii.*
Fig. 779. — *Dolmania punctata* (Phacopides).

Fig. 772 à 779. — Différentes formes de Trilobites (p. 821).

larve de *Parthenopea subterranea* qui habite sur le Crustacé appelé *Calianassa* et qui est très voisin des Peltogaster.

Sans quitter le terrain du parasitisme, nous compléterons l'histoire des Rhizocéphales en rappelant l'existence d'un Isopode du genre *Bopyrus*, le *Liriope*, qui souvent vit en parasite

sur les Rhizocéphales et celle de deux autres Isopodes parasites qui tirent profit des radicelles que le *Sacculina purpurea* implante dans un petit Bernard l'Hermite; ces Cloportes marins s'installent au-dessous de la Sacculine et la font périr en détournant à leur profit les sucs nutritifs aspirés par ses radicelles. Mais ce n'est pas tout encore : ces radicelles continuent à foisonner indépendamment de la Sacculine même et acquièrent une extension inusitée ainsi que l'indique Fr. Müller, notamment dans les cas où l'Isopode qui se nourrit par leur canal est du genre *Bopyrus*. La nature crée ainsi, sinon de simples bouches, du moins des organes qui remplissent les fonctions d'une bouche, et qui meurent seulement longtemps après que les corps dont ils faisaient partie ont péri.

LES ASCOTHORACIDÉS ou RHIZOTHORACIDÉS —
ASCOTHORACIDA seu *RHIZOTHORACIDA*

Caractères. — Leur carapace a la forme d'un sac ou d'une outre thoracique dont la surface est couverte de radicelles.

Mœurs, habitudes, régime. — M. de Lacaze-Duthiers a découvert un des types les plus curieux de ces Cirripèdes dégradés, dont il a fait l'objet d'une étude magistrale, le *Laura Gerardiæ*, parasite d'un Zoanthaire de l'ordre des Antipathaires, la *Gerardia Lamarcki* qui se plaît sur les fonds qu'habite le Corail.

Ce Laura vit complètement immergé dans les tissus de la Gérardia, et ne présente à découvert qu'un point limité E, car elle est presque entièrement recouverte (fig. 765) des élégants polypes de son hôte, qui s'étalent comme des Marguerites jaunes. Si on enlève ces polypes on se trouve en présence d'une carapace longue de 2 à 4 centimètres, d'un rose assez vif, qui se présente de face sous l'aspect de la fig. 766 et de profil sous celui de la fig. 767. Le corps proprement dit de la Laura est complètement caché ; il faut, pour l'apercevoir, fendre les deux valves de la carapace du côté du bord adhérent au Polypier ; il apparaît alors vu de dos et replié sur lui-même, suspendu par sa nuque à l'aide des muscles adducteurs des valves (fig. 768). L'enlèvement de la carapace sur l'autre côté (fig. 769) permet de voir l'animal de face et d'apercevoir la tête ; la fig. 770 donne une idée très exacte de la forme et de l'organisation ; la figure 771 représente le Nauplius en forme de toupie de cet étrange animal qui a permis à M. de Lacaze-Duthiers de faire un mémoire des plus intéressants et des plus originaux.

LES TRILOBITES — *TRILOBITÆ*

Trilobiten.

Les Trilobites constituent un groupe de Crustacés absolument éteint dont les nombreux représentants ont vécu exclusivement à la période paléozoïque.

Comme déjà dans les couches les plus inférieures, qui ne renferment aucune trace d'autres existences, on a trouvé des Trilobites inclus, on a considéré ces êtres non seulement comme les plus anciens des Articulés, mais encore comme les représentants les plus antiques du monde animal. Ces animaux étant, sans aucun doute, d'une organisation assez élevée, on s'en est servi pour étayer une théorie d'après laquelle le règne organique ne résulterait pas du développement graduel des êtres les plus simples et les plus inférieurs, mais aurait été créé, dans ses divisions diverses, en même temps que les plantes et les animaux d'une organisation relativement élevée. La doctrine opposée, qui a pour principe le perfectionnement graduel des êtres les plus inférieurs, admet nécessairement avec Darwin, son fondateur, que le monde vivant a existé dans ses principes les plus simples bien avant l'époque où, jusqu'à présent, la vie nous paraît avoir été possible d'après la constitution de la portion d'écorce terrestre dont nous connaissons l'histoire. Jusqu'à quel point les recherches nouvelles confirment-elles cette opinion? c'est ce que nous examinerons ailleurs (1). Les Trilobites n'en demeurent pas moins, aujourd'hui encore, ce qu'ils ont été jusqu'à présent, les plus anciens des Articulés connus.

Jetons un coup d'œil sur le monde primitif, sur les restes de la vie passée. Seuls, les gens à courte vue pourraient se figurer qu'une description de la vie doit rester étrangère à l'examen d'un monde disparu ; comme tous les êtres qui

(1) Voyez Brehm, *La : Vers, Mollusques et Zoophytes*, édition française.

présentent aujourd'hui des liens de parenté les doivent à une origine commune, l'ordonnance de la création et, surtout, la classification sont incompréhensibles sans la connaissance des ancêtres défunts des races actuelles. Avec la forme extérieure et la structure se transmettent aussi les habitudes, tant que l'organisation générale et le mode d'existence ne sont pas amenés, par une modification des conditions extérieures, à s'engager dans une voie nouvelle, à se transformer, à s'adapter. La distribution géographique, qui certes n'est pas étrangère à une description du monde vivant, trouve son explication exclusivement dans les différentes phases du monde primitif, dans les déplacements des mers, des îles ou des continents, auxquels les animaux ont pris part volontairement ou involontairement.

La voie est fructueuse qui consiste à chercher, dans l'étude de leurs ancêtres, dans l'examen de leurs rapports avec les autres êtres vivants des époques correspondantes, la conclusion à tirer des caractères communs ou particuliers des êtres que le monde vivant met en présence.

Caractères. — Leur corps composé d'une série d'anneaux, tous divisés en trois lobes, d'où le nom de *Trilobites,* était recouvert d'un tégument assez solide, quoique mince ; le premier segment ou tête portait deux yeux composés ou quelquefois des yeux simples, et son bord antérieur avait la forme d'un demi-cercle d'un assez grand rayon dont les extrémités se prolongeaient souvent en pointes ou cornes (fig. 780). Le corps entier était divisé par deux sillons parallèles, longitudinaux, en une partie médiane surélevée et en deux lobes latéraux ; le corps se terminait fréquemment par un anneau en forme d'écusson et assez grand, nommé le *pygidium.*

Ces animaux avaient la faculté de s'enrouler à la façon de certains Crustacés isopodes, les Sphéromes; bien que des myriades d'exemplaires minutieusement observés ne présentent aucune trace de membres, les observations de Eichwald, de Goldfuss, de Billings, de Woodward et surtout les remarquables recherches de C.D. Walcott, effectuées par la méthode des coupes, permettent d'affirmer que la tête, le thorax et le pygidium portaient des appendices articulés grêles et terminés par des griffes; si ces appendices sont si rarement conservés, cela tient à ce que la face inférieure du corps n'avait d'autre tégument qu'une membrane molle d'une destruction facile.

Certaines roches ont le privilège d'avoir conservé intact soit le test, soit l'empreinte de Trilobites; ses remarquables échantillons permettent d'étudier l'ornementation infiniment variée de ces animaux, points, stries, épines étant parfaitement indiqués; d'autres roches ne nous transmettent que le moulage du corps sans laisser trace du test.

Fig. 780. — Trilobite à différents stades de développement (*Sao hirsuta*).

L'étude de ces restes admirablement conservés a permis à J. Barrande, qui a consacré sa vie à l'étude de ces animaux disparus, de constater qu'ils n'arrivaient à l'âge adulte qu'après avoir subi des modifications successives. Bien que ces modifications se fassent suivant quatre types différents, on peut dire que la tête se forme la première et subit peu de changements, que le thorax et le pygidium étant confondus pendant les premiers âges, la région thoracique se constitue au détriment de la région postérieure par la formation de segments dont le nombre va croissant et qui acquièrent peu à peu l'indépendance et la mobilité.

Si de tous les Crustacés vivant actuellement les Phyllopodes paraissent être proches parents des Trilobites, on doit reconnaître que les êtres qui constituent le groupe des Mérostomés, dont le type est la Limule, ont avec eux d'étroites relations. Quoi qu'il en soit, beaucoup de Naturalistes les regardent comme les ancêtres des Crustacés et des Articulés en général.

Distribution paléontologique. — Ces premiers habitants du globe vivaient déjà à l'époque cambrienne et leurs nombreuses espèces (252 réparties dans 50 genres) ont laissé les traces de leur existence, ils se montrèrent en nombre considérable à l'époque silurienne inférieure (866 espèces), furent moins nombreux à l'époque silurienne supérieure (482 espèces), commencèrent à se raréfier à l'époque dévonienne (105 espèces distribuées dans 12 genres seulement), subsistèrent jusqu'à l'époque carbonifère (15 espèces groupées dans 4 genres), permienne (1 espèce), et disparurent à tout jamais. On peut dire que les Trilobites impriment un caractère tout particulier aux faunes cambrienne et silurienne.

Certains genres eurent une aire de distribution géographique immense, d'autres au contraire furent confinées dans certaines régions; une seule espèce se trouverait à la fois en Europe et en Amérique. C'est le Cambrien qui recèle la faune la plus ancienne : en Europe dans le Pays de Galles, la Scandinavie, la Bohême, l'Espagne, la Sardaigne; en Amérique dans le Canada et le nord des États-Unis. C'est le calcaire carbonifère de la Belgique, d'Angleterre, d'Allemagne, de l'Amérique du Nord qui renferme la faune la plus récente groupée dans 2 genres et 2 sous-genres; l'un d'eux parvient seul à un âge moins reculé et a laissé sa trace dans le Permien de l'Amérique du Nord.

Mœurs, habitudes, régime. — Il est difficile de savoir quel pouvait être le genre de vie d'êtres qui n'ont pas de représentants à notre époque; mais rien n'a rebuté la sagacité des Naturalistes; Géologues et Paléontologues ont cherché à deviner le passé.

Les trouvant associés aux Brachiopodes, aux Céphalopodes, aux Crinoïdes, à des Gastéropodes à coquille épaisse, à des Bryozoaires, à des Coralliaires, ils en ont conclu que les Trilobites habitaient exclusivement la mer; et par comparaison avec leurs compagnons de sépulture, ils en ont déduit que les uns avaient vécu sur des fonds calcaires ou marneux, les autres sur des fonds vaseux ou sableux; ils ont présumé que ceux qui étaient aveugles avaient erré dans

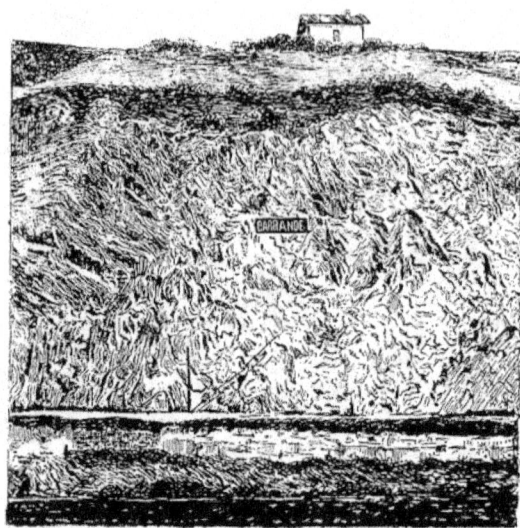

Fig. 781. — Le monument de Barrande sur les bords de la Moldau.

les grands fonds. Les rencontrant ordinairement ensevelis couchés sur le dos, connaissant la structure et la disposition de leurs appendices, on a supposé qu'ils se déplaçaient à la façon des *Apus* en nageant le ventre en l'air, et qu'ils rampaient sur les corps solides à la manière des *Cypris*.

Espérons qu'un jour la drague remontera du fond des Océans quelque animal inconnu, quelque être fabuleux, qui transformera ces conjectures en réalité.

Classification. — La première tentative de classification est due à Alex. Brongniart (1822); Dalman, Quenstedt, Goldfuss, H. Milne-Edwards, Burmeister, Emmerich ont fait faire de grands progrès, mais c'est surtout à Barrande et à Salter que nous sommes redevables des travaux les plus importants qui aient fixé le groupement de ces êtres.

D'après leurs recherches les 1,700 espèces de Trilobites, répartis dans 140 genres et sous-genres, ont été groupés en 15 familles : Agnostides, Trinucléides, Olénides, Conocéphalides, Bohémillides, Calyménides, Asaphides, Brontéides, Phacopides, Cheirurides, Encrinurides, Acidaspides, Lichades, Prœtides, Harpédides.

L'éminent paléontologiste Barrande a consa-

cré cinquante et un ans de sa vie à étudier la géologie de la Bohême et a constitué une des collections de Trilobites les plus complètes, qu'il a léguée à l'Université de Prague ; collections qui ont servi de base à ses magnifiques publications (1).

Il nous faudrait entrer dans le domaine de la Paléontologie et de la Géoolgie si nous voulions d'une part exposer les caractères de toutes ces familles et mentionner les types principaux qui sont caractéristiques des terrains ; nous nous bornerons à mettre sous les yeux des lecteurs quelques-unes des formes les plus essentielles à connaître (fig. 772 à 779, p. 817).

(1) En reconnaissance du dévouement apporté par Barrande à l'étude de la géologie et de la paléontologie de la Bohême, les Universités et les étudiants tchèques ont élevé à sa mémoire un monument sur les bords de la Moldau (fig. 781).

Ce monument consiste en une plaque de marbre noir, fixée à une hauteur de 20 mètres, au milieu d'un massif vertical de calcaires siluriens gris foncé, disposées en couches tordues, et plissées en tout sens; ces calcaires appartiennent à l'étage F de Barrande : le nom de *Barrande* est inscrit, en lettres d'or de 1ᵐ,10 de hauteur, sur la plaque, qui a une longueur de 4ᵐ,82, une largeur de 1ᵐ,40 et un poids de 1,600 livres. Voy. R. Sedlacek, *Science et Nature*, 1885, t. III, p. 309.

LES MÉROSTOMÉS — *MEROSTOMATA*

Nous voici encore en présence d'Animaux articulés dont les affinités zoologiques ont été longtemps méconnues. N'ayant sous les yeux que les représentants du genre Limule, le seul qui existe de nos jours, étant dans l'ignorance de leur développement embryonnaire, les Naturalistes n'étaient pas en possession de documents suffisants pour déterminer les rapports et les dissemblances de ces Arthropodes. Il ne faut donc pas s'étonner qu'ils aient ainsi les opinions les plus divergentes. Pour les vieux auteurs, c'étaient des Crabes, le nom de Crabes des Moluques appliqué à une espèce est même venu jusqu'à nous; pour Linné, pour O. F. Muller, c'étaient des Entomostracés; pour Straus-Durckeim, ils devaient prendre place parmi les Arachnides. Ils ont longtemps constitué une simple division générique sous le nom de *Limulus*, O. F. Muller; Latreille les fait passer au rang d'ordre sous l'appellation de Xiphosures, puis les réunit aux Copépodes, avec lesquels ils constituent les Pœcilopodes.

Plus près de nous, Dana et Woodward, sans préjuger leurs affinités, ont pensé qu'ils devaient constituer une classe distincte intermédiaire entre les Crustacés et les Arachnides, sous l'appellation de *Mérostomés;* Dana n'y place que les véritables Xiphosures, Woodward y ajoute les Euryptérides, qui ne sont connues qu'à l'état fossile.

A. Milne-Edwards (1), à la suite de ses beaux travaux sur l'organisation des Limules, adopte cette opinion.

Packard (2) conclut de ses excellentes recherches embryogéniques qu'ils doivent être unis aux Trilobites et former avec eux la sous-classe des Paléocarides.

(1) Alph. Milne-Edwards, *Recherches sur l'Anatomie des Limules*, 1872.
(2) A.-S. Packard, *The Development of* LIMULUS POLYPHEMUS, 1872.

Aujourd'hui que la Morphologie, l'Anatomie, l'Embryogénie des formes vivantes, c'est-à-dire des Limules, nous sont parfaitement connues, grâce aux travaux de V. d. Hoeven, de Straus-Durckeim, d'A. Milne-Edwards, de Dorh, de Gegenbaur, de Van Beneden, d'Owen (1), de Packard, que la Paléontologie nous a révélé l'existence d'une foule d'êtres disparus, à la suite des études magistrales de Woodward (2), nous connaissons la Phylogénie de ces Arthropodes, et nous sommes à même de déterminer exactement le rang qu'ils doivent occuper dans la classification, et de les placer, par conséquent, entre les Crustacés et les Arachnides, auprès des Trilobites.

Caractères. — Les Mérostomes ont le corps entièrement articulé abrité sous un revêtement chitineux à peu près dépourvu de calcaire; ils ont un bouclier céphalique (céphalo-thoracique des auteurs) souvent très grand, portant généralement en dessus et latéralement deux grands yeux composés, et médianement deux yeux simples; les segments du corps sont tantôt libres et mobiles, tantôt solidaires et immobiles et recouverts par un bouclier. Leur abdomen est plurisegmenté ou réduit à un aiguillon. Ils n'ont qu'une paire d'appendices préoraux (3), et les membres antérieurs abrités sous le bouclier céphalique sont à la fois des organes locomoteurs ou préhenseurs et des organes masticateurs, les articles coxaux de ces appendices

(1) Owen, *On the Anatomy of the American King-crab* (LIMULUS POLYPHEMUS, Lat.), 1872.
(2) H. Woodward, *A Monograph of British fossil Crustacea belonging to the order Merostomata*, 1866-1878.
(3) Pour M. A. Edwards ces appendices, considérés par beaucoup d'auteurs comme étant des antennes, seraient en réalité postoraux et représenteraient simplement des pattes-mâchoires, ce que confirme le développement; comme les Scorpions, ils n'auraient donc pas d'appendices frontaux.

étant garnis de dents ; les membres postérieurs foliacés portent, du côté interne, des lamelles branchiales (fig. 782 à 784).

D'après Dana, Huxley, Owen, Woodward, la seconde région du corps qui porte les pattes foliacées et comprend sept rameaux serait le thorax, l'abdomen serait représenté chez les Limules par l'aiguillon, et chez des formes fossiles (Hemiaspides, Euryptérides) par un certain nombre d'anneaux.

Le développement de ces animaux, suivi par Dohrn et par Packard sur le Limule, est absolument caractéristique. Après la formation du blastoderme apparaît (fig. 785) une plaque ventrale à la région céphalique de laquelle s'ébauchent six segments qui développent six paires d'appendices ; les jours suivants (fig. 786 et 787) on voit apparaître les deux premiers appendices du thorax qui est annulé peu à peu, et l'embryon se montre très nettement divisé en deux régions, l'une céphalique (céphalo-thoracique des auteurs), l'autre thoracique (abdominale des auteurs). L'embryon subit alors une mue interne et passe à son deuxième stade pendant lequel les membres céphaliques se divisent en articles et les deux membres thoraciques (fig. 788, VII et VIII) antérieurs commencent à se réunir sur la ligne médiane et à prendre leur forme d'opercules ; la segmenta-

tion du bouclier céphalique s'atténue. Le jeune animal sort alors de l'œuf et apparaît alors (fig. 789) sous cette forme si remarquable qui rappelle un Trilobite dans son jeune âge.

Distribution géographique et paléontologique. — Les seules espèces encore existantes sont des Limulides habitant les côtes de l'Amérique du Nord (Caroline, Floride) et des Antilles, ainsi que les côtes des Moluques, de la Chine et du Japon. Cette famille avait des représentants dans le Trias, le Jurassique, le Crétacé inférieur, le Miocène ; elle avait eu des formes ancestrales (Hémiaspides) aux époques houillère et silurienne supérieures. Les autres Mérostomés n'ont plus de formes vivant à l'époque actuelle, ils ont disparu depuis les temps les plus reculés, car ils ont laissé leurs dépouilles exclusivement dans les dépôts paléozoïques.

Mœurs, habitudes, régime. — Les mœurs des Mérostomés nous sont connues par celles des Limules que nous allons décrire ; toutefois des considérations paléontologiques et géologiques permettent de se faire une idée des espèces éteintes, nous les développerons plus loin.

Classification. — Nous divisons la classe des Mérostomés en deux ordres : celui des Xiphosures et celui des Gigantostracés.

LES XIPHOSURES — *XIPHOSURA*

Caractères. — Le corps est divisé en trois régions bien distinctes. Le bouclier céphalique (céphalothorax des auteurs) porte en dessous une paire d'appendices préoraux terminés par des pinces (antennes des auteurs, pattes-mâchoires d'Alph. M.-Edwards), et 5 paires de membres dont les articles basilaires jouent le rôle de mâchoires (gnathopodes). Le thorax (abdomen des auteurs) comprend 6 ou 7 anneaux, dont les tergites sont

indépendants ou réunis en un seul tergum et dont les sternites portent 6 paires de pattes lamelliformes. L'abdomen (stylet caudal des auteurs) est constitué en réalité tantôt par 3 segments et un long aiguillon caudal, tantôt réduit à ce simple aiguillon.

Classification. — Les Xiphosures ont été groupés dans deux familles : celle des Hémiaspides et celle des Limulides.

LES HÉMIASPIDES — *HEMIASPIDÆ*

Caractères. — Cette famille renferme les Xiphosures dont le bouclier céphalique ne porte pas de trace d'yeux, les 6 ou 7 anneaux thoraciques sont indépendants, mobiles, et rarement unis, dont les segments abdominaux sont au moins au nombre de 3 sans compter l'aiguillon caudal. Jusqu'à présent on ignore

quelle est la conformation de leurs appendices.

Distribution paléontologique. — Les Hémiaspides, qui sont les ancêtres des Limulides, sont exclusivement paléozoïques ; ils abondaient à l'époque silurienne supérieure et à l'époque houillère.

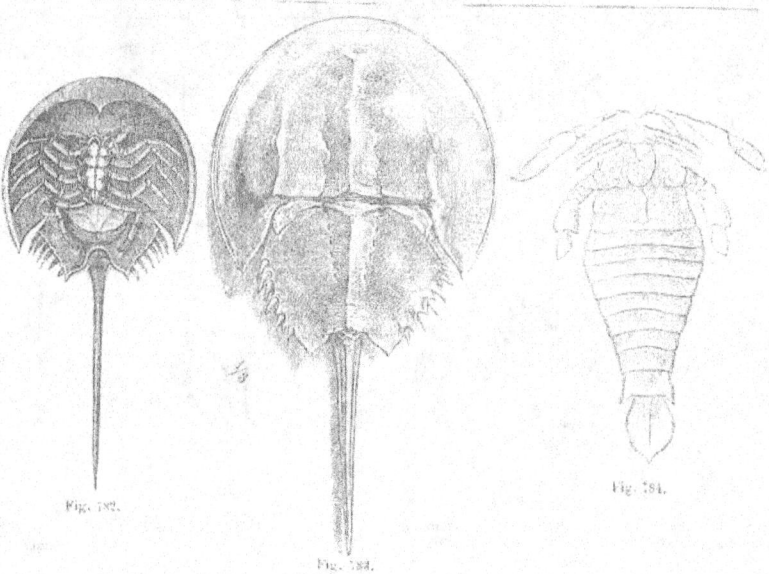

Fig. 382. — Le Limule des Moluques, vu en dessous.

Fig. 383. — Le Limule Polyphème.
Fig. 384. — Le Ptérygote anglais.

Fig. 382 à 384. — Caractères extérieurs des Mérostomés.

LES LIMULIDES — *LIMULIDÆ*

Caractères. — Dans cette famille sont réunis les Xiphosures dont le bouclier céphalique porte deux yeux latéraux à facettes, et deux yeux médians lisses, dont les tergites thoraciques sont réunis en un tergum commun, dont l'abdomen est réduit à l'aiguillon caudal.

Distribution géographique et paléontologique. — A l'époque actuelle les Limulides sont confinés sur la côte orientale de l'Amérique du Nord, la côte orientale de l'Asie, et sur les côtes des Moluques. Aux époques géologiques, ils apparaissent dans le Trias et se montrent dans le Jurassique, le Crétacé et le Miocène.

La distribution géographique des espèces peu nombreuses du genre actuel des *Limulus* est incompréhensible sans un coup d'œil rétrospectif sur les périodes géologiques écoulées, les uns se trouvant sur les côtes de l'Atlantique, les autres sur celles du Pacifique.

On ne peut y voir le résultat d'une extension de ces espèces d'un domaine à l'autre par envahissement brusque ou par accoutumance successive, à cause de la profondeur de la mer qui les sépare ; on ne peut guère s'arrêter raisonnablement à l'idée d'une création spéciale dans chacun de ces deux domaines. Ainsi les *Limulus* de l'Atlantique et ceux de l'océan Pacifique ont dû être cantonés au moins depuis que l'isthme de Panama s'élève comme une digue entre ces deux mers, c'est-à-dire dès le début de la période tertiaire.

LES LIMULES — *LIMULUS*

Caractères. — Examinons la face supérieure. Le corps est recouvert par deux boucliers dont le premier, qui est aussi le plus grand, le bouclier céphalique, a une forme semi-lunaire et des angles armés d'une épine

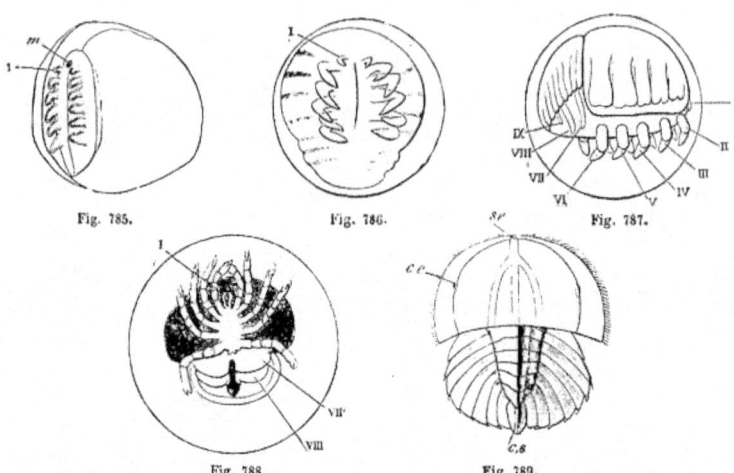

Fig. 785. Fig. 786. Fig. 787.

Fig. 788. Fig. 789.

Fig. 785. — Embryon jeune vu de côté. — I, membres thoraciques et *m*, bouche commençant à se développer sur la plaque ventrale.

Fig. 786. — Embryon plus avancé vu par la face ventrale. — I, membres.

Fig. 787. — Embryon encore plus avancé, vu de profil. — I à IX, les appendices.

Fig. 788. — Embryon peu avant l'éclosion, vu par la face ventrale. — I, VII, VIII, première, septième, huitième paires d'appendices.

Fig. 789. — Embryon au stade caractéristique de Trilobite, vu par la face dorsale. — *se*, œil simple; *ce*, œil composé ; *cs*, pointe caudale.

Fig. 785 à 789. — Développement embryonnaire des Mérostomes suivi sur le Limule polyphème (fig. 785 à 787 d'après Packard, fig. 788 et 789 d'après Dohrn).

terminale. Les parties latérales s'étalent à partir de deux crêtes épineuses longitudinales, contre lesquelles s'appliquent les deux yeux composés presque réniformes. Deux yeux simples, moins écartés l'un de l'autre, se trouvent situés plus près du bord antérieur. A ce premier bouclier se trouve relié, par une articulation à peu près rectiligne, le bouclier postérieur ou bouclier thoracique, presque hexagonal et muni de dents ainsi que de puissantes épines latérales mobiles. A cette portion postérieure de la carapace se trouve articulée une épine caudale, longue et pointue qui représente l'abdomen.

Examinons la face inférieure. Bien que nous soyons déjà accoutumés à voir la bouche située ailleurs qu'à l'extrémité antérieure chez les Crustacés, elle s'en trouve ici plus éloignée encore que d'habitude ; elle est entourée de six paires de membres terminés par des pinces. La paire la plus petite est l'antérieure ; située absolument au devant de la bouche, elle correspond suivant les uns aux antennes, suivant les

autres à des pattes-mâchoires. Les paires suivantes se distinguent par un article coxal, arrondi et pourvu de petites épines nombreuses, à l'aide duquel cet être bizarre broie ses aliments. Chez les mâles, les appendices de la seconde paire, et même ceux de la troisième paire, peuvent se terminer par une griffe simple au lieu d'une pince.

A la face inférieure du thorax se trouvent fixées 6 paires de membres, le premier constituant un opercule protecteur , les autres lamelliformes chargés des fonctions de rames et de branchies. L'épine caudale, à la base de laquelle se trouve l'orifice du tube intestinal, n'existe pas plus que les pattes-nageoires postérieures chez les petits qui viennent d'éclore et qui ont cependant déjà toutes les allures de leurs parents, ainsi que H. Milne-Edwards l'avait déjà constaté en 1838.

Distribution géographique et paléontologique. — Les Limules, aujourd'hui confinés dans deux régions du globe, ont laissé leurs ancêtres ensevelis dans le Carbonifère, le Trias

(grès bigarré supérieur des Vosges, Muschelkalk), le Jurassique (Solenhofen) et le Crétacé.

Mœurs, habitudes, régime. — Le mode
d'existence des *Limulus* actuels est fort uniforme. Ils nagent mal et grimpent plus lentement encore, mais cependant se hissent sur
les Palétuviers ; par les temps troublés ils
viennent à terre et s'avancent assez loin sur
les bancs de sable. En mer, ils séjournent généralement sur les·fonds sablonneux à une
profondeur de 5 à 6 brasses; ils ne supportent
pas la vive lumière et s'enfouissent dans le
sable lorsqu'au milieu de leurs excursions ils
sont surpris par le soleil. A cet effet, ils se recourbent et se redressent alternativement, imprimant ainsi à leurs boucliers céphaliques et
thoraciques, à leur stylet des mouvements qui
leur permettent de se terrer.

Quant à leur nourriture, elle est exclusivement animale : Mollusques, Crustacés et Annélides (Veréides) sont les aliments ordinaires.

LE LIMULE POLYPHÈME. — *LIMULUS POLYPHEMUS.*

Caractères. — Ce Xiphosure se reconnaît à
son bouclier céphalique très bombé, plus bombé
que dans les autres espèces, à ses appendices
céphaliques de la seconde paire terminés par
une griffe et non par une pince (fig. 783).

Distribution géographique. — Le *Limulus
Polyphemus* vit sur les rivages plats de la Floride, de la Caroline et des Antilles.

Mœurs, habitudes, régime. — On observe
fréquemment ces *Limulus* longs de 30 à 60
centimètres dans les grands aquariums, où ils
peuvent vivre assez longtemps; leur aspect
rappelle un peu une poêle munie de sa queue,
ce qui fait rire les badauds. Ils ont l'habitude
de nager en s'élevant lentement le long des parois du grand récipient vitré où on les retient,
et on a le loisir de suivre leurs manœuvres singulières et le fonctionnement de leur appendice caudal. En effet, ainsi que l'a remarqué
M. Jousset de Bellesme, cet organe leur est
d'un grand secours lorsqu'ils sont tombés sur
le dos en leur servant de levier pour se relever et reprendre leur position normale.

Parmi les autres espèces qui habitent les côtes plates des Moluques, de la Chine et du Japon, nous signalerons le *Limulus Molucanus*
(fig. 782) qui se distingue du précédent par les
appendices céphaliques de la deuxième et de la
troisième paire terminés par une griffe.

LES GIGANTOSTRACÉS — *GIGANTOSTRACA*

Caractères. — Leur faciès général rappelle
celui des Scorpions. Ils sont revêtus d'écailles,
et ont deux grands yeux latéraux et deux ocel-
les médians; leur région sternale porte sept
paires d'appendices. Le thorax est constitué par
six segments mobiles; il comble cinq plaques
ventrales recouvrant les branchies. L'abdomen
comprend six segments mobiles privés de membres et se termine tantôt par un aiguillon caudal, tantôt par une nageoire ou telson.

Distribution paléontologique. — Relégués
dans les couches paléozoïques, ils se montrent
dans le Silurien inférieur et supérieur, le Dévonien et le Carbonifère.

Mœurs, habitudes, régime. — L'examen
de leurs vestiges, l'étude de leurs compagnons
de sépulture, ont permis de se faire une idée
de leurs habitudes. Pourvues de branchies foliacées, et de membres conformés pour la natation, les Gigantostracés avaient une existence
exclusivement aquatique; trouvés dans les

couches géologiques avec des Hémiaspides, des
Ostracodes, des Poissons (Ganoïdes), avec des
Plantes terrestres, des Scorpions, des Insectes,
des Poissons et des Amphibiens d'eau douce, on
est à même de supposer que s'ils vécurent
d'abord dans les Océans, ils habitèrent aussi
les eaux saumâtres et même les eaux douces.

On en a décrit une soixantaine d'espèces réparties dans huit ou neuf genres. Nous représentons (fig. 783) une des espèces les plus
grandes et les plus connues, le *Pterygotus an-
glicus*, connu des carriers anglais sous le nom
de Séraphin, ses pinces représentant à leurs
yeux des ailes d'ange.

Il est de ces Gigantostracés qui avaient des
dimensions faites pour nous étonner et auprès
desquels les animaux articulés qui vivent autour de nous paraîtraient des pygmées, nous
voulons parler du *Slimonia acuminata* trouvé
en Écosse, qui mesure 60 centimètres de longueur sur 14 centimètres de largeur.

TABLE DES PLANCHES HORS TEXTE

LES POISSONS.

LES CRUSTACÉS.

TABLE DES MATIÈRES

LES POISSONS

Édition. française par H. E. SAUVAGE.

LES CRUSTACÉS

Édition française, par J. KÜNCKEL D'HERCULAIS.

FIN DE LA TABLE DES MATIÈRES.

www.ingramcontent.com/pod-product-compliance
Lightning Source LLC
Chambersburg PA
CBHW051337220526
45469CB00001B/1